# 电力系统继电保护
# 习题精选与解析

国网山东省电力公司　组编

（上册）

中国电力出版社
CHINA ELECTRIC POWER PRESS

**图书在版编目（CIP）数据**

电力系统继电保护习题精选与解析：全 2 册/国网山东省电力公司组编. —北京：中国电力出版社，2021.6（2023.4 重印）
ISBN 978-7-5198-5185-9

Ⅰ. ①电…　Ⅱ. ①国…　Ⅲ. ①电力系统－继电保护－习题类　Ⅳ. ①TM77-44

中国版本图书馆 CIP 数据核字（2020）第 241692 号

---

出版发行：中国电力出版社
地　　址：北京市东城区北京站西街 19 号（邮政编码 100005）
网　　址：http://www.cepp.sgcc.com.cn
责任编辑：陈　倩（010-63412512）
责任校对：黄　蓓　王海南　郝军燕　李　楠
装帧设计：张俊霞
责任印制：石　雷

---

印　　刷：三河市万龙印装有限公司
版　　次：2021 年 6 月第一版
印　　次：2023 年 4 月北京第三次印刷
开　　本：787 毫米×1092 毫米　16 开本
印　　张：58.5
字　　数：1190 千字
印　　数：2101—2600 册
定　　价：230.00 元（全 2 册）

---

# 电力系统继电保护习题精选与解析

（下册）

国网山东省电力公司　组编

**图书在版编目（CIP）数据**

电力系统继电保护习题精选与解析：全 2 册/国网山东省电力公司组编. —北京：中国电力出版社，2021.6（2023.4 重印）

ISBN 978-7-5198-5185-9

Ⅰ. ①电…　Ⅱ. ①国…　Ⅲ. ①电力系统－继电保护－习题类　Ⅳ. ①TM77-44

中国版本图书馆 CIP 数据核字（2020）第 241692 号

---

出版发行：中国电力出版社
地　　址：北京市东城区北京站西街 19 号（邮政编码 100005）
网　　址：http://www.cepp.sgcc.com.cn
责任编辑：陈　倩（010-63412512）
责任校对：黄　蓓　王海南　郝军燕　李　楠
装帧设计：张俊霞
责任印制：石　雷

---

印　　刷：三河市万龙印装有限公司
版　　次：2021 年 6 月第一版
印　　次：2023 年 4 月北京第三次印刷
开　　本：787 毫米×1092 毫米　16 开本
印　　张：58.5
字　　数：1190 千字
印　　数：2101—2600 册
定　　价：230.00 元（全 2 册）

---

# 编　委　会

主　　任　王　勇

副 主 任　张　鹏　房光华　庄　伟

委　　员　孙卫东　王安宁

# 编　写　组

主　　编　李　靖

副 主 编　朱倩茹　游　帅　戈　宁　李乃永　唐　毅　范荣奇

编写人员　刘承禄　田宝存　王　全　宗传帅　王亚飞　孙志勇　许建兵　陈学海　王洪富　李聪聪　王　芃　陈传琦　彭　业　赵泓霖　范　原　徐勤超　石星昊　陈波涛　王寿星　李　娜　蒋　钻　梁正堂　卢　洋　刘嘉超　刘朋蓓　谢雨濛　孟凡敏　刘秀甫　王增超　陈　旭　刘海鹏　付晓璇　许加凯　王　昕　高荣华　张国辉　李玉敦　赵斌超　李　宽　刘　萌　王永波　杨　超　张婉婕　史方芳　王　宏　孙孔明　肖冬霖　房国俊　邢　奥　周立栋　刘　烨

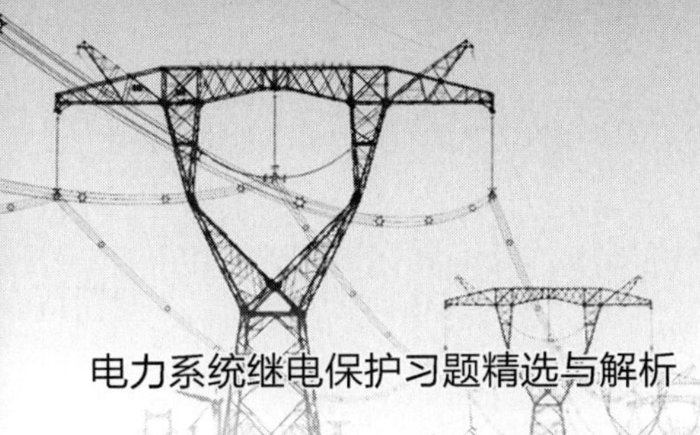



# 前言

电力系统技术日新月异，随着特高压交直流混联大电网和新能源的发展，我国电网已经发展成为超、特高压交直流混联电网，电网故障复杂化、全局化特征日趋明显，电网运行面临来自电网内在特性变化和外部因素的双重影响。电网呈现的新特性对继电保护的速动性与可靠性、交直流系统保护的协同配合提出了更高要求。继电保护技术的不断发展，对继电保护从业人员提出了更高的要求。

国网山东省电力公司根据继电保护专业的发展情况和继电保护从业人员的培训需求，结合继电保护工作现场实际，组织编写了本书。本书内容涵盖了继电保护基本专业知识、最新规程反措要求、智能变电站保护装置技术要求，同时涵盖了柔性直流输电、统一潮流控制器、可控串联补偿、调相机等新技术的原理和保护。

本书分为基础知识、线路保护、变压器保护、母线保护、二次回路、整定计算、规程反措、智能变电站、安全自动装置、发电机保护、新技术共十一章，前六章按照题型分为单选题、多选题、判断题、填空题、问答题、计算分析题，后五章按照题型分为单选题、多选题、判断题、填空题、问答题。每一章的开头部分通过基本介绍、典型问题、难点介绍的导语形式对本章内容进行介绍，使读者对本章内容既能快速全面了解，又能迅速切中重点难点。对于难度较大的题目附有解析，或对保护原理及计算过程进行阐述，或对考点出处进行标注，方便读者对本书进行深入学习和对知识点进行全面掌握。

本书可作为继电保护及相关专业人员学习培训、竞赛调考的参考资料。

由于编者水平有限，书中难免有不妥或疏漏之处，敬请读者批评指正。

编　者

2020 年 10 月

# 目录

## 下　册

# 编　委　会

主　　任　王　勇

副 主 任　张　鹏　房光华　庄　伟

委　　员　孙卫东　王安宁

# 编　写　组

主　　编　李　靖

副 主 编　朱倩茹　游　帅　戈　宁　李乃永　唐　毅　范荣奇

编写人员　刘承禄　田宝存　王　全　宗传帅　王亚飞　孙志勇　许建兵　陈学海　王洪富　李聪聪　王　芃　陈传琦　彭　业　赵泓霖　范　原　徐勤超　石星昊　陈波涛　王寿星　李　娜　蒋　钻　梁正堂　卢　洋　刘嘉超　刘朋蓓　谢雨濛　孟凡敏　刘秀甫　王增超　陈　旭　刘海鹏　付晓璇　许加凯　王　昕　高荣华　张国辉　李玉敦　赵斌超　李　宽　刘　萌　王永波　杨　超　张婉婕　史方芳　王　宏　孙孔明　肖冬霖　房国俊　邢　奥　周立栋　刘　烨

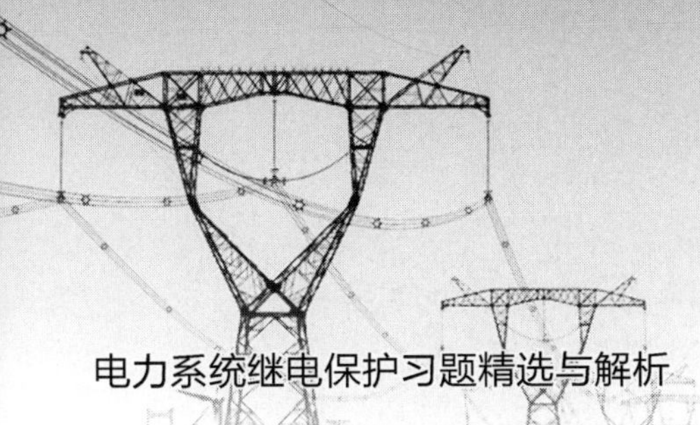



# 前言

电力系统技术日新月异，随着特高压交直流混联大电网和新能源的发展，我国电网已经发展成为超、特高压交直流混联电网，电网故障复杂化、全局化特征日趋明显，电网运行面临来自电网内在特性变化和外部因素的双重影响。电网呈现的新特性对继电保护的速动性与可靠性、交直流系统保护的协同配合提出了更高要求。继电保护技术的不断发展，对继电保护从业人员提出了更高的要求。

国网山东省电力公司根据继电保护专业的发展情况和继电保护从业人员的培训需求，结合继电保护工作现场实际，组织编写了本书。本书内容涵盖了继电保护基本专业知识、最新规程反措要求、智能变电站保护装置技术要求，同时涵盖了柔性直流输电、统一潮流控制器、可控串联补偿、调相机等新技术的原理和保护。

本书分为基础知识、线路保护、变压器保护、母线保护、二次回路、整定计算、规程反措、智能变电站、安全自动装置、发电机保护、新技术共十一章，前六章按照题型分为单选题、多选题、判断题、填空题、问答题、计算分析题，后五章按照题型分为单选题、多选题、判断题、填空题、问答题。每一章的开头部分通过基本介绍、典型问题、难点介绍的导语形式对本章内容进行介绍，使读者对本章内容既能快速全面了解，又能迅速切中重点难点。对于难度较大的题目附有解析，或对保护原理及计算过程进行阐述，或对考点出处进行标注，方便读者对本书进行深入学习和对知识点进行全面掌握。

本书可作为继电保护及相关专业人员学习培训、竞赛调考的参考资料。

由于编者水平有限，书中难免有不妥或疏漏之处，敬请读者批评指正。

编　者

2020 年 10 月

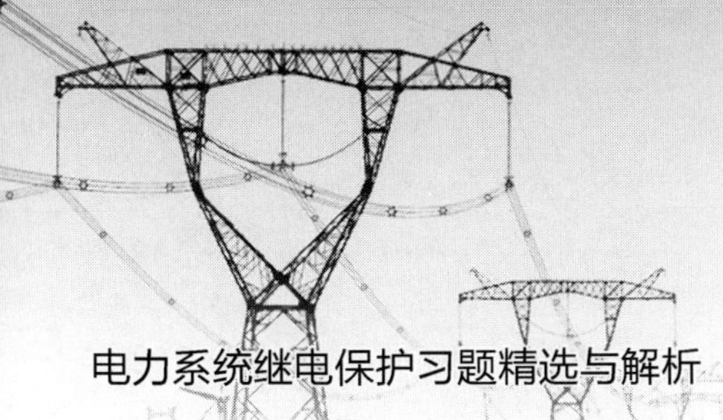



# 目 录

## 下　册

# 第一章 基 础 知 识

【基本介绍】本章主要包括对电路基础理论、微机保护基础知识、标幺制及对称分量法的应用、电力系统各元件序阻抗及其相应的等值电路、电力系统横向短路故障分析、电力系统纵向不对称故障分析、电力系统稳定和电力系统振荡等继电保护专业所需基础理论知识的考查。

【典型问题】本章的典型问题是利用对称分量法和复合序网法对两相短路故障、单相接地故障、两相接地短路故障、单相断线、两相断线等典型故障的边界条件、复合序网、故障点电流电压、保护安装处电流电压、故障点过渡电阻的影响等问题进行分析。

【难点介绍】本章的难点在于变压器的零序等值电路、平行双回线的零序等值电路以及单相接地故障、两相接地短路故障时过渡电阻对故障点电流电压相量关系的影响。

## 一、单选题

1．有两个正弦量，其瞬时值的表达式分别为：$u$=100sin（$\omega t$－10°）V，$i$=5cos（$\omega t$+10°）A，可见（　　）。

A．电流滞后电压 110°　　B．电流超前电压 110°

C．电压超前电流 20°　　D．电流超前电压 20°

答案：B

解析：$u=100\sin(\omega t-10°)=100\cos(\omega t-100°)$，$\arg\dfrac{i}{u}=10°-(-100°)=110°$。

2．对称三相电源为星形连接，若已知 $U_c$=220∠60°V，则 $U_{ac}$ 为（　　）。

A．380∠30°V　　B．380∠90°V

C．380∠−30°V　　D．380∠−90°V

答案：D

解析：$U_{ac}=\sqrt{3}U_c\angle-150°$。

3．已知交流电流解析式为 $i$=4sin（314$t$−45°）A，当它通过 $R$=2Ω 的电阻时，消耗功率为（　　）。

A．32W　　B．8W　　C．16W　　D．0W

答案：C

**解析**：$P=I^2R=\left(\frac{4}{\sqrt{2}}\right)^2\times 2=16$。

4．应用叠加原理分析非正弦周期电流电路的方法适用于（　　）。

A．线性电路

B．非线性电路

C．线性电路和非线性电路均适用

**答案**：A

5．带负荷测相量得到的负荷相角（　　）。

A．负荷中心的综合负荷相角，是由负荷性质决定的

B．是母线电压与本线电流的相角差，是由系统潮流决定的

C．线路阻抗角

**答案**：B

**解析**：校核方向时所测角度为母线电压与潮流角差。

6．输电线路中某一侧的潮流是受有功功率、送无功功率，它的电压超前电流为（　　）。

A．0°～90°　　B．90°～180°

C．180°～270°　　D．270°～360°

**答案**：B

**解析**：以电压为基准，电压与电流反向时受有功功率，电压超前于电流 90°时送无功功率。此时电流相量应该位于第三象限，即电压超前于电流范围处于（90°，180°）。

7．某线路有功功率、无功功率负荷均由母线流向线路，下面的角度范围正确的是（　　）。

A．$\arg\frac{\dot{U}_a}{\dot{I}_a}=97°$，$\arg\frac{\dot{U}_a}{\dot{U}_b}=122°$

B．$\arg\frac{\dot{U}_a}{\dot{I}_a}=195°$，$\arg\frac{\dot{U}_a}{\dot{U}_b}=121°$

C．$\arg\frac{\dot{U}_a}{\dot{I}_a}=13°$，$\arg\frac{\dot{U}_a}{\dot{U}_b}=119°$

**答案**：C

8．在暂态过程中，电压或电流的暂态分量按指数规律衰减到初始值的（　　）所需的时间，称为时间常数 τ。

A．1/e　　B．$1/\sqrt{3}$　　C．1/3　　D．1/5

**答案**：A

9．暂态过程的持续时间与系统的时间常数有关，一般 220kV 系统的时间常数不大于（　　）。

A．10ms　　B．60ms

C．80～200ms　　D．200～300ms

**答案**：B

10．电阻电路中，要使负载电阻得到最大的功率，必须使负载电阻与电源内阻（　　）。

A．负载电阻大于电源内阻　　B．负载电阻小于电源内阻

C．负载电阻等于电源内阻　　D．使电源内阻为零

**答案**：C

11．为了把电流表量程扩大 100 倍，分流电阻的电阻值应是仪表内阻的（　　）。

A．1/100　　B．1/99　　C．99 倍　　D．100 倍

**答案**：B

**解析**：以当前量程下电阻为基准，基准电阻分流 1/100 时，量程可扩大到 100 倍，按照并联原则，所并电阻为基准电阻值的 1/99。（1/99）//1=1/100。“//” 表示并联，下同。

12．用实测法测定线路的零序参数，假设试验时无零序干扰电压，电流表读数为 20A，电压表读数为 20V，功率表读数为 137W，零序阻抗的计算值为（　　）。

A．0.34+j0.94Ω　　B．1.03+j2.82Ω

C．2.06+j5.64Ω　　D．2.06+j2.82Ω

**答案**：B

**解析**：根据实测法，$U_0=20\text{V}, 3I_0=20\text{A}$，所以 $Z_0=3U_0/3I_0=3\Omega$，视在功率 $S=3U_0I_0=400\text{VA}$，所以有 $\text{P/S}=R/Z_0$，$R=Z_0\times137/400=1.03\Omega$，$X=\sqrt{Z_0^2-R^2}=2.82\Omega$。

13．我国电力系统中性点接地方式主要有（　　）三种。

A．直接接地方式、经消弧线圈接地方式和经大电抗器接地方式

B．直接接地方式、经消弧线圈接地方式和不接地方式

C．直接接地方式、经消弧线圈接地方式和经大电抗器接地方式

**答案**：B

14．发电厂接于 220kV 双母线上有 3 台及以上变压器，则应（　　）。

A．一台变压器中性点直接接地

B．每条母线有一台变压器中性点直接接地

C．变压器均直接接地

**答案**：B

15．中性点经消弧线圈接地电网通常采用的补偿方式是（　　）。

A．完全补偿　　B．欠补偿

C．过补偿　　D．不补偿

**答案**：C

16．中性点经消弧线圈接地后，若单相接地故障的电流呈感性，此时的补偿方式为（　　）。

A．全补偿　　B．过补偿　　C．欠补偿

**答案：**B

**解析：**消弧线圈过补偿使单相接地故障的电流呈感性。

17．中性点经装设消弧线圈后，若接地故障的$3\omega^2C_\Sigma L>1$，此时补偿方式为（　　）。

A．全补偿方式　　B．过补偿方式　　C．欠补偿方式　　D．不能确定

**答案：**C

**解析：**有$\omega L>\dfrac{1}{3\omega C_\Sigma}$，故而$I_L<I_C$，为欠补偿方式。

18．小电流接地系统，变压器中性点消弧线圈的作用是（　　）。

A．提高电网的电压水平　　B．限制变压器故障电流

C．补偿网络接地时的电容电流　　D．消除潜供电流

**答案：**C

19．中性点直接接地运行是限制（　　）的措施之一。

A．设备过电压　　B．操作过电压

C．工频过电压　　D．揩振过电压

**答案：**B

**解析：**内部过电压分为操作过电压和暂态过电压，而操作过电压包含合闸（重合闸）、分闸、接地短路过电压。限制操作过电压的措施包括：①提高断路器动作的同期性；②断路器断口加装并联电阻；③采用性能良好的避雷器，如氧化锌避雷器；④使电网的中性点直接接地运行。

20．在短路故障发生后经过大约半个周期的时间，将出现短路电流的最大瞬时值，它是校验电气设备机械应力的一个重要参数，称此电流为（　　）。

A．暂态电流　　B．次暂态电流　　C．冲击电流　　D．稳态电流

**答案：**C

21．分相操作的断路器拒动，考虑的原则是（　　）。

A．单相拒动　　B．两相拒动　　C．三相拒动　　D．都要考虑

**答案：**A

22．断路器在切除（　　）时，断路器易被击穿发生重燃。

A．正序电流　　B．零序电流　　C．电容电流　　D．电感电流

**答案：**C

**解析：**断路器在切除电容电流时，因恢复电压较高，断路器易被击穿发生重燃。

23．超高压输电线路单相接地故障跳闸后，熄弧较慢是由于（　　）。

A．短路阻抗小　　B．单相故障跳闸慢

C．潜供电流的影响　　D．电压高

**答案：**C

24．对于远距离超高压输电线路，一般在输电线路的两端或一端变电站内装设三相对地的并联电抗器，其作用是（　　）。

A．改善长输电线路上的电压分布

B．提高重合闸的成功率

C．限制线路故障时的短路电流

D．消除长线路低频振荡，提高系统稳定性

**答案：**A

**解析：**超高压线路对地的电容效应较大，所以在小电流（空充）时线路中间（末端）的电压将因为电容效应而抬得很高，因此应当在线路上装并联电抗器，用电抗器产生的电感来对消线路对地的电容，从而将过电压降下来，改善长输电线路的电压分布。

25．超高压线路采用分裂导线，线路的感抗（　　），分布电容（　　）。

A．减小、增大　　B．减小、减小　　C．增大、增大　　D．增大、减小

**答案：**A

26．三相导线的几何均距越大，则导线的电抗（　　）。

A．越大　　B．越小　　C．不变　　D．无法确定

**答案：**A

**解析：**线路电抗 $X_L = 0.1445\lg\frac{D_m}{r} + 0.0157\mu_r$，其中 $D_m$ 为三相导线几何均距，$r$ 为导线半径。

27. 为了描述架空线路传输电能的物理现象，一般用电阻来反映输电线路的热效应，用电容来反映输电线路的（　　）。

A．电场效应　　B．磁场效应　　C．电晕现象

**答案：**A

**解析：**电感反映磁场效应，电容反映电场效应。

28．对 500kV 线路，减少潜供电流的措施是（　　）。

A．高压并联电抗器中性点加小电抗　　B．联切发电机组

C．联切负荷　　D．使用系统稳定

**答案：**A

**解析：**单相跳闸后，向系统提供感性电流，补偿电容电流。

29．空载高压长线路末端电压（　　）线路始端电压。

A．低于　　B．等于　　C．高于

**答案：**C

**解析**：输电线路对地电容的存在，相当于给线路并联了一个补偿电容器，电力系统中当容性功率通过感性元件（如发电机、变压器和输电线路电感等）时，会引起电压升高。反映在空载线路上，会使线路上的电压呈现逐渐上升的趋势，即所谓的容升效应。

30. 在超、特高压长距离的线路上，安装三相并联电抗器、在三相并联电抗器的中心点装设一个小电抗器、在线路上装设串联补偿电容器的作用分别是（　　）。

A. 减少潜供电流的影响、限制线路过电压、提高线路输送功率

B. 限制线路过电压、提高线路输送功率、减少潜供电流的影响

C. 减少潜供电流的影响、提高线路输送功率、限制线路过电压

D. 限制线路过电压、减少潜供电流的影响、提高线路输送功率

**答案**：D

31. 超高压线路采取串联补偿电容后，在线路发生短路故障后，短路电流中含有暂态分量的性质是（　　）。

A. 高频分量　　B. 低频分量　　C. 工频分量　　D. 无法确定

**答案**：B

**解析**：当线路有串联补偿电容时，忽略线路的分布电容，电网是由电阻、电感和电容组成的串联电路，在短路时，不仅电感中的电流，而且电容上的电压也不能突变，因此产生振荡衰减的低频分量，其振荡频率为$\omega=\sqrt{\frac{1}{LC}-\left(\frac{r}{2L}\right)^2}\approx\frac{1}{\sqrt{LC}}$，式中，$L$是线路电感，$C$是串联补偿电容，$r$是线路电阻。因为串联补偿电容仅补偿线路电感的一部分，从整个系统来看容抗所占比例更小，振荡频率低于工频，所以称为低频分量。

32. 同杆并架线路，在一条线路两侧三相断路器跳闸后，存在（　　）电流。

A. 潜供　　B. 助增　　C. 汲出　　D. 零序

**答案**：A

33. 两台变压器并列运行的条件是（　　）。

A. 变比相等

B. 组别相同

C. 短路阻抗相同

D. 变比相等、组别相同、短路阻抗相同

**答案**：D

34. 当变比不同的两台变压器并列运行时，在两台变压器内产生环流，使得两台变压器空载的输出电压（　　）。

A. 上升　　B. 降低

C. 变比大的升，小的降　　D. 变比小的升，大的降

**答案**：C

**解析：** 两台变压器并列运行时，因环流压降使得空载侧电压高的变压器电压降低，电压低的变压器电压升高。因此变比大，空载电压低；变比小，空载电压高。

35．容量为 180MVA 各侧电压分别为 220kV、110kV 和 10.5kV 的三绕组自耦变压器，其高压侧、中压侧及低压侧的额定容量应分别是（　　）。

A．180MVA、180MVA、180MVA

B．180MVA、180MVA、90MVA

C．180MVA、90MVA、90MVA

**答案：** B

**解析：** $S_3=(1-1/k_{12})S_1=(1-1/2)\times180\text{MVA}=90\text{MVA}$。

36．3 台具有相同变比连接组别的三相变压器，其额定容量和短路电压分别为：$S_a$=1200kVA、$U_{ka}$（%）=4.25%，$S_b$=1800kVA、$U_{kb}$（%）=5.6%，$S_c$=2400kVA、$U_{kc}$（%）=6.5%。它们并联运行后，在不允许任何一台过负荷的情况下，能担负（　　）最大负荷。

A．5400kVA　　B．1457kVA　　C．4735kVA　　D．4135kVA

**答案：** D

**解析：** 先求出短路阻抗比，容量比是阻抗比的反比，选个最易饱和的变压器容量为基准，求出此台变压器饱和时另外两台变压器的容量，然后 3 台变压器容量相加：$Z_{ka}=\frac{4.25}{100}\times\frac{100}{1.2}=3.54167$，$Z_{kb}$=3.11111，$Z_{kc}$=2.70833；$I_{kb}=\frac{1/3.11111}{1/3.54167}=1.13839I_{ka}$，$I_{kc}=\frac{1/2.70833}{1/3.54167}=1.30770I_{ka}$；$I_{ka}^2\times Z_{ka}\leqslant S_{ka}$，$I_{kb}^2\times Z_{kb}\leqslant S_{kb}$，$I_{kc}^2\times Z_{kc}\leqslant S_{kc}$；$I_{ka}\leqslant0.58209$，$I_{kb}\leqslant0.66817$，$I_{kc}\leqslant0.71985$；容量为 $S_a$ 的变压器先饱和，取 $I_{ka}\leqslant0.58209$，$S_{kb}=\left(\frac{0.58209}{0.66817}\right)^2\times1.8=1.36609$，$S_{kc}=\left(\frac{0.58209}{0.71985}\right)^2\times2.4=1.56931$，因此，$S=S_{ka}+S_{kb}+S_{kc}$=1.2+1.36609+1.56931=4.1354MVA。

37．某站结构为线变组，变压器接线型式为 Yd11，线路倒相过程不完全，导致接入变压器时 BC 相接反，若变压器原有相别标注不变，此时变压器相当于（　　）变压器。

A．Yd9　　B．Yd1　　C．Yd5　　D．Yd7

**答案：** B

**解析：** 因 B、C 相接反，使得 $U_a=U_A-U_B$，变为 $U_a=U_A-U_C$，此时为 Yd1 接线。

38．变压器过励磁倍数主要取决于额定运行状态下的（　　）的比值。

A．电压与电流　　B．电压与频率

C．电流与频率　　D．磁通与频率

**答案：** B

**解析：** 进行时，变压器铁芯中的磁密与电源电压成正比，与电源的频率成反比。即电源电压的升值或频率的降低，均会造成铁芯中的磁密增大，进而产生过励磁。

39．变压器过励磁与系统频率的关系是（　　）。

A．与系统频率成反比　　B．与系统频率无关

C．与系统频率成正比

答案：A

40．自耦变压器中性点必须接地，这是为了避免当高压侧电网内发生单相接地故障时，（　　）。

A．中压侧出现过电压　　B．高压侧出现过电压

C．高压侧、中压侧都出现过电压　　D．中压侧出现过电流

答案：A

解析：自耦变压器高压侧与中压侧有电气联系。

41．变压器变比与匝数（　　）。

A．不成比例　　B．成反比　　C．成正比　　D．无关

答案：C

42．当变压器电源电压高于额定电压时，铁芯中的损耗（　　）。

A．减少　　B．不变　　C．增大　　D．变化很小

答案：C

解析：过励磁倍数增大，损耗增大。

43．如果一台三绕组自耦变压器的高压侧与中压侧的绕组变压比为 $N_{12}$=2.5，$S_N$ 为额定容量，则低压绕组的最大容量为（　　）。

A．$0.2S_N$　　B．$0.4S_N$　　C．$0.5S_N$　　D．$0.6S_N$

答案：D

解析：$S_3=(1-1/k_{12})S_N=(1-1/2.5)S_N=0.6S_N$。

44．通过调整有载调压变压器分接头进行调整电压时，对系统来说（　　）。

A．起不了多大作用　　B．改变系统的频率

C．改变了无功分布　　D．改变系统的谐波

答案：C

45．“分层、分区、就地平衡”原则，是（　　）的原则。

A．电网有功平衡　　B．电网无功补偿

C．低频减载配置　　D．低压减载配置

答案：B

46．由于分布电容的存在，发生短路时短路电流中将出现（　　）电流。

A．低频分量　　B．高频分量　　C．非周期分量

答案：B

47．电力系统中处于额定运行状况的电压互感器 TV 和电流互感器 TA，TV 铁芯中的磁密 $B_V$、TA 铁芯中的磁密 $B_A$，$B_V$ 和 $B_A$ 大小间的关系是（　　）。

A. $B_V > B_A$　　B. $B_V \approx B_A$　　C. $B_V < B_A$

**答案：**A

**解析：**额定运行状况时 TV 工作在接近饱和的区域，TA 则在良好的线性区。

48．暂态型电流互感器分为（　　）等级。

A．3　　B．4　　C．5　　D．6

**答案：**B

**解析：**暂态型电流互感器分为 TPS、TPX、TPY、TPZ 4 个等级。

49．对剩磁有控制的电流互感器有（　　）。

A．PR 级、TPY 级和 TPZ 级电流互感器

B．P 级和 TPS 级电流互感器

C．TPS 级和 TPX 级电流互感器

**答案：**A

**解析：**TPY、TPZ 暂态型都有气隙，对剩磁有控制；PR 级有控制。

50．电流互感器的误差主要是（　　）产生的。

A．一次电流　　B．二次电流　　C．励磁电流　　D.短路电流

**答案：**C

51．电压互感器的负载电阻越大，则电压互感器的负载（　　）。

A．越大　　B．越小　　C．不变　　D．不定

**答案：**B

**解析：**TV 可等效为电压源模型，故二次负载电阻越大，负载越小。

52．各电压等级的电压互感器一次绕组中性点采取直接接地是（　　）。

A．保安接地　　B．使二次能反映一次零序分量电压

C．改善二次电压的波形　　D．保证二次相电压的对称性

**答案：**B

**解析：**当系统中发生单相接地故障时，系统中会出现零序电流。如果一次侧中性点没有接地，那么一次侧就没有零序电流通路，二次侧开口三角形绕组也就不会感应出零序电压。

53．电压互感器有电容式电压互感器与电磁式电压互感器两种，其中暂态特性较差的是（　　）电压互感器。

A．电容式　　B．电磁式　　C．都一样

**答案：**A

**解析：**当电容式电压互感器的一次侧发生对地短路故障时，电容分压器等值电容和补偿电抗器及中间变压器上都有储能，这些能量要经过 R、L、C 回路释放，因此暂态性能较差。

54. 小电流接地系统中的电压互感器开口三角绕组的单相额定电压为（　　）。

A. $100/\sqrt{3}$V　　B. 100/3V　　C. 100V　　D. 300V

**答案：** B

**解析：** 小电流接地系统中的电压互感器二次绕组及剩余绕组的变比为（$U_n/\sqrt{3}$）/（$100/\sqrt{3}$）/（100/3）。

55. 电压互感器是（　　）。

A. 电流源，内阻视为无穷大　　B. 电压源，内阻视为零

C. 电流源，内阻视为零　　D. 电压源，内阻视为无穷大

**答案：** B

56. 电容器在充电和放电过程中，充放电电流与（　　）成正比。

A. 电容器两端电压　　B. 电容器两端电压的变化率

C. 电容器两端电压的变化量　　D. 与电压无关

**答案：** B

**解析：** $i_C = C\dfrac{du_C}{dt}$。

57. 电容式电压互感器中阻尼器的作用是（　　）。

A. 抑制操作过电压　　B. 消除铁磁谐振

C. 分担二次压降　　D. 改变二次阻抗角

**答案：** B

58. 用于10kV小电阻接地系统的专用接地变压器，阻抗呈现（　　）特性。

A. 正序阻抗→∞，零序阻抗→0　　B. 正序阻抗→0，零序阻抗→0

C. 正序阻抗→∞，零序阻抗→∞　　D. 正序阻抗→0，零序阻抗→∞

**答案：** A

59. 继电保护的“三误”是（　　）。

A. 误整定、误试验、误碰　　B. 误整定、误接线、误试验

C. 误接线、误碰、误整定

**答案：** C

60. 如图1-1所示逻辑电路为（　　）电路。

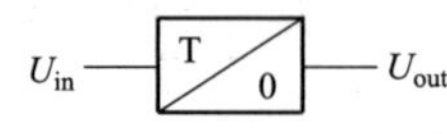


图1-1　逻辑电路图

A. 延时动作，瞬时返回　　B. 瞬时动作，延时返回

C. 延时动作，延时返回

**答案：** A

61．微机保护装置的所有引出端子不允许同装置（　　）系统有电的联系。

A．强电　　B．弱电　　C．输入　　D．输出

**答案：**B

62．时间继电器在继电保护装置中的作用是（　　）。

A．计算动作时间　　B．建立动作延时

C．计算保护停电时间　　D．计算断路器停电时间

**答案：**B

63．在下述各种微机保护算法中，不需求出电压、电流的幅值和相位，可以直接算出 $R$ 和 $X$ 值的是（　　）。

A．两点乘积法　　B．微分算法

C．半周积分法　　D．解微分方程算法

**答案：**D

64．电压频率变换器（VFC）构成模数变换器时，其主要优点是（　　）。

A．精度高　　B．速度快

C．易隔离和抗干扰能力强

**答案：**C

65．在规定时间内，电压频率变换式数据采集系统（VFC）的计数器输出脉冲的个数与模拟输入电压量的（　　）。

A．积分成正比　　B．积分成反比

C．瞬时值的绝对值成正比　　D．瞬时值的绝对值成反比

**答案：**C

66．装置就地化安装，装置内部通信应尽量降低速率，如果需要提高速率时，可以考虑通过将信号变成（　　）信号来提高抗干扰能力。

A．微分　　B．积分　　C．差分　　D．高频

**答案：**C

67．如果采样频率 $f_s$=1200Hz，在 50Hz 的电力系统中，相邻两采样点对应的工频电角度为（　　）。

A．30°　　B．18°　　C．15°　　D．12°

**答案：**C

**解析：** $\theta = 360° \div 1200 \times 50 = 15°$。

68．为防止频率混叠，微机保护采样频率 $f_s$ 与采样信号中所含最高频率成分的频率 $f_{max}$ 应满足（　　）。

A．$f_s > 2f_{max}$　　B．$f_s = f_{max}$　　C．$2f_{max} > f_s > f_{max}$

**答案：**A

解析：采样定理是指采样频率要大于信号最高频率的2倍，才能无失真的保留信号完整信息。

69．故障录波器的采样频率为10kHz，理论上其最高能准确测量（　　）次谐波。

A．40　　B．50　　C．100　　D．200

答案：C

解析：$10\times1000\div2\div50=100$。

70．某微机线路保护每周波采样12点，现负荷潮流为有功功率 $P=86.6\text{MW}$、无功功率 $Q=-50\text{Mvar}$，微机保护打印出电压、电流的采样值，在微机保护工作正确的前提下，下列各组中（　　）是正确的。

A．$U_a$ 比 $I_a$ 由正到负过零点超前1个采样点

B．$U_a$ 比 $I_a$ 由正到负过零点滞后2个采样点

C．$U_a$ 比 $I_b$ 由正到负过零点超前3个采样点

D．$U_a$ 比 $I_c$ 由正到负过零点滞后4个采样点

答案：C

解析：可理解为发有功功率吸无功功率，$\arg\dfrac{i_A}{u_A}=\arctan\left(\dfrac{50}{86.6}\right)=30^\circ$，而每周波12点对应每点30°，所以A相电压超前B相电流120°−30°=90°，即3个点。

71．在微机保护中，掉电会丢失数据的主存储器是（　　）。

A．ROM　　B．RAM　　C．EPROM　　D．$E^2$PROM

答案：B

解析：RAM，随机存取存储器。EPROM，存放微机保护功能程序代码。$E^2$PROM，保存定值信息。FLASH ROM，保存定值信息。

72．微机保护硬件中EPROM芯片的作用是（　　）。

A．存放微机保护功能程序代码

B．存放采样数据和计算的中间结果、标志字等信息

C．存放微机保护的动作报告信息等内容

答案：A

73．主保护或断路器拒动，用来切除故障的保护是（　　）。

A．后备保护　　B．安全自动装置　　C．辅助保护

答案：A

74．在双侧电源系统中，采用方向元件是为了提高保护的（　　）。

A．方向性　　B．可靠性　　C．灵敏性　　D．选择性

答案：D

75．电力系统（　　）是指电力系统受到事故扰动后保持稳定运行的能力。

A．安全性　　B．稳定性　　C．可靠性　　D．灵活性

**答案：B**

76．继电保护在满足（　　）的条件下，应尽量加快动作时间和缩短时间级差。可以针对不同的保护配合关系和选用的时间元件性能，选取不同的时间级差。

A．可靠性　　B．速动性　　C．选择性　　D．灵敏性

**答案：C**

77．双重化配置的保护装置采用不同生产厂家的产品，目的是防止装置家族性缺陷可能导致的双重化配置的两套继电保护装置同时（　　）的问题。

A．误动　　B．拒动　　C．误动和拒动　　D．告警

**答案：B**

78．主保护是满足系统稳定和设备（　　）要求，能以最快速度有选择地切除被保护设备和线路故障的保护。

A．稳定　　B．安全　　C．灵敏

**答案：B**

79．（　　）是为补充主保护和后备保护的性能或当主保护和后备保护退出运行而增加的简单保护。

A．异常运行保护　　B．辅助保护　　C．失灵保护　　D．以上都是

**答案：B**

80．220kV及以上电网一般采用近后备方式，当一套保护拒动时，由功能独立的另一套保护切除故障，当断路器拒动时，由（　　）切除故障。

A．对侧保护　　B．辅助保护

C．上一级保护　　D．断路器失灵保护

**答案：D**

81．所谓选择性是指（　　）。

A．应该由故障设备的保护动作切除故障

B．应由故障设备的保护或相邻的保护动作切除故障

C．首先应由故障设备的保护动作切除故障，当上述保护拒动或断路器拒动时，再由相邻的保护动作切除故障

**答案：C**

82．实施继电保护双重化配置的目的之一是在一次设备出现故障时，防止因继电保护拒动给设备带来进一步损坏，提高保护的（　　），有效防止设备损害。

A．完整性　　B．完备性　　C．完善性　　D．连续性

**答案：B**

83．差动保护判据中的差电流计算公式为（　　）。

A．所有电流的绝对值之和　　B．所有流出电流之和

C．所有流入电流之和　　D．所有电流和的绝对值

**答案**：D

84．线路两侧或主设备差动保护各侧电流互感器的相关特性宜一致，避免在遇到较大短路电流时因各侧电流互感器的（　　）特性不一致导致保护不正确动作。

A．暂态　　B．稳态　　C．静态　　D．动态

**答案**：A

85．为保证差动保护动作的正确性，应尽量保证差动保护各侧电流互感器暂态特性、相应饱和电压的一致性，以提高保护动作的（　　），避免保护的不正确动作。

A．可靠性　　B．灵敏性　　C．快速性　　D．选择性

**答案**：B

86．传输允许命令信号的继电保护复用接口设备（　　）。

A．动作或返回都应带有展宽时间

B．动作应带展宽时间，返回不应带展宽时间

C．动作不应带展宽时间，返回应带展宽时间

D．动作或返回都不应带有展宽时间

**答案**：D

87．按 90°接线的相间功率方向继电器，当线路发生正向故障时，若 $\varphi_K$ 为 30°，为使继电器动作最灵敏，其内角 $\alpha$ 值应是（　　）。

A．30°　　B．−30°　　C．70°　　D．60°

**答案**：B

**解析**：按照内角 $\alpha$ 的定义，有 $-90° < \arg \dfrac{I_g}{U_g e^{j\alpha}} < 90°$，$\alpha = -\varphi_K = -30°$。

88．突变量可以反映（　　）状况。

A．过负荷　　B．振荡　　C．短路　　D．欠负荷

**答案**：C

**解析**：突变量可以反映突然变化的短路或断线故障。

89．对负序电压元件进行试验时，采用单相电压做试验电源，短接 BC 相电压输入端子，在 A 相与 BC 相电压端子间通入 12V 电压，相当于对该元件通入（　　）的负序电压。

A．4V/相　　B．6V/相　　C．2V/相

**答案**：A

**解析**：$U_2 = \dfrac{1}{3}(U_A + \alpha^2 U_B + \alpha U_C) = \dfrac{1}{3} U_A = 4V$。

90．加入三相对称正序电流检查某一负序电流保护的动作电流时，分别用断开一

相电流、两相电流、交换两相电流的输入端子方法进行校验，得到的动作值之比是（　　）。

A．1:1:1/3　　B．1:1/2:1/3　　C．1/3:1/2:1

答案：A

解析：（1）断开一相（A 相），$I_2=\frac{1}{3}(I_A+a^2I_B+aI_C)=-\frac{1}{3}I_A$。

（2）断开两相（B、C 相），$I_2=\frac{1}{3}(I_A+a^2I_B+aI_C)=\frac{1}{3}I_A$。

（3）交换两相（B、C 相），$I_2=\frac{1}{3}(I_A+a^2I'_B+aI'_C)=I_A$。

91．在正常运行时，接入负序电流继电器的电流互感器一相断线，当负荷电流的数值达到（　　）倍负序电流的整定值时，负序电流继电器才动作。

A．3　　B．$\sqrt{3}$　　C．$1/\sqrt{3}$　　D．1/3

答案：A

92．当负序电压继电器的整定值为 6～12V 时，电压回路一相或两相断线（　　）。

A．负序电压继电器会动作　　B．负序电压继电器不会动作

C．负序电压继电器动作情况不定

答案：A

解析：电压回路一相或两相断线时由对称分量法得，$U_2=\frac{1}{3}\times100/\sqrt{3}=19.25\text{V}>12\text{V}$。

93．由 3 只电流互感器组成的零序电流接线，在负荷电流对称的情况下有一组互感器二次侧断线，流过零序电流继电器的电流是（　　）倍负荷电流。

A．3　　B．$\sqrt{3}$　　C．1

答案：C

解析：$3I_0=I_A+I_B+I_C=-I_\phi$，式中 $I_\phi$ 为断线相的相电流，故幅值相等。

94．当系统的频率高于额定频率时，方向阻抗继电器最大灵敏角（　　）。

A．变大　　B．变小　　C．不变　　D．不确定

答案：A

解析：$Z=R+\text{j}X_L=R+\text{j}\omega L=R+\text{j}2\pi fL$，频率越高阻抗角越大。

95．反映相间故障的阻抗继电器，采用线电压和相电流的接线方式，其继电器的测量阻抗（　　）。

A．在三相短路和两相短路时均为 $Z_{1L}$

B．在三相短路时为 $\sqrt{3}Z_{1L}$，在两相短路时为 $2Z_{1L}$

C．在三相短路和两相短路时均为 $\sqrt{3}Z_{1L}$

D．在三相短路和两相短路时均为 $2Z_{1L}$

答案：B

**解析**：三相短路时 $Z_m=\dfrac{U_{\phi\phi}}{I_\phi}=\dfrac{\sqrt{3}U_\phi}{I_\phi}=\sqrt{3}Z_{1L}$，两相短路时 $Z_m=\dfrac{U_{\phi\phi}}{I_\phi}=\dfrac{2U_\phi}{I_\phi}=2Z_{1L}$。

96．助增电流或汲出电流对阻抗继电器工作的影响有（　　）。

A．均没有影响

B．汲出电流存在使距离保护范围缩短

C．助增电流的存在使距离保护范围缩短

D．助增电流和汲出电流的存在都将使距离保护范围延长

**答案**：C

**解析**：助增电流的存在使得故障点不变时测量点测到的电压比没有助增电流时高，即测量阻抗相对增大，使保护范围缩短了。

97．电力设备由一种运行方式转为另一种运行方式的操作过程中，对保护的要求是（　　）。

A．没有要求

B．不可失去选择性

C．部分保护装置可短时失去选择性

D．被操作的有关设备可在保护范围之外

**答案**：C

98．短距离输电线路比长距离输电线路受过渡电阻的影响要（　　）。

A．小　　B．大

C．一样　　D．上述说法均不对

**答案**：B

99．电力设备的参数常用以（　　）为基准的标幺值表示。

A．100MVA，平均额定电压　　B．1000MVA，平均额定电压

C．三相额定容量，额定线电压　　D．三相额定容量，平均线电压

**答案**：C

100．以基准容量1000MVA折算的阻抗、电流标幺值与100MVA折算的阻抗、电流标幺值比较（　　）。

A．阻抗变大，电流变小　　B．阻抗变大，电流不变

C．阻抗变小，电流变大　　D．阻抗不变，电流变小

**答案**：A

**解析**：$I_B=\dfrac{S_B}{\sqrt{3}U_B}$，$Z_B=\dfrac{U_B}{\sqrt{3}I_B}=\dfrac{U_B^2}{S_B}$。

101．当标幺制基准容量选取为100MVA时，220kV基准阻抗为（　　）。

A．484Ω　　B．529Ω　　C．251Ω　　D．不定

答案：B

解析：$Z_B=\frac{U_B^2}{S_B}=\frac{230^2}{100}\Omega=529\Omega$。

102．在标幺值计算中，只需选用两个基准，通常选用的是（　　）。

A．电压、电流　　B．电压、功率

C．电流、功率　　D．电压、阻抗

答案：B

103．若取相电压基准值为额定相电压，则功率标幺值等于（　　）。

A．线电压标幺值　　B．线电压标幺值的$\sqrt{3}$倍

C．电流标幺值　　D．电流标幺值的$\sqrt{3}$倍

答案：C

104．在计算和分析三相不对称系统短路时，广泛应用（　　）。

A．分布系数法　　B．ΣY 法　　C．对称分量法

答案：C

105．电力系统中的三次谐波，具有（　　）特征。

A．正序　　B．负序　　C．零序　　D．不定的

答案：C

解析：$3n$ 次谐波中，各序分量相角互差 $3n\times120°$，因此具有零序特征。

106．相当于负序分量的高次谐波是（　　）谐波。

A．$3n$ 次（其中 $n$ 为正整数，余同）　　B．$3n+1$ 次

C．$3n+2$ 次　　D．上述三种以外的

答案：C

107．一组对称相量$\alpha$、$\beta$、$\gamma$按顺时针方向排列，彼此相差 120°，称为（　　）分量。

A．正序　　B．负序　　C．零序

答案：A

108．对称分量法中，$\alpha U_a$表示（　　）。

A．将 $U_a$ 顺时针旋转 120°　　B．将 $U_a$ 逆时针旋转 120°

C．将 $U_a$ 逆时针旋转 240°

答案：B

109．以下关于序分量的公式正确的是（　　）。

A．$I_1=I_A+aI_B+a^2I_C$　　B．$I_2=I_A+a^2I_B+aI_C$

C．$3I_0=I_A+I_B+I_C$

答案：C

110．按对称分量法，A 相的正序分量可按（　　）式计算。

A．$F_{A1}=(aF_A+a^2F_B+F_C)/3$

B．$F_{A1}=(F_A+aF_B+a^2F_C)/3$

C．$F_{A1}=(a^2F_A+aF_B+F_C)/3$

**答案**：B

111．三相电流幅值：$I_a$=3A、$I_b$=4A、$I_c$=5A 三相电流相位未知，负序电流 $I_2$ 幅值不可能是（　　）。

A．0　　B．3　　C．4　　D．5

**答案**：D

112．线路经过渡电阻单相接地短路时，送电侧的测量阻抗中过渡电阻附加阻抗为（　　）。

A．阻容性　　B．阻感性　　C．纯电阻性　　D．不能确定

**答案**：A

**解析**：送端附加电阻 $\Delta Z=\dfrac{I_F R}{I_M}$ 为阻容性，受端附加电阻 $\Delta Z=\dfrac{I_F R}{I_N}$ 为阻感性，如图 1-2 所示。

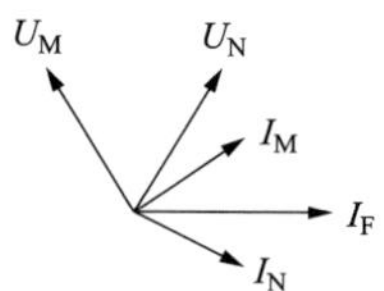


图 1-2　送电侧和受电侧电压电流相位图

113．大电流接地系统中系统综合零序阻抗与系统综合正序阻抗关系为 $Z_0>Z_1$，BC 两相经过渡电阻短路故障中，B 相电压与 C 相电压幅值为（　　）。

A．B 相＞C 相　　B．C 相＞B 相　　C．C 相=B 相　　D．不能确定

**答案**：A

**解析**：$I_{ka1}=-I_{ka2}=\dfrac{E_A}{Z_{1\Sigma}+Z_{2\Sigma}+R_g}=\dfrac{E_A}{2Z_{1\Sigma}+R_g}$，$U_{KB}=a^2U_{Ka1}+aU_{Ka2}=E_B+jI_{Ka1}(aZ_{2\Sigma}-a^2Z_{1\Sigma})=E_B-\sqrt{3}I_{Ka1}Z_{1\Sigma}$，$U_{KC}=aU_{Ka1}+a^2U_{Ka2}=E_C+jI_{Ka1}(a^2x_{2\Sigma}-ax_{1\Sigma})$，$U_{KB}>U_{KC}$。

114．同杆平行双回线两回线参数完全一致，且都经过充分换位，各相自阻抗 $Z_L$，同一回线内的相间互阻抗 $Z_{M1}$，两回线间的相间互阻抗 $Z_{M2}$，则每回线的正序阻抗、零序阻抗及两回线间的零序互阻抗为（　　）。

A．$Z_L-Z_{M1}$、$Z_L+2Z_{M1}$、$3Z_{M1}$　　B．$Z_L-Z_{M1}$、$Z_L+2Z_{M1}$、$3Z_{M2}$

C．$Z_L+Z_{M1}$、$Z_L+2Z_{M1}$、$Z_{M1}$　　D．$Z_L-Z_{M1}$、$Z_L+2Z_{M1}$、$Z_{M2}$

**答案**：B

**解析：** $Z_1=\dfrac{U_{A1}}{I_{A1}}=\dfrac{I_AZ_L+I_BZ_{M1}+I_CZ_{M1}+I'_AZ_{M2}+I'_BZ_{M2}+I'_CZ_{M2}}{I_A}$

$=\dfrac{I_AZ_L+(I_B+I_C)Z_{M1}+(I'_A+I'_B+I'_C)Z_{M2}}{I_A}=\dfrac{I_AZ_L+(-I_A)Z_{M1}+0Z_{M2}}{I_A}$

$=Z_L-Z_{M1}$

$$Z_{L0}=\frac{U_{A0}}{I_{A0}}=\frac{I_AZ_L+I_BZ_{M1}+I_CZ_{M1}}{I_A}=\frac{I_0Z_L+I_0Z_{M1}+I_0Z_{M1}}{I_0}=Z_L+2Z_{M1}$$

$$Z_{L0}=\frac{U'_{A0}}{I'_{A0}}=\frac{I'_AZ_{M2}+I'_BZ_{M2}+I'_CZ_{M2}}{I_{A0}}=\frac{I_0Z_{M2}+I_0Z_{M2}+I_0Z_{M2}}{I_{A0}}=3Z_{M2}$$

115．当故障点（　　）时，单相接地故障零序电流大于两相短路接地故障零序电流。

A．综合零序阻抗小于正序阻抗　　B．综合零序阻抗大于正序阻抗

C．综合零序阻抗小于总阻抗　　D．综合零序阻抗大于总阻抗

**答案：** B

**解析：** 单相接地故障时短路电流 $I_0^1=3\dfrac{E}{Z_{1\Sigma}+Z_{2\Sigma}+Z_{0\Sigma}}=3\dfrac{E}{2Z_{1\Sigma}+Z_{0\Sigma}}$，两相短路接地故障时短路电流 $I_0^{1,1}=3\dfrac{E}{Z_{1\Sigma}+Z_{2\Sigma}//Z_{0\Sigma}}\times\dfrac{Z_{2\Sigma}}{Z_{2\Sigma}+Z_{0\Sigma}}=3\dfrac{E}{Z_{1\Sigma}+2Z_{0\Sigma}}$，若要 $I_0^1>I_0^{1,1}$，则有 $Z_{0\Sigma}>Z_{2\Sigma}$。

116．线路的零序阻抗是以大地构成回路，数值较大，一般为正序阻抗的（　　）倍。

A．2.5～3.5　　B．2～3　　C．2.5～3

**答案：** A

117．相同长度的分裂导线与单导线的等值电抗（分裂导线的等值电抗 $X'$，单导线为 $X$）的关系是（　　）。

A．$X'=X$　　B．$X'>X$　　C．$X'<X$　　D．$X'\leqslant X$

**答案：** C

118．某同杆并架双回线线路间互感抗为 $X_m$，每回线的正序电抗为 $X_1$、零序电抗 $X_0$。当其中一线检修且两端接地时发生区外故障，另一运行线路零序电抗应视为（　　）。

A．$X_0-X_m$　　B．$X_0+X_m$

C．$X_0-X_m-X_1$　　D．$X_0-(X_m^2/X_0)$

**答案：** D

**解析：** $X=X_m//(X_0-X_m)+(X_0-X_m)=X_0-\dfrac{X_m^2}{X_0}$。

119．在变压器的零序等值电路中，（　　）绕组端点与外电路断开，但与励磁支路并联。

A．三角形接法

B．中性点不接地星形接法

C．中性点接地星形接法

**答案：**A

120．变压器三相负载不对称时将出现（C）电流。

A．正序、负序、零序　　B．正序和零序

C．正序和负序　　D．负序和零序

121．直馈输电线路，其零序网络与变压器的等值零序阻抗分别如图 1-3 和图 1-4 所示（阻抗均换算至 220kV 电压），变压器 220kV 侧中性点接地，110kV 侧不接地，K 点的综合零序阻抗为（　　）。

A．80Ω　　B．40Ω　　C．30.7Ω　　D．60Ω

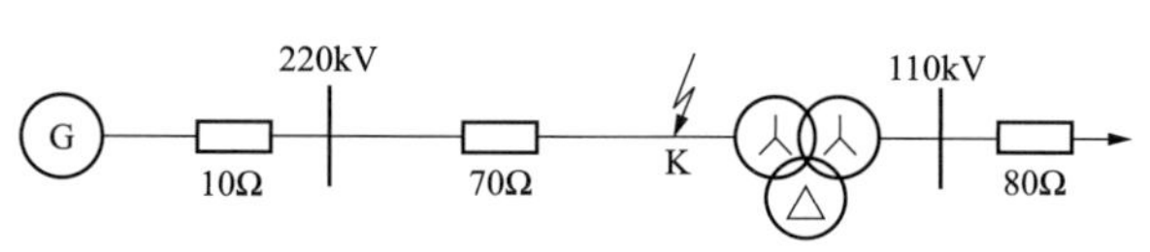


图 1-3　直馈输电线路零序网络图

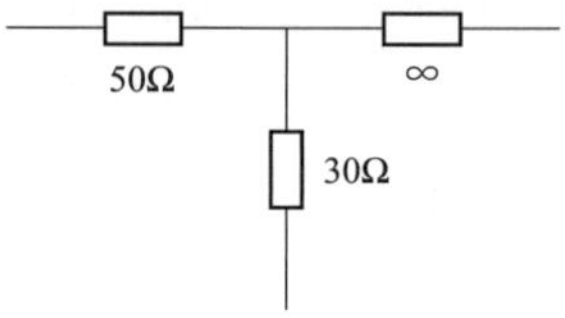

50Ω　∞　30Ω

图 1-4　直馈输电线路等值零序阻抗

**答案：**B

**解析：** $Z_0=(10+70)//(50+30)=40\Omega$。

122．同杆双回线运行时，第二回线中的零序电流对第一回线的零序电抗的作用是使其（　　），架空地线零序电流对线路的零序电抗作用是使其（　　）。

A．减少，增大　　B．增大，增大

C．减少，减少　　D．增大，减少

**答案：**D

**解析：**同杆双回线运行时，$Z_{0\text{I}}=\dfrac{U_{0\text{I}}}{I_{0\text{I}}}=\dfrac{I_{0\text{I}}Z_{0\text{I}}+I_{0\text{II}}Z_{0\text{m}}}{I_{0\text{I}}}=Z_{0\text{I}}+Z_{0\text{m}}$，式中，$Z_{0\text{I}}$ 表示其中一回线路的零序阻抗，第二回线助磁使其零序电抗增大。当有架空地线时：$Z_{0\text{I}}=\dfrac{U_{0\text{I}}}{I_{0\text{I}}}=\dfrac{I_{0\text{I}}Z_{0\text{I}}+I_{0\text{G}}Z_{0\text{m}}}{I_{0\text{I}}}=\dfrac{I_{0\text{I}}Z_{0\text{I}}-\dfrac{I_{0\text{I}}Z_{0\text{m}}}{Z_{0\text{G}}}Z_{0\text{m}}}{I_{0\text{I}}}=Z_{0\text{I}}-\dfrac{Z_{0\text{m}}^2}{Z_{0\text{G}}}$，式中，$Z_{0\text{I}}$ 表示线路零序阻抗，架空地线去磁使其零序电抗减小。

123．对于有零序互感的平行架设双回线路，以下 3 种工况下，零序等值阻抗最小的是（　　）。

A．一回线运行，另一回线处于热备用状态

B．一回线运行，另一回线停运并两端接地

C．两回路均处于运行状态

答案：B

124．中性点不接地系统，发生金属性两相接地故障时，健全相的电压幅值（　　）。

A．略微增大　　B．不变

C．增大为正常相电压的 1.5 倍　　D．增大为正常相电压的 $\sqrt{3}$ 倍

答案：C

解析：$U_B = U_C = 0$，则 $U_N = E_C \times \sin 30° = -0.5|E_C|$，因此 $U_A = E_A - U_N = 1.5U_\phi$。

125．在小接地电流系统中发生单相接地短路时，为了使电压互感器开口三角形侧的电压为 100V，电压互感器变比应选用（　　）。

A．$\frac{U_N}{\sqrt{3}} \Big/ \frac{100}{\sqrt{3}} \Big/ 100$　　B．$\frac{U_N}{\sqrt{3}} \Big/ \frac{100}{\sqrt{3}} \Big/ \frac{100}{\sqrt{3}}$

C．$\frac{U_N}{\sqrt{3}} \Big/ \frac{100}{\sqrt{3}} \Big/ \frac{100}{3}$　　D．$\frac{U_N}{\sqrt{3}} \Big/ \frac{100}{3} \Big/ \frac{100}{3}$

答案：C

126．对于中性点不接地系统，当线路发生单相接地故障时，故障线路零序电流与零序电压的相位关系是（　　）。

A．零序电流超前零序电压 90°　　B．零序电流滞后零序电压 90°

C．相位相同　　D．相位相反

答案：B

127．流过消弧线圈的有功电流经故障线路构成回路，过补偿方式工作时，$3I_0$ 超前 $3U_0$ 的相角（　　）。

A．大于 0°小于 90°　　B．大于 90°小于 180°

C．大于 180°小于 270°　　D．大于 270°小于 360°

答案：B

解析：$3I_0 = -(I_C + I_L + I_R) = -\left(\frac{U_0}{j\omega L} + j3\omega CU_0 + \frac{U_0}{R}\right) = j\left(\frac{U_0}{\omega L} - 3\omega CU_0\right) - \frac{U_0}{R}$。

128．若电网中性点是经消弧线圈接地的当发生单相接地故障时非故障相的对地电压的变化是（　　）。

A．没变化　　B．升高 $\sqrt{3}$ 倍

C．大幅度降低　　D．升高 3 倍

答案：B

129．当不接地系统的电力线路发生单相接地故障时，在接地点会（　　）。

A．产生一个高电压　　B．通过很大的短路电流

C．通过正常负荷电流　　D．通过电容电流

答案：D

130．在小接地电流系统中，某处发生单相接地时，母线电压互感器开口三角的电压（　　）。

A．故障点距母线越近，电压越高

B．故障点距母线越近，电压越低

C．不管距离远近，基本上电压一样高

**答案：**C

131．小接地电流系统单相接地故障时，非故障线路 $3I_0$ 等于（　　）。

A．本线路的电容电流

B．所有非故障线路的 $3I_0$ 之和

C．故障线路的接地电容电流

D．相邻线路的接地电容电流

**答案：**A

132．基于零序方向原理的小电流接地选线继电器的方向特性，对于无消弧线圈和有消弧线圈过补偿的系统，如方向继电器按正极性接入电压、电流（流向线路为正），对于故障线路零序电压超前零序电流的角度是（　　）。

A．无消弧线圈为+90°，有消弧线圈为+90°

B．无消弧线圈为+90°，有消弧线圈为−90°

C．无消弧线圈为−90°，有消弧线圈为+90°

D．无消弧线圈为−90°，有消弧线圈为−90°

**答案：**B

133．在中性点不接地系统中，电压互感器的变比为 $\frac{10.5\text{kV}}{\sqrt{3}}\Big/\frac{100\text{V}}{\sqrt{3}}\Big/\frac{100\text{V}}{\sqrt{3}}$，互感器一次端子发生单相金属性接地故障时，第三绕组（开口三角）的电压为（　　）。

A．100V　　B．$100/\sqrt{3}$ V

C．200V　　D．100/3V

**答案：**A

134．小接地电流系统单相接地故障时，非故障线路的零序电流超前零序电压（　　）。

A．90°　　B．180°　　C．270°　　D．60°

**答案：**A

135．当小接地系统中发生单相金属性接地时，中性点对地电压为（　　）。

A．$U_\phi$　　B．$-U_\phi$　　C．0　　D．$\sqrt{3}U_\phi$

**答案：**B

136．观察图 1-5 中 35kV 母线电压和零序 $3U_0$ 录波，请判断电网发生了（　　）异常情况。

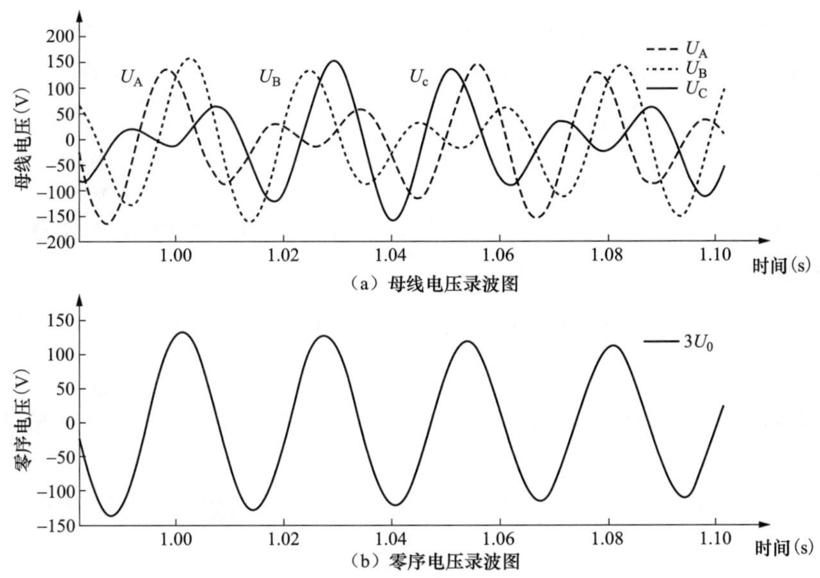


图 1-5 35kV 母线电压和零序 $3U_0$ 录波图

A．功率振荡　　B．三相短路　　C．铁磁谐振　　D．接地故障

**答案：** C

137．假设小电流系统中某线路中点处发生 AB 两相接地故障时 A 相短路电流为 6kA，则线路末端发生 AB 相间故障时 B 相短路电流有可能为（　　）。

A．9kA　　B．6kA　　C．4kA　　D．2kA

**答案：** C

**解析：** 考虑母线背后的等值系统阻抗的情况下，中点处发生 AB 两相接地故障时，A 相短路电流为 $I_{A1}=\dfrac{E}{Z_S+0.5Z_L}=6\text{kA}$，式中，$Z_S$ 表示母线背后的等值系统阻抗，$Z_L$ 表示线路等效阻抗。末端发生 AB 两相接地故障时，A 相短路电流为 $I_{A2}=\dfrac{E}{Z_S+Z_L}>\dfrac{E}{2Z_S+Z_L}=0.5I_{A1}=3\text{kA}$。因此线路末端发生故障时故障相电流大小在 3～6kA，故选 C。

138．10kV 不接地系统，母线的线电压 $U_{ab}$=10kV∠0°，$U_{bc}$=10kV∠−120°，$U_{ca}$=10kV∠120°，则相电压 $U_a$ 为（　　）。

A．5.77kV∠−30°　　B．5.77kV∠−150°　　C．5.77kV∠90°　　D．不能确定

**答案：** D

**解析：** 没有基准，无法判定。

139．10kV 不接地系统，母线仅带一条 5km 电缆线路，线路末端发生 A 相接地，线路首端零序电流特征是（　　）。

A．没有零序电流

B．有零序电流，正比于线路对地电容

C．有零序电流，反比于线路对地电容

D．有零序电流，与线路对地电容无关

**答案：**A

140．某 35kV 变电站发“35kV 母线接地”信号，测得三相电压为 A 相 22.5kV，B 相 23.5kV，C 相 0.6kV，则应判断为（　　）。

A．单相接地　　B．TV 断线　　C．铁磁谐振　　D．线路断线

**答案：**B

**解析：**35kV 系统相电压幅值为 $35/\sqrt{3}=20.21\text{kV}$，单相接地时可达线电压幅值 35kV，故可判定为 TV 断线。

141．对于小电流接地系统，若发生金属性单相接地故障，电压故障特征不正确的是（　　）。

A．故障相电压降为零　　B．非故障相电压升高为线电压

C．开口三角电压升至$100\sqrt{3}$ V　　D．线电压仍然对称

**答案：**C

**解析：**开口三角电压为 100V。

142．短路故障时，短路电流极限情况为三相短路电流幅值的（　　）倍。

A．2　　B．1.5　　C．1.2　　D．1

**答案：**B

**解析：**根据故障类型及序阻抗的变化可以确定 $I_{\text{K}}^{3}=\dfrac{E}{X_{\Sigma 1}}$，而 $I_{\text{KA}}^{1}=\dfrac{3E}{X_{\Sigma 1}+X_{\Sigma 2}+X_{\Sigma 0}}$，当 $X_{\Sigma 0}$ 趋向于 0 时，$I_{\text{KA}}^{1}=\dfrac{3E}{X_{\Sigma 1}+X_{\Sigma 2}+0}=1.5\dfrac{E}{X_{\Sigma 1}}=1.5I_{\text{K}}^{3}$。

143．系统接地短路时零序电流的大小和分布是与系统中变压器的中性点接地的（　　）有很大关系。

A．数目和阻抗　　B．阻抗和位置　　C．数目和位置

**答案：**C

144．双侧电源的输电线路发生不对称故障时，短路电流中各序分量受两侧电动势相差影响最大的是（　　）。

A．零序分量　　B．负序分量　　C．正序分量

**答案：**C

**解析：**正序分量的电源是故障点两侧的系统电源，而零、负序分量的电源在故障点。

145．大电流接地系统，在保护范围内部故障时，$3I_0$ 超前 $3U_0$（　　）。

A．90°～110°　　B．60°～90°　　C．0°～90°

**答案：**A

**解析**：$3U_0=-3I_0Z_S$。

146．大电流接地系统中，线路正方向发生经过渡电阻单相接地和两相接地故障时，零序电流超前零序电压的角度分别为（　　）。

A．70°、70°　　B．70°、110°

C．110°、110°　　D．与过渡电阻有关

**答案**：C

147．大电流接地系统反方向发生接地故障（k 点）时，在 M 处流过该线路的 $3I_0$ 与 M 母线 $3U_0$ 的相位关系是（　　）。

A．$3I_0$ 超前 M 母线 $3U_0$ 约 80°

B．$3I_0$ 滞后 M 母线 $3U_0$ 约 80°

C．取决于 M、N 两侧系统的零序阻抗

**答案**：B

**解析**：$3U_0=3I_0Z_N$。

148．关于零序电压，下列描述正确的是（　　）。

A．外接零序电压的相电压为 100V

B．外接的零序电压的相电压为 100/3V

C．外接的零序电压的相电压大小与系统接地性质有关

D．用于判断方向的零序电压取外接，不受 TV 断线的影响

**答案**：C

**解析**：大、小电流系统变比有区别，大小取外接，方向取自产。

149．两相短路时，短路点故障相电流是正序电流的（　　）。

A．$\sqrt{2}$ 倍　　B．$\sqrt{3}$ 倍　　C．2 倍

**答案**：B

**解析**：$I_{kB}=a^2I_{kA1}+aI_{kA2}$。

150．线路发生两相短路时，短路点处正序电压与负序电压的关系为（　　）。

A．$U_{K1}>U_{K2}$　　B．$U_{K1}=U_{K2}$　　C．$U_{K1}<U_{K2}$

**答案**：B

151．系统发生两相短路，短路点距母线远近与母线上负序电压值的关系是（　　）。

A．与故障点的位置无关

B．故障点越远，负序电压越高

C．故障点越近，负序电压越高

**答案**：C

152．当系统各元件正、负序阻抗相等时，两相短路故障非故障电压是故障相电压的（　　）。

A．1 倍　　B．$\sqrt{3}/2$ 倍

C．$\sqrt{3}$ 倍　　D．2 倍

**答案**：D

153．某输电线路，当发生 BC 两相短路时（如不计负荷电流），故障处的边界条件是（　　）。

A．$I_A=0$；$U_B=U_C=0$　　B．$U_A=0$；$I_B=I_C=0$

C．$I_A=0$；$I_B=-I_C$；$U_B=U_C$　　D．$I_A=0$；$I_A=I_C$

**答案**：C

154．输电线路 BC 两相金属性短路时，短路电流 $I_{BC}$（　　）。

A．滞后于 C 相电压一线路阻抗角

B．滞后于 B 相电压一线路阻抗角

C．滞后于 BC 相间电压一线路阻抗角

**答案**：C

**解析**：$U_{BC}=I_{BC}Z_L$。

155．AB 相金属性短路故障时，故障点序分量电压间的关系是（　　）。

A．C 相负序电压超前 B 相正序电压的角度是 120°

B．B 相正序电压超前 B 相负序电压的角度是 120°

C．C 相正序电压超前 B 相负序电压的角度是 120°

D．A 相负序电压超前 A 相正序电压的角度是 120°

**答案**：C

156．系统发生单相接地短路，短路点距母线远近与母线上零序电压值的关系是（　　）。

A．与故障点的位置无关　　B．故障点越远零序电压越高

C．故障点越近零序电压越高　　D．不确定

**答案**：C

157．双侧电源系统线路（MN）发生 N 侧母线出口单相接地故障，设系统各元件的正、负序阻抗相等，$Z_{N1}$、$Z_{N0}$ 为 N 侧系统到故障点的综合正、零序阻抗，$C_{1M}$、$C_{0M}$ 为 M 侧的正、零序电流分支系数，对侧（N 侧）故障相先单跳后，本侧（M 侧）零序电流增大的条件是（　　）。

A．$Z_{N0}<Z_{N1}$　　B．$Z_{N0}>Z_{N1}$

C．$C_{1M}<C_{0M}$　　D．$C_{1M}>C_{0M}$

**答案**：A

**解析**：N 侧 A 相断路器未跳闸时，M 侧的三倍零序电流为：$(3\dot{I}_{M0})^{(1)}=\dfrac{Z_{N0}}{Z_{M0}+Z_{N0}}\cdot$

$\dfrac{3\dot{U}_{KA[0]}}{2Z_{\Sigma 1}+Z_{\Sigma 0}}=\dfrac{3\dot{U}_{KA[0]}}{Z_{M0}+2Z_{M1}\cdot\dfrac{Z_{N1}}{Z_{N0}}\cdot\dfrac{Z_{M0}+Z_{N0}}{Z_{M1}+Z_{N1}}}$，考虑故障点在N母线出口时有 $Z_{N1}\ll Z_{M1}$、$Z_{N0}\ll Z_{M0}$。可得 $(3\dot{I}_{M0})^{(1)}=\dfrac{3\dot{U}_{KA[0]}}{Z_{M0}+\dfrac{Z_{N1}}{Z_{N0}}\cdot 2Z_{M}}$。

N 侧 A 相跳闸后，M 侧的三倍零序电流为：$3\dot{I}_{MA}=\dot{I}_{MA}+\dot{I}_{MB}+\dot{I}_{MC}=\dfrac{Z_{11}+2Z_{00}-2(Z_{M0}-Z_{M1})}{D}\cdot 3\dot{U}_{KA[0]}=\dfrac{3\dot{U}_{KA[0]}}{Z_{M0}+2Z_{M1}\left[1-\dfrac{3(Z_{M1}-Z_{M0})}{3Z_{M1}+Z_{N1}+2Z_{N0}}\right]}$。

在线路末端短路的一般情况下，同样有 $Z_{N0}\ll Z_{M1}$、$Z_{N1}\ll Z_{M1}$，上式改写为 $3\dot{I}_{M0}=\dfrac{3\dot{U}_{KA[0]}}{Z_{M0}+2Z_{M0}}$。

故 M 侧零序电流增大的条件是 $Z_{N0}<Z_{N1}$。

158．A相短路接地时，（　　）保持不变。

A．$U_B$、$U_C$ 不变　　B．$I_B$、$I_C$ 不变

C．$U_{BC}$、$I_{BC}$ 不变　　D．$U_B$、$U_C$、$I_B$、$I_C$ 不变

**答案**：C

159．如果不考虑负荷电流和线路电阻，在大接地电流系统中发生接地短路时，下列说法正确的是（　　）。

A．零序电流超前零序电压90°　　B．零序电流落后零序电压90°

C．零序电流与零序电压同相　　D．零序电流与零序电压反相

**答案**：A

**解析**：$U_0=-I_0X_S$。

160．220kV输电线路中间段发生单相接地故障时，电源侧母线上的负序电压 $U_2$、正序电压 $U_1$ 及零序电压 $U_0$ 的量值关系是（　　）。

A．$U_1=U_2=U_0$　　B．$U_1>U_0>U_2$

C．$U_1>U_2>U_0$　　D．$U_0>U_2>U_1$

**答案**：C

**解析**：故障点处 $U_1=-(U_2+U_0)$，电源处 $U_1$ 最高，$U_2$ 在电源处降为0，$U_0$ 在接地点降为0，所以电源母线处 $U_1>U_2>U_0$。

161．当大接地系统发生单相金属性接地故障时，故障点零序电压（　　）。

A．与故障相正序电压同相位　　B．与故障相正序电压相位相差180°

C．超前故障相正序电压90°　　D．滞后故障相正序电压90°

**答案**：B

**解析：** 故障点处 $U_1+U_2+U_0=0$，$U_0$ 与 $U_2$ 同向，所以 $U_1=-(U_2+U_0)$。

162. 中性点直接接地系统中线路发生单相接地故障时，短路点处正序电流、负序电流、零序电流的关系为（　　）。

A. $I_{K1}=I_{K2}=I_{K0}$　　B. $I_{K1}=I_{K2}>I_{K0}$　　C. $I_{K1}=I_{K2}<I_{K0}$

**答案：** A

163. 在大接地电流系统中，母线发生单相接地故障时，故障点的相电流是负序电流的（　　）倍。

A. 1　　B. 1.732　　C. 3

**答案：** C

**解析：** 有 $I_{k1}=I_{k2}=I_{k0}$，则 $I_{k\phi}=I_{k1}+I_{k2}+I_{k0}=3I_{k2}$。

164. 在无串联电容补偿大接地电流系统中，各元件的零序阻抗角为 70°，保护正方向发生单相故障时，保护安装处零序电流 $3I_0$ 超前零序电压 $3U_0$ 的相角是（　　）。

A. 30°　　B. 70°　　C. 110°

**答案：** C

165. 大接地电流系统，发生单相接地故障，零序电压在（　　）。

A. 接地短路点最高　　B. 变压器中性点最高

C. 各处相等

**答案：** A

166. 在输电线路发生 B 相单相接地故障时，线路始端 B 相电流的故障分量最大，A 相电流的故障分量与 C 相电流的故障分量的幅值关系是（　　）。

A. $\Delta I_a>\Delta I_c$　　B. $\Delta I_a<\Delta I_c$　　C. $\Delta I_a=\Delta I_c$　　D. $\Delta I_a\neq\Delta I_c$

**答案：** C

**解析：** 故障点有 $I_{B1}=I_{B2}=I_{B0}$，正、负、零序分布系数分别为 $C_{m1}$、$C_{m2}$、$C_{m0}$，则 $\Delta I_A=C_{m1}aI_{B1}+C_{m2}a^2I_{B2}+C_{m0}I_{B0}=C_{m1}aI_{B1}+C_{m2}a^2I_{B2}+C_{m0}I_{B0}=I_{B1}(C_{m1}a+C_{m1}a^2+C_{m0})=(C_{m0}-C_{m1})I_{B1}$，$\Delta I_C=C_{m1}a^2I_{B1}+C_{m2}aI_{B2}+C_{m0}I_{B0}=C_{m1}a^2I_{B1}+C_{m2}aI_{B2}+C_{m0}I_{B0}=I_{B1}(C_{m1}a^2+C_{m1}a+C_{m0})=(C_{m0}-C_{m1})I_{B1}$，从而有 $\Delta I_A=\Delta I_C$。

167. 如果电力系统各元件的阻抗角都相等并且忽略负荷电流，在线路发生单相接地时流过保护的两个非故障相电流为零的条件是正序电流、负序电流、零序电流的（　　）相等。

A. 幅值　　B. 分配系数　　C. 相位及幅值

**答案：** B

168. 在大接地电流系统中，正方向发生单相接地短路时，保护安装点的零序电压与零序电流的角度取决于（　　）。

A. 等于该点到故障点的线路零序阻抗角

B．等于该点正方向到零序网络中性点之间的零序阻抗角

C．等于该点反方向至零序网络中性点之间的零序阻抗角

D．不确定

**答案**：C

**解析**：$U_0=-I_0Z_S$。

169．在发电厂母线上发生单相接地故障，发电厂切除一台中性点不接地的发电机-变压器组时，发电厂出线的零序电流（　　）。

A．变大　　B．变小　　C．不变　　D．不定

**答案**：B

**解析**：发电厂母线等值正负序阻抗变大，零序电流变小。

170．下列（　　）故障出现零序电流。

A．单相接地　　B．相间短路　　C．三相短路

**答案**：A

171．当线路上发生 BC 两相接地短路时，从复合序网图中求出的各序分量的电流是（　　）中的各序分量电流。

A．C 相　　B．B 相　　C．A 相

**答案**：C

172．发生两相接地故障时，短路点的零序电流大于单相接地故障的零序电流的条件是（　　）。

A．$Z_{1\Sigma}<Z_{0\Sigma}$　　B．$Z_{1\Sigma}>Z_{0\Sigma}$　　C．$Z_{1\Sigma}=Z_{0\Sigma}$　　D．不确定

**答案**：B

**解析**：单相接地故障时零序电流 $I_0^1=3\dfrac{E}{Z_{1\Sigma}+Z_{2\Sigma}+Z_{0\Sigma}}=3\dfrac{E}{2Z_{1\Sigma}+Z_{0\Sigma}}$，两相短路接地故障时零序电流，$I_0^{1,1}=3\dfrac{E}{Z_{1\Sigma}+Z_{2\Sigma}//Z_{0\Sigma}}\times\dfrac{Z_{2\Sigma}}{Z_{2\Sigma}+Z_{0\Sigma}}=3\dfrac{E}{Z_{1\Sigma}+2Z_{0\Sigma}}$，若要 $I_0^1<I_0^{1,1}$，则有 $Z_{0\Sigma}<Z_{1\Sigma}$。

173．220kV 某一条线路发生两相接地故障时，该线路保护所测的正序和零序功率的方向是（　　）。

A．均指向线路

B．零序指向线路，正序指向母线

C．正序指向线路，零序指向母线

**答案**：C

174．中性点直接接地系统中线路发生两相接地短路时，若故障处负序综合阻抗小于零序综合阻抗时，则负序电流、零序电流的关系为（　　）。

A．$I_{k2}=I_{k0}$　　B．$I_{k2}>I_{k0}$　　C．$I_{k2}<I_{k0}$

答案：B

解析：$I_{k2}=-\dfrac{Z_{\Sigma0}}{Z_{\Sigma2}+Z_{\Sigma0}}I_{k1}$，$I_{k0}=-\dfrac{Z_{\Sigma2}}{Z_{\Sigma2}+Z_{\Sigma0}}I_{k1}$，因为 $Z_{\Sigma2}<Z_{\Sigma0}$，所以 $I_{k2}>I_{k0}$。

175. 如果对短路点的正、负、零序综合电抗为 $X_{1\Sigma}$、$X_{2\Sigma}$、$X_{0\Sigma}$，而且 $X_{1\Sigma}=X_{2\Sigma}$，两相接地故障时，故障点非故障相电压升高的条件是（　　）。

A. $X_{1\Sigma}>X_{0\Sigma}$　　B. $X_{1\Sigma}=X_{0\Sigma}$

C. $X_{1\Sigma}<X_{0\Sigma}$　　D. 始终不会升高

答案：C

解析：$U_{kA}=E_A-I_{kA1}Z_{\Sigma1}-I_{kA2}Z_{\Sigma2}-I_{kA0}Z_{\Sigma0}=E_A-I_{kA1}Z_{\Sigma1}-I_{kA2}Z_{\Sigma1}-I_{kA0}Z_{\Sigma1}+I_{kA0}Z_{\Sigma1}-I_{kA0}Z_{\Sigma0}$ $=E_A-(I_{kA1}+I_{kA2}+I_{kA0})Z_{\Sigma1}+(Z_{\Sigma1}-Z_{\Sigma0})I_{kA0}=E_A+(Z_{\Sigma1}-Z_{\Sigma0})I_{kA0}$，当 $(Z_{\Sigma1}-Z_{\Sigma0})I_{kA0}$ 与 $E$ 同方向时非故障相电压升高，而 $I_{kA0}$ 与 $I_{kA1}$ 反向，$I_{kA1}$ 落后 $E$ 一个线路阻抗角，所以 $Z_{\Sigma0}>Z_{\Sigma1}$ 时与 $E$ 同向。

176. 终端变电站的变压器中性点直接接地，在向该变电站供电的线路上发生两相接地故障，若不计负荷电流，则下列说法对的是（　　）。

A. 线路供电侧有正、负序电流　　B. 线路终端侧有正、负序电流

C. 线路终端侧三相均没有电流　　D. 线路供电侧非故障相没有电流

答案：A

177. 三相短路时，各相短路电流的非周期分量（　　）。

A. 为零　　B. 相等　　C. 不相等　　D. 不存在

答案：C

178. 当架空输电线路发生三相短路故障时，该线路保护安装处的电流和电压的相位关系是（　　）。

A. 功率因数角　　B. 线路阻抗角

C. 保护安装处的功角　　D. 0

答案：B

解析：$U_\phi=I_\phi Z_L$。

179. 在大接地电流系统中，同一点发生两相短路与三相短路的故障电流之比是（　　）。

A. 1　　B. 0.866　　C. 1.732　　D. 3

答案：B

解析：$I_k^3=\dfrac{E}{Z_{\Sigma1}}$，$I_k^2=\sqrt{3}\times\dfrac{E}{Z_{\Sigma1}+Z_{\Sigma2}}=\dfrac{\sqrt{3}}{2}\dfrac{E}{Z_{\Sigma1}}=\dfrac{\sqrt{3}}{2}I_k^3$。

180. 在中性点直接接地电网中，各元件正负序阻抗相等，在同一点若分别发生了金属性单相短接、两相短路和两相接地短路，则故障点的正序电压为（　　）。

A. 两相接地短路时最高　　B. 两相短路时最高

C．单相短路时最高

答案：C

解析：$U_1^1=-\dfrac{E}{Z_{\Sigma1}+Z_{\Sigma2}+Z_{\Sigma0}}(Z_{\Sigma2}+Z_{\Sigma0})=\dfrac{E}{1+\dfrac{Z_{\Sigma1}}{Z_{\Sigma2}+Z_{\Sigma0}}}$，$U_1^{1,1}=-\dfrac{E}{Z_{\Sigma1}+Z_{\Sigma2}//Z_{\Sigma0}}(Z_{\Sigma2}//Z_{\Sigma0})=\dfrac{E}{2+\dfrac{Z_{\Sigma1}}{Z_{\Sigma0}}}$，$U_1^2=\dfrac{E}{Z_{\Sigma1}+Z_{\Sigma2}}Z_{\Sigma2}=0.5E$，所以有$U_1^1>U_1^2>U_1^{1,1}$。

181．设系统各元件正、负序阻抗相等，同一点三相金属性短路故障与两相金属性短路故障，故障支路点的正序电流之比是（　　）。

A．1　　B．3/2　　C．3　　D．2

答案：D

解析：$I_{k1}^3=\dfrac{E}{Z_{\Sigma1}}$，$I_{k1}^2=\dfrac{E}{Z_{\Sigma1}+Z_{\Sigma2}}=\dfrac{E}{2Z_{\Sigma1}}=\dfrac{1}{2}I_k^3$。

182．大电流接地系统某处发生单相接地短路的故障电流与发生两相相间短路的故障电流相等的条件是：正序综合阻抗$X_{\Sigma1}$与零序综合阻抗$X_{\Sigma0}$之比约为（　　）。

A．1.46　　B．0.866　　C．0.685　　D．0.5

答案：C

解析：$\dfrac{3E}{X_{\Sigma1}+X_{\Sigma1}+X_{\Sigma0}}=\dfrac{\sqrt{3}E}{X_{\Sigma1}+X_{\Sigma1}}$，所以$X_{\Sigma1}=\dfrac{1}{2\sqrt{3}-2}X_{\Sigma0}=0.685X_{\Sigma0}$。

183．故障点零序综合阻抗大于正序综合阻抗时，与两相接地短路故障时的零序电流相比，单相接地故障的零序电流（　　）。

A．越大　　B．越小　　C．大小相同

答案：A

解析：单相接地故障时零序电流$I_0^1=\dfrac{E}{Z_{1\Sigma}+Z_{2\Sigma}+Z_{0\Sigma}}=\dfrac{E}{2Z_{1\Sigma}+Z_{0\Sigma}}$，两相接地短路故障时零序电流$I_0^{1,1}=\dfrac{E}{Z_{1\Sigma}+Z_{2\Sigma}//Z_{0\Sigma}}\times\dfrac{Z_{2\Sigma}}{Z_{2\Sigma}+Z_{0\Sigma}}=\dfrac{E}{Z_{1\Sigma}+2Z_{0\Sigma}}$，若要$Z_{0\Sigma}>Z_{2\Sigma}$，则有$I_0^1>I_0^{1,1}$。

184．在中性点直接接地电网中，单相接地和两相短路接地均有零序电流出现，在电网中同一地点分别发生单相接地、两相短路接地时，若单相接地零序电流大于两相短路接地的零序电流，则条件是（　　）。

A．$Z_{0\Sigma}>Z_{1\Sigma}$　　B．$Z_{0\Sigma}<Z_{1\Sigma}$　　C．$Z_{0\Sigma}=Z_{1\Sigma}$

答案：A

解析：$K^1$, $I_0^1=\dfrac{E}{Z_{1\Sigma}+Z_{2\Sigma}+Z_{0\Sigma}}=\dfrac{E}{2Z_{1\Sigma}+Z_{0\Sigma}}$，$K^{1,1}$, $I_0^{1,1}=\dfrac{E}{Z_{1\Sigma}+Z_{2\Sigma}//Z_{0\Sigma}}\times\dfrac{Z_{2\Sigma}}{Z_{2\Sigma}+Z_{0\Sigma}}=$

$\dfrac{E}{Z_{1\Sigma}+2Z_{0\Sigma}}$，若要 $I_0^1 > I_0^{1,1}$，则有 $Z_{0\Sigma} > Z_{2\Sigma}$。

185．假设系统中 $Z_{k1}=Z_{k2}$，在下列（　　）情况下单相接地故障电流大于三相故障电流（式中 $Z_{k1}$ 为故障点正序综合阻抗；$Z_{k0}$ 为故障点零序综合阻抗）。

A．$Z_{k0} > Z_{k1}$　　B．$Z_{k0}=Z_{k1}$　　C．$Z_{k0} < Z_{k1}$　　D．不定

**答案**：C

**解析**：$I_k^3=\dfrac{E}{Z_{\Sigma1}}=\dfrac{3E}{3Z_{\Sigma1}}$，$I_{k\phi}^1=3\dfrac{E}{Z_{1\Sigma}+Z_{2\Sigma}+Z_{0\Sigma}}$，若 $Z_{0\Sigma} < Z_{1\Sigma}$，则 $I_{k\phi}^1 > I_k^3$。

186．装在输电线路送电端和受电端的阻抗继电器分别在各自反方向短路时，过渡电阻的附加阻抗呈现不同性质（　　）。

A．送电侧反向短路，送电侧阻抗继电器附加阻抗呈现阻感性；受电侧反向短路，受电侧阻抗继电器附加阻抗呈现阻容性

B．送电侧反向短路，送电侧阻抗继电器附加阻抗呈现阻容性；受电侧反向短路，受电侧阻抗继电器附加阻抗呈现阻感性

C．送电侧反向短路，送电侧阻抗继电器附加阻抗呈现阻容性；受电侧反向短路，受电侧阻抗继电器附加阻抗呈现阻容性

D．送电侧反向短路，送电侧阻抗继电器附加阻抗呈现阻感性；受电侧反向短路，受电侧阻抗继电器附加阻抗呈现阻感性

**答案**：A

**解析**：如图 1-6 所示，送端附加电阻 $\Delta Z=\dfrac{I_F R}{I_M}$ 为阻感性，受端附加阻抗 $\Delta Z=\dfrac{I_F R}{I_N}$ 为阻容性。

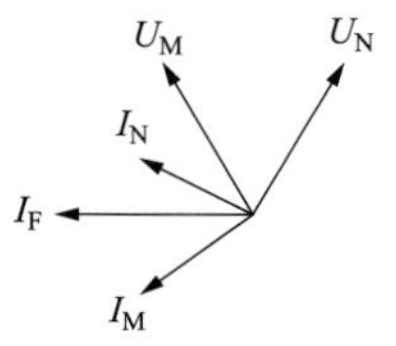

图 1-6　送电侧和受电压电压电流相量图

187．单相接地故障时，过渡电阻（　　）序电压和序电流之间的相位关系，（　　）正序突变量电压和正序突变量电流之间的相位关系，（　　）突变量电压和突变量电流之间的相位关系，（　　）故障点电压和电流之间的相位关系。

A．不影响、不影响、不影响、不影响　　B．影响、影响、影响、影响

C．影响、不影响、不影响、影响　　D．不影响、不影响、不影响、影响

**答案**：D

**解析**：$I_{kA}=\dfrac{3E}{Z_{\Sigma1}+Z_{\Sigma2}+Z_{\Sigma0}+3R_g}$。

188．在大电流接地系统中，当相邻平行线停运检修并在两侧接地时，电网接地故障线路通过零序电流，将在该运行线路上产生零序感应电流，此时在运行线路中的零序电流将会（　　）。

A．增大　　B．减少　　C．无变化

**答案**：A

**解析**：运行线路等效零序阻抗变小，零序电流增大。

189．Yd11 变压器高、低压侧一次电流的相位关系是（　　）。

A．高压侧电流 $I_A$ 超前低压侧电流 $I_a$ 30°

B．高压侧电流 $I_A$ 落后低压侧电流 $I_a$ 330°

C．高压侧电流 $I_B$ 落后低压侧电流 $I_a$ 150°

**答案**：C

**解析**：高压侧电流 $I_A$ 落后低压侧电流 $I_a$ 30°，而 $I_A$ 超前 $I_B$ 120°，所以 $I_B$ 落后 $I_a$ 150°。

190．一台 Yd11 接线的变压器，是指正常运行时（　　）。

A．星形侧相电压超前三角侧相电压 30°

B．星形侧线电压超前三角侧线电压 30°

C．星形侧线电压滞后三角侧线电压 30°

**答案**：C

191．Yy12 接线的变压器是指低压侧相位比高压侧相位（　　）。

A．滞后 30°　　B．同相位　　C．超前 30°　　D．超前 60°

**答案**：B

192．Yd11 接线的变压器装有微机差动保护，其 Y 侧电流互感器的二次电流相位补偿是通过微机软件实现的。现整定 Y 侧二次基准电流 $I_e$=5A，差动动作电流定值为 $I_{ZD}$= $0.2I_e$，试验时用单相法从 Y 侧模拟 AB 相短路，其动作电流应为（　　）左右。

A．$\sqrt{3}/2$A　　B．$\sqrt{3}$A　　C．1A　　D．2A

**答案**：A

**解析**：单相法模拟 AB 相短路，即 A 进 B 出，$I_{DZA}=\dfrac{I_A-I_B}{\sqrt{3}}=\dfrac{2}{\sqrt{3}}I_A=5\times0.2=1$，所以 $I_A=\dfrac{\sqrt{3}}{2}$。

193．空投变压器时变压器铁芯中通常会出现数值很大的励磁电流，励磁电流中的谐波含量主要以（　　）为主。

A．二次谐波　　B．三次谐波

C．四次谐波　　D．五次谐波

**答案**：A

194．在同样情况下，YNyn 接线变压器一次侧看进去的零序电抗比 YNd 接线变压器的零序电抗（　　）。

A．大　　B．小　　C．不确定

答案：A

195．一台容量为750MVA的双绕组自耦变压器，额定电压为525/242kV，当带额定负荷时，其公共绕组中流过的电流为（　　）。

A．964.5A　　B．0.0A　　C．1789.3A　　D．824.8A

答案：A

解析：$I = I_L - I_H = \dfrac{S}{\sqrt{3}U_L} - \dfrac{S}{\sqrt{3}U_H} = (1789.3 - 824.8)\,\text{A} = 964.5\text{A}$。

196．一台微机变压器保护用于YNynd接线的变压器，外部电流互感器全星形接入，微机保护内部转角。当在高压侧通单相电流和三相对称电流时，（　　）。

A．动作值不一样，两者之间的比值是$1:\sqrt{3}$，通单相电流动作值大，三相对称电流动作值小

B．动作值不一样，两者之间的比值是$1:\sqrt{3}$，通单相电流动作值小，三相对称电流动作值大

C．动作值一样

解析：单相时，$I_{dA} = \dfrac{I_A - I_B}{\sqrt{3}} = \dfrac{I_A}{\sqrt{3}}$；三相时，$I_{dA} = \dfrac{I_A - I_B}{\sqrt{3}} = \dfrac{\sqrt{3}I_A}{\sqrt{3}} = I_A$。

答案：A

197．Yd11接线的变压器△侧发生两相短路时，Y侧有一相电流比另外两相电流大，该相是（　　）。

A．同名故障相中的超前相　　B．同名故障相中的滞后相

C．同名的非故障相　　D．不能确定

答案：B

198．某35/10.5kV变压器的接线形式为Yd11，若其10kV侧发生AB相间短路时，该侧A、B、C相短路电流标幺值分别为$I_K$、$-I_K$、0，则高压侧的A、B、C相短路电流的标幺值为（C）。

A．$I_K$、$I_K$、0　　B．$\dfrac{I_K}{\sqrt{3}}$、$-\dfrac{I_K}{\sqrt{3}}$、0

C．$\dfrac{I_K}{\sqrt{3}}$、$-\dfrac{2I_K}{\sqrt{3}}$、$\dfrac{I_K}{\sqrt{3}}$　　D．$-\dfrac{I_K}{\sqrt{3}}$、$-\dfrac{2I_K}{\sqrt{3}}$、$\dfrac{I_K}{\sqrt{3}}$

答案：C

199．一条线路M侧为系统，N侧无电源但主变压器（YNynd接线）中性点接地，当YN侧线路A相接地故障时，如果主变压器未带负荷，则（　　）。

A．N侧A相无电流，B、C相有短路电流

B．N侧A相无电流，B、C相电流大小不同

C．N侧A相有电流，与B、C相电流大小相等且相位相同

D．N 侧 A 相有电流，与 B、C 相电流大小相等但相位不同

**答案：**C

200．在升压变压器接线组别为 Yd11 接线，变压器高压侧（Y 侧）发生两相短路时，低压侧（△侧）的某一相的电流等于其他两相短路电流的两倍，如果低压侧 AB 相短路，则高压侧的电流的标幺值为（　　）。

A．$I_a=\frac{2}{\sqrt{3}}I_d$　　B．$I_b=\frac{2}{\sqrt{3}}I_d$　　C．$I_c=\frac{2}{\sqrt{3}}I_d$

**答案：**B

201．单相断线的故障断口边界条件与（　　）的相似。

A．单相接地短路　　B．两相短路　　C．两相短路接地

**答案：**C

**解析：**$I_\phi=0$，另外两相电压变化量都为 0，与两相接地短路边界条件一致。

202．线路断相运行时，两健全相之间的夹角与系统综合阻抗 $Z_0/Z_1$ 有关，$Z_0/Z_1$ 为 1 时，两夹角（　　）。

A．大于 120°　　B．等于 120°　　C．小于 120°　　D．等于 110°

**答案：**B

**解析：**$Z_1=Z_0$，$I_{A1}=\frac{\Delta E}{Z_1+Z_2//Z_0}=\frac{\Delta E}{Z_1+Z_1//Z_1}=\frac{\Delta E}{1.5Z_1}$，$I_{A2}=-\frac{Z_0}{Z_2+Z_0}I_{A1}=-0.5I_{A1}$，$I_{A0}=-\frac{Z_2}{Z_2+Z_0}I_{A1}=-0.5I_{A1}$，所以 B、C 相夹角为 120°。

203．线路断相运行时，两健全相电流之间的夹角与系统纵向阻抗 $Z_{1\Sigma}/Z_{0\Sigma}$ 有关。若 $Z_{1\Sigma}/Z_{0\Sigma}>1$，此时两电流间夹角（　　）。

A．大于 120°　　B．为 120°

C．小于 120°　　D．变化范围较大

**答案：**C

**解析：**$I_{A1}=\frac{\Delta E}{Z_1+Z_1//Z_0}$，$I_{A2}=-\frac{Z_0}{Z_2+Z_0}I_{A1}$，$I_{A0}=-\frac{Z_2}{Z_2+Z_0}I_{A1}$，$Z_{\Sigma1}/Z_{\Sigma0}>1$，即 $I_{A0}>I_{A2}$，$I_B=a^2I_{A1}+aI_{A2}+I_{A0}$，$I_C=aI_{A1}+a^2I_{A2}+I_{A0}$，则 $\arg\frac{I_B}{I_C}<120°$。

204．在中性点直接接地电网中，某断相处的正、负序纵向阻抗相等，即 $Z_{11}=Z_{22}$，当单相断线的零序电流大于两相断线的零序电流时，则条件是（　　）。

A．断相处纵向零序阻抗等于纵向正序阻抗

B．断相处纵向零序阻抗小于纵向正序阻抗

C．断相处纵向零序阻抗大于纵向正序阻抗

**答案：**B

**解析**：单相断线时，$I_{A0}=-\dfrac{Z_2}{Z_2+Z_0}\dfrac{\Delta E}{Z_1+Z_1//Z_0}=\dfrac{\Delta E}{Z_1+2Z_0}$；两相断线时，$I_{A0}=\dfrac{\Delta E}{2Z_1+Z_0}$。若要单相断线的零序电流大于两相断线的零序电流，$\dfrac{\Delta E}{Z_1+2Z_0}>\dfrac{\Delta E}{2Z_1+Z_0}$，则 $Z_1>Z_0$。

205．当TV接于母线上时，线路出现非全相运行，如果断线相又发生接地故障，两端负序方向元件（　　）。

A．不能正确动作　　B．能正确动作　　C．动作特性不确定

**答案**：B

206．断路器非全相运行时，负序电流的大小与负荷电流的大小关系为（　　）。

A．成正比　　B．成反比　　C．不确定

**答案**：A

**解析**：$I_{A2}^{(1,1)}=-I_{A2}^{(1,1)}\dfrac{Z_{00}}{Z_{22}+Z_{00}}=-\dfrac{\Delta E_A}{Z_{11}+Z_{22}//Z_{00}}\dfrac{Z_{00}}{Z_{22}+Z_{00}}=-\dfrac{I_{loa.A}Z_{11}}{Z_{11}+Z_{22}//Z_{00}}\dfrac{Z_{00}}{Z_{22}+Z_{00}}$。

207．一条双侧电源的220kV输电线路，输出功率为150＋j70MVA。运行中送电侧A相断路器突然跳开，出现一个断口的非全相运行，就断口点两侧负序电压间的相位关系（系统无串联补偿电容），正确的是（　　）。

A．同相

B．反相

C．可能同相，也可能反相，视断口点两侧负序阻抗相对大小而定

**答案**：B

**解析**：$U_{M0}=-I_{M0}Z_{M0}$，$U_{N0}=-I_{N0}Z_{N0}$，又 $I_{M0}=-I_{N0}$，所以 $U_{M0}$ 与 $U_{N0}$ 反向。

208．中性点直接接地电网中，某线路A相跳闸出现非全相运行，某保护安装处的负序电压（　　）。

A．离断口越远，负序电压越小

B．离断口越近，负序电压越小

C．与断口位置无关，仅与电网结构、运行方式有关

D．与断口位置无关，与电网结构、运行方式无关

**答案**：C

209．电力系统在运行中，必须同时满足三种稳定，应是（　　）。

A．同步稳定、暂态稳定、动态稳定

B．静态稳定、暂态稳定、动态稳定

C．静态稳定、电压稳定、频率稳定

D．同步稳定、电压稳定、频率稳定

**答案**：D

210．无功功率严重不足会造成（　　）破坏事故。

A．静态稳定　　B．暂态稳定　　C．电压崩溃　　D．频率崩溃

**答案：**C

211．电力系统在发生故障或断开线路等大的扰动后仍能保持同步稳定运行，我们称之为系统是（　　）的。

A．静态稳定　　B．暂态稳定　　C．动态稳定　　D．热稳定

**答案：**B

212．快速切除线路和母线的短路故障，是提高电力系统（　　）的重要手段。

A．静态稳定　　B．暂态稳定　　C．动态稳定

**答案：**B

213．为了提高电力系统暂态稳定水平，以下属于减小加速面积的措施为（　　）。

A．串联电容补偿　　B．加快切除短路故障

C．电气制动　　D．自动重合闸

**答案：**B

214．对电力系统的稳定性干扰最严重的一般是（　　）。

A．投切大型空载变压器　　B．发生三相短路故障

C．发生两相接地短路　　D．发生单相接地

**答案：**B

215．电力系统振荡时，接地故障点的零序电流将随振荡角的变化而变化。当故障点越靠近振荡中心，零序电流变化幅度（　　）。

A．越大　　B．越小　　C．不变　　D．不定的

**答案：**A

**解析：**$I=\left|\dfrac{E_{\mathrm{S}}-E_{\mathrm{R}}}{Z_{\Sigma}}\right|=\left|\dfrac{E_{\mathrm{S}}(1-\mathrm{e}^{-\mathrm{j}\delta})}{Z_{\Sigma}}\right|=\dfrac{2E}{Z_{\Sigma}}\sin\dfrac{\delta}{2}$，当$\delta=180°$时，电流最大。

216．电力系统发生振荡时，各点电压和电流（　　）。

A．均做往复性摆动

B．均会发生突变

C．在振荡的频率高时会发生突变

**答案：**A

217．系统短路时电流、电压是突变的，而系统振荡时电流、电压的变化是（　　）。

A．缓慢的且与振荡周期无关　　B．与三相短路一样快速变化

C．缓慢的且与振荡周期有关　　D．之间的相位角基本不变

**答案：**C

218．电力系统发生振荡时，振荡中心电压的波动情况是（　　）。

A. 幅度最大　　B. 幅度最小　　C. 幅度不变　　D. 不一定

**答案**：A

**解析**：$U_C = E\cos\frac{\delta}{2}$，$\delta = 180°$。

219. 系统发生振荡时不允许保护误动作跳闸。而继电保护整定时考虑的系统最长振荡周期为（　　）s。

A. 0.5　　B. 1.5　　C. 3　　D. 6

**答案**：B

220. 当两侧电动势幅值不相等时，例如$|E_s|>|E_R|$时，振荡中心将向（　　）的一侧偏移，即向（　　）侧偏移。

A. 电动势大、R 轴　　B. 电动势小、R 轴

C. 电动势大、–R 轴

**答案**：B

221. 如图 1-7 所示，双端电源系统发生振荡，图（a）、图（b）、图（c）为 A 相电气量，图（a）、图（b）、图（c）分别对应（　　）。

（a）

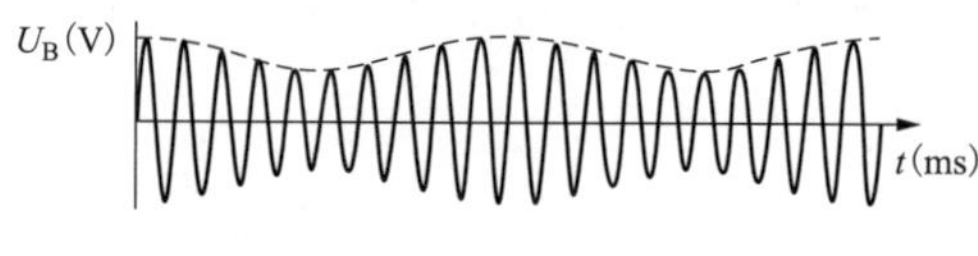


（b）

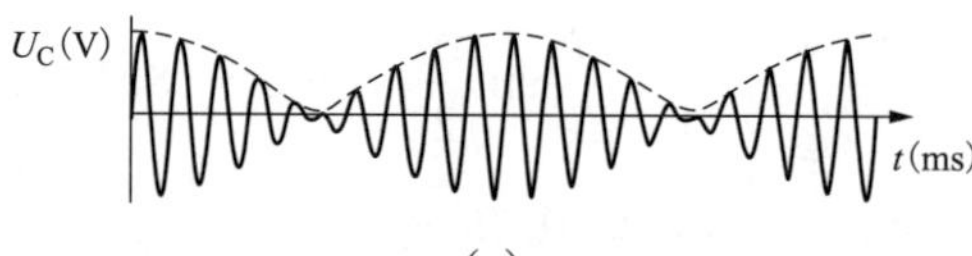


（c）

图 1-7　双端电源系统振荡图

A. 线路电流、母线电压、振荡中心电压

B. 线路电流、振荡中心电压、母线电压

C. 振荡中心电压、线路电流、母线电压

D. 振荡中心电压、母线电压、线路电流

**答案**：A

**解析**：振荡中心电压变化最大，可到零，且振荡中心电压和母线电压变化趋势一致，所以图（a）是振荡中心电流，图（b）是母线电压，图（c）是振荡中心电压。

## 二、多选题

1．电力系统短路暂态过程中产生的非周期分量电流与短路时的电压初相角有关，当系统阻抗角为 80°时，若故障前空载，当初相角为（　　）时，非周期分量电流最大。

A．−10°　　B．10°　　C．170°　　D．190°

**答案**：AC

**解析**：$|x-80°|=90°$，$x=-10°$ 或 $170°$。

2．某线路发生短路故障，通常情况下故障线路中的电流含有非周期分量，该线路所在母线电压也含有非周期分量，关于非周期分量相对含量的大小，下列说法不正确的是（　　）。

A．电压中的非周期分量的含量相对较大

B．电流、电压中的非周期分量相对含量相当

C．电流中的非周期分量的含量相对较大

D．无法断定哪个较大

**答案**：ABD

3．高压远距离输电线路的分布电容对短路电流的暂态过程产生很大的影响。在线路发生短路故障后，短路电流中的暂态分量的性质是（　　）。

A．高频分量　　B．低频分量　　C．工频分量　　D．直流分量

**答案**：AD

4．继电保护快速切除故障对电力系统有（　　）好处。

A．提高发电机效率

B．电压恢复快，电动机容易自启动并迅速恢复正常，从而减少对用户的影响

C．减轻电气设备的损坏程度，防止故障进一步扩大

D．短路点易于去游离，提高重合闸的成功率

**答案**：BCD

5．线路串联补偿电容主要与（　　）有关。

A．分布电容　　B．线路和系统电感

C．并联电抗器

**答案**：BC

6．在变电站某一点的暂态电磁干扰有（　　）。

A．传导　　B．辐射　　C．耦合　　D．差模

**答案**：AB

7．长线的分布电容影响线路两侧电流的（　　）。

A．大小　　B．相位　　C．频率　　D．方向

答案：AB

8．超高压输电线路及变电站，采用分裂导线与采用相同截面的单根导线相比较，下列项目中（　　）项是正确的。

A．分裂导线通流容量大些

B．分裂导线较易发生电晕，电晕损耗大些

C．分裂导线对地电容大些

D．分裂导线结构复杂些

答案：ACD

9．正弦交流量的三要素是（　　）。

A．频率　　B．幅值　　C．平均值　　D．初相位

答案：ABD

10．微机保护中通常用来保存定值信息的存储器是（　　）。

A．FLASH ROM　　B．EPROM　　C．$E^2$PROM　　D．SRAMAC

答案：AC

11．微机保护中采用的全周积分算法，正确的是（　　）。

A．有滤去高次谐波电流的作用，并且随采样点数的增大滤波作用也增大

B．有一定抑制非周期分量的作用，但作用并不十分明显

C．计算出的电压或电流值随采样频率的增高，幅度也相对增大

答案：AC

12．下列对于突变量继电器的描述，正确的是（　　）。

A．突变量保护与故障的初相角有关

B．突变量继电器在短暂动作后仍需保持到故障切除

C．突变量保护在故障切除时会再次动作

D．继电器的起动值离散较大，动作时间也有离散

答案：ACD

13．关于无限大功率电源，下述说法中正确的是（　　）。

A．无限大功率电源的端电压和功率保持不变

B．无限大功率电源供电情况下，三相短路电流中的周期分量在暂态过程中幅值保持不变

C．无限大功率电源供电情况下；三相短路电流中的非周期分量起始值均相等

D．无限大功率电源供电情况下，发生三相短路后的暂态过程中，各相短路电流中都包含有周期分量和非周期分量

答案：ABD

14．关于负序、零序分量和工频变化量这三类分量下列说法正确的是（　　）。

A．正常运行时，三者均为零，仅在故障时出现

B．三者均可以实现延时的后备保护

C．零负序分量只要不对称故障存在，他们就存在

D．零负序分量构成的保护可以实现快速保护

答案：AD

15．在（　　）时，从复合序网图中求得的是 B 相上的各序分量电流、电压。

A．AB 两相接地　　B．BC 两相断线

C．AC 两相短路　　D．B 相经过渡电阻接地

答案：CD

16．电力系统中的电力变压器中性点接地方式有（　　）。

A．经串联电抗器接地　　B．中性点不接地

C．经消弧线圈接地　　D．中性点直接接地

答案：BCD

17．自耦变压器的优点有（　　）。

A．节省材料，造价低

B．不同电压的零序网络连通，因此零序保护的配合简单

C．损耗少（包括铜损及铁损）

D．重量轻，便于运输安装，能扩大变压器的极限制造容量

答案：ACD

18．自耦变压器的缺点有（　　）。

A．自耦变压器由于原边与副边之间除磁耦合外还有电气直接耦合，增加保护配置的复杂性

B．中性点绝缘水平低，故中性点必须直接接地，增加系统单相短路容量

C．变压器铁损较大

D．使不同电压的零序网络相连通，给零序保护的配合带来困难

答案：ABD

19．变压器并联运行的条件是所有并联运行变压器的（　　）。

A．变比相等　　B．短路电压相等

C．绕组接线组别相同　　D．中性点绝缘水平相当

答案：ABC

20．对于远距离超高压输电线路，一般在输电线路的两端或一端变电站内装设三相对地的并联电抗器，其作用是（　　）。

A．为吸收线路容性无功功率、限制系统的操作过电压

B．对于使用单相重合闸的线路，限制潜供电容电流、提高重合闸的成功率

C．限制线路故障时的短路电流

D．消除长线路低频振荡，提高系统稳定性

**答案：** AB

**解析：** 降低工频电压升高。超高压输电线路一般距离较长，可达数百公里，由于线路采用分裂导线，线路的相间和对地电容均很大，在线路带电的状态下，线路相间和对地电容中产生相当数量的容性无功功率（即充电功率），且与线路的长度成正比，其数值可达 200～300kvar，大量容性功率通过系统感性元件（发电机、变压器、输电线路）时，末端电压将要升高，即所谓“容升”现象。在系统为小运行方式时，这种现象尤其严重。在超高压输电线路上接入并联电抗器后，可明显降低线路末端工频电压的升高。有利于单相重合闸。为了提高运行可靠性，超高电网中常采用单相自动重合闸，即当线路发生单相接地故障时，立即断开该相线路，待故障处电弧熄灭后再重合该相。由于超高压输电线路间电容和电感（互感）很大，故障相断开短路电流后，非故障相（电源中性点接地）电源将经过这些电容和电感向故障点继续提供电弧电流（即潜供电流），使故障处电弧难于熄灭。如果线路上并联三相 Y 形的电抗器，且 Y 形接线的中性点经小电抗器接地，就可以限制和消除单相接地处的潜供电流，使电弧熄灭，有利于重合闸成功。这时的小电抗器相当于消弧线圈。

21．理论上讲，地理位置靠近的平行线路，线路之间存在零序互感，在相邻线路有零序故障电流流过时，本线路会出现感应零序电势 $U_m$。关于 $U_m$ 以下论述正确的为（　　）。

A．与两线之间的互感系数 $Z_m$ 有关，$Z_m$ 越大，$U_m$ 越大。

B．与另一回线之的零序电流 $3I_0$ 邻线有关，$3I_0$ 邻线越大，$U_m$ 越大。

C．与本线路的零序电流 $3I_0$ 本线有关，$3I_0$ 本线越大，$U_m$ 越大。

D．与本线路的零序电流 $3I_0$ 本线无关。

**答案：** ABD

**解析：** $U_0 = -I_0 Z_S$。

22．如果线路受进有功功率与送出无功功率相等，则线路电流、电压相位关系为（　　）。

A．A 相电压超前 B 相电流 105°　　B．C 电流超前 B 相电压 105°

C．B 相电流超前 A 相电压 105°　　D．C 相电压超前 B 相电流 15°

**答案：** BCD

**解析：** $\arg(U_A / I_A) = 135°$。

23．设 $I_a$、$I_b$、$I_c$ 为一组工频负序电流，当采样频率是 600Hz 时，采样电流表示为 $I_a$（0）、$I_b$（0）、$I_c$（0），$I_a$（1）、$I_b$（1）、$I_c$（1），$I_a$（2）、$I_b$（2）、$I_c$（2），…，$I_a$（12）、$I_b$（12）、$I_c$（12），$I_a$（13）、$I_b$（13）、$I_c$（13）、…，下列正确的等式是（　　）。

A. $I_a$（3）=$I_b$（9）=$I_c$（12） B. $I_a$（2）=$I_b$（10）=$I_c$（6）

C. $I_a$（4）=$I_b$（8）=$I_c$（4） D. $I_a$（7）=$I_b$（8）=$I_c$（16）

**答案**：BCD

24. 下列情况中出现 3 次谐波的是（  ）。

A. TA 稳态饱和时二次电流中有 3 次谐波

B. TA 暂态饱和时二次电流中有 3 次谐波

C. 发电机过励磁时差动电流中有 3 次谐波

D. 变压器过励磁时差动电流中有 3 次谐波

**答案**：ABD

25. 以下关于有零序互感的平行双回线与同杆并架双回线的主要差别描述正确的是（  ）。

A. 后者零序互感大于前者 B. 后者正序互感大于前者

C. 发生跨线故障的可能性，后者大于前者 D. 后者负序互感大于前者

**答案**：ABCD

26. 为了计算变压器的参数，通常需做变压器的（  ）试验。

A. 核相 B. 空投变压器

C. 短路试验 D. 空载试验

**答案**：CD

27. 10kV 不接地系统（$U_n$ 为 5.77kV）馈线末端发生 BC 接地故障，母线电压（$U_a$、$U_b$、$U_c$）特征有（  ）。

A. $U_a$ 幅值约为 $\sqrt{3}\,U_n$

B. $U_a$ 幅值约为 $1.5U_n$

C. $U_b$ 和 $U_c$ 相位差约为 0°

D. $U_b$ 和 $U_c$ 相位差约为 180°

**答案**：BD

**解析**：不接地系统馈线末端发生 BC 相接地故障时的电压相量如图 1-8 所示，可知，$U_a$ 幅值约为 $1.5U_n$，$U_b$ 和 $U_c$ 相位差约为 180°。

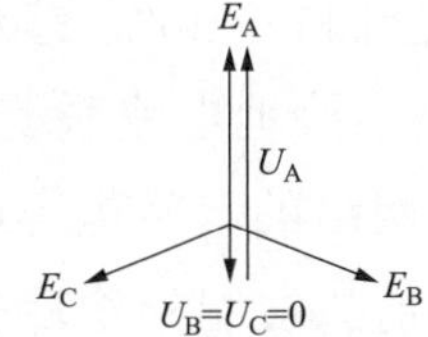


图 1-8 不接地系统馈线末端发生 BC 相接地故障时的电压相量图

28. 当中性点不接地系统发生单相接地故障时，以下说法错误的是（  ）。

A. 在发生单相接地时，相当于在故障点产生一个其值与故障相电压大小相等、方向相反的零序电压，从而全系统都将出现零序电压

B. 零序网络由各电压等级网络中元件对地的等值构成通路，与中性点直接接地系统由接地的中性点构成通路有所不同

C. 在不考虑负荷电流的前提下，非故障相中流过的电流，其数值等于本身对地电

容电流

D．故障点流过的电流，其数值等于该系统非故障相对地电容电流之和

E．考虑零序网络中分布电容的影响时，系统各处的零序电压相等

**答案：**BE

**解析：**零序网络由各电压等级网络中分布电容对地的等值构成通路；考虑零序网络中分布电容的影响时，系统各处的零序电压不等。

29．我国配电网大量采用中性点经消弧线圈接地运行方式，消弧线圈的主要作用为（　　）。

A．补偿接地故障点的接地电流

B．降低系统零序阻抗

C．抑制弧光接地过电压

D．减小线路相间短路电流

**答案：**AC

30．小电流接地系统当发生单相接地时，其余两相的电压数值变化为（　　）。

A．其他两相电压幅值升高 $\sqrt{3}$ 倍

B．其他两相电压幅值降低 $\sqrt{3}$ 倍

C．超前相电压并向超前相移 30°

D．落后相电压并向落后相移 30°

**答案：**ACD

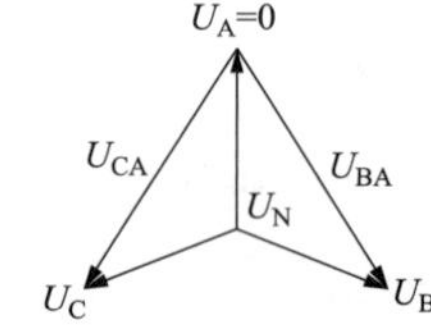


图 1-9　小电流接地系统发生单相接地时的电压相量图

**解析：**小电流接地系统发生单相接地时，其三相电压相量图如图 1-9 所示（以 A 相接地为例），可知超前相电压并向超前相移 30°，落后相电压并向落后相移 30°，且其他两相电压幅值升高 $\sqrt{3}$ 倍。

31．小接地电流系统的零序电流保护，可利用（　　）电流作为故障信息量。

A．网络的自然电容电流

B．消弧线圈补偿后的残余电流

C．人工接地电流（此电流不宜大于 10～30A，且应尽可能小）

D．单相接地故障的暂态电流

**答案：**ABCD

32．小接地电流系统发生单相接地时，有（　　）。

A．接地电流很小

B．线电压对称

C．非故障相电压升高 $\sqrt{3}$ 倍

D．没有负序电压分量

**答案：**ABCD

33．在中性点不接地电网中，经过过渡电阻 $R_g$ 发生单相接地，下列正确的是（　　）。

A．$R_g$ 大小会影响接地故障电流和母线零序电压相位

B. $R_g$ 不影响非故障线路零序电流和母线零序电压间相位

C. $R_g$ 大小会影响故障线路零序电流和母线零序电压间相位

D. $R_g$ 不影响接地故障电流和母线零序电压相位

**答案**：AB

34. 在中性点经消弧线圈接地的电网中，过补偿运行时消弧线圈的主要作用是（　　）。

A. 改变接地电流相位

B. 减小接地电流

C. 消除铁磁谐振过电压

D. 减小单相故障接地时故障点恢复电压

**答案**：ACD

35. 中性点不接地系统线路发生单相接地故障时，以下描述正确的是（　　）。

A. 非故障线路零序电流方向由线路流向母线

B. 非故障线路零序电流方向由母线流向线路

C. 故障线路零序电流方向由线路流向母线

D. 故障线路零序电流方向由母线流向线路

**答案**：BC

36. AB 两相经过渡电阻接地时，当接地电阻不断增大时，C 相负序电流滞后零序电流的角度可能为（　　）。

A. 40°　　B. 80°　　C. 120°　　D. 150°

**答案**：AB

**解析**：$\arg\frac{I_0}{I_2}=\arg\frac{Z_{\Sigma 2}}{Z_{\Sigma 0}+3R_g}$，当 $R_g \to \infty$，趋近于 90°。

37. 超高压输电线单相接地两侧保护动作单相跳闸后，故障点有潜供电流，潜供电流大小与多种因素有关，正确的是（　　）。

A. 与线路电压等级有关　　B. 与线路长度有关

C. 与负荷电流大小有关　　D. 与故障点的过渡电阻大小有关

**答案**：ABC

38. 超高压输电线单相接地两侧断路器单相跳开后，故障点有潜供电流存在，潜供电流由互感耦合、电容耦合两部分组成，下列说法正确的是（　　）。

A. 互感耦合形成的潜供电流与故障点位置有关，电容耦合形成的潜供电流与故障点位置无关

B. 电容耦合的潜供电流比互感耦合的潜供电流要大得多

C. 就电容耦合的潜供电流，熄弧时恢复电压与该潜供电流有 90°的相角差

答案：ABC

39．在大接地电流系统中，当本侧正、负序阻抗分配系数不相等时，则线路发生两相短路时，关于保护安装处的电压、电流，说法错误的有（　　）。

A．非故障相中没有故障分量电流，保持原有负荷电流

B．非故障相中除负荷电流外，还有故障分量电流

C．非故障相电压要升高或降低，升高或降低的值与距离故障点距离无关

D．非故障相电压保持不变

答案：ACD

解析：$I_{\mathrm{ka1}}=\dfrac{E}{Z_{\Sigma1}+Z_{\Sigma2}+R_{\mathrm{g}}}$，$U_{\mathrm{kA}}=E_{\mathrm{A}}+\mathrm{j}I_{\mathrm{ka1}}(Z_{\Sigma2}-Z_{\Sigma1})$。

40．大接地电流系统中，当系统中各元件的正、负序阻抗相等时，则线路发生单相接地时，下列正确的是（　　）。

A．非故障相中没有故障分量电流，保持原有负荷电流

B．非故障相中除负荷电流外，还有故障分量电流

C．非故障相电压升高或降低，随故障点综合正序、零序阻抗相对大小而定

D．非故障相电压保持不变

答案：BC

解析：$\Delta I_{\mathrm{B}}=C_{\mathrm{m1}}a^2I_{\mathrm{A1}}+C_{\mathrm{m2}}aI_{\mathrm{A2}}+C_{\mathrm{m0}}I_{\mathrm{A0}}=C_{\mathrm{m1}}a^2I_{\mathrm{A1}}+C_{\mathrm{m2}}aI_{\mathrm{A2}}+C_{\mathrm{m0}}I_{\mathrm{A0}}=I_{\mathrm{A1}}(C_{\mathrm{m1}}a^2+C_{\mathrm{m1}}a+C_{\mathrm{m0}})=(C_{\mathrm{m0}}-C_{\mathrm{m1}})I_{\mathrm{A1}}$。

41．在大接地电流系统中，当系统中各元件的正、负序阻抗相等时，则双电源线路发生单相接地时，下列说法正确的是（　　）。

A．非故障相中没有故障分量电流，保持原有负荷电流

B．非故障相中除负荷电流外，一定有故障分量电流

C．非故障相电压升高或降低，随故障点综合正序-零序阻抗相对大小而定

D．非故障相电压保持不变

E．非故障相中除负荷电流外，不一定有故障分量电流

答案：CE

42．在正序回路中，下列说法正确的是（　　）。

A．电源点正序电压最高　　B．保护安装处正序电压最低

C．故障点处正序电压最低　　D．故障点处正序电压最高

答案：AC

43．大接地电流系统中，AC 相金属性短路直接接地时，故障点序分量电压间的关系是（　　）。

A．B 相负序电压超前 C 相正序电压的角度是 120°

B．A 相正序电压与 C 相负序电压同相位

C．B 相零序电压超前 A 相负序电压的角度是 120°

D．B 相正序电压滞后 C 相零序电压的角度是 120°

**答案：**ABC

**解析：**$U_{B1}=U_{B2}=U_{B0}$。

44．大接地电流系统中，若 $Z_{\Sigma1}=Z_{\Sigma2}<Z_{\Sigma0}$，则同一点上发生的单相短路接地、两相短路、两相接地短路、三相短路，其正序电流分量满足（　　）。

A．三相短路等于两相短路的 2 倍

B．三相短路大于单相短路的 3 倍

C．两相接地短路大于三相短路

D．单相短路小于两相接地短路

**答案：**ABD

**解析：**$I_{ka1}^{3}=\dfrac{E}{Z_{\Sigma1}}$，　$I_{ka1}^{2}=\dfrac{E}{Z_{\Sigma1}+Z_{\Sigma2}}=\dfrac{1}{2}\dfrac{E}{Z_{\Sigma1}}=\dfrac{1}{2}I_{ka1}^{3}$，　$I_{ka1}^{1,1}=\dfrac{E}{Z_{\Sigma1}+Z_{\Sigma2}//Z_{\Sigma0}}$，　$I_{ka1}^{1}=\dfrac{E}{Z_{\Sigma1}+Z_{\Sigma2}+Z_{\Sigma0}}$。

45．大接地系统发生故障，下列说法正确的是（　　）。

A．任何故障，都将出现正序电压

B．同一点发生不同类型故障，单相接地故障正序电压最高

C．出口单相故障时，零序功率方向元件不会出现死区，采用正序电压极化的方向阻抗继电器也不会出现死区

D．大接地系统发生单相接地故障，保护安装处正序电压与正序电流的关系及零序电压和零序电流的关系都与故障点的位置及过渡电阻的大小无关

**答案：**ABC

46．对正常运行的电力系统而言，当线路 K 点发生故障时，其正序网络、负序网络、零序网络与以下（　　）有关。

A．K 点不对称短路故障类型

B．原有电力系统运行方式

C．变压器接线方式

D．中性点接地分布

**答案：**BCD

47．发生非对称性故障时，系统上任一点的负序电压与正序电压可能的关系为（　　）。

A．负序电压大于正序电压

B．负序电压等于正序电压

C．负序电压小于正序电压

D．不能确定

**答案：**BC

**解析：**$U_2\leqslant U_1$。

48．关于单相接地短路故障点的电流和电压，下列说法正确的是（　　）。

A．当 $Z_1=2Z_0$ 时，单相接地短路电流是三相短路电流的 0.5 倍

B．若非故障相电压未发生变化时，相电压等于零序电压的 3 倍

C．当变压器中性点接地愈多或大电力系统接地中性点附近发生单相接地时，可能存在单相接地电流大于同一点三相短路电流的关系

答案：BC

解析：$I_{\text{ka}}^{3}=\dfrac{E}{Z_{\Sigma1}}$，$I_{\text{ka}}^{1}=3\dfrac{E}{Z_{\Sigma1}+Z_{\Sigma2}+Z_{\Sigma0}}=\dfrac{3}{2.5}\dfrac{E}{Z_{\Sigma1}}=1.2I_{\text{ka}}^{3}$。

49．下面（　　）的大小与故障点发生的位置有关。

A．大电流接地系统中发生单相接地故障时故障相电流

B．双电源间联络线发生单相接地故障时潜供电流中的横向电流分量

C．双电源间联络线发生单相接地故障时潜供电流中的纵向电流分量

D．小电流接地系统中发生单相接地故障时故障相电流

答案：AC

50．线路发生 BC 两相短路再经过渡电阻 R 接地故障，以下描述正确的是（　　）。

A．故障点 B 相电压与 C 相电压相等

B．母线处 B 相电压幅值大于 C 相电压

C．故障点 B 相电压为 $3I_0R$，$I_0$ 为故障点零序电流

D．母线处保护的 B 相接地距离继电器较 C 相接地距离继电器更易动作

答案：ACD

解析：$U_{\text{kB}}=U_{\text{kC}}=I_{\text{g}}\times3R_{\text{g}}$，$U_{\text{kA}}=E_{\text{A}}+(Z_{\Sigma1}-Z_{\Sigma0})I_{\text{kA0}}$，$Z_{\text{B}}=\dfrac{(I_{\text{kB}}+k3I_{\text{A0}})Z_{\text{k}}+I_{\text{F}}R_{\text{g}}}{I_{\text{kB}}+k3I_{\text{A0}}}=Z_{\text{k}}+\dfrac{(I_{\text{kB}}+I_{\text{kC}})R_{\text{g}}}{I_{\text{kB}}+k3I_{\text{A0}}}$，$Z_{\text{C}}=Z_{\text{k}}+\dfrac{(I_{\text{kB}}+I_{\text{kC}})}{I_{\text{kC}}+k3I_{\text{A0}}}R_{\text{g}}$，式中 $k$ 是电流补偿系数，其电流相量图如图 1-10 所示。

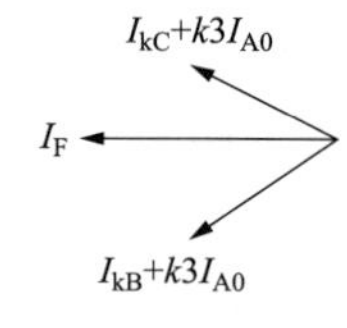


图 1-10　BC 相短路经过渡电阻接地时的电流相量图

51．220kV 大接地电流系统中带负荷电流某线路断开一相，其余线路全相运行，下列对的是（　　）。

A．非全相线路中有负序电流，全相运行线路中无负序电流

B．非全相线路、全相运行线路中均有负序电流

C．非全相线路中的负序电流不小于全相运行线路中的负序电流

D．非全相线路中有零序电流

答案：BCD

52．非全相运行时，负序电流与负序电压、零序电流与零序电压之间的相位关系，下列说法正确的是（　　）。

A．电压互感器装于母线上时，受端的负序、零序电流超前于负序、零序电压的相位角为序阻抗角

B．电压互感器装于线路上时，受端的负序、零序电流滞后于负序、零序电压的相位角为序阻抗角

C．电压互感器装于母线上时，送端的负序、零序电流超前于负序、零序电压的相位角为序阻抗角

D．电压互感器装于线路上时，送端的负序、零序电流滞后于负序、零序电压的相位角为序阻抗角

**答案**：CD

**解析**：$U_{M0}=-I_{M0}Z_{M0}$，$U_{N0}=-I_{N0}Z_{N0}$，电压互感器在母线上电流超前电压，在线路上电流滞后电压，如图 1-11 所示。

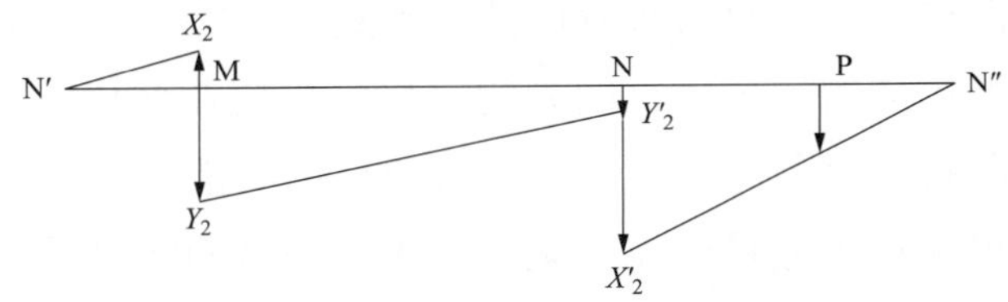


图 1-11　负序电压分布图

53．电力系统振荡时，两侧等值电动势夹角 $\delta$ 在 0°～360°变化，其电气量变化特点为（　　）。

A．离振荡中心越近，电压变化越大

B．测量阻抗中的电抗变化率大于电阻变化率

C．测量阻抗中的电阻变化率大于电抗变化率

D．$\delta$ 偏离 180°越大，测量阻抗变化率越小

**答案**：AC

54．电力系统振荡与短路的区别是（　　）。

A．振荡时系统各点电流和电压值均作往复运动，而短路时电流和电压值是突变的

B．振荡时系统电流和电压值是突变的，而短路时电流和电压值均作往复运动

C．振荡时系统各电流和电压之间的相位角是随功角的变化而变化，而短路时电流和电压之间的相位角是基本不变的

D．振荡时电流和电压之间的相位角是基本不变的，而短路时各电流和电压之间的相位角是随功角的变化而变化

**答案**：AC

55．双侧电源系统发生全相振荡时，M 侧距离继电器所测量到的阻抗轨迹为（　　）。

A．当$|E_M/E_N|>1$，为上侧圆

B．当$|E_M/E_N|>1$，为一条直线

C．当$|E_M/E_N|<1$ 时，为上侧的圆族

D．当双侧电源电动势相等时，即$|E_M|=|E_N|$时，为一直线

答案：AD

56．提高静态稳定的措施有（　　）。

A．减小发电机到系统的联系总阻抗　　B．提高送电侧和受电测的运行电压

C．提高发电机的有功功率　　D．发电机自动调节励磁

答案：ABD

57．下列关于全相振荡的说法（　　）是错误的。

A．振荡时系统各点电压和电流的有效值随 $\delta$ 的变化一直在做往复性的摆动，但变化速度相对较慢；而短路时，在短路初瞬电压、电流是突变的，变化量较大，但短路稳态时电压、电流的有效值基本不变

B．振荡时阻抗继电器的测量阻抗随 $\delta$ 的变化，幅值在变化，但相位基本不变，而短路稳态时阻抗继电器测量阻抗在幅值和相位上基本不变

C．振荡时只会出现正序分量电流、电压，不会出现负序分量电流、电压，而发生接地短路时只会出现零序分量电压、电流不会出现正序和负序分量电压电流

D．振荡时只会出现正序分量电流、电压，不会出现负序分量电流、电压，而发生接地短路时不会出现正序分量电压电流

答案：BCD

58．在超高压系统中，提高系统稳定水平措施为（　　）。

A．电网结构已定，提高线路有功传输　　B．尽可能快速切除故障

C．采用快速重合闸或采用单重　　D．串联补偿电容适当配置稳控装置

答案：BCD

## 三、判断题

1．电力系统短路暂态过程中产生的非周期分量电流与短路时的电压初相角有关，当系统阻抗角为 80°时，若故障前空载，当初相角为 10°时非周期分量电流最大。（　　）

答案：×

2．对于长距离输电线路，由于并联电抗中所储存的磁能在短路时释放，在无串联补偿电容的线路上将产生非周期分量电流，在一定条件下此电流可能同时流向线路两端或从线路两端流向电抗器。因而在外部短路时，流入线路两端继电保护装置的非周期分量电流可能数值不等，方向相同（例如都从母线指向线路）。（　　）

答案：√

3．微机线路保护每周波采样 12 点，现负荷潮流为有功功率 $P=86.6$MW、无功功率

$Q$=50Mvar，微机保护打印出电压、电流的采样值，在微机保护工作正确的前提下，$U_A$比 $I_B$ 由正到负过零点超前 4 个采样点。（　　）

答案：×

4．在电力系统中，负荷吸取的有功功率与系统频率的变化有关，系统频率升高时，负荷吸取的有功功率随着增高，频率下降时，负荷吸取的有功功率随着下降。（　　）

答案：√

5．由母线向线路送出有功功率 100MW，无功功率 100Mvar。电压超前电流的角度是 135°。（　　）

答案：×

6．220kV 系统时间常数较大，500kV 系统的时间常数较小，导致短路电流非周期分量的衰减较快。（　　）

答案：×

7．电力系统有功出力不足时，不只影响系统的频率，对系统电压的影响更大。（　　）

答案：×

8．只要电源是正弦的，电路中的各部分电流及电压也是正弦的。（　　）

答案：×

9．一般来说，高低压电磁环网运行可以给变电站提供多路电源，提高对用户供电的可靠性，因此应尽可能采用这种运行方式。（　　）

答案：×

10．电磁环网是指不同电压等级运行的线路，通过变压器电磁耦合回路的连接而构成的环路。（　　）

答案：√

11．当流过某负荷的电流 $i$=0.8sin（314$t$+π/12）A 时，其端电压为 $u$=311sin（314$t$−π/12）V，那么这个负荷一定是容性负荷。（　　）

答案：√

12．并联谐振应具备以下特征：电路中的总电流 $I$ 达到最小值，电路中的总阻抗达到最大值。（　　）

答案：√

13．我国高压输电通常采用三相四线制。（　　）

答案：×

14．电力系统中各电气设备分布电容的存在使发生短路时短路电流中会产生频率大于工频频率的谐波分量电流，该谐波分量电流的频率是工频频率的整数倍。（　　）

答案：×

15．傅里叶算法可以滤去多次谐波，但受输入模拟量中非周期分量的影响较

大。（　　）

**答案：** √

16．微机保护装置应具有在线自动检测功能。装置中出口元件损坏时，不应造成保护误动作，且能发出装置异常信号。（　　）

**答案：** ×

**解析：** 根据 GB/T 14285—2006《继电保护和安全自动装置技术规程》4.1.12.5 条款规定：除出口继电器除外，装置内的任一元件损坏时，装置不应误动作跳闸。

17．微机保护装置只能以空触点或光耦输出。（　　）

**答案：** √

18．微机保护在软件上有滤波功能，因此可以不要模拟滤波器。（　　）

**答案：** ×

**解析：** 保证所需要的采样电气量，需要模拟滤波器——低通滤波板 LPF。

19．涉及交流采样插件变更的，应按要求进行模数变换系统零点漂移检验，可仅分别输入不同幅值的电流、电压量检验模数变换系统幅值和相位精度。（　　）

**答案：** √

20．数字滤波器无任何硬件附加于计算机中，而是通过计算机去执行一种计算程序或算法，从而去掉采样信号中无用的成分，以达到滤波的目的。（　　）

**答案：** √

21．微机保护“看门狗”（Watchdog）的作用是：当微机保护的直流电源消失时，快速地将备用电源投入，以保证微机保护正常运行。（　　）

**答案：** ×

**解析：** 微机保护运行时，由于难以预测的原因导致 CPU 系统工作偏离正常程序设计的轨道，或者进入死循环时，由“看门狗”经一个事先设定的延时将 CPU 系统强行复位，重新拉入到正常运行的轨道。

22．在用逐次逼近式原理的模数转换器（A/D）的数据采集系统中有专门的低通滤波器滤除输入信号中的高频分量的满足采样定理。用电压—频率控制器（VFC）的数据采集系统中由于用某段时间内的脉冲个数来进行保护计算的这种做法本身含有滤波的功能，所以不必再加另外的滤波器。（　　）

**答案：** √

23．微机型保护的交流及直流电源来线，应先经抗干扰处理，然后才进入保护屏内。（　　）

**答案：** √

24．继电保护装置的电磁兼容性是指它具有一定的耐受电磁干扰的能力，对周围电子设备产生较小的干扰。（　　）

答案：√

25．RS-485 通信，数据速率达到 10Mbit/s 时，有效距离可以达到 1200m。（　　）

答案：×

**解析**：RS-485 通信时，传输距离与传输速率成反比。最大传输距离为 1200m，最大传输速率为 10Mbit/s。

26．如果不满足采样定理，则根据采样后的数据可还原出比原输入信号中的最高次频率 $f_{max}$ 还要高的频率信号，这就是频率混叠现象。（　　）

答案：×

27．YNd11 升压变压器，YN 侧发生相间短路时，d 侧三相均有电流通过，对应于故障相得两相中的滞后相电流最大。（　　）

答案：×

28．故障电流中有直流分量时，直流分量将会以零序电流的形式反映出来。（　　）

答案：√

29．某 35kV 母线发“35kV 母线接地”信号，测得三相电压为 A 相 18.5kV、B 相 18.8kV、C 相 24.7kV，则应判断为 C 相断线。（　　）

答案：√

**解析**：35kV 系统额定电压为 20.2kV。一相电压升高不超过 1.5 倍额定电压，两相电压降低且相等，但不低于 0.866 倍额定电压，则可判定电压升高相为断线相。

30．任何情况下线电压都不存在零序分量。（　　）

答案：√

31．在系统发生接地故障时，相间电压中会出现零序电压分量。（　　）

答案：×

32．大电流接地系统单相接地时，故障点的正、负、零序电流一定相等，各支路中的正、负、零序电流可能不相等。（　　）

答案：√

33．对于正、负序电压而言，越靠近故障点其数值越小；而零序电压则是越靠近故障点数值越大。（　　）

答案：×

**解析**：对于正序电压而言，越靠近故障点其数值越小；而负、零序电压则是越靠近故障点数值越大。

34．零序电流和零序电压由 A、B、C 三相同相位三次谐波组成。（　　）

答案：×

35．只要出现非全相运行状态，一定会出现负序电流和零序电流。（　　）

答案：×

36．出现非全相运行状态，不一定会出现负序电流和零序电流。（　　）

**答案：** √

37．负序、零序分量和突变量保护都能保护各种故障。（　　）

**答案：** ×

**解析：** 零序分量不能保护两相短路。

38．保护安装点的零序电压等于故障点的零序电压减去由故障点至保护安装点的零序电压降。因此，保护安装点距离故障点越近，零序电压越高。（　　）

**答案：** √

39．大接地电流系统接地短路时，故障点的零序电压为 0，变压器中性点接地处的零序电压最高。（　　）

**答案：** ×

40．线路发生接地故障，正方向时，零序电压滞后零序电流；反方向时，零序电压超前零序电流。（　　）

**答案：** √

41．两相接地短路故障点的非故障相电压保持原有的幅值和相位，两故障相电压方向与非故障相电压相反，幅值等于非故障相电压一半。（　　）

**答案：** ×

42．线路发生单相接地故障，其保护安装处的正序、负序电流大小相等、相位相反。（　　）

**答案：** ×

43．负序电压和零序电压是由于不对称短路而产生的，其值在保护安装处最大。（　　）

**答案：** ×

44．发生各种不同类型短路时，电压各序对称分量的变化规律是，三相短路时，母线上正序电压下降得最多；单相短路时，正序电压下降最少。（　　）

**答案：** √

45．被保护线路上任一点发生 AB 两相金属性短路时，母线上电压 $U_{AB}$ 将等于零。（　　）

**答案：** ×

46．线路 K 点发生 A 相接地短路时，$I_{kB}$=$I_{kC}$=0。故保护安装处测得的 B、C 两相电流为 0。（　　）

**答案：** ×

**解析：** 不一定为 0，与分布系数有关。

47．三相短路电流一定大于单相短路电流。（　　）

答案：×

48．在短路计算过程中，三相五柱式和三相三柱式变压器零序阻抗均可认为近似等于正序阻抗进行计算，而不需采用其实测参数。（　　）

答案：×

解析：三相三柱式变压器零序阻抗约等于0.8倍正序阻抗，需进行实测。

49．零序电流可以通过输电线路的架空地线返回，对大地返回的零序电流起分流作用。因架空地线零序电流与输电线路中的零序电流流向相同，起助磁作用，故架空地线的存在使输电线路的零序阻抗变大。（　　）

答案：×

解析：架空地线中的零序电流起去磁作用，使输电线路零序阻抗变小。

50．对于两相短路故障，任何时候母线上的正序电压都不会低于50%$U_N$。（　　）

答案：√

51．发电机中性点不接地，零序网络中发电机处于短路状态。（　　）

答案：×

52．变压器的正序等值电路与变压器接线、铁芯结构没有关系。（　　）

答案：√

53．输电线路的接地避雷线不影响该线路的负序阻抗。（　　）

答案：√

54．三相三柱式变压器的零序磁通由于只能通过油箱作为回路，所以磁阻大，零序阻抗比正序阻抗大。（　　）

答案：×

解析：零序阻抗比正序阻抗小。

55．静止元件（如线路和变压器）的负序和正序阻抗是相等的，零序阻抗则不同于正序或负序阻抗；旋转元件（如发电机和电动机）的正序、负序和零序阻抗三者互不相等。（　　）

答案：√

56．计及故障点正序、负序综合阻抗不相等的关系后，则单相金属性接地时，与正序、负序综合阻抗相等时相比较，接地电流与故障点正序电流间的系数两者不同。（　　）

答案：×

57．故障点的序网络与短路故障点的相别、类型无关，与短路故障点的位置、系统运行方式有关。（　　）

答案：√

58．相同长度的分裂导线与单导线的等值电抗（分裂导线的等值电抗$X'$，单导线为

$X$）的关系是 $X'<X$。（　　）

**答案：** √

59．大电流接地系统某处发生单相接地短路的故障电流与发生两相相间短路的故障电流相等的条件是：正序综合阻抗 $X_1$ 与零序综合阻抗 $X_0$ 之比约为 0.685。（　　）

**答案：** √

60．只要系统零序阻抗和零序网络不变，无论系统运行方式如何变化，零序电流的分配和零序电流的大小都不会发生变化。（　　）

**答案：** ×

61．在电力系统运行方式变化时，如果中性点接地的变压器数目不变，则系统零序阻抗和零序等效网络就是不变的。（　　）

**答案：** ×

62．在零序序网图中没有出现发电机的零序电抗是因为发电机的零序电抗为零。（　　）

**答案：** ×

**解析：** 发电机零序电抗为无穷大。

63．当故障点零序综合阻抗大于正序综合阻抗时，单相接地故障电流大于三相短路电流。（　　）

**答案：** ×

64．高压线路上某点的 B、C 两相各经电弧电阻 $R_B$ 和 $R_C$（$R_B$ 与 $R_C$ 不相等）短路后再金属性接地，仍可按简单的两相接地故障一样，在构成简单的复合序网后计算故障电流。（　　）

**答案：** ×

65．220kV 终端变压器的中性点，不论其接地与否，不会对其电源进线的接地短路电流值有影响。（　　）

**答案：** ×

66．在中性点不接地系统中，发生单相接地时，电压互感器开三角电压有零序电压产生，是因为一次系统电压不平衡产生。（　　）

**答案：** ×

67．电流接地系统线路发生单相接地时，非故障线路的零序电流超前零序电压 90°，故障线路的零序电流滞后零序电压 90°。（　　）

**答案：** √

68．在中性点不接地系统中，如果忽略电容电流，发生单相接地时，系统一定不会有零序电流。（　　）

**答案：** √

69．对于小电流接地系统来说，发生两相相间短路时的短路电流比发生两相接地短

路的短路电流小。（　　）

**答案：**×

70．消弧线圈用于小电流接地系统，采用过补偿方式时，故障线路的零序电流与非故障线路一样，也超前于零序电压。（　　）

**答案：**√

71．中性点经消弧线圈接地系统，不采用欠补偿和全补偿的方式，主要是为了避免造成并联谐振和铁磁共振引起过电压。（　　）

**答案：**×

**解析：**全补偿容易造成串联谐振，产生过电压，欠补偿电网在正常运行时，如果三相不对称度较大，还有可能出现数值很大的铁磁共振过电压。

72．中性点非直接接地系统（如35kV电网以及各种发电机），当中性点经消弧线圈接地时，应采用过补偿方式。（　　）

**答案：**×

**解析：**发电机不在其列。

73．在小电流接地系统中发生单相接地故障时，其相间电压基本不变。（　　）

**答案：**√

74．五次谐波电流的大小或方向可以作为中性点非直接接地系统中查找故障线路的一个判据。（　　）

**答案：**√

75．小电流接地系统发生单相接地故障时，故障线路的 $3I_0$ 是本线路的接地电容电流。（　　）

**答案：**×

**解析：**所有非故障线路电容电流之和。

76．中性点不接地系统中，单相接地故障时，故障线路上的容性无功功率的方向为由母线流向故障点。（　　）

**答案：**×

**解析：**由线路流向母线。

77．中性点经消弧线圈接地系统采用过补偿方式时，由于接地点的电流是感性的，熄弧后故障相电压恢复速度加快。（　　）

**答案：**×

**解析：**由于过补偿时流过接地点的是电感电流，熄弧后故障相电压恢复速度较慢，因而接地电弧不易重燃。

78．在小接地电流系统中，发生单相接地故障时，一般允许短时间继续运行。（　　）

**答案：**√

79．在中性点非直接接地的电网正常情况下，三相对地都有一超前相电压 90°的电容电流流入地中，而三相电流之和等于零。（　　）

**答案**：√

80．在中性点非直接接地电网中，发生单相接地时，全系统都将出现零序电压。（　　）

**答案**：√

81．在系统发生非对称故障时，故障点的正序电压最低，向电源侧逐步增大为电源电势，而故障点的负序电压最高，向电源侧逐步降低为零。（　　）

**答案**：√

82．大接地电流系统发生接地故障时，故障线路零序电流和零序电压的相位关系与故障支路的零序阻抗角以及故障点有无过渡电阻无关。（　　）

**答案**：√

83．在大电流接地系统中，三相短路对系统的危害不如两相接地短路大，在某些情况下，不如单相接地短路大，因为这时单相接地短路电流比三相短路电流还要大。（　　）

**答案**：×

**解析**：三相短路对系统的危害最大。

84．大电流接地系统中发生接地故障，中性点不接地变压器不会发生中性点电压偏移。（　　）

**答案**：√

85．在某些情况下，大接地电流系统中同一点发生三相金属性短路故障时的短路电流可能不如发生两相金属性接地短路故障时的短路电流大，也可能小于发生单相金属性接地短路故障时的短路电流。（　　）

**答案**：√

86．大电流接地系统单相接地故障时，故障相接地点处的 $U_0$ 与 $U_2$ 相等。（　　）

**答案**：×

**解析**：$I_0=I_2$。

87．大接地电流系统中，两相接地故障时，非故障相电压大小、相位不变。（　　）

**答案**：×

**解析**：$U_{\mathrm{kA}}=E_{\mathrm{A}}-I_{\mathrm{kA1}}Z_{\Sigma1}-I_{\mathrm{kA2}}Z_{\Sigma2}-I_{\mathrm{kA0}}Z_{\Sigma0}=E_{\mathrm{A}}-I_{\mathrm{kA1}}Z_{\Sigma1}-I_{\mathrm{kA2}}Z_{\Sigma1}-I_{\mathrm{kA0}}Z_{\Sigma1}+I_{\mathrm{kA0}}Z_{\Sigma1}-I_{\mathrm{kA0}}Z_{\Sigma0}$ $=E_{\mathrm{A}}-(I_{\mathrm{kA1}}+I_{\mathrm{kA2}}+I_{\mathrm{kA0}})Z_{\Sigma1}+(Z_{\Sigma1}-Z_{\Sigma0})I_{\mathrm{kA0}}=E_{\mathrm{A}}+(Z_{\Sigma1}-Z_{\Sigma0})I_{\mathrm{kA0}}$。

88．大电流接地系统中，线路上两相接地短路故障时，非故障相电流就是负荷电流。（　　）

**答案**：×

**解析**：$\Delta I_{\mathrm{A}}=C_{\mathrm{m1}}aI_{\mathrm{B1}}+C_{\mathrm{m2}}a^2I_{\mathrm{B2}}+C_{\mathrm{m0}}I_{\mathrm{B0}}=C_{\mathrm{m1}}aI_{\mathrm{B1}}+C_{\mathrm{m2}}a^2I_{\mathrm{B2}}+C_{\mathrm{m0}}I_{\mathrm{B0}}=I_{\mathrm{B1}}(C_{\mathrm{m1}}a+C_{\mathrm{m1}}a^2+C_{\mathrm{m0}})$ $=(C_{\mathrm{m0}}-C_{\mathrm{m1}})I_{\mathrm{B1}},\Delta I_{\mathrm{C}}=C_{\mathrm{m1}}a^2I_{\mathrm{B1}}+C_{\mathrm{m2}}aI_{\mathrm{B2}}+C_{\mathrm{m0}}I_{\mathrm{B0}}=C_{\mathrm{m1}}a^2I_{\mathrm{B1}}+C_{\mathrm{m2}}aI_{\mathrm{B2}}+C_{\mathrm{m0}}I_{\mathrm{B0}}=I_{\mathrm{B1}}(C_{\mathrm{m1}}a^2+C_{\mathrm{m1}}a+$

$C_{m0}) = (C_{m0} - C_{m1})I_{B1}$。

89．在大电流接地系统中，发生接地故障的线路，其电源端零序功率的方向与正序功率方向相同。（ ）

**答案：**×

90．在大电流接地系统中，在线路发生单相接地故障时，保护装置感受到的零序电流、负序电流值一定是相等的。（ ）

**答案：**×

**解析：**不一定相等，与分布系数有关。

91．大电流接地系统单相接地时，故障点的正、负、零序电流一定相等，各支路中的正、负、零序电流可不相等。（ ）

**答案：**√

92．大电流接地系统中线路空载发生A相接地短路时，B相和C相的零序电流为零。（ ）

**答案：**×

93．在中性点直接接地系统中，发生单相接地故障时，非故障相的对地电压升高$\sqrt{3}$倍。（ ）

**答案：**×

**解析：**小电流系统升高$\sqrt{3}$倍。

94．系统出现断相，当断相处向系统看进去的纵向零序阻抗大于纵向正序阻抗时，单相断线零序电流大于负序电流。（ ）

**答案：**×

**解析：**当断相点纵向零序阻抗小于纵向正序阻抗时，单相断线零序电流大于负序电流。

95．出现非全相运行状态，不一定会出现负序电流和零序电流。（ ）

**答案：**√

96．单回线路发生断线时，只有断线处两侧都有接地中性点时，才会出现零序电流。（ ）

**答案：**√

97．断相点纵向零序阻抗大于纵向正序阻抗时，单相断相零序电流应小于两相断相时的零序电流。（ ）

**答案：**√

98．线路出现断相，当断相点纵向零序阻抗小于纵向正序阻抗时，单相断相零序电流小于两相断相时的零序电流。（ ）

**答案：**×

99．全相振荡是没有零序电流的。非全相振荡是有零序电流的，但这一零序电流可能大于此时再发生接地故障时，故障分量中的零序电流。（　　）

**答案**：√

100．电力系统产生动态不稳定的根本原因是系统的阻尼力矩为负值。（　　）

**答案**：√

101．暂态稳定是指电力系统受到小的扰动（如负荷和电压较小的变化）后，能自动地恢复到原来运行状态的能力。（　　）

**答案**：×

**解析**：静态稳定。

102．快速切除线路和母线的短路故障是提高电力系统静态稳定的重要手段。（　　）

**答案**：×

**解析**：暂态稳定。

103．某电厂的一条出线负荷功率因数角发生了摆动，由此可以断定电厂与系统之间发生了振荡。（　　）

**答案**：×

**解析**：可能是扰动还没有发展为故障。

104．长距离输电线路为了补偿线路分布电容的影响，以防止过电压和发电机的自励磁，需装设串联电抗补偿装置。（　　）

**答案**：×

**解析**：为防止发电机的自励磁需要加装PSS，加装并联电抗器。

105．动态稳定是指电力系统受到小的扰动（如负荷和电压较小的变化）后，能自动地恢复到原来运行状态的能力。（　　）

**答案**：×

**解析**：静态稳定的定义。

106．装设电容器低压保护的目的是在电容器发生故障时将其从电网上切除。（　　）

**答案**：×

**解析**：防止再投入时产生冲击。

## 四、填空题

1．设电流互感器变比为200/1，微机故障录波器预先整定好正弦电流波形基准值（峰值）为1.0A/mm。在一次线路接地故障中录得电流正半波为17mm，负半波为3mm，其全波的一次有效值为____A。

**答案**：1990

解析：$I_1=\dfrac{17+3}{2}\times1\times200/\sqrt{2}=1000\sqrt{2}$，$I_{dc}=\dfrac{17-3}{2}\times1\times200=1400$，$I=\sqrt{I_1^2+I_{dc}^2}=1990$。

2．微机保护测量的动作电流整定值为 1A，测量的动作值为 0.9A、1.05A、1.1A，动作电流的离散值为____。

答案：19.67%

解析：$\delta=\dfrac{\max-\min}{\text{aver}}\times100\%=\dfrac{1.1-0.9}{(0.9+1.05+1.1)/3}\times100\%=19.67\%$。

3．已知 $i_A$=10sin（$\omega t$+60°）A，$i_B$=10sin（$\omega t$+120°）A，则$|I_A+I_B|$=____A。

答案：12.25

解析：$\left|\dot{I}_A+\dot{I}_B\right|=\left|10/\sqrt{2}\angle60°+10/\sqrt{2}\angle120°\right|=5\sqrt{6}=12.25$。

4．保护至开关场控制电缆（截面积 1.5mm$^2$）长 250m，断路器跳合闸线圈阻值为 100Ω，铜的电导率 $r$ 为 57m/（Ω • mm$^2$），电缆压降约为____。（直流系统为 220V）。

答案：12V

解析：$R=\dfrac{250}{57\times1.5}\times2=5.8\Omega$，$U=\dfrac{220}{R+100}\times R=12\text{V}$。

5．已知在某线圈上施加直流电压 100V 时，消耗的功率为 500W；若施加交流电压 150V 时，消耗的有功功率为 562.5W。则该线圈的电抗为____。

答案：20Ω

解析：$R=\dfrac{100^2}{500}=20\Omega$，$U_R=\sqrt{P\times R}=\sqrt{562.5\times20}=106.066\text{V}$，$X_L=\dfrac{U_L}{I}=\dfrac{U_L}{U_R/R}=\dfrac{\sqrt{150^2-U_R^2}}{U_R/R}=20\Omega$。

6．每百千米线路分布电容等值容抗值为 $X_C$，长度为 $L$ km 的同型线路等值容抗值计算公式为____。

答案：$X_C\times100/L$

7．平行双回线 L1、L2，线路零序电抗均为 $X_0$，线间互感 $X_m$。当一线检修且两端接地时，运行线路区外故障短路计算零序电抗为____。

答案：$X_0-X_m^2/X_0$

解析：$X_{L0}=X_m//(X_0-X_m)+(X_0-X_m)=X_0-\dfrac{X_m^2}{X_0}$。

8．当采样频率是 1000Hz 时，两采样点间工频电角度是____。

答案：18°

解析：$\delta=\dfrac{360°}{1000/50}=18°$。

9．A/D 变换器的两个重要指标是 A/D 转换的____和____。

答案：分辨率；转换速度

10．微机保护使用的两点乘积法的原理是利用任意两个相隔 90°的正弦量的瞬时值，算出该正弦量的____。

答案：有效值、相角

11．微机型保护的硬件构成主要由____、____、____、通信接口组成。

答案：数据处理单元；数据采集单元；数字量输入/输出接口

12．潜供电流由导线____和____组成。

答案：对地电容电流；相间电感电流

13．某一电路如图 1-12 所示，a、b 之间施加直流电压 30V，则图中流过的电流 $I$ 为____。

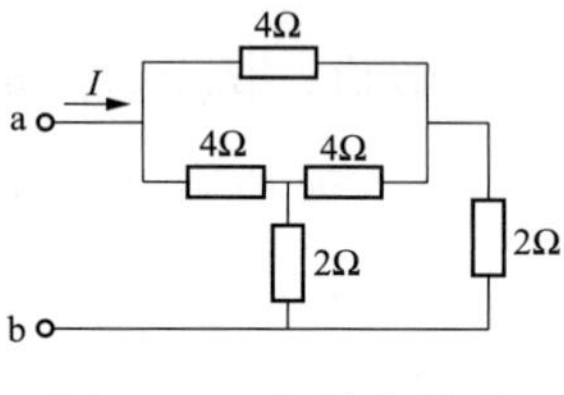

图 1-12　电阻电路图

答案：10A

解析：$R=\frac{4}{3}+\left(\frac{4}{3}+2\right)//\left(\frac{4}{3}+2\right)=\frac{4}{3}+\frac{5}{3}=3(\Omega)$，$I=\frac{U}{R}=\frac{30\text{V}}{3\Omega}=10(\text{A})$。

14．在短路故障发生后经过大半个周期的时间将出现短路电流的____，其是校验电气设备机械应力的一个重要参数，称此电流为冲击电流。

答案：最大瞬时值

15．简化电网运行接线，不同电压等级之间均不宜构成____运行，110kV 及以下电压电网以____运行。

答案：电磁环网；辐射形开环

16．____就是确定行波传播速度后，通过测量行波的传播时间来确定故障位置，分为双端测距法和单端测距法。

答案：行波测距法

17．高压长距离输电线常常装设串联电容补偿和并联电抗补偿装置，其短路过程中低频分量是由于____产生，高频分量是由于____产生。

答案：线路电感电流不能突变；电容电压不能突变

18. 系统频率下降时负荷吸取的有功功率____；而系统频率升高时负荷吸取的____随着提高，此现象称之为负荷调节效应。

答案：随着下降；有功功率

19．短路初始时，一次短路电流中存在的____分量易造成距离保护暂态超越；而短路点存在的____易造成距离保护稳态超越。

答案：直流分量和高频；过渡电阻

20．在三相三线制电路中，如果线电压不对称，是由于有了____的缘故。在不对称三相四线制正弦交流电路中，中线是相电流的零序分量的通路。

答案：负序分量

21. 故障点正序综合阻抗大于零序综合阻抗时三相短路总电流____单相接地短路总电流，单相短路零序电流____两相接地短路零序电流。

答案：小于；小于

22. 大电流接地系统某处发生单相接地短路的故障电流与发生两相相间短路的故障电流相等的条件是：零序综合阻抗 $X_0$ 与正序综合阻抗 $X_1$ 与之比约为____。

答案：1.46 或（$2\sqrt{3}-2$）

解析：$3\times\dfrac{E}{X_1+X_1+X_0}=\sqrt{3}\times\dfrac{E}{X_1+X_1}$，$\dfrac{X_0}{X_1}=2\sqrt{3}-2\approx1.46$。

23. 单相经过渡电阻 $R_g$ 接地时，画复合序网时，应在____网络中增加____。

答案：零序；$3R_g$

24. 两相经过渡电阻短路时，画复合序网时，应在____网络中分别增加____。

答案：正负序；$1/2R_g$

25. 线路空载情况下，保护装置测量到的电压超前于电流约____。

答案：270°

26. 若 $Z_0$、$Z_1$、$Z_2$ 分别表示零序、正序、负序阻抗，$Z_1$=$Z_2$。$Z_L$ 和 $Z_m$ 表示 A、B、C 坐标系统中的自阻抗和互阻抗，则 $Z_0$=____。

答案：$Z_L+2Z_m$

27. 大电流接地系统中发生 A 相金属性接地故障，当系统正序综合阻抗大于零序综合阻抗时的故障点 B 相电压____正序综合阻抗小于零序综合阻抗时 B 相电压；当系统正序综合阻抗大于零序综合阻抗时故障点 C 相电压____正序综合阻抗小于零序综合阻抗时 C 相电压。

答案：小于；小于

解析：$U_B=a^2I_1Z_1+aI_2Z_2+I_0Z_0$，$|U_{B2}|=|I_{B2}Z_2|$，$|U_{B0}|=|I_{B0}Z_0|$，若 $|U_{B2}|=|U_{B0}|$，则 $|U_B|=|E_B|$，又 $I_1=I_2=I_0$，所以 $|U_{B2}|>|U_{B0}|$ 时，$|U_B|<|E_B|$。

28. 大接地电流系统中发生接地故障时，故障点零序电压____，变压器中性点接地处零序电压____；系统电源处正序电压____，越靠近故障点，正序电压数值____。

答案：最高；零；最高；越小

29. 如果电力系统各元件的正序阻抗等于负序阻抗，且各元件的阻抗角相等，当线路发生单相接地短路时，不考虑负荷电流，流过保护的两个非故障相电流与故障相电流相位相反，则该侧保护零序电流分配系数____正序（负序）电流分配系数。

答案：小于

解析：$I_1=I_2=I_0$，$I_k=I_1+I_2+I_0=3I_1$，$I_\phi=C_{m1}a^2I_1+C_{m2}aI_2+C_{m0}I_0=I_1(C_{m1}a^2+C_{m1}a+C_{m0})=I_1(C_{m0}-C_{m1})$。

30．AB 两相经过渡电阻短路故障中，A 相电压与 B 相电压幅值大小为 $U_a$____$U_b$。

答案：大于

31．在小电流接地系统中，线路发生单相接地时故障线路的零序电流为____。

答案：所有非故障线路的（对地）电容电流之和

32．中性点经装设消弧线圈后，若接地故障的 $1/\omega C$ 大于 $\omega L$，此时补偿方式为____。

答案：过补偿、欠补偿、完全补偿都有可能

解析：主要取决于 $1/\omega C$ 与 $3\omega L$ 的大小。

33．小接地电流系统中，中性点装设消弧线圈运行于欠补偿方式下，当系统频率降低时，可能会引起中性点____。

答案：过电压（位移电压增大）

34．小电流系统，当运行母线上只有一条出线，且该出线发生单相接地，接地点流过的故障电流大小为____，该线路保护安装处流过的零序电流为____。

答案：该线路对地电容电流；0

35．电力系统静态稳定的判据是____；暂态稳定的判据是在功角特性图上____面积与____面积之比。

答案：送电功率小于静态稳定极限值；加速；减速

36．____是指电力系统受到小干扰后，不发生非周期性的失步，自动恢复到原始运行状态的能力。

答案：静态稳定性

37．加强和扩充一次设备以提高系统稳定性的主要措施是：①减小线路电抗；②线路上装设串联电容；③装设中间补偿装置；④____；⑤采用电气制动。

答案：采用直流输电

38．系统 M 和 N，假设振荡时满足 $E_M-E_N=E(e^{j\delta}-1)$ 且系统中各元件阻抗角相同，已知某次振荡时周期为 3s，则振荡中心电压为 $0.25U_N$ 时对应的功角为____。

答案：151°

解析：$U_{center}=+0.25U_n$，则有 $0°<\delta<180°$，$0.25U_n=U_n\cos\dfrac{\delta}{2}$。

39．电力系统振荡时，任何一点的电流与电压之间的相位____，而短路时，电流与电压之间的角度是____。

答案：都随功角 $\delta$ 的变化而变化；基本不变的

40．系统振荡时，系统中各元件阻抗角相同，两侧电源 S、R 电动势幅值$|E_S|=|E_R/\sqrt{3}|$，当 $E_S$ 与 $E_R$ 的夹角为 90°时，则振荡中心位置距离电源 S、R 之比为 1:3，当 $E_S$ 与 $E_R$ 夹角为其他角度时，振荡中心位置____。

答案：随着两侧功角大小而变化，且向 $E_S$ 侧偏移

41．除大区系统间的弱联系联络线外，系统最长振荡周期可按____考虑。

答案：1.5s

## 五、问答题

1．什么叫电压降落、电压损耗、电压偏移？

答：

（1）电压降落是指线路始末两端电压的相量差$\dot{U}_1-\dot{U}_2$，电压降落是相量。

（2）电压损耗是指线路始末两端的电压的数值差$U_1-U_2$，电压损耗仅有数值，常用百分值表示，即电压损耗$=\dfrac{U_1-U_2}{U_N}\times 100\%$，式中的$U_N$为线路额定线电压。

（3）电压偏移是指线路始端或端电压与线路额定电压的数值差$U_1-U_N$或$U_2-U_N$。电压偏移也仅有数值。电压偏移也常以百分值表示，即始端电压偏移$=\dfrac{U_1-U_N}{U_N}\times 100\%$，末端电压偏移$=\dfrac{U_2-U_N}{U_N}\times 100\%$。

2．设星形接线的阻抗为$Z_1$、$Z_2$、$Z_3$，角形接线的阻抗为$Z_{12}$、$Z_{23}$、$Z_{13}$，写出阻抗星角变换的表达式。

答：当三角形变换为星形时，有

$$Z_1=\frac{Z_{12}+Z_{13}}{Z_{12}+Z_{23}+Z_{13}}，\quad Z_2=\frac{Z_{12}+Z_{23}}{Z_{12}+Z_{23}+Z_{13}}，\quad Z_3=\frac{Z_{23}+Z_{13}}{Z_{12}+Z_{23}+Z_{13}}；$$

当星形变换为三角形时，有

$$Z_{12}=Z_1+Z_2+\frac{Z_1Z_2}{Z_3}，\quad Z_{23}=Z_2+Z_3+\frac{Z_2Z_3}{Z_1}，\quad Z_{13}=Z_1+Z_3+\frac{Z_1Z_3}{Z_2}。$$

3．已知电感$L$、电容$C$，写出感抗、容抗的表达式，并说明电感元件、电容元件的作用。

答：$X_L=2\pi fL$，当电感一定时，感抗与频率成正比，所以电感元件具有通低频、阻高频的作用。$X_C=\dfrac{1}{2\pi fC}$，当电容一定时，容抗与频率成反比，所以电容元件具有通高频、阻低频、隔直流的作用。

4．什么是换路、换路定理、一阶电路的三要素？

答：电路结构、元件参数和电源数值的突然改变称为换路。电路结构的改变是指电路的连通、断开。元件参数的改变是指电路中电阻、电感、电容元件的电阻值、电感量、电容量的变化，电源数值的改变是指电压源的电压、电流源的电流发生变化。

当电容元件的电流为有限值时，电容元件的电压在换路瞬间不会发生跃变。当电感元件的电压为有限值时，电感元件中的电流在换路瞬间不会发生跃变。这一结论称为换路定律。

$f_{\infty}(t)$、$f(0_{+})$ 和 $\tau$ 称为一阶电路的三要素。$f_{\infty}(t)$ 为电压或电流的稳态分量，$f_{\infty}(t)$ 电压或电流的稳态分量的初始值，$\tau$为换路后电路的时间常数。

5．写出 RC 串联电路的充电过程及放电过程的电压电流的表达式，写出 RL 串联电路与直流电压源接通及 RL 串联电路短接的电压电流的表达式。

**答：**根据基尔霍夫电压定律、换路定律及元件电压和电流的关系，可得

（1）RC 串联电路的充电过程 $u_{c}=U_{S}(1-e^{-\frac{t}{\tau}})$，$i=\dfrac{U_{S}}{R}e^{-\frac{t}{\tau}}$；

RC 串联电路的放电过程 $u_{c}=U_{0}e^{-\frac{t}{\tau}}$，$i=\dfrac{U_{0}}{R}e^{-\frac{t}{\tau}}$；其中 $\tau=RC$。

（2）RL 串联电路与直流电压源接通 $i=\dfrac{U_{S}}{R}(1-e^{-\frac{t}{\tau}})$，$u_{L}=U_{S}e^{-\frac{t}{\tau}}$；

RL 串联电路短接 $i=I_{0}e^{-\frac{t}{\tau}}$，$u_{L}=-RI_{0}e^{-\frac{t}{\tau}}$；其中 $\tau=\dfrac{L}{R}$。

6．超高压输电线路短路过渡过程的特点是什么？

**答：**电力系统是由发电机、变压器和输电线路等元件组成，当不计输电线路分布电容时，它是简单的电阻和电感回路，在这种回路中发生短路时，由于回路阻抗突然减小，其稳态短路电流分量突然增大，但在电感元件中电流是不能突变的，为了维持电感中的电流在短路的切除瞬间不能突变就产生了直流分量，此直流分量按短路回路的时间常数（$T_{1}$）衰减。

超高压输电线路上采用串联补偿电容器，是为了大幅度抵消线路电抗，达到提高线路传输能力的目的。当线路上具有串联补偿电容器时，电网是由电阻、电容和电感组成的串联电路，线路发生短路时，电感中的电流和电容上的电压都不能突变，因此产生振荡衰减的低频分量。

由于超高压远距离输电线路分布电容的影响，可以出现无限个频率的周期性暂态分量，其最低频率一般都高于工频，故称高频分量。高频分量本质上是由长线路上短路暂态过程中的电磁波沿线路传播，并在线路始端和末端来回反射引起的。高频分量主要是分布电容上的电荷对线路上的电感元件放电产生的，它保证了短路时分布电容上的电压不能突变。

7．简述 330～500kV 线路对继电保护的配置有哪些影响。（只需答 5 条）

**答：**

（1）线路输送功率大，稳定问题严重，要求保护动作快，可靠性高及选择性好。

（2）线路采用大截面分裂导线、不完全换位及紧凑型线路所带来的影响。

（3）长线路、重负荷，电流互感器变比大，二次电流小对保护装置的影响。

（4）同杆并架双回线路发生跨线故障对两回线跳闸和重合闸的不同要求。

（5）采用大容量发电机、变压器所带来的影响。

（6）线路分布电容电流明显增大所带来的影响。

（7）系统装设串联电容补偿和并联电抗器等设备所带来的影响。

（8）交直流混合电网所带来的影响。

（9）采用带气隙的电流互感器和电容式电压互感器，对电流、电压传变过程所带来的影响。

8．超、特高压线路的并联电抗器的主要用途是什么？

**答：**

（1）补偿容性无功。

（2）降低线路上的工频过电压。

（3）中性点连接小电抗使单相接地时的潜供电流幅值降低而易于自灭，提高重合闸成功率。

（4）有利于消除同步电机带空载长线路时可能出现的自励磁现象。

9．输电线路故障如何划分？故障种类有哪些？

**答：**输电线路有一处故障时称为简单故障，有两处及以上同时故障时称为复故障。简单故障有6种，其中短路故障有4种，即单相接地故障、两相短路故障、两相短路接地故障、三相短路故障，均称为横向故障。断线故障有两种，即断一相、断二相。其中三相短路故障为对称故障，其他是不对称故障。

10．短路电流超标如何限制？

**答：**限制电网短路电流的手段很多。对于三相短路，要限制三相短路电流应增加全系统的正序阻抗，例如改变电网的接线方式、多母线分裂运行或母线分段运行、采用高阻抗变压器、加装限流电抗器或其他短路电流限制装置等。对于单相短路，所有限制三相短路电流的方法都适用，另外还可以通过增加网络的零序阻抗来实现，例如减小变压器中性点接地的数目，变压器及自耦变压器中性点经小电抗接地、限制自耦变压器的使用等。

11．微机型保护硬件系统通常包括哪几个部分？

**答：**

（1）数据采集单元，即模拟量输入系统。

（2）数据处理单元，即微机主系统。

（3）输入/输出接口，即开关量输入输出系统。

（4）通信接口。

（5）电源。

12．在微机保护数据采集系统中，共用A/D转换器条件下采样/保持器的作用是什么？

**答：**

（1）保证在A/D变换过程中输入模拟量保持不变。

（2）保证各通道同步采样，使各模拟量的相位关系经过采样后保持不变。

13．简述采样、采样周期、采样频率、采样定理、采样中断的概念。

**答：**采样是指微机保护中，CPU 通过模数转换器获得输入的电压、电流等模拟量（也可以含开关量输入）的过程。通过周期性地抽取连续信号，把连续的模拟信号 A 变为数字量 D，每隔 $\Delta T$ 时间采样一次，$\Delta T$ 称为采样周期，$1/\Delta T$ 称为采样频率。

采样定理的基本内容是，在一个数据采集系统中，如果被采样信号中所含最高频率成分的频率为 $f_{max}$，则采样频率 $f_s$ 必须大于 $f_{max}$ 的 2 倍，否则将造成频率混叠。

采样中断为 CPU 设置一个定时中断，这个中断时间一到，CPU 就执行采样过程，即启动 A/D 转换，并读取 A/D 转换结果。

14．微机保护采用每周波采样 24 点，请问微机保护能正确反映电流和电压的最高次谐波为多少次谐波？

**答：**微机保护能正确反映的最高次谐波电流和电压为 12 次谐波（采样频率为 $f_s$=24/0.02=1200，根据采样定律，被采样信号所含最高频率成分为 $f_s$/2=600，为 12 次谐波）。

15．开关量输出电路的作用是什么？开关量输入回路的作用是什么？简述微机保护中光电耦合器的作用。

**答：**开关量输出电路将动作信号、命令等转换为触点量输出。开关量输入回路将信号、触点等信息转换为保护可接受的数字量。微机保护中光电耦合器常用于开关量信号的隔离，使其输入与输出之间电气上完全隔离，尤其是可以实现地电位的隔离，这可以有效地抑制共模干扰。

16．微机保护启动元件有什么作用？有哪些常用的启动元件？

**答：**早期微机保护在启动元件动作后，才进入故障计算模块，这样可以节约计算能力。同时采用启动元件后还可以提高保护的可靠性，只有当启动元件和保护测量元件都动作时，保护才能动作于出口。在微机保护装置中，还可以利用启动元件来查找故障时标。

常用的启动元件有相电流启动元件、相电流突变量及相电流差突变量启动元件、零序电流启动元件、负序电流启动元件、差电流启动元件（稳态差流、工频变化量差流）、电压工频变化量启动元件等。

17．电流增量启动元件有何优点？相电流差突变量启动元件有哪些优缺点？

**答：**

（1）电流增量启动元件的优点是躲振荡能力强，灵敏度高，非全相运行中一般不会误动。

（2）相电流差突变量启动元件其优点是简单、灵敏、准确、快速，是快速主保护较理想的选相元件；缺点是因为利用的是电流的突变量，在短路稳态时无法选相，同时该

选相元件在转换性故障时可能不能判断出最终的故障类型，在弱电源侧时灵敏度可能不足，导致无法正确选相。

18．简述差分算法、全周傅里叶算法、半周积分算法的特点。

**答：**

（1）差分算法的特点：差分算法能消除不衰减的直流分量；采用差分算法滤除短路电流中的谐波分量时，需选择合适的数据窗长度；只需要做减法运算，算法简单，运算工作量较小。

（2）全周傅里叶算法：具有很好的滤波能力，可以滤除直流分量和整数倍次的谐波分量；数据窗需要一个周波加一个采用周期。

（3）半周积分算法：由于进行的是积分运算，故具有滤波功能，对高频分量有抑制作用，但不能抑制直流分量；数据窗长度为半周加一个采样周期，作为保护算法使用时，不一定在短路后半周加一个采样周期时间才开始计算，因此保护动作时间较快；由于只有加法运算，计算工作量小。

19．简述解微分方程算法的原理和优点。

**答：**假设被保护线路的分布电容可以忽略不计，因而输电线路的模型可由电阻和电感构成。设保护安装处至金属性短路点线路的电感 $L$、电阻 $R$，可建立下列的微分方程：

$$u_1 = Ri_1 + L\frac{di_1}{dt_1}$$

$$u_2 = Ri_2 + L\frac{di_2}{dt_2}$$

式中：$u_1$、$u_2$ 分别为 $t_1$、$t_2$ 两个时刻电压瞬时值；$i_1$、$i_2$ 分别为 $t_1$、$t_2$ 两个时刻电流瞬时值；$\frac{di_1}{dt_1}$、$\frac{di_2}{dt_2}$ 分别为 $t_1$、$t_2$ 两个时刻电流的微分值。

在用微机处理时，电流的导数可用差分来近似计算，则微分方程的未知数只有 $R$、$L$。联立求解该方程组，即可求出故障点至保护安装处的距离。用 $D_1$ 代替 $\frac{di_1}{dt_1}$，$D_2$ 代替 $\frac{di_2}{dt_2}$，则可解出结果：

$$R = \frac{u_2D_1 - u_1D_2}{i_2D_1 - i_1D_2}$$

$$L = \frac{u_1i_1 - u_2i_1}{i_2D_1 - i_1D_2}$$

解微分方程算法的优点：

（1）解微分方程算法不需要用滤波器滤除非周期分量，因为电流中的非周期分量是符合算法所依据的微分方程的。

（2）解微分方程算法不受电网频率变化的影响。

（3）该算法计算所需的数据窗较短，从理论上讲，只需 3 个采样点即可实现，在应用各种测量阻抗计算方法中，解微分方程算法受到交直流互联系统换相失败的影响是最小的。

20．保护装置的采样率为工频每周波 24 点，采用差分算法时若想消除三次谐波，则 $K$ 值最小应取多少，为什么？

**答**：差分算法的原理为：

$$y(nT_S) = x(nT_S) - x(nT_S - KT_S)$$

当 $KT_S$ 刚好等于谐波的周期 $T_m = \frac{1}{mf_1}$，或者是 $\frac{1}{mf_1}$ 的整数倍（如 $p$ 倍，$p$=0，1，2，…）时，则在 $t = nT_S$ 及 $t = nT_S - KT_S$ 两点的采样值中所含该次谐波成分相同，故两点采样值相减后，恰好将该次谐波减去，剩下基波分量。此时有 $KT_S = \frac{p}{mf_1}$，故滤去的谐波次数为 $m = \frac{p}{KT_S f_1} = \frac{N}{K} p\ (p = 0，1，2，\cdots)$，若想滤去三次谐波，则 $K$ 值最小应取 8。

21．在 220kV 系统和 10kV 系统中，有一相等的有名阻抗值，在短路电流计算中，将它们换算成同一基准值的标幺阻抗，它们是否仍然相等？为什么？

**答**：因为 $Z_* = \frac{Z}{Z_B}$，$Z_B = \frac{U_B^2}{S_B}$，所以 $Z_* = \frac{ZS_B}{U_B^2}$，即在同一基准容量下，对于相等的有名阻抗值，基准电压越大，标幺阻抗越小。因此在 220kV 系统和 10kV 系统中，10kV 的标幺阻抗要大。

22．简述三相系统中标幺值计算的特点。

**答**：

（1）有功功率 $P$、无功功率 $Q$ 的基准值是 $S_B$，而不是 $P_B$、$Q_B$；阻抗 $R$、$X$ 的基准值是 $Z_B$，而不是 $R_B$、$X_B$。

（2）三相功率的标幺值等于单相功率的标幺值。

（3）在有名制中，$S_3 = \sqrt{3}UI$、$P_3 = \sqrt{3}UI\cos\varphi$；在标幺制中，$S_{3*} = U_* I_*$、$P_{3*} = U_* I_* \cos\varphi$。

（4）标幺值计算中，$I_{*B} = \frac{U_{*B}}{Z_{*B}}$ 仍成立。

（5）标幺值电气量经过变压器后不变化。

23．什么叫对称分量法？在大接地电流系统中发生单相接地故障，从录波图看，该故障相电流有畸变，请问是否可以直接利用对称分量法进行故障分析，为什么？

**答**：由于三相电气量系统是同频率按 120°电角布置的对称旋转矢量，当发生不对称时，可以将一组不对称的三相系统分解为三组对称的正序、负序、零序三相系统；反之，将三组对称的正序、负序、零序三相系统也可合成一组不对称三相系统。这种分析计算方法叫对称分量法。

不能利用对称分量法进行故障分析。因为对称分量法仅适用于同频率的矢量。因故障相电流有畸变，说明电流含高次谐波分量，不同频率的合成波是不能分解的，需将畸变电流用傅氏级数分解后，将各次谐波分别分解成正、负、零序分量，然后将各次谐波叠加。

24．什么是计算电力系统故障的叠加原理？在突变量保护的分析中，用到的是叠加原理的哪一种状态？

**答**：在假定是线性网络的前提下，将电力系统故障状态分为故障前的负荷状态和故障引起的附加状态分别求解，然后将这两个状态叠加起来，就得到故障状态。突变量保护的分析中应用的是故障引起的附加状态。

25．试分析比较负序、零序分量和工频变化量这两类故障分量的异同及在构成保护时应特别注意的地方。

**答**：

（1）零序和负序分量及工频变化量都是故障分量，正常时为零，仅在故障时出现，它们仅由施加于故障点的一个电动势产生。

（2）但它们是两种类型的故障分量。零序、负序分量是稳定的故障分量，只要不对称故障存在，它们就存在，它们只能保护不对称故障。

（3）工频变化量是短暂的故障分量，只能短时存在，但在不对称、对称故障开始时都存在，可以保护各类故障，尤其是它不反映负荷和振荡，是其他反映对称故障量保护无法比拟的。

（4）由它们各自特点决定：由零序、负序分量构成的保护既可以实现快速保护，也可以实现延时的后备保护；工频变化量保护一般只能作为瞬时动作的主保护，不能作为延时的保护。

26．模拟 3 种两相短路试验负序电流继电器的定值，为什么试验电流是负序电流定值的 $\sqrt{3}$ 倍？

**答**：试用对称分量法分析。

把一组 A、B、C 三相不对称电流分解为正、负、零序对称分量，其中负序对称分量为 $\dot{I}_2=\dfrac{1}{3}(\dot{I}_A+a^2\dot{I}_B+a\dot{I}_C)$，如模拟 BC 两相短路，则有 $\dot{I}_B=-\dot{I}_C=\dot{I}_k$（试验电流），$\dot{I}_A=0$，其相量图如图 1-13 所示。

由图知 $a^2\dot{I}_B+a\dot{I}_C=\sqrt{3}\dot{I}_k$

所以 $I_2=\dfrac{1}{3}(a^2\dot{I}_B+a^2\dot{I}_C)=\dfrac{\sqrt{3}}{3}\dot{I}_k=\dfrac{\dot{I}_k}{\sqrt{3}}$

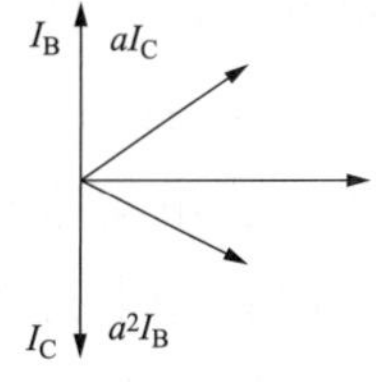

图 1-13 BC 相间短路电流相量图

同理可以推导出 AB、CA 两相短路时也是 $\dfrac{\dot{I}_k}{\sqrt{3}}$，即试验电流是负序电流的 $\sqrt{3}$ 倍。

27．什么是正序等效定则？写出不同短路故障类型附加阻抗的表达式。

**答**：不对称短路故障时故障支路的正序电流分量等于故障点每相加上一个附加阻抗 $\Delta Z$ 后发生三相短路的电流，这就是正序等效定则。

$K^{(3)}$：$\Delta Z=0$；

$K^{(2)}$：$\Delta Z=Z_{2\Sigma}$；

$K^{(1,1)}$：$\Delta Z=Z_{2\Sigma}//Z_{0\Sigma}$；

$K^{(1)}$：$\Delta Z=Z_{2\Sigma}+Z_{0\Sigma}$。

28．试分析各种不同类型短路时，电压各序分量的变化规律。

**答**：

（1）发生三相短路时，故障点的正序、负序、零序电压均为零。

（2）三相短路时，母线上正序电压下降得最多，两相接地短路次之，两相短路又次之，单相短路时正序电压下降最少。

（3）发生不对称短路故障时，正序电压越靠近故障点数值越小，负序电压和零序电压是越靠近故障点数值越大。

29．在系统稳定分析和短路电流计算中，通常将某一侧系统的等效母线处看成无穷大系统，那么无穷大系统的含义是什么？

**答**：无穷大系统指的是等效母线电压恒定不变，母线背后系统的综合阻抗等于 0，可近似认为在暂态过程中电动势不变。当电力系统的电源距短路点的电气距离较远时，由短路引起的电源送出功率的变化远小于电源所具有的功率，由于 $\Delta P \ll P$，可近似认为电源频率是恒定的，由于 $\Delta Q \ll Q$，可认为电源电压是恒定不变的，因电压恒定的电源内阻抗必定为零，所以无穷大系统的内阻抗为零。

30．线路零序电抗 $X_0$ 由什么参数决定？线路零序电抗为什么大于线路正序电抗或负序电抗？

**答**：

（1）线路零序电抗 $X_0$ 是线路一相的自感抗与其他两相的互感抗之和，即 $X_0=X_L+2X_M=2\pi f(L+2M)$。

（2）线路的各序电抗都是线路某一相自感电抗 $X_L$ 和其他两相对应相序电流所产生互感电抗 $X_M$ 的相量和。对于正序或负序分量而言，因三相幅值相等，相位角互为 120°，任意两相电流正（负）序分量的相量和均与第三相正（负）序分量的大小相等，方向相反，故对于线路的正、负序电抗有 $X_1=X_2=X_L-X_M$。而由于零序分量三相同向，零序自感电动势和互感电动势相位相同，故线路的零序电抗 $X_0=X_L+2X_M$，因此线路的零序电抗 $X_0$ 大于线路正序电抗 $X_1$ 或负序电抗 $X_2$。

31．大接地电流系统中Ⅰ、Ⅱ两平行线路的零序阻抗分别为 $Z_{0I}$、$Z_{0II}$，它们的零序互感阻抗为 $Z_{0M}$。如图 1-14 所示，当第Ⅱ回线停运两侧挂地检修时，相邻线路发生接地短路。求此时 M、N 两点间的零序阻抗 $Z_0$ 是多少？并请加以推导。

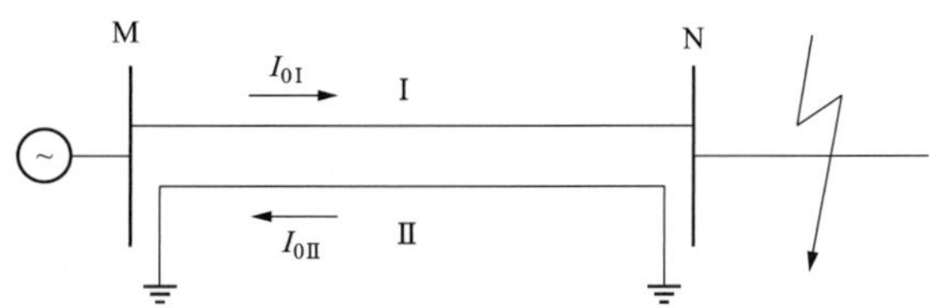


图 1-14 平行线路第Ⅱ回检修接地示意图

**答**：设短路后第Ⅰ回线的零序电流为 $I_{0\mathrm{I}}$，它通过互感在第Ⅱ回线产生感应电压并进而产生零序感应电流 $I_{0\mathrm{II}}$，其值为 $I_{0\mathrm{II}}=\dfrac{I_{0\mathrm{I}}Z_{0\mathrm{M}}}{Z_{0\mathrm{II}}}$，方向与 $I_{0\mathrm{I}}$ 相反。$I_{0\mathrm{II}}$ 电流又在第Ⅰ回线产生感应电压 $I_{0\mathrm{II}}Z_{0\mathrm{M}}$，该电压是 N 点为正 M 点为负。于是 MN 两点间的压降为：

$$U_{\mathrm{MN}}=I_{0\mathrm{I}}Z_{0\mathrm{I}}-I_{0\mathrm{II}}Z_{0\mathrm{M}}=I_{0\mathrm{I}}\left(Z_{0\mathrm{I}}-\frac{Z_{0\mathrm{M}}^{2}}{Z_{0\mathrm{II}}}\right)$$

该电压除以 $I_{0\mathrm{I}}$ 即为需求的零序阻抗：

$$Z_{0}=\frac{U_{\mathrm{MN}}}{I_{0\mathrm{I}}}=Z_{0\mathrm{I}}-\frac{Z_{0\mathrm{M}}^{2}}{Z_{0\mathrm{II}}}$$

32．（1）某系统如图 1-15 所示，平行双回线Ⅰ、Ⅱ之间互感为 $Z_{\mathrm{m}}$，Ⅰ、Ⅱ两条线路零序阻抗分别为 $Z_{0\mathrm{I}}$、$Z_{0\mathrm{II}}$，某日线路Ⅱ的 K 点发生接地故障，故障点位于线路Ⅱ全长的 25%处（靠 M 母线侧），请画出线路Ⅱ的 M 母线断路器三相跳闸后系统零序等值电路，并在零序等值电路上对相关零序阻抗值进行标注说明。考虑线路Ⅱ的 N 母线断路器未跳开，假设 MN 母线外零序阻抗分别为 $Z_{0\mathrm{M}}$、$Z_{0\mathrm{N}}$。

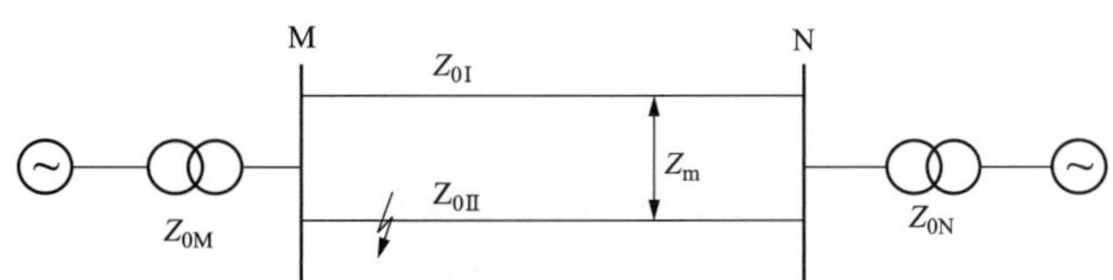


图 1-15 双端强电联系平行双回线示意图

（2）某系统如图 1-16 所示，平行双回线Ⅰ、Ⅱ之间互感为 $Z_{\mathrm{m}}$，Ⅰ、Ⅱ两条线路零序阻抗分别为 $Z_{0\mathrm{I}}$ 和 $Z_{0\mathrm{II}}$，请分别画出 K1、K2 和 K3 点接地故障的零序等值电路，并在零序等值电路上对相关零序阻抗值进行标注说明。已知 K1 点位于线路Ⅱ靠母线 N 侧的线路出口处，K2 点位于线路Ⅱ靠母线 P 侧的线路出口处，K3 点位于线路Ⅱ全长的 40%处（靠 N 母线侧算起），假设 M、N、P 母线外零序阻抗 $Z_{0\mathrm{M}}$、$Z_{0\mathrm{N}}$ 和 $Z_{0\mathrm{P}}$。

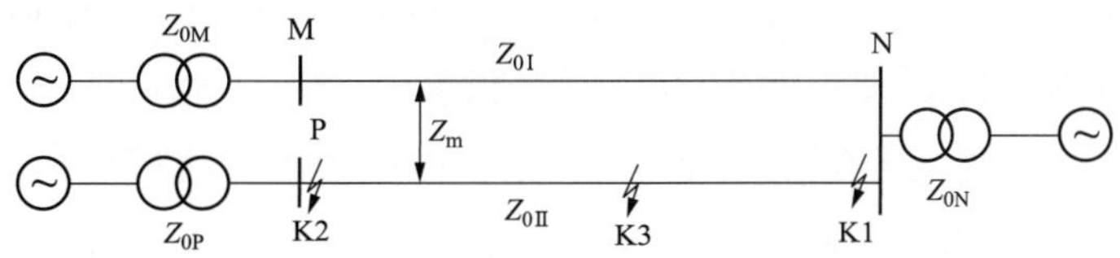


图 1-16 一端强电联系平行双回线示意图

**答：**

（1）根据题意，零序等值电路如图 1-17 所示。

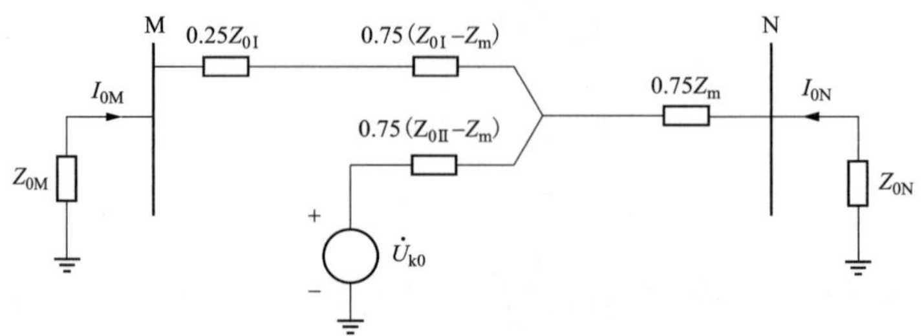


图 1-17　两端强电联系平行双回线零序等值示意图

（2）根据题意，分别画出 K1、K2 和 K3 点零序等值电路，如图 1-18 所示。

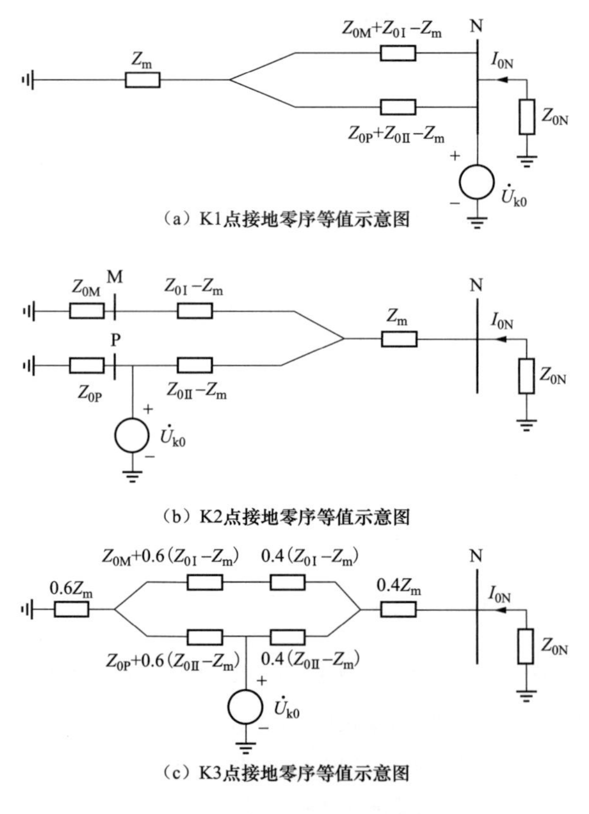


图 1-18　一端强电联系平行双回线零序等值示意图

33．在变压器铭牌上经常看到一个参数叫作短路电压百分比 $U_k$%，请问 $U_k$%的含义是什么？知道 $U_k$%后，能否知道短路电抗标幺值？

**答：**$U_k$%的含义是变压器短路电流等于额定电流时产生的相电压降与额定相电压之比的百分值。$U_k$%除以 100 后乘以基准容量与变压器额定容量的比值，便可得到该变压器短路电抗标幺值。

34．三相三柱式变压器与三相五柱式变压器的零序阻抗的主要区别有哪些？

**答：**三相三柱式变压器零序磁通无法在铁芯内流通，将流经变压器外壳，因此零序励磁阻抗不能视为∞，可等效为第四绕组（d 接线），零序阻抗小于正序阻抗；三相五柱式变压器零序磁通始终在铁芯内流通，因此零序励磁阻抗可视为∞，零序阻抗等于正序阻抗。

35．在升压和降压三相三绕组变压器中，哪一绕组的漏电抗很小，可视为零值？为什么？

**答：**升压三绕组变压器低压绕组的漏抗很小，降压三绕组变压器中压绕组的漏抗很小。三绕组变压器按 3 个绕组的排列方式分为升压结构和降压结构。升压结构变压器的中压绕组最靠近铁芯，低压绕组居中，高压绕组在最外层；降压结构变压器的低压绕组最靠近铁芯，中压绕组居中，高压绕组在最外层。以升压结构变压器为例，由于高、中压绕组相隔最远，二者间的漏抗最大，从而短路电压 $U_{K(1\text{-}2)}\%$ 最大，而 $U_{K(2-3)}\%$、$U_{K(1-3)}\%$ 较小，因此低压绕组的短路电压 $U_{K3}=\frac{1}{2}\left[U_{K(2-3)}\%+U_{K(1-3)}\%-U_{K(1-2)}\%\right]$ 最小，从而低压绕组的漏抗最小。同理，降压结构变压器位于中间位置的中压绕组的漏抗最小。

36．试述电力系统中线路、变压器、发电机的负序阻抗及线路、变压器的零序阻抗的特点。

**答：**

（1）线路、变压器等静止元件的负序阻抗。系统中静止元件施以负序电压产生的负序电流与施以正序电压产生的正序电流是相同的（只是相序不同），故静止元件的正、负序阻抗相同。

（2）发电机负序阻抗：当对发电机施以负序电压时，电枢绕组的负序工频电流产生负序旋转磁场，负序旋转磁场与转子旋转的方向相反，其磁路在 d 轴和日轴上交替变换。所以发电机的负序阻抗与正序阻抗不同，一般为 0.16～0.24（标幺值），对汽轮机和具有阻尼绕组的凸极发电机可近似取 $X_2=X_d''$。

（3）线路的零序阻抗：线路的零序阻抗为对线路施以零序电压时呈现的阻抗。零序阻抗以大地构成回路，数值较大，一般约为正序阻抗的 2.5～3.5 倍。

（4）变压器的零序阻抗：变压器的零序阻抗与绕组的连接方式、中性点接地方式及磁路结构有关。系统使用的变压器一般为 Y/△接线且 YN 侧中性点接地，从△侧施以零序电压，由于回路不通不产生任何电流，故从△侧看 Y 的零序阻抗为∞。从 YN 侧施以零序电压，在△侧将形成零序环流，故对零序来讲，从 YN 侧看 Y 几乎相当于另一侧短路，呈现的是短路阻抗 $U_k\%$，对于三芯式三相变压器，由于零序磁通要经过空气隙，使励磁阻抗大为降低，一般使零序阻抗减少到 $U_k\%$的 80%左右。$X_e$ 与 $X_{II}''$ 并联部分，计算正序阻抗时可忽略挺的影响，计算零序阻抗时则不可忽略 $X_e$ 的影响。

37．发电机的同步电抗 $X_d$、暂态电抗 $X_d'$ 和次暂态电抗 $X_d''$ 有什么区别和用途？

**答：**

（1）同步电抗 $X_d$ 为发电机稳态运行时的电抗，由绕组的漏抗和电枢反应电抗组成。一般用来计算系统潮流和静态稳定条件。

（2）暂态电抗 $X_d'$ 是发电机对突然发生的短路电流所形成的电抗，$X_d'$ 小于 $X_d$，一般用来计算短路电流和暂态稳定。

（3）次暂态电抗 $X_d''$ 是对有阻尼绕组或有阻尼效应的发电机的暂态电抗，其值比 $X_d'$ 更小，用途同暂态电抗 $X_d'$。

38．请画出图 1-19 中在 f 点发生不对称接地短路时的零序网。

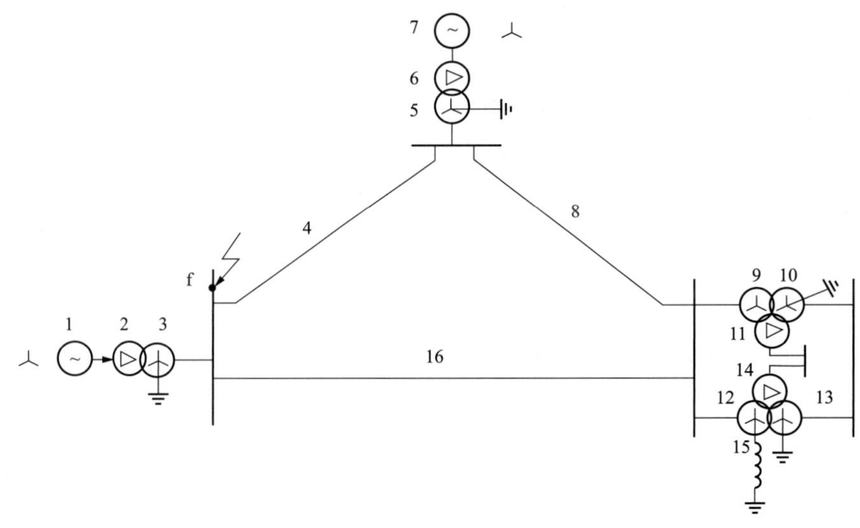


图 1-19　接地系统故障示意图

**答：**发生不对称接地短路时的零序网如图 1-20 所示。

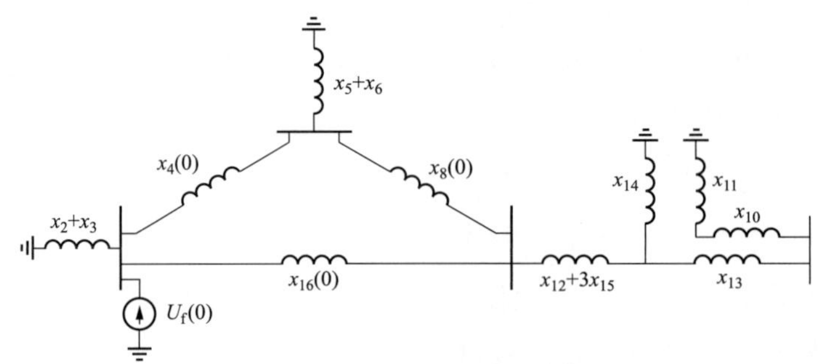


图 1-20　发生不对称接地短路时零序等值示意图

39．我国电力系统中中性点接地方式有几种？它们对继电保护的原则要求是什么？

**答**：我国电力系统中性点接地方式有 3 种：①中性点直接接地方式；②中性点经消弧线圈接地方式；③中性点不接地方式。

110kV 及以上电网的中性点均采用第一种接地方式。在这种系统中，发生单相接地故障时接地短路电流很大，故称其为大接地电流系统。在大接地电流系统中发生单相接地故障的概率较高，可占总短路故障的 70％ 左右，因此要求其接地保护能灵敏、可靠、快速地切除接地短路故障，以免危及电气设备的安全。

3～35kV 电网的中性点采用第二或第三种接地方式。在这种系统中，发生单相接地故障时接地短路电流很小，故称其为小接地电流系统。在小接地电流系统中发生单相接地故障时，并不破坏系统线电压的对称性，系统还可继续运行 1～2h。同时，绝缘监察装置发出无选择性信号，可由值班人员采取措施加以消除。只有在特殊情况或电网比较复杂、接地电流比较大时，根据技术保安条件，才装设有选择性的接地保护，动作于信号或跳闸。所以，小接地电流系统的接地保护带有很大的特殊性。

40．大接地电流系统、小接地电流系统的划分标准是什么？

**答**：大接地电流系统、小接地电流系统的划分标准是依据系统的零序电抗 $X_0$ 与正序电抗 $X_1$ 的比值：$X_0/X_1 \leqslant 3$，且 $R_0/R_1 \leqslant 1$ 的系统属于大接地电流系统；$X_0/X_1 > 3$，且 $R_0/R_1 > 1$ 的系统属于小接地电流系统。

41．在中性点不接地系统中，各相对地的电容是沿线路均匀分布的，请问线路上的电容电流沿线路是如何分布的？计及电容电流的影响，空载线路上的电压是如何分布的？

**答**：线路上的电容电流沿线路是不相等的，越靠近线路末端，电容电流越小。计及电容电流的影响时，空载线路上，越靠近线路末端，电压越高。

42．小接地电流系统当发生一相接地时，请分析下列问题：

（1）其他两相的电压数值和相位发生什么变化？

（2）故障线路的零序电流、零序电压的相位关系如何？非故障线路呢？

（3）故障线路与非故障线路零序电流的大小有何特点？

**答**：

（1）其他两相电压幅值升高 $\sqrt{3}$ 倍，超前相电压再向超前相移 30°，而落后相电压再向落后相移 30°。

（2）故障线路的零序电流滞后零序电压 90°，非故障线路的零序电流超前零序电压 90°。

（3）非故障线路流过的零序电流为本线路的对地电容电流，故障线路流过的零序电流为所有非故障线路对地电容电流之和。

43．小接地电流系统中，在中性点装设消弧线圈的目的是什么？

**答**：小接地电流系统发生单相接地故障时，接地点通过的电流是对应电压等级电网的全部对地电容电流，如果此电容电流相当大，就会在接地点产生间歇性电弧，引起过电压，从而使非故障相对地电压极大增加，可能导致绝缘损坏，造成多点接地。在中性点装设消弧线圈的目的是利用消弧线圈的感性电流补偿接地故障的电容电流，使接地故障电流减少，以至自动熄弧，保证继续供电。

44．中性点经消弧线圈接地系统为什么普遍采用过补偿方式？

**答**：中性点经消弧线圈接地系统采用全补偿时，无论不对称电压的大小如何，都将因发生串联谐振而使消弧线圈感受到很高的电压。因此，要避免全补偿运行方式的发生，而采用过补偿的方式或欠补偿的方式。实际上一般都采用过补偿的运行方式，其主要原因如下：

（1）欠补偿电网发生故障时，容易出现数值很大的过电压。例如，当电网中因故障或其他原因而切除部分线路后，在欠补偿电网中就可能形成全补偿的运行方式而造成串联谐振，从而引起很高的中性点位移电压与过电压，在欠补偿电网中也会出现很大的中性点位移而危及绝缘。只要采用欠补偿的运行方式，这一缺点是无法避免的。

（2）欠补偿电网在正常运行时，如果三相不对称度较大，还有可能出现数值很大的铁磁谐振过电压。这种过电压是因欠补偿的消弧线圈和线路电容发生铁磁谐振而引起。如采用过补偿的运行方式，就不会出现这种铁磁谐振现象。

（3）电力系统往往是不断发展和扩大的，电网的对地电容亦将随之增大。如果采用过补偿，原装的消弧线圈仍可以继续使用一段时期，至多是由过补偿转变为欠补偿运行；但如果原来就采用欠补偿的运行，则系统一有发展就必须立即增加补偿容量。

（4）由于过补偿时流过接地点的是电感电流，熄弧后故障相电压恢复速度较慢，因而接地电弧不易重燃。

（5）采用过补偿时，系统频率的降低只是使过补偿度暂时增大，这在正常运行时是毫无问题的；反之，如果采用欠补偿，系统频率的降低将使之接近于全补偿，从而引起中心点位移电压的增大。

45．试述小接地电流系统单相接地的特点。当发生单相接地时，为什么可以继续运行 1～2h？

**答**：小接地电流系统单相接地的特点如下：

（1）非故障线路 $3I_0$ 的大小等于本线路的接地电容电流；故障线路 $3I_0$ 的大小等于所有故障线路的 $3I_0$ 之和，也就是所有非故障线路的接地电容电流之和。

（2）非故障线路的零序电流超前零序电压 90°；故障线路的零序电流滞后零序电压约 90°。故障线路的零序电流与非故障线路的零序电流相位相差 180°。

（3）接地故障处的电流大小等于所有线路（包括故障线路和非故障线路）的接地电容电流的总和，并超前零序电压 90°。

根据小接地电流系统单相接地时的特点，由于故障点电流很小，而且三相之间的线电压仍然对称，对负荷的供电没有影响，因此在一般情况下都允许再继续运行 1～2h，不必立即跳闸，这也是采用中性点非直接接地运行的主要优点。但在单相接地以后，其

他两相对地电压升高$\sqrt{3}$倍，为了防止故障进一步扩大成两点、多点接地短路，应及时发出信号，以便运行人员采取措施予以消除。

46．简述中性点经消弧线圈接地系统发生单相接地故障时，利用零序电流和零序功率方向实现故障选线存在的问题。

**答：**装设消弧线圈后，接地线路中的零序电流为消弧线圈补偿后的残余电流，其量值较小，零序过电流元件将无法整定；零序电流的量值可能小于非故障线路的零序电流，所以基于零序电流比幅原理将无法应用。

由于一般采用的是过补偿，流经故障线路的零序电流是流过消弧线圈的零序电流与故障元件零序电流之差，而电容性无功功率方向是由母线流向线路，零序功率方向与非故障线路一致，因此无法利用功率方向来判别故障线路。

47．为解决小电流接地系统的接地保护选择性，国内外一般采用哪些方法？

**答：**

（1）增大故障点的有功电流，当发生单相永久性接地故障时，一般经过一段时间后，短时投入与消弧线圈串联或并联的接地电阻，增大故障点的有功电流。

（2）增大故障点的无功电流，当发生单相永久性接地故障时，先自动跳开消弧线圈，经过一段时间再自动重合，以满足接地保护选择性的要求。

（3）当发生永久性接地故障时，在一段时间内自动投入变压器低压侧母线的接地电阻，临时转变为大电流接地系统。

（4）利用功率方向继电器，当发生单相永久性接地故障时，故障线路和非故障线路的有功功率的方向不同，借此可以选择故障线路。

（5）暂态电流首半波保护，当发生单相永久性接地故障时，利用接地暂态零序电流与零序电压之间极性的固定关系，也可以确定故障线路。对于放射性结构的电网而言，故障线路两个零序量的极性相反，非故障线路两者极性相同。而环形电网则不然，当电容电流的分界点落在其上的非故障线路，两者首半波的极性双端相同；反之，一端相同，一端相反。因此需要开环运行。另外，在工频电压最大值时发生接地，则会出现死区。

（6）5次谐波电流接地保护，当发生永久性接地故障时，利用故障线路与非故障线路中的5次谐波电流分布不同的原理，也可构成接地保护装置。5次谐波电流的分布与基波电容电流基本相同，且不受消弧线圈补偿电流的影响，因而无论在各种补偿方式下均具备较高的选线准确性。

48．在10kV不接地系统中，4单元电压互感器法防铁磁谐振的原理是什么？

**答：**4单元电压互感器防护铁磁谐振技术包括开口三角绕组短路和开口三角绕组开路两种形式。

（1）开口三角绕组短路的4单元电压互感器防护铁磁谐振技术：将三相电压互感器

二次侧开口三角绕组直接短接，此种接线方式使零序回路中仅有零序电压互感器的磁化电感，从根本上破坏了产生铁磁谐振的条件。此种接线方式应防止开口三角回路电流过大导致互感器绕组烧毁。

（2）开口三角绕组开路的 4 单元电压互感器防护铁磁谐振技术：将三相电压互感器开口三角绕组与零序电压互感器的二次绕组正极串联，此种接线方式零序回路中有三相电压互感器和零序电压互感器的磁化电感，增大了零序回路的阻抗，可缩小谐振区域。此种接线方式开口三角绕组的电压对零序电压幅值有影响，可能零序电压继电器动作电压要重新整定。

49．在大接地电流系统之中，在什么情况下单相接地故障电流大于三相短路电流？什么条件下，故障点单相接地故障零序电流大于两相接地故障零序电流？

**答**：当故障点零序综合阻抗（$Z_{0\Sigma}$）小于正序综合阻抗（$Z_{1\Sigma}$），即 $Z_{k0}<Z_{k1}$ 时，单相接地故障电流大于三相短路电流。故障点综合零序阻抗（$Z_{0\Sigma}$）大于综合正序阻抗（$Z_{1\Sigma}$），即 $Z_{k0}>Z_{k1}$ 时，故障点单相接地故障零序电流大于两相接地故障零序电流。

50．当大接地电流系统的线路正方向发生非对称接地短路时，我们可以把短路点的电压和电流分解为正、负、零序分量，请问在保护安装处的正序电压、负序电压和零序电压各是多少？

**答**：正序电压为保护安装处到短路点的阻抗正序压降与短路点的正序电压之和，即正序电流乘以从保护安装处到短路点的正序阻抗加上短路点的正序电压。负序电压为负的负序电流乘以保护安装处母线背后的综合负序阻抗。零序电压为负的零序电流乘以保护安装处母线背后的综合零序阻抗。

51．在线路故障的情况下，正序功率方向是由母线指向线路，为什么零序功率方向是由线路指向母线？

**答**：在故障线路上，正序电流的流向是由母线流向故障点，而零序电压在故障点最高，零序电流是由故障点流向母线，所以零序功率的方向与正序功率相反，是由线路指向母线。

52．大接地电流系统中，在线路任何地方的单相接地故障时，短路点的 $I_1$、$I_2$、$I_0$ 大小相等、相位相同，那么一条线路两端保护安装处的 $I_1$、$I_2$、$I_0$ 是否也一定大小相等、相位相同？大接地电流系统的单端电源供电线路中，在负荷端的变压器（YNd）空载且中性点接地时，请问线路发生单相接地时，供电端的正、负、零序电流是不是就是短路点的正、负、零序电流？

**答**：

（1）大接地电流系统中，在线路任何地方的单相接地故障时，短路点的 $I_1$、$I_2$、$I_0$ 大小和相位关系不定。因为各序电流是按各序网络的分配系数进行分配的，如各序网络的分配系数不同，大小也就不同，如果各序网络的阻抗角不同，其相位也不会相同。

（2）大接地电流系统的单端电源供电线路中，在负荷端的变压器（YNd）空载且中性点接地时，当线路发生单相接地时，供电端的正序、负序电流就是短路点的正序、负序电流，而零序电流不是短路点的零序电流，因负荷端也存在零序网络。

53．直接接地系统发生单相接地短路时，非故障相中的故障分量电流是如何分布的？

**答：**当 $C_{1M}=C_{2M}$ 时，非故障相中的故障分量电流是由 $C_{0M}\neq C_{1M}$ 所产生的，两非故障相中的故障分量电流不仅大小相等，而且相位相同。当 $C_{0M}>C_{1M}$ 时，两非故障相的故障分量电流与故障相故障分量电流同相位；当 $C_{0M}<C_{1M}$ 时，两非故障相的故障分量电流与故障相故障分量电流反相位。

54．某母线的系统综合阻抗的关系为 $Z_{\Sigma1}=Z_{\Sigma2}=1.2Z_{\Sigma0}$，各序阻抗角相等。当该母线上 BC 相金属性短路故障时，从某出线保护中查看负序电压值为 30V，请分析在该方式下该母线上 A 相金属性短路故障时，该保护中的负序相电压值应为多少？

**答：**BC 相金属性短路故障时，一次侧负序相电压为：

$$U_{2(一次)}^{(2)}=\frac{U_{KA[0]}}{Z_{\Sigma1}+Z_{\Sigma2}}\cdot Z_{\Sigma2}=\frac{1}{2}U_{KA[0]}$$

保护中读取的负序相电压 $U_2^{(2)}$ 为：

$$U_2^{(2)}=K_2\cdot U_{2(一次)}^{(2)}=K_2\frac{U_{KA[0]}}{2}\quad（K_2 \text{为系数}）$$

A 相金属性短路故障时，一次侧负序相电压为：

$$U_{2(一次)}^{(1)}=\frac{U_{KA[0]}}{Z_{\Sigma1}+Z_{\Sigma2}+Z_{\Sigma0}}\cdot Z_{\Sigma2}=\frac{U_{KA[0]}}{2+\dfrac{Z_{\Sigma0}}{Z_{\Sigma1}}}$$

保护中读取的负序相电压 $U_2^{(1)}$ 为：

$$U_2^{(1)}=K_2\cdot U_{2(一次)}^{(1)}=K_2\frac{U_{KA[0]}}{2+\dfrac{Z_{\Sigma0}}{Z_{\Sigma1}}}$$

得 $$\frac{U_2^{(1)}}{U_2^{(2)}}=\frac{2}{2+\dfrac{Z_{\Sigma0}}{Z_{\Sigma1}}}$$

即 $$U_2^{(1)}=\frac{2}{2+\dfrac{Z_{\Sigma0}}{Z_{\Sigma1}}}\cdot U_2^{(2)}=\frac{2}{2+\dfrac{1}{1.2}}\times30=21.2\text{V}$$

55．220kV 某系统如图 1-22 所示，两侧电势分别为 $E_M$ 和 $E_P$，线路 MN 和 NP 及系统两侧阻抗如图中所示（已归算至标幺值，基准容量 100MVA，基准电压 230kV），假设系统阻抗角一样。当线路 MN 带负荷运行时，A 相发生瞬时性单相接地故障，试画出 MN 两侧 A 相断路器都跳开后且都未重合前，线路 MN 两侧断路器母线侧和线路侧负序电压的分布图，图中分别以虚线表示（不考虑线路分布电容）。

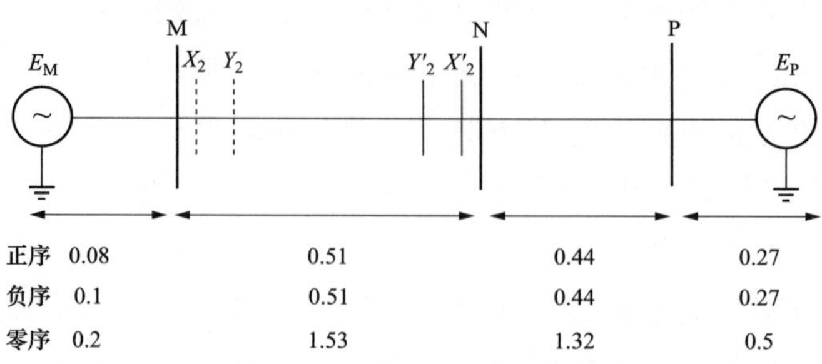


图 1-22 系统阻抗示意图

**答**：MN 两侧 A 相断路器跳开后，可以按线路 MN 发生 A 相断线考虑，系统综合负序阻抗为：

$$Z_{22} = Z_{M2} + Z_{MN2} + Z_{NP2} + Z_{P2} = 1.32$$

线路 MN 的 N 侧背后的阻抗为：

$$Z_{N2} = Z_{NP2} + Z_{P2} = 0.71$$

设 $X_2$–$Y_2$ 端口处的负序电压为 $\frac{\Delta U_2}{2}$，$X_2' - Y_2'$ 端口处的负序电压为 $\frac{\Delta U_2}{2}$

$X_2'$ 侧的电压：

$$U_{N2} = -\frac{Z_{N2}}{Z_{22}}\Delta U_2 = -0.54\Delta U_2$$

$Y_2'$ 侧的电压：

$$U'_{N2} = \frac{\Delta U_2}{2} + U_{N2} = -\frac{Z_{N2} - \frac{Z_{22}}{2}}{Z_{22}}\Delta U_2 = -0.04\Delta U_2$$

$X_2$ 侧的电压：

$$U_{M2} = \frac{Z_{M2}}{Z_{22}}\Delta U_2 = 0.08\Delta U_2$$

$Y_2$ 侧的电压：

$$U'_{M2} = U_{M2} - \frac{\Delta U_2}{2} = \frac{-\frac{Z_{22}}{2} + Z_{M2}}{Z_{22}} = -0.42\Delta U_2$$

根据上述关系画出负序电压分布图，如图 1-23 所示。

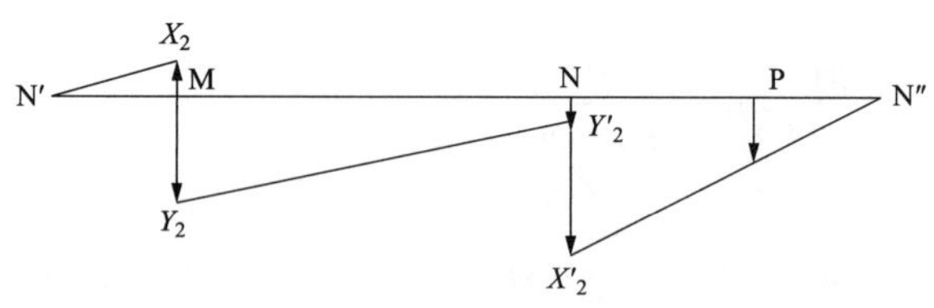


图 1-23 负序电压分布图

注：图中 N′、N″ 为系统中性点。

56．某重载线路某次发生 A 相接地故障，从录波图上分析看出，故障后非故障相 B 相的电流比 A 相的故障电流还要大，C 相的电流减小，试简单分析造成这种现象的原因是什么？并画出相量图。

**答**：当发生 A 相对地故障，故障点 A 相有 $I_{A1}=I_{A2}=I_{A0}$；B、C 两相故障电流分量中正负序电流的和与零序电流大小相等，方向相反，所以对于故障点，B、C 两相的故障电流分量等于 0；但是如果故障点两侧的零序与正、负序故障电流分配系数不同，就会造成两侧的 B 或 C 相故障电流各序分量之和不为 0，当其各序分量之和电流与负荷电流相位较小时就会造成某一非故障相电流增大，比如 B 相电流增大，反之就会造成电流减小，比如 C 相，随着分配系数差别越大、负荷电流越大，这种现象就会越严重，直到 B 相的电流大于故障相电流。

相量图如图 1-25 所示，$I_{loa.A}$、$I_{loa.B}$、$I_{loa.C}$ 为故障前负荷电流，$I_{g.A}$、$I_{g.B}$、$I_{g.C}$ 为故障分量电流，$I_{MA}$、$I_{MB}$、$I_{MC}$ 为保护安装处测量电流，也是故障录波电流。

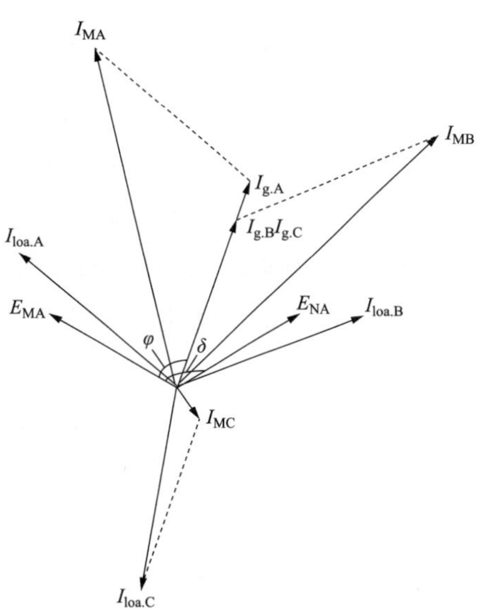

图 1-25 保护安装处电流测量示意图

57．中性点接地系统非全相运行对电网、设备及人身将造成的危害有哪些？

**答**：

（1）对电网的危害：①零序电压形成的中性点位移使各相对地电压升高，容易造成绝缘击穿事故；②零序电流在电网内产生电磁干扰，威胁通信线路安全；③电网之间的连接阻抗增大，造成异步运行；④负序和零序电流可能引起电网内零序、非全相等保护误动。

（2）对设备的危害：①引起发电机定、转子发热，机组振动增大，可能出现过电压；②在变压器内部产生附加损耗，引起局部过热，降低变压器的使用效率。

（3）对人身的危害：①零序电流长期通过大地，接地装置的电位升高，跨步电压与接触电压也升高，对运行人员的安全构成一定的威胁；②零序电流可能在沿输电线路平行架设的通信线路中产生危险的对地电压，危及人员生命安全。

58．简述发生单相断线和两相断线时在断线处负序电流的大小关系、零序电流的大小关系。

**答**：当 $Z_{00}=Z_{11}$ 时，单相断线的负序电流与两相断线的负序电流相等；当 $Z_{00}>Z_{11}$ 时，单相断线的负序电流大于两相断线的负序电流；当 $Z_{00}<Z_{11}$ 时，单相断线的负序电流小于两相断线的负序电流。单相断线和两相断线时零序电流的大小关系，与负序电流的大小关系相反。

59．电力系统中必须同时满足哪些稳定性要求？

**答**：在电力系统中，有 3 种必须同时满足的稳定性要求，即同步运行稳定性、频率稳定性和电压稳定性。其中，同步运行稳定分为 3 类，即静态稳定、暂态稳定和动态稳定。

60．提高电力系统暂态稳定水平的主要措施有哪些？

**答：**串联补偿电容，中间并联补偿，增设线路，快速切除短路故障，自动重合闸，发电机的快速励磁，电气制动，联锁切机与火电机组压出力，切集中负荷，终端线路解列重合闸，合理调整系统运行接线。

61．为什么说负荷调节效应对系统运行有积极作用？

**答：**系统中发生有功功率缺额而引起频率下降时，负荷调节效应的存在会使相应的负荷功率也跟着减小，从而对功率缺额起着自动补偿作用，系统才得以稳定在一个较低的频率上继续运行。否则，缺额得不到补偿，变成不再有新的有功功率平衡点，频率势必一直下降，系统必然瓦解。

62．电力系统振荡和短路的主要区别是什么？电力系统发生振荡时，什么情况下电流最大，什么情况下电流最小？

**答：**

（1）振荡时系统各点电压和电流值均作往复性摆动，而短路时电流、电压值是突变的。此外，振荡时电流、电压值的变化速度较慢，而短路时电流、电压值突然变化量很大。

（2）振荡时系统任何一点电流与电压之间的相位角都随功角 $\delta$ 的变化而改变；而短路时，电流与电压之间的相位角是基本不变的。

（3）当两侧电动势的夹角为 180°时，电流最大；当两侧电动势的夹角为 0°时，电流最小。

63．什么是低频振荡？产生的原因有哪些？

**答：**

（1）低频振荡就是并列运行的发电机间在小扰动下发生的频率在 0.2～0.5Hz 范围内持续振荡的现象。

（2）低频振荡产生的原因是由于电力系统的阻尼效应，常出现在弱联系、远距离、重负荷的输电线路上，在采用快速、高放大倍数励磁系统的条件下更容易发生。

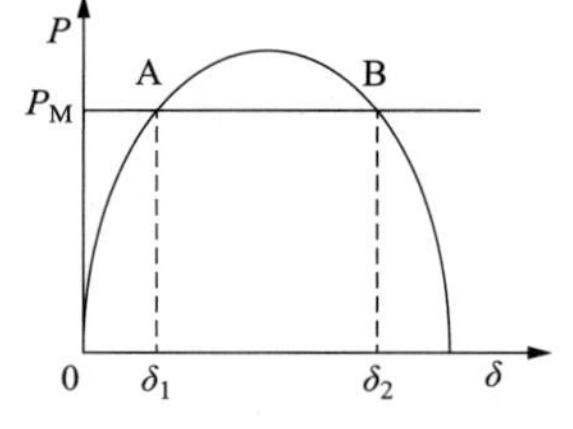


图 1-25　单机无穷大系统功角特性曲线示意图

64．如果发电机与无穷大系统母线相连，其功角特性曲线如图 1-25 所示。如果原动机的功率为 $P_M$，则有两个工作点 A、B 分别对应功角 $\delta_1$ 和 $\delta_2$。

（1）用静态稳定分析法说明 A 点是稳定运行工作点，B 点不是稳定运行工作点。

（2）静稳极限的边界对应的功角 $\delta$ 是多少度？

**答：**

（1）A 工作点：当有一个小扰动使得功角 $\delta$ 增大时，发电机输出功率 $P$ 将随之增大，由于原动机提供功率 不能随之瞬时改变，原动机的动作特性小于发电机的制动转矩。发

电机便要减速，随着转速 $n$ 的下降，功角 $\delta$ 亦将变小，工作点还可以回到原来的 A 点。所以 A 点是稳定的工作点。

B 工作点：当有一个小扰动使得功角 $\delta$ 增大时，发电机输出功率 $P$ 将随之下降，原动机提供功率不变，原动机的动作特性大于发电机的制动转矩，在剩余转矩作用下发电机将加速，随着转速 $n$ 的上升，功角 $\delta$ 将进一步上升，而 $\delta$ 的上升使得发电机输出功率 $P$ 再进一步下降，如此恶性循环发电机的工作点回不到 B 点，造成系统振荡。所以 B 点是不稳定的工作点。

（2）静稳极限边界的功角 $\delta$=90°。

65．写出单机对无穷大系统当高压母线出口处发生不同短路故障时，发电机与系统间的联系阻抗。

**答：**单相接地时，$X^{(1)}=X_{\mathrm{d}\Sigma}+\dfrac{X_{\mathrm{L}}(X_{\mathrm{d}}+X_{\mathrm{T}})}{X_{\Sigma2}+X_{\Sigma0}}$；

两相短路时，$X^{(2)}=X_{\mathrm{d}\Sigma}+\dfrac{X_{\mathrm{L}}(X_{\mathrm{d}}+X_{\mathrm{T}})}{X_{\Sigma2}}$；

两相短路接地时，$X^{(1,1)}=X_{\mathrm{d}\Sigma}+\dfrac{X_{\mathrm{L}}(X_{\mathrm{d}}+X_{\mathrm{T}})}{X_{\Sigma2}//X_{\Sigma0}}$；

三相短路时，$X^{(3)}=X_{\mathrm{d}\Sigma}+\dfrac{X_{\mathrm{L}}(X_{\mathrm{d}}+X_{\mathrm{T}})}{0}=\infty$。

## 六、计算分析题

1．根据图 1-26，画出零序网络图。

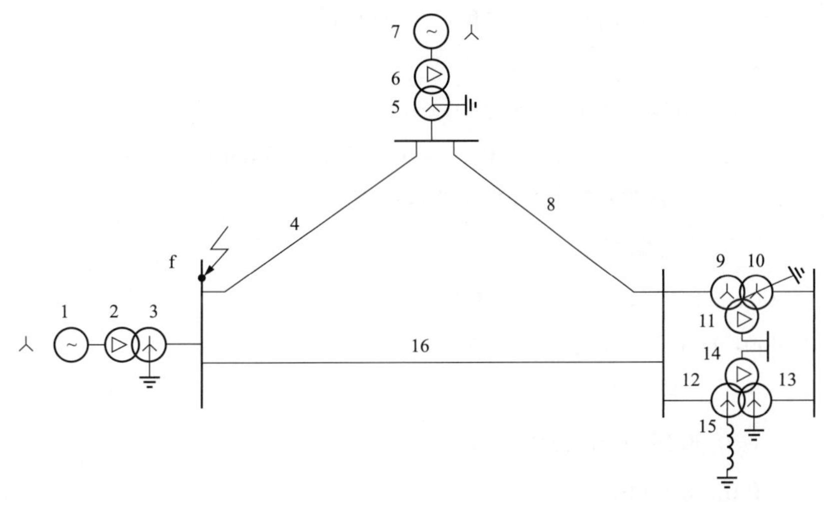


图 1-26 系统参数示意图

**答：**零序网络图如图 1-27 所示。

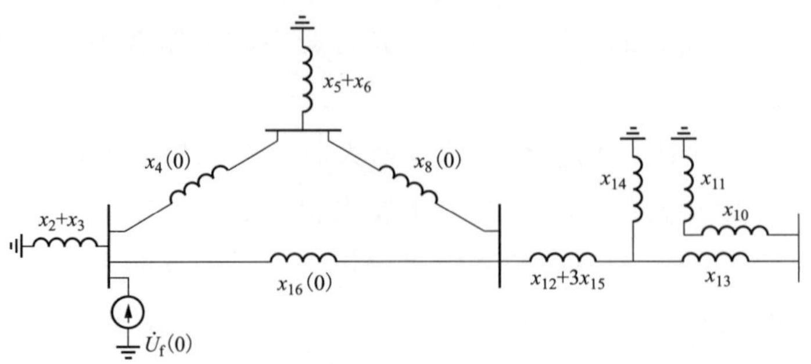


图 1-27　零序网络示意图

2．三相自耦变压器组 YNynd，如图 1-28 所示，容量 750MVA，515/230/36kV，短路阻抗 $U_{12}\%=12.97$，$U_{13}\%=42.37$，$U_{23}\%=25.74$。中性点加装小电抗 13Ω。系统阻抗（标幺值，基于 100MVA）高压侧：0.0026（正负序）、0.0038（零序），中压侧 0.0118（正负序）、0.01（零序）。

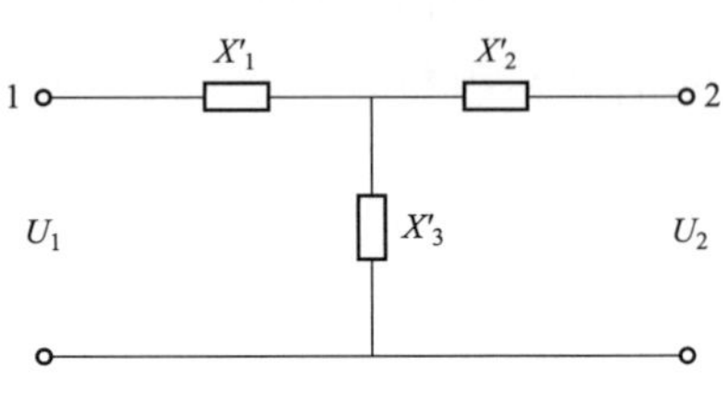


图 1-28　自耦变压器等效阻抗图

请问高压侧母线单相金属性接地故障时，主变压器高中压侧零序电流为多少（有名值）？主变压器中性点电流、电压为多少？（$S_B$=100MVA，电压基准 525kV、230kV）

答：$X'_{10}=X_1+3X_n(1-k)$

$X'_{20}=X_2-3X_n\bullet k\bullet(1-k)$

$X'_{30}=X_3+3X_n\bullet k$

求出主变压器高中压侧正序阻抗：0.0197、–0.0024、0.0368。

中性点阻抗折算为标幺值：13/2756.25=0.00472。

（1）零序阻抗。

$X_{10}=0.0197+3\times0.00472\times(1-515/230)=0.0022$

$X_{20}=-0.0024+3\times0.00472\times515/230\times(1-515/230)=0.0369$

$X_{30}=0.0368+3\times0.00472\times515/230=0.0685$

（2）主变压器侧综合阻抗。

正序：（–0.0024+0.0118+0.0197）=0.0291

零序：（0.0369+0.01）//0.0685+0.0022=0.03

（3）500kV 母线故障综合阻抗。

正序：0.0291//0.0026=0.00239

零序：0.03//0.0038=0.00337

零序电流：

$3I_0=3\times1/(0.00239\times2+0.00337)=368$

高压侧零序电流：

$368\times0.00337/0.03\times110=4547(\mathrm{A})$

中压侧零序电流：

$368\times0.00337/0.03\times[(0.0369+0.01)//0.0685]/(0.0369+0.01)\times251=6159(\mathrm{A})$

中性点电流：

$6159\,\mathrm{A}-4547\,\mathrm{A}=1612(\mathrm{A})$

中性点电压：

$1612\,\mathrm{A}\times13\Omega=21(\mathrm{kV})$

3．某系统如图 1-29 所示，平行双回线Ⅰ、Ⅱ之间互感为 $Z_m$，Ⅰ、Ⅱ两条线路零序阻抗分别为 $Z_{0\mathrm{I}}$ 和 $Z_{0\mathrm{II}}$，某日线路Ⅱ的 K 点发生接地故障，故障点位于线路Ⅱ全长的 25%处（靠 M 母线侧），请画出线路Ⅱ的 M 母线断路器三相跳闸后系统零序等值电路，并在零序等值电路上对相关零序阻抗值进行标注说明。考虑线路Ⅱ的 N 母线断路器未跳开，假设 MN 母线外零序阻抗分别为 $Z_{0M}$、$Z_{0N}$。

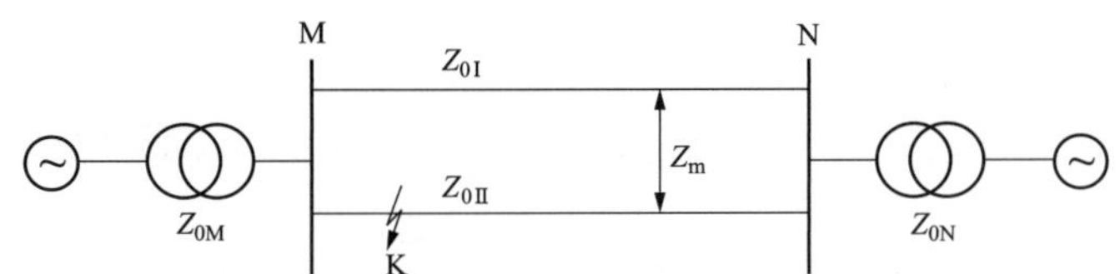


图 1-29 平行双回线Ⅱ线 K 点故障示意图

**答**：根据题意，零序等值电路如图 1-30 所示。

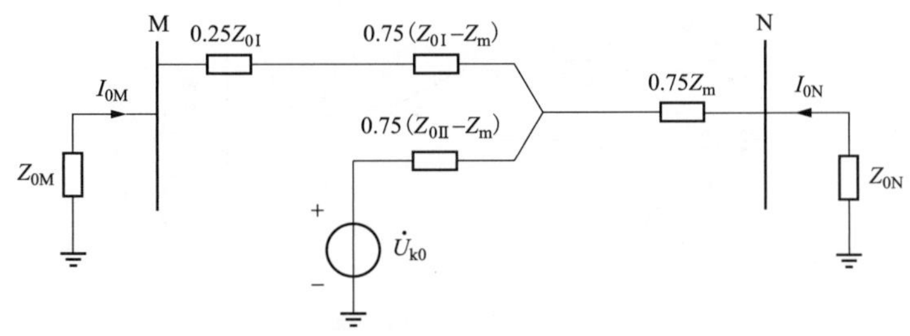


图 1-30 平行双回线Ⅱ线 K 点故障零序等值电路图

4．某系统如图 1-31 所示，平行双回线Ⅰ、Ⅱ之间互感为 $Z_m$，Ⅰ、Ⅱ两条线路零序阻抗分别为 $Z_{0\mathrm{I}}$ 和 $Z_{0\mathrm{II}}$，请分别画出 K1、K2 和 K3 点接地故障的零序等值电路，并在零序等值电路上对相关零序阻抗值进行标注说明。已知 K1 点位于线路Ⅱ靠母线 N 侧的线路出口处，K2 点位于线路Ⅱ靠母线 P 侧的线路出口处，K3 点位于线路Ⅱ全长的 40%处（靠 N 母线侧算起），假设 MNP 母线外零序阻抗 $Z_{0M}$、$Z_{0N}$ 和 $Z_{0P}$。

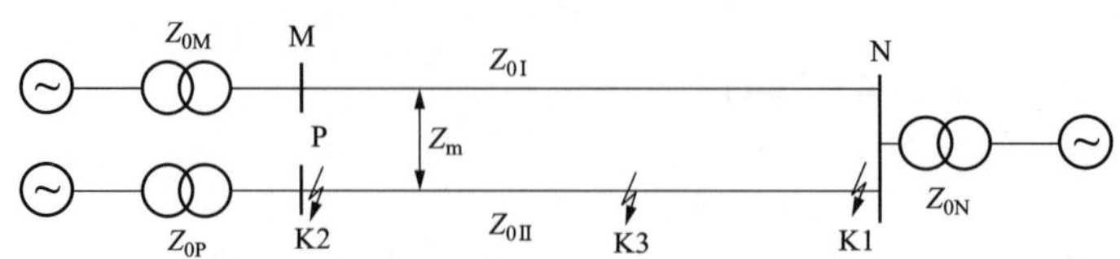


图 1-31 平行双回线示意图

**答：**根据题意，分别画出 K1、K2 和 K3 点零序等值电路如图 1-32 所示。

**解析：**三相线路比单相线路在正常运行与故障计算时复杂，本质在于三相线路之间距离较近、存在互感耦合。序分量法的本质就是一种解耦变换，将三相电路换成三序网络进行计算与分析。双回线除了线路之间各相存在互感，相邻线路之间也存在互感，本线路的互感在线路参数中（正负零序参数中均包含 $Z_m$，$Z_1=Z_S-Z_m$，$Z_0=Z_S+2Z_m$）已经考虑，相邻线路之间的这种耦合对于正负序来说，三相电源对称，参数基本对称，可以认为影响基本很小，可以忽略，因此双回线或其他距离较近线路之间，正负序网络基本不变。对于零序，则不然，三个零序源大小相等、方向相同，无法抵消，接地短路故障计算时不可忽略。

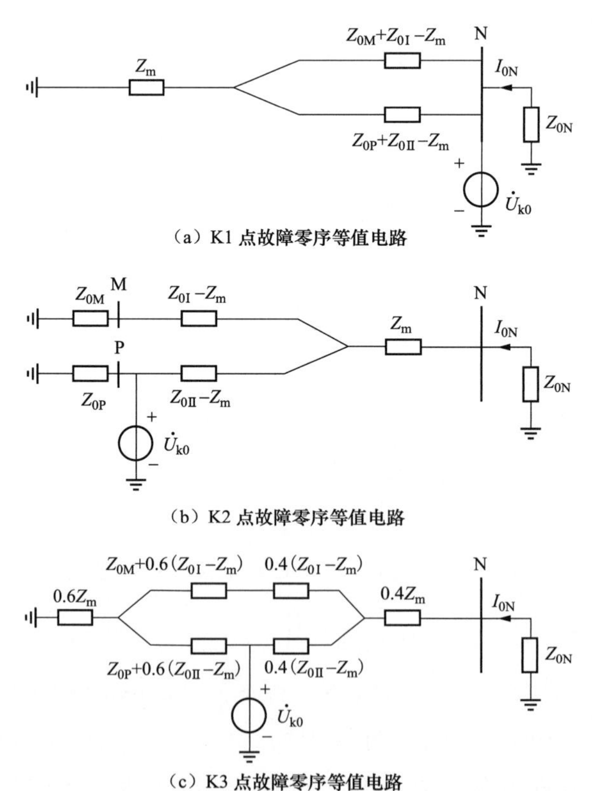


图 1-32 平行双回线 K1、K2、K3 点故障等值电路示意图

5．如图 1-33 所示，变压器 YNd11 的中性点接地，系统为空载，忽略系统的电阻，故障前系统电势为 57V，线路发生 A 相接地故障，故障点 $R_g$ 不变化。已知：$X_{M1}=X_{M2}=1.335\Omega$，$X_{T10}=2.25\Omega$，$X_{L1}=X_{L2}=1.5\Omega$，$X_{L0}=4.5\Omega$，$X_{T21}=X_{T22}=X_{T20}=1.8\Omega$；保护安装处测得 $I_A=14.4A$，$3I_0=9A$（以上所给数值均为归算到保护安装处的二次值）。

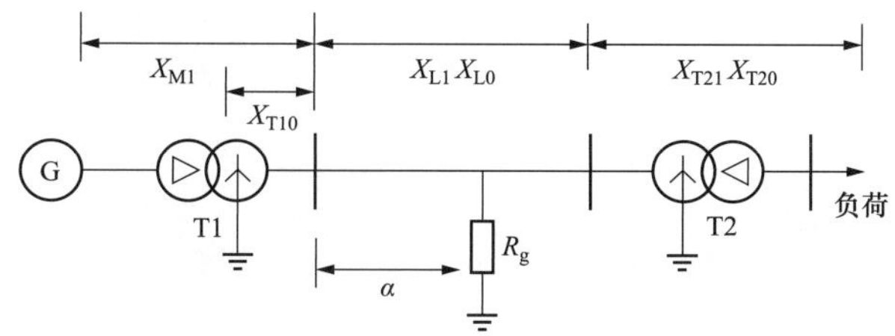


图 1-33 单电源阻抗参数图

求：

（1）故障点的位置比 α。

（2）保护安装处 A 相接地距离继电器的测量阻抗。

**答：**

（1）求故障点位置。

1）保护安装处：$I_A=I_{1M}+I_{2M}+I_{0M}=14.4A$，其中 $I_{0M}=3A, I_{1M}=I_{2M}$ 得：$I_{1M}=I_{2M}=5.7A$

2）因为故障点的 $I_{1F}$、$I_{2F}$ 只流向 M 侧，所以 $I_{1M}=I_{1F}=5.7A$，$I_{2M}=I_{2F}=5.7A$；且在故障点有 $I_{1F}=I_{2F}=I_{0F}=5.7A$

因为 $I_{0F}=I_{0M}+I_{0N}$，所以 $I_{0N}=I_{0F}-I_{0M}=2.7A$

$$\frac{I_{0N}}{I_{0M}}=\frac{X_{T10}+\alpha X_{L0}}{X_{T20}+(1-\alpha)X_{L0}},$$

$$\frac{2.7}{3}=\frac{2.25+\alpha\times4.5}{1.8+(1-\alpha)\times4.5}$$

解得：$\alpha=0.4$

（2）故障点：$X_{1\Sigma}=X_{2\Sigma}=X_{M1}+\alpha X_{L1}=1.335+0.6=1.935\Omega$

$X_{0\Sigma}=(X_{T10}+\alpha X_{L0})//[X_{T20}+(1-\alpha)X_{L0}]=2.13\Omega$

因为：$I_{1F}=\dfrac{U}{j(X_{1\Sigma}+X_{2\Sigma}+X_{0\Sigma})+3R_g}$，$5.7=57/(j6+3R_g)$

解得：$R_g=2.67\Omega$

$$Z_{mA}=\frac{U_{mA}}{I_{mA}}=\frac{U_{KA}+(I_A+k\times3I_{0M})\alpha X_{L1}}{I_A+k\times3I_{0M}}=\frac{3\times5.7\times2.67}{14.4+0.67\times3\times3}+j0.4\times1.5=2.24+j0.6$$

6．某 220kV 变电站接线如图 1-34 所示，S 为大电流接地系统，曲折变（接地变压器）经 10Ω 小电阻接地，1 号主变压器各侧均在运行状态，主变压器低压侧、曲折变、馈线相关保护定值如表 1-1 所示（以下所有计算均不考虑电容电流和负荷电流、接地过渡电阻，系统额定电压为 10.5kV，忽略引线阻抗，且系统为无穷大系统）。

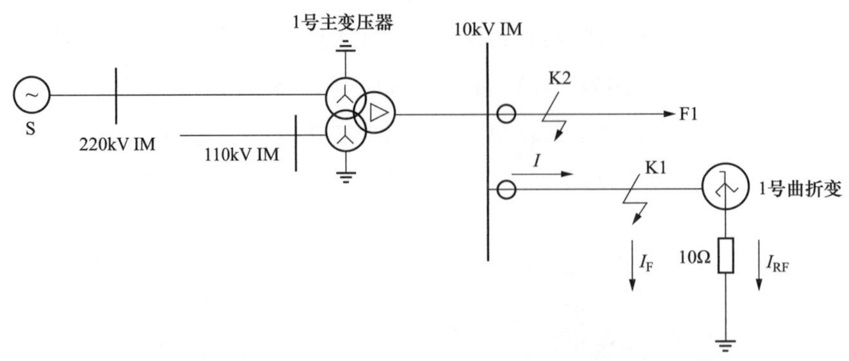


图 1-34　某 220kV 变电站接线图

**表 1-1**　　**主变压器低压侧、曲折变、馈线相关保护定值表**

| 保　护　名　称 | 投入保护及整定值（一次值） |
|---|---|
| 1 号变压器低后备 | 过流Ⅱ段：4000A/1.2S 跳变低 |
| F1 | 过流Ⅰ段：3000A/0.3S 跳本断路器<br>过流Ⅱ段：1000A/0.9S 跳本断路器<br>零序Ⅰ段：60A/1.0S 跳本断路器 |
| 1 号曲折变 | 过流Ⅰ段：260A/0.1S 跳本断路器<br>零序Ⅰ段：75A/2.7S 切变低 |

（1）假设曲折变引线处 K1 点发生 A 相接地故障，10kV IM 其他间隔均在热备用状态。请分析曲折变断路器 TA 流过三相电流 $I_A$、$I_B$、$I_C$ 的幅值及相位关系；分析故障点电流 $I_F$、接地变压器电流 $I_{RF}$、曲折变电流 $I_A$ 幅值的等式关系。要求写出分析过程，并给出明确的分析结果。

（2）现场曲折变开关柜采用 A、C 两相式 TA，A、C 两相电流接入曲折变保护，同时将 A、C 相电流并联后接入 B 相。假设此时馈线 F1、曲折变为运行状态，F1 近区 K2 点发生 A 相接地故障，请问哪些保护会动作，并分析其是否正确动作并提出改进措施。

**答：**

（1）10kV 发生 A 相单相接地故障，从故障点向曲折变看进去的正、负序阻抗无穷大，根据故障点边界条件可知 $I_F=I_{F1}+I_{F2}+I_{F0}$ 且 $I_{F1}=I_{F2}=I_{F0}$，序网络图如图 1-36 所示，曲折变断路器 TA 处无零序电流，仅有正序、负序电流，小电阻处仅流过零序电流，相关电流可表示如下：

$$I_A=I_{F1}+I_{F2}=2I_{F1}$$
$$I_B=aI_{F1}+a^2I_{F2}=-I_{F1}$$
$$I_C=a^2I_{F1}+aI_{F2}=-I_{F1}$$
$$I_F=I_{F1}+I_{F2}+I_{F0}=3I_{F1}$$
$$I_{RF}=3I_{F0}=3I_{F1}$$

（上述公式所用电流表示相量）

因此图 1-35 中所示相关电流有以下关系：$|I_A|=2|I_B|=2|I_C|$，B、C 相电流相位相同

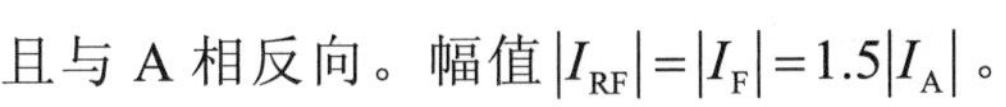
且与 A 相反向。幅值 $|I_{RF}|=|I_F|=1.5|I_A|$。

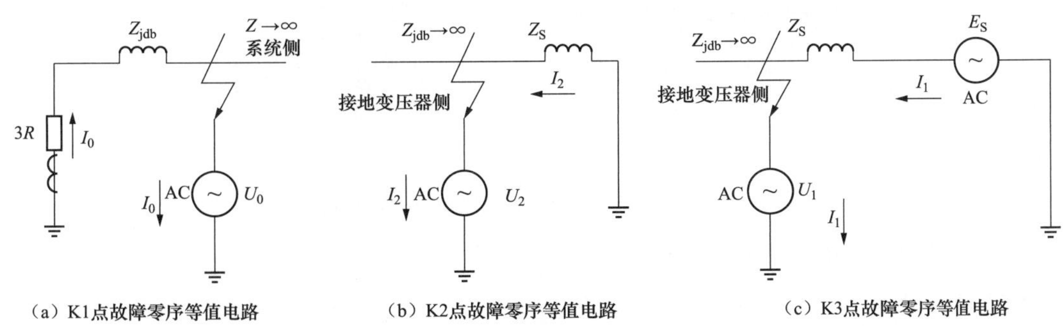


图 1-35　某 220kV 变电站 K1、K2、K3 点故障等值电路图

（2）F1 发生 A 相金属接地故障，F1 感受到的零序电流 $3I_0$ 约为

$$3I_0=3\frac{E}{3R_f}=3\frac{10500/1.732}{30}=606$$

由于此时曲折变断路器 TA 仅流过零序电流，1 号曲折变断路器的电流 $I_A=I_B=I_C=I_0$，因此相关保护的保护采样值如下：

F1 保护：$I_A=3I_0=606\text{A}$

1 号曲折变保护：$I_A=I_C=202\text{A}$，$I_B=404\text{A}$，$3I_0=606\text{A}$

1 号变压器低后备保护：$I_A=404\text{A}$，$I_B=I_C=202\text{A}$

因此 F1 零序 I 段、1 号曲折变过流 I 段和零序 I 段均满足动作条件，由于 1 号曲折变过流 I 段动作延时最短，最终由 1 号曲折变过流 I 段动作切开曲折变断路器，系统变为不接地系统，相关保护的故障量消失，F1 无保护动作。

1 号曲折变过流 I 段动作保护属于误动作，误动原因为 TA 接线错误，应取消保护 B 相电流的采集回路。

7. 已知 Yd11 双绕组变压器，容量 60MVA，高压侧额定电压 110kV，低压侧额定电压 10.5kV，短路电压百分比 $U_k$=20%，低压侧经接地变压器直接接地，接地变压器接于低压侧母线，接地变压器零序阻抗为 1.1Ω，变压器高压侧接无穷大系统，低压侧不带负荷，低压侧区内发生 A 相接地故障时，各侧电流指向变压器为正，计算故障点故障电流、高压侧三相电流、低压侧三相电流、低压侧三相电压和三相纵差差流的相量值（计算结果可使用标幺值或有名值，纵差转角方式采用 Y 转△）。Yd11 双绕组变压器低压侧 A 相接地示意图如图 1-36 所示。

**答：** 取 $S_B=60\text{MVA}$，$U_B=110\text{kV}$，

以下取标幺值：

正序阻抗：$Z_1=X_T=0.2$

负序阻抗：$Z_2=Z_1=0.2$

零序阻抗：$Z_0=Z_{J0}=1.1\times(110/10.5)\times2/Z_B=0.6$

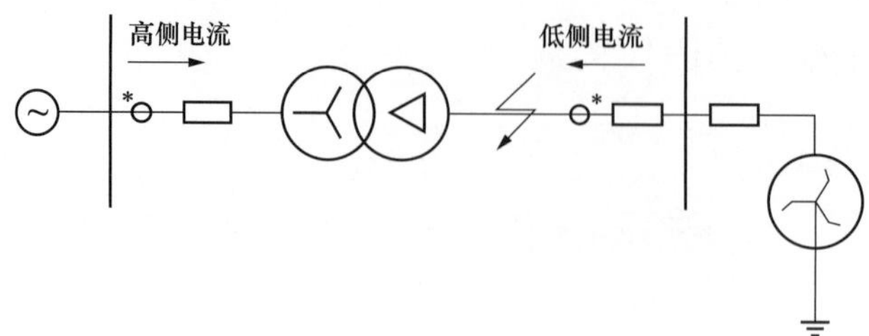


图 1-36　Yd11 双绕组变压器低压侧 A 相接地示意图

A 相接地故障特征：$I_{\text{fb}}=I_{\text{fc}}=0$，$U_{\text{fA}}=0$

序分量特征：$I_{\text{f}1}=I_{\text{f}2}=I_{\text{f}0}$

相量形式：

取 $\dot{E}=E\angle 0°=1\angle 0°$

$$\dot{I}_{\text{f}1}=\dot{I}_{\text{f}2}=\dot{I}_{\text{f}0}=\frac{\dot{E}}{\text{j}(Z_1+Z_2+Z_0)}=\frac{1\angle 0°}{\text{j}(0.2+0.2+0.6)}=1\angle -90°$$

$$\dot{U}_{\text{f}1}=\text{j}(Z_2+Z_0)\dot{I}_{\text{f}1}=0.8\angle 0°$$

$$\dot{U}_{\text{f}2}=-\text{j}Z_2\dot{I}_{\text{f}1}=0.2\angle 180°$$

$$\dot{U}_{\text{f}0}=-\text{j}Z_0\dot{I}_{\text{f}1}=0.6\angle 180°$$

$$\dot{U}_{\text{A}}=\dot{U}_{\text{f}1}+\dot{U}_{\text{f}2}+\dot{U}_{\text{f}0}=0$$

$$\dot{U}_{\text{B}}=a^2\dot{U}_{\text{f}1}+a\dot{U}_{\text{f}2}+\dot{U}_{\text{f}0}=0.8\angle -120°+0.2\angle -60°+0.6\angle 180°=1.249\angle 224°$$

$$\dot{U}_{\text{C}}=a\dot{U}_{\text{f}1}+a^2\dot{U}_{\text{f}2}+\dot{U}_{\text{f}0}=0.8\angle 120°+0.2\angle 60°+0.6\angle 180°=1.249\angle 136°$$

$$a=\text{e}^{\text{j}120°}$$

由于接地变压器只流过零序电流，且接线形式为 Yd11，因此低压侧 TA 只流过零序电流，高压侧只流过正负序电流，所以：

$$\dot{I}_{\text{LA}}=\dot{I}_{\text{LB}}=\dot{I}_{\text{LC}}=\dot{I}_{\text{f}0}=1\angle -90°$$

$$\dot{I}_{\text{H}1}=\dot{I}_{\text{f}1}\text{e}^{\text{j}-30°}=1\angle -120°$$

$$\dot{I}_{\text{H}2}=\dot{I}_{\text{f}2}\text{e}^{\text{j}30°}=1\angle -60°$$

$$\dot{I}_{\text{H}0}=0$$

$$\dot{I}_{\text{HA}}=\dot{I}_{\text{H}1}+\dot{I}_{\text{H}2}+\dot{I}_{\text{H}0}=\sqrt{3}\angle -90°$$

$$\dot{I}_{\text{HB}}=a^2\dot{I}_{\text{H}1}+a\dot{I}_{\text{H}2}+\dot{I}_{\text{H}0}=\sqrt{3}\angle 90°$$

$$\dot{I}_{\text{HC}}=a\dot{I}_{\text{H}1}+a^2\dot{I}_{\text{H}2}+\dot{I}_{\text{H}0}=0$$

$$\dot{I}_{\text{dA}}=(\dot{I}_{\text{HA}}-\dot{I}_{\text{HB}})/\sqrt{3}+\dot{I}_{\text{LA}}=3\angle -90°$$

$$\dot{I}_{\text{dB}}=(\dot{I}_{\text{HB}}-\dot{I}_{\text{HC}})/\sqrt{3}+\dot{I}_{\text{LB}}=0$$

$$\dot{I}_{\text{dC}}=(\dot{I}_{\text{HC}}-\dot{I}_{\text{HA}})/\sqrt{3}+\dot{I}_{\text{LC}}=0$$

以下取有名值：

$$\dot{I}_{\text{LA}}=\dot{I}_{\text{f}0}=60/1.732/10.5\angle -90°=3.3\angle -90°\text{kA}$$

$$\dot{I}_{\text{LB}}=\dot{I}_{\text{f}0}=3.3\angle -90°\text{kA}$$

$$\dot{I}_{\text{LC}}=\dot{I}_{\text{f}0}=3.3\angle -90°\text{kA}$$

$\dot{I}_{HA}=\dot{I}_{Hf1}+\dot{I}_{Hf2}+\dot{I}_{Hf0}=\sqrt{3}\times60/\sqrt{3}/110\angle-90°=0.55\angle-90°\text{kA}$

$\dot{I}_{HB}=a^2\dot{I}_{Hf1}+a\dot{I}_{Hf2}+\dot{I}_{Hf0}=\sqrt{3}\times60/\sqrt{3}/110\angle90°=0.55\angle90°\text{kA}$

$\dot{I}_{HC}=a\dot{I}_{Hf1}+a^2\dot{I}_{Hf2}+\dot{I}_{Hf0}=0$

$\dot{I}_{dA}=(\dot{I}_{HA}-\dot{I}_{HB})/\sqrt{3}+k\dot{I}_{LA}=1.1\angle-90°/\sqrt{3}+10.5/110\times3.3\angle-90°=0.95\angle-90°\text{kA}$

$\dot{I}_{dB}=(\dot{I}_{HB}-\dot{I}_{HC})/\sqrt{3}+k\dot{I}_{LB}=0$

$\dot{I}_{dC}=(\dot{I}_{HC}-\dot{I}_{HA})/\sqrt{3}+k\dot{I}_{LC}=0$

$k=U_L/U_H$

单相接地故障，由于分配系数不同，非故障相（BC 相）流过穿越性电流，因此 BC 的差流为 0，不需要再进行详细计算。对于 A 相来说，差动保护反映的是流入差回路电流，因此 A 相的差流就是故障点的 A 相故障电流，也不再需要计算。

高压侧电流可以参考下列方法求解：

低压侧故障点左侧流过的电流为：

$I_a=-\text{j}2$

$I_b=\text{j}1$

$I_c=\text{j}1$

根据转角公式：

$I_{ha}=(I_a-I_c)/\sqrt{3}=-\text{j}\sqrt{3}$

$I_{hb}=(I_b-I_a)/\sqrt{3}=\text{j}\sqrt{3}$

$I_{hc}=(I_c-I_b)/\sqrt{3}=0$

8．500kV MN1 线和 MN2 线均配置两套分相电流差动保护、三段式后备距离和反时限方向零流（差动保护投入电容电流补偿功能）。系统和线路阻抗如图 1-37 所示（均为二次值，单位为 Ω），$\dot{E}_M=\dot{E}_N=60\angle0°$ V（二次值）。MN 两侧变电站均采用 GIS 设备，断路器两侧均有电流互感器（M 侧线路保护采用断路器靠近母线侧电流互感器，母差保护采用断路器靠近线路侧电流互感器）MN 为长线路，线路断路器装设合闸电阻，合闸

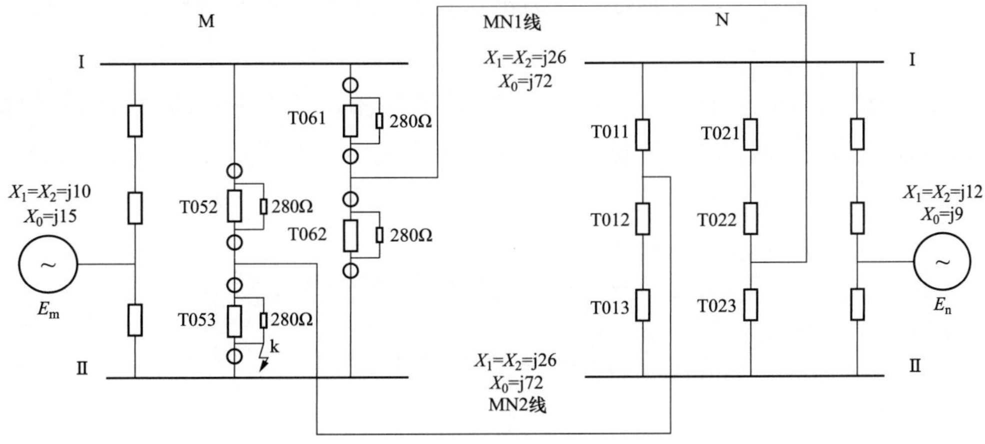


图 1-37　500kV 系统 k 点故障示意图

电阻一次值为 280Ω（二次值 168Ω），线路边断路器重合闸投用（断路器重合闸时间为 1s），线路中断路器重合闸停用。

MN1 线和 MN2 线的第一套线路保护差动低定值为 0.28A（分相差动和零序差动），分相差动延时 25ms 动作，零序差动延时 40ms 动作，差动高定值为 0.42A，延时 0ms 动作，第二套线路保护差动低定值为 0.28A（零序差动），延时 100ms 动作，差动高定值为 0.40A，延时 0ms 动作。

如故障点 k（A 相）发生绝缘击穿对地故障，说明保护的动作情况和一次设备的状态变化。

**答**：故障点 k 发生故障，500kV Ⅱ母线母差保护动作，跳开 500kV Ⅱ母线的断路器，闭锁 T053 断路器重合闸。

同时线路 MN2 线线路差动动作，M 侧接地距离Ⅰ段动作，跳开 T052 断路器三相（重合闸停用状态），同时跳开 N 侧 T011 和 T012 断路器 A 相，此时线路充电两相状态。

1s 后 N 侧 T011 断路器重合闸动作，重合 A 相故障，发生 A 相经 280Ω 电阻接地故障，此时是 N 单侧电源系统故障。

$$X_{\Sigma1}=\mathrm{j}26+\mathrm{j}(10+26)//\mathrm{j}12=\mathrm{j}26+\mathrm{j}9=\mathrm{j}35$$

$$X_{\Sigma2}=\mathrm{j}26+\mathrm{j}(10+26)//\mathrm{j}12=\mathrm{j}26+\mathrm{j}9=\mathrm{j}35$$

$$X_{\Sigma0}=\mathrm{j}72+\mathrm{j}(15+72)//\mathrm{j}9=\mathrm{j}72+\mathrm{j}\frac{87\times9}{96}=\mathrm{j}80.15625$$

$$\frac{I_{\mathrm{kA}}}{3}=I_{\mathrm{kA1}}=I_{\mathrm{kA2}}=I_{\mathrm{kA0}}=\frac{\dot{E}}{\mathrm{j}X_{\Sigma1}+\mathrm{j}X_{\Sigma2}+\mathrm{j}X_{\Sigma0}+3R_{\mathrm{g}}}$$

$$|I_{\mathrm{kA}}|=\left|\frac{60}{3\times\dfrac{280}{5/3}+\mathrm{j}(35+35+80.15625)}\right|\times3=\left|\frac{60}{504+\mathrm{j}150.15625}\right|\times3=0.342$$

MN2 线第一套差动保护延时 25ms 动作，跳开 MN2 线 N 侧的 T011 断路器三相。

MN2 线第二套差动保护能启动，但因第一套差动保护已经把故障切除，所以未动作出口。

9．某系统发生 BC 相间短路故障，如图 1-38 所示，请根据甲乙线两侧保护录波图（如图 1-39 所示），判断故障点的位置，即故障点是在 1、2 还是 3，需结合波形，画图说明理由。

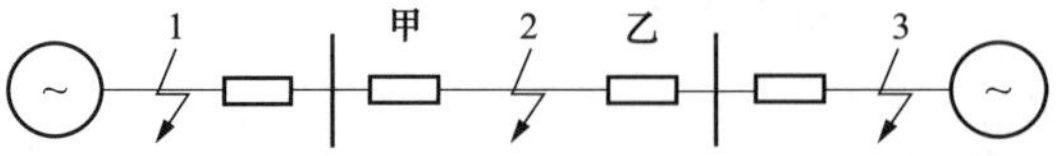

图 1-38　一次系统图

**答：**

（1）可从两侧电流波形相反得出是穿越性质电流，属于区外故障，排除故障点 2。

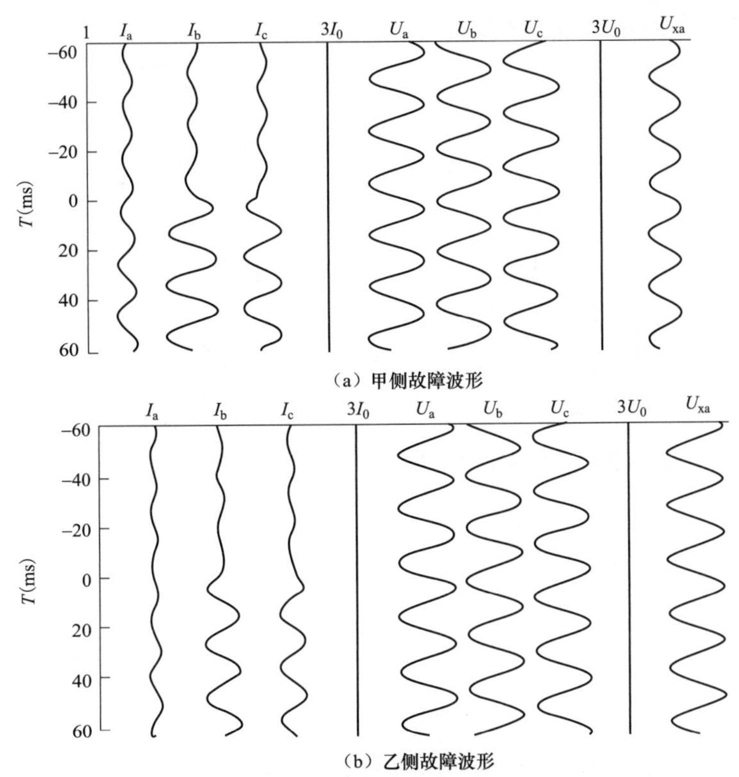


图 1-39 双电源系统 BC 相间故障两侧故障录波图

（2）从两侧电压电压波形可看出故障前后，B、C 相电压相位幅值基本没有变化，可画出正方向两相短路时的向量图如图 1-40 所示（$\dot{I}_{BC}$应滞后$\dot{U}_{BC}$一个系统阻抗角，约 80°）

（3）根据相量中相电压与相电流的角度关系，B 相电流滞后 B 相电压约 50°，可从录波图中发现乙侧波形与之符合，为正方向故障波形，则故障点在 1。

10．在图 1-41 所示的 35kV 单侧电源系统中，K 点到 N 母线的正序阻抗为 $Z_{NK}$，F 点到 N 母线的正序阻抗为 $Z_{NF}$。35kV 各出线配置 A、C 两相式 TA，三段式过流保护。设各线路零序电流补偿系数为 $k$。假设线路空载运行。

（1）K 点发生 B 相金属性接地故障，写出接地点流过的电流大小。K 点 $I_{CA1}$ 与 $I_{CC1}$ 的相位关系大约是多少？

（2）保护 3、保护 4 处流过的零序电流大小及方向。若该系统配有消弧线圈及小电流接地选线装置，当消弧线圈采用过补偿方式时，能否仅

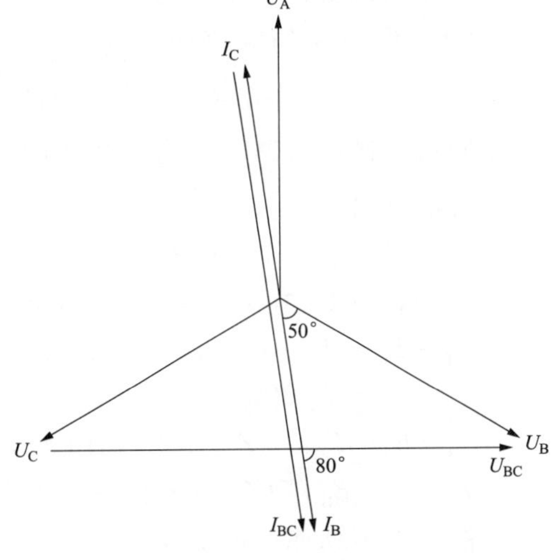


图 1-40 BC 相间短路电流、电压相量图

通过判断零序电流方向选出接地线路？说明理由。

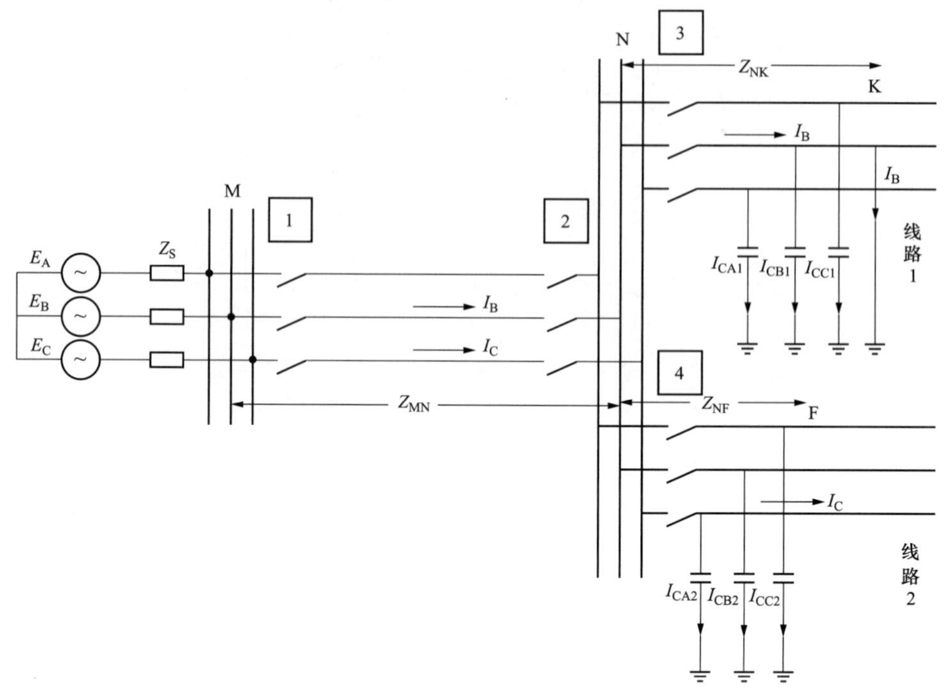


图 1-41 35kV 单电源系统 K 点故障电气量分布图

（3）若线路 2 的 F 点发生 C 相金属性接地故障，忽略电容电流，此时 $I_B$、$I_C$ 电流各为多少？若 K 点、F 点均在过流 I 段保护范围内（$I_B$、$I_C$ 都大于过流 I 段动作值），简述保护 3，保护 4 的动作情况。

**答：**

（1） $I_{kB}=I_{CA1}+I_{CB1}+I_{CC1}+I_{CA2}+I_{CB2}+I_{CC2}$。

小电流系统，B 相接地，AC 相电压升高为线电压，电流 C 相超前 A 相 60°。

（2）保护 3 的零序电流为 $I_{CA2}+I_{CC2}$，方向线路指向母线。保护 4 的零序电流为 $I_{CA2}+I_{CC2}$，方向母线指向线路。当消弧线圈采用过补偿方式时，不能仅通过判断零序电流方向选出接地线路，因为消弧线圈过补偿后，故障线路和非故障线路零序电流方向相同，无法选出。

（3） $E_B=(I_B+k\times 3I_0)Z_{NK}+I_B(Z_{MN}+Z_S)$

$E_C=(I_C+k\times 3I_0)Z_{NK}+I_C(Z_{MN}+Z_S)$

$E_B-E_C=E_B-E_C=(I_B+k\times 3I_0)Z_{NK}+I_B(Z_{MN}+Z_S)-(I_C+k\times 3I_0)Z_{NF}+I_C(Z_{MN}+Z_S)$

$=I_B[2(Z_{MN}+Z_S)+(1+k)(Z_{NF}+Z_{NK})]$

$I_B=E_B-E_C/[2(Z_{MN}+Z_S)+(1+k)(Z_{NF}+Z_{NK})]$

$I_C=E_C-E_B/[2(Z_{MN}+Z_S)+(1+k)(Z_{NF}+Z_{NK})]$

保护 3 不动作，保护 4 动作。

11．电力系统接线如图 1-42 所示，K 点 A 相接地电流为 1.8kA，T1 中性线电流为

1.2kA，分别求线路 M 侧、N 侧的三相电流值，并计算故障时流过线路 MN 的各相差流。

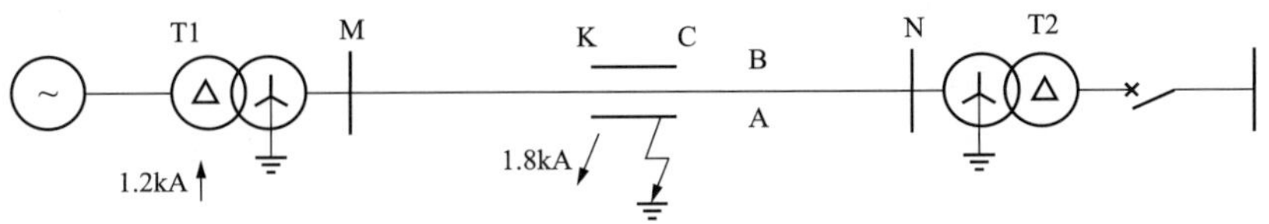


图 1-42 单侧电源系统输电线路 K 点故障示意图

**答：**线路 N 侧无正序电流和负序电流，仅有零序电流，而每相零序电流为 $\frac{1}{3}(0.8-1.2)=$ 0.2kA；因此 M 侧 B 相、C 相电流为 0.2kA；线路 M 侧 A 相电流为 1.8−0.2＝1.6kA。

计算线路 MN 差流时，A 相差流即是故障点流过的故障电流 1.8kA，MN 两侧 B、C 相流过的电流大小相等、方向相反，是穿越性电流，差流为 0。

12．在如图 1-43 所示系统中Ⅰ、Ⅱ两台发变组容量、参数完全相同，但Ⅰ号变压器中性点接地，Ⅱ号变压器中性点不接地，N 母线对侧没有电源也没有中性点接地的变压器，各元件的各序阻抗角相同，短路前没有负荷电流，在 MN 线路上发生 A 相单相接地短路，请回答下述问题：

（1）P、Q 处有没有零序电流？为什么？

（2）P、Q 处 B、C 相上为什么有电流？该电流与 A 相电流什么相位关系？为什么？

（3）P 处 A 相电流大还是 Q 处 A 相电流大？为什么？做出 P、Q 处电流相量图。

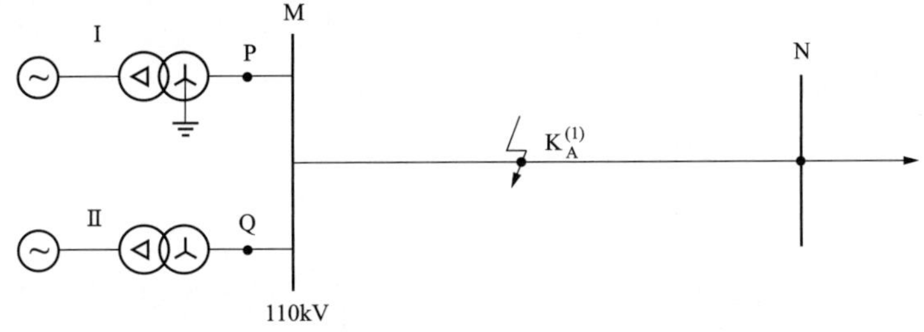


图 1-43 单电源变压器带线路负荷示意图

**答：**

（1）P 处有零序电流，因为变压器中性点接地。Q 处没有零序电流，因为变压器中性点不接地。

（2）故障线路中 A 相的正序、负序、零序电流大小、相位都相同，故障线路中 B、C 相电流为零，其中，正序、负序电流在Ⅰ、Ⅱ机组中平均分配，零序电流只流入Ⅰ号变压器，不流入Ⅱ号变压器，即两台机组的正序、负序电流分配系数相等，而零序电流分配系数不相等，所以 P、Q 处的 B、C 相电流不为零。P 处 B、C 相电流与 A 相同相（大小为 A 相电流的 1/4）；Q 处 B、C 相电流与 A 相反相（大小为 A 相电流的 1/2）。

（3）P 处电流中有零序电流，所以 P 处的 A 相电流大于 Q 处的 A 相电流。P、Q 处电流相量图如图 1-44 所示。

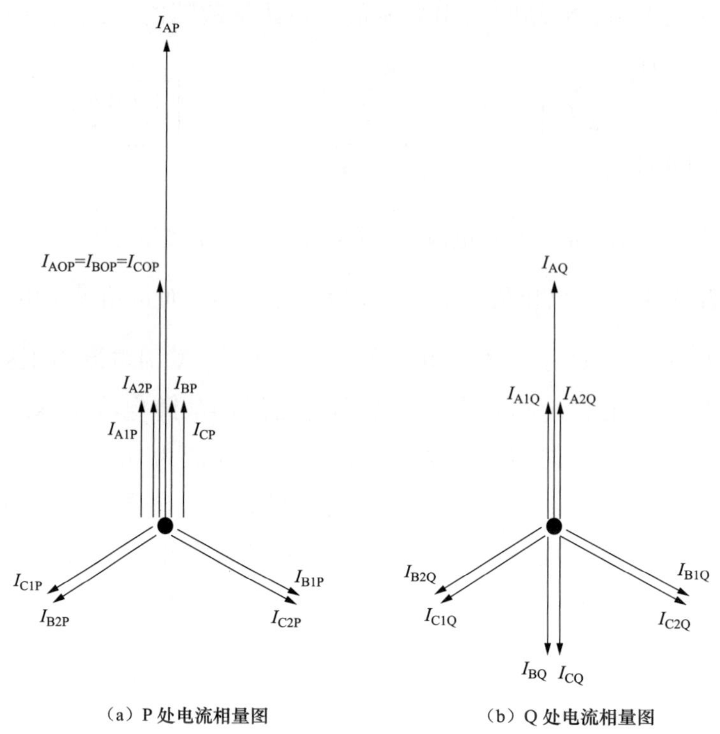


图 1-44　P、Q 处电流相量图

13．某系统接线如图 1-45 所示，电源的次暂态电动势及各元件的序阻抗均已知。当 k 点发生 C 相接地短路时，求短路起始瞬间故障点处的各序电气量（序电流、序电压及序功率）及各相量，并画出故障点处的电压电流相量图。

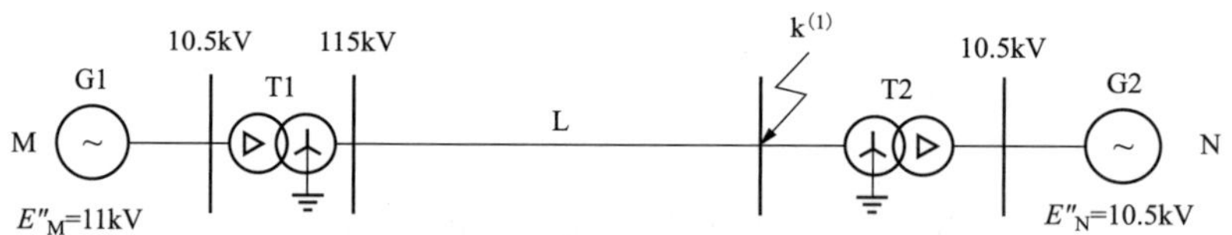


图 1-45　双电源等效阻抗图

各元件参数如下：

发电机 G1：62.5MVA　10.5kV　$x''_d\%=12.5$　$x_2\%=16$　$E''_M=11\text{kV}$

发电机 G2：31.25MVA　10.5kV　$x''_d\%=12.5$　$x_2\%=16$　$E''_N=10.5\text{kV}$

变压器 T1：60MVA　10.5/121kV　$U_k\%=10.5$

变压器 T2：31.5MVA　10.5/121kV　$U_k\%=10.5$

线路 $x_1=x_2=0.4\Omega/\text{km}, x_0=2x_1, L=40\text{km}$。

**答：**

（1）将各元件参数换算成标幺值。

取 $S_B=100\text{MVA}, U_B=U_{av}$

G-1： $U_{av}=10.5\text{kV}$

$$E''_{M*}=\frac{11}{10.5}=1.05$$

$$x''_{d*}=x''_d\%\frac{S_B}{S_N}=0.125\times\frac{100}{62.5}=0.2$$

$$x_{2*}=x_2\%\frac{S_B}{S_N}=0.16\times\frac{100}{62.5}=0.256$$

G-2： $U_{av}=10.5\text{kV}$

$$E''_{N*}=\frac{10.5}{10.5}=1$$

$$x''_{d*}=x''_d\%\frac{S_B}{S_N}=0.125\times\frac{100}{31.25}=0.4$$

$$x_{2*}=x_2\%\frac{S_B}{S_N}=0.16\times\frac{100}{31.25}=0.512$$

T-1： $x_{T-1*}=\dfrac{U_k\%}{100}\dfrac{S_B}{S_N}=\dfrac{10.5}{100}\times\dfrac{100}{60}=0.175$

T-2： $x_{T-2*}=\dfrac{U_k\%}{100}\dfrac{S_B}{S_N}=\dfrac{10.5}{100}\times\dfrac{100}{31.5}=0.333$

$U_{av}=115\text{kV}$

线路： $x_{l1*}=x_{l1}\dfrac{S_B}{U_B^2}=0.4\times\dfrac{100}{115^2}\times40=0.121=x_{l2*}$

$$x_{l0*}=x_{l0}\frac{S_B}{U_B^2}=0.8\times\frac{100}{115^2}\times40=0.242$$

（2）选 C 相为基准相，画出各序等值网络，如图 1-46 所示。

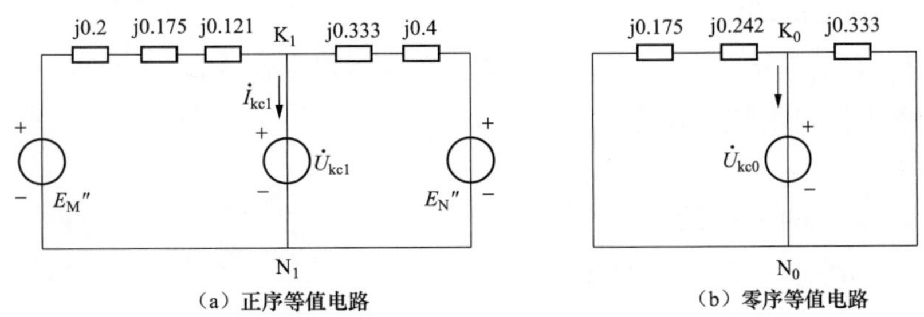


（a）正序等值电路　　（b）零序等值电路

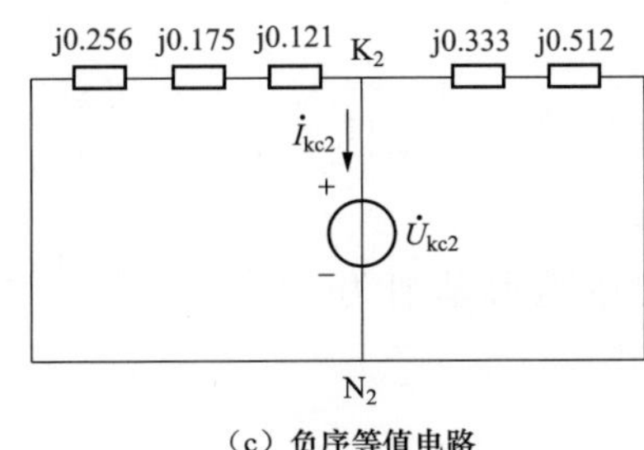


（c）负序等值电路

图 1-46　以 C 相为基准各序等效网络图

化简：设故障点左侧为 M 侧，右侧为 N 侧

$x_{1M}=0.2+0.175+0.121=0.496$

$x_{2M}=0.256+0.175+0.121=0.552$

$x_{0M}=0.175+0.242=0.417$

$x_{1N}=0.733$

$x_{2N}=0.845$

$x_{0N}=0.333$

$x_{1\Sigma}=x_{1M}//x_{1N}=0.296$

$$E''_{\Sigma}=\frac{E''_{M}x_{1N}+E''_{N}x_{1M}}{x_{1M}+x_{1N}}=1.03$$

$x_{2\Sigma}=x_{2M}//x_{2N}=0.334$

$x_{0\Sigma}=x_{0M}//x_{0N}=0.185$

（3）计算各序电气量及各相量。

$\dot{E}''_{\Sigma}=\mathrm{j}1.03=1.03\angle 90$

1）求故障处各序电流、电压、功率。

$$I_{kc1}=I_{kc2}=I_{kc0}=\frac{\dot{E}''_{\Sigma}}{Z_{1\Sigma}+Z_{2\Sigma}+Z_{0\Sigma}}=1.264$$

$U_{kc0}=-\mathrm{j}I_{kc0}x_{0\Sigma}=-\mathrm{j}0.234$

$U_{kc2}=-\mathrm{j}I_{kc2}x_{2\Sigma}=-\mathrm{j}0.422$

$U_{kc1}=-(U_{kc0}+U_{kc2})=\mathrm{j}0.656$

$S_{kc1}=U_{kc1}\hat{I}_{kc1}=\mathrm{j}0.829$

$S_{kc2}=U_{kc2}\hat{I}_{kc2}=-\mathrm{j}0.533$

$S_{kc0}=U_{kc0}\hat{I}_{kc0}=-\mathrm{j}0.296$

式中：$\hat{I}_{kc1}$、$\hat{I}_{kc2}$、$\hat{I}_{kc0}$ 分别为 $I_{kc1}$、$I_{kc2}$、$I_{kc0}$ 的共轭相量，下同。

2）求故障处各相电流、电压。

$I_{kb}=I_{ka}=0$

$I_{kc}=3I_{kc1}=3\times 1.264=3.792$

$U_{ka}=a^2U_{kc1}+aU_{kc2}+U_{kc0}=0.997\mathrm{e}^{\mathrm{j}339.4}$

$U_{kb}=aU_{kc1}+a^2U_{kc2}+U_{kc0}=0.997\mathrm{e}^{\mathrm{j}200.6}$

$U_{kc}=0$

画出短路处的电压、电流相量图，如图 1-47 所示。

3）求各电气量的有名值。

短路点所在电压等级的电压电流基值为

$$U_{B}=\frac{115}{\sqrt{3}}=66.4\mathrm{kV}$$

$$I_{B}=\frac{100}{\sqrt{3}\times 1155}=0.502\mathrm{kA}$$

$I_{kc} = 3.792 \times 0.502 = 1.904\text{kA}$

$U_{ka} = U_{kb} = 0.997 \times 66.4 = 66.2\text{kV}$

$S_{kc1} = 0.829 \times 66.4 \times 0.502 = 27.633\text{MVA}$

$S_{kc2} = 0.533 \times 66.4 \times 0.502 = 17.767\text{MVA}$

$S_{kc0} = 0.296 \times 66.4 \times 0.502 = 9.867\text{MVA}$

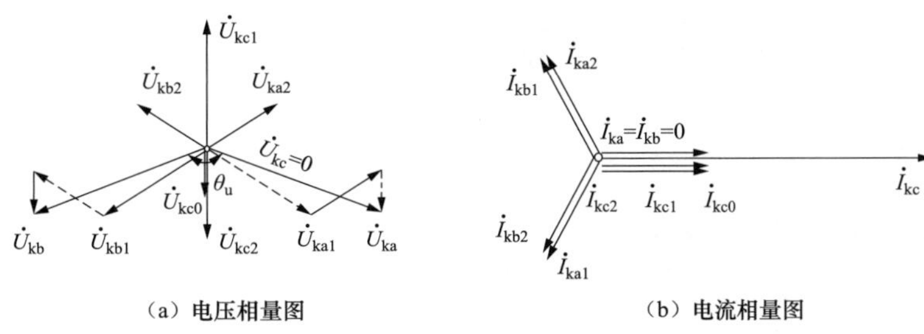


（a）电压相量图　　（b）电流相量图

图 1-47 短路点电压、电流相量图

14. 双电源系统（电源 M 超前电源 N60°），系统参数（标幺值）如图 1-48 所示，当 K 点发生 BC 相间短路故障时，请计算：

（1）故障前，M 侧向 N 侧传输有功功率和无功功率。

（2）故障后 M 侧母线处 B 相电压及 M、N 侧流向故障点的 B 相电流。

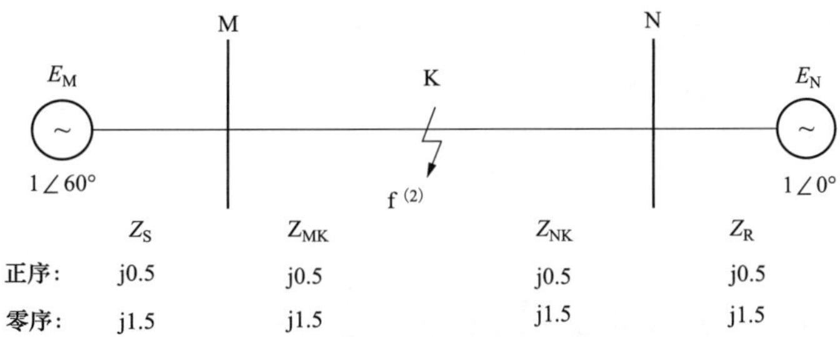


图 1-48 双电源系统参数示意图

**答：**

（1）故障前线路 MN 上流过的电流（线电流）大小为：

$$I_{MN} = \frac{E_M - E_N}{Z_{1\Sigma}} = \frac{1\angle 60^\circ - 1\angle 0^\circ}{j2} = 0.5\angle 30^\circ$$

M 母线上的电压（线电压）为：

$$E'_M = E_M - I_{MN} Z_{1s} = 1\angle 60^\circ - 0.5\angle 30^\circ \text{j}0.5 = 0.90\angle 46.10^\circ$$

视在功率为：

$$S = E'_M \hat{I}_{MN} = 0.90\angle 46.10^\circ \times 0.5\angle -30^\circ = 0.433 + \text{j}0.127$$

故障前传输有功功率为 0.75，无功功率为 0.22。

（2）方法一：

$$E_s = \frac{E_M Z_{1N} + E_N Z_{1M}}{Z_{1M} + Z_{1N}} = \frac{\sqrt{3}}{2}\angle 30^\circ$$

$$Z_{1\Sigma} = Z_{2\Sigma} = j0.5$$

$$I_1 = -I_2 = \frac{E_s}{Z_{1\Sigma} + Z_{2\Sigma}} = \frac{\frac{\sqrt{3}}{2}\angle 30^\circ}{j0.5 + j0.5} = \frac{\sqrt{3}}{2}\angle -60^\circ$$

$$U_1 = \frac{1}{2}E_s = \frac{\sqrt{3}}{4}\angle 30^\circ$$

$$I_{1M} = \frac{E_M - U_1}{Z_{1M}} = \frac{1\angle 60^\circ - \frac{\sqrt{3}}{4}\angle 30^\circ}{j1}$$

$$I_{1N} = \frac{E_N - U_1}{Z_{1N}} = \frac{1\angle 0^\circ - \frac{\sqrt{3}}{4}\angle 30^\circ}{j1}$$

$$I_{2M} = I_{2M} = \frac{1}{2}I_2 = \frac{\sqrt{3}}{4}\angle 120^\circ$$

$$I_{MB} = a^2 I_{1M} + a I_{2M} = 1\angle 210^\circ + \frac{\sqrt{3}}{4} + \frac{\sqrt{3}}{4}\angle 240^\circ = 1.09\angle 233.39^\circ$$

$$I_{NB} = a^2 I_{1N} + a I_{2N} = 1\angle 150^\circ + \frac{\sqrt{3}}{4} + \frac{\sqrt{3}}{4}\angle 240^\circ = 0.66\angle 169.11^\circ$$

$$U_{1M} = U_1 + I_{1M} Z_{1MK} = \frac{\sqrt{3}}{4}\angle 30^\circ + \frac{1}{2}\angle 60^\circ - \frac{\sqrt{3}}{8}\angle 30^\circ$$

$$U_{2M} = -I_{2M} Z_{2M} = \frac{\sqrt{3}}{8}\angle 30^\circ$$

$$U_{MB} = a^2 U_{1M} + a U_{2M} = \frac{1}{2}\angle 300^\circ + \frac{\sqrt{3}}{8}\angle 270^\circ + \frac{\sqrt{3}}{8}\angle 150^\circ = 0.545\angle -83.41^\circ$$

方法二：

$$U_{kB} = U_{kC} = \frac{1}{2}(E_{sB} + E_{sC}) = -\frac{1}{2}E_{sA} = -\frac{\sqrt{3}}{4}\angle 30^\circ$$

$$I_{MB} = \frac{E_{MB} - U_{kB}}{Z_{1M}} = \frac{1\angle 300^\circ + \frac{\sqrt{3}}{4}\angle 30^\circ}{j1} = 1\angle 210^\circ + \frac{\sqrt{3}}{4}\angle -60^\circ = 1.09\angle 233.39^\circ$$

$$I_{NB} = \frac{E_{NB} - U_{kB}}{Z_{1M}} = \frac{1\angle 240^\circ + \frac{\sqrt{3}}{4}\angle 30^\circ}{j1} = 1\angle 150^\circ + \frac{\sqrt{3}}{4}\angle -60^\circ = 0.66\angle 169.11^\circ$$

$$U_{MB} = U_{kB} + I_{MB} Z_{1Mk} = -\frac{\sqrt{3}}{4}\angle 30^\circ + \frac{1\angle 300^\circ + \frac{\sqrt{3}}{4}\angle 30^\circ}{j1} \times j0.5$$

$$=\frac{1}{2}\angle 300° - \frac{\sqrt{3}}{8}\angle 30° = 0.545\angle -83.41°$$

**注：**接地故障时方法二计算出的电流并不是 B 相真正电流，而是 $I_B+k3I_0$ 以后的值，由于本题中故障类型是相间短路，$I_0=0$，因此方法二计算电流与 B 相实际流过电流一致。

15．请画出单相经过渡电阻接地、相间短路经过渡电阻接地的复合序网图，并附必要的说明或推导。

**答：**单相经过渡电阻接地、相间短路经过渡电阻接地的复合序网图如图 1-49 所示。

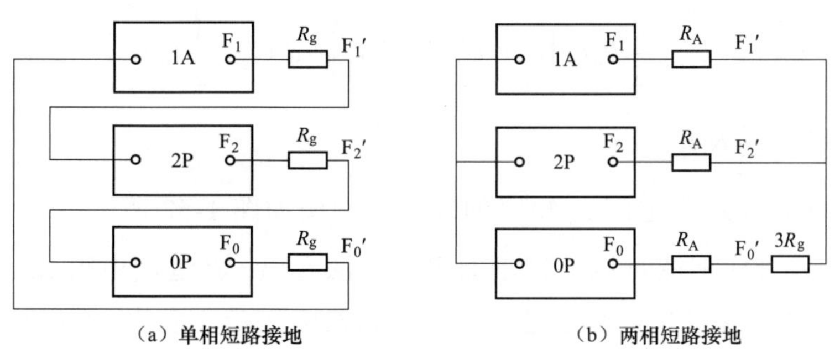


图 1-49　经过渡电阻短路示意图

单相经过渡电阻短路如图 1-50 所示，只需将原 F 点的经过渡电阻短路等效为在 F' 点发生的金属性短路，仅需在相应的序网中增加 $R_g$ 即可。

相间短路再经过渡电阻接地时，对短路点及接地点之间分析，无正负序电压、只有零序电压，且为 $3I_0R_g$，如图 1-51 所示，因此复合序网只需要在零序网络中增加 $3R_g$ 即可。

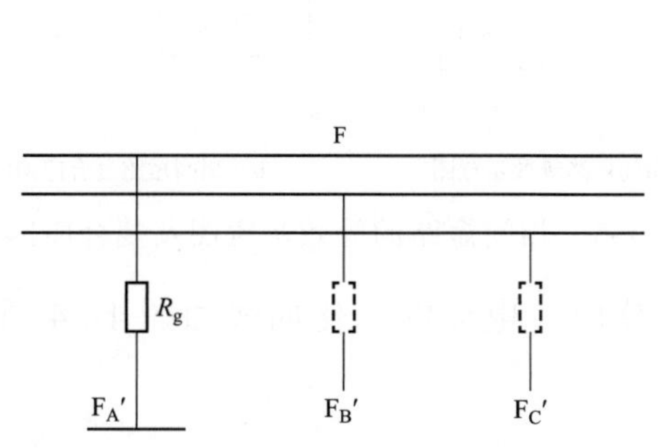


图 1-50　单相经过渡电阻接地短路等效阻抗图

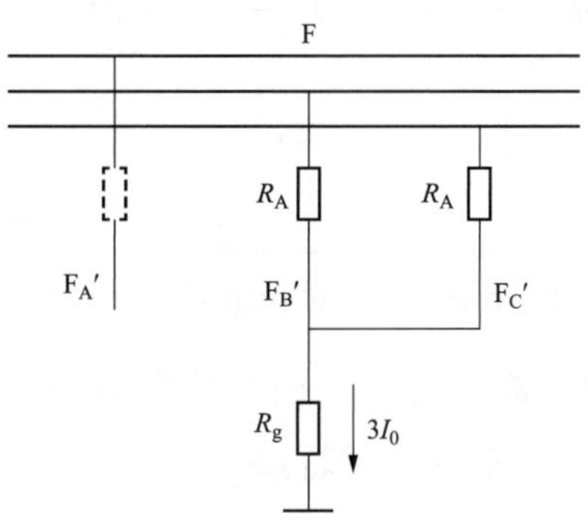


图 1-51　两相经过渡电阻接地短路等效阻抗图

16．请给出 B、C 两相经过渡电阻 $R_g$ 短路的边界条件。

（1）根据边界条件，推导画出复合序网图。

（2）画出故障相电流随过渡电阻 $R_g$ 的变化轨迹。

（3）过渡电阻对相间距离继电器 $Z_{BC}$ 的影响。

**答：**

边界条件：

$I_A = 0$

$I_B + I_C = 0$

$U_B - I_B R_g = U_C$

具体推导：

$$U_B - \frac{1}{2} I_B R_g = U_C - \frac{1}{2} I_C R_g$$

$$a^2 U_1 + a U_2 - \frac{1}{2} R_g (a^2 I_1 + a I_2) = a U_1 + a^2 U_2 - \frac{1}{2} R_g (a I_1 + a^2 I_2)$$

$$a^2 \left( U_1 - \frac{1}{2} R_g I_1 \right) + a \left( U_2 - \frac{1}{2} R_g I_2 \right) = a \left( U_1 - \frac{1}{2} R_g I_1 \right) + a^2 U_2 - \frac{1}{2} R_g I_2$$

$$U_1 - \frac{1}{2} R_g I_1 = U_2 - \frac{1}{2} R_g I_2$$

（1）B、C 两相经过渡电阻 $R_g$ 短路的复合序网图如图 1-52 所示。

相间短路的复合序网图可以通过下面等效方法看出：将过渡电阻 $R_g$ 分成 2 个 $R_A$，B 相 C 相各 1 个，将发生在 F 点的经过渡电阻短路故障等效于发生 F′点的金属性故障，如图 1-53 所示，直接在原正、负序网络中添加 $R_A$ 即可。

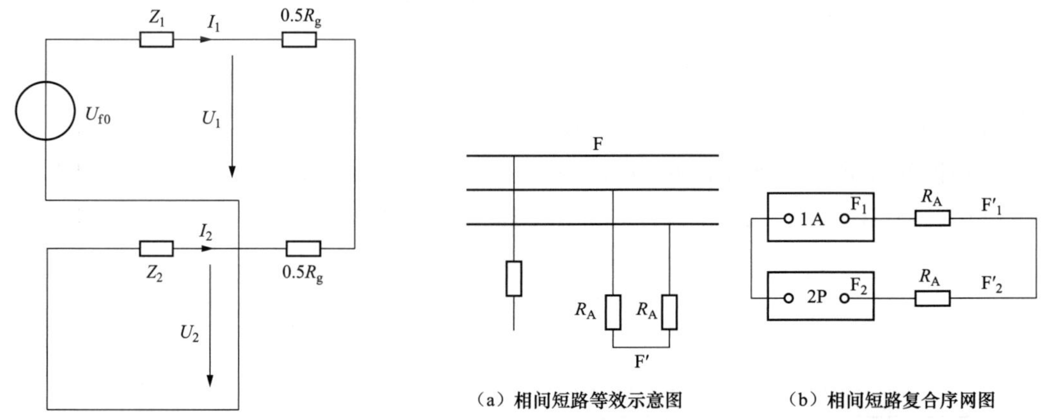


图 1-52　B、C 两相经过渡电阻 $R_g$ 短路的复合序网图　图 1-53　相间短路的等效示意图及复合序网图

（2）箭头方向标识过渡电阻 $R_g$ 从 0→∞变化时，电流的变化曲线如图 1-54 所示。（$1/R$+j$x$ 在 $R$ 变化时轨迹）

（3）考虑双电源：

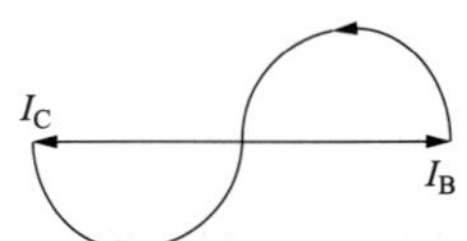


图 1-54　过渡电阻变化时电流变化轨迹

$$U_B = U_{Bk} + I_{B1} Z_1 + I_{B2} Z_2 + I'_B \frac{1}{2} R_g = U_{Bk} + I_B Z_1 + I'_B \frac{1}{2} R_g$$

$$U_C = U_{Ck} + I_{C1} Z_1 + I_{C2} Z_2 + I'_C \frac{1}{2} R_g = U_{Ck} + I_C Z_1 + I'_C \frac{1}{2} R_g$$

$$Z_{BC} = \frac{U_B - U_C}{I_B - I_C} = Z_1 + \frac{1}{2} R_g \frac{I'_B}{I_B}$$

本侧若是送电侧，$I'_B$ 滞后 $I_B$，过渡电阻呈阻容性，可能导致区外故障超越，出口短路拒动；本侧若是受电侧，则 $I'_B$ 超前 $I_B$，过渡电阻呈阻感性，可能导致区内故障拒动。

17. 如图 1-55 所示 110kV 系统，220kV 变压器中压侧零序Ⅱ段、110kV 变压器高压侧零序Ⅱ段、线路零序Ⅳ段保护定值如图中所示，乙线定值同甲线，图中各断路器在合位。

110kV 丙线中点处发生 A 相高阻接地故障，零序序网各相关参数如下：系统电源零序阻抗 $Z_{S0}=j0.0286$，甲线、乙线零序阻抗 $Z_{AB}=j0.0907$，丙线零序阻抗 $Z_{BC}=j0.272$，C 站变压器零序阻抗 $Z_{T}=j0.311$，短路计算正负序综合阻抗标幺值为 $X_{1\Sigma*}=X_{2\Sigma*}=j0.148$（标幺值，基准容量 100MVA，基准电压 115kV）。

（1）事件发生后，经检查 A 站 1 号主变压器中压侧零序Ⅱ段动作，110kV 母联断路器跳闸；A 站 110kV 甲、乙线保护未动作；C 站主变压器保护未动作，110kV 备自投动作，全站自动倒由另一进线（图中未显示）供电；B 站 110kV 丙线线路保护在故障前 5min 因装置故障保护退出。请根据题目中提供的信息，请画出零序序网图，初步推断故障点的过渡电阻（纯阻性）有名值范围。

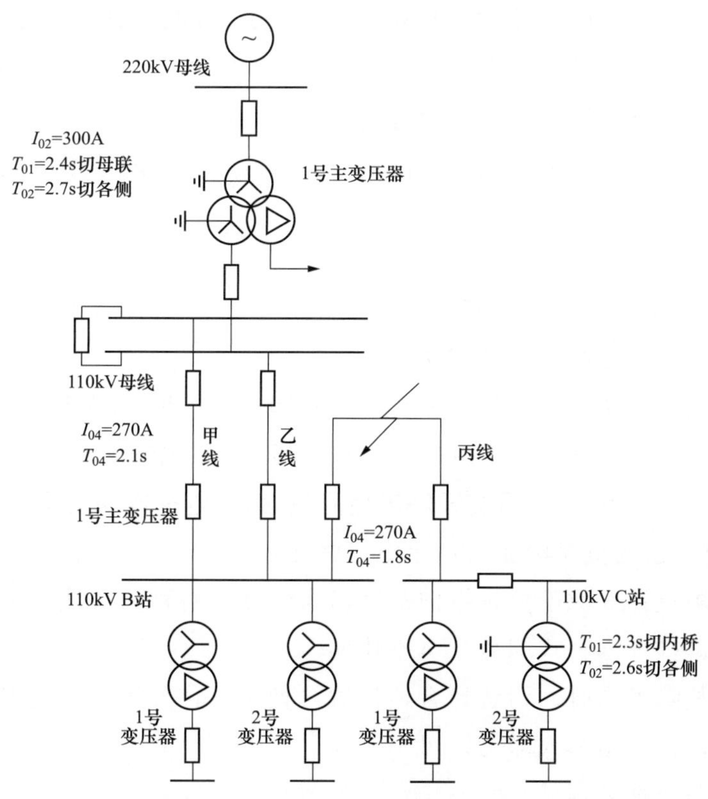


图 1-55　110kV 系统接线示意图

（2）事件发生后 3h，保护专业人员收集到了相关保护及录波信息：A 站 1 号主变压器中后备零序Ⅱ段 1 时限动作，故障时的零序电流一次值 355A；A 站 110kV 甲、乙线零序电流启动，但保护未动作；C 站 2 号主变压器高后备保护零序电流启动，保护未动作，录波显示零序电流一次值为 167A。请根据以上信息，计算故障点的过渡电阻有名值。

**答：**

（1）故障点 $jX_{1*}=j0.148, jX_{0*}=j0.143$

A 站 1 号主变压器中零序Ⅱ段动作，但 110kV 甲、乙线保护未动，可知 300A ≤ 故障点左侧 $3I_0 \leqslant 2\times 270\text{A}=540\text{A}$

即标幺值：0.59754 ≤ 故障点左侧 $3I_{0*} \leqslant 1.0756$

C 站主变压器零序保护未动作，可知：

故障点右侧 $3I_0 \leqslant 200\text{A}$；即标幺值：故障点右侧 $3I_{0*} \leqslant 0.3984$

根据两侧的零序序网，可得故障点左侧零序电流分配系数 $C_{0F}=0.68$，故障点右侧分配系数 $C_{0Y}=0.32$。

$0.59754 \leqslant 3I_{0F}=3/\left|3R+2jX_1+jX_0\right|\times C_{0F} \leqslant 1.0756$

$3I_{0Y}=3/\left|3R+2jX_1+jX_0\right|\times C_{0Y} \leqslant 0.3984$

解不等式组，得：$0.790 \leqslant R_* \leqslant 1.1286$，有名值 $104.48\Omega \leqslant R \leqslant 149.26\Omega$

可初步推断故障点的过渡电阻（纯阻性）有名值在 104.48～149.26Ω。

（2）根据以上信息，计算故障点的过渡电阻有名值。

由于电网中所有元件均视为纯抗性，从故障点两端流入的零序电流相位相反，所以故障点 $3I_0=355+167=522\text{A}$。

折算成标幺值为 $3I_{0*}=1.03972$

$3I_{0F}=3/\left|3R+2jX_1+jX_0\right|=1.03972$

有：$R_*=0.95$，有名值 $R=125.72\Omega$

18．大电流接地系统某处发生三相短路（故障点未接地），如图 1-56 所示。分相电抗器直接与系统连接，其三相各自阻抗不一致，其中 $Z_{LA}=Z_{LB}\neq Z_{LC}$。已知 4 个参数：系统等值正、负序阻抗均为 $Z_{S1}$、系统零序等值阻抗 $Z_{S0}$、电抗器 A 相阻抗 $Z_{LA}$ 和 C 相阻抗 $Z_{LC}$。试求流经电抗器的负序电流与正序电流之比。

（1）对三相阻抗不对称部分按纵向故障考虑，使用对称分量法，求边界条件，画出三序网络结构图；推导出公式即可，可不化简。

（2）按横向故障考虑时，请选择合适位置，使用对称分量法，列出边界条件，画出三序网络结构图，推导出公式即可，可不化简。

（3）利用电路原理求解。

**答：**系统参数不对称等效变换图如图 1-57 所示。

（1）纵向故障，对两虚线之间的电压和电流求边界条件，以 C 相为特殊相：

$$\left.\begin{aligned}U_A&=0=aU_{C1}+a^2U_{C2}+U_{C0}\\U_B&=0=a^2U_{C1}+aU_{C2}+U_{C0}\\U_C&=I_C\times(Z_{LC}-Z_{LA})\end{aligned}\right\}\longrightarrow \begin{aligned}&U_{C1}=U_{C2}=U_{C0}\\&U_{C1}=\frac{Z_{LC}-Z_{LA}}{3}(I_{C1}+I_{C2}+I_{C0})\end{aligned}$$

三序网络结构图如图 1-58 所示。

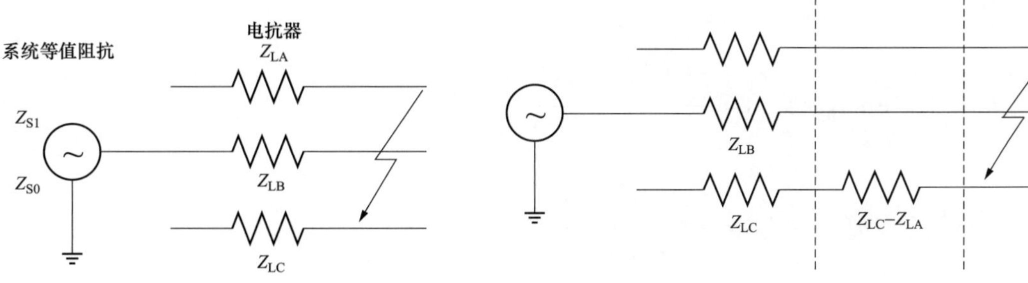


图 1-56　大电流接地系统发生三相短路示意图　　图 1-57　系统参数不对称等效变换图

根据三序网络结构图，负序电流与正序电流之比为：

$$\frac{\frac{Z_{LC}-Z_{LA}}{3}}{Z_{S1}+Z_{LA}+\frac{Z_{LC}-Z_{LA}}{3}}$$

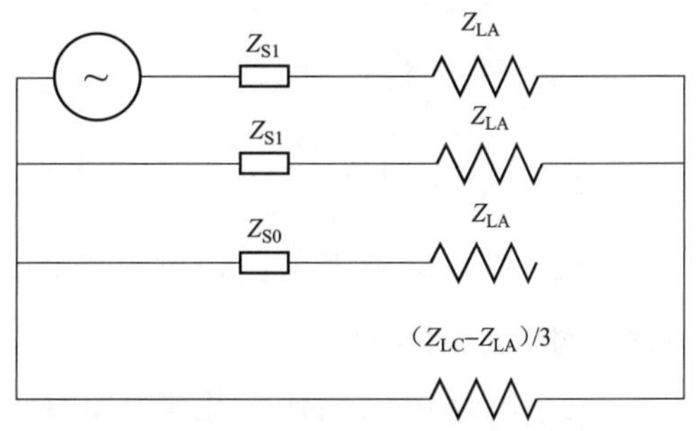


图 1-58　系统参数不对称三序网络结构图

（2）横向故障考虑时，对第一个虚线处的电压、电流列边界条件，C 相为特殊相：

$$U_A = U_B$$

$$U_C = U_A + I_C(Z_{LC} - Z_{LA})$$

$$I_A + I_B + I_C = 0$$

可以得出：

$$U_1 = U_2$$

$$U_1 = \frac{1}{3}(I_1 + I_2)(Z_{LC} - Z_{LA})$$

（3）利用电路原理求解：

$$I_A = \frac{E_A - U_0}{Z_{LA} + Z_{S1}}$$

$$I_B = \frac{E_B - U_0}{Z_{LA} + Z_{S1}}$$

$$I_C = \frac{E_C - U_0 - I_C(Z_{LC} - Z_{LA})}{Z_{LA} + Z_{S1}}$$

可得：

$$U_0 = -\frac{1}{3}I_C(Z_{LC} - Z_{LA})$$

$$E_C = \frac{2}{3}I_C(Z_{LC} - Z_{LA}) + I_C(Z_{LA} + Z_{S1})$$

由

$$I_1=\frac{1}{3}(I_C+a^2I_B+aI_A)=\frac{\frac{1}{3}I_C(Z_{LC}-Z_{LA})+I_C(Z_{LA}+Z_{S1})}{Z_{LA}+Z_{S1}}$$

$$I_2=\frac{1}{3}(I_C+aI_B+a^2I_A)=\frac{-\frac{1}{3}I_C(Z_{LC}-Z_{LA})}{Z_{LA}+Z_{S1}}$$

$$I_0=\frac{1}{3}(I_A+I_B+I_C)=0$$

故 $I_2$ 与 $I_1$ 的大小之比为：

$$\frac{\frac{Z_{LC}-Z_{LA}}{3}}{Z_{S1}+Z_{LA}+\frac{Z_{LC}-Z_{LA}}{3}}$$

19．曾有学者提出，短路计算的本质就是电路的计算，可以将电网等效看成一个大电路，如图 1-59 所示。

三相电路可以当作一相考虑，对称故障时，断路器闭合，方框内附加阻抗 $Z_\Delta$ 为 0，此时电网中只有正序网络，无负序、零序分量。

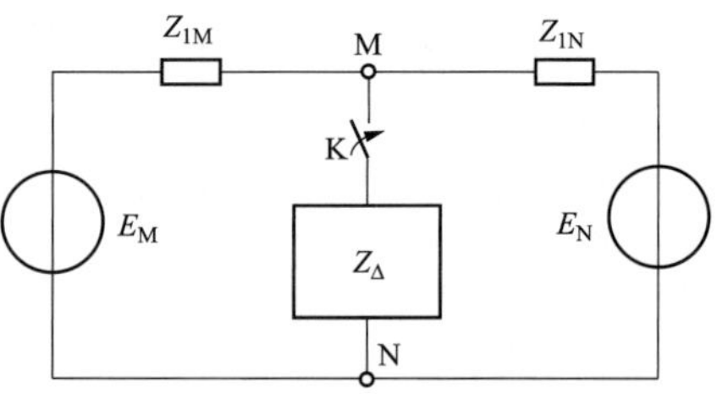

图 1-59　电网等效电路图

当发生不对称故障时，故障瞬间断路器闭合，方框内增加对应的零、负序网络（由故障地点、边界条件确定），系统不再单纯的正序网络，而是包括了零序或负序网络。在计算电网中全电压、电流时，要根据各处在序网中的序电压、电流分布利用对称分量法计算。其本质的计算仍然是电路原理计算，也可以利用节点电压、回路电流等方法进行。

（1）请完善表 1-2。每种故障类型对应的 $Z_\Delta$ 见表 1-2（负序、零序综合阻抗分别用 $Z_{2\Sigma}$、$Z_{0\Sigma}$ 表示）。

**表 1-2　　各种故障类型 $Z_\Delta$**

| 故障类型 | $Z_\Delta$ |
|---|---|
| 单相接地 | |
| 相间短路 | |
| 相间接地短路 | |

（2）图 1-59 中，两侧电源不等时，正序电流受影响最大，其分配系数并不完全与两侧正序阻抗的大小成反比关系。零序、负序的分配系数不受两侧电源影响，与两侧阻抗成反比关系。请问在计算故障点故障电流时，正序网络应该如何等效？

**答：**

（1）对表 1-2 进行完善，见表 1-3。

**表 1-3　　各种故障类型 $Z_{\Delta}$**

| 故障类型 | $Z_{\Delta}$ |
|---|---|
| 单相接地 | $Z_{2\Sigma}+Z_{0\Sigma}$ |
| 相间短路 | $Z_{2\Sigma}$ |
| 相间接地短路 | $Z_{2\Sigma} \parallel Z_{0\Sigma}$ |

（2）两侧电源不相等时，可以对端口 MN 利用戴维南（诺顿）原理进行等效，等效后开路电压 $U_{MN}=\dfrac{E_M Z_{1N}+E_N Z_{1M}}{Z_{1M}+Z_{1N}}$，等效阻抗 $Z_{1\Sigma}=Z_{1M}//Z_{1N}$；可有下面两种解法。

解法一：电网等效电路变换图如图 1-60 所示。

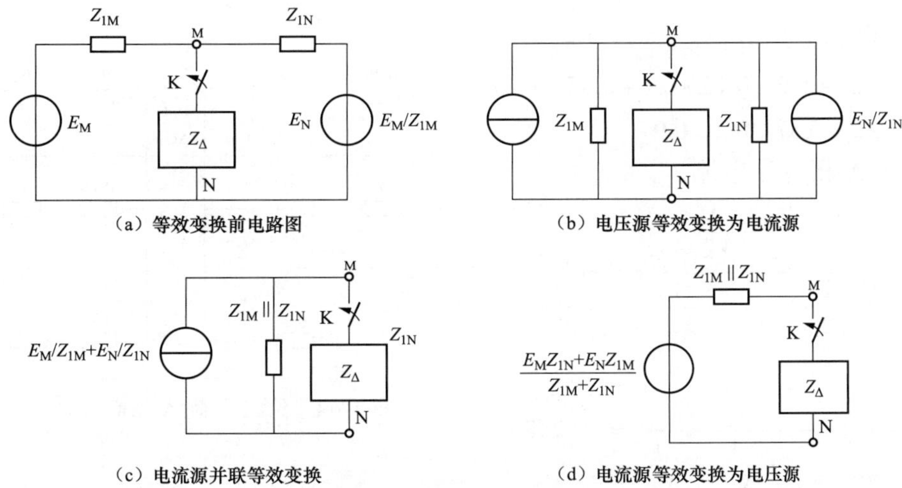


图 1-60　电网等效电路变换图

解法二：直接利用利用欧姆定律、KVL 求解。

计算电压：

$$U_{MN}=-\frac{E_M-E_N}{Z_{1M}+Z_{1N}}Z_{1M}+E_M=\frac{E_M Z_{1N}+E_N Z_{1M}}{Z_{1M}+Z_{1N}}$$

上述分析方法可知，短路计算时所用的电源电压 $U_{MN}$ 就等于故障点（M 点）故障前的电压，因一般计算时考虑空载，因此故障点故障前的电压就是电源点的电压。

20．如图 1-61 所示，在 FF'点（M 母线出口）A 相断开，各元件参数标幺值见表 1-4，基准容量 $S_B$=100MVA，基准电压 $U_B$ 为各级电网的平均额定电压为。故障前负荷对称，且 B 相电流 $I_{B|0|}=0.715\angle-120°$，求 A 相断开后 N 母线上各相电压、各序电压，并画出序电压、相电压相量图。

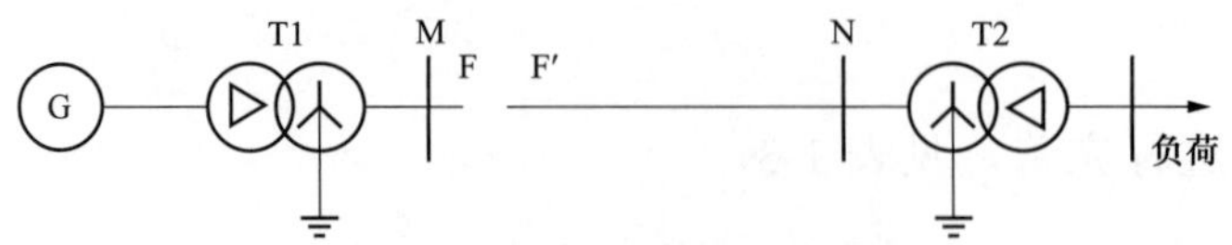


图 1-61　单相断线等效示意图

表 1-4　　系统参数表

| 元件 | $X_1$ | $X_2$ | $X_0$ |
|---|---|---|---|
| 发电机 G | 0.25 | 0.25 | — |
| 变压器 T1 | 0.2 | 0.2 | 0.2 |
| 线路 MN | 0.15 | 0.15 | 0.57 |
| 变压器 T2 | 0.2 | 0.2 | 0.2 |
| 负荷 | 1.2 | 0.35 | — |

**答：**

（1）按给定负荷电流计算：A 相断线时的复合序网如图 1-62 所示。$I_{A|0|}=0.715$。

系统各序阻抗

$X_{1\Sigma}=0.25+0.2+0.15+0.2+1.2=2$

$X_{2\Sigma}=0.25+0.2+0.15+0.2+0.35=1.15$

$X_{0\Sigma}=0.2+0.57+0.2=0.97$

断线相 A 相各序电流

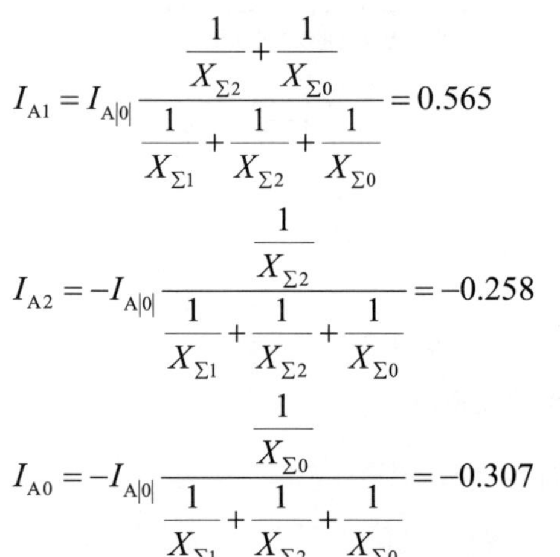

$$I_{A1}=I_{A|0|}\frac{\dfrac{1}{X_{\Sigma2}}+\dfrac{1}{X_{\Sigma0}}}{\dfrac{1}{X_{\Sigma1}}+\dfrac{1}{X_{\Sigma2}}+\dfrac{1}{X_{\Sigma0}}}=0.565$$

$$I_{A2}=-I_{A|0|}\frac{\dfrac{1}{X_{\Sigma2}}}{\dfrac{1}{X_{\Sigma1}}+\dfrac{1}{X_{\Sigma2}}+\dfrac{1}{X_{\Sigma0}}}=-0.258$$

$$I_{A0}=-I_{A|0|}\frac{\dfrac{1}{X_{\Sigma0}}}{\dfrac{1}{X_{\Sigma1}}+\dfrac{1}{X_{\Sigma2}}+\dfrac{1}{X_{\Sigma0}}}=-0.307$$

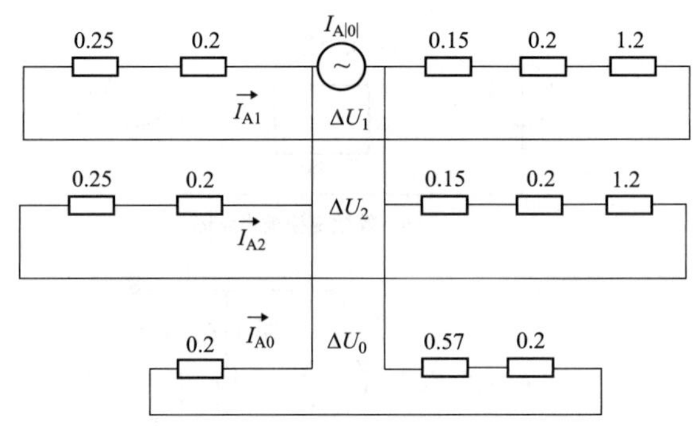


图 1-62　给定负荷 A 相断线复合序网图

（2）按转换成节点电压计算：故障前 $E_{a1}$=j1.43，复合序网图如图 1-63 所示。

断线相 A 相各序电流

$$\dot{I}_{A1}=\frac{\dot{E}_{a1}}{j(X_{1\Sigma}+X_{2\Sigma}//X_{0\Sigma})}=\frac{j1.43}{j(2+1.15//0.97)}=0.565$$

$$\dot{I}_{A2}=-\dot{I}_{A1}\frac{X_{0\Sigma}}{X_{2\Sigma}+X_{0\Sigma}}=-0.565\times\frac{0.97}{1.15+0.97}=-0.258$$

$$\dot{I}_{A0}=-\dot{I}_{A1}\frac{X_{2\Sigma}}{X_{2\Sigma}+X_{0\Sigma}}=-0.565\times\frac{1.15}{1.15+0.97}=-0.307$$

（3）计算各序电压：

$$U_{1N}=I_{A1}(X_{1T2}+X_{1L})=0.565\times(j0.2+j1.2)=j0.791$$

$$U_{2N}=I_{A2}(X_{2T2}+X_{2L})=-0.258\times(j0.2+j0.35)=-j0.1419$$

$$U_{0N}=I_{A0}(X_{0T2}+X_{0L})=-0.307\times(j0.2)=-j0.0614$$

母线电压：

$$U_{AN}=U_{1N}+U_{2N}+U_{0N}=j0.5877$$

$$U_{BN}=a^2U_{1N}+aU_{2N}+U_{0N}=0.895\angle-25.53^\circ$$

$$U_{CN}=aU_{1N}+a^2U_{2N}+U_{0N}=0.895\angle-154.47^\circ$$

A 相断线电流、电压相量图如图 1-64 所示。

A 相断线时，$Z_{0\Sigma}<Z_{2\Sigma}$，故障后 B、C 相电流增大，导致 N 侧 B、C 相电压稍有降低。

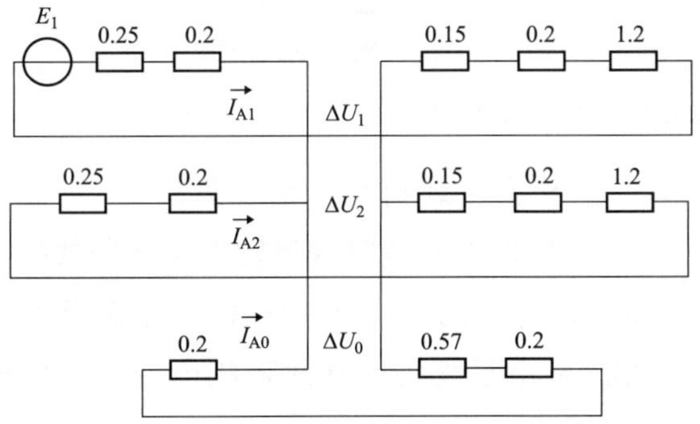


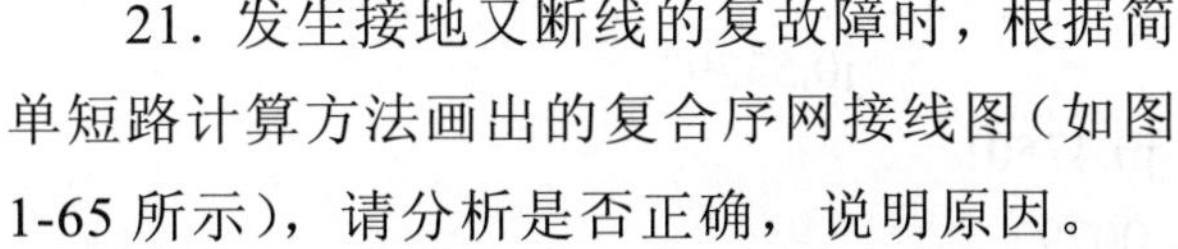

图 1-63 节点电压法计算 A 相断线复合序网图

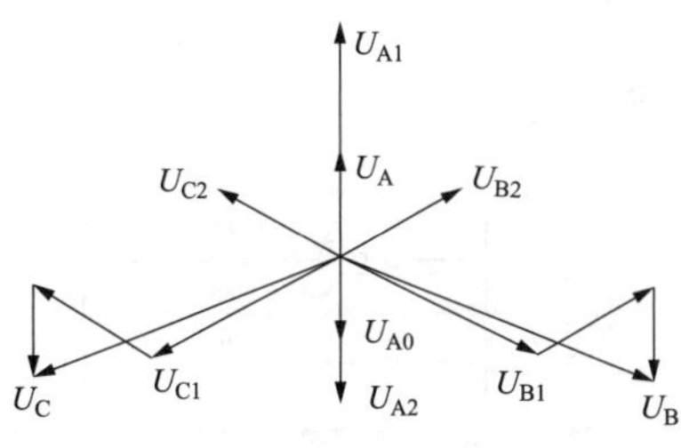


图 1-64 A 相断线电流、电压相量图

21. 发生接地又断线的复故障时，根据简单短路计算方法画出的复合序网接线图（如图 1-65 所示），请分析是否正确，说明原因。

**答**：3 个序网在 MN 点并联，破坏了在 F 处 3 序网串联的关系，导致 $I_{1F}\neq I_{2F}\neq I_{0F}$，在断线处 $I_{1M}\neq I_{1N}$，$I_{2M}\neq I_{2N}$，$I_{0M}\neq I_{0N}$。因此这种连接方式无法反映断线处的正确连接关系，是错误的。

22. 曾有学者提出，断线接地的复故障可以采用叠加原理方法求解，将图 1-66（a）等效于图 1-66（b）和图 1-66（c）的叠加。

图 1-66（b）即断线故障，可以求解及画相量图；根据断线故障，可以求出 K 点的电压 $U_{KA[0]}$。图 1-66（c）即在 K 点增加反向电

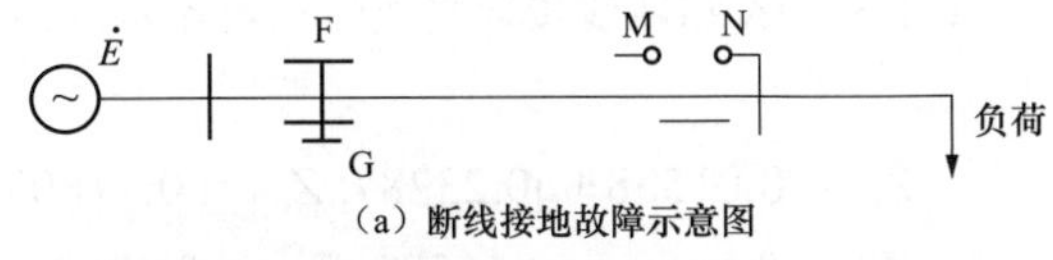


（a）断线接地故障示意图

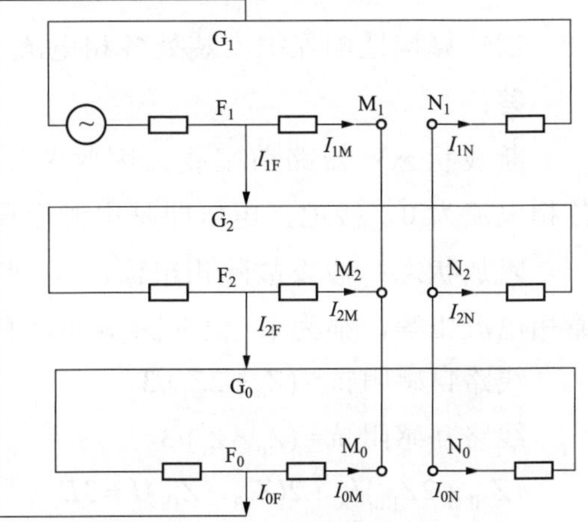


（b）断线接地故障复合序网图

图 1-65 断线接地故障示意图及复合序网图

压源 $U_{KA[0]}$，利用全电流分析法算出三相电流。最后应用叠加定理，算出最终两侧电压、电流。

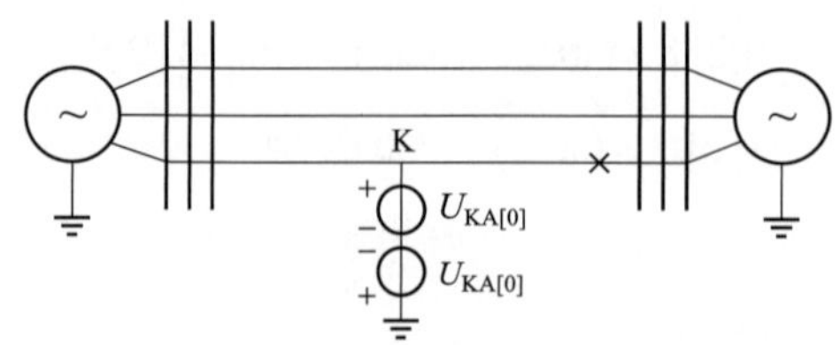


（a）断线接地故障示意图

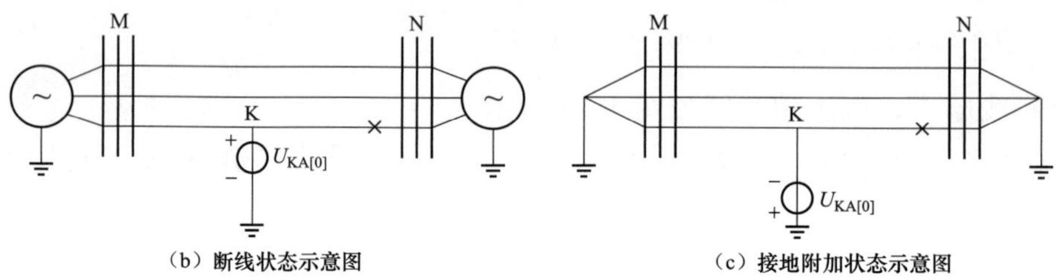


（b）断线状态示意图　　（c）接地附加状态示意图

图 1-66　断线接地复故障叠加原理分析图

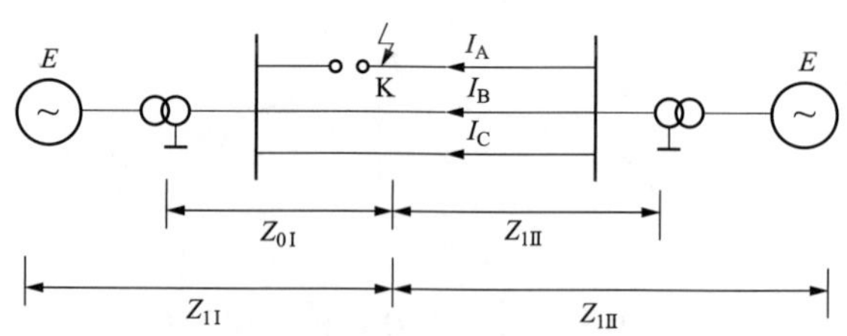


图 1-67　A 相断线接地复故障相电流示意图

根据上述材料，请计算：

某 220kV 线路故障发生 A 相断线接地故障时，假设 $E_a = 220/\sqrt{3}\angle 0°$。故障前线路空载。A 相断线接地复故障相电流示意图如图 1-67 所示。

相关参数如下：

$Z_{1I} = 0.03352 + j0.23272, Z_{0I} = 0.25723 + j0.53292$

$Z_{1II} = 0.01538 + j0.23287, Z_{0II} = 0.11807 + j0.47501$

$Z_{1\Sigma} = 0.0489 + j0.46559, Z_{0\Sigma} = 0.3753 + j1.00793$

试计算接地侧保护安装处各相电流。

**答：**

断线状态：短路前空载，因此断线时各相电流为 0，接地点电压即是电源电压。

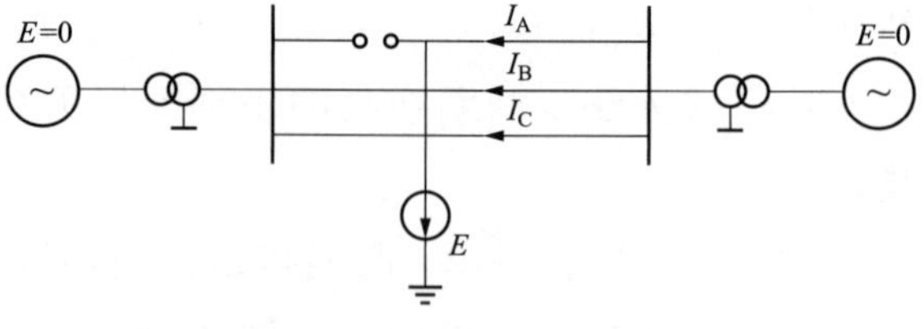


图 1-68　A 相断线接地复故障全电流计算示意图

附加状态：假设故障相电流 $I_A$，非故障相电流相等，都为 $I$，根据图 1-68，有：

线路自感阻抗=$(Z_0 + 2Z_1)/3$

线路互感阻抗=$(Z_0 - Z_1)/3$

$(Z_{0II} + 2Z_{1II})I_A + 2(Z_{0II} - Z_{1II})I = 3E$

$(Z_{0II} - Z_{1II})I_A + (Z_{0II} + Z_{1II})I = 0$

上式可以看成二阶矩阵，即

$$\begin{bmatrix} A & B \\ C & D \end{bmatrix}\begin{bmatrix} I_1 \\ I_2 \end{bmatrix}=\begin{bmatrix} E_1 \\ E_2 \end{bmatrix}$$

$$\begin{bmatrix} I_1 \\ I_2 \end{bmatrix}=\frac{1}{AD-BC}\begin{bmatrix} D & -B \\ -C & A \end{bmatrix}\begin{bmatrix} E_1 \\ E_2 \end{bmatrix}$$

因此：

$$I_{\mathrm{A}}=[(2Z_{0\Sigma}+Z_{1\Sigma})3E]/[(Z_{0\mathrm{II}}+2Z_{1\mathrm{II}})(2Z_{0\Sigma}+Z_{1\Sigma})-2(Z_{0\mathrm{II}}-Z_{1\mathrm{II}})^2]=8344.5\angle-82.11°\mathrm{A}$$

$$I=I_{\mathrm{B}}=I_{\mathrm{C}}=[(Z_{1\mathrm{II}}-Z_{0\mathrm{II}})3E]/[(Z_{0\mathrm{II}}+2Z_{1\mathrm{II}})(2Z_{0\Sigma}+Z_{1\Sigma})-2(Z_{0\mathrm{II}}-Z_{1\mathrm{II}})^2]=841.9\angle 92.77°\mathrm{A}$$

23．如图 1-69 所示，$Z_0<Z_1$，请画出 YNd11 接线主变压器 YN 侧发生 C 相断线时两侧电流的相量关系。定性分析，当 $Z_0>Z_1$、$Z_0<Z_1$ 时，YN 侧非故障相电流的夹角和大小变化情况。

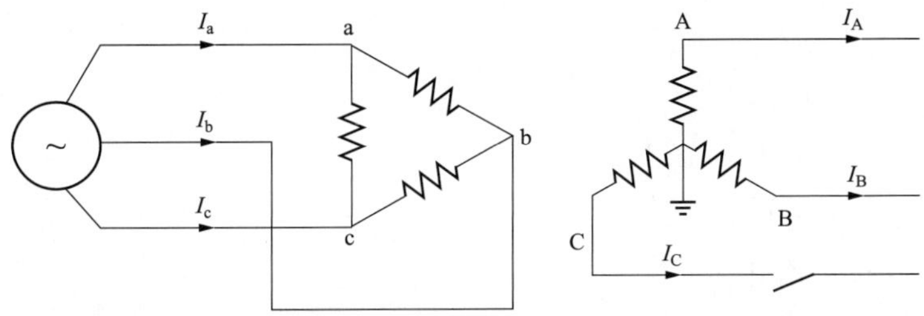


图 1-69　YNd11 接线变压器 YN 侧 C 相断线示意图

**答**：当 YN 侧 A、B 两相未断开两相运行时，则变压器 YN 侧有 $\dot{I}_{C1}+\dot{I}_{C2}+\dot{I}_{C0}=0$ 且 $\dot{I}_{C2}$、$\dot{I}_{C0}$ 对 $\dot{I}_{C1}$ 的相位为 180°，YN 侧各序电流如图 1-70 所示。

有△侧电流与 YN 侧电流之间的关系为 $\dot{I}_{\mathrm{a}}=\dot{I}_{\alpha}-\dot{I}_{\beta}=(\dot{I}_{\mathrm{A}}-\dot{I}_{\mathrm{B}})/\sqrt{3}$，对于序分量，易得以下关系：$\dot{I}_{\mathrm{a1}}=\dot{I}_{\mathrm{A1}}\angle 30°$，$\dot{I}_{\mathrm{a2}}=\dot{I}_{\mathrm{A2}}\angle -30°$，可得△侧相量关系，如图 1-71 所示。

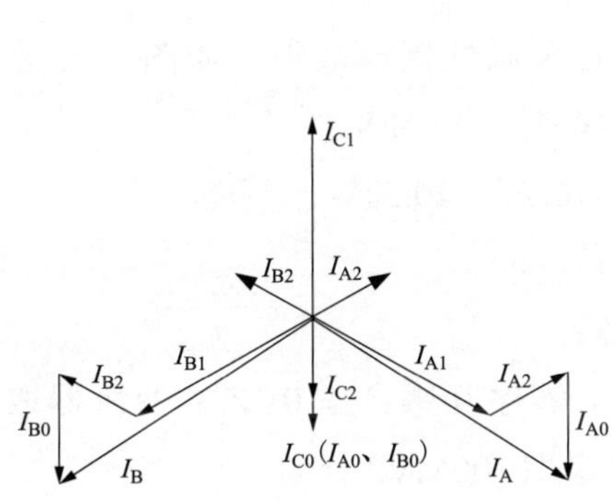


图 1-70　YN 侧各序电流相量图

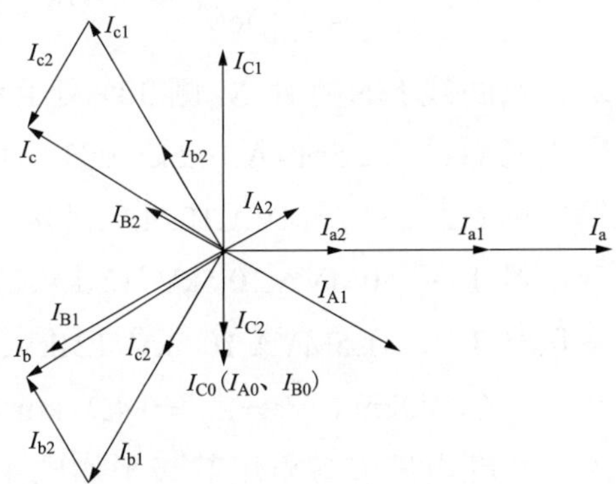


图 1-71　D 侧各序电流相量图

注：$\dot{I}_{c2}$ 与 $\dot{I}_{b1}$ 同相位，$\dot{I}_{c1}$ 与 $\dot{I}_{b2}$ 同相位。

$Z_0>Z_1$ 时，Y 侧非故障相电流减小，相角差大于 120°，小于 180°；

$Z_0<Z_1$ 时，Y 侧非故障相电流增大，相角差小于 120°，大于 60°。

24．YNd11 变压器△侧发生 BC 相两相短路，△侧无电源，如图 1-72 所示，Y 侧哪一相阻抗继电器能够正确测量？设故障点序分量为 $U_{FA1}$、$I_{FA1}$、$U_{FA2}$、$I_{FA2}$，请写出 Y 侧该相阻抗继电器测量阻抗公式（要求有推导过程）。

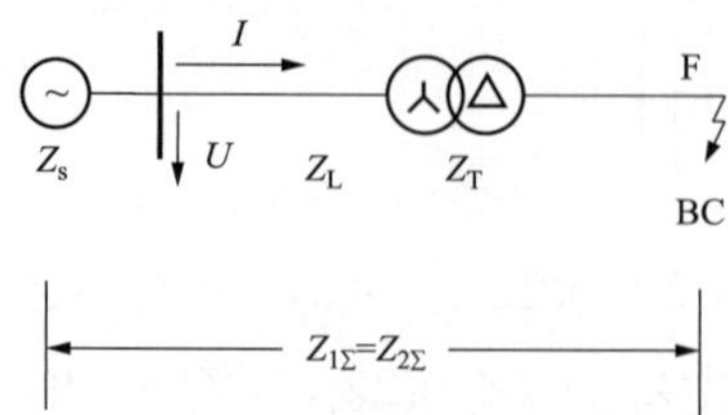


图 1-72　YNd11 接线变压器 D 侧 BC 相间短路示意图

**答**：Y 侧 C 相接地阻抗继电器能够正确测量故障点到保护安装处的正序阻抗。

考虑到零序分量 $I_0=0$ 、$U_0=0$

$$Z_C=\frac{U_C}{I_C}=\frac{a\,U_{A1}+a^2U_{A2}}{a\,I_{A1}+a^2I_{A2}}$$

$$U_{A1}=(U_{FA1}+I_{FA1}Z_T)e^{-j30}+Z_LI_{FA1}{}^{e-j30}$$
$$=[U_{FA1}+(Z_L+Z_T)I_{FA1}]e^{-j30}$$

$$U_{A2}=[U_{FA2}+(Z_L+Z_T)]I_{FA2}e^{j30}$$

$$Z_C=\frac{a\,U_{A1}+a^2U_{A2}}{a\,I_{A1}+a^2I_{A2}}=\frac{[U_{FA1}+(Z_L+Z_T)I_{FA1}]e^{j90}+[U_{FA2}+(Z_L+Z_T)]I_{FA2}e^{j270}}{a\,I_{FA1}e^{-j30}+a^2I_{FA2}e^{j30}}$$
$$=\frac{[U_{FA1}+(Z_L+Z_T)I_{FA1}]e^{j90}-[U_{FA2}+(Z_L+Z_T)]I_{FA2}e^{j90}}{I_{FA1}e^{j90}-I_{FA2}e^{j90}}$$

由于 $U_{FA1}=U_{FA2}I_{FA1}=-I_{FA2}$

则 $Z_C=\dfrac{(Z_L+Z_T)(I_{FA1}-I_{FA2})e^{j90}}{(I_{FA1}-I_{FA2})e^{j90}}=Z_L+Z_T$

25．双回线 MN 在距 M 侧 30%处 II 线发生 A 相金属性接地故障，如图 1-73 所示。

发电机 G1：$62.5\text{MVA},10.5\text{kV},x''_d\%=12.5,x_2\%=16,E''_M=10.5\text{kV}$；

发电机 G2：$31.25\text{MVA},10.5\text{kV},x''_d\%=12.5,x_2\%=16,E''_N=10.5\text{kV}$；

变压器 T1：$60\text{MVA},10.5\text{kV}/121\text{kV},U_{k1}\%=10.5$；

变压器 T2：$31.5\text{MVA},10.5\text{kV}/121\text{kV},U_k\%=10.5$；

线路：$L=40\text{km}$，$Z_1=Z_2=0.4\Omega/\text{km}$，$Z_0=2Z_1$，零序互感 $Z_m=0.2Z_0$；变压器取 $Z_0=Z_1=Z_2$，基准电压取各电压等级平均电压，基准容量取 100MVA 。

画出序网图，求 M 侧 II 线的各序故障电流分量一次值。

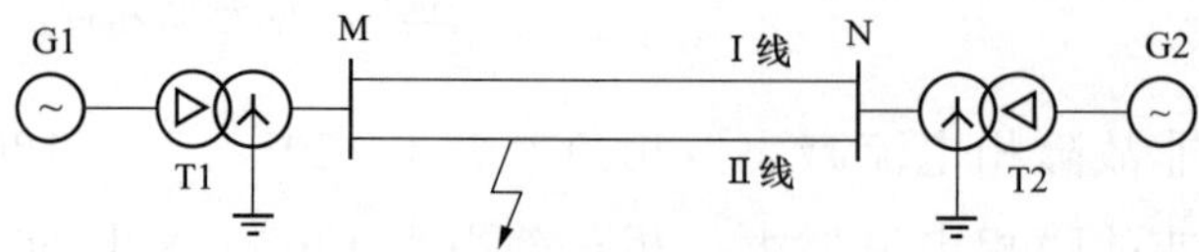


图 1-73　双电源系统带同杆并架双回线故障示意图

答：

（1）G1：$x_{1*}=0.125\dfrac{100}{62.5}=0.2 \quad x_{2*}=0.16\dfrac{100}{62.5}=0.256$

G2：$x_{1*}=0.125\dfrac{100}{31.25}=0.4 \quad x_{2*}=0.16\dfrac{100}{31.25}=0.512$

T1：$x_{T-1*}=\dfrac{10.5}{100}\times\dfrac{100}{60}=0.175$

T2：$x_{T-2*}=\dfrac{10.5}{100}\times\dfrac{100}{31.5}=0.333$

复合序网图如图 1-74 所示。

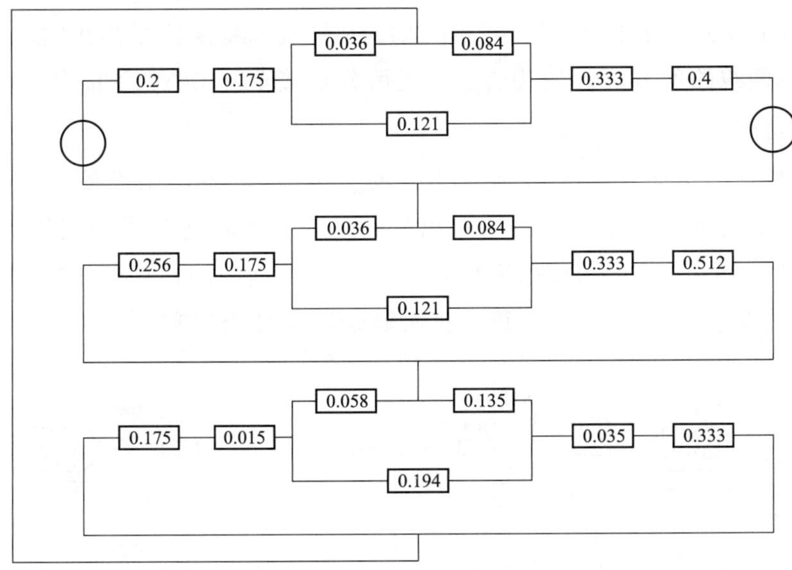


图 1-74 复合序网图

线路：

$U_{AV}=115$

$x_{l1*}=x_{l2*}=0.4\times40\times\dfrac{100}{115^2}=0.121$

$x_{l0*}=0.8\times40\times\dfrac{100}{115^2}=0.242$

$x_{1M1}=0.3\times0.121=0.036$； $x_{1M0}=0.3\times0.242=0.073$； $x_{1M\text{-}m}=0.2\times0.073=0.015$

$x_{1N1}=0.084$; $x_{1N0}=0.17$; $x_{1N0\text{-}m}=0.035$

（2） $Z_{1\Sigma}=0.274$， $Z_{2\Sigma}=0.311$， $Z_{0\Sigma}=0.166$

$$I_0=I_1=I_2=\frac{1}{Z_{0\Sigma}+Z_{1\Sigma}+Z_{2\Sigma}}\frac{S_N}{\sqrt{3}U_N}=635\text{A}$$

$$I_{1M}=\frac{0.775}{0.775+0.393}I_1=0.664I_1$$

$$I_{2M}=\frac{0.887}{0.887+0.449}I_2=0.664I_1$$

$$I_{0M}=\frac{0.436}{0.436+0.219}I_0=0.666I_1$$

$$I_{1M-II}=\frac{0.013\times I_1+0.018\times I_{1M}}{0.036}=440A$$

$$I_{2M-II}=\frac{0.013\times I_2+0.018\times I_{2M}}{0.036}=440A$$

$$I_{0M-II}=\frac{0.02\times I_0+0.029\times I_{0M}}{0.058}=430A$$

26．某 220kV 变电站（A 站）的 110kV 送出系统局部电网如图 1-76 所示，主变压器 T1、T3、T5 中性点直接接地，主变压器 T2 中性点经间隙接地，T4 主变压器中性点不接地。线路 L1、L2 长度相等，自 A 站出站口后有 50%线路长度存在同塔并架（图 1-75 两虚线之间），两线路间零序互感为 $X_{0m}$，之后分别接至 110kV 的 B 站、C 站，图中所有断路器均在合位。

各设备参数标幺值如表 1-5 所示，已知 $X_{0m}=0.6X_0$。各厂站设备零序保护定值如表 1-6 所示，不计所有元件电阻，不考虑距离保护动作，短路前各线路空载。

某日在 L2 线路距 A 站 60%处发生 A 相金属性接地故障，由于 L2 电源侧出口压板未投，导致 QF5 断路器拒动，请计算分析故障切除的整个过程。

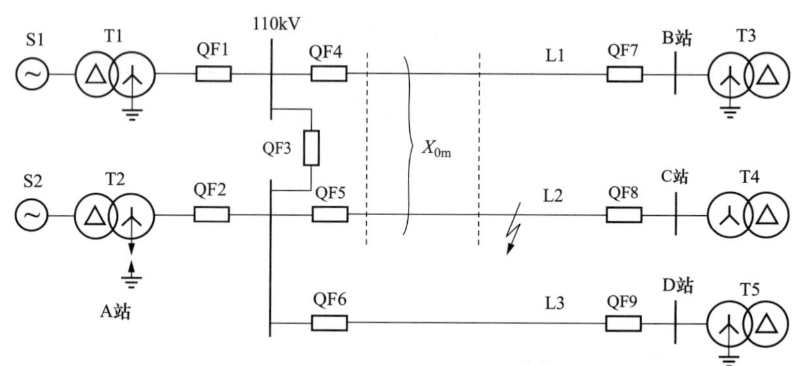


图 1-75　系统接线图

**表 1-5**　　各设备参数标幺值（$S_B=100MVA$，$U_B=115kV$）

| 设备名称 | 正序阻抗 | 负序阻抗 | 零序阻抗 |
|---|---|---|---|
| 线路 L1、L2 | j0.10 | j0.10 | j0.30 |
| 线路 L3 | j0.06 | j0.06 | j0.18 |
| 主变压器 T1、T2 | j0.06 | j0.06 | j0.06 |
| 主变压器 T3 | j0.18 | j0.18 | j0.18 |
| 主变压器 T4、T5 | j0.12 | j0.12 | j0.12 |
| 电源 S1、S2 | 0 | 0 | 0 |

**表 1-6** 各设备零序保护定值

| 设备名称 | 零序Ⅰ段 | 零序Ⅱ段 | 零序Ⅲ段 |
|---|---|---|---|
| 主变压器 T1 | $I_{01}=1200\text{A}$<br>0.8s 跳分段<br>1.1s 跳本侧<br>1.4s 跳各侧 | $I_{02}=300\text{A}$<br>2s 跳各侧 | |
| 线路 L1、L2、L3 电源侧（QF4、QF5、QF6 处） | $I_{01}=1920\text{A}$<br>Ⅰ段带方向，指向线路<br>0s 跳本侧 | $I_{02}=960\text{A}$<br>Ⅱ段带方向，指向线路<br>0.5s 跳本侧 | $I_{03}=300\text{A}$<br>1.2s 跳本侧 |
| 线路 L1、L2、L3 负荷侧（QF7、QF8、QF9 处） | $I_{01}=800\text{A}$<br>Ⅰ段带方向，指向线路<br>0.3s 仅投信号 | $I_{02}=400\text{A}$<br>Ⅱ段带方向，指向线路<br>0.5s 仅投信号 | $I_{03}=300\text{A}$<br>1.5s 仅投信号 |

**答：**

$$I_B = 100000/(\sqrt{3}\times115) = 502.06\text{A}$$

$$X_1 = 0.06//0.06 + 0.6\times0.10 = 0.09$$

$$X_2 = X_1 = 0.09$$

$$X_{0m} = 0.6\times(0.5\times0.3) = 0.09$$

$$X_0 = 0.6\times0.3 - 0.09 + (0.3 + 0.18 - 0.09)//\left[0.09 + 0.06//(0.18 + 0.12)\right] = 0.193$$

零序等值电路如图 1-76 所示。

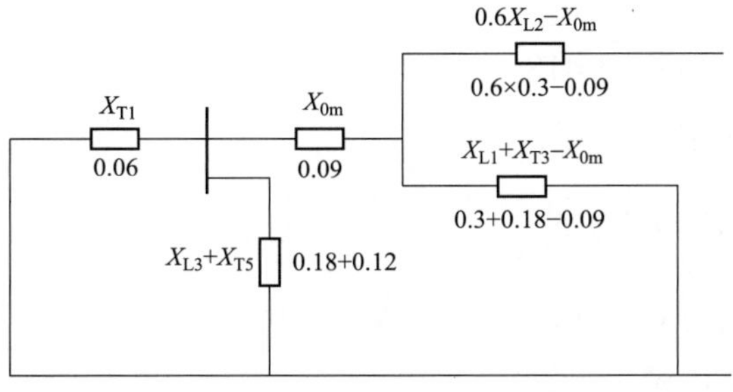


图 1-76 零序等值电路图

主变压器 T1 流过的零序电流：

$$I_{T10} = \frac{0.39}{0.39 + 0.14}\times\frac{0.3}{0.3 + 0.06}\times2.681 = 1.644$$

对应实际值：$3\times1.644\times502.06 = 2476.16\text{A} > 1200\text{A}$

线路 L1 流过的零序电流：

$$I_{L10} = \frac{0.14}{0.39 + 0.14}\times2.681 = 0.708$$

对应实际值：$3\times0.708\times502.06 = 1066.38\text{A} > 960\text{A} > 300\text{A}$

线路 L3 流过的零序电流：

$$I_{L30}=\frac{0.39}{0.39+0.14}\times\frac{0.06}{0.3+0.06}\times 2.681=0.329$$

对应实际值：$3\times 0.329\times 502.06=495.53\text{A}>300\text{A}$

T1 主变压器保护动作，0.8s 跳分段 QF3。

分段 QF3 跳开后：

$X_1=0.06+0.6\times 0.1=0.12$

$X_1=0.06+0.6\times 0.1=0.12$

$X_0=0.6\times 0.3-0.09+0.18+0.12+0.09//(0.06+0.3-0.09+0.18)=0.465$

分段 QF3 跳开后零序等值电路图如图 1-77 所示。

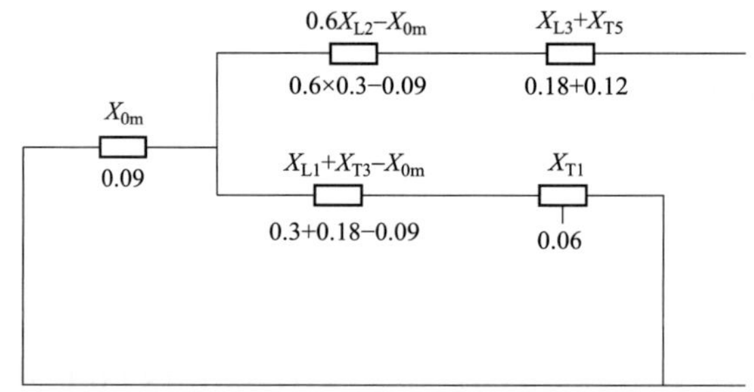


图 1-77　分段 QF3 跳开后零序等值电路图

零序等值电路

$I_0=1/(0.12+0.12+0.465)=1.418$

主变压器 T1 流过的零序电流：

$$I_{T10}=\frac{0.09}{0.09+0.45}\times 1.418=0.236$$

对应实际值：$3\times 0.236\times 502.06=355.46\text{A}>300\text{A}$

线路 L1 流过的零序电流：

$$I_{L10}=\frac{0.09}{0.09+0.45}\times 1.418=0.236$$

对应实际值：$3\times 0.236\times 502.06=355.46\text{A}>300\text{A}$

线路 L3 流过的零序电流对应实际值：

$3\times 1.418\times 502.06=2135.76\text{A}>300\text{A}$

因线路 L3 零序Ⅰ、Ⅱ段带方向，因此在 1.2s 时线路 L1、L3 的零序Ⅲ段动作跳开 QF4、QF6；QF3、QF6 跳开后，失去接地中性点，故障电流消失，变成不接地系统，母线上零序电压很高，可能造成主变压器 T2 间隙击穿，最终由间隙保护（间隙过压或过流）动作切除 T2 主变压器各侧。

27．如图 1-78 所示系统，发电厂经同杆并架双回线向系统送电，每回线负荷电流为 $I_{A|0|}=600\angle 0°A$，以 1000MVA 为基准，机组、线路和系统阻抗标幺值如下：$X_{1F}=0.7$，$X_{1T}=0.5$，$X_{1L}=0.6$，$X_{1S}=0.3$，$X_{0T}=0.4$，$X_{0L}=1.8$，$X_{0M}=0.6$，$X_{0S}=0.2$，电厂侧 1 线发生 A 相断线。

（1）画出复合序网图，求Ⅰ线 $I_B$、$I_C$、$3I_0$ 在什么条件下，三者均等于断线前负荷电流？

（2）双回线保护取用母线 TV，零序Ⅳ段保护定值 $3I_0=300A$，方向指向线路，分析四端保护是否动作？

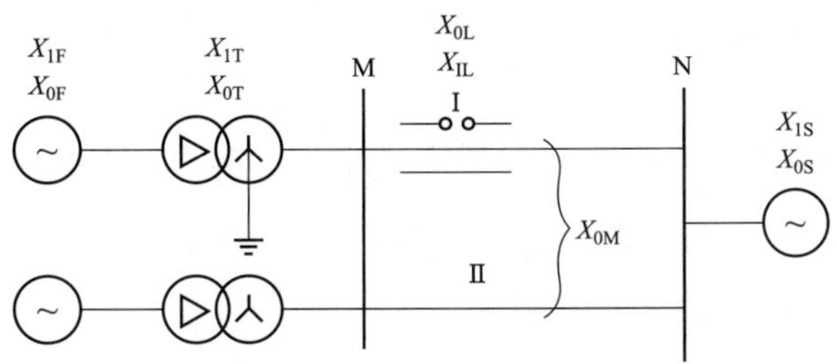


图 1-78 系统一次接线示意图

**答：**

（1）断线故障序网络图如图 1-79 所示。

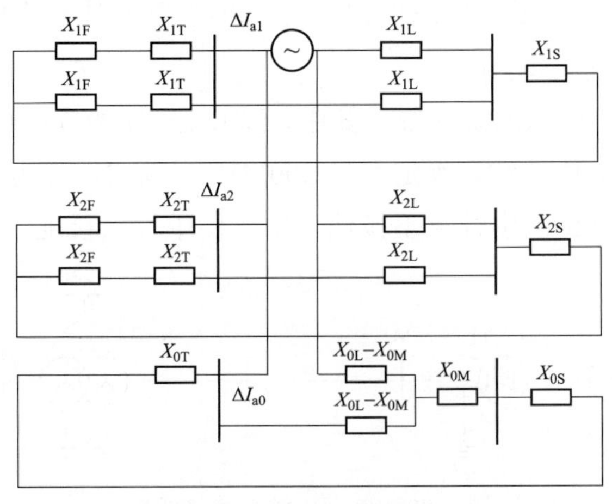


图 1-79 复合序网图

断口处综合电抗：

$$X_{1\Sigma}=X_{2\Sigma}=[(X_{1F}+X_{1T})/2+X_{1S}]//X_{1L}+X_{1L}=[(0.7+0.5)/2+0.3]//0.6+0.6=0.96$$

$X_{0\Sigma}$ 考虑了零序互感影响

$$X_{0\Sigma}=(X_{0T}+X_{0S}+X_{0M})//(X_{0L}-X_{0M})+(X_{0L}-X_{0M})=(0.4+0.2+0.6)//(1.8-0.6)+(1.8-0.6)=1.8$$

根据叠加原理，断线电流故障分量：

$$\Delta I_{A1}=-I_{A|0|}\frac{1}{\dfrac{1}{X_{1\Sigma}}+\dfrac{1}{X_{2\Sigma}}+\dfrac{1}{X_{0\Sigma}}}\times\frac{1}{X_{1\Sigma}}=-I_{A|0|}\frac{X_{0\Sigma}}{2X_{0\Sigma}+X_{1\Sigma}}$$

$$\Delta I_{A1}=\Delta I_{A2}$$

$$\Delta I_{A0}=-I_{A|0|}\frac{1}{\dfrac{1}{X_{1\Sigma}}+\dfrac{1}{X_{2\Sigma}}+\dfrac{1}{X_{0\Sigma}}}\times\frac{1}{X_{0\Sigma}}=-I_{A|0|}\frac{X_{1\Sigma}}{2X_{0\Sigma}+X_{1\Sigma}}$$

Ⅰ回线全电流：

$$I_A=0$$

$$I_B=a^2(I_{A|0|}+\Delta I_{A1})+a\Delta I_{A2}+\Delta I_{A0}=I_{B|0|}+I_{A|0|}\times\frac{X_{0\Sigma}-X_{1\Sigma}}{2X_{0\Sigma}+X_{1\Sigma}}=I_{B|0|}+0.184I_{A|0|}=0.92\times600\angle-110°$$

$$I_C=a(I_{A|0|}+\Delta I_{A1})+a^2\Delta I_{A2}+\Delta I_{A0}=I_{C|0|}+I_{A|0|}\times\frac{X_{0\Sigma}-X_{1\Sigma}}{2X_{0\Sigma}+X_{1\Sigma}}=0.92\times600\angle130°$$

$$3I_{0\text{I}}=3\Delta I_{A0}=-3I_{A|0|}\frac{X_{1\Sigma}}{2X_{0\Sigma}+X_{1\Sigma}}=-3\times600\times\frac{0.96}{2\times1.8+0.96}=-378\text{A}$$

可知，当端口两端等值零序阻抗等于正序综合阻抗即 $X_{0\Sigma}=X_{1\Sigma}$ 时，两健全相电流不变，$3I_0=-I_{A|0|}$，均等于故障前负荷电流。

（2）Ⅱ回线零序电流：

$$3I_{0\text{II}}=-3I_{0\text{I}}\times\frac{X_{0T}+X_{0S}+X_{0M}}{(X_{0T}+X_{0S}+X_{0M})+(X_{0L}-X_{0M})}=378\times\frac{0.4+0.2+0.6}{(0.4+0.2+0.6)+(1.8-0.6)}=189\text{A}$$

Ⅰ回线零序电流 $3I_{0\text{I}}$ ＞零序Ⅳ段保护定值 300A，两侧均为正方向，能够动作。

Ⅱ回线零序电流 $3I_{0\text{II}}$ ＜零序Ⅳ段保护定值 300A，Ⅱ回线与Ⅰ回线零序电流相反，所以两侧均为反方向，不能够动作。

28．图 1-80 为一个单侧电源系统。其中，变压器 T1 为 YNd12 接线，中性点接地。降压变压器 T2 为 YNynd1 接线，额定容量 200MVA，额定电压为 230/115/37kV（P 为中压侧、Q 为低压侧），高压侧中性点不接地，中压侧中性点接地，T2 变压器空载运行。

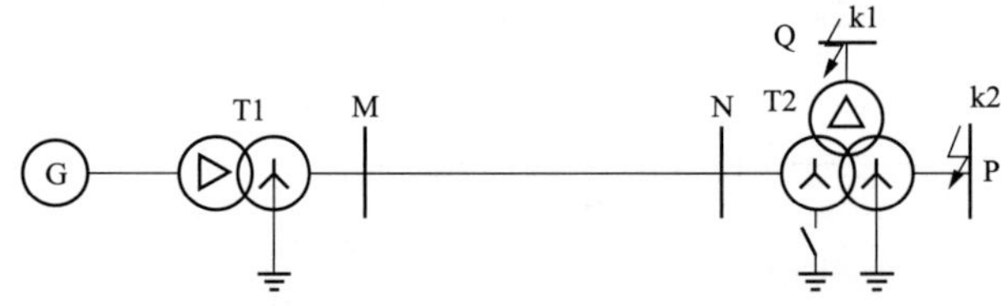


图 1-80　单侧电源系统接线图

系统中各元件标幺参数见表 1-7，主变压器 T2 实测参数见表 1-8。基准电压为 230kV，基准容量为 1000MVA。

**表 1-7　　各设备系统参数**

| 设　备 | 正序参数（负序参数） | 零序参数 |
|---|---|---|
| 发电机 G | $X_{G1}$=0.4 | $X_{G0}$=0.5 |
| T1 变压器 | $X_{T1}$=0.6 | $X_{T0}$=0.6 |
| 线路 MN | $X_{L1}$=0.1 | $X_{L0}$=0.3 |

表 1-8　　T2 主变压器实测参数

| 阻抗电压 | 高—中 | 18% | 零序实测参数 | 70Ω | $Z_{高}+Z_{励}$ |
|---|---|---|---|---|---|
| | 高—低 | 28% | | 6Ω | $Z_{中}+Z_{励}$（中压值） |
| | 中—低 | 10% | | 46Ω | $Z_{高}+Z_{中}//Z_{励}$ |

注　表中 $Z_{高}$ 为高压侧绕组的等值漏抗，$Z_{中}$ 为中压侧绕组的等值漏抗，$Z_{励}$ 为等值零序励磁电抗。

问题：

（1）请根据 T2 主变压器实测参数，求出 T2 变压器的正序和零序标幺参数。

（2）画出 k1 点发生两相接地短路时的复合序网图，并标注序网参数。（要求复合序网图中必须包含各元件的等值）

（3）线路 MN 配置有复用光纤通道纵联电流差动保护，保护同步方法为“采样时刻调整法”。线路分相纵联差动保护动作方程为：

$$\begin{cases} I_{\mathrm{CD\phi}} > KI_{\mathrm{R\phi}} \\ I_{\mathrm{CD\phi}} > I_{\mathrm{QD}} \end{cases} \quad \phi = A,B,C$$

差动电流 $I_{\mathrm{CD\phi}} = \left|\dot{I}_{\mathrm{M\phi}} + \dot{I}_{\mathrm{N\phi}}\right|$ 即为两侧电流矢量和。

制动电流 $I_{\mathrm{R\phi}} = \left|\dot{I}_{\mathrm{M\phi}} - \dot{I}_{\mathrm{N\phi}}\right|$ 即为两侧电流矢量差。

动作门槛 $I_{\mathrm{QD}} = 600\mathrm{A}$（一次值），制动系数 $K = 0.5$。

由于某种原因保护通道出现收发路由不一致，收发通道延时分别为 0.4ms 和 6.6ms，当系统 k2 点发生 BC 两相短路时，请计算线路 MN 上的故障电流大小，并结合动作方程分析纵差保护的动作行为（忽略负荷电流和电容电流，系统频率始终为 50Hz）。

**答：**

主变压器正序：

高：$(0.18+0.28-0.10)/2=0.18$，$0.18\times1000/200=0.9$；

中：$(0.18-0.28+0.10)/2=0$；

低：$(0.28+0.1-0.18)/2=0.1$，$0.1\times1000/200=0.5$；

主变压器零序：

$A$=70，$B$=6（折算至高压侧 $6\times230^2/115^2=24$），$C=46$。

励磁支路为 $\sqrt{24\times(70-46)}=24$，高压 46，中压 0，折算为标幺值：

基准阻抗 $230^2/1000=52.9$；

折算后为高压 0.87，中压 0，励磁支路 0.45。

（2）复合序网图如图 1-81 所示。

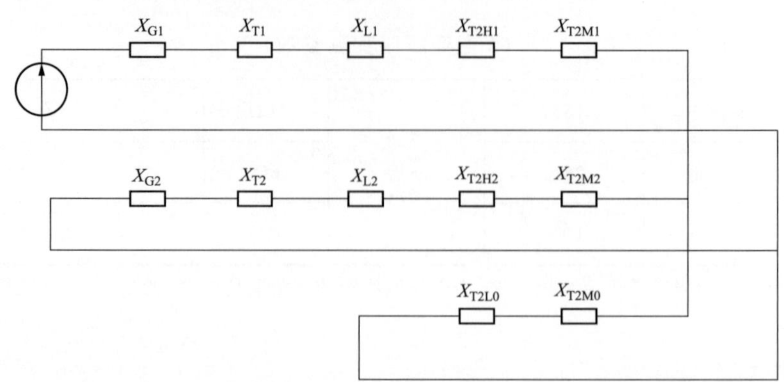


图 1-81　复合序网图

（3）k2 点发生 BC 两相短路，短路电流计算：

变压器高压侧 B 相标幺值：$1/(0.4+0.6+0.1+0.9+0.5)=0.4$，AC 相标幺值：0.2；

折算为实际值：基准电流 2510A，高压侧 A、C 相 502A，B 相 1004A；

通道延时 $(0.4+6.6)/2=3.5\,\text{ms}$，采样偏差 3.1ms，折合 $3.1\times18°=55.8°$；

差动电流 $2\times\sin(55.8/2)I_d=0.9359I_d$，制动电流 $2\times\sin(180-55.8/2)I_d=1.7675I_d$；

A、C 相差动电流 470A，小于 600A，不动作；

B 相差动电流 940A，大于 600A；制动电流 1775A，$1775\times0.5=888\text{A}$，$940\text{A}>888\text{A}$，满足动作方程，保护跳 B 相。

# 第二章 线 路 保 护

【基本介绍】本章主要包括对输电线路零序方向保护的基本原理及实现方法、距离保护的基本原理及各种阻抗继电器的动作特性、光纤纵联电流差动保护基本原理、自动重合闸技术、各种选相元件的选相原理等线路保护方面知识的考查。

【典型问题】本章的典型问题是方向阻抗继电器、以正序电压为极化电压的阻抗继电器、对极化电压进行记忆的阻抗继电器、工频变化量阻抗继电器的动作特性分析，两相电流差突变量选相元件、零序电流与A相负序电流相位比较结合阻抗元件动作行为选相元件的选相原理分析。

【难点介绍】本章的难点在于零序方向继电器在非全相运行期间和在有串联补偿电容线路上的动作行为分析，阻抗器继电器在有串联补偿电容线路上的动作行为分析，交流失压对距离保护的影响及断线闭锁原理，系统振荡对距离保护的影响及振荡闭锁原理。

## 一、单选题

1．带时限电流速断保护对本线路电流速断而言（　　）。

A．起近后备作用　　B．起远后备作用　　C．不起后备作用

**答案**：A

2．超高压输电线单相接地两侧保护动作单相跳闸后，故障点有潜供电流，潜供电流产生的主要因素是（　　）。

A．分布电容　　B．相间电容　　C．并联电抗器　　D．过渡电阻

**答案**：B

**解析**：潜供电流是指当故障相跳开后，另两健全相的电压通过相间电容与另两健全相的电流通过相间互感向短路点提供的电流，其中两健全相的电压通过相间电容向短路点提供的电流较大。

3．特高压线路保护增设保护直跳的目的是为了抑制（　　）。

A．工频过电压　　B．操作过电压

C．谐振过电压　　D．雷击过电压

**答案**：A

**解析**：远距离输电线路上，当终端断路器因故跳开后，在“电容效应”的影响下终端

处产生过电压，因此要在长距离线路上采用相应的措施，防止过电压对电气设备的损伤。

4．500kV 线路保护应选用的暂态电流互感器是（　　）。

A．TPS　　B．TPY　　C．TPX　　D．TPZ

答案：B

5．微机保护一般都记忆故障前的电压，其主要目的是（　　）。

A．事故后分析故障前潮流

B．保证方向元件、阻抗元件动作的正确性

C．微机保护录波功能的需要

答案：B

6．关于电气化铁路供电线路，以下说法错误的是（　　）。

A．采用三相电源对电铁负荷供电的线路，可装设与一般线路相同的保护

B．采用两相电源对电铁负荷供电的线路，可装设两段式距离、两段式电流保护

C．两相电源供电线路供电产生的不对称分量和冲击负荷可能会使线路保护装置频繁起动，必要时，可增设保护装置快速复归的回路

D．两相电源供电线路供电在电网中造成的谐波分量可能导致线路保护装置误动，必要时可退出可能误动的保护

答案：D

解析：根据 GB/T 14285—2006《继电保护和安全自动装置技术规程》4.6.8.2：电气化铁路供电在电网中造成的谐波分量可能导致线路保护装置误动，必要时，可增设谐波分量闭锁回路。

7．对线路的方向过流保护，规定线路上电流的正方向为由（　　）流向（　　）。

A．母线，线路　　B．线路，母线

C．Ⅰ母，Ⅱ母　　D．Ⅱ母，Ⅰ母

答案：A

8．在同一个小电流接地系统中，所有出线装设两相不完全星形接线的电流保护，电流互感器装在同名相上。这样，当发生不同线路两点接地短路时，可保证只切除一条线路的概率为（　　）。

A．1/3　　B．2/3　　C．1/2　　D．1/4

答案：B

解析：假设 B 相无电流互感器，发生不同线路两点接地的可能性有 6 种（A1B2、A1C2、B1A2、B1C2、C1A2、C1B2），只切除一条线路的故障可能性有 4 种（A1B2、B1A2、B1C2、C1B2），故概率为 4/6。

9．在一条 110kV 线路上装设有相间方向过流保护，功率方向继电器的内角 $\alpha=45°$，线路送有功功率 $P=8\text{MW}$，送无功功率 $Q=4\text{Mvar}$。以下关于功率方向继电器动作

情况正确的有（　　）。

A．通入 $I_A$ 电流，加入 $U_{AB}$ 电压时，继电器不动作

B．通入 $I_A$ 电流，加入 $U_{BC}$ 电压时，继电器不动作

C．通入 $I_C$ 电流，加入 $U_{CA}$ 电压时，继电器动作

D．通入 $I_B$ 电流，加入 $U_{BC}$ 电压时，继电器动作

**答案**：D

**解析**：功率方向继电器的内角为 $\alpha$，即接入继电器的 $I$ 超前 $U_\alpha$ 角度时，正向元件动作最灵敏，其动作方程为 $-90° < \arg\dfrac{\dot{I}_g}{\dot{U}_g e^{j45°}} < 90°$，根据通入电流电压作相量图可得。

10．在大接地电流系统中的两个变电站之间，架有同杆并架双回线。当其中的一条线路停运检修，另一条线路仍然运行时，电网中发生了接地故障，如果此时被检修线路两端均已接地，则在运行线路上的零序电流将（　　）。

A．大于被检修线路两端不接地的情况

B．与被检修线路两端不接地的情况相同

C．小于被检修线路两端不接地的情况

D．不一定

**答案**：A

**解析**：平行双回线路一回线停电检修时，电网接地故障线路通过零序电流在检修线路中产生零序感应电流，此电流反过来也在运行线路上产生感应电势，使运行线路零序电流增大。

11．平行双回线路中，当线路末端发生接地故障时，对于有零序互感的平行双回线路中的每回线路，其零序阻抗在下列 4 种方式下最大的是（　　）。

A．一回线运行，一回线处于热备用状态

B．一回线运行，另一回线处于接地检修状态

C．二回线并列运行状态

D．一回线运行，一回线处于冷备用状态

**答案**：C

**解析**：两回线并列运行流过零序电流时，每回线路零序等值阻抗均为本线路零序自阻抗与两回线路之间的零序互阻抗之和，零序阻抗增大。

12．对于有零序互感的平行双回线路中的每个回路，其零序阻抗有下列 3 种，其中最小的是（　　）。

A．一回路处于热备用状态　　B．一回路处于接地检修状态

C．二回路运行状态

**答案**：B

**解析**：平行双回线路一回线接地检修时，检修线路产生的零序感应电流与运行线路零序电流方向相反，产生去磁作用，零序阻抗减小。

13．大电流接地系统中发生接地短路时，在零序序网图中没有发电机的零序阻抗，这是由于（　　）。

A．发电机零序阻抗中没有流过零序电流　　B．发电机零序阻抗很小可忽略

C．发电机零序阻抗近似于无穷大　　D．发变组中已考虑变压器零序阻抗

**答案**：A

**解析**：接地零序电流通过变压器中性点入地形成回路，未流经发电机。

14．500kV 某一条线路发生两相接地故障，该线路保护所测的正序和零序功率的方向是（　　）。

A．均指向线路　　B．零序指向线路，正序指向母线

C．正序指向线路，零序指向母线　　D．均指向母线

**答案**：C

15．当零序功率方向继电器的最大灵敏角为电流超前电压 100°时，下列哪个说法是正确的（　　）

A．其电流和电压回路应按反极性与相应的 TA、TV 回路连接

B．该相位角与线路正向故障时零序电流与零序电压的相位关系一致

C．该元件适用于中性点不接地系统零序方向保护

**答案**：B

**解析**：如图 2-1 所示，$\dot{U}_0=-\dot{I}_0X_{S0}$，如系统中各元件零序阻抗的阻抗角都为 80°，则正方向短路时，零序电压超前零序电流的角度为−100°。

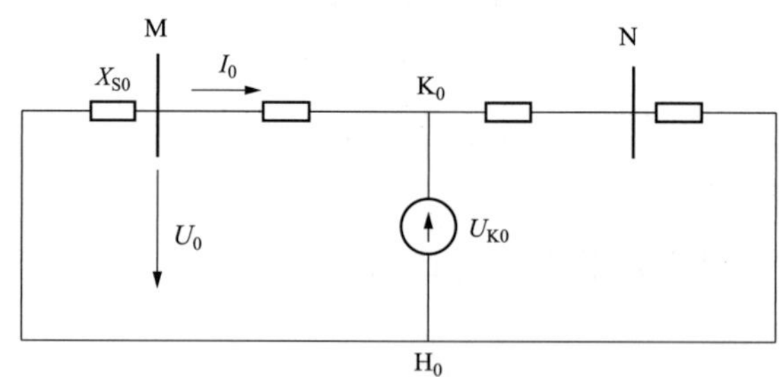


图 2-1　零序电压分布图

16．在大接地电流系统中，线路始端发生两相金属性接地短路，零序电流保护中的零序方向元件将（　　）。

A．因短路相电压为零而无法判别　　B．因感受零序电压较大而灵敏动作

C．因零序电压为零而无法判别　　D．因感受零序电压为零而灵敏动作

**答案**：B

17．220kV 系统中，假设整个系统中各元件的零序阻抗角相等，在发生单相接地故障时，下列说法中正确的是（　　）。

A．全线路零序电压相位相同　　B．全线路零序电压幅值相同

C．全线路零序电压相位幅值都相同　　D．以上均错误

**答案：**A

18．某 110kV 平行双回线路Ⅰ、Ⅱ，两侧母线 M、N 分别接有 YNd 接线的变压器（110kV 侧中性点接地），当 M 侧Ⅰ线出口处 A 相接地时，Ⅱ线 M、N 侧的零序方向元件的行为正确的是（　　）。

A．M 侧零序方向元件动作，N 侧零序方向元件不动作

B．M 侧零序方向元件不动作，N 侧零序方向元件动作

C．M、N 两侧的零序方向元件均不动作

**答案：**B

**解析：**Ⅱ线 M 侧判为反方向短路，故而 M 侧零序方向元件不动作，对于双回线而言，Ⅰ线 M 侧出口故障，对于 N 侧两回线而言，故障均位于其正方向，故 N 侧零序方向元件动作。

19．220kV 平行双回线路Ⅰ、Ⅱ，两侧母线 M、N 分别接有 YNd 接线的变压器（变压器中性点接地），在负荷状态下，Ⅰ线 M 侧断路器 A 相跳开，Ⅱ线 M、N 侧的零序方向元件的行为正确的是（　　）。

A．M 侧零序方向元件动作，N 侧零序方向元件不动作

B．M 侧零序方向元件不动作，N 侧零序方向元件不动作

C．MN 两侧的零序方向元件均不动作

**答案：**C

**解析：**双回线一回线发生断线故障，对于复合序网相当于串联一个零序电压源，对于故障线路与非故障线路而言，两者零序电流的方向相反，故而Ⅱ线 M、N 侧的零序方向元件均不动作。

20．超高压平行双回线Ⅰ、Ⅱ，Ⅱ线一侧 A 相断开呈非全相运行状态，此时Ⅰ线两侧均有零序电流存在，就Ⅰ线两侧的零序方向元件来说，正确的是（　　）。

A．两侧的零序方向元件均处动作状态

B．两侧的零序方向元件均处不动作状态

C．一侧的零序方向元件处动作状态，另一侧零序方向元件处不动作状态

D．取决于线路潮流

**答案：**B

21．某单回超高压输电线路 A 相瞬时故障，两侧保护动作跳 A 相断路器，线路转入非全相运行，当两侧保护取用线路侧 TV 时，就两侧的零序方向元件来说，正确的是（　　）。

A．两侧的零序方向元件肯定不动作

B．两侧的零序方向元件的动作情况，视传输功率方向，传输功率大小而定，可能一侧处动作状态，另一侧处不动作状态

C．两侧的零序方向元件可能一侧处动作状态，另一侧处不动作状态，或两侧均处不动作状态，这与非全相运行时的系统综合零序阻抗，综合正序阻抗相对大小有关

D．不能确定

**答案**：C

**解析**：两个断相口非全相运行时零序电压分布与系统参数有关，如图 2-2 所示，其中 $X_0$、$Y_0$ 为 M 侧 A 相断相口，$X'_0$、$Y'_0$ 为 N 侧 A 相断相口。

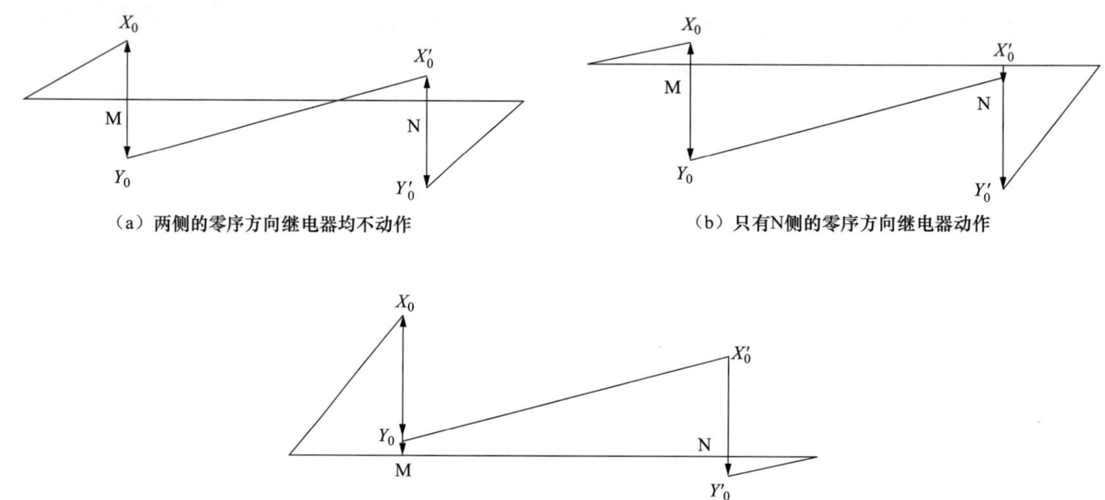


图 2-2　零序电压分布图

当两侧保护取用线路侧 TV 时，对应图中情况（a），两侧的零序方向继电器均不动作；（b）（c）情况下，只有一侧的零序方向继电器动作。

22．某超高压输电线零序电流保护中的零序方向元件，其零序电压取自线路侧 TV 二次，当两侧 A 相断开线路处非全相运行期间，测得该侧零序电流为 240A，下列说法正确的是（　　）。

A．零序方向元件是否动作取决于线路有功功率、无功功率的流向及其功率因数的大小

B．零序功率方向元件肯定不动作

C．零序功率方向元件肯定动作

D．零序功率方向元件动作情况不明，可能动作，也可能不动作，与电网具体结构有关

**答案**：D

23．电力系统如图 2-3 所示，220kV 线路与 110kV 线路有一段较长的平行线路，220kV 系统发生单相接地时，110kV 线路中有感应零序电流流通，就保护 1、2 中的零序

方向元件来说，下列正确的是（　　）。

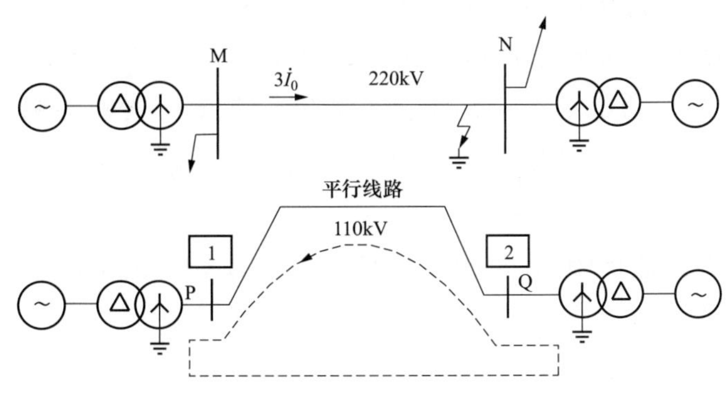


图 2-3　平行线系统图

A．当图中的 $3\dot{I}_0$ 从 M 流向 N 时，保护 2 动作，保护 1 不动作

B．当图中的 $3\dot{I}_0$ 从 N 流向 M 时，保护 2 不动作，保护 1 动作

C．不管 MN 线中的 $3\dot{I}_0$ 流向如何，保护 1、2 均动作

D．不管 MN 线中的 $3\dot{I}_0$ 流向如何，PQ 线中的保护 1、2 总是一侧处动作状态，另一侧处不动作状态

**答案**：C

**解析**：如图 2-4 所示，MN 中流过零序电流时，都会在与本线路相互绝缘的平行线路上产生零序感应电流，并使各点出现零序电压。110kV 线路由于零序互感的原因产生的纵向互感零序电势，其作用效果与单相接地跳闸后非全相运行情况类似，两侧的零序保护均判为正方向。

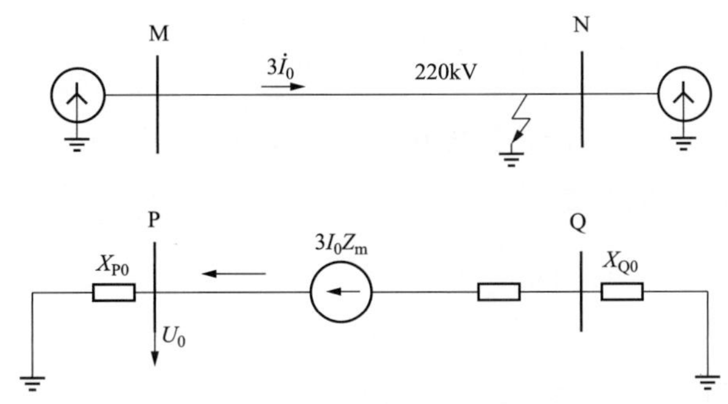


图 2-4　零序感应电流示意图

24．在平行双回或多回有零序互感关联的线路发生接地故障时，为防止非故障线路零序方向保护误动作，采取以下（　　）措施最有效。

A．提高零序方向保护动作电流的门槛　　B．延长零序方向保护动作时间

C．采取零序电压补偿方法　　D．采取负序方向元件闭锁零序方向

**答案**：D

**解析**：由于在线路换位对称的条件下，正、负序电流互感极小。同时，也只有在“强磁弱电”的条件下，非故障线路才可能误动。这两种情况下，负序电压、电流与零序电压、电流的比值均很小。而线路区内故障，负序电流或电压占有很大比重，所以，可以采用负序方向元件闭锁零序方向的方式，来防止非故障线路零序方向保护误动作。

25．线路正向经过渡电阻 $R_g$ 单相接地时，该侧的零序电压 $U_0$，零序电流 $I_0$ 间的相位关系，下列正确的是（　　）。

A．$R_g$ 越大时，$U_0$ 与 $I_0$ 间的夹角越小

B．接地点越靠近保护安装处，$U_0$ 与 $I_0$ 间的夹角越小

C．$U_0$ 与 $I_0$ 间的夹角与 $R_g$ 无关

D．不能确定

**答案**：C

**解析**：如图 2-5 所示，$\dot{U}_0=-\dot{I}_0X_{S0}$，零序电压与零序电流之间的角度只与短路方向相反一侧的零序阻抗的阻抗角有关，不受过渡电阻影响。

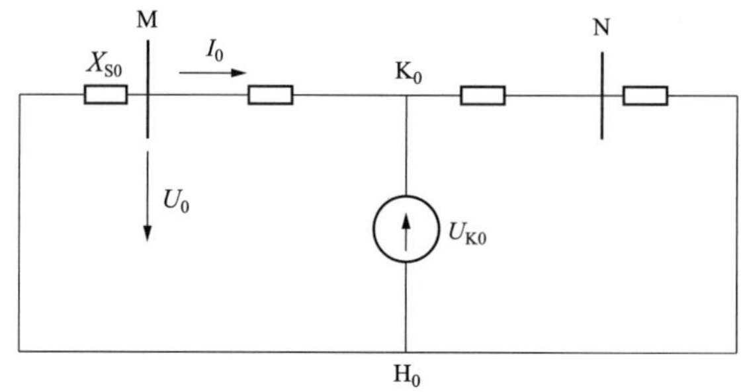


图 2-5　零序电压分布图

26．输电线路 BC 相短路经过渡电阻 $R_g$ 接地，A 相正序电流 $\dot{I}_{A1}$、负序电流 $\dot{I}_{A2}$、零序电流 $\dot{I}_0$ 的相位关系，正确的是（　　）。

A．$\arg\dfrac{\dot{I}_{A1}}{\dot{I}_{A2}}=180°$，$\arg\dfrac{\dot{I}_{A1}}{\dot{I}_0}=180°$

B．$0°<\arg\dfrac{\dot{I}_{A1}}{\dot{I}_0}<180°$，$0°<\arg\dfrac{\dot{I}_0}{\dot{I}_{A2}}<180°$，$0°<\arg\dfrac{\dot{I}_{A2}}{\dot{I}_{A1}}<180°$

C．$0°<\arg\dfrac{\dot{I}_{A1}}{\dot{I}_{A2}}<180°$，$0°<\arg\dfrac{\dot{I}_{A2}}{\dot{I}_0}<180°$，$0°<\arg\dfrac{\dot{I}_0}{\dot{I}_{A1}}<180°$

**答案**：B

**解析**：BC 相经过渡电阻接地时 A 相复合序网图及序电流相量图分别如图 2-6 和图 2-7 所示，因过渡电阻 $R_g$，$\dot{I}_0$ 超前 $\dot{I}_{A2}$。

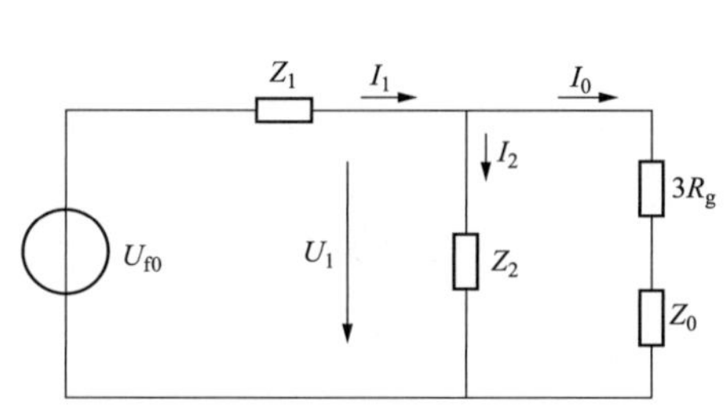


图 2-6 BC 相经过渡电阻接地时 A 相复合序网图

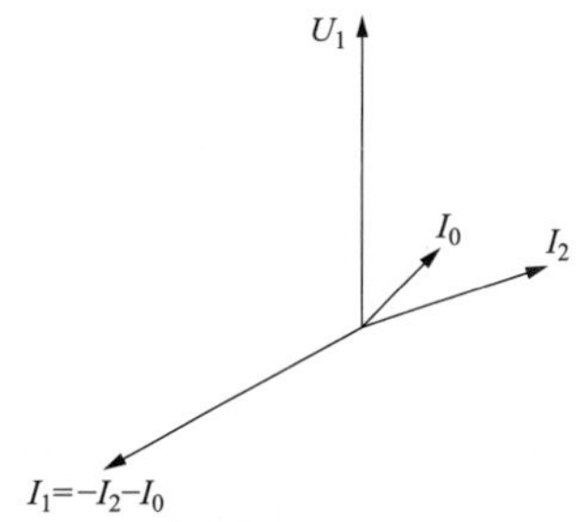


图 2-7 BC 相经过渡电阻接地时序电流相量图

27．220kV 采用单相重合闸的线路使用母线电压互感器。事故前负荷电流 700A。单相故障双侧选跳故障相后，按保证 100Ω 过渡电阻整定的方向零序Ⅳ段在此非全相过程中（　　）。

A．零序方向继电器动作，零序电流继电器不动作，Ⅳ段不出口

B．零序方向继电器会动作，零序电流继电器动作，Ⅳ段可出口

C．零序方向继电器动作，零序电流继电器动作，Ⅳ段不会出口

D．零序方向继电器不动作，零序电流继电器也动作，Ⅳ段不会出口

**答案**：C

**解析**：零序最末段保护作为线路非全相运行时不对称故障的总后备保护，动作时限大于单跳重合过程中的非全相时间。

28．在平行双回线之一发生故障，一侧断路器跳闸后，另一回线要发生功率倒方向，正确的说法是（　　）。

A．零序功率不会倒方向

B．负序功率不会倒方向

C．只有正序功率会发生倒方向

D．零序、负序、正序以及总功率均有发生倒方向的可能

**答案**：D

29．零序方向继电器最大灵敏角为 70°，动作方向指向线路。如图 2-8 所示，分别对继电器通入 $\dot{I}_a$、$\dot{I}_b$、$\dot{I}_c$ 电流测定其方向正确性，其动作情况应为（　　）。

A．$\dot{I}_a$ 不动、$\dot{I}_b$ 动、$\dot{I}_c$ 不动

B．$\dot{I}_a$ 不动、$\dot{I}_b$ 不动、$\dot{I}_c$ 动

C．$\dot{I}_a$ 动、$\dot{I}_b$ 可能不动、$\dot{I}_c$ 不动

**答案**：C

**解析**：根据接线，$3U_0 = U_b+U_c = -U_a$，$I_0=I_a/I_b/I_c$，动作方程为 $-200°<\arg\dfrac{\dot{U}_0}{\dot{I}_0}<-20°$，如图 2-9 所示，$\dot{I}_a$ 处于动作区，$\dot{I}_c$ 处于非动作区，$\dot{I}_b$ 处于非动作区（边缘），可能不动。

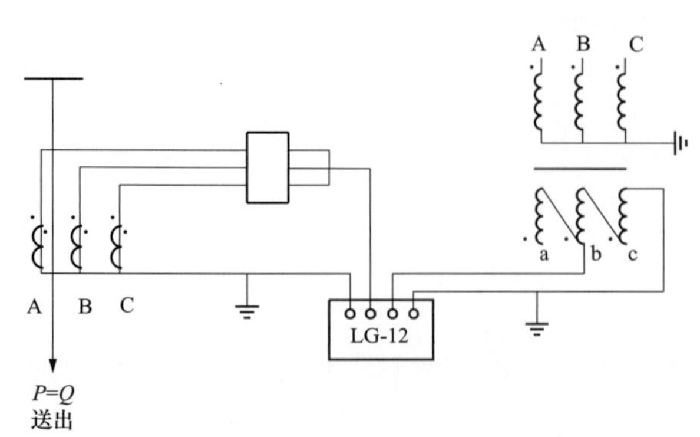


图 2-8 零序方向继电器的接线图

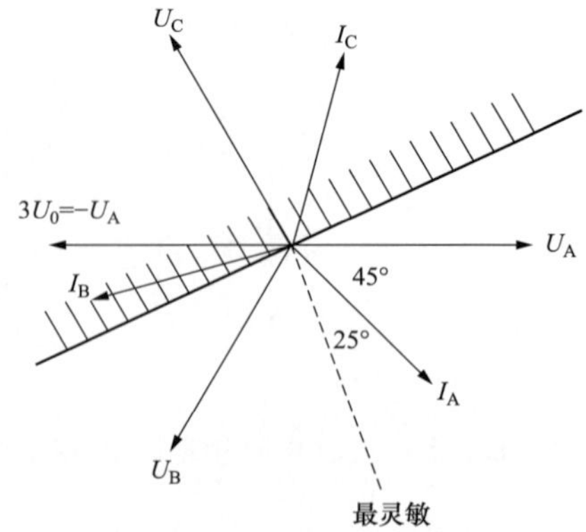

图 2-9 动作区间示意图

30．某零序方向保护带负荷试验时，线路送出有功功率为 20MW，送出无功功率为 20Mvar，试验抽取电压为负 A 相电压，最大灵敏角为 70°。保护装置分别通入 A、B、C 相电流时，零序方向保护的动作行为是（　　）。

A．A 相动作、B 相不动作、C 相可能会动作

B．A 相动作、B 相不动作、C 相动作

C．A 相动作、B 相可能会动、C 相不动作

D．A 相不动作、B 相动作、C 相不动作

**答案：**C

31．某线路送有功功率 10MW，送无功功率 9Mvar，零序方向继电器接线正确，模拟 A 相接地短路，继电器的动作情况是（　　）。

A．通入 A 相负荷电流时动作　　B．通入 B 相负荷电流时动作

C．通入 C 相负荷电流时动作　　D．以上三种方法均不动作

**答案：**A

32．线路保护应设置不大于（　　）短延时的后加速零序电流保护，在手动合闸或自动重合时投入使用。

A．50ms　　B．100ms　　C．150ms　　D．200ms

**答案：**B

**解析：**根据 Q/GDW 1161—2014《线路保护及辅助装置标准化设计规范》5.2.4：零序电流保护技术原则：应设置不大于 100ms 短延时的后加速零序电流保护，在手动合闸或自动重合时投入使用。

33．零序电流保护的速动段，在恢复三相带负荷运行时，不得因断路器的短时三相不同步而误动作。如果整定值躲不过，则应在重合闸后增加（　　）s 的延时。

A．0.1　　B．0.5　　C．1

**答案：**A

**解析**：根据 DL/T 559—2007《220kV～750kV 电网继电保护装置运行整定规程》5.11.2：零序电流保护的速动段，在恢复三相带负荷运行时，不得因断路器的短时三相不同步而误动作。如果整定值躲不过，则应在重合闸后增加 0.1s 的延时。

34．对 220kV 线路方向零序电流保护最后一段的整定要求是（　　）。

A．必须保证当相邻线路末端发生接地故障时能可靠动作

B．必须保证当本线路发生通过 300Ω 过渡电阻接地故障时能可靠动

C．一般动作电流不大于 300A，即线路发生经 100Ω 过渡电阻接地故障

D．上述说法均不对

**答案**：C

**解析**：根据 DL/T 559—2007《220kV～750kV 电网继电保护装置运行整定规程》5.6.4：接地故障保护最末一段，应以适应下述短路点接地电阻值的接地故障为整定条件：220kV 线路，100Ω；330kV 线路，150Ω；500kV 线路，300Ω；750kV 线路，400Ω。

35．220kV 零序电流Ⅳ段保护的一次零序电流定值要求不超过（　　）。

A．400A　　B．300A　　C．500A　　D．100A

**答案**：B

**解析**：出自 DL/T 559—2007《220kV～750kV 电网继电保护装置运行整定规程》5.6.4。

36．作为高灵敏度的线路接地保护，零序电流灵敏Ⅰ段保护在非全相运行时需（　　）。

A．投入运行　　B．有选择性地投入运行

C．有选择性地退出运行　　D．退出运行

**答案**：D

**解析**：Q/GDW 1161—2014《线路保护及辅助装置标准化设计规范》5.2.4 零序电流保护技术原则如下：线路非全相运行时的零序电流保护不考虑健全相再发生高阻接地故障的情况，当线路非全相运行时自动将零序电流保护最末一段动作时间缩短 0.5s 并取消方向元件，作为线路非全相运行时不对称故障的总后备保护，取消线路非全相时投入运行的零序电流保护的其他段。

37．距离保护中保护所测量到的阻抗是保护安装处到故障点的（　　）阻抗。

A．正序　　B．负序　　C．零序　　D．综合

**答案**：A

**解析**：保护安装处相电压

$$\dot{U}_{\phi}=\dot{U}_{k\phi}-\dot{I}_{\phi1}Z_1-\dot{I}_{\phi2}Z_2-\dot{I}_{\phi0}Z_0=\dot{U}_{k\phi}-\left(\dot{I}_{\phi}-\frac{Z_0-Z_1}{Z_1}\dot{I}_0\right)Z_1$$
$$=\dot{U}_{k\phi}-(\dot{I}_{\phi}-K3\dot{I}_0)Z_1$$

单相接地时，故障点 $\dot{U}_{k\phi}=0$，接地阻抗继电器测量阻抗 $U_{\phi}/(I_{\phi}+K3I_0)$ 为短路点到

保护安装处的正序阻抗 $Z_1$。

保护安装处相间电压：$\dot{U}_{\phi\phi}=\dot{U}_{k\phi\phi}-\dot{I}_{\phi\phi}Z_1$

相间故障时，故障点相间电压 $\dot{U}_{k\phi\phi}=0$，相间阻抗继电器测量阻抗 $\dot{U}_{\phi\phi}/\dot{I}_{\phi\phi}$ 为短路点到保护安装处的正序阻抗 $Z_1$。

38．采用 $U_\phi$/（$I_\phi+K3I_0$）接线的接地距离保护 $K=$（$Z_0-Z_1$）/$3Z_1$，在线路单相金属性短路时，故障相的测量阻抗为（　　）。

A．该相自阻抗　　B．该相正序阻抗

C．该相零序阻抗　　D．该相互阻抗

**答案**：B

39．保护线路发生三相短路，在理想情况下，相间距离保护感受的阻抗（　　）接地距离保护感受的阻抗。

A．大于　　B．等于

C．小于　　D．无法确定

**答案**：B

**解析**：三相短路时，故障点 $\dot{U}_{k\phi}$ 和 $\dot{U}_{k\phi\phi}$ 均为 0，相间距离和接地距离感受到的阻抗均为短路点到保护安装处的正序阻抗 $Z_1$。

40．互感对线路距离保护的影响描述正确的是（　　）。

A．不影响接地距离保护和相间距离保护

B．影响接地距离保护，不影响相间距离保护

C．不影响接地距离保护，影响相间距离保护

D．同时影响接地距离保护和相间距离保护

**答案**：B

41．相间距离保护测量组件一般均采用（　　）接线方式。

A．−30°　　B．0°　　C．60°　　D．90°

**答案**：B

42．相间距离保护交流回路的 0°接线，是指下述的电压、电流接线组合（　　）。

A．$U_{ab}$/（$I_b-I_a$）、$U_{bc}$/（$I_a-I_b$）、$U_{ca}$/（$I_a-I_c$）

B．$U_{ab}$/（$I_a-I_b$）、$U_{bc}$/（$I_b-I_c$）、$U_{ca}$/（$I_c-I_a$）

C．$U_a$/（$I_a+K3I_0$）、$U_b$/（$I_b+K3I_0$）、$U_c$/（$I_c+K3I_0$）

**答案**：B

43．相间距离保护的阻抗继电器采用零度接线的原因是（　　）。

A．能正确反映 K3、K2、K1.1

B．能正确反映 K3、K2，但不能反映 K1.1、K1

C．能正确反映 K3，但不能反映 K1、K2

D．能反映各种故障

注：K3 代表三相短路，K2 代表两相短路，K1.1 代表两相接地短路，K1 代表单相接地短路。

**答案：**A

**解析：**保护安装处电压 $\dot{U}_{\phi\phi}=\dot{U}_{k\phi\phi}-\dot{I}_{\phi\phi}Z_1$，当故障点相间电压 $\dot{U}_{k\phi\phi}$=0，采取 0°接线方式的阻抗继电器测量阻抗 $\dot{U}_{\phi\phi}/\dot{I}_{\phi\phi}$ 为短路点到保护安装处的正序阻抗 $Z_1$。

44．采用–30°接线的方向阻抗继电器，在三相短路故障时，继电器端子上所感受的阻抗等于（　　）。

A．短路点至保护安装处的正序阻抗 $Z_1$　　B．（1/2）$Z_1e^{j30°}$

C．（$\sqrt{3}/2$）$Z_1e^{-j30°}$　　D．$\sqrt{3}Z_1$

**答案：**C

45．反应相间故障的阻抗继电器，采用线电压和相电流的接线方式，其继电器的测量阻抗（　　）。

A．在三相短路和两相短路时均为 $Z_1L$

B．在三相短路时为 $\sqrt{3}Z_1L$，在两相短路时为 $2Z_1L$

C．在三相短路和两相短路时均为压 $\sqrt{3}Z_1L$

D．在三相短路和两相短路时均为 $2Z_1L$

**答案：**B

46．$Z_1$表示测量阻抗，$Z_2$表示整定阻抗，$Z_3$表示动作阻抗。线路发生短路，该距离保护不动作，则说明（　　）。

A．$Z_3<Z_2<Z_1$　　B．$Z_3\leqslant Z_2<Z_1$

C．$Z_3<Z_2\leqslant Z_1$　　D．$Z_3\leqslant Z_2\leqslant Z_1$

**答案：**B

47．距离保护装置的动作阻抗是指能使阻抗继电器动作的（　　）。

A．最小测量阻抗　　B．最大测量阻抗

C．介于最小与最大测量阻抗之间的定值　　D．大于最大测量阻抗一个定值

**答案：**B

48．有一整定阻抗为 $Z_{set}$=8∠60°的方向圆阻抗继电器，当测量阻抗 $Z_m$=4∠30°时，该继电器处于（　　）状态。

A．动作

B．不动作

C．临界动作

**答案：**A

**解析：**如图 2-10 所示，当阻抗角为 30°时，最大动作阻抗值为 8cos30°＞4，保护动作。

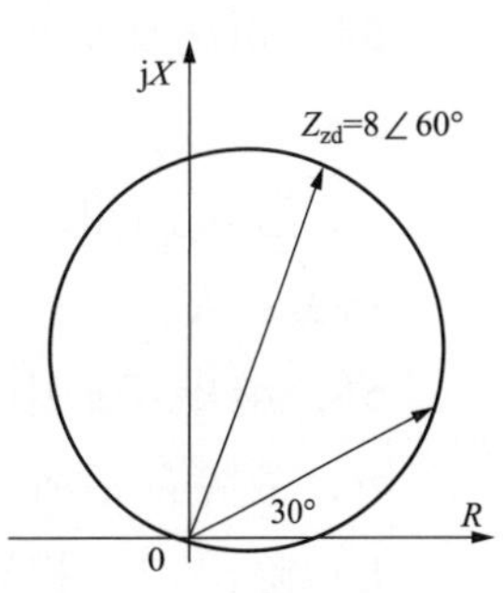


图 2-10　动作特性图

49．当线路 $Z_0$=3.7$Z_1$ 时，接地阻抗元件的零序补偿 $K$ 为（　　）。

A．0.8　　B．0.75　　C．0.9　　D．0.85

**答案：**C

**解析：**根据零序补偿系数计算公式 $K=(Z_0-Z_1)/3Z_1$ 计算可得。

50．零序补偿系数 $K$ 值由计算得出，如果取值偏大，保护范围将（　　）。

A．变小　　B．变大　　C．不变

**答案：**B

**解析：**测量阻抗 $Z_{\mathrm{m}}=\dfrac{U_{\mathrm{A}}}{I_{\mathrm{A}}+K3I_0}$，$K$ 值偏大，测量阻抗偏小，在整定阻抗不变的情况下意味着保护范围增大。

51．接地阻抗继电器接线方式输入电压 $U$、输入电流 $I$ 分别是（　　）。

A．$U_{\phi}$，$I_{\phi}$　　B．$U_{\phi}$，$I_{\phi}+K3I_0$

C．$U_{\phi\phi}$，$I_{\phi\phi}$　　D．$U_{\phi\phi}$，$I_{\phi}+K3I_0$

**答案：**B

52．如果阻抗继电器的相位比较动作方程的两个边界角度分别为 90°和 270°，阻抗继电器的整定值确定以后，不同动作特性的阻抗继电器是由于（　　）造成的。

A．不同的距离测量工作电压　　B．不同的极化电压

C．不同的测量阻抗

**答案：**B

53．以电压 $U$ 和（$U-IZ$）比较相位，可构成（　　）。

A．全阻抗特性的阻抗继电器　　B．方向阻抗特性的阻抗继电器

C．电抗特性的阻抗继电器　　D．带偏移特性的阻抗继电器

**答案：**B

**解析：**方向阻抗继电器动作方程为 $90° < \arg\dfrac{Z_{\mathrm{m}}-Z_{\mathrm{set}}}{Z_{\mathrm{m}}} < 270°$，以电压 $U$ 和（$U-IZ$）比较相位，由 $\arg\dfrac{\dot{U}_{\mathrm{m}}-\dot{I}_{\mathrm{m}}Z_{\mathrm{set}}}{\dot{U}_{\mathrm{m}}}=\arg\dfrac{\dot{I}_{\mathrm{m}}Z_{\mathrm{m}}-\dot{I}_{\mathrm{m}}Z_{\mathrm{set}}}{\dot{I}_{\mathrm{m}}Z_{\mathrm{m}}}=\arg\dfrac{Z_{\mathrm{m}}-Z_{\mathrm{set}}}{Z_{\mathrm{m}}}$，即可构成方向阻抗继电器。

54．距离保护正向区外故障时，测量电压 $U$ 与同名相母线电压 $U$ 之间的相位关系（　　）。

A．基本同相　　B．基本反相　　C．相差 90°

**答案：**A

55．继电保护中采用正序电压做极化电压的优点是（　　）。

A．故障前后各相正序电压相位基本不变

B．除出口三相短路外，正序电压幅值不为零

C．可改善保护的选相性能

D．避免振荡或线路大负荷时距离保护误动

**答案：**A

56．不论用何种方法构成的方向阻抗继电器，均要正确测量故障点到保护安装点的距离（阻抗）和故障点的方向，为此方向阻抗继电器中对极化的正序电压（或故障前电压）采取了“记忆”措施，其作用是（　　）。

A．正确测量三相短路故障时故障点到保护安装处的阻抗

B．可保证正向出口两相短路故障可靠动作、反向出口两相短路可靠不动作

C．可保证正向出口三相短路故障可靠动作、反向出口三相短路可靠不动作

D．可保证正向出口相间短路故障可靠动作、反向出口相间短路可靠不动作

**答案：**C

**解析：**出口三相短路时，正序电压为零，无法正确比相，可能拒动。

57．方向阻抗继电器采用了记忆技术，它们所记忆的是（　　）。

A．故障前电流的相位　　B．故障前电压的相位

C．故障前功率方向

**答案：**B

58．阻抗继电器，需采用记忆回路的是（　　）。

A．全阻抗继电器　　B．方向阻抗继电器

C．偏移特性的阻抗继电器　　D．偏移特性和方向阻抗继电器

**答案：**B

59．双侧电源线路的M侧，若系统发生接地故障，M母线上有相电压突变量$\Delta\dot{U}_{\phi}$；另外工作电压$\dot{U}_{op\phi}=\dot{U}_{\phi}-(\dot{I}_{\phi}-K3\dot{I}_{0})Z_{set}$，其中$\dot{U}_{\phi}$为M母线相电压，$\dot{I}_{\phi}-K3\dot{I}_{0}$为M母线流向被保护线路的电流$\left(K=\dfrac{Z_{0}-Z_{1}}{3Z_{1}}\right)$，$Z_{set}$为保护区范围确定的线路阻抗。如果有$|\Delta\dot{U}_{\phi}|>|\Delta\dot{U}_{op\phi}|$，则接地点位置在（　　）。

A．保护方向保护范围内　　B．保护方向保护范围外

C．保护反方向上　　D．不能确定

**答案：**C

**解析：**反方向故障时，M母线相电压$\Delta\dot{U}_{\phi}=\Delta(\dot{I}_{\phi}-K3\dot{I}_{0})Z_{M(+)}$，工作电压$\Delta\dot{U}_{op\phi}=\Delta\dot{U}_{\phi}-\Delta(\dot{I}_{\phi}-K3\dot{I}_{0})Z_{set}=\Delta(\dot{I}_{\phi}-K3\dot{I}_{0})[Z_{M(+)}-Z_{set}]$，$Z_{M(+)}$为M母线正向阻抗，且$Z_{M(+)}>Z_{set}$，故$|\Delta\dot{U}_{\phi}|>|\Delta\dot{U}_{op\phi}|$。

60．某距离保护的动作方程为 $90°<\arg[(Z_J-Z_{DZ})/Z_J]<270°$，它在阻抗复数平面上的动作特性是以$+Z_{DZ}$与坐标原点两点的连线为直径的圆。特性为以$+Z_{DZ}$与坐标原点连线为长轴的透镜的动作方程（$\delta>0°$）是（　　）。

A．$90°+\delta<\arg[(Z_J-Z_{DZ})/Z_J]<270°+\delta$　　B．$90°+\delta<\arg[(Z_J-Z_{DZ})/Z_J]<270°-\delta$

C．$90°-\delta<\arg[(Z_J-Z_{DZ})/Z_J]<270°+\delta$　　D．$90°-\delta<\arg[(Z_J-Z_{DZ})/Z_J]<270°-\delta$

**答案：B**

61．某站 110kV 出线路都使用 RCS941A 保护。某日发生线路短路故障，70ms 时故障线路，RCS941A 正确动作切除故障。约 2s 后由于 TV 并列回路异常，造成 110kV 母线 TV 失压，已知各 110kV 出线均重负荷运行，对于各出线 RCS941A 以下说法正确的是（　　）。

A．距离Ⅰ段保护（或距离Ⅱ段）一定动作

B．距离Ⅰ段保护（或距离Ⅱ段）一定不动作

C．若距离Ⅰ段保护/距离Ⅱ段不动作，则距离Ⅲ段保护必然动作

**答案：C**

62．在主保护双重化配置功能完整的情况下，后备Ⅲ段允许在某些情况下和相邻元件后备灵敏段的（　　）。

A．时间和灵敏度均不配合　　B．时间配合，灵敏度不配合

C．时间不配合，灵敏度配合

**答案：B**

**解析：**根据 DL/T 559—2007《220kV～750kV 电网继电保护装置运行整定规程》5.7.4: 后备保护的配合关系优先考虑完全配合。在主保护双重化配置功能完整的前提下，后备保护允许不完全配合，如后备Ⅲ段允许在某些情况下和相邻元件后备灵敏段的时间配合，灵敏度不配合。

63．220kV 及以上电压等级线路保护，对于远距离、重负荷线路及事故过负荷等情况，继电保护装置应采取有效措施，防止（　　）在系统发生较大的潮流转移时误动作。

A．距离保护　　B．零序保护　　C．差动保护　　D．过电压保护

**答案：A**

**解析：**出自《国家电网有限公司十八项电网重大反事故措施（2018 年修订版）》15.2.3。

64．在 220kV 大接地电流系统中，当同塔双回线中的一回线检修并在其两侧接地时，若双回线中运行的那一回线路发生接地故障，则停电检修线路中(　　)零序电流。

A．一定流过　　B．一定不流过

C．很可能流过　　D．无法确定是否流过

**答案：A**

**解析：**接地故障线路零序电流会在停电线路中产生零序感应电流。

65．助增电流的存在，对距离继电器的影响是（　　）。

A．使距离继电器的测量阻抗减小，保护范围增大

B．使距离继电器的测量阻抗增大，保护范围减小

C．使距离继电器的测量阻抗增大，保护范围增大

D．使距离继电器的测量阻抗减小，保护范围减小

**答案：** B

**解析：** 存在分支电流时，阻抗继电器测量阻抗 $Z_m=\dfrac{\dot{U}_m}{\dot{I}_m}=\dfrac{\dot{I}_m Z_1+\dot{I}_k Z_k}{\dot{I}_m}=Z_1+\dfrac{\dot{I}_m+\dot{I}_p}{\dot{I}_m}Z_k$ $=Z_1+K_b Z_k$，在助增电流 $I_p$ 作用下，助增系数 $K_b>1$，测量阻抗大于 $Z_1+Z_k$。

66．如图 2-11 所示，由于电源 S2 的存在，线路 L2 发生故障时，N 点该线路的距离保护所测的测量距离和从 N 到故障点的实际距离关系是（　　）（距离为电气距离）。

A．相等　　B．测量距离大于实际距离

C．测量距离小于实际距离　　D．不能比较

**答案：** B

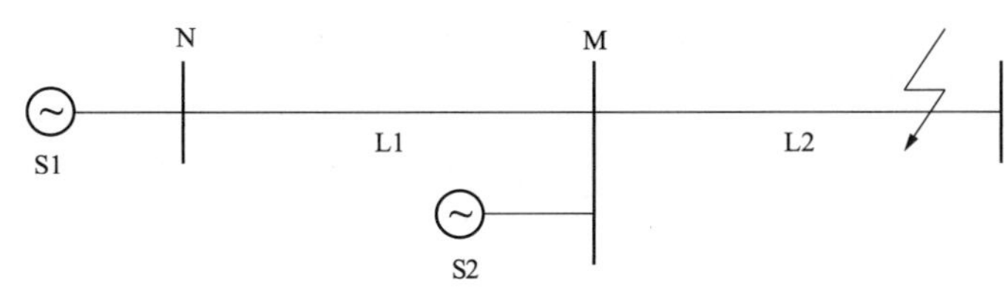


图 2-11　系统示意图

67．汲出电流的存在，对距离继电器的影响是（　　）。

A．使距离继电器的测量阻抗减小，保护范围减小

B．使距离继电器的测量阻抗增大，保护范围减小

C．使距离继电器的测量阻抗增大，保护范围增大

D．使距离继电器的测量阻抗减小，保护范围增大

**答案：** D

**解析：** $Z_m=\dfrac{\dot{U}_m}{\dot{I}_m}=\dfrac{\dot{I}_m Z_1+\dot{I}_k Z_k}{\dot{I}_m}=Z_1+\dfrac{\dot{I}_m+\dot{I}_p}{\dot{I}_m}Z_k=Z_1+K_b Z_k$，在汲出电流作用下，助增系数 $K_b<1$，测量阻抗小于 $Z_1+Z_k$。

68．当保护安装处与故障点间存在负荷支路时，对距离保护的影响是（　　）。

A．保护范围缩小　　B．保护范围扩大

C．保护范围不变　　D．保护范围不定

**答案：** B

69．如图 2-12 所示，电网中相邻 M、N 两线路，正序阻抗分别为 40∠75°Ω 和 60∠75°Ω，在 N 线中点发生三相短路，流过 M、N 同相的短路电流如图，M 线相间阻抗继电器的测量阻抗一次值为（　　）。

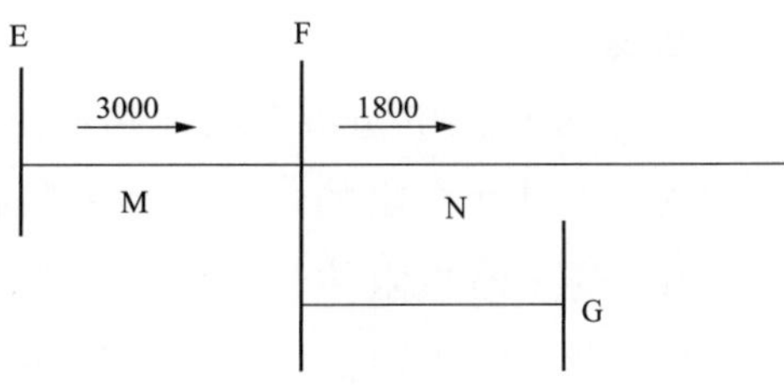


图 2-12　短路电流示意图

A．62Ω　　B．90Ω

C．58Ω　　D．70Ω

**答案：**C

**解析：**$Z_m=\dfrac{\dot{I}_m Z_l+\dot{I}_k Z_k}{\dot{I}_m}=\dfrac{3000\times 40+1800\times 60/2}{3000}=58$。

70．“暂态超越”的概念属于以下（　　）保护元件的范畴？

A．纵联差动保护　　B．纵联距离保护

C．距离保护　　D．零序保护

**答案：**C

**解析：**暂态超越是由于短路电流中的非周期分量电流和谐波分量电流造成的超越，随着非周期分量和谐波分量的衰减而消失，只发生在短路初期的暂态过程中。

71．过渡电阻对距离继电器工作的影响是（　　）。

A．只会使保护区缩短　　B．只会使继电器超越

C．视条件可能会失去方向性，可能使保护区缩短，也可能使继电器超越

**答案：**C

**解析：**存在过渡电阻时，阻抗继电器测量阻抗：$Z_m=\dfrac{\dot{U}_m}{\dot{I}_m}=Z_k+\dfrac{Z_f}{I_m}R_g=Z_k+Z_a$，$Z_a$为由过渡电阻引起的附加阻抗，$Z_a$性质不同，影响不同。当$Z_a$为纯阻性或阻感性时，可能造成区外故障时误动，即发生超越；当$Z_a$为阻容性时，可能造成正向出口时拒动，反向出口故障时误动，失去方向性。

72．单侧电源供电系统短路点的过渡电阻对距离保护的影响是（　　）。

A．使保护范围伸长　　B．使保护范围缩短

C．保护范围不变　　D．保护范围不定

**答案：**B

**解析：**经过渡电阻接地时，测量阻抗$Z_m=\dfrac{\dot{U}_m}{\dot{I}_m}=Z_k+\dfrac{\dot{I}_f}{\dot{I}_m}R_g=Z_k+Z_a$。单侧电源供电，$\dot{I}_f$和$\dot{I}_m$同相位，过渡电阻引起的附加阻抗$Z_a$为纯阻性，测量阻抗增大，保护范围缩短。

73．空载情况下，在区外正向短路故障时，此时送电端阻抗继电器的测量阻抗因过渡电阻影响而增加的附加分量是（　　）。

A．电阻性　　B．电容性　　C．电感性　　D．不确定

**答案：**A

74．对双侧电源供电的线路阻抗继电器，以下叙述（　　）是正确的。

A．受过渡电阻的影响，线路阻抗与系统阻抗之比越大，超越越严重

B．受过渡电阻的影响，线路阻抗与系统阻抗之比越小，超越越严重

C．受过渡电阻的影响，线路阻抗与系统阻抗之比越大，灵敏度越低

D．受过渡电阻的影响，线路阻抗与系统阻抗之比越小，灵敏度越低

**答案**：B

**解析**：线路阻抗与系统阻抗之比越小，$\frac{\dot{I}_f}{\dot{I}_m}$比值越大，由过渡电阻引起的附加阻抗$Z_a$值越大，影响越严重。

75．故障点的接地过渡电阻呈现感性附加测量阻抗时，对接地阻抗继电器测量阻抗发生影响，使保护区（　　）。

A．伸长　　B．缩短　　C．不变

**答案**：B

76．在区外故障时，阻抗继电器因过渡电阻影响发生超越现象，此时阻抗继电器的测量阻抗因过渡电阻影响而增加的附加分量是（　　）。

A．电阻性　　B．电容性　　C．电感性　　D．不确定

**答案**：B

77．单相经过渡电阻接地时，阻抗继电器的测量阻抗中含有由过渡电阻产生的附加测量阻抗，当附加测量阻抗呈容性时，该阻抗继电器处在（　　）。

A．送电侧　　B．受电侧

C．电压较高一侧　　D．电压较低一侧

**答案**：A

78．欧姆型相间方向距离继电器在线路正方向上发生单相接地时（　　）。

A．要动作，但保护范围至少缩短约 60%

B．不会动作

C．要动作，保护范围将发生超越

**答案**：A

**解析**：以 A 相接地为例，相量图如图 2-13 所示。AB 相间阻抗继电器测量阻抗：$Z_m=\frac{\dot{U}_{AB}}{\dot{I}_{AB}}=Z_k+\frac{\dot{U}_{kAB}}{\dot{I}_{AB}}=Z_k+\frac{-\dot{U}_{kB}}{\dot{I}_A}$，由非故障相电压引起的附加电阻使测量阻抗增大，保护范围缩短。

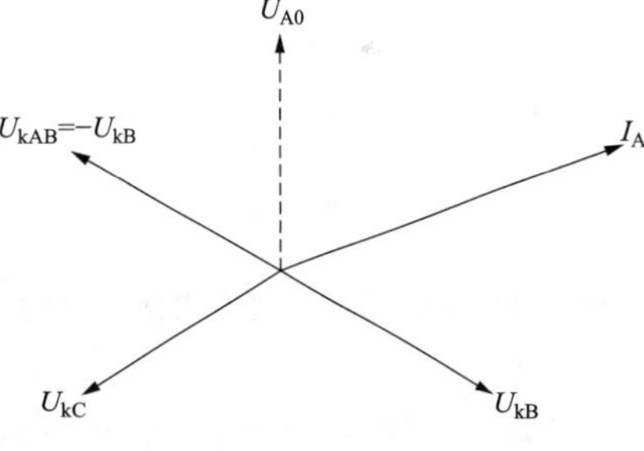


图 2-13　A 相接地时的相量图

79．接地距离继电器在线路正方向发生两相短路故障时，（　　）。

A．保护范围增加，等值电源阻抗与整定阻抗之比越大，增加的情况越严重

B．保护范围缩短，等值电源阻抗与整定阻抗之比越小，缩短的情况越严重

C．保护范围增加，等值电源阻抗与整定阻抗之比越小，增加的情况越严重

D．保护范围缩短，等值电源阻抗与整定阻抗之比越大，缩短的情况越严重

**答案**：D

80．对相阻抗继电器，当正方向发生两相短路经电阻接地时，滞后相阻抗继电器

感受的测量阻抗附加分量是（　　）。

A．感性　　B．容性　　C．纯电阻　　D．不确定

**答案：**A

81．对相阻抗继电器，当正方向发生两相短路经电阻接地时，超前相阻抗继电器（　　）。

A．保护范围缩短　　B．保护范围增加

C．拒绝动作　　D．动作状态不确定

**答案：**B

**解析：**以 BC 相经过渡电阻接地时为例，BC 相经过渡电阻接地时的相量图如图 2-14 所示，BC 相经过渡电阻接地时阻抗继电器的动作特性如图 2-15 所示，对于超前相 B 相，短路点电流 $\dot{I}_f$ 滞后于 $\dot{I}_\phi + K3\dot{I}_0$，过渡电阻引起的附加阻抗 $Z_a = \dfrac{\dot{I}_f}{\dot{I}_\phi + K3\dot{I}_0}R_g$，呈容性，测量阻抗减小，保护范围增加。

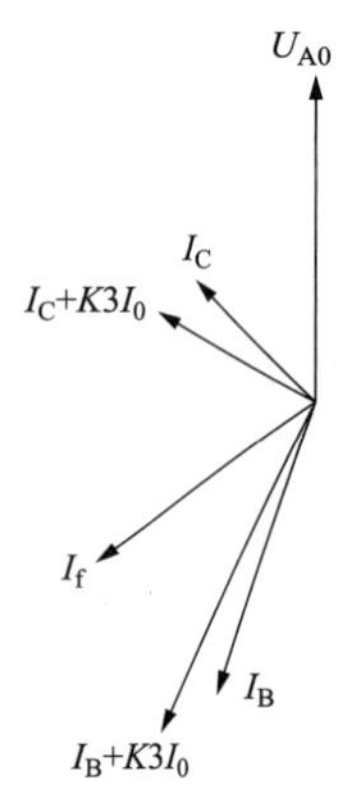


图 2-14　BC 相经过渡电阻接地时的相量图

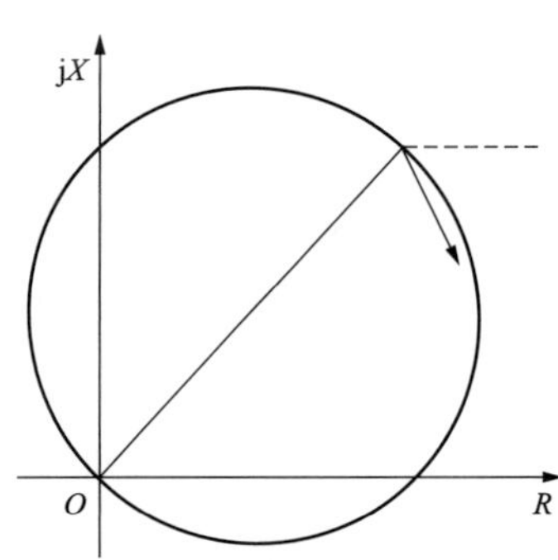


图 2-15　BC 相经过渡电阻接地时阻抗继电器的动作特性

82．当线路发生两相短路接地故障时，为防止继电器超越，一般采取（　　）的措施。

A．闭锁滞后相　　B．闭锁超前相　　C．闭锁非故障相　　D．记忆电压

**答案：**B

83．接地方向阻抗继电器中，目前大多使用了零序电抗继电器进行组合，其作用是（　　）。

A．保证正—反向出口接地故障时，不致因较大的过渡电阻而使继电器失去方向性

B．保证保护区的稳定，使保护区不受过渡电阻的影响

C．可提高保护区内接地故障时继电器反映过渡电阻的能力

D．躲过系统振荡的影响

**答案**：B

**解析**：零序电抗继电器动作特性为沿+$R$方向向下倾斜的直线，可用来减少区外经过渡电阻短路而过渡电阻产生的附加阻抗是阻容性时导致的阻抗继电器超越的影响。

84．系统发生振荡时，（　　）最可能发生误动作。

A．电流差动保护　　B．零序电流保护

C．相电流保护　　D．暂态方向纵联保护

**答案**：C

85．阻抗继电器克服过渡电阻的能力（　　），克服振荡影响的能力（　　）。

A．越强，越弱　　B．越弱，越强　　C．越强，越强

**答案**：A

**解析**：阻抗继电器动作特性在 $R$ 轴方向上的面积越大，允许过渡电阻能力越强；而系统振荡轨迹沿 $R$ 轴方向变化，故受振荡的影响也越大。

86．在所有圆特性的阻抗继电器中，当整定阻抗相同时，允许过渡电阻能力最强的是（　　）。

A．全阻抗继电器

B．方向阻抗继电器

C．工频变化量阻抗继电器

**答案**：C

**解析**：工频变化量阻抗继电器的动作特性如图 2-16 所示，整定阻抗相同时，工频变化量阻抗继电器动作特性圆在 $R$ 轴方向上的面积最大，允许过渡电阻的能力最强。

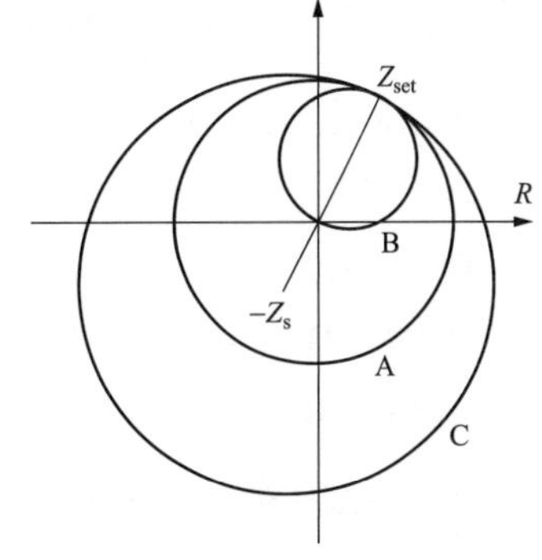


图 2-16　工频变化量阻抗继电器的动作特性

87．下列阻抗继电器，其测量阻抗受过渡电阻影响最大的是（　　）。

A．方向阻抗继电器　　B．带偏移特性的阻抗继电器

C．四边形阻抗继电器　　D．苹果型阻抗继电器

**答案**：A

88．具有相同的保护范围的全阻抗继电器、方向阻抗继电器、偏移圆阻抗继电器、四边形方向阻抗继电器，受系统振荡影响大的是（　　）。

A．全阻抗继电器　　B．方向阻抗继电器

C．偏移圆阻抗继电器　　D．四边形方向阻抗继电器

**答案**：A

89．下列对线路距离保护振荡闭锁控制原则的描述错误的是（　　）。

A．单侧电源线路的距离保护不应经振荡闭锁

B．双侧电源线路的距离保护必须经振荡闭锁

C．35kV 及以下的线路距离保护不考虑系统振荡误动问题

**答案**：B

**解析**：出自 DL/T 584—2017《3kV～110kV 电网继电保护装置运行整定规程》2.6.2。

90．按照整定规程的要求，解列点上的距离保护（　　）。

A．不应经振荡闭锁控制　　B．不宜经振荡闭锁控制

C．须经振荡闭锁控制　　D．可经振荡闭锁控制

**答案**：A

**解析**：DL/T 559—2007《220kV～750kV 电网继电保护装置运行整定规程》5.9.3:“受振荡影响的距离保护的振荡闭锁控制原则如下：a）预定作为解列点上的距离保护，不应经振荡闭所控制”。

91．系统振荡时，系统中各元件阻抗角相同，两侧电源 S、R 电动势幅值 $|E_S|=\left|\frac{1}{\sqrt{3}}E_R\right|$，两侧电动势之间夹角摆开至 90°，则振荡中心位置距离电源 S、R 之比为（　　）。

A．1∶4　　B．1∶3

C．1∶$\sqrt{3}$　　D．$\sqrt{3}$∶1

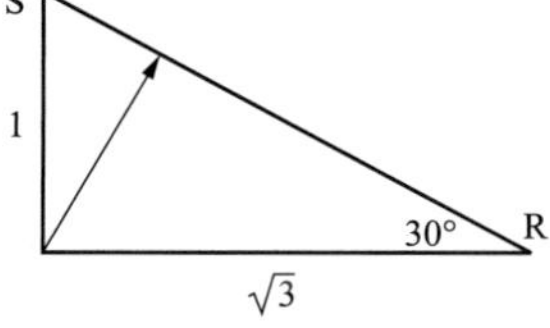


图 2-17　振荡中心位置图

**答案**：B

**解析**：振荡中心位置图如图 2-17 所示。

92．电力系统振荡时，若振荡中心在本线内，三段阻抗元件的工作状态是（　　）。

A．周期性地动作及返回　　B．不会动作

C．一直处于动作状态　　D．不确定

**答案**：A

93．可以在区外发生短路后又紧接着发生区内不对称短路在振荡中发生不对称短路时用以开放保护的判据是：（　　）。

A．$|I_2|+|I_0|>m|I_1|$（$m<1$）

B．$-0.03U_n<U_1\cos(\varphi_1+\theta)<0.08U_n$

C．起动元件与正序电流元件（或相电流元件）动作的先后顺序

**答案**：A

**解析**：B 为对称短路开放元件判据，C 为正常运行第一次故障时的短时开放保护的判据。

94．距离保护振荡闭锁的对称开放元件满足 $0.1U_n<U_{os}<0.25U_n$ 时，延时（　　）开放。

A．150ms　　B．200ms　　C．300ms　　D．500ms

**答案**：D

**解析：** 对称短路开放条件：$U_{os}=U_1\cos(\varphi_1+\theta)$ 在某一范围内停留的时间超过一定值时开放保护。当 $-0.03U_n<U_{os}<0.08U_n$ 时，延时 150ms 开放；当 $0.1U_n<U_{os}<0.25U_n$ 时，延时 500ms 开放。

95．距离保护中振荡闭锁功能实现短时开放的目的是（　　）。

A．防止外部故障造成系统振荡时的误动

B．防止静稳破坏时引起振荡时的误动

C．非全相运行引起振荡时误动

D．防止内部故障造成系统振荡时的误动

**答案：** A

96．线路距离保护振荡闭锁采用短时开放保护的逻辑，以下说法错误的是（　　）。

A．为有效防止系统振荡时距离保护误动

B．为防止振荡过程中系统中有操作，导致开放保护引起距离保护误动作

C．防止外部故障切除紧接系统发生振荡引起保护误动

**答案：** A

97．对于国产微机型距离保护，如果定值整定为Ⅰ、Ⅱ段经振荡闭锁，Ⅲ段不经振荡闭锁，则当在Ⅰ段保护范围内发生单相故障，且 0.3s 之后，发展成三相故障，此时将由距离保护（　　）切除故障。

A．Ⅰ段　　　B．Ⅱ段　　　C．Ⅲ段

**答案：** A

**解析：** 在正常运行第一次发生短路时，振荡闭锁短时开放 160ms，允许距离保护Ⅰ、Ⅱ段切除区内短路。

98．下列保护中（　　）在系统发生振荡时不会误动作。

A．电流差动保护　　　B．高频距离保护

C．距离保护　　　D．过流保护

**答案：** A

**解析：** 系统振荡时，线路两侧通过同一个电流，与正常运行及外部故障时的情况相同，差动电流为量值较小的不平衡电流，制动电流较大，选取适当的制动特性，就会保证不误动作。

99．超高压输电线路上安装了串联补偿电容，一般补偿电容小于系统等值阻抗，对阻抗继电器的影响，下列说法不正确的是（　　）。

A．串联补偿电容安装在保护的正方向，正方向电容器后故障时，方向阻抗继电器可能要拒动

B．串联补偿电容安装在保护的正方向，正方向电容器后故障时，工频变化量阻抗继电器可能要拒动

C．串联补偿电容安装在保护的反方向，反方向电容器后故障时，方向阻抗继电器可能要误动

D．串联补偿电容安装在保护的反方向，反方向电容器后故障时，工频变化量阻抗继电器可能要误动

**答案：** B

**解析：** 当正方向出口有串联补偿电容，正方向电容器后故障时，阻抗继电器测量阻抗为 $Z_m=-jX_C$，对于正方向短路动作特性如图 2-18 中圆 1 所示的方向继电器来说，继电器将拒动；对于正方向短路动作特性如图 2-19 中圆 3 所示的工频变化量阻抗继电器来说，因补偿电容小于系统等值阻抗，$Z_m$ 相量依然落在圆内不会拒动。

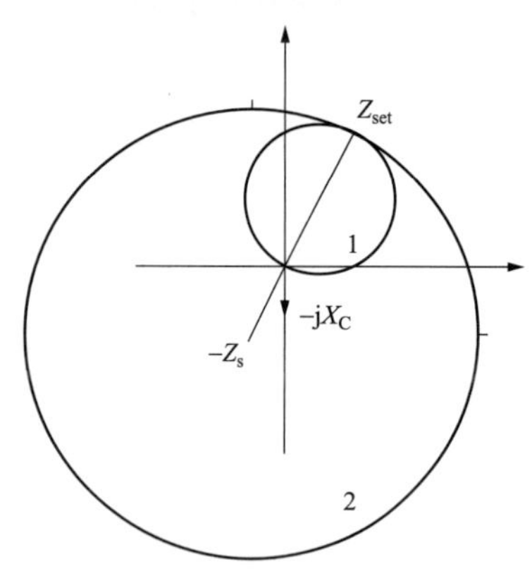


图 2-18　方向继电器的正方向动作特性

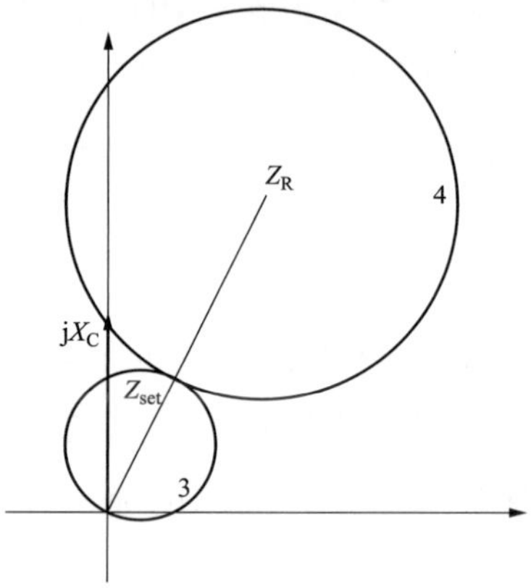

图 2-19　工频变化量阻抗继电器的正方向动作特性

当串联补偿电容在保护的反方向，且反方向电容器后故障时，测量阻抗为 $Z_m=jX_C$，对于反方向短路动作特性如图 2-18 中圆 2 的方向继电器来说，只要 $|X_C|<|X_{set}|$，方向阻抗继电器将误动；对于反方向短路动作特性如图 2-19 中圆 4 所示的工频变化量阻抗继电器来说，当 $|X_C|>|X_{set}|$ 时，继电器可能误动。

100．距离保护使用的防失压误动方法是（　　）。

A．断线闭锁装置切断操作正电源

B．装设快速断路器，并联切操作电源

C．以故障电流分量起动元件来开放距离保护

D．保护起动后，三相失压闭锁距离保护

**答案：** C

101．线路第 I 段保护范围最稳定的是（　　）。

A．相电流保护　　B．零序电流保护

C．距离保护　　D．电流闭锁电压保护

**答案：** C

**解析：** 距离保护Ⅰ段只保护本线路的一部分，在本线路故障只要不是T接线路，从短路点到保护安装处之间不会再有其他分支，不会出现分支电流，不受运行方式变化影响，保护范围最稳定。

102．以下（　　）定义不是接地距离保护的优点。

A．接地距离保护的Ⅰ段范围固定

B．接地距离保护比较容易获得有较短延时和足够灵敏度的Ⅱ段

C．接地距离保护三段受过渡电阻影响小，可作为经高阻接地故障的可靠的后备保护

**答案：** C

103．以下各点中，不属于工频变化量阻抗继电器优点的是（　　）。

A．反映过渡电阻能力强　　B．出口故障时快速动作

C．适用于作为距离Ⅰ—Ⅱ—Ⅲ段使用　　D．不需要考虑躲过系统振荡

**答案：** C

**解析：** 工频变化量只存在短路初始的一段时间内，只能用于构成快速保护。

104．下列对于突变量继电器的描述，不正确的是（　　）。

A．突变量保护与故障的初相角有关

B．突变量继电器在短暂动作后仍需保持到故障切除

C．突变量保护在故障切除时会再次动作

D．继电器的起动值离散较大，动作时间也有离散

**答案：** B

105．工频变化量阻抗继电器与纵差保护相比较最显著的优点是（　　）。

A．反应过渡电阻能力强

B．出口故障时高速动作

C．出口故障时高速动作，反应过渡电阻能力强

**答案：** B

**解析：** 工频变化量距离继电器既能反应电压下降，又能反映电流上升，在正方向故障时，这两种变化是相加的，因而得到最大的灵敏度。正方向出口故障时，$|\Delta U_{op}| = |\Delta U_m - \Delta I_m Z_{set}| \gg |\Delta U_F|$，动作量比制动量大得多，所以继电器能高速动作切除故障。

106．与一般方向阻抗继电器比较，工频变化量阻抗继电器最显著的优点是（　　）。

A．反映过渡电阻能力强

B．出口故障时高速动作

C．出口故障时高速动作，反映过渡电阻能力强

**答案：** C

**解析：** 与一般方向阻抗继电器相比，工频变化量阻抗继电器在R方向上有更多的保护范围，在区内经过渡电阻短路更不易拒动，保护过渡电阻的能力更强。

107．线路出口发生短路故障，（　　）保护动作速度最快？

A．高频方向保护　　B．距离Ⅰ段

C．工频变化量距离保护　　D．光纤电流差动保护

**答案：**C

108．当距离保护的阻抗灵敏角比线路阻抗角小时，可改变电抗变压器的二次负载电阻来调整，应（　　）。

A．增大电阻　　B．减小电阻　　C．A、B均可

**答案：**A

109．线路差动保护正常负荷运行时，两侧同名相电流相位差约（　　）。

A．180°　　B．0°

C．90°　　D．等于线路功率因数角

**答案：**A

**解析：**正常负荷运行时，线路保护差流约为零，差流为两侧电流的矢量和，则两侧同名相电流相位差约180°。

110．220kV线路正常负荷运行时，保护TA二次回路断线，纵联电流差动保护是否动作（　　）。

A．动作，因为本侧TA断线时本侧由于电流有突变，或由于出现零序电流故而起动元件可能起动，且差动继电器可能动作

B．不动作，若控制字“TA断线闭锁差动”整定为“1”，闭锁对应TA断线相的电流差动保护

C．动作，若控制字“TA断线闭锁差动”整定为“0”，且TA断线相差流大于“电流差动定值”（整定值），仍开放该相的电流差动保护

D．动作，对侧线路保护差动继电器也可动作，可发允许信号

**答案：**B

**解析：**保护TA二次回路断线时，没有收到对侧允许动作信号，差动保护不动作。“TA断线闭锁差动”控制字置“1”，表示无条件闭锁差动保护（按相闭锁），该控制字置“0”，表示有条件闭锁差动保护，即当差动电流大于TA断线后的差动电流定值，差动保护仍可动作跳闸。

111．线路光纤差动保护两侧数据交换的描述正确的是（　　）。

A．只交换两侧模拟量信息

B．只交换两侧开关量信息

C．不但交换两侧模拟量信息，同时也交换开关量信息

**答案：**A

**解析：**线路光纤差动保护交换两侧模拟量信息进行差流实时计算，一侧保护开入的

开关量信息与另一侧保护逻辑没有关系，故不交换开关量信息。

112．根据国家电网公司相关文件规定，500kV 及以上双通道线路保护所对应的四条通信通道应配置（　　）条独立的通信路由。

A．一　　B．二　　C．三　　D．四

**答案**：C

**解析**：出自《国网信通部关于印发〈线路保护和安全自动装置光纤通道典型方式安排〉的通知》（信通通信〔2019〕10 号）。

113．对于光纤分相电流差动保护，下列正确的是（　　）。

A．正常运行时，若负荷电流大于保护装置的最小动作电流，则一侧 TA 二次回路断线会引起保护误动作

B．若两侧断路器跳闸时间相差很大，则当线路内部短路故障时先跳闸侧电流为零，不向晚跳闸侧发差动允许动作信号，从而有可能导致晚跳闸侧不能跳闸的情况

C．光纤分相电流差动保护起不到后备保护作用

D．光纤分相电流差动保护可快速切除本线路上的所有短路故障，并且灵敏度比常规的线路纵联保护高

**答案**：C

**解析**：光纤分相电流差动保护作为主保护，不起后备保护作用。

114．RCS-931 保护装置假设 M 侧保护的“TA 变比系数”定值整定为 1，二次额定电流为 5，N 侧保护的“TA 变比系数”定值整定为 0.8，二次额定电流为 1，下列选项正确的是（　　）。

A．在 M 侧加电流 5，N 侧显示的对侧电流为 0.8

B．在 N 侧加电流 1，M 侧显示的对侧电流为 2

C．在 M 侧加电流 5，N 侧显示的对侧电流为 1.25

**答案**：C

**解析**：N 侧显示的对侧电流为 M 侧所加电流×M 侧 TA 变比系数×N 侧二次额定电流/（M 侧二次额定电流×N 侧 TA 变比系数）。M 侧显示的对侧电流为 N 侧所加电流×N 侧 TA 变比系数×M 侧二次额定电流/（M 侧 N 二次额定电流×M 侧 TA 变比系数）。

115．对光纤差动保护，若允许角度误差小于 3°，对应的采样频率为（　　）。

A．1.5kHz　　B．2kHz　　C．2.5kHz　　D．3kHz

**答案**：D

**解析**：考虑最大误差是由于两个采样点时间间隔的一半造成的，则采样频率为 50×180/3=3000Hz。

116．当微机型光纤纵差保护采用 64kbit/s 速率的复用光纤通道时，两侧保护装置的时钟方式应采用（　　）方式。

A．主—主　　B．主—从　　C．从—从　　D．任意

**答案**：C

**解析**：采用 64kbit/s 速率的复用光纤通道时，两侧保护装置“发送时钟”控制字整定为 0，使用外部时钟，即为从—从方式。

117．当微机型光纤纵差保护采用专用光纤时，两侧保护装置的通信方式应该是（　　）方式。

A．主—主　　B．主—从　　C．从—从　　D．无所谓

**答案**：A

**解析**：采用专用光纤时，两侧保护装置“发送时钟”控制字整定为 1，使用内部时钟，即为主—主方式。

118．点对点方式下，当纵联差动保护装置的本地同步时钟丢失时，（　　）保护需要闭锁。

A．距离保护　　B．纵联差动保护　　C．零序保护　　D．没有保护

**答案**：D

119．传输线路纵联保护信息的数字式通道传输时间应不大于（　　），点对点的数字式通道传输时间应不大于（　　）。

A．15ms，8ms　　B．12ms，8ms　　C．12ms，5ms　　D．12ms，3ms

**答案**：C

**解析**：出自 GB/T 14285—2006《继电保护和安全自动装置技术规程》6.7.6。

120．专用光纤芯通道的线路纵联差动保护装置通信接收时钟（　　）。

A．与发时钟保持一致　　B．从接收码流中提取

C．因为专用，不需要时钟　　D．与装置时钟保持一致

**答案**：B

**解析**：保护装置通信接收时钟固定为从接收码流中提取。

121．对于采用光纤连接方式的线路电流差动保护，当采用是主—主方式，失步的主要原因是（　　）。

A．采样频率变化　　B．通道切换变化

C．网络延时　　D．GPS 时钟不同步

**答案**：A

122．关于线路纵联保护的“弱馈保护”，以下说法对的是（　　）。

A．所谓“弱馈”，系指该线路的负荷电流很轻

B．所谓“弱馈”，仅指该线路为单端馈供线路，线路受电端无任何电源接入（除本线对侧）

C．所谓“弱馈”，系指该线路有一侧无电源或虽有电源但其在线路内部故障时提供

的短路电流不足以可靠启动该侧线路纵联保护启动元件

D. 所谓“弱馈”，系指当该线路内部故障时，其两侧纵联保护启动元件均不能保证可靠启动

**答案**：C

123. 光纤保护接口装置用的通信电源为 48V，下列说法正确的是（ ）。

A. 48V 直流电源与保护用直流电源一样，要求正负极对地绝缘

B. 48V 直流系统正极接地，负极对地绝缘

C. 48V 直流系统负极接地，正极对地绝缘

**答案**：B

**解析**：通信直流电源系统正极接地，负极对地绝缘。

124. 距离保护（或零序方向电流保护）的第Ⅰ段按躲本线路末端短路整定是为了（ ）。

A. 在本线路出口短路保证本保护瞬时动作跳闸

B. 在相邻线路出口短路防止本保护瞬时动作而误动

C. 在本线路末端短路只让本侧的纵联保护瞬时动作跳闸

**答案**：B

125. 分相电流差动保护应采用（ ）路由收发、往返延时（ ）的通道。

A. 同一，一致　　B. 同一，不同

C. 不同，一致　　D. 不同，不同

**答案**：A

**解析**：出自《国家电网有限公司十八项电网重大反事故措施（2018 年修订版）》15.1.6 条。

126. 关于独立光纤通道，下面说法正确的是（ ）。

A. 同一个 SDH 设备采用两个独立的物理路由，可视为两条独立光纤通道

B. 两个独立的 SDH 设备分别采用两个独立的物理路由，视为两条独立光纤通道

C. 进入通信机房的光缆采用不同的通信管及光缆，但共用一个电缆竖井，可视为两个独立的物理路由

D. 同一光缆的不同光纤芯，可视为两个独立的物理路由

**答案**：B

**解析**：ACD 选项均不能满足独立光纤通道或独立物理路由的条件。

127. PCS-931A-G 线路保护联调时，本侧 TA 变比 2500/5，对侧 TA 变比 1600/1，如果在对侧加 1A 电流，那么在本侧看到的“通道一对侧电流”是（ ）。

A. 1A　　B. 5A　　C. 3.2A　　D. 0.3125A

**答案**：C

**解析：**对侧一次电流为 1600×1=1600A，则本侧看到的“通道一对侧电流”为 1600/(2500/5)=3.2A。

128．发生交流电压二次回路断线后不可能误动的保护为（　　）。

A．距离保护　　B．差动保护

C．零序电流方向保护　　D．阻抗保护

**答案：**B

**解析：**差动保护不受二次交流电压影响，距离保护、零序电流方向保护和阻抗保护均受二次交流电压影响。

129．目前的线路纵联差动保护大都利用信号在通道上的（　　）计算（　　），线路两侧的保护装置分别根据（　　）确定（　　），以保证进行差电流计算的两侧采样值取自同一时刻。

A．传输时间，通道往返时间，通道往返时间，各侧采样值的采样时间

B．往返时间，通道往返时间，通道往返时间，各自侧采样值的存储时间

C．往返时间，单程通道传输时间，单程通道传输时间，各自侧采样值的存储时间

D．传输时间，单程通道传输时间，单程通道传输时间，各侧采样值的采样时间

**答案：**C

130．远方跳闸保护的就地判据应能反映系统不对称短路的判据是（　　）。

A．零序、负序电流　B．低电流　　C．分相低有功

**答案：**A

**解析：**不对称短路会出现零序、负序电流，可以作为远方跳闸保护的就地判据。

131．远跳就地判据：（　　）展宽延时应大于远跳经故障判据时间的整定值，远跳开入收回后能快速返回。

A．电流突变量　　B．电压突变量

C．零序电流突变量　　D．零序电压突变量

**答案：**A

**解析：**出自 Q/GDW 1161—2014《线路保护及辅助装置标准化设计规范》5.2.7 条释义补充要求，电流突变量展宽延时应大于远跳经故障判据时间的整定值，远跳开入收回后能快速返回。

132．光纤分相差动保护远跳的主要作用是（　　）。

A．快速切除死区故障及防止断路器失灵　　B．保护相继快速动作

C．防止断路器失灵　　D．防止保护拒动

**答案：**A

**解析：**当断路器与电流互感器之间发生死区故障或断路器失灵时，通过远跳对侧断路器保证故障及时切除，防止事故扩大。

133．配置双重化的线路纵联保护，每套纵联保护包含完整的主保护和后备保护以及重合闸功能；同杆双回线路（　　）。

A．应配置双重化的纵联差动保护

B．应配置双重化的纵联距离保护

C．可配置双重化的纵联差动保护或纵联距离保护

**答案：**A

**解析：**由于目前光纤通道已经非常普及，差动原理在同杆线路具有纵联高频保护无法比拟的天然优势，因此凡是同杆线路，双重化时必须配置两套纵联差动保护，可以有效地提高可靠性。

134．下列（　　）不属于线路纵联电流差动保护装置的主要保护功能。

A．纵联电流差动主保护　　B．相间和接地距离保护

C．零序电流保护　　D．过电压保护

**答案：**D

**解析：**过电压保护线路纵联电流差动保护装置选配功能。

135．220kV 及以上线路按双重化配置保护装置，要求（　　）。

A．主、后备保护功能分开

B．主保护双重化、后备保护可单套配置

C．每套保护包含完整的主、后备保护功能

**答案：**C

136．关于乒乓同步算法，假设通道收发延时不一致，已知保护为 24 点采样，本侧发送延时为 12ms，接收延时为 2ms，那么因此造成的同步角度误差为（　　）。

A．30°　　B．60°　　C．90°　　D．120°

**答案：**C

**解析：**通道延时（12–2）/2=5ms，对应 6 个采样点，而 24 点采样，每个点对应 15°，造成同步角度误差为 15×6＝90°。

137．纵联电流差动保护在任何弱馈情况下，应（　　）。

A．正确动作　　B．可不动作　　C．可不正确动作　　D．可动作

**答案：**A

138．线路分相电流差动保护采用（　　）通道最优。

A．数字载波　　B．光纤　　C．数字微波　　D．导引线

**答案：**B

**解析：**出自《国家电网有限公司十八项电网重大反事故措施（2018 年修订版）》15.1.6 条，纵联保护应优先采用光纤通道。

139．关于 RCS-931A 中说法正确的是（　　）。

A．对于高阻接地故障，零序差动继电器灵敏度较差

B．采用内部晶振时钟作为发送时钟的常称之为主机

C．通道的收发路由必须一致

D．主机作为同步端，保证两侧采样同步

**答案：**C

**解析：**A选项零序差动继电器灵敏度对高阻接地故障较高，B选项保护装置根据本装置定值中本侧识别码和对侧识别码定值决定本装置的主从机方式，若本侧识别码大于等于对侧识别码，表示本侧为主机，反之为从机，D选项两侧装置一侧作为参考端（识别码大的一侧），另一侧作为同步端（识别码小的一侧）。

140．复用光纤分相电流差动保护中，保护采样率为每周12点，PCM码的波特率为64kbit/s，则一帧信号包含（　　）位？

A．100　　B．109　　C．117　　D．120

**答案：**B

**解析：**1周波20ms，每周12点，一个采样间隔1.67ms。1ms的传送信号为64×1.024bit/ms，则一帧信号为1.67×64×1.024≈109.45。

141．与多模光纤相比，单模光纤（　　）。

A．带宽大、衰耗大、传输距离近、传输特性好

B．带宽小、衰耗小、传输距离远、传输特性差

C．带宽小、衰耗小、传输距离远、传输特性好

D．带宽大、衰耗小、传输距离远、传输特性好

**答案：**D

**解析：**单模光纤用于远距离传输，所以要求其带宽大、衰耗小、传输特性好。

142．高压线路保护，当重合闸功能采用另外一套装置时，本套装置的重合闸压板或控制字应选择（　　）。

A．单重　　B．三重　　C．禁止　　D．停用

**答案：**C

**解析：**禁止重合闸是指本装置重合，不沟通三跳，而停用重合闸是指闭锁重合闸，并沟通三跳。

143．线路保护动作启动重合闸后，在重合闸计时但尚未合闸出口期间，若收到“闭锁重合闸”开入信号，保护重合闸（　　），若收到“压力低闭锁重合闸”开入信号，则重合闸（　　）。

A．不再重合，不再重合　　B．仍会继续重合，仍会继续重合

C．不再重合，仍会继续重合　　D．仍会继续重合，不再重合

**答案：**C

**解析**：收到“闭锁重合闸”开入信号时重合闸直接放电。收到“压力低闭锁重合闸”开入信号，如果是保护启动后的话，延时200ms重合闸放电（南瑞继保），如果重合闸启动后的话，重合闸功能不受影响。

144. 线路上装设了检无压/检同期的三相重合闸，就重合闸后加速保护，应为（　　）。

A. 线路两侧的后加速保护均投入

B. 线路两侧的后加速保护均不投入

C. 检无压侧后加速保护投入、检同期侧后加速保护退出

D. 检无压侧后加速保护退出、检同期侧后加速保护投入

**答案**：C

**解析**：对于线路永久性故障，检无压侧重合后加速跳闸，检同期侧重合闸不满足同期条件不重合，这种情况下检同期侧后加速没有意义。对于线路瞬时性故障，检无压侧重合成功，故障消失，检同期侧满足同期条件后重合，所以检同期侧不采用后加速，以免合闸冲击电流引起误动。

145. 对于3/2接线型式的边断路器保护，当重合闸需要检同期功能时，应（　　）。

A. 采用母线电压合并单元接入相应间隔电压合并单元的方式发送母线电压

B. 母线电压合并单元与间隔电压合并单元分别接入断路器保护装置

C. 相应间隔电压合并单元接入母线电压合并单元发送线路电压

D. 直采间隔电压合并单元的线路电压，网采母线电压

**答案**：A

**解析**：出自Q/GDW 1161—2014《线路保护及辅助装置标准化设计规范》7.1.2，用于检同期的母线电压由母线合并单元点对点通过间隔合并单元转接给各间隔保护装置。

146. 当双侧电源线路两侧重合闸均投入检查同期方式时，将造成（　　）。

A. 两侧重合闸均起动　　B. 非同期合闸

C. 两侧重合闸均不起动　　D. 一侧重合闸起动，另一侧不起动

**答案**：C

**解析**：两侧重合闸均投入检查同期方式时，两侧断路器跳开后，线路无压，不满足检同期条件，任何一侧都不会重合。

147. 高压线路单相接地故障，单相跳闸后，重合闸时间的整定比相间故障三相跳闸后重合闸时间整定长，这是由于（　　）。

A. 有接地电阻的影响　　B. 潜供电流的影响

C. 接地电流大的影响

**答案**：B

148. 对220kV采用综合重合闸的线路，当采用“单重方式”运行时，若线路上发

生永久性单相短路接地故障，保护及重合闸的动作顺序为（　　）。

A．选跳故障相，延时重合故障相，后加速跳三相

B．三相跳闸不重合

C．三相跳闸，延时重合三相，后加速跳三相

D．选跳故障相，延时重合故障相，后加速再跳故障相，同时三相不一致保护跳三相

**答案：**A

149．对 220kV 单电源馈供线路，当重合闸采用“三重方式”时，若线路上发生永久性单相短路接地故障，保护及重合闸的动作顺序为（　　）。

A．选跳故障相，延时重合故障相，后加速跳三相

B．三相跳闸不重合

C．三相跳闸，延时重合三相，后加速跳三相

D．选跳故障相，延时重合故障相，后加速再跳故障相，同时三相不一致保护跳三相

**答案：**C

150．主接线为 3/2 接线，重合闸采用单相方式，当线路发生瞬时性单相故障时（　　）。

A．线路保护动作，单跳与该线路相连的边断路器及中断路器，并启动其重合闸，边断路器首先重合，然后中断路器再重合

B．线路保护动作，单跳与该线路相连的边断路器及中断路器，并启动其重合闸，中断路器首先重合，然后边断路器再重合

C．线路保护动作，单跳与该线路相连的边断路器及中断路器，并启动其重合闸，边断路器及中断路器同时重合

D．线路保护动作，三跳与该线路相连的边断路器及中断路器，并启动其重合闸，边断路器首先重合，然后中断路器再重合

**答案：**A

**解析：**3/2 接线方式，为减少冲击，不能同时重合，为保证该串其他支路供电可靠性，应先重合边断路器，后重合中断路器。

151．配置单相重合闸的线路发生瞬时单相接地故障时，由于重合闸不正确动作误跳三相又三相重合，重合闸应按（　　）评价。

A．不评价　　　　B．正确动作 1 次，误动 1 次

C．不正确动作 1 次　　　　D．不正确动作 2 次

**答案：**D

**解析：**单重方式，重合闸三跳不正确动作 1 次，三跳后不应该重合，重合闸不正确动作 2 次。

152．对采用单相重合闸的线路，当发生永久性单相接地故障时，保护及重合闸的

动作顺序为（　　）。

A．三相跳闸不重合

B．单相跳闸，重合单相，后加速跳三相

C．三相跳闸，重合三相，后加速跳三相

D．选跳故障相，瞬时重合单相，后加速跳三相

**答案：**B

153．线路发生 A 相永久性接地故障，对采用单相重合闸方式的线路保护装置，如果选相元件错误选 B 相，保护装置动作行为是（　　）。

A．先跳 A 相，再重合闸，重合于永久性故障，加速三跳

B．先跳 B 相，再重合闸，重合于永久性故障，加速三跳

C．先跳 B 相，单跳失败三跳，不重合

D．直接三相跳闸，不重合

**答案：**C

**解析：**选相为 B 相，则跳开 B 相，跳开后故障仍存在，单跳失败三跳并闭重。

154．对于超高压线路，相比三相重合闸方式，单相重合闸需要考虑的因素有（　　）。

A．接地电阻的影响　　B．潜供电流的影响

C．接地电流大的影响

**答案：**B

155．某超高压单相重合闸方式的线路，对于接地距离Ⅱ段保护动作时限，说法错误的是（　　）。

A．可与相邻线路接地Ⅰ段动作时限配合

B．与相邻线路保护装置选相失败跳三相时间配合

C．与相邻线路断路器失灵保护动作时限配合

D．与单相重合闸时间配合

**答案：**D

156．220～500kV 线路分相操作断路器使用单相重合闸，要求断路器三相合闸不同期时间不大于（　　）。

A．1ms　　B．5ms　　C．10ms　　D．15ms

**答案：**B

157．对 330～500kV 线路，一般情况下应采用（　　）重合闸方式。

A．单重　　B．三重　　C．综重　　D．不重

**答案：**A

158．单侧电源线路的自动重合闸装置必须在故障切除后，经一定时间间隔才允许发出合闸脉冲，这是因为（　　）。

A．需与保护配合

B．故障点要有足够去游离时间以及断路器及传动机构的准备再次动作时间

C．防止多次重合

D．断路器消弧

**答案：**B

159．单侧电源送电线路的重合闸方式一般选用（　　）。

A．三相一次重合闸

B．单相一次重合闸

C．综合重合闸

D．电压来检验其电流、电压回路接线的正确

**答案：**A

160．下面哪一个不是单相重合闸充电的必要条件（　　）。

A．重合闸压板投入

B．三相断路器跳闸位置继电器都未动作

C．没有任何闭锁重合闸开关量输入

D．线路 TV 有压

**答案：**D

**解析：**线路 TV 有压不影响单相重合充电，但影响三相重合闸充电，ABC 选项都是重合闸充电的必要条件。

161．在使用单相重合闸方式时要考虑潜供电流的影响。我们把非故障相通过（　　）提供的潜供电流称作潜供电流的横向分量，这部分电流比较大。

A．相间互感　　B．相间电容　　C．自身电感

**答案：**B

**解析：**两相电压通过相间电容提供的谦恭电流与称作潜供电流的横向分量，这部分电流比较大，与短路点的位置无关。两相电压通过相间电感提供的谦恭电流与称作潜供电流的纵向分量，这部分电流比较小，且与短路点的位置有关。

162．线路发生单相接地故障，保护启动至发出跳闸脉冲 40ms，断路器的灭弧 60ms，重合闸时间继电器整定为 0.8s，断路器合闸时间 100ms，从事故发生至故障相恢复电压的时间为（　　）。

A．0.94s　　B．1.0s　　C．0.96s

**答案：**B

163．双重化两套保护均有重合闸，当重合闸停用一套时（　　）。

A．另一套保护装置的重合闸也必须停用，否则两套保护装置的动作行为可能不一致

B．对应的保护装置也必须退出，否则两套保护装置的动作行为可能不一致

C．对保护的动作行为无影响，断路器仍可按照预定方式实现重合

**答案：** C

**解析：** 当重合闸停用一套时，另一套重合闸正常，保护不受影响，重合闸按该套重合方式进行重合。

164．某线路两侧均为强电源，重负荷下该线路 C 相母线和 A、B 相出口同时接地故障时，arg（$I_0/I_{2C}$）选相区为（　　）。

A．A 区　　B．B 区　　C．C 区　　D．不确定

**答案：** C

**解析：** 相当于三相短路，但 C 相电流反相，计算出零序电流超前负序电流 240°，则选相区为 C 区。

165．综合重合闸中的阻抗选相元件，在出口单相接地故障时，非故障相选相元件误动可能性少的是（　　）。

A．全阻抗继电器　　B．方向阻抗继电器

C．偏移性的阻抗继电器　　D．电抗特性的阻抗继电器

**答案：** B

166．一条双侧电源的 220kV 输电线，输出功率为（150+j70）MVA。运行中送电侧 A 相断路器突然跳开，出现一个断口的非全相运行，就断口点两侧负序电压间的相位关系（系统无串联补偿电容），正确的是（　　）。

A．同相

B．反相

C．可能同相，也可能反相，视断口点两侧负序阻抗相对大小而定

**答案：** B

**解析：** 一个断口的非全相运行，断口点两侧的零序电压和负序电压相位关系相反。

167．线路采用单重方式，在无电源或小电源侧，线路保护选相元件最适合选择（　　）作为选相元件。

A．零序负序电流方向比较选相元件　　B．相电流差突变量选相元件

C．低电压选相元件　　D．阻抗选相元件

**答案：** C

**解析：** 弱馈条件下，低电压变化较为明显，ABD 选项变化不明显，存在选线不准确的问题。

168．根据相电流差突变量选相元件 $\Delta I_{AB}=20A$，$\Delta I_{BC}=18.5A$，$\Delta I_{CA}=1.25A$ 数据，据此判断故障相别为（　　）。

A．A 相故障　　B．B 相故障

C．AB 相故障　　D．BC 相故障

**答案**：B

**解析**：AB 和 BC 相电流差突变量变化相差不大，CA 相流差突变量变化最小，判定发生 B 相故障。

169．PCS931 线路保护中突变量选相元件的最大优点是（　　）。

A．可使装置简化　　B．灵敏度高

C．可不反映负荷分量　　D．原理简单

**答案**：C

**解析**：突变量选相元件不受负荷电流的影响。

170．根据 $I_0/I_{2a}$ 的相位和阻抗元件的动作情况进行选相，当 $-63.4° < \arg(I_0/I_{2a}) < 63.4°$ 时，如若 $Z_a$ 和 $Z_b$ 都动作，确定的故障类型为（　　）。

A．A 相接地　　B．AB 相接地故障

C．AB 相间故障　　D．B 相接地

**答案**：B

**解析**：当 $-63.4° < \arg(I_0/I_{2a}) < 63.4°$ 时，若 $Z_a$ 和 $Z_b$ 都动作，则说明发生 AB 相经较大过渡电阻接地故障。

171．相电流差突变量选相元件中，如 $\Delta(i_a - i_b)$、$\Delta(i_b - i_c)$、$\Delta(i_c - i_a)$ 都大于零，且 $\Delta(i_a - i_b)$ 最大，则选相结果为（　　）。

A．AB 相　　B．A 相　　C．B 相　　D．C 相

**答案**：A

**解析**：AB 相电流差突变量最大，而 BC 和 CA 相电流差突变量大于零，则选相结果为 AB 相，BCD 选项均不满足。

172．相电流差突变量元件作为选相元件时，若 $\Delta I_{AB}=\Delta I_{CA}$、$\Delta I_{BC}=0$，则说明是（　　）。

A．BC 相接地短路　　B．A 相接地短路

C．B 相接地短路　　D．C 相接地短路

**答案**：B

**解析**：AB 和 CA 相电流差突变量相等，而 BC 为零，判定 A 相接地故障。

173．高压线路保护选相元件一般在故障初期采用（　　），故障后期采用（　　）选相，一般在保护启动 2～3 个工频周波以后（　　）选相就要退出使用。

A．序分量，突变量，突变量　　B．突变量，稳态量，稳态量

C．突变量，稳态量，突变量　　D．序分量，突变量，序分量

**答案**：C

**解析**：突变量在故障初期变化明显，保护启动 2～3 个工频周波后，突变量变化不明显，以稳态量选相为准。

174．在不计负荷电流情况下，带有浮动门槛的相电流差突变量起动元件，下列情

况不正确的是（　　）。

A．双侧电源线路上发生各种短路故障，线路两侧的元件均能起动

B．单侧电源线路上发生相间短路故障，当负荷侧无接地中性点时，负荷侧元件不能起动

C．单侧电源线路上发生接地故障，当负荷侧有接地中性点时，负荷侧元件能起动

D．系统振荡时，元件不动作

**答案：**C

**解析：**故障时，负荷侧三相电流大小相等，相位相同，采用相电流差突变量的启动元件不动作。

## 二、多选题

1．220kV 单线送终端变电站的变压器中性点直接接地，在该变电站送电线路上发生单相接地故障，不计负荷电流时，下列正确的是（　　）。

A．线路终端侧有正序、负序、零序电流

B．线路终端侧只有零序电流，没有正序、负序电流

C．线路送电侧有正序、负序、零序电流

D．线路终端侧三相均有电流且相等

**答案：**BCD

**解析：**线路终端侧没有电源，相当于正序和负序网络开路，线路终端侧没有正序电流和负序电流，所以 A 选项错。

2．当 220kV 及以上线路保护发生电流互感器二次回路断线时，以下（　　）保护应闭锁。

A．零序Ⅱ段保护　　B．零序Ⅲ段保护

C．距离Ⅱ段保护　　D．距离Ⅲ段保护

**答案：**AB

**解析：**电流互感器二次回路断线会产生零序电流，所以应闭锁零序保护；电压互感器二次回路断线时闭锁距离保护。

3．保护电压采样无效对光差线路保护的影响有（　　）。

A．闭锁所有保护　　B．闭锁与电压相关的保护

C．对电流保护没影响　　D．自动投入 TV 断线过流

**答案：**BD

**解析：**保护电压采样无效闭锁闭锁与电压相关的保护，如距离保护等，同时自动投入 TV 断线过流。Q/GDW 1161—2013 考虑到 TV 断线过流功能在双套主保护日益完善的情况下，已经没有存在的必要了，按简化定值考虑，取消了 TV 断线过流功能，相应的

TV 断线相过流，TV 断线零序过流定值也取消。

4. 带记忆作用的方向阻抗继电器具有（　　）。

A. 增强了这种继电器允许弧光电阻故障的能力

B. 保护正方向经串联电容的出口短路的能力

C. 可以区分系统振荡与短路

D. 反向出口三相经小电阻故障不会误动作

**答案：**ABD

**解析：**带记忆作用的方向阻抗继电器无法区分系统振荡与短路。

5. 对于采用单相重合闸的 220kV 线路，下列关于距离保护动作时间的说法正确的是（　　）。

A. 相间距离Ⅱ段动作时间需要考虑与断路器失灵保护配合

B. 相间距离Ⅱ段动作时间不需要考虑与断路器失灵保护配合

C. 接地距离Ⅱ段动作时间需要考虑与断路器失灵保护配合

D. 接地距离Ⅱ段动作时间不需要考虑与断路器失灵保护配合

**答案：**BC

**解析：**失灵保护是按断路器单相考虑的，所以相间距离保护不用考虑，而接地距离需要考虑。

6. 过渡电阻对单相阻抗继电器（Ⅰ类 AB）的影响有（　　）。

A. 稳态超越　　B. 失去方向性

C. 暂态超越　　D. 振荡时易发生误动

**答案：**AB

**解析：**暂态超越是暂态分量引起的，与过渡电阻无关。而振荡过程中发生单相接地的情况时，单相阻抗继电器可以正确测量。

7. 继电保护装置中采用正序电压做极化电压有以下优点（　　）。

A. 故障后各相正序电压的相位与故障前的相位基本不变，与故障类型无关，易取得稳定的动作特性

B. 除了出口三相短路以外，正序电压幅值不为零，死区较小

C. 可改善保护的选相性能

D. 可提高保护动作时间

**答案：**ABC

8. 距离保护克服线路出口故障保护“死区”的方法有（　　）。

A. TV 断线闭锁　　B. 极化电压采用记忆电压

C. 引入非故障相电压　　D. 采用电流量启动

**答案：**BC

**解析**：TV断线闭锁和电流量启动与线路距离保护“死区”没有关系，而极化电压采用记忆电压和引入非故障相电压避免“死区”时保护电压为零，进而消除“死区”。

9．距离保护装置一般由（　　）部分组成。

A．测量部分　　B．启动部分

C．振荡闭锁部分　　D．二次电压回路断线失压闭锁部分

E．逻辑部分

**答案**：ABCDE

10．距离保护振荡闭锁中的相电流元件，其动作电流应满足的条件是（　　）。

A．应躲过最大负荷电流

B．本线末短路故障时应有足够的灵敏度

C．应躲过振荡时通过的最大电流

D．应躲过突变量元件最大的不平衡输出电流

**答案**：AB

**解析**：出自DL/T 559—2007《220kV～750kV电网继电保护装置运行整定规程》7.2.3.3。

11．距离继电器采用极化电压带记忆主要目的是（　　）。

A．消除动作死区

B．改善方向距离继电器的运行性能

C．提升避越负荷阻抗能力

D．防止正方向出口三相短路时的拒动

**答案**：ABD

12．某110kV双侧电源线路MN，两侧装有距离保护。由于某种原因N侧电源消失，N侧母线仅接有一个YNd1接线的空载变压器（110kV侧中性点接地），当该线路M侧始端出口处发生单相金属性接地时，就N侧保护行为，下列正确的是（　　）。

A．N侧相电流突变量起动元件动作

B．N侧接地距离Ⅱ段阻抗元件动作

C．N侧相间距离Ⅱ段阻抗元件动作

**答案**：AB

**解析**：发生单相金属性接地时，N侧母线相间电流没有突变，相间距离阻抗元件不动作。

13．某220kV线路MN发生A相经过渡电阻接地短路故障时，计及负荷电流时，关于M侧保护装置测量到附加测量阻抗，下列说法正确的是（　　）。

A．线路空载时，$\Delta Z$呈纯电阻性质

B．M侧为送电侧时，测量电流超前故障电流，$\Delta Z$呈阻容性

C．M侧为送电侧时，测量电流超前故障电流，$\Delta Z$呈阻感性

D．M 侧为送电侧时，测量电流滞后故障电流，$\Delta Z$ 呈阻容性

E．M 侧为受电侧时，测量电流滞后故障电流，$\Delta Z$ 呈阻容性

F．M 侧为受电侧时，测量电流滞后故障电流，$\Delta Z$ 呈阻感性

G．M 侧为受电侧时，测量电流超前故障电流，$\Delta Z$ 呈阻感性

**答案**：ABF

**解析**：附加测量阻抗 $\Delta Z=\frac{\dot{I}_F}{\dot{I}_m}R_g=\frac{\dot{I}_m+\dot{I}_n}{\dot{I}_m}R_g$，当线路空载，两侧电动势相位相等，两侧测量电流相角相同，附加阻抗呈纯电阻性质，当 M 为送电侧时，$\dot{I}_m$ 超前 $\dot{I}_F$，附加阻抗呈阻容性，当 M 为受电侧时，$\dot{I}_m$ 滞后 $\dot{I}_F$，附加阻抗呈阻感性。

14．某 330kV 线路保护装置交流电压回路 N 端未与电压互感器二次中性点相连而悬空。当系统运行正常时，保护测量到的三相电压是正确的；而在系统发生单相故障时（　　）。

A．故障相电压幅值比实际大　　B．健全相电压幅值减小

C．故障相电压幅值比实际小　　D．健全相电压幅值增大

**答案**：AB

**解析**：单相接地故障时故障相电压降低，非故障相电压不变，由中点定理可知，此时的中点电压与故障相反向，故而故障相电压幅值比实际大，健全相电压幅值减小。

15．某同杆架设的超高压平行双回线路，其中一回线路的接地距离 I 段阻抗元件按一回线路单独运行时整定，当另一回线处不同运行情况时，该 I 段阻抗元件在本线发生单相金属性接地时的保护区，下列正确的是（　　）。

A．另一回线路投入运行时保护区会缩短

B．另一回线路停用两端接地线时保护区会伸长

C．另一回线路停用一端接地线时保护区会伸长

D．另一回线路非全相运行时保护区可能会伸长，也可能会缩短

**答案**：ABD

**解析**：本题考查的是双回线零序补偿系数的问题，对于双回线而言零序补偿系数的大小依次为：双回线运行＞单回运行＞单回运行另一回接地。当实际系数大于整定值时，会导致计算阻抗大于整定阻抗，进而导致保护范围缩短。

16．输电线路一侧的相间、接地距离保护中，在接线中假设电流互感器的零线接触不良造成开断，对距离保护的影响下列说法正确的有（　　）。

A．相间距离保护能够正确动作　　B．相间距离保护保护范围将缩小

C．接地距离保护能够正确动作　　D．接地距离保护保护范围将缩小

**答案**：AD

**解析**：电流互感器的零线开路，相间距离是用的两相电流的差值，不受开路的影响，而接地距离保护涉及零序补偿系数，零线开路，故障相电流发生畸变，自产零序电流变

小，测量阻抗变大，保护范围缩小。

17．同属区内短路，故障点越近，工频变化量阻抗继电器的距离测量电压的突变量便（　　），为满足动作判据所需的数据窗便（　　），动作便（　　）。

A．越慢　　B．越短　　C．越快　　D．越大　　E．越长

**答案**：DBC

**解析**：故障点近，突变量大，判别的时间缩短，动作加快。

18．下列措施可以防止距离保护Ⅰ段在短线路时发生超越的是（　　）。

A．适当减小零序补偿系数整定值

B．采用向+$R$轴方向偏移30°的偏移圆特性阻抗继电器

C．增设零序电抗线

D．增设负荷电阻限制线

**答案**：AC

**解析**：采用向+$R$轴方向偏移30°的偏移圆特性阻抗继电器向$R$轴偏移，能够增强抗过渡电阻的能力，增设负荷电阻限制线主要是防止负荷过大导致保护误动，不能防止距离保护Ⅰ段在短线路时发生超越。

19．影响输电线路光纤纵联距离保护正确工作的因素有（　　）。

A．电流互感器饱和　　B．过渡电阻故障

C．系统振荡　　D．通道收发延时不一致

**答案**：ABC

**解析**：光纤纵联距离保护通过对侧通道传送的数据只作为判别条件，没有本侧数据参与运算，和光纤差动保护不同，所以通道收发延时不一致不影响光纤距离保护动作。ABC三个选项均受影响。

20．影响阻抗继电器正确测量的因素有（　　）。

A．故障点的过渡电阻

B．保护安装处与故障点之间的助增电流和汲出电流

C．电压二次回路断线

D．被保护线路的并联电抗

**答案**：ABC

21．由于过渡电阻的存在，对距离继电器的影响有（　　）。

A．使送电端距离继电器的测量阻抗增大，保护范围减小

B．使送电端距离继电器的测量阻抗减小，保护范围增大

C．使受电端距离继电器的测量阻抗减小，保护范围减小

D．可能造成受电端距离继电器反方向误动作

**答案**：BD

**解析**：过渡电阻容易使送电端保护超越，测量阻抗变小，保护范围增大，对于受电端反方向出口短路误动，测量阻抗增大，区内故障容易引起拒动。

22．装有串联补偿电容的线路及其相邻线路，应考虑下述（　　）特点对线路保护的影响。

A．故障电流、电压反向

B．串联电容保护间隙击穿

C．电压互感器装设位置（在电容器的母线侧或线路侧）

D．串联补偿电容的安装位置

E．补偿度的大小

**答案**：ABCDE

23．如图 2-20 所示，L1、L2 同杆并架平行线，L3、L4 为非平行线。$Z_{0M}$ 为 L1、L2 间的零序互阻抗，S 系统、P 系统、L1 线、L3 线路的零序阻抗分别为 $Z_{0S}$、$Z_{0P}$、$Z_{02}$、$Z_{03}$，下列说法正确的是（　　）。

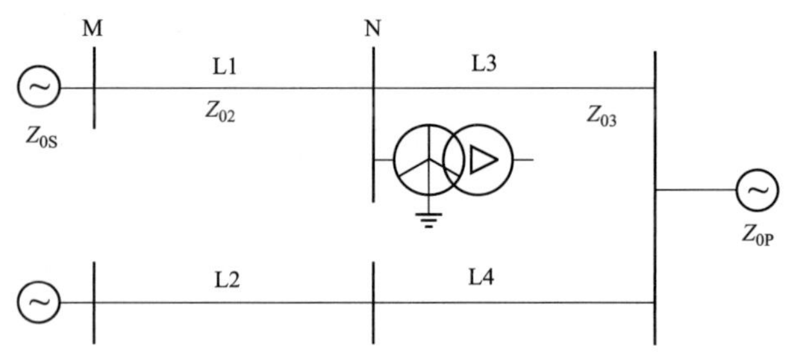


图 2-20　同杆并架平行线系统示意图

A．当 L2 线接地故障时，$Z_{0S}$ 越小，L1 线纵联零序保护越容易误动

B．当 L2 线接地故障时，$Z_{02}$ 越小，L1 线纵联零序保护越容易误动

C．当 L2 线接地故障时，$Z_{03}$ 越大，L1 线纵联零序保护越容易误动

D．当 L2 线接地故障时，$Z_{0P}$ 越小，L1 线纵联零序保护越容易误动

**答案**：ABCD

**解析**：系统电源和中性点看作零序的零电位，不考虑互感影响，N 侧的零序电压越小，越容易受互感影响导致方向元件反向，而 N 侧的零序电压就是从故障点的零序电源到各零电位点的分压，故障点在 L2 线上，所以 ABCD 选项都能使 N 侧零序电压变小。

24．目前纵联电流差动保护应用的通道形式有（　　）。

A．光纤通道　　B．微波通道　　C．载波通道　　D．导引线

**答案**：ABD

25．超高压线路光纤纵联电流差动保护防止电容电流造成保护误动的措施有（　　）。

A．提高差动定值　　B．加短延时

C．进行电容电流补偿　　D．采用比率差动

**答案**：ABC

**解析**：线路的电容电流是固定的，可以通过提高差动定值、加延时和对电容电流进行补偿的方法，采用比率差动保护主要用于主变压器和母线差动保护，其不能解决电容电流造成保护误动的问题。

26．当光纤电流差动保护装置经自愈环或其他通道切换装置传输时，必须保证（　　）。

A．保护装置的收、发路由在切换前、后保持一致

B．切换时收、发路由必须同时切换

C．切换时间应小于 100ms

D．切换时保护装置一定会发通道告警信号

**答案**：ABD

**解析**：切换时间应小于 50ms。

27．对解决线路高阻接地故障的切除问题，可以选择（　　）。

A．分相电流差动保护　　B．高频距离保护

C．高频零序保护　　D．零序电流保护

**答案**：AD

**解析**：电流差动保护和零序保护能灵敏反应线路高阻接地故障，高频距离保护和高频零序保护在高阻接地故障时电气量变化不明显。

28．对于同杆并架双回线，为避免跨线异名相故障造成双回线跳闸，可采用（　　）保护方式。

A．分相电流差动保护　　B．分相跳闸逻辑的纵联保护

C．高频距离、高频零序保护　　D．高频方向保护

**答案**：AB

**解析**：对于采用双端电气量的保护，在发生跨线异名相故障时，可以正确选出故障相，不会造成双回线跳闸。

29．光纤分相电流差动保护在主保护处于信号状态时，（　　）保护功能将退出。

A．零序保护　　B．差动保护　　C．距离保护　　D．远跳功能

**答案**：BD

**解析**：相当于主保护退出，差动保护和发远跳对应退出，后备保护不受影响。

30．可能造成光纤通道收、发路由不一致的光纤自愈环网方式为（　　）。

A．二纤单向通道倒换环　　B．二纤双向通道倒换环

C．二纤单向复用段倒换环　　D．二纤双向复用段倒换环

**答案**：ABC

**解析：**只有二纤双向复用段倒换环方式下不会造成收发路由不一致。

31．每一端纵联电流差动保护跳闸出口必须满足以下几个条件（　　）。

A．本端起动元件起动　　B．本端差动继电器动作

C．收到对端“差动动作”的允许信号　　D．本端阻抗继电器动作

**答案：**ABC

**解析：**阻抗继电器动作属于后备保护，与纵联电流差动保护没有关系，ABC 选项是纵联电流差动保护跳闸出口的必要条件。

32．“高压差流”元件满足下述条件发“长期有差流”信号（　　）。

A．差流元件动作

B．差流元件的动作相或动作相间的电压大于 0.6 倍的额定电压

C．满足上两个条件 10s

D．满足上两个条件 20s

**答案：**ABC

33．纵联差动保护两端同步采样的方法有（　　）。

A．基于数据通道的同步方法　　B．基于参考相量的同步方法

C．基于 GPS 的同步方法　　D．基于通信规约的同步方法

**答案：**ABC

34．弱电源侧电流差动保护启动元件的启动条件有（　　）。

A．电流突变量元件动作

B．电流差动元件动作

C．收到对侧差流元件动作信号

D．差流元件动作相或相间电压低于一定电压

**答案：**BCD

**解析：**线路故障时，弱电源侧的电流突变量元件不一定动作，不能作为电流差动保护启动元件的启动条件。

35．输电线路微机纵联电流差动保护应解决的主要问题有（　　）。

A．输电线路电容电流的影响

B．外部短路或外部短路切除时，由于两侧电流互感器的变比误差不一致、短路暂态过程中由于两侧电流互感器的暂态特性不一致、二次回路的时间常数的不一致产生的不平衡电流

C．解决重负荷线路区内经高电阻接地时灵敏度不足的问题

D．防止正常运行时电流互感器（TA）断线造成的纵联电流差动保护误动

E．由于输电线路两侧保护采样时间不一致所产生的不平衡电流

**答案：**ABCDE

36．防止电容电流造成保护误动的措施有（　　）。

A．提高定值　　B．加短延时

C．进行电容电流的补偿　　D．选用质量好的阻抗继电器

**答案**：ABC

37．随着保护及断路器动作速度提升以及直流换相失败所带来的快速功率倒向问题，采用纵联方向的线路保护可能发生功率倒向误动作，有效防范措施包括（　　）。

A．反方向元件动作速度快于正方向元件

B．反方向元件动作速度慢于正方向元件

C．退出快速工频变化量阻抗保护

D．延长功率倒向判别时间

**答案**：AC

38．下列对于纵联电流差动保护的技术原则，说法正确的是（　　）。

A．纵联电流差动保护只要本侧启动元件和差动元件同时动作就允许差动保护出口

B．线路两侧的纵联电流差动保护装置均应设置本侧独立的电流启动元件，差动电流可以作为装置的启动元件

C．线路两侧纵联电流差动保护装置应互相传输可供用户整定的通道识别码，并对通道识别码进行校验，校验出错时告警并闭锁差动保护

D．纵联电流差动保护装置应具有通道监视功能，如实时记录并累计丢帧、错误帧等通道状态数据，通道严重故障时告警

**答案**：CD

**解析**：出自 Q/GDW 1161—2014《线路保护及辅助装置标准化设计规范》5.2.2 条。A 选项应为纵联电流差动保护两侧启动元件和本侧差动元件同时动作才允许差动保护出口。B 选项应为线路两侧的纵联电流差动保护装置均应设置本侧独立的电流启动元件，必要时可用交流电压量和跳闸位置触点等作为辅助启动元件，但应考虑 TV 断线时对辅助启动元件的影响，差动电流不能作为装置的启动元件。

39．以下关于 220kV 线路纵联差动保护 TA 断线描述正确的有（　　）。

A．TA 断线后，发生区内故障差动保护动作，断线侧和非断线侧都将三相跳闸并闭锁重合闸

B．若控制字［TA 断线闭锁差动］整定为“1”，且断线相差流大于［TA 断线后分相差动定值］，则仍然开放断线相电流差动保护

C．TA 断线瞬间，断线侧保护装置的启动元件和电流差动保护可能动作，同时对侧保护报“对侧 TA 断线”会闭锁差动保护，从而保证电流差动保护不误动

D．TA 断线时闭锁零序差动保护

**答案**：AD

**解析**：B 选项应该是闭锁断线相电流差动保护，C 选项断线侧电流差动保护不误动，是因为没有收到对侧“允许动作”信号，对侧不会闭锁差动保护。

40．以下说法正确的是（　　）。

A．同一线路两套保护的通道应保持独立性，包括电源、设备和路由的独立

B．单向通道倒换环、单向复用段倒换环可作为纵联距离、方向保护的信息传输通道，但不能作为线路纵差保护的信息传输通道

C．不同 OPGW，包括同塔架设的两条 OPGW 光缆视为相同路由

D．保护用光纤通道不允许收发信路由不一致

**答案**：AB

**解析**：C 选项不同 OPGW，包括同塔架设的两条 OPGW 光缆可视不同路由，D 选项对于纵联差动保护不允许收发信路由不一致。

41．影响输电线路纵联差动保护正确工作的因素有（　　）。

A．电流互感器的误差　　B．过渡电阻故障及重负荷

C．系统振荡　　D．输电线路分布电容

**答案**：ABD

**解析**：纵联差动保护不受系统振荡影响，ABD 选项均会影响纵联差动保护正确动作。

42．在不计负荷电流情况下，带有浮动门槛的相电流差突变量起动元件，下列情况正确的是（　　）。

A．双侧电源线路上发生各种短路故障，线路两侧的元件均能起动

B．单侧电源线路上发生相间短路故障，当负荷侧没有接地中性点时，负荷侧元件不能起动

C．单侧电源线路上发生接地故障，当负荷侧有接地中性点时，负荷侧元件能起动

D．系统振荡时，元件不动作

**答案**：ABD

**解析**：不计负荷电流的情况下，C 选项负荷侧元件不能起动。

43．在平行双回路上发生短路故障时，非故障线发生功率倒方向，功率倒方向发生在（　　）。

A．故障线发生短路故障时

B．故障线一侧断路器三相跳闸后

C．故障线一侧断路器单相跳闸后

D．故障线两侧断路器三相跳闸后，负荷电流流向发生变化

**答案**：BC

44．正常运行的电力系统，出现非全相运行，非全相运行线路上可能会误动的继电器是（　　）。

A．差动继电器

B．零序功率方向继电器（TV 在线路侧）

C．负序功率方向继电器（TV 在母线侧）

D．零序功率方向继电器（TV 在母线侧）

**答案**：CD

**解析**：对于非全相运行时，相当于在线路上串联一个零序/负序电压源，对于采用母线 TV，零序电压源位于其正方向，因而此时可能会误动作。

45．正常运行的电力系统，出现非全相运行，非全相运行线路上可能会误动的继电器是（　　）。

A．差动继电器　　B．负序功率方向继电器

C．零序功率方向继电器　　D．零序电流继电器

**答案**：BCD

46．纵联差动保护跳闸要同时满足下述几个条件（　　）。

A．起动元件起动

B．在故障计算程序中再检查到本侧差动继电器动作

C．收到对侧“差动动作”的允许信号

D．差动保护延时时间到

**答案**：ABCD

47．保护装置同时满足下列（　　）条件重合闸才允许充电。

A．重合闸压板投入　　B．压力低闭锁重合闸

C．TWJA.B.C=0　　D．无外部闭锁重合闸开入

**答案**：ACD

48．采用单相重合闸方式的 220kV 线路发生单相故障，线路保护动作直接三跳可能的原因有（　　）。

A．停用重合闸压板投入　　B．断路器压力低闭锁重合闸

C．重合闸控制字误投“禁止重合闸”　　D．零序Ⅳ段动作

**答案**：ABD

**解析**：“禁止重合闸”是指禁止本装置重合，不沟通三跳。

49．对 220kV 及以上选用单相重合闸的线路，无论配置一套或两套全线速动保护（　　）动作后三相跳闸不重合。

A．母差保护　　B．相间保护

C．非全相再故障保护　　D．动作远方跳闸

**答案**：ABCD

**解析**：为防止扩大事故影响，对 220kV 及以上选用单相重合闸的线路，在母差保护

动作、多相故障、非全相期间再故障以及远方跳闸时，直接闭重三跳。

50．高压线路自动重合闸（　　）。

A．手动跳、合闸应闭锁重合闸　　B．手动合闸故障只允许一次重合闸

C．重合永久故障开放保护加速逻辑　　D．远方跳闸启动重合闸

**答案：**AC

**解析：**手动合闸于故障和远方跳闸应闭重三跳。

51．在检定同期、检定无压重合闸装置中，下列做法正确的是（　　）。

A．只能投入检定无压或检定同期继电器的一种

B．两侧都要投入检定同期继电器

C．两侧都要投入检定无压和检定同期的继电器

D．只允许有一侧投入检定无压的继电器

**答案：**BD

**解析：**如果线路一侧投入检同期，另一侧应投入检无压和检同期，所以BD选项正确。

52．关于自动重合闸技术原则，以下正确的是（　　）。

A．当重合闸不使用同期电压时，同期电压TV断线不应报警

B．检同期重合闸采用的线路电压应是自适应的，用户可选择任意相电压，一般不采用相间电压

C．不设置“重合闸方式转换把手”，自动重合闸仅设置“停用重合闸”功能压板，重合闸方式通过控制字实现

D．单相重合闸、三相重合闸、禁止重合闸和停用重合闸有且只能有一项置“1”，如不满足此要求，保护装置应报警并按禁止重合闸处理

**答案：**AC

**解析：**出自Q/GDW 1161—2014《线路保护及辅助装置标准化设计规范》5.2.5条。B选项应该是用户可选择任意相间电压或相电压，D选项应该是保护装置应报警并按停用重合闸处理。

53．某220kV线路，采用单相重合闸方式，在线路单相瞬时故障时，一侧单跳单重，另一侧直接三相跳闸。若排除断路器本身的问题，下面可能造成直接三跳的原因的有（　　）。

A．选相元件问题　　B．重合闸方式设置错误

C．沟通三跳回路问题　　D．控制回路断线

**答案：**ABC

**解析：**220kV线路保护不开入控制回路断线信号，不会造成直接三相跳闸，当发生控制回路断线时会造成单跳失败三跳。

54．双侧电源的110kV线路保护，主系统侧重合闸检线路无压，弱电源侧重合闸可停用，也可（　　）。

A．检同期　　B．检线路有压、母线无压

C．检线路无压、母线有压　　D．不检定

**答案：**AB

**解析：**弱电源侧应保证主系统侧重合闸成功后才能重合，C 和 D 选项不满足条件，A 和 B 选项可以实现。

55．下列说法正确的是（　　）。

A．自动重合闸装置可由保护启动和/或断路器控制状态与位置不对应起动

B．用控制把手或通过遥控装置将断路器断开，自动重合闸装置应动作

C．自动重合闸装置的动作次数应符合预先的规定

D．自动重合闸装置应具有接收外来闭锁信号的功能

**答案：**ACD

**解析：**手跳或遥跳断路器时，应闭锁重合闸。

56．以下关于自动重合闸描述正确的是（　　）。

A．与单相重合闸配合使用时，三相不一致保护动作时间应小于单相重合闸时间配合

B．长线路综合重合闸的整定时间应考虑潜供电流的影响

C．在双电源线路上，通常在检定无压的一侧也同时投入检定同期继电器

D．断路器控制把手位置与断路器位置不对应是重合闸的基本启动方式之一

**答案：**BCD

**解析：**与单相重合闸配合使用时，三相不一致保护动作时间应大于单相重合闸时间配合，否则会造成断路器单相跳闸后，在重合之前，三相不一致保护就已动作，直接三跳，影响供电可靠性。

57．对 3/2 断路器接线“沟通三跳”和重合闸的要求（　　）。

A．3/2 断路器接线“沟通三跳”功能由断路器保护实现

B．断路器保护失电时，由断路器三相不一致保护三相跳闸

C．3/2 断路器接线的断路器重合闸，先合断路器合于永久性故障，两套线路保护均加速动作，跳三相并闭锁重合闸

D．3/2 断路器接线“沟通三跳”功能由断路器三相不一致保护实现

**答案：**ABC

**解析：**D 选项与 A 选项矛盾，3/2 断路器接线“沟通三跳”功能是由断路器保护实现。

58．在重合闸装置中闭锁重合闸的措施有（　　）。

A．手动跳闸，直接闭锁重合闸

B．不经重合闸的保护跳闸时，闭锁重合闸

C．停用重合闸方式时，直接闭锁重合闸

D．断路器气压或液压降低到不允许重合闸时，闭锁重合闸

**答案**：ABCD

59．装有重合闸的断路器跳闸后，在（　　）情况下不允许或不能重合闸。

A．手动跳闸

B．断路器失灵保护动作跳闸

C．远方跳闸

D．重合闸在投单重位置，三相跳闸时

**答案**：ABCD

60．稳态序分量选相元件主要根据零序电流和 A 相负序电流的角度关系进行选相，当 60°＜arg（$I_0/I_{A2}$）＜180°时，可能是（　　）。

A．A 相接地故障

B．B 相接地故障

C．AC 相接地故障

D．BC 相经高阻接地故障

**答案**：BCD

61．对 3/2 断路器接线的线路保护，当发生下列（　　）故障时需将本侧信号远传到对侧。

A．断路器失灵和死区故障

B．线路高压并联电抗器保护动作

C．过电压保护动作

D．母差保护动作

**答案**：ABC

**解析**：ABC 选项情况下，需要将本侧信号远传到对侧，将对侧断路器跳开，D 选项情况下，可以中断路器带线路继续运行，不需要远传至对侧。

62．光纤纵联保护中远方跳闸的作用是（　　）。

A．当本侧断路器和电流互感器之间故障，母差保护正确跳开本侧断路器，但故障并未切除，此时依靠远方跳闸回路，使对侧断路器加速跳闸

B．当母线故障，母差保护正确动作，但本侧断路器失灵拒动，依靠远方跳闸回路，使对侧断路器加速跳闸

C．当线路故障，线路保护依靠远方跳闸回路，使对侧断路器加速跳闸

D．当线路故障，线路保护拒动时依靠远方跳闸回路，使对侧断路器跳闸以切除故障

**答案**：AB

**解析**：CD 选项线路故障时，无法向对侧发远跳命令。

63．一般情况下 220～500kV 线路，遇到（　　）故障应传送跳闸命令，使相关线路对侧断路器跳闸切除故障。

A．3/2 断路器接线的断路器失灵保护动作

B．高压侧无断路器的线路并联电抗器保护动作

C．线路过电压保护动作

D．线路变压器组的变压器保护动作

E．线路串联补偿电容器的保护动作且电容器旁路断路器拒动或电容器平台故障

答案：ABCDE

64．远方跳闸保护的就地判据一般采用（　　）。

A．零序电流　　B．负序电流　　C．电流变化量　　D．低电流

答案：ABCD

解析：出自 Q/GDW 1161—2013《线路保护及辅助装置标准化设计规范》5.2.7 条。

65．220kV 线路后备保护配置原则是（　　）。

A．采用远后备方式

B．保护双重化，且每套主保护都有完整的后备保护

C．对相间短路，后备保护宜采用阶段式距离保护

D．对接地短路，应装设接地距离保护并辅以阶段式或反时限零序电流保护

答案：BCD

解析：220kV 线路后备保护应采用近后备保护方式。

66．不需要考虑振荡闭锁的继电器有（　　）。

A．极化量带记忆的阻抗继电器　　B．工频变化量距离继电器

C．多相补偿距离继电器

答案：BC

67．电力系统发生全相振荡时，（　　）不会发生误动。

A．阻抗元件　　B．分相电流差动元件

C．电流速断元件　　D．零序电流速断元件

答案：BD

解析：振荡时，分相电流差动电流和零序电流为零，不受振荡影响，而测量阻抗和电流会发生周期性变化，受振荡影响。

68．对分相断路器，保护单相出口动作时，（　　）情况应一致，其他两相不应动作。

A．保护选相　　B．出口压板

C．操作箱指示　　D．断路器实际动作情况

答案：ABCD

69．关于电气化铁路供电线路，以下说法正确的是（　　）。

A．采用三相电源对电铁负荷供电的线路，可装设与一般线路相同的保护

B．采用两相电源对电铁负荷供电的线路，可装设两段式距离、两段式电流保护

C．两相电源供电线路供电产生的不对称分量和冲击负荷可能会使线路保护装置频繁起动，必要时，可增设保护装置快速复归的回路

D．两相电源供电线路供电在电网中造成的谐波分量可能导致线路保护装置误动，

必要时，可退出可能误动的保护

**答案：**ABC

70．某条 220kV 输电线路，保护安装处的零序方向元件，其零序电压由母线电压互感器二次电压的自产方式获取，对正向零序方向元件来说，当该线路保护安装处 A 相断线时，下列说法正确的是（　　）。

A．断线前送出（60−j50）MVA 时，零序方向元件动作

B．断线前送出（60+j50）MVA 时，零序方向元件动作

C．断线前送出（−60−j50）MVA 时，零序方向元件动作

D．断线前送出（−60+j50）MVA 时，零序方向元件动作

**答案：**ABCD

**解析：**对于非全相运行时，相当于在线路上串联一个零序/负序电压源，对于采用母线 TV，零序电压源位于其正方向，因而此时可能会误动作。

71．下列（　　）情况下，装置会闭锁保护逻辑。

A．光耦电源异常　　B．TV 断线

C．定值校验出错　　D．DSP 出错

**答案：**CD

**解析：**AB 选项应该保护告警，便于检修人员及时处理，CD 选项会影响保护正确动作，应该闭锁保护逻辑。

72．下列（　　）可以启动断路器失灵保护。

A．光纤差动保护　　B．变压器非电量保护

C．变压器过负荷保护　　D．线路距离三段保护

**答案：**AD

**解析：**变压器非电量保护不能启动断路器失灵，过负荷保护应发信号，不应跳闸，不启动断路器失灵。

73．如图 2-21 所示，一条线路 M 侧为系统，N 侧无电源且无负荷，主变压器（YNynd 接线）中性点接地，当线路 A 相接地故障时，以下说法正确的是（　　）。

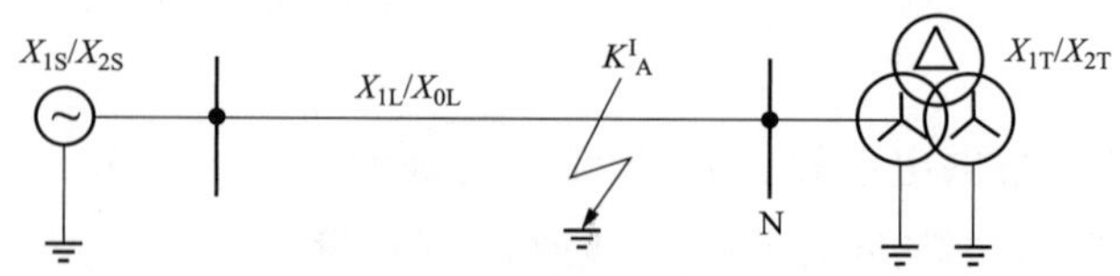


图 2-21　系统示意图

A．M 侧 A 相有电流，B、C 相无电流

B．M 侧各相均有电流

C．N 侧 A 相无电流，B、C 相电流大小不同

D．N 侧 A 相有电流，与 B、C 相电流大小相等且相位相同

**答案：**BD

**解析：**N 侧正序和负序网络开路，只有零序电流，所以 D 选项正确。

74．系统各元件的参数如图 2-22 所示，阻抗角都为 80°，$|\dot{E}_S|=|\dot{E}_R|$。两条线路各侧距离保护Ⅰ段均按本线路阻抗的 0.8 倍整定，继电器都用方向阻抗继电器。系统振荡时距离保护 1、2、3、4 的Ⅰ段阻抗继电器动作情况说法正确的是（　　）。

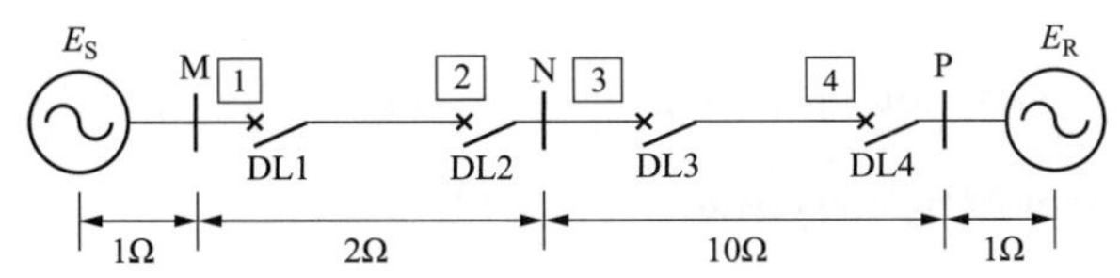


图 2-22　系统各元件及参数图

A．距离保护 1 不动作　　B．距离保护 2 动作

C．距离保护 3 动作　　D．距离保护 4 动作

**答案：**ACD

**解析：**振荡中心位于保护 3 和保护 4 范围内，距离保护 1 和 2 不动作，距离保护 3 和 4 动作。

75．某 220kV 馈线，负荷侧接有 YNd11 变压器（变压器中性点接地），当该线 A 相接地时，负荷侧选相元件可正确选出故障相的是（　　）。

A．相电流差突变量选相元件

B．采用 $\dot{U}_{OP.A0}$、$\dot{U}_{OP.A2}$ 构成的电压电流序分量选相元件，其中 $\dot{U}_{OP.A0}=\dot{U}_{A0}-(1+3K)\dot{I}_{A0}Z_{set}$，$\dot{U}_{OP.A2}=\dot{U}_{A2}-\dot{I}_{A2}Z_{set}$

C．采用 $\Delta\dot{U}_{OP.AB}$、$\Delta\dot{U}_{OP.BC}$、$\Delta\dot{U}_{OP.CA}$ 构成的复合突变量选相元件，其中 $\Delta\dot{U}_{OP.\phi\phi}=\Delta\dot{U}_{\phi\phi}-\Delta\dot{I}_{\phi\phi}Z_{set}$

**答案：**BC

**解析：**相电流差不会突变，所以 A 选项错误，BC 选项正确。

76．MN 线路为双侧电源线路，振荡中心落在本线路上，当两侧电源失去同步发生振荡时，对圆或四边形阻抗特性的方向阻抗元件来说，下列说法正确的是（　　）。

A．Ⅱ、Ⅲ段阻抗元件均要动作

B．Ⅱ段阻抗元件返回时两侧电势的夹角一定大于 180°

C．Ⅱ段阻抗元件动作期间，有 $\left|\frac{dR_m}{dt}\right|>\left|\frac{dX_m}{dt}\right|$，其中 $R_m$、$X_m$ 为继电器的测量电阻、电抗

**答案：**ABC

## 三、判断题

1．零序电流保护，能反映各种不对称短路，但不反映三相对称短路。（　　）

**答案：**×

**解析：**零序电流保护，不能反映两相短路。

2．零序电流保护虽然做不了所有类型故障的后备保护，却能保证在本线路末端经较大过渡电阻接地时仍有足够灵敏度。（　　）

**答案：**√

3．负序、零序、工频变化量正方向继电器的最大灵敏角，决定于等效电源背后的阻抗，因而动作时不受过渡电阻的影响。（　　）

**答案：**√

4．单相经高阻接地故障一般是导线对树枝放电，高阻接地故障一般不会破坏系统的稳定运行。因此，当主保护灵敏度不足时可以用简单的反时限零序电流保护来保护。（　　）

**答案：**√

5．对较长线路空载充电时，由于断路器三相触头不同时合闸而出现短时非全相，产生的零序、负序电流不至于会启动保护装置。（　　）

**答案：**×

**解析：**由于断路器三相触头不同时合闸而出现短时非全相，产生的零序、负序电流会启动保护装置但不会导致保护误动作，因空载合闸时相关保护带延时，例如零序电流保护带 0.1s 延时，防止保护误动。

6．一般来说母线的出线越多，零序电流的分支系数越小，零序电流保护配合越困难。（　　）

**答案：**√

7．某超高压线路甲侧设置了串联补偿电容、且补偿度较大，该线路任一点发生单相金属性接地时，若零序电压取自母线 TV，线路甲侧零序方向元件能够正确判别。（　　）

**答案：**√

8．某超高压线路一侧（甲侧）设置了串联补偿电容、且补偿度较大，当在该串联补偿电容背后线路侧发生单相金属性接地时，该线路甲侧的正向零序方向元件不会有拒动现象（零序电压取自母线 TV 二次）。（　　）

**答案：**√

9．平行线路之间存在零序互感，当相邻平行线流过零序电流时，将在线路上产生感应零序电势，对线路零序电流幅值产生影响，有时甚至改变零序电流与零序电压的相

量关系。（　　）

**答案：** √

10．平行线路之间存在零序互感，当相邻平行线流过零序电流时，将在线路上产生感应零序电动势，有可能改变零序电流大小，但不会改变零序电流与零序电压的相量关系。（　　）

**答案：** ×

**解析：** 平行线路之间存在零序互感，当相邻平行线流过零序电流时，因零序互感的存在，有可能会改变零序电流与零序电压的相量关系。

11．平行双回线，当一回线路停电检修时，如果此时健全线路末端发生接地故障，则其接地距离保护中 $K$ 值将增大。（　　）

**答案：** ×

**解析：** 一回线停电检修导致平行双回线零序阻抗变小，进而导致 $K$ 值变小。

12．对于两相接地故障，接在两个故障相间的阻抗继电器测量阻抗是从短路点到保护安装处的正序阻抗 $Z_1$ 的条件之一是没有与从短路点到保护安装处之间的线路平行的其他线路互感的影响。（　　）

**答案：** ×

**解析：** 相间短路故障时只有正序、负序电流，且正序与负序电流大小相等，对于相间阻抗继电器，测量阻抗就是正序阻抗，而与互感无关。

13．有架空地线的平行双回线，与无架空地线的平行双回线相比，架空地线不只影响Ⅰ、Ⅱ回线的零序自阻抗及相互之间的零序互阻抗，还影响零序等值电路。（　　）

**答案：** ×

**解析：** 架空地线只影响互阻抗，不影响自阻抗。

14．由于互感的作用，平行双回线外部发生接地故障时，该双回线中流过零序电流要比无互感时小。（　　）

**答案：** √

15．当相邻平行线停运检修并在两侧接地时，电网接地故障线路通过零序电流将在该停运线路中产生零序感应电流，此电流反过来也将在运行线路中产生感应电势，使线路零序电流减小。（　　）

**答案：** ×

**解析：** 当相邻平行线停运检修并在两侧接地时，系统的零序阻抗变小，导致零序电流变大。

16．如果系统中各元件的阻抗角都是 80°，那么正方向短路时 $3U_0$ 超前 $3I_0$ 80°，反方向短路时，$3U_0$ 落后 $3I_0$100°。（　　）

**答案：** ×

**解析：**反方向短路时 $3U_0$ 超前 $3I_0$ 80°，正方向短路时 $3U_0$ 落后 $3I_0$ 100°。

17. 线路保护装置中的零序功率方向元件可采用自产零序电压，也可采用外接零序电压。(　　)

**答案：**×

**解析：**零序功率方向元件应采用自产零序电压与自产零序电流。

18. 在大接地电流系统中，某线路的零序功率方向继电器的零序电压接于母线电压互感器的开口三角电压时，在线路非全相运行时，该继电器会动作。(　　)

**答案：**√

19. 大接地电流系统中，保护电压采用母线 TV 电压，在线路非全相运行时，零序功率方向元件会动作。(　　)

**答案：**×

**解析：**非全相运行时的零序电流如果要大于方向元件的动作电流门槛值才会动作，例如充电备用的线路一端断路器断开，另一端出现非全相运作，忽略电容电流的情况下是没有零序电流的，此时零序功率方向不会误动作。单纯看方向的话，若线路处于正常运行状态，保护电压采用母线 TV 电压，断口在保护正方向，方向元件动作。

20. 接地故障时零序电流的分布与发电机的停、开有关。(　　)

**答案：**×

**解析：**接地故障时零序电流的分布取决于零序网络的情况，因发电机出口变压器系统测为三角形接线，因而零序网络中无发电机。

21. 有时零序电流保护要设置两个Ⅰ段，即灵敏Ⅰ段和不灵敏Ⅰ段。灵敏Ⅰ段按躲过非全相运行情况整定，不灵敏Ⅰ段按躲过线路末端故障整定。(　　)

**答案：**×

**解析：**不灵敏Ⅰ段按躲过非全相运行情况整定，灵敏Ⅰ段按躲过线路末端故障整定。

22. 当线路出现非全相运行时，由于没有发生接地故障，所以零序保护不会发生误动。(　　)

**答案：**×

**解析：**大电流接地系统中非全相运行时可能会有零序电流。

23. 线路中间发生单相断线时，只要负荷电流足够大，两侧零序功率方向元件都会动作。(　　)

**答案：**√

24. 在大接地电流系统中，输电线路的断路器，其触头一相或两相先接通的过程中，与组成零序电流滤过器的电流互感器的二次两相或一相断开，流入零序电流继电器的电流相等。(　　)

**答案：**√

25．在大接地电流系统中，增加中性点接地变压器台数，在发生接地故障时，通过零序电流保护的电流将随着变大。（　　）

**答案：**×

**解析：**增加中性点接地变压器台数，使系统中零序阻抗变小，但对于各个保护装置而言，因零序分支系数变化，导致通过零序电流保护的电流变化情况不确定。

26．大接地电流系统中发生接地故障时，故障线路的电流与零序电压的相位关系与其背后的零序阻抗角有关。（　　）

**答案：**√

27．线路发生接地故障，正方向时零序电压滞后零序电流，反方向时，零序电压超前零序电流。（　　）

**答案：**√

28．电力系统的不对称故障有三种单相接地，三种两相短路接地，三种两相短路和断线，系统振荡。（　　）

**答案：**×

**解析：**系统振荡不属于不对称故障。

29．系统振荡时，线路发生断相，零序电流与两侧电势角差的变化无关，与线路负荷电流的大小有关。（　　）

**答案：**×

**解析：**系统振荡时，两侧电势角差变化导致线路电流变化，此时再发生线路断相，零序电流与两侧电势角差的变化有关。

30．系统振荡且发生接地故障，接地点的零序电流随振荡角度的变化而变化，两侧电势摆角到180°，电流最小，故障点越靠近振荡中心，零序电流变化幅度越大。（　　）

**答案：**√

31．系统振荡时，两侧电势角摆开最大（180°），此时振荡中心的电压最小，且此时振荡中心的电压变化率最小。（　　）

**答案：**√

32．阻抗继电器的工作电压在系统振荡和区外故障时，继电器的工作电压总是对应于一次系统保护整定点的电压。（　　）

**答案：**√

33．如果两侧电势幅值不相等，系统振荡时振荡中心向电势高的一侧靠近。（　　）

**答案：**×

**解析：**如果两侧电势幅值不相等，系统振荡时振荡中心向电势低的一侧靠近。

34．振荡闭锁装置的作用是当电力系统发生振荡时，对可能误动的保护段进行闭

锁，使保护在系统振荡期间退出工作，防止其误动。（　　）

**答案：**√

35．阻抗保护受系统振荡的影响与保护的安装地点有关，当振荡中心在保护范围之外或反方向时，方向阻抗保护就不会因系统振荡而误动。（　　）

**答案：**√

36．电力系统发生振荡时，可能会导致阻抗元件误动作，因此突变量阻抗元件动作出口时，同样需经振荡闭锁元件控制。（　　）

**答案：**×

**解析：**突变量阻抗元件动作出口时，不需经振荡闭锁元件控制。

37．工频变化量原理的阻抗元件不反映系统振荡，但构成继电器时如不采取措施，在振荡中区外故障切除时可能误动。（　　）

**答案：**√

38．当系统最大振荡周期为1.0s时，动作时间不小于0.5s的距离Ⅰ段，不小于1s的距离保护Ⅱ段和不小于1.5s的距离保护Ⅲ段不应经振荡闭锁控制。（　　）

**答案：**×

**解析：**当系统最大振荡周期为1.5s时，动作时间不小于0.5s的距离Ⅰ段，不小于1s的距离保护Ⅱ段和不小于1.5s的距离保护Ⅲ段不应经振荡闭锁控制。

39．距离保护振荡闭锁开放时间等于振荡闭锁装置整组复归时间。（　　）

**答案：**×

**解析：**距离保护振荡闭锁开放时间等于振荡闭锁时间加上振荡闭锁装置整组复归时间。

40．距离保护中的振荡闭锁装置，是在系统发生振荡时，才启动去闭锁保护。（　　）

**答案：**×

**解析：**距离保护中的振荡闭锁装置，是在系统无故障和发生振荡时，闭锁保护，在系统发生故障时开放保护。

41．电力系统发生振荡时，任一点电流与电压的大小，随着两侧电动势周期性的变化而变化。当变化周期小于该点距离保护某段的整定时间时，则该段距离保护不会误动作。（　　）

**答案：**√

42．距离保护在系统振荡时不允许动作跳闸。（　　）

**答案：**×

**解析：**解列点处不经振荡闭锁控制，因而此处安装的距离保护在系统振荡时允许动作跳闸。

43．振荡时系统任何一点电流与电压之间的相位角都随功角$\delta$的变化而变化而短路

时电流与电压之间的角度是基本不变的。（　　）

**答案：** √

44．振荡时系统任何一点电流与电压之间的相位角都随功角 $\delta$ 的变化而改变；而短路时，电流与电压之间的角度保持为功率因数角是基本不变的。（　　）

**答案：** ×

**解析：** 短路时，电流与电压之间的角度保持为线路阻抗角是基本不变的。

45．判断振荡用的相电流或正序电流元件应可靠躲过正常负荷电流。（　　）

**答案：** √

46．双电源系统发生振荡时，对于安装在送电侧的距离继电器来说，阻抗轨迹将由右向左运动，这种变化方式说明保护安装侧运行频率高于系统频率，本侧为加速侧，反之，本侧为减速侧。（　　）

**答案：** √

47．振荡时系统各点电流和电压值均作往复运动，而短路时电流和电压值是突变的。（　　）

**答案：** √

48．在振荡中发生单相金属性短路时，接在故障相上的阻抗继电器的测量阻抗会随着两侧电势夹角的变化而变化。（　　）

**答案：** ×

**解析：** 在振荡中发生单相金属性短路时，接在故障相上的阻抗继电器的测量阻抗能正确反应接地故障的距离。

49．系统在全相振荡过程中发生三相故障，故障线路的保护装置应可靠动作跳闸，并允许带短延时。（　　）

**答案：** √

50．阻抗继电器的整定范围超出本线路，由于对侧母线上电源的助增作用，使得感受阻抗变小，造成超越。（　　）

**答案：** ×

**解析：** 由于对侧母线上电源的助增作用，使得感受阻抗变大，导致保护范围缩小。

51．由于对侧母线上电源的助增作用，使得阻抗继电器感受阻抗变大，造成超越。（　　）

**答案：** ×

52．距离保护配合时助增系数的选择，要通过各种运行方式的比较，选取最大值。（　　）

**答案：** ×

**解析：** 距离保护配合时助增系数的选择，要通过各种运行方式的比较，选取最小值。

53．由于助增电流（排除外汲情况）的存在，使距离保护的测量阻抗增大，保护范围缩小。（　　）

**答案：**√

54．距离保护助增系数应选择常见运行方式下的最大值。（　　）

**答案：**×

**解析：**距离保护助增系数应选择常见运行方式下的最小值。

55．短路初始时，一次短路电流中存在的直流分量与高频分量是造成距离保护暂态超越的因素之一。（　　）

**答案：**√

56．在系统发生故障而振荡时，只要距离保护的整定值大于保护安装点至振荡中心之间的阻抗值就不会误动作。（　　）

**答案：**×

**解析：**在系统发生故障而振荡时，只要距离保护的整定值小于保护安装点至振荡中心之间的阻抗值就不会误动作。

57．突变量构成的保护，不仅可构成快速主保护，也可构成阶段式后备保护。（　　）

**答案：**×

**解析：**因进入稳态时突变量保护返回，因而突变量保护只能构成主保护，不能构成后备保护。

58．接地阻抗继电器不可以保护三相短路。（　　）

**答案：**×

59．为使接地距离保护的测量阻抗能正确反映故障点到保护安装处的距离应引入补偿系数，某线路的正序阻抗为0.2Ω/km，零序阻抗为0.6Ω/km，它的接地距离保护的零序补偿系数为0.5。（　　）

**答案：**×

**解析：**此时接地距离保护的零序补偿系数为0.67。

60．比相式阻抗继电器，不论是全阻抗、方向阻抗、偏移阻抗，抛球特性还是电抗特性，它们的工作电压都是 $U'=U-IZ$，只是采用了不同的极化电压。（　　）

**答案：**√

61．国产微机保护中四边形方向阻抗继电器中的电抗线设置为下倾 7°～10°，主要为提高保护区末端经过渡电阻短路时的动作灵敏度。（　　）

**答案：**×

**解析：**国产微机保护中四边形方向阻抗继电器中的电抗线设置为下倾 7°～10°的目的是为了防止线路末端经过渡电阻短路，由于送电侧的助增作用导致超越。

62．距离保护中，故障点过渡电阻的存在，有时会使阻抗继电器的测量阻抗增

大，也就是说保护范围会伸长。（ ）

**答案**：×

**解析**：阻抗继电器的测量阻抗增大，保护范围会缩短。

63．双侧电源线路上过渡电阻的影响可能使某些保护的测量阻抗减小，因此可能引起某些保护的无选择性动作。（ ）

**答案**：√

64．不论是单侧电源线路，还是双侧电源的网络上，发生短路故障时，故障短路点的过渡电阻总是使距离保护的测量阻抗增大。（ ）

**答案**：×

**解析**：双侧电源的网络上，发生短路故障时，故障短路点的过渡电阻使送电侧的附加阻抗呈阻容性，使测量阻抗减小。

65．过渡电阻对距离继电器工作的影响，视条件可能失去方向性，也可能使保护区缩短，还可能发生超越及拒动。（ ）

**答案**：√

66．接地方向距离继电器在线路发生两相短路经过渡电阻接地时，超前相的继电器保护范围将缩短，滞后相的继电器保护范围将伸长。（ ）

**答案**：×

**解析**：超前相的继电器附加阻抗呈阻容性，保护范围将伸长，滞后相的继电器附加阻抗呈阻感性，保护范围将缩短。

67．接地方向距离继电器在线路发生两相短路经过渡电阻接地时，超前相的继电器保护范围将伸长，滞后相的继电器保护范围将缩短。（ ）

**答案**：√

68．在超高压大负荷送电线路末端发生经过渡电阻故障，送电侧超前相距离继电器有超越情况，而且以母线电压为极化量的距离继电器比以正序电压为极化的继电器严重。（ ）

**答案**：√

69．双侧电源供电的线路上受电侧的距离一段在背后母线上发生三相短路，会因故障处有小过渡电阻而失去方向性，送电侧不会。（ ）

**答案**：√

70．电网中出现短路故障时，过渡电阻的存在对距离保护装置有一定的影响，而且当整定值越小时，影响越大，故障点离保护安装处越远时，影响也越大。（ ）

**答案**：×

**解析**：故障点离保护安装处越近时，影响也越大。

71．在线路上发生经过渡电阻两相接地故障时，相间距离继电器的测量阻抗不受

过渡电阻的影响。（ ）

**答案：** √

72．过渡电阻不影响序电压和序电流之间的相位关系，也不影响突变量电压和突变量电流间的相位关系。（ ）

**答案：** ×

**解析：** 过渡电阻不影响突变量电压和突变量电流间的相位关系，也不影响负序/零序电压和负序/零序电流之间的相位关系，但影响正序电压和正序电流之间的相位关系间的相位关系。

73．220kV 及以上保护装置应有允许较大过渡电阻的能力，在故障点电流大于 800A（一次值）的接地故障时，应能可靠跳闸。（ ）

**答案：** √

74．阻抗继电器受过渡电阻的影响，使得阻抗继电器的灵敏度下降。（ ）

**答案：** √

75．工频变化量阻抗继电器在区外发生过渡电阻短路时，一定不会误动。（ ）

**答案：** √

76．在受电侧电源的助增作用下，线路正向发生经接地电阻单相短路，假如接地电阻为纯电阻性的，将会在送电侧相阻抗继电器的阻抗测量元件中引起容性的附加分量 $Z_R$。（ ）

**答案：** √

77．接地距离保护零序电流补偿系数为 0.617，现错误设置为 0.8，则该接地距离保护区缩短。（ ）

**答案：** ×

**解析：** 零序电流补偿系数为 0.617，现错误设置为 0.8，导致测量阻抗变小，保护范围伸长。

78．阻抗继电器在线路非全相运行和振荡中发生的各种短路，仍能正确地测量阻抗而起到保护作用。（ ）

**答案：** √

79．如果工作电压与极化电压都是用短路后的电压、电流值计算得到，这时动作方程对应的动作特性称作稳态动作特性。（ ）

**答案：** √

80．在单侧电源线路上发生短路，只要短路前有负荷电流，在短路暂态过程中受电侧有电流的变化量，那么安装在受电侧的工频变化量距离继电器的动作行为是正确的。（ ）

**答案：** √

81．工频变化量保护只在乎电流（或电压）值的变化量的绝对值，它不在乎电流（或电压）值是由小变大，还是由大变小。（　　）

**答案**：×

**解析**：故障时电压降低，电流增大。

82．工频变化量阻抗继电器不能用于有串联补偿电容的情况。（　　）

**答案**：×

**解析**：工频变化量阻抗继电器可以适用于有串联补偿电容的情况，但要考虑串联补偿背后故障导致的保护拒动以及线末故障导致的保护超越的问题。

83．常规的距离继电器和工频变化量距离继电器需经振荡闭锁。（　　）

**答案**：×

**解析**：工频变化量距离继电器不需经振荡闭锁。

84．反应工频变化量的阻抗继电器，一般只把当前的采样点的值减去 2～4 个周波以前的采样点的值来获取工频变化量。（　　）

**答案**：×

**解析**：反应工频变化量的阻抗继电器，一般只把当前的采样点的值减去 1～3 个周波以前的采样点的值来获取工频变化量。

85．用于串联补偿线路及其相邻线路的距离保护应有防止距离保护Ⅱ段拒动和误动的措施。（　　）

**答案**：×

**解析**：用于串联补偿线路及其相邻线路的距离保护应有防止距离保护Ⅰ段拒动和误动的措施。

86．线路距离保护通常要求具有方向性，因此距离保护Ⅲ段不允许采用偏移特性的阻抗继电器。（　　）

**答案**：×

**解析**：距离保护Ⅲ段固定采用带偏移特性的阻抗继电器。

87．绝对值比较式阻抗继电器既能构成对称的圆特性的阻抗继电器，也能构成非对称的和由部分圆弧构成的阻抗继电器。（　　）

**答案**：×

**解析**：绝对值比较式阻抗继电器仅能构成对称的圆特性的阻抗继电器，不能构成非对称的和由部分圆弧构成的阻抗继电器。

88．对微机保护装置，若失去交流电压后不及时处理，遇有区外故障或系统操作使其启动，则只要有一定的负荷电流，距离保护将误动。（　　）

**答案**：×

**解析**：交流电压失压后延时发 TV 断线告警后闭锁距离保护。

89．某距离保护的动作方程为 90°＜$\arg[(Z_J-Z_{DZ})/Z_J]$＜270°，它在阻抗复数平面上的动作特性是以$+Z_{DZ}$ 与坐标原点两点的连线为直径的圆。特性为以$+Z_{DZ}$ 与坐标原点连线为长轴的透镜的动作方程（$\delta>0°$）是 $90°+\delta<\arg[(Z_J-Z_{DZ})/Z_J]<270°-\delta$。（　　）

**答案：** √

90．将幅值比较动作方程转换成相位比较动作方程，这种转换必须是等效的。这样它们在阻抗复平面上对应的才时同一个动作特性。这种转换依据是平行四边形法则。设幅值比较动作方程式$|A|>|B|$，欲将它转换成等效的相位比较动作方程 90°＜arg（$C/D$）＜270°，其中 $C=B+A$；$D=B-A$。（　　）

**答案：** ×

**解析：** $C=B-A$，$D=B+A$。

91．距离保护是保护本线路正方向故障和与本线路串联的下一条线路上故障的保护，它具有明显的方向性，因此，即使作为距离保护第Ⅲ段的测量元件，也不能用具有偏移特性的阻抗继电器。（　　）

**答案：** ×

**解析：** 距离保护第Ⅲ段的测量元件固定采用带偏移特性的阻抗继电器。

92．A 相接地距离继电器按 $U_A$/（$I_A+K3I_0$）计算测量阻抗，在 A 相金属性短路接地时能正确动作，对 $I_B$ 和 $I_C$ 没有任何限制，即使振荡使 $I_B$ 和 $I_C$ 变得很大也无妨。（　　）

**答案：** √

93．接地距离保护不仅能反应单相接地故障，而且也能反应两相接地故障。（　　）

**答案：** √

94．在最大运行方式下，距离保护的保护区大于最小运行方式下的保护区。（　　）

**答案：** ×

**解析：** 在最大运行方式下，距离保护的保护区小于最小运行方式下的保护区。

95．从测量元件来看，一般相间距离保护和接地距离保护所接入的电压与电流没有什么不同。（　　）

**答案：** ×

**解析：** 相间距离保护接入相间电压和相间电流，接地距离保护接入相电压和相电流。

96．微机型接地距离保护，输入电路中没有零序电流补偿回路，即不需要考虑零序补偿。（　　）

**答案：** ×

**解析：** 微机型接地距离保护，输入电路中没有零序电流补偿回路，在保护逻辑算法中考虑零序补偿。

97．接地距离保护在受端母线经电阻三相短路时，有可能会失去方向性。（　　）

**答案：** √

98．用正序电压做极化量的方向阻抗继电器，因动作特性包含原点，故反向出口经小电阻接地时，有误动可能。（　　）

**答案：**×

**解析：**正序电压做极化量的方向阻抗继电器反向故障时动作特性为上抛圆，反向出口经小电阻接地时，无误动可能。

99．距离继电器能判别线路的区内、区外故障，是因为加入了带记忆的故障相电压极化量。（　　）

**答案：**×

**解析：**距离继电器能判别线路的区内、区外故障，是因为采用零序电流补偿后，距离继电器的测量阻抗正比于保护安装处到故障点之间的距离。

100．对于三相短路和两相短路接地短路故障，采用相对地或相间测量电压都可以实现距离测量。（　　）

**答案：**√

101．阻抗继电器的测量阻抗与保护安装处至故障点的距离成正比，而与电网的运行方式无关，并不随短路故障的类型而改变。（　　）

**答案：**√

102．差动保护最小动作电流必须躲过区外故障时可能产生的最大不平衡电流。（　　）

**答案：**√

103．纵联电流差动保护两侧差动保护压板不一致时，告警并闭锁差动保护。（　　）

**答案：**√

104．线路两侧纵联电流差动保护装置应互相传输可供用户整定的通道识别码。（　　）

**答案：**√

105．光纤电流差动保护发送时钟根据“通信内时钟”控制字确定，当保护采用专用光纤芯时，线路两侧均应设为内时钟；当保护采用 SDH2M 通道时，一侧应设为内时钟，一侧应设为外时钟。（　　）

**答案：**×

**解析：**当保护采用 SDH2M 通道时，两侧应设为内时钟。

106．如果保护装置中有纵联方向和纵联距离两种纵联保护，但共用一个通道，则必须正方向的方向继电器和阻抗继电器都要动作，才允许发跳闸命令。（　　）

**答案：**×

**解析：**正方向的方向继电器或阻抗继电器任一继电器动作，才允许发跳闸命令。

107．纵联保护不仅作为本线路的全线速动保护，还可作为相邻线路的后备保护。（　　）

**答案：**×

解析：纵联保护仅能作为本线路的全线速动保护，不能作为相邻线路的后备保护。

108．光纤差动保护采用复用通道传输时，对通道要求单向传输时延小于 15ms，必须保证保护装置的收发路由时延一致。（　　）

答案：√

109．为保证允许式纵联保护能够正确动作，要求收信侧的通信设备在收到允许信号时，须将其展宽至 100～200ms。（　　）

答案：×

解析：收信侧的通信设备在收到允许信号时，无需将其展宽。

110．高压线路纵联电流差动保护在“TA 断线闭锁差动”控制字投入后，若发生 TA 断线后，则闭锁差动保护三相。（　　）

答案：×

解析：TA 断线后，仅闭锁断线相差动保护。

111．光纤纵联差动保护在启动同步过程时，两侧采样时间相差比较大，两端纵联差动保护自动退出。（　　）

答案：×

解析：两侧采样时间相差比较大，不影响两端纵联保护。

112．如果光纤纵联差动保护数据传输路由不同，采样时刻调整法无法调整到同步采样。（　　）

答案：√

113．纵联电流差动保护两侧启动元件和本侧差动元件同时动作，才允许差动保护出口。线路两侧的纵联电流差动保护装置均应设置本侧独立的电流启动元件，必要时可用交流电压量和跳闸位置触点等作为辅助启动元件，而且应考虑 TV 断线时对辅助启动元件的影响，差动电流不能作为装置的启动元件。（　　）

答案：√

114．纵联电流差动保护在两侧差动保护压板状态不一致时，保护装置应发告警信号。（　　）

答案：√

115．在光纤通道中断时，光纤纵联差动保护将闭锁差动保护，并发出告警信号，光纤纵联距离保护装置本身没有任何反应。（　　）

答案：√

116．当微机型光纤纵差保护采用专用光纤时，两侧保护装置的通信方式应该是主—主方式，而采用复用光纤方式时，两侧应采用从—从方式。（　　）

答案：√

117．光纤纵差保护的时钟主从方式与选用的通道方式无关。（　　）

**答案**：×

118．110kV 线路保护三侧差动保护方式时，三侧装置之间三个通道全部投入的情况下，当一个通道异常时，闭锁差动保护。（ ）

**答案**：×

**解析**：110kV 线路保护，三侧差动保护方式时，三侧装置之间三个通道全部投入情况下，当一个通道异常时，不闭锁差动保护。

119．某 220kV 线路保护装置（六统一装置），当本侧保护判别出 A 相 TA 断线后，不论发生区内断线相故障还是非断线相故障，两侧差动保护都将延时 150ms 永跳闭重。（ ）

**答案**：√

120．采用检无压、检同期重合闸方式的线路，投检无压的一侧，还要投检同期。（ ）

**答案**：√

121．采用检无压、检同期重合闸方式的线路，投检同期的一侧，还要投检无压。（ ）

**答案**：×

122．采用检无压、检同期重合闸方式的线路，投检同期的一侧，仍需投检无压，其主要目的是为了当线路无压时，可靠闭锁检同期重合闸。（ ）

**答案**：×

**解析**：采用检无压、检同期重合闸方式的线路，投检同期的一侧，仍需投检无压，其主要目的是为了当检无压侧断路器偷跳时能够重合。

123．线路两侧重合闸方式分别为检同期和检线路无电压，在线路发生永久性故障跳闸后，检同期侧重合闸不会动作。（ ）

**答案**：√

124．采用三相重合闸方式的双端供电线路，两侧均安装有同期重合闸，为了防止非同期重合，两侧重合闸连接片（压板）均应投在检同期方式进行。（ ）

**答案**：×

**解析**：两侧均应采用检同期，仅一侧采用检无压。

125．一般情况下 220kV 同杆并架双回线路发生同时性故障时，允许同时跳开双回线路，且不重合。（ ）

**答案**：√

126．当线路发生单相接地故障而进行三相重合闸时，将会比单相重合闸产生较小的操作过电压。（ ）

**答案**：×

**解析：** 三相重合闸时产生的操作过电压高于单相重合闸时产生的操作过电压。

127．当重合闸合于永久性故障时，主要有以下两个方面的不利影响：①使电力系统又一次受到故障的冲击；②使断路器的工作条件变得更严重，因为断路器要在短时间内，连续两次切断电弧。（　　）

**答案：** √

128．对采用单相重合闸的线路，当发生永久性单相接地故障时，保护及重合闸的动作顺序为选跳故障相，瞬时重合单相，后加速跳三相。（　　）

**答案：** ×

**解析：** 动作顺序为选跳故障相，延时重合单相，后加速跳三相。

129．对于含有重合闸功能的线路保护，当发生相间故障或永久性故障时，可只发三个分相跳闸命令，也可发三相跳闸命令。（　　）

**答案：** ×

**解析：** 对于含有重合闸功能的线路保护，当发生相间故障或永久性故障时，只发三个分相跳闸命令，三相跳闸命令不宜引接。

130．对于仅使用三相重合闸的线路而言，潜供电流是不存在的。（　　）

**答案：** ×

131．零序电流保护Ⅳ段定值一般整定较小，线路重合过程非全相运行时，可能误动，因此在重合闸周期内应闭锁，暂时退出运行。（　　）

**答案：** ×

**解析：** 零序电流保护Ⅳ段靠时间定值躲过重合闸过程中的非全相运行状态。

132．单侧电源线路所采用的三相重合闸时间，除应大于故障点熄弧时间及周围介质去游离时间外，还应大于断路器及操动机构复归原状准备好再次动作的时间。（　　）

**答案：** √

133．重合闸启动前及启动后，收到低气压闭锁重合闸信号，均闭锁重合闸。（　　）

**答案：** ×

**解析：** 重合闸启动后收到低气压闭锁重合闸信号，延时 200ms 闭锁重合闸。

134．高压并联电抗器中性点配置的小电抗，可对故障后健全相耦合电容电流进行补偿，从而提高单相重合闸成功率。（　　）

**答案：** √

135．220kV 线路两侧单相重合闸时间可能不一致，先合闸侧保护感受的零序电流不一定是重合于永久故障的故障电流，而是线路非全相由负荷电流产生的零序电流。因此，重合闸加速零序电流保护靠延时躲过该零序电流即可，而不需其他专门措施。（　　）

**答案：** ×

**解析：** 重合闸加速零序电流保护靠延时以及定值大小防止线路非全相状态导致保护

误动。

136. 当线路发生故障后，保护有选择性的动作切除故障，重合闸进行一次重合以恢复供电。若重合于永久性故障时，保护装置即不带时限无选择性的动作断开断路器，这种方式称为重合闸前加速。（ ）

**答案：** ×

**解析：** 当线路发生故障后，保护有选择性的动作切除故障，重合闸进行一次重合以恢复供电。若重合与永久性故障时，保护装置即不带时限无选择性的动作断开断路器，这种方式称为重合闸后加速。

137. 220kV 线路一般都配置了两套微机保护，每套保护设有重合闸，为了保证重合闸的可靠性，两套重合闸的合闸连接片都必须投入运行。（ ）

**答案：** ×

**解析：** 可仅投入其中一套保护的重合闸的合闸连接片。

138. 当重合于本线路故障，或在非全相运行期间健全相又发生故障时，此时允许相邻元件的保护失去选择性。（ ）

**答案：** ×

**解析：** 当重合于本线路故障，或在非全相运行期间健全相又发生故障时，不允许相邻元件的保护失去选择性。

139. 零序电流保护灵敏 I 段在重合在永久故障时将瞬时跳闸。（ ）

**答案：** ×

**解析：** 零序电流保护灵敏 I 段在重合在永久故障时将延时跳闸。

140. 当断路器跳开在一次电流过零时断开电流，此时二次感应电压为零。铁芯中剩磁最小。对重合于故障线路时 TA 饱和的影响也最小。（ ）

**答案：** ×

**解析：** 一次电流过零时断开电流，此时二次感应电压为最高值。

141. 阻抗选相元件，在两相不接地短路时，在双侧电源下送电侧的超前相继电器有较高的灵敏度，而滞后相的阻抗继电器则很不灵敏，受电侧反之。（ ）

**答案：** √

142. 设 $I_{A2}$ 与 $I_{A0}$ 比相元件的动作方程式为 $-60° < \arg(I_{A2}/I_{A0}) < 60°$。某 500kV 线路在额定负荷电流下 A 相发生瞬时性接地，两侧保护正确动作将 A 相跳闸线路处非全相运行状态，此时比相元件处于动作状态。（ ）

**答案：** √

143. $I_0$、$I_{2a}$ 比相的选相元件，当落入 C 区时，可能 AB 相故障。（ ）

**答案：** √

144. 采用序分量选相原理，当动作情况为 $60° < \arg I_0/I_{2a} < 180°$ 时，选 A 相。（ ）

**答案**：×

**解析**：$60° < \arg I_0/I_{2a} < 180°$等效于$180° < \arg(I_{2a}/I_0) < 240°$，故选C相。

145．某线路发生故障，选相元件$\Delta I_{AB}=0A$、$\Delta I_{BC}=20A$、$\Delta I_{CA}=20A$，可判断该线路发生C相故障。（　　）

**答案**：√

146．相电流差突变量选相元件，当选相为B相时，说明$\Delta I_{AB}$或$\Delta I_{BC}$动作。（　　）

**答案**：×

**解析**：相电流差突变量选相元件，当选相为B相时，说明$\Delta I_{AB}$动作且$\Delta I_{BC}$动作。

147．纵联零序方向保护本身也有选相功能，只要通道允许也可以选相跳闸。（　　）

**答案**：×

**解析**：纵联零序方向保护本身不具备选相功能。

148．用工频变化量阻抗继电器计算出的工作电压的数值可用以构成选相。（　　）

**答案**：√

149．反应输电线路一侧电气量的选相元件对同杆并架双回线上的跨线故障也能正确选相。（　　）

**答案**：×

**解析**：反应输电线路一侧电气量的选相元件对同杆并架双回线上的跨线故障不能正确选相。

150．当电流互感器饱和时，测量电流比实际电流小，有可能引起差动保护拒动，但不会引起差动保护误动。

**解析**：当电流互感器饱和时，测量电流比实际电流小，因而区外故障时可能因TA饱和出现差流，导致保护误动作。

151．可能出现过负荷的电缆线路或电缆与架空混合线路，应装设过负荷保护，保护宜带时限动作于信号，不可动作于跳闸。（　　）

**答案**：×

**解析**：可能出现过负荷的电缆线路或电缆与架空混合线路，应装设过负荷保护，保护宜带时限动作于信号，必要时可动作于跳闸。

152．电气化铁路供电在电网中造成的谐波分量可能导致线路保护装置误动，必须增设谐波分量闭锁回路以防止装置误动。（　　）

**答案**：×

**解析**：两相电源供电线路供电产生的不对称分量和冲击负荷可能会使线路保护装置频繁起动，必要时，可增设保护装置快速复归的回路。GB/T 14285—2006《继电保护和安全自动装置技术规程》4.6.8.2 电气化铁路供电在电网中造成的谐波分量可能导致线路保护装置误动，必要时，可增设谐波分量闭锁回路。

153．功率倒向即为双回线中的一条线路发生近处（出口）故障，当近故障侧断路器先于远故障侧断路器跳闸而引起非故障线路的功率（负荷）的方向发生倒向的情况。（　　）

**答案：** √

154．方向元件改用正序电压作为极化电压后，比起 90°接线的方向元件来，主要优点是消除了电压死区。（　　）

**答案：** ×

**解析：** 方向元件的极化电压改用正序电压后，其选相性能大大改善。不像过去未用正序电压时，为了消灭多数故障形式下的电压死区，方向元件要用 90°接线。结果是与故障相方向元件动作的同时，健全相也往往动作，即选相性能差。改用正序电压后，健全相便不会动了。

155．对于线路的相间保护的最后一段的动作灵敏性，必须限制在可靠地躲开线路正常运行功率和实际可能的最大事故后过负荷功率的范围内。（　　）

**答案：** √

156．超高压输电线单相接地两侧保护动作单相跳闸后，故障点有潜供电流，潜供电流大小与线路电压等级、线路长度和故障点位置有关，与负荷电流无关。（　　）

**答案：** ×

**解析：** 潜供电流大小与线路电压等级、线路长度和故障点位置以及负荷电流有关。线路电压等级、线路长度主要影响其电容分量，故障点位置以及负荷电流主要影响其电感分量。

157．对于保护用电流互感器，当被保护线路发生短路故障时，铁芯中的磁感应强度是减小的。（　　）

**答案：** ×

**解析：** 故障时电流增大，电压降低，电流互感器铁芯中磁感应强度是增大的，电压互感器铁芯中磁感应强度是减小的。

158．220kV 线路保护，保护单相跳闸后误跳非故障相断路器，则 150ms 后报“单跳失败三跳”。（　　）

**答案：** √

## 四、填空题

1．$3U_0$突变量闭锁零序保护的功能是____导致零序保护误动作。

**答案：** 防止电流互感器二次回路断线

**解析：** 电流互感器二次回路断线会导致保护装置自产零序电流发生突变，而 $3U_0$ 一般不会突变，增加 $3U_0$ 突变量闭锁，以防止零序保护误动。

2．某保护装置中的零序方向元件、零序电压、零序电流均为自产，其中零序电压取自线路侧 TV，当线路单相故障两侧跳开后的非全相运行过程中，该零序方向元件处____状态。

**答案：**不定（可能动作，可能不动作）

**解析：**两个端口非全相运行时零序方向判别分析，零序方向元件动作状态与系统阻抗有关。

3．线路阻抗为 $Z_0$、$Z_1$，则接地距离保护零序补偿系数 $K_z$=____，若该定值整定比线路实际参数偏大，则保护存在接地故障时保护测量阻抗（偏小），可能区外故障误动的风险。

**答案：**（$Z_0-Z_1$）/$3Z_1$

**解析：**零序补偿系数 $K_z$ 整定值偏大，则保护测量阻抗偏小，有可能在区外故障时保护测量阻抗小于整定定值。当区外故障的话，可能会造成保护越级动作。

4．在大接地电流系统中，能够对线路接地故障进行保护的有纵联保护、____保护和____保护。

**答案：**接地距离；零序

5．应采取措施，防止由于零序功率方向元件的____导致零序功率方向纵联保护拒动，但不应采用____零序动作电压的方法。

**答案：**电压死区；过分降低

**解析：**出自《国家电网有限公司十八项电网重大反事故措施（2018 年修订版）》15.2.3.4 条。

6．220kV 接地后备保护，当接地电阻不大于____Ω 时，保护应能可靠动作，有选择地切除故障。

**答案：**100

**解析：**出自 GB/T 14285—2006《继电保护和安全自动装置技术规程》4.6.2.3。

7．某 220kV 线路如图 2-23 所示，零序方向元件的 $3U_0$、$3I_0$ 均系自产获取，当视在功率 $\dot{S}$：送出有功功率 $P=20$MW、送出感性无功功率 $Q=20$Mvar 时，线路 A 相跳开（非全相运行）后图中零序方向元件____。

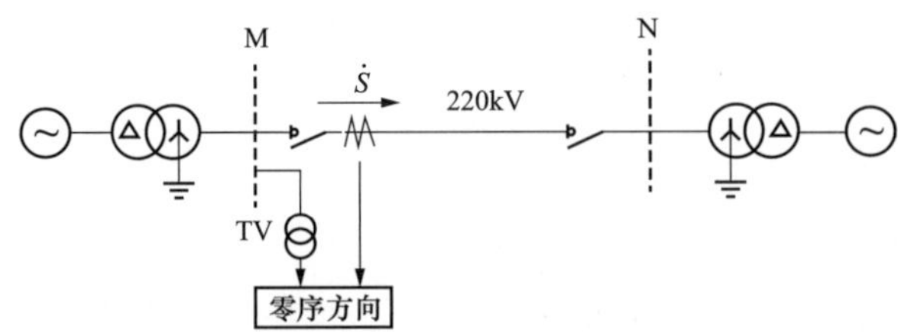


图 2-23　线路系统示意图

**答案：**动作

**解析**：相当于一个断口非全相运行，断线处在保护方向上时，零序电压滞后零序电流相角 100°～110°，断线处在保护反方向上时，零序电压超前零序电流相角 70°～80°，所以零序方向元件动作。

8．线路非全相运行时的零序电流保护不考虑健全相再发生高阻接地故障的情况，当线路非全相运行时自动将零序电流保护最末一段动作时间缩短____并____，作为线路非全相运行时不对称故障的总后备保护，____线路非全相时投入运行的零序电流保护的其他段。

**答案**：0.5s；取消方向元件；取消

**解析**：出自 Q/GDW 1161—2014《线路保护及辅助装置标准化设计规范》5.2.4 条。非全相运行期间健全相再故障时，主要由纵联距离保护和距离保护切除故障，压缩零序保护 0.5s（且最短 0.5s）的作用，主要是本线路再发生故障，如主保护拒动时，让本线路的零序电流保护先动作，以求得与相邻线路的配合。

9．距离保护的末端最小短路电流应大于其最小精工电流的 2 倍，否则可造成保护范围____。

**答案**：缩短

**解析**：DL/T 559—2007《220kV～750kV 电网继电保护装置运行整定规程》7.2.3.5。

10．工频突变量保护在发生区内故障时动作。动作后跳闸前便须按____固定，即将曾经动作过这一事件记忆下来，该类保护之所以在跳闸前就需要按此固定，是因为即使故障存在，只要故障已进入稳态，突变量保护也将返回。

**答案**：相

**解析**：按相固定以确定故障相，防止选相错误。

11．当双侧电源线路发生带过渡电阻接地时，送电侧感受的测量阻抗附加分量呈现____。

**答案**：容性

**解析**：受电侧感受的测量阻抗附加分量呈现感性，送电侧感受的测量阻抗附加分量呈现容性。

12．对于采用两相电源对电铁负荷供电的线路，可装设两段式距离、电流保护。为了防止保护装置频繁启动，可增设____回路。

**答案**：快速复归

13．距离保护的稳态超越是由于受____影响产生的，距离保护的暂态超越是由于受____影响产生的。

**答案**：过渡电阻；暂态分量

14．用于串联补偿线路及其相邻线路的距离保护应有防止____拒动和误动的措施。

**答案**：距离保护Ⅰ段

**解析**：输电线路发生故障时，保护动作发跳闸命令的同时也将串联补偿电容的旁路断路器接通，相当于串联补偿电容被短接，对快速动作的距离保护Ⅰ段产生影响。

15．超高压输电线单相跳闸熄弧较慢是由于____影响。

**答案**：潜供电流

16．大电流接地系统线路发生正方向接地短路时，保护安装处的 $3U_0$ 和 $3I_0$ 之间的相位角取决于____。

**答案**：该点背后零序阻抗零序阻抗角

17．汲出电流一般使距离保护的测量阻抗____。

**答案**：减小

**解析**：助增电流使距离保护的测量阻抗增大，汲出电流使距离保护的测量阻抗减小。

18．阻抗保护应用____和____共同来防止失压误动。

**答案**：电流启动；电压断线闭锁

**解析**：阻抗保护在失压的情况下，阻抗值变为零。为防止正常运行时阻抗保护误动作，一是只要在电流启动的情况才开放阻抗保护，二是正常运行时发生电压断线直接闭锁阻抗保护。

19．功率方向继电器采用 90°接线的优点在于____时无死区，而在出口附近发生____时存在“死区”。

**答案**：两相短路；三相短路

**解析**：出口附近发生三相短路时，三相电压均为零，无法进行功率方向判别。

20．线路保护发送端的远方跳闸和远传信号经____（不含消抖时间）延时确认后，发送信号给接收端。

**答案**：20ms

**解析**：出自 Q/GDW 1161—2014《线路保护及辅助装置标准化设计规范》5.2.10。

21．继电保护及安全自动装置信息传输接收装置在对侧发信信号消失后收信输出的返回时间应不大于____时间。

**答案**：通道传输

22．纵联保护与阶段式的距离保护主要区别是前者能瞬时切除本线路____的故障。

**答案**：全长范围内

**解析**：距离保护距离Ⅰ段能瞬时切除故障，但不能保护线路全长，而距离Ⅱ段能保护线路全长，但存在延时。只有纵联保护作为线路主保护，能够保护线路全长，且瞬时动作。

23．调试时，检查光纤接口或光纤纵联保护装置的光纤通道，如采用专用光纤通道，应采用尾纤将光纤通道自环，也可将站内两台装置互联；如采用复用光纤通道，应将光纤接口或光纤纵联保护装置与数字复接接口装置通过光缆互联，并将数字复接接口装置电口自环。将通道状态数据清零，在保证装置____h 不间断电运行条件下，观察其通道状态的所有异常数据之和不大于____。

**答案**：24；10

24．线路两侧的纵联电流差动保护装置均应设置本侧独立的电流启动元件，必要时可用____和____等作为辅助启动元件，但应考虑____时对辅助启动元件的影响，____不能作为装置的启动元件。

**答案**：交流电压量；跳闸位置触点；TV 断线；差动电流

**解析**：出自 Q/GDW 1161—2014《线路保护及辅助装置标准化设计规范》5.2.2 条纵联电流差动保护技术原则。

25．220kV 及以上双通道线路保护应按装置设置____，保护装置自动区分不同通道，不区分主、备通道。

**答案**：通道识别码

**解析**：出自 Q/GDW 1161—2014《线路保护及辅助装置标准化设计规范》5.2.10 条。

26．220kV 及以上同杆双回线路应配置双重化的____保护。

**答案**：纵联差动

**解析**：出自 Q/GDW 1161—2014《线路保护及辅助装置标准化设计规范》5.1.1.1 条。由于目前光纤通道已经非常普及，差动原理在同杆线路具有纵联高频保护无法比拟的天然优势，因此凡是同杆线路，双重化时必须配置两套纵联差动保护，可以有效地提高可靠性。纵联距离保护可取消同塔双回功能逻辑。

27．220kV 及以上线路保护单跳失败三跳的时间应为____。

**答案**：150ms

**解析**：出自 Q/GDW 1161—2014《线路保护及辅助装置标准化设计规范》5.2.10。

28．220kV 及以上电压等级联络线的每套保护应能对全线路内发生的各种类型故障均快速动作切除。对于要求实现单相重合闸的线路，在线路发生单相经____接地故障时，应能____并动作跳闸。

**答案**：高阻；正确选相

**解析**：出自《国家电网有限公司十八项电网重大反事故措施（2018 年修订版）》15.2.3.1 条。

29．在超高压长距离的线路上，除了要安装并联电抗器之外，在三相并联电抗器的中心点还要装设一个小电抗器，这是为了降低____的影响，以提高重合闸的成功率，但因其热稳定时间很短，必须装设____保护。

**答案**：潜供电流；三相不一致

30．分相电流差动保护收发通道应采用____，确保往返延时一致。

**答案**：同一路由

**解析**：出自《国家电网有限公司十八项电网重大反事故措施（2018 年修订版）》15.1.6 条。

31．判断振荡用的相电流或正序电流元件应可靠躲过____。

**答案：**正常负荷电流

**解析：**正常负荷电流情况下，判断振荡用的相电流或正序电流元件不应启动。

32．对于要求实现单相重合闸的线路，在线路发生____故障时，应能正确选相跳闸。

**答案：**单相经高阻接地

**解析：**出自《国家电网有限公司十八项电网重大反事故措施（2018 年修订版）》15.2.3.1 条。

33．在保护和重合闸装置中常用的选相元件有：____、____、____，辅助选相有相电流选相元件和低电压选相元件等。

**答案：**阻抗选相元件；突变量差电流选相元件；电流相位比较选相元件

34．自动重合闸过程中，无论采用线路或母线电压互感器，无论采用什么保护形式，都必须保证在重合于故障时可靠快速三相跳闸。如果采用线路电压互感器，对距离保护的后加速跳闸应有专门措施，防止____。

**答案：**电压死区

**解析：**在线路合闸于故障时，在合闸前后电压互感器都无电压输出，阻抗继电器的极化电压的记忆回路将失去作用。

35．线路两端均配有同期无压检定的重合闸，若线路一端的重合闸投入检同期方式，另一端的重合闸检定方式为____。

**答案：**检无压和检同期同时投入

**解析：**另一端投检无压和检同期是考虑该端断路器发生偷跳时，断路器能够重合成功，提高供电可靠性。

36．线路接地故障时满足 $180°<\arg\dfrac{I_0}{I_{A2}}<300°$，则既可能是发生了____，也可能是发生了____，还可能是发生了____。

**答案：**C 相接地故障；AB 两相接地故障；AC 两相高阻接地故障

37．以下是相电流差突变量选相元件的几个中间数据，据此判断故障相别：

（1）$\Delta I_{AB}$=1.25A，$\Delta I_{BC}$=20A，$\Delta I_{CA}$=18.5A，发生____相故障。

（2）$\Delta I_{AB}$=8.25A，$\Delta I_{BC}$=20.25A，$\Delta I_{CA}$=10.27A，发生____相故障。

**答案：**C；BC

**解析：**（1）AB 相电流变化不大，而 BC 和 CA 相电流变化较大，说明发生 C 相故障。（2）BC 相电流变化最大，而 AB 相和 CA 相变化较大，且相差不大，说明发生 BC 相故障。

38．纵联距离（方向）保护应具备弱馈功能，在正、负序阻抗过大，或两侧零序阻抗差别（过大）的情况下，允许____。

**答案：**纵续动作

**解析：**出自 Q/GDW 1161—2014《线路保护及辅助装置标准化设计规范》5.2.1 条。

## 五、问答题

1．电力系统在什么情况下会出现零序电流？试举5种例子。

**答：**

（1）并联运行的电力变压器三相参数不同。

（2）电力系统中有接地故障。

（3）单相重合闸过程中的两相运行。

（4）三相重合闸和手动合闸时三相不同期。

（5）空载投入变压器时三相的励磁涌流不相等。

2．什么情况下，零序电流保护不需要经方向元件控制？

**答：**

（1）反方向短路零序电流达不到保护动作定值。

（2）除保护安装侧外，对侧无变压器中性点接地。

3．为什么说在单相接地短路故障时，零序电流保护比三相星形接线的过流保护灵敏度高？

**答：**系统正常运行及发生相间短路时，不会出零序电流，因此零序电流保护整定时不需考虑负荷电流，可以整定的较低；而过流保护整定时必须考虑负荷电流。

4．影响流过保护的零序电流大小的因素有哪些？

**答：**

（1）零序电流的大小与接地故障的类型有关。

（2）零序电流的大小不但与零序阻抗有关而且与正、负序阻抗有关，既要考虑零序阻抗的关系也要考虑机组开的多少。

（3）零序电流的大小与保护背后系统和对端系统中性点接地的变压器多少密切相关。

（4）零序电流的大小与短路点的远近有关。

（5）零序电流的大小与双回线或环网的分流作用及互感影响有关。

5．对长线末端的单相短路接地故障，线路保护用零序电流还是用负序电流检出更好，为什么？

**答：**在故障支路中 $I_{0F}=I_{2F}$。保护中的零序和负序电流 $I_0=C_0I_{0F}$，$I_2=C_2I_{2F}$，$C_0$ 和 $C_2$ 分别为零序和负序电流分配系数。在长线上 $C_2>C_0$，所以用 $I_2$ 检测更灵敏。$I_2$ 不受平行线互感影响，更可靠。

6．零序功率方向灵敏角是否与线路保护定值项中的线路“零序灵敏角”的含义相同，为什么？简述各自在保护继电器中作用。

**答：**意义是不同的。“线路零序灵敏角”反映的是本线路零序阻抗的角度，它影响着接地距离继电器的工作电压形成。“零序功率方向灵敏角”反映的是线路背后等效零序网络阻抗角，它决定了零序功率方向的动作角度区域。

7．在110kV出线保护回路中，TA的中性线不通，试分析正常时和故障时对保护装置有什么影响？

**答**：正常时，因为没有零序电流，所以对保护装置没有影响；当发生相间故障时，零序电流也为零，保护装置能够正确动作；当发生接地故障时，特别是单相接地故障，由于中性线不通，相当于TA开路，这时保护装置不能动作，造成拒动。

8．反应输电线路一侧电气量变化的保护（如距离保护、零序保护）为什么不能瞬时切除本线路全长范围内的故障？

**答**：因为反应输电线路一侧电气量变化的保护难以区分本线路末端短路和相邻线路出口短路两种状态。若本线路末端短路（k1）和相邻线路始端（k2）短路时，因为k1、k2两点间电气距离很近，阻抗很小，M侧感受的电压电流几乎是一样的，加上需考虑保护定值计算用的线路参数误差及电压互感器、电流互感器的测量误差，为了保证k2点短路M侧保护不超越，则k1点短路它也不能瞬时动作。因而它不能保护本线路全长范围内的故障。

9．零序方向继电器、负序方向继电器、工频变化量方向继电器哪一种能适应两相运行？

**答**：工频变化量方向继电器能适应两相运行。两相运行在负荷状态下就有负序和零序电流出现，计算负序和零序电压都需要三相电压，在两相运行时，一相已断开，电压互感器接在母线上还是线路上断开相电压差别很大，所以不能采用零序方向继电器、负序方向继电器。工频变化量方向继电器在两相运行的负荷状态下电流和电压变化量为零，不会误动作，且能正确反映运行中两相的各种故障。

10．简述在输电线路非全相运行时零序方向继电器的动作行为。

**答**：

（1）在输电线路的对端断路器发生一相断线或两相断线，如果采用母线TV，零序方向继电器的动作行为与正方向短路时的动作行为完全相同；如果采用线路TV，零序方向继电器的动作行为与反方向短路时的动作行为完全相同。

（2）在输电线路两端断路器都单相跳闸的两端非全相运行的情况下，如果采用母线TV，零序方向继电器的动作行为与正方向短路时的动作行为完全相同；如果采用线路TV，零序方向继电器的动作行为与系统参数有关，零序正方向的方向继电器肯动作也可能不动作。

11．保护装置中的零序功率方向元件应采用自产零序电压，纵联零序方向保护不应受零序电压大小的影响，在零序电压较低的情况下应保证方向元件的正确性。因此，不宜过分降低零序方向元件的零序电压门槛，为此可采用哪几种方法解决？

**答**：

（1）补偿电压比相式。

将母线的零序电压补偿到线路的某一点，例如线路中点，称为零序补偿电压 $3U_{0BC}$，采用零序补偿电压 $3U_{0BC}$ 与零序电流 $3I_0$ 比较相位来确定线路故障的方向［以下公式中 $3U_{0BC}$ 为零序补偿电压，$3U_{0M}$ 为母线零序电压，$Z_{1L}$ 为线路全长的正序阻抗，$K$ 为零序补偿系数 $K=(Z_0-Z_{1L})/3Z_{1L}$。由此可推出 $Z_0=(3K+1)Z_{1L}$，并假设正方向的角度范围为±80°］。

补偿电压 $3U_{0BC}=3U_{0M}-3I_0\times[0.5\times(3K+1)Z_{1L}]$，正方向：$170°<\arg\dfrac{3U_{0BC}}{3I_0}<330°$。

（2）零序电压比幅式。

由于故障点的零序电压最高，线路正方向故障时，零序补偿电压 $3U_{0BC}$ 要大于母线零序电压 $3U_{0M}$。反方向故障时，补偿电压要小于母线零序电压。因此，可以用比较补偿零序电压和母线零序电压幅值的方式来确定线路故障的方向［公式中的符号与（1）中含义相同，零序补偿电压 $3U_{0BC}$ 补偿到线路全长的 $M\%$］。

正方向判别：$3U_{0M}-3I_0\times[M\%\times(3K+1)Z_{1L}]>3U_{0M}$。其中，$0\leqslant M\leqslant 100$，对有互感的线路，$M$ 值要适当取小一些，同时还要增加抗互感的其他措施，如利用不受互感影响的负序分量判据等。

（3）故障相比相式。

用故障相的相电压和零序电流比较相位来确定线路故障的方向，正方向，采用此法的注意事项如下：

1）故障相不能选错，一旦选错，会造成线路保护不正确动作。而采用零序方向元件，选相元件不能正确选相时，即单相故障错选为相间故障时，会导致单相故障三相跳闸。

2）故障相电压与零序电流之间的相位关系随接地电阻的大小发生变化，不如零序电压和零序电流之间的相位稳定，其动作范围要充分考虑。

12．请表述阻抗继电器的测量阻抗、动作阻抗、整定阻抗的含义。

**答：**

（1）测量阻抗是指其测量（感受）到的阻抗，即为通过对加入阻抗继电器的电压、电流进行运算后所得到的阻抗值。

（2）动作阻抗是指能使阻抗继电器临界动作的测量阻抗。

（3）整定阻抗是指编制整定方案时根据保护范围给出的阻抗，阻抗继电器根据该值对应一个动作区域，当测量阻抗进入整定阻抗所对应的动作区域时，阻抗继电器动作。

13．影响阻抗继电器正确测量的因素有哪些？

**答：**

（1）故障点的过渡电阻。

（2）保护安装处与故障点之间的助增电流和汲出电流。

（3）测量互感器的误差。

（4）电力系统振荡。

（5）电压二次回路断线。

（6）被保护线路的串联补偿电容。

14．请分析线路由负荷状态变为短路状态及系统发生振荡时测量阻抗的变化规律。

**答：** 线路由负荷状态变为短路状态时，测量阻抗瞬间减小为短路阻抗；系统发生振荡时，测量阻抗伴随振荡呈周期性而变化。

15．接地阻抗元件为什么要加入零序补偿？当线路 $Z_0$=3.4$Z_1$ 时，$K$ 为何值？A 相接地，A 相接地阻抗元件受不受非故障相电流影响？

**答：**

（1）为了使接地阻抗元件在接地时能准确测定距离，其接线采取：$\dfrac{U_\phi}{I_\phi + K3I_0}$

$K$ 值求法：设线路 A 相接地故障，故障点至保护安装处距离 $L$，$Z_1$、$Z_2$、$Z_0$ 分别为单位距离的正序、负序、零序阻抗。

根据对称分量法母线 A 相残压及流过断路器的故障电流

$\dot{I}_{A} = \dot{I}_{A1} + \dot{I}_{A2} + \dot{I}_{A0}$

$\dot{U}_{A} = \dot{U}_{A1} + \dot{U}_{A2} + \dot{U}_{A0} = \dot{I}_{A1}Z_1L + \dot{I}_{A2}Z_2L + \dot{I}_{A0}Z_0L = \dot{I}_{A}Z_1L + \dot{I}_{A0}(Z_0 - Z_1)L$

因 $Z_1 = Z_2$ 且要求阻抗正确测量为 $Z_1L$，所以：

$$Z = \frac{\dot{U}_{A}}{\dot{I}_{A} + K3\dot{I}_0} = Z_1L$$

$\dot{I}_{A}Z_1L + \dot{I}_{A0}(\dot{Z}_0 - Z_1)L = (\dot{I}_{A} + K3\dot{I}_0)Z_1L$

$\dot{I}_{A0}(Z_0 - Z_1)L = K3\dot{I}_0Z_1$

因 $\dot{I}_{A0} = \dot{I}_0$，得 $K = \dfrac{Z_0 - Z_1}{3Z_1}$。

（2）当 $Z_0 = 3.4Z_1$ 时，则 $K = \dfrac{3.4-1}{3} = 0.8$。

（3）A 相接地，A 相接地阻抗元件受不受非故障相电流影响，原因为：

1）从推导公式时，未对非故障相电流作任何规定故不受影响。

2）非故障相电流已经在 $\dot{I}_0 = \dfrac{1}{3}(\dot{I}_{A} + \dot{I}_{B} + \dot{I}_{C})$ 中考虑，故不受影响。

16．某 220kV 线路如图 2-24 所示。

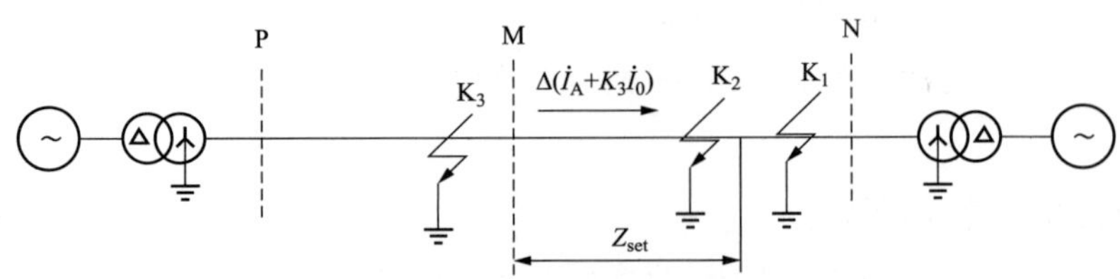


图 2-24　220kV 线路示意图

线路处于空载状态，设 M 母线 A 相工作电压为：

$$\dot{U}_{\text{op.A}}=\dot{U}_{\text{MA}}-(\dot{I}_{\text{A}}+K3\dot{I}_0)Z_{\text{set}}$$

其中：$\dot{U}_{\text{MA}}$ 为 M 母线 A 相电压，$Z_{\text{set}}$ 为 M 侧保护整定阻抗。以 $\Delta(\dot{I}_{\text{A}}+K3\dot{I}_0)$ 为基准相量，试分别作出 K1 点、K2 点、K3 点 A 相接地时 $\Delta\dot{U}_{\text{op.A}}$ 相量（图中各元件的序阻抗角相同均为 80°，且零序阻抗与正序阻抗之比相同）。

**答**：$\Delta\dot{U}_{\text{op.A}}$、$\Delta(\dot{I}_{\text{A}}+K3\dot{I}_0)$ 仅存在于故障分量网络中。

（1）正向 A 相接地（K1、K2）。

$\Delta\dot{U}_{\text{MA}}=-\Delta(\dot{I}_{\text{A}}+K3\dot{I}_0)Z_{\text{M}(-)}$，[$Z_{\text{M}(-)}$ 为 M 母线背后阻抗]

所以 $\Delta\dot{U}_{\text{op.A}}=\Delta\dot{U}_{\text{MA}}-\Delta(\dot{I}_{\text{A}}+K3\dot{I}_0)Z_{\text{set}}=-\Delta(\dot{I}_{\text{A}}+K3\dot{I}_0)[Z_{\text{M}(-)}+Z_{\text{set}}]$

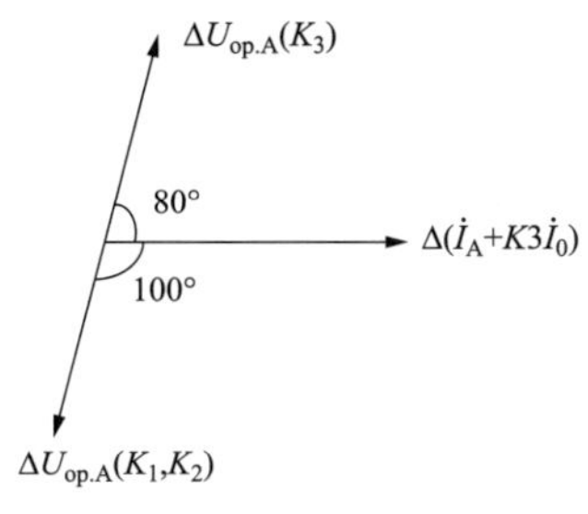


图 2-25 各点 A 相接地相量图

（2）反向 A 相接地（K3）。

由于线路处空载，因为 K1、K2、K3 点作用的故障分量，电势同相位，因此 K1、K2、K3 点 A 相接地时，$\Delta(\dot{I}_{\text{A}}+K3\dot{I}_0)$ 同相位。

$\Delta\dot{U}_{\text{MA}}=\Delta(\dot{I}_{\text{A}}+K3\dot{I}_0)Z_{\text{M}(+)}$ [$Z_{\text{M}(+)}$ 为 M 母线正向阻抗]

可得 $\Delta\dot{U}_{\text{op.A}}=\Delta\dot{U}_{\text{MA}}-\Delta(\dot{I}_{\text{A}}+K3\dot{I}_0)Z_{\text{set}}=\Delta(\dot{I}_{\text{A}}+K3\dot{I}_0)[Z_{\text{M}(+)}-Z_{\text{set}}]$，[$Z_{M(+)}>Z_{\text{set}}$]

说明：直接画出相量关系（如图 2-25 所示）同样得分。

17．系统如图 2-26 所示，假定线路空载运行，各元件阻抗角相同，均为 80°，在 K1～K4 各点发生金属性故障，画出对应的工作电压 $U_{\text{op}}$ 和工作电压变化量 $\Delta U_{\text{op}}$ 的相量图。

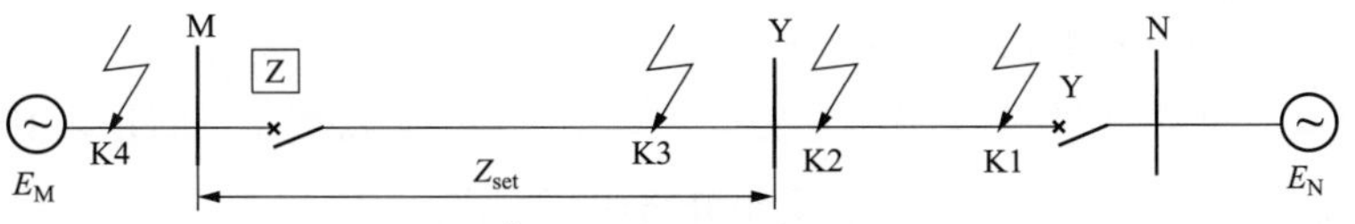


图 2-26 各点故障时示意图

**答**：各点故障电压相量图如图 2-27 所示。

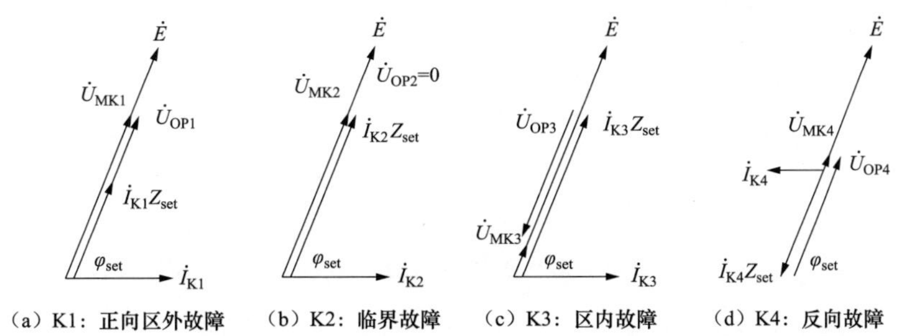


图 2-27 K1～K4 各点故障电压相量图

各点故障电压变化量相量图如图 2-28 所示。

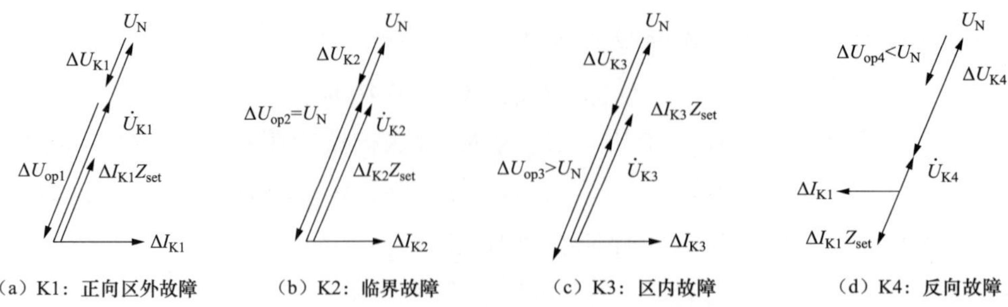


图 2-28　K1～K4 各点故障电压变化量相量图

18．系统 K 点发生 A 相接地故障，在电压平面上画出故障后母线电压和故障后母线正序电压，并由此说明母线正序极化电压比母线极化电压的优越性。

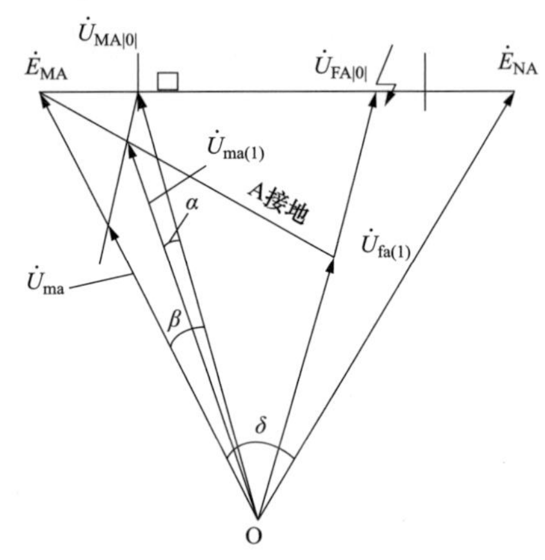


图 2-29　电压相量法示意图

答：电压相量法示意图如图 2-29 所示。

$U_{MA|0|}$为故障前母线电压，$U_{ma}$为故障后母线电压，$U_{ma(1)}$为故障后母线正序电压，$U_{FA|0|}$为故障前故障点电压，$U_{fa(1)}$为故障后故障点正序电压。$U_{fa(1)}$、$E_{MA}$、O 组成的三角形为正序网电压三角形，过 $U_{MA|0|}$作 $U_{fa(1)}$O 的平行线，与 $U_{fa(1)}E_{MA}$线的交点为母线正序电压的顶点，与 $E_{MA}$O 的交点，就是母线电压的顶点。

由图 2-29 可看出，故障前后母线正序电压的相位变化很小，为 $\alpha$ 角；而母线电压变化较大，为 $\beta$ 角；且 $\beta>\alpha$。因极化电压要求故障前后相位不变，故选取正序电压比母线电压优越。

19．距离元件的动作特性采用多边形特性和小矩形特性，如图 2-30 所示，请说明图中距离继电器标明的多边形各角度及小矩形的作用。

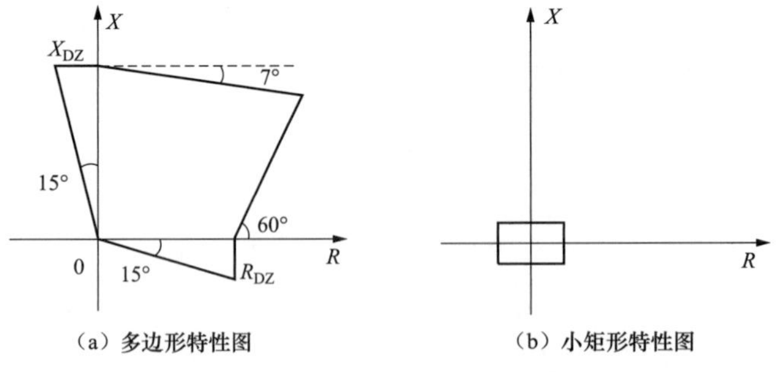


图 2-30　距离元件动作特性图

答：各角度的功能如下：

（1）第一象限的 60°的设计：提高躲负荷阻抗的能力。

（2）第一象限的 7°的设计：在双侧电源的线路上，由于助增电流的影响，当线路末端

经过渡电阻短路时，易落于水平线内，可能会引起保护超范围动作，为此向下倾斜 7°。

（3）第二象限的 15°的设计：能保证发生金属性短路时可靠动作。

（4）第四象限的 15°的设计：能保证本线路出口经过渡电阻短路时可靠动作。

小矩形的功能如下：

（1）在重合或手合到故障时，能保证可靠切除出口故障。因为在出口处短路时，线路 TV 上或母线 TV 上的电压在重合或手合前可能很低或没有，所以不能用记忆电压判方向，此时如果落在小矩形范围内则加速保护出口（做重合后加速时，需要投入瞬时加速Ⅱ段或瞬时加速Ⅲ段距离或纵联阻抗瞬时加速）。

（2）对于距离Ⅲ段的小矩形，不论发生单相故障、相间故障还是三相故障，由于考虑到Ⅲ段是远后备保护，只要进入Ⅲ段小矩形范围之内，保护就按Ⅲ段延时出口。

20．为什么要调整圆特性方向阻抗继电器的最大灵敏角等于被保护线路的阻抗角？

**答**：被保护线路发生相间短路时，短路电流与继电器安装处电压间的夹角等于线路的阻抗角，即阻抗继电器测量阻抗的阻抗角等于线路的阻抗角。对于圆特性方向阻抗继电器，在线路发生短路故障时应使其工作于最灵敏状态下，故要求的最大灵敏角等于被保护线路的阻抗角。

21．方向阻抗继电器如何消除各种类型故障的死区？正序电压用作极化电压的好处是什么？

**答**：方向阻抗继电器通常采用正序极化电压或非故障相极化电压并带记忆的方法消除故障死区。

正序电压用作极化电压的好处是：

（1）故障后各相正序电压的相位始终保持故障前的相位不变，与故障类型无关。作为工作电压要与它来比相的，起着参考标准的极化电压正需要这种相位始终不变的特性。

（2）除了三相短路以外，幅值一律不会降到零，意味着无死区。

（3）构成的元件性能好。例如方向元件的极化电压改用正序电压后，其选相性能大大改善。不向过去未用正序电压时，为了消灭多数故障形式下的电压死区，方向元件要用 90°接线。结果是与故障相方向元件动作的同时，健全相也往往动作，即选相性能差。改用正序电压后，健全相的便不会动了。

22．简述对工频变化量阻抗继电器动作性能的评价。

**答**：工频变化量阻抗继电器的优点是：

（1）有很强的保护过渡电阻的能力，且该能力有很强的自适应功能。

（2）区外短路不会超越。

（3）正方向出口短路没有死区，近处故障不会拒动。

（4）正方向出口短路时动作速度很快。

（5）系统振荡或波动时不会误动。

（6）单侧电源线路上发生短路时，受电侧的继电器的动作行为也是正确的。

（7）有很好的方向性，反方向短路不会误动。

工频变化量阻抗继电器的缺点是：

（1）只存在短路初始的一段时间内，只能用于构成快速保护。

（2）在超高压远距离输电线路上，线路末端断路器因故跳开时，由于电容效应的影响，继电器可能会误动。

（3）由于暂态电气量的影响，继电器的离散性相对稍大。

23．220kV线路邻线距出口5km左右处发生C相闪络故障，本线路保护装置的“工频变化量”保护越级动作跳闸并重合成功，系统故障如图 2-31 所示。事故调查时，在用万用表测量保护屏的N600端子对地电压为0.84V，测量故障录波器屏N600端子对地电压仅为0.1V，再测量故障录波器屏$3U_0$开口端子对地电压为0.9V。请分析本线路工频变化量保护误动作的原因。

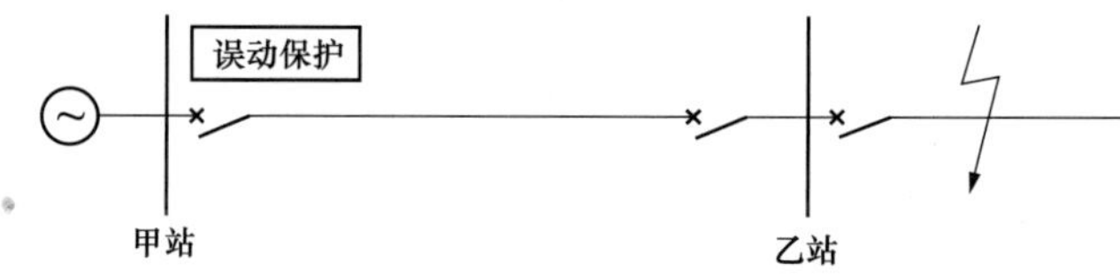


图 2-31　系统故障示意图

**答**：根据测量电压可判断保护屏处保护电压误将 N600 端子接到了 $3U_0$ 开口三角电压端子上。

工频变化量距离继电器动作方程为：$|\Delta U_{OP}|>U_z$

对接地故障：$\Delta\dot{U}_{op\varphi}=\Delta\dot{U}_{\varphi}-\Delta(\dot{I}_{\varphi}+K3\dot{I}_0)Z_{ZD}$

$U_Z$为动作门槛，取故障前工作电压的记忆量。

因为电压互感器二次回路的N600接到了开口三角的$3U_0$端子上，使各相的测量电压还增加了$-3U_0$电压部分，因而使各相电压失真，可能会使距离继电器和工频变化量距离继电器误动。如图2-31所示，由于有附加电压$-3U_0$的存在，当$\Delta U_{op}>U_Z=U_N$时，满足工频变化量距离继电器动作条件而误动作。由于三相电压严重失真，距离继电器误动的概率也相当大。

24．如图2-32所示，串联补偿电容安装在保护反方向上，且$X_C>X_{set}$，则K点发生短路时，工频变化量阻抗继电器会误动，如何采取措施防止其误动？

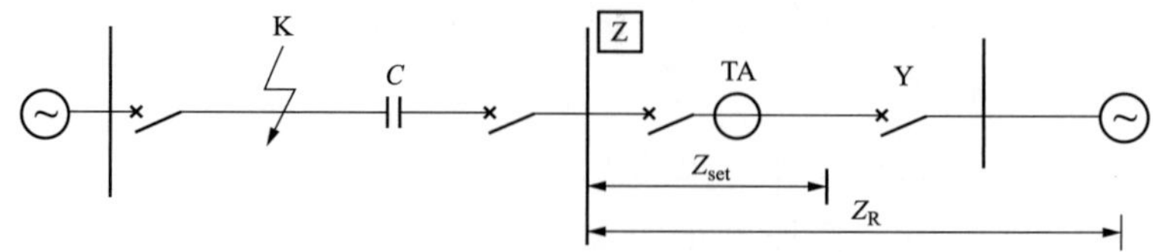


图 2-32　保护反方向安装串联补偿示意图

**答**：为了解决工频变化量阻抗继电器在上述情况下误动问题，采取的措施是设置两个工频变化量阻抗继电器。其中一个其定值按整定计算的要求即继电器所在线路阻抗的0.8倍整定，另一个其定值整定得比较大，大于$X_C$，如整定为$Z_{set}=Z_R$，两个继电器构成逻辑“与”的关系，这样反方向短路时，两个工频变化量阻抗继电器的公共动作区就是 $Z_R$ 处的一个点，从而防止反方向误动（正方向动作特性仍然是以$-Z_s$为圆心，$Z_s+Z_{set}$为半径的圆）。

25．如需构成一阻抗继电器，其动作特性是如图 2-33 所示的以 OA 相量两端点为弦的大半个圆，圆内为动作区，整定阻抗 $Z_{zd}$ 是圆的直径。OA 与 $Z_{zd}$ 的夹角为 30°。请写出其阻抗形式的动作方程（设继电器的测量阻抗为 $Z_J$），以及可用以实现的、用加于继电器的电压 $U_J$、电流 $I_J$ 和整定阻抗 $Z_{zd}$ 表达的电压形式的动作方程（请用一个动作方程表示）。

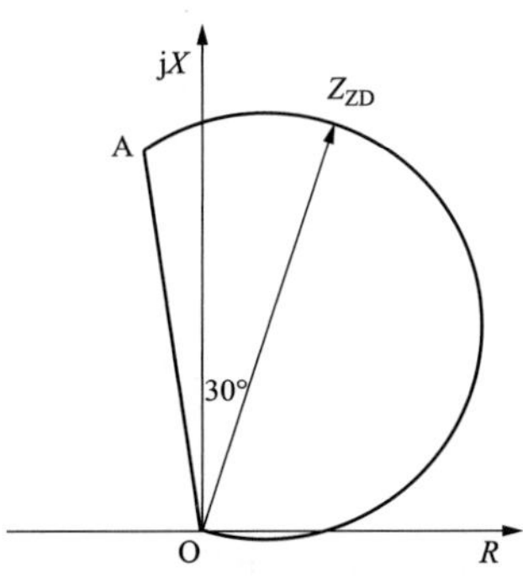


图 2-33 阻抗继电器动作特性图

**答**：由数学知识可知：

$$OA=\frac{\sqrt{3}}{2}Z_{ZD}e^{j30^\circ}=0.866Z_{ZD}e^{j30^\circ}$$

阻抗形式表达的动作方程：

$$180^\circ<\arg\frac{Z_J-OA}{Z_J}<300^\circ$$

$$180^\circ<\arg\frac{Z_J-0.866Z_{ZD}e^{j30^\circ}}{Z_J}<300^\circ$$

电压形式的动作方程：

$$180^\circ<\arg\frac{U_J-0.866I_JZ_{ZD}e^{j30^\circ}}{U_J}<300^\circ$$

26．如需构成过$Z_{set}$相量的双折线特性的阻抗继电器，如图2-34所示。双折线下部的阴影区为动作区，$Z_{set}$ 为整定阻抗。请写出动作方程，说明其实现方法（要求写出直线特性的阻抗形式的动作方程，并写出用加于继电器的电压 $U_J$、电流 $I_J$ 和整定阻抗 $Z_{set}$ 表达的电压形式动作方程）。

**答**：有下述两种方法，任一种都算正确。

（1）阻抗形式的动作方程为：

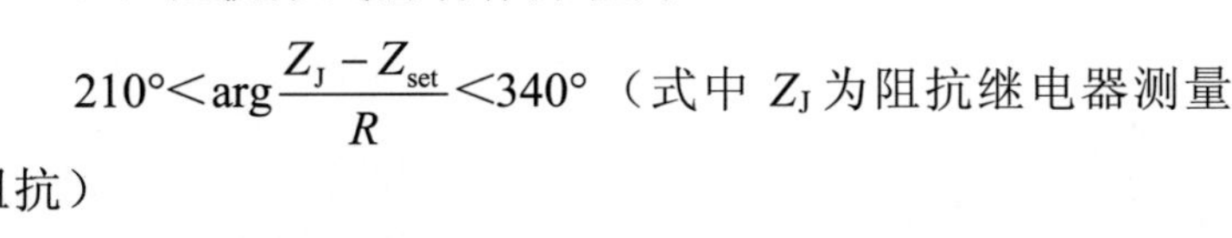

$210^\circ<\arg\frac{Z_J-Z_{set}}{R}<340^\circ$（式中 $Z_J$ 为阻抗继电器测量阻抗）

图 2-34 阻抗继电器动作特性图

电压形式的动作方程为：

$$210^\circ<\arg\frac{U_J-I_JZ_{set}}{I_J}<340^\circ \quad 或 \quad 210^\circ<\arg\frac{U_J-I_JZ_{set}}{I_JR}<340^\circ$$

该电压形式的动作方程是可用以实现的动作方程。

（2）两条直线特性的阻抗形式的动作方程分别为：

$$-150°<\arg\frac{Z_J-Z_{set}}{R}<30°，\quad 160°<\arg\frac{Z_J-Z_{set}}{R}<340°$$

两动作方程构成逻辑“与”关系。

两条直线特性的电压形式的动作方程分别为：

$$-150°<\arg\frac{U_J-I_JZ_{set}}{I_J}<30°，\quad 160°<\arg\frac{U_J-I_JZ_{set}}{I_J}<340°$$

（上两动作方程的分母写成 $I_JR$ 也算正确）

两动作方程构成逻辑“与”关系。该两动作方程是可用以实现的动作方程。

27．某继电器动作方程为

$$-90°\leqslant\arg\frac{\dot U'_{A2}-\dot U'_{A1}}{\dot U'_{A2}+\dot U'_{A1}}\leqslant 90°$$

$$\dot U'_{A2}=\dot U_{A2}-Z_Z\dot I_{A2},\dot U'_{A1}=\dot U_{A1}-Z_Z\dot I_{A1}$$

继电器装设在 YNd11 变压器的高压侧（Y 侧），试简要分析该继电器在低压侧（△侧）短路时的动作行为。题中 $U_{A2}$、$I_{A2}$、$U_{A1}$、$I_{A1}$ 分别为继电器感受到的负序、正序分量，假定系统的正序电抗和负序电抗相等。

**答**：可将继电器动作方程转换为幅值比较式，然后分析变压器低压侧短路时的序分量并折算到高压侧，最后对比动作方程得出结论。

相位比较式方程转换为幅值比较式方程有以下规律：

$$-90°\leqslant\arg\left(\frac{\dot C}{\dot D}\right)\leqslant 90°$$

可转换为 $|\dot A|<|\dot B|$，其中 $\dot A=\frac{1}{2}(\dot D-\dot C)$； $\dot B=\frac{1}{2}(\dot C+\dot D)$

$$90°\leqslant\arg\left(\frac{\dot C}{\dot D}\right)\leqslant 270°$$

可转换为 $|\dot A|>|\dot B|$。

继电器动作方程可变换为：$|\dot U_{A2}-\dot I_{A2}Z_Z|\geqslant|\dot U_{A1}-\dot I_{A1}Z_Z|$；变压器△侧三相短路时，无负序分量，继电器不动作。

变压器△侧两相短路时：

△侧：$\dot I_{a1}=-\dot I_{a2},\dot U_{a1}=\dot U_{a2}=-\dot I_{a2}Z_{2\Sigma}$

Y 侧：$\dot I_{A1}=\dot I_{a1}e^{-j30°},\dot U_{A1}=\dot U_{a1}e^{-j30°}+\dot I_{a1}e^{-j30°}Z_B$

$\dot I_{A2}=-\dot I_{a1}e^{j30°},\dot U_{A2}=\dot U_{a1}e^{j30°}-\dot I_{a1}e^{j30°}Z_B$

化简后得，$|\dot U_{A2}-\dot I_{A2}Z_Z|=|\dot U_{a1}-\dot I_{a1}(Z_B-Z_Z)|=|\dot I_{a1}Z_{2\Sigma}-\dot I_{a1}(Z_B-Z_Z)|$

$$\left|\dot{U}_{A1}-\dot{I}_{A1}Z_Z\right|=\left|\dot{U}_{a1}+\dot{I}_{a1}(Z_B-Z_Z)\right|=\left|\dot{I}_{a1}Z_{2\Sigma}+\dot{I}_{a1}(Z_B-Z_Z)\right|$$

$$\left|\dot{U}_{A2}-\dot{I}_{A2}Z_Z\right|\geqslant\left|\dot{U}_{A1}-\dot{I}_{A1}Z_Z\right| \text{ 即为 } \left|Z_{2\Sigma}-(Z_B-Z_Z)\right|\geqslant\left|Z_{2\Sigma}+(Z_B-Z_Z)\right|$$

等价于相比式方程为 $-90°\leqslant\arg\left(\dfrac{Z_Z-Z_B}{Z_{2\Sigma}}\right)\leqslant 90°$

式中，$Z_Z$为整定阻抗，$Z_B$为变压器等值阻抗。比较$Z_Z$、$Z_B$得出结论：$Z_Z$=$Z_B$时，在动作边界；$Z_B$＜$Z_Z$时，继电器动作；$Z_B$＞$Z_Z$时，继电器不动作。

28．设$Z_x$为固定阻抗值，阻抗角与整定阻抗$Z_{set}$的阻抗角相等，$Z_m$为测量阻抗，按以下动作方程分别作出$Z_m$的动作特性，并以阴影线表示$Z_m$的动作区。

（1）$-90°<\arg\dfrac{I_mZ_{set}-U_m}{e^{j90°}(I_mZ_x+U_m)}<0°$

（2）$225°<\arg(Z_{set}-Z_m)<330°$

**答：**

（1）将式（1）转换成：

$180°<\arg\dfrac{Z_m-Z_{set}}{Z_m+Z_x}<270°$（右半圆）

画出该阻抗继电器动作特性图，如图 2-35 所示。

（2）$\arg(Z_{set}-Z_m)=\arg(Z_m-Z_{set})+180°$，式（2）动作方程变为：

$45°<\arg(Z_m-Z_{set})<150°$

画出该阻抗继电器动作特性图，如图 2-36 所示。

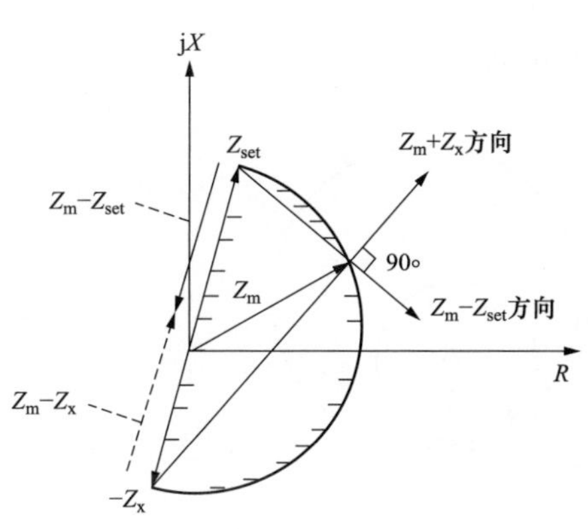


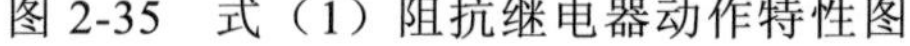
图 2-35 式（1）阻抗继电器动作特性图

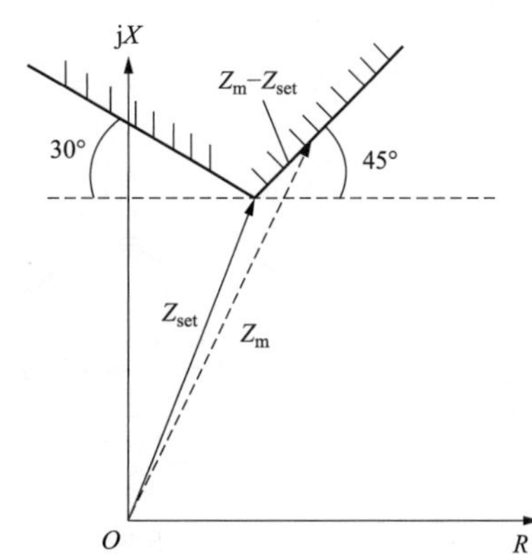


图 2-36 式（2）阻抗继电器动作特性图

29．（1）已知某阻抗继电器由三个元件组成，动作特性如图 2-37 所示，请分别写出三个元件的动作方程。

（2）请在同一阻抗平面内，分别画出正、反方向短路故障时极化电压为母线电压、正序电压、记忆电压以及工频变化量的阻抗继电器的动作特性，并标注说明。假设整定

阻抗为 $Z_{set}$，系统各阻抗角相同，均为 80°。

（3）如按阻抗形式动作方程

$$180°<\arg\frac{Z_J-0.866Z_{ZD}e^{j30°}}{Z_J}<300°$$

（设继电器的测量阻抗为 $Z_J$、整定阻抗为 $Z_{ZD}$）构成一阻抗继电器，请绘制该阻抗继电器动作特性。

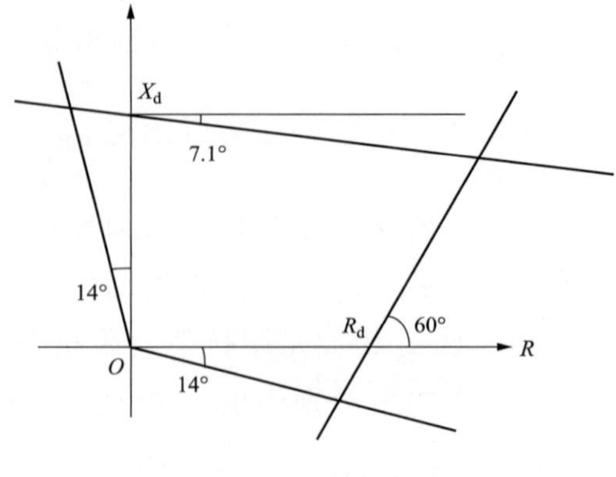

图 2-37　阻抗继电器动作特性图

**答：**

（1）该阻抗元件由电抗元件 $X$、方向元件 $D$ 和电阻元件 $R$ 组成与门。

电抗元件 $X$ 的动作方程是：

$$-97.1°\leqslant\arg\frac{Z_m-jX_d}{-jX_d}\leqslant 82.9°$$

方向元件 $D$ 的动作方程是：

$$-14°\leqslant\arg Z_m\leqslant 104°$$

电阻元件 $R$ 的动作方程是：

$$-120°\leqslant\arg\frac{Z_m-R_d}{-R_d}\leqslant 60°$$

（2）不同极化电压下正方向和反方向短路故障动作特性如图 2-38 所示，其中圆 1 为母线电压极化的方向圆阻抗圆、圆 2 为正序电压极化的方向阻抗圆、圆 3 为带记忆（暂态）电压极化的方向阻抗圆、圆 4 为工频变化量阻抗圆。

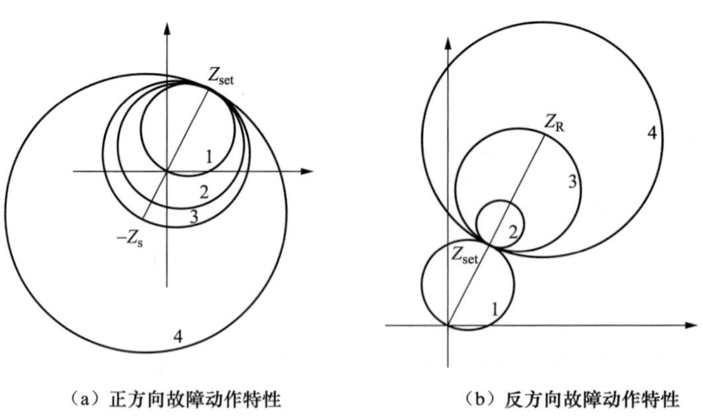

（a）正方向故障动作特性　　（b）反方向故障动作特性

图 2-38　不同极化电压下正、反方向短路故障动作特性图

**注：**对于以上阻抗圆正、反方向动作特性方程要掌握且能够推导，正序电压极化时接地和相间短路的阻抗动作特性方程稍有不同。

（3）该阻抗继电器动作特性如图 2-39 所示是以相量 OA 两端点为弦的大半个圆，圆内为动作区，其整定阻抗 $Z_{ZD}$ 是圆的直径。OA 与 $Z_{ZD}$ 的夹角为 30°。

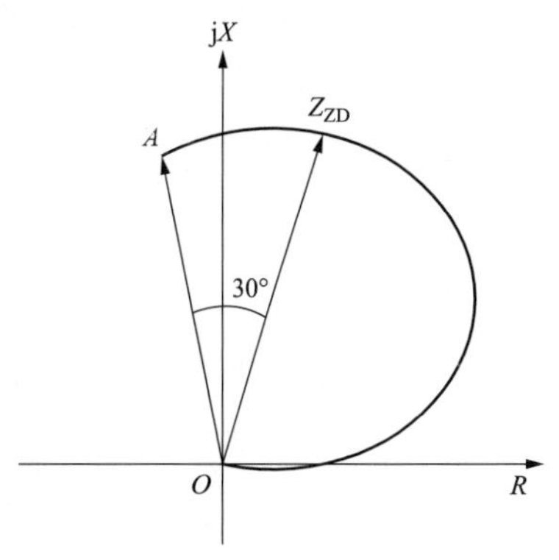


图 2-39　阻抗继电器动作特性图

30．电力系统振荡为什么会使距离保护误动作？

**答：**电力系统振荡时，各点的电流、电压都发生大幅度摆动，因而距离保护的测量阻抗也在变化，当测量阻抗落入动作特性以内时，距离保护将发生误动作。

31．振荡闭锁功能只闭锁距离保护Ⅰ、Ⅱ段，请简要说明其开放条件。

**答：**

（1）起动元件动作开放条件：按躲过最大负荷电流整定的振荡闭锁过流元件不动作或先于起动元件动作的时间小于 10ms，振荡闭锁开放距离保护Ⅰ、Ⅱ段 160ms。

（2）非对称性故障开放条件：$|I_0|+|I_2|>m|I_1|$。系数 $m$ 可以选择适当值，以确保系统振荡时发生区内非对称性故障，保护装置能可靠动作。

（3）非全相运行开放条件：非全相运行期间发生系统振荡，如果选相区不在跳开相，开放距离保护Ⅰ、Ⅱ段。测量非故障相两相电流之差的工频变化量，如果其突然增大到某一值，也开放距离保护Ⅰ、Ⅱ段。

（4）对称性故障开放条件：在区外发生短路后又紧接着发生区内三相短路和在振荡中发生三相短路时用以开放距离Ⅰ、Ⅱ段快速切除区内故障，通过测量振荡中心电压 $U_{OS}=U_1\times\cos\varphi$ 来识别系统振荡。

对称性故障开放距离保护Ⅰ、Ⅱ段分为以下两种情况：①当$-0.03U_N<U_{OS}<0.08U_N$，延时 150ms 开放距离保护Ⅰ、Ⅱ段；②当$-0.1U_N<U_{OS}<0.25U_N$，延时 500ms 开放距离保护Ⅰ、Ⅱ段。

32．利用 $u\cos\varphi$ 低电压继电器实现振荡闭锁的实质是什么？为什么只能区分三相短路与振荡？

**答：**$u\cos\varphi$ 低电压继电器的实质是最大限度地压缩在振荡时的动作时间，因而只需加小延时就可避开振荡。在三相短路时，$u\cos\varphi$ 的数值很小，不会闭锁保护。在不对称故障尤其是单相故障时，故障可能有过渡电阻，$u\cos\varphi$ 将保持一定的数值，不能开放保护，所以仅用 $u\cos\varphi$ 低电压继电器还不能完全解决问题。

33．简述南瑞继保和北京四方针对三相故障振荡闭锁开放元件的原理差异。

**答：**

（1）南瑞继保的原理为 $U_{OS}=U_1\times\cos(\varphi_1+90°-\varphi_L)$ 其中 $\varphi_1$ 是正序电压和正序电流间的夹角，$\varphi_L$ 是线路阻抗角。在 150ms 内一直满足$-0.03U_N<U_{OS}<0.08U_N$ 开放保护；在 500ms 内一直满足$-0.1U_N<U_{OS}<0.25U_N$ 开放保护。

（2）北京四方的原理为在时间$\tau$内，满足$\Delta R < K \cdot R_{min}(180°, T_{ZMAX}, \tau)$，则判定为系统发生了短路。在时间$\tau$内，满足$\Delta R \geqslant K \cdot \Delta R_{min}(180°, T_{ZMAX}, \tau\tau)$，则判定为系统发生了振荡。

34．距离保护中，为什么应设置负荷电阻线可以解决中长线路躲负荷阻抗和灵敏度要求之间的矛盾？

**答：**

（1）送端正常负荷阻抗角通常在小于$|\pm 30°|$，受端正常负荷阻抗角大于$|\pm 150°|$，它们都在阻抗平面靠近$R$轴的两侧。

（2）设置与距离保护整定阻抗平行的负荷电阻线，该负荷阻抗线根据用户要求恰当地整定，负荷阻抗是否进入动作区主要由负荷阻抗的幅值决定，正常运行负荷阻抗不会进入负荷阻抗线。所以距离保护不会误动。

（3）线路发生相间故障时，故障阻抗阻抗角在70°～85°范围，能可靠进入负荷电阻线之内，如果故障阻抗幅值在整定阻抗范围内，则距离保护能可靠动作。线路发生金属性接地故障时，故障阻抗角也在70°～85°范围，距离保护的动作情况与相间故障相同。线路发生单相经电阻接地故障时，故障阻抗有可能在负荷电阻线以外，距离保护不会动作，所以，现有的接地距离保护不可能保护全部的单相高阻接地故障，这是技术规程允许的。

（4）500kV线路在夜间轻负荷时，可能负荷阻抗在容性$|\pm 90°|$附加，此时负荷阻抗虽然在负荷电阻线内，但幅值很大，方向也是反方向，不会导致距离保护误动。

35．简述基于电压平面的距离保护应对过负荷策略。

**答：**

（1）利用$U_{ij}\cos\varphi_{ij}(ij = ab, bc, ca)$识别过负荷与相间故障，过负荷时$U_{ij}\cos\varphi_{ij} > 0.707$ p.u.，相间故障$U_{ij}\cos\varphi_{ij} < 0.05$ p.u.，判据为$U_{ij}\cos\varphi_{ij} > 0.5$ p.u.。

（2）利用$U_1\cos\varphi_1$识别过负荷与对称故障，过负荷时$U_1\cos\varphi_1 > 0.707$ p.u.，对侧故障时$U_1\cos\varphi_1 < 0.05$ p.u.，判据为$U_1\cos\varphi_1 > 0.5$ p.u.。

（3）利用$U_i\cos\varphi_i(i = a, b, c)$、相补偿电压$U'$相位与正序补偿电压$U_1'$的关系识别单相接地故障与过负荷，过渡电阻较小时，单相接地故障满足判据$U_i\cos\varphi_i < 0.5$ p.u.，当过渡电阻较大时，过负荷情况下$U'$与$U_1'$同相位，单相接地情况下$U'$相位滞后$U_1'$相位。

（4）过负荷与故障识别判据和距离保护二者之间动作逻辑采取“与”门，过负荷情况下，闭锁距离保护，故障时，开放距离保护，有效阻止了过负荷情况下距离保护误动作。

（5）基于电压平面的故障与线路过负荷识别判据不影响阻抗平面上距离保护动作区，对于圆动作特性距离保护，负荷限制线可以取消；对于四边形动作特性距离保护，负荷限制线作为动作区边界，不宜取消，但是负荷限制线整定无需考虑线路过负荷影响，提高了距离保护在高阻故障情况下的灵敏度。

36．PCS-931-A-G 型微机线路保护如何判别 TV 断线？

**答**：$U_a+U_b+U_c>8V$，且保护不启动，延时 1.25s 发 TV 二次回路异常信号并闭锁保护，本判据用以判别 TV 二次的一相和两相断线。

当使用母线 TV 时，满足 $U_a+U_b+U_c<8V$，$U_1<33.3V$，且保护不启动，延时 1.25s 发 TV 二次回路异常信号并闭锁保护，本判据用以判别 TV 二次的三相断线。

当使用线路 TV 时，满足 $U_a+U_b+U_c<8V$，$U_1<33.3V$，且保护不启动，再加之满足任意任一相有流元件动作或 TWJ 不动作，延时 1.25s 发 TV 二次回路异常信号并闭锁保护，本判据用以判别 TV 二次的三相断线。

当三相电压正常后，延时 2s，TV 断线信号复归。

37．保护采用线路电压互感器时应注意的问题及解决方法是什么？

**答**：在线路合闸于故障时，在合闸前后电压互感器都无电压输出，阻抗继电器的极化电压的记忆回路将失去作用。为此在合闸时应使阻抗继电器的特性改变为无方向性（在阻抗平面上特性圆包围原点）。

在线路两相运行时断开相电压很小（由健全相通过静电和电磁耦合产生的），但有零序电流存在，导致断开相的接地距离继电器可能持续动作。所以每相距离继电器都应配有该相的电流元件，必须有电流（定值很小，不会影响距离元件的灵敏度）存在，该相距离元件的动作才是有效的。

在故障相单相跳闸进入两相运行时故障相上储存的能量，包括该相并联电抗器中的电磁能，在短路消失后不会立即释放完毕，而会在线路电感、分布电容和电抗器的电感间振荡以至逐渐衰减，其振荡频率接近 50Hz，衰减时间常数相当长。所以两相运行的保护最好不反映断开相的电压。

38．距离保护应用于短线路时应特别注意哪些问题，为什么？

**答**：短线路主要特点是线路阻抗小，在最小运行方式下，尤其是当经过长线向短线路供电时，在线路末端故障时，保护安装处的残压非常低，当此电压低于距离保护的最小的精确工作电压时，可能会造成距离保护的非选择性动作，因此，距离保护应用于短线路时应特别注意校核在最不利的情况下，在线路末端短路时距离保护能够精确测量阻抗，同时，还应注意其在小定值下的整定精度，保证距离保护运行时不会出现非选择性动作。

39．电气化铁路对常规距离保护有何影响？

**答**：

（1）电铁是单相不对称负荷，使系统中的基波负序分量及电流突变量大大增加；电铁换流的影响，使系统中各次谐波分量骤增。

（2）电流的基波负序分量、突变量以及高次谐波均导致距离保护振荡闭锁频繁开放。

（3）对距离保护的影响是：频繁开放增加了误动作概率；电源开放继电器频繁动作

可能使触点烧坏。

40．超高压输电线路发生故障时的暂态过程对距离保护有哪些影响？

**答：**超高压输电线路在发生故障时的暂态过程中，存在直流分量、低频分量、高频分量，对距离保护有以下影响：

（1）直流分量的影响。直流分量的出现将改变电流正负两半波的宽度和波形过零的时刻，使一个半波变宽，而另一个半波变窄；如果直流分量衰减得很慢（对 500kV 线路，$T_1$=80～100ms），将使故障电流波形大大偏移时间轴，对距离保护的影响则表现在靠近保护范围末端短路时出现暂态超越或延缓动作。

（2）低频分量的影响。低频分量对电流两半波的影响是不规则的，如果第一个周期使正半波变宽，负半波变窄，第二个周期又可能出现相邻的正负两半波都变宽或变窄的现象，当低频分量频率很低时，半波的时间很长，已超过快速继电器的动作时间，对继电器来说和直流分量有类似的影响。

（3）高频分量的影响。高频分量电流在短路处很大，在远离故障点的保护安装处衰减得特别快，在最初半个周期内可能会改变波形的级性，可能造成距离保护的暂态超越。

41．纵联保护在电网中的重要作用是什么？

**答：**由于纵联保护可以实现全线速动，它可以保证电力系统并列运行的稳定性和提高输送功率、减小故障造成的损坏程度、改善与后备保护的配合性能。

42．如何在 T 接线路中实现瞬时速动保护功能？可以采用哪些保护形式？

**答：**采用多端纵联保护，包括电流差动、纵联方向、纵联距离等。

43．非全相运行对哪些纵联保护有影响？如何解决非全相期间健全相再故障时快速切除故障的问题？

**答：**非全相运行对采用距离、零序、负序等方向元件作为发停信控制的纵联保护有影响，对判断两侧电流幅值、相位关系的差动、相差等纵联保护无影响。非全相期间健全相再故障时，应尽量使用不失去选择性的纵联保护动作，不宜采用直接加速后备保护段的方法来切除。

44．简述突变量纵联方向保护的优点。

**答：**

（1）不受过渡电阻的影响。

（2）不受系统振荡的影响。

（3）不受非全相的影响。

（4）不受负荷电流的影响。

（5）灵敏度高且无电压死区。

45．功率方向判别元件实质上是在判别什么？为什么存在“死区”？什么时候要

求它最灵敏？

**答**：功率方向判别元件实质上是判别输入到该元件的电流和电压之间的相位关系。功率方向判别元件的动作与否不仅与其所加的电流、电压间的角度大小有关、而且还与电流、电压值的大小有关。当加入功率方向判别元件的电压小于其最小动作电压或电流小于其最小动作电流时，功率方向判别元件将拒绝动作，即存在“死区”。要求功率方向判别元件在常见的短路情况下动作最灵敏。

功率方向判别元件实质是判别加入继电器的电压和电流之间的相位 $\varphi_r$，并且根据一定关系［cos（$\varphi_r+\alpha$）是否大于 0］判别初短路功率的方向。为了进行相位比较，需要加入继电器的电压、电流信号有一定的幅值（在数字式保护中进行相量计算、在模拟式保护中形成方波），且有最小的动作电压和电流要求。当短路点越靠近母线时电压越小，在电压小于最小动作电压时，就出现了电压死区。在保护正方向发生最常见故障时，功率方向判别元件应该动作最灵敏。

46．简述平行线路线间互感对纵联零序方向保护的影响及相关措施。

**答**：

（1）主要影响如下：

1）两条没有任何电气联系的平行线路，只要存在零序互感，当一条线路有零序电流时另一套线路的纵联零序方向保护将误动。

2）在同杆并架双回线上，只要两回线有一端是直接相连的，一回线接地故障时，另一回线的纵联零序方向保护不会误动。

3）在弱电强磁联系的两条线路上，当一条线路上流有零序电流时，将可能造成另一条线路的纵联零序方向保护误动。

（2）相关措施有：

1）通过定值躲过相邻线故障时可能出现的最大零序电流。

2）增加负序方向元件辅助判别。

47．设 MN 线路上装有串联补偿电容，各元件的零序电抗已标在图 2-40 上。现在在线路上发生接地短路，问用线路 TV 的零序方向继电器能否动作（零序方向继电器是零序电流超前零序电压 100°最灵敏）？用零序方向继电器构成的允许信号的高频零序方向保护能否动作？为什么？

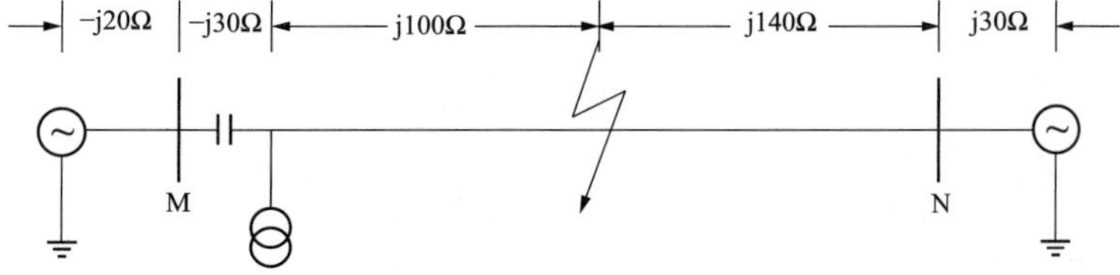


图 2-40 装有串联补偿 MN 线路示意图

**答**：画出零序序网图，如图 2-41 所示。

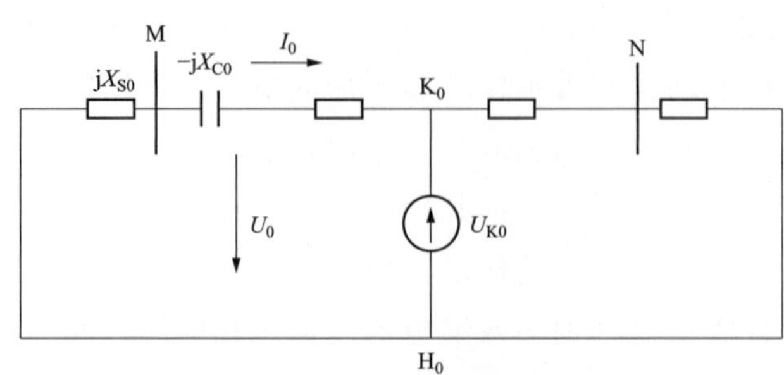


图 2-41　零序序网图

按传统方法规定电压、电流的正方向，由图可知加在继电器上的$U_0$、$I_0$有如下关系：

$$U_0 = -I_0(jX_{S0} - jX_{C0}) = -I_0 j(20-30) = I_0 j10$$

$U_0$超前于$I_0$ 90°，所以零序方向继电器不动作。

该零序方向继电器在高频零序方向保护中就是$F_{0+}$。由于 M 侧$F_{0+}$不动、$F_{0-}$动作，M 侧不能向 N 侧发允许信号，所以 N 侧高频保护不能动作跳闸。M 侧虽然可以收到对侧的允许信号，但由于本侧$F_{0+}$不动、$F_{0-}$动作，所以保护也不能动作跳闸。

48．允许式纵联保护在区内故障时，若弱电源侧测量元件不灵敏不能启动，如何能使保护动作？

**答**：此时强电源保护一定启动，并发出允许信号。弱电源侧保护只需区分是正方向还是反方向故障。

一是低电压元件动作，却又没有足够的电流，使过电流元件启动。弱电源侧等效电源阻抗大，低电压元件一定会启动。若是反方向故障，流经保护的电流一定很大，过电流元件会启动。如果不启动，一定是区内故障。

二是设反方向元件。如果反方向元件动作，一定是区外故障。如果区内故障，正方向测量元件没有动作，则反方向元件一定不会动，所以正方向测量元件不动作，反方向元件也不动作，就一定是区内故障。在收到对侧发来的允许信号时，如果以上任何一种方法确定是区内故障就可以跳闸，并向对侧发允许信号(称为回音信号)使对侧保护跳闸。

49．在超范围允许式距离纵联保护中，线路一侧距离元件的电流互感本应是 800/1，因不慎错用为 1600/1，试分析该保护行为？

**答**：测量阻抗为：

$$Z_m = Z_{一次} \cdot \frac{n_{TA}}{n_{TV}}$$

同一故障点，因为 TA 变比扩大一倍，故测量阻抗增大一倍，导致保护区严重缩短。在对侧出口附近故障时，本侧正向距离元件可能不能动作，导致保护拒动。

50．光纤差动保护通道连接情况如图 2-42 所示，M 侧母线接有大电源，N 侧母线无电源，当线路Ⅰ N 侧区内出口短路故障时，分析线路Ⅰ和线路Ⅱ两侧差动保护的动作情况。

**答**：DL1 与 DL4 侧差动保护的差动电流近似等于Ⅱ线短路电流的 2 倍，将首先动作，DL2 与 DL3 侧保护差动电流接近于零，不会动作，在断路器 DL1 或 DL4 跳开后，保护开始出现差流，且保护已经启动，满足动作条件出口跳闸。

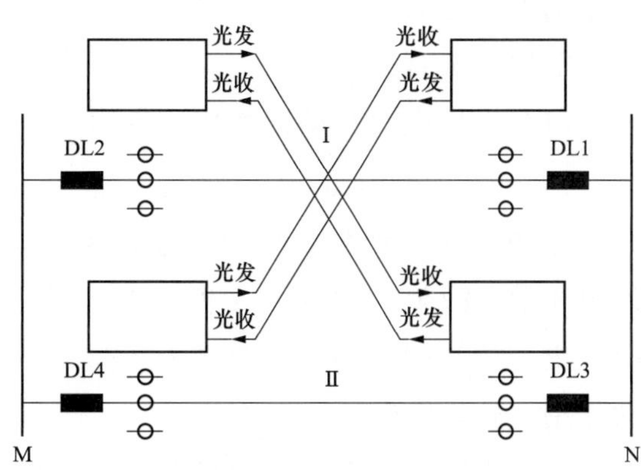

图 2-42 光纤差动保护通道连接情况示意图

51．引起光纤差动保护差流异常有哪些可能因素？

**答**：

（1）光纤纵联通道双向来回路由不一致。

（2）光纤差动保护两侧采样不同步。

（3）TA 极性接反。

（4）TA 变比整定错误。

（5）装置交流插件型号配置错误（1A、5A）。

（6）智能站保护装置电流正反极性虚端子配置错。

52．国产的光纤分相电流差动保护差流达到一定值时会发“长期有差流”的告警信号。

（1）此时装置发告警信号的原因可能是什么？

（2）若此时相邻线路发生故障，在未采取措施时会发生什么情况？

**答**：

（1）“长期有差流”的可能原因通常有以下几种：①保护通道收发路径不同；②定值整定出错；③二次回路存在寄生回路或有分流；④差动保护不具备地址码功能，线路两侧接错线；⑤差动保护至少一侧未起动。

（2）相邻线路故障，若保护启动并达到定值，将误动出口。

53．线路零序电流差动的动作判据为：差动电流判据$\left|\dot{I}_{0M}+\dot{I}_{0N}\right|>I_0$，比率制动判据$\left|\dot{I}_{0M}+\dot{I}_{0N}\right|>k\left|\dot{I}_{0M}-\dot{I}_{0N}\right|$，式中$\dot{I}_{0M}$、$\dot{I}_{0N}$分别为线路两侧的零序电流，各以自母线流向线路为正方向。$k$ 为制动系数，取 $k$=0.75，以防区外发生接地故障时，两侧 TA 有误差$\dot{I}_{0M}\neq\dot{I}_{0N}$时，使差动电流判据满足，而失去选择性。区外相间故障时，没有零序电流出现，自然不会失去选择性。如果不对，为什么？如何解决？

**答**：相间短路电流大时由于 TA 误差会产生不平衡电流，即出现 $I_0$，最危险的是仅一侧出现 $I_0$，相当于在单侧电源下发生区内接地故障，比率制动判据必然满足，零序电流差动保护将失去选择性。

解决办法有：

（1）用相电流制动。动作判据为

$$\left|\dot{I}_{0M}+\dot{I}_{0N}\right|>k\left(\left|\dot{I}_{AM}-\dot{I}_{AN}\right|+\left|\dot{I}_{BM}-\dot{I}_{BN}\right|+\left|\dot{I}_{CM}-\dot{I}_{CN}\right|\right)$$

零序电流差动是相电流差动的补充，以对单相经高阻接地故障起保护作用。在区外单相短路故障，假设为A相故障，则$|I_{AM}-I_{AN}|$已足够起制动作用。区外相间故障制动电流更大（2～3倍），不会失去选择性。区内单相高阻故障时，三相负荷电流都会起制动作用，$k$值不能太大。

（2）零序电流差动保护只在相电流差动保护不动作才投入，且动作时必须满足三相相制动电流都小于1.6～2倍的最大负荷电流，以排除相间故障。再经过足够的延时400ms，以保证对区外相间故障保护的选择性。这样零序电流差动保护不采用比率制动判据也不会失去选择性。

54．220kV输电线路的分相差动保护装置中，设置了不同的起动元件。请结合本线路不同故障类型（含手合于故障），列举至少5种起动元件及各自适用场合。

**答：**

（1）差电流突变量起动元件：能够灵敏地反应不对称和对称故障，但当线路一侧无电源且该侧变压器中性点直接接地运行发生线路接地故障时，差电流突变量起动元件可能无法起动。

（2）零序电流起动元件，保证高阻接地时能够起动。

（3）低电压差流起动，起动方式为：收到对侧启动信号，同时本侧低电压（相电压或线电压）和差流，条件满足就起动。这可保证弱馈线路一侧无电源，本线故障时该侧能起动。

（4）手合故障线，只要一侧断路器处于分位、同时收到合闸侧发来的起动信号，则处分位侧保护起动发允许信号，这可保证合闸侧保护快速切除故障。

（5）远方召唤启动，当终端线路高阻接地故障时，弱电源侧无电压和电流变化量时，强电侧满足差流和电压突变量启动条件时，允许强制弱电源侧启动。

（6）过压启动（过电压启动）。

（7）不一致启动（三相位置不一致启动）。

55．线路光纤差动电流保护增加“对侧差动允许信号”才能出口跳闸的目的是什么？南瑞继保新“六统一”线路光纤差动保护什么条件下向对侧发差动动作允许信号？

**答：**线路光纤差动保护增加“对侧差动允许信号”出口跳闸的目的：①防止光纤通道的收发传输时间不一致出现差流时闭锁差动保护；②防止单侧TA断线出现差流时闭锁差动保护。

三相断路器在跳开位置或经保护启动控制的差动继电器动作，则向对侧发差动动

作允许信号。

56．PCS-931-A-G 型微机线路保护如何判别 TA 断线？

**答：**

（1）自产零序电流小于 0.75 倍的外接零序电流，或外接零序电流小于 0.75 倍的自产零序电流，延时 200ms 发 TA 断线异常信号。

（2）有自产零序电流无零序电压，且至少有一相无流，延时 10s 发 TA 断线异常信号。

57．某 220kV 带载线路两侧各配置一套 PCS-931 新六统一保护装置，两侧保护装置投单重，TA 断线闭锁差动投入，本侧发生 B 相 TA 断线，请分析该装置本侧和对侧线路保护相关逻辑的处理原则。

**答：**两侧 TA 断线闭锁差动投入时，本侧保护重合闸放电，保护动作时三相跳闸，闭锁工频变化量距离和距离Ⅰ段，不闭锁距离Ⅱ和Ⅲ段，闭锁零序Ⅱ和Ⅲ段及零序反时限保护，闭锁分相差和零差保护，闭锁远方跳闸就地判据中的零负序电流元件，若有三相不一致保护，闭锁三相不一致保护零负序电流元件。对侧保护装置发对侧 TA 断线告警，差流较大时发长期有差流告警，闭锁分相差和零差保护，其他保护不受影响。

58．简述线路光纤纵联电流差动保护需要解决的主要问题有哪些。

**答：**

（1）输电线路电容电流的影响，特别是高压电压等级、长输电线路的电容电流对纵联电流差动保护影响较大。

（2）外部短路或外部短路切除时，由于两端电流互感器的变比误差不一致、短路暂态过程中由于两端电流互感器的暂态特性不一致、二次回路的时间常数的不一致产生的不平衡电流。

（3）重负荷线路区内经高电阻接地时灵敏度不足的问题。

（4）防止正常运行时电流互感器（TA）断线造成的纵联电流差动保护误动。

（5）输电线路两端保护采样时间不一致所产生的不平衡电流。

59．在有一侧为弱电源的线路内部故障时，防止纵联电流差动保护拒动的措施是什么？

**答：**在发生短路以后，弱电侧由于三相电流为零，又无电流的突变，故启动元件不启动。于是无法向对侧发“差动动作”的允许信号，因此造成电源侧的纵差保护因收不到允许信号而无法跳闸。为解决此问题，在纵联电流差动保护中除了有两相电流差突变量启动元件、零序电流启动元件和不对应启动元件以外，再增加一个“低压差流启动元件”。该启动元件的启动条件为：①差流元件动作；②差流元件的动作相或动作相间的电压小于 0.6 倍的额定电压；③收到对侧的“差动动作”的允许信号。同时满足上述三个条件该启动元件启动。

60．220kV 常规站采用双母线接线方式，220kV 出线保护配置均为双套差动保护。220kV 出线 L1 发生单相故障，重合于故障后两侧断路器跳开，隔离故障。随后，出线

L1 因雷击导致本站断路器单相纵向击穿，并发生接地故障。

（1）故障后，线路差流达到定值，请分析出线 L1 差动保护动作行为。

（2）在分析保护动作行为过程中，发现与出线 L1 在同一段母线上的出线 L2 保护收到对侧的远方跳闸信号，请分析原因。

**答：**

（1）L1 线两侧断路器均在分位，雷击断路器纵向击穿后，本侧电流启动元件动作，差动动作电流达到定值，则发差动允许信号给对侧，对侧断路器在三相跳开状态，向本侧差动发差动允许信号，线路差动保护能够动作出口。

（2）L1 线故障，差动保护动作后，因断路器纵向击穿，断路器拒动后由母差失灵保护动作后跳本母线相关断路器。出线 L2 的 TJR 继电器开入本线路差动保护向对侧发远跳信号，对侧收到远跳信号后三跳不重，所以对侧差动保护永跳出口驱动 TJR 继电器跳闸的同时会开入对侧的装置再向本侧发远跳信号。所以本侧线路保护会收到对侧的远方跳闸信号。

61．请解释线路保护光纤差动需要两侧采样同步的原因，简述采样时刻调整法的工作原理及不足之处。

**答：**

（1）线路保护光纤差动需要两侧采样同步的原因。

高压输电线路两端保护装置上电时刻不同和采样晶振偏差，再加上一端采样数据传送到另一端的时间延迟，因此，两端电流量的采样时刻通常不一致，不能直接进行差动计算。

（2）采样时刻调整法工作原理一。

为使进行计算的两端电流量的采样时刻一致，需设定一端的采样时刻为参考基准（主端），另一端参照基准调整自己的采样时刻（从端），这样将两侧保护采样时刻调整一致的过程称为同步调整。

保护从端首先采用“梯形算法”，计算出两侧保护装置的采样偏差；再通过采样序号调整，对齐两端采样序号；从端完成同步调整后，通知主端进入同步状态，至此两侧完成同步调整过程。

因为通道延时的计算基于等腰梯形原理，因此要求光纤通道的收发路由延时一致，否则理论基础错误，将导致两侧同步计算偏差，正常负荷电流会引起差流长期存在。

不足之处：①调整过程的时间较长，不利于一旦采样失步后的快速恢复采样同步；②在测量保护装置之间的采样时刻的误差时，仍然与通道延迟参数 $T_d$ 有关，不能适应收发路由不同的通信系统。

（3）采样时刻调整法工作原理二。

装置刚上电时，或测得的两侧采样时间差$\Delta T_S$超过规定值时，启动一次同步过程。

同步过程中先要测定通道传输延时 $T_d$。测得通道传输延时 $T_d$ 后，从机端可根据收

到主机报文时刻 $t_{sr}$ 求得两侧采样时间差$\Delta T_S$，随后从机端从下一采样时刻起对采样时刻作多次小步幅的调整，而主机侧采样时刻保持不变。经过一段时间调整直到采样时间差$\Delta T_S$至零，两侧同步采样。

由于在启动同步过程时两侧采样时间差比较大，所以在同步过程中两侧纵联电流差动保护自动退出。但由于从机端每次仅作小步幅调整，对从机端装置内的其他保护（反应一侧电气量的保护）影响甚微，所以其他保护仍旧能正常工作，不必退出。

在正常运行过程中从机端一直在测量两侧采样时间差$\Delta T_S$。当测得的$\Delta T_S$大于调整的步幅时，从机端立即将采样时刻做小步幅调整，这个工作平时一直在做。由于此时$\Delta T_S$的值很小，对保护没有影响，故做这种调整时纵联电流差动保护仍然是投入的。

不足之处：主机与从机之间收发的通道传输延时应该相等，这要求通道收发的路由应相同。如果路由不同，采样时刻调整法无法调整到同步采样。

62．简述母差停信和跳闸位置停信的作用。为什么 3/2 接线母线保护动作后不能停信？

**答**：母差停信是指当故障发生在 TA 与断路器之间时，由母差停信使对侧高频保护快速跳闸，切除故障。

跳闸位置停信是指当故障发生在本侧出口时，由接地或距离保护快速动作跳闸，而高频保护还未来得及动作，故障已被切除，并发出连续高频信号，闭锁了对侧高频保护，只能由二段带延时跳闸。为了克服此缺点，采用由跳闸位置继电器停信，使对侧自发自收，实现无延时跳闸。

3/2 接线母线保护动作后不能采取停信措施。因为本线路连了两个断路器——边断路器和中断路器。当母线上发生短路，母线保护动作跳边断路器时，中断路器还在合闸位置，本线路还可以继续运行，所以对端断路器不应该跳闸。为避免对端纵联保护动作跳对端断路器，本端母线保护动作后不应停信。

63．在 220kV 纵联电流差保护中有远传和远跳 2 个功能，简述两者的异同，并分析保护系统中的用途。

**答**：远跳和远传功能的相同之处是本侧某些保护动作后，经过纵联电流差动保护通道向对侧发信号。远跳和远传功能的不同之处是保护收到远跳信号后，可经过纵联保护差动保护中起动量的判断，通过纵联保护装置的出口跳闸；而保护收到远传信号后，不经过任何判断将远传信号输出，可动作跳闸、发信号、切机等。

保护远跳的用途是防止在 TA 与断路器直接发生故障，对于纵联保护为区外故障，母差保护判为区内故障起动 TJR 跳断路器，TJR 起动纵联保护的远跳功能，向对侧保护发远跳命令，可经过对侧保护起动，快速跳开对侧断路器。

保护远传的用途是用于远方切机、3/2 接线失灵保护动作、过电压保护动作等通过纵联保护通道向对侧发远传信号，对侧接收到远传信号后，一般要经过就地判别装置进行跳闸。

64．图 2-43 逻辑图为某远方跳闸逻辑图的一部分，解释该部分逻辑图代表的含义。

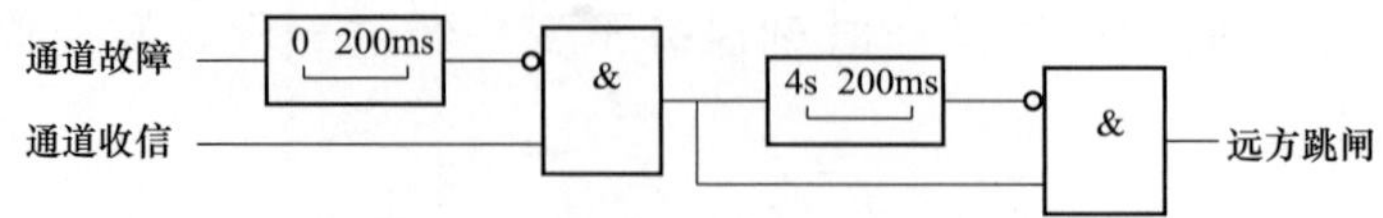


图 2-43　远方跳闸逻辑图

**答：**

（1）通道无故障时，通道收信可以正常工作，通道收信后启动远方跳闸。

（2）通道故障时，瞬时闭锁通道收信。通道故障消失后延时 200ms 开放该通道收信。

（3）通道收信超过 4s，则闭锁通道收信，禁止远方跳闸。

（4）通道收信消失后延时 200ms 开放该通道收信功能。

65．对于新六统一线路保护，其远方跳闸保护的就地判据有哪些？

**答：**

（1）零、负序电流。

（2）零、负序电压。

（3）电流变化量。

（4）低电流。

（5）分相低功率因数（当电流小于精工电流或电压小于门槛值时，开放该相低功率因数元件）。

（6）分相低有功。

**注：** TV 断线后，远方跳闸保护闭锁与电压有关的判据（低有功、零负序电压、低功率因数）。

66．对于 220～500kV 线路，试写出三种保护，其动作时应传输远方跳闸命令。

**答：**

（1）3/2 接线的断路器失灵保护动作。

（2）高压侧无断路器的线路并联电抗器保护动作。

（3）线路过电压保护动作。

（4）线路变压器组的变压器保护动作。

（5）线路串联补偿保护动作且电容器旁路断路器拒动或电容器平台故障。

67．自动重合闸装置应符合哪些基本要求？

**答：**

（1）自动重合闸装置可由保护起动或断路器控制状态与位置不对应起动。

（2）用控制把手或通过遥控装置将断路器断开，或将断路器投于故障线路上并随即由保护将其断开时，自动重合闸装置均不应动作。

（3）在任何情况下（包括装置本身的元件损坏，以及重合闸输出触点的粘住），自

动重合闸装置的动作次数应符合预先的规定（如一次重合闸只应动作一次）。

（4）自动重合闸装置动作后，应能经整定的时间后自动复归。

（5）自动重合闸装置，应能在重合闸后加速继电保护的动作。必要时，可在重合闸前加速继电保护动作。

（6）自动重合闸装置应具有接收外来闭锁信号的功能。

68．自动重合闸的启动方式有哪几种？各有什么特点？

**答：**自动重合闸有两种启动方式：①保护启动方式；②断路器控制把手位置与断路器位置不对应启动方式。

保护启动方式是在保护装置动作时启动重合闸。现代的保护装置均具有较为完备的选相功能，重合闸不再担负含选相任务。线路发生故障后由保护装置直接启动重合闸，重合闸装置仅需按照预先的设置定值与逻辑，完成重合功能。但该启动方式不能纠正断路器误动。

断路器控制把手位置与断路器位置不对应启动方式一般简称为“不对应启动”，该启动方式可以纠正断路器误碰或偷跳，同时还可在不直接启动重合闸装置的保护动作后进行重合。但当断路器辅助触点接触不良时，不对应启动方式将失效。

重合闸装置应同时具备上述两种启动方式，互为补充，提高供电可靠性和系统运行的稳定性。

69．装有重合闸的断路器跳闸后，在哪些情况下不允许或不能重合闸？

**答：**

（1）手动跳闸。

（2）断路器失灵保护动作跳闸。

（3）远方跳闸。

（4）断路器操作气压下降到允许值以下时跳闸。

（5）重合闸停用时跳闸。

（6）重合闸在投运单重位置，三相跳闸时。

（7）重合于永久性故障又跳闸。

（8）母线保护动作跳闸不允许使用母线重合闸时。

（9）变压器、线路并联电抗器等设备的保护动作跳闸时。

70．某220kV线路采用单相重合闸方式，在线路单相瞬时故障时，一侧单跳单重，另一侧直接三跳。排除断路器本体故障，试说出5种造成此现象的原因。

**答：**

（1）保护感知沟通三跳开入。

（2）重合闸充电未满或重合闸停用，单相故障发三跳令。

（3）保护选相失败。

（4）保护装置本身问题造成误动跳三相。

（5）电流互感器或电压互感器二次回路存在两个以上的接地点，造成保护误跳三相。

（6）定值中跳闸方式整定为三相跳闸。

（7）分相跳闸保护未投入，由后备保护三相跳闸。

71．双母线接线方式下，为什么220kV线路保护采用三相重合闸方式时（已投入跳位启动重合闸），两套保护装置需要相互闭锁重合闸？双母线接线方式下，为什么220kV线路保护采用单相重合闸方式时（已投入跳位启动重合闸），两套保护装置不需要相互闭锁重合闸？

**答：**两套保护均选用三相重合闸方式以及多相故障不重合时，如果发生相间故障，第一套保护动作三相永跳，第二套保护拒动或者认为是单相故障，会导致第二套保护依据断路器三相跳位而误启动重合闸，因此两套保护装置需要相互闭锁重合闸。

单相重合闸方式是单相故障保护单跳单重，相间故障保护三跳不重此时如果第一套保护三相永跳，第二套保护收到三相跳位开入就会放电不重合，故不会导致第二套保护依据断路器三相跳位而启动重合闸。因此，不需要两套保护装置重合闸相互闭锁。

72．为什么线路发生单相接地故障进行三相重合闸时，会比单重产生更大的操作过电压？

**答：**这是由于三相跳闸，电流过零时断电，在非故障相上会保留相当于相电压峰值的残余电荷电压，而重合闸的断电时间较短，上述非故障相的电压变化不大，因而在重合时会产生较大的操作过电压。而当使用单相重合闸时，重合时的故障相电压一般只有17%左右 （由于线路本身电容分压产生），因而没有操作过电压问题。

73．全电缆线路是否采用重合闸？为什么？

**答：**一般不采用。它和架空线不一样，瞬时故障比较少，一般都是绝缘击穿的永久性故障。不但重合闸成功率不高，而且加剧绝缘损坏程度。

74．使用单相重合闸时应考虑哪些问题？

**答：**

（1）重合闸过程中出现的非全相运行状态，如有可能引起本线路或其他线路的保护误动作时，应采取措施予以防止，例如，退出纵联零序方向保护以及定值躲不过非全相运行的零序电流保护、整定三相不一致保护的动作时间应大于重合闸时间。

（2）如电力系统不允许长期非全相运行，为防止断路器一相断开后，由于单相重合闸装置拒绝合闸而造成非全相运行，应采取措施断开三相，并应保证选择性。

75．在两侧都有电源的线路上采用三相一次重合闸时，线路一侧投入检同期。另一侧投入检无压，为什么检无压侧还要投入检同期？

**答：**防止检无压侧断路器在正常运行情况下由于某种原因（如误碰、保护误动）跳闸，而对侧断路器并没有跳闸，因此线路上有电压，无法重合。

76．什么叫重合闸后加速？

**答**：当线路发生故障后，保护有选择性地动作切除故障，重合闸进行一次重合以恢复供电。若重合于永久性故障时，保护装置即不带时限无选择性的动作断开断路器。这种方式称为重合闸后加速。

77．什么叫潜供电流？对重合闸时间有什么影响？

**答**：当故障相跳开后，另两健全相通过电容耦合和磁感应耦合供给故障点的电流叫潜供电流。潜供电流使故障点的消弧时间延长，因此重合闸的时间必须考虑这一消弧时间的延长。

78．自动重合闸的技术原则有哪些？

**答**：

（1）当重合闸不使用同期电压时，同期电压 TV 断线不应报警。检同期重合闸采用的线路电压应是自适应的，用户可选择任意相间电压或相电压。

（2）不设置“重合闸方式转换把手”，自动重合闸仅设置“停用重合闸”功能压板，重合闸方式通过控制字实现。

（3）单相重合闸、三相重合闸、禁止重合闸和停用重合闸有且只能有一项置“1”，如不满足此要求，保护装置应报警，并按停用重合闸处理。

79．微机保护有哪些常用的选相元件？

**答**：其常用的选相元件有相电流差突变量选相元件、阻抗选相元件、稳态序分量选相元件、工作电压突变量选相元件、低电压选相元件。

80．简述稳态序分量选相元件（$I_0$ 和 $I_{U2}$ 比相原理）的工作过程。

**答**：首先根据 $I_0$ 和 $I_{U2}$ 之间的相位关系，确定 3 个选相区：$-60°<\arg(I_0/I_{U2})<60°$ 选择 U 区；$60°<\arg(I_0/I_{U2})<180°$，选择 V 区；$180°<\arg(I_0/I_{U2})<300°$，选择 W 区。然后结合阻抗继电器的动作行为进行综合判别。以 U 区为例先检查 $Z_U$，若 $Z_U$ 不动作，则检查 $Z_{VW}$，若 $Z_{VW}$ 动作则判为 VW 相接地故障，若 $Z_{UV}$ 不动作则判为选相无效，由后备回路延时三跳；若 $Z_U$ 动作，再判别 $Z_V$，若 $Z_V$ 动作，则为 UV 两相接地短路，否则为 U 相单相接地故障。

81．如图 2-44 所示，电流稳态量选相是以三相负序电流将全平面（360°）等分为 3 个区（各 120°）。

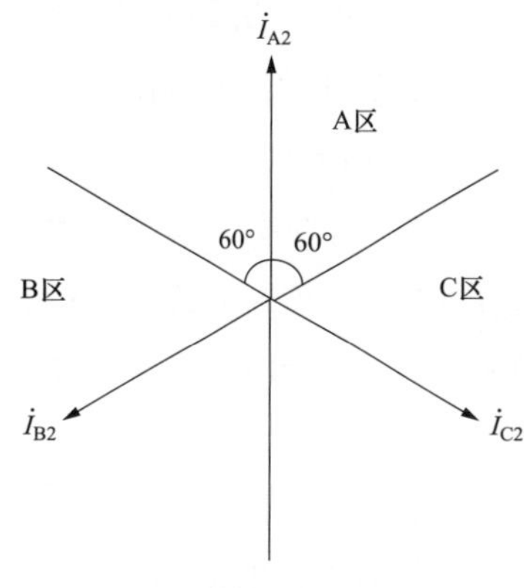


图 2-44 电流稳态量选相示意图

（1）当零序电流位于 C 区时，可能存在哪几种接地短路类型？

（2）当发生 CA 两相接地短路时，故障点零序电流与 B 相负序电流的相位关系，接地电阻越大，零序电流越超前还是越滞后 B 相负序电流？最大不会超过多少度？$\arg\dfrac{\dot{I}_0}{\dot{I}_{A2}}$ 的范围是多少？

**答：**

（1）当零序电流位于 C 区时，只可能存在哪 3 种接地短路类型，它们是 C 相接地、AB 两相接地和 CA 两相经高阻接地。

（2）当发生 CA 两相接地短路时，故障点零序电流与 B 相负序电流的相位随接地电阻不同而不同。接地电阻越大，零序电流越超前 B 相负序电流，但最大不会超过 90°。

$\arg\frac{\dot{I}_0}{\dot{I}_{A2}}$ 的范围是：$120°<\arg\frac{\dot{I}_0}{\dot{I}_{A2}}<210°$ 。

82．简述两相电流差突变量选相元件的选相原理。

**答：**

（1）如果 3 个两相电流差突变量元件中仅有两个动作，是单相接地短路，两个动作元件下标中相关的相是故障相，另一个不动作元件下标所示的两相是非故障相。

（2）如果 3 个两相电流差突变量元件都动作，是相间故障，其中两相电流差的变化量最大的一个下标所示的两相是故障相，虽然三相短路只确定了两个故障相，但这并不造成不良后果。

## 六、计算分析题

1．如图 2-45 所示，在线路 L1 的 M 侧装有按 $U/(I+k3I_0)$ 接线的接地距离保护（$k$=0.67），阻抗组件的动作特性为最大灵敏角等于 80°的方向圆，一次整定阻抗为 $Z_{zd}$=20∠80°Ω。在 K 点发生 A 相经电阻接地短路故障。

（1）写出阻抗组件的测量阻抗表达式。

（2）该阻抗组件是否会动作？并用阻抗相量图说明之。

注：（1）全电流 $I_1$ 与 $I_2$ 同相。

（2）$Z_{L1}$ 为线路 L1 的线路正序阻抗，$Z_{L3K}$ 为线路母线 N 到故障点 K 的线路正序阻抗，$Z_{L1}$=5∠80°Ω，$Z_{L3K}$=3.33∠80°Ω。

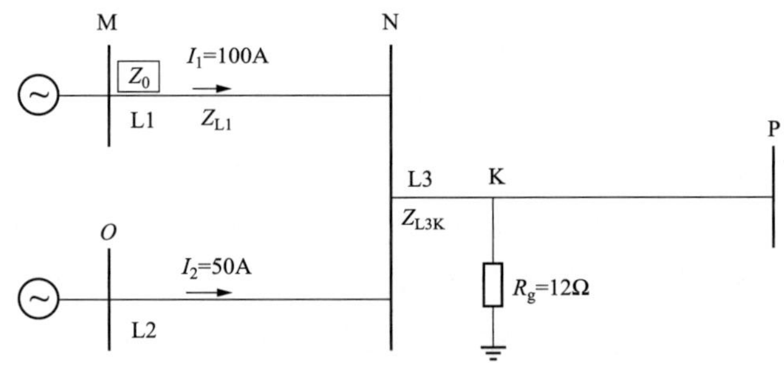


图 2-45　系统参数示意图

**答：**

（1）测量阻抗

$$\begin{aligned}Z_{ca}&=Z_{L1}+[(I_1+I_2)+k(I_1+I_2)]Z_{L3K}/(I_1+kI_1)+(I_1+I_2)R_g/(I_1+kI_1)\\&=Z_{L1}+[(I_1+0.5I_1)+k(I_1+0.5I_1)]Z_{L3K}/(I_1+kI_1)+(I_1+0.5I_1)R_g/(I_1+kI_1)\\&=Z_{L1}+1.5Z_{L3K}+1.5R_g/(1+k)\\&=(5+1.5\times3.33)\angle80^{\circ}+1.5\times12/1.67\\&=10\angle80^{\circ}+10.8\ \Omega\end{aligned}$$

（2）该阻抗组件不会动作。在 K 点短路时，阻抗组件允许的接地电阻为 10Ω，而测量的 K 点接地电阻为 10.8Ω，因此不会动作。

（3）阻抗相量图如图 2-46 所示。

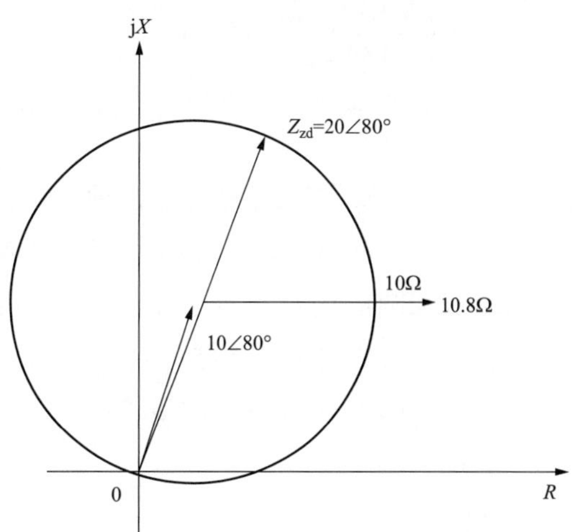


图 2-46 阻抗相量图

2．如图 2-47 所示单侧电源供电的大电流接地系统，保护安装处 P 接地距离Ⅱ段定值 15Ω，正序和零序灵敏角 70°，零序补偿系数 0.6，接地距离保护采用阻抗偏移圆特性。MN 线路全长 20km，每千米线路阻抗 0.5Ω。故障前线路空载，在距离 M 侧 12km 的地方发生 A 相经过渡电阻接地，此时保护记录的 A 相故障电流为 1A、60°。

（1）接地距离偏移角为 0°，过渡电阻最大为多少时，仍然在接地距离Ⅱ段保护范围内，并计算在最大过渡电阻时，保护安装处记录的 A 相电压。

（2）接地距离偏移角为 15°，过渡电阻最大为多少时，仍然在接地距离Ⅱ段保护范围内，并计算在最大过渡电阻时，保护安装处记录的 A 相电压。

图 2-47 单侧电源供电大电流接地系统图

**答：**

（1）利用射影定理，如图 2-48 所示。

$CD^2 = AD \times DB$，$BC^2 = BD \times BA$，$AC^2 = AD \times AB$，$AC \times BC = AB \times CD$

详细如下：

设过渡电阻大小为 $r$，保护感受到的过渡电阻大小为 $R=r/(1+k)$。

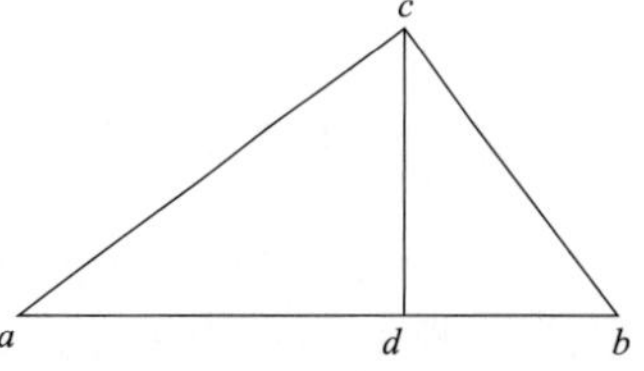


图 2-48 射影定理示意图

$(R\sin 70°)^2 = (R\cos 70° + 6)(9 - R\cos 70°)$

求得 $R_1 = 7.879, R_2 = -6.853$（负数无效值，舍弃不用），可求得 $r$=12.6

$Z = 6e^{j70°} + 7.879 = 11.42e^{j29.58°}$

设电流大小为 1A，60°，则电压量临界值为 $U = I(1+k)Z = 18.272\angle 89.86°$ 。

（2）设过渡电阻大小为 $r$，保护感受到的过渡电阻大小为 $R=r/(1+k)$。

阻抗圆的直径为：

$$Z_{set}=\frac{15e^{j70^\circ}}{\cos 15^\circ}e^{-j15^\circ}=15.53e^{j55^\circ}$$

圆心$\left(\frac{15.53}{2}\cos 55^\circ,\frac{15.53}{2}\sin 55^\circ\right)$，即（4.45，6.36）

在 12km 处发生过渡电阻接地，刚好在偏移圆上，则该点坐标为：

$(R+6\cos 70^\circ,6\sin 70^\circ)$ 即 $(R+2.05,5.64)$

该点到圆心的距离等于半径，则有：

$7.765^2=(R+2.05-4.45)^2+(5.64-6.36)^2$ 得 $R=10.13$

$r=(1+k)R=1.6\times 10.13=16.21$

测量阻抗：

$Z_m=10.13+2.05+j5.64=13.42\angle 24.85^\circ$

则保护安装处电压：

$Z_M=(I_A+k3I_0)Z_m=1.6\angle 60^\circ\times 13.42\angle 24.85^\circ=21.47\angle 84.85^\circ$

3．对双侧电源线路如图 2-49 所示，故障点经过渡电阻接地时，分析这 4 种情况下对接地阻抗继电器（方向圆特性）的影响。用矢量图示意说明，并说明结论。

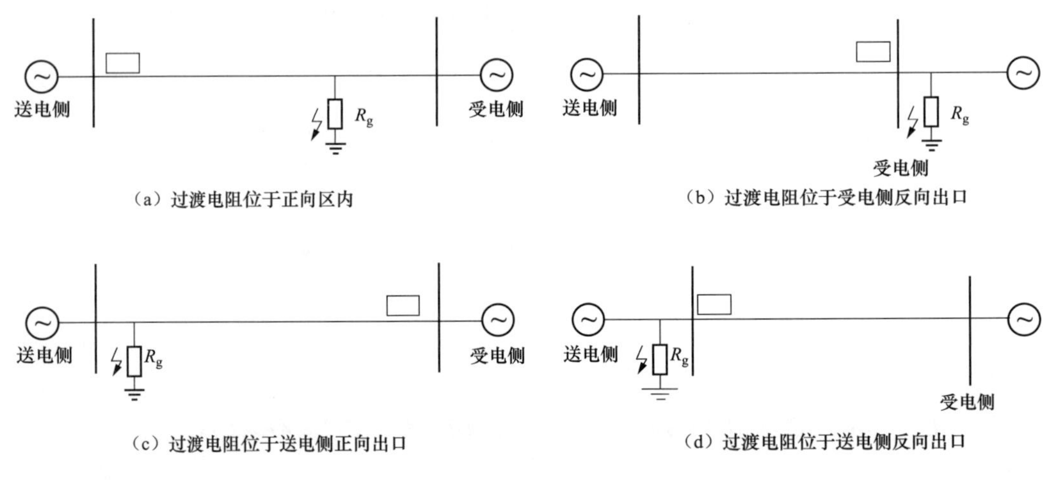


图 2-49　双侧电源线路图

**答**：4 种情况下阻抗继电器特性如图 2-50 所示。

图（a）测量阻抗为线路阻抗基础上增加过渡电阻的附加阻抗阻容性——过渡电阻使得送端测量阻抗存在稳态超越。

图（b）测量阻抗为电阻的附加阻抗阻容性——在受端反向出口故障时，过渡电阻（小电阻时）会误动。

图（c）测量阻抗为线路阻抗基础上增加过渡电阻的附加阻抗阻感性——过渡电阻使得送端测量阻抗存在稳态缩范围。

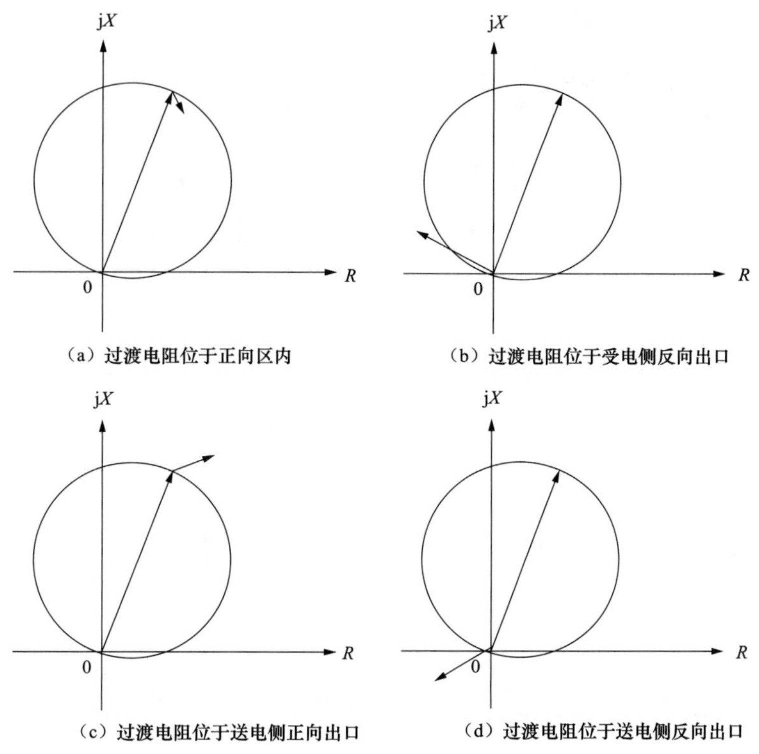


图 2-50　阻抗继电器特性图

图（d）测量阻抗为电阻的附加阻抗阻感性——在送端反向出口故障时，过渡电阻不会误动。

4．请在同一阻抗平面内，分别画出正、反方向短路故障时极化电压为母线电压、正序电压、记忆电压以及工频变化量的阻抗继电器的动作特性，并标注说明。假设整定阻抗为 $Z_{set}$，系统各阻抗角相同，均为 80°。

**答：**母线电压极化（圆 1）、正序电压极化（圆 2）、带记忆（暂态）电压极化（圆 3）、工频变化量阻抗圆（圆 4）特性如图 2-51 所示。

5．双侧电源线路接线和参数如图 2-52 所示，在 M 侧母线背后发生 A 相经过渡电阻 $R_g$=77.4Ω 的单相短路接地故障，N 侧接地距离继电器第一段整定阻抗为 j24Ω。两侧电动势 $\dot{E}_S = 1e^{j60}, \dot{E}_R = 1$。

（1）试作故障前后的电压相量图。

（2）N 侧接地距离保护第一段方向阻抗继电器能否动作？

（3）N 侧按保护第一段整定的零序电抗继电器能否动作？

（4）N 侧零序功率方向继电器能否动作？

（5）M、N 线路距离纵联保护能否动作？

（6）M、N 线路零序方向纵联保护能否动作？

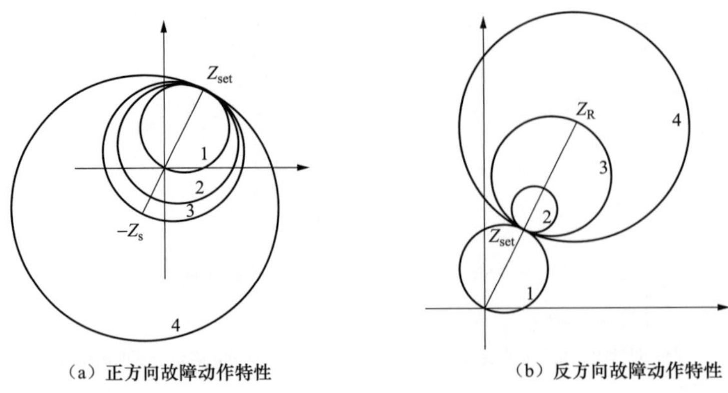


图 2-51 阻抗继电器动作特性图

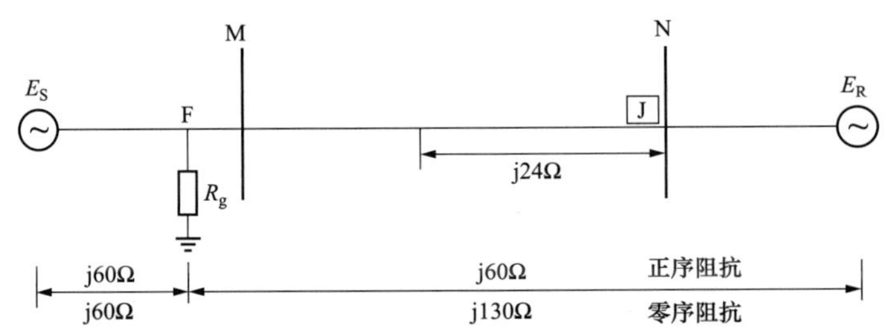


图 2-52 双侧电源线路接线和参数示意图

**答：**

（1）作出故障前系统 A 相电压相量如图 2-53 中 $OSF_{|0|}R$，$\angle SOR=60°$，$OF_{|0|}$为$\angle SOR$ 的平分线，求得 $\dot{U}_{F|0|}=0.866$。其中 $F_{|0|}$为故障前电压点，F 为故障电压点。

做复合序网如图 2-54 所示。计算故障后 $\dot{U}_F$ 和 $\dot{I}_F$（流经 $R_g$），并作出故障后系统 A 相电压相量图 $\dot{U}_F$，相位落后于 $\dot{U}_{F|0|}$。

$$\dot{I}_F = 0.866/(232 + j30 + j30 + j41) = 0.866/(232 + j101)$$

$$\dot{U}_F = \dot{I}_F \times 3R_g = 0.866/(232 + j101) \times 232 = 0.797$$

（2）定性在电压相量图上绘出故障后母线 N 的电压 $\dot{U}_{AN}$ 和 N 侧 A 相距离测量电压（补偿电压）$\dot{U}'_{AN}$ 的相量［补偿电压 $\dot{U} = (\dot{U} - Z_{set}\dot{I})$］。$\dot{U}_{AN}$ 落后于 $\dot{U}_F$，它们的相量末端在 FR 连线上。$\dot{U}'_{AN}$ 和 $\dot{U}_{AN}$ 的相位差远小于 90°，故方向阻抗继电器不动作。

（3）近似认为 $\dot{I}_0$、$\dot{I}_{0F}$、$\dot{I}_F$、$\dot{U}_F$ 同相位，落后于 $\dot{U}'_{AN}$，零序电抗继电器超范围动作。

（4）零序功率方向继电器正确动作。

（5）距离纵联保护，M 侧判反方向，N 侧方向阻抗继电器拒动，两侧都不停信，正确不动作。

（6）零序方向纵联保护，N 侧判正方向，停信，M 侧判反方向不停信，正确不动作。

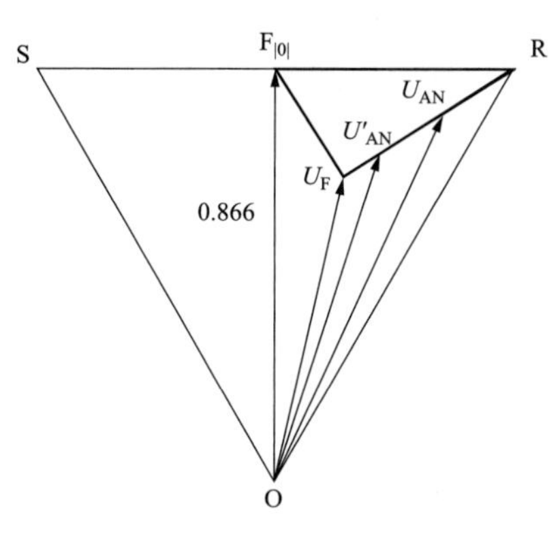


图 2-53 电压相量图

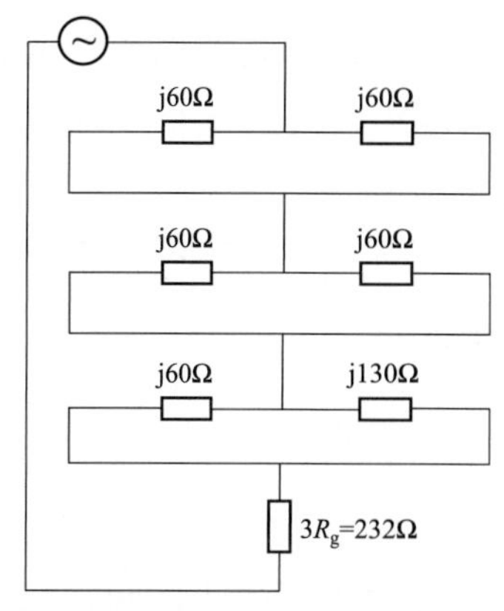


图 2-54 复合序网图

6．某 110kV 系统接线图如图 2-55 所示，在其中一回线发生两相金属性接地故障时，787 断路器距离保护 I 段反向误动作，方向接地距离定值按躲开变压器其他侧母线故障整定，I 段定值 7.2Ω，$K$=0.6；故障报告知非故障相电流为 6.66A，787 断路器故障录波图如图 2-56 所示。

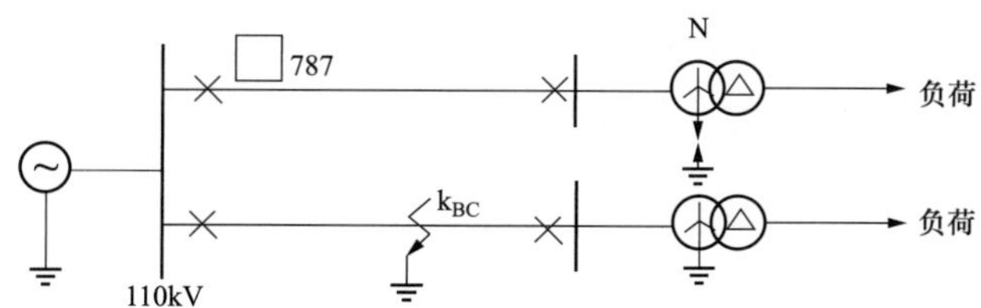


图 2-55 一次系统接线图

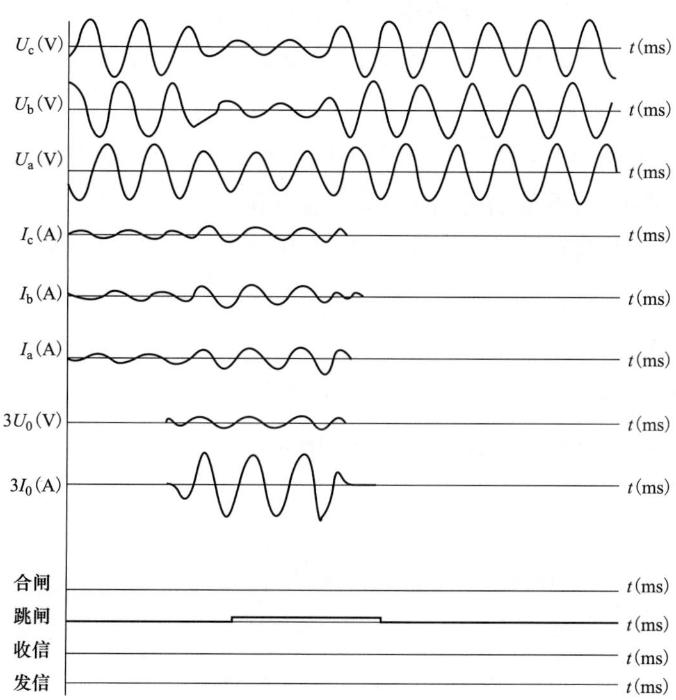


图 2-56 787 断路器故障录波图

录波图中，保护装置电流变换器用电抗变换器，录波图电流相位，已转过一个线路阻抗角；三相电流录波比例尺相同，与零序电流不同；三相电压录波比例尺相同，与零序电压有不同。

经现场检查，二次回路接线正确，保护装置接地距离的动作特性为：$-90° < \arg\dfrac{U_{OP\phi}}{U_{P\phi}} < 90°$

工作电压：$U_{OP\phi} = U_{\phi} - (I_{\phi} + K \times 3I_0) \times Z_{ZD}$

极化电压：$U_{P\phi} = -U_{1\phi}$

根据系统图和录波图，回答如下问题：

（1）N 点的不接地变压器的放电间隙在故障时是否被击穿？

（2）故障时流过 787 断路器的电流为什么大小基本相等，相位基本相同？

（3）为什么 787 母线侧 B、C 故障相电压并不同相位？

（4）画出两相接地故障复合序网，写出非故障相电压表示式，定性说明在如此系统网络结构下，非故障母线相电压为什么会下降？

（5）依接地距离的动作特性，在电压平面画图定性分析 787 距离保护会误动，并假定故障前后正序电压相位不变。

**答：**

（1）N 点的不接地变压器的放电间隙在故障时被击穿。

（2）因为 N 点为负荷侧，负荷的正、负序阻抗比变压器的零序阻抗大的多，因而负荷侧分到的正、负序电流远小于零序电流，故负荷侧的各相电流基本上是零序电流，所以大小基本相等，相位基本相同。

（3）787 母线侧 B、C 故障相电压并不同相位；因为母线侧电压是反应强电侧母线到故障点的电压，强电侧不仅有零序电流，还有正、负序电流，因而电压不同相位；强电侧母线电压的表示式应为：

$$U_{MB} = (I_{MA} + K3I_0)Z_{MK1}$$

$$U_{MA} = (I_{MA} + K3I_0)Z_{MK1}$$

（4）两相接地故障的复合序网如图 2-57 所示。

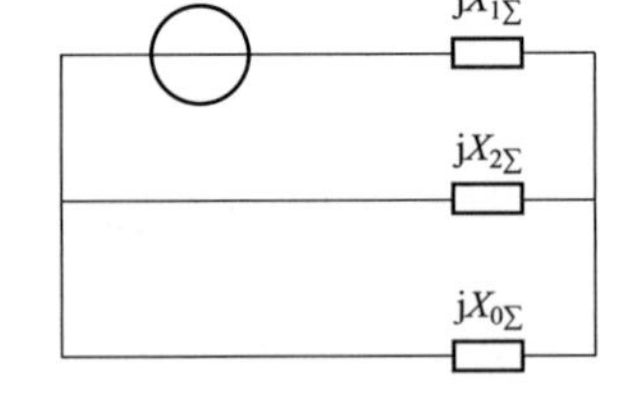


图 2-57　两相接地故障的复合序网图

由图 2-57 可知：

$$u_{fa1} = u_{fa2} = u_{fa0} = \frac{u_{A|0|}}{x_{1\Sigma} + \dfrac{x_{2\Sigma}x_{0\Sigma}}{x_{2\Sigma} + x_{0\Sigma}}} \times \frac{x_{2\Sigma}x_{0\Sigma}}{x_{2\Sigma} + x_{0\Sigma}} = u_{A|0|}\left(\frac{x_{2\Sigma}x_{0\Sigma}}{x_{2\Sigma}x_{1\Sigma}x_{1\Sigma}x_{0\Sigma} + x_{2\Sigma}x_{0\Sigma}}\right)$$

令 $x_{1\Sigma} = x_{2\Sigma}$； $k_0 = x_{0\Sigma} / x_{1\Sigma}$； $u_{fc} = u_{fc1} + u_{fc2} + u_{fc0} = 3\, u_{fc|0|}\dfrac{k_0}{1+2k_0}$

当 $x_{0\Sigma} = x_{1\Sigma}$ 时，非故障相故障点的电压不变化。

当 $x_{0\Sigma} < x_{1\Sigma}$ 时，非故障相故障点的电压下降。

当 $x_{0\Sigma} > x_{1\Sigma}$ 时，非故障相故障点的电压上升。

该系统是当 $x_{0\Sigma} < x_{1\Sigma}$ 时，非故障相故障点的电压下降；$U_{KA}$ 电压会下降。

非故障相 A 相的母线电压 $U_{MA} = U_{KA} + (I_{MA} + K3I_0)Z_{MK1} = E_M - I_{MA}Z_S$

$E_M$ 为 M 侧的等效电源电势；$Z_S$ 为 M 侧母线背后阻抗。因为故障点非故障相下降较多，因而母线电压也下降较多。

（5）787 接地距离继电器 I 段误动作分析。

依动作条件，可在电压平面作出距离保护的工作电压动作区。

为简化分析，从故障录波图可见，$U_{MA}$ 与 $I_AZ_L$（录波电流已向前转过线路阻抗角）同相；可以得知非故障 A 相电流落后电压线路阻抗角。查看定值可知：

$$(I_A + K3I_0)Z_{ZD} = (6.66 + 0.6 \times 3 \times 6.66) \times 7.2 = 134.3\text{V}$$

非故障 A 相工作电压与故障前 A 相电压相反，A 相接地距离继电器反方向误动作。787 线路定值过大是此次事故的主要原因。误动相量分析图如图 2-58 所示。

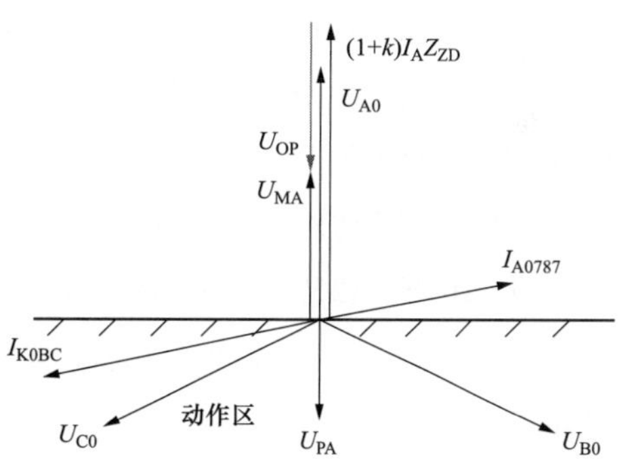


图 2-58 误动相量分析图

7．双电源系统如图 2-59 所示，两侧电源幅值大小相等，M 侧电源超前 N 侧电源 60°，系统参数已在图中标注，正序阻抗等于负序阻抗，计算所用参数均为标幺值。请计算：

K 点发生 A 相经过渡电阻 $R_g$ 短路接地故障，M 侧接地距离 I 段继电器极化电压采用母线电压（方向圆特性），整定阻抗为 j2.6，为了提高短线路躲过渡电阻能力，试计算最小偏移角度 $\theta$，使之在 $R_g$=2 时接地距离 I 段继电器刚好能够动作。

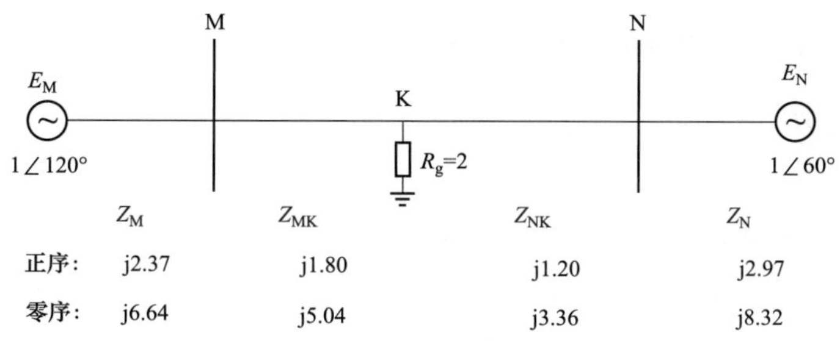


图 2-59 双电源系统参数示意图

**答：**

（1）解法一：

首先计算各序阻抗：

$Z_{\Sigma1}=Z_{\Sigma2}=(\text{j}2.37+\text{j}1.80)//(\text{j}1.20+\text{j}2.97)=\text{j}2.085$

$Z_{\Sigma0}=(\text{j}6.64+\text{j}5.04)//(\text{j}3.36+\text{j}8.32)=\text{j}5.84$

故障点电压：

$$U_{\text{F}}=\frac{3R_{\text{g}}E_{\text{s}}}{Z_{\Sigma1}+Z_{\Sigma2}+Z_{\Sigma0}+3R_{\text{g}}}=\frac{6\times0.866\angle90^\circ}{\text{j}2.085+\text{j}2.085+\text{j}5.84+6}=0.445\angle30.94^\circ$$

M 侧测量电流：

$$I_{\text{M}}=\frac{E_{\text{M}}-U_{\text{F}}}{Z_{1\text{M}}}=\frac{1\angle120^\circ-0.445\angle30.94^\circ}{\text{j}4.17}=0.261\angle54.16^\circ$$

M 母线处测量电压：

$$U_{\text{M}}=U_{\text{F}}+I_{\text{M}}Z_{1\text{MK}}=0.445\angle30.94^\circ+0.261\angle54.16^\circ\times\text{j}1.8=0.504\angle89.91^\circ$$

工作电压：

$$U_{\text{op}}=U_{\text{M}}-I_{\text{M}}Z_{\text{set}}=0.504\angle89.91^\circ-0.261\angle54.16^\circ\times\text{j}2.6=0.561\angle10.99^\circ$$

因取 $U_{\text{M}}$ 为参考电压，此时 $U_{\text{OP}}$ 动作区域范围为 $(89.91^\circ+90^\circ,89.91^\circ+270^\circ)$，即 $(179.91^\circ,359.91^\circ)$

此时刚好动作，偏移角度应为：

$$\theta=10.99-(359.91^\circ-360^\circ)=11.08^\circ$$

（2）解法二：阻抗特性示意图如图 2-60 所示，测量阻抗为

$$Z_{\text{m}}=Z_{1\text{MK}}+\frac{I_{\text{F}}}{I_{\text{M}}}R_{\text{g}}=\text{j}1.8+\frac{0.445\angle30.94^\circ}{0.261\angle54.16^\circ}=1.567+\text{j}1.208$$

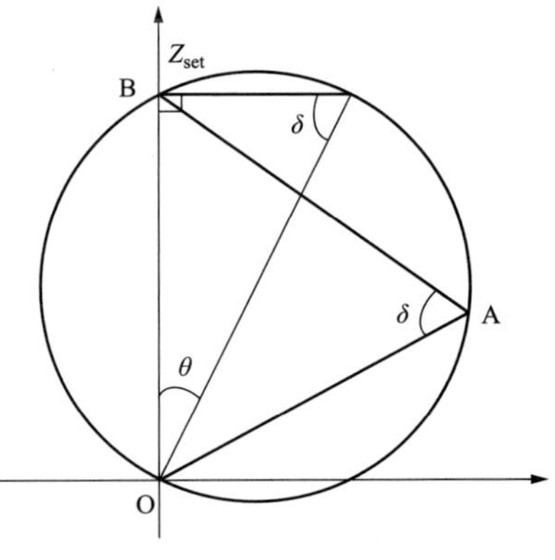

图 2-60　阻抗特性示意图

解△$OAB$

$$|OA|=\sqrt{1.567^2+1.208^2}=1.931$$

$$|OB|=2.6$$

$$|AB|=\sqrt{(1.567-0)^2+(1.208-2.6)^2}=2.15$$

$$\cos\delta=\frac{|OA|^2+|AB|^2-|OB|^2}{2|OA||AB|}=0.192$$

$$\theta=\arcsin0.192=11.07^\circ$$

8．NP 线路 N 侧站内装有一台串联补偿电容装置 $X_{\text{c}}$，若串联补偿电容线路侧 F1 点发现相间短路故障，假设故障期间串联补偿正常运行（MOV 和放电间隙未动作），线路空载。保护 1、保护 2 距离保护是采用记忆电压 $U_{|0|}$作为极化量的方向阻抗圆（记忆消失后采用保护安装处的测量电压 $U_{\text{j}}$ 作为极化量），相间距离 I 段按 50%线路阻抗整定，阻抗灵敏角 90°，不考虑装置和互感器采样误差（不考虑互感），系统各部分正序阻抗如图 2-61 所示。试分析下列问题：

（1）写出记忆消失前方向阻抗继电器动作方程，设线路阻抗角及系统等值阻抗角均为 $\alpha$，在阻抗平面上画出正反方向故障时阻抗继电器的动作特性。

（2）当 $X_C$=–j5 时，画图分析 F1 点相间短路故障时保护 1 相间距离保护Ⅰ段在记忆功能消失前后动作特性，并分析正常运行时保护 1 相间距离保护Ⅰ段是否可以投入。

（3）画图分析当 $X_C$ 分别等于–j5 和–j10 时，保护 2 相间距离保护Ⅰ段的动作行为。

（4）若系统各部分零序阻抗和正序阻抗相位和大小一致，试分析当 $X_C$ 分别等于–j10 和–j25 时，保护 3 的零序方向继电器在采用 TV1 和 TV2 有何不同；若存在不正确动作风险，可采取何措施。

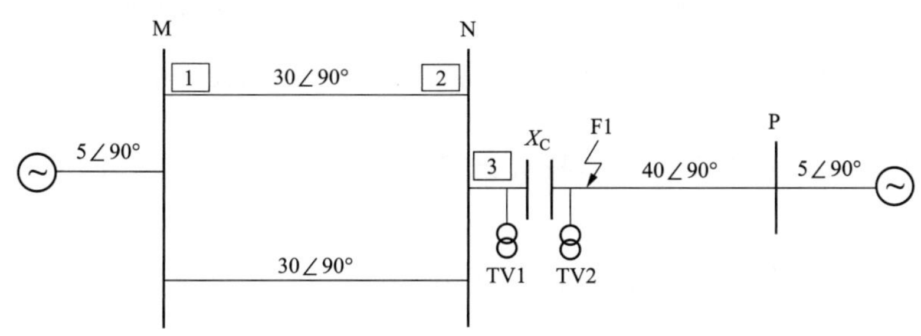


图 2-61 系统参数示意图

**答：**

（1）采用记忆电压 $U_{|0|}$作为极化量的方向阻抗继电器动作方程为：

$$90^\circ \leqslant \arg\frac{U_{op}}{U_{|0|}} \leqslant 270^\circ$$

工作电压 $U_{op}=U_j-I_jZ_{set}$

$Z_{set}$ 表示整定阻抗，$U_{|0|}$为保护安装处故障前电压。

因故障前线路空载，正方向故障时，$U_{|0|}$可用故障后电源电动势表示 $U_{|0|}=U_j+I_jZ_S$；反方向故障时，可用故障后电动势表示 $U_{|0|}=U_j-I_jZ_R$。$U_j$ 表示保护的测量电压，相间故障时 $U_j=I_jZ_j$；$I_j$ 表示保护的测量电流；$Z_j$ 表示保护的测量阻抗；$Z_S$ 表示保护安装处故障点反方向系统等值阻抗；$Z_R$ 表示保护安装处正方向系统等值阻抗。

正方向故障时保护动作方程为：$90^\circ \leqslant \arg\dfrac{Z_j-Z_{set}}{Z_j+Z_S} \leqslant 270^\circ$

反方向故障时保护动作方程为：$90^\circ \leqslant \arg\dfrac{Z_j-Z_{set}}{Z_j-Z_R} \leqslant 270^\circ$

阻抗平面上画出正反方向故障时阻抗继电器动作特性，如图 2-62 所示。

（2）保护 1 距离保护Ⅰ段 $Z_{\mathrm{I}}=0.5Z_{MN}=15\angle 90^\circ$，故障点 F1 在保护 1 的正方向，保护 1 反方向系统等值阻抗 $Z_S=2\times 5\angle 90^\circ=10\angle 90^\circ$，如图 2-63 所示。

F1 点故障时，保护 1 的测量阻抗为 $Z_j=30\angle 90^\circ-2\times 5\angle 90^\circ=20\angle 90^\circ$

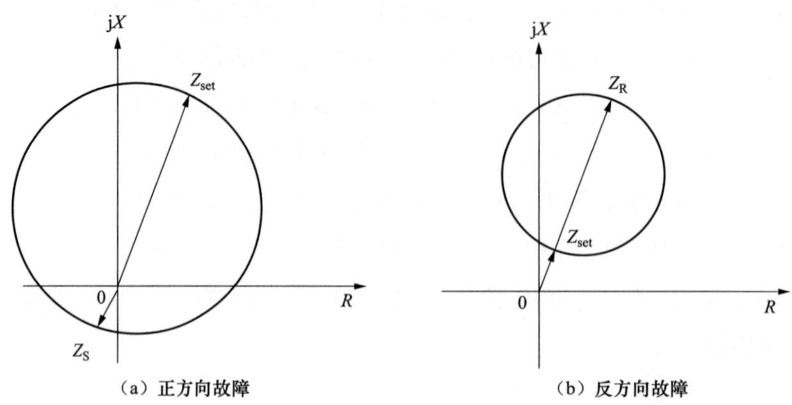


图 2-62　记忆消失前正反方向故障时阻抗继电器动作特性

记忆功能消失前，保护 1 的动作特性圆是以（$Z_s + Z_{set}$）为直径的圆。因为 20>15，正确不动作。

记忆功能消失后，保护 1 的测量阻抗不变，动作特性圆是以 $Z_{set}$ 为直径的圆，如图 2-63 虚线所示。

因为 20>15，正确不动作。

当 $X_C = -j5$ 时，F1 点故障保护 1 记忆功能消失后，按线路 50%阻抗整定的相间距离保护 I 段将不会误动作，可正常投入运行。

（3）保护 2 相间距离保护 I 段 $Z_I = 0.5Z_{MN} = 15\angle 90°$，F1 点故障。

当 $X_C = -j5$ 时，保护 2 的测量阻抗为 $X_j = 2X_C = 10\angle 90°$

当 $X_C = -j10$ 时，保护 2 的测量阻抗为 $X_j = 2X_C = 20\angle 90°$

记忆电压消失前，动作特性如图 2-64 所示。

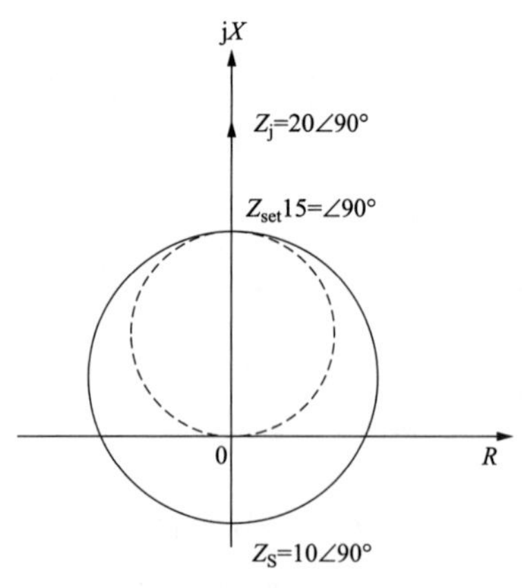


图 2-63　记忆功能消失前后 F1 点相间短路故障时动作特性

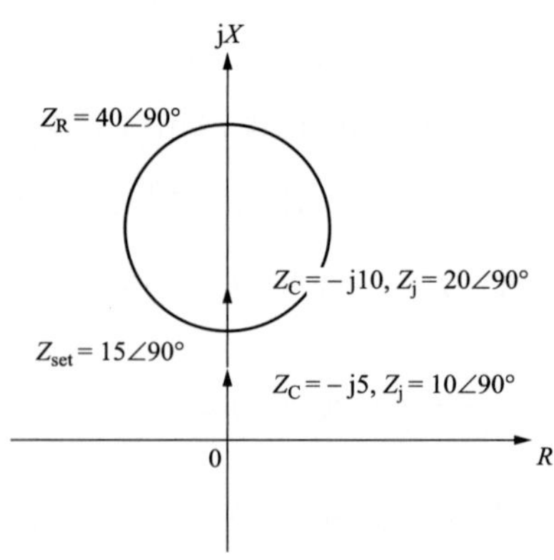


图 2-64　记忆电压消失前保护 2 相间距离保护 I 段动作特性

故障点 F1，在保护 2 的反方向，保护 2 安装处正方向系统等值阻抗

$Z_R = 2 \times 5\angle 90° + 30\angle 90° = 40\angle 90°$

保护 2 距离保护动作特性圆是以（$Z_R - Z_{set}$）为直径的圆。

因为 10＜15，20＜40，所以在记忆功能消失前，按线路阻抗 50%整定的保护 2 相间距离Ⅰ段，在 $X_C = -j5$ 时正确不动作，在 $X_C = -j10$ 时，将误动。

记忆电压消失后，保护 2 距离保护动作特性阻抗圆是以 $Z_{set}$ 为直径的圆，如图 2-65 所示。

因为 10＜15，20＞15，所以记忆功能消失后，按线路阻抗 50%整定的保护 2，在 $X_C = -j5$ 时将误动，在 $X_C = -j10$ 时正确不动作。

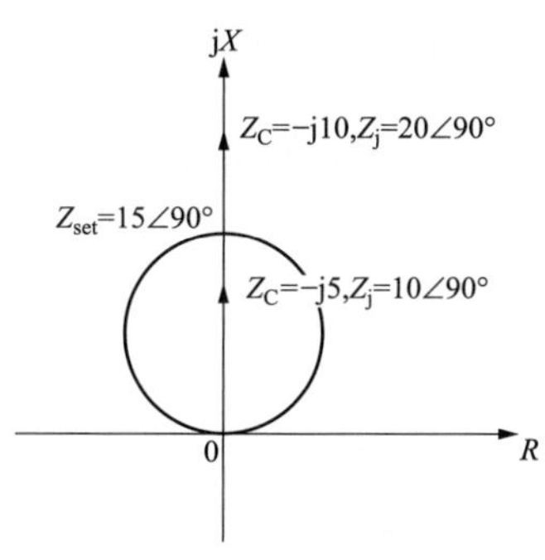


图 2-65 记忆电压消失后保护 2 相间距离保护Ⅰ段动作特性

（4）F1 点故障时，保护 3 零序方向继电器是否能够正确动作，关键看保护所采用的 TV 在故障点反方向上的系统等值阻抗，当系统等值阻抗呈感性时，零序方向继电器可以正确动作，当系统等值阻抗呈容性时，零序方向继电器将会拒动。

当保护 3 采用 TV1 时，无论 $X_C = -j10$ 或 $X_C = -j25$，其反方向系统等值阻抗均为 j20，呈感性，零序方向继电器可以正确动作。

当保护 3 采用 TV2 时，若 $X_C = -j10$，其反方向系统等值阻抗为 j10，呈感性，零序方向继电器可以正确动作。

当保护 3 采用 TV2 时，若 $X_C = -j25$，其反方向系统等值阻抗为 −j5，呈容性，零序方向继电器将拒动。

9．在如图 2-66 所示系统中，求三相系统振荡时相间阻抗继电器 KR 的测量阻抗轨迹。方向阻抗继电器在 $\delta = 90°$ 时动作，$\delta = 270°$ 时返回（$\delta$ 为 $E_M$、$E_N$ 两相量间的夹角)，系统最长振荡周期为 1.5s。

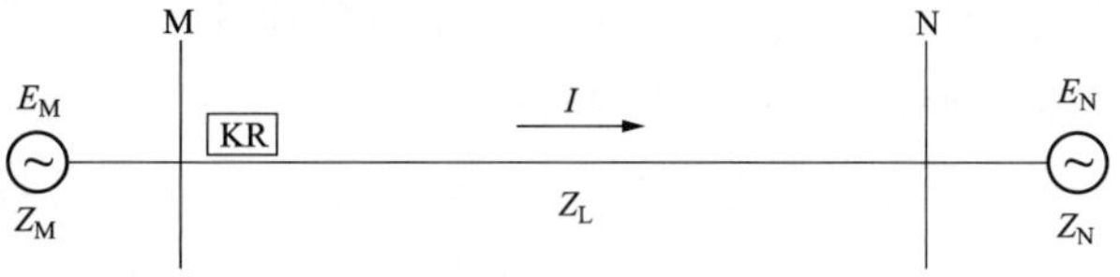

M　N　$E_M$　$E_N$　KR　$I$　$Z_M$　$Z_L$　$Z_N$

图 2-66 系统示意图

条件：$|E_M| = |E_N|$，$1 - e^{-j\delta} = \dfrac{2}{1 - j\cot\dfrac{\delta}{2}}$

**答**：在 M 侧的阻抗继电器可用同名相电压和电流来分析，以下分析各电气量均为相量。

$$I = \frac{E_M - E_N}{Z_M + Z_L + Z_N} = \frac{E_M - E_N}{Z_\Sigma}$$

设 $Z_M = mZ_\Sigma (m<1)$，$U_M = E_M - IZ_M = E_M - I_m Z_\Sigma$

则继电器的测量阻抗 $Z_k$ 为

$$Z_k=\frac{U_M}{I}=\frac{E_M-I_mZ_M}{I}=\frac{E_MZ_M}{E_M-E_M}-mZ_M$$

设 $E_M$、$E_N$ 两相量间的夹角为 $\delta$，且 $|E_M|=|E_N|$，$1-e^{-j\delta}=\dfrac{2}{1-j\cot\dfrac{\delta}{2}}$

则 $Z_k=\dfrac{Z_\Sigma}{1-e^{-j\delta}}-mZ_\Sigma=\left(\dfrac{1}{2}-m\right)Z_\Sigma-j\dfrac{1}{2}Z_\Sigma\cot\dfrac{\delta}{2}$

可知 $Z_k$ 的轨迹在 $R-X$ 复平面上是一直线，在不同的 $\delta$ 下，相量 $-j\dfrac{1}{2}Z_\Sigma\cot\dfrac{\delta}{2}$ 是一条与 $\left(\dfrac{1}{2}-m\right)Z_\Sigma$ 垂直的直线。

反映在继电器的端子上，测量阻抗 $Z_k$ 的相量末端应落在直线上。

当 $\delta$=180° 时，$Z_k=\left(\dfrac{1}{2}-m\right)Z_\Sigma$ 即保护安装地点到振荡中心之间的阻抗，如图 2-67 所示。

系统振荡时，进入方向阻抗继电器的动作区时间为 $t$

$$t=\frac{\delta_2-\delta_1}{360}T_S=\frac{270-90}{360}\times1.5=0.75\text{s}$$

则方向阻抗继电器动作时间应大于 0.75s，即用延时来躲开振荡误动。

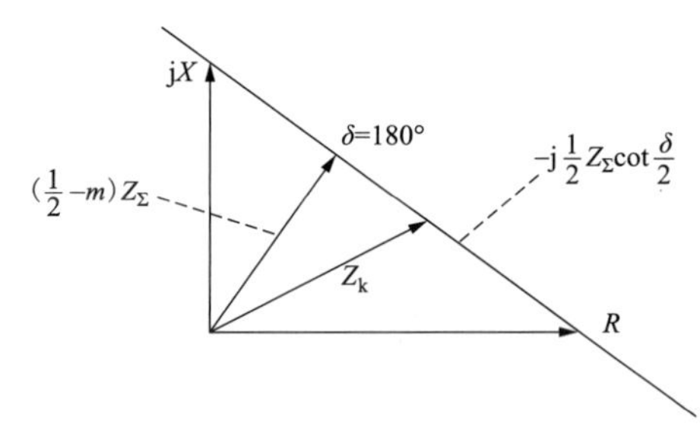


图 2-67 振荡时阻抗轨迹

10．系统如图 2-68 所示，母线 C、D、E 均为单侧电源。全系统阻抗角均为 80°，$Z_{1.G1}=Z_{1.G2}=15\Omega$，$Z_{1.AB}=30\Omega$，6 号断路器第Ⅱ段的整定阻抗 $Z_{6.set}^{II}=32\Omega$，动作时间 $t_6^{II}=0.4s$，并未经振荡闭锁，试解答：

（1）G1、G2 两机电动势幅值相同，找出系统的振荡中心在何处？

（2）分析发生在振荡期间母线 A、B 电压的变化规律及线路 A-B 电流的变化。

（3）线路 B-C、C-D、D-E 的保护是否需要加装振荡闭锁，为什么？

（4）保护 6 的Ⅱ段采用方向圆阻抗特性，系统振荡时，该保护是否会动作，为什么（作图说明）？

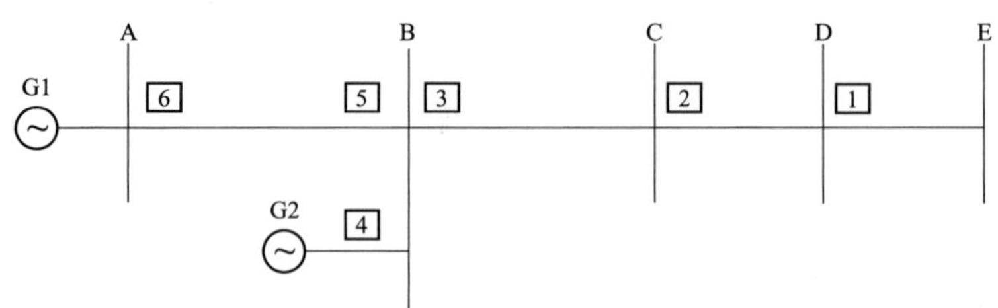


图 2-68 简单电力系统示意图

**答：**

（1）在系统各部分的阻抗角都相等的情况下，振荡中心的位置就在阻抗中心 $Z_{\Sigma}/2$ 处，则有 $Z_{\Sigma}/2=(15+15+30)/2=30\Omega$ 即在 AB 线路的中点。

（2）对于母线 A、B，有

$$\dot{I}=\frac{\dot{E}_{G1}-\dot{E}_{G2}}{Z_{\Sigma}}=\frac{D\dot{E}}{Z_{T}}=\frac{\dot{E}_{G1}(1-e^{-jd})}{Z_{\Sigma}}$$

$$\dot{U}_{A}=\dot{E}_{G1}-\dot{I}Z_{1.G1}$$

$$\dot{U}_{B}=\dot{E}_{G2}-\dot{I}Z_{1.G2}$$

（3）不需要，线路 B-C、C-D、D-E 都是单端电源。

（4）有可能会动作，$Z_{6.set}^{II}$ 的方向圆阻抗特性及测量阻抗的变化轨迹如图 2-69 所示，此时有 $Z$=15+15+30=60。系统振荡时测量阻抗变化轨迹 OO′是 $G_1G_2$ 的垂直平分线，$Z_{6.set}^{II}$ 动作特性的半径为 16，停留在动作区内的角度为（计算为 120°左右即可）。在整定时间为 0.4s 的情况下，允许最长的振荡周期为（计算为 1.2 左右即可），即振荡周期超过 $T$ 时可能误动。

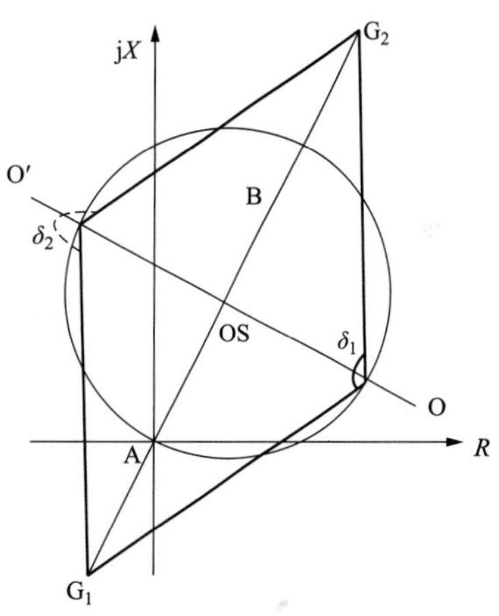

图 2-69 振荡时测量阻抗变化轨迹

11．如图 2-70 所示，已知线路的正序阻抗 $Z_1=0.4\Omega/\text{km}$，阻抗角 $\varphi_L=75°$；电源Ⅰ、Ⅱ的参数：$\dot{E}_{I}=115/\sqrt{3}\text{kV}$，$Z_{I}=20\angle 75°\Omega$；$\dot{E}_{2}=115/\sqrt{3}\text{kV}$，$Z_{I}=10\angle 75°\Omega$。在变电站 A 上装有方向圆特性的Ⅰ、Ⅱ段阻抗保护，试分析系统振荡时Ⅰ、Ⅱ段阻抗保护误动的可能性及应采取的措施。

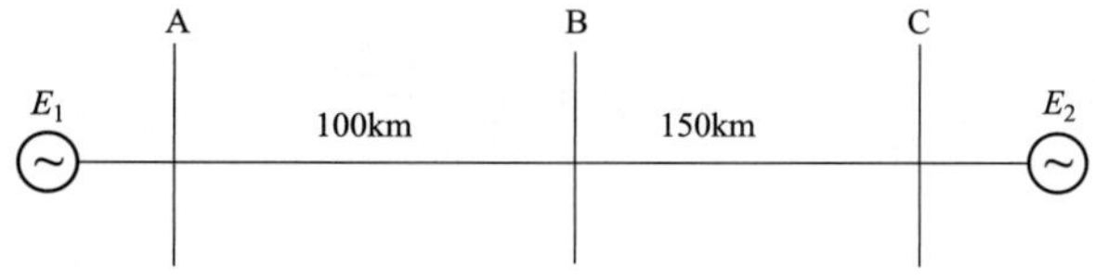

图 2-70 系统示意图

**答：**

$$Z_{0P}^{I}=0.85\times 0.4\angle 75°\times 100=34\angle 75°\Omega$$

$$Z_{0P}^{II}=0.85\times(0.4\angle 75°\times 100+0.85\times 0.4\angle 75°\times 150)=77.25\angle 75°\Omega$$

振荡时测量阻抗的轨迹：

$$Z_{m}=\frac{1}{2}Z_{\Sigma}-Z_{F}-j\frac{1}{2}Z_{\Sigma}\cot\frac{\delta}{2}=\frac{1}{2}\times 130\angle 75°-20\angle 75°-j\frac{1}{2}\times 130\angle 75°\cot\frac{\delta}{2}$$

$$=45\angle 75°-j\frac{1}{2}65\angle 75°\cot\frac{\delta}{2}$$

作图，如图 2-71 所示。

从图 2-71 中可看出振荡对第Ⅰ段没有影响，对第Ⅱ段有影响。

措施：对第Ⅱ段加振荡闭锁，也可适当延长动作时间。

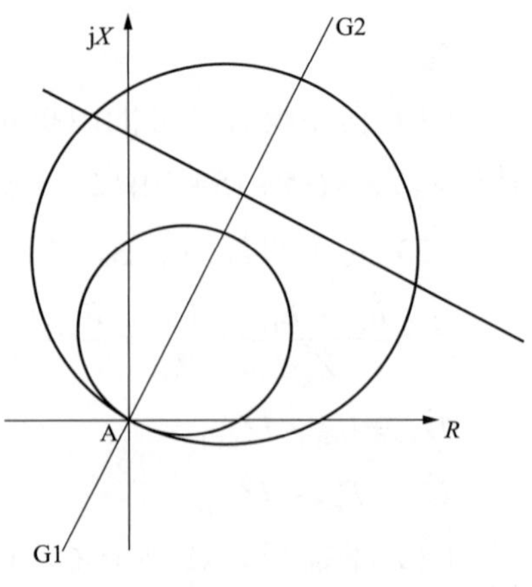

图 2-71　Ⅰ、Ⅱ段阻抗动作特性图

12．双侧电源双回线路系统参数如图 2-72 所示，在线路 L1 距离 M 侧 $\alpha=0.45$ 的 K 点发生两相短路接地。

（1）健全线路 L2 的方向纵联保护在两侧都同时采用零序功率方向组件 D0 和负序功率方向组件 D2。

（2）健全线 L2 的距离纵联保护两侧的超范围距离组件的整定阻抗 $Z_{set}=150\Omega$。

试问在上述两种情况下，健全线纵联保护的动作情况如何？

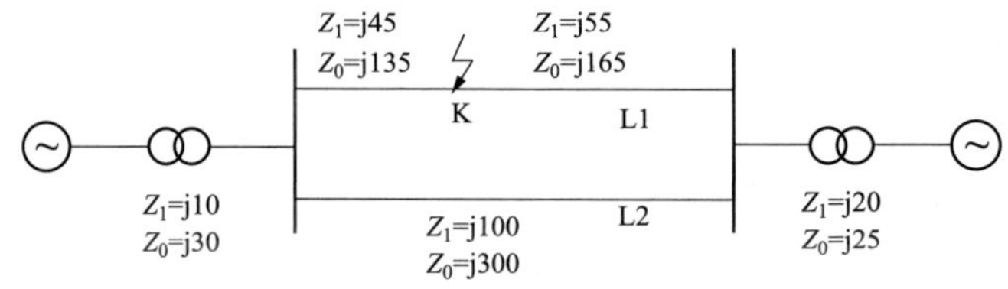

图 2-72　双电源双回线路系统参数示意图

**答：**

（1）将健全线 L2 断开，在 K 点加负序电压，则

$$U_{2M}=U_2-I_{2M}\times j45=U_2-\frac{75}{55+75}I_2\times 45=U_2-\frac{3375}{130}I_2$$

$$U_{2N}=U_2-I_{2N}\times j55=U_2-\frac{55}{55+75}I_2\times 55=U_2-\frac{3025}{130}I_2$$

因此，$U_{2M}<U_{2N}$

再将 L2 接通，在 L2 上 $I_2$ 将由 N 侧流向 M 侧，则 M 侧 D2 判为正方向。

将健全相 L2 断开，在 K 点加零序电压，则

$$U_{0M}=U_0-I_{0M}\times j135=U_0-\frac{190}{255}I_0\times 135=U_0-\frac{25650}{255}I_0$$

$$U_{0N}=U_0-I_{0N}\times j165=U_0-\frac{160}{255}I_0\times 165=U_0-\frac{27225}{255}I_0$$

因此，$U_{0M}>U_{0N}$

再将 L2 接通，在 L2 上 $I_0$ 将由 M 侧流向 N 侧，则 N 侧 D0 判为正方向。

若不采取措施，M 侧 D2 动作停信，N 侧 D0 动作停信，则方向纵联保护误动作。

对策是两侧都加反方向判别组件，当任何一个反方向判别组件动作时，即将正方向

判别组件闭锁，禁止停信，纵联保护不会误动。

（2）健全线 L2 的 M 侧超范围距离组件测量阻抗必大于 j155Ω，不会动作。N 侧距离组件因为有 M 侧电源起助增作用，也不会动作。两侧超范围组件都不动作，纵联保护不会跳闸。

13．请阅读下列材料：

架空输电线路中有同塔（杆）双回架设，也有不同电压等级线路在某部分同塔并架，这些同塔（杆）架设的线路中存在零序互感，距离最近，零序互感越大。当其中一回线路故障，另外一路线路零序方向保护可能误动，也可能不误动，具体取决于两线路之间是电的联系强，还是磁的联系强。在两端方向能够正确判别的情况下，当电的联系强，磁的联系弱，即“强电弱磁”，另一回线路零序方向保护不误动；当电的联系弱，磁的联系强，即“强磁弱电”，另一回线路零序方向保护会误动。

假设两回线路零序方向均能正确判别，根据上述结论，在图 2-73 中Ⅱ线故障的 4 种情况下，对Ⅰ线两侧的零序方向保护进行判断，并利用公式推导证明。（MN 母线外零序阻抗 $Z_{0M}=Z_{0N}$）

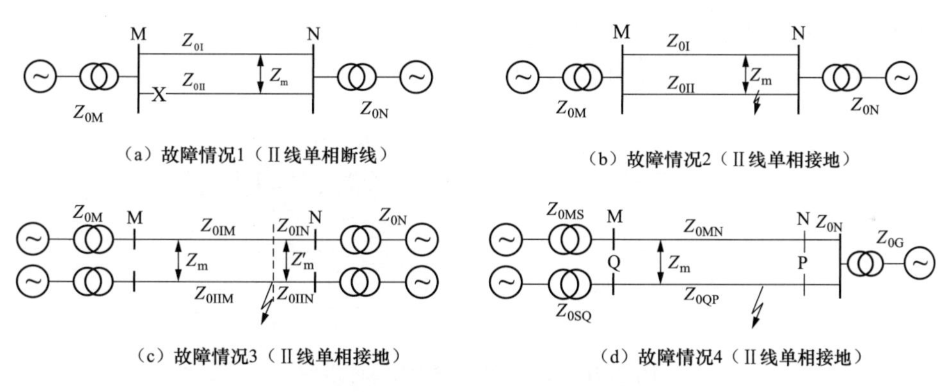


图 2-73 Ⅱ线故障示意图

**答：**

（1）故障情况 1 的零序网络如图 2-74 所示。

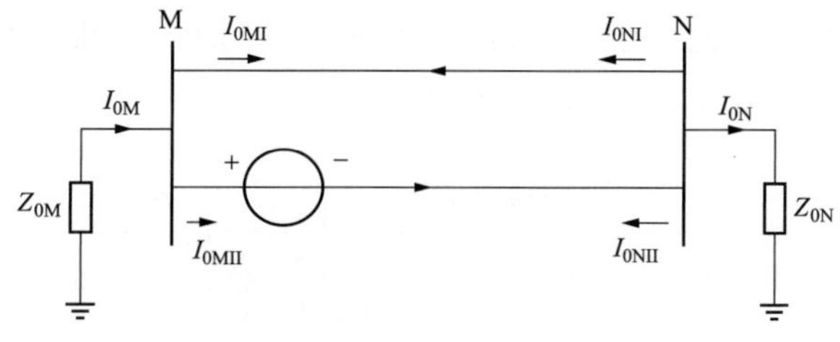


图 2-74 故障情况 1 零序网络图

$U_{0M}=-I_{0M}Z_{0M}=kI_{0MI}Z_{0M}$

$U_{0N}=I_{0N}Z_{0N}=k'I_{0NI}Z_{0N}$

此时Ⅰ线M、N线都判断为反方向。

（2）故障情况2的零序网络如图2-75所示。

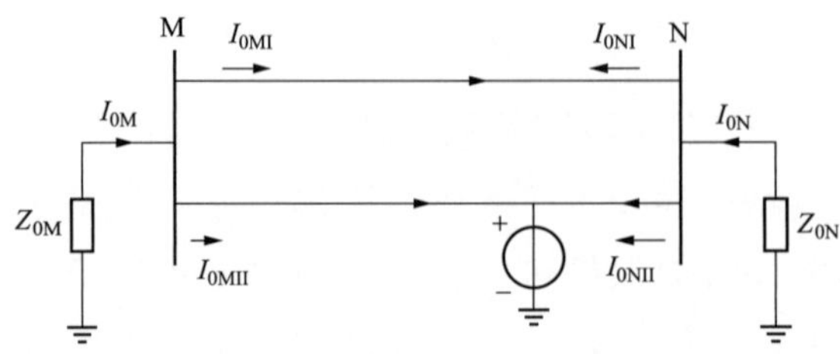


图2-75　故障情况2零序网络图

$Z_{0M}=Z_{0N}$，$k$点靠近M侧，根据电流流向，Ⅰ线的零序电流应该是M流向N。

$U_{0M}=-I_{0M}Z_{0M}=-kI_{0MI}Z_{0M}$

$U_{0N}=-I_{0N}Z_{0N}=k'I_{0NI}Z_{0N}$

此时Ⅰ线M侧判为正方向、N侧判为反方向；若MN线路电流流向由N流向M，则N侧判为正方向、M侧判为反方向。

（3）故障情况3的零序网络如图2-76所示。

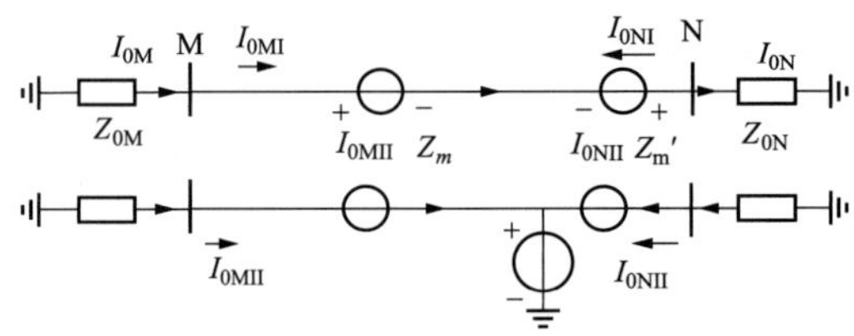


图2-76　故障情况3零序网络图

只针对线路Ⅰ进行分析，假设N侧互感产生电压大于M侧，当前参考方向下，电流实际流向为M流向N。

$U_{0M}=-I_{0M}Z_{0M}=-kI_{0MI}Z_{0M}$

$U_{0N}=-I_{0N}Z_{0N}=-k'I_{0NI}Z_{0N}$

Ⅰ线MN侧都判为正方向。若电流方向由N流向M，结果一致。

（4）故障情况4的零序网络如图2-77所示。

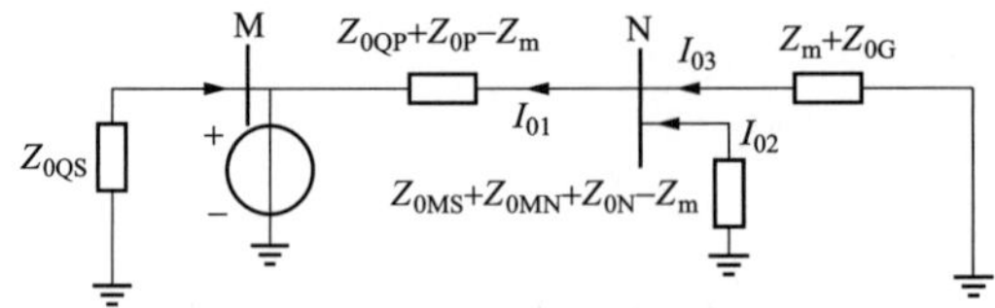


图2-77　故障情况4零序网络图

$$I_{03}=\frac{Z_{0MS}+Z_{0MN}+Z_{0N}-Z_m}{Z_m+Z_{0G}}I_{02}$$

$$U_{0N}=I_{02}Z_{0N}-I_{03}Z_{0G}=\frac{(Z_m+Z_{0G})\ Z_{0N}-(Z_{0MS}+Z_{0MN}+Z_{0N}-Z_m)\ Z_{0G}}{Z_m+Z_{0G}}I_{02}$$

$$=-\frac{Z_m(Z_{0N}+Z_{0G})-(Z_{0MS}+Z_{0MN})\ Z_{0G}}{Z_m+Z_{0G}}I_{0NI}$$

$$U_{0M}=-I_{02}Z_{0QS}=-I_{0MI}Z_{0QS}$$

M 侧始终判为正方向。

当 $Z_m>\frac{(Z_{0MS}+Z_{0MN})\ Z_{0G}}{Z_{0N}+Z_{0G}}$ 时，Ⅰ线 N 侧判为正方向。

当 $Z_m<\frac{(Z_{0MS}+Z_{0MN})\ Z_{0G}}{Z_{0N}+Z_{0G}}$ 时，Ⅰ线 N 侧判为反方向。

结论判断：对于故障情况 1 和故障情况 2，由于双回线两侧直接电的联系较强，属于“强电弱磁”，回线路故障，另一回线路不动作。对于故障情况 3，两条线路没有直接的电气联系，属于“强磁弱电”，其中一回线短路会造成另一回线误动；对于故障情况 4，两条线路一端有电气联系，需要分析时磁场联系强还是电的联系强，磁场强则误动，电场强则不误动。

14．220kV 甲站的 110kV 母线通过 110kV 甲丙线、甲乙线分别带丙站、乙站负荷，丙站、乙站 110kV 母线出线经同杆架设的线路分别带风电场运行。当风电 2 高压母线并网线出口 B 相接地故障时，110kV 乙电线乙站侧线路保护启动，方向零序二段未达到定值，方向为正方向。系统参数如图 2-78 所示。

（1）请计算分析乙站零序方向判正方向的原因。

（2）若风电 1 高压侧母线出线发生接地故障，110kV 丙电线丙站侧保护是否可能误判正方向？对 110kV 乙电线、丙电线的保护配置有何建议？

**答：**

（1）解法一：

$$-(I_{0QP}Z_G-I_{0MN}Z_G)+I_{0MN}Z_N-I_{0QP}Z_{0m}+I_{0MN}Z_{0M}=0$$

可得：$I_{0QP}=I_{0MN}\frac{Z_G+Z_N+Z_{0MN}+Z_{0M}}{Z_G+Z_{0m}}$

因 $U_{ON}=-I_{0MN}Z_N+(I_{0QP}-I_{0MN})Z_G$

$$U_{0N}=\frac{Z_G(Z_{0MN}+Z_{0M})-Z_{0m}(Z_G+Z_N)}{Z_G+Z_{0m}}I_{0MN}$$

当 $Z_G(Z_{0MN}+Z_{0M})-Z_{0m}(Z_G+Z_N)<0$，零序判正方向。故障时零序网络图如图 2-79 所示。

风电 2 侧接地故障时：

$$Z_G(Z_{0MN}+Z_{0M})-Z_{0m}(Z_G+Z_N)=0.1\times(0.4+0.6)-0.3\times(0.1+0.6)=-0.11$$

因而乙站 110kV 乙线零序判正方向。

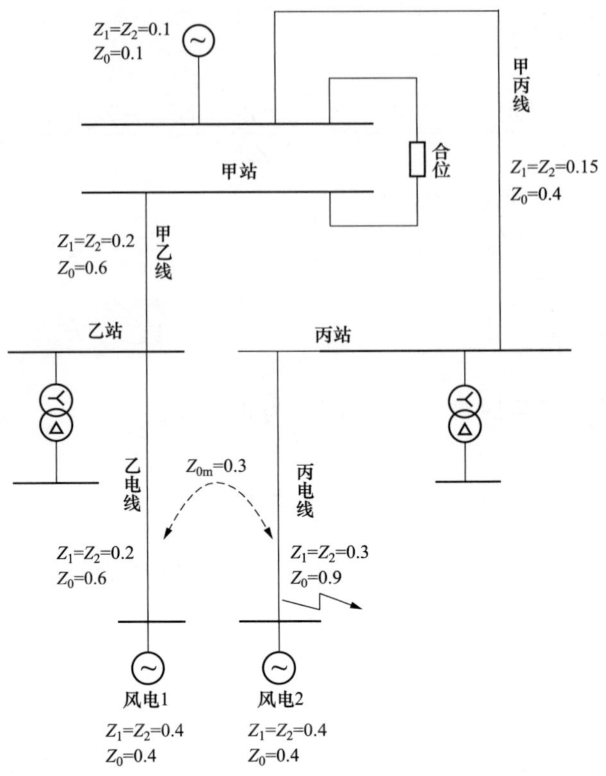


图 2-78　系统示意图

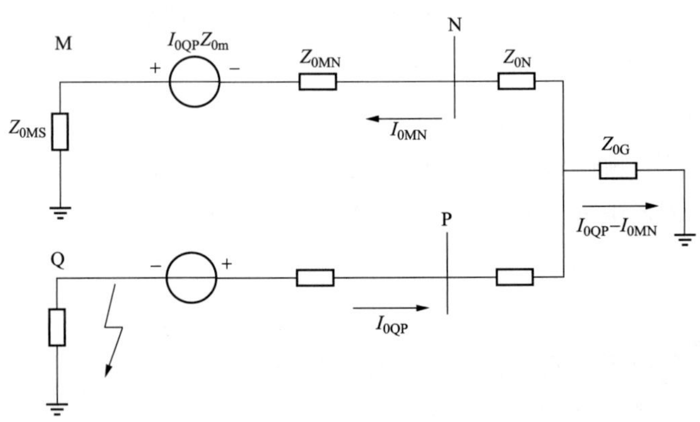


图 2-79　零序网络图

解法二：画出零序等值电路，如图 2-80 所示。

根据电流在原网络结构图中计算丙侧电压电流关系：

$I_{02}=1.4/0.4I_{01}=3.5I_{01}$

$U_{0丙}=0.4I_{01}-0.1I_{02}=0.05I_{01}=-0.05I_{0丙}$

丙侧判为正方向。

（2）风电 1 侧接地故障时：

$$Z_G(Z_{0MN}+Z_{0M})-Z_{0m}(Z_G+Z_N)=0.1\times(0.4+0.9)-0.3\times(0.1+0.4)=-0.02$$

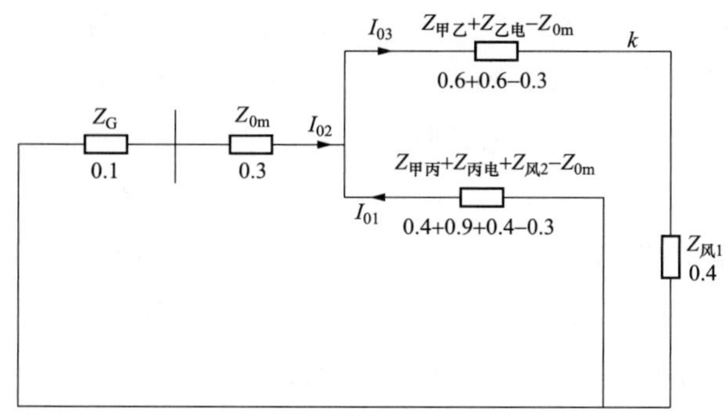


图 2-80 零序等值电路图

当故障电流较大时，可能误判正方向。

建议：配置分相电流差动保护、引入负序方向组件、提高零序定值等。

15．某 110kV 线路保护装置零序电流频繁启动，同时伴随有 TA 断线告警信号，查看装置采样，三相电流为 $I_a$=1.5A，$I_b$=1.5A，$I_c$=1.0A，$3I_0$=0.5A。装置显示各相电流相序正常。请分析处理思路。

**答：**

（1）首先要区分是一次系统电流不平衡造成，还是二次系统的问题造成，譬如核对测控三相电流、该线母差保护中的三相电流、线路对侧装置三相电流等。

（2）确定为二次问题后，应主要查 TA 特性、二次线、装置采样计算几个方面。应体现先后顺序。

1）C 相电流互感器传变特性异常。可通过对互感器伏安特性、变比、绝缘、直流电阻测试，将测试结果与原始记录进行对比来发现问题，但是运行中的电流互感器特性突然变坏的可能性不大，该项检查可放在最后进行。

2）电流互感器至保护装置二次电流回路检查。

a．二次电流回路外观检查，有无放电、灼烧等异常痕迹，查相与相之间、相与地之间是否有异物搭碰。

b．全回路绝缘测试，测试芯对地、芯对芯绝缘，绝缘水平应满足检验规程的标准。应尽可能将测试范围从互感器接线盒到保护装置背板的电流二次回路全部包含进去，检查是否存在两点接地。

c．C 相互感器二次全回路负载测试，与原始记录比较，查 C 回路负载是否有明显增大现象。

3）保护装置检查。

a．保护装置交流采样系统硬件故障，更换采样板。

b．保护装置软件计算错误，更换 CPU。

16．系统某 220kV 双回线路，M 侧为强电源侧，N 侧为弱电源侧，N 侧 3 台 180MW 主变压器并列运行。线路 MN 主保护一为光纤差动保护，主保护二为分相命令纵联距离保护（其纵联保护动作逻辑见图 2-81）。某次故障中，甲线分相命令纵联距离保护动作时序逻辑见图 2-82，光纤差动保护未动作；乙线两侧主保护一及主保护二保护均正确跳 C 并重合成功。

（1）请问甲线保护动作行为是否正确？造成本次动作行为最可能的原因是什么？

（2）请问上述逻辑在什么情况下将存在潜在问题？可采取哪些有针对性的改进措施？

（3）若 N 侧主变压器中压侧引线发生三相短路故障，且此时 N 侧直流电源由于容量问题使得直流蓄电池电压降低至 $0.7U_e$，问此时 M 侧和 N 侧保护最可能的动作行为是什么（220kV 线路距离二段通常按照躲对侧变电站 110kV 母线整定，MN 线距离三段按躲负荷整定）？

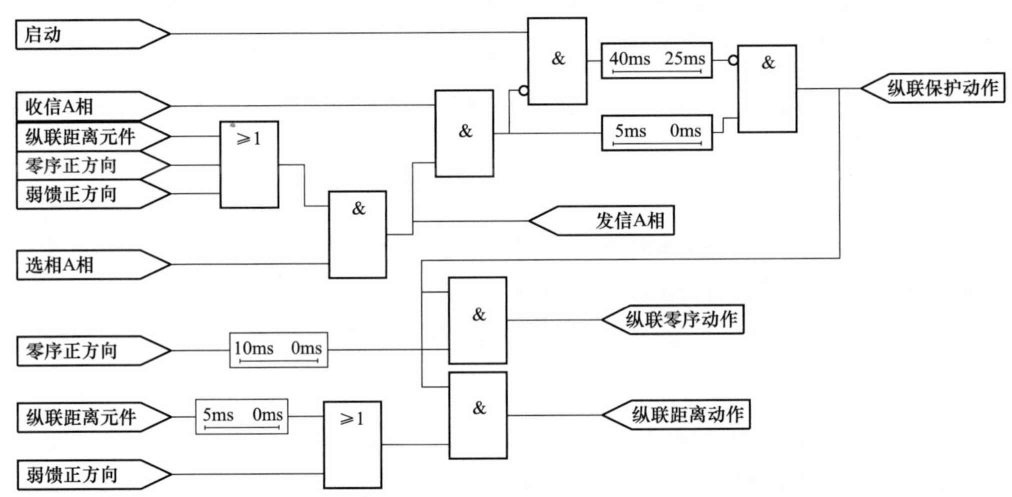


图 2-81　甲线主保护二保护动作逻辑图

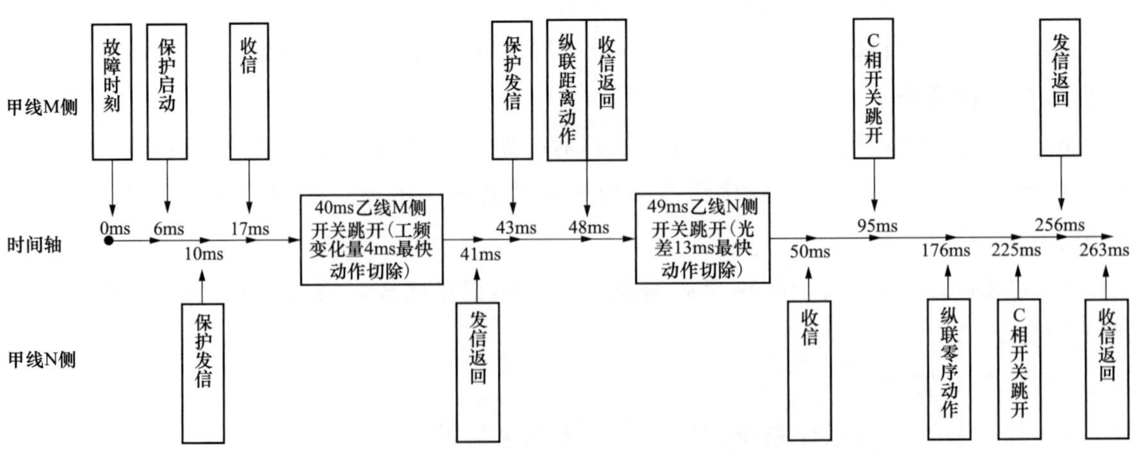


图 2-82　甲线保护动作时序图

**答：**

（1）甲线主一差动正确不动作；主二可能因为功率倒向原因误动。故障点位于强电源侧出口，一开始甲线 M 侧 6ms 才启动（此时甲线 M 侧保护判断为反方向，由于 N 侧为负荷侧，使得故障特征不明显），因此不到 40ms 功率倒向时间，故甲线并未进入功率倒向逻辑。在 40ms 乙线 M 侧跳开断路器后，发生功率倒向，由于甲线主二未进入功率倒向逻辑，因此误动。

（2）关键是要及时进入功率倒向逻辑。

现在保护动作越来越快，断路器动作也越来越快，当保护和断路器隔离时间总和在 40ms 之内时，有可能不能及时进入功率倒向。可以在保护启动且反方向组件动作 10ms 后，转为正方向，保护进入功率倒向逻辑，延时确认 25ms 出口。

注：各厂家对于功率倒向的处理并不完全一致。选手只要答出任何一个厂家的做法即可得分。

（3）N 侧由于直流电源问题，保护无法保证正确判断，即使出口，由于直流电源较低，也不一定能跳开断路器，因此 N 侧很可能无法隔离故障。

M 侧保护由于是三相短路，只能依靠距离保护的远后备功能，由于通常线路距离二段要求躲开对侧变电站 110kV 母线，注意到 N 侧 3 台主变压器并列，因此将最可能距离三段定值应该很大，最可能动作隔离故障，若故障带有接地电阻，则只能等待故障发展，使得 M 侧距离三段定值到后才能隔离故障。

17. 如图 2-83 所示，在单侧电源 220kV 线路上 K 点发生 A 相接地短路。T、T′变压器均采用 YNd11 接线，Y0 侧中性点接地。T′变压器空载。系统中各组件标幺参数 $X_{G1}=0.3$，$X_{T1}=X_{T0}=0.2$，$X_{MK1}=0.1$，$X_{NK1}=0.05$，$X_{T'0}=X_{T'1}=0.1$，输电线路 $X_0=3X_1$，各组件正负序阻抗相等，$E_G=1.0$。注意所有数据均为标幺值，计算结果保留 2 位小数。

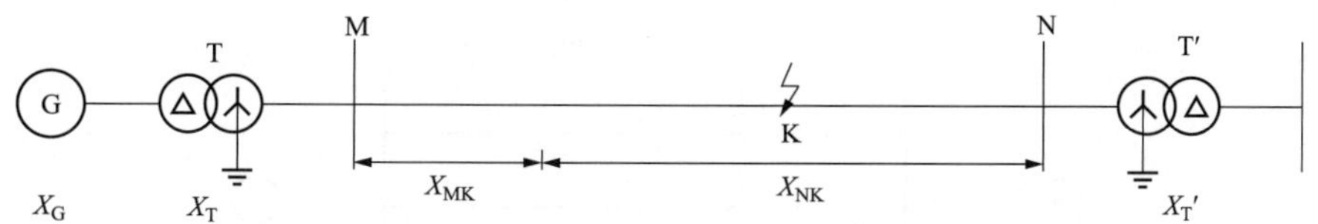


图 2-83 单侧电源线路接地短路示意图

线路 MN 配置分相式光纤纵联电流差动保护，其动作方程为：

$$\begin{cases} I_{CD\phi} > KI_{R\phi} \\ I_{CD\phi} > I_{QD} \end{cases} \quad \phi = A,B,C$$

差动电流 $I_{CD\phi}=|\dot{I}_{M\phi}+\dot{I}_{N\phi}|$，制动电流 $I_{R\phi}=|\dot{I}_{M\phi}-\dot{I}_{N\phi}|$，动作门槛 $I_{QD}=0.5$（标幺值），制动系数 $K=0.5$。

若在线路 MN 上 K 点发生 A 相金属性接地短路，同时线路处于重负荷状态，负荷电流为 1.8（标幺值），功率因数 0.98，请结合动作方程分析该保护是否动作？

**答**：

$X_1 = X_2 = 0.3 + 0.2 + 0.1 = 0.6$

$X_0 = (0.2 + 0.3) // (0.15 + 0.1) = 0.17$

故障电流：$I_{k1} = I_{k2} = I_{k0} = \dfrac{1}{X_1 + X_2 + X_0} = \dfrac{1}{0.6 + 0.6 + 0.17} = 0.73$

流过 M 侧的零序电流为：

$$I_{M0} = \frac{0.15 + 0.1}{0.2 + 0.3 + 0.15 + 0.1} \times 0.73 = 0.24$$

M 侧 A 相电流：

$I_{MA} = I_{M1} + I_{M2} + I_{M0} = 0.73 + 0.73 + 0.24 = 1.70$

B 相 C 相电流：0.73–0.24=0.49

N 侧只有零序电流，因此 A、B、C 相电流为：

$I_{NA} = I_{NB} = I_{NC} = I_{k0} - I_{M0} = 0.73 - 0.24 = 0.49$

计算差动电流、制动电流

$I_{dA} = |I_{MA} + I_{LMA} + I_{NA} + I_{LNA}| = |1.7 + 0.49| = 2.19$

$I_{RA} = |I_{MA} + I_{LMA} - I_{NA} - I_{LNA}| = |1.7 + 1.8e^{j78.52} - 0.49 + 1.8e^{j78.52}| = 4.02$

$I_{dA} > 0.5 I_{RA}$

BC 相差流都为 0。

综上，差动保护动作。

18．如图 2-84 所示，MN 线路两侧均为强电源，线路 M 侧 A 相出口和 M 母线 B、C 相同时接地故障时，请分析该线路保护 M 侧 $\arg\dfrac{\dot{I}_0}{\dot{I}_{2a}}$ 选相区。

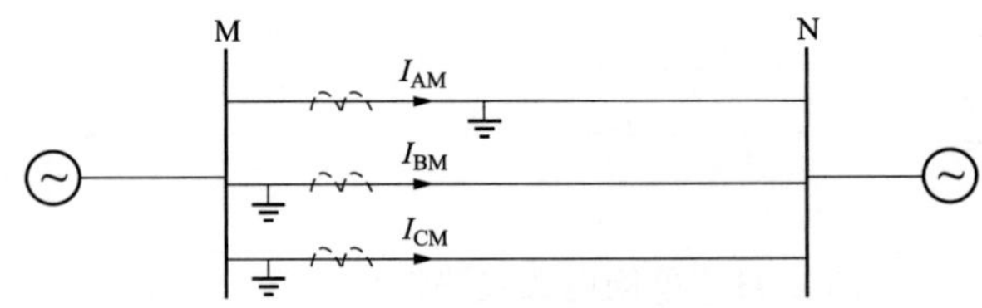


图 2-84　双电源系统示意图

**答**：相当于在同一点发生三相短路，但流入保护的电流不具备三相短路电流的特征，设故障支路三相电流为 $\dot{I}_{FA}$、$\dot{I}_{FB}$、$\dot{I}_{FC}$，故障前三相电流为 $\dot{I}_{A|0|}$、$\dot{I}_{B|0|}$、$\dot{I}_{C|0|}$。

$$\begin{cases} \dot{I}_{AM} = C_1 \dot{I}_{FA} + \dot{I}_{A|0|} \\ \dot{I}_{BM} = -(1 - C_1)\dot{I}_{FB} + \dot{I}_{B|0|} \\ \dot{I}_{CM} = -(1 - C_1)\dot{I}_{FC} + \dot{I}_{C|0|} \end{cases}$$

其中 $C_1$ 为 M 侧正序电流分支系数。

由于 $\dot{I}_{A|0|}$、$\dot{I}_{B|0|}$、$\dot{I}_{C|0|}$ 为对称正序分量，计算负、零序电流时不起作用。只需对下列三式进行负、零序电流计算。

$$\begin{cases}\dot{I}_{AM'}=C_1\dot{I}_{FA}\\ \dot{I}_{BM'}=-(1-C_1)\dot{I}_{FB}\\ \dot{I}_{CM'}=-(1-C_1)\dot{I}_{FC}\end{cases}$$

$$3\dot{I}_{0M}=C_1\dot{I}_{FA}-(1-C_1)(\dot{I}_{FB}+\dot{I}_{FC})=C_1\dot{I}_{FA}-(1-C_1)(-\dot{I}_{FA})=\dot{I}_{FA}$$

$$3\dot{I}_{2aM}=\dot{I}_{AM}+a^2\dot{I}_{BM}+a\dot{I}_{CM}=3\dot{I}_{0M}=\dot{I}_{FA}$$

$$\dot{I}_0=\dot{I}_{2a}=\frac{\dot{I}_{FA}}{3}$$

$$\arg\frac{\dot{I}_0}{\dot{I}_{2a}}=0°$$

故障时电流相量图如图 2-85 所示，根据 $\arg\dfrac{\dot{I}_0}{\dot{I}_{2a}}$ 选相原理，选 A 区。

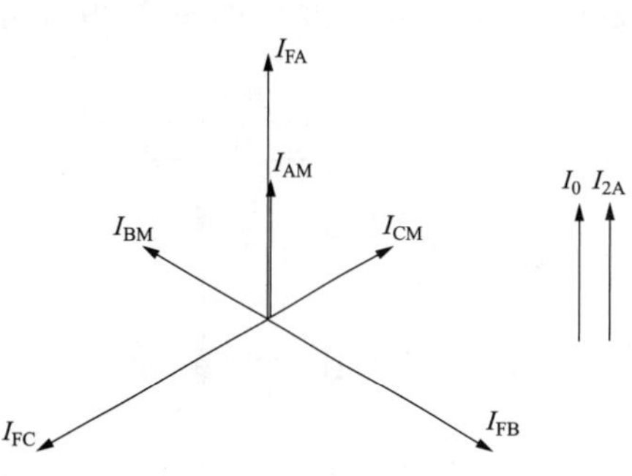


图 2-85 电流相量图

19．某线路 MN 如图 2-86 所示，发生 C 相高阻接地故障，线路差动保护跳闸，M 侧保护 PCS-931A-G 测距为 25km。现已获取故障后 20ms 的两侧电压电流值（同一时刻）如下：

M 侧：$U_a=62.1\angle 0°$，$U_b=61.5\angle-121°$，$U_c=60.5\angle-242°$，$I_a=0.49\angle 0°$，$I_b=0.51\angle-122°$，$I_c=0.55\angle-245°$，$3I_c=0.06\angle 107.5°$。

N 侧：$I_a=0.49\angle-179.6°$，$I_b=0.51\angle 58°$，$I_c=0.36\angle-65°$，$3I_0=0.12\angle-118.5°$。

通过 M 侧电压和两侧电流分析计算，本次保护故障测距是多少？保护测距误差是多少？已知线路每千米零序、正序阻抗分别为 $Z_0=1.032\angle 80°$、$Z_1=0.341\angle 80°$，线路全长 52km。

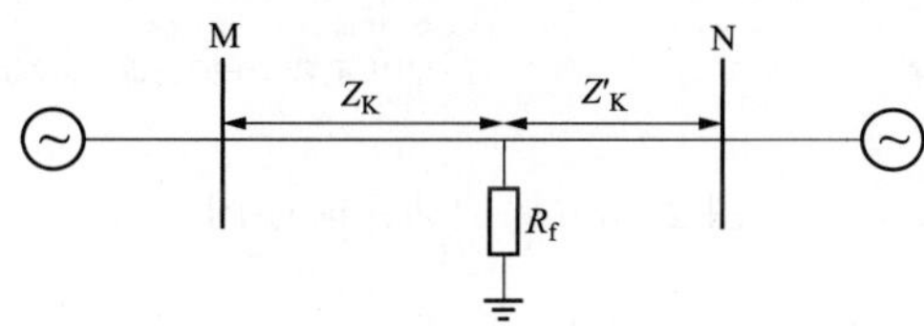


图 2-86 线路 MN C 相高阻接地故障示意图

**答：**

零序补偿系数 $k=(Z_0-Z_1)/3Z_0=0.6755$

故障电压与故障电流关系为 $U_{MC}=Z_K(I_c+k3I_0)+R_f(I_{MC}+I_{NC})$

即：$60.5\angle-242°=Z_K(0.55\angle-245°+0.04053\angle 107.5°)+R_f 0.19\angle-245°$

设 $L_K$ 为 M 侧到故障点的距离 $318.42\angle 3° = L_K \times 0.341\angle 80° \times (2.8947 + 0.2133\angle -7.5°) + R_f$

取两侧虚部相同，得：

$16.665 = L_K \times 1.041$

$L_K$=16km

计算的测距结果为 16km，保护测距误差 9km。

20．2016 年 5 月 16 日 17 时 53 分，M 站 7530 断路器 B 相靠近Ⅰ母侧 TA 下端盆式绝缘子对地放电，造成 750kV MNⅡ线、MSⅡ线跳闸，因 S 站 MSⅡ线 7522 断路器 B 相分闸失败，母线失灵出口切除故障，S 站 750kV Ⅱ母跳闸。M 站和 S 站均为电厂。事故未造成负荷损失或机组跳闸。故障后系统运行方式如图 2-87 所示，保护动作时序如图 2-88 所示，故障波形如图 2-89 所示。

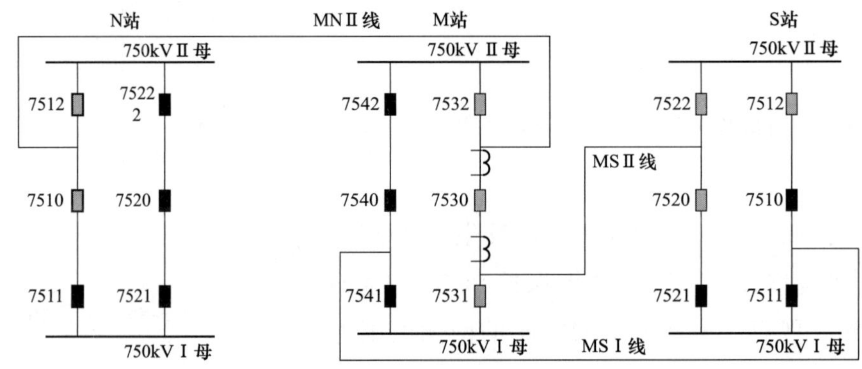


图 2-87　故障后系统运行方式示意图

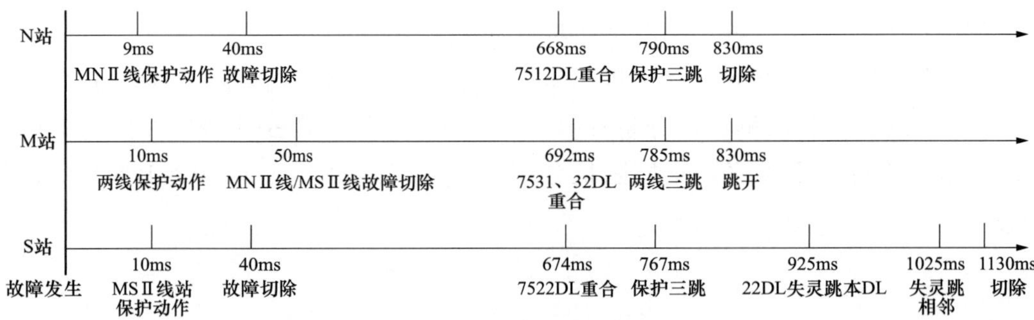


图 2-88　保护动作时序图

（1）请分结合保护时序图析保护动作过程。

（2）请结合波形图分析 7522 断路器分闸失败原因。

（3）提出解决断路器分闸失败的措施。

**答：**

（1）00:000 7530 断路器 B 相Ⅰ母侧 TA 盆式绝缘子对地放电。

00:050 MSⅡ线、MNⅡ线两侧断路器跳闸，故障切除。

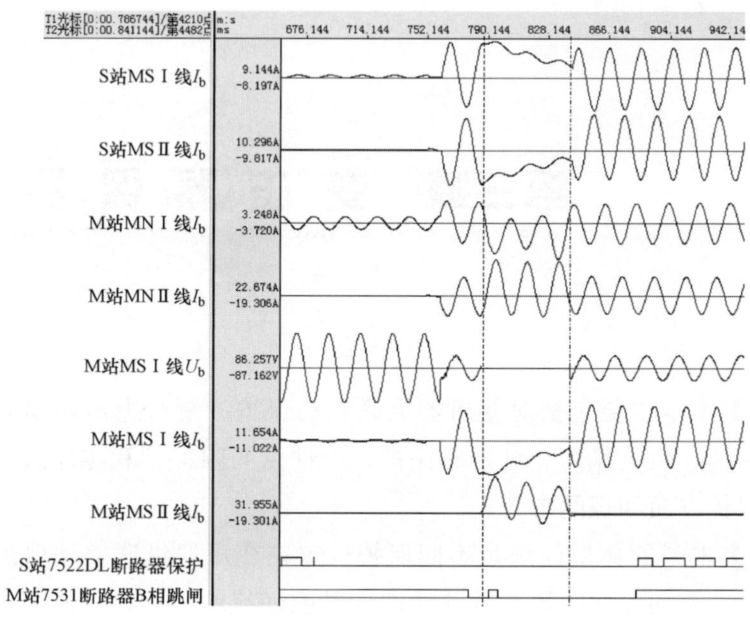


图 2-89 故障波形图

00:668 N 站 7512 断路器 B 相重合。

00:674 S 站 7522 断路器 B 相重合，重合于故障（此时 MNⅡ线两侧也出现差流）。

00:692 M 站 7531、7532 断路器 B 相重合，重合于故障。

00:767 S 站 7522 断路器三跳，断路器 B 相无法灭弧。

00:830 M 站 7531、7532 断路器三相跳开。

01:130 7522 断路器失灵保护出口，750kV Ⅱ母跳闸，故障切除。

（2）00:674 S 站 7522 断路器 B 相重合，重合于故障，电网及发电厂提供的短路电流通过 7522 断路器流向故障点，7522 断路器短路电流较大。

00:692 M 站 7531、7532 断路器 B 相重合，重合于故障，流过 7522 断路器短路电流主要由电厂提供，短路电流较小，工频分量下降。7531 断路器合闸时刻，7522 断路器电流正好处于峰值，由于流过电感元件的电流不能突变，因此产生很大的直流分量。

由于 7522 断路器短路电流稳态分量较小，故障电流中有较大的直流分量，导致断路器出现电流没有过零点、无法拉开，断路器分闸失败。

（3）对于线路有三相电压互感器的线路，弱电网侧线路重合闸采用检线路三相有压方式。

对于未配置线路三相电压互感器，且线路保护具备直接联跳对侧功能的线路，可调整线路两侧重合闸时间，使两侧重合闸时间存在一个级差，弱电源侧后重合，如强电源侧重合于永久故障则通过线路保护直接三跳对侧断路器。

对于未配置线路三相电压互感器，且线路保护不具备直接三跳对侧功能的线路，线路加装三相电压互感器。

# 第三章　变压器保护

【基本介绍】本章主要包括对变压器纵联差动保护、复合电压闭锁方向过流保护、零序方向过流保护、阻抗保护、过励磁保护、中性点间隙保护和零序过压保护、非电量保护等变压器保护方面知识的考查。

【典型问题】本章的典型问题是不同保护厂家在变压器纵联差动保护的幅值补偿和相位补偿的差异、差动元件的比率制动特性、励磁涌流的判别，以及利用对称分量法和序分量的传变规律对 YNd 接线变压器 d 侧两相短路、Y 侧单相接地短路、Y 侧两相短路时两侧的电流电压特征进行分析。

【难点介绍】本章的难点在于不同保护厂家差流计算公式分析、不同接线组别变压器差流计算公式分析、YNd 接线变压器在一侧故障时两侧电压电流传变特征分析、自耦变压器中压侧和高压侧接地故障时中性点电流分析。

## 一、单选题

1．变压器的纵差动保护（　　）。

A．能反映油箱内部的故障　　B．只能反映油箱内部的故障

C．不能反映油箱内部的故障

**答案：**A

**解析：**在发生短路匝数较多的匝间短路时，破坏了原有的磁势平衡关系，纵差保护能起到保护作用。

2．变压器差动保护防止穿越性故障情况下误动的主要措施是（　　）。

A．间断角闭锁　　B．二次谐波制动

C．比率制动　　D．三次谐波制动

**答案：**C

**解析：**穿越性故障在理想情况下差流为零，但由于互感器的误差等原因实际会产生不平衡电流，采用比率制动特性的差动保护，使动作电流随制动电流的增大而增大，防止穿越性故障情况下误动。

3．变压器励磁涌流中含有大量高次谐波，其中以（　　）。

A．二次谐波为主　　B．三次谐波为主
C．五次谐波为主　　D．上述说法均不对

**答案：**A

**解析：**励磁涌流的特征有：①有很大成分的非周期分量，往往使涌流偏于时间轴的一侧；②包含有大量高次谐波，而以二次谐波为主；③涌流波形之间出现间断。

4．空载变压器突然合闸时，可能产生的最大励磁涌流的值与短路电流相比（　　）。

A．前者远小于后者　　B．前者远大于后者
C．可以比拟

**答案：**C

**解析：**励磁涌流可以达到额定电流的6～8倍，可以比拟短路电流。

5．变压器励磁涌流在数值上可达额定电流的（　　）。

A．3～4倍　　B．2～3倍　　C．6～8倍　　D．9～10倍

**答案：**C

6．双绕组变压器空载合闸的励磁涌流的特点有（　　）。

A．变压器两侧电流相位一致　　B．变压器两侧电流相位无直接联系
C．仅在变压器一侧有电流　　D．变压器两侧均有电流

**答案：**C

**解析：**励磁涌流的特征为只在变压器的一侧有电流，且同一时刻三相涌流之和近似等于零。

7．变压器励磁涌流的衰减时间为（　　）。

A．1.5～2s　　B．0.5～1s　　C．3～4s　　D．4.5～5s

**答案：**B

8．变压器供电的线路发生短路时，要使短路电流小些，下述措施（　　）是正确的。

A．增加变压器电动势　　B．变压器加大外电阻 $R$
C．变压器增加内电阻 $r$　　D．选用短路比大的变压器

**答案：**D

**解析：**短路比，即短路电压的百分比，也叫短路阻抗的百分比。短路比越大，等值阻抗越大，电流越小。

9．防止过励磁时变压器差动保护的误动，通常引入（　　）谐波进行制动。

A．二次　　B．三次　　C．五次　　D．七次

**答案：**C

**解析：**变压器过励磁后，励磁电流中的五次谐波分量大大增加，所以可以采用五次谐波制动元件进行制动。

10．谐波制动的变压器纵差保护装置中，设置差动速断元件的主要原因是（　　）。

A．提高保护动作速度

B．防止在区内故障较高短路电流水平时，由于电流互感器的饱和产生谐波量增加，导致谐波制动的比率差动元件拒动

C．保护设置的双重化，互为备用

**答案：**B

11．变压器励磁涌流与变压器充电合闸初相角有关，当初相角为（　　）时，励磁涌流最大。

A．0°　　B．60°　　C．90°　　D．120°

**答案：**A

**解析：**合闸角是0°时，也就是在电压瞬时值为零时合闸，电压与磁通相位差成90°关系，此时磁通中的强迫分量为最大值，为了保持磁链守恒，磁通中的自由分量也达到最大值，叠加以后将在半周以后达到最大磁通，所以在电压瞬时值为零时空投变压器，励磁涌流数值最大。

12．变压器励磁涌流与变压器充电合闸初相角有关，比较下列初相角，（　　）时励磁涌流较小。

A．0°　　B．60°　　C．80°　　D．120°

**答案：**C

**解析：**合闸角是90°时，此时励磁涌流最小，而选项中80°最接近90°，所以励磁涌流较小。

13．变压器运行中，一次系统无故障，因TA开路导致变压器差动保护动作跳闸，下列叙述正确的为（　　）。

A．TA开路后确实产生差流，主变压器差动保护装置动作逻辑正确，因此应评价为保护正确动作

B．本次跳闸事件应评价为保护误动

C．根据相关规程要求，本次事件可免于评价

D．以上叙述均不正确

**答案：**B

**解析：**根据DL/T 623—2010《电力系统继电保护及安全自动装置运行评价规程》6.3.4："电力系统在正常运行情况下，继电保护误动作跳闸，应评价为'不正确动作（误动）'"。

14．空投变压器时，具有二次谐波制动的差动保护误动，可能的原因只有（　　）。

A．差动TA二次回路断线

B．二次谐波制动比整定得过大

C．二次谐波制动比整定得过小

D．二次谐波制动的整定值过大或差动速断倍数整定值过小

**答案：** D

**解析：** 二次谐波制动比整定越小，躲励磁涌流能力越强；差动速断不经任何闭锁直接跳闸。

15．在变压器的零序等值电路中，（　　）绕组端点与外电路断开，但与励磁支路并联。

A．三角形接法　　B．中性点不接地星形接法

C．中性点接地星形接法

**答案：** A

**解析：** 三角形绕组的零序电流仅在三角形绕组内流通，形成环流流不出三角形，在等效电路中相当于与励磁支路并联。

16．变压器过励磁保护的起动、反时限和定时限元件应根据变压器的过励磁特性曲线进行整定计算并能分别整定，其返回系数不应低于（　　）。

A．0.88　　B．0.90　　C．0.95　　D．0.96

**答案：** D

**解析：** 出自《国家电网有限公司十八项电网重大反事故措施（2018 年修订版）》15.2.7。

17．每台新建变压器设备在投产前，应提供正序和零序阻抗，各侧故障的动、热稳定时限曲线和变压器（　　）作为继电保护整定计算的依据。

A．过负荷能力　　B．过励磁曲线

C．过负荷曲线　　D．过励磁能力

**答案：** B

**解析：** 根据变压器的过励磁曲线，配置反时限特性的过励磁保护。

18．变压器各侧的过流保护均按躲过变压器（　　）负荷整定，但不作为短路保护的一级参与选择性配合，其动作时间应（　　）所有出线保护的最长时间。

A．最大，小于　　B．最大，大于

C．额定，小于　　D．额定，大于

**答案：** D

**解析：** 出自 DL/T 559—2007《220kV～750kV 电网继电保护装置运行整定规程》7.2.14。

19．主变压器失灵解闭锁误开入发告警信号（　　）。

A．开入变位　　B．TV 断线　　C．开入异常　　D．失灵动作

**答案：** C

**解析：** 主变压器失灵解闭锁长期开入时，应报“开入异常”信号。

20．变压器短路电压的百分数与短路阻抗的百分数（　　）。

A．相等　　B．前者大于后者　　C．后者大于前者　　D．不一定

**答案：** A

**解析**：变压器的短路试验是将变压器一侧绕组（通常是低压侧）短路，从另一侧绕组（分接头在额定电压位置上）加入额定频率的交流电压，使变压器绕组内的电流为额定值，此时测得的短路电压的百分数等于短路阻抗的百分数。

21．变压器过励磁保护的整定值为 1.2 倍，当电压升到额定电压的 1.1 倍、动作频率低于（　　）时，过励磁保护动作。

A．54.5Hz　　B．45.8Hz　　C．41.6Hz　　D．45.4Hz

**答案**：B

**解析**：过励磁倍数等于加于变压器上的电压及其频率的比值。

22．变压器空载合闸时，会出现数值很大的励磁涌流，它的最大值出现在（　　）的瞬间。

A．断路器触头似接未接　　B．合闸时

C．合闸后经半个周期

**答案**：C

**解析**：空载合闸后半个周波，磁通中的自由分量与强迫分量同相位，磁通出现最大值。

23．按间断角原理构成的变压器差动保护，闭锁角一般整定为 60°～65°。为提高其躲励磁涌流的能力，可适当（　　）。

A．减小闭锁角　　B．增大闭锁角

C．增大最小动作电流及比率制动系数

**答案**：A

**解析**：闭锁角越小，躲励磁涌流的能力越强。

24．能完全排除故障前穿越性负荷电流的影响，并对内部故障有较高灵敏度的变压器差动保护是（　　）。

A．故障分量比率制动式差动保护

B．比率制动式差动保护

C．防止励磁涌流误动的三相二次谐波电流平方和的差动保护

D．标识制动式差动保护

**答案**：A

**解析**：故障分量差动保护在实现过程中把负荷电流消除了，由于负荷电流是穿越性质的，在变压器内部故障时总是起制动作用，所以不反映负荷分量，可以对内部故障有较高灵敏度。

25．当过电压作用于变压器时，为了使绕组上的起始电压和最终电压分布一致，且不发生振荡，通常（　　）。

A．采用避雷器保护

B．采用增加阻尼措施

C．加强绕组绝缘强度和改善电容分布

**答案：**C

**解析：**冲击电压在变压器绕组中起始电位分布取决于绕组中有电容分布，最终电位分布取决于电感分布。由于绕组电感分布均匀且没有旁路，因此最终电位分布可认为是线性均匀分布的。但是起始电位分布不均匀，首端电位差较大。其原因是绕组的电容链中，对地电容各支路对电流的分流，使得越靠近首端，纵向电容中的电流越大，绕组间电位差越大。为降低对地电容的不良影响，有效措施首推提高纵向串联电容，使其显著高于对地电容。

26．变压器内部单相接地和相间短路故障，发生相间故障时，纵差保护的灵敏度相对（　　）。

A．较高　　B．较低　　C．不变　　D．不确定

**答案：**A

**解析：**变压器差动保护需要进行星角转换减掉零序电流，而相间故障本身就不产生零序电流，所以相间故障时灵敏度高。

27．主变压器纵差保护一般取（　　）谐波电流元件作为过励磁闭锁元件，谐波制动比越（　　），差动保护躲变压器过励磁的能力越强。

A．2 次，大　　B．3 次，大　　C．5 次，小　　D．2 次，小

**答案：**C

**解析：**当变压器过励磁时，励磁电流中的 5 次谐波分量大大增加，因此可以采用 5 次谐波电流制动元件作为变压器纵差保护的过励磁闭锁元件。

28．比率制动差动继电器，动作门槛电流 2A，比率制动系数为 0.5，拐点电流 5A。本差动继电器的动作判据 $I_{DZ}=|I_1+I_2|$，制动量为$\{I_1, I_2\}$取较大者。模拟穿越性故障，当 $I_1$=7A 时测得差电流 $I_C$=2.8A，此时，该继电器（　　）。

A．动作　　B．不动作　　C．处于动作边界　　D．不确定

**答案：**B

**解析：**若 $I_1>I_2$，$I_r=I_1$，则 $I_d$=2+0.5×（7−5）=3A＞2.8A，该继电器不动作。若 $I_1<I_2$，$I_r=I_2$，则 $I_d$＞2+0.5×（7−5）=3A＞2.8A，该继电器不动作。

29．大电流接地系统单线馈供的主变压器中性点间隙接地运行，变压器空载，当馈供线路发生单相断线不接地故障时，受端主变压器所在母线 TV 开口三角电压二次值约为（　　）V。

A．100　　B．150　　C．180　　D．200

**答案：**B

**解析：**大电流接地系统，开口三角电压二次额定值为 100V，因主变压器中性点不直接接地运行，根据单相断线的复合序网图，$3U_0=3\times U/Z_1+Z_2=3\times 100/2=150$V。

30．主变压器保护装置间隙保护中其所指的过压保护是（　　）。

A．半绝缘变压器中性点工频过电压　　B．暂态过电压

C．雷击过电压　　D．以上都包括

**答案**：A

**解析**：间隙零序电流保护和零序电压保护是保护半绝缘变压器中性点工频过电压损坏绝缘的保护。该保护不是保护暂态过电压和雷击过电压的保护。只在系统发生接地故障，接地故障点存在，而所有中性点接地的变压器均跳闸以后，经间隙接地的变压器中性点工频电压升至相电压，危及变压器安全。

31．某变压器，其高压侧电压为220kV，且变压器的中性点接地，低压侧为6kV的小接地电流系统（无电源），变压器差动保护采用内部未进行Y/△变换的静态型变压器保护，如两侧电流互感器二次均接成星形接线，则（　　）。

A．此种接线无问题

B．低压侧区外发生故障时差动保护可能误动

C．高压侧区外发生故障时差动保护可能误动

D．高、低压侧区外发生故障时差动保护均可能误动

**答案**：C

**解析**：因高压侧发生区外故障时，会有零序电流流过高压侧，而低压侧由于为△接线无零序电流。

32．影响变压器空投时励磁涌流大小的因素中，描述错误的是（　　）。

A．电源电压越高，励磁涌流越大

B．合闸角为0°时，励磁涌流最小；90°时，涌流最大

C．剩磁越大，与自由分量磁通方向相同时，涌流最大

D．变压器与电源之间联系阻抗越大，涌流越小

**答案**：B

**解析**：合闸角为0°时，励磁涌流最大；90°时，涌流最小。

33．一般随着变压器容量越大，以下（　　）说法错误。

A．励磁涌流衰减时间越长

B．励磁涌流幅值越大

C．励磁涌流与额定电流幅值之比越大

**答案**：C

**解析**：励磁涌流的大小，尚与变压器的结构、铁芯材料及设计的工作磁密有关。变压器的容量越小，空投时励磁涌流与其额定电流之比值——励磁涌流的倍数越大。

34．当短路电流大于变压器热稳定电流时，变压器保护切除故障的时间不宜大于（　　）。

A．0.1s　　B．0.3s

C．2s　　　　　　　　　　　　　　　D．失灵保护动作时间

**答案**：C

**解析**：出自《国家电网有限公司十八项电网重大反事故措施（2018年修订版）》15.2.8。

35．变压器差动保护在外部短路故障切除后随即误动，原因可能是（　　）。

A．整定错误　　　　　　　　　　　　B．TA 二次接线错误

C．两侧 TA 二次回路时间常数相差太大

**答案**：C

**解析**：A、B 选项，在外部短路时保护已经动作，C 选相是产生暂态不平衡电流的原因之一，二次回路时间常数相差太大导致暂态不平衡电流达到动作值。

36．变压器采用波形对称原理的差动保护，主要是基于（　　）。

A．变压器差动保护区外发生故障时，由于暂态分量的影响，电流波形将偏于时间轴的某一侧

B．变压器充电时，由于励磁涌流的影响，充电侧电流波形将可能偏于时间轴的某一侧

C．切除变压器负荷时，由于暂态分量的影响，变压器差动保护的差电流将短时间偏于时间轴的某一侧

**答案**：B

**解析**：励磁涌流的基本特征之一，波形将偏于时间轴的一侧。

37．变压器空载合闸时有励磁涌流出现，以下对励磁涌流的特点描述不正确的为（　　）。

A．含有明显的非周期分量电流

B．波形出现间断、不连续，间断角一般在65℃以上

C．含有明显的2次谐波

D．变压器容量越大，励磁涌流相对额定电流倍数也越大

E．变压器容量越大，衰减越慢

**答案**：D

**解析**：励磁涌流的大小，尚与变压器的结构、铁芯材料及设计的工作磁密有关。变压器的容量越小，空投时励磁涌流与其额定电流之比值——励磁涌流的倍数越大。

38．对两个具有两段折线式差动保护的动作灵敏度的比较，正确的说法是（　　）。

A．初始动作电流小的差动保护动作灵敏度高

B．初始动作电流较大，但比率制动系数较小的差动保护动作灵敏度高

C．当拐点电流及比率制动系数分别相等时，初始动作电流大者，其动作灵敏度高

D．当拐点电流及比率制动系数分别相等时，初始动作电流小者，其动作灵敏度高

**答案**：D

**解析**：特性曲线的灵敏度是由拐点电流、比率制动系数及初始动作电流3个参数决定的，在前两个参数不变的情况下，初始动作电流小者，动作区越大，其动作灵敏度高。

39．变压器比率制动的差动继电器，设置比率制动的主要原因是（　　）。

A．为了躲励磁涌流

B．为了提高内部故障时保护动作的可靠性

C．当区外故障不平衡电流增加，为了使继电器动作电流随不平衡电流增加而提高动作值

**答案**：C

**解析**：穿越性故障在理想情况下差流为零，但由于互感器的误差等原因，实际会产生不平衡电流，采用比率制动特性的差动保护，使动作电流随制动电流的增大而增大，防止穿越性故障情况下误动。

40．和应涌流有（　　）特点。

A．和应涌流与空载合闸变压器励磁涌流几乎同时出现

B．空载合闸变压器与并联或级联变压器涌流方向相反

C．和应涌流持续时间较短

D．和应涌流幅值随时间逐步增大到最大值

**答案**：B

**解析**：和应涌流的特点有：①两台变压器的涌流交替出现，方向相反，且不会重叠；②和应涌流幅值随时间逐步增大到最大值，随后又不断衰减；③两台变压器相互作用，使涌流衰减缓慢。

41．一台三绕组变压器绕组间的短路电压的百分值分别为 $U_{d(1-2)}$=9.92%，$U_{d(1-3)}$=15.9%，$U_{d(2-3)}$=5.8%，高压绕组的短路电压为（　　）%。

A．10.01　　B．0.09　　C．5.89　　D．12.19

**答案**：A

**解析**：$U_k$%=1/2（9.92%+15.9%−5.8%）=10.01%。

42．变压器一次绕组为YNd11，差动保护两侧电流互感器均采用星形接线。采用比率制动差动继电器，其动作判据为 $I_{zd}=|\dot{I}_1-\dot{I}_2|$，制动量取 $\dot{I}_1$、$\dot{I}_2$ 较大者。差动最小动作电流为1A，比率制动系数为0.5，拐点电流为5A。高压侧平衡系数为 $1/\sqrt{3}$。模拟单相穿越性故障时，当高压侧通入 $I_1$=13.8A时，测得差电流2A，此时，该继电器（　　）。

A．动作　　B．不动作　　C．处于动作边界　　D．不确定

**答案**：B

**解析**：高压侧通入电流13.8A，平衡系数为 $1/\sqrt{3}$，则差动回路中高压侧电流为7.97A，则低压侧电流为9.97A，则制动电流 $\dot{I}_r$=9.97A。故 $I_c$=1+0.5（9.97−5）=3.485＞2A，故不动作。

43．500kV 变压器保护设置过负荷保护，定值固定为本侧额定电流的（　　）倍，延时 10s，动作于信号。

A．1.1　　B．1.2　　C．1.3

答案：A

解析：出自 Q/GDW 1175—2013《变压器、高压并联电抗器和母线保护及辅助装置标准化设计规范》5.1.5.3。

44．变压器差动保护稳态电流产生的不平衡电流不包括（　　）。

A．由于变压器各侧电流互感器型号不同，即各侧电流互感器的饱和特性和励磁电流不同而引起的不平衡电流，它必须满足电流互感器 10%误差曲线的要求

B．由于实际的电流互感器变比和计算变比不同引起的不平衡电流

C．由变压器调压分接头引起的不平衡电流

D．变压器空载合闸的励磁涌流仅在变压器一侧有电流而引起的不平衡电流

答案：D

解析：变压器空载合闸时产生的励磁涌流，仅出现在变压器的合闸侧，而且是不断衰减的，因此由于励磁涌流而产生的变压器差动保护的不平衡电流属于暂态不平衡电流。

45．变压器保护各侧 TA 变比，不宜使平衡系数大于（　　）。

A．4　　B．6　　C．8　　D．10

答案：D

解析：出自 Q/GDW 1175—2013《变压器、高压并联电抗器和母线保护及辅助装置标准化设计规范》12.5.3。

46．主变压器阻抗保护时限大于（　　）时不经振荡闭锁。

A．0.5s　　B．1.0s　　C．1.5s　　D．0.8s

答案：C

解析：出自 Q/GDW 1175—2013《变压器、高压并联电抗器和母线保护及辅助装置标准化设计规范》5.1.2.7。

47．变压器失灵联跳保护固定带（　　）延时。

A．50ms　　B．100ms　　C．150ms　　D．200ms

答案：A

解析：出自 Q/GDW 1175—2013《变压器、高压并联电抗器和母线保护及辅助装置标准化设计规范》5.1.2.3。

48．220kV 及以上电压等级差动保护速断动作时间（2 倍整定值）不大于（　　）。

A．10ms　　B．20ms　　C．30ms　　D．40ms

答案：B

解析：出自 Q/GDW 1808—2012《智能变电站继电保护通用技术条件》4.7.1。

49．根据国家电网标准化设计规范，变压器阻抗保护阻抗灵敏角取（　　）。

A．45°　　B．75°　　C．80°　　D．90°

**答案**：C

**解析**：出自 Q/GDW 1175—2013《变压器、高压并联电抗器和母线保护及辅助装置标准化设计规范》A.2.4。

50．关于 TA 饱和对变压器差动保护的影响，以下说法正确的是（　　）。

A．由于差动保护具有良好的制动特性，区外故障时没有影响

B．由于差动保护具有良好的制动特性，区内故障时没有影响

C．可能造成差动保护在区内故障时拒动或延缓动作，在区外故障时误动作

D．以上说法均不正确

**答案**：C

**解析**：TA 饱和时产生大量的谐波分量，有可能使涌流判别元件误判为励磁涌流造成保护拒动；区外故障时，使不平衡电流增大，造成误动。

51．变压器额定容量为 120/120/90MVA，接线组别为 YNynd11，额定电压为 220/110/11kV，高压侧 TA 变比为 600/5，中压侧 TA 变比为 1200/5，低压侧 TA 变比为 6000/5，差动保护 TA 二次均采用星形接线。差动保护高、中、低二次平衡电流正确的是（精确到小数点后 1 位）（　　）。

A．2.6A/2.6A/9.1A　　B．2.6A/2.6A/3.9A

C．2.6A/2.6A/5.2A　　D．4.5A/4.5A/5.2A

**答案**：C

**解析**：$I_H$=120×1000/（1.732×220×600/5）=2.6A，$I_M$=120×1000/（1.732×110×1200/5）=2.6A，$I_L$=120×1000/（1.732×11×6000/5）=5.2A。

52．变压器差动保护二次电流相位补偿的目的是（　　）。

A．保证外部短路时差动保护各侧电流相位一致，不必考虑三次谐波及零序电流不平衡

B．保证外部短路时差动保护各侧电流相位一致，滤去可能产生不平衡的三次谐波及零序电流

C．调整差动保护各侧电流的幅值

**答案**：B

**解析**：不管是 Y-△，还是△-Y，都需要滤去可能产生不平衡的三次谐波及零序电流，且保证各侧电流相位一致。

53．联结组别为 YNd11 的三相变压器的一次侧电压和二次侧的电压相位关系为（　　）。

A．一次侧电压落后二次侧电压 150°

B．二次侧电压超前一次侧电压 150°

C．二次侧电压超前一次侧电压 30°

D．一次侧电压超前二次侧电压 30°

**答案：**C

**解析：**变压器联结组别中的钟点数，指的是二次侧线电压与一次侧线电压的关系。

54．YNd11 接线的变压器，Y 侧中性点接地。在△侧发生单相接地故障时（　　）。

A．Y 侧有零序电压，有零序电流

B．Y 侧没有零序电压，也没有零序电流

C．Y 侧有零序电压，没有零序电流

D．Y 侧没有零序电压，有零序电流

**答案：**B

**解析：**根据 YNd 接线变压器的零序等值电路，两侧的零序分量电流、电压相互独立，不能从一侧传变到另一侧。

55．YNd11 变压器，在 Y 侧发生 A 相接地故障时，△侧（　　）相电流为零。

A．A 相　　B．B 相　　C．C 相

**答案：**B

**解析：**根据对称分量法可以得出，Y 侧发生单相接地故障时，△侧对应故障相的滞后相电流为零。

56．某 YNyn 的变压器，其高压侧电压为 220kV 且变压器的中性点接地，低压侧为 10kV 的小接地电流系统（无电源），变压器差动保护采用内部未进行 Y/△变换的静态型变压器保护，如两侧 TA 二次均接成星形接线，则（　　）。

A．此种接线无问题

B．低压侧区外发生故障时，差动保护可能误动

C．高压侧区外发生故障时，差动保护可能误动

D．高、低压侧区外发生故障时，差动保护均可能误动

**答案：**C

**解析：**因高压侧发生区外故障时，会有零序电流流过高压侧，而低压侧中性点不接地无零序电流，所以未滤去零序电流，有可能误动。低压侧中性点不接地，发生区外故障时，高、低压侧均无零序电流。

57．对于 YNd11 接线的三相变压器，它的变比为 $K_T$，主变压器△侧绕组发生 AB 两相短路，短路电流为 $I_K$，变压器 Y 侧各相电流之间的关系为（　　）。

A．$I_A = I_C = -2I_K/(K_T \times \sqrt{3})$　　B．$I_A = I_C = 2I_K/(K_T \times \sqrt{3})$

C．$I_A = I_C = I_K/(K_T \times \sqrt{3})$　　D．$I_A = I_C = -I_K/(K_T \times \sqrt{3})$

**答案：**C

**解析**：△侧发生两相短路时，Y 侧与△侧故障相对应的两相中滞后相的电流最大，数值上为故障相电流的 $2/\sqrt{3}$ 倍，其他两相电流大小相等、方向相同，在数值上为故障相电流的 $1/\sqrt{3}$ 倍，方向与电流最大的一相相反。

58．YNd7 接线变压器，在星形侧发生 AB 相间短路时，三角形侧阻抗继电器能正确反映保护安装处至故障点的测量阻抗是（　　）。

A．A 相接地距离继电器　　B．B 相接地距离继电器

C．C 相接地距离继电器　　D．AB 相相间距离继电器

**答案**：B

**解析**：根据对称分量法可以证明，Y 侧发生两相短路，△侧电流为其他两相两倍的那一相可以正确测量，对于 YNd7 接线变压器来说，在 Y 侧发生 AB 相间短路时，△侧 B 相接地距离继电器能正确测量。

59．在一台 YNd11 接线的变压器低压侧发生 AB 相两相短路，Y 侧某相电流为其他两相短路电流的两倍，该相为（　　）。

A．A 相　　B．B 相　　C．C 相

**答案**：B

**解析**：YNd11 接线的变压器低压侧发生两相短路，Y 侧对应的滞后相电流为其他两相短路电流的两倍。

60．容量为 50MVA、接线为 YNd11、变比为（115±2×2.5%）/10.5kV 的降压变压器，构成差动保护的电流互感器两侧均为 Y 接线，差动保护装置的相位补偿采用 d 侧移相方案。当 YN 侧保护区内 A 相接地时，下列说法正确的是（　　）。

A．仅 A 相差动继电器动作　　B．A、B 相差动继电器动作

C．A、B、C 相差动继电器动作

**答案**：C

**解析**：差动回路中 A 相电流 $I_{da}=I_A-1/3\ (I_A+I_B+I_C)=2/3I_A$，$I_{db}=-1/3I_A$，$I_{dc}=-1/3I_A$，故 A、B、C 相差动继电器动作。

61．一台 YNd11 型变压器，低压侧无电源，保护采用的是高压侧转角的算法，当其高压侧内部同一位置发生三相短路故障和两相短路故障时，其差动保护的灵敏度（　　）。

A．相同

B．三相短路的灵敏度大于两相短路的灵敏度

C．不定

D．两相短路的灵敏度大于三相短路的灵敏度

**答案**：A

**解析**：同一位置发生两相短路的短路电流是三相短路短路电流的 $\sqrt{3}/2$ 倍，再根据差流计算公式，低压侧不提供短路电流，所以灵敏度相同。

62．YNd11 三绕组变压器，额定容量为 120MVA，额定电压为 220/121/10.5kV，容量比为 100/100/50，差动保护的平衡系数与各侧容量的关系是（　　）。

A．平衡系数与本侧容量成正比　　B．平衡系数与本侧容量成反比

C．平衡系数与本侧容量没关系　　D．以上均不对

**答案：**C

**解析：**平衡系数是基于同一容量即变压器额定容量进行计算的，计算公式与各侧容量无关。

63．三相变压器高压侧 XYZ 绕组与低压侧 xyz 绕组相对应如图 3-1 所示，该变压器类型为（　　）。

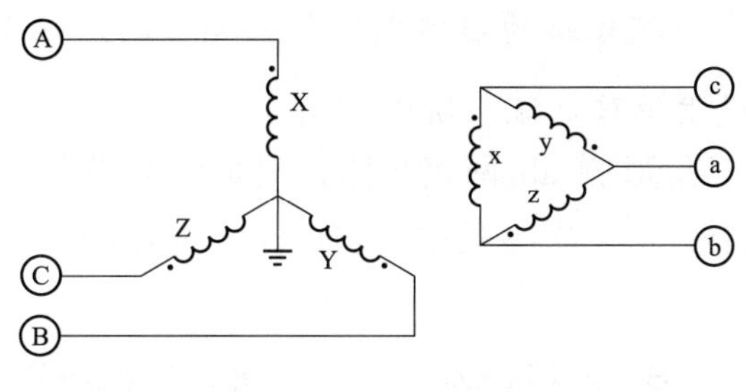


图 3-1　绕组对应图

A．YNd1　　B．YNd3　　C．YNd5　　D．YNd7

**答案：**B

**解析：**变压器的钟点数采用的是变压器高压侧和低压侧线电压之间的关系，由图 3-1 中可见低压侧 $U_a = U_y - U_z$，画相量图可见 $U_{ab}$ 滞后 $U_{AB}$ 90°，为 YNd3 类型变压器。

64．YNd9 变压器 Y 侧三相电流分别为 $I_A$、$I_B$、$I_C$，△侧三相电流分别为 $I_a$、$I_b$、$I_c$。在 Y 侧电流做相位校正，与 $I_a$ 进行差动计算的电流是（　　）。

A．$(I_A-I_B)/\sqrt{3}$　　B．$(I_A-I_C)/\sqrt{3}$

C．$(I_C-I_B)/\sqrt{3}$　　D．$(I_B-I_C)/\sqrt{3}$

**答案：**C

**解析：**根据变压器 YNd9 接线组别关系，可以画出相量图，得出结论 $I'_A=(I_C-I_B)/\sqrt{3}$。

65．设 YNyn 的升压变压器，不计负荷电流情况下，当 YN 侧外部 A 单相接地时，关于 YN 侧三相电流的说法正确的是（　　）。

A．YN 侧 A 相有故障电流，B、C 两相无故障电流

B．YN 侧三相均有电流，故障相电流最大，另两相也有故障电流，且大小各不相同

C．YN 侧三相均有流，A 相电流与另两相电流可能同相位

D．以上说法均不正确

**答案：**C

**解析：**一般情况下正序分配系数与负序分配系数相等且与零序分配系数不等，

$C_{1M}=C_{2M}\neq C_{0M}$，非故障相中的故障分量电流是由 $C_{1M}\neq C_{0M}$ 产生的，当负荷电流较小时，主要是故障分量电流起作用。当 $C_{0M}>C_{1M}$ 时，两非故障相的故障分量电流与 A 相故障分量电流同相位；当 $C_{0M}<C_{1M}$ 时，两非故障相的故障分量电流与 A 相故障分量电流反相位。

66．一台 YNd11 型变压器，低压侧无电源，当其高压侧差动范围内引线发生三相短路故障和 AB 两相短路故障时，对相位补偿为 Y/△转换方式的变压器差动保护，其 A 相差动电流（　　）。

A．相同　　B．三相短路大于两相短路

C．不定　　D．两相短路大于三相短路

**答案：**A

**解析：**同一位置发生两相短路的短路电流是三相短路短路电流的 $\frac{\sqrt{3}}{2}$ 倍，再根据差流计算公式，低压侧不提供短路电流，所以相同。

67．YNd11 变压器三角形侧 ab 两相短路，星形侧装设两相三继电器过流保护，设 $Z_L$ 和 $Z_k$ 为二次电缆（包括 TA 二次漏阻抗）和过流继电器的阻抗，则电流互感器二次负载阻抗为（　　）。

A．$Z_L+Z_k$　　B．2（$Z_L+Z_k$）　　C．3（$Z_L+Z_k$）

**答案：**C

**解析：**电流互感器二次负载阻抗 $Z$ 等于电流互感器二次绕组两端的电压 $U$ 与流过电流互感器二次绕组的电流 $I$ 之间的比值，两相三继电器接线方式为 A、C 相电流通过 B 相的继电器形成回路，而三角形侧 ab 两相短路，高压侧 $I_B=-2I_A=-2I_C$，所以计算得电流互感器二次负载阻抗 $Z=3$（$Z_L+Z_k$）。

68．在同样情况下，YNyn 接线变压器一次侧看进去的零序电抗比 YNd 接线变压器的零序电抗（　　）。

A．大　　B．小　　C．相等　　D．不确定

**答案：**A

**解析：**YNyn 接线变压器一次侧看进去的零序电抗为 $X_{T1}+X_{T2}$，而 YNd 接线变压器为 $X_{T1}+X_{T2}//X_{u0}$，$X_{u0}$ 为零序励磁阻抗。

69．在 YNd1 接线的变压器的△侧发生两相短路时，Y 侧的（　　）电流比另外两相的电流（　　）。

A．同名故障相中的超前相，大一倍

B．同名故障相中的落后相，大一倍

C．同名非故障相，小一倍

D．同名非故障相，大一倍

**答案：**A

**解析：**由于是 YNd1 接线的变压器，△侧发生两相短路时，得出的结论与 YNd11 点

接线相反，Y 侧超前相最大。

70．接线组别为 YNd11 的变压器，现场投运后需要检验极性，如高压侧电流为 0°，–120°，120°，则在装置上看到低压侧的电流相位正常时应该为（　　）。

A．–150°，90°，–30°　　B．150°，30°，–90°

C．30°，–90°，150°

答案：A

解析：低压侧电流一次上超前高压侧电流 30°，但计算差流时二次电流为两侧电流的相量和，且一次电流为穿越性电流，电流互感器的极性端都在远离变压器的一侧，所以低压侧相位二次要反 180°。

71．YNd11 接线变压器，在△侧发生 AB 两相短路时，星形侧阻抗继电器能正确反映保护安装处至故障点的测量阻抗是（　　）。

A．A 相接地阻抗继电器　　B．B 相接地阻抗继电器

C．C 相接地阻抗继电器　　D．AB 相间阻抗继电器

答案：B

解析：根据对称分量法可以证明，△侧发生两相短路，Y 侧电流为其他两相两倍的那一相可以正确测量，对于 YNd11 接线变压器来说，在△发生 AB 相间短路时，Y 侧 B 相接地距离继电器能正确测量。

72．Ynd11 联接变压器若配低压侧小区差动，每相差流需要计算（　　）TA 的电流？

A．2 个　　B．3 个　　C．4 个　　D．5 个

答案：B

解析：低压侧小区差动保护是由低压侧△两相绕组内部 TA 和一个反映两相绕组差电流的外附 TA 构成的差动保护。

73．220/110/10kV 变压器一次绕组为 YNynd11 接线，10kV 侧没有负荷，也没有引线，变压器实际当作两绕组变压器用，采用微机型双侧差动保护。这台变压器差动二次电流是否需要进行转角处理（内部软件转角方式或外部回路转角方式），以下正确的说法是（　　）。

A．高中压侧二次电流均必须进行转角

B．高中压侧二次电流均不需进行转角

C．高压侧二次电流需进行外部回路转角，中压侧不需进行转角

D．中压侧二次电流需进行外部回路转角，高压侧不需进行转角

答案：A

解析：根据 YNynd11 接线变压器的零序等值电路，△绕组是直接与地相连的，在高压侧或中压侧发生区外接地故障时，△绕组会对零序电流进行分流，如不进行转角，则区外故障会有差流出现，所以高中压侧二次电流均必须进行转角。

74．下面有关 YNd11 接线变压器的纵差动保护说法，正确的是（　　）。

A．只可以反映变压器三角形绕组的断线故障

B．只可反映 YN 侧一相的断线故障

C．既能反映变压器三角形绕组的断线故障，也能反映 YN 侧一相的断线故障

D．既不能反映变压器三角形绕组的断线故障，也不能反映 YN 侧一相的断线故障

**答案**：D

**解析**：纵差保护是不反映断线故障的，因对于保护来说故障电流仍是穿越性的电流。

75．YNd11 组别变压器配备微机型差动保护，两侧 TA 回路均采用星形接线，Y、△侧二次电流分别为 $I_{ABC}$、$I_{abc}$，软件中 A 相差动元件采用（　　）经接线系数、变比折算后计算差流。

A．$I_A–I_B$ 与 $I_a$　　B．$I_a–I_b$ 与 $I_A$　　C．$I_A–I_C$ 与 $I_a$

**答案**：A

**解析**：根据变压器 YNd11 接线组别关系，可以画出相量图，得出结论 $I'_A=(I_A–I_B)$ 转换后与 $I_a$ 呈反向关系，达到了相位校正的目的。

76．分侧差动适用于以下（　　）变压器？

A．双绕组变压器　　B．三绕组变压器

C．自耦变压器　　D．单相变压器

**答案**：C

**解析**：分侧差动保护是指将变压器的各侧绕组分别作为被保护对象，自耦变压器高、中压侧外附 TA 和公共绕组 TA 构成的差动保护。

77．三绕组自耦变压器高中压侧绕组额定容量相等，公共绕组及低压绕组容量仅为高中压侧绕组额定容量的（　　）倍，其中 $n$ 为高中压侧变比。

A．$\frac{1}{n}$　　B．$1-\frac{1}{n}$　　C．$\frac{1}{n}-1$　　D．$n$

**答案**：B

78．220/110/35kV 三绕组自耦变压器，低压侧绕组接成三角形，下列说法正确的是（　　）。

A．中压侧母线单相接地时，中压侧零序电流比高压侧零序电流（有名值）大

B．高压侧母线单相接地时，高压侧零序电流比中压侧零序电流（有名值）大

C．自耦变压器的零序方向电流保护可采用中性点的零序电流

**答案**：A

**解析**：中压侧母线单相接地时，中压侧零序电流比高压侧零序电流（有名值）大；高压侧母线单相接地时，有可能中压侧的零序电流大，且中性点的零序电流方向不定，可能为零。

79. 以下关于变压器保护说法正确的是（　　）。

A. 由自耦变压器高、中压及公共绕组三侧电流构成的分侧电流差动保护无需采取防止励磁涌流的专门措施

B. 由自耦变压器高、中压及公共绕组三侧电流构成的分侧电流差动保护需要采取防止励磁涌流的专门措施

C. 自耦变压器的零序电流保护应接入中性点引出线电流互感器的二次电流

**答案：**A

**解析：**分侧差动由变压器高压侧、中压侧、公共绕组侧设置的 TA 构成，所用的是同一电路里的电流，它们之间没有电磁耦合关系，基于节点电流为零的原理，与变压器纵差保护相比，不需要涌流闭锁元件、差动速断元件和过励磁闭锁元件。

80. 自耦变压器中，带方向零序电流保护中的零序电流和比率制动式的零序差动保护中的制动电流，都不应该从变压器中性点的电流互感器上来取，以保证在（　　）发生外部接地故障时不会误动作。

A. 高压侧　　B. 中压侧　　C. 高、中侧

**答案：**C

**解析：**高压侧单相接地时，中性点的零序电流方向不定，也可能为零。且高、中压侧任一侧接地故障时，零序电流可在高压侧和中压侧之间流通，取中性点的 TA 无法进行方向判别，中性点 TA 极性不易校验。

81. 自耦变压器带方向的零序电流保护中的零序电流不应该从变压器中性点的流变上来取，以保证在（　　）发生外部接地故障时不会误动作。

A. 高压侧　　B. 中压侧　　C. 高、中压侧

**答案：**A

**解析：**中压侧发生单相接地时，中性点零序电流的方向是固定的。

82. 自耦变压器由中压侧同时向高、低压侧送电，最容易过负荷的绕组是（　　）。

A. 高压绕组　　B. 公共绕组　　C. 低压绕组　　D. 中压绕组

**答案：**B

**解析：**公共绕组由于额定容量 $S=(1-1/N)S_e$，特别是高、低压侧同时向中压侧传输功率时，会在三侧均未过载的情况下，其公共绕组却已过载。

83. 变压器保护，当定值设置为自耦变压器时，其零序电流要求使用（　　）。

A. 自产　　B. 外接　　C. 可以通过定值选择

**答案：**A

**解析：**自耦变压器时，其零序电流保护判别方向和大小均要求使用自产 $3I_0$。

84. 对于自耦变压器，当高压侧发生单相接地故障时，（　　）保护灵敏度最高？

A. 分侧差动保护　　B. 纵差保护

C．高压侧复压过流保护　　　　　　　　D．差动速断保护

答案：A

解析：分侧差动采用高压侧、中压侧、公共绕组侧设置的 TA 构成，所用的是同一电路里的电流，它们之间没有电磁耦合关系，基于节点电流为零的原理，对于 Y 侧的各种故障（匝间短路除外）比纵差保护灵敏。特别对于接地故障灵敏度高，动作速度快，一是由于电流定值低，二是没有虑去零序电流。

85．220kV 自耦变压器零序方向保护的电流互感器不能安装在（　　）。

A．变压器中性点　　B．220kV 侧　　　C．110kV 侧

答案：A

解析：高、中压侧任一侧接地故障时，零序电流可在高压侧和中压侧之间流通，取中性点的 TA 无法进行方向判别，且高压侧单相接地时，中性点的电流可能为零。

86．为提高切除自耦变压器内部单相接地短路故障的灵敏度，可配置由高中压侧和公共绕组侧 TA 构成的分侧差动保护，如在分侧差动保护范围内发生匝间短路故障，分侧差动保护的动作行为是（　　）。

A．短路匝数较多时，分侧差动保护会动作

B．分侧差动保护不会动作

C．分侧差动保护会动作

答案：B

解析：对于分侧差动保护来说，匝间短路是穿越性电流，不会产生差流，所以不会动作。

87．高、中、低侧电压分别为 220、110、35kV 的自耦变压器，接线为 YNynd，高压侧与中压侧的零序电流可以流通，就零序电流来说，下列说法错误的是（　　）。

A．中压侧发生单相接地时，自耦变接地中性点的电流可能为 0

B．中压侧发生单相接地时，中压侧的零序电流比高压侧的零序电流大

C．高压侧发生单相接地时，自耦变接地中性点的电流可能为 0

D．高压侧发生单相接地时，中压侧的零序电流可能比高压侧的零序电流大

答案：A

解析：中压侧发生单相接地时，自耦变接地中性点的电流不为 0，方向固定由地流向中性点。

88．主变压器为自耦变压器，高中压侧接线钟点数为（　　）。

A．12 点　　　　B．11 点　　　　C．1 点　　　　D．可以整定

答案：A

解析：高中压侧为 Y-Y 接线方式，为 12 点接线。

89．防止自耦变压器空投时的励磁涌流造成公共绕组零序过流保护误动，装置增加了（　　）次谐波闭锁判据。

A．五　　B．三　　C．二　　D．六

**答案**：C

**解析**：根据励磁涌流的特点，含有大量的二次谐波。

90．自耦变压器中分侧差动保护各侧平衡系数与（　　）有关。

A．额定电压　　B．TV 一次值　　C．容量　　D．TA 变比

**答案**：D

**解析**：分侧差动采用高压侧、中压侧、公共绕组侧设置的 TA 构成，所用的是同一电路里的电流，它们之间没有电磁耦合关系，基于节点电流为零的原理，所以各侧平衡系数只与 TA 变比有关。

91．计算自耦变压器公共绕组额定电流时，额定电压取（　　）额定电压。

A．高压侧　　B．中压侧

C．低压侧　　D．高压侧减去中压侧

**答案**：B

92．110～220kV 中性点直接接地电力网中，对中性点不装设放电间隙的分级绝缘变压器，其零序电流电压保护在故障时首先切除（　　）。

A．母联断路器　　B．中性点接地变压器

C．中性点不接地变压器　　D．分段断路器

**答案**：C

**解析**：防止中性点接地变压器全部切除后，变为中性点不接地系统，造成过电压损坏中性点不装设放电间隙的分级绝缘变压器。

93．某 220kV 终端变电站 35kV 侧接有电源，一台主变压器 220kV 中性点直接接地，另一台主变压器经放电间隙接地，当其 220kV 进线单相接地，该线路系统侧断路器跳开后，一般（　　）。

A．先切除中性点直接接地的变压器，根据故障情况再切除跳中性点不接地的变压器

B．先切除中性点不接地的变压器，根据故障情况再切除跳中性点接地的变压器

C．两台变压器同时切除

D．两台变压器跳闸的顺序不定

**答案**：A

**解析**：35kV 侧有电源，先切除中性点接地的变压器，使单相接地的复合序网图开路，从而切除短路电流，根据故障情况再切除跳中性点不接地的变压器。

94．110kV 主变压器中压侧复压过流保护动作出口（　　）。

A．第一时限跳主变压器中压侧断路器，第二时限跳主变压器三侧断路器

B．第一时限跳中压分段断路器并闭锁分段备自投，第二时限跳主变压器中压侧断路器

C．第一时限重跳失灵出线断路器，第二时限跳主变压器中压侧断路器

D．第一时限跳中压分段断路器，第二时限跳主变压器中压侧断路器并闭锁分段备自投

**答案：** B

**解析：** 第一时限切分段是为了快速隔离故障母线，保证非故障母线正常运行，提高供电可靠性。如果分段备自投充电的情况下，跳分段说明母线有故障，此时不能要求分段备自投合分段断路器，应该闭锁备自投，以防故障范围扩大。

95．分级绝缘的 220kV 变压器一般装有下列三种保护作为在高压侧失去接地中性点时发生接地故障的后备保护，此时该高压侧中性点绝缘的主保护应为（　　）。

A．带延时的间隙零序电流保护

B．带延时的零序过电压保护

C．放电间隙

**答案：** C

**解析：** 放电间隙保护由间隙零序电流保护和零序过电压保护组成，两者为“或”关系。

96．对于 220kV 及以上的变压器相间短路后备保护的配置原则，下面说法正确的是（　　）。

A．除主电源外，其他各侧保护作为变压器本身和相邻元件的后备保护

B．作为相邻线路的远后备保护，对任何故障具有足够的灵敏度

C．对稀有故障，例如电网的三相短路，允许无选择性动作

D．送电侧后备保护对各侧母线应有足够灵敏度

**答案：** D

**解析：** 出自 DL/T 559—2007《220kV～750kV 电网继电保护装置运行整定规程》7.2.14。

97．大电流接地系统中的分级绝缘的变压器，若中性点未安装间隙，应选择接地后备保护方案（　　）。

A．先跳中性点直接接地的变压器，后跳不接地的变压器

B．在中性点直接接地时用零序过流保护，在中性点不接地时用零序过压保护

C．先跳中性点不接地的变压器，后跳直接接地接地的变压器

D．以上说法都不对

**答案：** C

**解析：** 为防止中性点接地变压器全部切除后，变为中性点不接地系统，造成过电压损坏中性点不装设放电间隙的分级绝缘变压器，所以一般先跳中性点不接地的变压器，后跳直接接地接地的变压器。

98．变压器的过流保护，加装复合电压闭锁元件是为了（　　）。

A．提高过流保护的可靠性

B．提高过流保护的灵敏度

C．提高过流保护的选择型

D．提高过流保护的快速性

**答案**：B

**解析**：复合电压闭锁元件，使保护动作受电压元件闭锁，可以降低定值，提高过流保护的灵敏度。

99．变压器中性点间隙接地保护是由（　　）构成的。

A．零序电流继电器与零序电压继电器并联

B．零序电流继电器与零序电压继电器串联

C．单独的零序电流继电器或零序电压继电器

**答案**：A

**解析**：间隙击穿或间隙间断击穿就会有间隙电流或间隙电流和零序电压交替出现，所以零序电流继电器与零序电压继电器并联构成间隙保护。

100．有一台组别为 YNd11 变压器，在该变压器高、低压侧分别配置 A、C 两相式过流保护，假设低压侧母线三相短路故障时高压侧电流为 $I_d$，高压侧过流保护定值整定为 $I_{gdz}$，则高压侧过流保护的实际灵敏度为（　　）。

A．$I_d/I_{gdz}$　　B．$I_d/2I_{gdz}$　　C．$2I_d/I_{gdz}$

**答案**：B

**解析**：一般在低压侧两相短路时校核灵敏度，而同一点发生两相短路电流是三相短路电流的 $I_d/2$ 倍，而低压侧两相短路时高压侧电流小的两相电流为短路电流的 $1/\sqrt{3}$ 倍，所以如果发生低压侧 AB 两相，高压侧 A、C 两相电流为 $I_d/2$。

101．有一台组别为 YNd11 压器，在该变压器高、低压侧分别配置电流保护，假设低压侧母线三相短路故障为 $I_d$。高压侧过流保护定值为 $I_{gdz}$，低压侧过流保护定值为 $I_{ddz}$。高压侧过流保护灵敏度、高压侧过流保护对低压侧过流保护的配合系数分别为（　　）。

A．$I_d/I_{gdz}$，0.85　　B．$2I_d/I_{gdz}$，1.15

C．$I_d/2I_{gdz}$，1.15　　D．$I_{ddz}/2I_{gdz}$，1.15

**答案**：C

**解析**：一般在低压侧两相短路时校核灵敏度，而同一点发生两相短路电流是三相短路电流的 $\sqrt{3}/2$ 倍，而低压侧两相短路时高压侧电流小的两相电流为短路电流的 $1/\sqrt{3}$ 倍，所以如果发生低压侧 AB 两相，高压侧 A、C 两相电流为 $I_d/2$，而配合系数一定大于 1。

102．国家电网标准化设计中，变压器保护高中压侧复压元件（　　）开放；低压侧复压元件（　　）开放。

A．经各侧电压“或门”，只经本侧电压

B．经各侧电压“或门”，经各侧电压“或门”

C．只经本侧电压，只经本侧电压

D．只经本侧电压，经各侧电压“或门”

**答案：**A

**解析：**出自 Q/GDW 1175—2013《变压器、高压并联电抗器和母线保护及辅助装置标准化设计规范》5.2.4。

103．主变压器高压侧为双母双分线接线方式，高压侧主变压器后备保护动作时（　　）。

A．1 时限跳所在母线分段断路器，2 时限跳 2 个母联断路器

B．同时跳所在母线分段断路器和所在母线的母联断路器

C．1 时限跳所在母线分段断路器，2 时限跳所在母线母联断路器

D．1 时限跳所有母线分段断路器，2 时限跳所在母线母联断路器

**答案：**D

**解析：**先跳分段再跳母联，可以将故障影响的范围减到最小，如果同时跳母联、分段断路器，则可能将母线分位 4 段，没有电源上的一段母线会损失负荷。

104．某系统 220kV 变压器的 110kV 侧中性点接地，110kV 变压器中性点均不接地，110kV 线路未配置三相不一致保护，可能出现以下动作行为（　　）。

A．110kV 双回线路其中一回在非全相运行，线路零序后备保护可能会误动

B．110kV 双回线路其中一回在非全相运行，220kV 变压器中压侧零序后备保护可能会误动

C．110kV 某单回线路在非全相运行，线路零序后备保护可能会误动

D．110kV 某单回线路在非全相运行，220kV 变压器中压侧零序后备保护可能会误动

**答案：**A

**解析：**110kV 双回线路其中一回在非全相运行，则零序电流将在两回线中形成环流，不带方向的零序电流保护可能会误动，且不会流过变压器的中压侧。

105．以下哪种保护专为中性点不接地变压器后备保护配置？（　　）

A．零压闭锁零流　　　　B．接地阻抗

C．间隙零序　　　　D．相间阻抗

**答案：**C

**解析：**间隙零序电流保护和零序电压保护是保护半绝缘变压器中性点工频过电压损坏绝缘的保护。

106．本侧 TV 检修压板对复合电压判别的影响（　　）。

A．本侧复压动作　　　　B．本侧复压不动作

C．无影响　　　　D．开放多侧复压

**答案：**B

解析：本侧 TV 检修，则固定退出本侧方向元件和电压闭锁元件，复压闭锁过流保护受其他侧电压开放。

107. 主变压器保护中零序功率方向元件，接入保护装置 TA 的极性要求（　　）。

A. 靠近母线侧　　B. 随便接

C. 靠近主变压器　　D. 靠近中性点

答案：A

解析：主变压器保护中零序功率方向元件，取自进线端的 TA（一般为断路器 TA），保护范围大，且采用自产 $3I_0$。

108. 当变压器正负零序阻抗一致时，指向变压器的接地阻抗保护零序补偿系数取（　　）。

A. 0　　B. 0.667　　C. 1.0　　D. 0.333

答案：A

解析：变压器跟线路不通，两相之间没有互感，所以 $K=Z_M/Z_1=0$。

109. 根据国家电网标准化规范设计，220kV 变压器间隙过压保护取外接零序电压时，定值固定为（　　）。

A. 100V　　B. 120V　　C. 150V　　D. 180V

答案：D

解析：出自 Q/GDW 1175—2013《变压器、高压并联电抗器和母线保护及辅助装置标准化设计规范》5.1.2.3。

110. 变压器复合电压过流保护中复合电压是由低电压和（　　）构成。

A. 零序电压　　B. 正序电压　　C. 负序电压　　D. 高电压

答案：C

解析：复合电压过流保护主要作为相间故障的后备保护，复合电压闭锁元件由相间低电压元件和负序电压元件按“或”逻辑构成。

111. 根据国家电网标准化规范设计，变压器零序过压保护，当取 TV 开口三角电压时，定值固定为 180V；当取自产零序电压时，定值固定为（　　）。

A. 180V　　B. 150V　　C. 120V　　D. 102V

答案：C

解析：出自 Q/GDW 1175—2013《变压器、高压并联电抗器和母线保护及辅助装置标准化设计规范》5.1.2.3。

112. 复合电压闭锁过流保护采用复合电压的优点是（　　）。

A. 在后备保护范围外发生不对称短路时，有较高的灵敏度

B. 在后备保护范围内发生不对称短路时，有较高的灵敏度

C. 没有什么优点可言

D．闭锁有载调压

**答案：** B

**解析：** 复合电压闭锁过流保护带方向，主要作为变压器相间短路的后备保护，有较高的灵敏度。

113．以下不属于 500kV 变压器用作接地故障的后备保护是（　　）。

A．零序电流保护

B．零序方向过流保护

C．公共绕组零序过流保护

D．复压过流保护

**答案：** D

**解析：** 复合电压闭锁过流保护带方向，主要作为变压器相间短路的后备保护，有较高的灵敏度。

114．500kV 系统联络变压器为切除外部相间短路故障，其高、中压侧均应装设（　　）保护。保护可带两段时限，以较短的时限用于缩小故障影响范围；较长的时限用于断开变压器各侧断路器。

A．阻抗　　B．过励磁　　C．非全相　　D．过负荷

**答案：** A

**解析：** 出自 Q/GDW 1175—2013《变压器、高压并联电抗器和母线保护及辅助装置标准化设计规范》5.1.4。

115．由电抗器瓦斯保护启动的中间继电器，应采用较大启动功率中间继电器，不要快速动作，以防止（　　）时误动作。

A．直流正极接地　　B．直流负极接地

C．直流短路　　D．交流断线

**答案：** A

**解析：** 对于 220V 直流电，直流正极接地时，负极对地电压变为–220V，此时长电缆对地电容的电压不能突变，仍为–110V，则电容便要放电释放能量，导致中间继电器误动作。

116．变压器重瓦斯保护不允许启动断路器失灵保护，主要原因是（　　）。

A．有差动保护启动失灵保护、不需要重瓦斯保护重复启动

B．重瓦斯保护的误动机率高、容易引起误启动失灵保护

C．变压器内部故障、重瓦斯保护动作后返回较慢

**答案：** C

**解析：** 重瓦斯动作后，在故障切除后不能立即返回，容易引起误启动失灵保护。

117．变压器气体继电器的安装，要求导管沿油枕方向与水平面具有（　　）升高坡度。

A．0.5%～1.5%　　B．2%～4%

C．4.5%～6%　　D．6.5%～7%

**答案：B**

118．变压器、电抗器非电量保护应（　　）作用于断路器的（　　）跳闸线圈。

A．同时，一个　　B．同时，两个

C．分别，一个　　D．分别，两个

**答案：B**

**解析：**非电量保护只配置一套，同时断路器的两个跳闸线圈，提高成功率。

119．主设备非电量保护应（　　）。

A．防水、防震、防油渗漏、密封性好

B．防水、防腐蚀、防油渗漏、密封性好

C．防腐蚀、防震、防油渗漏、密封性好

D．防水、防震、防腐蚀、密封性好

**答案：A**

**解析：**出自《国家电网有限公司十八项电网重大反事故措施（2018年修订版）》15.1.16。

120．气体继电器应定期校验。当气体继电器发出（　　）信号时，应立即检查气体继电器，及时取气样检验，以判明气体成分，同时取油样进行色谱分析，查明原因及时排除。

A．重瓦斯动作　　B．轻瓦斯动作

C．油载重瓦斯动作　　D．压力释放动作

**答案：B**

121．运行中的变压器保护，当现场进行（　　）工作时，重瓦斯保护应由“跳闸”位置改为“信号”位置运行。

A．注油和滤油时　　B．变压器中性点不接地运行时

C．变压器轻瓦斯保护动作后

**答案：A**

122．变压器本体的气体、压力释放、压力突变、温度和冷却器全停等非电量保护宜采用就地跳闸方式，即通过安装在开关场的、启动功率不小于（　　）W的中间继电器的两副触点，分别直接接入变压器各侧断路器的跳闸回路，并将动作信号接至控制室。

A．2　　B．5　　C．10　　D．15

**答案：B**

123．除变压器内部的多相短路、匝间短路、绕组与铁芯或与外壳间的短路外，本体瓦斯保护的保护范围还包括（　　）。

A．变压器高压侧出口处三相短路　　B．油面下降或漏油

C．变低母线桥对地单相接地　　D．差动保护 TA 断线

**答案**：B

**解析**：油面下降或漏油均会导致气体继电器动作。

124．对于高压并联电抗器保护，下列说法不正确的是（　　）。

A．当高压并联电抗器突然加电压时，差动保护中的差动回路同样有励磁涌流流过

B．高压并联电抗器的零序方向保护，不仅可反映高压并联电抗器的接地故障，而且可反映高压并联电抗器的匝间短路故障

C．高压并联电抗器保护动作后，应远跳线路对侧断路器

**答案**：A

**解析**：高压并联电抗器的差动回路采用的是首端和尾端 TA，励磁涌流对于差动回路来说是穿越性电流，不产生差流。

125．高压并联电抗器的作用是平衡线路的（　　）而避免工频过电压。

A．充电功率　　B．电流　　C．电压　　D．参数

**答案**：A

**解析**：高压并联电抗器安装在超高压变电站里，吸收超高压架空线路的容性充电功率，可以起到降低工频暂态过电压和限制操作过电压的作用。

126．高压并联电抗器配置独立的电流互感器，主电抗器首端、末端电流互感器（　　）。

A．分别配置独立的合并单元

B．共用 1 个独立的合并单元

C．首端与线路电压共用合并单元

D．首、末端与线路电压共用合并单元

**答案**：B

**解析**：出自 Q/GDW 441—2010《智能变电站继电保护技术规范》。

127．接地变压器中电流速断保护、过流保护应采取软件滤零措施，防止接地故障时保护误动作。若“相过流消零”控制字投入，施加单相故障电流 A 相 $I_a$=3A∠0°，实际逻辑计算中 A 相电流值为（　　）。

A．3A　　B．2A　　C．1A　　D．4A

**答案**：B

**解析**：施加单相故障电流 A 相 $I_a$=3A∠0°，此时 A 相零序电流为 1A∠0°，所以 A 相电流值为 2A。

128．国家电网标准化中，对于站用变压器（接地变压器）保护的非电量跳闸功能的动作时间要求，不大于（　　）。

A．25ms　　B．30ms　　C．35ms　　D．40ms

**答案：**C

**解析：**出自 Q/GDW 1175—2013《变压器、高压并联电抗器和母线保护及辅助装置标准化设计规范》4.3.3。

129．过流保护作为对并联电抗器的速断保护和差动保护的后备，其保护整定值按（　　）电流整定，保护带时限动作于跳闸。

A．最大故障　　B．躲过最大负荷

C．最小故障　　D．单相接地故障

**答案：**B

**解析：**励磁涌流的特征有：①有很大成分的非周期分量，往往使涌流偏于时间轴的一侧；②包含有大量高次谐波，而以二次谐波为主；③涌流波形之间出现间断。

## 二、多选题

1．变压器差动保护防止励磁涌流的措施有（　　）。

A．采用二次谐波制动　　B．采用间断角判别

C．采用五次谐波制动　　D．采用波形对称原理

**答案：**ABD

**解析：**励磁涌流的特征有：①有很大成分的非周期分量，往往使涌流偏于时间轴的一侧；②包含有大量高次谐波，而以二次谐波为主；③涌流波形之间出现间断。

2．以下哪种保护不会受到励磁涌流的影响（　　）。

A．变压器分侧差动保护　　B．变压器比率差动保护

C．变压器零序差动保护　　D．变压器过励磁保护

**答案：**ACD

**解析：**零序差动与分侧差动一样，采用的变压器 Y 侧绕组的电流，是同一电路里的电流，不受励磁涌流影响；过励磁判据是电压和频率的比值，与励磁涌流无关。

3．与励磁涌流（一次值）特征有关的是（　　）。

A．系统电压　　B．合闸初相角

C．TA 传变特性　　D．变压器容量

**答案：**ABD

**解析：**影响励磁涌流大小和波形主要与下列因素有关：①系统电压大小和合闸出相角；②系统等值电抗大小；③铁芯剩磁、铁芯结构；④铁芯材质（饱和特性、磁滞环）；⑤合闸在高压或低压侧。

4．三相变压器空载合闸或外部短路故障切除时，会产生励磁涌流，关于励磁涌流的说法正确的是（　　）。

A．励磁涌流总会在三相电流中出现

B．励磁涌流至少在两相中出现

C．励磁涌流的大小与变压器的铁芯结构有关，不同类型的铁芯其涌流大小不同

D．励磁涌流与合闸初始相角有关

**答案：**BCD

**解析：**励磁涌流至少在两相中出现。

5．三相变压器空载合闸励磁涌流的大小和波形与下列（　　）等因素有关。

A．剩磁大小和方向

B．三相绕组的接线方式

C．合闸初相角

D．饱和磁通

**答案：**ABCD

6．变压器空载合闸或外部故障切除电压突然恢复时，会出现励磁涌流，对于YNd11接线变压器，差动回路的涌流特点是（　　）。

A．涌流幅值大并不断衰减

B．三相涌流中含有明显的非周期分量并不断衰减

C．涌流中含有明显的3次谐波和其他奇次谐波

D．涌流中含有明显的2次谐波和其他偶次谐波

**答案：**AD

7．变压器空载合闸或者外部短路故障切除时，会产生励磁涌流，关于励磁涌流的说法正确的是（　　）。

A．励磁涌流在三相电流中至少在两相中出现

B．励磁涌流在三相电流中可在一相电流中出现，也可在两相电流中出现，也可在三相电流中出现

C．励磁涌流与变压器铁芯结构有关，不同铁芯结构的励磁涌流是不同的

D．励磁涌流与变压器接线方式有关

**答案：**ACD

8．变压器空载合闸时有励磁涌流出现，其励磁涌流的特点为（　　）。

A．含有明显的非周期分量电流

B．波形出现间断、不连续

C．含有明显的2次及偶次谐波

D．变压器容量越小，励磁涌流相对额定电流倍数也越大

E.变压器容量越大，衰减越慢

**答案：**ABCDE

9．变压器励磁涌流与变压器充电时电压合闸初相角有关，当初相角为（　　）时，励磁涌流最大。

A．0　　B．60°　　C．120°　　D．180°

**答案**：AD

**解析**：在电压瞬时值为零时合闸，电压与磁通相位差呈90°关系，此时磁通中的强迫分量为最大值，合闸角是0°或180°时，励磁涌流最大。

10．关于变压器和应涌流的说法正确的是（　　）。

A．和应涌流是逐渐增大后衰减的，而合闸涌流是第一周波就达到最大

B．出现和应涌流时，两台变压器的相互作用使得涌流的衰减过程较单个变压器合闸时要慢得多

C．和应涌流是当电网中空投一台变压器时，在相邻的并联或级联运行变压器中产生的

D．可以通过减小二次谐波制动比的方法来防止差动保护误动

**答案**：ABCD

**解析**：和应涌流的特点：①两台变压器的涌流交替出现，方向相反，且不会重叠；②和应涌流幅值随时间逐步增大到最大值，随后又不断衰减；③两台变压器相互作用，使涌流衰减缓慢。

11．变压器平衡系数与下列（　　）参数有关。

A．变压器容量　　B．变压器各侧TA变比

C．变压器各侧额定电压　　D．变压器接线方式

**答案**：BCD

**解析**：平衡系数是基于同一容量即变压器额定容量进行计算的，计算公式与各侧容量无关。

12．变压器差动保护继电器采用比率制动式，可以（　　）。

A．躲开励磁涌流

B．通过降低定值来提高保护内部故障时的灵敏度

C．提高保护对于外部故障的安全性

D．防止电流互感器二次回路断线时误动

**答案**：BC

**解析**：穿越性故障在理想情况下差流为零，但由于互感器的误差等原因实际会产生不平衡电流，采用比率制动特性的差动保护，使动作电流随制动电流的增大而增大，防止区外故障穿越性故障情况下误动，而在区内故障时又有较高的灵敏度。

13．比率制动式差动中，为了防止外部故障时由于TA饱和和TA暂态特性不一致引起差动误动，采取自适应的比率制动差动，当检测到某相中的三次谐波与基波的比值大于某一定值时，将（　　），进一步提高保护的可靠性。

A．自动提高比率制动式差动的动作值

B．自动降低比率制动式差动的动作值

C．改变比率制动系数和最小制动电流

D．提高最小制动电流

**答案：**AC

**解析：**采用高值比率制动的差动保护，提高最小制动电流，增加可靠性。

14．电力变压器纵差保护在稳态情况下不平衡电流的产生原因有（　　）。

A．各侧电流互感器特性不同

B．变压器的励磁涌流

C．改变变压器调压分接头

D．电流互感器实际变比和计算变比不同

**答案：**ACD

**解析：**变压器的励磁涌流产生的是暂态不平衡电流。

15．为提高切除自耦变压器内部单相接地短路故障的可靠性，可配置由（　　）构成的分侧差动保护。

A．高压侧 TA　　B．中压侧 TA

C．低压侧 TA　　D．公共绕组 TA

**答案：**ABD

**解析：**分侧差动采用高压侧、中压侧、公共绕组侧设置的 TA 构成，所用的是同一电路里的电流。

16．纵差保护的电流取自变压器的（　　）。

A．高压侧 TA　　B．中压侧 TA

C．低压侧绕组 TA　　D．低压侧外附 TA

**答案：**ABD

**解析：**纵差保护涉及有电磁感应关系的各侧电流，实际是基于磁势平衡原理的差动保护，取高压侧、中压侧、低压侧外附 TA，使保护范围最大。

17．变压器差动保护不能取代瓦斯保护，其正确原因是（　　）。

A．差动保护不能反映油面降低的情况

B．差动保护受灵敏度限制，不能反映轻微匝间故障，而瓦斯保护能反映

C．差动保护不能反映绕组的断线故障，而瓦斯保护能反映

D．因为差动保护只反映电气故障分量，而瓦斯保护能保护变压器内所有的故障

**答案：**ABCD

18．下列关于变压器差动速断保护描述，正确的有（　　）。

A．是变压器纵差保护的辅助保护

B．延时可整定，方便用户选择

C．只反应差流的有效值，不受差流中的谐波及波形畸变的影响

D．可选择是否经谐波制动

**答案**：AC

**解析**：设置差动速断元件的主要原因是为防止在较高的短路电流水平时，由于电流互感器饱和产生高次谐波量增加，产生极大的制动量而使差动保护拒动，因此设置差动速断元件，当短路电流达到 4～10 倍额定电流时，速断元件不经谐波闭锁快速动作出口。

19．采用二段折线式比率制动特性的变压器差动保护，其差动元件的灵敏度随启动电流 $I_{dz0}$、拐点电流 $I_{zd0}$ 及比率制动系数 $K_z$ 的变化而变化，下面叙述正确的是（　　）。

A．在比率制动系数 $K_z$、拐点电流 $I_{zd0}$ 不变的情况下，启动电流 $I_{dz0}$ 越小，其动作区越大，差动元件的灵敏度越高

B．在比率制动系数 $K_z$、拐点电流 $I_{zd0}$ 不变的情况下，启动电流 $I_{dz0}$ 越大，其动作区越大，差动元件的灵敏度越高

C．在比率制动系数 $K_z$、启动电流 $I_{dz0}$ 不变的情况下，拐点电流 $I_{zd0}$ 越大，其动作区越大，差动元件的灵敏度越高

D．在启动电流 $I_{dz0}$、拐点电流 $I_{zd0}$ 不变的情况下，比率制动系数 $K_z$ 越小，其动作区越大，差动元件的灵敏度越高

**答案**：ACD

**解析**：特性曲线的灵敏度是由拐点电流、比率制动系数及初始动作电流 3 个参数决定的，在前两个参数不变的情况下，另一个参数使动作区越大，其动作灵敏度高。

20．下列情况有可能导致差动保护在正常运行时误动的是（　　）。

A．TA 二次回路中接线端子螺丝松动，而使回路连线接触不良或短时开路

B．TA 二次回路中一相接触不良，在接触不良点产生电弧，进而造成 TA 二次回路单相接地或两相之间短路

C．TA 二次电缆芯线（相线）外层绝缘破坏或损伤，在运行中由于振动等原因造成接地短路

D．差动保护 TA 二次回路多点接地

**答案**：ABCD

21．在发电机、变压器差动保护中，下列说法正确的是（　　）。

A．发电机过励磁时，差动电流增大

B．变压器过励磁时，差动电流增大

C．发电机过励磁时差动电流基本不变化，变压器过励磁时差动电流增大

D．发电机和变压器过励磁时，差动电流均增大

**答案**：BC

**解析**：发电机过励磁时不会产生差流，因为发电机采用的使中性点侧 TA 和机端 TA，没有磁耦合关系。

22．下列关于电力设备投入时，说法正确的是（　　）。

A．YD 结构的空载变压器投入时，合闸角为 90°时励磁涌流较小

B．并联电抗器投入时，合闸角为 0°时励磁涌流较小

C．并联电容器组投入时，合闸角为 0°时可以改善暂态过电压现象

D．滤波器组投入时，合闸角为 90°时可以改善暂态过电压现象

**答案：**AC

**解析：**在电压瞬时值为最大时合闸，电压与磁通相位差呈 90°关系，此时磁通中的强迫分量为最小值，励磁涌流最小。并联电容器组投入时，合闸角为 0°，电压瞬时值为零，所以可以改善暂态过电压现象。

23．主保护可配置不需整定的（　　）等反映轻微故障的故障分量差动保护。

A．零序分量　　B．负序分量　　C．变化量　　D．正序分量

**答案：**ABC

**解析：**出自 Q/GDW 1175—2013《变压器、高压并联电抗器和母线保护及辅助装置标准化设计规范》5.1.2。

24．主设备非电量保护应（　　），气体继电器至保护柜的电缆应尽量减少中间转接环节。

A．防水　　B．防振　　C．防油渗漏　　D．密封性好

**答案：**ABCD

**解析：**出自《国家电网有限公司十八项电网重大反事故措施（2018 年修订版）》15.1.16。

25．瓦斯保护的反事故措施要求是（　　）。

A．将气体继电器的下浮筒改为挡板式，触点改为立式，以提高重瓦斯动作的可靠性

B．为防止气体继电器因漏水短路，应在其端子和电缆引线端子箱上采取防雨措施

C．触点采用两动合触点串联方式，以提高重瓦斯动作的可靠性

D．气体继电器的引出线和电缆线应分别连接在电缆引线端子箱内的端子上

**答案：**ABD

26．变压器瓦斯保护动作的原因有（　　）。

A．变压器内部严重故障

B．二次回路问题误动作

C．某些情况下油枕内的胶囊安装不良造成呼吸器堵塞，油温发生变化后，呼吸器突然冲开，引起瓦斯保护动作

D．变压器附近有较强的震动

E．变压器套管引出线故障

**答案：**ABCD

27．对于变压器保护，以下说法正确的是（　　）。

A．变压器电气量保护与非电量保护的出口回路分开

B．电气量保护动作后启失灵，并可解除失灵保护电压闭锁，非电量保护不启动失灵保护

C．电气量保护和非电量保护的电源回路独立

D．双套电气量保护的跳闸回路分别作用于断路器的两个跳闸线圈，而一套非电量保护同时作用于断路器的双线圈

**答案**：ABCD

28．对变压器送电时的要求有（　　）。

A．变压器应有完备的继电保护，用小电源向变压器送电时应核算继电保护灵敏度（特别是主保护）

B．考虑变压器励磁涌流对继电保护的影响

C．变压器发生故障跳闸后能保证系统稳定

D．应检查充电侧母线电压及变压器分接头位置，保证送电后各侧电压不超过规定值

**答案**：ABCD

29．220kV 及以上变压器、发变组的断路器失灵保护的电流判别元件应采用（　　）按“或逻辑”构成。

A．突变量电流　　B．相电流　　C．零序电流　　D．负序电流

答案；BCD

**解析**：出自 Q/GDW 1175—2013《变压器、高压并联电抗器和母线保护及辅助装置标准化设计规范》。

30．对于变压器保护配置，下列说法正确的是（　　）。

A．110kV 变压器电量保护宜按双套配置，双套配置时应采用主、后备保护一体化配置

B．变压器非电量保护应采用 GOOSE 光缆直接跳闸

C．变压器保护直接采样，直接跳各侧断路器

D．变压器保护跳母联、分段断路器及闭锁备自投、启动失灵等可采用 GOOSE 网络传输

**答案**：ACD

**解析**：变压器非电量保护应采用就地电缆直接跳闸。

31．对于高压并联电抗器保护，下列说法正确的是（　　）。

A．当高压并联电抗器突然加电压时，差动保护中的差动回路同样有励磁涌流流过

B．高压并联电抗器的零序方向保护，不仅可反映高压并联电抗器的接地故障，而且可反映高压并联电抗器的匝间短路故障

C．高压并联电抗器保护动作后，应远跳线路对侧断路器

**答案**：BC

**解析**：高压并联电抗器的差动回路采用的是首端和尾端 TA，励磁涌流对于差动回路来说是穿越性电流，不产生差流；高压并联电抗器匝间短路的主要特点是会产生零序分量。

32．以下关于变压器保护说法正确的是（　　）。

A．由自耦变压器高、中压及公共绕组三侧电流构成的差动保护无需采用防止励磁涌流的专门措施

B．自耦变压器的零序电流保护接在变压器中性点套管 TA 上，设方向元件

C．大容量的变压器，由于系统电压升高或频率降低，容易引起铁芯饱和，应装设过励磁保护

D．变压器高中压侧的距离保护，通过各自的偏移部分对各自的母线起到后备保护的作用

**答案**：ACD

**解析**：自耦变压器的高、中压侧零序过流保护的过流元件宜采用本侧自产零序电流。

33．以下关于电抗器说法正确的是（　　）。

A．并联电抗器可以起到无功补偿的作用，一般装设在超高压输电线的末端与地之间

B．电抗器是电力系统中常见的电力设备，依靠绕组的感抗阻碍电流变化，常用来补偿、移相、降压、限流、稳流

C．三相并联电抗器可以配置纵差保护，且能切除电抗器内部所有故障

D．并联电抗器所接系统电压的异常升高，将导致电抗器的过负荷，一般应配置过负荷保护

**答案**：ABD

**解析**：并联电抗器纵差保护不能保护匝间短路，对高压并联电抗器来说是穿越性电流，不产生差流。

34．220kV 变电站 220、110kV 均双母线配置，有两台变压器 220kV 侧及 110kV 侧分别挂不同的母线并列运行，当 220kV 其中一条母线故障时变压器高压侧断路器失灵，若未配置变压器高压侧断路器失灵联跳各侧回路，可能出现的保护动作行为是（　　）。

A．变压器高压侧后备保护动作

B．变压器差动保护动作

C．变压器中压侧后备保护动作

D．非故障母线 220kV 母线的母差保护动作

**答案**：AC

**解析**：未配置失灵联跳功能，则变压器会持续提供故障电流，对变压器来说属于区外故障，则高、中压侧后备保护均可能动作。

35．220kV 降压变压器在重载时发生高压侧断路器非全相，可能影响的保护（元件）

有（ ）。

A．对侧线路零序过流保护

B．本站母差保护的零序电压闭锁元件

C．系统内发电机零序过流保护

D．变压器中性点零流保护

**答案：**ABD

**解析：**重载时非全相运行，会出现数值较大的零序电流和零序电压，但不会反映到发电机那一侧。

36．某电厂500kV主变压器在运行时发生高压侧断路器非全相，影响的保护有（ ）。

A．线路零序过流保护

B．变压器零序过流保护

C．发电机负序过流保护

D．主变压器过励磁保护

**答案：**ABC

**解析：**此时会出现零序电流和负序电流，且负序电流会反映到发电机那一侧。

37．变压器复压过流中的复合电压指的是（ ）。

A．自产零序电压

B．低电压

C．负序电压

D．开口三角零压

**答案：**BC

**解析：**复合电压过流保护主要作为相间故障的后备保护，复合电压闭锁元件由相间低电压元件和负序电压元件按“或”逻辑构成。

38．下面关于复压闭锁的方向过流保护说法正确的是（ ）。

A．接入装置的极性都应设定正极性端应在母线侧

B．接入装置的极性都应设定正极性端应在主变压器侧

C．保护定值中设有控制字来控制保护方向的指向，控制字为“1”时表示方向指向系统（母线）

D．保护定值中设有控制字来控制保护方向的指向，控制字为“1”时表示方向指向变压器

**答案：**AC

**解析：**复压过流保护采用的电流与差动保护相同，极性端在远离主变压器的一侧。

39．下面关于变压器复合电压闭锁方向过流保护的逻辑关系叙述，正确的是（ ）。

A．复合电压元件由相间低电压元件和负序电压元件的“与”逻辑构成

B．复合电压元件由相间低电压元件和负序电压元件的“或”逻辑构成

C．同名相的过电流元件、方向元件及复合电压元件构成“与”逻辑经延时出口

D．高（中）压侧复压闭锁过流保护受其他侧复压元件控制

**答案：**BCD

40．变压器过励磁保护主要为了防止（　　）导致的变压器铁芯饱和。

A．电压降低　　B．电压升高　　C．频率降低　　D．频率升高

**答案**：BC

**解析**：变压器过励磁保护主要为了防止电压升高或频率降低，使变压器过励磁，励磁电流剧增，导致铁芯饱和。

41．变压器过励磁保护技术原则为（　　）。

A．设置定时限告警功能

B．采用相电压“或门”关系

C．反时限特性应能整定，与变压器过励磁特性相匹配

D．可通过控制字选择是否跳闸

**答案**：ACD

**解析**：出自 Q/GDW 1175—2013《变压器、高压并联电抗器和母线保护及辅助装置标准化设计规范》5.2.2。

42．某超高压降压变压器装设了过励磁保护，引起变压器过励磁的可能原因是（　　）。

A．变压器低压侧外部短路故障切除时间过长

B．变压器低压侧发生单相接地故障非故障相电压升高

C．超高压电网电压升高

D．超高压电网有功功率不足引起电网频率降低

E．超高压电网电压升高，频率降低

**答案**：CDE

**解析**：过励磁只发生在变压器的高、中压侧，且过励磁保护只在高、中压侧配置。

43．大型变压器过励磁时，变压器差动回路电流发生变化，下列说法正确的是（　　）。

A．差动电流随过励磁程度的增大而非线性增大

B．差动电流中没有非周期分量及偶次谐波

C．差动电流中含有高次谐波，其中 3 次谐波较大

D．5 次谐波与基波的比值随着过励磁程度的增加而增大

**答案**：ABD

**解析**：变压器过励磁保护主要为了防止电压升高或频率降低，使变压器过励磁，励磁电流剧增，使差动电流变大，且主要特征是含有大量的 5 次谐波。

44．对于 500kV 变压器过励磁保护，以下正确的是（　　）。

A．任意一相过励磁动作时出口　　B．任意两相过励磁动作时出口

C．三相过励磁动作时出口　　D．可通过控制字选择是否跳闸

**答案**：CD

**解析**：出自 Q/GDW 1175—2013《变压器、高压并联电抗器和母线保护及辅助装置标准化设计规范》5.2.2，采用相电压“与门”关系，三相均过励磁动作时出口。

45．500kV 变压器后备保护主要有（　　）。

A．相间故障的后备保护　　B．接地故障的后备保护

C．过负荷保护　　D．过励磁保护

**答案**：ABCD

**解析**：出自 Q/GDW 1175—2013《变压器、高压并联电抗器和母线保护及辅助装置标准化设计规范》5.1.4。

46．500kV 变压器保护标准化设计方案中高压侧后备保护应配置哪些功能？（　　）

A．带偏移特性的相间和接地阻抗保护

B．复压闭锁过流保护

C．零序电流保护

D．过励磁保护

E．高压侧失灵保护经变压器保护跳闸

F．过负荷保护

**答案**：ABCDEF

**解析**：出自 Q/GDW 1175—2013《变压器、高压并联电抗器和母线保护及辅助装置标准化设计规范》5.1.4。

47．大接地电流系统中的变压器中性点有的接地，也有的不接地，取决于（　　）等因素。

A．保证零序保护有足够的灵敏度和很好的选择性，保证接地短路电流的稳定性

B．为防止过电压损坏设备，应保证在各种操作和自动掉闸使系统解列时，不致造成部分系统变为中性点不接地系统

C．变压器绝缘水平及结构决定的接地点

D．电压等级

**答案**：ABC

**解析**：500kV 因用自耦变压器，一般直接接地运行，与电压等级无关。

48．对于 YNd11 接线的变压器，在△侧的线电流中不会出现（　　）。

A．2 次谐波　　B．3 次谐波　　C．5 次谐波　　D．9 次谐波

**答案**：BD

**解析**：$3n$ 次谐波大小相等，方向相同，流不出△绕组。

49．双绕组变压器 YNd11 接线，星接线侧发生 A 相接地故障，角接线侧电压电流特征是（　　）。

A．B 相电流为零　　B．A 相电流与 C 相电流大小相同

C．A 相电流与 C 相电流方向相反　　　　D．A 相电压与 C 相电压大小相同

**答案**：ABCD

**解析**：根据对称分量法，结合正负序经过 YNd11 后的不同相位变化，可得出结论。

50．下列关于 500/220/35kV 的自耦变压器说法正确的是（　　）。

A．高压侧同时向中、低压侧传输功率，公共绕组最先出现过负荷

B．第三绕组一般采用△接线，有利于提高电压质量

C．第三绕组容量不可能大于变压器的标准容量

D．公共绕组容量与串联绕组容量相同

**答案**：BCD

**解析**：中压侧同时向高、低压侧传输功率，公共绕组最先出现过负荷。

51．下列关于三绕组自耦变压器分侧差动保护描述正确的有（　　）。

A．将变压器的各侧绕组分别作为被保护对象

B．多用于超高压大型变压器的高压侧和中压侧

C．保护范围与常规差动保护范围相当

D．不受变压器励磁电流、励磁涌流、带负荷调压及过励磁的影响

**答案**：BD

52．220kV 系统保护、高压侧为 220kV 的变压器和 100～200MW 级的发电机变压器组差动保护用电流互感器可采用（　　）电流互感器。

A．P 类　　　B．PR 类　　　C．PX 类　　　D．TPY 类

**答案**：ABC

**解析**：出自 GB/T 14285—2006《继电保护和安全自动装置技术规程》6.2.1.3。

53．高、中、低压侧电压分别为 220、110、35kV 的自耦变压器，接线为 YNynd，高压侧与中压侧的零序电流可以流通，就零序电流来说，下列说法正确的是（　　）。

A．中压侧发生单相接地时，自耦变压器接地中性点的电流可能为 0

B．中压侧发生单相接地时，中压侧的零序电流比高压侧的零序电流大

C．高压侧发生单相接地时，自耦变压器接地中性点的电流可能为 0

D．高压侧发生单相接地时，中压侧的零序电流可能比高压侧的零序电流大

**答案**：BCD

**解析**：中压侧发生单相接地时，自耦变压器接地中性点的电流不为 0，方向固定由地流向中性点。

54．高、中压侧均接入大接地电流系统的三绕组自耦变压器，变压器接线组别为 YNynd11，当发生单相接地短路故障时，高、中压侧系统零序等值阻抗大小不确定时，下列关于公共绕组零序电流说法正确的是（　　）。

A．故障点在中压侧时，公共绕组零序电流肯定从变压器流向大地

B．故障点在中压侧时，公共绕组零序电流方向不确定

C．故障点在高压侧时，公共绕组零序电流肯定从大地流向变压器

D．故障点在高压侧时，公共绕组零序电流方向不确定

答案：CD

55．国家电网标准化中，站用变压器（接地变压器）保护功能配置包含如下（　　）。

A．速断过流保护　　B．过流保护

C．零序过流保护　　D．低电压保护

答案：ABC

解析：出自 Q/GDW 1175—2013《变压器、高压并联电抗器和母线保护及辅助装置标准化设计规范》A.1.16。

56．关于三绕组自耦变压器，以下说法正确的是（　　）。

A．三侧不会同时过负荷

B．可能出现一侧、两侧不过负荷，而另一侧已经过负荷

C．各侧都应设过负荷保护

D．三侧同时过负荷

答案：ABC

解析：自耦变压器的自耦两侧和△侧及公共绕组均应装设过负荷保护。自耦变压器一般应用于超高压网络，作为联络变压器，各侧都有过负荷的可能。另外，带自耦的高、中压侧可能没有过负荷，而公共绕组由于额定容量 $S=(1-1/N)S_e$，可能过负荷。因此，公共绕组及自耦变压器各侧均应装设过负荷保护。

57．三绕组自耦变压器中性点经电抗接地时，在变压器 T 形零序等值阻抗参数中，相比于直接接地方式（　　）。

A．高压侧零序阻抗减小　　B．中、低压侧阻抗增大

C．低压侧零序阻抗减小　　D．高、中、低压侧零序阻抗均增大

答案：AB

解析：根据自耦变压器中性点经电抗接地时零序等值电路的计算公式，可得出结论。

58．YNd11 接线升压变压器，变比为 1，不计负荷电流情况下，YN 侧单相接地时，则△侧三相电流为（　　）。

A．最小相电流为 0

B．最大相电流等于 YN 侧故障相电流的 $1/\sqrt{3}$

C．最大相电流等于 YN 侧故障相电流

D．△侧三相无流

答案：AB

解析：根据对称分量法，结合正负序经过 YNd11 后的不同相位变化，可得出结论。

59．YNd11 接线的差动保护中需消除零序电流进入差动元件，下面说法正确的是（　　）。

A．通过将变压器 Y 侧差动 TA 接成三角接线来实现相位校正的，已将零序电流滤去，不必采用其他措施

B．通过 Y 侧移相的变压器微机保护应对 Y 侧的零序电流进行补偿，防止有零序电流进入差动元件

C．通过 d 侧移相的变压器微机保护应对 Y 侧的零序电流进行补偿，防止有零序电流进入差动元件

D．通过 d 侧移相的变压器微机保护应对 d 侧的零序电流进行补偿，防止有零序电流进入差动元件

**答案**：AC

60．按国家电网标准化要求，站用变压器（接地变压器）保护使用矩阵方式进行跳闸出口，标准中定义：0—保护跳闸（退出/投入）；1—跳闸变压器高压侧（退出/投入）；2—跳变压器中压侧（退出/投入）；3—跳变压器低压侧（退出/投入）；4—跳变压器低压侧分段（退出/投入）；5—闭锁变压器高压侧备自投（退出/投入）；6—闭锁变压器低压侧备自投（退出/投入）；7—跳闸备用 1（退出/投入）；8—跳闸备用 2（退出/投入）。现速断过流功能，跳闸矩阵密码整为 0009，表示投入了哪些出口（　　）。

A．0—保护跳闸

B．8—跳闸备用 2

C．3—跳变压器低压侧

D．5—闭锁变压器高压侧备自投

**答案**：AC

61．变压器差动保护需要特殊考虑相位平衡，相位平衡主要有两种方式，即以△侧为基准和以 YN 侧为基准，以下对于选择不同的相位平衡基准说法正确的是（　　）。

A．不同的相位平衡基准，对三相短路故障的灵敏度相同

B．在相间短路时，YN→△转换方式比△→YN 转换方式的灵敏度高

C．在单相接地时，△→YN 转换方式比 YN→△转换方式的灵敏度低

D．在相间短路时，△→YN 转换方式比 YN→△转换方式的灵敏度高

**答案**：AB

**解析**：相间短路时，因不产生零电流，假设△侧无电源，以 Y 侧 AB 两相短路为例，YN→△转换方式时差流为 $2I_d/\sqrt{3}$，而△→YN 转换方式差流为 $I_d$。

62．变压器差动保护用的 TA，在最大穿越性短路电流时，其误差超过 10%，采取防止差动保护误动措施正确的是（　　）。

A．适当降低 TA 的变流比

B．减小 TA 二次回路负荷

C．将两组 TA 按相串联使用

D．将两组 TA 按相并联使用

**答案**：BC

63．对新安装的变压器保护，在变压器启动送电时需要做的试验有（　　）。

A．带负荷校验　　B．测量差动保护不平衡电流

C．变压器充电合闸试验　　D．测量差动保护的制动特性

**答案**：ABC

64．下列状态属于电力变压器的异常工作状态，不属于故障状态的有（　　）。

A．过负荷　　B．绕组的匝间短路

C．油面降低　　D．重瓦斯动作

**答案**：AC

65．主变压器接地后备保护中，零序过电流与间隙过流的电流互感器独立设置的优点为（　　）。

A．该两种保护电流互感器独立设置后，不须人为进行投、退操作

B．能够自动实现中性点接地时投入零序过电流（退出间隙过流）、中性点不接地时投入间隙过电流（退出零序过电流）

C．中性点接地时发生接地故障，中性点电流较大，而间隙过电流元件定值很小，公用一组电流互感器时易损坏间隙过流元件，独立设置则不存在该问题

D．有效防止当中性点接地运行时，漏退间隙过流保护造成间隙过流误动作

**答案**：ABCD

66．下面关于变压器中性点间隙接地的接地保护说法正确的是（　　）。

A．变压器中性点间隙接地的接地保护配置高、中压侧间隙过流和零序过压保护功能

B．间隙过流和零序过压保护二者构成“与”逻辑

C．间隙过流和零序过压保护二者同时动作时，可不经延时跳开变压器各侧断路器

D．间隙击穿过程中，间隙过流和零序过压可能交替出现，间隙零序过流由装置零序过压和间隙过流元件动作后相互保持

**答案**：AD

**解析**：间隙过流和零序过压保护二者构成“或”逻辑，一般经0.3～0.5s短延时，在感受工频过电压时快速跳闸。

67．变压器保护标准化设计的主要原则是（　　）。

A．功能配置统一的原则　　B．回路设计统一的原则

C．端子排布置统一的原则　　D．接口标准统一的原则

E．屏柜连接片统一的原则　　F．保护定值、报告格式统一的原则

**答案**：ABCDEF

68．“六统一”常规站变压器保护纵差差动速断无效判别条件是（　　）。

A．主保护功能压板退出　　B．纵差差动保护控制字不投

C．差动速断控制字不投　　　　　　D．装置故障

**答案：**ABCD

69．在（　　）情况下，需要将运行中的变压器差动保护停用。

A．差动二次回路及电流互感器回路有变动或进行校验时

B．继保人员测定差动保护相量图及差压时

C．差动电流互感器一相断线或回路开路时

D．差动误动跳闸后或回路出现明显异常时

**答案：**ABCD

70．在超高压电网中的电压互感器，可视为一个变压器，就零序电压来说，下面说法正确的是（　　）。

A．超高压电网中发生单相接地时，一次电网中有零序电压，所以电压互感器二次星形侧出现零序电压

B．电压互感器二次星形侧发生单相接地时，该侧出现零序电压，因电压互感器相当于一个变压器，所以一次电网中也有零序电压

C．电压互感器二次星形侧发生单相接地时，该侧无零序电压，所以一次电网中也无零序电压

D．电压互感器二次星形侧发生单相接地时，该侧有零序电压，而一次电网中没有零序电压

**答案：**AD

**解析：**从电压互感器的二次侧看阻抗几乎等于零，近乎于短路，电压互感器二次侧的零序电压，不会反映到一次电网中。

71．针对单侧电源双绕组变压器和三绕组变压器的相间短路后备保护，说法正确的是（　　）。

A．相间短路后备保护宜装于各侧

B．非电源侧保护带两段或三段时限，用第一时限断开本侧母联或分段断路器，缩小故障影响范围

C．非电源侧保护用第二时限断开各侧断路器

D．电源侧保护带一段时限，断开变压器各侧断路器

**答案：**ABD

**解析：**非电源侧保护用第二时限断开本侧断路器。

## 三、判断题

1．YNynd 接线的自耦变压器高压侧发生接地故障时，低压侧绕组中有环流电流。（　　）

**答案：** √

**解析：** YNynd 接线的自耦变压器零序等值电路与 YNynd 接线的三绕组变压器相同，低压侧施加零序电压时，相当于开路，零序电流仅在三角形绕组内流通，形成环流不能流出三角形绕组。

2．对自耦变压器和高、中压侧均直接接地的三绕组变压器，为满足选择性要求，可增设零序方向元件，方向宜指向变压器。（　　）

**答案：** ×

**解析：** 由于在高压或中压电网发生接地故障时，零序电流可在自耦变压器的高、中压侧间流动，为满足选择性的要求，高压和中压侧的零序过流保护应装设方向元件，其方向指向本侧母线。作为变压器的接地后备保护，还应装设不带方向的零序过流保护。

3．自耦变压器高压侧发生接地故障时，接地中性点有零序电流流过。（　　）

**答案：** ×

**解析：** 当自耦变压器高压侧发生单相接地短路时，中性点零序电流 $\dot{I}_N$ 的大小和方向，都将随着中压侧系统零序阻抗的变化而变化。当 $(K_{12}-1)X_{T3}>X_{T2}-X_{20}$ 时，$\dot{I}_N$ 方向由中性点流向地；当 $(K_{12}-1)X_{T3}=X_{T2}-X_{20}$ 时，$\dot{I}_N=0$；当 $(K_{12}-1)X_{T3}<X_{T2}-X_{20}$ 时，$\dot{I}_N$ 方向由地流向中性点。

4．自耦变压器的标准容量大于通过容量。（　　）

**答案：** ×

**解析：** 自耦变压器铭牌上标注的“额定容量”指的就是其额定的“通过容量”，同时也是高压侧串联绕组的“额定容量”。自耦变压器的“标准容量” $S=(1-1/k)S_N$，总是小于其“通过容量”。

5．自耦变压器中性点必须直接接地运行。（　　）

**答案：** √

**解析：** 运行中自耦变压器的中性点必须接地，因为当系统中发生单相接地故障时，如果自耦变压器的中性点没有接地，就会使中性点位移，使非接地相的电压升高，甚至达到或超过线电压，并使中压侧绕组过电压。为了避免上述现象，所以中性点必须接地。

6．在标准化的变压器保护装置中，变压器纵差保护、分相差动保护的定值是以变压器全容量额定电流为基准的二次标幺值，例如 $I_{zd}$=0.5$I_e$，而单相式自耦变压器的分侧差动保护的定值，规定为变压器高压侧全容量额定电流为基准的二次标幺值。（　　）

**答案：** √

7．变比为 1 的 YNd11 变压器，Y 侧发生 BC 相短路，短路电流为 $I_d$，则△侧的 A、C 相电流应同相，且等于 $I_d$/3。（　　）

**答案：** ×

**解析：** YNd11 变压器 YN 侧发生相间短路时，△侧三相均有电流通过，对应故障相的两相中的滞后相电流最大，数值等于故障相电流的 $2/\sqrt{3}$ 倍，其余两相电流大小相等，方向相同，数值等于故障相电流的 $1/\sqrt{3}$ 倍，方向与最大一相的电流相反。

8．对 YNd11 接线的变压器，当变压器△侧出口故障，YN 侧绕组低电压元件接相间电压，该元件不能正确反映故障相间电压。（　　）

**答案：** √

**解析：** YNd11 接线的变压器低压侧发生相间短路时，YN 侧与低压侧故障相对应的两相中滞后相的电流最大，其他两相电流大小相等、方向相同，与低压侧故障相对应的两相中滞后相电压最低，其他两相电压较高，相间电压一般较高，YN 侧电流相等的两相间电压最高。

9．YNd11 接线的变压器低压侧发生 AB 两相短路时，高压侧 A 相电流是其他两相电流的 2 倍。（　　）

**答案：** ×

**解析：** YNd11 接线的变压器低压侧发生相间短路时，YN 侧各相电流的分布与故障相别规律是：与低压侧故障相对应的两相中滞后相的电流最大（低压侧发生 AB 两相短路时，YN 侧 B 相电流最大），数值上为故障相电流的 $2/\sqrt{3}$ 倍，其他两相电流大小相等、方向相同，数值上为故障相电流的 $1/\sqrt{3}$ 倍，方向与电流最大的一相相反。

10．对于 YNd11 变压器，若高压侧 B 相电流是 AC 相的两倍，且方向相反，则可确定为低压侧发生 AB 两相短路。（　　）

**答案：** ×

**解析：** 对于 YNd11 变压器，低压侧发生 AB 两相短路，高压侧 B 相电流是 AC 相的两倍，且方向相反。反之则不然。

11．有一个 YNd1 接线的降压变压器，d 侧发生了 ac 相短路，YN 侧 A 相电流最大。（　　）

**答案：** ×

**解析：** YNd1 接线的降压变压器，与 YNd11 接线的变压器不同，当 d 侧发生相间短路时，YN 侧与低压侧故障相对应的两相中，超前相的电流最大（低压侧发生 CA 两相短路时，YN 侧 C 相电流最大），数值上为故障相电流的 $2/\sqrt{3}$ 倍，其他两相电流大小相等、方向相同，数值上为故障相电流的 $1/\sqrt{3}$ 倍，方向与电流最大的一相相反。

12．对 YNd11 接线的变压器，当变压器△侧出口故障，YN 侧绕组低电压保护接相间电压，不能正确反映故障相间电压。（　　）

**答案：** √

**解析：** YNd11 接线的变压器低压侧发生相间短路时，YN 侧与低压侧故障相对应的两相中滞后相的电流最大，其他两相电流大小相等、方向相同，与低压侧故障相对应的两相中滞后相电压最低，其他两相电压较高，相间电压一般较高，YN 侧电流相等的两

相间电压最高。

13．YNd11 变压器的 YN 侧发生 AC 相间短路，则 d 侧 a、c 相电流大小相等，方向相同。（　　）

**答案：**×

**解析：**YNd11 变压器 YN 侧发生相间短路时，d 侧三相均有电流通过，对应故障相的两相中的超前相电流最大，数值等于故障相电流的 $2/\sqrt{3}$ 倍，其余两相电流大小相等，方向相同，数值等于故障相电流的 $1/\sqrt{3}$ 倍，方向与最大一相的电流相反。

14．YNd11 变压器的 YN 侧发生 AC 相间短路，则 d 侧 b、c 相电流大小相等，方向相同。（　　）

**答案：**×

**解析：**YNd11 变压器 YN 侧发生相间短路时，d 侧三相均有电流通过，对应故障相的两相中的超前相电流最大，数值等于故障相电流的 $2/\sqrt{3}$ 倍，其余两相电流大小相等，方向相同，数值等于故障相电流的 $1/\sqrt{3}$ 倍，方向与最大一相的电流相反。

15．YNd11 两侧电源，在其 YN 侧发生单相接地短路时，两侧电流可能同相，也可能反相。（　　）

**答案：**√

**解析：**在其 YN 侧发生单相接地短路时，d 侧电流对应故障相的滞后相电流为零，其余两相电流大小相等，方向相反。如 B 相接地，d 侧 c 相电流为零，b 相电流与 YN 侧 B 相电流同向，A 相电流与 YN 侧 B 相电流反向。

16．“12 点接线”的变压器，其高压侧线电压和低压侧线电压同相；“11 点接线”的变压器，其高压侧线电压超前低压侧线电压 30°。（　　）

**答案：**×

**解析：**“11 点接线”的变压器，其低压侧线电压超前高压侧线电压 30°。

17．接线为 YNd11 的变压器，变比为 110/38.5kV，当 d 侧两相短路通过 d 侧的短路电流为 9.8kA 时，则 YN 侧最大相电流为 7.92kA。（　　）

**答案：**×

**解析：**YNd11 接线的变压器 d 侧发生相间短路时，YN 侧各相电流的分布与故障相别规律是：与低压侧故障相对应的两相中滞后相的电流最大，数值上为故障相电流的 $2/\sqrt{3}$ 倍，应为 11.32kA。

18．YNd11 接线的变压器低压侧发生 a、b 两相短路时，高压侧 B 相电流幅值是其他两相电流的 2 倍。（　　）

**答案：**√

**解析：**YNd11 接线的变压器低压侧发生相间短路时，YNd11 侧与低压侧故障相对应的两相中滞后相的电流最大（低压侧发生 ab 两相短路时，YN 侧 B 相电流最大），数值

上为故障相电流的 $2/\sqrt{3}$ 倍，其他两相电流大小相等、方向相同，数值上为故障相电流的 $1/\sqrt{3}$ 倍，方向与电流最大的一相相反。

19．当系统发生短路时，短路电流的非周期分量主要为电流互感器的励磁电流，使其铁芯励磁，导致误差增大，从而导致变压器差动保护出现稳态不平衡电流。（　　）

**答案：**×

**解析：**短路电流的非周期分量产生的励磁电流，主要是暂态不平衡电流。

20．YNd11 接线变压器的纵差动保护可以反映变压器三角形绕组的断线故障。（　　）

**答案：**×

**解析：**YNd11 变压器差动保护既不能反映变压器三角形绕组的断线故障，也不能反映 YN 侧一相的断线故障。

21．当绕组发生开焊故障时，差动保护无反应。（　　）

**答案：**√

**解析：**变压器差动保护用来反映变压器绕组的相间短路故障、绕组的匝间短路故障、中性点接地侧绕组的接地故障及引出线的接地故障。对于变压器内部的短路故障，如星形接线中绕组尾部的相间短路故障、绕组很少匝间的短路故障，纵差保护是反映不了的，此外，纵差保护也不能反映绕组的开焊故障。

22．变压器差动保护能够反映变压器内部所有相间短路故障。（　　）

**答案：**√

**解析：**变压器差动保护用来反映变压器绕组的相间短路故障、绕组的匝间短路故障、中性点接地侧绕组的接地故障及引出线的接地故障。

23．YNd11 接线变压器差动保护，YN 侧保护区内单相接地时，接地电流中必有零序分量电流，而变压器内部短路故障时，差动回路的电流等于内部故障电流，所以差动电流中也必有零序分量电流。（　　）

**答案：**×

**解析：**对于在变压器 YN 侧移相的变压器纵差保护，由于从 YN 侧通入各相差动元件的电流已经是相应的两相电流之差，故已将零序电流滤去；对于在变压器 d 侧移相的变压器纵差保护，应对 YN 侧的零序电流进行补偿。综上，在 YN 侧保护区内单相接地时，不会有零序电流流入各相差动元件。

24．接线为 YNd11 的升压变压器，YN 侧无电源，两侧 TA 接成星形，微机差动保护采用 d 侧移相方式，额定运行下 YN 侧保护区内发生单相接地，差动回路最小相电流与最大相电流之比等于 0.5。（　　）

**答案：**√

**解析：**在其 YN 侧发生单相接地短路时，d 侧电流对应故障相的滞后相电流为零，

其余两相电流大小相等，方向相反，数值等于故障相电流的$1/\sqrt{3}$倍。采用 d 侧移相后，差动回路最小相电流为 1/3，最大相电流为 2/3，最小相电流与最大相电流之比等于 0.5。

25．变压器接线为 YNd11 接线，微机差动保护采用 d 侧移相方式，变压器比率差动保护启动值为 $0.4I_e$，当该变压器在额定运行时，YN 侧 TA 的 B 相二次回路断线，则 B 相差动元件动作，其余两相差动元件处于制动状态。（　　）

**答案：** √

**解析：** B 相 TA 断线，则会产生零序电流为 $I_e/3$，此时高压侧需减去零序电流，则此时 B 相差流为 $2I_e/3$，AC 两相差流为 $I_e/3$，处于制动状态。

26．在变压器差动保护范围以外改变一次电路的相序时，变压器差动保护用的电流互感器的二次接线，也应随着做相应的变动。（　　）

**答案：** ×

**解析：** 在变压器差动保护范围以外改变一次电路的相序时，变压器差动保护用的电流互感器的二次接线无需变动。

27．YNd11 接线变压器的纵差动保护可反映 YN 侧一相的断线故障。（　　）

**答案：** ×

**解析：** YNd11 变压器差动保护既不能反映变压器三角形绕组的断线故障，也不能反映 YN 侧一相的断线故障。

28．YNd11 接线的变压器装有微机差动保护，其 YN 侧电流互感器的二次电流相位补偿是通过微机软件实现的。现整定 YN 侧二次基准电流 $I_e$=5A，差动动作电流定值为 $I_{ZD}$=$0.4I_e$，试验时用单相法从 YN 侧模拟 AB 相短路，其动作电流应为 1A 左右。（　　）

**答案：** ×

**解析：** 动作电流应为 $\sqrt{3}$ A。

29．双绕组变压器差动保护的正确接线，应该是正常及外部故障时，高、低压侧二次电流相位相同，流入差动继电器差动线圈的电流为变压器高、低压侧二次电流之相量和。（　　）

**答案：** ×

**解析：** 高、低压侧二次电流相位均为母线指向变压器为正，正常及外部故障时高、低压侧二次电流相位相反。

30．变压器外部短路故障切除电压突然升高，差动保护的差动回路中有谐波电流出现，其主要的谐波次数为 5 次。（　　）

**答案：** ×

**解析：** 变压器外部短路故障切除电压突然升高，差动保护的差动回路中有谐波电流出现，其主要的谐波次数为 2 次。

31．某 220kV 变电站九统一配置的 PCS-978，差动保护控制字中“纵差差动保护”

置 0、“纵差差动速断”置 1，在其他都正常投入的情况下，差动速断保护不受影响。（　　）

**答案**：×

**解析**：差动速断保护功能需要“纵差差动保护”和“纵差差动速断”两个控制字均置 1 时，差动速断保护才投入。

32．变压器差动保护的平衡系数与变压器各侧的电压、差动 TA 的变比和变压器的容量有关。（　　）

**答案**：×

**解析**：变压器差动保护的平衡系数只与变压器两侧的电压（或者说变比）及差动 TA 的变比有关，与变压器的容量无关。

33．谐波制动的变压器差动保护中，设置差动速断元件的主要原因是为了提高差动保护的动作速度。（　　）

**答案**：×

**解析**：设置差动速断元件的主要原因是：为防止在较高的短路电流水平时，由于电流互感器饱和产生高次谐波量增加，产生极大的制动量而使差动保护拒动，因此设置差动速断元件，当短路电流达到 4～10 倍额定电流时，速断元件不经谐波闭锁快速动作出口。

34．对三绕组变压器的差动保护各侧电流互感器的选择，应按各侧的实际容量来选型电流互感器的变比。（　　）

**答案**：×

**解析**：三绕组变压器的差动保护各侧电流互感器的选择，应按各侧的额定容量来选择电流互感器的变比。

35．变压器差动保护的暂态不平衡电流是由于实际的电流互感器变比不同引起。（　　）

**答案**：×

**解析**：变压器差动保护在暂态情况下的不平衡电流产生的原因是：①由于短路电流的非周期分量，主要为电流互感器的励磁电流，使其铁芯饱和，误差增大而引起不平衡电流；②变压器空载合闸的励磁涌流，仅在变压器一侧有电流。

36．纵差保护和差动速断不能反映星形接线中绕组尾部的相间短路故障和绕组很少的匝间短路故障。（　　）

**答案**：√

**解析**：变压器差动保护用来反映变压器绕组的相间短路故障、绕组的匝间短路故障、中性点接地侧绕组的接地故障及引出线的接地故障。对于变压器内部的短路故障，如星形接线中绕组尾部的相间短路故障、绕组很少的匝间短路故障，纵差保护是反映不了的，此外，也不能反映绕组的开焊故障。

37．变压器外部短路故障切除电压突然升高，差动保护的差动回路中有谐波电流出

现，其主要的谐波次数为 2 次。（　　）

**答案：** √

**解析：** 在空投变压器、变压器区外短路切除两种情况下，都会产生变压器励磁涌流，特点是：①波形有很大成分的非周期分量，往往使涌流偏于时间轴的一侧；②包含有大量高次谐波，而以二次谐波为主；③涌流波形之间出现间断。

38．变压器差动保护平衡系数的整定应采用同一视在功率，主要是因为区外故障时两侧流过同一个短路功率。（　　）

**答案：** √

**解析：** 变压器差动保护的平衡系数只与变压器两侧的电压（或者说变比）及差动 TA 的变比有关，与变压器的容量无关，计算时都是基于同一额定容量 $S_e$。

39．对于全星形接线的三相三柱式变压器，由于各侧电流同相位差动电流互感器无需相位补偿；对于集成或晶体管型差动保护，各侧电流互感器可接成星形或三角形。（　　）

**答案：** ×

**解析：** 三相三柱式变压器零序等值电路中，零序阻抗不能视为无穷大，可能出现一侧有零序电流的情况，所以即使不进行相位补偿，也需要滤去零序电流，各侧电流互感器不能接成星形。

40．变压器纵差保护经 Y-△相位补偿后，滤去了故障电流中的零序电流，因此，不能反映变压器 YN 侧内部单相接地故障。（　　）

**答案：** ×

**解析：** 差动保护可用来保护变压器星形绕组侧区内的接地短路故障。

41．当接地变压器在角接的低压侧引线时，接地变压器对角转星方式的变压器纵差保护计算差流无影响。（　　）

**答案：** √

**解析：** 带接地变压器的变压器，在低压侧发生单相接地故障时，接地变压器中会有零序电流流过，但角转星方式已将低压侧零序电流滤除，不会影响差流计算。

42．PCS-978 变压器保护，后备保护中方向元件的方向指向由控制字选择，复合电压闭锁方向过流，当方向指向变压器，灵敏角为 45°；零序方向过流保护当方向指向变压器，方向灵敏角为 75°。（　　）

**答案：** ×

**解析：** 复合电压闭锁方向过流，当方向指向变压器，灵敏角为 45°；当方向指向系统，灵敏角为 225°。零序方向过流保护当方向指向变压器，方向灵敏角为 255°；当方向指向系统，方向灵敏角为 75°。

43．变压器间隙过压保护和间隙过流保护的动作时间，需要与其他后备保护动作时

间相配合。（ ）

**答案**：×

**解析**：间隙保护使用流过变压器中性点的间隙电流 $3I_0$ 和母线 TV 开口三角电压 $3U_0$ 作为判据来实现的。若因故障中性点对地电位升高，间隙击穿，产生较大间隙电流 $3I_0$，此时间隙保护动作，经延时切除变压器。另外，系统发生接地故障时，中性点接地运行变压器零序保护动作，先切除中性点接地的变压器。系统失去接地点后，如果故障仍存在，母线 TV 的开口三角电压 $3U_0$ 将会很大，此时间隙保护也会动作。

44．变压器后备保护跳母联（分段时）应启动失灵保护。（ ）

**答案**：×

**解析**：变压器后备保护跳母联（分段时）不应启动失灵保护。

45．变压器的后备方向过流保护的动作方向应指向变压器。（ ）

**答案**：×

**解析**：变压器低压侧后备保护动作方向应指向低压侧母线。

46．阻抗保护可作为变压器或发电机所有内部短路时有足够灵敏度的后备保护。（ ）

**答案**：×

**解析**：阻抗保护用作变压器引线、母线、相邻线路相间故障的后备保护。

47．主变压器 500kV 侧、220kV 侧距离保护可分别作为 500、220kV 母线的后备保护，当对应母线保护停用时，可不调整距离保护动作时间。（ ）

**答案**：√

48．有的变压器复合电压方向过流保护中，采用各侧复合电压或逻辑是为了提高该保护的灵敏度。（ ）

**答案**：√

**解析**：防止在其他侧出现故障时，本侧电压由于变压器短路阻抗过大，导致本侧电压复压元件不开放。

49．高压并联电抗器的零序方向保护，不仅可反应高压并联电抗器的接地故障，还可反应高压并联电抗器的匝间短路故障。（ ）

**答案**：√

**解析**：电抗器的匝间保护就是基于具有补偿作用的零序功率方向原理。

50．装于 Y/△接线变压器高压侧的过流保护，对于变压器低电压侧发生的两相短路，采用三相三继电器的接线方式比两相两继电器的接线方式灵敏度高。（ ）

**答案**：√

**解析**：YNd11 接线的变压器低压侧发生相间短路时，YN 侧各相电流的分布与故障相别规律是：与低压侧故障相对应的两相中滞后相的电流最大（低压侧发生 AB 两相短路时，YN 侧 B 相电流最大），数值上为故障相电流的 $2/\sqrt{3}$ 倍，其他两相电流大小相等、

方向相同，数值上为故障相电流的$1/\sqrt{3}$倍，方向与电流最大的一相相反。

51．常规站的变压器保护在高压侧母线 TV 检修时，退出高压侧电压硬压板，此时零序过压保护也自动退出。（ ）

**答案：** ×

**解析：** 零序过电压保护受间隙保护压板控制。

52．主变压器保护动作解除失灵保护电压闭锁，主要解决失灵保护电压闭锁元件对主变压器中低压侧故障的灵敏度不足问题。（ ）

**答案：** √

**解析：** 解除电压闭锁，主要是考虑到变压器低压侧故障，变压器存在内部阻抗引起高压侧残压过高，失灵保护本身是经电压闭锁的，这样高压侧失灵不能出口。

53．220kV 变压器保护高、中压侧零序电流保护各段均采用自产零序电流。（ ）

**答案：** ×

**解析：** 自产零序电流判方向，外接零序电流判大小。

54．变压器保护中零序电流方向元件采用−110°灵敏角，如要求方向元件指向母线，则零序电压与零序电流应反极性接入。（ ）

**答案：** √

**解析：** 零序方向过流保护当方向指向变压器，方向灵敏角为 255°；当方向指向系统，方向灵敏角为 75°。

55．变压器的断路器失灵时，除应跳开失灵断路器相邻的全部断路器外，还应跳开本变压器连接其他侧的断路器。（ ）

**答案：** ×

**解析：** 双母线接线方式下母线故障，变压器断路器失灵时，除应跳开失灵断路器相邻的全部断路器外，还应跳开该变压器连接其他电源侧的断路器。

56．装设电压断线闭锁装置是防止变压器阻抗保护因电压互感器二次失压误动作的最有效措施。（ ）

**答案：** ×

**解析：** 阻抗保护应用电流启动和电压断线闭锁共同来防止失压误动。

57．对于分级绝缘的变压器，中性点不接地或经放电间隙接地时，应装设零序过电压和零序电流保护，以防止发生接地故障时因过电压而损坏变压器。（ ）

**答案：** √

**解析：** 间隙保护使用流过变压器中性点的间隙电流 $3I_0$ 和母线 TV 开口三角电压 $3U_0$ 作为判据来实现的。若因故障中性点对地电位升高，间隙击穿，产生较大间隙电流 $3I_0$，此时间隙保护动作，经延时切除变压器。另外，系统发生接地故障时，中性点接地运行变压器零序保护动作，先切除中性点接地的变压器。系统失去接地点后，如果故障仍存在，母线 TV 的开口三角电压 $3U_0$ 将会很大，此时间隙保护也会动作。

58．越靠近变压器中性点接地处，零序功率越小。在故障线路上，零序功率方向是由线路流向母线。（　　）

**答案：**√

**解析：**在故障线路上，正序电流的流向是由母线流向故障点，而零序电压在故障点最高，零序电流是由故障点流向母线，所以零序功率的方向与正序功率相反，是由线路指向母线。

59．变压器主保护动作后均要启动断路器失灵保护。（　　）

**答案：**×

**解析：**变压器非电量保护动作不启动失灵保护。变压器的电气量保护依靠电气量作故障特征，在动作后一旦故障被切除，均能很快返回，而非电气量保护如瓦斯保护、温度保护等则是依靠变压器内部的气体或变压器的温升作为故障的特征量，一旦动作后返回很慢，通常需要人为释放气体后或温度下降后才能可靠返回。如果变压器的非电气量保护与电气量保护共用同一出口继电器且均启动失灵保护，则失灵保护存在误动的风险。为此反措要求将变压器非电气量保护和电气量保护的出口继电器要分开设置，慢速返回的非电气量保护不启动失灵保护。

60．气体继电器的流速一般整定在 1.1～1.4m/s。（　　）

**答案：**×

**解析：**气体继电器的流速一般整定在 0.6～1.0m/s，强迫油循环的变压器整定为 1.1～1.4m/s。

61．瓦斯保护能反应变压器油箱内的任何故障，如铁芯过热烧伤、油面降低、匝间故障等，但差动保护对此无反应。（　　）

**答案：**√

**解析：**变压器纵差保护作为电气量保护，其保护区是构成差动保护的各侧电流互感器之间的部分。仅有几匝击穿的匝间故障所引起的电流不能被检测出来，一直到其发展成接地故障为止。

62．新安装的变压器差动保护在变压器充电时，应将变压器差动保护停用，瓦斯保护投入运行，待变压器带一定负荷检测差动保护接线正确后，再将差动保护投入运行。（　　）

**答案：**×

**解析：**新安装的变压器差动保护在投运前，应进行变压器充电合闸 5 次，以检查差动保护躲励磁涌流的性能。

63．新安装的变压器在第一次充电时，为防止变压器差动相量接反造成误动，比率差动保护应退出，但需投入差动速断保护和重瓦斯保护。（　　）

**答案：**×

**解析：**新安装的变压器差动保护在投运前，应进行变压器充电合闸 5 次，以检查差动保护躲励磁涌流的性能。

64．新投运变压器充电前，应停用变压器差动保护，待相位测定正确后，才允许将变压器差动保护投入运行。（ ）

**答案：**×

**解析：**新安装的变压器差动保护在投运前应进行变压器充电合闸 5 次，以检查差动保护躲励磁涌流的性能。

65．当变压器发生少数绕组匝间短路时，匝间短路电流很大，因而变压器瓦斯保护和各种类型的变压器差动保护均动作跳闸。（ ）

**答案：**×

**解析：**变压器绕组发生少数线匝的匝间短路，虽然短路匝内短路电流很大会造成局部绕组严重过热，产生强烈的油流向油枕方向冲击，但表现在相电流上其量值却并不大，匝间故障所引起的电流不能被检测出来，一直到其发展成接地故障为止。因此瓦斯保护灵敏动作，而差动保护可能会不动作。

66．变压器的瓦斯保护范围在差动保护范围内，这两种保护均为瞬动保护，所以可用差动保护来替代瓦斯保护。（ ）

**答案：**×

**解析：**瓦斯保护能反映变压器油箱内的任何故障，包括铁芯过热烧伤、油面降低等，但差动保护对此类故障则无反应。又如变压器绕组发生少数线匝的匝间短路，虽然短路匝内短路电流很大会造成局部绕组严重过热，产生强烈的油流向油枕方向冲击，但表现在相电流上其量值却并不大，差动保护可能会不如瓦斯保护灵敏，因此，差动保护不能完全代替瓦斯保护的原因。

67．差动保护能反应变压器油箱内的任何故障，因此差动保护可以代替瓦斯保护。（ ）

**答案：**×

68．变压器投产时，要进行 5 次冲击合闸，冲击时不应投入变压器的差动、瓦斯保护。（ ）

**答案：**×

**解析：**新安装的变压器差动保护在投运前应进行变压器充电合闸 5 次，以检查差动保护躲励磁涌流的性能。

69．带负荷调压的油浸式变压器的调压装置，亦应装设瓦斯保护。（ ）

**答案：**√

**解析：**0.8MVA 及以上油浸式变压器和 0.4MVA 及以上车间内油浸式变压器，均应装设瓦斯保护；当壳内故障产生轻微瓦斯或油面下降时，应瞬时动作发信号；当产生大量气体时，应动作于断开变压器各侧断路器。带负荷调压的油浸式变压器的调压装置，亦应装设瓦斯保护。

70．变压器运行中，若需将气体继电器集气室的气体排出时，为防止误碰探针，造成瓦斯保护跳闸，可将变压器重瓦斯保护切换为信号方式。（　　）

**答案：**√

**解析：**根据《国家电网有限公司十八项电网重大反事故措施（2018年修订版）》9.3.3.1：运行中变压器的冷却器油回路或通向储油柜各阀门由关闭位置旋转至开启位置时，以及当油位计的油面异常升高、降低或呼吸系统有异常现象，需要打开放油、补油或放气阀门时，均应先将变压器重瓦斯保护停用。

71．变压器的分侧差动保护不经励磁涌流判据的闭锁。（　　）

**答案：**√

**解析：**分侧差动保护两端或三端所用的电流是同一电路里的电流，它们之间没有电磁耦合关系，因此不受变压器励磁电流、励磁涌流、带负荷调压及过励磁的影响。

72．变压器的励磁涌流的大小与变压器额定电流幅值的倍数有关，变压器容量越小，励磁涌流对额定电流幅值的倍数越大。（　　）

**答案：**√

**解析：**励磁涌流是由于变压器空载投运时，铁芯的磁通不能突变，出现非周期分量磁通，使变压器铁芯饱和，励磁电流急剧增大而产生的。变压器励磁涌流最大值，可以达到变压器额定电流的6～8倍。并且跟变压器的容量有关，变压器容量越小，励磁涌流倍数越大。

73．防止励磁涌流的方法可采用具有速饱和铁芯的差动继电器。（　　）

**答案：**√

**解析：**目前变压器保护主要采用以下方法躲励磁涌流：①采用具有速饱和铁芯的差动继电器；②鉴别间断角；③二次谐波制动；④波形不对称制动；⑤励磁阻抗判别。

74．与励磁涌流无关的变压器差动保护有高中压分侧差动保护、零序差动保护。（　　）

**答案：**√

**解析：**分侧差动保护两端或三端所用的电流是同一电路里的电流，它们之间没有电磁耦合关系，因此不受变压器励磁电流、励磁涌流、带负荷调压及过励磁的影响；零序差动保护与分侧差动保护一样，使用的各端零序电流是同一电路里的电流，它们之间没有电磁耦合关系，因此不受变压器励磁电流、励磁涌流、带负荷调压及过励磁的影响，不需要经励磁涌流闭锁元件和过励磁闭锁元件闭锁。

75．在空投变压器、变压器区外短路切除两种情况下，都会产生变压器励磁涌流。（　　）

**答案：** √

**解析：** 造成励磁涌流的主要原因是变压器剩磁的存在；影响励磁涌流大小的是电压合闸角和充电侧系统容量。

76. 变压器工频变化量比率差动保护按相设置，保护动作后需经励磁涌流判据闭锁后才能出口。（　　）

**答案：** √

**解析：** 变压器励磁电流如同在变压器内部发生短路一样，是从变压器纵差保护范围内部往外流出的电流，因此励磁电流将成为差流；励磁涌流的幅值很大，不采取措施将造成差动保护误动。

77. 变压器的零序差动保护需要经励磁涌流判据的闭锁。（　　）

**答案：** ×

**解析：** 零序差动保护与分侧差动保护一样，使用的各端零序电流是同一电路里的电流，它们之间没有电磁耦合关系，因此不受变压器励磁电流、励磁涌流、带负荷调压及过励磁的影响，不需要经励磁涌流闭锁元件和过励磁闭锁元件闭锁。

78. 励磁涌流的衰减时间为 1.5～2s。（　　）

**答案：** ×

**解析：** 变压器涌流的衰减时间取决于回路电阻和电抗，一般大容量变压器约为 5～10s，小容量变压器约为 0.2s 左右。

79. 励磁涌流对于零差保护来说应该是一种穿越性电流，如果中性点 TA 极性错误，合闸那一侧产生的零序励磁涌流和中性点零序励磁涌流大小应该相等，方向相同。（　　）

**答案：** √

**解析：** 正常运行情况下，励磁涌流对于零差保护来说应该是一种穿越性电流，合闸那一侧产生的零序励磁涌流和中性点零序励磁涌流大小应该相等，方向相反。如果中性点 TA 极性错误，则方向相同。

80. 变压器保护的励磁涌流闭锁，采用“分相”闭锁方式，有可能造成差动保护拒动或延缓动作。（　　）

**答案：** ×

**解析：** 励磁涌流闭锁判据是分相制动，即使存在非故障相涌流，对故障相动作的速度也不会产生影响。

81. 利用间断角原理励磁涌流闭锁的变压器差动保护，差动元件测量出的间断角的物理意义是在差流的半个周期内，差动量小于制动量的角度。闭锁角整定值越大，躲励磁涌流的能力越小。（　　）

**答案：** √

**解析：** 间断角的物理意义是在差流的半个周期内，差动量小于制动量对应的角度。

闭锁角 $\delta_B$ 是按间断角原理构成的变压器纵差保护的一个重要物理量，当测量出的间断角 $\delta_i$ 满足 $\delta_i>\delta_B$ 时，则判断差流为励磁涌流，将保护闭锁。当差流元件的启动电流一定时，整定的闭锁角越小，则闭锁保护时要求的间断角越小，差动元件越不容易误动，躲励磁涌流的能力越强。反之，闭锁角整定值越大，躲励磁涌流的能力越弱。

82．不考虑变压器剩磁，当变压器充电时，励磁电流的大小与断路器合闸瞬间电压的相位角 $\alpha$ 有关。当 $\alpha$=0°或 180°时，励磁涌流最大。（　　）

**答案：** √

**解析：** 当合闸角 $\alpha$=0°时，铁芯中磁通的强迫分量达最大值，为了保持瞬间磁链守恒，磁通的自由分量也达到最大值 $\Phi_m$，这样半周以后铁芯中最大磁通可以达到 $2\Phi_m-\Phi_S$，所以在电源电压的瞬时值过零瞬间空投变压器时，即 $\alpha$=0°或 180°时，励磁涌流数值最大。

83．励磁涌流对于 YN 侧是电源侧的 YNd，YN 侧出现较大的零序电流，d 侧出现较大的环流。这个较大的零序电流将会通过其他中性点接地的变压器构成回路，对其他运行中的变压器，这个零序电流就是“励磁涌流”。（　　）

**答案：** ×

**解析：** 变压器励磁电流如同在变压器内部发生短路一样，是从变压器纵差保护范围内部往外流出的电流。而励磁涌流是在空投变压器和变压器区外短路切除这两种特殊情况下的励磁电流。

84．变压器如果是带负载合闸，由于二次侧电流的去磁作用，铁芯较难饱和，因而难以产生很大的励磁涌流。（　　）

**答案：** √

**解析：** 变压器正常运行时，磁通是稳定的，数值并不大，励磁支路不饱和，阻抗较大，励磁电流很小。当变压器空载合闸或外部故障切除电源恢复时，磁通不能突变，会产生暂态磁通，再考虑剩磁和稳态磁通的影响，经过一个较短时间会达到峰值，导致铁芯饱和，励磁阻抗急剧下降，励磁电流急剧增加。如果是带负载合闸，由于二次侧电流的去磁作用，铁芯较难饱和，因而难以产生很大的励磁涌流。

85．大电流接地系统中，某中性点直接接地变压器空载合闸产生了励磁涌流，流过中性点的励磁涌流之和为零。（　　）

**答案：** ×

**解析：** 变压器励磁涌流具有如下特点：①有很大成分的非周期分量，往往使涌流偏离时间轴的一侧；②有大量的高次谐波分量，并以二次谐波为主；③涌流波形之间出现间断。励磁涌流并非对称的三相电流，因此流过中性点的励磁涌流之和不为零。

86．双绕组变压器的励磁涌流分布在变压器两侧，大小为变比关系。（　　）

**答案：** ×

**解析：** 励磁涌流只在电源侧出现，造成励磁涌流的主要原因是变压器剩磁的存在。

87．变压器如果是带负载合闸，由于二次侧电流的去磁作用，铁芯不会饱和，因而不会产生很大的励磁涌流。（ ）

**答案：**√

88．当变压器差动保护中的 2 次谐波制动方式采用分相制动时，躲励磁涌流的能力比其他 2 次谐波制动方式要高。（ ）

**答案：**×

**解析：**分相制动即三相中每一相谐波含量均大于设定值，则制动；如果有任一相达不到定值，则不制动。采用分相制动原理，励磁涌流有可能闭锁不住，有误动风险；最大相制动即只要有一相谐波含量都大于设定值，则制动，误动风险小。

89．为躲励磁涌流，变压器差动保护采用二次谐波制动。二次谐波制动系数越大，躲励磁涌流的能力越强。（ ）

**答案：**×

**解析：**二次谐波制动系数是二次谐波电流与基波电流的比值，基波电流一定，制动系数越大，说明二次谐波定值越大，制动越不灵敏。

90．变压器励磁涌流中含有大量的高次谐波，其中以 5 次谐波为主，因此微机变压器保护中增加了 5 次谐波制动比整定值。（ ）

**答案：**×

**解析：**应是以 2 次谐波为主。

91．为检查差动保护躲过励磁涌流的性能，在对变压器进行 5 次冲击合闸试验时，必须投入差动保护。（ ）

**答案：**√

**解析：**验证保护励磁涌流闭锁能力。

92．电抗差动保护动作值应躲过励磁涌流。（ ）

**答案：**×

**解析：**电抗器的励磁涌流是纵差保护的穿越性电流，不需躲过励磁涌流。

93．变压器的和应涌流不仅发生在两台变压器之间，只要变压器附近有其他铁芯元件充电时，就有可能引起该变压器产生和应涌流现象。（ ）

**答案：**√

94．当变压器空载合闸或外部故障切除电源恢复时，磁通突变后，会产生暂态磁通，再加上剩磁和稳态磁通，经过一个较短时间后会达到峰值，导致铁芯饱和，励磁阻抗急剧增加。（ ）

**答案：**×

**解析：**磁通不能突变，只会缓慢变化；铁芯饱和后，励磁阻抗急剧下降，励磁电流急剧增加。

95．变压器正常运行时，磁通是暂态的，数值并不大，励磁支路不饱和，阻抗较大，励磁电流很小。（　　）

**答案：**×

**解析：**变压器正常运行时，磁通是稳态的。

96．变压器过励磁保护采用相电压“或门”关系构成。（　　）

**答案：**×

**解析：**Q/GDW 1175—2013《变压器、高压并联电抗器和母线保护及辅助装置标准化设计规范》5.2.2 中规定采用相电压“与门”关系。

97．变压器过励磁保护，定时限作用于报警信号及减励磁（发电机），反时限作用于切除变压器。（　　）

**答案：**√

**解析：**出自 Q/GDW 1175—2013《变压器、高压并联电抗器和母线保护及辅助装置标准化设计规范》5.1.3.3。

98．变压器差动保护在过励磁或过电压防止误动的措施是增设 5 次谐波制动回路。（　　）

**答案：**√

**解析：**变压器过励磁或过电压时，特别是铁芯饱和后，产生的 5 次谐波含量最多。

99．超高压变压器过励磁时，差动保护的差回路中出现 5 次谐波电流，过励磁越严重，5 次谐波电流与基波电流之比也越大。（　　）

**答案：**×

**解析：**过励磁电流中含有显著的 3 次、5 次谐波分量。5 次谐波分量在过电压 120%以内有较高值，当电压继续升高时，则迅速下降。

100．（220±1.5%）$U_n$/110kV 的有载调压变压器的调压抽头运行在＋1.5%挡处，当 110kV 侧系统电压过低时，应将变压器调压抽头调至–1.5%挡处。（　　）

**答案：**√

**解析：**高压侧电压不变，＋1.5%挡时变比是 2.03，–1.5%挡时变比是 1.97，变比越小，转换到低压侧的电压越高，即“低往低调，高往高调”。

101．由于调整变压器分接头，会在差动保护回路中引起不平衡电流增大，解决方法为适当提高差动保护的整定值。（　　）

**答案：**√

**解析：**差动保护定值整定的一个原则就是躲过有载调压引起的不平衡电流。

102．变压器各侧电流互感器型号不同，互感器变比与计算值不同，变压器调压分接头不同，在变压器差动保护中会产生暂态不平衡电流。（　　）

**答案：**×

**解析**：这是稳态不平衡电流产生的原因。暂态不平衡电流产生的原因是短路电流的非周期分量（主要为电流互感器的励磁电流）使其铁芯饱和，TA 误差增大而引起不平衡电流和变压器空载合闸的励磁涌流。

103．一台容量为 8000kVA，短路电压为 5.56%，变比为 20/0.8kV，接线为 Y/Y 的三相变压器，因需要接到额定电压为 6.3kV 系统上运行，当基准容量取 100MVA 时，该变压器的标示阻抗应为 8。（　　）

**答案**：×

**解析**：接到额定电压为 6.3kV 系统后短路电压 $U_K\%=5.56\%\times20/6.3=0.1765$，额定容量 $S_N$=8MVA×6.3/20=2.52，则 $Z^*=U_K\%\times S_B/S_N=7$。

104．三相五柱式变压器的零序阻抗必须以出厂参数为准。（　　）

**答案**：×

**解析**：零序阻抗与绕组接线有关，还与绕组与铁芯之间的布局有关。三相五柱式变压器，零序磁通可通过旁轭形成回路，磁阻小，其零序阻抗等于正序阻抗，较三相三柱式大。

105．三相三柱式变压器的零序磁通由于只能通过油箱作回路，所以磁阻大，零序阻抗比正序阻抗小。（　　）

**答案**：√

**解析**：三相三柱式由于零序磁通三相同相，零序磁通无法在铁芯内形成回路，只能穿过充油空间到油箱壁，再经充油空间返回铁芯，形成回路。所以磁阻大，零序阻抗比正序阻抗小得多。

106．终端变电站的变压器中性点直接接地，在其供电线路上发生单相接地故障时，终端变压器侧有负序电流。（　　）

**答案**：×

**解析**：终端变压器只流过零序电流，其在负序回路图中为开路状态。

107．变压器的零序阻抗不仅与接线方式有关，与铁芯结构无关。（　　）

**答案**：×

**解析**：变压器的零序等值电路与变压器绕组接线方式、中性点接地与否及铁芯结构有关。

108．由 3 个单相构成的变压器（YNd）正序电抗等于零序电抗。（　　）

**答案**：√

**解析**：单相变压器零序磁通可通过铁芯形成回路，磁阻小，其零序阻抗等于正序阻抗。

109．安装在 YNd11 变压器高压侧的阻抗保护，在中压侧母线或者低压侧母线上发生三相金属性短路时，3 个相间阻抗元件和 3 个接地阻抗元件都能正确测量短路点到高

压母线的阻抗。所谓正确测量是指不考虑助增系数的阻抗。（　　）

**答案：** √

110．设变压器的接线为 YNy，YN 表示中性点直接接地，y 表示中性点不接地，变压器的励磁阻抗设为无穷大。在中性点接地侧系统发生接地短路时，变压器的中性点接地侧将流过零序电流。（　　）

**答案：** ×

**解析：** 变压器的励磁阻抗为无穷大，则不会有零序电流流过。

111．两绕组变压器通过二次侧三相短路，一次侧施加三相正序电压，直至电流达到额定，记录电压，测得正负序阻抗。（　　）

**答案：** √

112．变电站发生接地故障时，故障零序电流与母线零序电压之间的相位差大小主要取决于变电站内中性点接地的变压器的零序阻抗角。（　　）

**答案：** √

**解析：** 母线背后零序阻抗由变电站内中性点接地的变压器的零序阻抗决定。

113．对于有三角形绕组的变压器，星形侧绕组的零序电流只能在三角形侧绕组中形成零序电流，不能流出三角形到线路中，所以连接到三角形侧的网络，不管中性点是否接地，不能反映到 YN 侧的零序网络中。（　　）

**答案：** √

**解析：** 零序电流在三角形侧绕组中形成环流，流不出三角形侧绕组。

114．变压器呼吸器所起的作用是用以清除变压器中油的水分和杂质。（　　）

**答案：** ×

**解析：** 清除吸入空气中的杂质和水分。

115．低电阻接地系统必须且只能有一个中性点接地运行，当接地变压器或中性点电阻失去时，供电变压器的同级断路器必须同时断开。（　　）

**答案：** √

**解析：** 出自 DL/T 584—2007《3kV～110kV 电网继电保护装置运行整定规程》要求。当中性点电阻失去，变为不接地系统，此时再次发生单相接地，非故障相电压升为线电压，易引起母线上非故障线路非故障相绝缘击穿，扩大故障范围。

116．在变压器中性点直接接地系统中，当发生单相接地故障时，将在变压器中性点产生很大的零序电压。（　　）

**答案：** ×

**解析：** 零序电压在故障点电压最高，中性点最低。

117．变压器过电压将会产生 5 次谐波和 2 次谐波分量，其中以 2 次谐波分量为主。（　　）

答案：×

解析：过电压会导致过励磁，产生大量以5次谐波分量为主的励磁电流。

118．高压电抗中性点电抗器过流保护优先采用主电抗器首端三相电流。(　　)

答案：×

解析：出自Q/GDW 1175—2013《变压器、高压并联电抗器和母线保护及辅助装置标准化设计规范》6.2.3。

119．高压并联电抗器中性点配置的小电抗，可对故障后健全相耦合电容电流进行补偿，从而提高单相重合闸成功率。(　　)

答案：√

120．变电站增加一台中性点直接接地的变压器，在变电站母线上发生两相相间故障时，变电站出线的正序电流会增大。(　　)

答案：×

解析：正序电流不变。因为增加一台中性点直接接地的变压器，只会改变系统零序阻抗，对正序阻抗没有影响。

121．变压器不正常工作状态主要包括油箱里面发生的各种故障和油箱外部绝缘套管及其引出线上发生的各种故障。(　　)

答案：×

解析：变压器不正常工作状态主要包括外部短路或过负荷引起的过电流、油箱漏油造成的油面降低、中性点电压升高、电源电压过高或频率降低引起的过励磁等。

122．变压器的两套完整、独立的电气量保护和一套非电量保护应使用各自独立的电源回路（包括直流空气小断路器及其直流电源监视回路），在保护柜上的安装位置应相对独立。(　　)

答案：√

解析：出自Q/GDW 1175—2013《变压器、高压并联电抗器和母线保护及辅助装置标准化设计规范》4.3.1。

123．用于220～500kV大型电力变压器保护的电流互感器应选用P级或TPY级。P级是一般保护用电流互感器，其误差是稳态条件下的误差；TPY级电流互感器可用于暂态条件下工作，是满足暂态要求的保护用电流互感器。(　　)

答案：√

124．对于YNy接线的主变压器，由于高低压侧不存在角差，两侧TA都可直接Y接，不进行转角。(　　)

答案：×

解析：需设置零序电流补偿，考虑YN侧区外故障产生的零序电流流入差动回路，有可能引起差动保护误动。

125．某三绕组变压器，3 个绕组容量配合为 100/50/100，是指 3 个绕组间的实际功率分配比例为 2/1/2。（　　）

**答案**：×

**解析**：视在功率分配比例为 2/1/2。变压器额定容量即视在功率，等于有功功率和无功功率之和。

## 四、填空题

1．$U_t\%$表示变压器的短路电压的百分值；$S_b$ 表示计算用的基准容量，单位 MVA；$S_N$ 表示变压器最大绕组容量，单位 MVA。则变压器电抗标幺值计算式为 $X_t^*$=____。

**答案**：$S_b$×（$U_t\%$/100）/$S_N$

**解析**：在变压器短路试验中，短路电压等于变压器阻抗在额定电流下产生的压降。

$$U_t\% = \frac{\sqrt{3}I_N z_T}{U_N} \approx \frac{\sqrt{3}I_N X_t}{U_N}\times 100\text{，得：}\ X_t = \frac{U_t\%}{100}\frac{U_N}{\sqrt{3}I_N}$$

$$\text{而 } X_t^* = \frac{X_t}{X_{tb}} = \frac{\dfrac{U_t\%U_N}{100\sqrt{3}I_N}}{\dfrac{U_b}{\sqrt{3}I_b}} = \frac{\dfrac{U_t\%U_N}{100\sqrt{3}I_N}}{\dfrac{U_N}{\sqrt{3}I_b}} = \frac{U_t\%I_b}{100I_N} = \frac{U_t\%S_b}{100S_N}$$

2．变压器并联运行的条件是所有并联运行变压器的____、____和____。

**答案**：变比相等；短路电压相等；绕组接线组别相同

**解析**：变比和绕组接线组别相同，保证了变压器空载时，绕组内不会有环流。环流会影响变压器容量的合理利用，如果环流几倍于额定电流，甚至会烧坏变压器；短路电压相等保证负荷分配与容量成正比。同时，并列变压器的容量比不宜超过 3:1，这样就限制了变压器的短路电压值相差不致过大。

3．某变压器 YNd1 接线，其额定容量为 $S_N$=40.5MVA，变比为 121/10.5kV，高压侧为星形接线，低压侧为三角形连接，将三角形侧三相短路并接入电流表，如图 3-2 所示，在高压侧 AB 相接入单相电源，使高压侧电流达到额定值，则低压侧 A 相电流表 A1 的读数为____，B 相电流表 A2 的读数为____。

**答案**：1286A；2572A

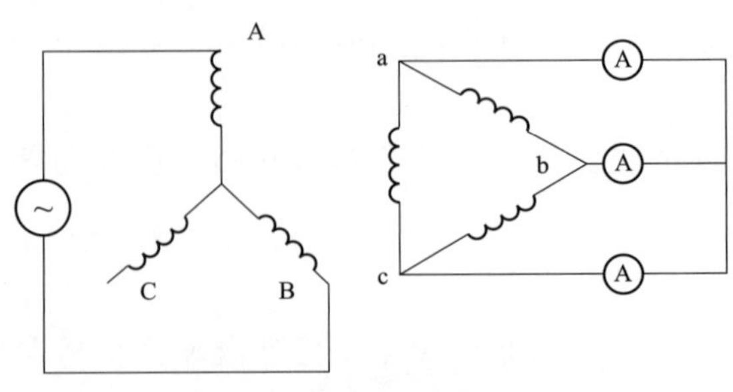


图 3-2　变压器连接示意图

**解析：**

低压侧的额定相电流（绕组中的电流）：40.5×1000／（10.5×3）=1286A。

将三角形侧三相短路并接入电流表，在高压侧 AB 相接入单相电源，使高压侧电流达到额定值，则 $I_{a1}$=1286A，$I_{b1}$=1286A，$I_{c1}$=0。

外接电流表为星形接线，YNd1 接线时，流过电流表电流：

$I_a=I_{a1}+I_{c1}$=1286+0=1286A

$I_b=I_{b1}+I_{a1}$=1286+1286=2572A

$I_c=I_{c1}+I_{b1}$=0+1286=1286A

4．已知一台三绕组自耦变压器高中绕组变比为 2.4，额定容量为 480MW，则公共绕组的容量和低压侧最大容量为____。

**答案：**280MW

**解析：**$S=S_N\times(1-1/K)=480\times(1-1/2.4)=280$。

5．降压变压器接线为 YNd11，容量为 40MVA、变比为 115/35kV，装设的微机型纵差动保护在该变压器带上一定量负荷后发生误动。经查：定值设置正确，打印出的 YN 侧 A、B、C 相电流值见表 3-1，分析其误动原因为____。

**答案：**相序接错

**表 3-1**　　变压器保护采样表

| 采样点 | 1 | 2 | 3 | 4 | 5 | 6 | 7 | 8 |
|---|---|---|---|---|---|---|---|---|
| A 相电流 | 0.868 | 3.124 | 4.698 | 4.924 | 3.830 | 1.710 | −0.868 | −3.124 |
| B 相电流 | 3.830 | 1.710 | −0.868 | −3.124 | −4.698 | −4.924 | −3.830 | −1.710 |
| C 相电流 | −4.698 | −4.924 | −3.830 | −1.710 | 0.868 | 3.124 | 4.698 | 4.924 |
| 采样点 | 9 | 10 | 11 | 12 | 13 | 14 | 15 | 16 |
| A 相电流 | −4.698 | −4.924 | −3.830 | −1.710 | 0.868 | 3.124 | 4.968 | 4.924 |
| B 相电流 | 0.868 | 3.124 | 4.698 | 4.924 | 3.830 | 1.710 | −0.868 | −3.124 |
| C 相电流 | 3.830 | 1.710 | −0.868 | −3.124 | −4.968 | −4.924 | −3.830 | −1.710 |

**解析：**由图 3-3 和图 3-4 可知，BC 相电流相序接反。

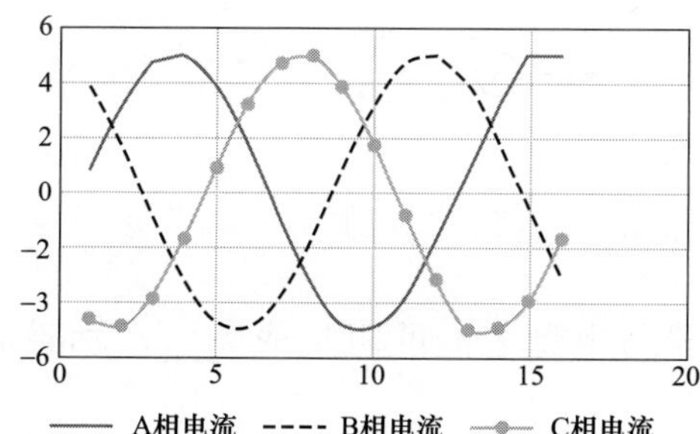


图 3-3　电流采样图

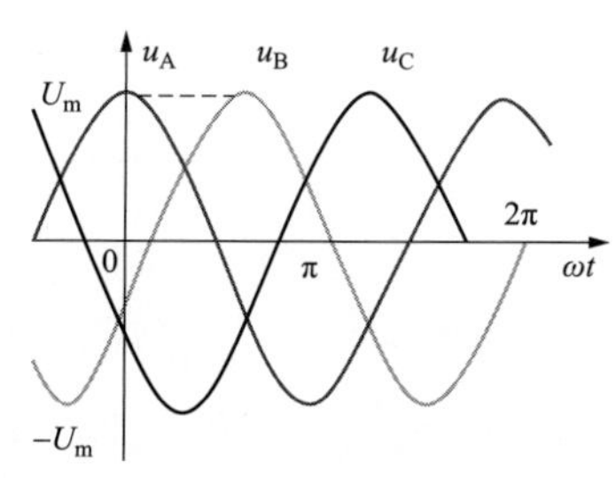


图 3-4　电压采样图

6．有一台变压器 YNd11 接线，在其差动保护带负荷检查时，测得 YN 侧电流互感器（△形接法）电流相位关系为 $I_b$ 超前 $I_a$ 60°，$I_a$ 超前 $I_c$ 150°，$I_c$ 超前 $I_b$ 150°，且 $I_c$ 为 8.65A，$I_a$=$I_b$=5A，可以判断出变压器电流互感器存在的问题为____。

**答案**：YN 侧 B 相极性接反

**解析**：变压器一次绕组接线图如图 3-5 所示，按 YN 侧 B 相极性接反来计算各相电流大小。

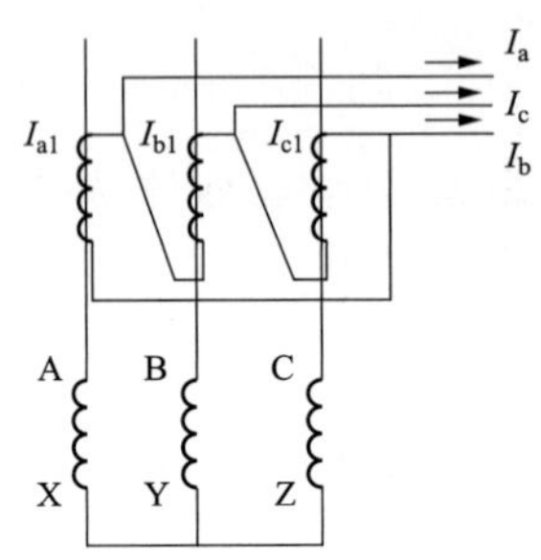


图 3-5　变压器一次绕组接线图

$I_a$=$I_{a1}$+$I_{b1}$=5；　　　　　　$I_a$=$I_{a1}$−$I_{b1}$=5；

$I_b$=−$I_{b1}$−$I_{c1}$=5；　　改正后：$I_b$=$I_{b1}$−$I_{c1}$=5；

$I_c$=$I_{c1}$−$I_{a1}$=8.65。　　　　　$I_c$=$I_{c1}$−$I_{a1}$=8.65。

因此，存在的问题是 YN 侧 B 相极性接反。

7．为了判别该变压器的接线组别，将三角形侧三相短路并接入电流表，在高压侧 AB 相接入单相电源，使高压侧电流达到额定值，如图 3-6 所示。若三角形侧 A 相电流超前 B 相电流 180°，则主变压器高低压侧绕组接线组别是____；若该主变压器带负荷测方向时，主变压器保护中高低压同名相 $I_A$ 滞后 $I_{a1}$50°，则主变压器高低压侧绕组接线组别是____。

**答案**：不能确定；YNd1

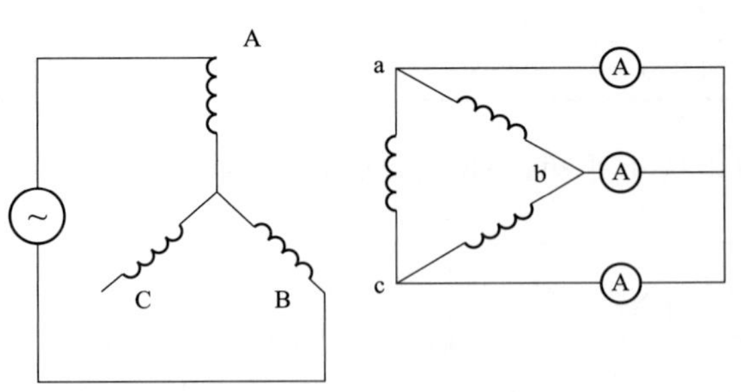


图 3-6　试验接线图

8．空投变压器时，励磁电流的大小和变压器与电源之间的阻抗成____，励磁涌流与其额定电流的比值和变压器容量成____。

**答案**：反比；反比

**解析**：变压器的容量越小，空投时励磁涌流与其额定电流之比值——励磁涌流倍数越大；变压器与电源之间的联系阻抗越大，励磁涌流则越小。

9．空投变压器时，铁芯中磁通的大小与断路器合闸瞬间电压的相位角 $\alpha$ 有关，当 $\alpha$ 为____，铁芯中磁通最大。

**答案**：0°

10．YNd11 接线的变压器低压侧发生 BC 两相短路时，高压侧____相电流是其他两相电流的 2 倍。

**答案**：C

**解析**：低压侧发生相间故障，高压侧滞后相电流是其他两相电流的 2 倍。

11．经过 YNd11 接法的变压器并且由三角形侧到星形侧时，电流的正序分量____方向转过 30°，负序分量____方向转过 30°。

**答案**：顺时针；逆时针

12．YNd11 变压器三角形侧 ab 两相短路，星形侧装设两相三继电器过流保护，测得二次电缆（包括电流互感器二次漏阻抗）和过流继电器的阻抗分别为 0.27Ω 和 0.32Ω，则电流互感器二次负载阻抗为____。

**答案**：1.77Ω

**解析**：星形侧 B 相电流为另外两相的两倍，则 AC 两相二次负载阻抗=3（二次电缆阻抗+过流继电器阻抗）。

13．自耦变压器中压侧发生单相接地故障，流出中压侧绕组的零序电流为 $I_{02}$，流入高压侧绕组的零序电流为 $I_{01}$，则变压器中性点零序电流 $I_n$ 大小为____。

**答案**：3（$I_{01}-I_{02}$）

**解析**：自耦变压器高压、中压、公共绕组为同一电气连接的回路，但在零序等值电路中，公共绕组的电流不能在图中表示出来，只能用有名值来计算。

14．变压器 YNd11 接线方式，低压侧发生 AC 两相短路故障，低压侧无电源，高压侧线电压最大的是____。

**答案**：$U_{BC}$

**解析**：YN 侧与 d 侧两故障相对应的两相中的滞后相（A）电压最低，其他两相（B、C）电压较高，且相角差接近 180°。

15．某 110kV 变电站内桥接线，主变压器 YNd7 接线，110kV 甲线带 1 号主变压器和 2 号主变压器运行，110kV 乙线热备用，110kV 甲线功率为 $P$=–24MW，$Q$=–24MW（测量 TA 极性指向系统），110kV 桥功率 $P$=–14MW，$Q$=–14MW（测量 TA 极性指向 1 主变压器），差动用保护 TA 极性均指向主变压器，Y 型接线，以高压侧 $U_A$ 为基准，低压侧差动用电流 $I_a$ 与 $U_A$ 的相位关系为____。

**答案**：$U_A$ 超前 $I_a$ 75°

**解析**：因主变压器为 YNd7 接线方式，正常带负荷运行时差流为 0，差动电流就算用的是高低压电流相量和，因此 $I_a$滞后 $I_A$30°，而由有功、无功关系可得 $I_A$滞后 $U_A$45°，所以此时 $U_A$超前 $I_a$75°。

16．变压器的分侧差动保护____励磁涌流判据的闭锁。

**答案**：不需要经（不经）

**解析**：分侧差动保护只保护某一侧（如高压侧），单侧绕组不存在电磁耦合关系，所以不用考虑励磁涌流。

17．变压器差动保护中的“差动电流速断”元件反应的是差流____，其动作电流不受电流波形畸变的影响。

**答案**：有效值

18．一台 YNd11 型变压器，低压侧无电源，当其高压侧差动范围内引线发生三相短路故障和两相短路故障时，采用星转角的变压器差动保护，其差动电流____。

**答案**：相同

**解析**：两相短路电流是三相短路电流的 $\sqrt{3}/2$ 倍，低压侧无短路电流，经过星转角后差流相同。

19．测量电流差动保护各组电流互感器的相位及差动回路中的差电流（或差电压），以判明____的正确性及____的正确性。所有差动保护（母线、变压器、发电机的纵、横差等）在投入运行前，除测定相回路和差回路外，还必须测量各中性线的不平衡电流、电压，以保证装置和二次回路接线的正确性。

**答案**：差动回路接线；电流变比补偿回路

20．谐波制动的变压器保护中设置差动速断元件的主要原因是为了防止短路电流水平较高时，由于____，____增加，导致差动元件拒动。

**答案**：电流互感器饱和；高次谐波量

**解析**：高次谐波增加，保护有可能误判断为励磁涌流，会闭锁差动元件。设置差动速断元件，不经励磁涌流闭锁，达到定值，直接动作。

21．500kV 自耦变压器由于是单相变压器组而具备了采用分相差动的条件。这种差动保护的优点有：①组成差动回路的电流互感器二次可以一律接成星形，使得保护变压器相间故障与接地故障具有相同灵敏度；②它不像传统差动保护那样受____的影响，从而可以降低整定值提高灵敏度。

**答案**：励磁涌流

22．比率制动特性曲线决定于三个定值，即____、____、____。

**答案**：比率制动系数；拐点电流；最小动作电流

23．变压器保护各侧 TA 变比，不宜使平衡系数大于____。

**答案**：10

**解析**：详见 Q/GDW 1175—2013《变压器、高压并联电抗器和母线保护及辅助装置标准化设计规范》12.5.3。

24．不受励磁涌流影响的变压器差动保护有____、____、____。

**答案**：分侧差动保护；零序差动保护；低压侧小区差动保护

**解析**：都是同一个电路里的电流，没有电磁耦合关系，不受励磁涌流影响。

25．500kV 及以上电压等级变压器的分相差动保护低压侧应取____TA 电流。

**答案**：三角内部套管（绕组）

**解析**：详见 Q/GDW 1175—2013《变压器、高压并联电抗器和母线保护及辅助装置标准化设计规范》5.2.8。

26．500kV 自耦变压器分侧差动保护对于接地故障的灵敏度____分相差动保护，但不能反映变压器____。

**答案**：高于（大于）；匝间短路（匝间故障）

**解析**：分侧差动保护由于不考虑调压引起的不平衡电流，故其定值较低，灵敏度高。其次是分侧差动保护没有滤去零序电流，故对接地故障更灵敏。对于匝间短路，电源侧提供的短路电流，对分侧差动保护来说，只是一个穿越性电流，无论多大都不会引起保护动作，故分侧差动保护不能反映匝间短路。

27．两台主变压器并列运行做负荷测试时，要注意因____不一致，导致产生内部____，而引起主变压器有较大差流的情况。

**答案**：挡位；环流

**解析**：以两绕组变压器为例，挡位不一致导致负荷侧运行电压不相等，会在两台并列运行主变压器产生环流，此部分电流不流过负荷侧断路器 TA，所以会产生差流。

28．变压器外部短路故障切除电压突然升高，差动保护的差动回路中有谐波电流出现，其主要的谐波次数为____次。

**答案**：2

**解析**：短路电流的非周期分量（主要为电流互感器的励磁电流）使其铁芯饱和，产生较多的 2 次谐波电流。

29．变压器投产时，要进行 5 次冲击合闸，冲击时要投入变压器的____、____保护。

**答案**：差动；瓦斯

**解析**：新主变压器投运，变压器油受热，内部会有气体会上浮，以此验证瓦斯保护；主变压器冲击时，只会在电源侧产生励磁涌流，从而形成差流，以此来验证保护励磁涌流闭锁功能。

30．主变压器过励磁保护采用相电压____关系。

**答案**：与门

**解析**：详见 Q/GDW 1175—2013《变压器、高压并联电抗器和母线保护及辅助装置标准化设计规范》5.2.2。

31．对于分级绝缘的变压器，中性点不接地或经放电间隙接地时应装设____和____保护，以防止发生接地故障时，因过电压而损坏变压器。

**答案：** 零序过压；间隙过流

32．变压器110kV中性点放电间隙零序电流保护的一次电流定值一般可整定为____，保护动作后可带____延时跳变压器各侧断路器。

**答案：** 40～100A；0.3～0.5s

33．变压器保护的动作评价：其纵差、重瓦斯保护按____归类统计，各电压侧后备保护按各侧统计。

**答案：** 高压侧

34．500kV变电站，对于断路器保护失灵保护而言，当变压器保护等三相跳闸触点开入后，____电流突变量或零序电流启动失灵，当线路保护任一分相跳闸触点开入后，经电流突变量或零序电流启动并展宽后启动失灵。

**答案：** 不经

**解析：** 详见Q/GDW 1161—2014《线路保护及辅助装置标准化设计规范》5.2.6。

35．220kV及以上电压等级变压器应配置双重化的____保护和一套非电量保护。

**答案：** 主、后备保护一体化电气量

**解析：** 详见Q/GDW 1175—2013《变压器、高压并联电抗器和母线保护及辅助装置标准化设计规范》5.1.1.1。

36．0.8MVA及以上变压器均应装设反应内部油流速和产生可燃气体的____保护。

**答案：** 瓦斯

37．变压器过励磁保护的起动、反时限和定时限元件应根据变压器的____进行整定计算并能分别整定，其返回系数不应低于____。

**答案：** 过励磁特性曲线；0.96

**解析：** 详见《国家电网有限公司十八项电网重大反事故措施（2018年修订版）》15.2.7。

38．Q/GDW 1175—2013《变压器、高压并联电抗器和母线保护及辅助装置标准化设计规范》规定变压器过负荷保护设置一段1时限，定值固定为本侧额定电流的____倍，延时____，动作于信号。

**答案：** 1.1；10s

**解析：** 详见Q/GDW 1175—2013《变压器、高压并联电抗器和母线保护及辅助装置标准化设计规范》5.1.2.3。

39．高压并联电抗器过流保护采用（首端）电流，反映电抗器内部____故障。

**答案：** 相间

**解析：** 详见Q/GDW 1175—2013《变压器、高压并联电抗器和母线保护及辅助装置

标准化设计规范》6.2。

40．由变压器、高压并联电抗器瓦斯保护启动的中间继电器应采用____的中间继电器，可不要求快速动作，以防止____时可能导致的误动作。

**答案**：较大启动功率；直流正极接地

**解析**：由于电缆长，电缆电容大，存储能量较多，若中间继电器启动功率太小，电源正极接地时，电容电流可能启动中间继电器，造成误动作。

## 五、问答题

1．大接地电流系统中的变压器中性点有的接地，有的不接地，取决于什么因素？

**答**：变压器中性点是否接地一般考虑如下因素：

（1）保证零序保护有足够的灵敏度和较好的选择性，保证接地短路电流的稳定性。

（2）为防止过电压损坏设备，应保证在各种操作和自动掉闸使系统解列时，不致造成部分系统变为中性点不接地系统。

（3）变压器绝缘水平及结构决定的接地点（如自耦变压器一般为直接接地）。

2．在大接地电流系统中，为什么要保持变压器中性点接地的稳定性？

**答**：接地故障时零序电流的分布取决于零序网络的状况，保持变压器中性点接地的稳定性，也就保证了零序等值网络的稳定，对零序方向电流保护的整定非常有利。

3．变压器中性点接地方式的安排一般如何考虑？

**答**：变压器中性点接地方式的安排应尽量保持变电站的零序阻抗基本不变。遇到因变压器检修等原因使变电站的零序阻抗有较大变化的特殊运行方式时，应根据规程规定或实际情况临时处理。

（1）变电站只有一台变压器，则中性点应直接接地，计算正常保护定值时，可只考虑变压器中性点接地的正常运行方式。当变压器检修时，可做特殊运行方式处理，例如改定值或按规定停用、启用有关保护段。

（2）变电站有两台及以上变压器时，应只将一台变压器中性点直接接地运行，当该变压器停运时，将另一台中性点不接地变压器改为直接接地。如果由于某些原因，变电站正常必须有两台变压器中性点直接接地运行，当其中一台中性点直接接地的变压器停运时，若有第三台变压器则将第三台变压器改为中性点直接接地运行。否则，按特殊运行方式处理。

（3）双母线运行的变电站有3台及以上变压器时，应按两台变压器中性点直接接地方式运行，并把它们分别接于不同的母线上，当其中一台中性点直接接地变压器停运时，将另一台中性点不接地变压器直接接地。若不能保持不同母线上各有一个接地点时，作为特殊运行方式处理。

（4）为了改善保护配合关系，当某一短线路检修停运时，可以用增加中性点接地变压器台数的办法来抵消线路停运对零序电流分配情况产生的影响。

（5）发电厂只有一台主变压器时，则变压器中性点宜直接接地运行，当变压器检修时，按特殊运行方式处理。

（6）发电厂有接于母线的两台主变压器时，则宜保持一台变压器中性点直接接地运行。如由于某些原因，正常运行时必须两台变压器中性点均直接接地运行，则当一台主变压器检修时，按特殊运行方式处理。

（7）发电厂有接于母线的 3 台及以上主变压器时，则宜将两台变压器中性点直接接地运行，并把它们分别接于不同的母线上。当不能保持不同母线上各有一个接地点时，按特殊运行方式处理。视具体情况，正常运行时也可以一台变压器中性点直接接地运行。当变压器全部检修时，按特殊运行方式处理。

（8）自耦变压器和绝缘有要求的变压器，中性点必须直接接地运行。

4．电力变压器的不正常工作状态和可能发生的故障有哪些？一般应装设哪些保护？

**答**：变压器的故障可分为内部故障和外部故障两种。变压器内部故障系指变压器油箱里面发生的各种故障，其主要类型有各相绕组之间发生的相间短路、单相绕组部分线匝之间发生的匝间短路、单相绕组或引出线通过外壳发生的单相接地故障等。变压器外部故障系指变压器油箱外部绝缘套管及其引出线上发生的各种故障，其主要类型有绝缘套管闪络或破碎而发生的单相接地（通过外壳）短路、引出线之间发生的相间故障等。

变压器的不正常工作状态主要包括由于外部短路或过负荷引起的过电流、油箱漏油造成的油面降低、变压器中性点电压升高、由于外加电压过高或频率降低引起的过励磁等。为了防止变压器在发生各种类型故障和不正常运行时造成不应有的损失，保证电力系统连续安全运行，变压器一般应装设以下继电保护装置：

（1）防御变压器油箱内部各种短路故障和油面降低的瓦斯保护。

（2）防御变压器绕组和引出线多相短路、大接地电流系统侧绕组和引出线的单相接地短路及绕组匝间短路的（纵联）差动保护或电流速断保护。

（3）防御变压器外部相间短路并作为瓦斯保护和差动保护（或电流速断保护）后备的过流保护（或复合电压起动的过流保护、负序过流保护）。

（4）防御大接地电流系统中变压器外部接地短路的零序电流保护。

（5）防御变压器对称过负荷的过负荷保护。

（6）防御变压器过励磁的过励磁保护。

5．（1）请根据图 3-7 所示电压相量图画出变压器的接线图，并判断接线组别。

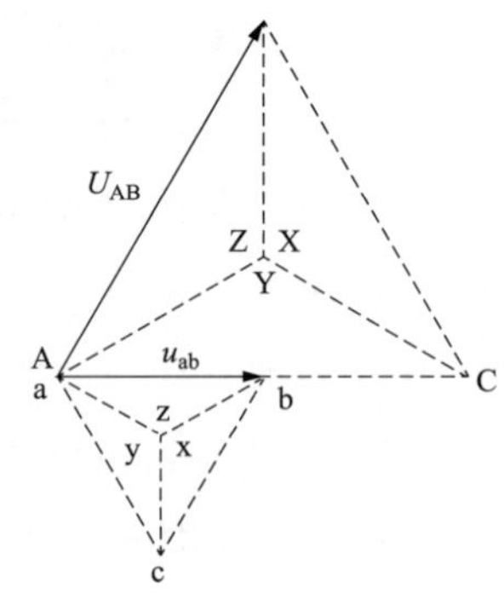

图 3-7　电压相量图

（2）原变压器的接线组别为 Yd11，现将一、二次套管的 A、C 相调换一下，请画图

说明接线组别如何改变？

**答：**

（1）变压器的接线为如图 3-8 所示，接线组别为 Yy2。

（2）据图 3-9 接线和相量分析，新接线组别应为 Yd1。

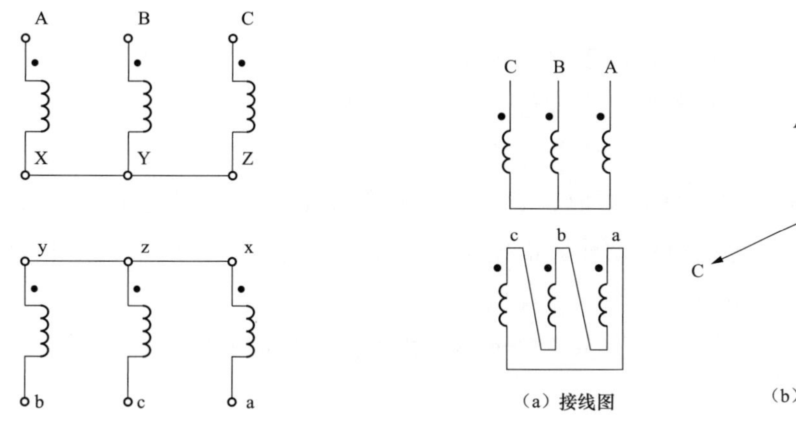


图 3-8 变压器 Yy2 接线图

图 3-9 变压器 Yd1 接线图及相量图

6．对 YNd 接线的变压器，当 YN 侧区外发生接地故障时，YN 侧零序电流与中性点零序电流存在什么关系？当 YN 侧靠近中性点附近发生匝间故障时，YN 侧零序电流与中性点零序电流方向存在什么关系？

**答：**YN 侧区外发生接地故障时，YN 侧零序电流与中性点零序电流大小相等、方向相同，属于穿越变压器零序电流。发生匝间故障时，可以把短路绕组当作自耦变压器的公共绕组发生一相与中性点短路，此时 YN 侧零序电流与中性点接地电流也大小相等、方向相同。

7．对 220～500kV 变压器纵差保护的技术要求是什么？

**答：**220～500kV 变压器纵差保护的技术要求是：

（1）在变压器空载投入或外部短路切除后产生励磁涌流时，纵差保护不应误动作。

（2）在变压器过励磁时，纵差保护不应误动作。

（3）为提高保护的灵敏度，纵差保护应具有比率制动或标识制动特性。在短路电流小于起始制动电流时，保护装置处于无制动状态，其动作电流很小，保护具有较高的灵敏度。当外部短路电流增大时，保护的动作电流又自动提高，使其可靠不动作。

（4）在纵差保护区内发生严重短路故障时，为防止因电流互感器饱和而使纵差保护延迟动作纵差保护应设差电流速断辅助保护，以快速切除上述故障。

8．为什么差动保护不能完全代替瓦斯保护？

**答：**瓦斯保护能反映变压器油箱内的任何故障，包括铁芯过热烧伤、油面降低等，但差动保护对此类故障则无反映。又如变压器绕组发生少数线匝的匝间短路，虽然短路匝内短路电流很大会造成局部绕组严重过热，产生强烈的油流向油枕方向冲击，但表现在相电流上其量值却并不大，差动保护可能会不如瓦斯保护灵敏，因此，差动保护不能完全代替瓦斯保护。

9．发电机纵差与变压器纵差保护最本质的区别是什么？变压器纵差保护为什么能反应绕组匝间短路?

**答：**发电机纵差保护范围仅包含定子绕组电路，满足正常运行和外部短路时的电路电流的关系。变压器纵差保护范围包含诸绕组的电路并受它们的磁路影响。

变压器纵差保护比发电机纵差保护增加了空载合闸时防励磁涌流下误动的部分。

变压器某侧绕组匝间短路时，该绕组的匝间短路部分视为出现了一个新的短路绕组，故变压器纵差保护可以动作。而发电机定子绕组匝间短路时，机端和中性点侧电流完全相等，所以发电机纵差保护不反应其匝间短路。

10．变压器差动保护在稳态情况下不平衡电流产生的原因是什么?

**答：**

（1）由于变压器各侧电流互感器型号不同，即各侧电流互感器的励磁电流不同而引起误差而产生的不平衡电流。

（2）由于实际的电流互感器变比和计算变比不同引起的不平衡电流。

（3）由于改变变压器调压分接头引起的不平衡电流。

（4）变压器本身的励磁电流造成的不平衡电流。

11．变压器差动保护在外部短路暂态过程中产生不平衡电流（两侧二次电流的幅值和相位已完全补偿）的主要原因有哪些（要求答出 5 种原因）？

**答：**在两侧二次电流的幅值和相位已完全补偿好的前提下，外部短路暂态过程中产生不平衡电流的主要原因有：

（1）如外部短路电流倍数太大，两侧电流互感器饱和程度不一致。

（2）外部短路非周期分量电流造成两侧电流互感器饱和程度不同。

（3）二次电缆截面选择不当，使两侧差动回路不对称。

（4）电流互感器设计选型不当，应用 TP 型于 500kV，但中低压侧用 5P 或 10P。

（5）各侧均用 TP 型电流互感器，但电流互感器的短路电流最大倍数和容量不够大。

（6）各侧电流互感器二次回路的时间常数相差太大。

12．简述变压器过励磁后对差动保护的影响。如何克服?

**答：**变压器过励磁后，励磁电流急剧增加，使差电流相应加大，差动保护可能误动。可采取 5 次谐波制动方案，也可提高差动保护定值，躲过过励磁产生的不平衡电流。

13．变压器励磁涌流有哪些特点？目前差动保护中防止励磁涌流影响的方法有哪些?

**答：**

（1）变压器励磁涌流的特点：包含有很大成分的非周期分量，往往使涌流偏于时间

轴的一侧。包含有大量的高次谐波分量，并以二次谐波为主。励磁涌流波形出现间断。

（2）防止励磁涌流影响的方法有：采用间断角原理、二次谐波制动原理、波形对称原理、励磁阻抗鉴别短路电流和励磁涌流波形的区别。

14．简述三相变压器空载合闸时励磁涌流的大小及波形特征与哪些因素有关。

**答：**三相变压器空载合闸的励磁涌流大小和波形与下列因素有关：①系统电压大小和合闸出相角；②系统等值电抗大小；③铁芯剩磁、铁芯结构；④铁芯材质（饱和特性、磁滞环）；⑤合闸在高压或低压侧。

15．变压器差动保护采用星形侧转角，三相励磁涌流会不会出现两个对称性涌流，为什么？

**答：**不会。变压器差动保护采用星形侧转角，计算用差流须将两绕组中的电流相减，空载合闸出现励磁涌流时，相减的可能导致两个本来偏向时间轴一侧，但出现时间上交替的电流变为一个正负交替的电流，即对称性涌流。三相变压器由于三相电压之间有120°的相位差，空载合闸瞬间三相电压的大小和极性都不尽相同，三相铁芯中的剩磁也不相同，致使三相励磁涌流的大小和极性也不相同。由于三相绕组中的电流不可能都在时间轴的同一侧，因此两两相减的结果只可能使一组电流差变为对称性涌流，不可能得到两组对称性涌流。

16．在 PCS 978 变压器差动保护中，采取哪些措施，防止区外故障伴随 TA 饱和时，差动保护误动？

**答：**采用稳态低值差动和稳态高值差动相配合，低值差动有 TA 饱和判据，而高值差动没有 TA 饱和判据。在下列几种故障情况下，区内故障保护灵敏动作，区外故障保护不误动：

（1）区内轻微故障，短路电流小，TA 不饱和：低值比率差动灵敏动作。

（2）区内严重故障，短路电流大，TA 饱和：低值闭锁，高值动作。

（3）区外轻微故障。短路电流小，TA 不饱和：差流很小，低值和高值都不动作。

（4）区外严重故障，短路电流大，TA 饱和：低值闭锁，高值差动由于定值比较高，差流进入不到动作区，也不会动作。

17．谐波制动的变压器保护为什么要设置差动速断元件?

**答：**设置差动速断元件的主要原因是：为防止在较高的短路电流水平时，由于电流互感器饱和产生高次谐波量增加，产生极大的制动量而使差动保护拒动，因此设置差动速断元件，当短路电流达到 4～10 倍额定电流时，速断元件不经谐波闭锁快速动作出口。

18．新安装的变压器差动保护在投运前应做哪些试验?

**答：**

（1）进行变压器充电合闸 5 次，以检查差动保护躲励磁涌流的性能。

（2）带一定负荷后测量各侧各相电流的有效值和相位，检查外部交流电流输入回路接线的正确性。

（3）测量或检查差动保护的差电压（或差电流），检查装置及电流回路接线的正确性。

（4）短时退出待检查的差动保护，利用封短单相电流回路的方法检查电流中性线回路的正确性。

19．在什么情况下，需将运行中的变压器差动保护停用？

**答**：变压器在运行中有以下情况之一时应将差动保护停用：

（1）差动保护二次回路及 TA 回路有变动或进行校验时。

（2）继电保护人员测定差动回路电流相量及差压。

（3）差动保护互感器一相断线或回路开路。

（4）差动回路出现明显的异常现象。

（5）误动跳闸。

20．220/110/35kV 变压器一次绕组为 YNynd11 接线，35kV 侧没有负荷，也没有引线，变压器实际当作两绕组变压器用，采用的保护为微机双侧差动。问这台变压器差动的二次电流需不需要转角（内部转角或外部转角）？为什么？

**答**：对高、中压侧二次电流必须进行转角。一次变压器内部有一个内三角绕组，在电气特性上相当于把三次谐波和零序电流接地，使之不能传变。二次接线电气特性必须和一次特性一致，所以必须进行转角，无论是采用内部软件转角方式还是外部回路转角方式。若不转角，当外部发生不对称接地故障时，差动保护会误动。

21．YNd 接线变压器的差动保护为什么对 YN 侧绕组单相短路不灵敏？如何解决？

**答**：

（1）通常作相间短路用的差动保护，一次为 YN 接线，其二次用 d 接线，而单相短路的零序电流经二次 d 接线时被滤掉，所以对单相短路不灵敏。

（2）YN 绕组单相短路，YNd 变压器两侧电流的相位可能具有外部短路特征，所以差动保护不灵敏。

（3）在 YN 绕组侧装设零序差动保护。

22．相对于反映相间短路的纵差保护来说，变压器零差保护有什么优缺点?

**答**：

（1）零差保护的不平衡电流与空载合闸的励磁涌流、调压分接头的调整无关，因此，其最小动作电流小于纵差保护的最小动作电流，灵敏度较高。

（2）零差保护所用电流互感器变比完全一致，与变压器变比无关。

（3）零差保护与变压器任一侧断线的非全相运行方式无关。

（4）由于零差保护反映的是零序电流有名值，因而当其用于自耦变压器时，在高压侧接地故障时，灵敏度较低。

（5）由于组成零差保护的互感器多，其汲出电流（互感器励磁电流）较大，使灵敏

度降低。

23．比率差动继电器的制动电流主要有几种取法？其各有什么优缺点？

**答**：制动电流是使比率差动保护趋向于不动作的，当各侧电流互感器都无误差时，制动电流应满足在外部故障时等于穿越性电流，按此要求制动电流主要有以下三种取法：$I_{res}=\frac{|\dot{I}_1-\dot{I}_2|}{2}$，$I_{res}=I_{max}$，$I_{res}=\frac{1}{2}\sum_{j=1}^{n}\dot{I}_j$。

在外部故障时以上三种取法计算得到的 $I_d/I_{res}$ 都近似等于电流互感器的误差，第一种取法仅适用于被保护设备只有两个引出端的情况，第二种取法中的 $I_{max}$ 是引出线中的电流最大者。如果只有两个引出端，则差动不平衡电流正好反映两条引出线 TA 的相对误差，但是在单侧电源内部故障时，采用此种方法，制动电流最大，灵敏度最差。当有 $n$ 条引出线在第 $n$ 条引出线的外部发生故障时，一般都有 $I_n=I_{res}$，而且也是该线 TA 的误差最大，$I_n$ 减小最多，用 $I_n$ 为制动电流效果最差，所以不宜采用第二种取法。第三种取法和第一种取法相比，在外部故障时 $I_{res}$ 相差不大，在内部故障时，第一种取法的 $I_{res}$ 较小，有利于获得较高的灵敏度，所以在只有两条引出线时最好采用第一种取法，如线路差动保护、两绕组变压器主变压器差动保护等，而在有多条引出线时只能采用第三种取法，如母差保护。

24．已知变压器的接线为 YNd1，两侧差动 TA 的接线均为 Y，由软件在高压侧移相，纵差保护的整定值为：初始动作电流 $I_{dz0}$=2A，拐点电流 $I_{zd0}$=2A，制动系数 $K_z$=0.5，以最大侧为制动、低压侧为基准值，两侧之间的平衡系数为 1.2（未考虑 $\sqrt{3}$），现按图 3-10 所示加电流 20A。试计算：差动保护各相差动电流的大小。

**答**：

A 相差动元件中的差流 $I_{Ad}=20\times|1-K_x/1.732|=20\times|1-1.2/1.732|=6.1\text{A}$

B 相差动元件中的差流 $I_{Bd}=20K_x/1.732=13.9\text{A}$

C 相差动元件中的差流 $I_{Cd}=0$。

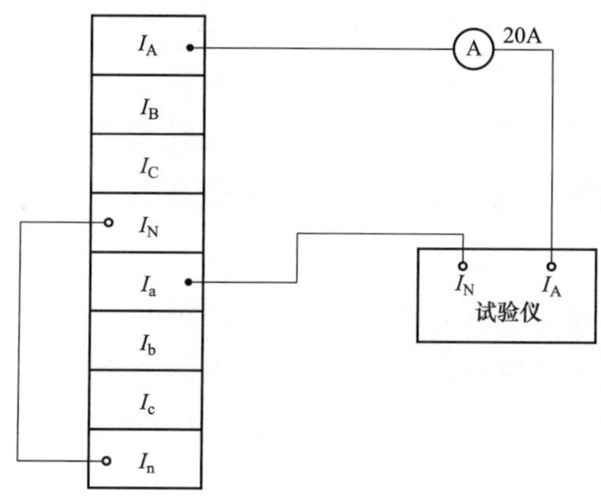


图 3-10 电流试验接线图

25．某变电站一台 YNd11 线路变压器组接线，高低压侧 TA 二次绕组星形接线，软件内部采用高压侧移相方式。启动送电后，当负荷电流突然增到某一值时，差动保护动作。经检查，二次电流回路接线正确，分析装置波形，高、低压侧经归算后的各侧电流数值为：

高压侧 A、B、C 相：4.31∠–120°A、4.31∠–240°A、4.31∠0°A；

低压侧 a、b、c 相：4.29∠–240°A、4.29∠0°A、4.29∠–120°A。

请分析差动保护动作的原因。

**答**：以低压侧电流为基准，根据归算后的高低压侧电流相位关系做出向量图，如图 3-11 所示。

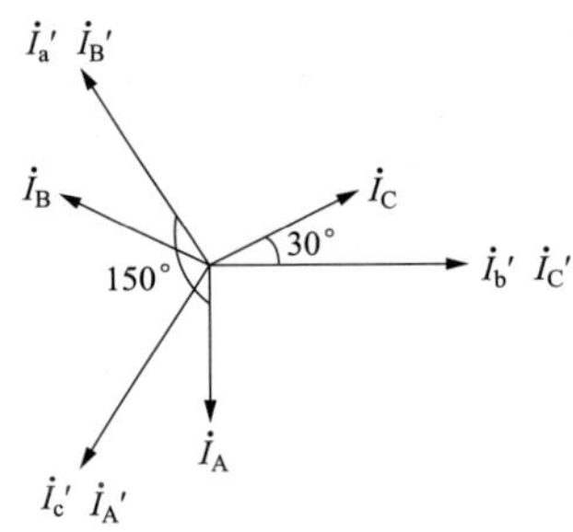


图 3-11　电流向量图

$\dot{I}'_A = k\dfrac{\dot{I}_A - \dot{I}_C}{\sqrt{3}}$，$\dot{I}'_B = k\dfrac{\dot{I}_B - \dot{I}_A}{\sqrt{3}}$，$\dot{I}'_C = k\dfrac{\dot{I}_C - \dot{I}_B}{\sqrt{3}}$，其中 $k$ 为高压侧平衡系数。根据公式，变压器内部转角公式与 11 点公式不同，为 1 点转角公式，可以判定变压器装置定值设定为 YNd1。

送电后由于负荷电流较小，差动电流 $I_{da} = |\dot{I}'_A + \dot{I}'_a|$，$I_{db} = |\dot{I}'_B + \dot{I}'_b|$，$I_{dc} = |\dot{I}'_C + \dot{I}'_c|$较小，未达到差流动作定值，负荷电流增加时，差流随之增加，当负荷电流增加到一定值后，差动保护动作。

26．变电站 A 在 1 号主变压器检修复电操作过程中，发生了 2 号主变压器差动保护动作的情况，已知 1、2 号主变压器差动保护为比率差动保护，差动启动值为 $0.3I_e$，二次谐波制动系数为 20%，采用按相制动原理。现场检查差动保护回路及接线正确，系统及主变压器均无故障，装置正常。试分析 2 号主变压器差动保护动作的可能原因，并提出防范措施。

**答**：1 号主变压器空充操作时，产生的和应涌流可能引起运行主变压器差动保护动作。2 号主变压器差动保护动作的原因是 1 号主变压器空充操作时，合闸励磁涌流流过系统电阻使得运行变压器的母线电压偏移，导致铁芯饱和产生的和应涌流造成差动保护误动。

防止和应涌流误动的措施如下：

（1）差动保护差流启动值在保证变压器低压侧故障的灵敏度足够的情况下，尽可能

取高值，躲过和应涌流产生的差流。可将差动启动值由 $0.3I_e$ 改为 $0.5I_e$。

（2）差动保护的二次谐波闭锁值应尽可能地选取小值。可将二次谐波制动系数由 17%改为 15%，甚至根据现场实测值选取更小值，通常不得小于 12%。

（3）防止电流互感器的暂态饱和引起差动保护误动，选择有气隙的铁芯互感器，或适当地增大电流互感器变比，重视差动保护各侧电流互感器特性及二次回路参数的匹配，严格控制 10%误差特性，防止在差动继电器中产生较大的不平衡电流。

27．某变压器接线组别为 YNd1 接线方式，线变组运行，差动保护的移相方式为高压侧移相。某日变压器差动保护动作，微机保护装置事件报告显示变压器 B、C 两相差动元件动作，变压器高压侧套管 TA 三相电流波形如图 3-12 所示，经现场检查差动保护正确动作。请分析故障类型、故障相别及故障点所在位置，分析变压器低压侧运行工况，并说明理由。

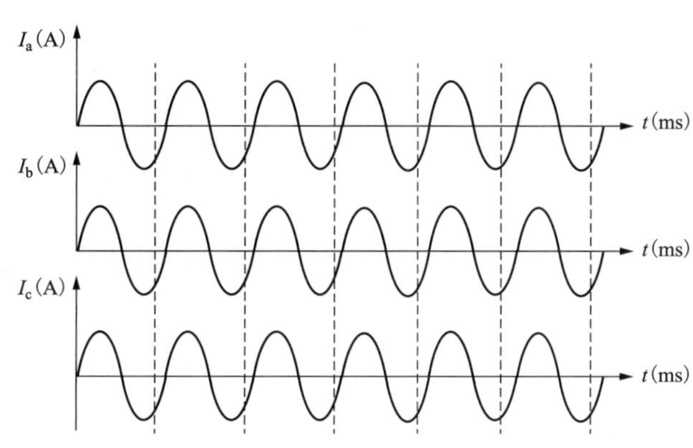


图 3-12 三相电流波形图

**答**：变压器接线组别为 YNd1，高压侧移相，公式为：

$$I'_A = \frac{I_A - I_C}{\sqrt{3}}$$

$$I'_B = \frac{I_B - I_A}{\sqrt{3}}$$

$$I'_C = \frac{I_C - I_B}{\sqrt{3}}$$

由于变压器 B、C 两相差动元件动作，且变压器高压侧套管 TA 三相电流波形同相位，判定该故障为 B 相接地故障，故障点位于高压侧差动 TA 与高压侧 B 相绝缘套管之间。

由于套管 TA 三相电流波形相同，说明流过变压器高压侧的电流为零序电流，故可判断变压器低压侧无电源，变压器处于空载或带轻载运行状态。

另外，如果故障点在变压器内部，则流过高压套管 TA 的电流不可能只有零序电流，说明故障点不在变压器内部。

28．变电站高压侧一次接线为内桥接线。比率式变压器差动保护需将高压侧进线断路器 TA 与桥断路器 TA 分别接入保护装置变流器，为什么？

**答**：设进线电流为 $I_1$，桥断路器电流为 $I_2$，对比率式差动保护而言：

（1）启动电流值很小，一般为变压器额定电流的 0.3～0.5 倍，当高压侧母线故障时，短路电流很大，流进差动保护装置的不平衡电流（TA 的 10%误差）足以达到启动值。

（2）把桥断路器 TA 与进线 TA 并联后接入差动保护装置，高压侧母线故障时，动作电流与制动电流为同一个值，比率系数理论上为 1，保护装置很可能误动。

综上论述，采用比率制动的变压器保护，桥断路器 TA 与进线 TA 应分别接入保护装置。

29．变压器各侧 TA 布置情况如图 3-13 所示，请说明纵差保护、差动速断、分侧差动保护、分相差动保护和低压侧小区差动保护的 TA 配置（以 A 相为例）。

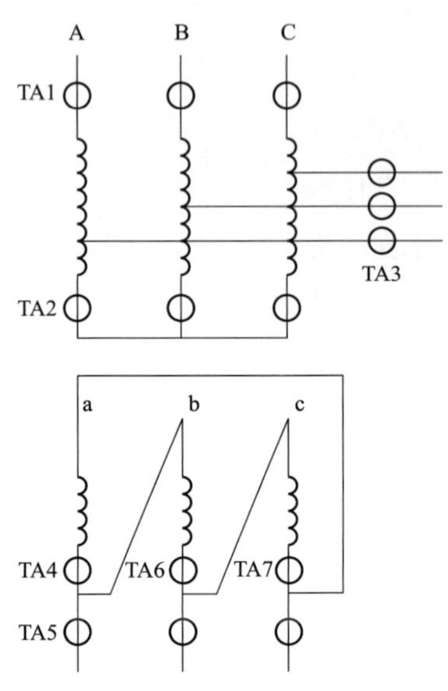


图 3-13　变压器 TA 配置图

**答**：纵差保护用 TA：TA1、TA3、TA5；差动速断保护用 TA：TA1、TA3、TA5；分侧差动保护用 TA：TA1、TA2、TA3；分相差动保护用 TA：TA1、TA3、TA4；低压侧小区差动保护用 TA：TA4、TA5、TA6。

30．变压器的分侧电流差动保护能保护 Y 侧的匝间短路吗?变压器的纵差保护能保护匝间短路吗?请从原理上加以说明。

**答**：变压器的分侧电流差动保护不能保护 Y 侧的匝间短路。如图 3-14 所示，当 Y 侧绕组上发生匝间短路时流过同一串联回路中两个 TA 的电流仍旧是同一个穿越性的电流。分侧电流差动继电器里的动作电流为零，所以分侧电流差动保护不能保护 Y 侧的匝间短路。

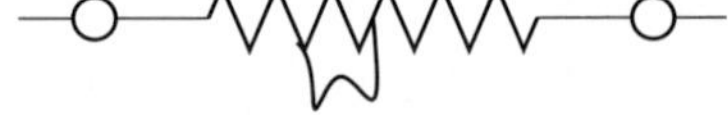

图 3-14　匝间短路示意图

变压器的纵差保护能保护匝间短路。因为变压器各侧是通过电磁耦合关系联系在一起的，两侧应满足磁势平衡原理。当某一侧的绕组发生匝间短路而被短接了部分绕组后，原先的磁势平衡方程式被打破，建立了新的平衡方程式，电流发生了变化。只要短接的匝数多一些，差动继电器灵敏一些，继电器就能够动作。以一台双绕组变压器为例，如果忽略励磁电流，在匝间短路前，两侧磁势平衡方程式为：

$$I_1W_1 = I_2W_2$$

（1）此时两侧的电流 $I_1$、$I_2$ 如果恰好使差动继电器里的差动电流为零，当在 $W_2$ 线圈内发生匝间短路，$W_2$ 绕组内的部分绕组 $W_K$ 被短接。如果此时 $W_1$ 绕组中仍通入 $I_1$ 的电流，新的磁势平衡方程式为

$$I_1W_1 = I_3(W_2 - W_K)$$

（2）原先 $W_2$ 绕组侧的电流 $I_2$ 已变成 $I_3$ 了。从以上两式可知

$$I_3 = I_2\frac{W_2}{W_2 - W_K}$$

$I_1$ 和 $I_3$ 电流将使差动继电器里产生差动电流，如果继电器能动作，差动保护就能够保护匝间短路。

31．大接地电流系统中对变压器接地后备保护的基本要求是什么？

**答**：较完善的变压器接地后备保护应符合以下基本要求：

（1）与线路保护配合，在切除接地故障中做系统保护的可靠后备。

（2）保证任何一台变压器中性点不遭受过电压。

（3）尽可能有选择地切除故障，避免全站停电。

（4）尽可能采用独立保护方式，不要公用保护方式，以免因“三误”造成多台变压器同时掉闸。

32．某强电源点的高压启动备用变压器接于 220kV 系统，变压器中性点直接接地，其高压侧装过电流速断保护，定值按躲过厂用电自启动负荷电流整定，试问 220kV 接地故障时该保护是否有误动的可能?为什么?

**答**：

（1）有可能误动。

（2）因为 220kV 系统接地故障时，分配给该变压器的零序电流反映到相电流回路的电流可能大于电流速断定值而误动。

33．对于分级绝缘的变压器，中性点不接地时应装设何种保护，以防止发生接地短路时因过电压而损坏变压器？

**答**：为限制此类变压器中性点不接地运行时可能出现的中性点过电压，在变压器中性点应装设放电间隙。此时应装设用于中性点直接接地和经放电间隙接地的两套零序过流保护。此外，还应增设零序过电压保护。

34．主变压器零序后备保护中零序过流与放电间隙过流是否同时工作?各在什么条件下起作用?

**答**：

（1）两者不同时工作。

（2）当变压器中性点接地运行时，零序过流保护起作用，间隙过流应退出。

（3）当变压器中性点不接地时，放电间隙过流起作用，零序过流保护应退出。

35．主变压器接地后备保护中零序过电流与间隙过流的TA是否应该共用一组，为什么？

**答：**

（1）不应该共用一组。

（2）该两种保护TA独立设置后，则不须人为进行投、退操作，自动实现中性点接地时投入零序过电流（退出间隙过流）、中性点不接地时投入间隙过电流（退出零序过电流）的要求，安全可靠。反之，两者公用一组TA有如下弊端：①当中性点接地运行，且忘记退出间隙过流保护时，又遇有系统内接地故障，往往造成间隙过流误动作，将本变压器切除；②间隙过电流元件定值很小，但每次接地故障都受到大电流冲击，易造成损坏。

36．变压器间隙保护由间隙电流保护和间隙电压保护组成，那么间隙电流保护和间隙电压保护是启动同一个时间继电器吗？为什么？

**答：**是启动同一个时间继电器，因为当出现单相故障时，变压器中性点偏移当电压达到定值，间隙电压保护启动，当经过一段时间后，可能放电间隙击穿，间隙电流保护动作，而间隙电压返回，如果间隙电流与间隙电压采用不同的时间继电器，则间隙保护将重新开始计时，此时间将可能大于一次设备所能承受接地的时间，而使一次设备损坏。

37．220kV变压器保护的高压侧配置了零序过压保护，主要目的是防止系统接地点失去后变压器220kV侧中性点发生过电压，一般零序过压保护0.5s动作跳开主变压器各侧断路器。220kV侧的TV开口三角形绕组额定电压为100V，当零序过压保护采用TV三次侧（开口三角形绕组）电压输入时，规程推荐零序过压保护定值为180V。请从灵敏度和可靠性等方面叙述零序过压保护定值取180V的原因（大电流接地系统定义是在系统中任一点发生故障，零序综合阻抗均小于3倍正序综合阻抗）。

**答：**

（1）当电网单相接地故障且接地中性点失去后，相当于中性点不接地电网单相接地运行。零序电压幅值达到$3U_0$=3×100V=300V，考虑电压互感器的饱和，实际$3U_0$的值只能到220～230V。零序电压整定为180V时，有1.2倍灵敏度。

（2）中性点直接接地电网接地点未失去时，母线发生单相接地短路后，零序阻抗比正序阻抗小于3。当零序阻抗比正序阻抗等于3时，故障点的$3U_0$=100V×3×3/5=180V，其他点$3U_0$均小于180V，可以防止区外故障保护误动。

（3）馈线站的中性点不接地变压器在两相运行时，母线3倍零序电压的三次值最高达到150V，定值取180V有1.2倍裕度，不误动。

38．为防止变压器后备阻抗保护电压断线误动，应该采取什么措施？

**答：**必须采取以下措施：①装设电压断线闭锁装置；②装设电流突变量元件或负序电流突变量元件作为启动元件。

39．YNd11变压器△侧发生BC相两相短路，△侧无电源，如图3-15所示，Y侧哪一相阻抗继电器能够正确测量？设故障点序分量为$U_{FA1}$、$I_{FA1}$、$U_{FA2}$、$I_{FA2}$，请写出Y

侧该相阻抗继电器测量阻抗公式（要求有推导过程）。

**答：**Y 侧 C 相接地阻抗继电器能够正确测量故障点到保护安装处的正序阻抗。

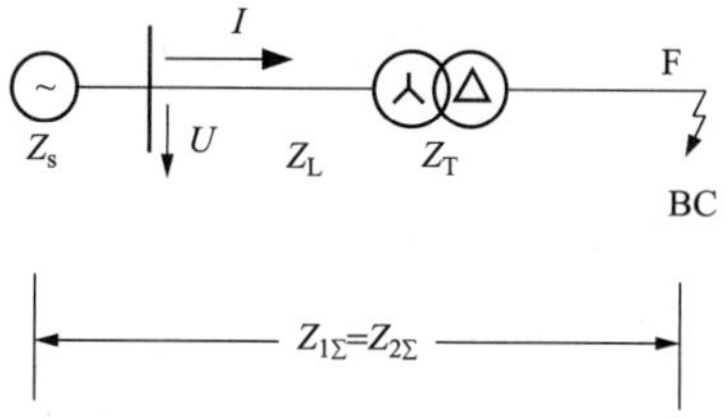

图 3-15　接线图

考虑到零序分量 $I_0=0U_0=0$

$$Z_C=\frac{U_C}{I_C}=\frac{aU_{A1}+a^2U_{A2}}{aI_{A1}+a^2I_{A2}}$$

$$\begin{aligned}U_{A1}&=(U_{FA1}+I_{FA1}Z_T)e^{-j30^\circ}+Z_LI_{FA1}e^{-j30^\circ}\\&=[U_{FA1}+(Z_L+Z_T)I_{FA1}]e^{-j30^\circ}\end{aligned}$$

$$U_{A2}=[U_{FA2}+(Z_L+Z_T)]I_{FA2}e^{j30^\circ}$$

$$\begin{aligned}Z_C&=\frac{aU_{A1}+a^2U_{A2}}{aI_{A1}+a^2I_{A2}}=\frac{[U_{FA1}+(Z_L+Z_T)I_{FA1}]e^{j90^\circ}+[U_{FA2}+(Z_L+Z_T)]I_{FA2}e^{j270^\circ}}{a\ I_{FA1}e^{-j30^\circ}+a^2I_{FA2}e^{j30^\circ}}\\&=\frac{[U_{FA1}+(Z_L+Z_T)I_{FA1}]e^{j90^\circ}-[U_{FA2}+(Z_L+Z_T)]I_{FA2}e^{j90^\circ}}{I_{FA1}e^{j90^\circ}-I_{FA2}e^{j90^\circ}}\end{aligned}$$

由于 $U_{FA1}=U_{FA2}$

$I_{FA1}=-I_{FA2}$

则 $Z_C=\dfrac{(Z_L+Z_T)(I_{FA1}-I_{FA2})e^{j90^\circ}}{(I_{FA1}-I_{FA2})e^{j90^\circ}}=Z_L+Z_T$

40．试述变压器瓦斯保护的基本工作原理。为什么差动保护不能完全代替瓦斯保护？

**答：**变压器瓦斯保护分为轻瓦斯和重瓦斯两种，用于反映变压器内部故障。轻瓦斯保护的气体继电器由开口杯、干簧触点等组成，作用于信号。重瓦斯保护的气体继电器由挡板、弹簧、干簧触点等组成，作用于跳闸。正常运行时，气体继电器充满油，开口杯浸在油内，处于上浮位置，干簧触点断开。当变压器内部故障时，故障点局部发生高热，引起附近的变压器油膨胀，油内溶解的空气被逐出，形成气泡上升，同时油和其他材料在电弧和放电等的作用下电离而产生气体。当故障轻微时，排出的气体缓慢地上升而进入气体继电器，使油面下降，开口杯产生以支点为轴的逆时针方向转动，使干簧触点接通，发出信号。

当变压器内部故障严重时，将产生强烈的气体，使变压器内部压力突增，产生很大的油流向油枕方向冲击，因油流冲击挡板，挡板克服弹簧的阻力，带动磁铁向干簧触点方向移动，使干簧触点接通，作用于跳闸。瓦斯保护能反映变压器油箱内的任何故障，包括铁芯过热烧伤、油面降低等，但差动保护对此类故障则无反映。又如变压器绕组发生少数线匝的匝间短路，虽然短路匝内短路电流很大会造成局部绕组严重过热，产生强烈的油流向油枕方向冲击，但表现在相电流上其量值却并不大，差动保护可能会不如瓦斯保护灵敏，因此，差动保护不能完全代替瓦斯保护。

41．怎样理解变压器非电气量保护和电气量保护的出口继电器要分开设置？

**答：**变压器的电气量保护依靠电气量作故障特征，在动作后一旦故障被切除，均能很快返回，而非电气量保护如瓦斯保护、温度保护等则是依靠变压器内部的气体或变压器的温升作为故障的特征量，一旦动作后返回很慢，通常需要人为释放气体后或温度下降后，才能可靠返回。如果变压器的非电气量保护与电气量保护共用同一出口继电器，且均启动失灵保护，则失灵保护存在误动的风险。为此反措要求将变压器非电气量保护和电气量保护的出口继电器要分开设置，慢速返回的非电气量保护不启动失灵保护。

42．运行中的变压器瓦斯保护，当现场进行什么工作时重瓦斯保护应由“跳闸”位置改为“信号”位置运行?

**答：**当现场进行下述工作时，重瓦斯保护应由“跳闸”位置改为“信号”位置运行：

（1）进行注油和滤油时。

（2）进行呼吸器畅通工作或更换硅胶时。

（3）除采油样和气体继电器上部放气阀放气外，在其他所有地方打开放气、放油和进油阀门时。

（4）开、闭气体继电器连接管上的阀门时。

（5）在瓦斯保护及其二次回路上进行工作时。

（6）对于充氮变压器，当油枕抽真空或补充氮气时，变压器注油、滤油、充氮（抽真空）、更换硅胶及处理呼吸器时，在上述工作完毕后，经 1h 试运行后，方可将重瓦斯保护投入跳闸。

43．变压器新安装或大修后，投入运行发现轻瓦斯继电器动作频繁，试分析动作原因和处理办法。

**答：**

（1）轻瓦斯的动作原因：可能在投运前未将空气排除，当变压器运行后，因温度上升，形成油的对流，内部储存的空气逐渐上升，空气压力造成轻瓦斯动作。

（2）处理方法：应收集气体并进行化验，密切注意变压器运行情况，如温度变化，电流、电压数值及音响有何异常，如上述化验和观察未发现异常，故可将气体排除后继续运行。

44．自耦变压器与普通变压器的保护配置有哪些不同?

**答：**自耦变压器除了有磁的耦合外，还有着电路上的联系，其装设的继电保护装置在应用和计算时有其特点，在其他方面与一般变压器基本相同，即在保护的设计原则、装设保护的类型及配置的纵差保护和相间后备保护等方面与普通变压器是完全相同的，所不同的有以下几方面。

（1）自耦变压器的接地保护。当系统内发生单相接地故障时，零序电流将由一个网络流向另一个网络，而流经接地中性点电流的大小及相对零序电压的相位，将随电网运

行方式和短路地点的不同而有较大的变化。故零序电流保护不能接到中性线回路的电流互感器上，而应分别在高压及中压侧配置，采用自产 $3I_0$，并根据选择性要求装设方向元件。自耦变压器中性点回路装设的一段式零序过流保护，只在高压或中压侧断开、内部发生单相接地短路、未断开侧零序过流保护的灵敏度不够时才用。

（2）自耦变压器的过负荷保护。自耦变压器的过负荷保护与各侧的容量比值和负荷的分布有关，而负荷分布又与运行方式和负荷的功率因素有关。例如当中压侧同时向高、低压侧送电时，自耦变压器的通过容量不能充分利用，即流过自耦变高、低压侧的负荷电流小于相应的额定电流时，公共统组可能已经过负荷。因此自耦变压器的自耦两侧和△侧及公共绕组均应装设过负荷保护。

45．为什么自耦变压器的零序保护不宜取自中性点电流互感器，而要取自高、中压侧电流互感器?

**答：**在高压侧发生单相接地故障时，中性点电流取决于二次绕组所在电网零序综合阻抗 $Z_0$，当 $Z_0$ 为某一值时，一、二次电流将在公用的绕组中完全抵消，因而中性点电流为零；当 $Z_0$ 大于此值时，中性点零序电流将与高压侧故障电流同相；当 $Z_0$ 小于此值时，中性点零序电流将与高压侧故障电流反相。

46．自耦变压器的零序差动保护为什么带负荷检查困难？

**答：**

（1）安装于变压器的中性线上的零序电流互感器，由于正常时中性线无电流，零序电流互感器二次不能带负荷检查。

（2）安装于公共绕组的三相电流互感器构成的零序电流滤过器，正常负荷下接入继电器的引线无电流，要在电流互感器安装处分相进行电流相位检验，比较麻烦。

（3）安装于自耦绕组的两侧的电流互感器接线同（2)，也有类似问题。

47．某变电站的联络变压器采用了三个单相式的自耦变压器，其高压侧、中压侧及公共绕组均装有电流互感器，工作人员在做电流互感器的“点极性”试验时，为节约时间，欲将中压侧电流互感器以外的接地隔离开关合上，以便当由变压器的高压侧对地之间通入或断开直流电压时，可同时检查高压侧、中压侧及公共绕组的电流互感器极性。请问此种方法是否可行？如认为可行，请说明试验的方法及如何判断电流互感器极性；如认为不行，请说明理由（不考虑点极性所用电池的容量问题)。

**答：**

（1）方法可行，但必须注意如果中压侧接地，当从自耦变压器的高压侧对地加正向直流电压时，公共绕组中的电流不是由绕组流向大地，而是由大地流向绕组；在断开直流电源瞬间，公共绕组中的电流由绕组流向大地。

（2）点极性应注意：如果电流互感器接线及试验接线正确，公共绕组电流互感器的极性与高压侧相同，与中压侧电流互感器的极性相反。

（3）此方法为非传统做法，分析较复杂，容易给试验人员的判断造成混乱，并且要求点极性时使用的电池容量较大、电压较高，不利于安全，因此不宜推广使用。

48．写出自耦变压器中性点经电抗 $X_n$ 接地时的零序参数。

答：$X'_{T1}=X_{T1}+3X_n(1-n_{12})$ $X'_{T2}=X_{T2}+3X_n(n_{12}-1)$，$X'_{T3}=X_{T1}+3X_n n_{12}$，其中 $n_{12}=\dfrac{U_{av1}}{U_{av2}}$。

## 六、计算分析题

1．容量为100MVA、变比为（230±2×2.5%）/38.5kV、YNd11接线变压器，220kV侧TA变比1000/1A，35kV侧TA变比4000/1A，两侧TA接成星形。该变压器差动保护比率制动特性如图3-16所示。

其中：$\begin{cases} I_{op}=|\dot{I}_1+\dot{I}_2| \\ I_{res}=\dfrac{1}{2}\{|\dot{I}_1|+|\dot{I}_2|\} \end{cases}$

$\dot{I}_1$、$\dot{I}_2$ 为两侧流入差动回路的电流；差动保护为YN侧移相。在设定参数是误将YNd11设定为YNd7，在带负荷试验时差动保护动作，试计算差动保护动作时220kV最小一次电流。

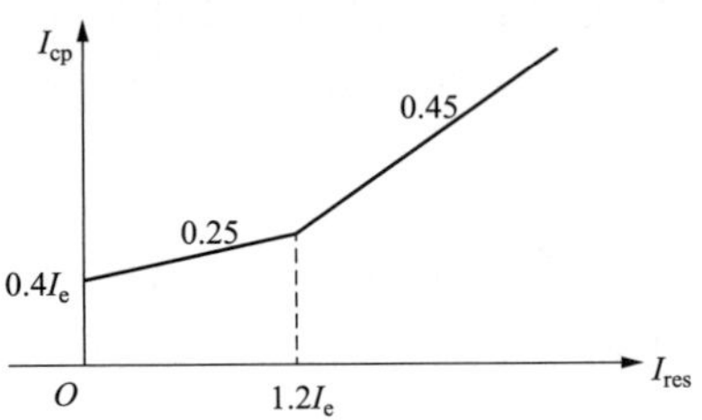


图3-16 比率制动特性图

答：

（1）设定YNd7时两侧进入差动回路电流，如图3-17所示。

d侧：$\dot{I}_a$、$\dot{I}_b$、$\dot{I}_c$

YN侧：$\dfrac{\dot{I}_C-\dot{I}'_A}{\sqrt{3}}$，$\dfrac{\dot{I}_A-\dot{I}'_B}{\sqrt{3}}$，$\dfrac{\dot{I}_B-\dot{I}'_C}{\sqrt{3}}$

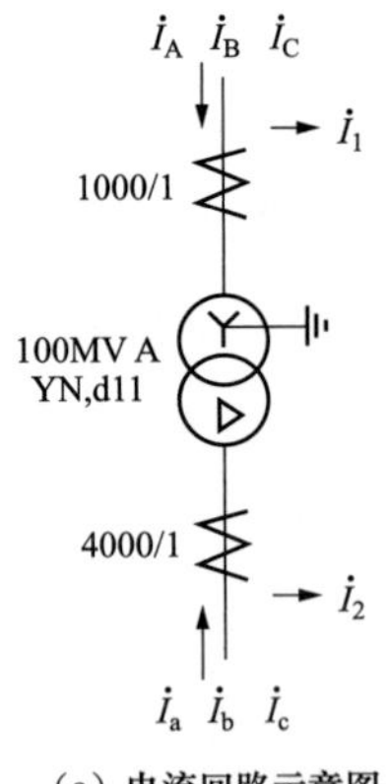


（a）电流回路示意图

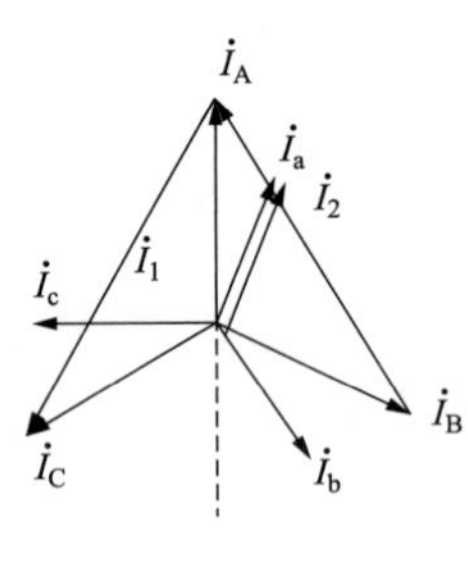


（b）电流相量图

图3-17 电流回路示意图及电流相量图

（2）实际变压器为YNd11接线，但按上述电流形式进入差动回路，从而形成差动回路电流，如图3-18所示。

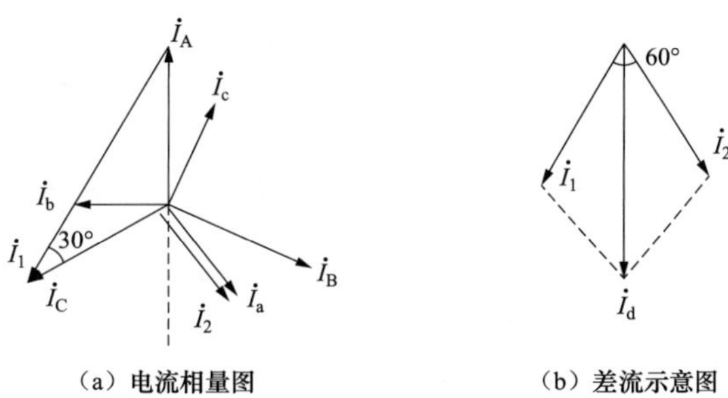


图 3-18 电流相量图及差流示意图

$\dot{I}_1$、$\dot{I}_2$ 的相角差为 60°，形成的差流为 $I_d = \sqrt{3}I_1 = \sqrt{3}I_\varphi (I_1 = I_\varphi)$

（3）确定 220kV 最小动作电流。

因为 $I_d = \sqrt{3}'_\varphi I_{res} = I'_\varphi$ 所以 $I_d = \sqrt{3}I_{res}$

做出动作特性为一条斜线，图 3-19 中 A 点动作。

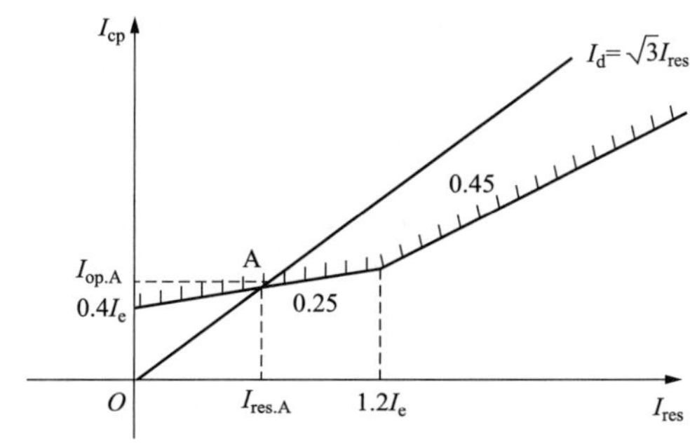


图 3-19 比率制动特性图

$$I_{op.A} = 0.4I_e + 0.25I_{res.A} = 0.4I_e + 0.25 \times \frac{I_{op.A}}{\sqrt{3}}$$

$$I_{op.A} = \frac{0.4I_e}{1 - \dfrac{0.25}{\sqrt{3}}} = 0.47I_e$$

$$I_{YN} = 0.47 \times \frac{100 \times 10^3}{\sqrt{3} \times 230} = 118\text{A}$$

最小动作电流：

$$I_{min} = \frac{118}{\sqrt{3}} = 68.13\text{A}$$

2．已知一台主变压器 Yd1 接线，变比 220kV/35kV，额定容量 240MVA。主变压器差动保护用高压侧 TA 变比为 3200/5，低压侧 TA 变比为 4000/5，两侧 TA 采用星形接法，差动保护采用 d 侧移相方式。制动电流 $I_r$ 取两侧差流计算电流绝对值之和的 1/2，比例制动特性如图 3-20 所示（其中 $I_{cdqd} = 0.5I_e$，$I_{r1} = 0.5I_e$，$I_{r2} = 6I_e$，$K_1$=0.2，$K_2$=0.5，$K_3$=0.7）。因设备参数定值未认真核对，错将接线组别整定成 Yd11。某日该主变压器低压侧区外母线处发生 BC 相间短路，试分别计算分析：

（1）计算低压侧最小的一次短路电流，使差动保护刚好满足动作条件。

（2）画出此时主变差动保护用高、低压侧各序、各相电流相量图。

（3）上级线路电源处装有距离保护，请分析并利用公式证明 Y 侧哪一相阻抗继电器能正确反映保护安装处至故障点的测量阻抗。

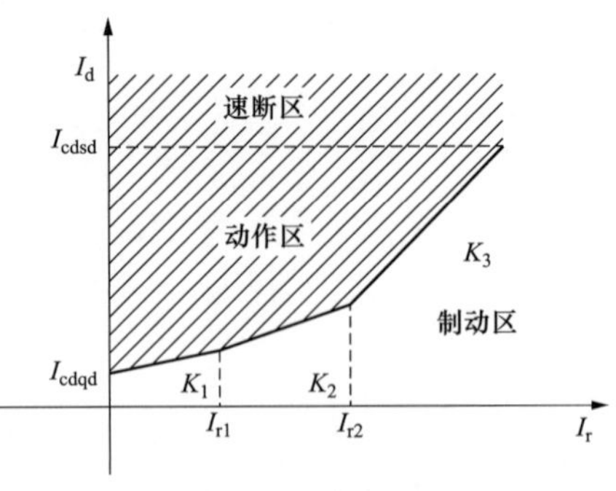


图 3-20　比率制动特性图

**答：**

（1）假设 BC 相间短路故障电流为 $I$，

低压侧电流：$I_a=0$，$I_b=I\angle 0°$，$I_c=I\angle 180°$

高压侧电流为：

$$I_A=-\frac{I_a-I_b}{\sqrt{3}}=\frac{I}{\sqrt{3}}，I_B=-\frac{I_b-I_c}{\sqrt{3}}=-\frac{2I}{\sqrt{3}}，I_C=-\frac{I_c-I_a}{\sqrt{3}}=\frac{I}{\sqrt{3}}$$

高压侧无零序电流，高压侧差流即是各相电流。

低压侧按 Yd11 转角后，低压侧差流：

$$I_{da}=\frac{I_a-I_c}{\sqrt{3}}=\frac{I}{\sqrt{3}}，I_{db}=\frac{I_b-I_a}{\sqrt{3}}=\frac{I}{\sqrt{3}}，I_{dc}=\frac{I_c-I_b}{\sqrt{3}}=-\frac{2I}{\sqrt{3}}$$

主变压器差动保护差流：

$$I_{dA}=\left|I_A+I_{da}\right|=\frac{2I}{\sqrt{3}}，I_{dB}=\left|I_B+I_{db}\right|=\frac{I}{\sqrt{3}}，I_{dC}=\left|I_C+I_{dc}\right|=-\frac{I}{\sqrt{3}}$$

主变压器差动保护制动电流：

$$I_{rA}=\frac{1}{2}(\left|I_A\right|+\left|I_{da}\right|)=\frac{I}{\sqrt{3}}，I_{rB}=\frac{1}{2}(\left|I_B\right|+\left|I_{db}\right|)=\frac{3I}{2\sqrt{3}}，I_{rC}=\frac{1}{2}(\left|I_C\right|+\left|I_{dc}\right|)=\frac{3I}{2\sqrt{3}}$$

A 相差动电流与制动电流之比最大，为 2，最容易动作。刚好动作时有：

$$\frac{2I_{rA}-0.5}{I_{rA}}=0.2$$

解得：$I_{rA}=0.278$

此时对应的低压侧一次电流为：

$$I_1=\sqrt{3}\times 0.278\times\frac{240000}{\sqrt{3}\times 35}=1906.29\text{A}$$

（2）主变压器差动保护用高、低压侧各序、各相电流相量图如图 3-21 所示。

（3）故障点有：$U_{A1}=U_{A2}$。

主变压器高压侧电压：

$$\begin{aligned}U_{YB}&=(U_{B1}+I_{B1}Z_T)e^{j30°}+(U_{B2}+I_{B2}Z_T)e^{-j30°}\\&=(U_{B1}e^{j30°}+U_{B2}e^{-j30°})+(I_{B1}e^{j30°}+I_{B2}e^{-j30°})Z_T\\&=(U_{A1}e^{-j120°}e^{j30°}+U_{A2}e^{j120°}e^{-j30°})+(I_{B1}e^{j30°}+I_{B2}e^{-j30°})Z_T\\&=I_{mB}Z_T\end{aligned}$$

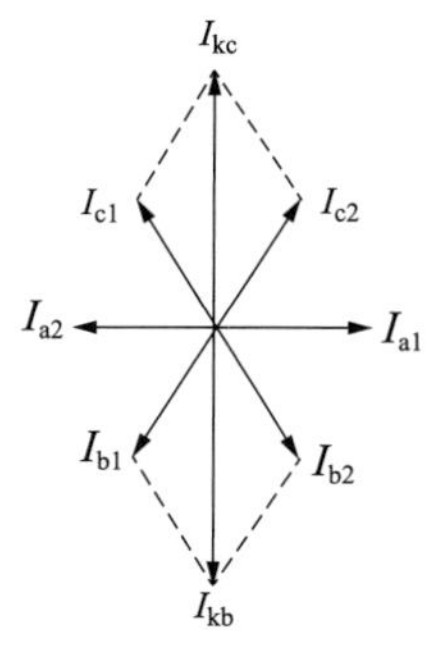

（a）低压侧电流相量图

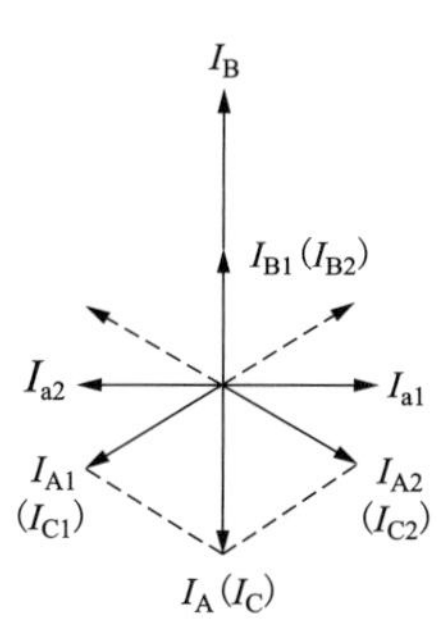


（b）高压侧电流相量图

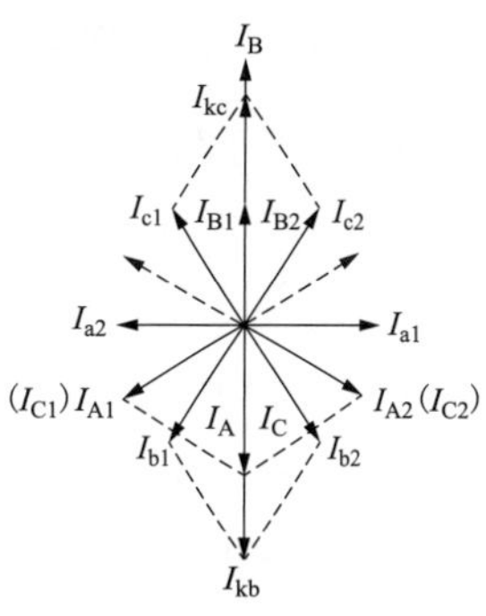


（c）高、低压侧电流相量图

图 3-21　主变压器高低压侧各序、各相电流相量图

则 Y 侧保护安装处的测量阻抗为

$$Z_{\mathrm{mB}}=\frac{U_{\mathrm{mB}}}{I_{\mathrm{mB}}}=Z_{\mathrm{L}}+\frac{U_{\mathrm{YB}}}{I_{\mathrm{mB}}}=Z_{\mathrm{L}}+Z_{\mathrm{T}}$$

故 Y 侧 B 相阻抗继电器能够正确测量。

3．已知一台主变压器为 YNynd11 接线，变比 225/115/37，三侧额定容量 180/180/180MVA。主变压器差动保护用高、中、低压三侧 TA 变比分别为 2000/5、2000/5、3000/5。已知差动保护在 Y 侧滤零，在 D 侧转角。制动电流（$I_{\mathrm{r}}$）取三侧差流计算电流绝对值之和的 1/2，比例制动特性如图 3-22 所示（其中 $I_{\mathrm{cdqd}}=0.5I_{\mathrm{e}}$，$I_{\mathrm{r1}}$=0.5$I_{\mathrm{e}}$，$I_{\mathrm{r2}}$=6$I_{\mathrm{e}}$，$K_1$=0.2，$K_2$=0.5，$K_3$=0.7）。运行中，低压侧负荷电流 2700A，中压侧空载。试分别分析：

（1）若接线组别整定无误，低压侧 A 相 TA 断线，差动保护中各相差流、制动电流及动作情况。

（2）若 YNynd11 接线整定为 YNynd7 接线，同时低压侧 A 相 TA 断线时，差动保护各相差流、制动电流及动作情况。

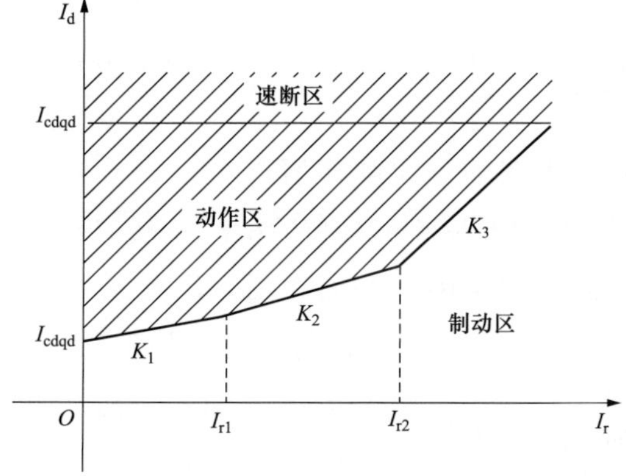


图 3-22　比率制动特性图

**答：**

（1）解法一：

1）写出差动保护动作方程：

$$\begin{cases} I_d > 0.2I_r + I_{qd} & I_r < I_{r1} \\ I_d > 0.2I_{r1} + I_{qd} + 0.5(I_r - I_{r1}) & I_{r1} \leqslant I_r < I_{r2} \\ I_d > 0.2I_{r1} + I_{qd} + 0.5(I_{r2} - I_{r1}) + 0.7(I_r - I_{r2}) & I_{r2} \leqslant I_r \end{cases}$$

2）计算高低压侧二次额定电流：

高压侧额定电流：

$$\dot{I}_{He} = \frac{\dfrac{180\times10^6}{225\times10^3\times\sqrt{3}}}{2000/5} = 1.155\text{A}$$

3）以高压侧为基准 1，计算低压侧平衡系数：

$$K_{Lp} = \frac{37\times3000/5}{225\times2000/5} = 0.247$$

4）计算低压侧 A 相 TA 断线时 A 相的制动电流与差动电流：

$$I_{ra} = \frac{\left|\dot{I}_A - \dot{I}_0\right| + \left|\dfrac{(\dot{I}_a - \dot{I}_c)}{\sqrt{3}} \bullet K_{Lp}\right|}{2} = \frac{\left|1.11\angle0° - 0\right| + \left|\dfrac{(0 - 4.5\angle-30°)}{\sqrt{3}} \times 0.247\right|}{2} = 0.876\text{A} = 0.758I_e$$

$$I_{da} = \left|(\dot{I}_A - \dot{I}_0) + \frac{(\dot{I}_a - \dot{I}_c)}{\sqrt{3}} \bullet K_{Lp}\right| = \left|(1.11\angle0° - 0) + \frac{(0 - 4.5\angle-30°)}{\sqrt{3}} \times 0.247\right| = 0.64\text{A} = 0.554I_e$$

当制动电流 $I_{rb} = 0.758I_e$ 时，需要的差流动作值：

$$I'_{da} = 0.2I_{r1} + I_{qd} + 0.5(I_{ra} - I_{r1}) = 0.2\times0.5I_e + 0.5I_e + 0.5(0.758I_e - 0.5I_e) = 0.729I_e$$

因为 $I_{da} < I'_{da}$，虽然差流大于启动门槛，但是由于制动作用，A 相差动不动作。

5）计算低压侧 A 相 TA 断线时 B 相的制动电流与差动电流：

$$I_{rb} = \frac{\left|\dot{I}_B - \dot{I}_0\right| + \left|\dfrac{(\dot{I}_b - \dot{I}_a)}{\sqrt{3}} \bullet K_{Lp}\right|}{2} = \frac{\left|1.11\angle-120°\right| + \left|\dfrac{(4.5\angle90° - 0)}{\sqrt{3}} \times 0.247\right|}{2} = 0.876\text{A} = 0.758I_e$$

$$I_{db} = \left|(\dot{I}_B - \dot{I}_0) + \frac{(\dot{I}_b - \dot{I}_a)}{\sqrt{3}} \bullet K_{Lp}\right| = \left|(1.11\angle-120° - 0) + \frac{(4.5\angle90° - 0)}{\sqrt{3}} \times 0.247\right| = 0.64\text{A} = 0.554I_e$$

当制动电流 $I_{rb} = 0.758I_e$ 时，需要的差流动作值：

$$I'_{db} = 0.2I_{r1} + I_{qd} + 0.5(I_{rb} - I_{r1}) = 0.2\times0.5I_e + 0.5I_e + 0.5(0.758I_e - 0.5I_e) = 0.729I_e$$

虽然差流大于启动门槛，但是由于制动作用，B 相差动不动作。

6）计算低压侧 A 相 TA 断线时 C 相的制动电流与差动电流：

$$I_{rc} = \frac{\left|\dot{I}_C - \dot{I}_0\right| + \left|\dfrac{(\dot{I}_c - \dot{I}_b)}{\sqrt{3}} \bullet K_{Lp}\right|}{2} = \frac{\left|1.11\angle120° - 0\right| + \left|\dfrac{(4.5\angle-30° - 4.5\angle90°)}{\sqrt{3}} \times 0.247\right|}{2} = 1.11\text{A} = 0.96I_e$$

$$I_{dc} = \left|(\dot{I}_C - \dot{I}_0) + \frac{(\dot{I}_c - \dot{I}_b)}{\sqrt{3}} \bullet K_{Lp}\right| = \left|(1.11\angle120° - 0) + \frac{(4.5\angle-30° - 4.5\angle90°)}{\sqrt{3}} \times 0.247\right| = 0\text{A}$$

可见此时 C 相制动电流最大，C 相差流为零，因此 C 相差动元件不动作。

解法二：低压侧电流二次额定值：

$$I_e = \frac{180000}{\sqrt{3}\times 37\times 600} = 4.681$$

负荷电流 2700A 时，低压侧电流值：

$$I_2 = \frac{2700}{600\times 4.681} = 0.961I_e$$

A 相 TA 断线，低压侧 A 相电流变化为 $0.961I_e$。

根据 d 侧移相公式

$I_{dA} = (I_A - I_C)/\sqrt{3}$，$I_{dB} = (I_B - I_A)/\sqrt{3}$，$I_{dC} = (I_C - I_B)/\sqrt{3}$

只有 AB 有差流，差流大小为

$$I_{dA} = I_{dB} = \frac{0.961}{\sqrt{3}} = 0.555I_e，I_{dC}=0$$

C 相不动作。

制动电流：

$$I_{rA} = I_{rB} = \frac{1}{2}\left(0.961 + \frac{0.961}{\sqrt{3}}\right) = 0.758I_e$$

$$I_{rC} = \frac{1}{2}(0.961 + 0.961) = 0.961I_e$$

$0.555I_e$ 的差流只能在斜率为 $K_1$ 的区间动作，显然制动电流已到 $K_2$ 区间。故 AB 均不动作。

（2）解法一：

$$I_{ra} = \frac{\left|\dot{I}_A - \dot{I}_0\right| + \left|\frac{\dot{I}_b - \dot{I}_a}{\sqrt{3}}\bullet K_{Lp}\right|}{2} = \frac{\left|1.11\angle 0^\circ - 0\right| + \left|\frac{4.5\angle 90^\circ - 0}{\sqrt{3}}\times 0.247\right|}{2} = 0.88\text{A} = 0.76I_e$$

$$I_{da} = \left|(\dot{I}_A - \dot{I}_0) + \frac{\dot{I}_b - \dot{I}_a}{\sqrt{3}}\bullet K_{Lp}\right| = \left|(1.11\angle 0^\circ - 0) + \frac{4.5\angle 90^\circ - 0}{\sqrt{3}}\times 0.247\right| = 1.28\text{A} = 1.11I_e$$

$$I_{rb} = \frac{\left|\dot{I}_B - \dot{I}_0\right| + \left|\frac{\dot{I}_c - \dot{I}_b}{\sqrt{3}}\bullet K_{Lp}\right|}{2} = \frac{\left|1.11\angle -120^\circ\right| + \left|\frac{4.5\angle -30^\circ - 4.5\angle 90^\circ}{\sqrt{3}}\times 0.247\right|}{2} = 1.11\text{A} = 0.961I_e$$

$$I_{db} = \left|(\dot{I}_B - \dot{I}_0) + \frac{\dot{I}_c - \dot{I}_b}{\sqrt{3}}\bullet K_{Lp}\right| = \left|(1.11\angle -120^\circ - 0) + \frac{4.5\angle -30^\circ - 4.5\angle 90^\circ}{\sqrt{3}}\times 0.247\right| = 1.92\text{A} = 1.66I_e$$

$$I_{rc} = \frac{\left|\dot{I}_C - \dot{I}_0\right| + \left|\frac{\dot{I}_a - \dot{I}_c}{\sqrt{3}}\bullet K_{Lp}\right|}{2} = \frac{\left|1.11\angle 120^\circ - 0\right| + \left|\frac{0 - 4.5\angle -30^\circ}{\sqrt{3}}\times 0.247\right|}{2} = 0.88\text{A} = 0.76I_e$$

$$I_{dc} = \left|(\dot{I}_C - \dot{I}_0) + \frac{\dot{I}_a - \dot{I}_c}{\sqrt{3}}\bullet K_{Lp}\right| = \left|(1.11\angle 120^\circ - 0) + \frac{0 - 4.5\angle -30^\circ}{\sqrt{3}}\times 0.247\right| = 1.70\text{A}=1.47I_e$$

解法二：根据低压侧电流的变化计算。

因系统本身无故障，因此低压侧变化产生的差流为：

$$I_{da}=-\sqrt{3}I_a+\frac{1}{\sqrt{3}}I_a=-1.11I_e,\ I_{db}=-\sqrt{3}I_b+0=-1.66I_e,\ I_{dC}=-\sqrt{3}I_c-\frac{1}{\sqrt{3}}I_a=1.47I_e$$

$$I_{rA}=I_{rC}=\frac{1}{2}\left(0.961+\frac{0.961}{\sqrt{3}}\right)=0.76I_e,\quad I_{rB}=\frac{1}{2}(0.961+0.961)=0.961I_e$$

制动电流 $0.76I_e$ 需要的差流最小值为 $0.73I_e$，$I_{da}$、$I_{dc}$ 均大于此值，AC 相均动作；制动电流 $0.96I_e$ 需要的差流最小值为 $0.83I_e$，$I_{db}$ 大于此值，B 相也动作。

4．如图 3-23 所示系统的 A 套和 B 套差动保护动作方程和定值一致，A 套保护参与差动计算的高压侧电流采用方程一，B 套保护参与差动计算的高压侧电流采用方程二。当 K1 点单相接地故障时，试分析采用自产零序电流的 B 套差动保护与 A 套差动保护的灵敏度是否一致？试分析 K1 点故障时，B 套差动保护分别采用中性点零序电流作为方程二零序电流源与采用自产零序电流作为中性点零序电流源时，差动保护灵敏度是否一致？

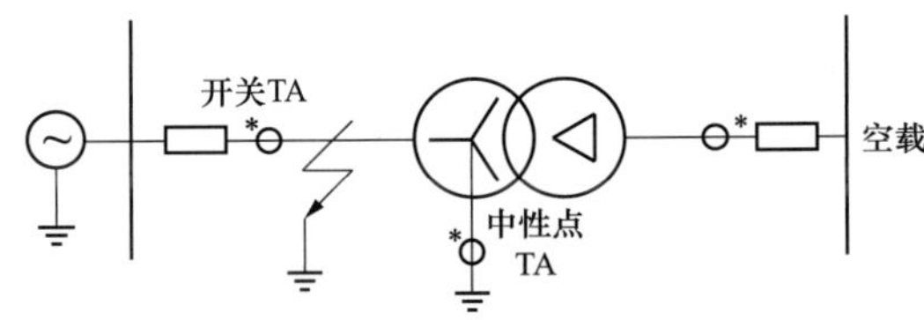


图 3-23　变压器差动保护系统图

$$\text{A 套：方程一}\begin{cases}\dot{I}_{dA}=(\dot{I}_A-\dot{I}_B)/\sqrt{3}\\ \dot{I}_{dB}=(\dot{I}_B-\dot{I}_C)/\sqrt{3}\\ \dot{I}_{dC}=(\dot{I}_C-\dot{I}_A)/\sqrt{3}\end{cases}$$

$$\text{B 套：方程二}\begin{cases}\dot{I}_{dA}=\dot{I}_A-3\dot{I}_0/3\\ \dot{I}_{dB}=\dot{I}_B-3\dot{I}_0/3\\ \dot{I}_{dC}=\dot{I}_C-3\dot{I}_0/3\end{cases}$$

**答：**K1 点故障时，设流过主变压器 T1 高压侧断路器 TA 的各序电流为 $I_{KA1}=I_{KA2}=I_{KA0}$，T1 主变压器中压侧无电源，则流过 T1 高压侧断路器 TA 的正负序电流与故障点一致。设系统侧零序电流分配系数为 $C_1$，变压器 T1 侧零序电流分配系数为 $C_T$。

$$\begin{cases}\dot{I}_A=\dot{I}_{KA1}+\dot{I}_{KA2}+C_S\dot{I}_{KA0}\\ \dot{I}_B=\dot{I}_{KB1}+\dot{I}_{KB2}+C_S\dot{I}_{KB0}=(C_S-1)\dot{I}_{KA0}=-C_T\dot{I}_{KA0}\\ \dot{I}_C=\dot{I}_{KC1}+\dot{I}_{KC2}+C_S\dot{I}_{KC0}=(C_S-1)\dot{I}_{KA0}=-C_T\dot{I}_{KA0}\end{cases}$$

则 A 套保护差流为：

$$\dot{I}_{dA}=(\dot{I}_A-\dot{I}_B)/\sqrt{3}=[\dot{I}_{KA1}+\dot{I}_{KA2}+C_S\dot{I}_{KA0}-(-C_T\dot{I}_{KA0})]/\sqrt{3}=\dot{I}_{KA}/\sqrt{3}$$

B 套保护差流（采用自产零流）为：

$$\dot{I}_{dA}=\dot{I}_A-3\dot{I}_0/3=\dot{I}_A-(\dot{I}_A+\dot{I}_B+\dot{I}_C)/3=2\dot{I}_{KA}/3$$

B 套保护差流（采用外接零流）

$\dot{I}_{dA}=\dot{I}_A-3\dot{I}_0/3=\dot{I}_{KA1}+\dot{I}_{KA2}+C_S\dot{I}_{KA0}-(-3C_T\dot{I}_{KA0}/3)=\dot{I}_{KA}$

当 K1 点单相接地故障时，采用自产零序电流的 B 套差动保护与 A 套差动保护灵敏度不一致，B 套差动保护灵敏度较高；K1 点故障时 B 套差动保护分别采用中性点零序电流作为方程二零序电流源与采用自产零序电流作为中性点零序电流源时，差动保护灵敏度不一致，采用中性点零序电流时灵敏度较高。

5．如图 3-24 所示，发电机经 YNd5 变压器及断路器 B1 接入高压母线，在准备用断路器 B2 并网前，高压母线发生 B 相接地短路，短路电流为 $\dot{I}_{BK}$。变压器配置有其两侧 TA 接线为 Y-△的分相差动保护，设变压器零序阻抗小于正序阻抗。

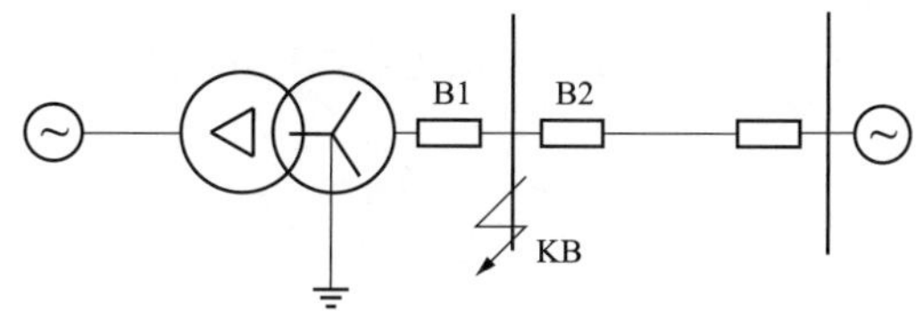


图 3-24 发电机—变压器系统图

（1）画出故障时变压器两侧的电流、电压相量图及序分量图。

（2）计算各相差动保护各侧的电流及差流（Y 侧向△侧转角）。

（3）假设右侧无源，母线上发生 B 相接地短路时，左侧电源提供的故障电流为 $\dot{I}_K$，请写出当主变压器接线组别为 YNd1、YNd3 时，三角形侧各相电流。

**答：**

（1）变压器高压侧 B 接地故障时，设 B 相短路电流为 $\dot{I}_{BK}$，则

$\dot{I}_{B1}=\dot{I}_{B2}=\dot{I}_{B0}=1/3\dot{I}_{BK}$

$\dot{U}_{B1}=-(\dot{U}_{B0}+\dot{U}_{B2})$

变压器高压侧电流、电压及相量图如图 3-25 所示。

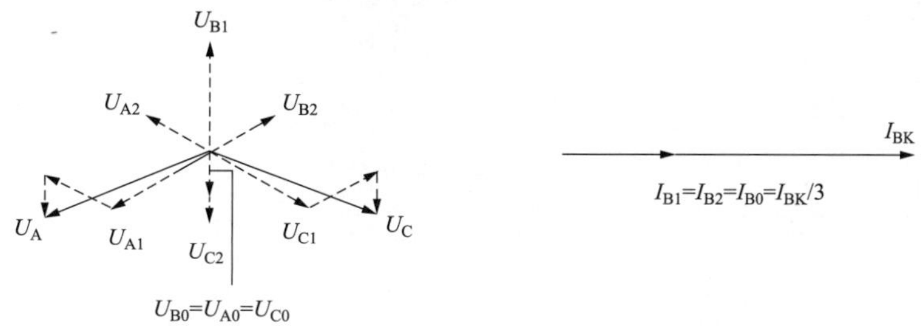


（a）变压器高压侧电压相量图 （b）变压器高压侧电流相量图

图 3-25 变压器高压侧电流、电压及相量图

变压器低压侧电流、电压及相量图如图 3-26 所示。

（2）变压器低压侧各相短路电流

$$\dot{I}_{aK}=2\frac{\dot{I}_{BK}}{3}\cos30°=2\frac{\dot{I}_{BK}}{3}\times\frac{\sqrt{3}}{2}=\frac{\dot{I}_{BK}}{\sqrt{3}}$$

$$\dot{I}_{bK} = -\frac{\dot{I}_{BK}}{\sqrt{3}}$$

$$\dot{I}_{cK} = 0$$

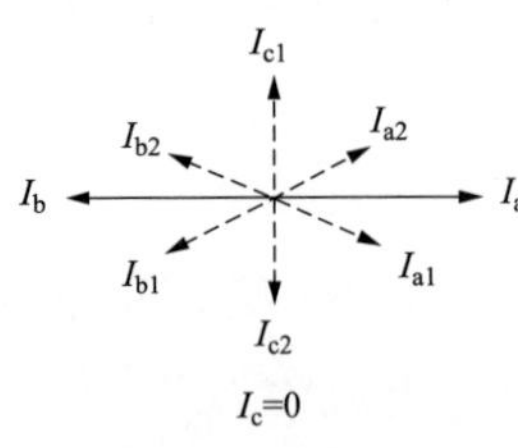

（a）变压器低压侧电流相量图

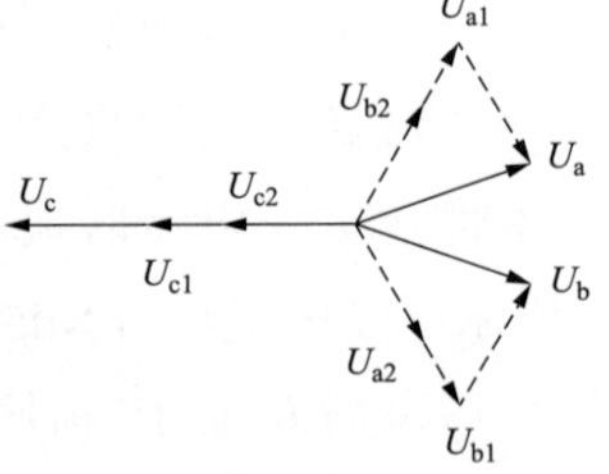

（b）变压器低压侧电压相量图

图 3-26　变压器低压侧电流、电压及相量图

由变压器高压侧流入各相差动继电器的电流

A 相：$\dfrac{\dot{I}_{AK} - I_{BK}}{\sqrt{3}} = -\dfrac{\dot{I}_{BK}}{\sqrt{3}}$

B 相：$\dfrac{\dot{I}_{BK} - \dot{I}_{CK}}{\sqrt{3}} = \dfrac{\dot{I}_{BK}}{\sqrt{3}}$

C 相：$\dfrac{\dot{I}_{CK} - \dot{I}_{AK}}{\sqrt{3}} = 0$

A 相差动保护差流：$I_{da} = \dfrac{\dot{I}_{BK} - \dot{I}_{BK}}{\sqrt{3}} = 0$

B 相差动保护差流：$I_{db} = \dfrac{\dot{I}_{BK} - \dot{I}_{BK}}{\sqrt{3}} = 0$

C 相差动保护电流：0

（3）YNd1：

$$I_{\Delta A} = \frac{I_{YA} - I_{YC}}{\sqrt{3}} = 0$$

$$I_{\Delta B} = \frac{I_{YB} - I_{YA}}{\sqrt{3}} = \frac{I_K}{\sqrt{3}}$$

$$I_{\Delta C} = \frac{I_{YC} - I_{YB}}{\sqrt{3}} = -\frac{I_K}{\sqrt{3}}$$

YNd3：

$$I_{\Delta A} = \frac{I_{YB} - I_{YC}}{\sqrt{3}} = \frac{I_K}{\sqrt{3}}$$

$$I_{\Delta B} = \frac{I_{YC} - I_{YA}}{\sqrt{3}} = 0$$

$$I_{\Delta C} = \frac{I_{YA} - I_{YB}}{\sqrt{3}} = -\frac{I_K}{\sqrt{3}}$$

6．一台 Yd11 接线的变压器，在其差动保护带负荷检查时（Y 侧 TA 采用角形接

法），测得其 Y 侧电流互感器电流相位关系为 $\dot{I}_b$ 超前 $\dot{I}_a$ 150°，$\dot{I}_a$ 超前 $\dot{I}_c$ 60°，$\dot{I}_c$ 超前 $\dot{I}_b$ 150°，$\dot{I}_b$ 为 8.65A，$\dot{I}_a=\dot{I}_c$=5A，试分析变压器 Y 侧电流互感器是否有接线错误。

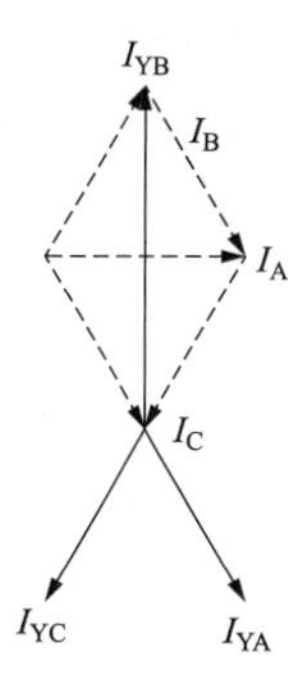

图 3-27　电流相量图

**答：**

（1）A 相接反。

（2）参考相量图（图 3-27）：根据主变压器接线组别，Y 侧绕组三角形接法应该是：$\dot{I}_{YA}=\dot{I}_A-\dot{I}_B$、$\dot{I}_{YB}=\dot{I}_B-\dot{I}_C$、$\dot{I}_{YC}=\dot{I}_C-\dot{I}_A$

如图 3-27 所示，做相量图时，应保证 A 头 C 尾、C 头 B 尾、B 头 A 尾画法。找到中心，与各点连线，明显看出 A 相接反。

7. 某 110kV 系统采用逐级串供方式如图 3-28 所示，电源端 A 站主变压器 110kV 侧中性点直接接地，其他各负荷站 110kV 主变压器中性点均经间隙接地，主变压器间隙保护退出；各线路配置相间距离保护及无方向零序保护；接线如图所示：在 AB 线路 K 点发生 A 相接地故障时，A 站 1 断路器零序二段动作掉闸（故障电流 20.4A），C 站 5 断路器零序二段动作掉闸（故障电流 4.7A），线路负荷侧断路器（2、4、6）未配置保护。经检查保护装置和二次回路无异常，试分析 1、5 断路器保护动作行为是否正确？为什么？3 断路器保护为何不动作？

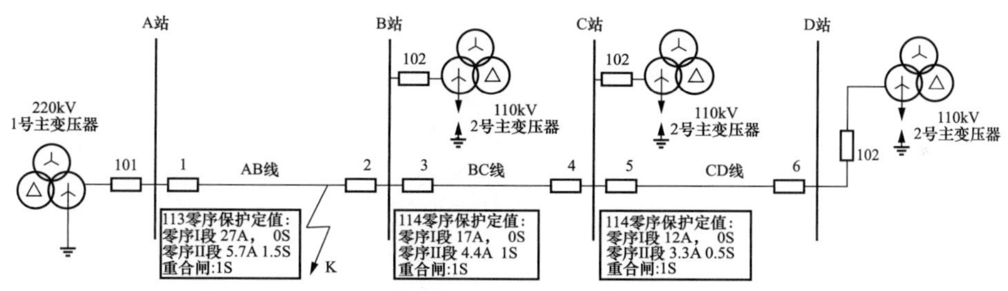

图 3-28　一次系统接线图

**答**：1、5 断路器保护正确动作。因为 K 点发生 A 相接地故障时，1 断路器流过零序故障电流 20.4A，达到零序二段定值，1.5s 时 1 断路器零序二段正确动作。正常情况下，5 断路器保护不应动作，但 D 站 110kV 2 号主变压器中性点间隙击穿，造成 5 断路器流过零序故障电流 4.7A，达到零序二段定值，0.5s 时 5 断路器零序二段正确动作。故障开始时，3 断路器虽然也流过零序故障电流 4.7A，但 0.5s 时 5 断路器跳开，故障电流消失，零序二段保护返回，故 3 断路器不动作。

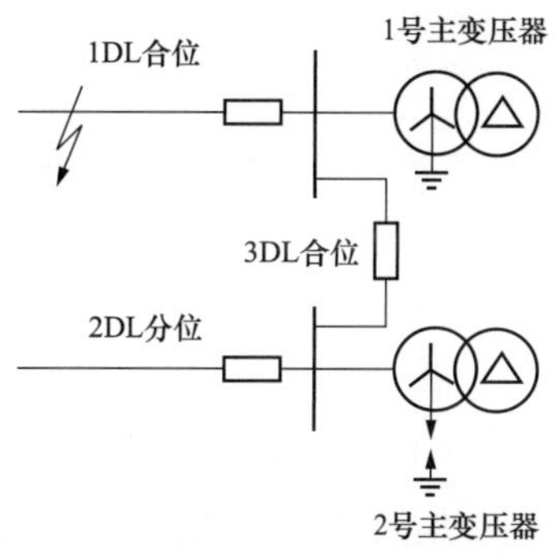

图 3-29　丙站一次系统接线图

8. 220kV 系统一次系统接线图如图 3-29 所示。某次故障 220kV 线路因雷击发生 A 相瞬时接地，在两侧线路保护选相跳闸后等待重合的过程中，2 号主变压器的两套间隙保护动作。请分析 2 号主变压

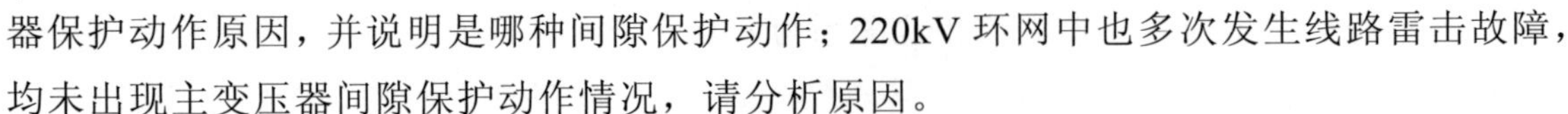


器保护动作原因，并说明是哪种间隙保护动作；220kV 环网中也多次发生线路雷击故障，均未出现主变压器间隙保护动作情况，请分析原因。

**答：**

（1）2 号主变压器的间隙零序电流保护动作。2 号主变压器间隙在线路遭雷击时已经击穿，在线路单相重合闸期间，因线路非全相运行存在零序电流，中性点间隙仍然续流；而 220kV 线路单相重合闸时间（一般为 1s）超过了中性点间隙过流保护的动作时间（一般为 0.5s），导致 2 号主变压器间隙过流保护动作。

（2）因环网中线路及接地变压器较多，在重合线路非全相运行期间，对零序电流产生很大的分流，导致中性点间隙无法续流，因而也不会出现主变压器间隙动作的情况。

9．某日变压器差动保护动作，已知变压器接线组别为 YNynd11，中低压侧无电源，录波图如图 3-30 所示（图中竖虚线间隔为 20ms），请回答：

（1）写出保护动作时序。

（2）说明低压侧 B 相 DE 段无故障电流原因。

（3）请找出故障点位置，并确认保护是否正确动作。

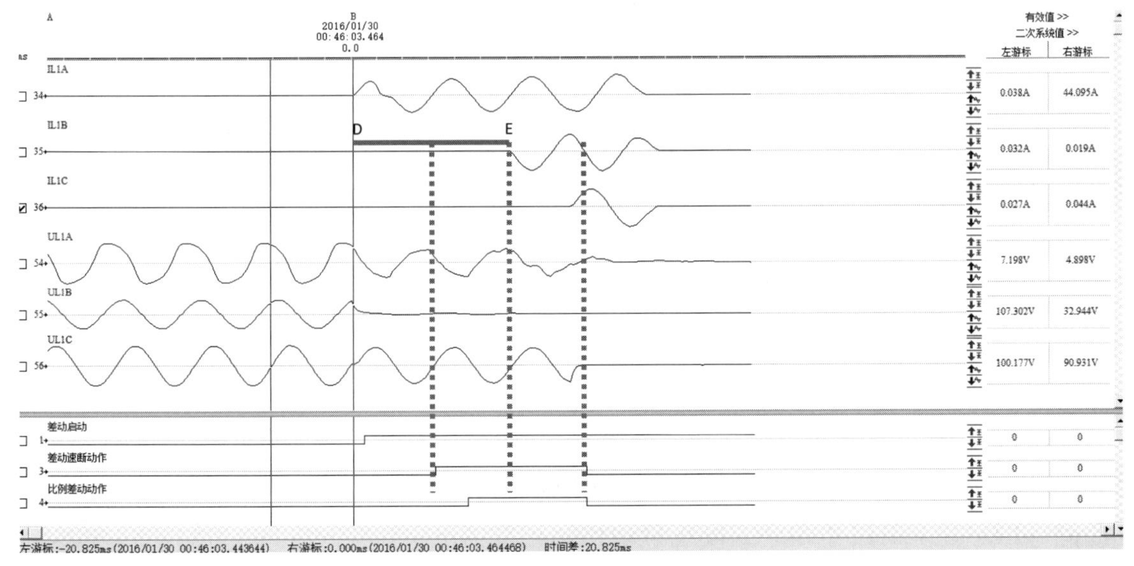


图 3-30　故障录波图

**答：**

（1）低压侧：

0ms 前：A 相接地，A 相电压降低，BC 相电压升高为 1.732 倍。

0ms：AB 短路接地，A、B 电压降为 0，C 相电压为正常电压的 1.5 倍，A 相出现故障电流，保护启动。

20ms：差动速断动作。

40ms：B 相出现故障电流（故障由区内发展至区外）。

55ms 左右：C 相电压降低，电流增大。差速断和比率差动保护返回（发展为区外三相短路故障）。

75ms 左右：断路器分开，电压电流降为 0。

（2）DE 段时间内，B 相在区内接地，故障电流没有经过变压器低压侧电流互感器。

（3）变压器低压侧区外 A 相接地，随后区内 B 相接地，再发展为区外 AB 短路，最后发展为区外 ABC 三相故障。保护正确动作。

10．某变电站主接线如图 3-31 所示，110kV 线路保护配置有距离保护和零序保护。某时刻 11TV 保护用二次空气开关跳开，400ms 后线路发生 B 相接地故障，线路保护拒动，1.2s 主变压器零序保护动作跳主变压器 110kV 断路器，同时刻间隙过流保护动作跳开主变压器三侧断路器，所有定值整定符合规程要求（线路 TV 断线零序过流时间定值 0.9s）。请分析：

（1）线路保护拒动的原因。

（2）主变压器间隙过流保护是否正确动作，动作的原因是什么？

（3）请提出防范及整改措施。

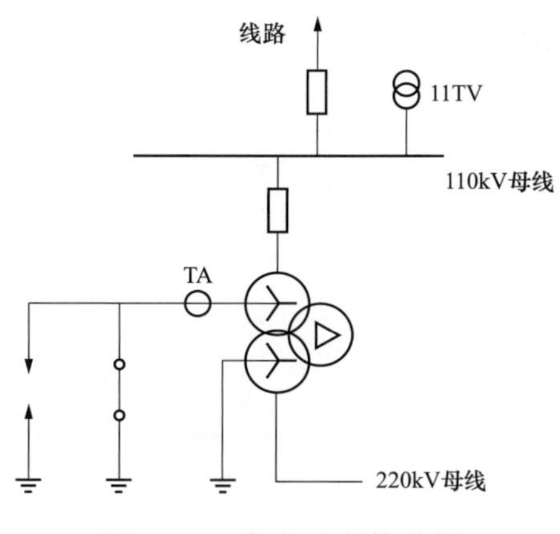


图 3-31　变电站主接线图

**答：**

（1）线路保护拒动的原因是：TV 断线后距离保护失去电压无法动作；零序保护失去电压无法动作；TV 断线过流因装置判别 TV 断线时间不足无法动作。

（2）主变压器间隙过流保护不正确动作，其动作原因是主变压器变中中性点未采用独立的零序 TA 和间隙过流 TA。

（3）尽快安装中性点间隙（零序）TA，确保主变压器变中中性点未采用独立的零序 TA 和间隙过流 TA；改造完成前应采取临时措施：在主变压器变中中性点接地运行时应退出间隙过流保护，投入零序过流保护；主变压器变中中性点不接地运行时应投入间隙过流保护，退出零序过流保护。

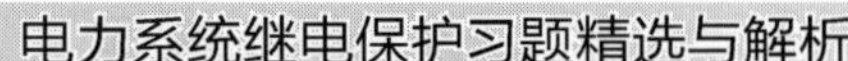


11．一台 Yd11 型接线变压器，如图 3-32 所示为某次故障后变压器两侧保护安装处母线电压、电流录波图，请分析：

（1）Y 侧、△侧电压、电流波形特点是什么？

（2）根据波形判断，故障发生在哪里？故障类型是什么？

（3）画出该故障下，一次 Y 侧、△侧电压、电流标幺值相量图，其中变压器标幺值阻抗为 $Z_T$，阻抗角 80°。

（4）变压器何种保护可能动作切除故障？低压侧有电源吗？

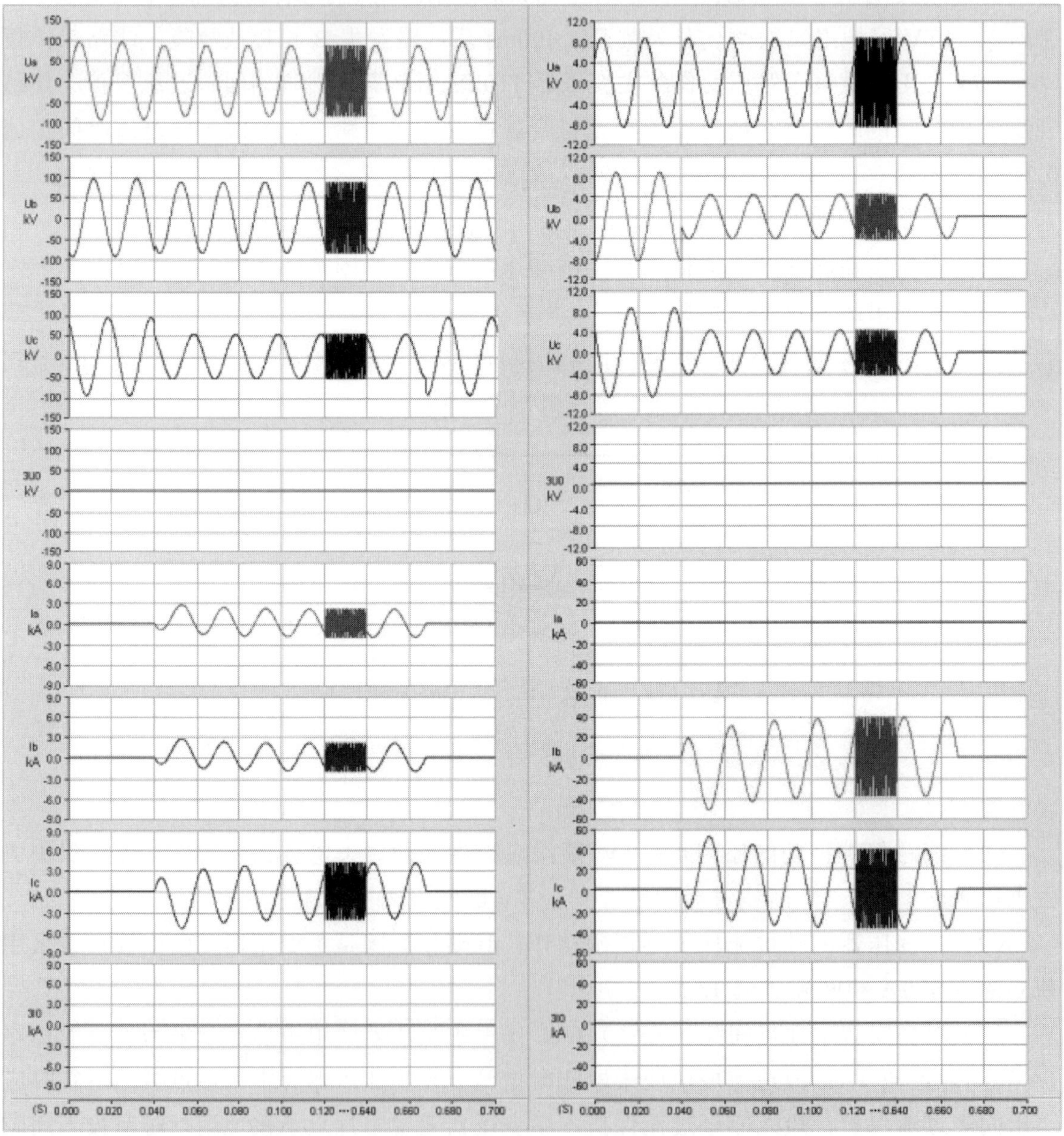

图 3-32　Y 侧电压电流录波图△侧电压电流录波图

**答：**

（1）主要特点有：

1）故障持续时间较长。故障从40ms开始，约在668ms时故障电流消失，Y侧母线电压恢复正常。

2）Y侧A、B相电流大小相等，相位相同，与C相相位相反，幅值约为C相一半。

3）△侧录波图显示，故障期间B、C两相出现了幅值相等，相位相反的故障电流，可直观地看出是△侧两相相间短路。

4）此时△侧B、C两相电压幅值相等约为A相电压幅值的一半，相位与A相电压相反。

（2）△侧母线（区外）BC相金属性相间短路故障。在穿越电流作用下，△侧c相电流应当与Y侧c相电流反相位，如果同相位说明低压侧有电源的差动区内相间短路。

（3）电流、电压相量图如图3-33所示。

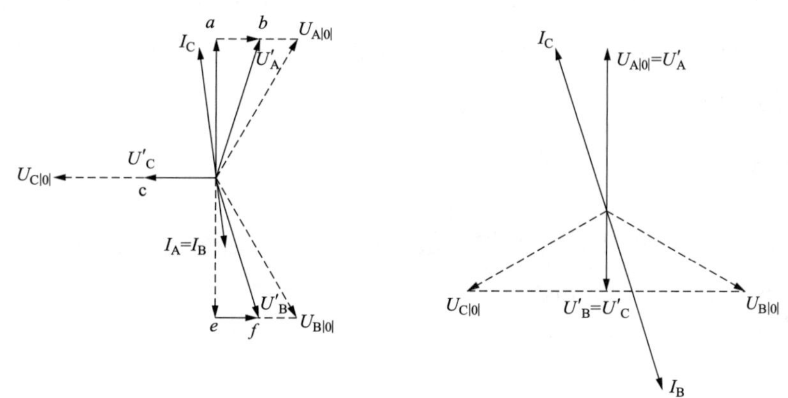


图3-33 电流电压相量图

$$\vec{ab}=\vec{ef}=\frac{I_b}{\sqrt{3}}\vec{oc}\,\vec{gh}=-j\frac{\sqrt{3}}{2}U_{A|0|}\,\vec{ih}=j\frac{\sqrt{3}}{2}U_{A|0|}$$

（4）变压器低压侧后备保护可能动作跳开低压侧断路器。低压侧没有电源，因为保护跳闸后低压侧电压消失。

# 第四章　母　线　保　护

【基本介绍】本章主要包括对母线差动保护、母联死区保护、母联失灵保护、断路器失灵保护、母联充电过流保护等母线保护方面知识的考查。

【典型问题】本章的典型问题是母线差动保护的比率制动特性、TA 饱和判别、TA 断线闭锁、复合电压闭锁，以及母联死区保护和断路器失灵保护的动作逻辑。

【难点介绍】本章的难点在于不同运行方式下母联死区保护的动作行为分析，电压回路异常情况下母线差动保护、断路器失灵保护的动作行为分析，以及分列压板状态对保护动作行为的影响分析。

## 一、单选题

1．比率制动特性的母线差动保护，故障电流在 2 倍额定电流以下时，母线保护整组动作时间应不大于（　　）ms。

A．5　　B．10　　C．20　　D．30

答案：C

2．220kV 母差保护中的单母（互联）压板应在一次操作（　　）投入，分列压板应在一次操作（　　）投入。

A．之前；之前　　B．之后；之后

C．之后；之前　　D．之前；之后

答案：D

解析：

（1）当元件在倒闸过程中两条母线经隔离开关双跨，装置自动识别为互联运行方式，如未先投入互联压板而隔离开关位置未及时上传，则可能导致保护不正确动作，所以要先投入互联压板。

（2）母联判断分为母联 TWJ 与分列压板。在母线由并列运行转分列运行时，应先断开对应母联（分段）断路器，再投入母联（分段）分列运行压板在母线由分列运行转并列运行时，应先退出对应母联（分段）分列运行压板，再合上母联（分段）断路器。

3．3/2 断路器接线母差保护装置不配置下列（　　）功能。

A．差动保护　　B．断路器失灵经母差跳闸

C．TV 断线告警　　D．TA 断线告警

**答案：**C

**解析：**3/2 接线母线保护不经复压闭锁。

4．校核母差保护电流互感器的 10%误差曲线时，计算电流倍数最大的情况是（　　）。

A．对侧有电源　　B．都一样　　C．对侧无电源

**答案：**C

**解析：**考虑故障电流最大情况。

5．BP-2C 母差保护电流通道系数的设定原则为以所有单元中（　　）为基准进行折算。

A．最小变比　　B．最大变比

C．相同变比数量最多的变比　　D．平均变比

**答案：**B

6．微机型双母线母差保护中使用的母联断路器电流取自Ⅱ母侧电流互感器，如母联断路器与电流互感器之间发生故障，将造成（　　）。

A．Ⅰ母差动保护动作，切除故障，Ⅰ母失压；Ⅱ母差动保护不动作，Ⅱ母不失压

B．Ⅰ母差动保护动作，Ⅰ母失压，但故障没有切除，随后失灵保护动作切除故障，Ⅱ母失压

C．Ⅰ母差动保护动作，Ⅰ母失压，但故障没有切除，随后Ⅱ母差动保护动作切除故障，Ⅱ母失压

D．双母线大差动保护动作，两条母线均失压

**答案：**C

**解析：**母联死区逻辑。

（1）若母联断路器和母联 TA 之间发生故障，断路器侧母线跳开后故障仍然存在，正好处于 TA 侧母线小差的死区，为提高保护动作速度，专设了母联死区保护。本装置的母联死区保护在差动保护发母联跳令后，母联断路器已跳开而母联 TA 仍有电流，且大差比率差动元件不返回的情况下，经死区动作延时 150ms 将母联电流退出小差。

（2）为防止母联在跳位时发生死区故障将母线全切除，当保护未启动时，若两母线处运行状态母联分列运行压板投入且母联在跳位，母联电流不计入小差。

7．母线故障时，关于母差保护 TA 饱和程度，以下哪种说法正确（　　）。

A．故障电流越大，TA 饱和越严重

B．故障初期 3～5ms，TA 保持线性传变，以后饱和程度逐步减弱

C．故障电流越大，且故障所产生的非周期分量越大和衰减时间常数越长，TA 饱和越严重

D．母线区内故障比区外故障 TA 的饱和程度要严重

**答案**：C

8．以下几种母线的主接线方式中，当在母线内部故障时不会有汲出电流产生的是（　　）。

A．多角形母线　　B．3/2 接线

C．双母线接线　　D．单母分段接线

**答案**：D

**解析**：主接线方式能够构成环形供电，可能产生汲出电流。

9．BP-2C 型母差保护带负荷试验，一次运行方式如下安排：主变压器总断路器运行在Ⅰ母线，通过母联断路器向Ⅱ母线上的某线路供电，则选取不同的相位基准情况下，已知母差保护中主变压器和线路的二次电流回路接线极性均指向母线，装置显示上述 3 个断路器的电流相角，其中（　　）是正确的。

A．主变压器断路器相角 0°，母联断路器相角 180°，线路断路器相角 0°

B．主变压器断路器相角 0°，母联断路器相角 180°，线路断路器相角 180°

C．主变压器断路器相角 180°，母联断路器相角 180°，线路断路器相角 0°

D．主变压器断路器相角 180°，母联断路器相角 0°，线路断路器相角 0°

**答案**：C

**解析**：BP-2C 保护装置中母联 TA 极性同Ⅱ母 TA 极性，一母差流为各支路减去母联支路，Ⅱ母差流为各支路加上母联支路。

10．母差保护某一出线 TA 单元零相断线后，保护的动作行为是（　　）。

A．区内故障动作，区外故障可能动作

B．区内故障不动作，区外故障可能动作

C．区内故障不动作，区外故障不动作

D．区内故障动作，区外故障不动作

**答案**：A

**解析**：TA 零线断线后，在系统无接地故障时无差流；当系统发生接地故障时，由于零线断线的 TA 无法传变零序电流，造成存在差流。

11．某工程师对一母差保护进行向量检查，所需接入母差的 3 组电流已全部接入。以该母线 TV 的 $U_A$ 为基准，测得 $U_A$ 超前所接 3 组电流（均为极性端接入）的角度依次为 10°、170°和 220°。请帮助其进行正确判断（　　）。

A．该母差保护 A 相电流回路向量正确

B．该母差保护 A 相电流回路向量错误

C．不能判定

D．该母差保护电流回路向量正确

**答案**：C

**解析**：未测量电流幅值，不能确定向量图是否正确。

12．母线差动保护低电压闭锁元件的整定，一般可整定为母线正常运行电压的（　　）。

A．60%～70%　　B．70%～80%　　C．80%～90%　　D．50%～60%

**答案**：A

**解析**：出自 DL/T 559—2007《220kV～750kV 电网继电保护装置运行整定规程》7.2.9.5。

13．在微机母差的 TA 饱和鉴别方法中，以下（　　）方法是基于 TA 一次故障电流过零点附近存在线性传变区原理构成的。

A．同步识别法　　B．谐波制动原理

C．自适应阻抗加权抗饱和法　　D．基于采样值的重复多次判别法

**答案**：D

**解析**：同步识别法通过比较故障发生与差流出现是否同步鉴别 TA 饱和。谐波制动原理利用差电流的波形畸变鉴别 TA 饱和。自适应阻抗加权抗饱和法利用电压工频变化量鉴别 TA 饱和。

14．如果故障点在母差保护和线路纵差保护的交叉区内，致使两套保护同时动作，则（　　）。

A．母差保护线路纵差保护和“对侧纵联”均动作评价

B．母差保护动作评价，线路纵差保护和“对侧纵联”不予评价

C．母差保护和“对侧纵联”分别评价，线路纵差保护不予评价

D．母差保护和线路纵联保护分别评价，“对侧纵联”不予评价

**答案**：D

**解析**：出自 DL/T 623—2010《电力系统继电保护及安全自动装置运行评价规程》6.2、6.3。

15．BP-2C 差动保护制动特性试验中，A 单元固定加 1A 电流，B 单元相位与 A 单元相反，当 B 单元电流增大到 4A 时，保护临界动作。根据该试验结果，计算其制动系数值为（　　）。

A．0.5　　B．0.6　　C．1.5　　D．4

**答案**：C

**解析**：制动电流 1+4=5A，差动电流 4–1=3A，制动系数=差动电流/（制动电流–差动电流）=3/（5–3）=1.5。

16．母线差动保护电流回路断线闭锁元件，其电流定值一般可整定为电流互感器额定电流的（　　）。

A．≤5%　　B．5%～10%　　C．10%～15%　　D．15%～20%

**答案**：B

**解析**：根据 DL/T 584—2017《3kV～110kV 电网继电保护装置运行整定规程》6.2.8.3：母线保护的电流回路断线闭锁元件，其电流定值应躲过正常最大不平衡电流，一般可整定

为电流互感器额定电流的0.05～0.1倍，动作时间大于母线连接元件保护的最大动作时间。

17．影响母差保护TA饱和程度，以下说法正确的是（　　）。

A．TA精确级别选择（0.2/0.5/5P30/TPY）对饱和无影响

B．母线故障时，TA饱和最严重

C．线路TA外侧故障时，TA饱和最严重

D．各种情况饱和程度差不多

**答案：**C

**解析：**考虑流经TA故障电流最大。

18．以下关于母线保护的说法，正确的是（　　）。

A．母联断路器断开，母线分列运行，母联隔离开关在合位，若母联电流没有退出小差，死区故障会造成母线保护拒动

B．母联断路器断开，一段母线停运，母联隔离开关在合位，若母联电流没有退出小差，死区故障会造成母线保护拒动

C．母联断路器断开，母线分列运行，母联隔离开关在合位，若母联电流退出小差，死区故障会造成母线保护拒动

D．母联断路器断开，母联隔离开关也已断开，母联电流必须退出小差，否则会造成母线保护拒动

**答案：**A

19．数字化母差保护下列哪种情况不闭锁差动保护功能（　　）。

A．母联SV通信中断

B．线路支路SV通信中断

C．变压器支路SV通信中断

**答案：**A

**解析：**数字化母差保护中TA断线等情况装置处理方式如表4-1所示。

**表4-1　　TA断线等情况装置处理方式**

| 保护元件 | | 处理方式 |
|---|---|---|
| 支路（分段） | TA断线 | 闭锁断线相大差及所在母线小差 |
| | SV通信中断 | 闭锁大差及所在母线小差 |
| | SV检修不一致 | |
| | SV报文配置异常 | |
| TA断线逻辑 | | 自动复归 |
| 母联及支路TA未发生断线时误报TA断线告警 | | 有流支路隔离开关位置异常（不含位置接反）、SV检修不一致、SV通信中断、SV报文配置异常、SV品质位异常时均应有相应告警报文，不应报TA断线 |

续表

| 保护元件 | | 处 理 方 式 |
|---|---|---|
| 母联 | TA 断线 | 母联 TA 断线后发生断线相故障，先跳开母联，延时 100ms 后选择故障母线 |
| | SV 通信中断 | 母联 SV 通信中断、SV 检修不一致、报文配置异常、SV 品质位异常后发生母线区内故障，先跳开母联，延时 100ms 后选择故障母线 |
| | SV 检修不一致 | |
| | SV 报文配置异常 | |

20．母线保护在下列（　　）情况下，母联电流不算入小差。

A．并列运行　　B．分列运行　　C．一母运行、一母停运

**答案**：B

21．以下关于母线保护失灵电流判据的说法，正确的是（　　）。

A．按照对应失灵开入的间隔判别

B．按照所有支路电流中，有任意一个支路满足电流判别条件

C．不进行电流判别直接动作

D．按照所有支路电流，任意一个满足电流判别条件，同时判复压满足条件

**答案**：A

22．母线保护装置，现场某间隔 TA 变比为 1200/5，基准变比为 1500/5，则在该间隔加入 1A 电流，下列说法正确的是（　　）。

A．模入量菜单和测量量菜单显示均为 1A

B．模入量菜单和测量量菜单显示均为 0.8A

C．模入量菜单显示为 0.8A，测量量菜单显示为 1A

D．模入量菜单显示为 1A，测量量菜单显示为 0.8A

**答案**：D

**解析**：$1\times1200/1500=0.8$。

23．关于母线保护电流，下面说法正确的是（　　）。

A．母联（分段）电流计入大差

B．母联（分段）电流计入小差

C．母联兼旁路作母联时电流既计入大差，又计入小差

D．母联兼旁路作旁路时其电流不计入大差，仅计入小差

**答案**：B

**解析**：

（1）大差是指由两段母线上所有电流支路构成的差动保护，不包含母联和分段断路器电流，可区分故障发生在母线内部还是外部，但不能识别哪一条母线有故障。

（2）某段母线小差是指由与该段母线相连的所有支路电流构成的差动保护，包含与

该母线相连的母联和分段断路器电流，所以可选择出发生故障的母线。

24．当母线内部故障有电流流出时，应（　　）差动元件的比率制动系数，以确保内部故障时母线保护正确动作。

A．减小　　B．增大　　C．减小或增大

**答案：**A

**解析：**外汲电流的引入应考虑提高装置的灵敏度，确保内部故障切除。

25．微机母线保护装置（　　）辅助电流互感器。

A．可以采用　　B．不宜采用　　C．一定采用

**答案：**B

26．RCS-915 母差保护在电流通道系数整定为“0.5”单元上加电流校验差动保护定值，当电流增大到 5A 时保护临界动作，此时的差动保护动作值为（　　）。

A．5A　　B．2.5A　　C．7.5A　　D．10A

**答案：**B

**解析：**参考装置说明书。

27．双母线差动保护的复合电压闭锁元件还要求闭锁每一断路器失灵保护，这一做法的原因是（　　）。

A．断路器失灵保护选择性能不好

B．防止断路器失灵保护误动

C．断路器失灵保护原理不完善

**答案：**B

28．BP-2C 母线保护装置双母线接线，当母联断路器处于分位时，（　　）自动转用比率制动系数低值。

A．Ⅰ母比率差动元件

B．大差比率差动元件

C．Ⅱ母比率差动元件

**答案：**B

**解析：**当双母线接线的两条母线分列运行时，母差保护大差元件的动作灵敏度将降低，因此需自动将制动系数降低。

29．母线差动保护的暂态不平衡电流比稳态不平衡电流（　　）。

A．大　　B．相等　　C．小

**答案：**A

**解析：**暂态过程叠加具有非周期分量非工频量。

30．双母线系统中，当Ⅰ母上隔离开关辅助触点出错，（　　）可能出现较大的差流。

A．Ⅰ母小差　　B．大差　　C．Ⅰ母小差和大差同时

**答案：** A

**解析：** 双母线上各连接元件在系统运行中需要经常在母线上切换，因此正确识别母线运行方式直接影响到母线保护动作的正确性。母线保护利用隔离开关位置判断运行母线，用于小差计算。

31．BP-2C 双母线母联电流的极性要求（　　）。

A．与Ⅱ母上其他单元极性一致

B．与Ⅰ母上其他单元极性一致

C．与母联电流的方向有关

**答案：** A

**解析：** 参考装置说明书，注意南瑞继保装置母联电流的极性与Ⅰ母上其他单元极性一致。

32．母线完全差动保护差动继电器动作电流整定，需要躲开（　　）时的不平衡电流。

A．大负荷电流　　B．小短路电流

C．大短路电流　　D．小负荷电流

**答案：** A

**解析：** 应考虑最不利的情况。出自 DL/T 559—2007《220kV～750kV 电网继电保护装置运行整定规程》7.2.9.6。

33．BP–2C 母线保护装置的复式比率差动判据的动作表达式为（　　）。

A．$I_d > I_{dset}$ 且 $I_d < K_r (I_r - I_d)$

B．$I_d > I_{dset}$ 或 $I_d > K_r (I_r - I_d)$

C．$I_d > I_{dset}$ 或 $I_d < K_r (I_r - I_d)$

D．$I_d > I_{dset}$ 且 $I_d > K_r (I_r - I_d)$

**答案：** D

34．当双母线接线的两条母线分列运行时，母差保护（　　）元件的动作灵敏度将降低，因此需自动将制动系数降低。

A．小差　　B．大差　　C．大差和小差

**答案：** B

**解析：** 小差不变，大差考虑外汲电流的影响。

35．母线差动保护采用电压闭锁元件的主要目的是（　　）。

A．系统发生振荡时，母线差动保护不会误动

B．区外发生故障时，母线差动保护不会误动

C．由于误碰出口继电器而不至造成母线差动保护误动

**答案：** C

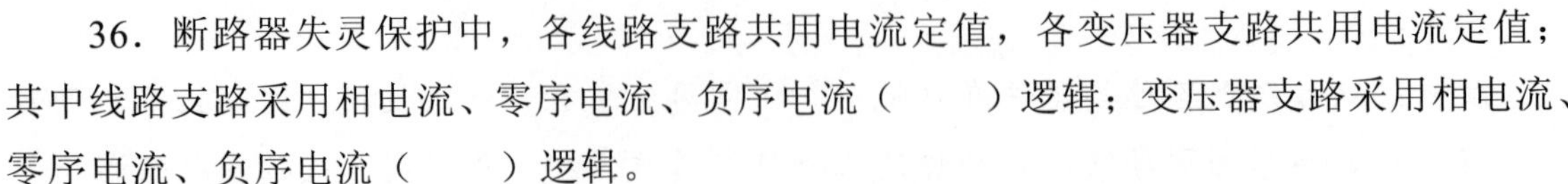


36．断路器失灵保护中，各线路支路共用电流定值，各变压器支路共用电流定值；其中线路支路采用相电流、零序电流、负序电流（　　）逻辑；变压器支路采用相电流、零序电流、负序电流（　　）逻辑。

A．“或门”“与门”　　B．“与门”“或门”

C．“或门”“或门”　　D．“与门”“与门”

**答案**：B

**解析**：出自 Q/GDW 1175—2013《变压器、高压并联电抗器和母线保护及辅助装置标准化设计规范》7.2.3。

37．断路器失灵保护的电流判别元件的动作和返回时间均不宜大于（　　），其返回系数也不宜低于（　　）。

A．20ms；0.9　　B．10ms；0.85　　C．20ms；0.85　　D．10ms；0.9

**答案**：A

**解析**：出自《国家电网有限公司十八项电网重大反事故措施（2018 年修订版）》15.2.4。

38．以下关于母线保护的描述不正确的是（　　）。

A．双母线接线的母线保护，在母线分列运行发生死区故障时，能有选择地切除故障母线

B．双母线接线差动保护出口经本段电压元件闭锁，但双母双分段分段断路器不经电压闭锁

C．断路器失灵保护与母差保护不共用出口，失灵保护配置独立出口触点

D．操作箱（智能终端）提供的 SHJ 触点母联 TWJ 母联（分段）TA“有无电流”的判别，作为母线保护判断母联（分段）充电并进入充电逻辑的依据

**答案**：C

**解析**：双母线接线的断路器失灵保护应与母差保护共用出口。

39．双母线保护判别充电逻辑有效时间为 SHJ 触点由“0”变为“1”后的（　　）内。

A．100ms　　B．1s　　C．5s　　D．10s

**答案**：B

**解析**：出自 Q/GDW 1175—2013《变压器、高压并联电抗器和母线保护及辅助装置标准化设计规范》7.2.1。

40．3/2 断路器接线每组母线宜装设两套母线保护，同时母线保护应（　　）电压闭锁环节。

A．不设置　　B．设置

C．一套设置、一套不设置　　D．可带可不带

**答案**：A

41．双母线运行倒闸过程中会出现两个隔离开关同时闭合的情况，如果此时 I 母发

生故障，母线保护应（　　）。

A．切除两条母线　　B．切除Ⅰ母

C．切除Ⅱ母　　D．两条母线均不切除

**答案：**A

42．关于母线保护复合电压闭锁功能，以下说法错误的是（　　）。

A．母联出口跳闸不经电压闭锁

B．电压采样异常，开放电压闭锁

C．电压采样检修不一致，闭锁差动保护

D．Ⅰ段 TV 检修，允许开放该段母线电压闭锁

**答案：**C

**解析：**电压异常，仅解除电压闭锁。

43．影响母线保护大差灵敏度的因素，以下说法正确的是（　　）。

A．母联（分段）分列运行影响

B．与每段母线所连系统电源大小无关

C．与双母单分段接线环形母线运行有关

D．与双母双分段接线环形母线运行无关

**答案：**A

44．对检修或事故跳闸停电的母线进行试送电时，具备空余线路且线路后备保护齐备时应首先考虑用（　　）送电。

A．外来电源　　B．本站电源　　C．外来或本站电源均可

**答案：**A

45．母联 TA 断线后发生断线相故障，先跳开母联断路器，延时（　　）ms 后选择故障母线。

A．100　　B．120　　C．150　　D．200

**答案：**A

**解析：**出自 Q/GDW 1175—2013《变压器、高压并联电抗器和母线保护及辅助装置标准化设计规范》7.2.1。

46．母线保护复合电压的 3 个电压元件的逻辑关系为（　　）。

A．逻辑与　　B．逻辑或　　C．逻辑非　　D．三取二

**答案：**B

**解析：**出自 Q/GDW 1175—2013《变压器、高压并联电抗器和母线保护及辅助装置标准化设计规范》7.2.3。

47．母线差动保护（非大差后备）出口，需（　　）满足条件。

A．大差及小差同时　　B．大差及小差任一　　C．小差　　D．大差

答案：A

解析：母线大差比率差动用于判别母线区内和区外故障，小差比率差动用于故障母线的选择。

48．Ⅰ母、Ⅱ母在母线互联情况下，母线差动保护动作时跳（　　）。

A．Ⅰ母所有元件　　B．Ⅱ母所有元件

C．母联　　D．Ⅰ母、Ⅱ母所有元件

答案：D

解析：当处于互联的母线中任一段母线发生故障时，均将此两段母线同时切除（但实际动作于某条母线跳闸时，还必须经过该母线的电压闭锁元件闭锁）。

49．母线保护下列（　　）情况闭锁差动保护。

A．普通支路 TA 断线

B．母联 TA 断线

C．TV 断线

答案：A

50．母线保护各普通支路的极性要求，描述正确的是（　　）。

A．可以不统一　　B．统一　　C．可整定

答案：B

51．关于母线保护运行方式修正功能，描述不正确的是（　　）。

A．可以修正多个无隔离开关位置的元件

B．利用电流平衡法可校验出来并发告警信号

C．采用试探法确认其所在母线组

D．当校核电流值大于 0.8 倍 TA 断线定值时，装置启动修正功能

答案：A

解析：自动修正位置只能修正 1 个隔离开关位置。

52．当母线上连接元件较多时，电流差动母线保护在区外短路时，不平衡电流较大的原因是（　　）。

A．电流互感器的变比不同　　B．电流互感器励磁阻抗大

C．电流互感器严重饱和　　D．以上都不对

答案：C

53．在 220kV 及以上电压等级变压器保护中，（　　）保护的出口不宜启动断路器失灵保护。

A．瓦斯　　B．差动

C．220kV 零序过流　　D．中性点零流

答案：A

**解析**：非电量保护不宜启动失灵保护。

54．变压器的断路器失灵时，除应跳开失灵断路器相邻的全部断路器外，还应跳开（　　）。

A．本变压器连接其他电源侧的断路器　　B．对侧断路器

C．失灵断路器所在母线上所有断路器　　D．以上都不对

**答案**：A

**解析**：出自《国家电网有限公司十八项电网重大反事故措施（2018 年修订版）》15.2.10。

55．当 220kV 母差保护发生 TV 断线时，应采取的措施为（　　）。

A．应立即停用母差保护

B．保护可以继续运行，但在此期间不准在母差保护回路上进行作业

C．应采取 TV 并列措施

D．对于双母线接线，应及时改为无选择方式运行

**答案**：B

56．母线保护的“母线互联”软硬压板采用（　　）逻辑。

A．与　　B．不能同时投入　　C．或

**答案**：C

57．母线保护各支路 TA 变比差不宜大于（　　）倍。

A．2　　B．4　　C．8　　D．10

**答案**：B

**解析**：出自 Q/GDW 1175—2013《变压器、高压并联电抗器和母线保护及辅助装置标准化设计规范》12.5.6。

58．母线保护在充电逻辑的有效时间内，如满足动作条件应瞬时跳母联（分段）断路器，如母线保护仍不复归，延时（　　）跳运行母线，以防止误切除运行母线。

A．1s　　B．500ms　　C．2s　　D．300ms

**答案**：D

**解析**：出自 Q/GDW 1175—2013《变压器、高压并联电抗器和母线保护及辅助装置标准化设计规范》7.2.1。

59．母线保护，差动保护出口经本段电压元件闭锁，除双母双分段分段断路器以外的母联和分段经两段母线电压（　　）闭锁，双母双分段分段断路器不经电压闭锁。

A．与门　　B．或门　　C．非门　　D．与非门

**答案**：B

**解析**：出自 Q/GDW 1175—2013《变压器、高压并联电抗器和母线保护及辅助装置标准化设计规范》7.2.1。

60．母线元件中，（　　）元件需确认其极性端是否和装置默认极性端指向一致，

若不一致，需倒极性。

A．主变　　B．旁路　　C．母联/分段　　D．线路

**答案：**C

61．母线保护要求各接入单元的 TA 变比相差不要超过 4 倍，如果超过 4 倍，必然导致（　　）。

A．差动保护误动

B．正常运行，有差流产生

C．TA 断线精度下降，小变比间隔 TA 断线不易判断

D．基准变比整定选取最小变比

**答案：**C

62．关于失灵解复合电压闭锁，以下说法不正确的是（　　）。

A．传统站线路保护，母线保护配置线路失灵解复压触点实现功能

B．智能站线路保护，母线保护通过线路失灵解复压控制字实现功能

C．智能站主变压器失灵解除复压闭锁，可与启失灵共用一副 GOOSE 开入

D．传统站主变压器失灵解除复压闭锁，可与启失灵共用一副主变压器跳闸触点开入

**答案：**D

**解析：**常规站保护，双母线接线变压器保护启动失灵和解除电压闭锁采用不同继电器的保护跳闸触点。智能站母线保护变压器支路启动失灵和解除电压闭锁共用 GOOSE 输入。

63．关于母线倒闸操作，以下哪种说法不正确（　　）。

A．隔离开关双跨时，母线保护“母线互联”信号灯点亮

B．隔离开关双跨时，双跨支路流过Ⅰ、Ⅱ母隔离开关的电流一定相等

C．隔离开关双跨时，母线保护小差退出

D．断开母联操作电源后，宜投入母线保护装置“母线互联”压板

**答案：**B

64．根据相关规范要求，母线保护 TA 断线处理方式中，需考虑以下（　　）情况。

A．TA、TV 断线同时出现　　B．单一元件一相断线

C．中性线断线　　D．无流元件 TA 断线

**答案：**B

**解析：**出自 Q/GDW 1175—2013《变压器、高压并联电抗器和母线保护及辅助装置标准化设计规范》7.2.1。

65．若母线保护装置发 Y 相 TA 断线，以下说法不准确的是（　　）。

A．母线保护装置功能闭锁数据集中“闭锁差动保护”置位

B．母线保护装置保护功能状态数据集中“X 母差动 Y 相有效”不置位

C．智能站母线保护 SV 采样情况下，SV 通信链路，SV 数据品质均正常

D．智能站母线保护“运行异常”信号触点导通

**答案**：A

**解析**：支路一相断线，只闭锁本相差动。

66．母线差动保护电压闭锁元件的灵敏系数与相应电流动作元件的灵敏系数相比应（　　）。

A．低　　B．相等　　C．高　　D．任意

**答案**：C

**解析**：辅助元件灵敏度应高于动作元件。

67．比率差动构成的国产双母线差动保护中，若母联断路器由于需要处于开断运行时，则正确的做法是（　　）。

A．从大差动两个小差动保护中切出母联电流

B．从母联断路器侧的一个小差动保护中切出母联电流

C．从两个小差动保护中切出母联电流

D．无需将母联电流从差动保护中切出，只需将母联断路器跳闸压板断开

**答案**：C

68．在双母线的母差保护中，下列说法正确的是（　　）。

A．大差动的比率制动系数通常比Ⅰ、Ⅱ母线的小差动的比率制动系数略小，其主要原因是大差动是起动元件，小差动是选择元件

B．在用母联对另一空母线充电时，通常将母差保护短时闭锁，这是防止母差保护在充电期间受干扰而造成的误动

C．在母联对另一个空母线充电时，将母差保护短时闭锁，这可防止充电时死区内的短路故障造成母差的动作

**答案**：C

**解析**：出自 Q/GDW 1175—2013《变压器、高压并联电抗器和母线保护及辅助装置标准化设计规范》7.2.1。

69．500kV 系统失灵保护电流判别回路不宜使用（　　）级。

A．P　　B．D　　C．TPY　　D．0.5

**答案**：C

**解析**：TPY 有较大拖尾电流。出自 DL/T 866—2015《电流互感器和电压互感器选择及计算规程》7.2.6。

70．500kV 断路器失灵保护应选用（　　）级电流互感器。

A．TPY　　B．P　　C．0.5　　D．0.2

**答案**：B

**解析**：出自 DL/T 866—2015《电流互感器和电压互感器选择及计算规程》7.1。

71．RCS-915 母差保护电流通道系数的设定原则为以所有单元中（　　）为基准进行折算。

A．最小变比　　B．最大变比

C．相同变比数量最多的变比　　D．相同变比数量最少的变比

**答案**：C

72．关于 RCS-915AB 说法正确的是（　　）。

A．母联在分位且两条母线分列运行时，小差比率制动系数取低值

B．断路器失灵保护中选择不经电压闭锁时，复压元件将不能开放失灵保护

C．母联分位情况下，母联电流退出小差保护执行分位死区逻辑

D．当某条支路有电流而无隔离开关位置时，装置能够记忆原来的隔离开关位置

**答案**：D

73．一次接线为 3/2 断路器接线时，下面关于母线保护的说法，不正确的是（　　）。

A．每组母线宜装设 2 套母线保护

B．每套母线保护应装设电压闭锁元件

C．边断路器失灵时，宜通过母差保护联跳母线上其他边断路器

D．母差保护的启动失灵联跳功能要求有双开入

**答案**：B

**解析**：3/2 接线不需要电压闭锁。

74．当母线故障，母线差动保护动作而某断路器拒动或故障点发生在电流互感器与断路器之间时，对装有光纤差动电流保护的线路，采用母线差动保护动作（　　）的措施。

A．远跳对侧　　B．闭锁对侧跳闸　　C．发信　　D．停信

**答案**：A

75．比率制动差动继电器，动作门槛电流 2A，比率制动系数为 0.5，拐点电流 5A。本差动继电器的动作判据 $I_{DZ}=|I_1+I_2|$，制动量为 $\{I_1, I_2\}$ 取较大者。模拟穿越性故障，当 $I_1$=7A 时测得差电流 $I_c$=3A，此时，该继电器（　　）。

A．动作　　B．不动作　　C．处于动作边界　　D．不确定

**答案**：D

**解析**：边界动作方程为 $I_c>2+(I_r-5)\times0.5$，当 $I_1$ 作为制动时，处于动作边界；当 $I_2$ 作为制动时，此时制动电流为 10A，代入以上方程，不动作。

76．双母线的电流差动保护，当故障发生在母联断路器与母联电流互感器之间时，（　　）。

A．启动远方跳闸　　B．启动母联失灵（或死区）保护

C．启动失灵保护及远方跳闸

**答案：**B

77．为更好地解决母联断路器热备用时发生死区问题，当母联断路器的动合辅助触点断开时，小差判据中（ ）母联电流。

A．计入　　B．不计入　　C．相同变比数量最多的变比

**答案：**B

78．标准化的母线保护应能自动识别母联的充电状态，当母联合闸于死区故障时，为不误切除运行母线，应（ ）。

A．瞬时跳母联（分段）和运行母线

B．只瞬时跳母联（分段）

C．瞬时跳母联（分段）和延时跳运行母线

**答案：**C

**解析：**出自 Q/GDW 1175—2013《变压器、高压并联电抗器和母线保护及辅助装置标准化设计规范》7.2.3。

79．母线保护中，母联及双母单分段的分段 TA 断线后，大差差动电流平衡，保护不会误动作。因此，母联及双母单分段的分段 TA 断线后，程序处理方式为（ ）。

A．告警并闭锁差动保护　　B．仅告警，不闭锁差动保护

C．不告警，不闭锁差动保护　　D．装置不处理

**答案：**B

**解析：**出自 Q/GDW 1175—2013《变压器、高压并联电抗器和母线保护及辅助装置标准化设计规范》7.2.1。

80．按照 Q/GDW 1175—2013《变压器、高压并联电抗器和母线保护及辅助装置标准化设计规范》，母线保护的母联 TA 断线后保护逻辑正确的是（ ）。

A．母线故障时，先瞬跳母联，再延时切故障母线

B．任一母线故障切除相关两条母线上的所有连接元件

C．闭锁差动保护

**答案：**A

**解析：**出自 Q/GDW 1175—2013《变压器、高压并联电抗器和母线保护及辅助装置标准化设计规范》7.2.1。

81．以下哪种保护动作后，不应启动母联失灵保护（ ）。

A．差动保护　　B．充电保护

C．断路器失灵保护　　D．母联非全相保护

**答案：**D

82．220kV 及以上电压等级的母联母线分段断路器应按断路器配置过流保护，保护

功能宜集成于母线保护或独立配置。过流保护（　　）电压闭锁，具备瞬时和延时跳闸功能，并（　　）启动母联（分段）失灵保护。

A．不经，应　　B．不经，不应　　C．经，应　　D．经，不应

**答案：**A

**解析：**出自 Q/GDW 1175—2013《变压器、高压并联电抗器和母线保护及辅助装置标准化设计规范》7.2.3。

83．关于母线充电保护特点，不正确的是（　　）。

A．为可靠切除被充电母线上的故障，专门设立母线充电保护

B．为确保母线充电保护的可靠动作，尽量采用阻抗保护作为相间故障的保护

C．母线充电保护仅在母线充电时投入，其余情况下应退出

D．母线充电保护可以由电流保护组成

**答案：**B

**解析：**出自 Q/GDW 1175—2013《变压器、高压并联电抗器和母线保护及辅助装置标准化设计规范》7.2.3。

84．以下说法错误的是（　　）。

A．母联（分段）失灵保护、母联（分段）死区保护均应经电压闭锁元件控制

B．母联（分段）死区保护确认母联跳闸位置的延时为 120ms

C．3/2 断路器接线的母线保护应设置灵敏的、不需整定的电流元件，并带 50ms 的固定延时，以提高边断路器失灵保护动作后经母线保护跳闸的可靠性

D．为缩短失灵保护切除故障的时间，失灵保护宜同时跳母联（分段）和相邻断路器

**答案：**B

**解析：**出自 Q/GDW 1175—2013《变压器、高压并联电抗器和母线保护及辅助装置标准化设计规范》7.2.4。

85．220kV 及以上电网一般采用近后备方式，当一套保护拒动时，由功能独立的另一套保护切除故障，当断路器拒动时，由（　　）切除故障。

A．对侧保护　　B．辅助保护

C．上一级保护　　D．断路器失灵保护

**答案：**D

**解析：**出自 DL/T 559—2007《220kV～750kV 电网继电保护装置运行整定规程》5.4.1。

86．断路器失灵保护的整定时间为（　　）。

A．保护动作时间＋断路器跳闸时间＋$\Delta t$

B．应大于保护返回时间＋$\Delta t$

C．断路器跳闸时间＋保护返回时间＋$\Delta t$

**答案：**C

**解析**：出自 DL/T 559—2007《220kV～750kV 电网继电保护装置运行整定规程》7.2.10。

87．3/2 接线完整串的中断路器失灵，以下动作行为不正确的是（　　）。

A．启动主变压器失灵联跳　　B．启动线路远传发信

C．跳边断路器　　D．启动 500kV 母线失灵

**答案**：D

**解析**：3/2 接线完整串的中断路器失灵仅对应连接的断路器。

88．双母线接线的断路器失灵保护动作的充要条件是（　　）。

A．失灵保护电压闭锁回路开放，本站有保护装置动作且超过失灵保护整定时间仍未返回

B．失灵保护电压闭锁回路开放，故障元件的电流持续时间超过失灵保护整定时间仍未返回，且故障元件的保护装置曾动作

C．失灵保护电压闭锁回路开放，本站有保护装置动作，且该保护装置和与之相对应的失灵电流判别元件的持续动作时间超过失灵保护整定时间仍未返回

D．本站有保护装置动作，且该保护装置和与之相对应的失灵电流判别元件的持续动作时间超过失灵保护整定时间仍未返回

**答案**：C

89．按照 Q/GDW 1175—2013《变压器、高压并联电抗器和母线保护及辅助装置标准化设计规范》母线保护设计要求，母线保护装置中各线路支路断路器失灵电流判别采用相电流，零序电流（或负序电流）的（　　）逻辑。

A．或门　　B．与门　　C．非门　　D．异或门

**答案**：B

**解析**：出自 Q/GDW 1175—2013《变压器、高压并联电抗器和母线保护及辅助装置标准化设计规范》7.2.3。

90．国家电网标准化设计的双母线接线断路器失灵保护，宜采用（　　）中的失灵电流判别功能。

A．变压器保护　　B．线路保护　　C．母线保护　　D．失灵保护

**答案**：C

**解析**：出自 Q/GDW 1175—2013《变压器、高压并联电抗器和母线保护及辅助装置标准化设计规范》7.2.3。

91．3/2 断路器接线，失灵保护动作经母差保护出口时，应在母差保护装置中设置灵敏的不需整定的电流元件并带（　　）ms 延时，以提高边断路器失灵保护动作后经母线保护跳闸的可靠性。

A．30　　B．40　　C．50　　D．60

**答案**：C

**解析**：出自 Q/GDW 1175—2013《变压器、高压并联电抗器和母线保护及辅助装置标准化设计规范》7.2.4。

92．为了从时间上判别断路器失灵故障的存在，失灵保护动作时间的整定原则是（　　）。

A．大于故障元件的保护动作时间和断路器跳闸时间之和

B．大于故障元件的断路器跳闸时间和保护返回时间之和

C．大于故障元件的保护动作时间和返回时间之和

D．大于故障元件的保护动作时间即可

**答案**：B

**解析**：出自 DL/T 559—2007《220kV～750kV 电网继电保护装置运行整定规程》7.2.10。

93．失灵保护的线路断路器启动回路由（　　）。

A．保护动作出口触点和断路器失灵判别元件（电流元件）构成“与”回路

B．保护动作出口触点和断路器失灵判别元件（电流元件）构成“或”回路

C．母线差动保护（1 母或 2 母）出口继电器动作触点和断路器失灵判别元件（电流元件）构成“与”回路

D．母线差动保护（1 母或 2 母）出口继电器动作触点和断路器失灵判别元件（电流元件）构成“或”回路

**答案**：A

94．母线保护失灵保护动作时，（　　）需要失灵联跳出口。

A．母联　　B．线路元件　　C．主变压器元件　　D．旁路

**答案**：C

**解析**：出自 Q/GDW 1175—2013《变压器、高压并联电抗器和母线保护及辅助装置标准化设计规范》5.1.2.3。

95．母线故障时，若变压器断路器失灵，则失灵保护将联跳变压器各侧断路器，以下说法不正确的是（　　）。

A．母线差动保护动作后，可启动该功能

B．母线失灵保护动作后，可启动该功能

C．失灵电流再判别元件由主变压器保护完成

D．主变压器保护设置灵敏的，不需整定的电流元件并带 50ms 延时

**答案**：C

**解析**：出自 Q/GDW 1175—2013《变压器、高压并联电抗器和母线保护及辅助装置标准化设计规范》7.2.3。

96．以下（　　）情况三跳启母线失灵，不采用操作箱内 TJR 触点。

A．独立的母联充电过流装置三跳启失灵

B．3/2 接线三跳启失灵

C．线路支路有高压并联电抗器等需要三跳启动失灵

D．双母线接线变压器三跳启失灵

**答案：**D

**解析：**出自 Q/GDW 1175—2013《变压器、高压并联电抗器和母线保护及辅助装置标准化设计规范》5.1.2.3。

97．3/2 接线的边断路器失灵后通过母线保护跳闸时，不采用传统的“双开入直跳”方式，在母线保护内部应设置灵敏的不需整定的电流元件并带（　　）ms 的固定延时，以提高边断路器失灵保护动作后经母线保护跳闸的可靠性。

A．10　　B．20　　C．50　　D．100

**答案：**B

**解析：**出自 Q/GDW 1175—2013《变压器、高压并联电抗器和母线保护及辅助装置标准化设计规范》7.2.2。

98．变压器重瓦斯保护不允许起动断路器失灵保护，主要原因是（　　）。

A．有差动保护启动失灵保护不需要重瓦斯保护重复起动

B．重瓦斯保护的误动概率高，容易引起误启动失灵保护

C．变压器内部故障重瓦斯保护动作后返回较慢

**答案：**C

## 二、多选题

1．双母线接线的母线保护设置复合电压闭锁元件的原因有（　　）。

A．防止由于人员误碰，造成母差或失灵保护误动出口，跳开多个元件

B．防止母差或失灵保护由于元件损坏或受到外部干扰时误动出口

C．双母线接线的线路由一个断路器供电，一旦母线误动，会导致线路停电，所以母线保护设置复合电压闭锁元件可以保证较高的供电可靠性

D．当变压器断路器失灵时，电压元件可能不开放

**答案：**ABC

**解析：**出自 Q/GDW 1175—2013《变压器、高压并联电抗器和母线保护及辅助装置标准化设计规范》7.2.1。

2．双母线母差保护中，复合电压闭锁元件包含（　　）。

A．低电压　　B．电压突变　　C．负序电压　　D．零序电压

**答案：**ACD

3．当双母线接线的母线 TV 断线时，母线保护程序如何处理（　　）。

A．仅告警，不允许母线保护解除该段母线电压闭锁

B．允许母线保护解除该段母线电压闭锁

C．装置发运行异常告警信号

D．闭锁复压电压元件动作

**答案：**BC

**解析：**出自 Q/GDW 1175—2013《变压器、高压并联电抗器和母线保护及辅助装置标准化设计规范》7.2.1。

4．按照 Q/GDW 1175—2013《变压器、高压并联电抗器和母线保护及辅助装置标准化设计规范》，母线保护差动保护的复压元件为内部定值，说法正确的是（　　）。

A．低电压闭锁定值固定为 0.7 倍额定相电压

B．低电压为 30V

C．零序电压闭锁定值固定为 6V

D．负序电压闭锁定值（相电压）固定为 4V

**答案：**ACD

**解析：**出自 Q/GDW 1175—2013《变压器、高压并联电抗器和母线保护及辅助装置标准化设计规范》C.2.2。

5．按照 Q/GDW 1175—2013《变压器、高压并联电抗器和母线保护及辅助装置标准化设计规范》，母线保护的选配功能有（　　）。

A．母联充电保护　　　　B．母联非全相保护

C．线路失灵解复压闭锁　　　　D．过电压保护

**答案：**ABC

**解析：**出自 Q/GDW 1175—2013《变压器、高压并联电抗器和母线保护及辅助装置标准化设计规范》C.2.2。

6．为防止区外故障因 TA 饱和导致母差误动，可采取的方法包括（　　）。

A．同步识别法　　　　B．波形对称法

C．间断角识别　　　　D．谐波制动法

**答案：**AD

**解析：**波形对称法和间断角识别是判断励磁涌流的方法。

7．电流互感器饱和对母差保护影响结果，说法不正确的是（　　）。

A．内部故障时，电流互感器即使饱和，母差保护也能正确动作

B．外部故障时有误动可能，因为饱和电流互感器二次绕组呈电阻性，将使电流减小而导致差动回路电流增大

C．内部故障时，有发生拒动的可能性，因为饱和电流互感器因二次阻抗大，要汲出差动回路电流

D．外部故障时有可能不动作，因为饱和电流互感器电流的减小而使差动电流减小

**答案：**ACD

**解析：**出自 Q/GDW 1175—2013《变压器、高压并联电抗器和母线保护及辅助装置标准化设计规范》7.2.1。

8．接入两段母线电压的按间隔配置的合并单元，根据采集的双位置隔离开关信息，进行电压切换。切换逻辑应满足（　　）。

A．当Ⅰ母隔离开关合位、Ⅱ母隔离开关分位时，母线电压取自Ⅰ母

B．当Ⅰ母隔离开关分位、Ⅱ母隔离开关合位时，母线电压取自Ⅱ母

C．当Ⅰ母隔离开关分位、Ⅱ母隔离开关分位时，母线电压数值为 0，并在 GOOSE 报文中报失压告警信号

D．采集隔离开关位置异常状态时报警

**答案：**ABCD

9．母线保护应能适应被保护母线的各种运行方式，具体要求包括（　　）。

A．应能在双母线分组或分段运行时，有选择性地切除故障母线

B．应能自动适应双母线连接元件运行位置的切换

C．切换过程中保护不应误动作，不应造成电流互感器的开路；切换过程中，母线发生故障，保护应能正确动作切除故障；切换过程中，区外发生故障，保护不应误动作

D．母线充电合闸于有故障的母线时，母线保护应能正确动作切除故障母线

**答案：**ABCD

10．母线保护中，母线上元件种类有线路元件、主变压器元件、母联/分段元件。其中（　　）和（　　）有其特殊性，在程序中，其元件编号是固定的。

A．主变压器　　　　B．线路　　　　C．母联/分段

**答案：**AC

**解析：**出自 Q/GDW 1175—2013《变压器、高压并联电抗器和母线保护及辅助装置标准化设计规范》7.1.2.6。

11．双母单分接线母线保护不计入大差电流的有（　　）。

A．母联 1 支路　　　　B．分段支路

C．母联 2 支路　　　　D．主变压器支路

**答案：**ABC

12．以下几种母线的主接线方式中，当在母线内部故障时会有汲出电流产生的是（　　）。

A．多角形母线　　　　B．3/2 接线

C．双母线接线　　　　D．单母分段接线

**答案：**ABC

**解析：**若主接线方式能够构成环形供电，则可能产生汲出电流。

13．以下哪些情况会影响母线保护差动保护灵敏度（　　）。

A．双母线接线，母联分列运行

B．双母双分段，双母单分段接线母线故障时，造成反向环流

C．一段母线检修

D．短距离双回线构成外环网

**答案**：ABD

**解析**：若运行方式可能出现汲出电流，则母线保护差动保护灵敏度将受到影响。

14．以下（　　）措施，能保证母联断路器停运时母差保护的动作灵敏度。

A．解除大差元件

B．采用比例制动系数低值

C．自动降低小差元件的比率制动系数

D．自动降低大差元件的比率制动系数

**答案**：ABD

15．以下关于“双母线接线的断路器失灵保护”的描述符合 Q/GDW 1175—2013《变压器、高压并联电抗器和母线保护及辅助装置标准化设计规范》的是（　　）。

A．线路支路采用相电流零序电流（或负序电流）“与门”逻辑

B．变压器支路采用相电流零序电流负序电流“或门”逻辑

C．线路支路采用相电流零序电流负序电流“或门”逻辑

D．变压器支路采用相电流零序电流（或负序电流）“与门”逻辑

**答案**：AB

**解析**：出自 Q/GDW 1175—2013《变压器、高压并联电抗器和母线保护及辅助装置标准化设计规范》7.2.2。

16．由于失灵保护误动作后果较严重，且 3/2 断路器接线的失灵保护无电压闭锁，对于线路保护分相跳闸开入和变压器发变组线路高压并联电抗器三相跳闸开入，应采取（　　）措施，防止由于开关量输入异常导致失灵保护误启动。

A．分相跳闸触点开入后，经电流突变量或零序电流启动并展宽后，启动失灵

B．分相跳闸触点开入后，不经电流突变量或零序电流启动并展宽后，启动失灵

C．三相跳闸触点开入后，不经电流突变量或零序电流，启动失灵

D．三相跳闸触点开入后，经电流突变量或零序电流，启动失灵

**答案**：AC

**解析**：出自 Q/GDW 1161—2014《线路保护及辅助装置标准化设计规范》5.2.6。

17．在单套配置的母差保护因故退出运行期间，可利用（　　）等办法对母线实施保护。

A．加大上一级线路后备保护的动作范围

B．缩短上一级线路后备保护的动作时间

C．缩短对无保护母线有灵敏度的后备保护动作时间

D．加大对无保护母线有灵敏度的后备保护动作范围

**答案**：AC

**解析**：出自 DL/T 559—2007《220kV～750kV 电网继电保护装置运行整定规程》5.14.3。

18．在发生母线短路故障时，在暂态过程中，关于母差保护差动回路的特点，以下说法正确是（　　）。

A．直流分量大

B．暂态误差大

C．不平衡电流最大值不在短路最初时刻出现

D．不平衡电流最大值出现在短路最初时刻

**答案**：ABC

19．按照 Q/GDW 1175—2013《变压器、高压并联电抗器和母线保护及辅助装置标准化设计规范》，为了解决变压器支路失灵时，电压闭锁元件灵敏度不足的问题，母线保护的解除复压闭锁开入的问题，下列说法正确的有（　　）。

A．智能站取消了解复压开入，主变压器元件固定解除复压闭锁

B．智能站和常规站都不需要解复压开入，主变压器元件固定解除复压闭锁

C．智能站和常规站都需要解复压开入

D．常规站需要解复压开入，变压器保护不同继电器的“跳闸触点”至母线保护的“启动失灵”和“解除复压闭锁”开入

**答案**：AD

**解析**：出自 Q/GDW 1175—2013《变压器、高压并联电抗器和母线保护及辅助装置标准化设计规范》7.2.3。

20．比率差动构成的国产母线差动保护中，若大差电流不返回，其中有一个小差电流也不返回，母联电流越限，则可能的情况是（　　）。

A．母线故障时母联断路器失灵

B．短路故障在死区范围内

C．母联电流互感器二次回路断线

D．其中的一条母线上发生了短路故障，有电源的一条出线断路器发生了拒动

**答案**：AB

21．对分相断路器，母联（分段）死区保护所需的断路器位置辅助触点应采用（　　）。

A．三相动合触点并联　　B．三相动合触点串联

C．三相动断触点并联　　D．三相动断触点串联

**答案**：AD

**解析**：出自 Q/GDW 1175—2013《变压器、高压并联电抗器和母线保护及辅助装置

标准化设计规范》7.1.2.3。

22．对双母线接线重合闸失灵启动的要求，正确的是（　　）。

A．对于含有重合闸功能的线路保护装置，设置“停用重合闸”压板。“停用重合闸”压板投入时，闭锁重合闸任何故障均三相跳闸

B．双母线接线的断路器失灵保护，应采用母线保护中的失灵电流判别功能，不配置含失灵电流启动元件的断路辅助装置

C．应采用线路保护的分相跳闸触点（信号）启动断路器失灵保护

D．智能站当线路支路有高压并联电抗器过电压及远方跳闸保护等需要三相启动失灵时，采用操作箱内 TJR 触点启动失灵保护

**答案：**ABC

**解析：**常规站当线路支路有高压并联电抗器过电压及远方跳闸保护等需要三相启动失灵时，采用操作箱内 TJR 触点启动失灵保护。出自 Q/GDW 1161—2014《线路保护及辅助装置标准化设计规范》4.3.6。

23．对于双母线接线方式的变电站，当某一出线发生故障且断路器拒动时，应由（　　）切除电源。

A．失灵保护　　B．母线保护

C．对侧线路保护　　D．上一级后备保护

**答案：**AC

24．对于双母线接线方式的变电站，当某一出线故障发生在断路器和 TA 之间时，应由（　　）切除电源。

A．失灵保护　　B．母线保护　　C．对侧线路保护　　D．线路保护

**答案：**BC

25．关于 220kV 母线及失灵保护，以下描述正确的是（　　）。

A．母联和分段支路采用操作箱三跳启动失灵（TJR）动作触点作为三相跳闸启动失灵开入母线及失灵保护

B．主变压器后备保护动作跳母联（分段）应启动母联（分段）断路器失灵保护

C．双母线双分段接线形式，分段两侧的母线保护动作应启动分段失灵

D．母线及失灵保护动作应远跳线路对侧断路器，采用线路支路操作箱三跳（TJR）动作触点作为线路保护启动远跳或其他保护动作停信开入

**答案：**ACD

**解析：**出自 Q/GDW 1175—2013《变压器、高压并联电抗器和母线保护及辅助装置标准化设计规范》7.2.3。

26．关于断路器失灵保护，描述正确的是（　　）。

A．失灵保护动作将启动母差保护

B．若线路保护拒动，失灵保护将无法启动

C．失灵保护动作后，应检查母差保护范围，以发现故障点

D．失灵保护的整定时间应大于线路主保护的时间

**答案：**BD

27．下列保护可以启动母联失灵保护的是（　　）。

A．母线差动保护跳母联　　B．变压器差动保护跳母联

C．变压器后备保护跳母联　　D．母联充电保护跳母联

**答案：**ABD

**解析：**出自 Q/GDW 1175—2013《变压器、高压并联电抗器和母线保护及辅助装置标准化设计规范》4.3.5。

28．九统一母差保护，在（　　）情况下，母线区内故障后首先跳开母联，在母联断路器跳开 100ms 后，如果故障依然存在则再跳开故障母线。

A．母联合并单元与母线保护检修不一致

B．装置投入了母线互联软压板

C．母线保护报母联 SV 接收断链

D．母线保护报母联 TA 断线

**答案：**ACD

**解析：**出自 Q/GDW 1175—2013《变压器、高压并联电抗器和母线保护及辅助装置标准化设计规范》7.1.2.4。

29．母线充电至死区保护的判别条件包括（　　）。

A．大差动作　　B．母联无流

C．故障前断路器分位　　D．母联手合开入

**答案：**ABCD

**解析：**出自 Q/GDW 1175—2013《变压器、高压并联电抗器和母线保护及辅助装置标准化设计规范》7.2.1。

30．母联（分段）死区保护确认母联跳闸位置的延时为 150ms，主要出于以下哪几种考虑（　　）？

A．TA 在一次侧无流后二次侧的暂态衰减时间

B．断路器的熄弧时间

C．安全裕度时间

D．各种断路器断开时，辅助触点的离散和不确定的时间

**答案：**ABCD

**解析：**出自 Q/GDW 1175—2013《变压器、高压并联电抗器和母线保护及辅助装置标准化设计规范》7.2.4。

31. 失灵保护装设闭锁元件的原则是（　　）。

A. 3/2 断路器接线的失灵保护需要装设闭锁元件

B. 有专用跳闸出口回路的单母线及双母线断路器失灵保护应装设闭锁元件

C. 与母差保护公用跳闸出口回路的失灵保护不装设独立的闭锁元件

D. 发电机变压器及高压并联电抗器断路器的失灵保护，为防止闭锁元件灵敏度不足，应采取相应措施或不设闭锁回路

**答案**：BCD

**解析**：出自 GB/T 14285—2006《继电保护和安全自动装置技术规程》4.9.4。

32. 关于失灵保护的描述正确的有（　　）。

A. 主变压器保护动作，主变压器 220kV 断路器失灵，启动 220kV 母差保护

B. 主变压器电气量保护动作，主变压器 220kV 断路器失灵，启动 220kV 母差保护

C. 220kV 母差保护动作，主变压器 220kV 断路器失灵，延时跳主变压器三侧断路器

D. 主变压器 35kV 断路器无失灵保护

**答案**：BCD

**解析**：非电量保护不启动失灵。

33. 应充分考虑电流互感器二次绕组合理分配，对确实无法解决的保护动作死区，在满足系统稳定要求的前提下，可采取（　　）等后备措施加以解决。

A. 调整定值　　B. 启动失灵　　C. 改良 TA　　D. 远方跳闸

**答案**：BD

**解析**：出自《国家电网有限公司十八项电网重大反事故措施（2018 年修订版）》15.1.13。

34. 母线保护大差后备动作跳开的元件是（　　）元件和（　　）元件。

A. 无隔离开关位置　　B. 线路

C. 母联　　D. 主变压器

**答案**：AC

**解析**：参考装置说明书。

35. 双母线接线母线保护装置会点亮母线互联信号灯的情况可能为（　　）。

A. 母联断路器处于合位　　B. 母线互联压板投入

C. 母联两把隔离开关均处于合位　　D. 线路两把隔离开关均处于合位

**答案**：BD

**解析**：参考装置说明书。

36. 下列（　　）情况，会闭锁大差及所在母线小差。

A. 支路 SV 通信中断　　B. 支路 SV 检修不一致

C. 支路 SV 报文配置异常　　D. 差流越限

**答案**：ABC

37. 下列（　　）情况，母线保护报母联位置异常告警。

A. 母联断路器跳闸位置和合闸位置同时存在

B. 母联断路器跳闸位置和合闸位置同时不存在

C. 母联断路器跳闸位置且母联支路有电流

D. 母联断路器位置和分列运行压板不一致

**答案：**ABCD

38. 智能站母线保护支路投入的条件包括（　　）。

A. 间隔接收压板（或支路 SV 接收压板）投入

B. 修改支路描述名称

C. 参数整定中该支路的 TA 变比一次值按实际整定（非 0）

D. 投入 GOOSE 接收压板

**答案：**AC

39. 智能站新六统一母差保护装置母联间隔接收压板退出后，不再接收以下（　　）信息。

A. 母联间隔 SV 采样　　B. 母联间隔手合开入

C. 母联间隔失灵开入　　D. 母联间隔断路器位置

**答案：**ABD

**解析：**间隔接收压板控制直采的 SV 和 GOOSE 信号。

40. 微机型母线差动保护装置包含母联（或旁路母联）断路器的（　　）保护。

A. 母联充电保护　　B. 母联过流保护

C. 母联断路器距离保护　　D. 母联断路器零序保护

**答案：**AB

## 三、判断题

1. 倒闸操作时，若母线保护交流电流回路发生断线，母线保护应瞬时闭锁整套保护。（　　）

**答案：**×

**解析：**母联间隔不闭锁。

2. 双母线倒闸操作过程中，母线保护仅由大差元件构成，动作时将跳开两段母线上所有连接单元。（　　）

**答案：**√

**解析：**倒闸操作时，两条母线互联状态。

3. 母联电流相位比较式完全电流差动保护，由于母联电流没有进差电流回路，在母线倒闸操作过程中，无需将母联断路器的跳闸回路断开。（　　）

**答案**：×

**解析**：母线倒闸操作过程中，应将母联断路器的跳闸回路断开。

4．一次设备倒闸前，必须先将母差保护退出。（　　）

**答案**：×

**解析**：母差保护不能退出。

5．双母线接线的系统中，电压切换的作用之一是为了保证二次电压与一次电压的对应。（　　）

**答案**：√

6．为简化电压切换回路，提高保护运行可靠性，双母接线形式变压器间隔宜装设三相 TV。（　　）

**答案**：√

**解析**：出自 Q/GDW 1175—2013《变压器、高压并联电抗器和母线保护及辅助装置标准化设计规范》12.2.1。

7．对于分相操作的母联断路器而言，手动跳闸不能三相全部跳开的可能性也存在，如采用跳位并联开入的方式，分列运行的逻辑将会封母联 TA，可能导致母联断路器未断开相的母线保护误动作。（　　）

**答案**：√

**解析**：出自 Q/GDW 1175—2013《变压器、高压并联电抗器和母线保护及辅助装置标准化设计规范》7.1.2.4。

8．在母联断路器和母联电流互感器之间发生短路时，由于电流互感器侧的母线小差不动作，造成故障不能快速切除。（　　）

**答案**：√

9．采用母联断路器冲击新主变压器时，要求母联断路器投入带时延的过流保护，同时将主变压器保护投信号。（　　）

**答案**：×

**解析**：新变压器送电，差动保护投跳闸非电量保护投入。

10．母联断路器动合及动断辅助开入触点都为合时，微机母线保护装置认为母联断路器状态为分。（　　）

**答案**：×

**解析**：参考装置说明书，此处考虑故障时最不利的情况。

11．对于各种主接线，母联及分段电流均不计入大差，小差由每段母线上所有元件构成。（　　）

**答案**：×

**解析**：考虑双母双分段接线的分段断路器计入大差。

12．在母联断路器和母联电流互感器之间发生短路时，由于电流互感器侧的母线小差不动作，造成故障不能快速切除。（　　）

**答案：**√

13．双母线接线母差保护大差元件用于判别区内外故障，小差元件用于选择故障母线。（　　）

**答案：**√

14．母差保护在电流互感器二次回路不正常或断线时可跳闸。（　　）

**答案：**×

**解析：**出自 Q/GDW 1175—2013《变压器、高压并联电抗器和母线保护及辅助装置标准化设计规范》7.2.1。

15．当变电站 220kV 母线分列运行时，要求变电站中、低压侧母线分列运行。（　　）

**答案：**√

16．某母线装设有完全差动保护，在外部故障时，各健全线路的电流方向是背离母线的，故障线路的电流方向是指向母线的，其大小等于各健全线路电流之和。（　　）

**答案：**×

**解析：**考虑外汲电流的可能。

17．双母线差动保护按要求在每一单元出口回路加装低电压闭锁。（　　）

**答案：**×

**解析：**出自 Q/GDW 1175—2013《变压器、高压并联电抗器和母线保护及辅助装置标准化设计规范》7.2.1。

18．比率制动特性的母线差动保护，故障电流在 2 倍额定电流以下时，母线保护整组动作时间应不大于 30ms。（　　）

**答案：**×

**解析：**出自 DL/T 670—2010《母线保护装置通用技术条件》5.3.1。

19．当母差保护测量到某支路有电流、而两个隔离开关位置都无信号时，发出告警信号，并根据当前系统的电流分布状况，自动校核隔离开关位置的正确性，以确保保护不拒动。（　　）

**答案：**×

**解析：**当母差保护测量到某支路有电流而两个隔离开关位置都无信号时，发出告警信号，并根据当前系统的电流分布状况自动校核隔离开关位置的正确性，以确保保护不误动。

20．母差保护和变压器差动保护各支路的电流互感器，应优先选用准确限值系数较低和额定拐点电压较高的电流互感器。（　　）

**答案：**×

**解析**：出自《国家电网有限公司十八项电网重大反事故措施（2018 年修订版）》15.1.12。

21．母线保护装置各支路 TA 断线后，均闭锁差动保护。（　　）

**答案**：×

**解析**：母线保护装置母联 TA 断线不闭锁差动保护。出自 Q/GDW 1175—2013《变压器、高压并联电抗器和母线保护及辅助装置标准化设计规范》7.2.1。

22．母线差动保护元件的启动元件，动作电流必须避越外部故障时的最大不平衡电流。（　　）

**答案**：√

**解析**：出自 DL/T 559—2007《220kV～750kV 电网继电保护装置运行整定规程》7.2.9.1。

23．一般来说，母线的出线越多，零序电流的分支系数越小，零序电流保护配合越困难。（　　）

**答案**：√

24．母线差动保护为防止误动作而采用的电压闭锁元件，正确的做法是闭锁总启动回路。（　　）

**答案**：×

**解析**：闭锁出口回路。

25．对构成环路的各种母线，母线保护不应因母线故障时电流流入的影响而拒动。（　　）

**答案**：×

**解析**：出自 GB/T 14285—2006《继电保护和安全自动装置技术规程》4.8.5。

26．在采用自适应阻抗加权抗饱和法的母差保护装置中，如果工频变化量阻抗元件动作在先，而工频变化量差动元件及工频变化量电压元件后动作，即判为区外故障 TA 饱和，立即将母差保护闭锁。（　　）

**答案**：×

**解析**：在采用自适应阻抗加权抗饱和法的母差保护装置中，如果工频变化量电压元件动作在先而工频变化量差动元件及工频变化量阻抗元件后动作，即判为区外故障 TA 饱和，立即将母差保护闭锁。

27．220kV 母线分列运行时，母联断路器与母联 TA 之间发生故障，BP-2C 母差保护经 150ms 延时确认分列状态，母联电流不计入小差电流，由差动保护切除母联死区故障。（　　）

**答案**：√

28．独立于母线保护的母联（分段）充电过流保护，采用保护跳闸触点启动失灵保护。（　　）

**答案**：√

**解析**：出自 Q/GDW 1175—2013《变压器、高压并联电抗器和母线保护及辅助装置标准化设计规范》4.3.2。

29．母线充电保护只是在对母线充电时，才投入使用，充电完毕后要退出。（　　）

**答案**：√

**解析**：出自 Q/GDW 1175—2013《变压器、高压并联电抗器和母线保护及辅助装置标准化设计规范》8.1.2。

30．向变电站的母线空充电操作时，有时出现误发接地信号，其原因是变电站内三相带电体对地电容量不等，造成中性点位移，产生较大的零序电压。（　　）

**答案**：√

31．母线充电保护是指母线故障的后备保护。（　　）

**答案**：×

**解析**：母线充电保护是防止运行母线充电到故障母线的保护。

32．220kV 双母线接线的断路器失灵保护，线路支路与变压器支路应设置分相和三相跳闸启动失灵开入回路。（　　）

**答案**：×

**解析**：出自 Q/GDW 1175—2013《变压器、高压并联电抗器和母线保护及辅助装置标准化设计规范》7.1.2.4。

33．3/2 断路器接线的失灵保护应瞬时再次动作于本断路器及相邻断路器的两组跳闸线圈跳闸。（　　）

**答案**：×

**解析**：3/2 断路器接线的失灵保护应瞬时再次动作于本断路器，再经一延时动作于相邻断路器。出自 Q/GDW 1175—2013《变压器、高压并联电抗器和母线保护及辅助装置标准化设计规范》7.2.4。

34．失灵保护的母联断路器启动回路由母线差动保护（Ⅰ母或Ⅱ母）出口继电器动作触点和母联断路器失灵判别元件（电流元件）构成“与”回路。（　　）

**答案**：√

35．双母线接线的断路器失灵保护，线路支路采用相电流零序电流（或负序电流）“或门”逻辑。（　　）

**答案**：√

**解析**：出自 Q/GDW 1175—2013《变压器、高压并联电抗器和母线保护及辅助装置标准化设计规范》7.2.3。

36．当母线保护选配“线路失灵解除电压闭锁”功能时，对于常规站母线保护，通过增加需要解除电压闭锁的“线路支路解除失灵保护电压闭锁开入”实现，此开入需要与相应间隔的线路保护一一对应。（　　）

**答案：** √

**解析：** 出自 Q/GDW 1175—2013《变压器、高压并联电抗器和母线保护及辅助装置标准化设计规范》7.1.2.2。

37．母差保护与失灵保护共用电压闭锁元件时，闭锁元件的灵敏系数应按失灵保护的要求整定。（　　）

**答案：** √

**解析：** 出自 GB/T 14285—2006《继电保护和安全自动装置技术规程》4.9.4.3。

38．某双母线接线形式的变电站中，装设有母差保护和失灵保护，当一组母线电压互感器出现异常需要退出运行时，允许通过将电压互感器二次并列运行来维持母线正常方式。（　　）

**答案：** ×

**解析：** 需要先将一次并列后，二次才能并列。

39．断路器失灵保护的相电流判别元件的整定值，在为了满足线路末端单相接地故障时有足够灵敏度，可以不躲过正常运行负荷电流。（　　）

**答案：** √

**解析：** 出自 DL/T 559—2007《220kV～750kV 电网继电保护装置运行整定规程》7.2.10.1。

40．断路器失灵保护是一种后备保护，系统发生故障时，如果主保护拒动，则由其切除故障。（　　）

**答案：** ×

**解析：** 失灵保护动作考虑断路器拒动，不是保护拒动。

41．在 220kV 双母线运行方式下，当任一母线故障，母线差动保护动作而母联断路器拒动时，母差保护将无法切除故障，这时需由断路器失灵保护或对侧线路保护来切除故障母线。（　　）

**答案：** ×

**解析：** 220kV 考虑近后备，此时应考虑母联失灵保护动作。

42．不论何种母线接线方式，当某一出线断路器发生拒动时，失灵保护只需跳开该母线上的其他所有断路器。（　　）

**答案：** ×

**解析：** 当某一出线断路器发生拒动时，失灵保护需远跳线路对侧断路器。

43．双母线接线的母线保护 TV 断线时会闭锁差动保护和失灵保护。（　　）

**答案：** ×

**解析：** 出自 Q/GDW 1175—2013《变压器、高压并联电抗器和母线保护及辅助装置标准化设计规范》7.2.1 j。

## 四、填空题

1．快速切除母线短路故障，是为了提高电力系统的____。

**答案：**暂态稳定

2．1000kV 和 330kV 变电站内的 110kV 母线保护宜按____。

**答案：**双套配置

**解析：**出自《国家电网有限公司十八项电网重大反事故措施（2018 年修订版）》15.1.4。

3．对 3/2 接线方式，当任一母线的母差保护全部退出运行时，应____。

**答案：**将母线退出运行

**解析：**出自 DL/T 559—2007《220kV～750kV 电网继电保护装置运行整定规程》6.6。

4．比率制动原理的母线差动保护的起动元件，应可靠躲过最大负荷时的不平衡电流，按被保护母线____有足够灵敏度校验，灵敏系数不小于 2。

**答案：**最小短路故障

**解析：**出自 DL/T 559—2007《220kV～750kV 电网继电保护装置运行整定规程》7.2.9.6。

5．保护装置在电流互感器二次回路不正常或断线时，应____，除____外，允许跳闸。

**答案：**发告警信号；母线保护

**解析：**出自 GB/T 14285—2006《继电保护和安全自动装置技术规程》4.1.11。

6．差动保护出口经本段电压元件闭锁，除双母双分段分段断路器以外的母联和分段经两段母线电压"或门"闭锁，双母双分段____断路器不经电压闭锁。

**答案：**分段

**解析：**出自 Q/GDW 1175—2013《变压器、高压并联电抗器和母线保护及辅助装置标准化设计规范》7.2.1。

7．双母线接线的母线保护，在母线____发生死区故障时，应能有选择地切除故障母线。

**答案：**分列运行

**解析：**出自 Q/GDW 1175—2013《变压器、高压并联电抗器和母线保护及辅助装置标准化设计规范》7.2.1。

8．母联____保护、母联____保护跳各断路器不经电压闭锁元件控制。

**答案：**充电；过流

**解析：**母联充电过流保护是充电代路过程中的临时保护，不应经电压闭锁。

9．220kV 双母双分段接线方式下，分段断路器失灵时不同组的母差失灵保护之间能够____，达到最终隔离故障的目的。

**答案：**相互启动

10．母联过流保护是临时性保护，当____时投入运行。

**答案**：母联代路

11．母线保护应具有可靠额TA饱和判别功能，____TA饱和时，不应误动。

**答案**：区外故障

**解析**：出自Q/GDW 1175—2013《变压器、高压并联电抗器和母线保护及辅助装置标准化设计规范》7.2.1。

12．220kV及以上电压等级的母联母线分段断路器应____专用的具备瞬时和延时跳闸功能的过电流保护装置。

**答案**：按断路器配置

**解析**：出自GB/T 14285—2006《继电保护和安全自动装置技术规程》4.8.7。

13．母线差动保护各支路电流互感器变比差不宜大于____倍。

**答案**：4

**解析**：出自《国家电网有限公司十八项电网重大反事故措施（2018年修订版）》15.1.11。

14．分相操作的断路器拒动考虑的原则是____。

**答案**：单相拒动

**解析**：出自GB/T 14285—2006《继电保护和安全自动装置技术规程》4.9.1。

15．母线充电至死区故障时，标准化设计母差保护瞬时跳母联断路器，如母线保护仍不复归，延时____跳运行母线。

**答案**：300ms

**解析**：出自Q/GDW 1175—2013《变压器、高压并联电抗器和母线保护及辅助装置标准化设计规范》7.2.1。

16．某220kV变电站为双母线电气主接线，应工程建设需要，扩建1个220kV线路新间隔，原有微机型母线保护（含失灵保护）需要增加新间隔三相电流回路、____、母线保护三跳新间隔的回路、____。

**答案**：新间隔母线隔离开关辅助触点回路；新间隔线路保护分相启动失灵回路。

17．对于双母接线的常规站母线保护，母联断路器的三相断路器位置应____后接入母线保护装置。

**答案**：串联

**解析**：出自Q/GDW 1175—2013《变压器、高压并联电抗器和母线保护及辅助装置标准化设计规范》7.1.2.4。

18．500kV变电站3/2接线形式，断路器失灵保护用电流互感器宜采用P级，不宜采用____和____级电流互感器。

**答案**：TPY；TPZ

**解析**：出自DL/T 866—2015《电流互感器和电压互感器选择及计算规程》7.1。

19．双母双分段接线的母线保护跳分段断路器____电压闭锁。

**答案：**不经

**解析：**出自 Q/GDW 1175—2013《变压器、高压并联电抗器和母线保护及辅助装置标准化设计规范》7.2.1。

20．对于常规站 220kV 母线保护，主变压器启动失灵和解除失灵电压闭锁应采用变压器保护____的跳闸触点。

**答案：**不同继电器

**解析：**出自 Q/GDW 1175—2013《变压器、高压并联电抗器和母线保护及辅助装置标准化设计规范》4.3.4。

21．对各类双断路器接线方式，当双断路器所连接的线路或元件退出运行而双断路器之间仍连接运行的，应装设____，以保护双断路器之间的连接线故障。

**答案：**短引线保护

**解析：**出自 GB/T 14285—2006《继电保护和安全自动装置技术规程》4.8.8。

22．当与接收线路保护 GOOSE 断链时，母差保护采集线路保护失灵开入应____。

**答案：**清零

**解析：**出自 Q/GDW 1175—2013《变压器、高压并联电抗器和母线保护及辅助装置标准化设计规范》4.1.1。

23．智能站新六统一 220kV 母差保护可按照远期规划 SCD 配置下装，此时为保证正常运行，应退出母差保护中本期未投运间隔的失灵开入软压板、GOOSE 跳闸出口压板、主变压器失灵联跳压板和____，并将该支路____定值置零。

**答案：**间隔接收软压板；TA 变比一次值

24．保护应直接采样，对于单间隔的保护应直接跳闸，涉及多间隔的保护（母线保护）宜直接跳闸。对于涉及多间隔的保护（母线保护），如确有必要采用其他跳闸方式，相关设备应满足保护对____和____的要求。

**答案：**可靠性；快速性

**解析：**出自 Q/GDW 441—2010《智能变电站继电保护技术规范》4.7。

25．对于双母单分段接线方式，应按双重化配置____母线电压合并单元。

**答案：**两台

**解析：**出自 Q/GDW 1175—2013《变压器、高压并联电抗器和母线保护及辅助装置标准化设计规范》9.1.3。

26．甲站（常规站）220kV 双母线接线方式，220kV Ⅱ段母线带 220kV 甲乙线空载运行（对侧 220kV 乙站），母联 200 断路器分位，220kV Ⅰ段母线带其他支路运行。220kV 第二套保护为长园深瑞 BP-2C，其各支路 TA 极性按指向母线接入，Y 形接线。当母联 200 断路器合环运行时，乙站甲乙线功率 $P$=240MW，$Q$=0MW，以甲站Ⅱ段母线 $\dot{U}_B$ 为基准，母联 200 断路器 $\dot{I}_B$ 与 $\dot{U}_B$ 相位关系为____。

**答案：** $\dot{U}_B$超前$\dot{I}_B$180°（反相）

**解析：** 由线路功率方向判断一次电流、一次电压相位关系，BP-2C母联极性与Ⅱ母支路相同，可得相位关系。

27．变电站220kV电压等级双母线接线方式，配置九统一BP-2C母线装置一台，定值设定一次额定电压231kV，已知母线电压互感器变比为$\frac{220000}{\sqrt{3}}\Big/\frac{100}{\sqrt{3}}\Big/100\text{V}$，则差动保护低电压闭锁定值为____，零序电压闭锁定值为6V，负序电压闭锁定值为4V。

**答案：** 40.42V

**解析：** 出自Q/GDW 1175—2013《变压器、高压并联电抗器和母线保护及辅助装置标准化设计规范》C.2.2。

28．双母线配置有微机母差保护，母线按固定连接方式运行如图4-1所示，线路L2进行倒闸操作，在操作过程中隔离开关P已合上，将两条母线跨接，正在此时母线Ⅰ发生故障，故障点的总短路电流为$I_f$，假设有电流$I_x$经隔离开关P流入母线Ⅰ。则此时母线Ⅰ的小差差动电流为____，母线Ⅱ母的小差差动电流为____。

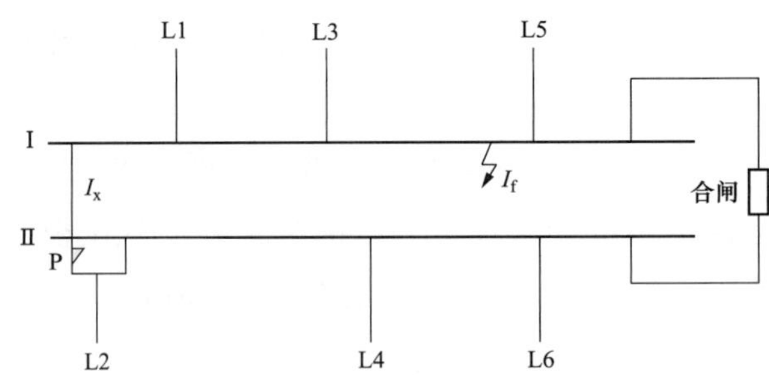


图4-1　主接线图

**答案：** $I_f-I_x$；$I_x$

29．常见的母线差动元件有常规比率差动元件、____、复式比率差动元件。

**答案：** 工频变化量比率差动元件

30．在无母差保护运行期间应采取相应措施，严格限制变电站____的倒闸操作，以保证系统安全。

**答案：** 母线侧隔离开关

**解析：** 出自DL/T 559—2007《220kV～750kV电网继电保护装置运行整定规程》6.7。

31．3/2断路器接线的母线，每条母线应装设____套母差保护，但不设电压闭锁元件。

**答案：** 2

**解析：** 出自Q/GDW 1175—2013《变压器、高压并联电抗器和母线保护及辅助装置标准化设计规范》7.1.1。

32．有一组电流互感器有TPY和TPS两种等级，母差保护电流回路应选择接入____

级二次绕组中，线路保护电流回路应选择接入____级绕组回路中。

**答案**：TPS；TPY

## 五、问答题

1．差动元件的动作特性是比率制动特性曲线，其作用是什么？

**答**：其作用是在区外故障时，让动作电流随制动电流增大而增大，使之具有制动特性，能躲过区外短路产生的不平衡电流，而在区内故障时则希望差动继电器有足够的灵敏度。

2．什么是汲出电流？并分析当双母线内部故障且有电流汲出时，对该母差保护的动作行为有何影响？在微机型母差保护中如何解决此问题？

**答**：母线内部故障时，却流出母线的电流称为汲出电流。双母线内部故障且母联断路器在分列运行时，存在汲出电流，会导致大差保护灵敏度下降，但对小差保护无影响。微机母差保护大差在母线分列运行存在汲出电流的情况下，降低比率制动系数，以提高母差保护的灵敏度。

3．有哪些措施可以保证母联（分段）断路器停运时母差保护的工作灵敏度，现在微机型母差保护中一般采用哪种措施？并以什么作为开入量？

**答**：可以采用解除大差元件和自动降低大差元件的比率制动系数等措施保证母联（分段）断路器停运时母差保护的工作灵敏度；现在的微机型母差保护一般采用自动降低大差元件的比率制动系数的方法，并以母联（分段）断路器的辅助触点作为开入量。

4．某站的Ⅰ母停运检修，Ⅱ母运行，RCS-915AB 的“投单母”压板投入。若无隔离开关位置的支路出现电流，且差动电流满足差动元件动作方程。请问保护的动作行为，并简要说明理由。

**答**：母线稳态差动保护动作跳Ⅰ母。当 RCS-915AB 处于单母运行方式，不进行故障母线的选择，此时两母线的小差电流等于大差电流，因此母线后备保护退出。

由于无 TV 断线，且电压无变化，自适应阻抗加权抗饱和元件不动作，因此变化量差动保护不能动作。而差流满足差动元件动作方程，因此母线稳态差动保护动作。母线差动保护动作需经各自母线电压闭锁，而Ⅱ母电压正常，Ⅰ母电压闭锁开放，因此稳态差动跳Ⅰ母。

5．重负荷下发生母线区内经高电阻短路时，对比率制动特性的母差保护来说有什么影响？

**答**：对保护的灵敏度有影响。对所有稳态量的差动保护来说，负荷电流不会产生动作电流，而只能产生制动电流。因此在重负荷下发生母线区内经高电阻短路时，由于动作电流（短路电流）不大而制动电流较大，将影响差动保护动作的灵敏度。可以采用工频变化量母线差动保护，以提高在重负荷下母线区内发生轻微故障（经高电阻短路）的灵敏度。

6．为什么母线差动保护暂态不平衡电流的最大值不是出现在短路的最初时刻？

**答：**因为构成母差保护的电流互感器的励磁阻抗是电感性的，不允许励磁电流突变，在短路最初的瞬间，全部一次电流传变到二次，几乎每一电流互感器都没有误差，所以不平衡电流为零。其后直流分量流入励磁阻抗，电流互感器误差增大，不平衡电流也随之增大。当直流分量衰减后，不平衡电流减小为稳态不平衡电流。

7．电流互感器二次回路一相开路，是否会造成母差保护误动作？说明原因。

**答：**电压闭锁元件投入时，如系统无扰动，电压闭锁元件不动作，此时电流断线闭锁元件动作，经整定延时后闭锁母差保护，母差保护不会误动作；如电流断线时，电压闭锁元件正好动作（在电流断线闭锁元件整定延时到达之前）或没有投入，则母差保护会误动作。

8．区外短路 TA 饱和会造成差动保护误动，利用差动电流和制动电流突变量出现的“时间差”判别 TA 饱和。请说明其道理。

**答：**TA 饱和必然需要历经一个过程，通常认为不小于 5ms。区外短路 5ms 前 TA 未饱和，不产生差动电流，但产生制动电流突变量，5ms 后再产生差动电流判别为 TA 饱和；区内短路 5ms 前，差动电流和制动电流突变量同时产生。

9．在国产微机型母差保护中，如何防止区外故障时 TA 饱和造成的误动？

**答：**为防止区外故障时 TA 饱和引起母差保护误动，在微机型母差保护中设置了专门的 TA 饱和鉴别元件。鉴别方法主要有同步识别法，或根据差流波形存在的线性传变区进行鉴别；也有利用谐波制动原理防止 TA 饱和差动元件误动的。

在母差保护中，当故障电流（即工频电流变化量）与差动元件中的差流同时出现时，认为是区内故障开放差动保护；而当故障电流比差动元件中的差流出现早时，即认为差动元件中的差流是区外故障 TA 饱和产生的，立即将差动保护闭锁一定时间。将这种鉴别区外故障 TA 饱和的方法称作同步识别法。

TA 饱和时差电流的波形将发生畸变，其中含有大量的谐波分量。用谐波制动可以防止区外故障 TA 饱和误动。但是，当区内故障 TA 饱和时，差电流中同样会有谐波分量。因此，为防止区内故障或区外故障转区内故障 TA 饱和使差动保护拒动，必须引入其他辅助判据，以确定是区内故障还是区外故障。

10．为何 500kV 母线（一个半接线）保护动作不启动远方跳闸而 220kV 母线（双母线接线）保护动作却要启动远方跳闸？它们之间有什么区别？

**答：**因为 500kV 母线保护仅包含母差保护，220kV 母线保护不仅包含母差保护还包含断路器失灵保护。只有线路断路器失灵保护动作时才要启动远方跳闸，500kV 的断路器失灵保护包含在线路断路器保护中，不包含在母线保护中。500kV 母线保护为单母线保护，包含母差保护，并且边断路器的失灵保护出口之一也通过母差出口继电器进行相

关跳闸。220kV 母线保护为双母线保护，包含母差保护失灵保护，其出口也用同一出口继电器，另外 220kV 母差保护失灵保护还包含通过隔离开关位置确定各间隔运行于哪条母线及复合电压闭锁回路。

11．母差保护停用时的影响及如何处理？

**答：**

（1）对 3/2 接线方式，当任一母线的母差保护全部退出运行时，应将母线退出运行。

（2）双母线接线方式，母差保护因故停用，应尽量缩短母差保护停用的时间，不安排母线连接设备的检修，避免在母线上进行操作，减小母线故障的概率。

（3）根据当时的运行方式要求，临时将短时限的母联或分段断路器的过流保护投入运行以快速地隔离故障。

（4）如果仍无法满足母线故障的稳定要求，可将母线上出线对侧保护对本母线故障有灵敏的后备保护时间缩短，无法整定配合时，允许无选择性跳闸。

12．某变电站 220kV 电压等级主接线为双母线接线，并列运行，若某运行线路支路 1（负荷电流约为 $0.71I_n$）现场实际为Ⅰ母隔离开关合位Ⅱ母隔离开关分位，另一条运行线路支路 3（负荷电流约为 $0.24I_n$）现场实际为Ⅱ母隔离开关合位Ⅰ母隔离开关分位，由于母线保护装置中该两条线路的Ⅰ、Ⅱ母隔离开关位置各自接反，当发生Ⅱ母母线区内故障，请分析新六统一母线保护装置的动作情况？

**答：**由于位置接反，故障前母线保护装置判定线路支路 1 运行于Ⅱ母，线路支路 3 运行于Ⅰ母，两条线路负荷电流不同，两段母线Ⅰ母和Ⅱ母有小差，同时大差无差流，母线保护装置报母联 TA 断线告警。当发生Ⅱ母区内故障时，母线保护装置先跳开母联断路器，并延时 100ms 后选择故障母线。

Ⅱ母复压一直开放，若Ⅱ母连接有其他电源，则Ⅱ母线差流满足条件，Ⅱ母差动动作，跳开线路支路 1 以及除线路支路 3 以外的其他Ⅱ母线上的所有支路。考虑系统电网结构，当由于外部环网而导致Ⅰ母线复压开放时，Ⅰ母线差流满足条件，Ⅰ母差动动作，跳开线路支路 3 以及除线路支路 1 之外的其他Ⅰ母线上的所有支路，隔离故障点；当Ⅰ母复压不开放时，Ⅱ母差动动作后故障点未隔离，母线保护Ⅰ母有差流，大差有差流，Ⅰ母差动不动作，故障点由线路支路 3 的对侧后备保护动作跳开对侧断路器后隔离故障点。

若Ⅱ母没有连接其他电源，则线路支路 1 负荷电流达不到Ⅱ母小差动作电流值，则Ⅱ母差动不动作，靠Ⅰ母线差动动作切除支路 3 或者靠支路 3 对侧后备保护动作切除故障。

13．为何要设置母联死区保护？

**答：**对于双母线或单母线分段的母差保护，当故障发生在母联断路器与母联 TA 之间或分段断路器与分段 TA 之间时，如果不采取措施断路器侧的母差保护要误动，而 TA 侧的母差保护要拒动。

14．某变电站220kV双母线接线方式，分列运行，分列软压板投入，配置新六统一PCS-915母线保护，Ⅰ母和Ⅱ母支路电源各自独立，当Ⅰ母线三相TV断线后，未及时处理，已知母联断路器失灵动作时间0.3s。

（1）当母联TA靠近Ⅰ母侧发生死区故障时，请分析该母线保护动作行为。

（2）当母联TA靠近Ⅱ母侧发生死区故障时，请分析该母线保护动作行为。

**答：** 当Ⅰ母线TV断线后，母联准备合环运行前且Ⅰ母线各支路无电流的情况下，母线保护装置小差计算母联电流，退出分位死区保护逻辑。

（1）当母联TA靠近Ⅰ母侧发生死区故障时，Ⅰ母无差流，Ⅰ母差动不会动作，Ⅱ母虽然有差流，但Ⅱ母差动复合电压不开放，Ⅱ母差动不动作。此时，大差动作跳母联保护逻辑动作是先将母联断路器切除，经150ms延时确认分列状态，母联（分段）电流不计入小差电流，Ⅰ母差动保护动作跳Ⅰ母，Ⅱ母继续运行。

（2）当母联TA靠近Ⅱ母侧发生死区故障时，大差有流，Ⅰ母有差流，Ⅰ母复压开放，Ⅰ母差动保护动作跳Ⅰ母，Ⅱ母无差流，Ⅱ母复压动作，Ⅱ母差动不动作，经150ms延时确认母联分列状态，母联（分段）电流不计入小差电流，Ⅱ母差动保护动作跳Ⅱ母。

当Ⅰ母线TV断线后，Ⅰ母线各支路有电流的情况下，母线保护装置小差不计算母联电流。

（1）当母联TA靠近Ⅰ母侧发生死区故障时，大差有流，Ⅰ母线有差流，Ⅰ母线复压开放，Ⅰ母线差动动作跳Ⅰ母，隔离故障点，Ⅱ母线无差流，Ⅱ母线继续运行。

（2）当母联TA靠近Ⅱ母侧发生死区故障时，大差有流，Ⅱ母线有差流，Ⅱ母线复压开放，Ⅱ母线差动动作跳Ⅱ母，隔离故障点，Ⅰ母线无差流，Ⅰ母线继续运行。

15．为什么设置母线充电保护？

**答：** 母线差动保护应保证在某一组母线或某一段母线合闸充电时，快速而有选择地断开有故障的母线。

为了更可靠地切除被充电母线上的故障，在母联断路器或母线分段断路器上设置相电流或零序电流保护，作为母线充电保护。

母线充电保护接线简单，在定值上可保证高的灵敏度。在有条件的地方，该保护可以作为专用母线单独带新建线路充电的临时保护。

母线充电保护只在母线充电时投入，当充电良好后，应及时停用。

16．何谓双母线接线断路器失灵保护？失灵保护的动作时间应如何考虑？

**答：** 当系统发生故障时，故障元件的保护动作，因其断路器拒动，通过故障元件的保护，作用于与之有直接电气联系的变电站相邻元件的断路器使之跳闸的保护方式，就称为断路器失灵保护。为从时间上判别断路器失灵故障的存在，失灵保护的动作时间应大于故障元件断路器跳闸时间和继电保护返回时间之和并考虑适当时间裕度。

17．断路器失灵保护在什么条件下方可起动？

答：为提高动作可靠性，必须同时具备下列条件，断路器失灵保护方可起动：

（1）故障线路或电力设备能瞬时复归的出口继电器动作后不返回（故障切除后，启动失灵的保护出口返回时间应不大于 30ms）。

（2）断路器未断开的判别元件动作后不返回。若主设备保护出口继电器返回时间不符合要求时，判别元件应双重化。

18．双母线接线的断路器失灵回路由哪几部分构成？

答：

（1）失灵起动元件。

（2）延时元件。

（3）运行方式识别元件。

（4）复合电压闭锁元件。

19．对于双母线接线，失灵电流判据采用母线保护装置内部的失灵电流判别功能，线路支路和变压器支路分别采用何种判别逻辑，为什么？

答：

（1）线路支路采用相电流零序电流（或负序电流）“与门”逻辑，变压器支路采用相电流零序电流负序电流“或门”逻辑。

（2）线路支路断路器采用分相跳闸，考虑单相断路器失灵，用零序电流（或负序电流）保证高阻接地故障的灵敏度，用相电流区别非全相和高阻接地的零负序电流，所以线路支路采用相电流零序电流（或负序电流）“与门”逻辑，既提高灵敏度，又防止非全相运行期间失灵电流判别元件误动作。

（3）变压器支路采用三相跳闸，只要失灵保护收到失灵开入后，变压器支路还存在相电流零序电流或者负序电流就代表断路器已失灵，所以可采用相电流零序电流负序电流“或门”逻辑，提高各种故障下失灵电流判别元件的灵敏度。

20．断路器失灵保护中的相电流判别元件的整定值按什么原则计算？如果条件不能同时满足，那么以什么作为取值依据？

答：整定原则是：

（1）保证在线路末端和本变压器低压侧单相接地故障时灵敏系数大于 1.3。

（2）躲过正常运行负荷电流。

如果两个条件不能同时满足，则按原则（1）取值。

21．某 220kV 变电站主变压器保护，差动保护使用 220kV 高压侧断路器 TA 二次绕组，设计时误将该变压器高压侧断路器失灵保护判别电流使用变压器本体高压侧套管 TA 电流，请问这样设计是否合理？为什么？

答：不合理，这样设计存在两个问题。

（1）当该变压器高压侧断路器 TA 与高压侧套管 TA 之间发生三相短路或两相短路

（非接地故障）时，主变压器差动保护动作跳三侧断路器，如果高压侧断路器失灵，当中低压侧跳开后，套管 TA 中无故障电流，无法启动 220kV 侧断路器失灵保护，此时只能靠对侧有电源的 220kV 线路的后备保护动作切除故障，导致事故扩大，甚至造成全站失电。

（2）若该变压器高压侧断路器 TA 与高压侧套管 TA 之间发生故障，主变压器差动保护动作跳三侧断路器，如果中（低）压侧断路器拒动，同时考虑中（低）压侧有电源的情况下，高压侧套管 TA 会有持续的故障电流，主变压器差动保护不返回，失灵判别条件满足，会导致失灵保护误动作，扩大停电范围。

22．断路器失灵保护的低电压负序电压零序电压闭锁元件定值如何整定？

**答：**断路器失灵保护的低电压负序电压零序电压闭锁元件定值，应综合保证与本母线相连的任一线路末端和任一变压器低压侧发生短路故障时有足够灵敏度。其中负序零序电压闭锁元件应可靠躲过正常情况下的不平衡电压，低电压闭锁元件应在母线最低运行电压下不动作，而在切除故障后可靠返回。

23．双母线接线的断路器失灵保护的复合电压闭锁元件为什么要有一定的延时返回时间？

**答：**双母线接线的每条母线上均有一组电压互感器，正常运行时其失灵保护的两套复合电压闭锁元件分别取在各自母线电压互感器。但当一条母线上的电压互感器检修时两套复合电压闭锁元件将由同一个电压互感器供电。

如Ⅰ母线上的电压互感器检修，与Ⅰ母线连接的系统内出现短路故障，Ⅰ母线所连的某一出线的断路器失灵，此时失灵保护动作，以短延时跳开母联。由于失灵保护的两套复合电压闭锁元件均由Ⅱ母线电压互感器供电，而在母联断路器跳开后Ⅱ母线电压恢复正常，复合电压元件不会动作，失灵保护将无法将连在Ⅰ母线上各元件的断路器跳开。

为了确保失灵保护能可靠切除故障，复合电压闭锁元件需要有一定的延时返回时间（如 1s）。

24．某双母线接线形式的变电站中，装设有母差保护和失灵保护，当一组母线电压互感器出现异常需要退出运行时，是否允许母线维持正常方式且仅将电压互感器二次并列运行？为什么？

**答：**不允许，此时应将母线倒为单母线方式或将母联断路器闭锁，而不能仅简单将电压互感器二次并列运行。因为如果一次母线为双母线方式且母联断路器能够正常跳开，使用单组电压互感器且电压互感器二次并列运行时，当无电压互感器母线上的线路故障且断路器失灵时，失灵保护将断开母联断路器，此时，非故障母线的电压恢复，尽管故障元件依然还在母线上，但由于复合电压闭锁的作用，将可能使得失灵保护无法动作出口。

25．为解决在变压器某些故障情况下，断路器失灵保护电压闭锁元件灵敏度不足的问题，应采取什么措施？

**答**：变压器支路应具备独立于失灵启动的解除电压闭锁的开入回路，“解除电压闭锁”开入长期存在时应告警，宜采用变压器保护“跳闸触点”解除失灵保护的电压闭锁，不采用变压器保护“各侧复合电压动作”触点解除失灵保护电压闭锁，启动失灵和解除失灵电压闭锁应采用变压器保护不同继电器的跳闸触点。

26．3/2 接线方式下，为什么重合闸及断路器失灵保护必须单独设置？

**答**：在重合线路时，由于两个断路器都要进行重合，且两个断路器的重合还有一个顺序问题，因此重合闸不应设置在线路保护装置内，而应按断路器单独设置。此外每个断路器的失灵保护跳闸对象也不一样，所以失灵保护也应按断路器单独设置。因此，一般在 3/2 接线方式中，把重合闸和断路器失灵保护设置在单独的一个装置内，每一个断路器配置一套该装置。

27．500kV 母差保护（一个半断路器接线），为什么不必考虑常规的电压闭锁？

**答**：

（1）考虑电压闭锁需要有负序和零序电压，就需要三相式电压互感器，500kV 母线都是单相式 TV，构不成负序和零序。

（2）当一组母线电压互感器检修时需切换电压回路，会增加回路的复杂性。

（3）母差保护误动不会带来严重的后果。

28．双母接线和 3/2 接线的母差保护动作跳相应断路器且断路器失灵时，两种接线方式是如何切除故障的，回路是如何实现的？

**答**：双母接线的母差保护动作跳相应断路器且断路器失灵时，是通过母差停信（闭锁式）或发信（允许式）或母差动作启动远跳（分相电流差动）将对侧断路器跳开切除故障。3/2 接线的母差保护动作跳相应断路器且断路器失灵时，是通过母差动作启动边断路器失灵，边断路器失灵出口跳相邻断路器（包括跳主变压器其他侧断路器或远跳线路对侧断路器）切除故障。

## 六、计算分析题

1．某变电站母线发生故障，母线接线方式为双母线接线，L1 为母联间隔，L2 及 L4 为电源间隔，L3 及 L5 为负荷支路。各间隔 TA 变比均相同，全部为 1200/5，差动门槛为 5A，差动比率系数 0.5，TA 极性如图 4-2 所示。故障时母联断路器处于合位，故障相别为 A 相，故障时差流满足差动门槛及比率条件，母线保护型号为 BP-2CA-G。图 4-3 为故障时刻Ⅰ母 A 相电压，Ⅱ母 A 相电压及各间隔 A 相电流，请根据上述条件，回答如下问题：

（1）分别计算故障后大小差电流情况。

（2）分析判断故障点可能位置，并说明理由。

（3）分析母线保护动作行为，并说明原因。

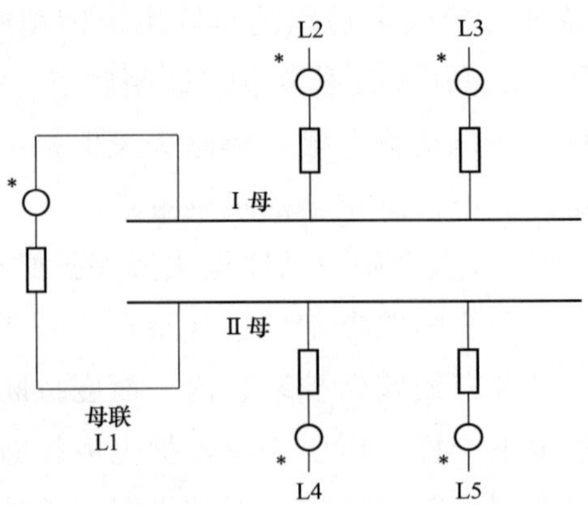


图 4-2　主接线图

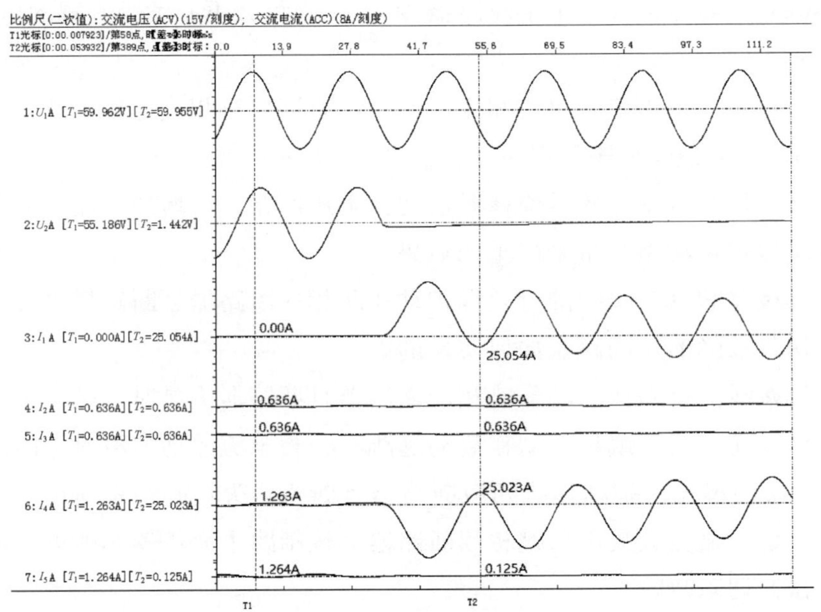


图 4-3　波形图

**答：**

（1）

故障前电流平衡，$I_{L1}=0$，因此 $I_{L2}+I_{L3}=0$

故障后 $I_{L2}$ 和 $I_{L3}$ 未发生变化，因此 $I_{L2}+I_{L3}=0$

A 相大差：$I_{L2}+I_{L3}+I_{L4}+I_{L5}=25.148$

Ⅰ母 A 相小差：$I_{L1}+I_{L2}+I_{L3}=25.054$

Ⅱ母 A 相小差：$I_{L4}+I_{L5}-I_{L1}=0.094$

（2）根据故障后波形分析：

Ⅰ母上两个间隔 L2 和 L3 电流较小，为负荷电流，且Ⅰ母电压正常，因此故障点不

在Ⅰ母；

Ⅱ母母线电压异常，且间隔L4电流变大，故障点应连接在Ⅱ母；

Ⅱ母电压正常，Ⅱ母有故障，但故障时母联断路器为合位，能够断开的就是母联隔离开关，从差流分析Ⅱ母几乎没有小差，因此故障点在Ⅱ母母联隔离开关位置，即Ⅱ母母联隔离开关与Ⅱ母侧断开接地。

（3）大差满足动作条件，Ⅱ母差流满足动作条件，但是电压闭锁，Ⅱ母电压开放但是Ⅱ母差流不满足动作条件，此时大差动作，两段母线任一电压开放，大差动作切除母联断路器，继而切除故障。

2．某变电站220kV侧接线方式采用双母线接线，如图4-4所示，其中L1为母联间隔，L2为电源间隔，L3、L4及L5为负荷间隔。220kV母线保护基准变比2000/1，各间隔MU采样频率均为4000Hz，具体参数如下：

L1：变比2000/1，MU实际延时750μs；

L2：变比2000/1，MU实际延时1500μs；

L3：变比3000/1，MU实际延时1500μs；

L4：变比2000/1，MU实际延时1500μs；

L5：变比2500/1，MU实际延时1500μs；

运行中L5支路MU延时误配置为750μs。

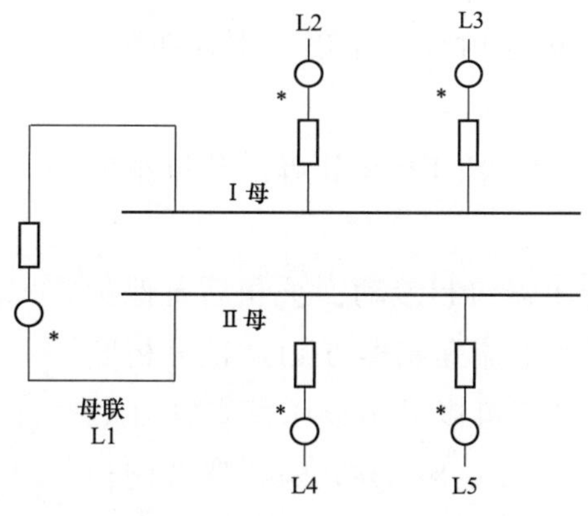


图4-4 主接线图

请分析：

（1）正常运行中母线保护是否存在差流，并说明原因。

（2）某日运行时，L2支路同时向L3、L4及L5供电，测得L2支路三相二次电流0.75A，L3和L4支路三相二次电流0.2A，试计算母差保护此时的大差、Ⅱ母和Ⅱ母小差。

**答：**

（1）正常运行中是会存在差流，由于 L5 支路延时设置错误，导致 L5 支路与其他间隔采样不同步，采样值存在角差从而产生差流。

（2）各支路一次电流：

$I_{L2}=0.75\times2000=1500A$

$I_{L3}=0.2\times3000=600A$

$I_{L4}=0.2\times2000=400A$

由于一次电流平衡，得出：

$I_{L5}=I_{L2}-I_{L3}-I_{L4}=500A$

差流计算：

①大差：基准变比下 L5 支路及其他三个支路相量差的二次值

$I_{L2}-I_{L3}-I_{L4}=I_{L5}=500/2000=0.25A$

相量角差：

$$\delta_0=\frac{360°}{4000/50}=4.5°$$

$$\delta=\frac{1500-750}{250}\times4.5°=13.5°$$

$$I_d=2\times0.25\times\sin\frac{13.5}{2}=0.0588$$

②Ⅱ母小差：Ⅱ母各间隔延时设置正确，不存在角差

Ⅱ母小差 $I_{L2}-I_{L1}-I_{L3}=0A$

③Ⅱ母小差：延时误配置支路 L5 在Ⅱ母，Ⅱ母小差与大差相同为 0.0588A。

3．如图 4-5 所示，变压器 T1 差动保护和后备保护 220kV 侧均采用 QF1 断路器电流互感器 TA1，试分析断路器 QF1 的失灵判别电流是否可以采用变压器套管 TA2 的电流？若存在问题，是否可以采用 QF1 断路器分闸位置作为断路器失灵动作的闭锁条件来弥补？为什么？

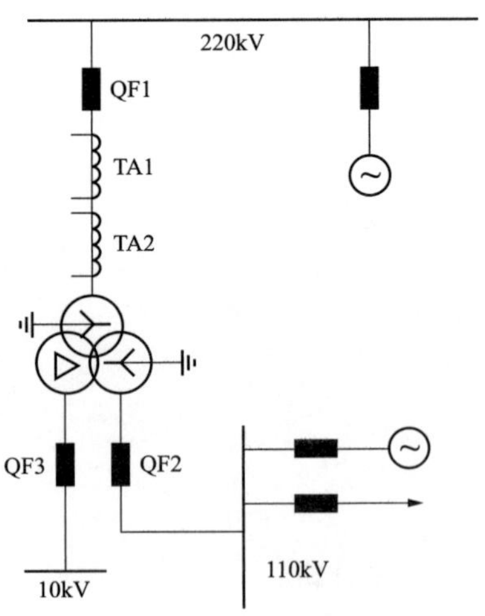

图 4-5 主接线图

**答：**首先，不能使用 TA2 的电流作为断路器 QF1 的失灵保护判别电流。

当在 TA1 和 TA2 之间故障时，若 QF1 断路器失灵，变压器保护动作跳开 QF2 和 QF3 断路器后，TA2 将无电流流过，此时 QF1 断路器失灵保护将会拒动，故障只能靠 220kV 线路后备保护来切除，导致故障范围扩大。

当 TA1 和 TA2 之间故障时，若 QF2 断路器失灵，变压器保护动作跳开 QF1 和 QF3

断路器后，因 110kV 侧有电源，TA2 将仍有电流输出，此时差动保护动作不返回，将导致 QF1 断路器失灵误动，主变压器保护动作解除 220kV 母差保护复压闭锁功能后，220kV 母线失灵保护功能将会误动，导致故障范围扩大。

其次，不能采用 QF1 断路器分闸位置作为断路器失灵动作的闭锁条件来弥补。因为现场实际存在断路器机械连杆脱落、断裂，或断路器分闸位置断开，但断口击穿等情况。此时将导致断路器失灵保护拒动，势必引起故障范围的扩大，因此断路器 QF1 的失灵判别电流不能采用 TA2 的电流，只能采用 TA1 的电流。

4．母线保护中常规稳态比例制动和复式稳态比例制动特性方程公式为：

常规比例差动元件的动作判据为：

$$\begin{cases} I_{\mathrm{d}} \geqslant I_{\mathrm{dset}} \\ I_{\mathrm{d}} \geqslant KI_{\mathrm{r}} \end{cases}$$

复式比例差动元件的动作判据为：

$$\begin{cases} I_{\mathrm{d}} \geqslant I_{\mathrm{dset}} \\ I_{\mathrm{d}} \geqslant K_{\mathrm{r}}(I_{\mathrm{r}} - I_{\mathrm{d}}) \end{cases}$$

其中

$$I_{\mathrm{d}} = \left|\sum_{i=1}^{n} \dot{I}_i\right|$$

$$I_{\mathrm{r}} = \sum_{i=1}^{n} \left|\dot{I}_i\right|$$

$\dot{I}_i$ 为母线上各支路二次电流，$I_{\mathrm{dset}}$ 为差电流启动定值，$K$ 为常规比率制动系数、$K_{\mathrm{r}}$ 为复式比率制动系数。

（1）复式比例差动元件的动作判据相对于常规比率差动元件的动作判据优点是什么？假定常规比率制动系数 $K$=0.6，试求复式比率制动系数 $K_{\mathrm{r}}$ 值使得复式比例差动动作判据和常规比率差动动作判据一致。

（2）区内故障时，母线总故障电流为 6000A，试求常规比率制动系数 $K$=0.7 和复式比率制动系数 $K_{\mathrm{r}}$=0.7 时，允许的最大汲出电流。

（3）区外故障时，故障支路的故障电流为 $I_{\mathrm{K}}$，故障支路的 TA 误差为 $\delta$，试求常规比率制动系数 $K$=0.5 和复式比率制动系数 $K_{\mathrm{r}}$=0.5 时，允许的故障支路 TA 的负误差 $\delta$ 范围（不考虑不平衡电流和区外故障时 TA 饱和）。

**答：**

（1）复式比率差动判据相对于常规比率制动判据，由于在制动量的计算中引入了差电流，使其在母线区外故障时有极强的制动特性，在母线区内故障时无制动，因此能更明确地区分区外故障和区内故障。

复式比率差动判据可变换为：

$$\begin{cases} I_d \geqslant I_{dset} \\ I_d \geqslant \dfrac{K_r}{1+K_r} I_r \end{cases}$$

与常规比率差动判据比较可得，$K_r=K/(1-K)$，$K_r=1.5$。常规比例差动和复式比例差动特性实质是一致的。

（2）区内故障，设总故障电流为 $I_K$，流出母线电流的为 $I_J$，则流入母线的电流为 $I_K+I_J$，差流 $I_d=I_K$，制动电流 $I_r=I_K+2I_J$。

对于常规比例差动元件：

$I_K \geqslant 0.7(I_K+2I_J)$，解得 $I_J \leqslant 1285.7A$。

对于复式比例差动元件：

$I_K \geqslant 0.7(I_K+2I_J-I_K)$，解得 $I_J \leqslant 4285.7A$

允许的最大汲出电流分别为 1285.7A 和 4285.7A。

根据以上分析，母线发生区内故障时，即使有故障电流流出母线，汲出电流小于最大汲出电流的条件下，常规比例差动元件和复式比例差动元件仍能可靠动作。

（3）区外故障，故障支路的故障电流为 $I_K$，即穿越故障电流为 $I_K$，考虑故障支路负误差，则差动电流 $I_d=|I_K \cdot \delta|$，制动电流 $I_r=|I_K+I_K(1-\delta)|$。

对于常规比例差动元件：$|I_K \cdot \delta| < 0.5|I_K+I_K \cdot (1-\delta)|$

解得 $\delta < 2/3=66.7\%$

对于复式比例差动元件：$|I_K \cdot \delta| < 0.5|I_K+I_K \cdot (1-\delta)-I_K \cdot \delta|$

解得 $\delta < 1/2=50\%$

根据以上分析，母线发生区外故障时，在不考虑 TA 饱和的情况下，常规比例差动元件和复式比例差动元件对于故障支路 TA 的负误差 $\delta$ 允许范围相对较大，进而保证区外故障时母线保护不误动。

5．某 500kV 系统接线图如图 4-6 所示，甲乙两站的所有保护配置均满足有关规程及规定的要求，重合闸投单重方式，所有线路保护Ⅱ段时间定值为 0.6s，失灵保护延时跳相邻断路器时间为 0.3s，断路器两侧均有足够的 TA 供保护接入。某日，系统发生冲击，录波图显示发生单相接地故障，甲站Ⅰ母两套母差保护动作，甲乙线两套全线速动保护均动作。故障点找到后，经分析认为所有保护均正确动作。试回答以下问题：

（1）指出单相接地故障点的位置。

（2）根据故障点位置，分析各相关保护及断路器的动作情况。

（3）若在本次故障中甲站 22 断路器拒动，试分析各保护及断路器的动作行为。

**答：**

（1）故障点位于如下 1）或 2）所述位置。

1）21 断路器和 TA1 之间。

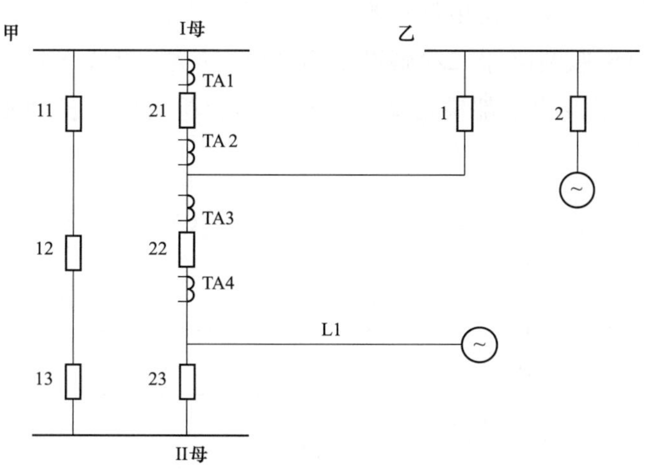


图 4-6 主接线图

2）21 断路器和 TA2 之间。

（2）当故障点位于 1）位置时，甲站母差保护动作三相跳开 11、21 断路器，并闭锁甲乙线 21 断路器重合闸。甲站甲乙线线路保护动作单跳 22 断路器故障相，乙站乙甲线线路保护动作单跳断路器 1 故障相，两侧断路器经重合闸时间后重合成功。

当故障点位于 2）位置时，甲站母差保护动作三相跳开 11、21 断路器，并闭锁甲乙线 21 断路器重合闸。甲站甲乙线线路保护动作单跳 22 断路器故障相，乙站乙甲线线路保护动作单跳 1 断路器故障相，若为瞬时接地故障，两侧断路器经重合闸时间后重合成功；若为永久故障，则 22 及乙侧 1 断路器重合后保护加速三相跳闸。

由于故障点位于甲乙线甲侧出口处，甲侧除主保护动作外，接地距离 I 段及零序电流 I 段均有可能同时动作。

（3）若故障点位于 1）位置时，虽然 22 断路器拒动，但母差保护动作，使 21 断路器三跳，切除故障，22 断路器失灵保护不会动作。

若故障点位于 2）位置时，虽然母差保护动作，使 21 断路器三跳，但故障并未切除。

甲乙线路保护动作后，22 断路器故障相拒动，150～200ms 后发三跳令（单跳失败跳三相），非故障相断路器跳开。22 断路器失灵保护动作，先按相瞬跳本断路器；延时 0.3s 后三跳 23 断路器。同时启动甲乙线及 L1 线远跳，乙站 1 断路器在单相跳闸后重合闸动作前又三相跳闸不重合，L1 线对侧断路器三相跳闸不重合。

6．某变电站母线区内发生故障，母线接线方式为双母线接线，L1 为母联间隔，L2 及 L4 为电源间隔，L3 及 L5 为负荷支路。各间隔 TA 变比相同，全部为 1200/5，间隔及母联 TA 极性如图 4-7 所示。故障前母联断路器一次处于分位，故障相别为 A 相。图 4-8 为故障时刻 I 母 A 相电压 II 母 A 相电压及各间隔 A 相电流。波形图标识了 T1 时刻及 T2 时刻的波形幅值，I1-I5 代表 L1-L5 的电流。

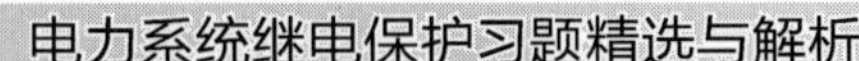


（1）请根据图 4-8 的电压及电流波形，分析故障点位置。

（2）假设故障前母联断路器二次辅助触点 TWJ 异常，母线保护装置认为母联断路器为合，经计算差流门槛及比率都满足动作条件，请分析母线保护装置的动作行为。

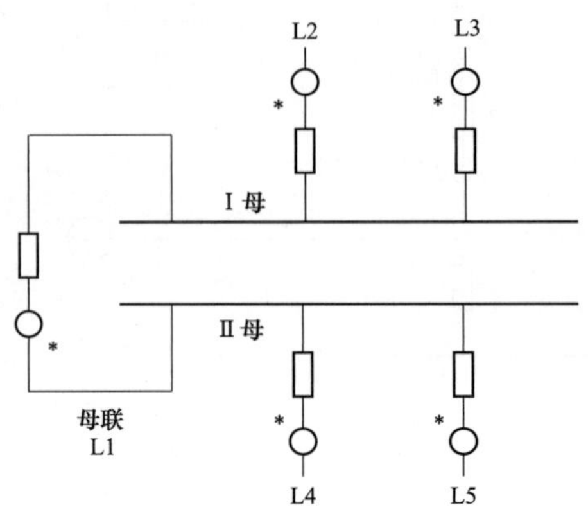


图 4-7　主接线图

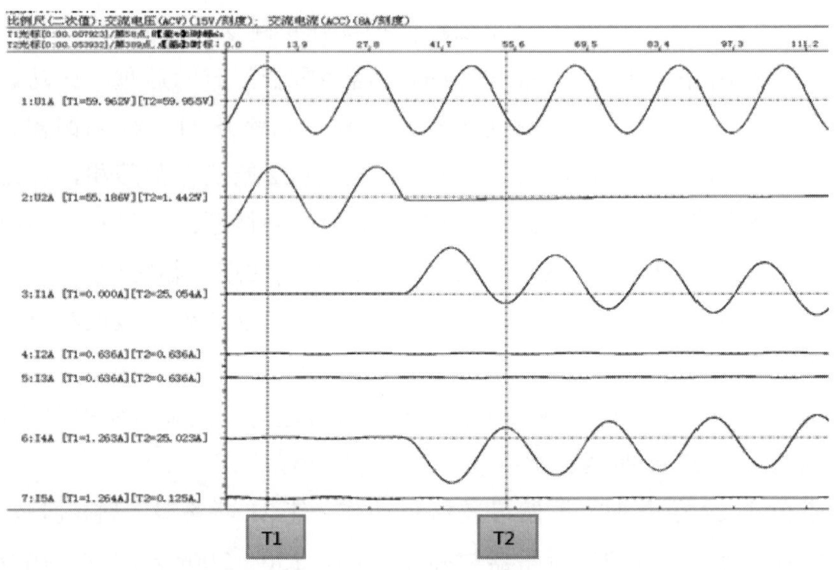


图 4-8　故障录波图

**答：**

（1）分析故障点位置：

根据波形分析 I 母上两个间隔 L2 及 L3 电流较小，为负荷电流，且 I 母电压正常，因此故障点不在 I 母。II 母母线电压异常，且间隔 L4 电流变大，因此故障点应在 II 母，而母联电流极性与 L4 极性相反，因此故障点在母联死区位置。

（2）分析母线保护动作行为：

故障前母联断路器一次处于分位，而二次为合位，则母联电流计入小差电流，计算Ⅰ母小差，$I_{L1}+I_{L2}+I_{L3}=I_{L1}$，Ⅰ母小差满足差动动作条件；计算Ⅱ母小差 $I_{L1}+I_{L4}+I_{L5}=0$，Ⅱ母小差不满足门槛值。

大差满足动作条件，Ⅰ母差流满足动作条件，但是电压闭锁，Ⅱ母电压开放但是Ⅱ母差流不满足动作条件，因此Ⅰ母及Ⅱ母小差都不动作，此时大差差流满足动作条件，两段母线任一电压开放，大差动作跳母联断路器。

母联断路器一次已经为断开状态，此时大差动作起动母联失灵，母联失灵保护动作，Ⅱ母电压开放，跳开Ⅱ母。

7．220kV 变电站双母线接线如图 4-9 所示，某时刻母差保护动作(母联 TA 极性同Ⅰ母)，调取波形如图 4-10 所示，0ms 时刻发生故障，15ms 时刻母线差动保护动作，问：故障点在何位置？是何故障？说明判断依据（不考虑母联与母联 TA 之间的死区故障）

位置 1：211 断路器线路侧；位置 2：212 断路器线路侧；位置 3：母联 TA 与Ⅰ母线之间；位置 4：母联 TA 与Ⅱ母线之间。

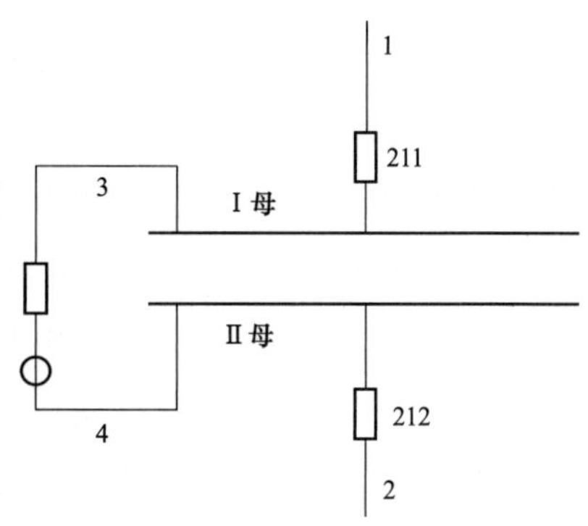


图 4-9 主接线图

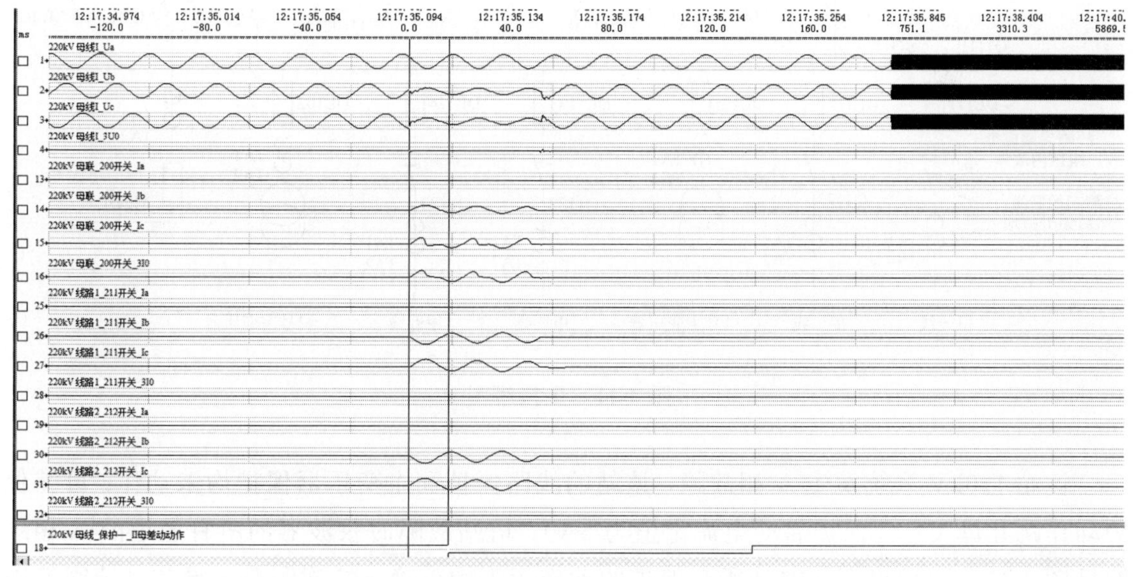


图 4-10 故障录波图

**答案：**

（1）故障点：位置 4 的 B 相与位置 3 的 C 相发生相间短路。

（2）判断依据：

1）母线 B、C 相电压相位相同，且线路 1、线路 2 B、C 两相电流相位相反，可判断发生 B、C 相间短路故障。

2）从母差保护动作，母联 B、C 相电流相位相同，可判断故障点在母联 TA 两侧，即位置 3、位置 4 的 B、C 相。

3）从母联 TA 极性同Ⅰ母，可判断出故障点是位置 4 的 B 相与位置 3 的 C 相发生相间短路（具体是Ⅰ母小差先动作，还是Ⅱ母小差先动作，还需要看两个小差的差流大小，此故障波形中，Ⅱ母小差先动作，说明Ⅱ母小差的差流先达到定值）。

4）此故障波形中，母联电流出现饱和，但差动保护在故障后 15ms 即动作出口，说明差动保护动作不是由于母联电流饱和所引起。

8．110kV 甲站故障前运行方式如图 4-11 所示：110kV 甲三线、110kV 甲四线和 2 号主变压器运行于Ⅰ母，110kV 甲一线、110kV 甲二线和 1 号主变压器运行于Ⅱ母，母联断路器在合位，所有间隔的 TA 变比均为 1200/5。110kV 线路均配置双套光纤纵差保护，110kV 母线配置双套母线差动保护。

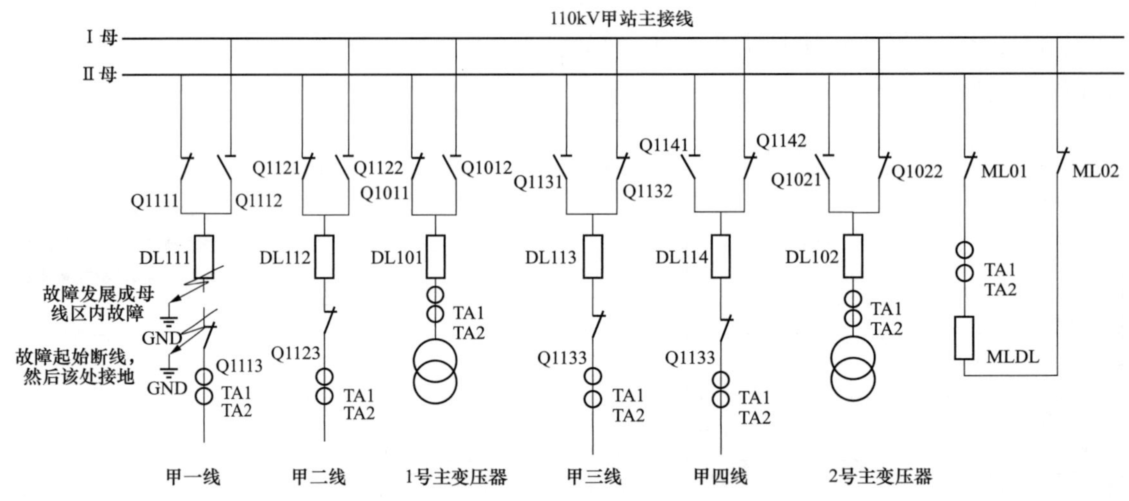


图 4-11　主接线图

该站 110kV 系统发生 A 相故障，该站的线路保护和主变压器保护均未动作；母差保护动作跳Ⅱ母（差动保护启动电流定值为 5A）。塔站故障时录波器的所有通道的 A 相录波见图 4-12，现场检查，本站所有保护的动作行为均正确，二次回路无异常。请回答以下问题：

（1）分析一次故障点位置，以及故障的发展过程。

（2）母差保护动作较慢的原因。

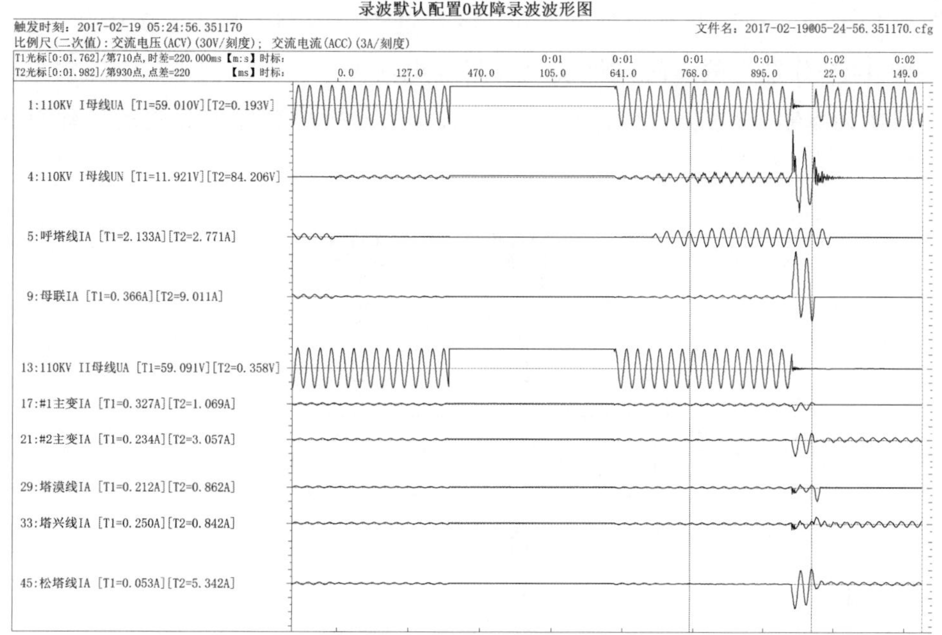

图 4-12 故障录波图

**答：**

（1）5 时 24 分 56 秒 347 毫秒，110kV 甲一线发生 A 相断线故障，A 相电流为 0，110kV 甲站母线侧不接地，母线电压基本无变化。一次断线故障，线路差动保护不动作。

24 分 58 秒 89 毫秒，转为 A 相接地故障，A 相出现约 2.1A 故障电流，大差电流等于甲一线电流。结合 110kV 甲一线差动保护未动作，说明该故障点在 110kV 甲一线区外，Ⅱ母区内。Ⅱ母电压跌落很小，说明故障点不在母线上。TA 靠近线路侧，断线点在甲一线断路器处（两个隔离开关区间内）。此时母线侧 A 相断线未接地，线路侧 A 相断线处接地。

24 分 58 秒 339 毫秒，甲站其他 110kV 线路和主变压器电流突然增大，且Ⅱ母 A 相电压跌落为 0，但甲一线 A 相故障电流基本无变化。说明此时甲一线母线侧 A 相断线处接地。母差保护动作跳闸。

母差保护动作后发远跳，110kV 甲一线的对侧收到远跳命令后，远方跳闸动作，切除线路故障电流。

（2）甲一线断线后，靠近线路侧接地、母线侧不接地时，大差电流和Ⅱ母小差电流均为 2.1A，但达不到母差差流定值（5A），因此此时母差动保护未动作。

故障发展为甲一线母线侧 A 相断线处接地后，大差电流和Ⅱ母小差电流均为 14A，满足差动方程，母差保护动作跳闸。

9．某变电站发生故障，母线接线方式为双母线接线，L1 为母联间隔，L2 及 L3 为电源间隔，L4 及 L5 为负荷支路。各间隔 TA 变比相同，全部为 1200/5，间隔挂接及 TA

极性如图 4-13 所示。母联断路器处于合位。运行过程中线路 L4 间隔 B 相发生接地故障，图 4-14～图 4-16 分别为故障时刻母线上各间隔电流波形、差流波形、电压波形图。母线差动保护门槛为 5A，请根据故障时电流电压波形，分析母线保护装置的动作行为，以及故障点位置。

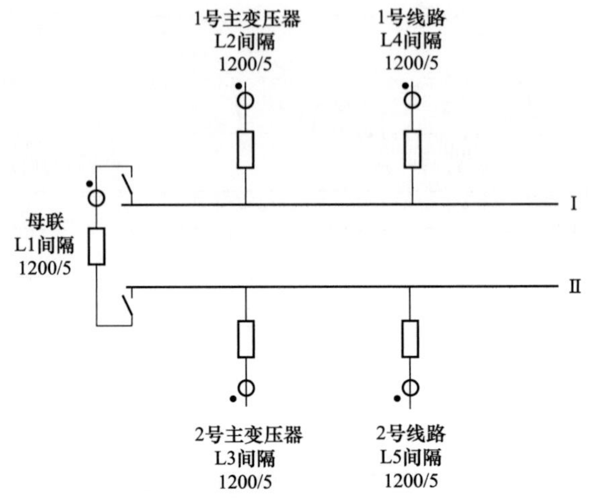


图 4-13　故障录波图

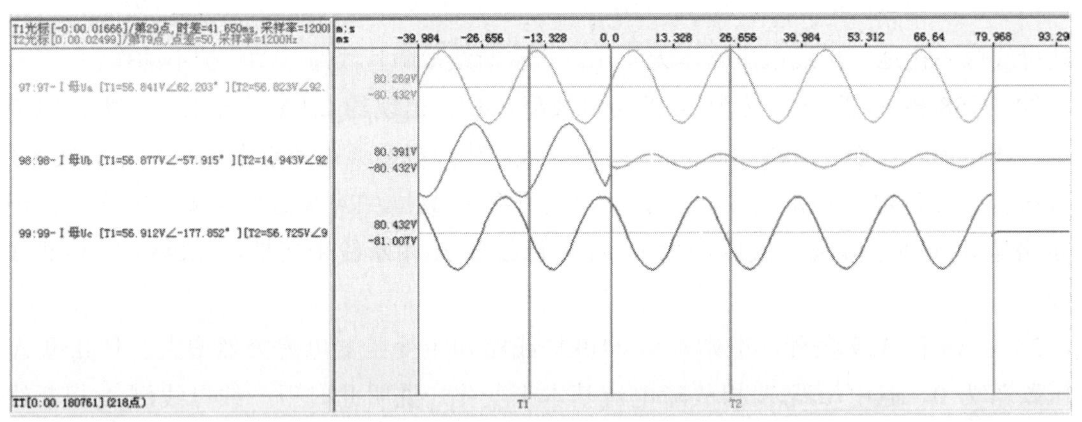


图 4-14　电压故障录波图

**答：**

（1）动作行为分析如下：

根据波形分析，L4 间隔 B 相发生故障，母线 B 相无差流，说明 B 相为母线区外故障，母线保护 B 相差动不会动作。

从母线差流波形图中看出，A 相大差和小差均出现较大差流，幅值约为 9A，与 L2 间隔 A 相电流接近，其他支路 A 相电流变化不大，均为负荷电流。该情况满足母线保护 A 相比率差动判据。即 L2 间隔所在母线 I 母满足 A 相比率差动判据，同时保护电压开

放，保护装置Ⅰ母 A 相差动动作出口。

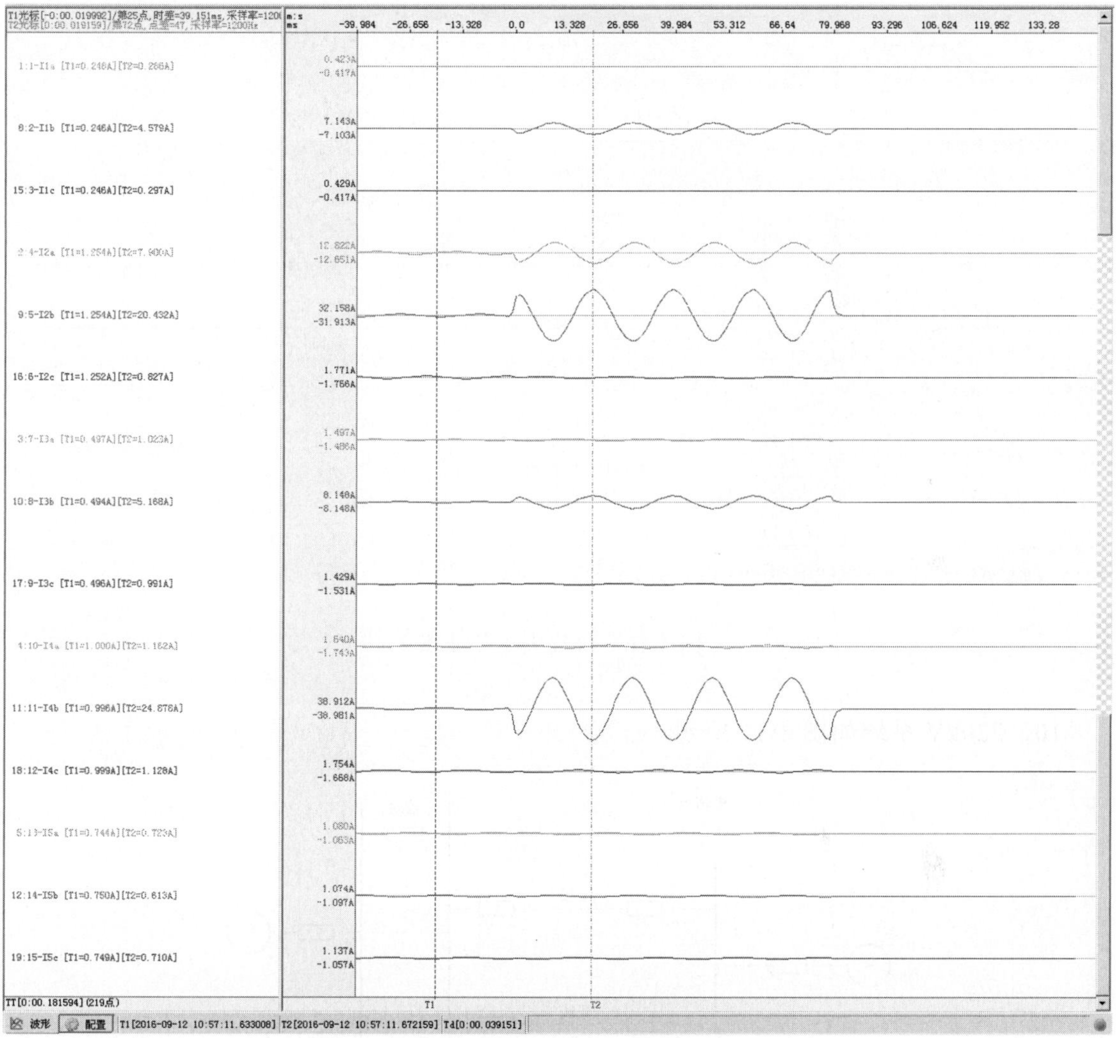

图 4-15　各间隔相电流波形

（2）故障点位置分析如下：

根据波形分析，L4 间隔 B 相发生单相接地故障时，AC 相电压均正常，故 AC 相一次侧应无故障，A 相出现差流原因应为二次回路产生。

通过各支路电流大小可知故障期间 L2 间隔 A 相电流发生突变，继而导致母线 A 相差流不平衡，故应为 L2 间隔二次回路出现异常。分析 L2 间隔 A 相电流大小介于 B 相故障电流的 1/3～1/2，同时与 B 相几乎反向。

上述现象完全符合二次回路两点接地特征，故分析应为 L2 间隔 A 相 TA 二次回路两点接地。导致线路故障期间非故障支路的非故障相出现了较大的异常电流，使保护装置非故障相感受到差流，差动保护动作条件。

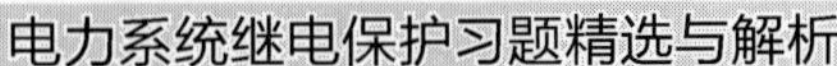

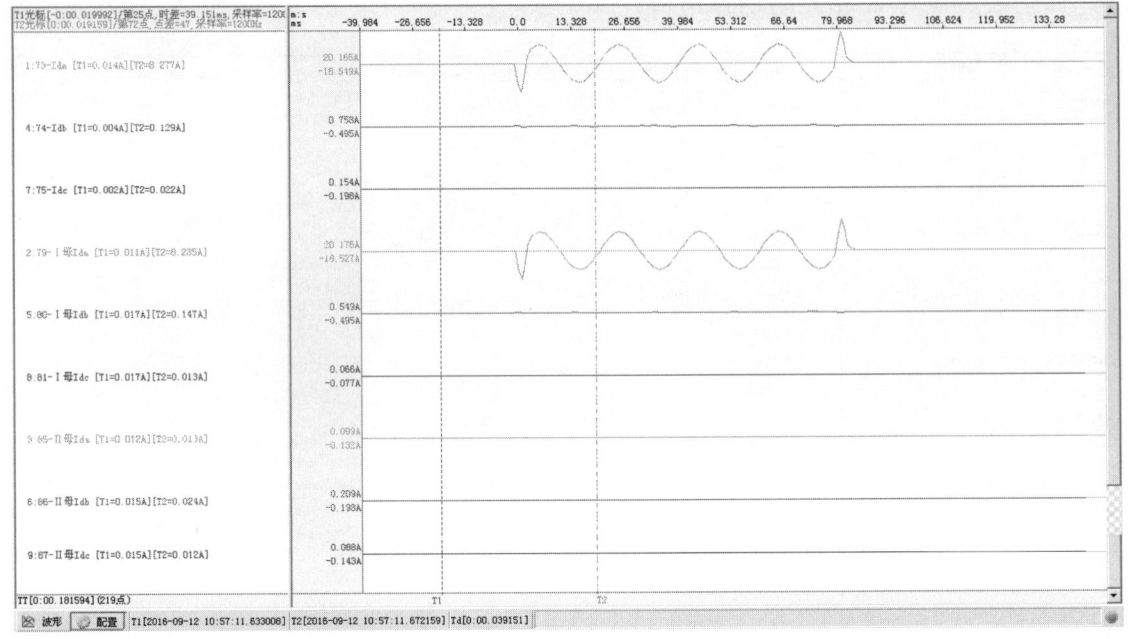


图 4-16　母线大小差波形

10．220kV 系统如图 4-17 所示。

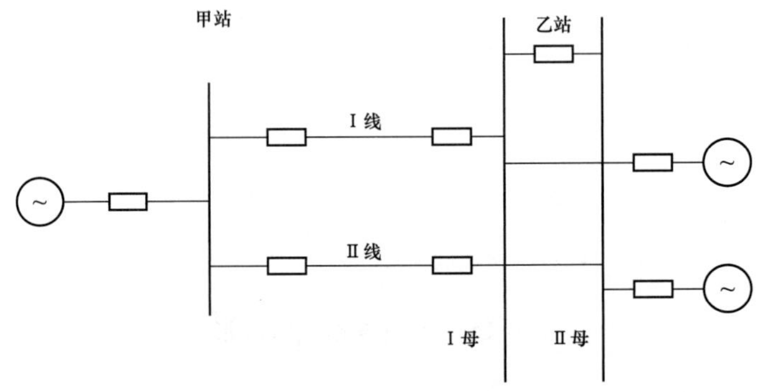


图 4-17　主接线图

（1）乙站Ⅰ母发生 A 相接地故障，母差保护正确动作，并跳开了所有应该跳开的断路器。此时，甲乙Ⅰ回线甲侧的高频保护动作，A 相跳闸，重合成功，电流互感器安装在断路器线路侧，试分析甲乙Ⅰ线高频保护动作的行为。

（2）若甲乙Ⅰ两套高频保护因故停运，乙站Ⅰ母发生 A 相永久接地故障，保护及断路器动作情况如下：母差保护正确动作，并跳开了所有应该跳开的断路器，甲乙Ⅰ线接地距离Ⅱ段正确动作，电流互感器安装在断路器的线路侧，试分析故障点的位置。

（3）当该系统中某处发生A相永久接地故障，甲乙Ⅰ线高频保护正确动作，甲侧重合成功，乙侧断路器未重合（两侧重合闸均投单重方式，乙侧重合闸装置及回路正确、断路器正常），母差保护未动（正确），电流互感器安装在断路器的母线侧，试分析故障点的位置及乙侧断路器未重合的原因，故障最后靠什么保护切除。

（4）甲乙Ⅰ线靠乙站出口处A相故障，甲乙Ⅰ线两侧高频保护正确动作，发生60ms后甲乙Ⅰ线三相确已断开，甲乙Ⅰ线两侧重合闸均不重合（两侧重合闸均投三相重合闸方式，重合闸时间整定为1s，乙侧重合闸装置为检无压，甲侧为检同期），在大约180ms录波图（见图4-18）显示又出现故障电流，持续时间大约330ms消失，母差保护未动（正确），失灵保护动作时间整定值为250ms，电流互感器安装在断路器的线路侧。请分析甲乙侧断路器未重合的原因及乙站保护动作行为。

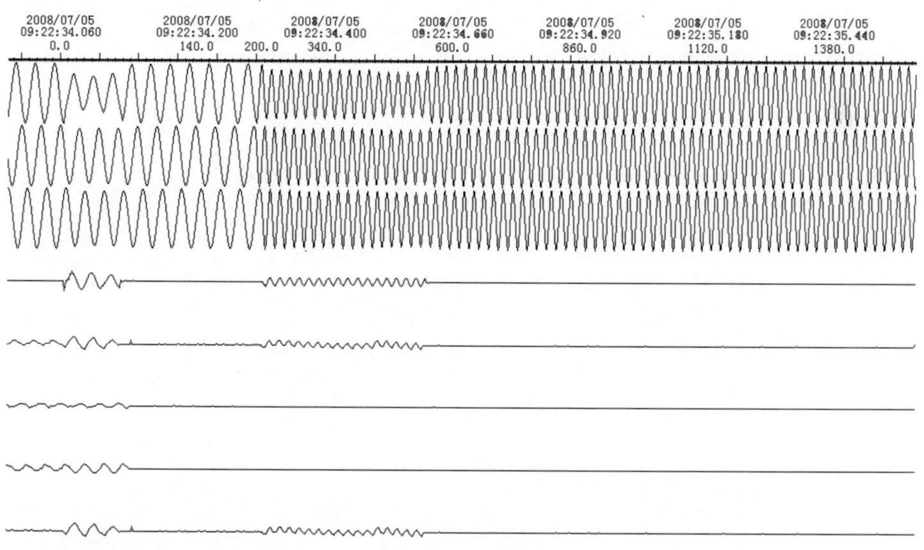


图4-18 故障录波图

**答：**

（1）母差保护跳闸停信，使对侧高频保护快速动作，因为故障点在母线上，母差动作跳开线路、母联断路器后，故障消失，所以甲侧重合成功。

（2）故障点在断路器和电流互感器之间，母差动作跳开线、母联断路器后，甲侧保护仍然感受到故障，甲乙Ⅰ线接地距离Ⅱ段正确动作，切除故障。

（3）故障点在断路器和电流互感器之间，由于电流互感器安装在断路器的母线侧，在此位置发生故障时，是母线保护区外，母差不动作，线路保护动作跳开两侧断路器，但故障并未切除，乙站侧线路保护仍然感受故障电流，再单相重合闸周期内保护不返回，跳三相闭锁重合闸。最后经失灵保护跳开母联切除故障。

（4）录波图显示故障发生 60ms 后甲乙 I 线三相确已断开，在重合闸合闸周期 1s 内，又显示 A 相感受到故障电流，此时乙侧保护再次动作不返回，所以乙侧重合闸被放电闭锁重合，甲侧检同期合闸无法重合。故障点在母差保护范围之外，母差保护不动作正确，因大约 180ms 录波图显示又出现故障电流，乙站失灵保护动作，跳开甲乙线所在母线的所有断路器，故障电流消失，再次显示故障电流的原因是甲乙 I 线乙侧 A 相断路器断口击穿所致。

# 第五章　二　次　回　路

【基本介绍】本章主要包括对电流二次回路、电压二次回路、断路器控制及信号回路、直流电源回路、二次回路抗干扰等知识的考查。

【典型问题】本章的典型问题是电流互感器的伏安特性及10%误差曲线，电流、电压互感器的误差分析，电流、电压互感器二次回路接线方式，断路器分合闸控制及防跳功能，直流电源接地的危害及处置方法，二次回路抗干扰措施等内容。

【难点介绍】本章的难点在于电流二次回路不同接线方式下负载计算及误差校核，电压二次回路的相量分析，电压二次回路与开口三角回路中性线应分别引入的原因分析，断路器控制回路自保持、防跳等功能的实现及阻抗匹配要求，二次回路抗干扰的措施及抗干扰的机理分析。

## 一、单选题

1．电流互感器是（　　）。

A．电流源，内阻视为无穷大　　B．电压源，内阻视为零

C．电流源，内阻视为零

**答案**：A

**解析**：电流互感器是电流源，内阻视为无穷大，不能开路；电压互感器是电压源，内阻视为很小，不能短路。

2．以下说法正确的是（　　）。

A．电流互感器和电压互感器二次均可以开路

B．电流互感器二次可以短路但不得开路，电压互感器二次可以开路但不得短路

C．电流互感器和电压互感器二次均不可以短路

**答案**：B

3．就P型电流互感器、TPY型电流互感器来说，下列正确的是（　　）。

A．TPY电流互感器因铁芯有小气隙，故铁芯不会发生饱和

B．P型电流互感器铁芯剩磁大、TPY型电流互感器铁芯剩磁小

C．当一次电流因断路器跳闸强迫为零后，P型电流互感器二次电流衰减要比TPY

型二次电流衰减慢得多

D．P 型电流互感器二次回路时间常数比 TPY 型二次回路时间常数大得多

**答案：**B

**解析：**P 型电流互感器是无剩磁通限值的保护用电流互感器，在对称短路电流条件下规定其饱和特性。TPY 型电流互感器是具有剩磁通限值的保护用电流互感器，以峰值瞬时误差在暂态短路电流条件下规定其饱和特性。TPY 型电流互感器在铁芯中设置一定的非磁性间隙，剩磁通不超过饱和磁通的 10%，但由于磁阻、储能以及磁通变化量的不同，二次回路的电流值较高且持续时间较长。出自 GB 20840.2—2014《互感器　第 2 部分：电流互感器的补充技术要求》3.1。

4．对剩磁有控制的电流互感器有（　　）。

A．PR 级、TPY 和 TPZ 级电流互感器

B．P 级和 TPS 级电流互感器

C．TPS 级和 TPX 级电流互感器

**答案：**A

**解析：**出自 GB 20840.2—2014《互感器　第 2 部分：电流互感器的补充技术要求》3.1。

5．考虑非周期分量影响的电流互感器有（　　）。

A．P 级电流互感器　B．TP 级电流互感器　C．PR 级电流互感器

**答案：**B

**解析：**P 级、PR 级电流互感器是在对称短路电流条件下规定其饱和特性，不考虑非周期分量的影响；TP 级电流互感器是以峰值瞬时误差在暂态短路电流条件下规定其饱和特性，考虑非周期分量的影响。出自 GB 20840.2—2014《互感器　第 2 部分：电流互感器的补充技术要求》3.1。

6．下列电流互感器抗饱和能力最强的是（　　）。

A．0.2 级　B．0.5 级　C．P 级　D．TPY 级

**答案：**D

**解析：**0.2 为计量级，0.5 为测量级，P 为稳态保护级，TPY 为暂态保护级。TPY 型电流互感器是具有剩磁通限值的保护用电流互感器，抗饱和能力最强。

7．电流互感器装有小瓷套的一次端子应放在（　　）侧。

A．L1（P1）母线侧　B．L2（P2）母线侧

C．L1（P1）线路侧　D．以上均不对

**答案：**A

**解析：**出自 GB/T 50976—2014《继电保护及二次回路安装及验收规范》5.3.2。考虑当大瓷套对地闪络放电引起的单相接地故障不致成为母线侧故障，母线侧有小瓷套故障会转移到线路侧。

8．220kV 变压器保护用电流互感器宜按在变压器低压侧区外故障时误差不超过规定值选定，为减轻可能发生的暂态饱和影响，其暂态系数不应小于（　　）。

A．2　　B．3　　C．4　　D．5

答案：A

解析：出自 DL/T 866—2015《电流互感器和电压互感器选择及计算规程》7.2.6。

9．关于电流互感器，相关说法错误的是（　　）。

A．准确度等级分 0.2、0.5、5P、10P 等

B．5P、10P 属于保护用电流互感器

C．500kV 系统中线路保护、断路器保护等常用 TPY 级互感器

D．暂态型电流互感器有 TPS、TPX、TPY、TPZ 四个等级

答案：C

解析：TPY 级电流互感器不宜用于断路器失灵保护。出自 DL/T 866—2015《电流互感器和电压互感器选择及计算规程》7.2.6。

10．电流互感器及电压互感器的一、二次绕组都设置了屏蔽以降低绕组间的（　　）。

A．电容耦合　　B．杂散耦合　　C．传导耦合

答案：A

解析：互感器一、二次绕组间存在大小不等的分布电容，设置屏蔽是为了降低绕组间的电容耦合。

11．电流互感器一、二次绕组间的极性，应该按（　　）原则标注。

A．加极性　　B．减极性　　C．时间性　　D．正极性

答案：B

解析：采用减极性标注的优点是一、二次电流同相位，可用同一相量表示。

12．500kV（3/2 接线形式）电压等级下，边断路器电流互感器需配置（　　）组 TPY 类型绕组。

A．2　　B．4　　C．6　　D．8

答案：B

解析：出自 DL/T 866—2015《电流互感器和电压互感器选择及计算规程》7.2.8。

13．电流互感器本身造成的测量误差是由于有励磁电流存在，其角度误差是励磁支路呈现为（　　）使电流有不同相位，造成角度误差。

A．电阻性　　B．电容性

C．电感性　　D．以上都可能

答案：C

14．当电流互感器一次电流不变，二次回路负载增大（超过额定值）时（　　）。

A．其角误差增大，变比误差不变　　B．其角误差不变，变比误差增大

C．其角误差和变比误差均增大　　　　　　　D．其角误差和变比误差均不变

**答案：**C

**解析：**比差 $\varepsilon(\%)=\dfrac{I_2Z_2L_C}{2\pi f\mu A_C N_{2n}I_1N_{1n}}\sin(\alpha+\theta_0)\times100$

角差 $\delta(')=\dfrac{I_2Z_2L_C}{2\pi f\mu A_C N_{2n}I_1N_{1n}}\cos(\alpha+\theta_0)\times3440$

其中，$f$ 为频率，$\mu$ 为铁芯导磁系数，$A_C$ 为铁芯有效截面积，$L_C$ 为铁芯的平均磁路长，$I_2$ 为二次电流，$Z_2$ 为二次负载，$I_1$ 为一次电流，$N_{1n}$ 为一次绕组匝数，$N_{2n}$ 为二次绕组匝数，$\alpha$ 为二次负载阻抗角。

由电流互感器误差公式知，二次负载与比值差、相位差成正比，所以二次回路负载增大时，其角误差和变比误差均增大。

15．某P型电流互感器，二次接纯电阻负载，若不计铁芯损耗和绕组漏抗，在某一正弦电流作用下铁芯处于线性范围内，当该正弦电流大小不变仅频率降低时，则相角误差 $\delta$、变比误差 $\varepsilon$ 的变化是（　　）。

A．$\delta$ 增大、$\varepsilon$ 值不变　　　　　　　B．$\delta$ 不变、$\varepsilon$ 值增大

C．$\delta$、$\varepsilon$ 值均不变　　　　　　　D．$\delta$、$\varepsilon$ 值均增大

**答案：**D

**解析：**比差 $\varepsilon(\%)=\dfrac{I_2Z_2L_C}{2\pi f\mu A_C N_{2n}I_1N_{1n}}\sin(\alpha+\theta_0)\times100$

角差 $\delta(')=\dfrac{I_2Z_2L_C}{2\pi f\mu A_C N_{2n}I_1N_{1n}}\cos(\alpha+\theta_0)\times3440$

其中，$f$ 为频率，$\mu$ 为铁芯导磁系数，$A_C$ 为铁芯有效截面积，$L_C$ 为铁芯的平均磁路长，$I_2$ 为二次电流，$Z_2$ 为二次负载，$I_1$ 为一次电流，$N_{1n}$ 为一次绕组匝数，$N_{2n}$ 为二次绕组匝数，$\alpha$ 为二次负载阻抗角。

由电流互感器误差公式知，频率与比值差、相位差反比，所以频率减低时时，角误差和变比误差均增大。

16．保护用10P20电流互感器，是指互感器通过短路电流为（　　）倍额定电流时，稳态复合误差不超过（　　）。

A．20，20%　　　B．10，20%　　　C．10，10%　　　D．20，10%

**答案：**D

17．继电保护要求所用的P级电流互感器的5%或10%误差是指（　　）。

A．稳态比误差　　　B．稳态复合误差　　　C．暂态误差

**答案：**B

**解析：**出自GB 20840.2—2014《互感器　第2部分：电流互感器的补充技术要求》3.4.203、5.6.202.2.4。

18．继电保护要求电流互感器的一次电流等于最大短路电流时，其稳态复合误差不大于（　　）。

A．5%　　B．8%　　C．10%

答案：C

19．5P 级电流互感器在额定一次电流下的比值差和相位差，分别不允许超过（　　）。

A．10%和 5°　　B．1%和 1°　　C．10%和 7°

答案：B

解析：出自 GB 20840.2—2014《互感器　第 2 部分：电流互感器的补充技术要求》5.6.202.2.4。

20．测量误差就是电流互感器的二次输出量与其归算到二次侧的一次输入量的大小不相等、幅角不相同所造成的差值。因此测量误差分为数值变比误差和相位角度误差两种，测量误差与二次负载的幅值和相位有关。当励磁阻抗和二次阻抗在幅值一定的情况下，（　　）情况下比差最小。

A．相位相同　　B．相位相差 30°

C．相位相差 45°　　D．相位相差 90°

答案：D

解析：比差 $\varepsilon(\%)=\dfrac{|I_0'|}{|I_0'+I_2|}\times 100=\dfrac{|I_0'|}{|I_0'|^2+|I_2|^2+2|I_0'|\times|I_2|\cos\varphi}\times 100$，由比差公式可得，在 $|I_0'|$、$|I_2|$ 一定的条件下，$\varphi=90°$ 时 $\varepsilon(\%)$ 最小。

21．某电流互感器的变比为 600/5，二次接入负载阻抗 3Ω（包括电流互感器二次漏抗及电缆电阻），电流互感器伏安特性试验得到的一组数据为电压 150V 时，电流为 3A。试问当其一次侧通过的最大短路电流为 4800A 时，其变比误差（　　）规程要求。

A．满足　　B．不满足

C．无法判断　　D．视具体情况而定

答案：A

解析：电流互感器的变比为 600/5，一次侧通过最大三相短路电流 4800A 时，二次电流为 4800/120=40A。$U_1$=（40−3）×3=111V，因 111V＜150V，相应 $I_e'$＜3A，若 $I_e'$ 按 3A 计算，则 $I_2$=40−3=37A，此时变比误差 $\Delta I$=（40−37）/40=7.5%＜10%，故变比误差不超过 10%。

22．容量为 30VA 的 10P20 电流互感器，二次额定电流为 5A。当二次负载小于 1.2Ω 时，允许的最大短路电流倍数为（　　）。

A．小于 10 倍　　B．小于 20 倍　　C．等于 20 倍　　D．大于 20 倍

答案：D

解析：$R=P/I^2=30/5^2=1.2\Omega$，即容量为 30VA 的 10P20 电流互感器，二次额定电流为

5A，短路电流为20倍额定电流，稳态变比误差不超过10%时允许的最大二次负载为1.2Ω。也就是说当二次负载小于1.2Ω时，允许的最大短路电流倍数大于20倍。

23．系统故障时电流互感器磁路的饱和一般（　　）发生。

A．立即　　B．3～5ms后

C．半个周波后　　D．一个周波后

**答案：**B

**解析：**电流互感器最快要在短路发生2ms以后才会开始饱和。

24．电力系统短路故障时，电流互感器发生饱和，关于二次电流波形特征说法不正确的是（　　）。

A．波形失真，伴随谐波出现

B．过零点提前，波形缺损

C．一次电流越大时，过零点提前越多

D．二次电流的饱和点可在该半周期内任何时刻出现，随一次电流大小而变

**答案：**D

25．电流互感器饱和后其励磁阻抗（　　），使其内阻（　　）。

A．减小，降低　　B．减小，增大

C．增大，降低　　D．增大，增大

**答案：**A

26．电流互感器饱和后，保护装置感受到的二次谐波含量比一次实际的二次谐波含量要（　　）。

A．大　　B．小　　C．一样　　D．感受不到

**答案：**A

**解析：**电流互感器饱和时二次电流波形发生畸变，含有大量的谐波分量电流，以2、3次谐波为主。

27．当母线上连接元件较多时，电流差动母线保护在区外短路时不平衡电流较大的原因是（　　）。

A．电流互感器的变比不同　　B．励磁阻抗大

C．电流互感器严重饱和　　D．合后位置

**答案：**C

28．电力系统短路故障时，电流互感器饱和是需要时间的，下列说法错误的是（　　）。

A．饱和时间受短路故障时电压初相角影响

B．饱和时间受一次回路时间常数影响

C．电流互感器剩磁越大，饱和时间越短

D．增大二次负载阻抗，可增长饱和时间

**答案**：D

**解析**：电流互感器时间常数 $\tau=L/R$，$\tau$ 与 $R$ 成反比；铁芯剩磁越大，电流互感器越容易饱和；电压初相角对铁芯剩磁产生影响。

29．两只装于同一相，且变比相同、容量相等的套管型电流互感器，在二次绕组串联使用时（　　）。

A．容量和变比都增大一倍　　B．变比增大一倍，容量不变

C．变比不变，容量增大一倍

**答案**：C

**解析**：电流互感器负载=电流互感器两端电压/电流互感器绕组内流过电流。电流互感器二次串联时电流互感器两端电压减小一半，电流互感器绕组内流过电流不变，电流互感器负载减小一半，即变比不变，容量增大一倍。电流互感器二次并联时电流互感器两端电压增大一倍，电流互感器绕组内流过电流不变，电流互感器负载增大一倍，即变比及容量均减小一半。

30．与单个电流互感器二次绕组相比，当采用电流互感器两个同型号二次绕组并联接线时，所允许的二次负载（　　）。

A．增大一倍　　B．减小一半　　C．无变化

**答案**：B

31．同一相中两只相同特性的电流互感器二次绕组串联或并联，作为相间保护作用，计算其二次负载时，应将实测二次负载折合到相负载后再乘以系数为（　　）。

A．串联乘 0.5，并联乘 1　　B．串联乘 0.5，并联乘 2

C．串联乘 1，并联乘 2　　D．串联乘 0.5，并联乘 0.5

**答案**：B

32．电流互感器极性对（　　）没有影响。

A．差动保护　　B．距离保护

C．方向保护　　D．电流速断保护

**答案**：D

33．如果运行中的电流互感器二次开路，互感器就成为一个带铁芯的电抗器。一次绕组中的电压降等于铁芯磁通在该绕组中引起的电动势，铁芯磁通由一次电流所决定，因而一次压降会增大。根据铁芯上绕组各匝感应电动势相等的原理，二次绕组（　　）。

A．产生很高的工频高压　　B．产生很高的尖顶波高压

C．不会产生工频高压　　D．不会产生尖顶波高压

**答案**：B

**解析**：电流互感器二次回路开路，一次负荷电流全部流经励磁支路，励磁电流急剧

增加，磁通波形出现明显的畸变，呈现出梯形。根据电磁感应定律，二次感应电动势与磁通的变化率成正比，梯形磁通作用下的二次感应电动势为对称的尖顶波，波峰幅值很大。

34．如果电流互感器按三角形接线，则在三相短路时，每一相电流互感器之等效负载是实际负载（每相）的（　　）倍。

A．3　　B．1/3　　C．$\sqrt{3}$　　D．$1/\sqrt{3}$

**答案**：A

**解析**：电流互感器负载=电流互感器两端电压/电流互感器绕组内流过电流。三相短路时，$I_a=\alpha I_b=\alpha^2 I_c$。三角形接线时，因 $U_a=(I_a-I_b)Z_L-(I_c-I_a)Z_L=[2I_a-(I_b+I_c)]Z_L=3I_aZ_L$，所以 $Z=\frac{U_a}{I_a}=3Z_L$，即每一相电流互感器的等效负载是实际负载的3倍。

35．在三相对称故障时，计算电流互感器的二次负载，三角形接线是星形接线的（　　）。

A．2倍　　B．$\sqrt{3}$倍　　C．3倍

**答案**：C

**解析**：电流互感器负载=电流互感器两端电压/电流互感器绕组内流过电流。三相短路时，$I_a=\alpha I_b=\alpha^2 I_c$。

星形接线时，因 $U_a=I_aZ_L$，所以 $Z=\frac{U_a}{I_a}=Z_L$

三角形接线时，因 $U_a=(I_a-I_b)Z_L-(I_c-I_a)Z_L=[2I_a-(I_b+I_c)]Z_L=3I_aZ_L$，所以 $Z=\frac{U_a}{I_a}=3Z_L$。

即在三相对称故障时，电流互感器的二次负载三角形接线是星形接线的3倍。

36．二次电缆相阻抗为 $Z_L$，继电器阻抗忽略，为减小电流互感器二次负担，它的二次绕组应接成星形。因为在发生相间故障时，电流互感器二次绕组接成三角形是接成星形负载的（　　）倍。

A．2　　B．1.732　　C．3

**答案**：C

**解析**：假设AB短路，则 $I_a=-I_b$，$I_c=0$。

星形接线时，因 $U_a=I_aZ_L$，所以 $Z=\frac{U_a}{I_a}=Z_L$。

三角形接线时，因 $U_a=(I_a-I_b)Z_L-(I_c-I_a)Z_L=3I_aZ_L$，所以 $Z=\frac{U_a}{I_a}=3Z_L$。

即在发生相间故障时，电流互感器二次绕组接成三角形是接成星形负载的3倍。

37．继电保护设备验收规范要求带负荷检验应（　　）。

A．只需测电压的幅值　　B．只需测量电流幅值

C．需要测量电流、电压大小及相位关系　　D．只需要测量电流、电压大小

**答案：**C

38．电流互感器二次回路接入保护时，N 线断线，发生单相接地故障时，保护电流采样（　　）。

A．自产零序、外接零序采样均正常，无影响

B．自产零序、外接零序采样均无零序电流

C．自产零序正常，外接零序无采样

D．自产零序无采样，外接零序采样正常

**答案：**B

**解析：**因 N 线断线，所以外接零序采样无零序电流。根据基尔霍夫电流定律，N 线断线后 $I_a+I_b+I_c=0$，即自产零序采样无零序电流。

39．在电流互感器二次回路进行短路接线时，应用短路片或导线连接，运行中的电流互感器短路后，应仍有可靠的接地点，对短路后失去接地点的接线（　　）。

A．应有临时接地线，但在一个回路中禁止有两个接地点

B．应有临时接地线，且可以有两个接地点

C．可以没有接地点

D．应同时将无接地点回路退出运行，不得装设临时接地线

**答案：**A

**解析：**电流互感器或电压互感器的二次回路，均必须且只能有一个接地点，互感器或保护设备的故障、异常、停运、检修、更换等均不得造成运行中的互感器二次回路失去接地。出自《国家电网有限公司十八项电网重大反事故措施（2018 年修订版）》15.6.4.1。

40．在保护和测量仪表中，电流回路的导线截面积不应小于（　　）。

A．1.5mm$^2$　　B．2.5mm$^2$　　C．4mm$^2$　　D．5mm$^2$

**答案：**B

**解析：**出自 GB/T 50976—2014《继电保护及二次回路安装及验收规范》4.4.1。

41．如果电流保护的一次电流整定值不变，当电流互感器变比增大一倍时，其二次定值（　　）。

A．缩小一半　　B．增大一倍　　C．不变

**答案：**A

42．按躲负荷电流整定的线路过流保护，在正常负荷电流下，由于电流互感器的极性接反而有可能误动的接线方式为（　　）。

A．三相三继电器式完全星形接线

B．两相两继电器式不完全星形接线

C．两相三继电器式不完全星形接线

D．单相单继电器式接线

答案：C

解析：两相三继电器式不完全星形接线存在一相物理合成电流，电流互感器的极性接反可能会误动。

43．电流行波信号应取（　　）TA 绕组。

A．计量用　　B．测量用　　C．保护用

答案：C

44．在进行保护试验时，试验电流及电压的波形畸变因数不超过（　　）。

A．2.5%　　B．10%　　C．5%　　D．2%

答案：C

解析：出自 GB/T 7261—2016《继电保护和安全自动装置基本试验方法》4.1。

45．某 220kV 母线最大短路电流为 20000A，则母线保护用电流互感器变比可选择（　　）。

A．5P10，600/1　　B．5P20，1200/1

C．10P10，1200/1　　D．10P20，600/1

答案：B

46．某 110kV 系统最大短路电流为 20kA，线路最大负荷为 800A，为保证保护正确动作的最佳 TA 选择为（　　）。

A．600/5，10P20　　B．1000/5，10P20

C．500/1，10P40　　D．1000/1，10P10

答案：B

47．带方向性的保护和差动保护新投入运行时，或变动一次设备、改动交流二次回路后，（　　）。

A．应仔细查验其电流、电压回路接线的正确性

B．均应用负荷电流和工作电压来检验其电流、电压回路接线的正确性

C．应从保护屏的端子排上加入试验电流、电压来检验其电流、电压回路接线的正确性

答案：B

解析：对新安装的或设备回路有较大变动的保护装置，在投入运行以前，应用一次电流及工作电压加以检验和判定。出自 DL/T 995—2016《继电保护和电网安全自动装置检验规程》5.5.2.2。

48．差动保护的二次不平衡电流与一次三相对称穿越性电流的关系曲线（　　）。

A．呈非线性特性　　B．是直线　　C．不定　　D．平行变化

答案：A

**解析：**在外部短路时（包括正常运行时）出现的差电流称作不平衡电流，当穿越性的短路电流越大，不平衡电流也越大，但它们不完全是线性关系。

49. 在正常负荷电流下，流入电流保护测量元件的电流，以下描述正确的是（　　）。

A. 电流互感器接成星型时为 $\sqrt{3}I_{\phi}$

B. 电流互感器接成三角形接线时为 $\sqrt{3}I_{\phi}$

C. 电流互感器接成两相差接线时为 0

**答案：**B

**解析：**电流互感器二次绕组接线系数 $K_{jx}=1$ 为星形接线、不完全星形接线，$K_{jx}=\sqrt{3}$ 为三角形接线、两相电流差接线。

50. 电抗变压器在空载情况下，二次电压与一次电流的相位关系是（　　）。

A. 二次电压超前一次电流近 90°　　B. 二次电压与一次电流接近 0°

C. 二次电压滞后一次电流近 90°　　D. 不能确定

**答案：**A

51. 在超高压电网中的电压互感器可视为一个变压器，就零序电压来说，下列正确的是（　　）。

A. 超高压电网中发生单相接地时，一次电网中有零序电压，所以电压互感器二次星形侧出现零序电压

B. 超高压电网中发生单相接地时，一次电网中无零序电压，所以电压互感器二次星形侧无零序电压

C. 电压互感器二次星形侧发生单相接地时，该侧出现零序电压，因电压互感器相当于一个变压器，所以一次电网中也有零序电压

D. 电压互感器二次星形侧发生单相接地时，该侧无零序电压，所以一次电网中也无零序电压

**答案：**A

52. 电压互感器有电容式电压互感器与电磁式电压互感器两种，其中暂态特性较差的是（　　）电压互感器。

A. 电容式　　B. 电磁式　　C. 都一样

**答案：**A

**解析：**电容式电压互感器的稳态工作特性与电磁式电压互感器基本相同，但暂态特性较差。当系统发生短路等故障而使电压突变时，电容式电压互感器的暂态过程要比电磁式电压互感器长得多。

53. 电压互感器端子箱内和保护屏内二次回路小开关或熔断器，应该（　　）。

A. 分相设置，保护屏内的小开关设置在切换回路之前

B. 三相设置，保护屏内的小开关设置在切换回路之前

C．分相设置，保护屏内的小开关设置在切换回路之后

D．三相设置，保护屏内的小开关设置在切换回路之后

**答案**：C

**解析**：电压互感器端子箱处应配置分相自动空气开关。出自 GB/T 50976—2014《继电保护及二次回路安装及验收规范》5.4.2。

54．电压互感器二次回路熔断器的熔丝必须保证在二次电压回路内发生短路时，其熔断的时间（　　）保护装置的动作时间。

A．大于　　B．等于　　C．小于　　D．无所谓

**答案**：C

**解析**：若电压互感器二次回路发生故障，延迟切断二次回路故障可能使保护装置或自动装置发生误动作或拒动。

55．在电压互感器二次回路中，不可装设熔断器或自动空气开关的回路是（　　）。

A．保护用电压回路　　B．计量用电压回路

C．开口三角绕组的零序电压引出线回路

**答案**：C

**解析**：在电压互感器二次回路中，除开口三角线圈和另有规定者（例如自动调整励磁装置）外，应装设自动开关或熔断器。出自 GB/T 14285—2016《继电保护和安全自动装置技术规程》6.2.2.5。

56．双母线系统的两组电压互感器二次回路采用自动切换的接线，切换继电器的触点（　　）。

A．应采用同步接通与断开的触点　　B．应采用先断开、后接通的触点

C．应采用先接通、后断开的触点

**答案**：C

**解析**：采用先接通、后断开的触点可防止电压互感器二次回路失压。

57．双母线接线系统中，采用隔离开关的辅助触点启动继电器实现电压自动切换的作用有（　　）。

A．避免两组母线电压互感器二次误并列

B．防止电压互感器二次向一次反充电

C．使保护装置的二次电压回路随主接线一起进行切换，避免电压一、二次不对应造成误动或拒动

**答案**：C

**解析**：母联（分段）断路器位置用于防止电压互感器二次误并列；电压互感器隔离开关用于防止电压互感器二次向一次反充电；间隔隔离开关用于二次电压随主接线进行切换，避免一、二次电压不对应造成误动或拒动。

58. 电压互感器及其回路的检验应满足（　　）。

A. 二次回路接线及接地检查应满足电压互感器二次中性点在开关场的接地点应闭合，如有必要可加装放电器接地

B. 检查放电器的安装时击穿峰值电压应大于 $50I_{max}$V

C. 测量二次压降小于 $3\%U_e$

D. 用 1000V 绝缘电阻表检查电压互感器二次绕组对外壳及绕组间、全部二次回路对地及同一电缆内的各芯间的绝缘电阻大于 2MΩ

**答案：**C

**解析：**电压二次回路的中性线在控制室 N600 一点接地，开关场的接地点应断开；放电间隙的击穿峰值电压应大于 $30I_{max}$V；电压二次回路绝缘电阻应大于 10MΩ。出自 GB/T 50976—2014《继电保护及二次回路安装及验收规范》4.6.7、DL/T 995—2016《继电保护和电网安全自动装置检验规程》5.3.2.4。

59. 某 110kV 变电站，变压器为 Yd11，用 110kV 侧电压互感器与 10kV 侧电压互感器进行核相，接线正确的是（　　）。

A. 高压侧 A 相与低压侧 A 相之间电压为 30V

B. 高压侧 A 相与低压侧 C 相之间电压为 82V

C. 高压侧 A 相与低压侧 B 相之间电压为 100V

**答案：**A

**解析：**由余弦定理得

$$|U_{Aa}|=\sqrt{|U_A|^2+|U_a|^2-2|U_A|\times|U_a|\times\cos30^\circ}=\sqrt{57.74^2+57.74^2-2\times57.74^2\times\frac{\sqrt{3}}{2}}=30。$$

60. 一般规定在电容式电压互感器安装处发生短路故障一次电压降为零时，二次电压要求（　　）ms 内下降到 10%以下。

A. 10　　B. 20　　C. 30　　D. 50

**答案：**B

**解析：**出自 DL/T 866—2015《电流互感器和电压互感器选择及计算规程》11.6.1。

61. 交流电压回路，当接入全部负荷时，电压互感器到继电保护和安全自动装置的电压降不应超过额定电压的（　　）。

A. 2%　　B. 3%　　C. 4%　　D. 5%

**答案：**B

**解析：**出自 GB/T 14285—2016《继电保护和安全自动装置技术规程》6.1.5。

62. 电力系统正常运行中的电压互感器，同样大小的电阻负载接成（　　）时负荷大。

A. 星形　　B. 三角形　　C. 两者差不多　　D. 一样

**答案：**B

**解析**：当星形变换为三角形时 $Z_{12}=Z_1+Z_2+Z_1Z_2/Z_3$，即同样大小的电阻接成三角形时电阻小。对于电压互感器，$P=U^2/R$，即阻抗与负荷功率成反比，所以接成三角形时负荷大。

63．应严防电压互感器的反充电。这是因为反充电将使电压互感器严重过载，如变比为 220/0.1 的电压互感器，它所接母线的对地绝缘电阻虽有 1MΩ，但换算至二侧的电阻只有（　　），相当于短路。

A．0.21Ω　　　B．0.45Ω　　　C．0.12Ω

**答案**：A

**解析**：因为 $U_1^2/R_1=U_2^2/R_2$，所以 $R_2=\dfrac{R_1}{(U_1/U_2)^2}=\dfrac{1000000}{2200^2}=0.21$。

64．已在控制室一点接地的电压互感器二次线圈，宜在开关场将二次线圈中性点经放电间隙或氧化锌阀片接地，其击穿电压峰值应大于 $30I_{max}$V。$I_{max}$ 为（　　）。

A．电网接地故障时通过变电站的可能最大接地电流有效值

B．该站内接地故障时通过变电站的可能最大接地电流有效值

C．该电压互感器电压等级电网接地故障时通过变电站的可能最大接地电流有效值

D．以上选项均不正确

**答案**：A

**解析**：出自《国家电网有限公司十八项电网重大反事故措施（2018 年修订版）》15.6.4.2。

65．关于电压互感器和电流互感器二次接地正确的说法是：（　　）。

A．电压互感器二次接地属保护接地，电流互感器属工作接地

B．电压互感器二次接地属工作接地，电流互感器属保护接地

C．均属工作接地

D．均属保护接地

**答案**：D

66．在控制室经零相公共小母线 N600 连接的 220～500kV 的母线电压互感器二次回路，其接地点（　　）。

A．各自在 220～500kV 保护室外一点接地

B．在 N600 室内接地

C．在开关场处及室内均接地

**答案**：B

**解析**：出自 DL/T 995—2016《继电保护和电网安全自动装置检验规程》5.3.2.3。

67．来自电压互感器二次侧的四根开关场引入线（$U_a$、$U_b$、$U_c$、$U_n$）和电压互感器三次侧的两根开关场引入线（开口三角形的 $U_l$、$U_n$）中的两根零相电缆芯 $U_n$（　　）。

A．必须分别引至控制室，并在控制室接地

B．在开关场并接后，合成一根引至控制室接地

C．三次侧的 $U_n$ 在开关场接地后引入控制室 N600，二次侧的 $U_n$ 单独引入控制室 N600 并接地

D．二次侧的 $U_n$ 在开关场接地后引入控制室 N600，三次侧的 $U_n$ 单独引入控制室 N600 并接地

**答案**：A

**解析**：出自 GB/T 14285—2016《继电保护和安全自动装置技术规程》6.2.3.4。

68．电压互感器二次回路（　　）。

A．只允许一点接地　　B．可以有两点接地

C．可以有三点接地　　D．多点接地

**答案**：A

69．220kV 电网中，电压互感器开口三角形侧的变比是（　　）。

A．$220/\sqrt{3}$ kV，100/3V　　B．$220/\sqrt{3}$ kV，$100/\sqrt{3}$ V

C．$220/\sqrt{3}$ kV，100V　　D．$220\sqrt{3}$ kV，$100/\sqrt{3}$ V

**答案**：C

**解析**：为使系统发生接地故障时母线电压互感器开口三角形电压输出为 100V，大电流接地系统电压互感器开口三角形绕组每相额定电压是 100V，小电流接地系统电压互感器开口三角形绕组每相额定电压是 100/3V。

70．一台电压互感器变比为 $\frac{220\text{kV}}{\sqrt{3}}\Big/\frac{100\text{V}}{\sqrt{3}}\Big/110\text{V}$，如开口三角绕组 C 相接反，额定电压运行时，开口三角的输出电压为（　　）。

A．100V　　B．200V　　C．300V

**答案**：B

71．某变电站电压互感器的开口三角形侧 B 相接反，则正常运行时，如一次侧运行电压为 10kV，开口三角形的输出为（　　）。

A．0V　　B．100V　　C．67V　　D．200V

**答案**：C

72．对于带有电压闭锁的保护装置，其“电压回路断线”信号光字牌回路一般串入断路器合闸位置继电器 HWJ 的常开触点，这是为了（　　）。

A．防止因电压瞬时波动而发出信号

B．提高该信号回路的继电器触点断弧能力

C．保证设备不运行时，“电压回路断线”信号不发出

D．保证断路器合闸时，能发出“电压回路断线”信号

**答案**：C

73．如图 5-1 所示电压互感器二次额定线电压为 100V，当二次绕组 C 相熔断器熔断后，$U_{bc}$=（　　）。

A．50V　　B．100V　　C．$100/\sqrt{3}$ V　　D．87.7

答案：A

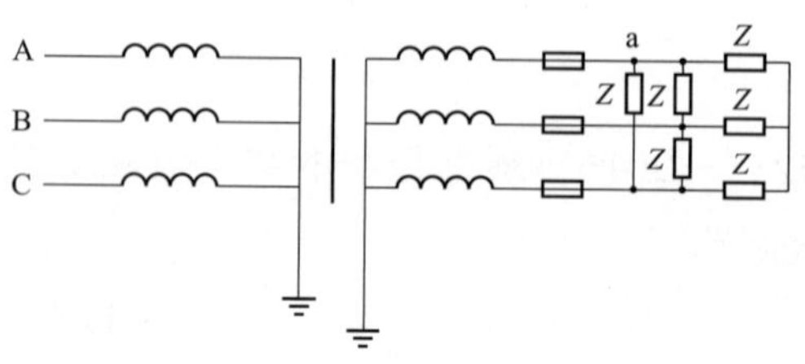


图 5-1　电压互感器二次回路示意图

解析：由基尔霍夫电流定律得 $\frac{E_a-U_c}{Z}+\frac{E_b-U_c}{Z}+\frac{-U_c}{Z}=0$，从而 $U_c=\frac{1}{3}(E_a+E_c)=-\frac{1}{3}E_c$，由余弦定理得

$$|U_{bc}|=\sqrt{|U_c|^2+|E_b|^2-2|U_c|\times|E_b|\times\cos60^\circ}=\sqrt{(57.74/3)^2+57.74^2-2\times(57.74/3)\times57.74\times\frac{1}{2}}$$

=50。

74．如果将电压互感器的 $3U_0$ 回路短接，则在系统发生单相接地故障时，（　　）。

A．会对电压互感器二次的三个相电压都产生影响，其中故障相电压将高于实际的故障相电压

B．不会对电压互感器二次的相电压产生影响

C．只会对电压互感器二次的故障相电压产生影响，使其高于实际的故障相电压

D．只会对电压互感器二次的故障相电压产生影响，使其低于实际的故障相电压

答案：A

75．在正常运行时如确认 $3U_0$ 回路是否完好，有下述三种意见，其中（　　）是正确的。

A．用电压表测 $3U_0$ 回路是否有不平衡电压的方法判断 $3U_0$ 是否完好

B．可以用电压表检测 $3U_0$ 回路是否有不平衡电压的方法判断 $3U_0$ 回路是否完好，但必须使用高内阻的数字万用表，使用指针式万用表不能进行正确地判断

C．不能以检测 $3U_0$ 回路是否有不平衡电压的方法判断 $3U_0$ 回路是否完好

答案：C

76．电压互感器开口三角形绕组按如图 5-2 所示接线，$U_{Cc+}$的大小为（　　）。电压互感器二次和三次电压分别为 $100/\sqrt{3}$ V 和 100V。

A．100V　　B．82.6V　　C．86.9V　　D．57.7V

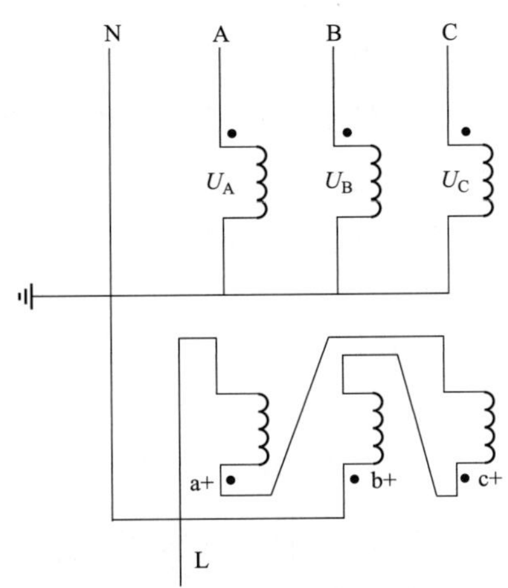


图 5-2 电压互感器开口三角形绕组二次回路示意图

**答案：** C

**解析：** 电压互感器各绕组电压相量图如图 5-3 所示，由余弦定理得 $|U_{Cc+}|=\sqrt{|U_C|^2+|U_{c+}|^2-2|U_C|\times|U_{c+}|\times\cos 60°}=\sqrt{57.74^2+100^2-2\times 57.74\times 100\times\frac{1}{2}}=86.9$。

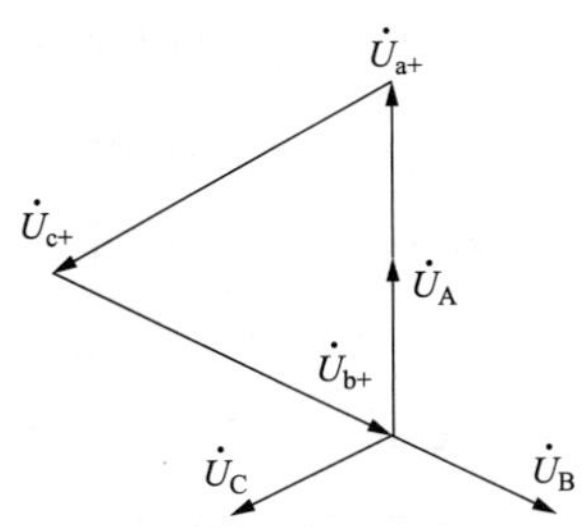


图 5-3 电压互感器电压相量图

77．如图 5-4 所示，已知电压互感器的一次侧相间电压为 105kV，一次绕组与开口三角形绕组之间的变比为 $n$=（110/$\sqrt{3}$）/0.1，则 $U_{mn}$ 的电压为（　　）。

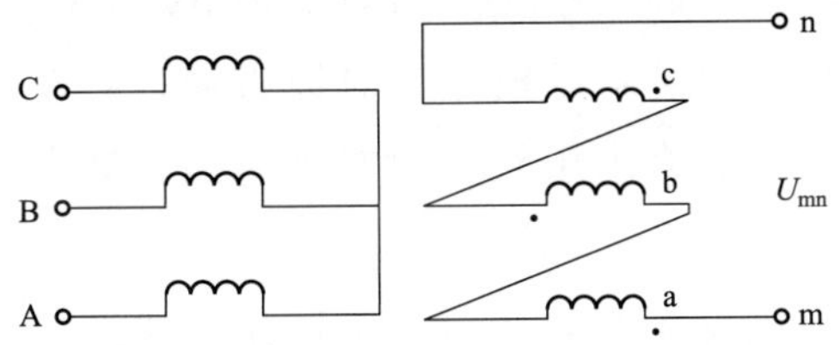


图 5-4 电压互感器开口三角形绕组二次回路示意图

A．200V　　B．0V　　C．100V　　D．191V

**答案：** D

**解析：** 电压互感器变比为 $\frac{110000}{\sqrt{3}}\Big/100$ V，110kV 额定电压下 B 相接反开口三角形电

压为 200V，105kV 运行电压下 B 相接反开口三角电压为 200×105/110=191V。

78．在操作继电器箱中，关于断路器跳闸位置继电器线圈回路正确的接法是（　　）。

A．TWJ 在跳闸回路中，HWJ 在合闸回路中

B．TWJ 在合闸回路中，HWJ 在跳闸回路中

C．TWJ、HWJ 均在跳闸回路中

D．TWJ、HWJ 均在合闸回路中

**答案：**B

79．保护跳闸连接片（　　）。

A．开口端应装在上方，接到断路器的跳闸线圈回路

B．开口端应装在下方，接到断路器的跳闸线圈回路

C．开口端应装在上方，接到保护的跳闸出口回路

**答案：**A

80．变电站直流系统处于正常状态，某 220kV 线路断路器处于合闸位置，控制回路正常带电，该线路纵联方向保护处于退出运行状态，利用万用表直流电压挡测量该保护装置跳闸出口压板的对地电位，正确的状态应该是（　　）。

A．压板上口对地电压为+110V 左右，下口对地为 0V 左右

B．压板上口对地电压为−110V 左右，下口对地为 0V 左右

C．压板上口对地电压为+110V 左右，下口对地为−110V 左右

**答案：**B

**解析：**保护装置跳闸触点接到压板下方，压板开口端在上方，接到断路器跳闸回路。断路器在合位时跳闸回路导通，跳闸回路负电到压板上口。

81．某 220kV 线路断路器处于冷备用状态，运行人员对部分相关保护装置的跳闸连接片进行检查，如果站内直流系统及保护装置均正常，则（　　）（直流系统为 220V）。

A．母差保护对应该线路的跳闸压板下口对地为−110V 左右

B．母差保护对应该线路的跳闸压板上口对地为 0V 左右

C．母差保护对应该线路的跳闸压板上口对地为+110V 左右

D．母差保护对应该线路的跳闸压板上口对地为−110V 左右

**答案：**D

**解析：**保护装置跳闸触点接到压板下方，压板开口端在上方，接到断路器跳闸回路。断路器分位，跳闸回路断开，监视回路正电到线路保护压板上口。母差保护跳闸触点接到 TJR 启动回路，TJR 启动回路的负电到母差保护跳闸压板上口。

82．下列关于保护屏上各压板、把手、按钮的要求，不正确的是（　　）。

A．穿过保护屏的压板导电杆应有绝缘套，并与屏孔保持足够的安全距离；压板在拧紧后不应接地

B．压板紧固螺丝和紧线螺丝应紧固

C．压板应接触良好，相邻压板间应有足够的安全距离，切换时不应碰及相邻的压板

D．对于一端带电的切换压板，在压板断开的情况下，应使活动端带电

**答案：**D

**解析：**出自 GB/T 50976—2014《继电保护及二次回路安装及验收规范》4.2.3。

83．防止跳跃继电器的电流线圈应（　　）。

A．接在出口触点与断路器控制回路之间

B．与断路器跳闸线圈并联

C．与跳闸继电器出口触点并联

**答案：**A

84．中间继电器的电流保持线圈在实际回路中可能出现的最大压降应小于回路额定电压的（　　）。

A．5%　　B．10%　　C．15%　　D．20%

**答案：**A

**解析：**出自 GB/T 14285—2016《继电保护和安全自动装置技术规程》6.6.3。

85．跳闸合闸线圈的电压降均不应小于电源电压的（　　）为合格。

A．90%　　B．80%　　C．70%

**答案：**A

**解析：**出自 DL/T 995—2016《继电保护和电网安全自动装置检验规程》5.3.7.5。

86．一般操作回路按正常最大负荷时至各设备的电压降不得超过额定电压的（　　）的条件校验控制电缆芯截面。

A．3%　　B．5%　　C．10%　　D．4%

**答案：**C

**解析：**出自 GB/T 14285—2016《继电保护和安全自动装置技术规程》6.1.5。

87．高压开关控制回路中防跳继电器的动作电流应小于开关跳闸电流的（　　），线圈压降应小于 5%额定电压。

A．1/2　　B．1/3　　C．1/5　　D．1/10

**答案：**A

**解析：**出自 GB/T 14285—2016《继电保护和安全自动装置技术规程》6.6.3。

88．分相操作箱中母线保护动作励磁的继电器回路（　　）。

A．STJ　　B．TJQ　　C．TJR　　D．TJF

**答案：**C

**解析：**TJQ 启动重合闸启动失灵，TJR 不启动重合闸启动失灵，TJF 不启动重合闸不启动失灵。母线保护跳闸不启动重合闸启动失灵。

89．监视合闸线圈断线的继电器（　　）。

A．跳位继电器 TWJ　　B．合位继电器 HWJ

C．合后继电器 HHJ　　D．ABC 都对

**答案：**A

90．监视跳闸线圈断线的继电器（　　）。

A．跳位继电器 TWJ　　B．合位继电器 HWJ

C．合后继电器 HHJ　　D．ABC 都对

**答案：**B

91．所谓继电器动合触点是指（　　）。

A．正常时触点断开　　B．继电器线圈带电时触点断开

C．继电器线圈不带电时触点断开

**答案：**C

92．在直流回路中，为了降低中间继电器在线圈断电时，对直流回路产生过电压的影响，可采取在中间继电器线圈两端（　　）。

A．并联“一反向二极管”的方式

B．并联“一反向二极管串电阻”的方式

C．并联“一只容量适当的电容器”的方式

D．以上均不对

**答案：**B

**解析：**出自 GB/T 14285—2016《继电保护和安全自动装置技术规程》6.5.3.5。

93．直流中间继电器、跳（合）闸出口继电器的消弧回路应采取以下方式：（　　）。

A．两支二极管串联后与继电器的线圈并联，要求每支二极管的反向击穿电压不低于 300V

B．一支二极管与一适当阻值的电阻串联后与继电器的线圈并联，要求二极管的反向击穿电压不低于 1000V

C．一支二极管与一适当感抗值的电感串联后与继电器的线圈并联，要求二极管与电感的反向击穿电压均不低于 1000V

**答案：**B

**解析：**出自 GB/T 14285—2016《继电保护和安全自动装置技术规程》6.5.3.5。

94．为防止由瓦斯保护起动的中间继电器在直流电源正极接地时误动，应（　　）。

A．采用动作功率较大的中间继电器，而不要求快速动作

B．对中间继电器增加 0.5s 的延时

C．在中间继电器起动线圈上并联电容

**答案：**A

**解析：** 出自 Q/GDW 1175—2013《变压器、高压并联电抗器和母线保护及辅助装置标准化设计规范》5.2.7。

95．保护屏柜端子排设计中，下列描述正确的是（　　）。

A．一个端子的每一端只能接一根线

B．一个端子的每一端只能接线径相同的两根线

C．一个端子的每一端可以接线径不同的两根线

D．以上选项均不正确

**答案：** A

**解析：** 一个端子的每一端只能接一根导线。出自 Q/GDW 1161—2014《线路保护及辅助装置标准化设计规范》4.3.11。

96．发电厂和变电站应采用铜芯控制电缆和导线，弱电控制回路的截面不应小于（　　）。

A．1.5mm$^2$　　B．2.5mm$^2$　　C．0.5mm$^2$　　D．4mm$^2$

**答案：** C

**解析：** 出自 GB/T 14285—2016《继电保护和安全自动装置技术规程》6.1.5。

97．二次回路铜芯控制电缆按机械强度要求，连接强电端子的芯线最小截面积为（　　）。

A．1.5mm$^2$　　B．2.5mm$^2$　　C．0.5mm$^2$

**答案：** A

**解析：** 出自 GB/T 14285—2016《继电保护和安全自动装置技术规程》6.1.5。

98．新安装继电保护装置绝缘试验，下列错误的说法是（　　）。

A．在保护屏柜端子排内侧分别短接交流电压回路端子、交流电流回路端子、直流电源回路端子、跳合闸回路端子、开关量输入回路端子、厂站自动化系统接口回路端子及信号回路端子

B．断开与其他保护弱电联系回路

C．在测量某一组回路对地绝缘电阻时，应将其他各组回路都接地

D．用 1000V 绝缘电阻表测量绝缘电阻值，要求阻值均大于 20MΩ，测试后应将各回路对地放电

**答案：** D

**解析：** 用 1000V 绝缘电阻表测量绝缘电阻值，要求阻值均大于 10MΩ。出自 DL/T 995—2016《继电保护和电网安全自动装置检验规程》5.3.2.4。

99．检查二次回路绝缘电阻应使用（　　）V 绝缘电阻表。

A．500　　B．2500　　C．1000　　D．1500

**答案：** C

**解析**：出自 DL/T 995—2016《继电保护和电网安全自动装置检验规程》5.3.2.4。

100．新安装保护装置验收校验时，在保护柜端子排上（外回路断开）用 1000V 绝缘电阻表测量保护各回路对地的绝缘电阻值应（　　）。

A．大于 10MΩ　　B．大于 5MΩ　　C．大于 0.5MΩ

**答案**：A

**解析**：出自 DL/T 995—2016《继电保护和电网安全自动装置检验规程》5.3.2.4。

101．继电保护试验用仪器的精度及测量二次回路绝缘表计的电压等级应分别为（　　）。

A．1 级，1000V　　B．0.5 级，1000V　　C．0.2 级，500V

**答案**：B

**解析**：出自 DL/T 995—2016《继电保护和电网安全自动装置检验规程》5.2.1.1。

102．用绝缘电阻表对电气设备进行绝缘电阻的测量，（　　）。

A．主要是检测电气设备的导电性能　　B．主要是判别电气设备的绝缘性能

C．主要是测定电气设备绝缘的老化程度　　D．主要是测定电气设备的耐压

**答案**：B

103．传送数字信号的保护与通信设备间的距离大于（　　）时，应采用光缆。

A．30m　　B．40m　　C．45m　　D．50m

**答案**：D

**解析**：出自 GB/T 14285—2016《继电保护和安全自动装置技术规程》6.5.3.3。

104．断路器液压操作机构油压逐渐下降时发出的信号依次为（　　）。

A．闭锁合闸信号—闭锁重合闸信号—闭锁分闸信号

B．闭锁重合闸信号—闭锁合闸信号—闭锁分闸信号

C．闭锁重合闸信号—闭锁分闸信号—闭锁合闸信号

D．闭锁分闸信号—闭锁重合闸信号—闭锁合闸信号

**答案**：B

105．新安装装置的整组试验的直流电源应为（　　）的额定电压。

A．60%　　B．80%　　C．100%　　D．110%

**答案**：B

**解析**：出自 Q/GDW 1914—2013《继电保护及安全自动装置验收规范》5.5.9。

106．变电站两组直流系统同时发出接地信号，一组报正接地，另一组报负接地，停其中一组直流后接地信号即同时消失，可能属于（　　）。

A．两组直流并列

B．两组直流各有一个接地点

C．其中一组直流电源正与另一组直流负之间存在寄生回路

**答案**：C

**解析**：因为任意断开一组直流电源接地现象消失，所以直流系统可能没有接地，可能为第一组直流系统的正极与第二组直流系统的负极短接或相反。每一组直流系统的绝缘监察装置均有一个接地点，短接后直流系统中存在两个接地点，故一组直流系统的绝缘监察装置判断为正极接地，另一组直流系统的绝缘监察装置判断为负极接地。

107．安装于同一面屏上由不同端子对供电的两套保护装置的直流逻辑回路之间（　　）。

A．为防止相互干扰，绝对不允许有任何电磁联系

B．不允许有任何电的联系，如有需要，必须经空触点输出

C．一般不允许有电磁联系，如有需要，应加装抗干扰电容等措施

**答案**：B

108．供给微机保护装置的直流电源的纹波系数应不大于（　　）。

A．2%　　　　B．3%　　　　C．5%

**答案**：A

**解析**：出自 GB/T 14285—2016《继电保护和安全自动装置技术规程》6.3.1。

109．直流电源总输出回路、直流分段母线的输出回路宜按逐级配合的原则设置熔断器，保护柜屏的直流电源进线应使用（　　）。

A．熔断器　　　　B．自动开关

C．隔离开关　　　　D．防漏电开关

**答案**：B

110．“独立的保护装置或控制回路必须且只能由一对专用的直流熔断器或端子对取得直流电源”，主要目的是（　　）。

A．保证直流回路短路时直流回路上下保护的选择性

B．防止直流回路产生寄生回路

C．减少直流系统接地的发生

**答案**：B

**解析**：出自 DL/T 995—2016《继电保护和电网安全自动装置检验规程》5.3.2.5。

111．一套独立保护装置在不同的保护屏上，其直流电源必须（　　）。

A．由同一专用端子对取得正、负直流电源

B．由出口继电器屏上的专用端子对取得正、负直流电源

C．在各自的安装保护屏上的专用端子对取得正、负直流电源

**答案**：A

**解析**：出自 DL/T 995—2016《继电保护和电网安全自动装置检验规程》5.3.2.5。

112．用于微机保护的双屏蔽控制电缆，在接地时（　　）。

A．双屏蔽均两端接地

B．内屏蔽双端接地，外屏蔽单端接地

C．外屏蔽双端接地，内屏蔽单端接地

D．双屏蔽层择一两端接地

**答案：**C

**解析：**出自《国家电网有限公司十八项电网重大反事故措施（2018 年修订版）》15.6.2.12。

113．微机保护为提高压并联电抗器干扰能力，开关场至保护屏控制电缆屏蔽层接地方式为（　　）。

A．开关场接地，保护屏不接地　　B．开关场不接地，保护屏接地

C．两侧接地　　D．两侧不接地

**答案：**C

**解析：**出自《国家电网有限公司十八项电网重大反事故措施（2018 年修订版）》15.6.2.5。

114．安装在通信机房的继电保护通道接口设备直流电源，应（　　）。

A．采用+48V 直流电源，该电源的负端应连接至通信机房的接地铜排

B．采用−48V 直流电源，该电源的正端应连接至通信机房的接地铜排

C．采用 48V 直流电源，该电源的正负端均不接地

D．采用站用 220V 直流电源，该电源的正负端均不接地

**答案：**B

115．安全自动装置动作切除的负荷（　　）通过备用电源自动投入装置转供。

A．不允许　　B．允许　　C．根据实际情况

**答案：**A

116．某系统的负荷总功率为 5000MW，设想系统最大的功率缺额为 1200MW，该系统负荷调节效应系数为 2，在低频减载装置动作后，希望系统恢复频率为 49.5Hz，此时依靠低频减载装置动作需要切除最大功率是（　　）。

A．969.4MW　　B．1122.4MW　　C．600MW　　D．1224.5MW

**答案：**B

**解析：**接入低频减载装置的功率总数 $\Delta P_{\mathrm{Lmax}}=\dfrac{\Delta P_{\mathrm{hmax}}-K_{\mathrm{L}*}P_{\mathrm{LN}}\Delta f_*}{1-K_{\mathrm{L}*}\Delta f_*}$。

其中 $\Delta P_{\mathrm{hmax}}$ 为系统最大功率缺额，$P_{\mathrm{LN}}$ 为系统的负荷总功率，$K_{\mathrm{L}*}$为负荷调节效应系数，$\Delta f_*$为额定频率和恢复频率的差值与额定频率的比值。

$\Delta f_*=\dfrac{50-49.5}{50}=0.01$，$\Delta P_{\mathrm{Lmax}}=\dfrac{\Delta P_{\mathrm{hmax}}-K_{\mathrm{L}*}P_{\mathrm{LN}}\Delta f_*}{1-K_{\mathrm{L}*}\Delta f_*}=\dfrac{1200-2\times5000\times0.01}{1-2\times0.01}=1122.4$。

## 二、多选题

1．（ ）保护各支路的电流互感器，应优先选用准确限值系数和额定拐点电压较高的电流互感器。

A．母线差动
B．变压器差动
C．发电机变压器组差动
D．线路差动

**答案：**ABC

**解析：**出自《国家电网有限公司十八项电网重大反事故措施（2018 年修订版）》15.1.12。

2．220kV 及以上保护电流互感器二次回路断线的处理原则包括（ ）。

A．主保护不考虑 TA、TV 断线同时出现
B．不考虑无流元件 TA 断线
C．不考虑三相电流对称情况下中性线断线
D．考虑两相、三相断线的可能
E．考虑多个元件可能同时发生 TA 断线
F．考虑 TA 断线和一次故障可能同时出现

**答案：**ABC

**解析：**220kV 及以上保护装置电流互感器断线的处理方式如下：主保护不考虑 TA 和 TV 同时断线，不考虑无流元件 TA 断线，不考虑三相电流对称情况下中性线断线，不考虑两相、三相断线，不考虑多个元件同时发生 TA 断线，不考虑 TA 断线和一次故障同时出现。出自《国调中心关于印发继电保护装置标准化设计补充技术要求的通知》（调继〔2015〕91 号）。

3．220kV 及以上国产多绕组的电流互感器，其二次绕组的排列次序和保护使用上应遵循（ ）原则。

A．具有小瓷瓶套管的一次端子应放在母线侧
B．母差保护的保护范围应尽量避开电流互感器的底部
C．后备保护应尽可能用靠近母线的电流互感器一组二次绕组
D．使用电流互感器二次绕组的各类保护要避免保护死区
E．母差保护的保护范围应尽量安置在电流互感器的底部

**答案：**ABCD

**解析：**对于早期的油浸式 U 形电流互感器，由于 U 形底部最易发生故障（对于目前广泛采用的倒置式电流互感器则无该问题），而母线保护动作将造成停电范围扩大，因此一般要求除防止死区问题外还要注意母线保护范围要尽量避开互感器底部。

4．保护用电流互感器安装位置的选择，主要需考虑（ ）因素。

A．消除保护死区　　B．靠近保护装置

C．尽量缩小电流互感器本身故障造成的影响　　D．尽量靠近母线

**答案**：AC

5．电流互感器二次绕组接线系数 $K_{jx}=\sqrt{3}$ 的有（　　）。

A．星形接线　　B．不完全星形接线

C．三角形接线　　D．两相差电流接线

**答案**：CD

**解析**：电流互感器二次绕组接线系数 $K_{jx}=1$ 为星形接线、不完全星形接线，$K_{jx}=\sqrt{3}$ 为三角形接线、两相电流差接线。

6．关于电磁式电流互感器饱和的特点一下说法正确的是（　　）。

A．电流互感器二次电流波形发生畸变，含有大量谐波电流

B．电流互感器最快要在短路发生 2ms 后才开始饱和

C．每一周波总有一段时间一、二次电流是线性传变的

D．如果稳态短路电流情况下电流互感器的变比误差（幅值误差）小于 10%，则短路暂态过程中受非周期分量的影响，其误差往往小于 10%

**答案**：ABC

7．当电流互感器 10%误差超过时，可采取（　　）措施时期满足要求。

A．串接备用电流互感器　　B．并接备用电流互感器

C．提高变比　　D．增大电缆截面

**答案**：ACD

8．对于电力系统短路故障时电流互感器从故障发生到饱和的线性传变时间，下列说法正确的是（　　）。

A．该时间受短路故障时电压初相角影响

B．该时间受一次回路时间常数影响

C．电流互感器剩磁越大，该时间越长

D．二次负载阻抗越大，该时间越长

**答案**：AB

**解析**：电流互感器时间常数 $\tau=L/R$，$\tau$ 与 $R$ 成反比；铁芯剩磁越大，电流互感器越容易饱和；电压初相角对铁芯剩磁产生影响。

9．高电压、长线路用暂态型电流互感器是因为（　　）。

A．运行电压高

B．保护动作时间相对短，确保在暂态过程中正确动作

C．短路电流幅值大

D．短路过渡过程中非周期分量大，衰减时间常数大

答案：BCD

10．对于减少差动保护的不平衡电流，以下说法正确的有（　　）。

A．差动保护各侧电流互感器同型（短路电流倍数相近，不准 P 级与 TP 级混用）

B．各侧电流互感器的二次负荷与相应侧电流互感器的容量成比例（大容量接大的二次负载）

C．电流互感器铁芯饱和特性相近，二次回路时间常数应尽量接近

D．在短路电流倍数、电流互感器容量、二次负荷的设计选型上留有足够余量（例如计算值/选用值之比大于 1.5～2.0）

E．必要时采用同变比的两个电流互感器并联应用，或两根二次电缆并联使用

答案：ABCD

11．改进电流互感器饱和的措施通常为（　　）。

A．选用二次额定电流较小的电流互感器　　B．铁芯设置间隙

C．减小二次负载阻抗　　D．增大变比

答案：ABCD

12．为增强继电保护的可靠性，重要变电站宜配置两套直流系统，同时要求（　　）。

A．任何时候两套直流系统均不得有电的联系

B．两套直流系统同时运行互为备用

C．两套直流系统正常时并列运行

D．两套直流系统正常时分列运行

答案：BD

13．应根据系统短路容量合理选择电流互感器的（　　），满足保护装置整定配合和可靠性的要求。

A．容量　　B．变比　　C．特性　　D．直流电阻

答案：ABC

解析：出自《国家电网有限公司十八项电网重大反事故措施（2018 年修订版）》15.1.9。

14．关于造成电流互感器测量误差的原因，下面说法正确的有（　　）。

A．产生测量误差的原因一是电流互感器本身造成的，二是运行和使用条件造成的

B．电流互感器本身造成的测量误差是由于电流互感器有励磁电流的存在，而励磁电流是输入电流的一部分，它不传变到二次测，故形成了变比误差

C．励磁电流所流经的励磁支路是一个呈电容性的支路，励磁电流和折算到二次侧的一次输入量不同相位，这是造成角度误差的主要原因

D．运行和使用中造成的测量误差过大是电流互感器铁芯饱和和二次负载过大所致

答案：ABD

15．当两个及以上电流（电压）互感器二次回路间有直接电气联系时，其二次回路

接地点设置应满足以下原则（　　）。

A．必须且只能有一个接地点

B．有利于防止电磁干扰

C．便于运行中的检修维护

D．互感器或保护设备的故障、异常、停运、检修、更换等均不得造成运行中的互感器二次回路失去接地

**答案：**ACD

**解析：**出自《国家电网有限公司十八项电网重大反事故措施（2018年修订版）》15.6.4.1。

16．电流互感器、电压互感器二次回路如何规定（　　）。

A．电流互感器二次可以开路

B．电压互感器二次可以短路

C．电流互感器二次可以短路，但不得开路

D．电压互感器二次可以开路，但不得短路

**答案：**CD

**解析：**电流互感器是电流源，内阻视为无穷大，不能开路；电压互感器是电压源，内阻视为很小，不能短路。

17．下列对于电流互感器多个负载接入顺序描述正确的是（　　）。

A．一般仪表回路的顺序是电流表、功率表、电度表、记录型仪表、变送器或监控系统

B．在保护次级中，尽量将不同的设备单独接入一组次级，特别是母差等重要保护

C．保护次级需要串接的，应先主保护再后备保护，先不出口跳闸的设备，再出口跳闸的设备

D．保护次级需要串接的，应先主保护再后备保护，先出口跳闸的设备，再不出口跳闸的设备

**答案：**ABD

18．某双母线接线形式的变电站，每一母线上配有一组电压互感器，母联断路器在合入状态，该站某出线出口发生接地故障后，查阅录波图发现：无故障时两组电压互感器对应相的二次电压相等，故障时两组电压互感器对应相的二次电压很大不同，以下可能的原因是（　　）。

A．电压互感器二次存在两个接地点

B．电压互感器三次回路被短接

C．电压互感器损坏

D．电压互感器二、三次中性线未分开接地

答案：AB

19．受一次设备的限制，双重化配置的部分保护功能只能共用同一回路的有（　　）。

A．两套主零序过电压保护共用一个电压互感器三次绕组

B．两套保护共用同一组电流互感器二次绕组

C．两套重合闸共用断路器同一个合闸线圈

答案：AC

20．电磁式电压互感器的主要特点是（　　）。

A．准确度受外界环境影响较小

B．不需考虑暂态响应问题

C．绝缘要求低

D．存在铁磁谐振问题

答案：ABD

21．操作箱检验应注意的项目正确的是（　　）。

A．进行每一项试验时，试验人员须准备详细的试验方案，尽量减少断路器的操作次数

B．对分相操作断路器，应逐相传动防止断路器跳跃回路

C．对于操作箱中的出口继电器，还应进行动作电压范围的检验，其值应在55%～70%额定电压

D．对于其他逻辑回路的继电器，应满足90%额定电压下可靠动作

答案：ABC

解析：对于其他逻辑回路的继电器，应满足80%额定电压下可靠动作。出自DL/T 995—2016《继电保护和电网安全自动装置检验规程》5.3.6.1。

22．出口继电器作用于断路器跳（合）闸线圈时，其触点回路中串入的电流自保持线圈应满足下列哪些条件（　　）。

A．自保持电流大于额定跳（合）闸电流的一半左右，线圈压降小于5%额定值

B．出口继电器的电压启动线圈与电流自保持线圈的相互极性关系正确

C．电流与电压线圈间的耐压水平不低于交流1000V、1min的试验标准（出厂试验为交流2000V、1min）

D．电流自保持线圈接在出口触点与断路器控制回路之间，当有多个出口继电器可能同时跳闸时，宜由防止跳跃继电器实现上述任务

答案：BCD

解析：自保持电流不大于额定跳（合）闸电流的一半。出自DL/T 995—2016《继电保护和电网安全自动装置检验规程》5.3.6.2。

23．对新安装或设备回路经较大变动的装置，在投入运行以前，必须用一次电流和工作电压加以检验，目的是（　　）。

A．对接入电流、电压的相互相位、极性有严格要求的装置（如带方向的电流保护、

距离保护等），判定其相别、相位关系以及所保护的方向是否正确

B．判定电流差动保护（母线、发电机、变压器的差动保护、线路纵差保护及横差保护等）接到保护回路中的各组电流回路的相对极性关系及变比是否正确

C．判定利用相序滤过器构成的保护所接入的电流（电压）的相序是否正确，滤过器的调整是否合适

D．判定每组电流互感器的接线是否正确，回路连线是否牢靠

**答案**：ABCD

**解析**：出自 DL/T 995—2016《继电保护和电网安全自动装置检验规程》5.5.2。

24．分相操作箱中不启动重合闸的跳闸回路（　　）。

A．分相跳闸　　B．三相跳闸 TJQ

C．三相跳闸 TJR　　D．三相跳闸 TJF

**答案**：CD

**解析**：TJQ 启动重合闸启动失灵，TJR 不启动重合闸启动失灵，TJF 不启动重合闸不启动失灵。母线保护跳闸不启动重合闸启动失灵。

25．分相操作箱中属于直跳回路的继电器（　　）。

A．STJ　　B．TJQ　　C．TJR　　D．TJF

**答案**：ABCD

26．励磁合后继电器 KKJ 的回路（　　）。

A．手合回路　　B．遥合回路

C．重合回路　　D．所有合闸回路

**答案**：AB

**解析**：KKJ 是双线圈磁保持继电器，该继电器有动作线圈和复归线圈。手合、遥合启动 KKJ 的动作线圈，手分、遥分启动 KKJ 的复归线圈。

27．以下不属于微机保护装置的判断控制回路断线的判据为（　　）。

A．TWJ 不动作，经 500ms 延时报控制回路断线

B．HWJ 不动作，经 500ms 延时报控制回路断线

C．TWJ 和 HWJ 均不动作，经 500ms 延时报控制回路断线

D．TWJ 和 HWJ 均动作，经 500ms 延时报控制回路断线

**答案**：ABD

28．以下关于电压切换箱（回路）的说法，正确的是（　　）。

A．当保护采用双重化配置时，其电压切换箱（回路）隔离开关辅助触点应采用单位置输入方式

B．单套配置保护的电压切换箱（回路）隔离开关辅助触点应采用双位置输入方式

C．电压切换直流电源与对应保护装置直流电源取自同一段直流母线且共用直流空

气开关

D. 当采用双位置输入方式时，“切换继电器同时动作”信号应采用保持型继电器触点

**答案**：ABC

29. 保护装置应承受工频试验电压1000V的回路有（　　）。

A. 工作在110V或220V直流电路的各对触点对地回路

B. 各对触点相互之间

C. 触点的动、静两端之间

D. 输入或输出回路之间

**答案**：ABC

**解析**：①承受2000V的回路：装置交流电压互感器一次对地回路、装置交流电流互感器一次对地回路、装置背板线对地回路；②承受1500V的回路：110V或220V直流回路对地；③承受1000V的回路：工作在110V或220V直流电路的各对触点对地回路、各对触点相互之间、触点的动静两端之间；④承受500V的回路：直流逻辑回路对地回路、直流逻辑回路对高压回路、额定电压为18～24V对地回路。

30. 保护装置应承受工频试验电压2000V的回路有（　　）。

A. 装置的交流电压、电流互感器对地回路　　B. 110V或220V直流回路对地

C. 各对触点相互之间　　D. 装置背板线对地回路

**答案**：AD

31. 变电站二次回路干扰可分为（　　）。

A. 50Hz干扰　　B. 高频干扰

C. 雷电引起的干扰　　D. 控制回路产生的干扰

E. 高能辐射设备引起的干扰

**答案**：ABCDE

32. 发生直流两点接地时，以下可能的后果是（　　）。

A. 可能造成断路器误跳闸　　B. 可能造成熔丝熔断

C. 可能造成断路器拒动　　D. 可能造成保护装置拒动

**答案**：ABCD

33. 继电保护装置交流电流回路过载能力，正确的是（　　）。

A. 2倍额定电流，长期连续工作　　B. 10倍额定电流，允许10s

C. 20倍额定电流，允许5s　　D. 40倍额定电流，允许1s

**答案**：AD

**解析**：出自DL/T 478—2013《继电保护和安全自动装置通用技术条件》4.6.1。

34. 某变电站有两套相互独立的直流系统，同时出现了直流接地告警信号，其中第一组直流电源为正极接地，第二组直流电源为负极接地。现场利用拉、合直流保险的方

法检查直流接地情况时发现：在当断开某断路器（该断路器具有两组跳闸线圈）的任一控制电源时，两套直流电源系统的直流接地信号又同时消失，以下说法正确的是（　　）。

A．因为任意断开一组直流电源接地现象消失，所以直流系统可能没有接地

B．第一组直流系统的正极与第二组直流系统的负极短接或相反

C．两组直流短接后形成一个端电压为 440V 的电池组，中点对地电压不为零

D．每一组直流系统的绝缘监察装置均有一个接地点，短接后直流系统中存在两个接地点，故一组直流系统的绝缘监察装置判断为正极接地，另一组直流系统的绝缘监察装置判断为负极接地

**答案：**ABD

35．微机线路保护装置对直流电源的基本要求是（　　）。

A．额定电压 220V 或 110V　　B．允许偏差-20%～+10%

C．纹波系数不大于 5%　　D．额定容量大于 50W

**答案：**ABC

**解析：**出自 DL/T 478—2013《继电保护和安全自动装置通用技术条件》4.2.1。

36．用分路试停的方法查找直流接地有时查找不到，可能是由于（　　）。

A．分路正极接地　　B．分路负级接地

C．环路供电方式合环运行　　D．充电设备或蓄电池发生直流接地

**答案：**CD

37．根据继电保护和安全自动装置通用技术条件的规定，静态型保护装置的绝缘试验项目有（　　）。

A．介质强度试验　　B．绝缘老化试验

C．绝缘电阻试验　　D．冲击电压试验

**答案：**ACD

**解析：**出自 DL/T 478—2013《继电保护和安全自动装置通用技术条件》4.9。

38．微机保护装置屏柜内（　　）的接地端应与屏柜下方的接地铜排相连。

A．装置　　B．直流电源　　C．电缆屏蔽层　　D．屏柜门体

**答案：**ACD

**解析：**直流电源系统绝缘监测装置的平衡桥和检测桥的接地端以及屏柜内的交流电源的中性线不应接入保护专用的等电位接地网。出自《国家电网有限公司十八项电网重大反事故措施（2018 年修订版）》15.6.2.4。

39．为保证保护装置和二次回路接线的正确性，所有保护用电流回路在投入运行前，应检查下列哪些项目（　　）。

A．变比　　B．极性

C．电流和电压回路相位关系　　D．各中性线的不平衡电流（或电压）

**答案**：ABCD

40．为提高继电保护装置的抗干扰能力，应采取以下措施包括（　　）。

A．在保护室屏柜下层的电缆室（或电缆沟道）内，沿屏柜布置的方向逐排敷设截面积不小于 $100mm^2$ 的铜排（缆），将铜排（缆）的首端、末端分别连接，形成保护室内的等电位地网

B．小室之间若存在相互连接的二次电缆，则小室的等电位地网之间应使用截面积不小于 $50mm^2$ 的铜排（缆）可靠连接，连接点应设在小室等电位地网与变电站主接地网连接处

C．微机保护和控制装置的屏柜下部应设有截面积不小于 $100mm^2$ 的铜排（不要求与保护屏绝缘）

D．保护屏柜内所有装置、电缆屏蔽层、屏柜门体的接地端应用截面积不小于 $4mm^2$ 的多股铜线与其相连，铜排应用截面积不小于 $50mm^2$ 的铜缆接至保护室内的等电位接地网

**答案**：ACD

**解析**：出自《国家电网有限公司十八项电网重大反事故措施（2018 年修订版）》15.6.2.1～15.6.2.3。

41．由（　　）等设备至开关场就地端子箱之间的二次电缆应经金属管从一次设备的接线盒（箱）引至电缆。

A．开关场的变压器　　B．开关场的断路器

C．开关场的隔离开关　　D．开关场的电流、电压互感器

**答案**：ABCD

**解析**：出自《国家电网有限公司十八项电网重大反事故措施（2018 年修订版）》15.6.2.8。

42．由开关场至控制室的二次电缆采用屏蔽电缆且要求屏蔽层两端接地是为了降低（　　）。

A．开关场的空间电磁场在电缆芯线上产生感应，对静态型保护装置造成干扰

B．相邻电缆中信号产生的电磁场在电缆芯线上产生感应，对静态型保护装置造成干扰

C．本电缆中信号产生的电磁场在相邻的芯线上产生感应，对静态型保护装置造成干扰

D．由于开关场与控制室的地电位不同，在电缆中产生干扰

**答案**：ABC

43．由一次设备直接引出的二次电缆应穿管从一次设备的接线盒（箱）引至电缆沟，以下说法正确的是（　　）。

A．二次电缆应穿金属管

B．金属管的上端与一次设备的底座或金属外壳良好焊接，另一端在距一次设备 3～5m 之外与主接地网焊接

C．穿管的两端应对地绝缘

D．金属管上端与一次设备的底座或金属外壳良好焊接，另一端接入开关场 100mm$^2$ 专用铜排（缆）

**答案**：AB

**解析**：金属管的上端与一次设备的底座或金属外壳良好焊接，金属管另一端应在距一次设备 3～5m 之外与主接地网焊接。出自《国家电网有限公司十八项电网重大反事故措施（2018 年修订版）》15.6.2.8。

44．在以下微机保护二次回路抗干扰措施的定义中，正确的是（　　）。

A．强电和弱电回路不得合用同一根电缆

B．保护用电缆与电力电缆不应同层敷设

C．尽量要求使用屏蔽电缆，如使用普通铠装电缆，则应使用电缆备用芯，在开关场及主控室同时接地的方法，作为抗干扰措施

D．应使用屏蔽电缆，电缆的屏蔽层应在开关场和控制室两端接地

**答案**：ABD

**解析**：所有二次回路的电缆均应使用屏蔽电缆，电缆的屏蔽层两端接地，严禁使用电缆内的备用芯线替代屏蔽层接地。出自《国家电网有限公司十八项电网重大反事故措施（2018 年修订版）》15.6.2.5。

45．（　　）保护应适应常规互感器和电子式互感器混合使用的情况。

A．变压器中性点零序过流保护　　B．线路纵联保护

C．母线差动保护　　D．变压器差动保护

**答案**：BCD

46．保护设备正式投运前需要做带负荷试验的项目有（　　）。

A．联动试验　　B．电流、电压相序

C．功率角度　　D．中性线电流大小

**答案**：BCD

47．关于“九统一”主变压器保护装置信号灯描述正确的是（　　）。

A．运行—红色—非自保持　　B．异常—红色—自保持

C．检修—红色—非自保持　　D．差动保护闭锁—红色—非自保持

E．保护跳闸—红色—自保持

**答案**：CDE

**解析**：“九统一”主变压器保护装置信号灯：运行—绿色—非自保持，异常—红色—非自保持，检修—红色—非自保持，差动保护闭锁—红色—非自保持，保护跳闸—

红色—自保持。

48. 国家电网有限公司继电保护标准化设计“六统一”的端子排布置原则，以下说法正确的是（  ）。

A. 按照“功能分区，端子分段”的原则，根据继电保护屏柜端子排功能不同，分段设置端子排

B. 端子排按段独立编号，每段应预留备用端子

C. 公共端、同名出口端采用端子连线，且一个端子的每一端最多只能接两根导线

D. 交流电流和交流电压采用试验端子

E. 跳闸出口采用红色试验端子，并与直流正电源端子适当隔开

答案：ABDE

解析：一个端子的每一端只能接一根导线。出自 Q/GDW 1161—2014《线路保护及辅助装置标准化设计规范》4.3.11。

49. 继电保护装置及二次回路专业巡检信息采集，二次回路检查项有（  ）。

A. 端子排（箱）锈蚀
B. 二次接线松动
C. 接地、屏蔽、接地网符合要求
D. 电缆封堵符合要求

答案：ABCD

解析：出自 DL/T 995—2016《继电保护和电网安全自动装置检验规程》A.6.2。

50. 零序电压的获取方法有（  ）。

A. 自产 $3U_0$
B. 从电压互感器开口三角处获取
C. 零序电压放大器获取
D. 从零序电压滤过器获取

答案：AB

51. 某 500kV 线路断路器合上后，后台显示有功功率为 0，送出无功功率为 100Mvar，已知线路电流互感器变比为 2000/1，若保护交流回路接线正确，此时进行线路保护相量测试，所测结果应该出现（  ）。

A. 三相电压幅值均为 58V

B. 三相电流幅值均为 57.7mA

C. 二次电流超前电压约 90°

D. 各相电压、电流之间夹角为 120°，正相序

答案：ABD

52. 提高断路器失灵保护可靠性的常用措施有（  ）。

A. 不使用非全相启动触点

B. 电流判别元件的动作时间和返回时间均应小于 20ms

C. 直跳回路增加大功率启动继电器

D. 对于双母线接线，断路器失灵保护复合电压闭锁元件有 1s 的延时返回时间

**答案**：ABCD

53．现场工作结束后，现场继电保护工作记录本上应记录（　　）等项内容。

A．整定值变更情况　　B．二次回路更改情况

C．解决及未解决的问题及缺陷　　D．运行注意事项

E．能否投入

**答案**：ABCDE

**解析**：出自 DL/T 995—2016《继电保护和电网安全自动装置检验规程》5.5.1.4。

## 三、判断题

1．电流互感器因二次负载大，误差超过 10%时，可将两组同级别、同型号、同变比的电流互感器二次串联，以提高交流二次回路的负载能力。（　　）

**答案**：√

**解析**：电流互感器负载=电流互感器两端电压/电流互感器绕组内流过电流。电流互感器二次串联时电流互感器两端电压减小一半，电流互感器绕组内流过电流不变，电流互感器负载减小一半，二次回路的负载能力增强一倍。

2．同样的电流互感器和二次阻抗，电流互感器二次接成星形，比二次接成三角形不容易饱和。（　　）

**答案**：√

**解析**：电流互感器负载=电流互感器两端电压/电流互感器绕组内流过电流。电流互感器二次接成星形和三角形，绕组内流过的电流不变，电流互感器接成三角形时绕组两端电压比接成星形时绕组两端电压要大，因此接成三角形时电流互感器负载较大，更易饱和，允许的二次阻抗要小。

3．电流互感器变比越小，其励磁阻抗越大，运行的二次负载越小。（　　）

**答案**：×

**解析**：电流互感器的励磁电抗 $X_m = \omega \frac{N_1 N_2}{l} S\mu$。

其中，$N_1$ 为一次绕组匝数，$N_2$ 为二次绕组匝数，$\omega$ 为角频率，$\mu$ 为铁芯导磁系数，$l$ 为铁芯磁路平均长度，$S$ 为铁芯截面积。

由公式可知，电流互感器变比越大，励磁阻抗越大。

4．330～500kV 线路一般采用带气隙的 TPY 型电流互感器。（　　）

**答案**：√

5．独立的、与其他互感器二次回路没有电气联系的电流互感器二次回路应在保护柜一点接地。（　　）

**答案**：×

**解析：**可在开关场一点接地，但应考虑将开关场不同点地电位引至同一保护柜时对二次回路绝缘的影响。出自《国家电网有限公司十八项电网重大反事故措施（2018年修订版）》15.6.4.3。

6．电流互感器一次侧并联时，电流互感器变比变大；一次侧串联时，电流互感器变比变小。（　　）

**答案：**√

**解析：**一次绕组可调型电流互感器并联使用时变比是串联使用时变比的2倍。

7．220kV及以上保护电流互感器二次回路断线的处理原则不包括考虑两相、三相同时断线。（　　）

**答案：**√

**解析：**220kV及以上保护装置电流互感器断线的处理方式如下：主保护不考虑TA和TV同时断线，不考虑无流元件TA断线，不考虑三相电流对称情况下中性线断线，不考虑两相、三相断线，不考虑多个元件同时发生TA断线，不考虑TA断线和一次故障同时出现。出自《国调中心关于印发继电保护装置标准化设计补充技术要求的通知》（调继〔2015〕91号）。

8．某电流互感器参数为5P40，2500/1A，额定电阻性负荷15VA，二次绕组电阻5Ω，给定暂态系数取2，短路电流为20kA，则电流互感器额定二次极限电势为700V。（　　）

**答案：**×

**解析：**额定二次极限电势 $E_{\mathrm{ALF}} = ALF \times I_{\mathrm{sr}} \times (R_{\mathrm{ct}} + R_{\mathrm{b}}) = 40 \times 1 \times \left(5 + \frac{15}{I^2}\right) = 800$。

其中，$E_{\mathrm{ALF}}$为二次极限电动势，$ALF$为准确限值系数，$R_{\mathrm{ct}}$为互感器二次绕组电阻，$R_{\mathrm{b}}$为额定电阻性负荷。

9．电流互感器变比越大，二次开路时的电压也越大。（　　）

**答案：**√

10．三相星形接线的电流互感器，若零线断线，在系统发生不对称接地故障产生$3I_0$电流时，该电流没有通路，不但影响保护正确动作，其性质还相当于电流互感器二次开路，会产生很高的开路电压。（　　）

**答案：**√

11．在实际的短路暂态过程中，短路电流可能存在非周期分量而严重偏移这可能导致电流互感器严重稳态饱和。（　　）

**答案：**×

**解析：**稳态饱和是大容量稳态对称短路电流引起的饱和，二次电流呈脉冲波形，正负半波大体对称。暂态饱和是短路电流中含有非周期分量和铁芯存在剩磁而引起的饱和，二次波形畸变，正负半波不对称。

12．在 330kV 及以上变电站，220kV 及以上电压等级的设备较多、电流回路电缆较长，电流互感器二次额定电流多采用 5A 的。（　　）

**答案**：×

**解析**：电流互感器变比越大，允许带负载能力越强。电流回路电缆较长、设备较多时，二次负载较大，二次额定电流宜采用 1A。

13．电流互感器的饱和从故障开始就立即出现。（　　）

**答案**：×

**解析**：电流互感器最快要在短路发生 2ms 以后才会开始饱和。

14．安装在电缆上的零序电流互感器，电缆的屏蔽引线应穿过零序电流互感器接地。（　　）

**答案**：√

15．电流互感器的一次电流与二次侧负载无关，而变压器的一次电流随着二次侧的负载变化而变化。（　　）

**答案**：√

16．继电保护要求所用的电流互感器的暂态变比误差不应大于 10%。（　　）

**答案**：×

**解析**：继电保护要求所用的电流互感器的稳态变比误差不应大于 10%。

17．电流互感器为电压源，内阻抗较小，电压互感器为电流源，其内阻抗较大。因此，电流互感器二次不得开路，电压互感器二次不得短路。（　　）

**答案**：×

**解析**：电流互感器是电流源，内阻视为无穷大，不能开路；电压互感器是电压源，内阻视为很小，不能短路。

18．对于二次负载来说，电压互感器的一次内阻抗很大，可以认为是电压源。（　　）

**答案**：×

19．当断路器跳开在一次电流过零时断开电流，此时二次感应电压为零，铁芯中剩磁最小，对重合于故障线路时电流互感器饱和的影响也最小。（　　）

**答案**：×

**解析**：一次电流过零时，磁通为零，磁通的变化率最大，根据电磁感应定律，二次感应电动势与磁通的变化率成正比，此时二次感应电压最大，不为零。

20．电流互感器采用减极性标注的概念是：一次侧电流从极性端通入，二次侧电流从极性端流出。（　　）

**答案**：√

21．两组电压互感器的并联，必须先是一次侧先并联，然后才允许二次侧并联。（　　）

**答案：** √

22．P 级是一般保护用电流互感器，其误差只考虑稳态特性，不涉及暂态问题，也不计剩磁影响。（　　）

**答案：** √

23．运行中某 P 级电流互感器二次开路未被发现，当线路发生短路故障该电流互感器一侧流过很大的正弦波形短路电流时，则二次绕组上将有很高的正弦波形电压。（　　）

**答案：** ×

**解析：** 电流互感器二次回路开路，一次负荷电流全部流经励磁支路，励磁电流急剧增加，磁通波形出现明显的畸变，呈现出梯形。根据电磁感应定律，二次感应电动势与磁通的变化率成正比，梯形磁通作用下的二次感应电动势为对称的尖顶波，波峰幅值很大。

24．在电流互感器二次绕组接线方式不同的情况下，假定接入电流互感器二次导线电阻的阻抗均相同，而此计算负载以两相电流差接线最大。（　　）

**答案：** √

25．电流互感器的二次中性线回路如果存在多点接地，当系统发生故障时，继电器所感受的电流会与实际电流有一定的偏差，站内发生三相故障时可能会导致保护装置误动。（　　）

**答案：** ×

**解析：** 电流互感器二次回路多点接地后对保护的影响主要来自地电位差造成的环流。如果存在多点接地，当系统发生接地故障，地电网各点间有电压差时，将会有电流从两个接地点间流过，继电器所感受的电流会与实际电流有一定的偏差。

26．P 级电流互感器的暂态特性欠佳，在外部短路时会产生较大的差流。为此，特性呈分段式的比率制动式差动继电器抬高了制动系数的取值。同理，继电器的最小动作电流定值也该相应抬高。（　　）

**答案：** ×

**解析：** 最小动作电流的整定原则是躲过正常运行时由于 TA 变比等误差产生的最大不平衡电流和 TA 断线所产生的最大不平衡电流，不考虑 TA 暂态特性带来的影响。比率制动系数的取值原则是躲过外部短路引起的最大不平衡电流。

启动电流 $I_{DZ0} = K_H(K_1 + K_2 + K_3 + K_4)I_e$

区外故障最大不平衡电流 $I_{He\delta max} = (K_1 + K_2 + K_3 + K_4 + K_5)I_{kmax}$

其中，$I_e$ 为变压器的额定电流，$I_{kmax}$ 为出口三相短路时最大短路电流，$K_H$ 为可靠系数，$K_1$ 为电流互感器变比引起的误差，$K_2$ 为变压器改变分接头或带负荷调压造成的误差，$K_3$ 为变压器的励磁电流等引起的误差，$K_4$ 为通道变换及调试误差，$K_5$ 为电流互感器暂态特性不一致引起的误差。

27．对于二次绕组具有多抽头的套管型电流互感器，不用的抽头应接地短路。（　　）

**答案：**×

**解析：**多抽头电流互感器不用的抽头不应短路。

28．短路电流暂态过程中含有非周期分量，电流互感器的暂态误差比稳态误差大得多。因此，母线差动保护的暂态不平衡电流也比稳态不平衡电流大得多。（　　）

**答案：**√

29．电磁型电流互感器电气性能主要缺点是大电流时容易饱和、暂态特性差。（　　）

**答案：**√

30．为保证设备及人身安全、减少一次设备故障时电流互感器二次回路的环流，所有电流互感器的中性线必须在开关场就地接地。（　　）

**答案：**×

**解析：**当两个及以上电流（电压）互感器二次回路间有直接电气联系时，其二次回路接地点设置应符合相关要求。出自《国家电网有限公司十八项电网重大反事故措施（2018 年修订版）》15.6.4.1。

31．当电流互感器饱和时，测量电流比实际电流小，有可能引起差动保护拒动，但不会引起差动保护误动。（　　）

**答案：**×

**解析：**当电流互感器饱和时，区外故障差动保护可能误动，需设置专门的 TA 饱和判别元件，在 TA 饱和时将差动保护闭锁。

32．所有电流互感器和电压互感器的二次绕组应有永久性的、可靠的保护接地。（　　）

**答案：**√

33．母差保护、变压器差动差动保护各支路的电流互感器，应优先选用准确限值系数较低和额定拐点电压较高的电流互感器。（　　）

**答案：**×

**解析：**母差保护、变压器差动差动保护各支路的电流互感器，应优先选用准确限值系数和额定拐点电压较高的电流互感器。出自《国家电网有限公司十八项电网重大反事故措施（2018 年修订版）》15.1.12。

34．电流互感器额定拐点电动势是指作用于互感器二次端子的额定频率正弦波电动势最小方均根值，当此值增加 10%时，励磁电流方均根值增加不大于 50%。（　　）

**答案：**√

35．新投入或经变更的电流、电压回路，应直接利用工作电压检查电压二次回路，利用负荷电流检查电流二次回路接线的正确性。为了测试准确性，负荷电流应至少为 15%的额定电流。（　　）

**答案：**×

**解析：**保护装置投入运行前，应用不低于电流互感器额定电流10%的负荷电流及工作电压进行检验。出自 Q/GDW 1914—2013《继电保护及安全自动装置验收规范》5.5.20。

36．电压互感器二次回路熔断器的熔丝必须保证在二次电压回路内发生短路时，其熔断的时间小于保护装置的动作时间。（ ）

**答案：**√

37．电容式电压互感器稳态工作特性与电磁式电压互感器基本相同，但暂态特性差、有铁磁谐振问题。（ ）

**答案：**×

**解析：**电容式电压互感器稳态工作特性与电磁式电压互感器基本相同，但暂态特性差。电磁式电压互感器有铁磁谐振问题。

38．对原设计中电压互感器仅有一组二次绕组，应积极安排电压互感器的更新改造工作，改造完成前，应在开关场的电压互感器端子箱处，利用具有短路跳闸功能的两组三相空气开关将按双重化配置的两套保护装置交流电压回路分开。（ ）

**答案：**×

**解析：**利用具有短路跳闸功能的两组分相空气开关将按双重化配置的两套保护装置交流电压回路分开。出自《国家电网有限公司十八项电网重大反事故措施（2018 年修订版）》15.2.2.1。

39．微机保护电压互感器二次、三次回路开关场至保护小室的接地相电缆芯可以不分开。（ ）

**答案：**×

**解析：**来自电压互感器二次的四根引入线和电压互感器开口三角绕组的两根引入线均应使用各自独立的电缆。出自《国家电网有限公司十八项电网重大反事故措施（2018 年修订版）》15.6.3.2。

40．不管是大电流接地系统还是小电流接地系统，供同期用的电压都可以从电压互感器的二次绕组相间取得，也可以从三次绕组的一个绕组上取得。（ ）

**答案：**×

**解析：**在小电流接地系统中，需要检查线路电压或同期时，应在线路侧装设两相式电压互感器或装设一台电压互感器接线间电压。在大电流接地系统中，线路有检查线路电压或同期要求时，应首先选用电压抽取装置，通过电流互感器或结合电容器抽取电压，尽量不装设单独的电压互感器。电压互感器剩余电压绕组供接地故障时使用。

41．保护装置在电压互感器二次回路一相、两相或三相同时断线、失压时，应发跳闸命令，并闭锁可能误动作的保护。（ ）

**答案：**×

**解析：**保护装置在电压互感器二次回路一相、两相或三相同时断线、失压时，应发告警信号，并闭锁可能误动作的保护。出自 GB/T 14285—2016《继电保护和安全自动装置技术规程》4.1.11。

42．电压互感器的二次中性线回路如果存在多点接地，则不论系统运行正常与否，继电器所感受的电压均会与实际电压有偏差。（ ）

**答案：**×

**解析：**电压互感器二次回路必须且只能在一点接地，接地的目的主要是防止一次高压通过互感器绕组之间的电容耦合到二次侧时，可能对人身及二次设备造成威胁。但如果有两点接地或多点接地，当系统发生接地故障，地电网各点间有电压差时，将会有电流从两个接地点间流过，在电压互感器二次回路产生压降，该压降将使电压互感器二次电压的准确性受到影响，严重时将影响保护装置正确动作。

43．为保证设备及人身安全、减少一次设备故障时对继电保护及安全自动装置的干扰，所有电压互感器的中性线必须在开关场就地接地。（ ）

**答案：**×

**解析：**电压互感器的二次回路只允许有一点接地，接地点宜设在控制室内。出自 GB/T 14285—2016《继电保护和安全自动装置技术规程》6.2.3.2。

44．在电压互感器二次回路中，均应装设熔断器或自动开关。（ ）

**答案：**×

**解析：**在电压互感器二次回路中，除开口三角线圈和另有规定者（例如自动调整励磁装置）外，应装设自动开关或熔断器。出自 GB/T 14285—2016《继电保护和安全自动装置技术规程》6.2.2.5。

45．在电压互感器开口三角绕组输出端不应装熔断器，而应装设自动开关，以便开关跳开时发信号。（ ）

**答案：**×

**解析：**在电压互感器二次回路中，除开口三角线圈和另有规定者（例如自动调整励磁装置）外，应装设自动开关或熔断器。出自 GB/T 14285—2016《继电保护和安全自动装置技术规程》6.2.2.5。

46．在电压互感器二次回路中，除开口三角线圈外均应装设熔断器或自动空开。（ ）

**答案：**×

**解析：**在电压互感器二次回路中，除开口三角线圈和另有规定者（例如自动调整励磁装置）外，应装设自动开关或熔断器。出自 GB/T 14285—2016《继电保护和安全自动装置技术规程》6.2.2.5。

47．电压互感器二次输出回路 A、B、C、N 相均应装设熔断器或自动小开关。（ ）

**答案：** ×

**解析：** 为保证接地可靠，各电压互感器的中性线不得接有可能断开的开关或熔断器等。出自 GB/T 14285—2016《继电保护和安全自动装置技术规程》6.2.3.2。

48．运行中，电压互感器二次侧某一相熔断器熔断时，该相电压值为零。（　　）

**答案：** ×

**解析：** 正常相电压经各相二次回路阻抗及负载阻抗分压的影响，在熔断器断开点产生电位，使熔断相电压值不为 0，为幅值为正常相电压的 1/3。

49．交流电流和交流电压回路、不同交流电压回路、交流和直流回路、强电和弱电回路，以及来自开关场电压互感器二次的四根引入线和电压互感器开口三角绕组的两根引入线宜使用各自独立的电缆。（　　）

**答案：** ×

**解析：** 以上引入线均应使用各自独立的电缆。出自《国家电网有限公司十八项电网重大反事故措施（2018 年修订版）》15.6.3.2。

50．电压互感器的误差表现在幅值误差和角度误差两个方面，电压互感器二次负载的大小和功率因数的大小，均对误差没有影响。（　　）

**答案：** ×

**解析：** $U_1'=U_2+I_e'Z_1'+I_2(Z_2+Z_1')$。

其中 $U_1'$ 为归算到二次侧的电压互感器一次电压，$U_2$ 为电压互感器二次负载电压，$I_e'$ 为归算到二次侧的励磁电流，$Z_1'$ 为归算到二次侧的电压互感器一次漏抗，$Z_2$ 为二次漏抗，$I_2$ 为二次负载电流。

电压互感器的误差为 $U_1'$ 与 $U_2$ 的差异，表现在幅值误差和角度误差两个方面。电压互感器二次负载的大小和功率因数影响 $I_2$ 的大小和相位，对误差产生影响。

51．断路器液压机构在压力下降过程中，依次发压力降低闭锁重合闸、压力降低闭锁合闸、压力降低闭锁跳闸信号。（　　）

**答案：** √

52．二次回路中电缆芯线和导线截面的选择原则是：只需满足电气性能的要求；在电压和操作回路中，应按允许的压降选择电缆芯线或电缆芯线的截面。（　　）

**答案：** ×

**解析：** 按机械强度要求，控制电缆或绝缘导线的芯线最小截面，强电控制回路不应小于 1.5mm$^2$，屏、柜内导线的芯线截面积不小于 1.0mm$^2$，弱电控制回路不应小于 0.5mm$^2$。出自 GB/T 14285—2016《继电保护和安全自动装置技术规程》6.1.5。

53．一般操作回路按正常最大负荷时至各设备的电压降不得超过额定电压的 20%的条件校验控制电缆芯截面。（　　）

**答案：** ×

**解析**：在最大负荷下，电源引出端到断路器分、合闸线圈的电压降，不应超过额定电压的10%。出自GB/T 14285—2016《继电保护和安全自动装置技术规程》6.1.5。

54．对于双层屏蔽电缆，为增强屏蔽效果，内外屏蔽层应可靠连接在一起，并两端接地。（　　）

**答案**：×

**解析**：出自《国家电网有限公司十八项电网重大反事故措施（2018年修订版）》15.6.2.12。

55．用于微机保护装置的电流、电压和信号触点引入线，应采用屏蔽电缆，屏蔽层在开关场和控制室同时接地。（　　）

**答案**：√

56．进行新安装装置验收试验时，从保护屏柜的端子排处将所有外部引入的回路及电缆全部断开，分别将电流、电压、直流控制、信号回路的所有端子各自连接在一起，用1000V绝缘电阻表测量对地绝缘电阻，其阻值应大于10MΩ。（　　）

**答案**：√

57．直流回路是绝缘系统而交流回路是接地系统，因此二者不能共用一条电缆。（　　）

**答案**：√

58．对于双层屏蔽电缆，内屏蔽应一端接地，外屏蔽应两端接地。（　　）

**答案**：√

59．由开关场至控制室的二次电缆采用屏蔽电缆且要求屏蔽层两端接地主要是为了解决开关场与控制室的地电位不同问题。（　　）

**答案**：×

**解析**：控制电缆屏蔽层两端接地有如下两点好处：①当控制电缆为母线暂态电流产生的磁通包围时，在电缆的屏蔽层中将感应出屏蔽电流，有屏蔽电流产生的磁通，将抵消母线暂态电流产生的磁通对电缆芯线的影响；②屏蔽层两端接地，可以降低由于地电位升产生的暂态感应电压。

60．当开关在合闸位置时，跳闸位置继电器（TWJ）的动断触点是打开的。（　　）

**答案**：×

**解析**：TWJ接于合闸回路，开关在合位，合闸回路断开，TWJ不动作，动断触点闭合。

61．在保护和测量仪表中，电流回路的导线截面积不应小于$4mm^2$。（　　）

**答案**：×

**解析**：电流回路的导线截面积不应小于$2.5mm^2$。出自GB/T 50976—2014《继电保护及二次回路安装及验收规范》4.4.1。

62．二次回路的工作电压不宜超过250V，最高不应超过380V。（　　）

**答案：**×

**解析：**二次回路的工作电压最高不应超过500V。出自GB/T 14285—2016《继电保护和安全自动装置技术规程》6.1.2。

63．交流电流、电压回路验收时应采用通入模拟电流、电压的方法验证回路的正确性，电流回路宜采用一次升流、电压回路可采用二次加压的方法进行。（　　）

**答案：**√

64．$SF_6$断路器的$SF_6$气体压力低触点串接在断路器分合闸回路，还应有一对触点接入闭锁重合闸的回路。（　　）

**答案：**×

**解析：**$SF_6$断路器的$SF_6$气体压力低触点只串接在断路器分合闸回路。

65．在对二次回路进行绝缘检查前，应确认被保护设备的断路器全部停电，交流电压回路已在电压切换把手或分线箱处与其他单元设备的回路断开，并与其他回路隔离完好后，才允许进行。（　　）

**答案：**×

**解析：**应确认被保护设备的断路器、电流互感器全部停电。出自DL/T 995—2016《继电保护和电网安全自动装置检验规程》5.3.2.4。

66．为防止保护装置先上电而操作箱后上电时断路器位置不对应误启动重合闸，宜由操作箱（插件）对保护装置提供“断路器合后”触点方式。（　　）

**答案：**×

**解析：**为防止保护装置先上电而操作箱后上电时断路器位置不对应误启动重合闸，宜由操作箱（插件）对保护装置提供“闭锁重合闸”触点方式，不采用“断路器合后”触点的开入方式。出自Q/GDW 1161—2013《线路保护及辅助装置标准化设计规范》4.3.7。

67．操作箱检验要求中，对分相操作断路器，应三相一并传动防止断路器跳跃回路。（　　）

**答案：**×

**解析：**对分相操作断路器，应逐相传动防止断路器跳跃回路。出自DL/T 995—2016《继电保护和电网安全自动装置检验规程》5.3.6.1。

68．母线差动保护、断路器失灵保护及电网安全自动装置中投切发电机组、切除负荷、切除线路或变压器等设备的跳合断路器试验，不允许用导通方法分别证实至每个断路器跳闸回路接线的正确性。（　　）

**答案：**×

**解析：**母线差动保护、断路器失灵保护及电网安全自动装置中投切发电机组、切除负荷、切除线路或变压器等设备的跳合断路器试验，允许用导通方法分别证实至每个断路器跳闸回路接线的正确性。出自DL/T 995—2016《继电保护和电网安全自动装置检验规程》5.1.2.4。

69．保护跳闸连接片的安装方法是：保护装置的出口跳闸触点回路应接至连接片的下方。（　　）

**答案：**√

70．220kV及以上电压等级断路器的压力闭锁继电器应双重化配置，防止其中一组操作电源失去时，另一套保护和操作箱或智能终端无法跳闸出口。（　　）

**答案：**√

71．微机继电保护装置在运行中需要改变已固化好的定值时，应由继电保护人员按规定的方法改变定值，此时必须停用继电保护装置，但应立即打印（显示）出新定值，并与主管调度核对定值。（　　）

**答案：**×

**解析：**需要改变已固化好的定值时，由运行人员按规定的方法改变定值，此时不必停用继电保护装置。出自DL/T 587—2016《继电保护和安全自动装置运行管理规程》5.12。

72．为简化电压切换回路，提高保护运行可靠性，双母接线形式变压器间隔宜装设三相电压互感器。（　　）

**答案：**√

73．整组试验时，对于有双跳闸线圈的断路器，应检查两跳闸线圈接线的极性是否一致。（　　）

**答案：**√

**解析：**出自DL/T 995—2016《继电保护和电网安全自动装置检验规程》5.3.7.8。

74．保护装置的二次接线变动时或改动时，应严防寄生回路的存在，没用的线必须隔离清楚。变动直流二次回路后，应进行相应传动试验，还必须模拟各种故障进行整组试验。（　　）

**答案：**√

75．10kV保护做传动试验时，有时出现烧毁继电器触点的现象，这是由于继电器触点断弧容量小造成的。（　　）

**答案：**×

**解析：**跳合闸回路接有跳合闸线圈，属于感性负载，节点断开时会承受线圈产生的很高的反向浪涌电压，往往会造成触点拉弧，导致触点烧毁。采用保持回路后保护出口触点在导通跳合闸回路的同时启动保持回路，由保持回路来保证即使保护触点断开，而跳合闸回路仍旧导通，切断跳合闸线圈回路由具有一定灭弧能力的断路器辅助触点在断路器主触头动作后完成，从而既保证了断路器的可靠分合，也避免了保护触点直接拉弧。如果保持继电器的参数与分合闸回路的参数不匹配，会造成保持回路失效而由保护触点切断操作回路导致继电器触点烧毁。

76．逆变电源装置运行维护时可只测量额定电压下的各级输出电压、纹波数值。（ ）

**答案：**√

77．由一次设备（如变压器、断路器、隔离开关和电流、电压互感器等）直接引出的二次电缆的屏蔽层应使用截面积不小于 $4mm^2$ 多股铜质软导线仅在就地端子箱处一点接地，在一次设备的接线盒（箱）处不接地，二次电缆经金属管从一次设备的接线盒（箱）引至电缆沟，并将金属管的上端与一次设备的底座或金属外壳良好焊接，金属管另一端应在距一次设备4～5m之外与主接地网焊接。（ ）

**答案：**×

**解析：**金属管另一端应在距一次设备3～5m之外与主接地网焊接。出自《国家电网有限公司十八项电网重大反事故措施（2018年修订版）》15.6.2.8。

78．对于微机距离保护装置，当电压二次回路失去电压时，装置将启动，不满足故障判据时，装置不会误动。（ ）

**答案：**×

**解析：**当电压二次回路失去电压时，装置未启动发电压二次回路断线告警信号并闭锁相应保护；装置启动时不判电压二次回路断线，存在误动可能。

79．用于保护交流电压自动切换的中间继电器在不停相应保护的情况下，不得对运行中的隔离开关辅助触点进行维修工作。（ ）

**答案：**√

80．为了改进主变差动保护的工作条件，除500kV外，一般不考虑用满足暂态特性要求的保护用互感器（TP型）。低压侧可用体积较小PR型电流互感器，后者除要求铁芯剩磁小于10%外，其余与P级相同。（ ）

**答案：**√

**解析：**PR级电流互感器是具有剩磁通限值的保护用电流互感器，在对称短路电流下规定其饱和特性。PR级电流互感器剩磁系数应小于10%。当对剩磁有要求时，220kV及以下电流互感器可采用PR级电流互感器。出自GB 20840.2—2014《互感器 第2部分：电流互感器的补充技术要求》3.1.205。

81．微机保护中，构成零序方向的零序电压，可以取电压互感器二次三相电压自产，它与零序电压取自电压互感器开口三角相比，其优点是电压互感器二次断线后，方向元件不需要退出运行。（ ）

**答案：**×

**解析：**$3U_0$ 反相接入继电器往往造成接线错误，在发生短路时零序方向继电器将拒动或误动，而这种错误的接线在正常运行时由于零序电压很小不易发现，另外 $3U_0$ 回路断线在正常运行时也不易发现。基于上述原因，目前微机保护零序方向元件舍弃了从开口三角处获取零序电压的方法，而采用自产零序电压。采用自产零序电压发生电压互感器二次回路断线，方向元件也需退出运行。

82．继电保护装置的跳闸出口触点，必须在断路器确实跳开后才能返回，否则，该触点会由于断弧而烧毁。（　　）

**答案：**×

**解析：**继电保护装置的跳闸出口触点不断弧，由自保持回路保持，通过断路器辅助触点切断控制回路。

83．出口继电器电流保持线圈的自保持电流应不大于断路器跳闸线圈的额定电流，该线圈上的压降应小于5%的额定电压。（　　）

**答案：**×

**解析：**出口继电器电流保持线圈的自保持电流应不大于断路器跳闸线圈的额定电流50%。出自DL/T 995—2016《继电保护和电网安全自动装置检验规程》5.3.6.3。

84．小接地电流电网中，母线单相接地，线路末段接地，电压互感器开口三角形侧电压总在100V左右。（　　）

**答案：**√

85．控制屏、保护屏上的端子排，正、负电源之间及电源与跳（合）闸引出端子之间应适当隔开。（　　）

**答案：**√

86．断路器位置继电器应监视分、合闸回路，并保证正常运行时分、合闸线圈端电压不大于额定值的10%。（　　）

**答案：**×

**解析：**断路器跳、合闸线圈的压降不小于额定值的90%。出自DL/T 995—2016《继电保护和电网安全自动装置检验规程》5.3.7.5。

87．保护室内的等电位接地网与厂、站的主接地网只能存在唯一连接点，连接点位置宜选择在电缆竖井处。为保证连接可靠，连接线必须用至少4根以上、截面积不小于50mm$^2$的铜缆（排）共点接地。（　　）

**答案：**×

**解析：**保护室内的等电位接地网与厂、站的主接地网连接点设置在保护室的电缆沟道入口处。出自《国家电网有限公司十八项电网重大反事故措施（2018年修订版）》15.6.2.1。

88．二次回路标号一般采用数字或数字和文字的组合，表明了回路的性质和用途。（　　）

**答案：**√

89．断路器操作箱中防跳继电器TBJ电流启动线圈的额定电流，应根据合闸线圈的

动作电流来选择，并要求其灵敏度高于合闸线圈的灵敏度。（　　）

**答案：**×

**解析：**操作箱内的防跳是电流型防跳，也叫保护防跳，由跳闸回路电流启动，电流启动线圈的额定电流根据跳闸线圈的动作电流来选择，并要求其灵敏度高于跳闸线圈的灵敏度。

90. 断路器操作箱内的防跳回路是合闸启动的，机构箱内的防跳回路是跳闸启动的。（　　）

**答案：**×

**解析：**操作箱内的防跳是电流型防跳，也叫保护防跳，由跳闸回路电流启动，通过合闸回路的电压使防跳继电器的电压线圈自保持，从而持续断开合闸回路。机构箱内的防跳是电压型防跳，由断路器辅助触点启动，用合闸脉冲实现自保持，从而将合闸回路断开。

91. 高压开关控制回路中防跳继电器的动作电流应小于开关跳闸电流的 1/2，线圈压降应小于 10%额定电压。（　　）

**答案：**√

92. 新投的 GIS 分相弹簧机构断路器的防跳继电器、非全相继电器不应安装在机构箱内，应装在独立的汇控箱内。（　　）

**答案：**√

**解析：**出自《国家电网有限公司十八项电网重大反事故措施（2018 年修订版）》12.1.1.6.4。

93. 断路器的“跳跃”现象一般是在跳闸、合闸回路同时接通时发生的，“防跳”回路设置是将断路器闭锁到跳闸位置。（　　）

**答案：**√

94. 220V、110V 直流系统中绝缘检测对地绝缘电阻报警值应分别设置为 15kΩ、25kΩ。（　　）

**答案：**×

**解析：**直流电源装置在空载运行时，额定电压为 220V 用 25kΩ 电阻，额定电压为 110V 用 7kΩ 电阻，额定电压为 48V 用 1.7kΩ 电阻，分别使直流母线接地，应发出声光报警。出自 DL/T 724—2000《电力系统用蓄电池直流电源装置运行与维护技术规程》5.3.1。

95. 直流回路两点接地或一点接地可能造成断路器误跳闸。（　　）

**答案：**√

96. 查找直流接地根据运行方式、操作情况、气候影响进行判断可能接地的处所，采取拉路寻找、分段处理的方法，以先信号和照明部分后操作部分，先室外部分后室内部分为原则。在切断各专用直流回路时，切断时间不得超过 3s，不论直流接地消失与否

均应合上。（　　）

**答案**：√

97. 试验用直流电源应由专用熔断器供电，也可以从运行设备上直接取得试验电源。（　　）

**答案**：×

98. 直流系统中保护电气的选择性配合原则应符合下列要求，熔断器装设在直流断路器上一级时，熔断器额定电流应为直流断路器额定电流 1.5 倍及以上。（　　）

**答案**：×

**解析**：熔断器装设在直流断路器上一级时，熔断器额定电流应为直流断路器额定电流 2 倍以上。出自 DL/T 5044—2014《电力工程直流电源系统设计技术规程》5.1.3。

99. 在开关场至控制室的电缆主沟内敷设 1～2 根 100mm$^2$ 的铜电缆，除了可以降低在开关场至控制室之间的地电位差，减少电缆屏蔽层所流过的电流之外，还可以对开关场内空间电磁场产生的干扰起到一定的屏蔽作用。（　　）

**答案**：√

100. 采用逆变稳压电源可以使保护装置和外部电源隔离起来，大大提高保护装置的抗干扰能力。（　　）

**答案**：√

## 四、填空题

1. ____电压是指在某一给定地点所测得在同一网络中两导线间的电压。

**答案**：差模

**解析**：差模电压是指在某一给定地点所测得在同一网络中两导线的电压。共模电压是指在某一给定地点对一任意参考点（一般为地）所测得为各导线共有的电压。

2. 电流互感器本身造成的测量误差是由于有励磁电流存在，其角度误差是由于励磁支路呈现为____使电流有不同相位，造成角度误差。

**答案**：电感性

3. 在额定电压下电容式电压互感器的高压端子对接地端子短路后，二次输出电压应在额定频率的____之内降低到短路前电压峰值的____以下。

**答案**：一个周期；10%

**解析**：出自 DL/T 866—2015《电流互感器和电压互感器选择及计算规程》11.6.1。

4. 通过电流互感器的电流过大，电流互感器要发生饱和，二次电流中的谐波电流的次数主要是____次。

**答案**：2、3

5. 在暂态电流的非周期分量影响下，故障切除后铁芯残余的剩磁，没有气隙的电流互感器 B 值可达____，具有小气隙的电流互感器 B 值可控制在____以下。

**答案**：70%～80%；10%

6．用于 220～500kV 大型电力变压器的电流互感器应选用 P 级或 TP 级，P 级是一般保护用电流互感器，其误差是在____条件下的误差，TP 级电流互感器可用于____条件下工作，是有暂态误差要求的保护用电流互感器。

**答案**：对称短路电流；暂态短路电流

**解析**：P 级电流互感器是无剩磁通限值的保护用电流互感器，在对称短路电流条件下规定其饱和特性。TPY 型电流互感器是具有剩磁通限值的保护用电流互感器，以峰值瞬时误差在暂态短路电流条件下规定其饱和特性。出自 GB 20840.2—2014《互感器　第 2 部分：电流互感器的补充技术要求》3.1。

7．同一电流互感器，其两个同变比、同容量的电流互感器二次绕组并联后接一个负载阻抗 $Z_L$，则并联后每个电流互感器的二次负载为____。

**答案**：$2Z_L$

**解析**：电流互感器负载=电流互感器两端电压/电流互感器绕组内流过电流。并联后每个二次绕组电流不变，但绕组两端电压增大一倍，故每个绕组负载也增大一倍。

8．测试互感器各绕组间的极性关系，核对铭牌上的极性标识是否正确。检查互感器各次绕组的____及其____是否与设计符合，相别标识是否正确。

**答案**：连接方式；极性关系

**解析**：出自 DL/T 995—2016《继电保护和电网安全自动装置检验规程》5.3.1.2。

9．严禁在保护装置电流回路中并联接入____，防止其不可靠动作引起差动保护误动作。

**答案**：过电压保护器

**解析**：出自《国家电网有限公司十八项电网重大反事故措施（2018 年修订版）》15.6.4.4。

10．电流互感器采用减极性标注的概念是：一次侧极性端子流出电流 $I_1$，二次侧电流 $I_2$ 从极性端____。

**答案**：流入

11．容量为 30VA 的 10P20 电流互感器，二次额定电流为 5A，当二次负载小于 1.2Ω 时，允许的最大短路电流倍数至少为____。

**答案**：20

**解析**：$R=P/I^2=30/5^2=1.2$，即容量为 30VA 的 10P20 电流互感器，二次额定电流为 5A，短路电流为 20 倍额定电流，稳态变比误差不超过 10%时允许的最大二次负载为 1.2Ω。也就是说当二次负载小于 1.2Ω 时，允许的最大短路电流倍数大于 20 倍。

12．电流互感器二次绕组接线系数 $K_{jx}=1$ 的为____、____，$K_{jx}=\sqrt{3}$ 的为____、____。

**答案**：星形接线；不完全星形接线；三角形接线；两相电流差接线

13．P 级电流互感器的二次为纯电阻负载，互感器铁芯损耗、漏电抗不计，当一次在工频正弦电流作用下，电流互感器变比误差为 10%时，综合误差为____。

**答案**：43.6%

**解析**：二次负载为纯电阻时，$\angle(I_2,I_0)=90°$，$|I_1'|^2=|I_2|^2+|I_0|^2$。变比误差$\dfrac{|I_1'|-|I_2|}{|I_1'|}=10\%$，可求得综合误差$\dfrac{|I_0|}{|I_1'|}=43.6\%$。

14．某电流互感器二次绕组三角形接线方式，负载阻抗为 2.1Ω。当发生 AC 两相短路时，电流互感器 AC 相二次绕组负载阻抗为____，当发生 B 相接地短路时，电流互感器 B 相二次绕组负载阻抗为____。

**答案**：6.3Ω；4.2Ω

**解析**：$U_a=(I_a-I_b)Z-(I_c-I_a)Z$，$U_b=(I_b-I_c)Z-(I_a-I_b)Z$，

当 AC 两相短路时，$I_a=-I_c,I_b=0$，所以$U_a=3I_aZ$，$\dfrac{U_a}{I_a}=3Z$，

当 B 相接地短路时，$I_a=I_c=0$，所以$U_b=2I_bZ$，$\dfrac{U_b}{I_b}=2Z$。

15．500kV（3/2 接线形式）电压等级下，边断路器电流互感器需配置____组 TPY 类型绕组。

**答案**：4

**解析**：出自 DL/T 866—2015《电流互感器和电压互感器选择及计算规程》7.2.8。

16．220kV 线路电流互感器有两个一次绕组，一次绕组串联变比 800/5，并联使用时流过电流互感器的一次电流为 608A，二次绕组电流为____。

**答案**：1.9A

**解析**：一次绕组可调型电流互感器并联使用时的变比是串联使用时的变比的 2 倍。串联变比为 800/5，并联变比为 1600/5=320，二次电流为 608/320=1.9。

17．如某 220kV 线路保护用低漏磁电流互感器参数为：1600/5A，25VA，5P30，电流互感器内阻 6Ω。实测二次负荷 12Ω，最大短路电流按 32kA 计算，暂态系数取 2，电流互感器额定极限电动势为____，保护要求的二次电动势为____。

**答案**：1050V；3600V

**解析**：额定二次极限电势$E_{ALF}=ALF\times I_{sr}\times(R_{ct}+R_b)=30\times5\times\left(6+\dfrac{25}{5^2}\right)=1050$，

等效二次电动势$E_{al}=K\times K_{pcf}\times I_{sr}\times(R_{ct}+R_b')=2\dfrac{32000}{1600}\times5\times(6+12)=3600$。

其中，$E_{ALF}$为二次极限电动势，$E_{al}$为等效二次电动势，$ALF$为准确限值系数，$K$为给定暂态系数，$K_{pcf}$为保护校验系数，$R_{ct}$为互感器二次绕组电阻，$R_b$为额定电阻性负荷，$R_b'$为实际二次负荷电阻。

18．某 110kV 变电站，变压器为 Yd11，用 110kV 侧电压互感器与 10kV 侧电压互感器进行核相，高压侧 A 相与低压侧 A 相之间电压为____。

**答案**：29.9V

**解析**：由余弦定理得$|U_{Aa}|=\sqrt{|U_A|^2+|U_a|^2-2|U_A|\times|U_a|\times\cos30^\circ}=\sqrt{57.74^2+57.74^2-2\times57.74^2\times\frac{\sqrt{3}}{2}}$ $=29.9$。

19．某变电站电压互感器的开口三角形侧 A 相接反，则正常运行时，如一次侧运行电压为 115.5kV，开口三角形的输出为____。

**答案**：210V

**解析**：电压互感器变比为$\frac{110000}{\sqrt{3}}\Big/\frac{100}{\sqrt{3}}\Big/100\text{V}$，110kV 额定电压下 A 相接反开口三角电压为 200V，115.5kV 运行电压下 A 相接反开口三角电压为 200×115.5/110=210V。

20．某负序电流元件，模拟两相短路时，AB 相间通 14A 正弦电流时刚好动作，如模拟 A 相接地故障时，A 相通正弦电流，则 A 相通入____电流该负序元件正好动作。

**答案**：24.25A

**解析**：负序电流$I_2=\frac{1}{3}(I_A+a^2I_B+aI_C)$，

当 AB 相间短路时，$I_A=-I_B$，$I_C=0$，$I_2=\frac{1}{3}(I_A-a^2I_A)=\frac{14\sqrt{3}}{3}$，

当 A 相接地短路时，$I_B=I_C=0$，$I_2=\frac{1}{3}I_A=\frac{14\times\sqrt{3}}{3}$，$I_2=14\times\sqrt{3}=24.25$。

21．在母差保护检验工作完毕后、投入出口连接片之前，通常用万用表测量跳闸连接片电位，当断路器在分闸位置时，连接片下口对地为 0V，上口对地为____左右（直流系统为 220V）。

**答案**：−110V

**解析**：保护装置跳闸触点接到压板下方，压板开口端在上方，接到断路器跳闸回路。断路器分位，跳闸回路断开，监视回路的正电到线路保护压板上口。母差保护跳闸触点接到 TJR 启动回路，TJR 启动回路的负电到母差保护跳闸压板上口。

22．在电压回路中，当电压互感器在最大负荷下，至保护和自动装置的电压降不得超过其额定电压的____。

**答案**：3%

**解析**：出自 GB/T 14285—2016《继电保护和安全自动装置技术规程》6.1.5。

23．防跳继电器的动作电流应小于跳闸电流的____，线圈压降小于额定值的____。

**答案**：50%；10%

**解析**：出自 DL/T 995—2016《继电保护和电网安全自动装置检验规程》5.3.6.3。

24．对于操作回路，导线截面的选择应满足正常最大负荷情况下由操作母线至各被

操作设备端的导线压降不能超过额定母线电压的____。

**答案**：10%

**解析**：出自 GB/T 14285—2016《继电保护和安全自动装置技术规程》6.1.5。

25．直流电源拉合试验：在____直流电源额定电压下拉合____直流工作电源，逆变电源可靠自启动，装置不误动，不误发信号。

**答案**：80%；三次

**解析**：出自 DL/T 995—2016《继电保护和电网安全自动装置检验规程》5.3.3.5。

26．在跳合闸回路中串入断路器辅助触点的作用是为了防止烧继电器触点；在合闸回路串入____，在跳闸回路串入____。

**答案**：动断触点；动合触点

27．断路器辅助触点与主触头的动作时间差要求不大于____ms。

**答案**：10

**解析**：出自 GB/T 14285—2016《继电保护和安全自动装置技术规程》6.6.5。

28．当保护采用双重化配置时，其电压切换箱回路隔离开关辅助触点应采用____输入方式。单套配置保护的电压切换箱（回路）隔离开关辅助触点应采用____输入方式。

**答案**：单位置；双位置

**解析**：出自《国家电网有限公司十八项电网重大反事故措施（2018 年修订版）》15.1.5。

29．除____外，装置内的任一元件损坏时，装置不应误动作跳闸，自动检测回路应能发出告警或装置异常信号，并给出有关信息指明损坏元件的所在部位，在最不利情况下应能将故障定位至____。

**答案**：出口继电器；模块（插件）

**解析**：出自 GB/T 14285—2016《继电保护和安全自动装置技术规程》4.1.12.5。

30．应将线路保护操作箱____触点接入线路分相电流差动保护远跳开入端。

**答案**：TJR

31．现场机构箱内应避免交、直流接线出现在____。

**答案**：同一段端子排上

**解析**：出自《国家电网有限公司十八项电网重大反事故措施（2018 年修订版）》5.3.1.10。

32．保护屏（柜）端子排的设置原则是____和____，硬压板及按钮设置应遵循的原则是____和____。

**答案**：功能分区；端子分段；保留必需；适当精简

**解析**：出自 Q/GDW 1161—2014《线路保护及辅助装置标准化设计规范》4.3.11。

33．保护室与通信室之间信号优先采用____传输。若使用电缆，应采用____电缆，其中内屏蔽在____接地，外屏蔽在电缆____接地。

**答案**：光缆；双绞双屏蔽；信号接收侧单端；两端

**解析**：出自《国家电网有限公司十八项电网重大反事故措施（2018 年修订版）》15.6.2.12。

34．低压开关柜中，若由于 TWJ 与断路器本体防跳回路配合不当，造成断路器分合不正确，一般可以在跳位监视回路中串联____与____后再与合闸线圈并接解决。

**答案**：断路器动断触点；防跳继电器动断触点

35．____应与断路器动作时间配合，断路器三相位置不一致保护的动作时间应与其他保护动作时间相配合。

**答案**：防跳继电器动作时间

**解析**：出自《国家电网有限公司十八项电网重大反事故措施（2018 年修订版）》15.2.11。

36．对反映一次设备位置和状态的辅助触点及其二次回路进行验收时，不宜采用____的方法进行。

**答案**：短接触点

**解析**：出自 Q/GDW 1914—2013《继电保护及安全自动装置验收规范》5.5.8。

37．“独立的保护装置或控制回路必须且只能由一对专用的直流熔断器或端子对取得直流电源”，主要目的是防止直流回路产生____。

**答案**：寄生回路

**解析**：出自 DL/T 995—2016《继电保护和电网安全自动装置检验规程》5.3.2.5。

38．保护装置整组传动验收时，应检查各套保护与____及____的一一对应关系。

**答案**：跳闸连接片；相关一次设备

**解析**：出自 Q/GDW 1914—2013《继电保护及安全自动装置验收规范》5.5.11。

39．保护室内的等电位地网应与变电站主地网一点相连，连接点设置在保护室的____。为保证连接可靠，等电位地网与主地网的连接应使用____根及以上，每根截面积不小于____的铜排（缆）。

**答案**：电缆沟道入口处；4；$50mm^2$

**解析**：出自《国家电网有限公司十八项电网重大反事故措施（2018 年修订版）》15.6.2.1。

40．为防止地网中的大电流流经电缆屏蔽层，应在开关场二次电缆沟道内沿二次电缆敷设截面积不小于 $100mm^2$ 的专用铜排（缆）；专用铜排（缆）的一端在____与主地网相连，另一端在____与主地网相连，铜排不要求与电缆支架绝缘。

**答案**：开关场的每个就地端子箱处；保护室的电缆沟道入口处

**解析**：出自《国家电网有限公司十八项电网重大反事故措施（2018 年修订版）》15.6.2.6。

41．行波测距装置若无独立电流互感器二次绕组，则在二次负载均衡分配的原则下与线路保护共用电流互感器二次绕组，接入电流回路的____。

**答案：** 最末端

42．变电站控制室及保护小室应独立敷设与主接地网____的二次等电位接地网。

**答案：** 单点连接

**解析：** 出自《国家电网有限公司十八项电网重大反事故措施（2018 年修订版）》14.1.1.10。

43．变电站直流系统的馈出网络应采用____供电方式，严禁采用____供电方式。

**答案：** 辐射状；环状

**解析：** 出自《国家电网有限公司十八项电网重大反事故措施（2018 年修订版）》5.3.1.9。

44．就地化保护装置可以与一次设备集成，集成时宜采用标准的____接口，并满足运维检修需求。

**答案：** 航空电气

**解析：** 出自 Q/GDW 11052—2013《智能变电站就地化保护装置通用技术条件》4.1.5。

45．继电保护装置检验分三种检验：①新安装装置的验收检验；②运行中装置的定期检验（简称定期检验）；③____。

**答案：** 运行中装置的补充检验（简称补充检验）

**解析：** 出自 DL/T 995—2016《继电保护和电网安全自动装置检验规程》5.1.1。

46．传输线路纵联保护信息的数字式通道传输时间应不大于 12ms，点对点的数字式通道传输时间应不大于____。

**答案：** 5ms

**解析：** 出自 GB/T 14285—2016《继电保护和安全自动装置技术规程》6.7.6。

47．在检修时保护直流回路变动后，应进行相应的传动试验，必要时进行____试验。在交流电压、电流回路变动后，要进行____试验。

**答案：** 整组；带负荷

48．对于有接地端的测试仪表，在现场进行检验时，不允许直接接到直流电源回路中，以防止发生____的现象。

**答案：** 直流接地

49．双重化配置的两套保护装置，其直流电源应取自____的直流母线段。每套保护装置与其相关设备（电子式互感器、合并单元、智能终端、网络设备、操作箱、跳闸线圈等）的直流电源均应取自与____的直流母线。

**答案：** 不同蓄电池组连接；同一蓄电池组相连

**解析：** 出自《国家电网有限公司十八项电网重大反事故措施（2018 年修订版）》15.2.2.2。

50．保护装置不应要求其交直流输入回路外接____元件来满足有关电磁兼容标准的要求。

**答案：** 抗干扰

**解析：** 出自 GB/T 14285—2016《继电保护和安全自动装置技术规程》4.1.12.13。

51．某电压互感器变比为 $\frac{220000}{\sqrt{3}}\Big/\frac{100}{\sqrt{3}}\Big/100\text{V}$，如图 5-5 所示，电压互感器二次侧 A、B 相熔断器发生断线，母线运行电压按该电压等级的平均电压考虑，$Z_{11}=3Z_1$，则自产零序电压 $3U_0$ 的大小为____。

**答案：**90.54V

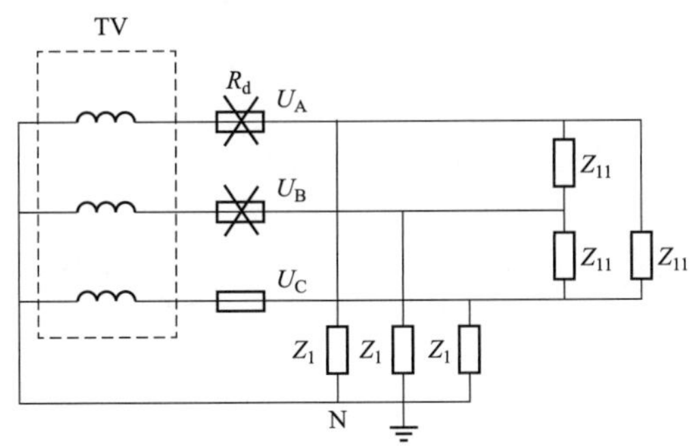


图 5-5 电压互感器二次回路示意图

**解析：**因电压互感器的一次额定电压为 220kV，系统运行平均电压为 230kV，所以 C 相二次电压 $U_C=E_C=57.74\times230/220=60.36\text{V}$。由电路对称，可知 $U_A=U_B$。根据电阻分压，$U_A=U_B=E_CZ_1/(Z_{11}+Z_1)=E_C/4$。自产零序电压 $3U_0=U_A+U_B+U_C=1.5E_C=1.5\times60.36\text{V}=90.54\text{V}$。

52．某电压互感器变比为 $\frac{110000}{\sqrt{3}}\Big/\frac{100}{\sqrt{3}}\Big/100\text{V}$，如图 5-6 所示，电压互感器二次侧 A、C 相熔断器发生断线，已知一次侧运行电压为 115.5kV，则 $U_{AB}$ 大小为____。

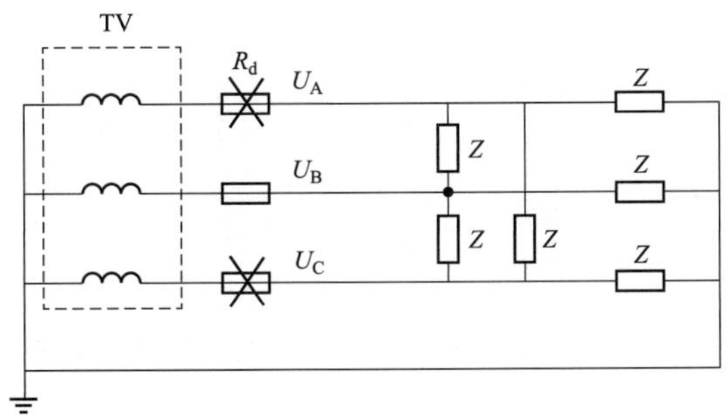


图 5-6 电压互感器二次回路示意图

**答案：**30.31V

**解析：**因电压互感器的一次额定电压为 110kV，系统运行电压为 115.5kV，所以 B 相二次电压 $U_B=E_B=57.74\times115.5/110=60.63\text{V}$。由电路对称，可知 $U_A=U_C$。根据电阻分压，$U_A=U_C=0.5E_B$。故 $U_{AB}=U_A-U_B=-0.5E_B=-0.5\times60.63=30.31\text{V}$。

53．某电压互感器二次侧 B 相熔断器发生断线，如图 5-7 所示，则断线后 $U_{AB}$ 的相位滞后断线前 $U_{AB}$ 的相位，断线前 $U_{BC}$ 相位____断线后 $U_{BC}$ 的相位。

**答案：**滞后

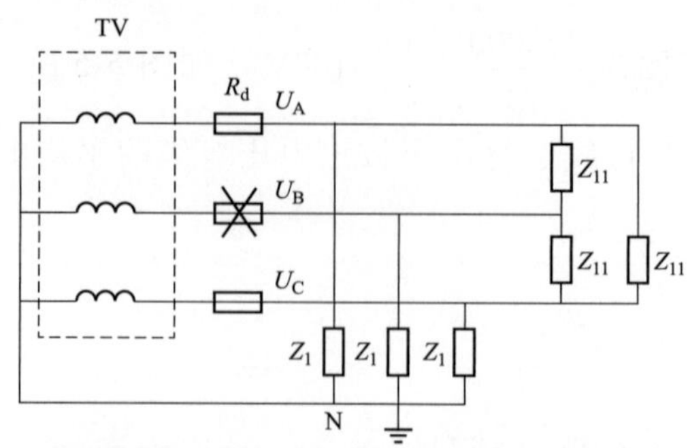


图 5-7 电压互感器二次回路示意图

**解析：**由基尔霍夫电流定律得 $\dfrac{E_A-E_B}{Z_{11}}+\dfrac{E_C-U_B}{Z_{11}}+\dfrac{-U_B}{Z_1}=0$，从而 $U_B=\dfrac{Z_1}{Z_{11}+2Z_1}(E_A+E_C)=-\dfrac{Z_1}{Z_{11}+2Z_1}E_B$，即断线前后 B 相电压相位相反，A、C 相电压相位不变，断线前后线电压相位的变化可画相量图可求解。

54．开口三角绕组按如图 5-8 所示接线，已知电压互感器二次和开口三角电压分别为 57.7V 和 100V，则 $U_{Cc-}$的大小为____。

**答案：**157.7V

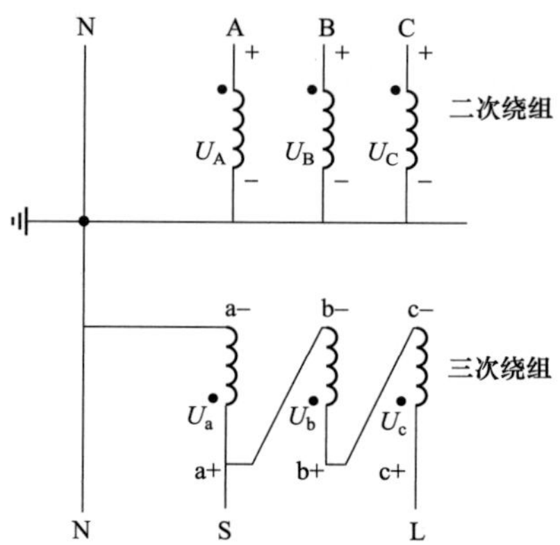


图 5-8 电压互感器开口三角绕组二次回路示意图

**解析：**画出电压相量图 5-9，由图 5-9 可知 $U_{Cc-}$=100+57.7=157.7V。

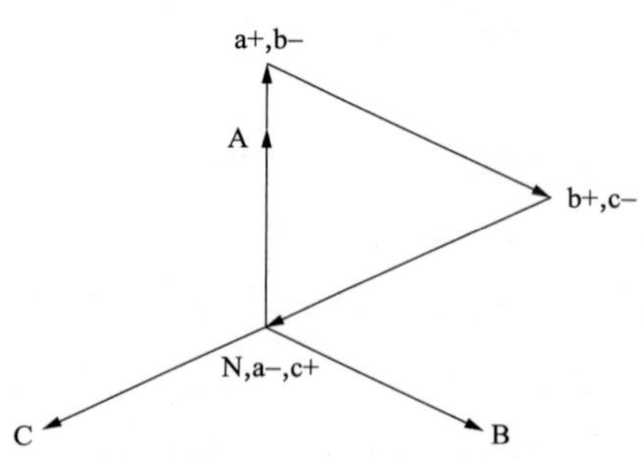


图 5-9 电压互感器电压相量图

## 五、问答题

1．电压互感器和电流互感器在作用原理上有什么区别？

**答：**主要区别是正常运行时工作状态很不相同，具体表现为：

（1）电流互感器二次可以短路，但不得开路；电压互感器二次可以开路，但不得短路。

（2）相对于二次侧的负载来说，电压互感器的一次内阻较小以至可以忽略，可以认为电压互感器是一个电压源；而电流互感器的一次内阻很大，可以认为是一个内阻无穷大的电流源。

（3）电压互感器在正常工作时的磁通密度接近饱和值，故障时磁通密度下降；电流互感器正常工作时磁通密度很低，而短路时由于一次侧短路电流变得很大，使磁通密度大大增加，有时甚至远远超过饱和值。

2．为什么继电保护交流电流和电压回路要有接地点，并且只能一点接地？

**答：**电流及电压互感器二次回路必须有一点接地，其原因是为了人身和二次设备的安全。如果二次回路没有接地点，接在互感器一次侧的高压电压，将通过互感器一、二次绕组间的分布电容和二次回路的对地电容形成分压，将高压电压引入二次回路，其值决定于二次回路对地电容的大小。如果互感器二次回路有了接地点，则二次回路对地电容将为零，从而达到了保证安全的目的。

在有电联系的几台（包括一台）电流互感器或电压互感器的二次回路上，必须只能通过一点接于接地网。因为一个变电站的接地网并非实际的等电位面，因而在不同点间会出现电位差。当大的接地电流注入地网时，各点间可能有较大的电位差值。如果一个电连通的回路在变电站的不同点同时接地，地网上的电位差将窜入这个连通的回路，有时还造成不应有的分流。有的情况下，可能将这个在一次系统并不存在的电压引入继电保护的检测回路中，使测量电压数值不正确，波形畸变，导致阻抗元件及方向元件的不正确动作。

在电流二次回路中，如果正好在继电器电流线圈的两侧都有接地点，一方面两接地点和地所构成的并联回路，会短路电流线圈，使通过电流线圈的电流大为减少。此外，在发生接地故障时，两接地点间的工频地电位差将在电流线圈中产生极大的额外电流。这两种原因的综合效果，将使通过继电器线圈的电流与电流互感器二次通入的故障电流有极大差异，当然会使继电器的反映不正常。

3．对接入母线保护的电流互感器有何要求？

**答：**母线保护应接在专用电流互感器二次回路中，且要求在该回路中不接入其他设备的保护装置或测量表计。电流互感器的测量精度要高，暂态特性及抗饱和能力强。母线电流互感器在电气上的安装位置，应尽量靠近线路或变压器一侧，使母线保护与线路保护或变压器保护有重叠保护区。

4．简述 220kV 线路、母联、主变压器间隔电流互感器单侧配置时，当断路器与电流互感器之间死区发生故障，分别由哪些保护动作切除故障？

**答：**

（1）220 kV 线路死区故障时，母差保护动作切除所在母线，同时远跳对侧断路器。

（2）220kV 母联合位死区故障时，母差保护先动作切除另一侧母线，母联跳开后死区保护延时 150ms 动作切除剩余母线；母联分位时，母差保护死区逻辑封母联间隔电流，死区故障时只切除故障母线。

（3）220kV 主变压器死区故障时，母差保护动作切除所在母线，并向主变压器保护送失灵联跳命令，主变压器保护判过流后延时 50ms 跳各侧。

5．变压器差动保护用的电流互感器，在大穿越性短路电流时其误差超过 10%，此时应采取哪些措施来防止差动保护误动作？

**答：**应采取下列措施：

（1）适当地增加电流互感器的变流比。

（2）将两组电流互感器按相串联使用。

（3）减小电流互感器二次回路负载。

（4）在满足灵敏度要求的前提下，适当地提高保护动作电流。

6．新“六统一”线路差动保护、母差保护、主变压器差动保护检测出 TA 断线后分别如何处理？

**答：**

（1）线路保护有“TA 断线是否闭锁差动”控制字，控制字投入时闭锁断线相差动，控制字退出时不闭锁差动，差动动作值改用“TA 断线差动定值”。

（2）母差保护 TA 断线时，若为母联支路 TA 断线，母差改为动作瞬时跳母联，延时跳其他支路，若为其他支路 TA 断线则直接闭锁断线相差动。

（3）主变压器差动保护有“TA 断线闭锁差动”控制字，控制字投入时闭锁差动（差动电流小于 1.2 倍的变压器额定电流时），差动电流大于 1.2 倍额定时仍然开放差动，控制字退出时不闭锁差动保护。

7．请简述变电站某间隔投运时极性结果的判断标准。

**答：**

（1）测量的功率方向应与实时潮流的功率方向一致。

（2）电流互感器极性靠近母线侧为极性端情况下，用负荷电流测试极性时，若有功潮流流出母线，电流超前电压范围应为–90°～+90°，若有功潮流流进母线，电流超前电压范围应为 90°～270°。

（3）电流互感器极性靠近母线侧为极性端情况下，用负荷电流测试极性时，若无功潮流流出母线，电流超前电压范围应为 180°～360°，若无功潮流流进母线，电流超前电压范围应为 0°～180°。

8．当母线出线发生近区故障电流互感器饱和时，其二次侧电流有哪些特点？

**答：**

（1）在故障发生瞬间，由于铁芯中的磁通不能跃变，电流互感器不能立即进入饱和区，而是存在一个时域为3～5ms 的线性传递区。在线性传递区内，电流互感器二次电流与一次电流成正比。

（2）电流互感器饱和之后，在每个周期内一次电流过零点附近存在不饱和时段，在此时段内，电流互感器二次电流又与一次电流成正比。

（3）电流互感器饱和后其励磁阻抗大大减小，使其内阻大大降低，严重时内阻等于零。

（4）电流互感器饱和后，其二次电流偏于时间轴一侧，致使电流的正、负半波不对称，电流中含有很大的二次和三次谐波电流分量。

9．电流互感器的二次负载阻抗如果超过了其允许的二次负载阻抗，为什么准确度就会下降？

**答：**如果电流互感器二次负载阻抗增加得很多，超出了所允许的二次负载阻抗时，励磁电流的数值就会大大增加，而使铁芯进入饱和状态，在这种情况下，一次电流的很大一部分用来提供励磁电流，从而使互感器的误差大为增加，其准确度就随之下降了。

10．试述 500kV 电力系统采用 TPY 型电流互感器的必要性。

**答：**500kV 系统短路容量大，时间常数也大，造成了在短路时短路电流中非周期分量很多且衰减时间很长。500kV 系统稳定性要求高，要求主保护动作时间在 20ms 左右，总的切除时间不大于 100ms，因此保护是在暂态过程中动作的。所以 500kV 保护必须考虑暂态过程的问题，要求电流互感器必须具有良好的暂态特性。

11．在图 5-10 系统中，2T 变压器的接线方式为 YNd5，变压器的变比设为 1。M 侧线路上的电流保护采用两相三继电器接线。在△侧发生 BC 两相短路，$\dot{I}_{B}^{\Delta}=-\dot{I}_{C}^{\Delta}=\dot{I}_{K}$。

（1）请写出 Y 侧三相电流值（无需推导）。

（2）设电流互感器 TA 二次电缆的阻抗为 $Z_L$，继电器的阻抗为 $Z_K$，请写出 A 相、C 相电流互感器的二次负载阻抗值是多少（要求写出计算过程）？

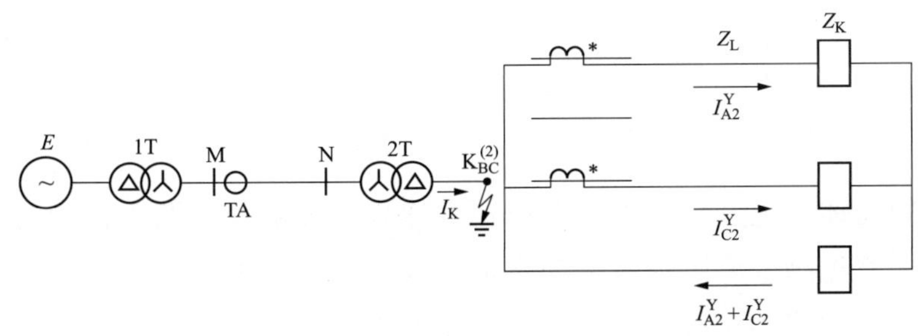


图 5-10 系统图

答：

（1）$\dot{I}_A^Y = \dot{I}_B^Y = -\dfrac{1}{\sqrt{3}}\dot{I}_K$，$\dot{I}_C^Y = \dfrac{2}{\sqrt{3}}\dot{I}_K$（与 YNd11 差 180°）

（2）A 相电流互感器的二次负载阻抗为：

$$Z_A = \frac{\dot{I}_{A2}^Y(Z_L + Z_K) + (\dot{I}_{A2}^Y + \dot{I}_{C2}^Y)(Z_L + Z_K)}{\dot{I}_{A2}^Y} = \frac{\dot{I}_{A2}^Y(Z_L + Z_K) - \dot{I}_{A2}^Y(Z_L + Z_K)}{\dot{I}_{A2}^Y} = 0$$

C 相电流互感器的二次负载阻抗为：

$$Z_C = \frac{\dot{I}_{C2}^Y(Z_L + Z_K) + (\dot{I}_{A2}^Y + \dot{I}_{C2}^Y)(Z_L + Z_K)}{\dot{I}_{C2}^Y} = \frac{\dot{I}_{C2}^Y(Z_L + Z_K) + 0.5\dot{I}_{C2}^Y(Z_L + Z_K)}{\dot{I}_{C2}^Y} = 1.5(Z_L + Z_K)$$

12．某电流互感器变比为 600/5，带有 3Ω 负载（含电流互感器二次漏抗）。已测得此电流互感器二次伏安特性如图 5-11 所示。试分析一次最大短路电流为 4800A 时，此电流互感器变比误差是否满足 10%的要求？如有一组同型号、同变比的备用电流互感器，最有效可采取什么措施来满足要求，并校验变比误差是否满足 10%的要求？

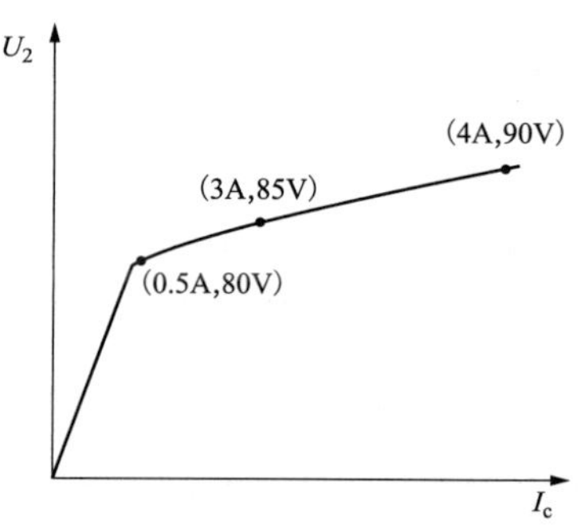

图 5-11　电流互感器二次伏安特性曲线图

答：

（1）在最大短路电流情况下，折算到电流互感器二次侧的一次电流为 4800/120=40A。按 10%的误差计算，在最大短路电流情况下，电流互感器二次负荷上的电流为 40×0.9=36A，二次负载上的电压为 36×3=108（V）＞90V。因此电流互感器实际的励磁电流会大于 4A，不满足 10%的误差要求。

（2）用两组电流互感器串联可以解决。两组电流互感器串联后，其伏安特性在电流为 0.5A 时，电压约为 80×2=160V，大于 108V。按 0.5A 的励磁电流计算，其误差为 0.5/40=0.0125=1.25%，实际误差应小于 1.25%。

13．某 500kV 站 3/2 接线的边断路器配置 SAS550 型独立式 $SF_6$ 电流互感器，设备布置为：母线→断路器→电流互感器→线路，一次导体为 2 匝并联，如图 5-12 所示。

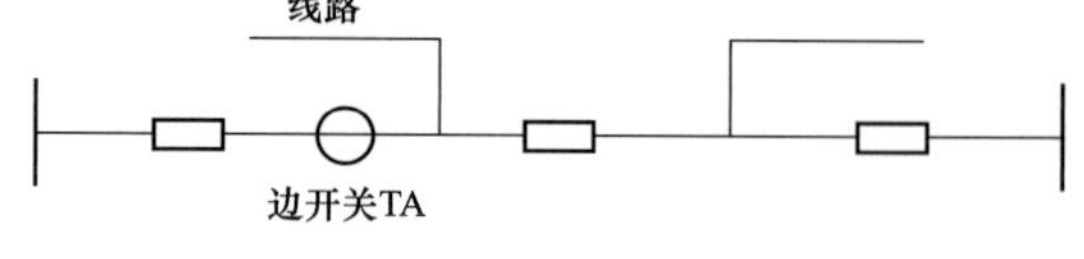

图 5-12　500kV 系统接线图

（1）请分别简述等电位连接点设在电流互感器的线路侧和断路器侧的情况下，该电流互感器发生内部绝缘故障时，保护动作情况及对系统影响。

（2）请问等电位连接点应如何选择，并说明理由。

答：

（1）保护动作情况如下：如电流互感器等电位连接点在电流互感器的断路器侧，则

母差保护动作，线路保护不动，母线跳开，故障未消除；断路器失灵和死区保护动作，跳开线路，故障隔离。如电流互感器等电位连接点在电流互感器的线路侧，则母差保护不动作，线路保护动作，跳开线路，故障隔离。

（2）等电位连接点设在断路器侧的情况下，相当于死区故障，导致跳闸范围扩大、故障持续时间加长，故等电位连接点应设在电流互感器的线路侧。

14．为什么电流互感器多数安装于断路器的线路侧？

**答：**

（1）若电流互感器安装于断路器线路侧，断路器与电流互感器之间为线路保护的死区，母线保护的超出区；若电流互感器安装于断路器母线侧，断路器与电流互感器之间为母线保护的死区，线路保护的超出区。如果电流互感器安装于断路器线路侧，当断路器与电流互感器之间故障时，由母差保护瞬时动作跳开一条母线的断路器，同时线路对端主保护接远跳令跳开线路对端断路器，切除故障。虽然故障范围扩大，但对整个电网影响小。

（2）如果电流互感器安装于断路器母线侧，当断路器与电流互感器之间故障时，由线路主保护瞬时动作跳开该线路两侧断路器，但通过母线继续向故障点提供故障电流，而此故障点属母差保护区外故障，母差保护不能动作，只能靠上一级电源端（主变压器、其他电源线路）后备保护动作切除故障。因而故障扩大范围大，故障存留时间长，极易引起系统振荡，严重时酿成电网事故。

15．某220kV线路反方向发生单相接地故障，纵联零序方向误动，保护采用自产零序电压，事后经检查发现，二次电流回路正确，误动是由于二次电压回路接线错误，将开口三角电压误串入三相电压中性点，请画出示意图，并分析说明为什么这种现象会引起纵联零序方向保护的误动作$\left(\text{已知母线电压互感器变比为}\dfrac{220000}{\sqrt{3}}\Big/\dfrac{100}{\sqrt{3}}\Big/100\text{V}\right)$。

**答：**交流电压示意图如图5-13所示。

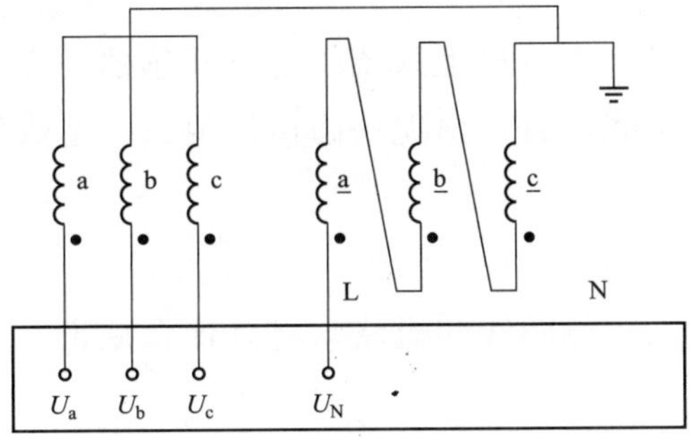


图5-13 交流电压示意图

接线错误时，保护实测的电压为：

$$U'_a = U_a - 3U_0$$

$$U'_b = U_b - 3U_0$$

$$U'_c = U_c - 3U_0$$

自产零序电压为：

$$3U_0' = U_a' + U_b' + U_c' = (U_a + U_b + U_c) - 3(3U_0)$$

考虑电压互感器三次相电压为二次相电压的 $\sqrt{3}$ 倍：

$$3U_0' = 3U_0 - 3\sqrt{3}(3U_0) = (1 - 3\sqrt{3})3U_0 = -4.196(3U_0)$$

自产零序电压 $3U_0'$ 与接线正确时的自产零序电压相位相反，造成正方向零序方向继电器不动作而反方向零序方向继电器动作，误判为正方向短路，从而引起纵联零序方向保护误动作。

16．保护采用线路电压互感器时应注意的问题及解决方法是什么？

**答**：在线路合闸于故障时，在合闸前后电压互感器都无电压输出，阻抗继电器的极化电压的记忆回路将失去作用。为此在合闸时应使阻抗继电器的特性改变为无方向性（在阻抗平面上特性圆包围原点）。

在线路两相运行时断开相电压很小（由健全相通过静电和电磁耦合产生的），但有零序电流存在，导致断开相的接地距离继电器可能持续动作。所以每相距离继电器都应配有该相的电流元件，必须有电流（定值很小，不会影响距离元件的灵敏度）存在，该相距离元件的动作才是有效的。

在故障相单相跳闸进入两相运行时故障相上储存的能量，包括该相并联电抗器中的电磁能，在短路消失后不会立即释放完毕，而会在线路电感、分布电容和电抗器的电感间振荡以至逐渐衰减，其振荡频率接近 50Hz，衰减时间常数相当长。所以两相运行的保护最好不反映断开相的电压。

17．新投入或经更改的电压回路应利用工作电压进行哪些检验？

**答**：电压互感器在接入系统电压以后应进行下列检验工作：

（1）测量每一个二次绕组的电压。

（2）测量相间电压。

（3）测量零序电压（对小电流接地系统的电压互感器，在带电测量前，应在零序电压回路接入一合适的电阻负载，避免出现铁磁谐振现象，造成错误测量）。

（4）检验相序。

（5）定相。

18．电压互感器开口三角侧断线和短路，将有什么危害？是否装设熔断器？

**答**：

（1）断线和短路，将会使这些接入开口三角电压的保护在接地故障中拒动，用于绝缘监视的继电器不能正确反应一次接地问题；开口三角短路，还会使绕组在接地故障中过流而烧坏电压互感器。

（2）不能装设熔断器。因为正常运行时，电压互感器的零序电压回路无电压，不能监视熔断器是否断开，一旦熔丝熔断了，而系统发生接地故障，则保护拒动。

19．电压互感器二次中性线两点接地，在系统正常运行或系统中发生两相短路时，对保护装置的动作行为是否有影响？

**答：**电压互感器二次中性线两点接地，在系统正常运行时，由于三相电压对称，无零序分量，不会造成站内两点之间产生地电位差，因此不会对保护装置的测量电压及其动作行为产生影响；同理，在系统发生相间故障时，只要不是接地故障，就不会对保护装置的动作行为产生影响。

20．电压互感器在运行中为什么要严防二次侧短路？

**答：**电压互感器是一个内阻极小的电压源，正常运行时负载阻抗很大，相当于开路状态，二次侧仅有很小的负载电流。当二次短路时，负载阻抗为零，将产生很大的短路电流，会将电压互感器烧坏。

21．某双母线接线形式的变电站，每一母线上配有一组电压互感器，母联断路器在合入状态，该站某出线出口发生接地故障后，查阅录波图发现无故障时两组电压互感器对应相的二次电压相等，故障时两组电压互感器对应相的二次电压不同，请问：造成此现象的原因可能是什么？如果不解决此问题，会对保护装置的动作行为产生什么影响？

**答：**

（1）造成此现象的原因可能有两个：电压互感器二次存在两个接地点或电压互感器三次回路被短接。

（2）如不解决此问题，采用自产 $3U_0$ 的保护或多相补偿的阻抗继电器有可能误动或拒动。

22．为什么要限制电压互感器的二次负荷，电压互感器二次熔丝（或快分开关）应如何选择？

**答：**

（1）电压互感器的准确等级是相对一定的负荷定的，增加电压互感器的二次负荷，二次电压会降低，其测量误差增大。同时增加负荷会使电压互感器至控制室的二次电缆压降也相应增大。

（2）一般电压互感器的二次侧熔丝（快分开关）应按最大负荷电流的 1.5 倍选择。

23．某双母线接线形式的变电站，电压互感器二次的接地点设在控制室，开关场至控制室的电压互感器二次电缆原为一根 7 芯电缆，分别接有 $U_a$、$U_b$、$U_c$、$U_\phi$（试验电压）、$U_l$ 及 $U_n$（电压互感器二次的 N600 回路与电压互感器的三次 N600 回路共用同一根电缆芯线）。在执行反措时将开关场处的电压互感器二次 N600 回路与电压互感器三次 N600 回路分开，并利用接有断路器位置信号的电缆中的备用芯线将电压互感器三次的 N600 接至控制室。请问此做法是否正确?为什么?

**答：**不正确。因为接有断路器位置信号为直流信号，保护装置用其进行逻辑判断，如果将电压互感器三次的 N600 与其置于同一电缆内，系统发生接地故障时，N600 的交流信号将会对断路器位置信号产生干扰，影响保护装置的动作行为。此外，在交流信号电缆中，由于零序电压回路的不对称（只有 $U_l$，没有回到中性线 N600 的回路），导致电缆内磁场的不平衡，同样可能对其他电缆芯线产生干扰。

24．某双母线接线形式的变电站，每一母线上配有一组电压互感器，同时出线上装有线路电压抽取设备。请问：电压抽取设备的二次回路接地点应根据什么原则设置？

**答：** 如果电压抽取设备的二次回路与其他电压互感器二次回路，经控制室零相小母线（N600）联通，只应在控制室将 N600 一点接地。可以在开关场将二次线圈中性点经放电间隙或氧化锌阀片接地，其击穿电压峰值应大于 $30I_{max}$（$I_{max}$ 为电网接地故障时通过变电站的可能最大接地电流有效值，单位为 kA）。如果电压抽取设备的二次回路与其他互感器二次回路没有电的联系，可以在控制室内也可以在开关场实现一点接地。

25．CVT 二次电压异常的原因是什么？

**答：**

（1）二次输出为零，可能是中压回路开路或短路，电容单元内部连接断开，或二次接线短路。

（2）二次输出电压高。可能是电容器 C1 有元件损坏，或电容单元低压端未接地。计算公式为 $U_1/U_2 = 1+C_2/C_1$。

（3）二次输出电压低。可能是电容器 C2 有元件损坏，二次过负荷或连接接触不良或电磁单元故障。

（4）三相电压不平衡，开口三角有较高电压，设备有异常响声并发热，可能是阻尼回路不良引起自身谐振现象，应立即停止运行。

（5）二次电压波动，可能是二次连接松动，或分压器低压端子未接地或未接载波回路，如果是速饱和电抗型阻尼器，有可能是参数配合不当。

（6）N600 两点接地、击穿保险击穿、开口三角短路等。

26．如图 5-14 所示，电压互感器的二次额定线电压为 100V，负载阻抗均为 $Z$，当星形接线的二次绕组 C 相熔断器熔断时，分析负载处 C 相电压及相间电压 $U_{bc}$、$U_{ca}$ 的大小。（电压互感器二次电缆阻抗忽略不计）

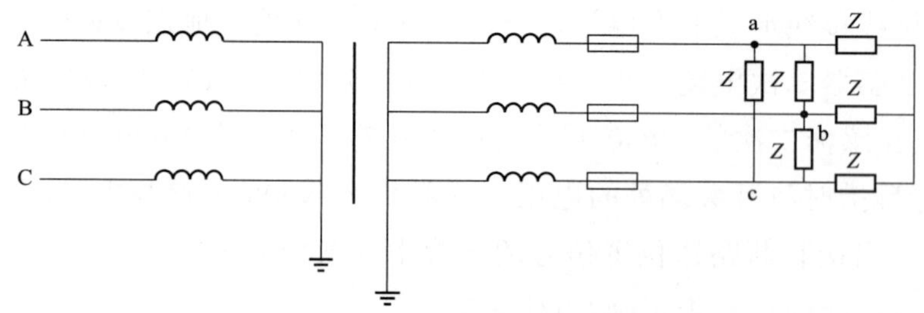


图 5-14　电压互感器二次接线示意图

**答：** $\dot{U}_c = \dfrac{\dot{E}_a + \dot{E}_b}{3} = -\dfrac{\dot{E}_c}{3}$　　　　$U_c$=19V

$$\dot{U}_{bc}=\dot{U}_{b}-\dot{U}_{c}=\dot{E}_{b}+\frac{\dot{E}_{c}}{3}=0.88\,\dot{E}_{a}e^{-j139^{\circ}} \qquad U_{bc}=51V$$

$$\dot{U}_{ca}=\dot{U}_{c}-\dot{U}_{a}=-\dot{E}_{a}+\frac{\dot{E}_{c}}{3}=0.88\,\dot{E}_{a}e^{-j161^{\circ}} \qquad U_{ca}=51V$$

27．新投运的 220kV 变电站仅有一台电压互感器，变比为 220kV/1.732/100V/1.732/100V，在接入系统后应进行哪些试验（写出试验项目，不做解释）？图 5-15 中，电压互感器二次和三次绕组的极性和二次绕组 A 相相别已确定，试用相序表和数字万用表定出其他相别和三次绕组接法是否正确？用相序表和万用表测试并确定 1、2 中谁是 B 或 C；3、5、7 中谁是 a 或 b 或 c；4、6、8 中谁是 x 或 y 或 z？

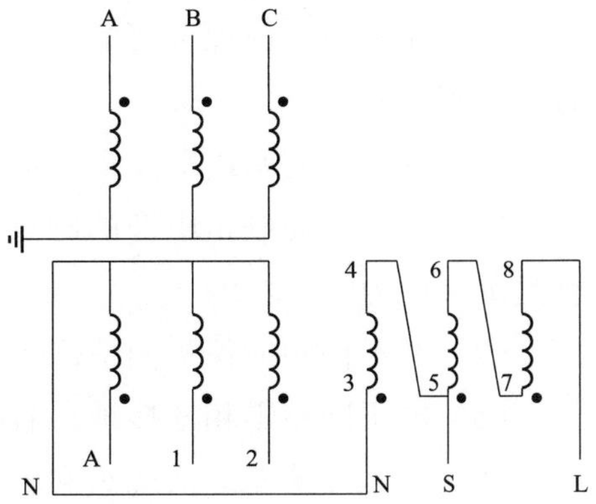

图 5-15　电压互感器二次接线示意图

答：

（1）新投运的 220kV 变电站如仅有一台电压互感器，在接入系统后应进行以下试验：

1）应进行电压互感器二次侧的定相。

2）利用交流电压表检查电压互感器下列试验，测量每一个二次绕组各相电压及各相间电压。

3）检测电压互感器二次绕组输出电压的相序。

4）利用交流电压表检查电压互感器三次绕组各相电压。

5）根据电压互感器三次绕组接线方式检查二次绕组与三次绕组对应相输出电压的对应关系。

6）利用交流电压表检查电压互感器三次绕组开口三角输出的、三次绕组的电压，测量二次绕组的相间电压，测量相序，测量零序电压和定相。

（2）根据题目所给条件，因 A 相相别已定，故可省略电压互感器二次侧的定相工作，为确定二次绕组的其他相别及三次绕组接法的正确性，需做以下工作：用相序表测量二次绕组，从而决定二次绕组另两相相别。

1）利用交流电压表检查电压互感器二次绕组各相电压及各相间电压，测二次绕组电压，若正确则相电压为 $U_{AN}$≈57V，$U_{1N}$≈57V，$U_{2N}$≈57V。相间电压为 $U_{A1}$=100V，$U_{A2}$=100V，$U_{12}$=100V。

2）用相序表测定 A、1、2 相序，从而决定二次绕组另两相相别。若 A、1、2 为正相序，则可确定 1 是 B，2 是 C。

3）利用交流电压表检查电压互感器测三次绕组电压，若正确则为 $U_{34}$=100V，$U_{56}$=100V，$U_{78}$=100V，$U_{NL}$=0。

4）利用交流电压表测量 A、S 两端之间电压，若 $U_{AS}$=157V，即表明 $U_{AN}+U_{34}$=157V，则为 3 为 a，4 为 x。

如果接线正确，$U_{37}$≈100V，$U_{27}$≈43V 则可确认 5 为 b，6 为 y；7 为 c，8 为 z。

28．用于保护交流电压自动切换的中间继电器应满足哪些要求？

**答：**

（1）在断电时应保证可靠失磁复归，触点容量应保证在电压回路故障通过短路电流时不粘连。

（2）分别控制两组母线电压的切换继电器同时动作，应发出信号。

（3）应保证控制正电源的触点较控制交流电压回路的触点迟闭合、早断开，并保证有足继够压力。

（4）在不停相应保护的情况下，不得对运行中的隔离开关辅助触点进行维修工作。

（5）电压回路零相应接地，且不应通过切换继电器触点切换。

29．电压互感器二次绕组和辅助绕组接线以及电流回路二次接线如图 5-16 所示。

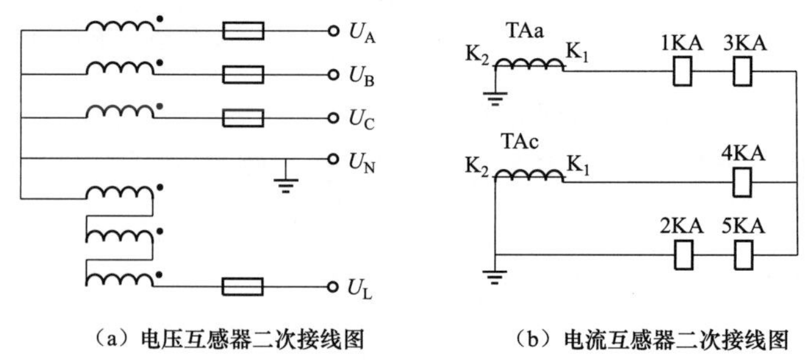


（a）电压互感器二次接线图　　（b）电流互感器二次接线图

图 5-16　互感器二次接线示意图

问：（1）图 5-16（a）中电压互感器二次绕组和辅助绕组接线有何错误？为什么？

（2）图 5-16（b）中电流回路二次接线有何错误？为什么？

**答：**

（1）图 5-16（a）中接线错误有两处，二次绕组零线和辅助绕组零线应分别独立从开关场引线至控制室后，在控制室将两根零线接在一块并可靠一点接地。

对于图中接线，在一次系统发生接地故障时，开口三角 $3U_0$ 电压有部分压降落在中性线电阻上，致使微机保护的自产 $3U_0$ 因含有该部分压降而存在误差，零序方向保护可能发生误动或拒动；开口三角引出线不应装设熔断器，因为即便装了，在正常情况下，由于开口三角无压，两根引出线间发生短路也不会熔断起保护作用，相反若熔断器损坏而又不能及时发现，在发生接地故障时，$3U_0$ 不能送到控制室供保护和测量使用。

（2）图 5-16（b）中有接线错误，应将两个互感器的 $K_2$ 端在本体处短接后，用一根导线引至保护盘经一点接地。图中接线对 TAa 来说是通过两个接地点和接地网构成回路，若出现某一点接地不良，就会出现电流互感器二次回路开路现象。同时也增加了 TAa 的

二次负载阻抗。

30．某站 220kV 电压互感器二次接线如图 5-17 所示，该接线方式违反反措哪些规定？通过简单计算说明在何种情况下会导致线路保护纵联零序方向保护误动作？

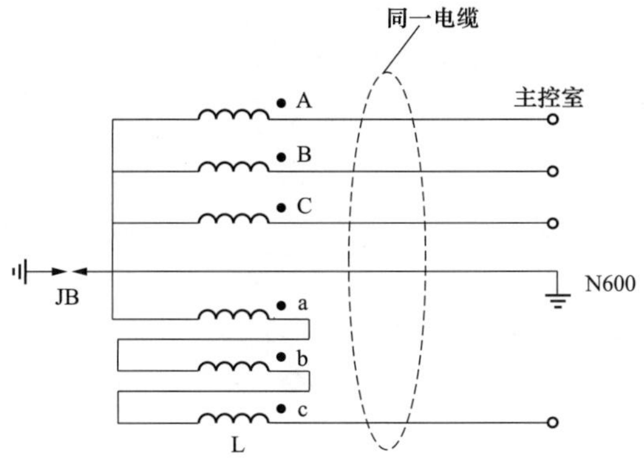


图 5-17 电压互感器二次接线示意图

**答：**

（1）该接线方式违反《国家电网有限公司十八项电网重大反事故措施（218 年修订版）》15.6.3.2“交流电流和交流电压回路、不同交流电压回路、交流和直流回路、强电和弱电回路、来自电压互感器二次的四根引入线和电压互感器开口三角绕组的两根引入线均应使用各自独立的电缆”的要求。

（2）如图 5-18 所示，假设电阻 $R$ 为开口三角负载，$r$ 为电缆芯线电阻。线路保护采用自产零序电压，计及零线 $U_{ON}$ 压降时，计算出自产零序电压为：

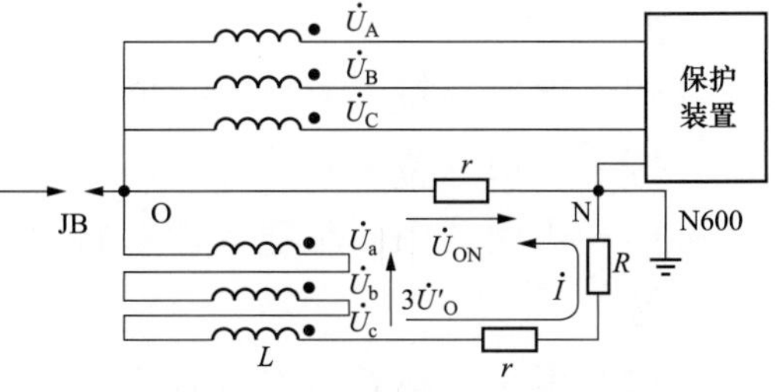


图 5-18 电压互感器二次接线示意图

$$3\dot{U}_{0j}=\dot{U}_A+\dot{U}_B+\dot{U}_C+3\dot{U}_{0N}=3\dot{U}_0+3\dot{U}_{0N}$$

当系统发生接地故障时，零线 ON 上压降为：

$$\dot{U}_{0N}=-\frac{3\dot{U}_0}{R+2r}r$$

可得线路保护自产零序电压为：

$$3\dot{U}_{0J}=3\dot{U}_0+3\left(\frac{3\dot{U}_0}{R+2r}r\right)=\left(1-\frac{3\sqrt{3r}}{R+2r}\right)3\dot{U}_0$$

因此，当$\left(1-\frac{3\sqrt{3r}}{R+2r}\right)<0$，即$\frac{r}{R+2r}>\frac{1}{3\sqrt{3}}$时，保护测量到的自产零序电压 $3U_{0J}$ 与实际的 $3U_0$ 反向，造成零序功率方向继电器误判。特别是当开口三角负载 R 发生短路，正常时因 $3U_0'=0$，负载短路无法发现，但发生接地故障时，$\frac{r}{0+2r}>\frac{1}{3\sqrt{3}}$，会造成零序方向保护误动。

31．图 5-19 为一条线路保护的电压切换回路，图 5-20 切换继电器同时动作原理图，请回答：

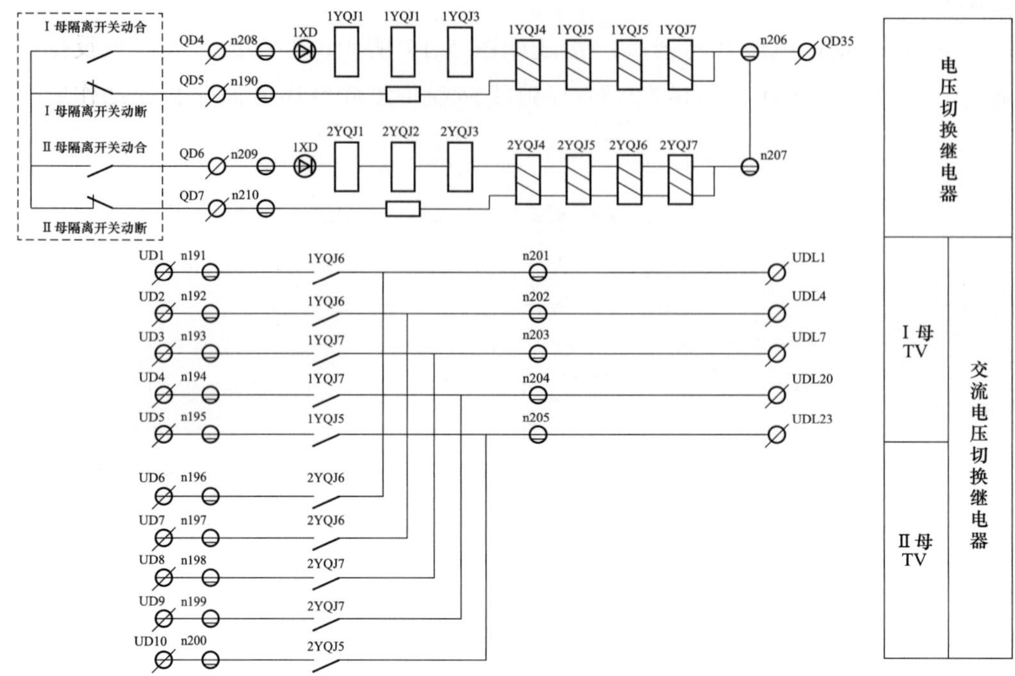


图 5-19　电压切换回路示意图

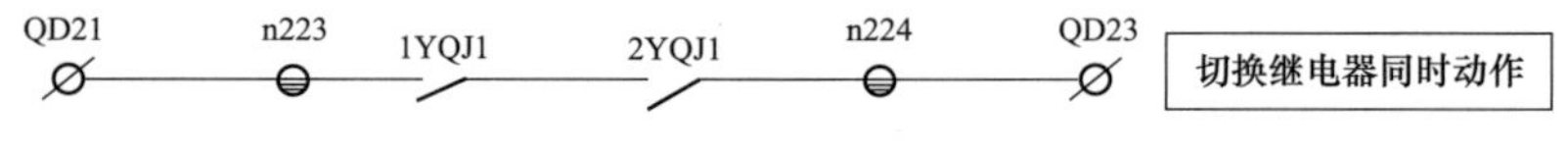


图 5-20　电压切换回路信号示意图

（1）说明双位置启动方式的优缺点？

（2）采用双位置启动方式，极端情况下可能会造成什么恶劣后果？

（3）本题图中回路存在什么问题？如何解决？

**答：**

（1）电压切换采用双位置启动方式优点是当隔离开关辅助触点接触不良时，保护不失去交流电压。缺点是倒闸操作时，如隔离开关动合触点打开，而动断触点未闭合时，Ⅰ、Ⅱ母线的二次交流电压会同时接通。在母联断路器断开时，造成二次交流电压“非等电位连接”，Ⅰ、Ⅱ母线的二次交流电压差可能造成继电器触点烧毁。

（2）二次交流电压非正常并列时，若两母线分列运行时，发生母线故障时，由于电压不能开放，可能导致母线保护拒动；发生本线路故障时，由于电压不能反映故障线路的真实电压，可能导致与电压有关的保护拒动。

（3）存在问题：倒母线操作时，把本线路由Ⅰ母倒到Ⅱ母，当Ⅱ母隔离开关合上，Ⅱ母隔离开关动合触点闭合。其后，断开Ⅰ母隔离开关，Ⅰ母隔离开关动合触点打开，Ⅰ母隔离开关动断触点应闭合，若这时Ⅰ母隔离开关动断触点没有闭合，导致两母电压

非正常并列，且此现象从图 5-20 可知，切换继电器同时动作无法发信。

解决方案：可以用 1YQJ4-1YQJ7 和 2YQJ4-2YQJ7 中富余的两个动合触点分别替换图 5-20 中的 1YQJ1 和 2YQJ1 这两个动合触点，如图 5-21 所示。

图 5-21　电压切换回路触点示意图

32．保护操作箱一般由哪些继电器组成？

**答：**保护操作箱由下列继电器组成：

（1）监视断路器合闸回路的跳闸位置继电器及监视断路器跳闸回路的合闸位置继电器。

（2）防止断路器跳跃继电器。

（3）手动合闸继电器。

（4）压力监察或闭锁继电器。

（5）手动跳闸继电器及保护三相跳闸继电器。

（6）一次重合闸脉冲回路（重合闸继电器）。

（7）辅助中间继电器。

（8）跳闸信号继电器及备用信号继电器。

33．直流中间继电器的消弧回路有哪几种？

**答：**

（1）对于 110V、220V 电压的中间继电器，可在其动作线圈上并入经电阻和反向二极管串联的回路，或并入经电阻和电容串联的回路（对动作时间无严格要求时）。

（2）对弱电回路的小型中间继电器，可在其线圈上并入一反向二极管。

34．在中间继电器等的直流回路中，为什么不推荐用电阻一电容组成的消弧电路？

**答：**在动合触点上并接电阻—电容消弧回路，可能造成合直流时的被控制的中间继电器触点抖动，电容器短路还可能使中间继电器动作。在中间继电器线圈上并接电阻—电容消弧回路，则影响继电器的动作时间和返回时间。

35．对断路器控制回路有哪些基本要求？

**答：**

（1）应有对控制电源的监视回路。断路器的控制电源最为重要，一旦失去电源断路器便无法操作。因此，无论何种原因，当断路器控制电源消失时，应发出声、光信号，提示值班人员及时处理。对于遥控变电站，断路器控制电源的消失，应发出遥信。

（2）应经常监视断路器跳闸、合闸回路的完好性。当跳闸或合闸回路故障时，应发出断路器控制回路断线信号。

（3）应有防止断路器“跳跃”的电气闭锁装置，发生“跳跃”对断路器是非常危险的，容易引起机构损伤，甚至引起断路器的爆炸，故必须采取闭锁措施。断路器的“跳跃”现象一般是在跳闸合闸回路同时接通时才发生。“防跳”回路的设计应使得断路器出现“跳跃”时，将断路器闭锁到跳闸位置。

（4）跳闸、合闸命令应保持足够长的时间，并且当跳闸或合闸完成后，命令脉冲应能自动解除。因断路器的机构动作需要有一定的时间，跳合闸时主触头到达规定位置也要有一定的行程，这些加起来就是断路器的固有动作时间，以及灭弧时间。命令保持足够长的时间就是保障断路器能可靠的跳闸、合闸。为了加快断路器的动作，增加跳、合闸线圈中电流的增长速度，要尽可能减小跳、合闸线圈的电感量。为此，跳、合闸线圈都是按短时带电设计的。因此，跳合闸操作完成后，必须自动断开跳合闸回路，否则，跳闸或合闸线圈会烧坏。通常由断路器的辅助触点自动断开跳合闸回路。

（5）对于断路器的合闸、跳闸状态，应有明显的位置信号。故障自动跳闸、自动合闸时，应有明显的动作信号。

（6）断路器的操作动力消失或不足时，例如弹簧机构的弹簧未拉紧，液压或气压机构的压力降低等，应闭锁断路器的动作，并发出信号。$SF_6$ 气体绝缘的断路器，当 $SF_6$ 气体压力降低而断路器不能可靠运行时，也应闭锁断路器的动作并发出信号。

（7）在满足上述要求的条件下，力求控制回路接线简单，采用的设备和使用的电缆最少。

36．出口继电器作用于断路器跳（合）闸线圈时，其触点回路中串入的电流自保持线圈应满足哪些条件？

**答**：断路器跳（合）闸线圈的出口触点控制回路，必须设有串联自保持的继电器回路，应满足以下条件：①跳（合）闸出口继电器的触点不断弧；② 断路器可靠跳、合。只有单出口继电器的，可以在出口继电器跳（合）闸触点回路中串入电流自保持线圈，并满足如下条件：

（1）自保持电流不大于额定跳（合）闸电流的一半左右，线圈压降小于5%额定值。

（2）出口继电器的电压启动线圈与电流自保持线圈的相互极性关系正确。

（3）电流与电压线圈间的耐压水平不低于交流1000V、1min的试验标准（出厂试验应为交流2000V、1min）。

（4）电流自保持线圈接在出口触点与断路器控制回路之间。

当有多个出口继电器可能同时跳闸时，宜由防止跳跃继电器实现上述任务。防跳继电器应为快速动作的继电器，其动作电流小于跳闸电流的一半，线圈压降小于10%额定值，并满上述（2）～（4）项的相应要求。

37．断路器、隔离开关经新安装检验及检修后，继电保护试验人员应及时了解哪些调整试验结果？

**答：**

（1）与保护回路有关的辅助触点的开闭情况或这些触点的切换时间。

（2）与保护回路相连回路绝缘电阻。

（3）断路器最低跳、合闸电压（＞30%$U_e$，＜65%$U_e$）。

（4）断路器跳闸及辅助合闸线圈的电阻及在额定电压下的跳合闸电流。

（5）断路器的跳、合闸时间及合闸时三相触头不同时闭合的最大时间差。

38．跳、合闸回路中的位置继电器应如何选择？

**答：**

（1）继电器线圈串入附加电阻后，继电器线圈上的电压$U_k$应不低于其动作电压$U_{op}$，即 $U_k \geqslant U_{op} \approx 0.7U_n$。

（2）当继电器线圈被短路或附加电阻被短路时，跳、合闸线圈上的电压应不足以使断路器动作，裕度不小于 1.3。

（3）长期流过控制回路中的跳闸线圈和合闸线圈的电流 $I_{cq}$，应不致引起过热，即 $I_{cq} \leqslant 0.15I_n$。

为了不破坏这些继电器的工作条件，在直流操作回路中往往取其额定电压等于操作电源额定电压的一半，并根据这一条件选择附加电阻的参数。附加电阻的数值，按照保证在继电器上的电压等于其额定电压的条件确定。

39．为什么要测量跳合闸回路电压降，怎样测量及其合格标准？

**答：**测量跳合闸回路电压降是为了使断路器在跳合闸时，跳、合闸线圈有足够的电压，保证可靠跳、合闸。跳合闸回路电压降测量方法如下：

（1）测量前先将合闸熔断器取下。断路器在合闸位置时测量合闸线圈电压降，先将合闸回路接通（如有重合闸时应先将重合闸继电器中间元件按住），用高内阻直流电压表与合闸线圈两端并接，然后短接断路器的合闸辅助触点，合闸继电器动作，即可读出合闸辅助线圈的动作电压降。

（2）断路器在跳闸位置时测量跳闸线圈电压降，将保护跳闸回路接通，用高内阻直流电压表（万能表即可）并接在跳闸线圈两端，短接断路器的跳闸辅助触点使跳闸线圈动作，即可读出跳闸线圈电压降。跳闸、合闸线圈的电压降均不小于电源电压的 90%才算合格。

40．某变电站 220kV 线路投运送电，合闸时发生 GIS 内部闪络故障，断路器发生“跳跃”现象，GIS 设备严重损坏。经检查发现，断路器防跳功能由本体实现，操作箱防跳已取消，本体合闸回路如图 5-22 所示，合闸回路继电器说明如表 5-1 所示。

（1）请根据本图简要说明防跳回路的工作原理。

（2）经进一步检查，本体合闸回路相关继电器及其触点、断路器辅助触点等二次回路无异常，请分析断路器发生跳跃原因，是否符合十八项反措相关要求，如不符合请写出违反的反措内容。

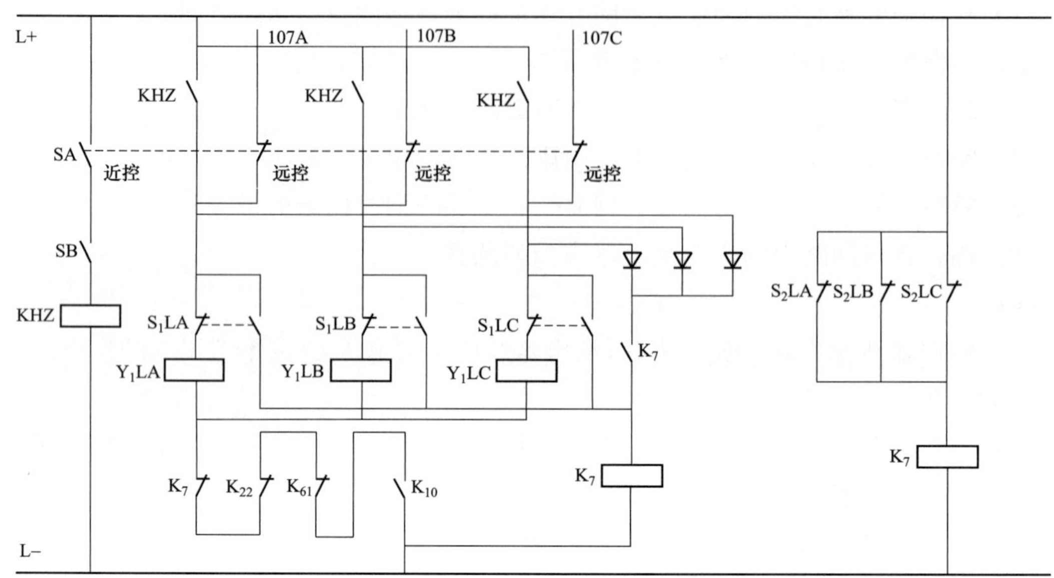


图 5-22　本体合闸回路示意图

**表 5-1**　　**合闸回路继电器说明表**

| 符号 | 说明 |
|---|---|
| L+/L− | 直流控制电源 |
| $K_7$ | 防跳继电器 |
| $K_{22}$ | 压力低闭锁合闸继电器 |
| $K_{61}$ | 三相不一致继电器 |
| $K_{10}$ | $SF_6$压力低闭锁合闸继电器 |
| SA | 远控/近控切换开关 |
| SB | 就地合闸按钮 |
| KHZ | 就地合闸控制线圈 |
| 107A/107B/107C | 远方合闸命令 |
| $S_1LA/S_1LB/S_1LC$ | 断路器辅助触点 |
| $S_2LA/S_2LB/S_2LC$ | 断路器储能触点 |
| $Y_1LA/Y_1LB/Y_1LC$ | 断路器合闸线圈 |

**答：**

（1）断路器防跳继电器的作用是在断路器同时接收到跳闸和合闸命令时，断开合闸回路，将断路器可靠地置于跳闸位置。

根据本图，防跳继电器 $K_7$ 的动断触点串接在合闸控制回路中，当 $S_2LA/S_2LB/S_2LC$ 断路器储能触点任一闭合时（即有任一相未储能），$K_7$ 的动断触点断开，断开断路器合

闸回路。

当断路器在合位时，断路器切换把手在远控位置时，当操作箱处合闸回路发生粘连，或者就地合闸控制线圈 KHZ 触点粘连或者损坏时，$K_7$ 继电器线圈带电，$K_7$ 的动断触点断开，断开断路器合闸回路，$K_7$ 的动合触点闭合，通过二极管形成自保持回路，确保可靠断开合闸回路。

当断路器在分位时，断路器动合辅助触点断开，$K_7$ 继电器线圈不带电，不闭锁合闸回路，确保断路器正常合闸。

（2）断路器发生跳跃的原因是防跳继电器动作时间应与断路器动作时间配合存在问题。当断路器合闸完成后跳闸回路立即导通，断路器又立即分闸，防跳继电器动作速度过慢，而断路器分闸时间比防跳继电器的动作时间要快，导致防跳继电器一直无法动作自保持，无法断开合闸回路，防跳回路失效，造成断路器发生跳跃。违反了十八项反措“防跳继电器动作时间应与断路器动作时间配合，断路器三相位置不一致保护的动作时间应与相关保护、重合闸时间相配合”的要求。

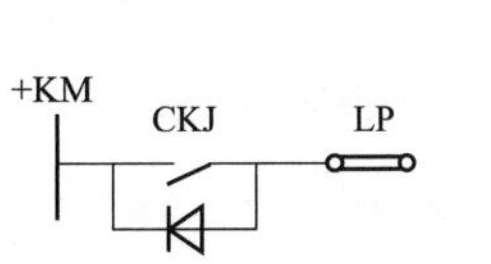


图 5-23　直流二次回路接线图

ZJ—中间继电器；CKJ—出口继电器；QHJ—切换继电器

41．某保护直流二次回路实际接线如图 5-23 所示，试分析回路中存在的问题，并加以改正。

答：存在的问题：

（1）二极管正极与 CKJ 间断线时，会产生直流寄生回路问题，直流经其他支路串如二极管正极造成 CKJ 误动。

（2）CKJ 消弧回路未串电阻，当二极管击穿后，保护动作时，直流短路，造成保护拒动。

（3）CKJ 触点不能并二极管。

改正措施：

（1）将二极管消弧回路直接跨接在 CKJ 两端，内部成环。

（2）在线圈的二极管回路串电阻。

（3）取消 CKJ 触点上二极管。

42．什么情况下，直流一点接地就可能造成保护误动或断路器跳闸？交流 220V 串入直流 220V 回路可能会带来什么危害？

**答**：直流系统所接电缆正、负极对地存在电容，直流系统所供静态保护装置的直流电源的抗干扰电容，两者之和构成了直流系统两极对地的综合电容。在直流系统某些部位发生一点接地，保护出口中间继电器线圈、断路器跳闸线圈与上述电容通过大地即可形成回路，如果保护出口中间继电器的动作电压低于“反措”所要求的65%$U_e$，或电容放电电流大于断路器跳闸电流就会造成保护误动作或断路器跳闸。

交流220V系统是接地系统，直流220V是不接地系统。一旦交流系统串入直流系统，一方面将造成直流系统接地，可导致上述的保护误动作或断路器误跳闸；另一方面，交流系统的电源还将通过长电缆的分布电容启动相应的中间继电器，该继电器即使动作电压满足“反措”所规定的不低于65%$U_e$的要求，仍会以50Hz或100Hz的频率抖动，误出口跳闸。

43．某变电站有两套相互独立的直流系统，同时出现了直流接地告警信号，其中，第一组直流电源为正极接地；第二组直流电源为负极接地。现场利用拉、合直流熔断器的方法检查直流接地情况时发现：在当断开某断路器（该断路器具有两组跳闸线圈）的任一控制电源时，两套直流电源系统的直流接地信号又同时消失，请问如何判断故障的大致位置?为什么?

**答**：因为任意断开一组直流电源接地现象消失，所以直流系统可能没有接地.故障原因为第一组直流系统的正极与第二组直流系统的负极短接或相反；两组直流短接后形成一个端电压为440V的电池组，中点对地电压为零；每一组直流系统的绝缘检查装置均有一个接地点，短接后直流系统中存在两个接地点。故一组直流系统的绝缘检查装置判断为正极接地；另一组直流系统的绝缘检查装置判断为负极接地。

44．简述站用直流系统接地的危害？

**答**：

（1）直流系统两点接地有可能造成保护装置及二次回路误动。

（2）直流系统两点接地有可能使得保护装置及二次回路在系统发生故障时拒动。

（3）直流系统正、负极间短路有可能使得直流保险熔断。

（4）直流系统一点接地时，如交流系统也发生接地故障，则可能对保护装置形成干扰，严重时会导致保护装置误动作。

（5）对于某些动作电压较低的断路器，当其跳（合）闸线圈前一点接地时，有可能造成断路器误跳（合）闸。

45．怎样设置继电保护装置试验回路的接地点?

**答**：在向装置通入交流工频试验电源时，必须首先将装置交流回路的接地点断开，除试验电源本身允许有一个接地点之外，在整个试验回路中不允许有第二接地点，当测试仪表的测试端子必须有接地点时，这些接地点应接于同一点上。规定有接地端的测试仪表，在现场进行实验时，不允许直接接到直流电源回路上，以防止发生直流接地。

46．在图5-24所示的电路中K点发生了直流接地，试说明故障点排除之前如果触点A动作，会对继电器ZJ2产生什么影响（图中C为抗干扰电容，可不考虑电容本身的耐压问题；ZJ2为快速中间继电器）？

**答：**

（1）点 A 动作之前，直流系统为负接地，直流系统的负极对地电位为 0V；正极对地电位为 220V，且电容 C 上的电位宜为 0V。

（2）触点 A 动作，直流系统瞬间便转为正接地，正极对地电位由 220V 转为 0V；负极对地电位由 0V 转为–220V。

（3）抗干扰电容上的电位不能突变，因此在直流系统由正接地转为负接地之后，电容 C 上的电位不能马上转变为–220V，并通过继电器 ZJ2 的线圈对负极放电。

继电器 ZJ2 为快速继电器，有可能在电容 C 的放电过程中动作。

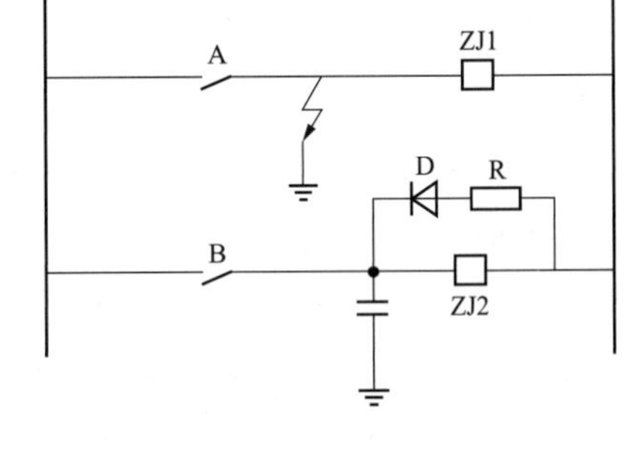


图 5-24　二次回路接线图

47．变电站二次回路干扰的种类，可以分为几种？

**答：**

（1）50Hz 干扰。

（2）高频干扰。

（3）雷电引起的干扰。

（4）控制回路产生的干扰。

（5）高能辐射设备引起的干扰。

48．何谓差模干扰、共模干扰?它们的主要危害是什么?

**答：**简单地说，差模干扰是指影响输入信号的干扰，共模干扰是指外引线对地之间的干扰。差模干扰的主要危害是影响输入信号的大小，产生误差。共模干扰的主要危害是影响逻辑功能，甚至使程序走乱、损坏芯片。

49．为什么交直流回路不可以共用一条电缆？

**答：**

（1）交直流回路都是独立系统。直流回路是绝缘系统而交流回路是接地系统。若共用一条电缆，两者之间一旦发生短路就造成直流接地，同时影响了交、直流两个系统。

（2）平常也容易互相干扰，还有可能降低对直流回路的绝缘电阻。

50．简述硬件电路对外引线的抗干扰基本措施。

**答：**

（1）交流输入端子采用变换器隔离，一、二次线圈间有屏蔽层且屏蔽层可靠接地。

（2）开关量输入、输出端子采用光电耦合器隔离。

（3）直流电源采用逆变电源，高频变压器线圈间有屏蔽层。

（4）机箱和屏蔽层可靠接地。

51．对于双屏蔽层的二次电缆，从抗干扰角度考虑，内、外屏蔽层应如何接地？为什么？

**答：**

（1）对于双屏蔽层的二次电缆，由于外屏蔽层本身为导体，外界干扰一般在该层感应，应两端接地；可为感应电流形成电流回路，从而产生反向磁通，抵消外界磁干扰的影响。

（2）对于内屏蔽层，经外屏蔽层屏蔽后，可能因为地电位的不平衡产生差模干扰，为求对电的屏蔽效果，宜在户内端一点接地。

52．怎样理解在220kV及以上电压等级变电站中，所有用于连接由开关场引入控制室继电保护设备的电流、电压和直流跳闸等可能由开关场引入干扰电压到基于微电子器件的继电保护设备的二次回路，都应当采用带屏蔽层的控制电缆，且屏蔽层在开关场和控制室两端同时接地。

**答：**

（1）当控制电缆为母线暂态电流产生的磁通所包围时，在电缆的屏蔽层中将感应出屏蔽电流，由屏蔽电流产生的磁通，将抵消母线暂态电流产生的磁通对电缆芯线的影响，因此控制电缆要进行屏蔽。

（2）为保证设备和人身的安全，避免一次电压的串入，同时减少干扰在二次电缆上的电压降，屏蔽层必须保证有接地点。屏蔽层两端接地，可以降低由于地电位升产生的暂态感应电压。当雷电经避雷器注入地网，使变电站地网中的冲击电流增大时，将产生暂态的电位波动，同时地网的视在接地电阻也将暂时升高。当控制电缆在上述地电位升的附近敷设时，电缆电位将随地电位的波动。当屏蔽层只有一点接地时，在非接地端的导线对地将可能出现很高的暂态电压。实验证明：采用两端接地的屏蔽电缆，可以将暂态感应电压抑制为原值的10%以下，是降低干扰电压的一种有效措施。

53．为什么屏蔽电缆的屏蔽层使用导电性能好的铜网？

**答：**图5-25表示电磁干扰的原理。

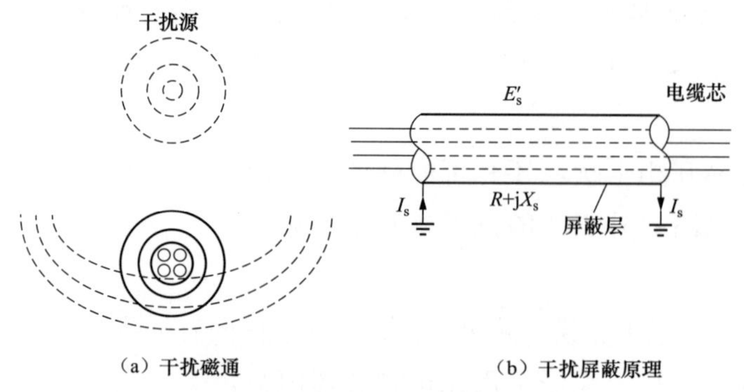


图5-25　电磁干扰示意图

在图 5-25（a）中，干扰源导线中电流产生的磁通以虚线同心圆表示，这些磁通的一部分包围控制电缆芯和其屏蔽层(可近似认为包围这两者的磁通相等),称为干扰磁通。它在电缆芯和屏蔽层中，产生一电动势 $E_s$，产生屏蔽层电流 $I_s$ 如图 5-25（b）所示。电动势 $E_s$ 为

$$E_s=-L\left(dI/dt\right)=I_sR_s+jI_sX_s$$

屏蔽层电流所产生的磁通包围着屏蔽层，也全部包围着电缆芯，这些磁通和外导线产生的干扰磁通方向相反，故称为反向磁通，在图中以实线同心圆表示。设屏蔽层对电缆芯的互感抗为 $X_m$，则 $E=-jI_sX_m$。

因屏蔽层将电缆心完全包围在内，故 $X_m=X_s$。这样从上两式可看出，如果屏蔽层电阻 $R_s=0$，则 $E_s=-E$。但是屏蔽层不可能没有电阻，故干扰磁通在电缆中感应的电动势不能被抵消的部分则等于 $E_s+E=I_s\times R_s$，即与屏蔽层的电阻成正比。因此，要有效地消除电磁耦合的干扰，必须采用电阻系数小的材料如铜、铝等作成屏蔽层。

54．某 220kV 智能变电站因 220V 交流窜入直流，导致两台主变压器高压侧断路器跳闸。

（1）试分析主变压器高压侧断路器跳闸的原因，并画示意图说明。

（2）为防范交流串入直流时保护误动作，可以采取哪些技术措施。

**答：**

（1）主变压器本体智能终端至高压侧断路器智能终端的重瓦斯跳闸回路为长电缆直接跳闸，电缆分布电容较大。交流搭接到直流系统负极，交流系统经直流负极、智能终端 TJR 继电器和 L 电缆及其对地分布电容形成回路，智能终端 TJR 继电器在交流电源驱动下动作导致高压侧断路器跳闸。示意图如图 5-26 所示。

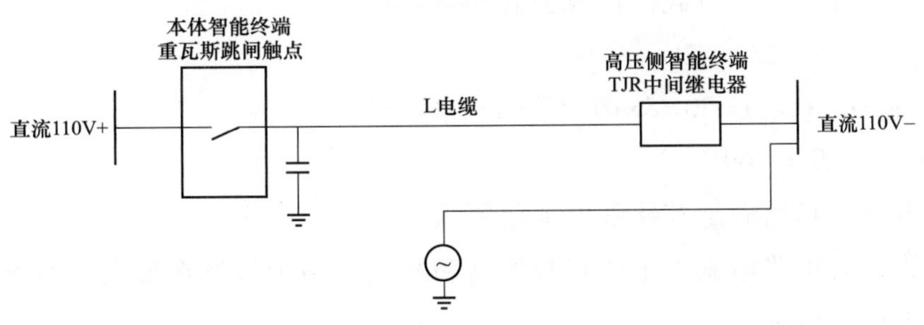


图 5-26　二次接线示意图

（2）措施主要有：①直跳开入继电器采用动作电压在额定直流电源电压的 55%～70%范围以内的中间继电器，并要求其动作功率不低于 5W，额定直流电源电压下动作时间为 10～35ms，应具有抗 220V 工频电压干扰的能力；②避免或减少迂回以缩短二次电缆的长度，降低长电缆分布电容的影响；③直流电源系统应具备交流窜直流故障的测量记录和报警功能。

## 六、计算分析题

1．某 220kV 线路使用的电流互感器铭牌参数及实测参数如表 5-2 所示，试结合计算分析：

（1）实测拐点电动势是否满足电流互感器铭牌保证值要求。

（2）实际暂态系数是否符合电力行业标准关于“电流互感器的裕度不小于 2 倍暂态系数”的要求。

（3）有何改进措施。

**表 5-2　　　　电流互感器参数**

| 项目名称 | 代号 | 参数 |
|---|---|---|
| 额定电流比 | $K_n$ | 1200/5 |
| 额定二次电流 | $I_{sn}$ | 5A |
| 额定二次负载视在功率 | $I_{bn}$ | 30VA |
| 二次负载电阻 | $R_b$ | 0.80Ω |
| 二次绕组电阻 | $R_{ct}$ | 0.45Ω |
| 准确限值系数 | $I_{alf}$ | 30 |
| 最大短路电流 | $I_{scmax}$ | 28000A |
| 实测拐点电动势 | $E_k$ | 260V |

**答：**

（1）计算二次极限电动势（用于核算电流互感器是否满足铭牌保证值）：

电流互感器额定二次负载，计算公式如下：

$$R_{bn}=S_{bn}/I_{sn}^2=30/25=1.2\Omega$$

$$E_{s1}=K_{alf}I_{sn}(R_{ct}+R_{bn})=30\times5\times(0.45+1.2)=247.5\text{V}$$

$$E_{s1}=247.5V<E_k=260\text{V}$$

结论：电流互感器满足其铭牌保证值要求。

（2）计算最大短路电流下电流互感器饱和裕度（用于核算在最大短路电流下电流互感器裕度是否满足要求）。

1）计算最大短路电流时的二次感应电动势：

$$E_s=I_{scmax}/K_n(R_{ct}+R_b)=28000/1200\times5\times(0.45+0.8)=145.83\text{V}$$

2）计算最大短路电流时的暂态系数：

$$K_{td}=E_k/E_s=260/145.83=1.78<2.0$$

结论：电流互感器的裕度小于 2 倍暂态系数要求，电流互感器裕度不满足要求。

（3）改进措施：增加变比，减少二次负载，二次绕组串联，二次额定值取 1，更换

电流互感器。

2．线路发生单相接地故障，本线路高压并联电抗器第一套差动保护误动作出口，第二套保护未动作。电抗器首、尾端电流波形如图 5-27 所示（从上至下分别为首端 A-C 相电流，尾端 A-C 相电流），故障期间电流瞬时采样值见下表。现场检查发现两套高压并联电抗器保护装置无异常，试分析高压并联电抗器第一套差动保护误动作的原因，并说明理由。

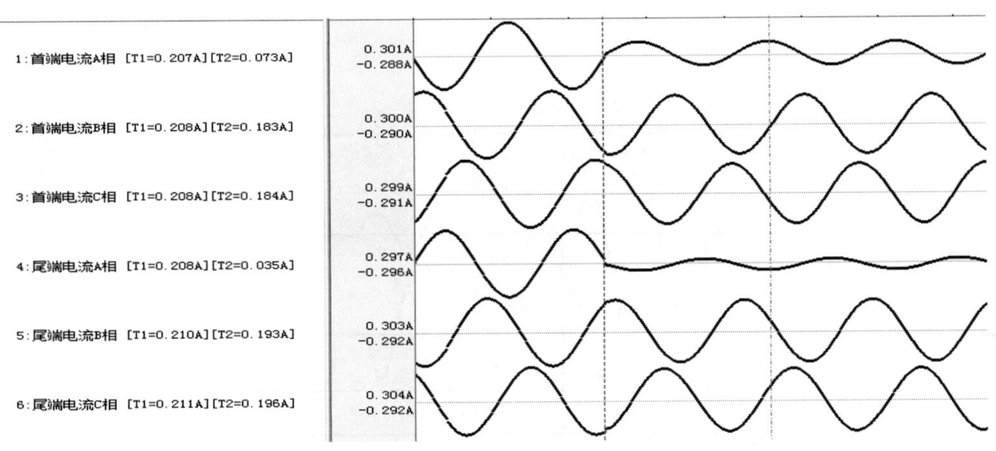


图 5-27 故障波形示意图

故障期间高压并联电抗器第一套保护首、尾端电流数据（二次值，0ms 为故障起始时刻）如表 5-3 所示。

**表 5-3 故障期间高压并联电抗器第一套保护首、尾端电流数据** （A）

| 位置 | $T$（ms） | | | | | | | |
|---|---|---|---|---|---|---|---|---|
| | 0 | 5 | 10 | 15 | 20 | 25 | 30 | … |
| 首端 | 0.00 | 0.12 | 0.02 | −0.09 | 0.02 | 0.12 | 0.02 | … |
| | −0.25 | −0.05 | 0.24 | 0.04 | −0.26 | −0.05 | 0.24 | … |
| | 0.25 | −0.07 | −0.26 | 0.05 | 0.24 | −0.07 | −0.26 | … |
| 尾端 | 0.00 | −0.07 | −0.02 | 0.03 | −0.02 | −0.06 | −0.02 | … |
| | 0.25 | 0.10 | −0.25 | −0.09 | 0.25 | 0.10 | −0.25 | … |
| | −0.25 | 0.12 | 0.25 | −0.11 | −0.24 | 0.11 | 0.25 | … |

**答：**由故障特征可以看出，线路 $K_1$ 处发生 A 相接地故障。结合录波波形，并将高压并联电抗器首、尾端故障期间电流数据进行对比，发现其电流并不满足幅值相等、相位相反的特征，继而造成差流产生。进一步计算可知，故障期间高压并联电抗器首端三相电流非三相对称，但自始至终 $3I_0=0$（无零序电流），而尾端三相电流非三相对称，存

在 $3I_0$。推测可能原因为高压并联电抗器第一套保护高压侧电流 N 线断线造成，该情况下可能造成高压并联电抗器保护相电流差动或零序电流差动动作。

3．某变电站 110kV 变压器因电流互感器二次回路异常，导致主变差动保护误动作。该主变压器高压侧电流波形如图 5-28 所示（跳闸时 A 相电流与 B 相电流大小相等方向相同，而与 C 相电流方向相反，A 相电流值为 C 相的一半），低压侧电流为正常运行波形。变压器接线组别为 YNd11，两侧电流互感器二次回路均采用 Y 形接线，保护程序采用 Y→△差流平衡计算。

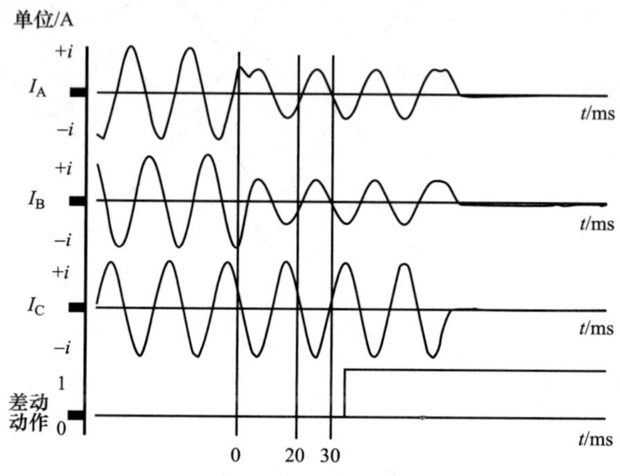


图 5-28　故障波形示意图

（1）请结合电流波形，画出高压侧电流相量图。

（2）分析电流互感器二次回路异常情况，并画出示意图。

（3）计算分析变压器差动保护三相差流大小关系。

**答：**

（1）相量图如图 5-29 所示。

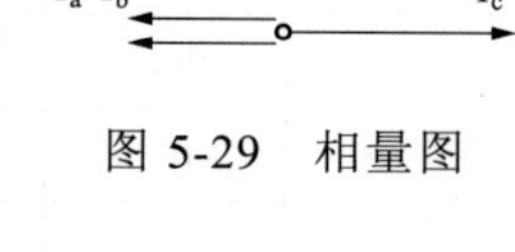


图 5-29　相量图

（2）差动保护动作原因是高压侧差动电流互感器二次 A、B 两相在电流互感器端子箱与保护装置之间的范围内发生短接。如图 5-30 所示。

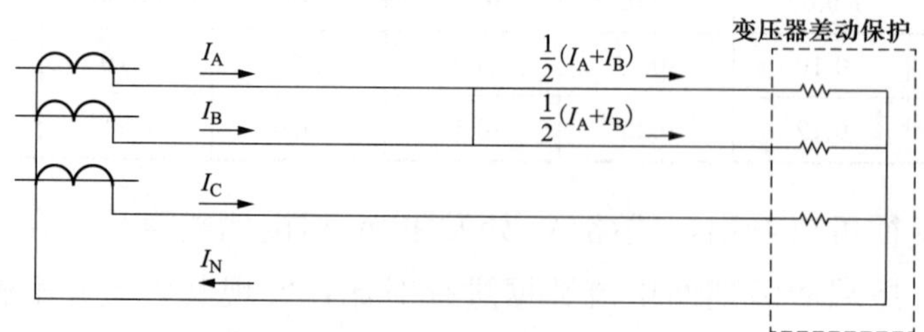


图 5-30　电流互感器回路示意图

电流互感器是电流源，内阻很大。当电流互感器二次发生两相短路时，该两相电流不会经电流互感器内部相互构成回路，而是两相电流相加之后，经各自的负载及三相电流互感器的中性线 N 流回各自电流互感器。因电流互感器二次三相负载基本相等，即 $Z_a = Z_b = Z_c$，故 A、B 两相的和电流在 $Z_a$、$Z_b$ 中的分配电流相等。保护测量的 A、B、C 相电流值为：$\dot{I}_a = \dot{I}_b = -\frac{1}{2}\dot{I}_C$、$\dot{I}_c = \dot{I}_C$，其相量关系如图 5-31 所示。

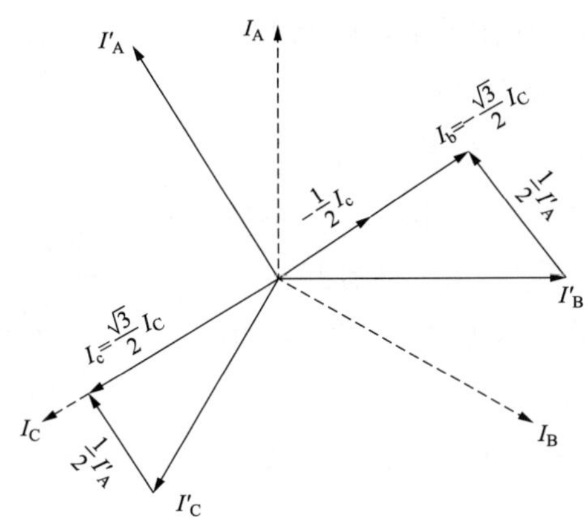


图 5-31 相量关系示意图

图中，$\dot{I}_A$、$\dot{I}_B$、$\dot{I}_C$ 分别为主变压器高压侧电流互感器的二次电流，$\dot{I}_a$、$\dot{I}_b$、$\dot{I}_c$ 分别为高压侧输入保护装置的三相电流。$I'_A$、$I'_B$、$I'_C$ 分别为低压侧的三相电流。根据差动平衡，差动保护高压侧三相电流的计算公式：

A 相：$I_a = (I_a - I_b)/\sqrt{3}$；B 相：$I_b = (I_b - I_c)/\sqrt{3}$；C 相：$I_c = (I_c - I_a)/\sqrt{3}$

电流互感器二次回路异常前计算值分别为：

A 相：$(I_a - I_b)/\sqrt{3} = I'_A$；B 相：$(I_b - I_c)/\sqrt{3} = I'_B$；C 相：$(I_c - I_a)/\sqrt{3} = I'_C$

电流互感器二次回路异常后计算值为：

A 相：$(I_a - I_b)/\sqrt{3} = 0$；B 相：$(I_b - I_c)/\sqrt{3} = \frac{\sqrt{3}}{2}I_c$；C 相：$(I_c - I_a)/\sqrt{3} = \frac{\sqrt{3}}{2}I_c$

电流互感器二次回路异常前后低压侧计算值不变，与高压侧异常前相同：

故电流互感器二次回路异常后变压器两侧的差流为：

A 相：$0 - I'_A = -I_A$，B 相：$-\frac{\sqrt{3}}{2}I_C - I'_B = \frac{1}{2}I'_A$，C 相：$\frac{\sqrt{3}}{2}I_C - I'_C = \frac{1}{2}I'_A$

因此，三相差流只有 A 相差流最大，是另外两相的 2 倍。

4．某不接地系统发生单相接地故障，测量母线电压互感器二次开口三角电压约为 100V（二次额定值 100/3V），星形绕组每相对地电压均在 58V 左右（二次额定值 57.74V）。

试分析：

（1）正确的电压幅值应该是多少？

（2）该电压互感器二次回路存可能存在的问题是什么，并通过计算证明分析结果（电压互感器二次三相负载相同，电压互感器二次回路有一处缺陷）。

**答：**

（1）不接地系统发生单相接地故障，开口三角有 100V 左右电压属正常现象，但是星型绕组故障相电压应为 0V 左右，另两相对地电压应上升 $\sqrt{3}$ 倍，在 100V 左右。

（2）现三相对地电压幅值存在异常，可能为电压互感器二次星形绕组中性线断线引起。

假设系统发生 B 相接地故障，分析如下：

因系统 B 相发生接地故障，B 相电压互感器一次侧被对地短接，因此忽略电压互感器漏抗，其星型绕组 B 相二次侧可等效为短接。假设 N600 回路发生断线，如图 5-32 所示，计算三相负载阻抗上电压 $\dot{U}_A$、$\dot{U}_B$、$\dot{U}_C$，设三相负载 $Z_A = Z_B = Z_C = Z$。

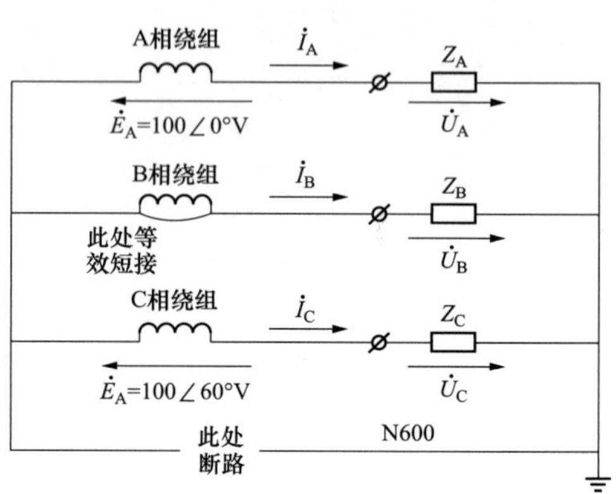


图 5-32　TA 回路二次示意图

由叠加原理可得三相电流为：

$$I_A = \frac{2E_A}{3Z} - \frac{E_C}{3Z}, I_B = -\frac{E_A}{3Z} - \frac{E_C}{3Z}, I_C = \frac{2E_C}{3Z} - \frac{E_A}{3Z}$$

因此：

$$U_A = I_A Z = \frac{2E_A}{3} - \frac{E_C}{3} = \frac{200\angle 0^\circ}{3} - \frac{100\angle 60^\circ}{3} = 57.74\angle -30^\circ \text{V}$$

$$U_B = I_B Z = \frac{E_A}{3} - \frac{E_C}{3} = \frac{100\angle 0^\circ}{3} - \frac{100\angle 60^\circ}{3} = 57.74\angle -150^\circ \text{V}$$

$$U_C = I_C Z = \frac{2E_C}{3} - \frac{E_A}{3} = \frac{200\angle 60^\circ}{3} - \frac{100\angle 0^\circ}{3} = 57.74\angle 90^\circ \text{V}$$

可见计算结果与故障现象相符，因此判断为电压互感器二次回路发生如图 5-32 所示的中性线 N600 断线故障。

5．防跳继电器的作用是什么？另请分析：

（1）如图 5-33 所示，以 CZX-12 操作箱的 A 相为例，QF1 为断路器辅助触点，现场使用断路器本体机构防跳继电器 K1 后，通过将保护操作箱防跳回路电阻 R 的两侧拆开来取消操作箱防跳，若发生 A 相永久性接地故障，重合闸脉冲展宽 300ms，且断路器的储能支持短时两次分合，请分析保护的动作行为及异常动作原因？

（2）如图 5-34 所示，N 为端子号，防跳功能由断路器本体机构防跳继电器 K1 实现，QF1 为断路器辅助触点，该保护重合闸脉冲展宽 300ms，请分析并改正该防跳功能回路存在的问题。

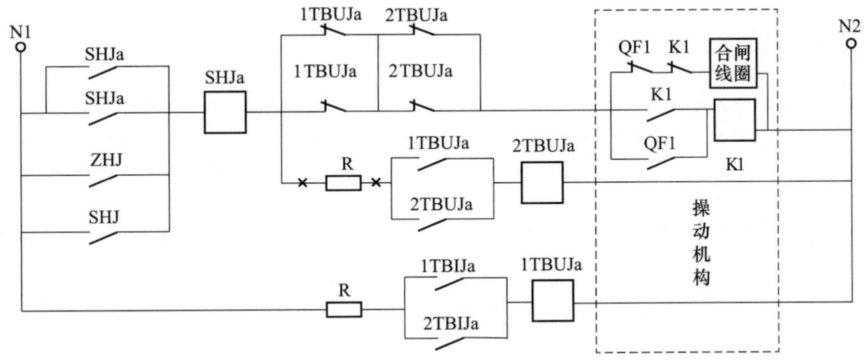


图 5-33 控制回路示意图

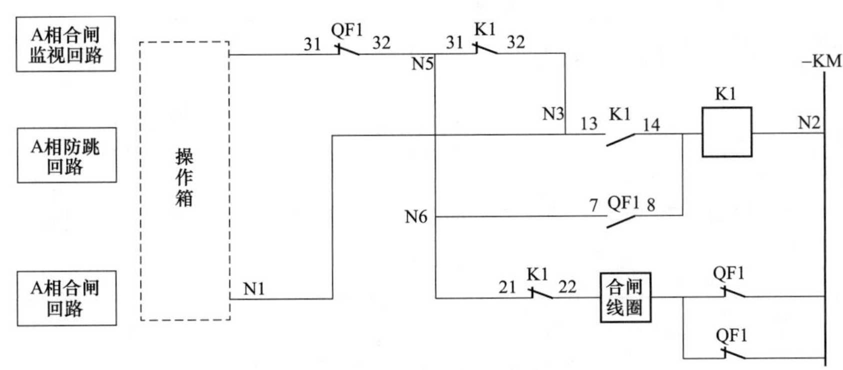


图 5-34 A 相合闸回路示意图

**答：**

（1）防跳继电器的作用是：防止在触点粘连的情况下，跳、合闸命令同时施加到断路器的跳、合闸线圈上，造成断路器跳跃（反复跳闸、合闸），损坏断路器，需将断路器闭锁在分闸位置。

（2）A 相瞬时跳开，重合闸动作合上 A 相，三相跳开，A 相再次合闸。2TBUJa 继电器回路开断后，2TBUJa 触点一直处于闭合状态。合于故障跳开时，1TBUJa 励磁，合闸回路正电消失，K1 防跳功能失去。跳闸脉冲消失后 1TBUJa 继电器不励磁，1TBUJa 触点也将闭合。由于合闸脉冲持续 300ms，且断路器储能支持两次分合，因此 A 相再次重合。

（3）重合闸脉冲发生时，K1 的 31-32 触点和 13-14 触点存在时间竞争，QF17-8 触点闭合后，K1 继电器励磁，K1 的 31-32 触点先断开，13-14 结点后闭合，防跳无法自保持失去防跳功能，重合闸脉冲持续 300ms，A 相会重合。改正防跳功能：将 n6 端子从 N5 端子改接到 n1（N3）端子。

6．请在图 5-35 和图 5-36 中分别完善当采用断路器本体防跳时和采用保护屏操作箱防跳时的回路接线图。

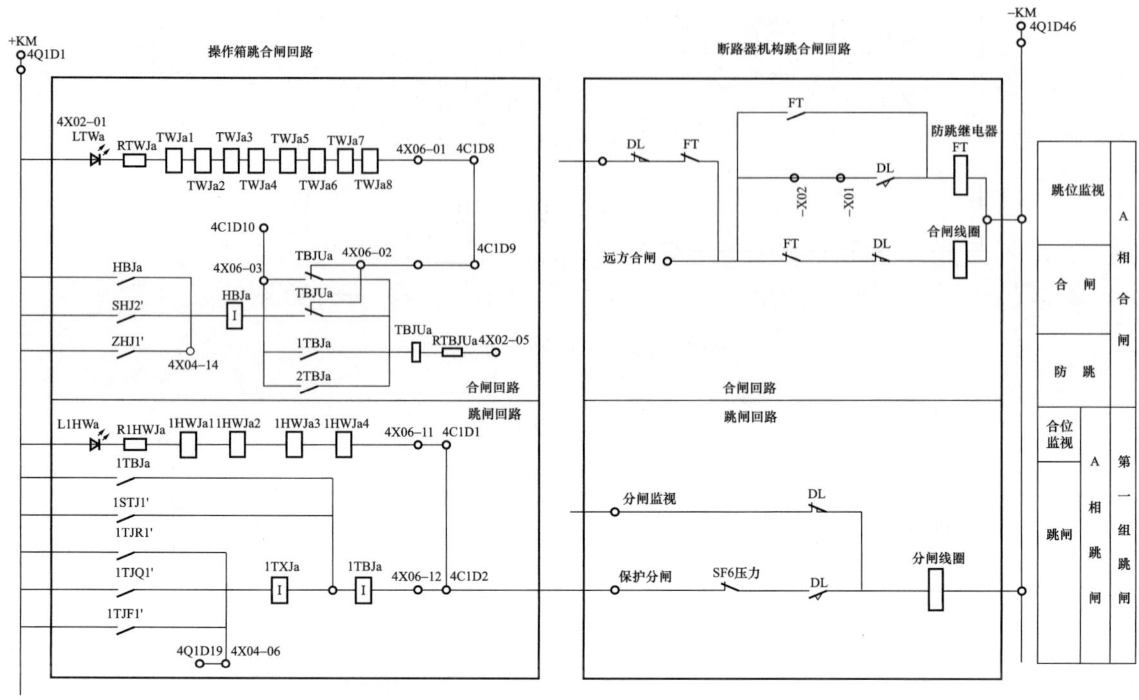


图 5-35 采用断路器本体防跳控制回路示意图

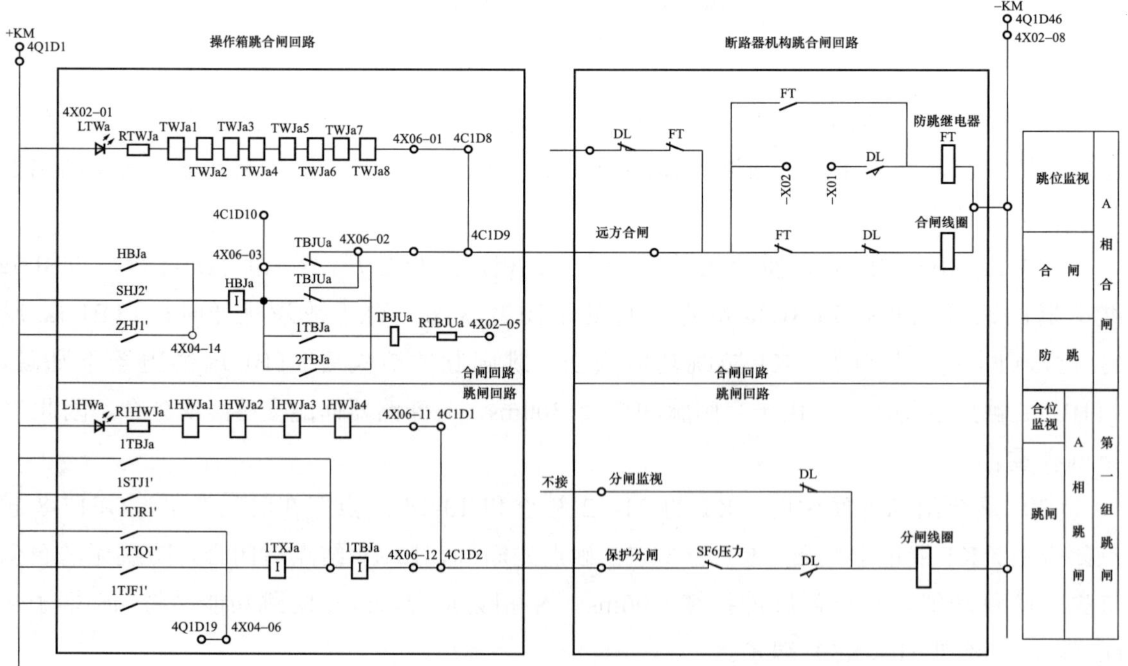


图 5-36 采用操作箱防跳控制回路示意图

**答：**

（1）采用断路器本体防跳回路接线图如图 5-37 所示。

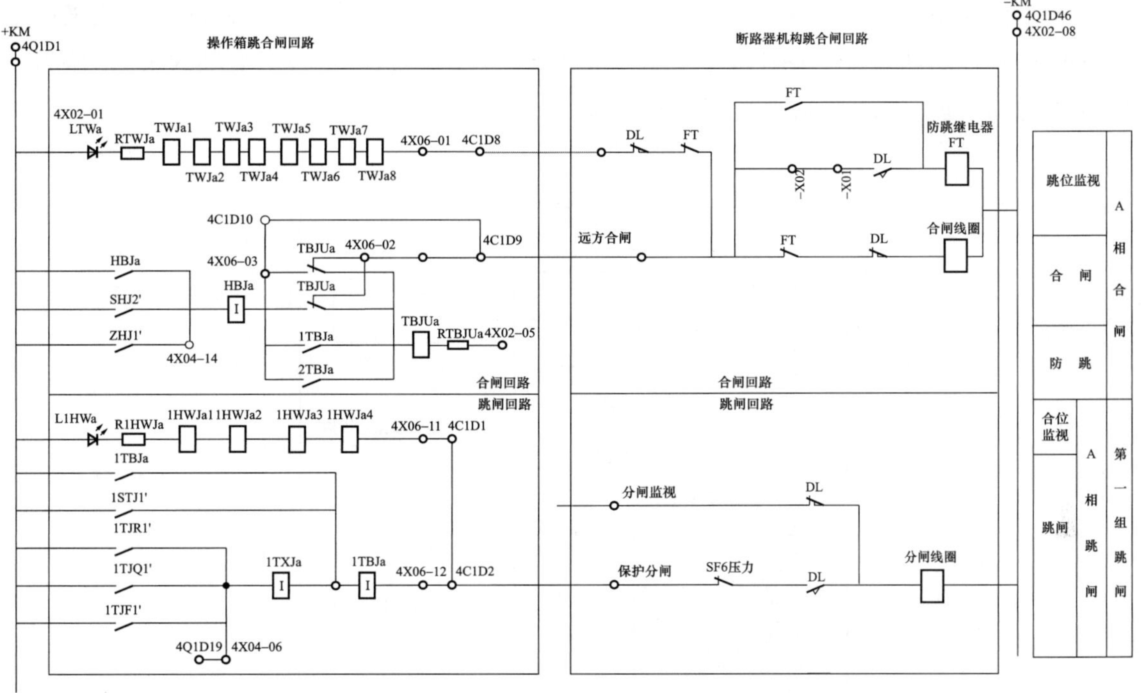


图 5-37　完善后采用断路器本体防跳控制回路示意图

（2）采用保护屏操作箱防跳回路接线图如图 5-38 所示。

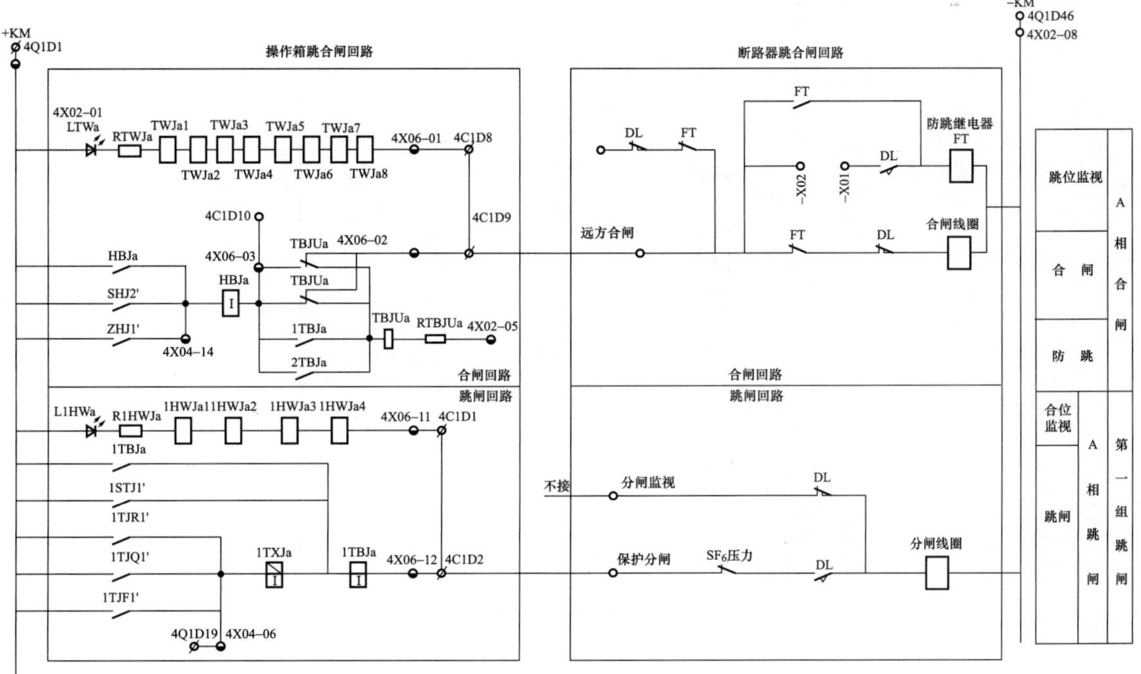


图 5-38　完善后采用操作箱防跳控制回路示意图

7．某变电站配置的 220kV 线路间隔线路保护符合国网新六统一规范。如图 5-39、图 5-40 所示，是该线路间隔操作箱回路相关的原理接线图，该图只画出部分功能。4K1 是第一组操作电源直流开关，4K2 是第二组操作电源直流开关。已知此间隔防跳采用断路器机构本体防跳功能，图中手合，手跳，KKJ，TJQ（起动重合闸启动失灵），压力低闭锁重合闸，BC 相跳合闸等回路省略未画出。

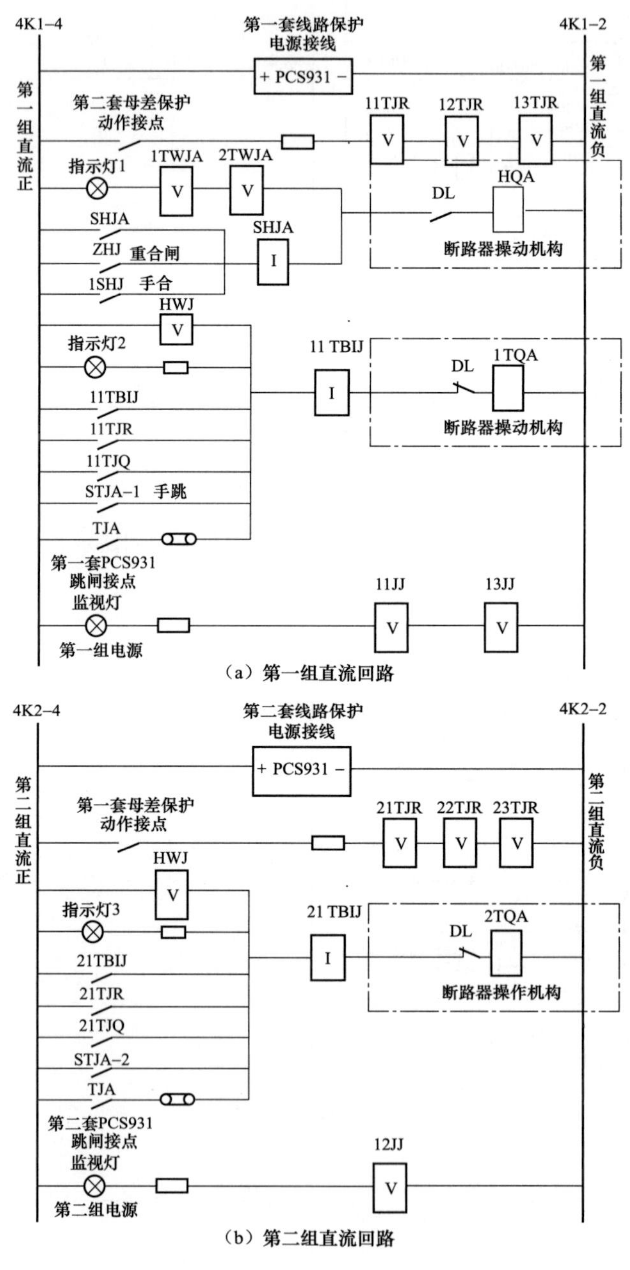


图 5-39　控制回路示意图

（1）请写出图中 3 个指示灯的作用。

（2）找出图中不符合反措规范的问题，并在图上标示出来，简要说明理由。

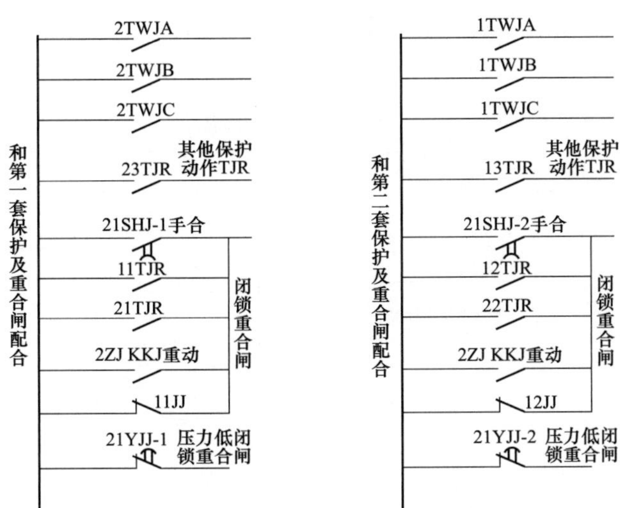


图 5-40 控制回路触点示意图

**答：**

（1）指示灯 1 监视 A 相合闸回路，断路器在断开状态下该灯亮说明 A 相合闸回路完好。

指示灯 2 监视 A 相第一组跳闸回路，断路器在合闸状态下该灯亮说明 A 相跳闸回路完好。

指示灯 3 监视 A 相第二组跳闸回路，断路器在合闸状态下该灯亮说明 A 相跳闸回路完好

（2）修改 1 双套保护采用同一厂家设备不符合反措要求。

修改 2 保护装置电源不能与操作箱共用同一直流开关。

修改 3 第一套和第二套母差保护跳闸接反，不符合反措要求。

修改 4 母差出口触点应有压板，否则没法隔离；母差保护跳闸出线交叉。

修改 5 断路器机构箱的跳合线圈断路器辅助触点接反，不能跳合闸。

修改 6 因用机构防跳，合闸回路的 TWJ 继电器应与 SHJA 解开，TWJ 继电器需串接防跳继电器等相关触点。

修改 7 操作回路失电闭锁重合闸，应使用 11JJ 动断触点，因合闸回路取第一套直流。

修改 8 13TJR 与 23TJR 触点交换，母差启动远跳回路出现交叉，与反措双套保护相关回路不应出现交叉。

修改后的控制回路示意图如图 5-41 所示。

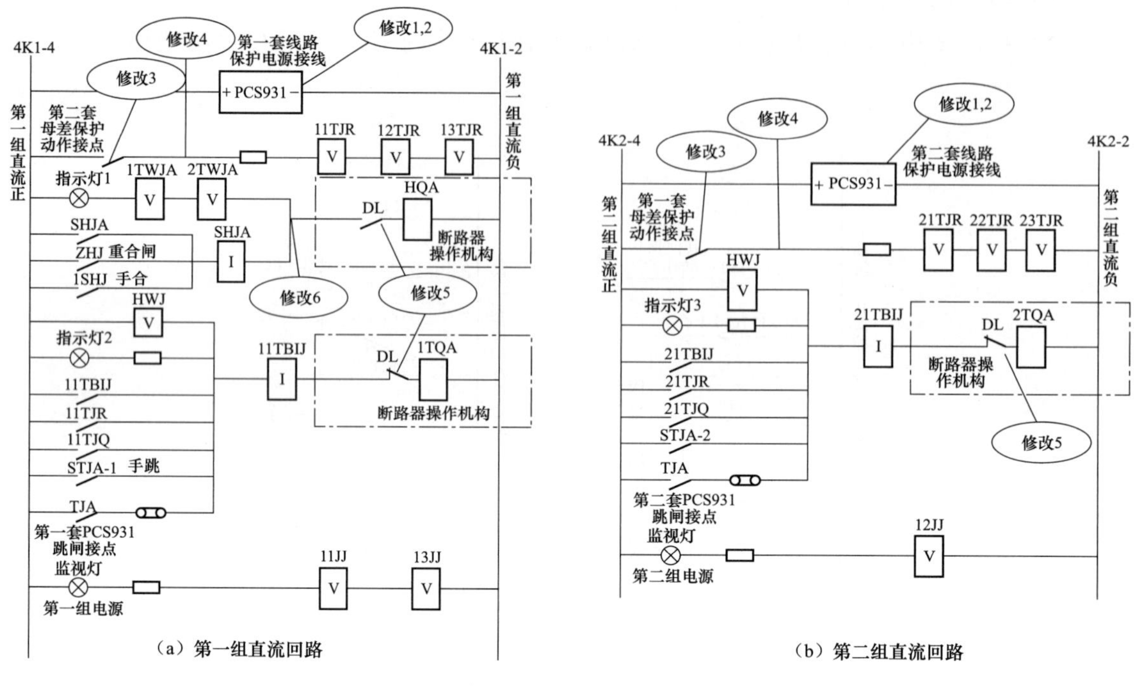


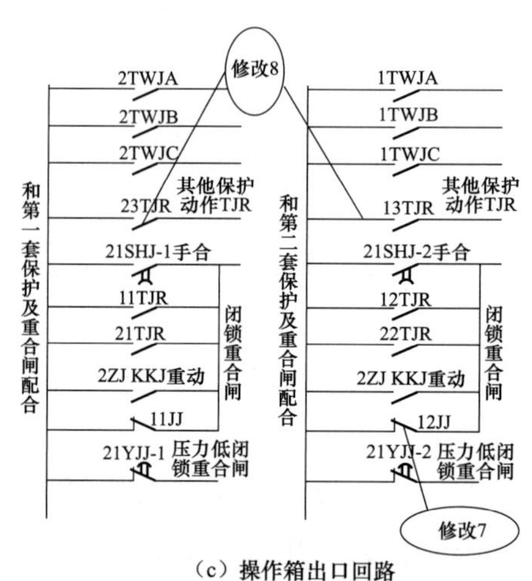


图 5-41　修改后控制回路示意图

8．图 5-42 为一条线路保护的电压切换回路，图 5-43 切换继电器同时动作原理图，当线路间隔由Ⅰ母倒到Ⅱ母运行时，如遇到隔离开关位置异常的极端情况，会导致两母电压非正常并列且不被发现的情况，请问：

（1）根据 Q/GDW 1161—2013 要求，电压切换箱单套配置时，宜采用双位置启动方式，请说明双位置启动方式的优缺点？

（2）在母线分列运行方式下，分别说明母线故障时、本线路故障时可能导致什么样恶劣后果？

（3）本题中电压切换回路存在什么问题？如何解决？

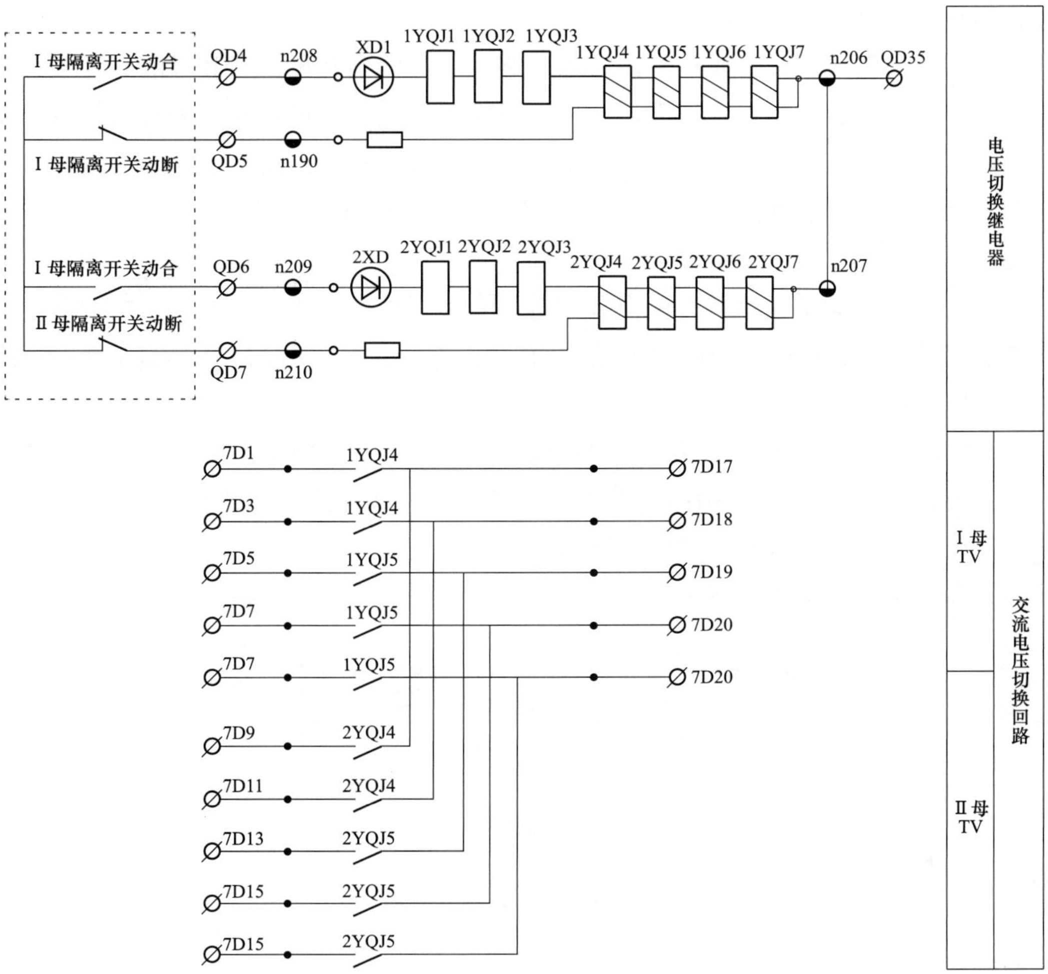

图 5-42　交流电压切换回路示意图

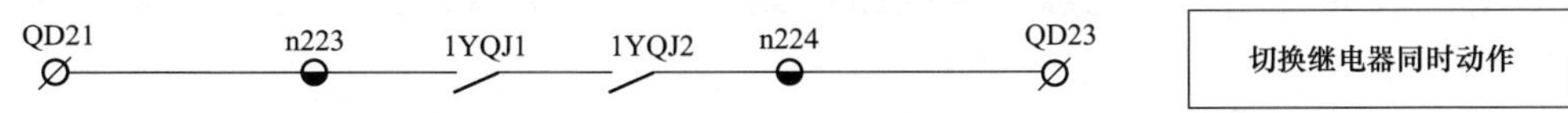


图 5-43　交流电压切换信号回路示意图

**答：**

（1）电压切换采用双位置启动方式优点是当隔离开关辅助触点接触不良时，保护不失去交流电压。缺点是倒闸操作时，如隔离开关动合触点打开，而动断触点未闭合时，Ⅰ、Ⅱ母线的二次交流电压会同时接通。在母联断路器断开时，造成二次交流电压“非等电位连接”，Ⅰ、Ⅱ母线的二次交流电压差可能造成继电器触点烧毁。

（2）当两母线分列运行时（母联断路器在分位），母线故障时，由于电压不能开放，导致母线保护拒动。

本线路故障时，由于电压不能反映故障线路的真实电压，会导致非电流差动原理的主保护和与电压有关的保护拒动。

（3）存在问题：倒母线操作时，把本线路由Ⅰ母倒到Ⅱ母，当Ⅱ母隔离开关合上，Ⅱ母隔离开关动合触点闭合。其后，断开Ⅰ母隔离开关，Ⅰ母隔离开关动合触点打开，Ⅰ母隔离开关动断触点应闭合，若这时Ⅰ母隔离开关动断触点没有闭合，导致两母电压非正常并列，且此现象从图 5-43 可知，切换继电器同时动作无法发信。

解决方案：可以用 1YQJ4-1YQJ7 和 2YQJ4-2YQJ7 中富余的两个动合触点分别替换图 5-43 中的 1YQJ1 和 2YQJ1 这两个动合触点，如图 5-44 所示。

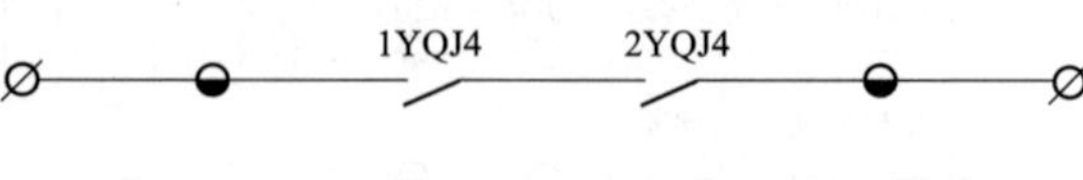


图 5-44　交流电压切换回路触点示意图

9．某变电站因 380V 交流串入 110V 直流，导致主变压器重瓦斯保护动作跳闸。

（1）请在图 5-45 基础上画图，并用文字说明重瓦斯保护动作的原因。

（2）交流串入直流时，列举哪些回路最容易误动作。

（3）为防范交流串入直流时保护误动作，可以采取哪些技术措施。

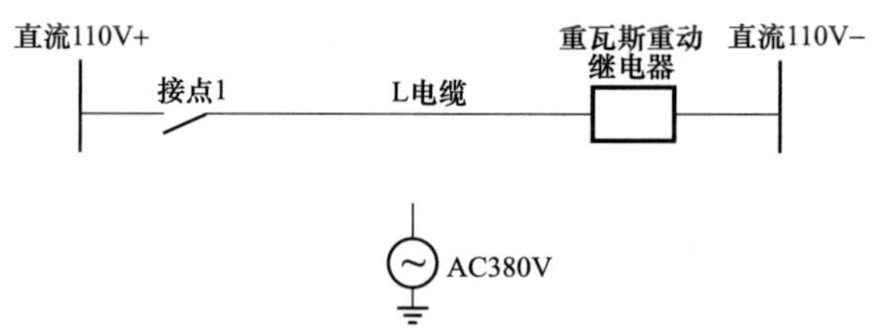


图 5-45　直流系统示意图

**答：**

（1）如图 5-46 所示，交流搭接到直流系统负极，交流系统经直流负极、瓦斯重动继电器和 L 电缆及其对地分布电容形成回路。瓦斯重动继电器在交流电源驱动下动作。

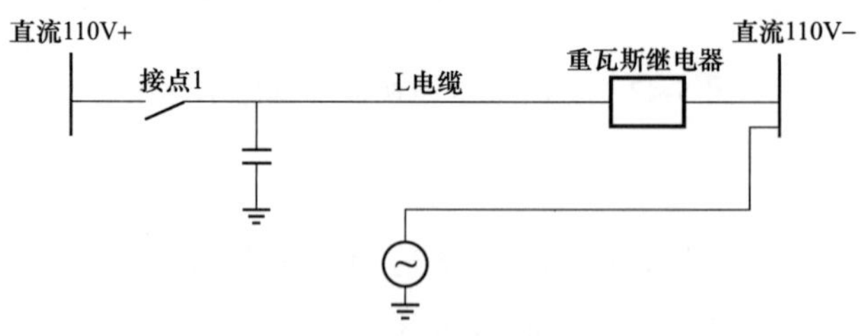


图 5-46　直流系统示意图

（2）继电器前连接有长电缆的回路容易误动。如变压器、电抗器的非电量保护。

（3）要求易受影响的和重要回路中的继电器：动作时间宜大于 10ms，动作功率大于 5W；缩短电缆长度。

10．某 3/2 接线 500kV 变电站在用边断路器对 500kV 甲乙Ⅰ线充电时，500kV 甲乙Ⅰ线三跳不重合。500kV 甲乙Ⅰ线的对端为电厂，发电机尚未并网，厂用设备通过主变压器与电网相连，主变中性点直接接地。

现场检查，站内 500kV 间隔电流互感器变比均为 2500/1，线路间隔均为单相重合闸方式，定值、压板设置、保护动作行为逻辑正确。500kV 甲乙Ⅰ线的 A 套保护装置中差动保护及接地距离Ⅰ段均动作单相跳闸，而 B 套保护装置中差动保护动作三相跳闸且接地距离Ⅰ段未动作。故障电流持续了 40ms、故障电流约 27500A。图 5-47 为 500kV 甲乙Ⅰ线 B 套保护装置录波示意图。图 5-48 为电流互感器回路二次接线示意图。

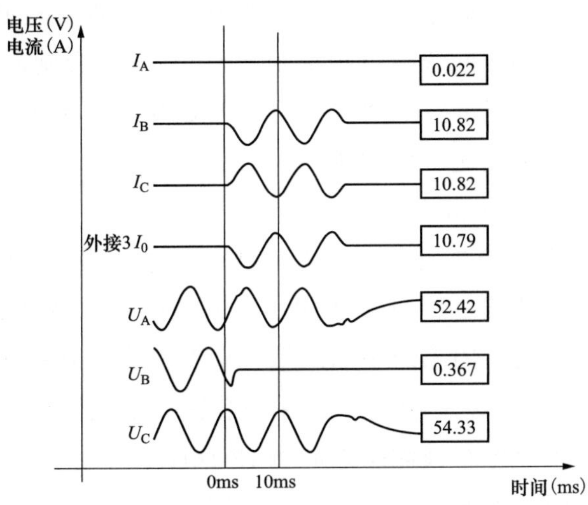


图 5-47 故障波形示意图

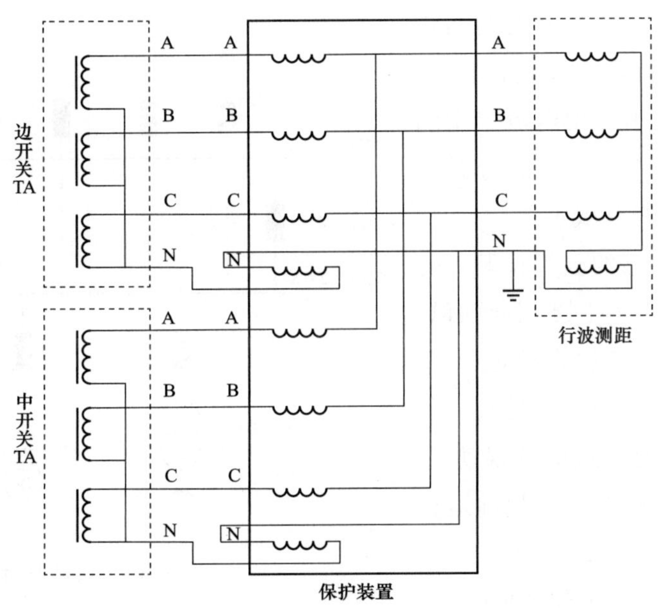


图 5-48 电流互感器回路二次接线示意图

（1）分析 500kV 甲乙Ⅰ线 A、B 套动作行为不一致原因和存在的问题，描述一次系统或二次回路故障位置？

（2）有何整改建议或措施？

**答：**

（1）B 相电压降低至接近于 0，AC 相电压略有降低、变化不大，可确定系统 B 相故障；B 套保护的 B 相电流很大 10.82A（二次值）与最大故障电流 27500A 相当，可判断甲乙Ⅰ线合于 B 相故障。但 C 相二次电流与 B 相大小相等、方向相反。

A 套保护装置中差动保护及接地距离Ⅰ段均动作单相跳闸，动作正确。

B 套保护装置中差动保护动作三相跳闸且原因：因 C 相有与 B 相大小相等、方向相反的电流，导致差动保护判相间故障三相跳闸，A、B 套重合闸放电。

B 套保护装置中接地距离Ⅰ段未动作原因：因 C 相有与 B 相大小相等、方向相反，没有零序电流，接地距离Ⅰ段无法启动跳闸。

一次系统故障：手合于 B 相故障。

一次系统 C 相并没有故障，但二次电流与 B 相大小相等、方向相反，二次回路有问题；三相电流和为零，而外接零序与 B 相大小方向相同且波型平滑。

二次回路故障：①在边断路器或中断路器电流互感器至保护装置回路中，存在可靠接地点；②C 相与故障相 B 相大小相等，则保护装置接地点至行波测距之间 N 线回路无分流，因而保护装置接地点至行波测距之间 N 线不通。

（2）线路保护与故障录波及行波测距装置共用电流二次回路的做法二次回路复杂程度；行波测距装置的故障、检修、消缺及更换等工作会影响到运行的保护装置，安全风险加大；行波测距装置屏柜内的回路问题可能同时影响到多套线路保护。

1）线路保护采用专用电流二次回路，与其他设备电流二次回路分开，是提高运行可靠性的有效手段。

2）加强零序回路的验收检验，防止中性线断线引起零序回路不通而导致的保护误动作。严格检查接地。

3）严格检查二次回路接地点，防止二次回路两点接地导致保护误动。

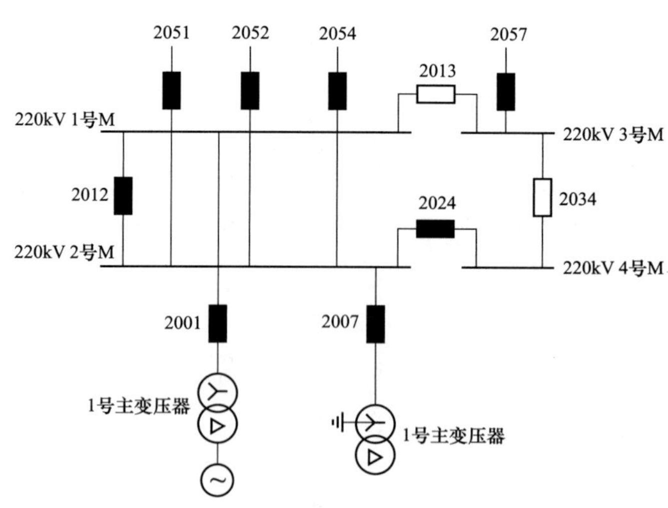


图 5-49　系统接线示意图

11. 某 220kV 变电站事故前运行方式如图 5-49 所示，母联二 2012、分段二 2024 运行，1 号发变组 2001 运行在Ⅰ母，1 号主变压器间隙接地，2051、2052、2054、1 号启动备用变压器 2007 运行在

Ⅱ母，2057 运行在Ⅲ母，2013、2034 冷备用。

某日凌晨 1 点钟，值班人员通过监控后台发现母联二 2012 断路器、1 号发电机变压器组 2001 断路器跳闸。主网侧无任何保护和断路器动作。

1 号发电机变压器组故障录波显示如图 5-50 所示。

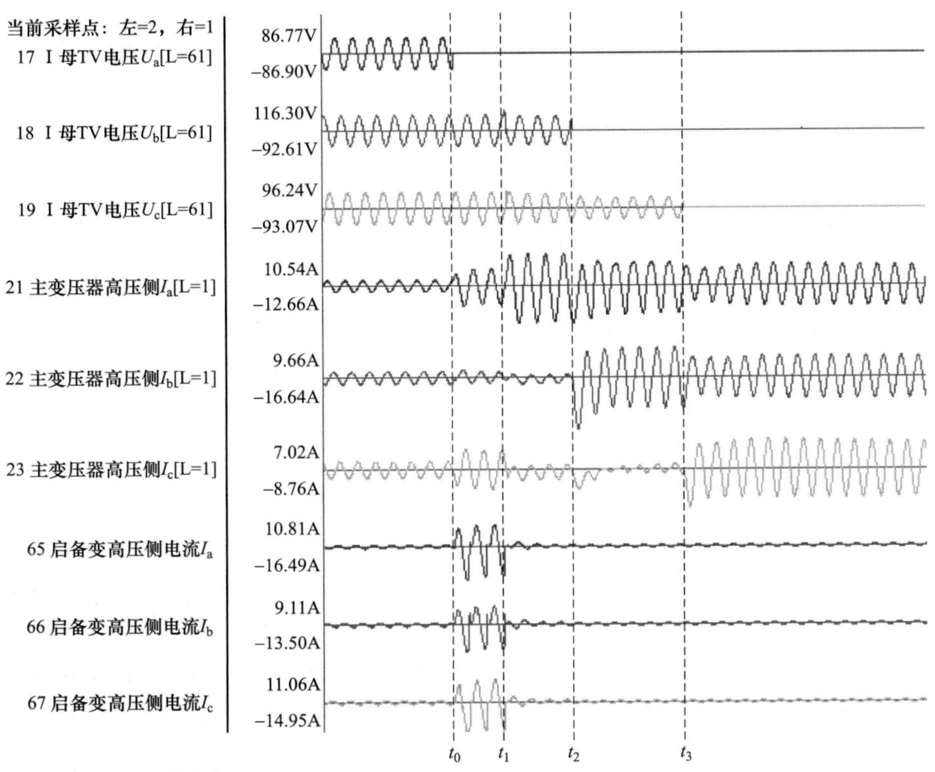


图 5-50 故障波形示意图

假设保护动作正确，试分析：

（1）请分析 $t_0 \sim t_1$ 主变压器、启动备用变压器的电流成因。并根据分析做主变压器相量图。

（2）请分析 $t_1 \sim t_2$ 主变压器各相电流成因。

（3）请简要描述故障发生过程和保护动作行为，最终会由什么保护隔离故障。

**答：**

（1）1 号母线区内故障，启备变中性点接地运行，电流三相大小方向相同，为零序电流；主变压器中性点不接地，只能传递正序、负序分量，与负荷分量叠加产生如图 5-51 所示波型。BC 相电流与 A 相

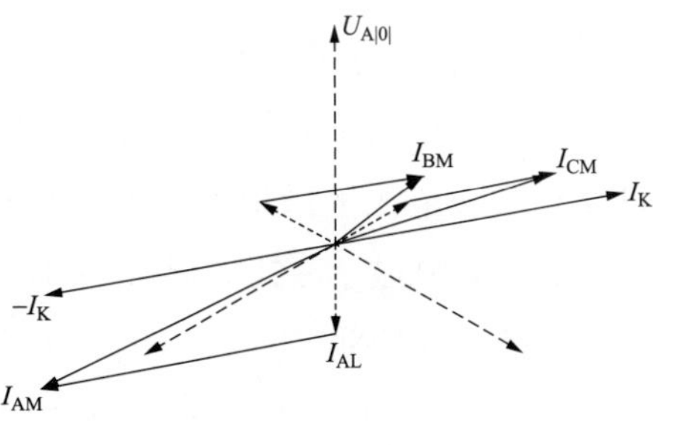


图 5-51 向量图

电流相位近似相反。

（2）母线保护动作跳开 2012 断路器，而 2001 断路器未跳开，但故障已与主网隔离，成为不接地系统。主变压器 $3U_0$ 升高，间隙击穿，成为接地系统，叠加零序电流后故障相电流增大，B、C 相一次电流为零，而图 5-51 中 B、C 相具有大小、方向近似相同的滞后 $I_{AM}$ 的二次电流，该站二次回路有问题。

原因：主变压器电流互感器二次回路 N 线发生两点接地，主变压器间隙击穿后，故障电流使 N 线两接地点（如图 5-52 所示），产生较大的电位差，使得电流互感器绕组阻抗降低。此附加电势相位与电流互感器二次 A 相电流反相位，导致 B、C 相产生大小、方向相的滞后 $I_{AM}$ 的二次电流。

（3）故障起始为 A 接地短路，故障正负序电流与负荷电流叠加，形成 A、C 相电流增大的特征；母线保护动作跳开 2012 断路器后，主变压器间隙击穿，电厂侧提供正、负、零序电流，主变压器 A 相短路电流增大；3 个半周波后发展为 AB 两相短路；再经 6 个周波，发展为 ABC 三相短路，故障未切除。可由 2001 失灵保护跳主变压器电厂侧断路器或作用于停机切除故障。

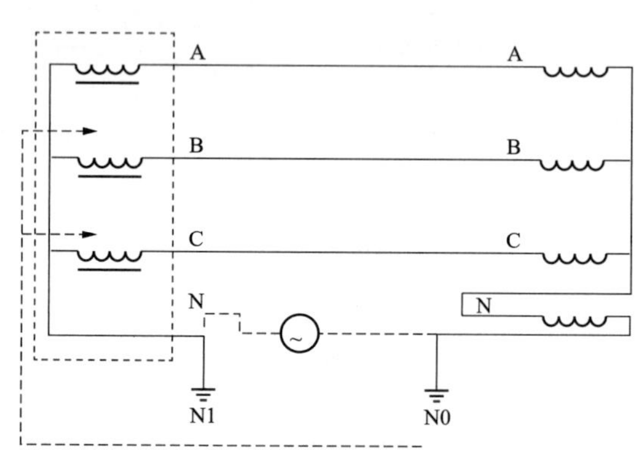


图 5-52　TA 二次接线示意图

12．某电网 110kV 变电站为内桥接线（如图 5-53 所示），低压接有小电源，故障前电源运行方式为一供一备，110kV 电源线路发生单相永久性接地故障，线路电源侧保护动作跳闸，重合复掉，110kV 备用电源自动投入装置（BZT）未动作，造成全站失电；检查有关保护及二次回路未见异常。

（1）试根据一次系统接线分析有关保护及自动装置的动作情况。

（2）提出需完善的保护回路及保护配置要求。

**答：**

（1）保护动作情况：

1）1 号线路发生单相永久性接地故障，110kV 线路电源侧微机保护的动作是正确的。

2）图中显示 35kV 母线有小电源并网，1 号线路电源侧跳开后，小电源未解列，对故障点形成不接地系统单相接地故障，110kV

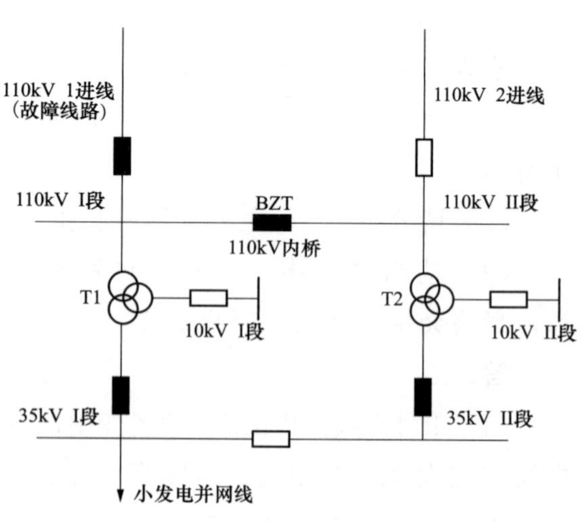


图 5-53　系统接线示意图

母线存在较高的残压。导致 110kV 备用电源自动投入装置中低电压元件条件不满足，备用电源自动投入装置未启动。

（2）保护需完善：

1）应配置 110kV 进线断路器保护（如换成差动保护）并动作联跳小电源并网断路器。

2）主变压器中压侧有小电源并网时，应考虑并网主变压器接地运行，主变压器零序后备保护联跳小电源并网断路器；主变压器中压后备保护应联跳小电源并网断路器。

3）小电源并网线路应装设故障解列装置。

4）可考虑装设备自投联切小电源避免上述备投电压闭锁引起全站失电的事故。

# 第六章 整 定 计 算

【基本介绍】本章主要包括对继电保护“四性”的基本要求、继电保护运行整定的基本原则、继电保护对电网接线和调度运行的配合要求、继电保护装置整定的具体规定等知识的考查。

【典型问题】本章的典型问题是继电保护可靠性、速动性、选择性、灵敏性的基本要求，启动元件、零序电流保护、接地距离保护、相间距离保护、振荡闭锁元件、分相电流差动保护、自动重合闸、母线保护、断路器失灵保护、变压器保护等典型保护元件的具体整定规定。

【难点介绍】本章的难点在于根据电网具体结构确定合适的整定计算配合方案，电网故障的短路电流计算，复杂电网的分支系数、助增系数的计算，上下级保护之间选择性与灵敏性的配合，保护装置控制字及跳闸矩阵的设置。

## 一、单选题

1．继电保护是以常见运行方式为主来进行整定计算和灵敏度校核的。所谓常见运行方式是指（　　）。

A．正常方式下，任意一回线路检修

B．正常方式下，与被保护设备相邻近的一回线路或一个元件检修

C．正常方式下，与被保护设备相邻近的一回线路检修并有另一回线路故障被切除

D．正常方式下，全接线运行

**答案：**B

**解析：**出自 DL/T 559—2007《220kV～750kV 电网继电保护装置运行整定规程》7.1.3.1。

2．合理地选择继电保护整定计算运行方式是改善保护效果，充分发挥保护效能的关键之一。继电保护整定计算应以（　　）为依据。

A．大方式　　　　B．小方式　　　　C．常见运行方式

**答案：**C

**解析：**出自 DL/T 559—2007《220kV～750kV 电网继电保护装置运行整定规程》7.1.3。

3．校验电流保护灵敏度时，通常使用（　　）方式校验。

A．最大运行方式末端三相短路　　B．最大运行方式末端两相短路

C．最小运行方式末端三相短路　　D．最小运行方式末端两相短路

**答案：**D

**解析：**出自 DL/T 584—2017《3kV～110kV 电网继电保护装置运行整定规程》7.2.11.11。

4．在 220kV 电力系统中，校验变压器零序差动保护灵敏系数所采用的系统运行方式应为（　　）。

A．最大运行方式　　B．正常运行方式　　C．最小运行方式

**答案：**B

**解析：**出自 DL/T 684《大型发电机变压器继电保护整定计算导则》5.3.3。

5．当系统运行方式变小时，电流和电压的保护范围是（　　）。

A．电流保护范围变小，电压保护范围变大

B．电流保护范围变小，电压保护范围变小

C．电流保护范围变大，电压保护范围变小

D．电流保护范围变大，电压保护范围变大

**答案：**A

**解析：**继电保护计算基础，小运行方式指故障电流变小，对于电流型保护（过量性）保护范围缩小，对于电压型保护（欠量性）电压保护范围变大。

6．发电厂有两台机组时，整定计算应考虑（　　）的方式。

A．全部停运　　B．一台停运　　C．均不停运

**答案：**A

**解析：**出自 DL/T 559—2007《220kV～750kV 电网继电保护装置运行整定规程》7.1.3.3。

7．母联或分段断路器充电保护，应按（　　）下被充电母线故障有灵敏度整定。

A．最大运行方式　　B．最小运行方式　　C．正常运行方式

**答案：**B

**解析：**出自 DL/T 559—2007《220kV～750kV 电网继电保护装置运行整定规程》7.2.9.9。

8．对电容器组和断路器之间连接线的短路，可装设带有短时限的电流速断和过流保护，速断保护的动作电流，按（　　）运行方式下，电容器端部引线发生两相短路时有足够灵敏系数整定。

A．最小　　B．最大　　C．正常　　D．故障

**答案：**A

**解析：**出自 DL/T 584—2017《3kV～110kV 电网继电保护装置运行整定规程》7.2.18.1。

9．使电流速断保护有最小保护范围的运行方式为系统（　　）。

A．最大运行方式　　B．最小运行方式

C．正常运行方式　　D．事故运行方式

**答案**：B

**解析**：继电保护计算基础，最小运行方式指故障电流最小，对于电流型保护保护范围变小。

10．与相邻元件有配合关系的保护段，所谓不完全配合，系指（　　）。

A．保护范围（或灵敏度）配合，保护动作时限不配合

B．保护动作时限配合，保护范围（或灵敏度）不配合

C．保护范围（或灵敏度）及动作时限均不配合

D．保护范围（或灵敏度）及动作时限均配合

**答案**：B

**解析**：出自 Q/GDW 10422《国家电网继电保护整定计算技术规范》5.1.5。

11．继电保护后备保护逐级配合是指（　　）。

A．时间配合　　B．时间和灵敏度相配合

C．灵敏度配合

**答案**：B

**解析**：出自 Q/GDW 10422《国家电网继电保护整定计算技术规范》5.1.5。

12．零序电流保护逐级配合是指（　　）。

A．零序定值要配合，不出现交错点

B．时间必须首先配合，不出现交错点

C．电流定值灵敏度和时间都要相互配合

**答案**：C

**解析**：出自 Q/GDW 10422《国家电网继电保护整定计算技术规范》5.1.5。

13．线路断路器失灵保护相电流判别元件的定值整定原则是：（　　）。

A．躲开线路最大负荷电流　　B．保证本线路末端故障有灵敏度

C．躲开本线路末端最大短路电流

**答案**：B

**解析**：出自 DL/T 559—2007《220kV～750kV 电网继电保护装置运行整定规程》7.2.10.1。

14．方向阻抗选相元件定值应可靠躲过正常运行情况和重合闸启动后至闭锁回路可靠闭锁前的（　　）感受阻抗，并应验算线路末端金属性接地故障时的灵敏度，短线路灵敏系数为 3～4，长线路灵敏系数为 1.5～2，且最小故障电流（　　）阻抗元件精确工作电流的 2 倍；还应验算线路末端经电阻接地时容纳接地电阻的能力，线路末端经一定接地电阻接地时，阻抗选相元件至少能相继动作。

A．最小；不小于　　B．最小；不大于

C．最大；不小于　　D．最大；不大于

**答案**：A

**解析**：出自 DL/T 559—2007《220kV～750kV 电网继电保护装置运行整定规程》7.2.4。

15．分相电流差动保护的差流高定值应可靠躲过线路（　　）电容电流。

A．稳态　　B．暂态　　C．稳态和暂态

**答案**：A

**解析**：出自 DL/T 559—2007《220kV～750kV 电网继电保护装置运行整定规程》7.2.5.4。

16．全线瞬时动作的保护或保护的速断段的整定值，应保证在被保护范围外部故障时可靠不动作，这是（　　）的表现。

A．可靠性　　B．速动性　　C．灵敏性　　D．选择性

**答案**：D

**解析**：出自 DL/T 559—2007《220kV～750kV 电网继电保护装置运行整定规程》5.4 至 5.7。

17．对于线路纵联保护，在被保护范围末端发生（　　）故障时，应有足够的灵敏度。

A．金属性　　B．经高阻接地　　C．金属性和经高阻接地

**答案**：A

**解析**：出自 DL/T 559—2007《220kV～750kV 电网继电保护装置运行整定规程》7.2.6。

18．线路保护中振荡闭锁过流或静稳电流按躲过（　　）整定，距离Ⅲ段按躲过（　　）整定。

A．事故后线路过负荷，线路正常负荷

B．事故后线路过负荷，事故后线路过负荷

C．线路正常负荷，事故后线路过负荷

D．线路正常负荷，线路正常负荷

**答案**：C

**解析**：出自 DL/T 559—2007《220kV～750kV 电网继电保护装置运行整定规程》7.2.3.3 及 7.2.3.10。

19．三段式电流保护中，保护范围最小的是（　　）。

A．瞬时电流速断保护　　B．限时电流速断保护

C．定时限过流保护

**答案**：A

**解析**：基础知识，电流速断保护定值最高，保护范围最小。

20．电力系统继电保护的选择性，除了决定于继电保护装置本身的性能外，还要求满足：由电源算起，愈靠近故障点的继电保护的故障起动值（　　）。

A．相对愈大，动作时间愈短　　B．相对愈灵敏，动作时间愈长

C．相对愈灵敏，动作时间愈短　　D．相对愈小，动作时间愈长

答案：C

解析：出自 DL/T 559—2007《220kV～750kV 电网继电保护装置运行整定规程》5.4 至 5.7。

21．断路器失灵保护的相电流判别元件的整定值，其灵敏系统应（　　）。

A．大于 1.2　　B．大于 1.3　　C．大于 1.5　　D．大于 1.6

答案：B

解析：出自 DL/T 559—2007《220kV～750kV 电网继电保护装置运行整定规程》7.2.10.1。

22．零序电流保护在常见动行方式下，在 220～500kV 的 205km 线路末段金属性短路时的灵敏度应大于（　　）。

A．1.5　　B．1.4　　C．1.3　　D．2.0

答案：C

解析：出自 DL/T 559—2007《220kV～750kV 电网继电保护装置运行整定规程》7.2.1.12。

23．零序电流保护在常见运行方式下，应有对本线路末端金属性接地故障时的灵敏系数满足下列要求的延时段保护，50km 以下的线路，不小于（　　）。

A．1.5　　B．1.4　　C．1.3　　D．1.6

答案：A

解析：出自 DL/T 559—2007《220kV～750kV 电网继电保护装置运行整定规程》7.2.1.12。

24．220kV 电网按远后备原则整定的零序方向保护，其方向继电器的灵敏度应满足（　　）。

A．本线路末端接地短路时，零序功率灵敏度不小于 2

B．相邻线路末端接地短路时，零序功率灵敏度不小于 2

C．相邻线路末端接地短路时，零序功率灵敏度不小于 1.5

答案：C

解析：出自 GB/T 14285—2006《继电保护和安全自动装置技术规程》附录 A。

25．220kV 线路零序方向电流保护的方向元件应有足够的灵敏度。当本线末端接地故障时，零序功率方向灵敏度应不小于（　　）。

A．1.5 倍　　B．2 倍　　C．2.5 倍　　D．3 倍

答案：B

解析：出自 GB/T 14285—2006《继电保护和安全自动装置技术规程》附录 A。

26．有一台组别为 YNd11 变压器，在该变压器高、低压侧分别配置 A．C 两相式过流保护，假设低压侧母线三相短路故障时高压侧电流为 $I_d$，高压侧过流保护定值整定为

$I_{gdz}$，则高压侧过流保护的实际灵敏度为（　　）。

A. $I_d/I_{gdz}$　　B. $I_d/2I_{gdz}$　　C. $2I_d/I_{gdz}$

**答案**：B

**解析**：低压侧两相短路时，高压侧滞后相电流为其余两相的两倍，当低压侧 AB 相发生故障时，低压侧短路电流为三相短路时的 $\sqrt{3}/2$，高压侧 A、C 相电流为 $1/\sqrt{3}$ 倍的低压侧电流，即 $\sqrt{3}/2I_d\times 1/\sqrt{3}=1/2I_d$。

27. 对反映电容器组和断路器之间连接线的短路的过流保护的动作电流，按（　　）整定。

A. 电容器组长期允许的最大工作电流　　B. 额定电流

C. 最小运行方式下的单相接地　　D. 最大运行方式下的三相短路

**答案**：A

**解析**：出自 DL/T 584—2017《3kV～110kV 电网继电保护装置运行整定规程》7.2.18.2。

28. 保护装置的定值应满足保护功能的要求，应尽可能做到简单、易整定；用于旁路保护或其他定值经常需要改变时，宜设置一般不少于（　　）套可切换的定值。

A. 5　　B. 6　　C. 7　　D. 8

**答案**：D

**解析**：出自 GB/T 14285—2006《继电保护和安全自动装置技术规程》4.1.12.6。

29. 为了从时间上判别断路器失灵故障的存在，失灵保护动作时间的整定原则为（　　）。

A. 大于故障元件的断路器跳闸时间

B. 大于故障元件的保护动作时间和断路器跳闸时间之和

C. 大于故障元件的断路器跳闸时间和保护返回时间之和

D. 大于故障元件的保护动作时间和返回时间之和

**答案**：C

**解析**：出自 DL/T 584—2017《3kV～110kV 电网继电保护装置运行整定规程》7.2.9.3。

30. 某 220kV 线路甲侧流变变比为 1250/1A，乙侧流变变比为 1200/5A，两侧保护距离Ⅱ段一次侧定值均为 22Ω，则甲.乙两侧距离Ⅱ段二次侧定值分别为（　　）。

A. 38.7Ω，201.7Ω　　B. 12.5Ω，12.0Ω

C. 2.5Ω，2.4Ω　　D. 12.5Ω，2.4Ω

**答案**：D

**解析**：本题考查电阻一、二次值转换的关系，二次值=一次值×电流互感器变比/电压互感器变比。

31. 有一方向阻抗继电器，若正常运行时的测量阻抗为 3.5∠30°Ω，要使该方向阻抗继电器在正常运行时不动作，则整定阻抗最大不能超过（　　）。（设 $\varphi_{sen}$=75°）

A. 3.5Ω　　B. 4.95Ω　　C. 7Ω　　D. 4.04Ω

**答案**：B

**解析**：考查阻抗圆的计算。利用余弦定理计算：3.5/cos（75°–30°）=4.95。

32．方向圆特性阻抗元件整定时，应该以（　　）角度通入电流电压。

A．以给定的线路阻抗角

B．以通过试验得到的阻抗灵敏角

C．因阻抗定值由电抗值决定，因此固定 90º 角

**答案**：A

33．为保证接地后备最后一段保护可靠地有选择性地切除故障，500kV 线路接地电阻最大按 300Ω，220kV 线路接地电阻最大按（　　）考虑。

A．150Ω　　B．180Ω　　C．100Ω

**答案**：C

**解析**：出自 GB/T 14285—2006《继电保护和安全自动装置技术规程》4.7.3。

34．某线路距离保护 I 段二次定值整定 1Ω，由于电流互感器变比由原来的 2500/1 改为 4000/1，其距离保护 I 段二次定值应整定为（　　）。

A．0.375Ω　　B．0.625Ω　　C．不变　　D．1.6Ω

**答案**：D

**解析**：电流互感器变比调整后的定值为（原定值×新电流互感器变比/原电流互感器变比）。计算公式为 1×4000/2500=1.6。

35．双侧电源线路，采用单相重合闸方式运行，距离Ⅱ段保护启动重合闸，其中 M 侧距离Ⅱ段保护动作时间为 1s，N 侧距离Ⅱ段动作时间为 1.5s，纵联保护运行时两侧重合闸时间整定为 1s。若双套纵联保护均退出运行，距离Ⅰ、Ⅱ段投入，两侧重合闸时间应整定为（　　）。

A．M 侧 1.5s，N 侧 2s　　B．M 侧 2s，N 侧 2.5s

C．M 侧 2s，N 侧 2s　　D．M 侧 2.5s，N 侧 2s

**答案**：D

**解析**：根据两侧保护动作行为来整定重合闸时间，因为无纵联保护时，线路距离Ⅱ段作为线路的主保护，重合闸动作时间需要与对侧距离Ⅱ段相配合，M 侧为 1.5s+1s=2.5s，N 侧为 1s+1s=2s。

36．对 110kV 及以下电网局部时间配合存在困难的，在确保选择性的前提下，可适当降低时间级差，但最低不能小于（　　）s。

A．0.1　　B．0.2　　C．0.3　　D．0.5

**答案**：B

**解析**：出自 DL/T 584—2017《3kV～110kV 电网继电保护装置运行整定规程》5.5.5。

37．零序电流保护的速断段，在恢复三相带负荷运行时，不得因断路器的短时三相

不同步而误动作。如果整定值躲不过，则应在重合闸后增加（ ）s 的延时。

A．0.1　　B．0.5　　C．1

**答案：** A

**解析：** 出自 DL/T 584—2017《3kV～110kV 电网继电保护装置运行整定规程》7.2.1.13。

38．220kV 变压器的中性点经间隙接地的零序过电压保护定值一般可整定：（ ）。

A．120V　　B．180V　　C．70V　　D．220V

**答案：** B

**解析：** 出自 Q/GDW 11425—2018《省、地、县电网继电保护一体化整定技术规范》5.5.2.9。

39．具有二次谐波制动的差动保护，为了可靠躲过励磁涌流，可（ ）。

A．增大"差动速断"动作电流的整定值

B．适当减小差动保护的二次谐波制动比

C．适当增大差动保护的二次谐波制动比

D．增大差动保护制动系数的整定值

**答案：** B

**解析：** 二次谐波制动系数是二次谐波电流与基波电流比值，二次谐波制动比越小，制动越灵敏。

40．按二次谐波制动原理构成的变压器差动保护，二次谐波制动系数整定值越大，其躲励磁涌流的能力（ ）。

A．越大　　B．越小　　C．躲励磁涌流的能力与该值无关

**答案：** B

41．220kV 母差保护的负序、零序电压闭锁元件按躲过正常运行最大不平衡电压整定，负序电压（$U_2$ 相电压）可整定为（ ）V，零序电压（$3U_0$）可整定为（ ）V。

A．4～8，2～6　　B．6～18，4～8　　C．2～6，4～8

**答案：** C

**解析：** 出自 DL/T 559—2007《220kV～750kV 电网继电保护装置运行整定规程》7.2.9.5。

## 二、多选题

1．110～220kV 中性点直接接地电力网中，下列（ ）项是线路应装设一套全线速动保护的条件。

A．对重要用户供电的线路

B．根据系统的稳定要求

C．线路发生三相短路，如使发电厂厂用母线电压低于允许值，且其他保护不能无时限和有选择的切除短路时

D．该线路采用全线速动保护后，不仅改善本线路保护性能，而且能够改善整个电网保护的性能时

E．线路上有交叉跨越时

**答案：**BCD

**解析：**出自 GB/T 14285—2006《继电保护和安全自动装置技术规程》4.6.1.1。

2．变压器中性点接地运行方式的安排，应尽量保持厂站零序阻抗基本不变，每条母线应至少保证一个接地点（并列运行的母线可以看作一条母线），以下说法正确的是（　　）。

A．所有自耦变中性点直接接地

B．对 220kV 母线并列运行的厂站，当只有一台普通变时，要求该主变高、中压侧中性点直接接地运行

C．对 220kV 母线并列运行的厂站，有两台普通变时，则保持一台主变中性点直接接地运行，另一台不接地

D．对 220kV 母线并列运行的厂站，有三台普通变时，要求 110kV 侧分列运行，220kV 母线上保持一台主变中性点直接接地运行，110kV 每段母线上都保持一台主变中性点直接接地运行

E．对 220kV 母线并列运行的厂站，当有四台普通变时，则要求 220kV Ⅰ、Ⅱ段母线上各保持一台主变中性点直接接地运行，其他不接地

**答案：**ABCDE

**解析：**出自 DL/T 559—2007《220kV～750kV 电网继电保护装置运行整定规程》7.1.4。

3．当系统运行方式变小时，电流和电压的保护范围是（　　）。

A．电流保护范围变小　　B．电流保护范围变大

C．电压保护范围变小　　D．电压保护范围变大

**答案：**AD

**解析：**系统方式变小代表同一点短路电流变小，故障时母线电压变大，对保护范围的影响是电流保护（过量保护）范围变小，电压保护（欠量保护）范围变大。

4．电力系统对继电保护的四个基本要求是（　　）。

A．选择性　　B．速动性　　C．灵敏性　　D．可靠性

**答案：**ABCD

**解析：**出自 DL/T 559—2007《220kV～750kV 电网继电保护装置运行整定规程》5.4 至 5.7。

5．与继电保护的灵敏性要求相符的是（　　）。

A．对于纵联保护，在被保护范围末端发生金属性故障时，应有足够的灵敏度

B．带延时的线路后备灵敏段保护（例如距离Ⅱ段），在被保护线路末端发生金属性

故障时，应有足够的灵敏度

C．零序电流保护最末一段的动作电流定值不应大于 300A，任何情况都不可抬高定值

D．在同一套保护装置中，闭锁、启动、方向判别和选相等辅助元件的动作灵敏度，应大于所控制的测量、判别等主要元件的动作灵敏度

**答案：**ABD

**解析：**出自 DL/T 559—2007《220kV～750kV 电网继电保护装置运行整定规程》5.6。

6．对三相变压器的零序励磁阻抗而言，短路故障分析时以下可视为无穷大的情况是（　　）。

A．三个单相变压器组成　　B．外铁型三相变压器铁芯结构

C．三相五柱式变压器铁芯结构　　D．三柱式内铁芯结构

**答案：**ABC

7．对于 220kV 及以上电压等级变压器阻抗保护的配置和整定应符合（　　）。

A．变压器高、中压侧各配置一段带偏移特性的阻抗保护

B．高压侧延时跳变压器本侧和三侧断路器

C．中压侧可延时跳分段、母联、本侧、三侧断路器

D．中压侧为 110kV，并需要对出线作远后备时，应配置两段带偏移特性的阻抗保护，可延时跳分段、母联、本侧、三侧断路器

**答案：**ABCD

**解析：**出自 Q/GDW 11425—2018《省、地、县电网继电保护一体化整定技术规范》5.5.2.3。

8．高压电网继电保护短路电流计算可以忽略（　　）等阻抗参数中的电阻部分。

A．发电机　　B．变压器　　C．架空线路　　D．电缆

**答案：**ABCD

**解析：**出自 DL/T 559—2007《220kV～750kV 电网继电保护装置运行整定规程》7.1.2。

9．高压线路自动重合闸装置的动作时限应考虑（　　）。

A．故障点灭弧时间　　B．断路器操作机构的性能

C．保护整组复归时间　　D．电力系统稳定的要求

**答案：**ABD

**解析：**出自 DL/T 559—2007《220kV～750kV 电网继电保护装置运行整定规程》7.2.8。

10．根据 Q/GDW 1175—2013《变压器、高压并联电抗器和母线保护及辅助装置标准化设计规范》要求，以下哪些定值不需整定人员整定（　　）。

A．主变保护过负荷告警定值　　B．主变保护差流越限告警定值

C．主变保护五次谐波制动系数　　D．失灵保护的零序电压定值

**答案**：ABC

**解析**：根据 Q/GDW 1175—2013《变压器、高压并联电抗器和母线保护及辅助装置标准化设计规范》"过负荷保护，设置一段 1 时限，定值固定为本侧额定电流的 1.1 倍，延时 10s，动作于信号。差动比率制动系数、分侧差动比率制动系数、分相差动比率制动系数、五次谐波制动系数和差流越限告警定值不需整定。"

11．关于母线差动保护启动电流定值整定原则，下列说法正确的是（　　）。

A．应保证在最小运行方式下有足够的灵敏度

B．尽可能躲过母线系统正常运行的不平衡电流

C．尽可能躲过母线系统故障情况下的不平衡电流

D．尽可能躲过母线系统各出线的最大负荷电流

**答案**：ABD

**解析**：出自 DL/T 559—2007《220kV～750kV 电网继电保护装置运行整定规程》7.2.9.1。

12．关于主保护、后备保护和辅助保护，下面说法正确的是（　　）。

A．主保护是满足系统稳定和设备安全要求，能以最快速度有选择地切除被保护设备和线路故障的保护

B．后备保护是主保护或断路器拒动时，用来切除故障的保护。后备保护可分为远后备保护和近后备保护两种

C．近后备保护是当主保护拒动时，由本电力设备或线路的另一套保护来实现后备的保护；当断路器拒动时，由断路器失灵保护来实现后备保护

D．辅助保护是为补充主保护和后备保护的性能或当主保护和后备保护退出运行而增设的简单保护

**答案**：ABCD

**解析**：出自 GB/T 14285—2006《继电保护和安全自动装置技术规程》4.1.1。

13．关于助增系数的说法错误的是（　　）。

A．在辐射状电网中，助增系数的大小与短路点在相邻线路上的位置（Zk）无关，短路点可选在相邻线路上的任意点

B．在整定距离Ⅱ、Ⅲ段时要将助增系数的影响考虑进去，保护的定值可以适当整大一些，这样可以防止在有助增电流时的保护范围不会缩的太多

C．在相邻线路发生短路只有助增电流时，其运行方式应考虑保护背后电源为最小运行方式

D．在相邻线路发生短路既有助增又有汲出电流时，计算距离Ⅱ、Ⅲ段定值时应取最大助增系数

**解析**：出自 DL/T 559—2007《220kV～750kV 电网继电保护装置运行整定规程》

线路距离保护计算部分。C 选项应考虑背后电源为最大运行方式。D 选项应取最小助增系数。

答案：CD

14．某超高压单相重合闸方式的线路，其接地保护第Ⅱ段动作时限应考虑（　　）。

A．与相邻线路接地Ⅰ段动作时限配合

B．与相邻线路选相拒动三相跳闸时间配合

C．与相邻线断路器失灵保护动作时限配合

D．与单相重合闸周期配合

答案：ABC

解析：出自 DL/T 559—2007《220kV～750kV 电网继电保护装置运行整定规程》7.2.3。

15．系统的最大运行方式是（　　）。

A．在被保护对象末端短路时，系统的等值阻抗最小

B．在被保护对象末端短路时，通过保护装置的短路电流最大

C．变压器中性点接地数目最多

D．运行的变压器最多

答案：AB

16．用于整定计算的一次设备参数必须采用实测值的有（　　）。

A．三相三柱式变压器的零序阻抗

B．66kV 及以上架空线路和电缆线路的阻抗

C．平行线之间的零序互感阻抗

D．双回线路的同名相间和零序的差电流系数

答案：ABCD

解析：出自 DL/T 584—2017《3kV～110kV 电网继电保护装置运行整定规程》7.1.1。

17．自动重合闸动作时间整定中应考虑的（　　）问题。

A．对端保护对全线故障有足够灵敏度的保护元件动作时间

B．短路点熄弧时间和短路点去游离时间之和

C．断路器的固有重合时间

D．相邻线路远后备保护的动作时间

答案：ABC

解析：出自 DL/T 584—2017《3kV～110kV 电网继电保护装置运行整定规程》7.2.7。

18．35kV 中性点不接地电网中，线路相间短路保护配置的原则是（　　）。

A．当采用两相式电流保护时，电流互感器应装在各出线同名相上

B．保护装置采用远后备方式

C．如线路短路会使发电厂厂用电母线．主要电源的联络点母线或重要用户母线的

电压低于额定电压的50%～60%时，应快速切除故障

D．线路相间短路保护必须按三段式配置

答案：ABC

解析：根据 GB/T 14285—2006《继电保护和安全自动装置技术规程》4.5“对于单侧供电线路可配置一段或两段式过流保护”。

19．电流速断保护的特点是（　　）。

A．接线简单，动作可靠

B．切除故障快，但不能保护线路全长

C．保护范围受系统运行方式变化的影响较大

D．保护范围受系统中变压器中性点接地数目变化影响较大

答案：ABC

解析：D选项为零序电流保护的优点。

20．根据 DL/T 559—2007《220kV～750kV 电网继电保护装置运行整定规程》，对双回线环网的运行线路，可采取下列措施（　　）来进行整定。

A．接地距离Ⅰ段按双回线路中的另一回线断开并两端接地的条件整定

B．零序Ⅰ段按双回线路中的另一回线断开并两端接地的条件整定

C．后备保护延时段按正常双回线路对双回线路运行并考虑其他相邻一回线路检修的方式进行配合整定。当并行双回线路中一回线路检修停用时，可不改定值，允许保留运行一回线路的后备保护延时段在区外发生故障时无选择性动作，此时要求相邻线路的全线速动保护和母差保护投运

D．整定配合有困难时，允许双回线路的后备延时保护段之间对双回线路内部故障的整定配合无选择性。

答案：ABCD

解析：出自 DL/T 559—2007《220kV～750kV 电网继电保护装置运行整定规程》5.12.3。

21．根据 DL/T 559—2007《220kV～750kV 电网继电保护装置运行整定规程》，电网继电保护的整定应满足速动性、选择性和灵敏性要求，如果由于电网运行方式、装置性能等原因，不能兼顾速动性、选择性或灵敏性要求时，应在整定时合理地进行取舍，并执行如下原则（　　）。

A．局部电网服从整个电网

B．下一级电网服从上一级电网

C．局部问题自行处理

D．尽量照顾局部电网和下级电网的需要

答案：ABCD

解析：出自 DL/T 559—2007《220kV～750kV 电网继电保护装置运行整定规程》4.4。

22．根据 DL/T 559—2007《220kV～750kV 电网继电保护装置运行整定规程》，合理地选择运行方式是改善保护效果，充分发挥保护效能的关键之一。继电保护整定计算应以常见运行方式为依据，关于整定计算用的运行方式以下说法正确的是（　　）。

A．对特殊运行方式，可以按专用的运行规程或者依据当时实际情况临时处理

B．对同杆并架的双回线，考虑双回线同时检修或双回线同时跳开的情况

C．发电厂有两台机组时，应考虑全部停运的方式，即一台机组检修时，另一台机组故障跳闸；发电厂有三台及以上机组时，可考虑其中两台容量较大机组同时停运的方式

D．电力系统运行方式应以调度运行方式专业提供的书面资料为依据

**答案**：ABCD

**解析**：出自 DL/T 559—2007《220kV～750kV 电网继电保护装置运行整定规程》7.1.3。

23．根据 DL/T 559—2007《220kV～750kV 电网继电保护装置运行整定规程》，零序电流灵敏段保护在常见运行方式下，应对本线路末端金属性接地故障时的灵敏系数满足哪些要求（　　）。

A．50km 以下线路，不小于 1.5　　B．50～200km 线路，不小于 1.3

C．200km 以上线路，不小于 1.3　　D．50～200km 线路，不小于 1.4

**答案**：ACD

**解析**：出自 DL/T 559—2007《220kV～750kV 电网继电保护装置运行整定规程》7.2.1.12。

24．根据 DL/T 559—2007《220kV～750kV 电网继电保护装置运行整定规程》，接地距离保护中应有对本线路末端故障有灵敏度的延时段保护，其灵敏系数满足哪些要求（　　）。

A．50km 以下线路，不小于 1.45　　B．50～100km 线路，不小于 1.4

C．100～150km 线路，不小于 1.35　　D．150～200km 线路，不小于 1.3

**答案**：ABCD

**解析**：出自 DL/T 559—2007《220kV～750kV 电网继电保护装置运行整定规程》7.2.8。

25．根据 DL/T 584—2017《3kV～110kV 电网继电保护装置运行整定规程》对重合闸的整定要求中，为提高重合闸的成功率，以下几种情况可酌情延长重合闸动作时间（　　）。

A．单侧电源线路的三相一次重合闸动作时间宜大于 0.5s

B．如采用二次重合闸，第二次重合闸时间宜大于 10s

C．多回线并列运行的双电源供电线路的三相一次重合闸，其无压检定侧的动作时间宜不小于 1s

D．大型电厂出线的三相一次重合闸时间宜小于 1.5s

**答案：** ACD

**解析：** 出自 DL/T 584—2017《3kV～110kV 电网继电保护装置运行整定规程》7.2.7.1。

26．根据 DL/T 584—2017《3kV～110kV 电网继电保护装置运行整定规程》对重合闸的整定要求中，由于电缆线路多为永久性故障，含电缆线路是否投入重合闸，由一次设备管理部门在投产前向整定计算部门提出书面意见，具体选择时，应遵循以下哪些原则（　　）。

A．全线敷设电缆的线路，不宜采用重合闸

B．部分敷设电缆的线路，宜以备用电源自投的方式，提高供电可靠性；视具体情况，也可以投入线路重合闸

C．含有少部分电缆，大部分架空的线路，视供电可靠性需要时，可投入线路重合闸

D．部分敷设电缆的线路，可以采用单相故障重合，多相故障闭重的措施

**答案：** ABCD

**解析：** 出自 DL/T 584—2017《3kV～110kV 电网继电保护装置运行整定规程》7.2.7.6。

27．根据 DL/T 584—2017《3kV～110kV 电网继电保护装置运行整定规程》，以下对低电阻接地系统中接地变压器的接线形式的说法正确的是（　　）。

A．接地变压器接于变电所相应的母线上

B．接地变压器直接接于变电所供电变压器相应的引线上

C．不宜采用几个中性点合用一个接地电阻的接线方式

D．宜采用几个中性点合用一个接地电阻的接线方式

**答案：** ABC

**解析：** 出自 DL/T 584—2017《3kV～110kV 电网继电保护装置运行整定规程》7.2.13.6。

28．根据 DL/T 584—2017《3kV～110kV 电网继电保护装置运行整定规程》，以下对低电阻接地系统中接地变压器的跳闸方式，说法正确的是（　　）。

A．接地变压器接在变电站相应的母线上，零序电流保护动作一时限跳母联或分段并闭锁备用电源自动投入装置；二时限跳接地变压器和供电变压器的同侧断路器

B．接地变压器接在变电站相应的母线上，零序电流保护动作一时限跳母联或分段并闭锁备用电源自动投入装置；二时限跳接地变压器断路器

C．接地变压器直接接在变电站变压器相应的引线上，零序电流保护动作一时限跳母联或分段并闭锁备用电源自动投入装置；二时限跳供电变压器同侧断路器；三时限跳供电变压器各侧断路器

D．接地变压器直接接在变电站变压器相应的引线上，零序电流保护动作一时限跳母联或分段并闭锁备用电源自动投入装置；二时限跳供电变压器同侧断路器

**答案：** AC

**解析：** 出自 DL/T 584—2017《3kV～110kV 电网继电保护装置运行整定规程》7.2.13.9。

29．根据 DL/T 584—2017《3kV～110kV 电网继电保护装置运行整定规程》，重要枢纽变电站的 110kV 母线差动保护因故退出危及系统稳定运行时，应采取下列措施（　　）。

A．尽可能缩短母线差动保护的停用时间

B．不安排母线及连接设备的检修，尽可能避免在母线上进行操作，减少母线故障的概率

C．应考虑当母线发生故障时，由后备保护延时切除故障，不会导致电网失去稳定；否则应改变母线接线方式、调整运行潮流

D．必要时，可由其他保护带短时限跳开母联或分段断路器，或酌情按稳定计算提出的要求加速后备保护，此时，如被加速的后备保护可能无选择性跳闸，应备案说明

**答案**：ABCD

**解析**：出自 DL/T 584—2017《3kV～110kV 电网继电保护装置运行整定规程》6.4。

30．根据 DL/T 584—2017《3kV～110kV 电网继电保护装置运行整定规程》，与电网配合有关的变压器各侧的过电流和零序电流保护整定中，下列说法正确的有（　　）。

A．对于两侧或三侧电源的变压器，为简化配合关系，缩短动作时间，过流保护可带方向，方向宜指向各侧母线，同时，在各电源侧以不带方向的长延时过流保护作为总后备保护

B．为提高灵敏度，增加安全性，过流保护宜经复合电压闭锁，各侧电压闭锁元件可以并联使用

C．为缩短变压器后备保护的动作时间，变压器各侧不带方向的长延时过流保护跳三侧的时间可以相同。如各侧方向过流保护均指向本侧母线，跳本侧母联断路器和本侧断路器的时间也允许相同

D．变压器外部短路故障，如短路电流大于任一侧绕组动稳定电流时，变压器过流保护的动作时间不应超过 2s

**答案**：ABC

**解析**：出自 DL/T 584—2017《3kV～110kV 电网继电保护装置运行整定规程》7.2.14.1。变压器外部短路故障，如短路电流大于任一侧绕组热稳定电流时，变压器过流保护的动作时间不应超过 2s。

31．根据 DL/T 584—2017《3kV～110kV 电网继电保护装置运行整定规程》，下列对变压器零序过压及间隙零序电流保护说法正确的是（　　）。

A．变压器 110kV 中性点放电间隙零序电流保护的一次电流定值一般可整定为 40A～100A，保护动作后可带 0.3s～0.5s 延时跳变压器各侧断路器

B．为防止中性点放电间隙在瞬时暂态过电压误击穿，导致间隙零流误动作，根据实际情况，动作时间也可以适当延长，按与线路接地后备保护保全线有灵敏度

段动作时间配合整定

C．中性点经放电间隙接地的 110kV 变压器的零序电压保护，其 $3U_0$ 定值一般整定为 150V～180V（额定值为 300V），或 $3U_0$ 定值一般整定 120V（额定值为 173V），保护动作后带 0.3s～0.5s 延时跳变压器各侧断路器

D．当变压器中性点绝缘水平低于半绝缘水平时，其中性点一般应直接接地运行

**答案：**ABCD

**解析：**出自 DL/T 584—2017《3kV～110kV 电网继电保护装置运行整定规程》7.2.14.8 及 7.2.14.9。

32．根据 DL/T 584—2017《3kV～110kV 电网继电保护装置运行整定规程》，地区电源带就地负荷，如需与主网联网，宜以单回线或双回线在一个变电站与主系统单点联网，并满足以下（　　）要求。

A．如地区电源侧的线路保护对联网线路的各类故障均满足本规程灵敏系数的要求，则地区电源侧的联网线路保护定值按常规配合方式整定

B．如地区电源侧的线路保护对联网线路的故障不能满足本规程灵敏系数的要求，则地区电源侧的联网线路保护定值应按故障解列装置的要求整定，故障时将地区电源与主网解列

C．在联网线路发生故障地区电源侧断路器跳闸后，地区电源侧还应联切部分发电设备或非重要负荷，保持本地区功率平衡及相关线路不超限

D．在地区电源侧应装低频和低压解列、切负荷装置，在系统频率降低时将地区电源与主网解列、切除部分非重要负荷。低频率定值一般整定为 48～49Hz，动作时间一般整定为 0.2～0.5s。低电压定值按保证解列范围有足够的灵敏系数整定，需要时，可在联网线路上加装方向元件来限制电压的解列范围，动作时间应躲过解列范围内的后备保护动作时间

**答案：**ABCD

**解析：**出自 DL/T 584—2017《3kV～110kV 电网继电保护装置运行整定规程》7.2.19.1。

33．根据 DL/T 584—2017《3kV～110kV 电网继电保护装置运行整定规程》，风电厂小电流接地故障选线装置整定原则有（　　）。

A．汇集系统中性点经消弧线圈接地的升压站应按汇集母线配置小电流接地故障选线装置

B．汇集线路应配置专用的零序电流互感器，供小电流接地故障选线装置使用

C．零序电压元件对汇集系统单相接地故障有足够灵敏度，灵敏系数不小于 1.5

D．接地故障选线装置应具备跳闸出口功能。在发生单相接地故障时经较短延时（一般不超过 0.5s）切除故障汇集线路；经较长延时（一般不超过 1s）跳主升压变压器低压侧断路器；经更长延时（一般不超过 1.5s）跳升压变压器各侧

断路器

答案：ABCD

解析：出自 DL/T 584—2017《3kV～110kV 电网继电保护装置运行整定规程》7.2.21.10。

34．根据 DL/T 584—2017《3kV～110kV 电网继电保护装置运行整定规程》分布式电源接入电网的具体规定中要求，电网侧保护及安全自动装置整定原则中以下正确的是（　　）。

A．重合闸定值应躲过分布式电源解列时间，在分布式电源解列后，进行检无压重合

B．重合闸定值应躲过分布式电源解列时间，在分布式电源解列前，进行检无压重合

C．低电压和过电压定值根据分布式电源允许电压偏差能力整定，时间定值应与分布式电源侧配合整定，配合级差不小于 0.2s

D．低频率和过频率定值根据分布式电源允许频率偏差能力执行，时间定值应与分布式电源侧配合整定，配合级差不小于 0.2s

答案：ACD

解析：出自 DL/T 584—2017《3kV～110kV 电网继电保护装置运行整定规程》7.2.20.3。

35．电容器不平衡保护动作一般都带有短延时的原因有（　　）。

A．减小电容器组跳闸时的冲击电流

B．断路器三相合闸不同步

C．防止外部故障情况下不平衡保护误动

D．为了提高电容器保护动作的快速性

答案：BC

解析：出自 DL/T 584—2017《3kV～110kV 电网继电保护装置运行整定规程》7.2.18。

## 三、判断题

1．距离保护整定配合计算时助增系数的选择，要通过各种运行方式的比较，选取最大值。（　　）

答案：×

解析：距离保护整定配合计算时助增系数的选择，要通过各种运行方式的比较，选取最小值。

2．某线路间隔距离保护Ⅰ段二次定值整定为 1Ω，电流互感器更换后变比由原来的 2000/5 改为 3000/5，其距离Ⅰ段二次定值应调整为 1.5Ω。（　　）

答案：√

3．某接地距离保护，零序电流补偿系数为 0.6，现错设为 0.55，则该接地距离保护

区缩短。（　　）

答案：√

4．接地距离Ⅱ段保护阻抗定值对本线路末端金属性接地故障的灵敏系数的要求中有：互感较大的线路应考虑互感的影响，适当降低灵敏系数。（　　）

答案：×

解析：根据 DL/T 584—2017《3kV～110kV 电网继电保护装置运行整定规程》7.2.2.9“对于接地距离Ⅰ段的可靠系数，应考虑互感的影响，适当降低灵敏系数”。

5．相间距离Ⅱ段定值，优先按本线路末端发生经 100Ω过渡电阻相间短路故障有足够灵敏度整定，并与相邻线路相间距离Ⅰ段或纵联保护配合，动作时间取 0.5s 左右。（　　）

答案：√

解析：出自 DL/T 559—2007《220kV～750kV 电网继电保护装置运行整定规程》7.2.3.8。

6．接地距离Ⅲ段阻抗定值，对本线路末端接地故障和本线路对侧变压器低压侧故障的灵敏系数应力争不小于 1.2。（　　）

答案：√

解析：出自 GB/T 14285—2006《继电保护和安全自动装置技术规程》附录 A 短路保护的最小灵敏系数。

7．相间距离保护的Ⅲ段定值，按可靠躲过本线路的最大事故过负荷电流对应的最大阻抗整定。（　　）

答案：×

解析：出自 DL/T 584—2017《3kV～110kV 电网继电保护装置运行整定规程》7.2.3.8。

8．当 110kV 电网线路配置阶段式相间和接地距离保护时，允许仅保留切除经电阻接地故障的一段零序电流保护。（　　）

答案：√

解析：出自 DL/T 584—2017《3kV～110kV 电网继电保护装置运行整定规程》7.2.1.15。

9．相电流突变量起动元件在本线路末端发生各类金属性短路故障时，灵敏系数大于 4；在距离Ⅲ段保护动作区末端各类金属性故障时，灵敏系数大于 2。（　　）

答案：√

解析：出自 GB/T 14285—2006《继电保护和安全自动装置技术规程》附表 A 短路保护的最小灵敏系数。

10．为了解决串联补偿电容在距离保护的背后，造成的距离保护失去方向性，解决的办法是增加电抗继电器与距离继电器按或门条件工作。（　　）

答案：×

解析：当串联补偿电容安装在距离保护的背后时，会造成距离保护失去方向性，解决的办法是增加电抗继电器与距离继电器按与门条件工作。

11．在最大运行方式下，距离保护的保护区大于最小运行方式下的保护区。（　　）

答案：×

解析：运行方式对距离保护影响不大，距离保护主要受汲出及助增电流的影响。

12．全阻抗继电器的动作特性反映在阻抗平面上的阻抗圆的直径，它代表全阻抗继电器的整定阻抗。（　　）

答案：×

解析：全阻抗继电器的动作特性反映在阻抗平面上的阻抗圆的半径，代表全阻抗继电器的整定阻抗。

13．某系统中的Ⅱ段阻抗继电器，因汲出与助增同时存在，且助增与汲出相等，所以整定阻抗没有考虑它们的影响若运行中因故助增消失，则Ⅱ段阻抗继电器的保护区要变长。（　　）

答案：√

解析：助增电流会使距离保护保护区缩短，汲出电流会造成距离保护的保护区变长，当助增电流消失时，汲出电流会造成距离保护的保护区变长。

14．在线路主保护双重化配置功能完整的前提下，后备保护允许不完全配合。（　　）

答案：√

解析：出自 DL/T 559—2007《220kV～750kV 电网继电保护装置运行整定规程》5.7.4。

15．对于配置了两套全线速动保护的 220kV 密集型电网的线路，带延时的线路后备保护第二段，如果需要，可与相邻线路全线速动保护相配合，按可靠躲过相邻线路出口短路故障整定。（　　）

答案：×

解析：出自 Q/GDW 10422—2017《国家电网继电保护整定计算技术规范》5.2.5。

16．线路保护的双重化主要是指两套保护的交流电流、电压和直流电源彼此独立；有独立的选相功能；有两套独立的保护专（复）用通道；断路器有两个跳闸线圈时，每套主保护分别启动一组。（　　）

答案：√

17．若在整定计算时，需要对重合闸后加速整定加速某段保护时，一般应加速保护线路全长的保护段。（　　）

答案：√

18．若光纤线路保护是采用 2048bit/s 速率的装置，采用复用通道进行传输时，其“专用用光纤”和“发送时钟”控制值均整定为 0。（　　）

答案：×

**解析**：复用通道采用 2M 时，其发送内时钟控制字置 1。

19．当重合于本线路故障，或在非全相运行期间健全相又发生故障时，此时允许相邻元件的保护失去选择性。（ ）

**答案**：×

**解析**：当重合于本线路故障时，不允许允许相邻元件的保护失去选择性。

20．为保证选择性，对相邻设备和线路有配合要求的保护和同一保护内有配合要求的两元件（如起动与跳闸元件、闭锁与动作元件），其灵敏系数及动作时间可以不完全配合。（ ）

**答案**：×

**解析**：为保证选择性，对相邻设备和线路有配合要求的保护和同一保护内有配合要求的两元件（如起动与跳闸元件、闭锁与动作元件），要求其灵敏系数及动作时间应完全配合。

21．当采用近后备方式时，在短路电流水平低且对电网不致造成影响的情况下（如变压器或电抗器后面发生短路，或电流助增作用很大的相邻线路上发生短路等），如果为了满足相邻线路保护区末端短路时的灵敏性要求，将使保护过分复杂或在技术上难以实现时，可以缩小后备保护作用的范围。（ ）

**答案**：×

**解析**：出自 GB/T 14285—2006《继电保护和安全自动装置技术规程》“4.1.5 采取远后备方式时，在短路电流水平低且对电网不致造成影响的情况下（如变压器或电抗器后面发生短路，或电流助增作用很大的相邻线路上发生短路等），如果为了满足相邻线路保护区末端短路时的灵敏性要求，将使保护过分复杂或在技术上难以实现时，可以缩小后备保护作用的范围。”

22．城市配电网络的直馈线路，为保证供电质量需要时，35kV 线路需配置全线速动保护。（ ）

**答案**：√

**解析**：出自 GB/T 14285—2006《继电保护和安全自动装置技术规程》4.1.5.2。

23．对只有两回线和一台变压器的变电所，当该变压器退出运行时，可以不更改两侧线路保护定值，此时，不要求两回线相互之间的整定配合有选择性。（ ）

**答案**：√

**解析**：出自 DL/T 584—2017《3kV～110kV 电网继电保护装置运行整定规程》5.3.2.7。

24．110～220kV 中性点直接接地电网的线路保护中符合下列条件之一时，应装设一套全线速动保护装置：①根据系统稳定要求有必要时；②线路发生三相短路如使发电厂厂用母线的电压低于允许值（一般约为 70%额定电压），且其他保护不能无时限和有选择切除短路时；③如电力网的某些主要线路采用全线速动保护后，不仅改善本线路保护

性能，而且能够改善整个电网保护的性能。（ ）

**答案：** √

**解析：** 出自 GB/T 14285—2006《继电保护和安全自动装置技术规程》4.6.1.1。

25．对 220kV 及以上电网不宜选用全星型自耦变压器，以免恶化接地故障后备保护的运行整定。（ ）

**答案：** √

26．由于变压器在 1.3 倍额定电流时还能运行 10s，因此变压器过流保护的过电流定值按不大于 1.3 倍额定电流值整定，时间按不大于 9s 整定。（ ）

**答案：** ×

**解析：** 根据《国家电网有限公司十八项电网重大反事故措施（2018 年修订版）》。

15.2.8“为提高切除变压器低压侧母线故障的可靠性，宜在变压器的低压侧设置取自不同电流回路的两套电流保护功能。当短路电流大于变压器热稳定电流时，变压器保护切除故障的时间不宜大于 2s”。

27．变压器各侧的过流保护均按躲过变压器励磁电流整定，但不作为短路保护的一级参与选择性配合，其动作时间应大于所有出线保护的最长时间。（ ）

**答案：** ×

**解析：** 出自 DL/T 584—2017《3kV～110kV 电网继电保护装置运行整定规程》7.2.14。

28．下一级电网应满足上一级电网提出的整定时间要求，供电变压器过流保护时间应满足变压器绕组热稳定要求，必要时，为保证设备和主网安全、保重要用户供电，应在上一级电网适当的地方设置不配合点。（ ）

**答案：** ×

**解析：** 出自 DL/T 584—2017《3kV～110kV 电网继电保护装置运行整定规程》5.5.1。

29．主变压器后备保护动作跳母联（分段）应同时启动母联（分段）断路器失灵保护。（ ）

**答案：** ×

**解析：** 根据 Q/GDW 1175—2013《变压器、高压并联电抗器和母线保护及辅助装置标准化设计规范》4.3.4 h）“变压器后备保护跳母联（分段）时不应启动失灵保护”。

30．母差保护与失灵保护共用出口回路时，闭锁元件的灵敏系数应按失灵保护的要求整定。（ ）

**答案：** √

31．备用电源自动投入装置的低电压元件要求：如母线上接有并联电容器，则低电压定值应低于电容器低电压保护电压定值。（ ）

**答案：** √

32．母联或分段断路器充电保护投入时，按可靠躲过最大运行方式下的负荷电流整

定。（　　）

**答案**：×

**解析**：根据 DL/T 559—2007《220kV～750kV 电网继电保护装置运行整定规程》7.2.9.9 “母联或分段断路器充电保护，按最小方式下被充电母线故障有灵敏度整定”。

33．对不带比率制动的母线差动保护起动元件的整定值，应能避开外部故障的最大不平衡电流。（　　）

**答案**：√

34．与母差保护共用跳闸出口回路的断路器失灵保护不装设独立的闭锁元件，应共用母差保护的闭锁元件，闭锁元件的灵敏度应按失灵保护的要求整定。（　　）

**答案**：√

35．母联失灵出口延时定值应大于断路器最大跳闸灭弧时间，一般整定为 0.2s。（　　）

**答案**：√

36．电网中线路、变压器和母联断路器三相不一致保护不要求启动失灵保护。（　　）

**答案**：√

37．断路器失灵保护的延时均不需与其他保护的时限配合，因为它在其他保护动作后才开始计时。（　　）

**答案**：√

38．断路器失灵保护的动作时间整定原则：从启动失灵保护算起，起动作时间应保证断路器失灵保护动作选择性的前提下尽量缩短，应大于断路器动作时间和保护返回时间之和，再考虑一定裕度。双母线接线方式下以较短时限动作于断开母联或分段断路器，以较长时限断开于拒动断路器连接在同一母线上的所有断路器。在一个半断路器接线下，以较短时限动作于跳本断路器三相，以较长时限断开与拒动断路器相关联的所有断路器，包括经远方跳闸通道断开线路对侧的断路器。（　　）

**答案**：√

39．断路器失灵保护相电流判别元件的整定值，应保证在本线路末端金属性短路或本变压器低压侧故障时有足够灵敏度，灵敏系数大于 1.3，可以不躲过正常运行负荷电流。（　　）

**答案**：√

40．为保护高阻接地故障，220kV 线路零序Ⅳ段或反时零序启动电流在任何情况下均不应大于 300A。（　　）

**答案**：×

**解析**：出自 DL/T 559—2007《220kV～750kV 电网继电保护装置运行整定规程》7.2.1.14。

41．零序电流Ⅰ段定值计算的故障点一般在本侧母线上。（　　）

**答案：**×

**解析：**零序电流Ⅰ段定值按躲过本线路区外故障最大零序电流整定，位置一般在对侧母线上。

42．零序电流最末一段电流定值，对相邻线路末端金属性接地故障的灵敏系数宜不小于1.3。（　　）

**答案：**×

**解析：**根据Q/GDW 11425—2018《省、地、县电网继电保护一体化整定计算技术规范》5.2.3.8.2“相邻线路末端发生金属性接地故障时，宜有不低于1.2的灵敏度”。

43．零序电流速断保护按照躲开下一条线路出口处单相或两相接地短路时可能出现的最大零序电流的整定原则整定。（　　）

**答案：**√

44．零序电流补偿系数$K$应按线路实测的正序阻抗$Z_1$和零序阻抗$Z_0$计算获得，$K=(Z_0-Z_1)/3Z_1$，实用值宜小于或接近计算值。（　　）

**答案：**√

45．充电相过流、零序过流电流定值应保证空充母线时母线故障有足够的灵敏度，灵敏系数不低于1.5。充电过流保护一般为瞬时动作，在对主变充电时应结合电流定值躲过变压器励磁涌流衰减时间。（　　）

**答案：**√

46．当整套保护装置中采用自产$3U_0$方式，发生电压断线时，应将整套零序电流保护退出运行。（　　）

**答案：**×

**解析：**出自Q/GDW 1161—2014《线路保护及辅助装置标准化设计规范》5.2.4。

47．对于不加方向的零序电流Ⅱ段要躲过背后母线接地短路时流过线路保护的最大零序电流整定。（　　）

**答案：**×

**解析：**对于不加方向的零序电流Ⅰ段要躲过背后母线接地短路时流过线路保护的最大零序电流整定。

48．反时限零序电流保护动作特性与故障电流具有天然配合能力，越远离故障点，切除速度越快，对电网稳定越有利。全网采用相同特性的反时限零序电流保护，通过平移动作曲线，能很好地实现电网各级线路零序电流保护的有机配合，具有整定计算简单、电网方式适应能力强的优点。（　　）

**答案：**×

**解析：**反时限零序电流保护动作特性与故障电流具有天然配合能力，越接近故障点，切除速度越快，对电网稳定越有利。

49. 中性点经放电间隙接地的半绝缘 110kV 变压器的间隙零序电压保护，$3U_0$ 定值一般整定为 150～180V。（ ）

**答案：**√

50. 当线路出现非全相运行时，由于没有发生接地故障，所以零序保护不会发生误动。（ ）

**答案：**×

**解析：**出自《国家电网公司继电保护培训教材》P179。

51. 使用单相重合闸时会出现非全相运行，除纵联保护需要考虑一些特殊问题外，对零序电流保护的整定和配合产生了很大影响，也使中、短线路的零序电流保护不能充分发挥作用。（ ）

**答案：**√

52. 对于保护支路与配合支路成放射性网络，零序分支系数与是否相继动作无关系。（ ）

**答案：**√

53. 为了改善保护配合关系，当某一短线路检修停动时，可以用增加中性点接地变压器台数的办法来抵消线路停运对零序电流分配关系产生的影响。（ ）

**答案：**√

54. 零流保护不能作为所有类型故障的后备保护，却能保证在本线路经较大弧光电阻接地时仍有足够的灵敏度。（ ）

**答案：**√

55. 电网呈现出的新特性对继电保护的灵敏性与选择性、交直流系统保护的协同配合提出了更高要求。（ ）

**答案：**√

56. 为保证电网保护的灵敏性，电网保护上、下级之间逐级配合的原则是保护装置整定值必须在灵敏度和时间上配合。（ ）

**答案：**×

**解析：**为保证电网保护的选择性，电网保护上、下级之间逐级配合的原则是保护装置整定值必须在灵敏度和时间上配合。

57. 在同一套保护装置中闭锁、启动和方向判别等辅助元件的灵敏系数应不低于所控的保护测量元件的灵敏系数。（ ）

**答案：**√

58. 所谓选择性是指应该由故障设备的保护动作切除故障。（ ）

**答案：**×

**解析**：继电保护的选择性是指，首先由故障设备或线路本身的保护切除故障，当故障设备或线路本身的保护或断路器拒动时，才允许由相邻设备、线路的保护或断路器失灵保护切除故障。

59. 单相重合闸时间的整定，主要是以保证第Ⅱ段保护能可靠动作来考虑的。（　　）

**答案**：×

**解析**：根据 DL/T 559—2007《220kV～750kV 电网继电保护装置运行整定规程》7.2.8.1“重合闸时间的整定应考虑对侧保护有灵敏度的延时段动作时间”。

60. 上、下级保护之间，只要动作时间满足配合关系，就可以保证动作的选择性。（　　）

**答案**：×

**解析**：上、下级保护之间，动作时间与灵敏度均满足配合关系，才可以保证动作的选择性。

61. 基建或技改过程中，在过渡期允许后备保护定值失去选择性。（　　）

**答案**：√

62. 制定保护配置方案时，对两种故障同时出现的稀有情况应保证选择性和速动性。（　　）

**答案**：×

**解析**：对两种故障同时出现的稀有情况应保证速动性，允许失去选择性。

63. 通常采用施加单相电压来模拟两相短路的方法来整定负序电压继电器的动作电压。如继电器的 B、C 两端短接后，对 A 端子加入单相电压为 9V，那么负序电压继电器的动作电压整定值为 3V。（　　）

**答案**：√

64. P 级电流互感器的暂态特性欠佳，在外部短路时会产生较大的差流。为此，特性呈分段式的比率制动式差动继电器抬高了制动系数的取值。同理，继电器的最小动作电流定值也该相应抬高。（　　）

**答案**：×

**解析**：继电器的最小动作电流定值为保灵敏度设置定值，不宜进行抬高，此时提高比率制动系数即可。

65. 测定保护装置整定的动作时间为自向保护屏通入模拟故障分量起至保护动作向断路器发出跳闸脉冲为止的全部时间。（　　）

**答案**：√

66. 过流保护在系统运行方式变小时，保护范围将变大。（　　）

**答案**：×

**解析**：运行方式变小时，电流保护范围也变小。

67．国内普遍使用的离线定值整定方式是按每套继电保护装置对应的电力系统最小运行方式计算保护的动作值，按每套继电保护装置对应的电力系统最大运行方式校验保护的灵敏度。（　　）

**答案：**×

**解析：**按最大运行方式计算保护的动作值，按每套继电保护装置对应的电力系统最小运行方式校验保护的灵敏度。

68．校验保护灵敏度应选择可能出现的最不利运行方式，增量型保护取最小运行方式，欠量型保护取最大运行方式。（　　）

**答案：**√

69．采用远后备原则配置保护时，其所有保护装置，以及断路器操作回路等，可仅由一组直流熔断器或自动开关供电。（　　）

**答案：**√

70．定时限零序电流保护动作特性与故障电流具有天然配合能力，越临近故障点，切除速度越快，对电网稳定越有利。（　　）

**答案：**×

**解析：**反时限零序电流保护动作特性与故障电流具有天然配合能力，越临近故障点，切除速度越快，对电网稳定越有利。

71．工频变化量方向继电保护引入补偿阻抗的目的是为了保证大电源长线路末端故障时的正方向元件灵敏度。（　　）

**答案：**√

72．为了正确反映变压器绕组少数线匝的匝间短路故障，应降低差动保护动作启动值，提高动作灵敏度。（　　）

**答案：**×

**解析：**差动保护不反映变压器绕组少数线匝的匝间短路故障，变压器内部故障的主保护为瓦斯保护。

73．对于纵联保护，应保证被保护范围末端发生金属性故障或电阻性故障时有足够灵敏度。对接地电阻的要求：220kV 线路，100Ω；330kV 线路，150Ω；500kV 线路，300Ω；750kV 线路，400Ω。（　　）

**答案：**×

**解析：**根据 DL/T 559—2007《220kV～750kV 电网继电保护装置运行整定规程》5.6.4 "接地故障保护最末一段（如零序电流Ⅳ段），应保证被保护范围末端发生金属性故障或电阻性故障时有足够灵敏度。对接地电阻的要求：220kV 线路，100Ω；330kV 线路，150Ω；500kV 线路，300Ω；750kV 线路，400Ω"。

74．继电保护动作速度愈快愈好，灵敏度愈高愈好。（　　）

**答案**：×

**解析**：需保证继电保护的选择性，而非越快越好。

75．系统运行方式越大，保护装置的动作灵敏度越高。（  ）

**答案**：×

**解析**：对于电流保护（过量性保护），运行方式越大，保护装置的动作灵敏度越高。对于欠量保护（电压保护），运行方式越小，保护装置的动作灵敏度越高。

## 四、填空题

1．电力设备和线路应有主保护、____、____，必要时可增设辅助保护。

**答案**：后备保护；异常运行保护

**解析**：出自 GB/T 14285—2006《继电保护和安全自动装置技术规程》4.1.1。

2．110kV 线路宜采用____保护，220kV 线路保护宜采用____保护。

**答案**：远后备；近后备

**解析**：出自 GB/T 14285—2006《继电保护和安全自动装置技术规程》4.6.1.3 条及 4.6.2.2。

3．10～66kV 电容器组接线有单星不平衡电压、____、双星接线、桥差接线。

**答案**：单星差压接线

**解析**：出自 GB/T 14285—2006《继电保护和安全自动装置技术规程》4.11。

4．保护装置开关量输入定义采用正逻辑，即触点闭合为“____”，触点断开为“____”。

**答案**：1；0

**解析**：出自 Q/GDW 1161—2014《线路保护及辅助装置标准化设计规范》4.1.1。

5．保护配置及组屏的要求应遵循____的原则进行保护配置。

**答案**：强化主保护、简化后备保护

**解析**：出自 Q/GDW 1161—2014《线路保护及辅助装置标准化设计规范》4.3.1。

6．PT 断线相过流保护受距离保护、带方向的过流保护功能投入____控制。当上述保护功能全部退出后，该保护不起作用。

**答案**：或门

**解析**：出自 Q/GDW 10766《10kV～110（66）kV 线路保护及辅助装置标准化设计规范》6.2.6 b。

7．某 220kV 变电站更换 220kV Ⅰ段管母线，启动送电时，利用母联断路器对其充电，母联断路器的充电电流定值应按____下被充电母线故障有灵敏度整定。

**答案**：最小运行方式

**解析**：出自 DL/T 559—2007《220kV～750kV 电网继电保护装置运行整定规程》7.2.9.9。

8．带比率制动特性的发电机差动保护，整定比率制动系数为 0.5，制动电流大于或等于无制动区电流后，每增加 1A，则差动动作电流会增加____。

**答案：**0.5A

**解析：**按照主变压器差动保护计算公式进行计算差动电流=比率制动系数×（制动电流–拐点电流）+差动启动电流。

9．为提高切除变压器低压侧母线故障的可靠性，宜在变压器的低压侧设置取自不同电流回路的两套电流保护功能。当短路电流大于变压器____时，变压器保护切除故障的时间不宜大于____。

**答案：**热稳定电流；2s

**解析：**出自《国家电网有限公司十八项电网重大反事故措施（2018 年修订版）》15.2.8。

10．双侧电源线路的三相重合闸时间除了考虑单侧电源线路重合闸的因素外，还应考虑线路两侧保护装置以不同时间切除故障的可能性。重合闸整定时间应等于____的动作时间，加上故障点足够断电去游离时间和裕度时间，再减去断路器合闸固有时间。

**答案：**线路对侧有足够灵敏系数的延时段保护

**解析：**出自 DL/T 559—2007《220kV～750kV 电网继电保护装置运行整定规程》7.2.8.1。

11．220kV 电网按近后备原则整定的零序方向保护，其方向继电器的灵敏度应满足本线路末端接地短路时，零序功率灵敏度不小于____。

**答案：**2

**解析：**出自 DL/T 559—2007《220kV～750kV 电网继电保护装置运行整定规程》7.2.1.2。

12．电网继电保护的整定不能兼顾速动性，选择性或灵敏性按什么原则取舍：____。

**答案：**局部电网服从整个电网；下一级电网服从上一级电网；局部问题自行消化；尽量照顾局部电网和下一级电网的需要；保证重要用户供电

**解析：**出自 DL/T 559—2007《220kV～750kV 电网继电保护装置运行整定规程》4.4。

13．220kV 变压器的中性点经间隙接地的零序过电压保护定值一般可整定____。

**答案：**180V

**解析：**出自 Q/GDW 1175—2013《变压器、高压并联电抗器和母线保护及辅助装置标准化设计规范》5.1.2.3 h）。

14．220kV 变压器高压侧断路器失灵保护动作开入后，应经灵敏的、不需整定的电流元件并带____延时后跳开变压器各侧断路器。

**答案：**50ms

**解析：**出自 Q/GDW 1161—2014《线路保护及辅助装置标准化设计规范》4.3.3。

15．220kV 变压器零序电压选外接时固定为 180V、选自产时固定为____，延时跳开变压器各侧断路器。

**答案**：120V

**解析**：出自 Q/GDW 1175—2013《变压器、高压并联电抗器和母线保护及辅助装置标准化设计规范》5.1.2.3 h）。

16．220kV 及以上电网整定计算数据交换应采用____，110kV 及以下电网可采用____。

**答案**：全数据模型；等值方式

**解析**：出自 Q/GDW 11425—2018《省、地、县电网继电保护一体化整定技术规范》6.3.2.2。

17．保全线有灵敏系数的零序电流定值对本线路末端金属性接地故障的灵敏系数应满足如下要求：20km 以下线路，不小于____；20～50km 以下线路，不小于____；50km 以上线路，不小于____。

**答案**：1.5；1.4；1.3

**解析**：出自 DL/T 584—2017《3kV～110kV 电网继电保护装置运行整定规程》7.2.11.8。

18．变压器各侧的过流保护按____整定，但不作为短路保护的一级参与选择性配合，其动作时间应____所有出线保护的最长时间。

**答案**：躲变压器额定电流；大于

**解析**：出自 DL/T 584—2017《3kV～110kV 电网继电保护装置运行整定规程》7.2.14.4。

19．对于双母线接线的国网六统一母线保护装置，差动保护电压闭锁元件中相电压判别定值固定为____。

**答案**：40V

**解析**：根据 Q/GDW 1175—2013《变压器、高压并联电抗器和母线保护及辅助装置标准化设计规范》C.2.2“母差保护低电压闭锁定值固定取 0.7 倍的相电压（57.7×0.7=40V）”。

20．微机母差保护的差动保护普遍采用比例制动原理，应按被保护母线最小方式短路故障有足够灵敏度校验，灵敏系数大于____。

**答案**：2

**解析**：出自 DL/T 584—2017《3kV～110kV 电网继电保护装置运行整定规程》7.2.8.1。

21．除大区系统间弱联络线外，系统最长振荡周期可按____s 考虑。

**答案**：1.5

**解析**：出自 DL/T 559—2007《220kV～750kV 电网继电保护装置运行整定规程》5.9.1。

22．零序过流保护加速段在三相重合闸时会增加____s 延时。

**答案**：0.1

**解析**：出自 DL/T 559—2007《220kV～750kV 电网继电保护装置运行整定规程》7.2.19.1。

23．国家电网“六统一”的主变压器保护装置中间隙电流保护定值由装置固定为一次值____。

**答案**：100A

**解析**：出自 Q/GDW 1175—2013《变压器、高压并联电抗器和母线保护及辅助装置标准化设计规范》5.2.6。

24．国网六统一的母线保护装置中母联死区保护确认母联跳闸位置的延时为____s。

**答案**：0.15

**解析**：出自 Q/GDW 1175—2013《变压器、高压并联电抗器和母线保护及辅助装置标准化设计规范》7.2.4。

25．某 220kV 线路的距离保护Ⅰ段二次定值整定为 3.6Ω，由于该线路间隔的断路器电流互感器由原来的 1200/5 改为 2000/5，其距离保护Ⅰ段二次定值应调整为____。

**答案**：6Ω

**解析**：考察二次电阻换算，其关系为 3.6×2000/1200=6.0。

26．根据《220～500kV 电网继电保护装置运行整定规程》的规定，对 50km 以下的线路，相间距离保护中应有对本线末端故障的灵敏度不小于____的延时段保护。

**答案**：1.45

**解析**：出自 DL/T 559—2007《220kV～750kV 电网继电保护装置运行整定规程》7.2.3.9。

27．继电保护后备保护逐级配合是指____及____上，与上一级线路或组件的继电保护整定值相互配合。

**答案**：灵敏度；动作时间

**解析**：出自 DL/T 559—2007《220kV～750kV 电网继电保护装置运行整定规程》5.7。

28．助增电流使测量阻抗____，汲出电流使测量阻抗____。

**答案**：增大；减小

29．电力系统振荡时，随着振荡电流____，而母线电压降低，阻抗元件的测量阻抗____，当测量阻抗落入继电器动作特性以内时，距离保护将发生误动作。

**答案**：降低；减小

30．接地故障保护的末段（如零序电流Ⅳ段）应以适当的接地电阻值作为整定条件，对于 220kV 线路，接地电阻值应为____Ω。

**答案**：100

**解析**：根据 DL/T 559—2007《220kV～750kV 电网继电保护装置运行整定规程》5.6.4“接地故障保护最末一段（如零序电流Ⅳ段），应保证被保护范围末端发生金属性故障或电阻性故障时有足够灵敏度。对接地电阻的要求：220kV 线路，100Ω；330kV 线路，150Ω；500kV 线路，300Ω；750kV 线路，400Ω”。

31．对于零序电流保护后备段，为了防止零序电流保护____，应取常见运行方式下____的分支系数进行计算。

**答案**：越级；最大

**解析**：出自 DL/T 584—2017《3kV～110kV 电网继电保护装置运行整定规程》7.2.1.9。

32．继电保护的选择性是指，首先由故障设备或线路本身的保护切除故障，当故障设备或线路本身的保护或断路器拒动时，才允许由相邻设备、线路的保护或____切除故障。

**答案**：断路器失灵保护

**解析**：出自 DL/T 584—2017《3kV～110kV 电网继电保护装置运行整定规程》5.3.1。

33．继电保护的不完全配合是指：____配合，____不配合。

**答案**：时间；定值（保护范围）

**解析**：出自 Q/GDW 10422《国家电网继电保护整定计算技术规范》5.1.5。

34．在某些条件下必须加速切除短路时，可使保护无选择动作，但必须采取补救措施，例如采用____或____来补救。

**答案**：重合闸；备自投

**解析**：出自 DL/T 584—2017《3kV～110kV 电网继电保护装置运行整定规程》7.2.1.1 f。

## 五、问答题

1．简述整定计算工作的目的。

**答**：不同的部门整定计算的目的有所不同。对于调度部门，整定计算工作主要是根据具体的参数和运行要求，给已配置好的保护装置通过计算分析给出所需的各项整定值；对于设计部门，则通过计算分析来选择和论证保护配置及选型的正确性。

2．整定计算的具体任务是什么？

**答**：

（1）绘制电力系统接线图。

（2）绘制电力系统阻抗图。

（3）建立电力系统设备参数表。

（4）建立电流，电压互感器参数表。

（5）确定继电保护整定需要满足的电力系统规模及运行方式变化限度。

（6）根据已有的保护装置，计算保护定值，编制定值通知单。

（7）对定值通知单进行管理。

（8）编写整定方案报告书，着重说明整定原则问题，整定结果评价，存在的问题及采取的对策等。

（9）根据整定方案，编制系统保护运行规程（说明）。

3．哪些用于整定计算的一次设备参数必须采用实测值？

**答**：

（1）三相三柱式变压器的零序阻抗。

（2）66kV 及以上架空线路和电缆线路的阻抗。

（3）平行线之间的零序互感阻抗。

（4）双回线路的同名相间和零序的差电流系数。

（5）其他对继电保护影响较大的有关参数。

**解析**：出自 DL/T 559—2007《220kV～750kV 电网继电保护装置运行整定规程》7.1.1。

4．什么是继电保护整定配合的选择性？如何实现选择性配合？

**答**：继电保护整定计算的选择性是指首先由故障设备或线路本身的保护切除故障，当故障设备或线路本身的保护或断路器拒动时，才允许由相邻设备、线路的保护或断路器失灵保护切除故障。要求灵敏度和动作时间都应相互配合，时限配合是指上一级保护动作时限比下一级保护动作时限要大，存在时限级差；灵敏度配合是指上一级保护的保护范围应比下一级相应段保护范围短。

**解析**：出自 DL/T 584—2017《3kV～110kV 电网继电保护装置运行整定规程》5.3.1。

5．电网继电保护的整定不能兼顾速动性、选择性或灵敏性要求时，应按什么原则合理进行取舍？

**答**：

（1）局部电网服从整个电网。

（2）下一级电网服从上一级电网。

（3）局部问题自行消化。

（4）尽量照顾局部电网和下级电网的需要。

（5）保证重要用户供电。

**解析**：出自 DL/T 559—2007《220kV～750kV 电网继电保护装置运行整定规程》4.4。

6．一般短路电流计算采用哪些假设条件？

**答**：

（1）忽略发电机、调相机、变压器、架空线路、电缆线路等阻抗参数的电阻部分，并假定旋转电机的负序电抗等于正序电抗。66kV 及以下的架空线路和电缆，当电阻和电抗之比 $R/X>0.3$ 时，宜采用阻抗值 $Z=\sqrt{R^2+X^2}$ 。

（2）发电机及调相机的正序电抗可采用 $t=0$ 时的瞬时值（$X''_d$的饱和值）。

（3）发电机电动势标幺值可以假定等于 1，且两侧发电机电动势相位一致。只有计算线路非全相运行电流和全相振荡电流时，才考虑线路两侧电动机综合电动势间有一定的相角差。

（4）不考虑短路电流的衰减。对机端电压励磁的发电机出口附近故障，应从动作时间上满足保护可靠动作的要求。

（5）各级电压可采用标称电压值或平均电压值，而不考虑变压器分接头实际位置的变动。

（6）不计线路电容和负荷电流的影响。

（7）不计故障点的相间电阻和接地电阻。

（8）不计短路暂态电流中的非周期分量，但具体整定时间应考虑其影响。对有针对性的专题分析（如事故分析）和某些装置的特殊需要的计算，可以根据需要采用某些更符合实际情况的参数和数据。

**解析**：出自 DL/T 559—2007《220kV～750kV 电网继电保护装置运行整定规程》7.1.2。

7．继电保护整定计算以什么运行方式作为依据？

**答**：合理地选择继电保护整定计算用运行方式是改善保护效果，充分发挥保护效能的关键之一。继电保护整定计算应以常见的运行方式为依据。所谓常见运行方式是指正常运行方式和被保护设备相邻近的一回线路或一个元件检修的正常检修方式。对特殊运行方式，可以按专用的运行规程或者依据当时实际情况临时处理，并考虑以下情况：

（1）对同杆并架的双回线路，考虑双回线路同时检修或双回线路同时跳开的情况；

（2）发电厂有两台机组时，应考虑全部停运的方式，即一台机组检修时，另一台机组故障跳闸；发电厂有三台及以上机组时，可考虑其中两台容量较大的机组同时停运的方式；

（3）电力系统运行方式应以调度运行部门提供的书面资料为依据。

**解析**：出自 DL/T 559—2007《220kV～750kV 电网继电保护装置运行整定规程》7.1.3。

8．在整定计算过程中一般要用到哪几个系数，各个系数的含义是什么？

**答**：在整定计算过程中一般会用到以下几个系数：

（1）可靠系数：为了避免由于计算、测量、互感器、继电器及调试等误差，使保护的整定值偏离预定数值可能引起保护误动作，保护的动作值与实际短路电流或与配合的动作值之间，应有一定的裕度，以取得选择性，用可靠系数 $K_{rel}$ 表示。

（2）返回系数：按正常运行条件量值整定的保护定值，例如按最大负荷电流整定的过流保护和最低运行电压整定的低电压保护，由于定值比较接近正常运行值，在受到故障量的作用动作时，当故障消失后保护不能返回到正常状态将发生误动作。为了避免此种情况，在整定公式中引入元件的返回系数，返回系数用 $K_f$ 表示。对于按故障量值（电流、电压）或按自启动量值整定的保护，则可以不考虑返回系数。

（3）分支系数：在电网接线复杂的系统中，相邻上、下两级保护间的整定配合，还受到中间分支电源的影响，将使上一级保护范围缩短或伸长，整定公式中需要引入分支系数。对于电流保护，分支系数的定义是相邻线路故障时，流过本保护的短路电流与流过相邻保护短路电流之比，分支系数通常用 $K_{fz}$ 表示。分支系数是个复数值，为简化计算，一般取其绝对值。

（4）自启动系数：按负荷电流整定的保护，必须考虑在断开故障后，电压恢复时，电动机自启动（主要是异步机）的电流。电动机由静止状态启动起来，自启动电流达到最大值。自启动电流较正常负荷电流大许多倍，而且延续时间又长，故按负荷电流整定的保护整定公式中，需要引入自启动系数。自启动系数等于自启动电流与其额定电流之比，用 $K_{zqd}$ 表示。

（5）非周期分量系数：在电力系统短路起始的暂态过程中，短路电流含有非周期分量，其特征是偏移时间轴一侧，而且随时间的延长而衰减，出现时间较短。非周期分量对保护的正确工作有很大的影响，反映在电流数值上增大了有效值，使电流互感器产生饱和，增大了差动保护的差电流以及使某些保护产生测量误差等。为消除它的影响，除在保护装置原理中采取措施加以消除外，在整定计算中还需采取加大定值的措施。在整定计算公式中引入非周期分量系数。非周期分量系数等于含有非周期分量全电流有效值与周期分量电流有效值之比。非周期分量系数用 $K_{fzq}$ 来表示。

9．没有零序互感时，零序电流补偿系数 $K$ 如何计算？有较大零序互感时，接地距离保护如何整定？

**答：**

（1）没有互感影响时应按线路实测的正序阻抗 $Z_1$ 和零序阻抗 $Z_0$ 计算获得，$K=（Z_0-Z_1）/3Z_1$。实用值宜小于或接近计算值。

（2）具有较大互感的线路（仅考虑互感电抗占零序电抗的 20%以上的全线同塔双回线），由于在不同的运行工况下，双回线间的零序互感影响的不确定性，接地距离保护的测量误差较大，可采取如下方法之一整定原则：

方法一：

a）接地距离保护Ⅰ段的零序补偿系数 $K_Z$ 按双回线一回检修并接地时 $K$ 值最小的情况计算，$K_{min}=（\sum Z_{0min}-Z_1）/3Z_1$，其中$\sum Z_{0min}=Z_0-Z_{0m}^2/Z_0$，Ⅰ段的可靠系数取正常值 0.7。

b）接地距离Ⅱ段的规定灵敏系数提高到（$1+K_{max}$）/（$1+K_{min}$）倍。$K_{max}$ 为同塔双回线正常运行时，考虑互感影响的 $K$ 值，$K_{max}=（\sum Z_{0max}-Z_1）/3Z_1$，其中$\sum Z_{0max}=Z_0+Z_{0m}$。

方法二：

a）计算 3 种情况的 $K$ 值，正常双回线路运行，不考虑互感的 $K$，$K=（Z_0-Z_1）/3Z_1$；正常双回线路运行，考虑互感的最大 $K_{max}$［含义同方法一 b)］；双回线一回检修并接地时的最小 $K_{min}$［含义同方法一 a)］。

b）接地距离保护采用正常双回线路运行，不考虑互感的 $K$ 值，在各种运行方式下，$K$ 值不变。

c）将Ⅰ段的阻抗定值缩小为 $Z_{DZⅠ}=K_K \cdot Z_1 \cdot（1+K_{min}）/（1+K）$，将Ⅱ段的定值放大，$Z_{DZⅡ}=K_{1m} \cdot Z_1 \cdot（1+K_{max}）/（1+K）$。

**解析：** 出自 Q/GDW 10422《国家电网继电保护整定计算技术规范》5.2.8。

10．零序电流分支系数的选择要考虑哪些情况？

**答：** 零序电流分支系数的选择，要通过各种运行方式和线路对侧断路器跳闸前或跳闸后等各种情况进行比较，选取其最大值。在复杂的环网中，分支系数的大小与故障点的位置有关，在考虑与相邻线路零序电流保护配合时，按理应利用图解法，选用故障点在被配合段保护范围末端时的分支系数。但为了简化计算，可选用故障点在相邻线路末端时的可能偏高的分支系数，也可选用与故障点位置有关的最大分支系数。如被配合的相邻线路是与本线路有较大零序互感的平行线路，应考虑相邻线路故障在一侧断路器先断开时的保护配合关系。

**解析**：出自 DL/T 559—2007《220kV～750kV 电网继电保护装置运行整定规程》7.2.1.9 及 7.2.1.10。

11．在 110～220kV 中性点直接接地电网中，后备保护的装设应遵循哪些原则？

**答**：后备保护应按下列原则配置：

（1）110kV 线路保护宜采用远后备方式；

（2）220kV 线路保护宜采用近后备方式，但某些线路如能实现远后备，则宜采用远后备方式，或同时采用远、近结合的后备方式。

**解析**：出自 GB/T 14285—2006《继电保护和安全自动装置技术规程》4.6.1.3 及 4.6.2.2。

12．如图 6-1 所示 110kV 电网，等值电源 1、2 均有大、小方式，变电站 A、B 之间为同杆并架双回线路。

（1）计算 A 站线路保护接地距离 I 段时应如何考虑检修方式？

（2）计算 A 站线路保护接地距离 II 段灵敏度时应如何考虑检修方式？

（3）计算 A 站线路保护接地距离与 B-C 线路 B 站的配合关系时应如何考虑运行检修方式？

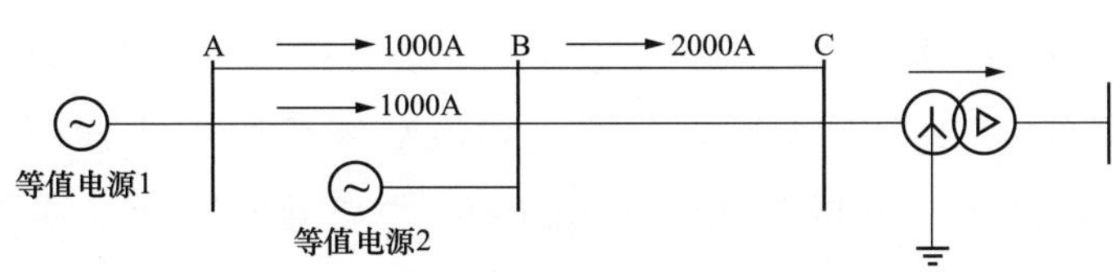


图 6-1　110kV 电网示意图

**答**：

（1）计算 A 站线路保护距离 I 段时应考虑双回线路中的一回检修。

（2）计算 A 站线路保护接地距离 II 段灵敏度时应考虑双回线路并列运行。

（3）计算 A 站线路保护接地距离与 B-C 线路 B 站的配合关系时应考虑：等值电源 1 采用大运行方式，等值电源 2 采用小运行方式，同杆并架双回线路中的一回检修。

13．为什么不考虑相间距离保护与对侧断路器失灵保护在时间上进行配合？

**答**：

（1）在 220kV 电网中，用的是分相操作的断路器，只考虑断路器一相拒动。这样在 220kV 电网中，任何相间故障在断路器一相拒动时都转化为保留的单相故障。此时，需依靠零序电流保护启动断路器失灵保护，而用相间距离保护与对侧失灵保护配合并无实际意义；

（2）在 110kV 电网中，线路都采用三相操动机构，但 110kV 电网继电保护的配置原则是“远后备”，即依靠上一级保护装置的动作来断开下一级未能断开的故障，因而没有设置断路器失灵保护的必要。

14．220kV 及以上线路接地保护Ⅱ段动作时间为什么要考虑与失灵保护的配合？

**答：**220kV 及以上的系统大都配有失灵保护，其作用在于当系统故障且发生单相断路器失灵时，以较短的时限断开与失灵断路器直接关联的断路器，隔离故障并将事故影响降至最低。因此，如果接地保护Ⅱ段动作时间不与失灵保护相配合，在系统发生故障且断路器出现失灵时，上一级线路保护将可能先于失灵保护动作，造成事故影响的范围的扩大。

15．某 220kV 系统线路保护距离Ⅱ段为了保证对侧母线故障有足够灵敏度，在对侧 220kV 变电站两台主变均运行时，其保护范围会伸出对侧变电站 110kV 侧母线；在对侧变电站一台主变运行时，保护范围则不会伸出。对侧变电站 220kV 和 110kV 均为双母线接线。请回答下列问题：

（1）对侧两台主变均运行时，若整定配合过程中未采取配合措施，在哪些情况下 110kV 系统发生故障会导致 220kV 本侧距离Ⅱ段越级动作？

（2）若运行时距离Ⅱ段保护范围伸出对侧变电站 110kV 侧母线，整定计算配合时可采取哪些措施避免 220kV 距离Ⅱ段越级动作？

**答：**

（1）①对侧变电站 110kV 母线保护单套配置，装置检修或因故障退出运行后，110kV 母线故障时；②部分 110kV 出线为短线路，110kV 线路距离Ⅰ段或零序Ⅰ段将退出，110kV 线路距离Ⅱ段或零序Ⅱ段时间长于 220kV 距离Ⅱ段时间，线路也无纵联保护，110kV 线路出口故障时；③110kV 线路故障后线路断路器失灵时。

（2）①要求主变压器 110kV 侧后备保护跳 110kV 母联时间小于 220kV 本侧距离Ⅱ段时间；②若供电可靠性满足时，110kV 母联可分列运行。

16．断路器失灵保护中的相电流判别元件的整定值按什么原则计算？如果条件不能同时满足，那么以什么作为取值依据？

**答：**整定原则是：

（1）保证在线路末端和本变压器低压侧单相接地故障时灵敏系数大于 1.3。

（2）躲过正常运行负荷电流。

如果两个条件不能同时满足，则按原则（1）取值。

**解析：**出自 DL/T 559—2007《220kV～750kV 电网继电保护装置运行整定规程》7.2.10.1。

17．大电流接地系统的零序电流保护的时限特性和相间短路电流保护的时限特性有何异同？

**答：**接地故障和相间故障电流保护的时限特性都按阶梯原则整定。不同之处在于接地故障零序电流保护的动作时限不需要从离电源最远处的保护开始逐级增大，而相间故障的电流保护的动作时限必须从离电源最远处的保护开始逐级增大。

18．大接地电流系统中，为什么有时要加装零序功率方向继电器组成零序电流方向保护？

**答：**大接地电流系统中，如线路两端的变压器中性都接地，当线路上发生接地短路时，在故障点与各变压器中性点之间都有零序电流流过，其情况和两侧电源供电系统中的相间故障电流保护一样。为了保证各零序电流保护有选择性动作和降低定值，就必须加装方向继电器，使其动作带有方向性。

19．为保证灵敏度，接地故障保护的最末一段定值应如何整定？

**答：**零序电流保护最末一段的动作电流应不大于300A（一次值），线路末端发生高阻接地故障时，允许线路两侧继电保护装置纵续动作切除故障，接地故障保护最末一段（如零序电流保护四段），应以适应下述短路点接地电阻值的故障为整定条件：①220kV线路：100Ω；②330kV线路：150Ω；③500kV线路：300Ω。

**解析：**出自DL/T 559—2007《220kV～750kV电网继电保护装置运行整定规程》5.6.4。

20．在零序电流保护的整定中，对故障类型和故障方式的选择有什么考虑？

**答：**零序电流保护的整定，应以常见的故障类型和故障方式为依据：

（1）只考虑单一设备的故障。对两个及以上设备的重叠故障，可视为稀有故障，不作为整定保护的依据。

（2）只考虑常见的、在同一地点发生单相接地或两相短路接地的简单故障，不考虑多点同时短路的复杂故障。

（3）要考虑相邻线路故障对侧断路器先跳闸或单侧重合于故障线路的情况，但不考虑相邻母线故障中性点接地变压器先跳闸的情况（母线故障时，应按规定，保证母联断路器或分段断路器先跳闸）；因为中性点接地变压器先断开，会引起相邻线路的零序故障电流突然增大，如果靠大幅度提高线路零序电流保护瞬时段定值来防止其越级跳闸，显然会严重损害整个电网保护的工作性能，所以必须靠母线保护本身来防止接地变压器先跳闸。

（4）对单相重合闸线路，应考虑两相运行情况（分相操作断路器的三相重合闸线路，原则上靠断路器非全相保护防止出现两相运行情况）。

（5）对三相重合闸线路，应考虑断路器合闸三相不同期的情况。

21．变压器间隙保护中的零序电压整定原则是什么？系统如图6-2所示。

**答：**

（1）变压器零序电压定值整定原则：

1）躲开外部单相接地故障时，中性点最高零序电压。

2）躲开中性点不接地 220kV 变压器两相运行情况下，中性点最高零序电压。

3）保证发生接地故障系统失去接地中性点时，零序电压有足够灵敏度。

（2）具体分析：

1）躲开外部单相接地故障时，中性点直接接地电网，按规定零序阻抗与正序阻抗之比不超过 3，当 $Z_0/Z_1=3$ 且单相接地故障时，故障点的 $3U_0=1.8U_n$，其他地点的 $3U_0<1.8U_n$，零序电压保护整定为 180V，可以防止区外故障保护误动作。

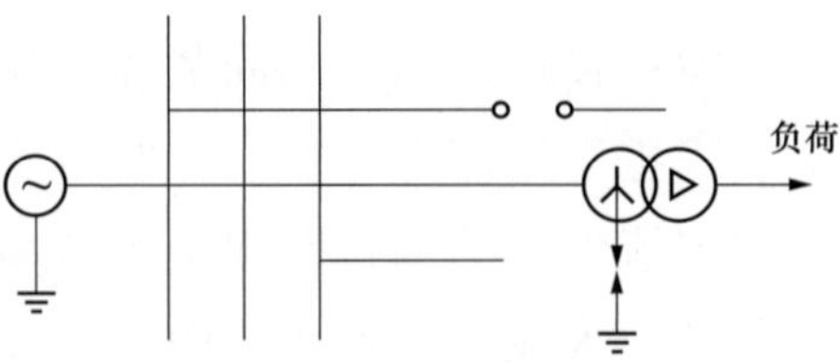


图 6-2 变压器间隙接地示意图

2）躲开中性点不接地 220kV 变压器两相运行情况下，中性点最高零序电压中性点不接地 220kV 变压器在两相运行情况下（例如中性点不接地分支变压器在分支线进行单相重合闸时），如果变压器低压侧无电源或电源已解列，母线 $3U_0$ 三次值最高可达 150V（当变压器正序负载阻抗与负序负载阻抗相等时），当零序电压保护动作电压整定为 180V 时，此时尚有 1.2 倍裕度，可以保证保护不误动作。

变压器两相受电，低压侧无电源时的变压器相电压与零序电压的相量如图 6-3（a）所示，等值序网如图 6-3（b）所示，图中 $U_{AN}$、$U_{BN}$、$U_{CN}$ 为变压器端部中性点电压。如果忽略系统正、负序阻抗的压降不计，变压器零序电压 $U_0$ 将等于故障相负序电压 $U_2$，也等于故障相正序电压与电势之差 $U_1-U_n$，即：$U_0=U_2=-(U_n-U_1)$，式中 $U_1=U_n\times Z_{FH1}/(Z_{FH1}+Z_{FH2})$，以此代入上式得：$U_0=-U_n\times Z_{FH2}/(Z_{FH1}+Z_{FH2})$，当 $Z_{FH1}=Z_{FH2}$ 时，$U_0$ 达到最大值，即 $U_0=-U_n/2$，$3U_0=-1.5U_n$。

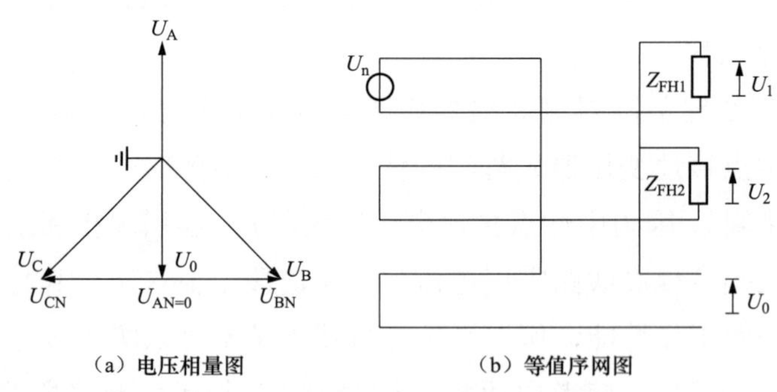


图 6-3 变压器低压侧无源时两相受电示意图

3）保证发生接地故障系统失去接地中性点时，零序电压有足够灵敏度。零序电压保护取自母线电压互感器开口三角绕组电压 $3U_0$。母线电压互感器示意图如图 6-4 所示。

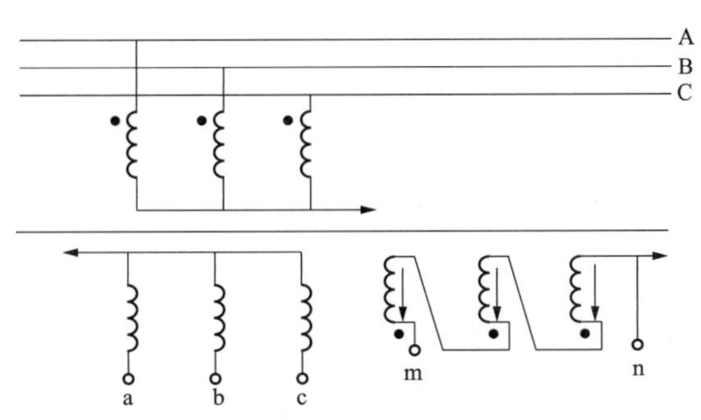


图 6-4 母线电压互感器示意图

大接地电流系统中电压互感器变比为 $U_n/\sqrt{3}$：$100/\sqrt{3}$：100，在电网发生单相（如A相）接地故障时，故障相电压为零，非故障相电压大小和相位均与故障前相同，开口三角绕组两端 $3U_0=U_A+U_B+U_C=U_A=100V$；当失去接地点时，故障相对地电压为零，而非故障相电压幅值升高到额定相电压的 $\sqrt{3}$ 倍，相位角也分别转了+30°（超前于故障相者越前了30°而滞后于故障相者滞后了30°），如果母线电压互感器不饱和，开口三角绕组两端零序电压 $3U_0=U_A+U_B+U_C=3U_N=3\times100/3=300V$。中性点非有效接地系统单相接地前后电压相量图如图 6-5 所示。

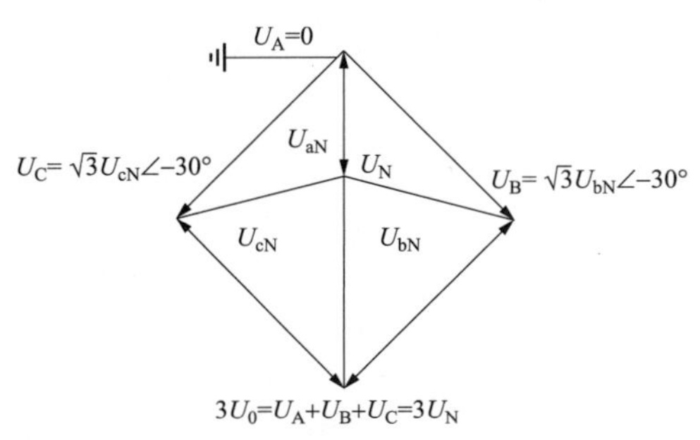


图 6-5 中性点非有效接地系统单相接地前后电压相量图

但在实际上，由于设计电压互感器时，通常使磁路在正常情况下处于其饱和特性的拐点附近运行，正常时三次电压绕组每相额定电压为100V，三相相量之和为零，但当中性点不接地电网单相接地时，非故障相电压升高 $\sqrt{3}$ 倍，该两相磁路很快达到饱和值，三次绕组每相电压达不到173V，而只能输出130～135V，因而 $3U_0=U_a+U_b+U_c$ 的三次值也不能达到最大值 300V，而只能达到220～230V。当零序电压整定为180V时，尚可以有1.2倍以上的灵敏度，倘若定值大于这个数值，则保护可能有拒动的危险。

## 六、计算分析题

1．如图 6-6 所示：计算 220kV 线路 1XL 的 M 侧相间距离Ⅰ、Ⅱ、Ⅲ段保护定值。线路 2XL 与线路 3XL 为同杆并架双回线，且参数一致。无单位值均为标么值（最终计算结果以标幺值表示），可靠系数均取 0.8，相间距离Ⅱ段的灵敏度不小于 1.5。

已知条件：

（1）发电机以 100MVA 为基准容量，230kV 为基准电压，1XL 的线路阻抗为 0.04，2XL、3XL 的线路阻抗为 0.03，2XL、3XL 线路 N 侧的相间距离Ⅱ段定值为 0.08，$t_2$=0.5s；

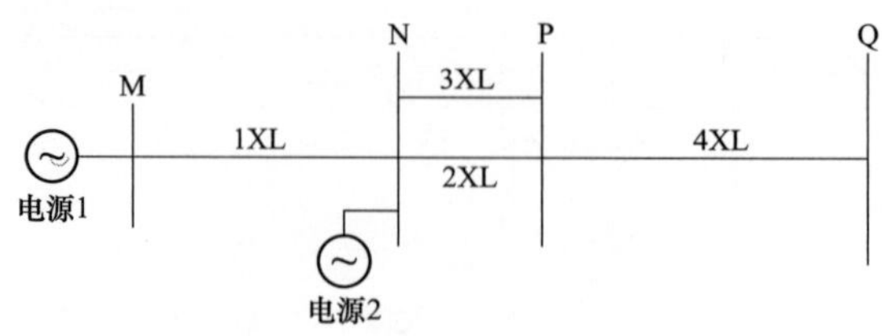


图 6-6　系统示意图

（2）P 母线故障，线路 1XL 的故障电流为 18，线路 2XL、3XL 的故障电流各为 20；

（3）1XL 的最大负荷电流为 1200A（考虑最大负荷时电压下降 10%，Ⅲ段仅按最大负荷电流整定即可，不要求整定时间）。

**答：**

（1）1XL 相间距离Ⅰ段保护定值

$Z_{1\text{set I}}$=0.8×0.04=0.032Ω

动作时间 $t_2$=0s。

（2）1XL 相间距离Ⅱ段保护定值：

计算Ⅱ段距离保护定值，考虑电源 2 停运，取得最小助增系数 $K_{fz}$=0.5。

1）与线路 2XL 的Ⅰ段 $Z_{2\text{setI}}$配合：

$$Z_{2\text{set I}}=0.8\times0.03=0.024\Omega$$

$$\begin{aligned}Z_{1\text{set II}}&=0.8\times0.04+0.8\times0.5\times Z_{2\text{set I}}\\&=0.032+0.8\times0.5\times0.024=0.0416\Omega\end{aligned}$$

校核灵敏度：

$$K_{\text{lm}}=\frac{Z_{1\text{set II}}}{Z_{\text{MN}}}=\frac{0.0416}{0.04}=1.04<1.5$$

灵敏度不符合要求。

2）与线路 2XL 的距离Ⅱ段配合：

$$\begin{aligned}Z_{1\text{set II}}&=0.8\times0.04+0.8\times0.5\times Z_{2\text{set II}}\\&=0.032+0.8\times0.5\times0.08=0.064\Omega\end{aligned}$$

动作时间 $t$=0.8～1.0s。

校核灵敏度：

$$K_{\text{lm}}=\frac{Z_{1\text{set II}}}{Z_{\text{MN}}}=\frac{0.064}{0.04}=1.6>1.5$$

灵敏度符合要求。

（3）1XL 相间距离Ⅲ段保护定值：按最大负荷电流整定。

$$Z_{\text{fh.min}}=\frac{0.9U_{\text{e}}}{\sqrt{3}I_{\text{fh.min}}}=\frac{0.9\times230}{\sqrt{3}\times1.2}=99.6\Omega$$

$Z_{1\mathrm{setIII}}=k_{\mathrm{k}}\times Z_{\mathrm{fh.min}}=0.8\times 99.6=79.7\Omega$

换算成标幺值：

$Z'_{1\mathrm{setIII}}=Z_{1\mathrm{setIII}}\times\dfrac{S_{\mathrm{B}}}{U_{\mathrm{B}}^{2}}=79.7\times\dfrac{100}{230^{2}}=0.151$

2．某电网局部接线如图 6-7 所示，故障前 A 站 1 号变压器高压侧及中压侧压侧直接接地，2 号变压器不接地，母联断路器 110 在合位，B 站变压器直接接地，C、D 站变压器不接地（B、C、D 站变压器图中未画中）。L 线距离保护、零序保护正常投入。L 线出口发生单相接地故障，L 线 B 站侧零序过流保护正确动作，L 线 A 站侧线路保护未动作出口、1 号变压器零序过流保护动作、2 号变压器保护正确动作跳闸。故障后，A 站母联 110 断路器、1 号变压器、2 号变压器各侧断路器跳开；C、D 站全站失压。相关站保护装置功能正常，定值整定配合满足规程要求。

**注：**B 站变压器接地，为了防止反方向故障时，零序保护失去方向性，L 线 A 站侧零序过流保护经方向元件闭锁。

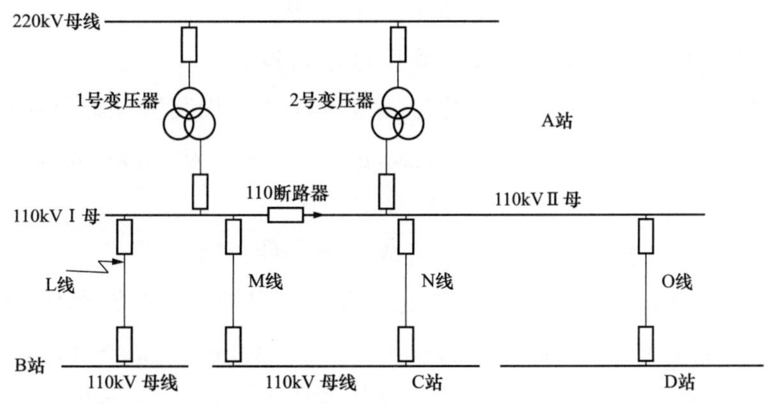


图 6-7　系统示意图

请分析下述问题。

（1）根据现场故障录波分析发现，流过 L 线 A 站线路保护零序电流幅值及持续时间均达到定值，其他保护未达到定值，分析 L 线 A 站侧线路零序过流保护不动作而 1 号变压器零序过流满足动作条件的原因。

（2）请分析 A 站 2 号变压器跳闸的可能原因。

（3）分析如何防止 A 站两台主变压器跳闸风险、可能带来风险及建议的解决措施。

**答：**

（1）L 线发生出口单相接地故障，除零序电流保护外，其他保护均达不到定值，线路可能发生经过渡电阻接地故障。经过渡电阻接地故障时，如过渡电阻比较大，则可能出现零序电压低，零序方向元件不满足动作条件。因此出现线路零序过流保护拒动；变压器零序过流保护最后段不经方向。变压器零序过流保护动作正确。

电压互感器二次回路存在问题，导致零序电压反向。零序保护压板未正确投入或故障点位于断路器和电流互感器之间均有可能导致零序过流保护拒动。

（2）1 号变压器跳开后，形成不接地系统，因为故障点仍然存在，M 线、N 线并列运行并且分挂不同母线，A 站 2 号变压器间隙击穿，2 号变压器间隙过流保护动作跳开变压器。A 站 2 号变压器间隙不击穿时，间隙过压保护动作跳开变压器。

（3）风险：

1）M 线、N 线并列运行时，挂不同母线且对侧并列运行，110kV 出现保护或断路器拒动时，两段母线通过双回线仍存在联系，最终导致两台变压器跳闸，全站失压。

2）形成中性点不接地系统后，经过渡电阻接地时，间隙可能达不到击穿水平，间隙过压也达不到动作值，故障持续时间较长，对人身及设备带来风险。不经过渡电阻接地，可能存在多台变压器间隙保护动作跳闸。

措施：

1）A 站 M 线、N 线并列运行时，挂同一段母线。

2）C 站采用一主一备的供电方式，采用进线自投。

3）C 站加装母联，分列运行，加装进线或母联备自投装置保证可靠性。

4）C 站考虑变压器中性点接地，保证线路零序保护先动作隔离故障，避免两台主变压器跳闸。

3．请仔细阅读以下材料，按照要求完成简要事件分析。

如图 6-8 所示网络，在位置 1、2 和 3 处装有电流保护，系统参数为：$E_{\varphi}=115/\sqrt{3}\text{kV}$，$X_{G1}=15\Omega$、$X_{G2}=15\Omega$、$X_{G3}=10\Omega$、$L_1=L_2=60\text{km}$，$L_3=40\text{km}$，$L_{B\text{-}C}=50\text{km}$，$L_{C\text{-}D}=30\text{km}$，$L_{D\text{-}E}=20\text{km}$，线路阻抗 $0.4\Omega/\text{km}$，$K_{rel}^{I}=1.2$、$K_{rel}^{II}=K_{rel}^{III}=1.15$，$I_{B\text{-}Cmax}=300\text{A}$，$I_{C\text{-}Dmax}=200\text{A}$，$I_{D\text{-}Emax}=150\text{A}$，$K_{ss}=1.5$，$K_{re}=0.85$。试求：

（1）发电机元件最多 3 台运行，最少 1 台运行，线路最多 3 条运行，最少 1 条运行，请确定保护 3 在系统最大、最小运行方式下的等值阻抗。

（2）整定保护 1、2、3 的电流速断定值，并计算各自的最小保护范围。

（3）整定保护 2、3 的限时电流速断定值，并校验使其满足灵敏度要求（$K_{sen}\geqslant1.2$）

（4）整定保护 1、2、3 的过电流定值，假定流过母线 E 的过流保护动作时限为 0.5s，校验保护 1 作后备用，保护 2 和保护 3 作远备用的灵敏度。

**答：**由已知可得 $X_{L1}=X_{L2}=0.4\times60=24\Omega$，$X_{L3}=0.4\times40=16\Omega$，$X_{BC}=0.4\times50=20\Omega$，$X_{CD}=0.4\times30=12\Omega$，$X_{DE}=0.4\times20=8\Omega$。

（1）经分析可知，最大运行方式及阻抗最小时，则有 3 台发电机运行，线路 L1～L3 全部运行，由题意 G1、G2 连接在同一母线上，则

$X_{s.min}=(X_{G1}||X_{G2}+X_{L1}||X_{L2})\ ||\ (X_{G3}||X_{L3})=(6+12)\ ||\ (10+16)=10.6$

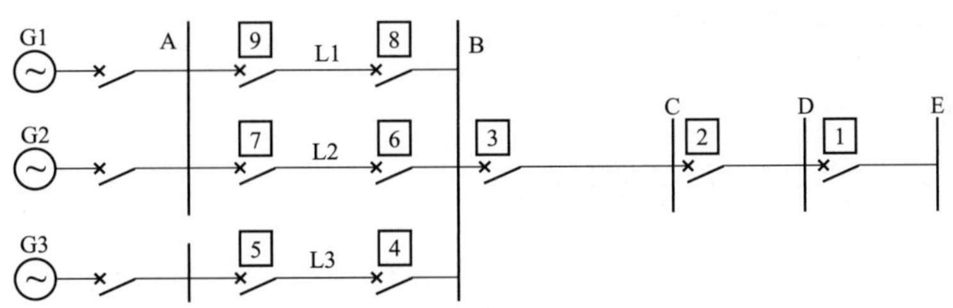


图 6-8 系统示意图

同理，最小运行方式下即阻抗最大，分析可知只有在 G1 和 L1 运行，相应地有 $X_{s.max}=X_{G1}+X_{L1}=39$。

（2）对于保护 1，其等值电路图如图 6-9 所示，母线 E 最大运行方式下发生三相短路流过保护 1 的最大短路电流为

$$I_{k.E.max}=\frac{E}{X_{s.min}+X_{BC}+X_{CD}X_{DE}}=\frac{115/\sqrt{3}}{10.6+20+12+8}=1.312\text{kA}$$

相应的速断定值为

$$I_{set.1}^{I}=K_{rel}^{I}\times I_{K.E.max}=1.2\times 1.312=1.57\text{kA}$$

最小保护范围计算公式为

$$I_{set}^{I}=\frac{\sqrt{3}}{2}\frac{E}{Z_{s.max}+Z_{1}L_{min}}$$

$$L_{min}=\left(\frac{\frac{\sqrt{3}}{2}E}{I_{set}^{I}}-Z_{s.max}\right)\times\frac{1}{0.4}=-85.9\text{km}$$

即 1 处的电流速断保护在最小运行方式下没有保护区。

对于保护 2：母线 D 在最大运行方式下发生三相短路流过保护 2 的最大电流

$$I_{k.D.max}=\frac{E}{X_{s.min}+X_{BC}+X_{CD}}=1.558\text{kA}$$

相应的速断定值为

$$I_{set.2}^{I}=K_{rel}^{I}\times I_{k.D.max}=1.2\times 1.558=1.87\text{kA}$$

最小保护范围为

$$L_{min}=\left(\frac{\frac{\sqrt{3}}{2}E}{I_{set.2}^{II}}-Z_{s.max}\right)\times\frac{1}{0.4}=-70.6\text{ km}$$

即 2 处的电流速断保护在最小运行方式下也没有保护区。

对于保护 3：母线 C 在最大运行方式下发生三相短路流过保护 3 的最大电流

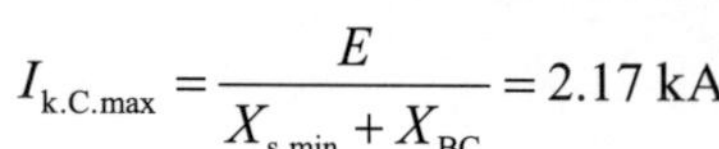

$$I_{\text{k.C.max}} = \frac{E}{X_{\text{s.min}} + X_{\text{BC}}} = 2.17\,\text{kA}$$

相应的速断定值为

$$I_{\text{set.3}}^{\text{I}} = K_{\text{rel}}^{\text{I}} \times I_{\text{k.C.max}} = 1.2 \times 2.17 = 2.603\,\text{kA}$$

最小保护范围为

$$L_{\min} = \left( \frac{\frac{\sqrt{3}}{2}E}{I_{\text{set.3}}^{\text{II}}} - Z_{\text{s.max}} \right) \times \frac{1}{0.4} = -42.3\,\text{km}$$

即 3 处的电流速断保护在最小运行方式下也没有保护区。

上述计算表明，在运行方式变化很大的情况下，电流速断保护在较小运行方式下可能没有保护区。

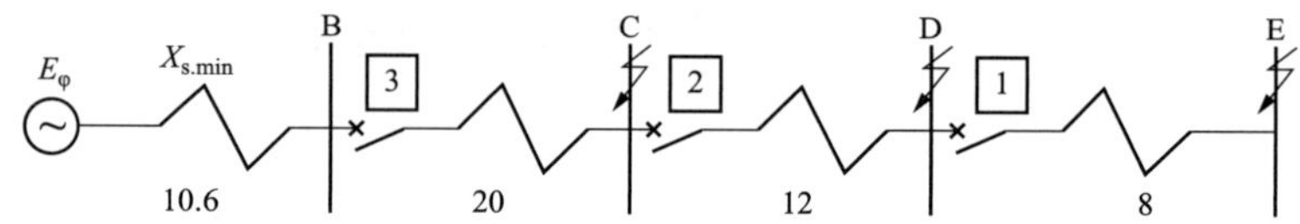


图 6-9　等值电路图

（3）整定保护 2 的限时电流速断定值为

$$I_{\text{set}}^{\text{II}} = K_{\text{set}}^{\text{II}} I_{\text{set.1}}^{\text{I}} = 1.15 \times 1.57 = 1.806\,\text{kA}$$

线路末段（即 D 处）最小运行方式下发生两相短路时的电流为

$$I_{\text{k.D.max}} = \frac{\sqrt{3}}{2} \frac{E}{X_{\text{s.max}} + X_{\text{BC}} + X_{\text{CD}}} = 0.8098\,\text{kA}$$

所以保护 2 处的灵敏系数

$$K_{\text{set}}^{\text{II}} = \frac{I_{\text{k.D.min}}}{I_{\text{set}}^{\text{II}}} = 0.4484$$

即不满足 $K_{\text{sen}} \geqslant 1.2$ 的要求。

同理，保护 3 的限时电流速断定值为

$$I_{\text{set.3}}^{\text{II}} = K_{\text{rel}}^{\text{II}} I_{\text{set.2}}^{\text{I}} = 1.15 \times 1.87 = 2.151\,\text{kA}$$

线路末段（即 C 处）最小运行方式下发生两相短路时的电流为

$$I_{\text{k.C.max}} = \frac{\sqrt{3}}{2} \frac{E}{X_{\text{s.max}} + X_{\text{BC}}} = 0.9764\,\text{kA}$$

所以保护 3 处的灵敏系数

$$K_{\text{set.3}}^{\text{II}} = \frac{I_{\text{k.C.min}}}{I_{\text{set.3}}^{\text{II}}} = 0.4531$$

即不满足 $K_{sen} \geqslant 1.2$ 的要求。

可见，由于运行方式变化太大，2、3 处的限时电流速断保护的灵敏度都远不能满足要求。

（4）过电流整定值计算公式为

$$I_{set}^{III} = \frac{I'_{re}}{K_{re}} = \frac{K_{rel}^{III} K_{ss} I_{L.max}}{K_{re}}$$

所以有

$$I_{set.1}^{III} = \frac{K_{rel}^{III} K_{ss} I_{D-E.max}}{K_{re}} = 304.5\text{ A}$$

同理得

$I_{set.2}^{III}$=406 A，$I_{set.3}^{III}$=609 A

在最小运行方式下流过保护元件的最小短路电流的计算公式为

$$I_{k.min} = \frac{\sqrt{3}}{2} \frac{E}{Z_{s.max} + Z_L}$$

所以有

$I_{E.min}$=727.8A，$I_{D.min}$=809.8A，$I_{C.min}$=974.51A

所以由灵敏度公式 $K_{sen} = \frac{I_{k.min}}{I_{set}^{III}}$ 可知，保护 1 作为近后备的灵敏度为

$$K_{set.1}^{III} = \frac{I_{E.min}}{I_{set.1}^{III}} = 2.39 \geqslant 1.5$$

满足近后备保护灵敏度的要求；

保护 2 作为远后备的灵敏度为

$$K_{set.2}^{III} = \frac{I_{E.min}}{I_{set.2}^{III}} = 1.79 \geqslant 1.2$$

满足最为远后备保护灵敏度的要求；

保护 3 作为远后备的灵敏度为

$$K_{set.3}^{III} = \frac{I_{E.min}}{I_{set.3}^{III}} = 1.33 \geqslant 1.2$$

满足最为远后备保护灵敏度的要求。保护的动作时间为

$t_1^{III}$=0.5+0.5=1s，$t_2^{III} = t_1^{III}$+0.5=1.5s，$t_3^{III} = t_2^{III}$+0.5=2s

4．如图 6-10 所示，已知：网络的正序阻抗 $Z_1$=0.45Ω/km，阻抗角 $\varphi_L$=65°。线路上采用三段式距离保护，其第Ⅰ、Ⅱ、Ⅲ段阻抗元件均采用 0°接线的方向阻抗继电器，继电器的最灵敏角 $\varphi_{sen}$=65°，保护 2 的延时 $t_2^{III} = 2$s，线路 AB、BC 的最大负荷电流均为 400A，负荷的自起动系数 $K_{ss}$=2，继电器的返回系数 $K_{re}$=1.2，并设 $K_{rel}^{I}$=0.85，$K_{rel}^{II}$=1.15，负荷的功率因数 $\cos\varphi_D$=0.9，变压器采用了能保护整个变压器的无时限纵差保护。试求：距离保护 1 第Ⅱ段、第Ⅲ段的灵敏度与动作时间。

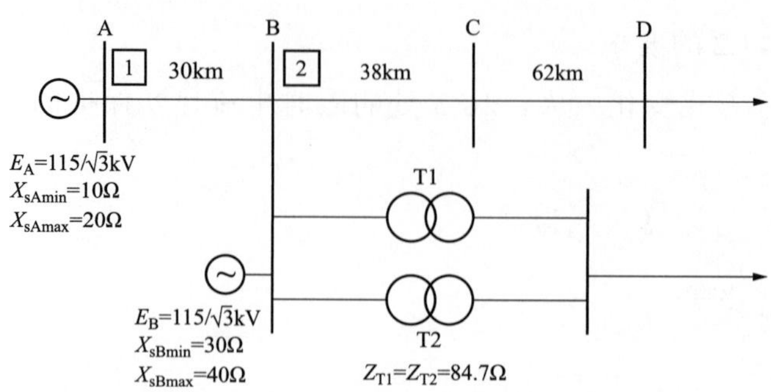


图 6-10 系统示意图

答：

（1）保护 1 的第Ⅱ段（分两种情况）：

1）与相邻线路配合：

$$Z_{set.1}^{II}=K_{rel}^{II}(Z_{AB}+K_{rel}^{I}K_{b.min}Z_{BC})$$

$$K_{b.min}=\left(\frac{X_{s.A.min}+Z_{AB}}{X_{sB.max}}+1\right)=\left(\frac{10+13.5}{40}+1\right)=1.59$$

$$Z_{set.1}^{II}=0.8(13.5+0.85\times1.59\times0.45\times38)=29.29\Omega$$

2）与变压器支路配合：

$$Z_{set.1}^{II}=K_{rel}^{II}\left(Z_{AB}+K_{rel}^{I}K_{b.min}\frac{Z_T}{2}\right)$$

$$K_{b.min}=\left(\frac{X_{sA.min}+Z_{AB}}{X_{sB.max}}+1\right)=\left(\frac{10+13.5}{40}+1\right)=1.59$$

$$Z_{set.1}^{II}=0.7\left(13.5+0.7\times1.59\times\frac{84.7}{2}\right)=42.44\Omega$$

对以上两种情况，取较小者，所以：

$$Z_{set.1}^{II}=29.29\Omega$$

灵敏度：

$$K=\frac{Z_{set.A}^{II}}{Z_{AB}}=\frac{29.29}{13.5}=2.17>1.5$$

满足要求。

动作时间：$t^{II}$=0.5s。

（2）距离保护 1 的第Ⅲ段：采用方向阻抗继电器

$$Z_{set.1}^{III}=\frac{Z_{L.min}}{K_{rel}^{III}K_{re}K_{ss}\cos(\varphi_L-\varphi_D)}$$

$$Z_{L.min}=\frac{U_{L.min}}{I_{L.max}}=\frac{0.9\times110}{\sqrt{3}\times0.4}=142.89\Omega$$

$K_{re}$=1.2，$K_{ss}$=2，$K_{rel}^{III}$=1.15

$\varphi_{\mathrm{D}} = \arccos 0.9 = 25.8°$

$$Z_{\mathrm{set.1}}^{\mathrm{III}} = \frac{142.89}{1.15 \times 1.2 \times 2 \times \cos(65° - 25.8°)} = 66.81\Omega$$

灵敏度：

1）考虑本线路末端：

$$K_{\mathrm{sen近}} = \frac{Z_{\mathrm{set.1}}^{\mathrm{III}}}{Z_{\mathrm{AB}}} = \frac{66.81}{13.5} = 4.93 > 1.5$$

2）考虑相邻元件

a：相邻线路末端

$$K_{\mathrm{sen远}} = \frac{Z_{\mathrm{set.1}}^{\mathrm{III}}}{Z_{\mathrm{AB}} + K_{\mathrm{b.max}} Z_{\mathrm{BC}}}$$

$$K_{\mathrm{b.max}} = \left( \frac{X_{\mathrm{sA.max}} + Z_{\mathrm{AB}}}{X_{\mathrm{sB\,min}}} + 1 \right) = \left( \frac{20 + 13.5}{30} + 1 \right) = 2.12$$

$$K_{\mathrm{sen远}} = \frac{Z_{\mathrm{set.1}}^{\mathrm{III}}}{Z_{\mathrm{AB}} + K_{\mathrm{b.max}} Z_{\mathrm{BC}}} = \frac{66.81}{13.5 + 2.12 \times 17.1} = 1.34 > 1.2$$

满足要求。

b：相邻变压器低压侧出口

$$K_{\mathrm{sen远}} = \frac{Z_{\mathrm{set.1}}^{\mathrm{III}}}{Z_{\mathrm{AB}} + K_{\mathrm{b.max}} Z_{\mathrm{T}}}$$

$$K_{\mathrm{b.max}} = \left( \frac{X'_{\mathrm{sA.max}} + Z_{\mathrm{AB}}}{X'_{\mathrm{sB\,min}}} + 1 \right) = \left( \frac{20 + 13.5}{30} + 1 \right) = 2.12$$

$$K_{\mathrm{sen远}} = \frac{Z_{\mathrm{set.1}}^{\mathrm{III}}}{Z_{\mathrm{AB}} + K_{\mathrm{b.max}} Z_{\mathrm{T}}} = \frac{66.81}{13.5 + 2.12 \times 84.7} = 0.33 < 1.2$$

不满足要求，认为Ⅲ段不能作为变压器的后备保护。

动作时间：

$t_1^{\mathrm{III}} = t_2^{\mathrm{III}} + \Delta t = 2 + 0.5 = 2.5\mathrm{s}$

5．高压线路 N 侧断开。M 侧空载投入，由于三相触头合闸不同期，可能出现一相先合或两相先合的情况。已知线路正序导纳、负序导纳和零序导纳为 $b_1 = b_2 = 2.7\times10^{-6}$S/km；$b_0 = 2.7\times10^{-6}$S/km。系统中其他元件的阻抗和线路容抗相比小得多，可以忽略不计。输电线路为 220kV，长度为 100km。若要对零序保护和负序保护进行整定计算，应选用何种情况进行作为计算条件。

**答**：因为系统中其他元件的阻抗比线路容抗小得多，可忽略不计，所以可以认为 M 侧电源为无限大，$E_{\mathrm{M}}$ 取 220kV。

设 $E_{\mathrm{M}}$=j220

$B_1 = B_2 = b_1 l = 2.7 \times 10^{-6} \times 100 = 2.7 \times 10^{-4} / \Omega$

$B_0 = b_0 l = 1.9\times10^{-6}\times100 = 1.9\times10^{-4}/\Omega$

（1）M 侧一相先合时

$$I_2 = I_0 = \mathrm{j}\frac{E_M B_1 B_0}{2B_0 + B_1} = -\frac{220\times10^3\times2.7\times10^{-4}\times1.9\times10^{-4}}{2\times1.9\times10^{-4}+2.7\times10^{-4}} = -17.36\,\mathrm{A}$$

$3I_0$=−3×17.36=−52.09A

（2）M 侧两相先合时

$$I_2 = -\mathrm{j}\frac{E_M B_1^2}{2B_1 + B_0} = \frac{220\times10^3\times2.7^2\times10^{-8}}{2\times2.7\times10^{-4}+1.9\times10^{-4}} = 21.97\,\mathrm{A}$$

$$3I_0 = 3\left(-\mathrm{j}\frac{E_M B_1 B_0}{2B_1 + B_0}\right) = 3\times\frac{220\times10^3\times1.9\times10^{-4}\times2.7\times10^{-4}}{2\times2.7\times10^{-4}+1.9\times10^{-4}} = 46.38\,\mathrm{A}$$

所以应选取 M 侧一相先合时的情况做零序电流保护的整定计算，取 M 侧两相先合时的情况做负序电流保护的整定计算。

6．如图 6-11 所示，各线路均装有距离保护，$Z_1$=0.45Ω/km，$K_{rel}^{I} = K_{rel}^{II}$=0.85，试对保护 1 的距离Ⅱ段进行整定计算。

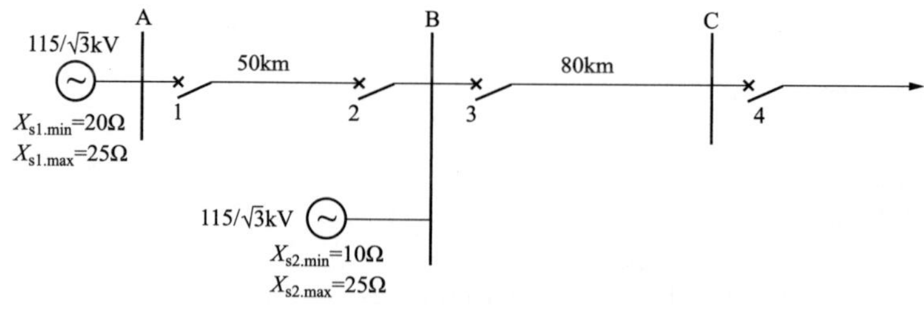


图 6-11　系统示意图

**答：**

$Z_{set.2}^{I} = K_{rel}^{I} Z_{BC} = K_{rel}^{I} Z_1 L_{BC} = 0.85\times0.45\times80 = 30.6\Omega$

$$K_{b.min} = \frac{I_2}{I_1} = \frac{X_{s1.min} + Z_{AB}}{X_{s2.max}} + 1 = \frac{20+0.45\times50}{25} + 1 = 2.7$$

$Z_{set.1}^{II} = K_{rel}^{II}(Z_{AB} + K_{b.min} Z_{set.2}^{I}) = 0.85\times(22.5+2.7\times30.6) = 89.35\Omega$

$$K_{sen.2}^{II} = \frac{Z_{set.1}^{II}}{Z_{AB}} = \frac{89.35}{22.5} = 3.97 > 1.25$$

满足要求。

7．如图 6-12 所示，已知：M 站和 N 站间同塔双回Ⅰ、Ⅱ线的参数相同，零序阻抗为 $Z_0$，Ⅰ、Ⅱ线间互感阻抗为 $Z_{0m}$，正序阻抗为 $Z_1$，且 $Z_{0m}/Z_0$=0.3，$Z_0/Z_1$=3。为确保 M 侧接地距离Ⅰ段定值在各种可能的运行情况下，可靠躲过线路对侧母线接地故障，其零序补偿系数 $K$ 需要采用最小值 $K_{min}$。为确保 M 侧距离Ⅱ段定值在各种可能的运行情况下，可靠保证线路对侧母线接地故障有灵敏度，其零序补偿系数 $K$ 需要采用最大值 $K_{max}$。

（1）求出 $K_{min}$ 的值。

（2）单回线路正常运行（另一回线停运但两端未接地）时距离Ⅱ段灵敏度系数为1.4。当Ⅰ、Ⅱ回线保护装置零序补偿系数实际按$K_{min}$整定时，为保证各种情况下线路对侧母线接地故障时距离Ⅱ段都有足够灵敏度，请问ⅠⅡ回线M侧的距离Ⅱ段灵敏度系数应增大为多少？

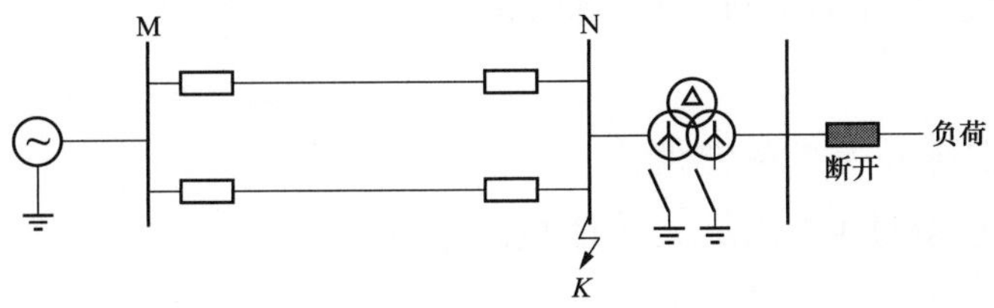


图 6-12　系统示意图

**答：**

（1）对同塔双回线路，零序补偿系数$K$值最小的情况是：同塔双回线的其中一回线检修并两端接地，同时在运行线路发生线路对侧母线接地故障，此时考虑互感的零序综合阻抗为：

$$\begin{aligned}\sum Z_0 &= Z_0 + (I_0'/I_0)Z_{0m}\\ &= Z_0 - Z_{0m}^2/Z_0\\ &= 0.91Z_0\end{aligned}$$

$$K_{min} = (\sum Z_0 - Z_1)/3Z_1 = (0.91Z_0 - Z_1)/3Z_1 = 0.577$$

（2）对同塔双回线路，距离Ⅱ段需考虑零序补偿系数最大情况：双回线同时运行对侧母线发生接地故障，此时互感的零序综合阻抗为

$$\sum Z_0 = Z_0 + Z_{0m} = 1.3Z_0$$

$$K_{max} = (\sum Z_0 - Z_1)/3Z_1 = (1.3Z_0 - Z_1)/3Z_1 = 0.967$$

灵敏度

$$K_K = 1.4(1+K_{max})/(1+K_{min}) = 1.746$$

8．如图6-13所示，已知K1点最大三相短路电流为1300A（折合到110kV侧），K2点的最大接地短路电流为2600A，最小接地短路电流为2000A，1号断路器零序保护的一次整定值为Ⅰ段1200A，0s；Ⅱ段400A，0.5s；Ⅲ段180A，1s。按三段式保护配置，计算3号断路器零序电流保护Ⅰ、Ⅱ、Ⅲ段的一次动作电流值及动作时间（去可靠系数$K_{rel}$=1.3，配合系数$K_{co}$=1.1）

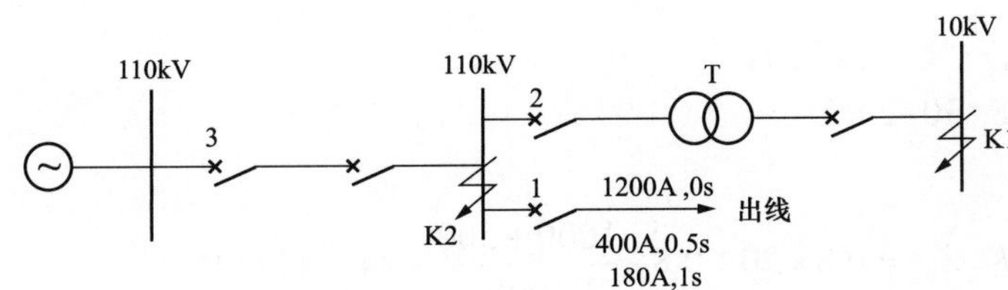


图 6-13　系统示意图

**答：**

（1）2 号断路器零序 I 段的整定

动作电流按躲过 K1 点三相短路最大不平衡电流整定：

$I_{ZD1}=0.1\times K_{rel}I_{3k\max}=1.3\times1300\times0.1=169\,A$

动作时间为 0s。

（2）3 号断路器零序保护的定值。

零序 I 段的定值躲过 K2 点最大接地短路电流为

$I_{ZD1}=K_{rel}I_{3k\max}=1.3\times2600=3380A$

动作时间 0s。

零序 II 段的整定值与 1 号断路器零序 I 段相配合：

$I_{ZD2}=1.1\times1200=1320A$

零序 II 段动作时间与 1、2 号断路器零序 I 段相配合，即 0.5s。

（3）零序III段的定值与 1 号断路器零序 II 段配合

$I_{ZD3}=1.1\times330=363A$

动作时间与 1 号断路器零序 II 段相配合，即 1.0s。

9．试计算图 6-14 所示系统方式下断路器 A 处的相间距离保护 II 段定值，并校验本线末灵敏度。

已知：线路参数（一次有名值）为：$Z_{AB}$=20Ω（实测值），$Z_{CD}$=30Ω（计算值）

变压器参数为：$Z_T$=100Ω（归算到 110kV 有名值）

M 母线相间故障时：$I_1$=1000A，$I_2$=500A

可靠系数：对于线路取 $K_k$=0.8

对于变压器取 $K_k$=0.7 配合系数，其余的配合系数取 $K_{ph}$=0.8

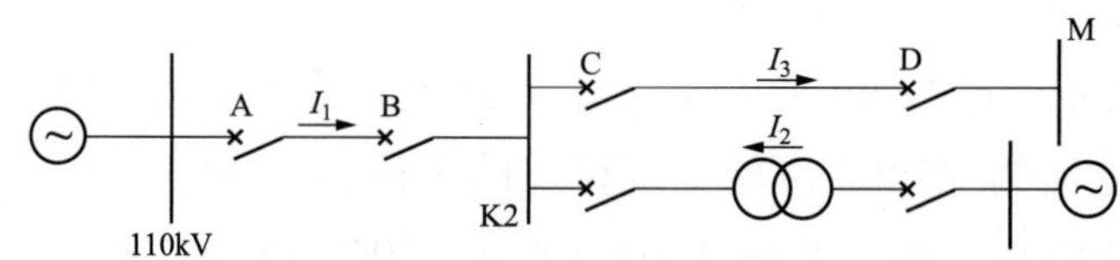


图 6-14　系统示意图

**答：**

（1）与相邻线距离 I 段配合

$Z_{CI}=K_KZ_{CD}=0.8\times30=24\Omega$

动作时间 0s。

$$Z_{A\text{II}}=K_KZ_{AB}+K_KZ_{FZ}=0.8\times20+0.8\times\frac{1000+500}{1000}\times24=44.8\Omega$$

动作时间 0.5s。

（2）按躲变压器低压侧故障整定

$Z_{A\text{II}}=K_K Z_{AB}+K_K Z_T=0.8\times20+0.7\times100=86\Omega$

动作时间 0.5s。

综合 1、2，取

$Z_{A\text{II}}$=44.8Ω（一次值）

动作时间 0.5s。

（3）灵敏度校验

$$K_{LM}=\frac{Z_{A\text{II}}}{Z_{AB}}=\frac{44.8}{20}=2.24>1.5$$

符合规程要求。

10．如图 6-15 所示，各线路均装有距离保护，试对保护 A 的距离II段保护进行整定计算，并求出最大分支系数 $K_{bmax}$。已知 $Z_1$=0.4Ω/km，$K_{rel}^{\text{I}}=K_{rel}^{\text{II}}$=0.8。

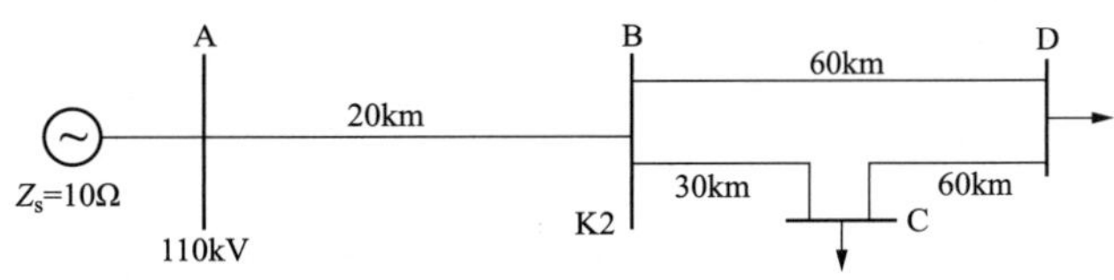


图 6-15 系统示意图

**答：**

（1）线路阻抗：

$Z_{AB}$=20×0.4=8Ω；$Z_{BD}$=60×0.4=24Ω；$Z_{BC}$=30×0.4=12Ω；$Z_{CD}$=60×0.4=24Ω；

（2）BD 线路 B 侧：

距离 I 段：$Z_{dz\text{I}}$=0.8×24=19.2Ω

距离II段：$Z_{dz\text{II}}$=1.5×24=36Ω

（3）BC 线路 B 侧：

距离 I 段：$Z_{dz\text{I}}$=0.8×12=9.6Ω

距离II段：$Z_{dz\text{II}}$=1.5×12=18Ω

（4）助增系数：

BD 线路 D 侧故障，$Z_{fz}$=36/60=0.6

BC 线路 C 侧故障，$Z_{fz}$=24/30=0.8

（5）最大分支系数：

$K_{bmax}$=1/0.6=1.666

（6）计算 A 侧保护定值：

1）与 BD 线路配合。

距离II段（与相邻线路 I 段配合）：

$Z_{dz\text{II}} \leqslant 0.8\times8+0.8\times0.6\times19.2=15.616\Omega$

本线路末端故障保护的灵敏度为：15.616Ω/（20×0.4）Ω=1.952，满足要求。

2）与 BC 线路配合。

距离Ⅱ段（与相邻线路Ⅰ段配合）：

$Z_{dz\text{II}} \leqslant 0.8\times8+0.8\times0.8\times9.6=12.5\Omega$

本线路末端故障保护的灵敏度为：12.5Ω/（20×0.4）Ω=1.5，满足要求。

综合取 $Z_{dz\text{II}}=12.5\Omega$。

# 第七章 规 程 反 措

【基本介绍】本章主要包括对继电保护技术规程、标准化设计规范、验收规范、运行管理规程、运行整定规程、运行评价规程、检验规程、反事故措施等继电保护专业全过程规程反措知识的考查。

【典型问题】本章的典型问题是对规程反措原文的深入理解和精准记忆，既要理解规程原文的字面意思，更要了解规程制定的背景和意义，对继电保护专业研发制造、规划设计、施工验收、运行管理、反措落实等全过程的技术规范做到全面掌握。

【难点介绍】本章的难点在于对规程反措原文的理解，既要知其然，更要知其所以然，同时关注规程反措的时效性，对落后淘汰的条款能够正确甄别，对差异性条款能够合理取舍。

## 一、单选题

1．当灵敏性与选择性难以兼顾时，应首先考虑以保（　　）为主，防止保护拒动，并备案报主管领导批准。

A．速动性　　B．灵敏度　　C．选择性

**答案：**B

**解析：**出自《国家电网有限公司十八项电网重大反事故措施（2018 年修订版）》15.5.2。

2．通过整组试验测试保护各回路整组动作时间应满足以下要求：在输入 2 倍整定值测试保护整组动作时间时，对于采用“常规互感器+合并单元”模式的情况，线路纵联保护（不带通道延时）不应大于（　　）ms。

A．31　　B．35　　C．39　　D．43

**答案：**C

**解析：**出自 Q/GDW 11486—2015《智能变电站继电保护和安全自动装置验收规范》7.8.7。

3．传输线路纵联保护信息的数字式通道传输时间应（　　）。

A．无规定　　B．不大于 12ms　　C．不大于 15ms　　D. 不小于 5ms

**答案：**B

**解析**：出自 GB/T 14285—2006《继电保护和安全自动装置技术规程》6.7.6。

4．如线路短路使发电厂厂用母线或重要用户母线电压低于额定电压的（　　）以及线路导线截面过小，不允许带时限切除短路时，应快速切除故障。

**答案**：C

A．40%　　B．50%　　C．60%　　D．70%

**解析**：出自 GB/T 14285—2006《继电保护和安全自动装置技术规程》4.4.1.3。

5．保护装置竣工验收应重点检查装置主要功能、（　　）及二次回路接线正确性。

A．保护定值　　B．保护压板　　C．保护控制字　　D．保护方式

**答案**：B

**解析**：出自 Q/GDW 1914—2013《继电保护和安全自动装置验收规范》5.5。

6．数字式保护装置，不满足技术规程要求的是（　　）。

A．宜将被保护设备或线路的主保护（包括纵、横联保护等）及后备保护综合在一整套装置内

B．主后一体化的保护共用直流电源输入回路及交流电压互感器和电流互感器的二次回路

C．主后一体化的保护应能反应被保护设备或线路的各种故障及异常状态，并动作于跳闸或给出信号

D．对仅配置一套主保护的设备，可采用主后一体化的保护装置

**答案**：D

**解析**：出自 GB/T 14285—2006《继电保护和安全自动装置技术规程》4.1.12.1。

7．继电保护装置的定期检验分为：全部检验，部分检验，（　　）。

A．验收检验　　B．事故后检验　　C．用装置进行断路器跳合闸试验

**答案**：C

**解析**：出自 DL/T 995—2016《继电保护和电网安全自动装置检验规程》5.1.1.3。

8．按照整定规程的要求，解列点上的距离保护（　　）。

A．不应经振荡闭锁控制　　B．不宜经振荡闭锁控制

C．须经振荡闭锁控制　　D．可经振荡闭锁控制

**答案**：A

**解析**：出自 DL/T 559—2007《220kV～500kV 电网继电保护装置运行整定规定》5.9.3。

9．确保 220kV 及 500kV 线路单相接地时线路保护能可靠动作，允许的最大过渡电阻值分别是（　　）。

A．100Ω，100Ω　　B．100Ω，200Ω

C．100Ω，300Ω　　D．100Ω，150Ω

**答案**：C

**解析**：出自 GB/T 14285—2006《继电保护和安全自动装置技术规程》4.6.2 a 及 4.7.3 c。

10.（  ）以上的发电机应装设纵联差动保护。

A．1MW　　B．5MW　　C．10MW　　D．0.5MW

**答案**：A

**解析**：出自 GB/T 14285—2006《继电保护和安全自动装置技术规程》4.2.3.3。

11．Q/GDW 1161—2014 规范要求：3/2 断路器接线的断路器失灵保护，采用分相跳闸开入的是（  ）。

A．变压器保护　　B．发变组保护

C．线路保护　　D．线路高压并联电抗器保护

**答案**：C

**解析**：出自 Q/GDW 1161—2014《线路保护及辅助装置标准化设计规范》5.2.6。

12．Q/GDW 1161—2014 规范要求：线路纵联距离保护基础型号代码为 A 时表示（  ）。

A．2M 双光纤通道　　B．光纤通道和载波通道

C．触点方式　　D．其他方式

**答案**：A

**解析**：出自 Q/GDW 1161—2014《线路保护及辅助装置标准化设计规范》5.3.1.1。

13．Q/GDW 1161—2014 规范要求：为便于调试，保护装置应设置打印机接口，打印波特率默认为是（  ）。

A．4800bps　　B．9600bps　　C．19200bps　　D．38400bps

**答案**：C

**解析**：出自 Q/GDW 1161—2014《线路保护及辅助装置标准化设计规范》4.3.9。

14．Q/GDW 1161—2014 规范要求：智能化保护装置双点开关量输入定义（  ）为合位。

A．00　　B．01　　C．10　　D．11

**答案**：C

**解析**：出自 Q/GDW 1161—2014《线路保护及辅助装置标准化设计规范》4.1.2。

15．Q/GDW 1161—2014 规范要求：常规保护装置压板设置中，停用重合闸控制字、软压板和硬压板三者为（  ）逻辑。

A．与门　　B．或门　　C．非门

**答案**：B

**解析**：出自 Q/GDW 1161—2014《线路保护及辅助装置标准化设计规范》4.1.4。

16．Q/GDW 1161—2014 规范要求：线路保护装置的选配功能代码是（  ）。

A．RPLDYK　　B．DJEGA　　C．MPX

**答案：**A

**解析：**出自 Q/GDW 1161—2014《线路保护及辅助装置标准化设计规范》5.3.1.1。

17．Q/GDW 1161—2014 规范要求：常规站当线路支路有高压并联电抗器、过电压及远方跳闸保护等需要三相启动失灵时，采用操作箱内（　　）触点启动失灵保护。

A．TJQ　　B．TJF　　C．TJR

**答案：**C

**解析：**出自 Q/GDW 1161—2014《线路保护及辅助装置标准化设计规范》4.3.5 d。

18．Q/GDW 1161—2014 规范要求：零序电流保护应设置二段定时限（零序电流Ⅱ段和Ⅲ段），零序电流Ⅱ段固定带方向，零序电流Ⅲ段方向可投退。TV 断线后，零序电流（　　）段退出。

A．Ⅰ　　B．Ⅱ　　C．Ⅲ

**答案：**B

**解析：**出自 Q/GDW 1161—2014《线路保护及辅助装置标准化设计规范》5.2.4 a。

19．Q/GDW 1161—2014 规范要求：大功率抗干扰继电器的启动功率应大于（　　）W，动作电压在额定直流电源电压的 55%～70%范围内。

A．3　　B．4　　C．5

**答案：**C

**解析：**出自 Q/GDW 1161—2014《线路保护及辅助装置标准化设计规范》4.3.3 b。

20．根据新六统一规范，失灵保护动作经母线保护出口时，应在母线保护装置中设置灵敏的、不需整定的电流元件并带（　　）ms 的固定延时。

A．50　　B．30　　C．40　　D．20

**答案：**A

**解析：**出自 Q/GDW 1175—2013《变压器、高压并联电抗器和母线保护及辅助装置标准化设计规范》7.2.2。

21．Q/GDW 1161—2014 规范要求：智能站光缆要求及光缆敷设要求：多模光缆芯数不宜超过 24 芯，每根光缆至少备用 20%，最少不低于（　　）芯。

A．1　　B．2　　C．3　　D．5

**答案：**B

**解析：**出自 Q/GDW 1161—2014《线路保护及辅助装置标准化设计规范》9.1 b。

22．按照 Q/GDW 1161—2014《线路保护及辅助装置标准化设计规范》的要求，保护屏（柜）背面端子排设计原则，其中表示（　　）对时段。

A．QD　　B．OD　　C．TD　　D．YD

**答案：**B

**解析：**出自 Q/GDW 1161—2014《线路保护及辅助装置标准化设计规范》4.3.12 a。

23．按照 Q/GDW 1175—2013 规范，独立于母线保护的充电过流保护（　　）启动母联（分段）失灵保护。

A．不应　　B．应　　C．可整定

**答案：**B

**解析：**出自 Q/GDW 1175—2013《变压器、高压并联电抗器和母线保护及辅助装置标准化设计规范》7.2.3 e。

24．按照 Q/GDW 1175—2013《变压器、高压并联电抗器和母线保护及辅助装置标准化设计规范》的增补说明，220kV 母线保护的母联 TA 断线后，区内故障先跳母联，（　　）后跳故障母线。

A．1s　　B．100ms　　C．2s　　D．300ms

**答案：**B

**解析：**出自《国调中心关于印发继电保护装置标准化设计补充技术要求的通知》(调继〔2015〕91 号）中关于 Q/GDW 1175—2013 的补充要求。

25．按照 Q/GDW 1175—2013 母线保护设计要求，母线保护装置中各线路支路断路器失灵电流判别采用相电流、零序电流（或负序电流）的（　　）逻辑。

A．“或门”　　B．“与门”　　C．“非门”　　D．“异或门”

**答案：**B

**解析：**出自 Q/GDW 1175—2013《变压器、高压并联电抗器和母线保护及辅助装置标准化设计规范》7.2.3 b。

26．Q/GDW 11010 规范要求：线路保护面板显示检修灯为（　　）色。

A．黄　　B．绿　　C．红

**答案：**C

**解析：**出自 Q/GDW 11010—2015《继电保护信息规范》附录 D.2.1。

27．以下哪一项不属于《继电保护信息规范》中的“告警信息”（　　）。

A．故障信号（dsAlarm）　　B．告警信号（dsWarning）

C．保护功能闭锁（dsRelayBlk）　　D．装置运行状态（dsDeviceState）

**答案：**D

**解析：**出自 Q/GDW 11010—2015《继电保护信息规范》4.2.2 b。

28．以下哪项是《继电保护信息规范》中“人机界面信息”包含的信息（　　）。

A．保护动作报文　　B．在线监测信息

C．面板指示灯　　D．状态变位信息

**答案：**C

**解析：**出自 Q/GDW 11010—2015《继电保护信息规范》附录D.2。

29．母线保护的双母双分段接线的分段 TA 断线后，程序（　　）处理。

A．仅报 TA 断线，不闭锁保护

B．闭锁母线 300ms，延时跳故障母线

C．应按普通支路处理，即应闭锁差动保护

**答案：**C

**解析：**出自《国调中心关于印发继电保护装置标准化设计补充技术要求的通知》（调继〔2015〕91 号）中 Q/GDW 1175—2013 标准增补要求。

30．主保护投运率的统计范围不包括（　　）。

A．线路纵联保护　　B．变压器差动保护

C．母线差动保护　　D．线路快速距离保护

**答案：**D

**解析：**出自 DL/T 623—2010《电力系统继电保护及安全自动装置运行评价规程》5.3.2。

31．根据 GB/T 19964《光伏发电站接入电力系统技术规定》，光伏电站防孤岛保护动作时间应不大于（　　）。

A．0.5s　　B．1s　　C．1.5s　　D．2s

**答案：**D

**解析：**出自 GB/T 19964《光伏发电站接入电力系统技术规定》12.3.3。

32．根据《风电并网运行反事故措施要点》（2011-974），风电场应在升压站内配置故障录波装置，启动判据应至少包括电压越限和电压突变量，记录升压站内设备在故障前 200ms 至故障后（　　）的电气量数据，波形记录应满足相关技术标准。

A．6s　　B．7s　　C．8s　　D．5s

**答案：**A

**解析：**出自《风电并网运行反事故措施要点》（国家电网调〔2011〕974 号）条款 15。

33．根据 Q/GDW 1806《继电保护状态检修导则》规定，保护设备状态检修的基准周期和最长检修周期分别为（　　）。

A．4.5 年、6 年　　B．5 年、6 年　　C．3 年、5 年　　D．4 年、6 年

**答案：**B

**解析：**出自 Q/GDW 1806《继电保护状态检修导则》10.5。

34．微机型保护装置未按规定使用正确的软件版本，造成保护装置不正确动作。按照评价规程其责任应统计为（　　）。

A．原理缺陷　　B．检修维护不良

C．调试质量不良　　D．制造质量不良

**答案：**B

**解析：**出自 DL/T 623—2010《电力系统继电保护及安全自动装置运行评价规程》

7.4 e。

35．常规站评价继电保护正确动作率时，继电保护动作次数按（　　）评价。

A．保护功能　　B．打印报告　　C．事件　　D．录波图

**答案：**C

**解析：**出自 DL/T 623—2010《电力系统继电保护及安全自动装置运行评价规程》5.1.1.2。

36．按常规站继电保护动作评价原则，发电机变压器组单元的继电保护按（　　）保护评价。

A．发电机　　B．变压器　　C．发电机和变压器均可

**答案：**A

**解析：**出自 DL/T 623—2010《电力系统继电保护及安全自动装置运行评价规程》6.1.8。

37．配置单相重合闸的线路发生瞬时单相接地故障时，由于重合闸原因误跳三相，但又三相重合成功，重合闸应评价为（　　）。

A．不评价　　B．正确动作 1 次，误动 1 次

C．不正确动作 1 次　　D．不正确动作 2 次

**答案：**D

**解析：**出自 DL/T 623—2010《电力系统继电保护及安全自动装置运行评价规程》5.1.1.4。

38．母线故障，母线差动保护动作，已跳开故障母线上 6 个断路器（包括母联），还有 1 个断路器因本身原因而拒跳，则母差保护按（　　）进行评价。

A．正确动作一次　　B．拒动一次　　C．不予评价

**答案：**A

**解析：**出自 DL/T 623—2010《电力系统继电保护及安全自动装置运行评价规程》6.2.6。

39．双母线接线母线故障，母差保护动作，母联断路器因自身原因拒跳，由母联失灵保护消除母线故障，则母差保护按（　　）进行评价。

A．正确动作一次　　B．不正确动作一次

C．正确动作和不正确动作各一次　　D．不予评价

**答案：**A

**解析：**出自 DL/T 623—2010《电力系统继电保护及安全自动装置运行评价规程》6.2.4。

40．按常规站继电保护动作评价原则，变压器纵差、重瓦斯保护及各侧后备保护按哪侧归类评价（　　）。

A．两侧　　B．低压侧　　C．高压侧

**答案：** C

**解析：** 出自 DL/T 623—2010《电力系统继电保护及安全自动装置运行评价规程》6.1.7。

41．与动作评价原则不符的是（　　）。

A．线路纵联保护按两侧分别进行评价

B．远方跳闸装置按两侧分别进行评价

C．变压器纵差、重瓦斯保护及各侧后备保护按高压侧归类评价

D．错误地投、停继电保护造成的继电保护不正确动作，但继电保护装置性能良好的可不进行分析评价

**答案：** D

**解析：** 出自 DL/T 623—2010《电力系统继电保护及安全自动装置运行评价规程》6.1.9。

42．220kV 系统故障录波器应按以下原则（　　）统计动作次数。

A．计入 220kV 系统保护动作的总次数中

B．计入全部保护动作的总次数中

C．应单独对录波器进行统计

**答案：** C

**解析：** 出自 DL/T 623—2010《电力系统继电保护及安全自动装置运行评价规程》6.6.5。

43．《国家电网公司继电保护和安全自动装置缺陷管理办法》[国网（调）527—2014]规定，故障录波装置不能正常录波属于（　　）。

A．一般缺陷　　B．严重缺陷　　C．危急缺陷　　D．轻度缺陷

**答案：** B

**解析：** 出自《国家电网公司继电保护和安全自动装置缺陷管理办法》第十条。

44．电力监控系统网络安全工作应当坚持“（　　）”的原则，保障电力监控系统的安全。

A．网络分区、专网专用、横向隔离、纵向认证

B．安全分区、网络专用、横向隔离、纵向加密

C．安全分区、网络专用、横向隔离、纵向认证

D．网络分区、专网专用、横向隔离、纵向加密

**答案：** C

**解析：** 出自《国家电网有限公司十八项电网重大反事故措施（2018 年修订版）》16.2。

45．继电保护状态检修工作分停电检修和不停电检修，停电检修分为 A 类检修、B 类检修、C 类检修，不停电检修为（　　）类检修。

A．D　　B．C　　C．B　　D．A

答案：A

解析：出自 Q/GDW 1806—2013《继电保护状态检修导则》10.2。

46．运维检修单位应在继电保护和安全自动装置缺陷处理后（　　）个工作日内，完成缺陷管理信息填报。

A．3　　B．5　　C．7　　D．10

答案：B

解析：出自《国家电网公司继电保护和安全自动装置缺陷管理办法》第二十一条。

47．下列（　　）项不属于严重缺陷。

A．保护通道异常，如 3dB 告警等

B．保护装置故障或异常退出

C．录波器装置故障、频繁起动或电源消失

D．保护装置液晶显示屏异常

答案：B

解析：出自《国家电网公司继电保护和安全自动装置缺陷管理办法》第十条。

48．下列（　　）项不属于一般缺陷。

A．时钟装置失灵或时间不对，保护装置时钟无法调整

B．能自动复归的偶然缺陷

C．保护信息通信中断

答案：C

解析：出自《国家电网公司继电保护和安全自动装置缺陷管理办法》第十条。

49．安装保护装置在投入运行一年以内，未打开铅封和变动二次回路以前，保护装置出现由于调试和安装质量不良而引起的不正确动作，其责任归属为（　　）。

A．设计单位　　B．运行单位　　C．基建单位

答案：C

解析：出自 DL/T 623—2010《电力系统继电保护及安全自动装置运行评价规程》7.3 d。

50．分相操作的断路器拒动考虑的原则是（　　）。

A．单相拒动　　B．两相拒动　　C．三相拒动　　D．都要考虑

答案：A

解析：出自 GB/T 14285—2006《继电保护和安全自动装置技术规程》4.9.1 c。

51．防止继电保护“三误”是指防止继电保护的（　　）。

A．误校验、误接线、误碰　　B．误校验、误整定、误碰

C．误整定、误碰、误接线　　D．误触、误碰、误接线

**答案**：C

**解析**：出自 Q/GDW 267—2009《继电保护和电网安全自动装置现场工作保安规定》3.1。

52.《继电保护和电网安全自动装置现场工作保安规定》要求，对一些主要设备，特别是复杂保护装置或有联跳回路的保护装置的现场校验工作，应编制和执行《安全措施票》，如（　　）。

A．母线保护、断路器失灵保护和主变压器零序联跳回路等

B．母线保护、断路器失灵保护、主变压器零序联跳回路和用钳形伏安相位表测量等

C．母线保护、断路器失灵保护、主变压器零序联跳回路和用拉路法寻找直流接地等

D．母线保护、用钳形伏安相位表测量和用拉路法寻找直流接地等。

**答案**：A

**解析**：出自 Q/GDW 267—2009《继电保护和电网安全自动装置现场工作保安规定》4.5。

53．出口继电器作用于断路器跳（合）闸时，其触点回路中串入的电流自保持线圈的自保持电流应当是（　　）。

A．不大于跳（合）闸电流　　B．不大于跳（合）闸电流的一半

C．不大于跳（合）闸电流的 10%　　D．不大于跳（合）闸电流的 80%

**答案**：B

**解析**：出自 GB/T 50976—2014《继电保护及二次回路安装及验收规范》5.5.3。

54．可用兆欧表校验金属氧化物避雷器的工作状态，一般当用 1000V 兆欧表，金属氧化物避雷器不应击穿；而用（　　）兆欧表时应可靠击穿。

A．500V　　B．1000V　　C．1500V　　D．2500V

**答案**：D

**解析**：出自 DL/T 995—2016《继电保护和电网安全自动装置检验规程》5.3.2.4。

55．检验测量值和准确度试验的环境大气条件的相对湿度（　　）。

A．20%～70%　　B．25%～85%　　C．45%～75%　　D．30%～75%

**答案**：C

**解析**：出自 GB/T 7261—2016《继电保护和安全自动装置基本试验方法》4.1。

56．二次回路的工作电压不宜超过 250V，最高不应（　　）V。

A．300　　B．400　　C．500　　D．600

**答案**：C

**解析**：出自 GB/T 50976—2014《继电保护及二次回路安装及验收规范》5.1.6。

57．光纤尾纤应呈现自然弯曲，弯曲半径大于（　　）cm，不应存在弯折的现象。

A．3　　B．4　　C．5　　D．6

**答案**：A

**解析**：出自 DL/T 995—2016《继电保护和电网安全自动装置检验规程》5.3.5.2 b。

58. 在进行整组试验时，还应检验断路器、合闸线圈的压降不小于额定值的（　　）。

A. 80%　　B. 85%　　C. 90%　　D. 95%

**答案**：C

**解析**：出自 DL/T 995—2016《继电保护和电网安全自动装置检验规程》5.3.7.5。

59. 220kV 及以上电压等级的继电保护及与之相关的设备、网络等应按照双重化原则进行配置，且一一对应，包括（　　）。

A. 双重化的两套保护及其相关设备的直流电源应一一对应

B. 双重化保护装置与两套监控主机应一一对应

C. 双重化智能终端与测控装置应一一对应

D. 双重化智能终端与合闸线圈应一一对应

**答案**：A

**解析**：出自 Q/GDW 441—2010《智能变电站继电保护技术规范》5.1 a。

60. 变压器的高压侧宜设置（　　）的后备保护。在保护不失配的前提下，尽量缩短变压器后备保护的整定时间级差。

A. 0.1s 延时　　B. 无延时　　C. 短延时　　D. 长延时

**答案**：D

**解析**：出自《国家电网有限公司十八项电网重大反事故措施（2018 年修订版）》15.2.6。

61. 继电保护试验用仪器的精度及测量二次回路绝缘表计的电压等级应分别为（　　）。

A. 1 级及 1000V　　B. 0.5 级及 1000V　　C. 3 级及 500V

**答案**：B

**解析**：出自 DL/T 995—2016《继电保护和电网安全自动装置检验规程》5.2.1.1。

62. 继电保护设备、控制屏端子排上所接导线的截面积不宜超过（　　）。

A. $4mm^2$　　B. $8mm^2$　　C. $6mm^2$　　D. $1.5mm^2$

**答案**：C

**解析**：出自 DL/T 5136—2012《火力发电厂、变电站二次接线设计技术规程》7.4.8。

63. 直流电压在 110V 及以上的中间继电器，并联在线圈上的消弧二极管的反向击穿电压不宜低于（　　）。

A. 800V　　B. 1000V　　C. 1200V

**答案**：B

**解析**：出自 GB/T 14285—2006《继电保护和安全自动装置技术规程》6.5.3.5。

64. 发电厂和变电站应采用铜芯控制电缆和导线，弱电控制回路的截面积不应小于

（　　）。

A．1.5mm$^2$　　B．2.5mm$^2$　　C．0.5mm$^2$　　D．4mm$^2$

**答案**：C

**解析**：出自 GB/T 14285—2006《继电保护和安全自动装置技术规程》6.1.5。

65．保护屏必须有接地端子，并用截面不低于（　　）mm$^2$ 的多股铜线和接地网直接连通。

A．2.5　　B．4　　C．5　　D．6

**答案**：B

**解析**：出自《国家电网有限公司十八项电网重大反事故措施（2018 年修订版）》15.6.2.3。

66．一般操作回路按正常最大负荷时至各设备的电压降不得超过额定电压的（　　）的条件校验控制电缆芯截面。

A．3%　　B．5%　　C．10%　　D．4%

**答案**：C

**解析**：出自 GB/T 14285—2006《继电保护和安全自动装置技术规程》6.1.5。

67．制造部门应提高微机保护抗电磁骚扰水平和防护等级，光耦开入的动作电压应控制在额定直流电源电压（　　）的范围以内。

A．55%～70%　　B．50%～70%　　C．50%～75%

**答案**：A

**解析**：出自《国家电网有限公司十八项电网重大反事故措施（2018 年修订版）》15.6.5。

68．断路器失灵保护的电流判别元件的动作和返回时间均不宜大于（　　）ms，其返回系数也不宜低于 0.9。

A．10　　B．20　　C．30　　D．40

**答案**：B

**解析**：出自《国家电网有限公司十八项电网重大反事故措施（2018 年修订版）》15.2.4。

69．对于装置间不经附加判据直接启动跳闸的开入量，应经抗干扰继电器重动后开入；抗干扰继电器的启动功率应大于 5W，动作电压在额定直流电源电压的 55%～70% 范围内，额定直流电源电压下动作时间为（　　），应具有抗 220V 工频电压干扰的能力。

A．5ms～10ms　　B．10ms～35ms　　C．40ms～50ms

**答案**：B

**解析**：出自 GB/T 50976—2014《继电保护及二次回路安装及验收规范》5.7.4。

70．（　　）与其他保护、设备配合的回路应遵循相互独立的原则，应保证每一套保护装置与其他相关装置（如通道、失灵保护）联络关系的正确性，防止因交叉停用导致保护功能缺失。

A．单套保护装置　　B．主后一体　　C．两套保护装置　　D．智能化

**答案：**C

**解析：**出自《国家电网有限公司十八项电网重大反事故措施（2018 年修订版）》15.2.2.4。

71．线路两侧或主设备差动保护各侧的电流互感器的相关特性宜一致，避免在遇到较大短路电流时，因各侧电流互感器的（　　）不一致导致保护不正确动作。

A．电磁特性　　B．饱和特性　　C．暂态特性　　D．稳态特性

**答案：**C

**解析：**出自《国家电网有限公司十八项电网重大反事故措施（2018 年修订版）》15.1.10。

72．未采用就地跳闸方式的变压器非电量保护应设置（　　）且必须与电气量保护完全分开。

A．独立的电源回路（包括直流空气小断路器及其直流电源监视回路）和信号回路

B．信号和出口跳闸回路

C．出口跳闸回路

D．独立的电源回路（包括直流空气小断路器及其直流电源监视回路）和出口跳闸回路

**答案：**D

**解析：**出自《国家电网有限公司十八项电网重大反事故措施（2018 年修订版）》15.2.5。

73．在保护和测量仪表中，电流回路的导线截面积不应小于（　　）。

A．1.5mm$^2$　　B．2.5mm$^2$　　C．4.0mm$^2$

**答案：**B

**解析：**出自 GB/T 50976—2014《继电保护及二次回路安装及验收规范》4.4.1。

74．电流互感器或电压互感器的二次回路，均必须且只能有一个接地点。当两个及以上电流（电压）互感器二次回路间有直接电气联系时，其二次回路接地点设置应符合的要求说法错误的是（　　）。

A．便于运行中的检修维护

B．只能在保护屏一点接地

C．互感器或保护设备的故障、异常、停运、检修、更换等均不得造成运行中的互感器二次回路失去接地

D．可以在开关场端子箱接地

**答案：**B

**解析：**出自《国家电网有限公司十八项电网重大反事故措施（2018 年修订版）》15.6.4.1。

75．在各类保护装置接入电流互感器二次绕组时，应考虑到既要消除保护（　　），

同时又要尽可能减轻电流互感器本身故障时所产生的影响。

A．拒动　　　　B．误动　　　　C．死区

**答案**：C

**解析**：出自 GB/T 14285—2006《继电保护和安全自动装置技术规程》4.1.4。

76．由开关场的互感器等设备至开关场就地端子箱之间的二次电缆应经金属管从一次设备的接线盒（箱）引至电缆沟，下列选项对电缆的屏蔽层接地描述正确的是（　　）。

A．仅在互感器接线盒（箱）处接地

B．在互感器接线盒（箱）处和就地端子箱处两点接地

C．仅在就地端子箱处接地

D．以上选项均不正确

**答案**：C

**解析**：出自《国家电网有限公司十八项电网重大反事故措施（2018 年修订版）》15.6.2.8。

77．已在控制室一点接地的电压互感器二次线圈，宜在开关场将二次线圈中性点经放电间隙或氧化锌阀片接地，其击穿电压峰值应大于 $30I_{max}$，$I_{max}$ 为（　　）。

A．电网接地故障时通过变电站的可能最大接地电流有效值

B．该站内接地故障时通过变电站的可能最大接地电流有效值

C．该电压互感器对应电压等级电网接地故障时通过变电站的可能最大接地电流有效值

D．以上选项均不正确

**答案**：A

**解析**：出自《国家电网有限公司十八项电网重大反事故措施（2018 年修订版）》15.6.4.2。

78．分散布置的小室之间若存在相互连接的二次电缆，则小室的等电位地网之间应使用截面积不小于 $100mm^2$ 的铜排（缆）可靠连接，连接点应设在（　　）。

A．电缆用量最少的地方

B．小室等电位地网与变电站主接地网连接处

C．等电位地网的任何地方

**答案**：B

**解析**：出自《国家电网有限公司十八项电网重大反事故措施（2018 年修订版）》15.6.2.2。

79．保护屏必须有接地小铜排，保护装置与小铜排之间应用不小于（　　）$mm^2$ 铜线相连。

A．4　　　　B．6　　　　C．10　　　　D．2.5

**答案**：A

**解析**：出自《国家电网有限公司十八项电网重大反事故措施（2018 年修订版）》15.6.2.3

80．变电站直流系统的馈出网络应采用（　　）供电方式。

A．网状　　B．环状

C．集中辐射或分层辐射　　D．小母线

**答案**：C

**解析**：出自《国家电网有限公司十八项电网重大反事故措施（2018 年修订版）》5.3.1.9。

81．直流电源系统除蓄电池组出口保护电器外，应使用（　　）。蓄电池组出口回路宜采用熔断器，也可采用具有选择性保护的直流断路器。

A．熔断器　　B．直流专用断路器

C．隔离开关　　D．防漏电断路器

**答案**：B

**解析**：出自《国家电网有限公司十八项电网重大反事故措施（2018 年修订版）》5.3.2.5。

82．继电保护和安全自动装置的直流电源，电压纹波系数应不大于（　　）。

A．2%　　B．5%　　C．10%　　D．20%

**答案**：A

**解析**：出自 GB/T 14285—2006《继电保护和安全自动装置技术规程》6.3.1。

83．新建及重大改造设备需利用操作箱对断路器进行下列传动试验，在使用操作箱的防止断路器跳跃回路时，应检验串联接入跳合闸回路的自保持线圈，其动作电流不应大于额定跳合闸电流的（　　），线圈压降小于额定值的（　　）。

A．50%，5%　　B．50%，10%　　C．10%，5%　　D．10%，10%

**答案**：A

**解析**：出自 DL/T 995—2016《继电保护和电网安全自动装置检验规程》5.3.6.3。

84．引入两组及以上电流互感器构成合电流的保护装置，各组电流互感器应（　　）保护装置。

A．同极性合流引入　　B．反极性引入　　C．合流引入　　D．分别引入

**答案**：D

**解析**：出自《国家电网有限公司十八项电网重大反事故措施（2018 年修订版）》15.2.3.3。

85．配置双重化的远方跳闸保护，采用（　　）经就地判别方式。当系统需要配置过电压保护时，过电压保护应集成在远方跳闸保护装置中。

**答案**：A

A．一取一　　B．一取二　　C．二取一　　D．一取三

**解析**：出自 Q/GDW 1161—2014《线路保护及辅助装置标准化设计规范》5.1.2 b。

86．双母线接线变电站的线路间隔断路器失灵保护的电流判别元件应采用相电流、零序电流（或负序电流）按（　　）构成。

A．或逻辑　　B．与逻辑　　C．非逻辑　　D．与非逻辑

**答案：**B

**解析：**出自 Q/GDW 1175—2013《变压器、高压并联电抗器和母线保护及辅助装置标准化设计规范》7.2.3。

87．应采取措施，防止由于零序功率方向元件的电压死区导致零序功率方向纵联保护拒动，但不应采用过分降低（　　）的方法。

**答案：**C

A．主保护定值　　B．后备保护定值

C．零序动作电压　　D．零序动作时间

**解析：**出自《国家电网有限公司十八项电网重大反事故措施（2018 年修订版）》15.2.3.4。

88．分相电流差动保护应采用（　　）路由收发、往返延时（　　）的通道。

A．同一，一致　　B．同一，不同

C．不同，一致　　D．不同，不同

**答案：**A

**解析：**出自《国家电网有限公司十八项电网重大反事故措施（2018 年修订版）》15.1.6。

89．下列不属于补充检验内容的是（　　）。

A．检修或更换一次设备后的检验　　B．事故后检验

C．利用装置进行断路器跳、合闸试验

**答案：**C

**解析：**出自 DL/T 995—2016《继电保护和电网安全自动装置检验规程》5.1.1.3。

90．在控制室经零相公共小母线 N600 连接的 220～500kV 的母线电压互感器二次回路，其接地点（　　）。

A．各自在 220～500kV 保护室外一点接地

B．在 N600 室内接地

C．在开关场处及室内均接地

**答案：**B

**解析：**出自 DL/T 995—2016《继电保护和电网安全自动装置检验规程》5.3.2.3。

91．在同一网格状地网系统的变电站内，每一千安故障电流在完全位于同一地网范围内的最大期望纵向电压为（　　）V。

A．5　　B．10　　C．15

**答案：**B

**解析**：出自《国际大电网会议 36.04 工作组报告》。

92．保护室与通信室之间信号优先采用光缆传输。若使用电缆，应采用双绞双屏蔽电缆，其中接地要求是（　　）。

A．外屏蔽在信号接收侧单端接地，内屏蔽在电缆两端接地

B．内屏蔽在信号接收侧单端接地，外屏蔽在电缆两端接地

C．内屏蔽在信号发送侧单端接地，外屏蔽在电缆两端接地

D．外屏蔽在信号发送侧单端接地，内屏蔽在电缆两端接地

**答案**：B

**解析**：出自《国家电网有限公司十八项电网重大反事故措施（2018 年修订版）》15.6.2.12。

93．在电压回路最大负荷时，保护和自动装置的电压降不得超过其额定电压的（　　）。

A．2%　　B．3%　　C．4%　　D．5%

**答案**：B

**解析**：出自 DL/T 995—2016《继电保护和电网安全自动装置检验规程》5.3.2.3。

94．当双重化配置的两套保护装置不能实施确保运行和（　　）安全的技术措施时，应安装在各自保护柜内。

A．停役　　B．备用　　C．故障　　D．检修

**答案**：D

**解析**：出自《国家电网有限公司十八项电网重大反事故措施（2018 年修订版）》15.1.3。

95．220kV 及以上电压等级变压器、电抗器的非电量保护应（　　）作用于断路器的（　　）跳闸线圈。

A．同时，一个　　B．同时，两个

C．分别，一个　　D．分别，两个

**答案**：B

**解析**：出自《国家电网有限公司十八项电网重大反事故措施（2018 年修订版）》15.2.5。

96．出口中间继电器的最低动作电压，要求不低于额定电压的 55%，是为了（　　）。

A．防止中间继电器线圈正电源端子出现接地时与直流电源绝缘监视回路构成通路而引起误动作

B．防止中间继电器线圈正电源端子与直流系统正电源同时接地时误动作

C．防止中间继电器线圈负电源端子接地与直流电源绝缘监视回路构成通路而误动作

D．防止中间继电器线圈负电源端子与直流系统负电源同时接地时误动作

**答案**：A

97．按照《国调中心、国网信通部关于印发国家电网有限公司线路保护通信通道配

置原则指导意见的通知》要求，新建220kV变电站应依据远期规划出线规模，按照（　　）原则配置线路纵联保护通道。

A．双保护、三路由　　B．双保护、四路由

C．双保护、双路由　　D．单保护、双路由

**答案：**A

98．继电保护要求所用的电流互感器的（　　）变比误差不应大于10%。

A．稳态　　B．暂态

C．正常负荷下　　D．稳态和暂态

**答案：**A

**解析：**出自GB 20840.2—2014《互感器　第2部分：电流互感器的补充技术要求》3.4.203、5.6.202.2.4。

99．用于超高压电网的保护直接作用于断路器跳闸的中间继电器，其动作时间应小于（　　）。

A．10ms　　B．15ms　　C．20ms

**答案：**A

**解析：**出自DL/T 995—2016《继电保护和电网安全自动装置检验规程》B6.6。

100．220～500kV线路分相操作断路器使用单相重合闸，要求断路器三相合闸不同期时间不大于（　　）。

A．1ms　　B．5ms　　C．10ms　　D．15ms

**答案：**B

101．断路器最低跳闸电压及最低合闸电压不应低于（　　）的额定电压，且不应大于65%额定电压。

A．30%　　B．50%　　C．60%　　D．35%

**答案：**A

## 二、多选题

1．（　　）等保护装置与每一断路器的控制回路应分别由专用的直流空气开关供电。

A．母线保护

B．变压器差动保护

C．发电机差动保护

D．各种双断路器接线方式的断路器保护

**答案：**ABC

**解析：**出自《国家电网有限公司十八项电网重大反事故措施（2018年修订版）》15.6.9.2。

2．电力二次系统安全防护工作应坚持的原则包括（　　）。

A．安全分区　　B．网络专用　　C．横向隔离　　D．纵向认证

**答案**：ABCD

**解析**：出自《国家电网有限公司十八项电网重大反事故措施（2018年修订版）》16.2。

3．220kV及以上电压等级的继电保护及与之相关的设备、网络等应按照双重化原则进行配置，双重化配置的继电保护应遵循以下要求（　　）。

A．每套完整、独立的保护装置应能处理可能发生的所有类型的故障。两套保护之间不应有任何电气联系，当一套保护异常或退出时不应影响另一套保护的运行

B．两套保护的电压（电流）采样值应分别取自相互独立的合并单元

C．双重化配置保护使用的GOOSE（SV）网络应遵循相互独立的原则，当一个网络异常或退出时不应影响另一个网络的运行

D．双重化的两套保护及相关设备（电子式互感器、合并单元、智能终端、网络设备、跳闸线圈等）的直流电源一一对应

**答案**：ABCD

**解析**：出自Q/GDW 441—2010《智能变电站继电保护技术规范》5.1 a。

4．220kV及以上系统继电保护配置实现两套快速保护的完全独立，下面说法正确的是（　　）。

A．交流回路完全独立，直流回路完全独立

B．两套主保护分别使用独立的远方信号和传输设备

C．断路器须具有两个合闸线圈和跳闸线圈

D．每套主保护应有独立的选相功能，实现分相跳闸和三相跳闸功能

**答案**：ABD

**解析**：出自GB/T 14285—2006《继电保护和安全自动装置技术规程》4.6.2.1。

5．按照《国家电网有限公司关于印发十八项电网重大反事故措施（2018年修订版）的通知》（国家电网设备〔2018〕979号），220kV及以上电压等级的线路保护应满足以下要求（　　）。

A．每套保护均应能对全线路内发生的各种类型故障快速动作切除。对于要求实现单相重合闸的线路，在线路发生单相经高阻接地故障时，应能跳闸

B．对于远距离、重负荷线路及事故过负荷等情况，继电保护装置应采取有效措施，防止相间、接地距离保护在系统发生较大的潮流转移时误动作

C．引入两组及以上电流互感器构成合电流的保护装置，各组电流互感器应分别引入保护装置，不应通过装置外部回路形成合电流

D．应采取措施，防止由于零序功率方向元件的电压死区导致零序功率方向纵联保护拒动，但不应采用过分降低零序动作电压的方法

**答案**：BCD

**解析：**出自《国家电网有限公司十八项电网重大反事故措施（2018年修订版）》15.2.3。

6．电缆及导线的布线应符合下列哪些要求（　　）。

A．交流和直流回路不应合用同一根电缆

B．强电和弱电回路不应合用一根电缆

C．保护用电缆与电力电缆不应同层敷设

D．交流电流和交流电压不应合用同一根电缆

**答案：**ABCD

**解析：**出自GB/T 14285—2006《继电保护和安全自动装置技术规程》6.5.3.4。

7．电缆芯线截面的选择应符合下列哪些要求（　　）。

A．电压回路：当全部继电保护和安全自动装置动作时（考虑到电网发展，电压互感器的负荷最大时），电压互感器到继电保护和安全自动装置屏的电缆压降不应超过额定电压的5%

B．电压回路：当全部继电保护和安全自动装置动作时（考虑到电网发展，电压互感器的负荷最大时），电压互感器到继电保护和安全自动装置屏的电缆压降不应超过额定电压的3%

C．操作回路：在最大负荷下，电源引出端到断路器分、合闸线圈的电压降，不应超过额定电压的12%

D．操作回路：在最大负荷下，电源引出端到断路器分、合闸线圈的电压降，不应超过额定电压的10%

**答案：**BD

**解析：**出自GB/T 14285—2006《继电保护和安全自动装置技术规程》6.1.5。

8．对于（　　）等情况，宜采用设置负荷电阻线或其他方法避免相间、接地距离保护的后备段保护误动作。

A．远距离　　B．重负荷线路　　C．事故过负荷线路　　D．空载线路

**答案：**ABC

**解析：**出自《国家电网有限公司十八项电网重大反事故措施（2018年修订版）》15.2.3.2。

9．对于按照双重化原则配置保护的变电站，直流电源的分配也必须与双重化得原则相适应，下列说法正确的有（　　）。

A．断路器的控制回路电源与保护的工作电源必须取自不同的直流熔断器（或空气开关）

B．双重化配置的保护装置，其工作电源应取自不同的直流母线段，相应的电压切换装置取自断路器控制电源

C．如断路器具备两组跳闸线圈，每一组跳闸线圈的操作电源也应取自不同的直流母线段

D．当一套保护装置需作用于多个断路器时，每个断路器的跳闸线圈必须由各自的直流熔断器（或空气开关）提供操作电源

E．须保证保护装置的工作电源与其所作用的断路器跳闸线圈工作电源均取自同一组直流电源，绝不允许交叉，以防止失去一组直流电源时保护或断路器拒动

**答案：**ACDE

**解析：**出自 GB/T 14285—2006《继电保护和安全自动装置技术规程》6.3.2.1。

10．反措对继电保护双重化的要求是（　　）。

A．两套保护的直流电源应取自不同的蓄电池组

B．两套保护的交流电流应取自电流互感器相互独立的二次绕组

C．两套保护不应有任何直接的联系，但可以存在公共环节

D．两套保护的跳闸回路应分别与断路器的两组跳闸线圈一一对应

**答案：**ABD

**解析：**出自《国家电网有限公司十八项电网重大反事故措施（2018 年修订版）》15.2.2。

11．反措要求，长电缆驱动的重瓦斯出口中间继电器的特性应满足（　　），其中 $U_e$ 为额定直流电源电压。

A．动作电压在 50%～70%$U_e$ 之间

B．动作时间在 10～35ms

C．启动功率≥5W

D．动作电压在 55%～70%$U_e$ 之间

E．动作时间在 10～25ms

F．动作功率≥2.5W

G．返回电压≥40%$U_e$

H．返回电压≥35%$U_e$

**答案：**BCD

**解析：**出自《国家电网有限公司十八项电网重大反事故措施（2018 年修订版）》15.6.7。

12．根据反措要求，（　　）设备需要为扩建设备预留相关接口及通道，避免扩建时改造增加运行设备风险。

A．交换机

B．网络报文分析仪、故障录波器

C．线路保护

D．母线保护

E．公用测控装置

F．电压合并单元

**答案：**ABDEF

**解析：**出自《国家电网有限公司十八项电网重大反事故措施（2018 年修订版）》15.7.1.2。

13．根据反措要求，为防止装置家族性缺陷可能导致的双重化配置的两套继电保护装置同时拒动的问题，对于 500kV 常规站保护选型而言，必须采用不同生产厂家的产品的保护装置是（　　）。

A．线路保护

B．变压器保护

C．断路器保护

D．母线保护

E．高压并联电抗器保护

**答案**：ABDE

**解析**：出自《国家电网有限公司十八项电网重大反事故措施（2018 年修订版）》15.2.2.6。

14.《国家电网有限公司十八项电网重大反事故措施（2018 年修订版）》中，双重化配置的继电保护应满足的基本要求包括（　　）。

A．两套保护装置的交流电流应分别取自电流互感器互相独立的绕组，交流电压应分别取自电压互感器互相独立的绕组

B．两套保护装置的直流电源应取自不同蓄电池组连接的直流母线段

C．220kV 及以上电压等级断路器的压力闭锁继电器应双重化配置

D．双重化配置的线路、变压器、母线、高压并联电抗器等保护装置应采用不同生产厂家的产品

**答案**：ABCD

**解析**：出自《国家电网有限公司十八项电网重大反事故措施（2018 年修订版）》15.2.2。

15．某 110kV 变电站，站内所有保护采用 A 制造商的产品，按照反措要求，以下说法正确的是（　　）。

A．该站应配置故障录波器

B．该站不应配置 A 制造商的故障录波器

C．该站可配置 B 制造商的故障录波器

D．该站按需配置任意制造商的经国家电网专业检测合格的故障录波器

**答案**：ABC

**解析**：出自《国家电网有限公司十八项电网重大反事故措施（2018 年修订版）》15.7.2.5。

16．通信机房与保护小室分开设置，线路纵差保护用光电转换接口柜在通信机房安装，按照《国家电网有限公司十八项电网重大反事故措施（2018 年修订版）》，以下说法正确的是（　　）。

A．光电转换接口柜和光通信设备（数字配线架）的接地铜排应与 2M 同轴电缆的屏蔽层可靠相连

B．沿 2M 同轴电缆敷设截面积不小于 $100mm^2$ 的铜电缆

C．光电转换接口柜和光通信设备的接地铜排应同点与主地网相连

D．为保证传输信号的可靠性，2M 同轴电缆不应接地

**答案**：ABC

**解析**：出自《国家电网有限公司十八项电网重大反事故措施（2018 年修订版）》15.6.2.13。

17．按照《国家电网有限公司十八项电网重大反事故措施（2018 年修订版）》，站用交流电源系统的（　　）应纳入定值管理。

A．进线断路器　　B．分段断路器　　C．备自投装置　　D．脱扣装置

**答案**：ABCD

**解析：**出自《国家电网有限公司十八项电网重大反事故措施（2018年修订版）》5.2.3.2。

18．按照《国家电网有限公司十八项电网重大反事故措施（2018年修订版）》要求，220kV及以上电压等级的新建变电站通信电源应双重化配置，满足（　　）的要求。

A．双设备　　B．双路由　　C．双电源　　D．双网络

**答案：**ABC

**解析：**出自《国家电网有限公司十八项电网重大反事故措施（2018年修订版）》5.3.1.12。

19．根据《国调中心关于印发智能变电站继电保护和安全自动装置现场检修安全措施指导意见》（调继〔2015〕92号）规定，对重要的保护装置，特别是复杂保护装置或有联跳回路（以及存在跨间隔SV、GOOSE联系的虚回路）的保护装置，如（　　）等装置的检修作业，应编制经技术负责人审批继电保护安全措施票。

A．母线保护　　B．失灵保护

C．主变压器保护　　D．安全自动装置

**答案：**ABCD

**解析：**出自《国调中心关于印发智能变电站继电保护和安全自动装置现场检修安全措施指导意见》（调继〔2015〕92号）第三章第十五条。

20．根据《智能变电站二次系统标准化现场调试规范》的要求，调试单位向业主移交的技术资料，应包括但不限于（　　）。

A．工程设计资料/变更文件　　B．设备技术资料

C．SCD配置文件　　D．IP/MAC地址分配表

E．网络交换机管理/工作端口配置表

**答案：**ABCDE

**解析：**出自《智能变电站二次系统标准化现场调试规范》11.2。

21．应该停用整套微机保护装置的情况（　　）。

A．微机继电保护装置使用的交流电压、交流电流、开关量输入、开关量输出回路作业

B．装置内部作业

C．继电保护人员输入定值

D．收集保护装置的故障录波报告时

**答案：**ABC

**解析：**出自DL/T 587—2016《继电保护和安全自动装置运行管理规程》5.11。

22．继电保护基建验收应认真检查继电保护及安全自动装置、站端后台、调度端的各种保护动作、异常等相关信号的（　　），符合设计和装置原理。

A．齐全　　B．准确　　C．规范　　D．一致

**答案：**ABD

**解析**：出自《国家电网有限公司十八项电网重大反事故措施（2018年修订版）》15.3.3.5。

23．以下关于标准化设计保护装置型号，表述正确的是（　　）。

A．“-G”表示国家电网常规装置，常规采样、常规跳闸

B．“-DA-G”表示国家电网智能化装置，常规采样、GOOSE跳闸

C．“-DG-G”表示国家电网智能化装置，SV采样、GOOSE跳闸

D．“-FA-G”表示国家电网智能化前接线前显示装置，SV采样、GOOSE跳闸

**答案**：AD

**解析**：出自Q/GDW 11356—2015《电网安全自动装置标准化设计规范》6.1.4.1。

24．在500kV线路主保护的双重化中，下列应完全彼此独立的是（　　）。

A．交流电流回路　　B．直流电源回路　　C．跳闸回路　　D．保护通道

**答案**：ABCD

**解析**：出自GB/T 14285—2006《继电保护和安全自动装置技术规程》4.7.2。

25．电力系统继电保护运行统计评价范围里有（　　）。

A．发电机、变压器的保护装置　　B．安全自动装置

C．故障录波器　　D．直流系统

**答案**：ABC

**解析**：出自Q/GDW 11055—2013《智能变电站继电保护及安全自动装置运行评价规程》4.3.1。

26．继电保护动作评价时，属于维护检修部门责任的不正确动作原因包括（　　）。

A．调试质量不良　　B．回路接线设计不合理

C．整定值设置错误　　D．没有实测参数或实测参数不准

**答案**：AC

**解析**：出自Q/GDW 11055—2013《智能变电站继电保护及安全自动装置运行评价规程》7.4。

27．继电保护评价范围包括以下设施和环节（　　）。

A．供继电保护装置使用的，从交流电流、电压互感器二次绕组的接线端子或接线柱接至继电保护装置间的全部连线，包括电缆、导线、接线端子、试验部件、电压切换回路等

B．开关量输入、输出回路（含断路器机构箱、汇控柜端子排往本体方向设备和电缆，含变压器、电抗器等设备本体端子箱端子排往本体方向设备和电缆）

C．保护装置至保护与通信专业运行维护分界点

D．自直流电源分配屏至断路器汇控柜（机构箱）间供继电保护用的全部回路

**答案**：ACD

**解析**：出自Q/GDW 11055—2013《智能变电站继电保护及安全自动装置运行评价规

程》4.3.2。

28．某线路正常运行时，因该间隔合并单元输出数据异常，造成线路保护发跳令给智能终端，线路断路器跳开。按《智能变电站继电保护及安全自动装置运行评价规程》的评价，应评价为不正确动作的是（　　）。

A．合并单元　　B．线路保护

C．智能终端　　D．继电保护系统

**答案**：AD

**解析**：出自 Q/GDW 11055—2013《智能变电站继电保护及安全自动装置运行评价规程》6.3.7。

29．以下对继电保护“正确动作”评价方法正确的是（　　）。

A．双母线接线母线故障，母差保护动作，利用线路纵联保护促使其对侧断路器跳闸，消除故障，母差保护和线路两侧纵联保护应分别评价为“正确动作”

B．双母线接线母线故障，母差保护动作，由于母联断路器拒跳，由母联失灵保护消除母线故障，母差保护和母联失灵保护应分别评价为“不正确动作”

C．双母线接线母线故障，母差保护动作，断路器拒跳，利用变压器保护跳各侧，消除故障，母差保护和变压器保护应分别评价为“不正确动作”

D．继电保护正确动作，断路器拒跳，继电保护应评价为“正确动作”

**答案**：AD

**解析**：出自 Q/GDW 11055—2013《智能变电站继电保护及安全自动装置运行评价规程》6.2。

30．继电保护和安全自动装置危急缺陷有（　　）。

A．变压器保护差流越限　　B．母线保护支路隔离开关位置异常

C．断路器保护 SV 总告警　　D．线路保护 GOOSE 链路中断

**答案**：ABCD

**解析**：出自 Q/GDW 751—2012《变电站智能设备运行维护导则》9.2.2。

31．以下属于继电保护危急缺陷的有（　　）。

A．故障录波器信息无法正常上传到调度端

B．智能变电站母线保护对时异常

C．220kV 变压器保护高压侧 TV 断线

D．线路保护 GOOSE 链路中断

**答案**：CD

**解析**：出自 Q/GDW 751—2012《变电站智能设备运行维护导则》9.2.2。

32．根据《继电保护状态检修检验规程》，有（　　）的设备，原则上应提高检修级别，并尽快执行。

A．运行中发现有异常，此异常可能是严重及以上缺陷所致

B．在线监测手段显示设备状态不良

C．存在危及设备安全运行的家族性缺陷

D．接近装置运行年限限制

**答案：**ABCD

**解析：**出自 Q/GDW 11284—2014《继电保护状态检修检验规程》6.1.5。

33．根据《继电保护和电网安全自动装置检验规程》，以下对于 220kV 电压等及以上保护装置的全部检验及部分检验周期说法正确的是（　　）。

A．微机型保护装置全部检验周期为 6 年

B．微机型保护装置部分检验周期为 1 年

C．非微机型保护装置全部检验周期为 6 年

D．保护专用光纤通道，复用光纤或微波连接通道部分检验周期为 2～4 年

**答案：**AD

**解析：**出自 DL/T 995—2016《继电保护和电网安全自动装置检验规程》5.1.2.2 及 5.1.2.3。

34．根据《继电保护和电网安全自动装置检验规程》，保护装置的定期检验分为（　　）。

A．全部检验　　B．部分检验

C．用装置进行断路器跳合闸检验　　D．带负荷试验

**答案：**ABC

**解析：**出自 DL/T 995—2016《继电保护和电网安全自动装置检验规程》5.1.1.3。

35．根据《继电保护和电网安全自动装置检验规程》，运行中保护装置的补充检验包括（　　）。

A．对运行中的保护装置进行较大的更改（含保护装置软件版本升级）或增设新的回路后的检验

B．检修或更换一次设备后的检验

C．运行中发现异常情况后的检验

D．事故后检验

E．已投运行的保护装置停电一年及以上，再次投入运行时的检验

**答案：**ABCDE

**解析：**出自 DL/T 995—2016《继电保护和电网安全自动装置检验规程》5.1.1.4。

36．根据《继电保护和安全自动装置技术规程》，35～66kV 线路保护配置时，下列（　　）情况应快速切除故障。

A．如线路短路，使发电厂厂用母线电压低于额定电压的 60%时

B．如切除线路故障时间长，可能导致线路失去热稳定时

C．城市配电网络的直馈线路，为保证供电质量需要时

D．与高压电网邻近的线路，如切除故障时间长，可能导致高压电网产生稳定问题

**答案**：ABCD

**解析**：出自 GB/T 14285—2006《继电保护和安全自动装置技术规程》4.5.1.2。

37．根据《继电保护和安全自动装置技术规程》，对于电铁供电线路保护配置，下列说法正确的有（　　）。

A．电气化铁路供电产生的不对称分量和冲击负荷可能会使线路保护装置频繁起动，必要时，可增设保护装置快速复归的回路

B．电气化铁路供电产生的不对称分量和冲击负荷可能会使线路保护装置频繁起动，必要时，可增设保护装置延时启动的回路

C．电气化铁路供电在电网中造成的谐波分量可能导致线路保护装置误动，必要时，可增设谐波分量闭锁回路

D．电气化铁路供电在电网中造成的谐波分量可能导致线路保护装置误动，必要时，应闭锁距离保护

**答案**：AC

**解析**：出自 GB/T 14285—2006《继电保护和安全自动装置技术规程》4.6.8。

38．根据《继电保护和安全自动装置技术规程》，当电容器组中的故障电容器被切除到一定数量后，引起剩余电容器端电压超过 110%额定电压时，保护应将整组电容器断开。以下说法正确的是（　　）。

A．中性点不接地单星形接线电容器组，可装设中性点电压不平衡保护

B．中性点接地单星形接线电容器组，可装设中性点电流不平衡保护

C．中性点不接地双星形接线电容器组，可装设中性点间电流或电压不平衡保护

D．中性点接地双星形接线电容器组，可装设反应中性点回路电流差的不平衡保护

**答案**：ABCD

**解析**：出自 GB/T 14285—2006《继电保护和安全自动装置技术规程》4.11.4。

39．根据《线路保护及辅助装置标准化设计规范》，线路保护、重合闸及操作箱（智能终端）配置原则应满足以下哪些要求（　　）。

A．配置双重化的线路纵联保护，每套纵联保护包含完整的主保护和后备保护以及重合闸功能

B．当系统需要配置过电压保护时，配置双重化的过电压及远方跳闸保护，远方跳闸保护应采用“一取一”经就地判别方式

C．当系统需要配置过电压保护时，配置双重化的过电压及远方跳闸保护，远方跳闸保护应采用“二取一”经就地判别方式

D．常规站配置双套单跳闸线圈分相操作箱或单套双跳闸线圈分相操作箱，智能站配置双套单跳闸线圈分相智能终端

**答案：**ABD

**解析：**出自 Q/GDW 1161—2014《线路保护及辅助装置标准化设计规范》5.1.2。

40．根据《线路保护及辅助装置标准化设计规范》，纵联电流差动保护技术原则中以下内容正确的是（　　）。

A．纵联电流差动保护两侧启动元件和本侧差动元件同时动作才允许差动保护出口。线路两侧的纵联电流差动保护装置均应设置本侧独立的电流启动元件，必要时可用交流电压量和跳闸位置触点等作为辅助启动元件，但应考虑 TV 断线时对辅助启动元件的影响，差动电流不能作为装置的启动元件

B．线路两侧纵联电流差动保护装置应互相传输可供用户整定的通道识别码，并对通道识别码进行校验，校验出错时告警并闭锁差动保护

C．纵联电流差动保护装置应具有通道监视功能，如实时记录并累计丢帧、错误帧等通道状态数据，具备通道故障告警功能

D．纵联电流差动保护在任何弱馈情况下，应正确动作

E．纵联电流差动保护两侧差动保护压板不一致时发告警信号

F．“TA 断线闭锁差动”控制字投入后，纵联电流差动保护只闭锁断线相

**答案：**ABCDEF

**解析：**出自 Q/GDW 1161—2014《线路保护及辅助装置标准化设计规范》5.2.2。

41．根据《线路保护及辅助装置标准化设计规范》，零序电流保护技术原则中以下说法正确的是（　　）。

A．零序电流保护应设置二段定时限（零序电流Ⅱ段和Ⅲ段），零序电流Ⅱ段固定带方向，零序电流Ⅲ段方向可投退。TV 断线后，零序电流Ⅱ段退出，零序电流Ⅲ段退出方向

B．应设置不大于 200ms 短延时的后加速零序电流保护，在手动合闸或自动重合时投入使用

C．线路非全相运行时的零序电流保护不考虑健全相再发生高阻接地故障的情况，当线路非全相运行时自动将零序电流保护最末一段动作时间缩短 0.5s 并取消方向元件，作为线路非全相运行时不对称故障的总后备保护，取消线路非全相时投入运行的零序电流保护的其他段

D．零序反时限电流保护启动时间超过 90s 应发告警信号，并重新启动开始计时。零序反时限电流保护启动元件返回时，告警复归

**答案：**ACD

**解析：**出自 Q/GDW 1161—2014《线路保护及辅助装置标准化设计规范》5.2.4。

42．根据《线路保护及辅助装置标准化设计规范》，自动重合闸技术原则以下说法正确的是（　　）。

A．当重合闸不使用同期电压时，同期电压 TV 断线应报警

B．检同期重合闸采用的线路电压应是自适应的，用户可选择任意相间电压或相电压

C．不设置“重合闸方式转换开关”，自动重合闸仅设置“停用重合闸”功能压板，重合闸方式通过控制字实现

D．单相重合闸、三相重合闸、禁止重合闸和停用重合闸有且只能有一项置“1”，如不满足此要求，保护装置应报警并按禁止重合闸处理

**答案**：BC

**解析**：出自 Q/GDW 1161—2014《线路保护及辅助装置标准化设计规范》5.2.5。

43．500kV 国家电网“六统一”断路器保护包含（　　）保护。

A．失灵　　B．死区　　C．重合闸　　D．距离

**答案**：ABC

**解析**：出自 Q/GDW 1161—2014《线路保护及辅助装置标准化设计规范》5.1.1.2。

44．国家电网“六统一”纵联距离保护装置包含（　　）保护。

A．距离　　B．纵联距离　　C．零序　　D．失灵

**答案**：ABC

**解析**：出自 Q/GDW 1161—2014《线路保护及辅助装置标准化设计规范》5.3.1.1。

45．根据《变压器、高压并联电抗器和母线保护及辅助装置标准化设计规范》，母线、变压器保护的主要直跳回路包括（　　）。

A．3/2 接线的边断路器失灵后通过母线保护出口回路跳闸的开入

B．双母接线的母线故障变压器断路器失灵，通过变压器保护跳其他电源侧的开入

C．变压器非电量保护的直跳开入

D．3/2 接线的边断路器失灵后通过变压器保护出口回路跳其他电源侧的开入

**答案**：ABCD

**解析**：出自 Q/GDW 1175—2013《变压器、高压并联电抗器和母线保护及辅助装置标准化设计规范》4.3.3 释义部分。

46．根据《变压器、高压并联电抗器和母线保护及辅助装置标准化设计规范》，变压器高压侧后备保护配置包括以下哪些内容（　　）。

A．间隙过流保护，设置一段 1 时限，间隙过流和零序过压二者构成“或”逻辑，延时跳开变压器各侧断路器

B．零序过压保护，设置一段 1 时限，零序电压可选自产或外接。零序电压选外接时固定为 180V、选自产时固定为 120V，延时跳开变压器各侧断路器

C．失灵联跳功能，设置一段 1 时限。变压器高压侧断路器失灵保护动作后经变压

器保护跳各侧断路器功能。变压器高压侧断路器失灵保护动作开入后，应经灵敏的、不需整定的电流元件并带 50ms 延时后跳开变压器各侧断路器

D．过负荷保护，设置一段 1 时限，定值固定为本侧额定电流的 1.1 倍，延时 10s，动作于信号

**答案：**ABCD

**解析：**出自 Q/GDW 1175—2013《变压器、高压并联电抗器和母线保护及辅助装置标准化设计规范》5.1.2.3。

47．220kV 标准化设计保护软、硬压板一般采用“与门”关系，但以下却为“或门”关系（　　）。

A．线路“停用重合闸”压板　　B．线路“主保护”压板

C．母线“互联”压板　　D．主变“高后备保护”压板

**答案：**AC

**解析：**出自 Q/GDW 1175—2013《变压器、高压并联电抗器和母线保护及辅助装置标准化设计规范》4.1.4。

48．500kV 国家电网“六统一”过电压及故障启动保护包含（　　）保护。

A．过电压　　B．故障就地判别　　C．差动　　D．距离

**答案：**AB

**解析：**出自 Q/GDW 1161—2014《线路保护及辅助装置标准化设计规范》5.1.1.1。

49．500kV 线串的中断路器保护，当两条线路发生非同名相瞬时性跨线故障时，中断路器保护（　　）（重合闸方式为单重，假设线路保护动作正确）。

A．单相跟跳动作　　B．两相联跳三相动作

C．三相跟跳动作　　D．重合闸动作

**答案：**ABC

**解析：**参考保护装置联跳逻辑回路图。

## 三、判断题

1．对于远距离、重负荷线路及事故过负荷等情况，必须采用设置负荷电阻线或其他方法避免相间、接地距离保护的后备段保护误动作。（　　）

**答案：**×

**解析：**出自《国家电网有限公司十八项电网重大反事故措施（2018 年修订版）》15.2.3.2。

2．根据反措要求，防跳继电器动作时间应大于辅助开关切换时间，并保证在模拟手合于故障时不发生跳跃现象。（　　）

**答案：**×

**解析**：出自《国家电网有限公司十八项电网重大反事故措施（2018 年修订版）》12.1.2.1。

3．根据反措要求，带有智能终端、合并单元的智能控制柜防护等级应不低于 IP45。（　　）

**答案**：×

**解析**：出自《国家电网有限公司十八项电网重大反事故措施（2018 年修订版）》12.1.1.5。

4．十八项反措要求，3 年内未动作过的 72.5kV 及以上断路器，应进行分/合闸操作。（　　）

**答案**：√

**解析**：出自《国家电网有限公司十八项电网重大反事故措施（2018 年修订版）》12.1.3.3。

5．十八项反措规定继电保护整定中当灵敏性与选择性难兼顾时，应首先考虑以保灵敏度为主。（　　）

**答案**：√

**解析**：出自《国家电网有限公司十八项电网重大反事故措施（2018 年修订版）》15.5.2。

6．配置双重化的过电压及远方跳闸保护，远方跳闸保护应采用“一取一”经就地判别方式。（　　）

**答案**：√

**解析**：出自 Q/GDW 1161—2014《线路保护及辅助装置标准化设计规范》5.1.1.1 b。

7．应根据系统短路容量合理选择电流互感器的容量、变比和准确级，满足保护装置整定配合和可靠性的要求。（　　）

**答案**：×

**解析**：出自《国家电网有限公司十八项电网重大反事故措施（2018 年修订版）》15.1.9。

8．主设备非电量保护应防水、防振、防油渗漏、密封性好。气体继电器至保护柜的电缆不得有中间转接环节。（　　）

**答案**：√

**解析**：出自《国家电网有限公司十八项电网重大反事故措施（2018 年修订版）》15.1.16。

9．发生危急缺陷，可能导致一次设备失去主保护时，应申请停运相应一次设备；继电保护和安全自动装置存在误动或拒动风险时，应申请退出该装置；危急缺陷消缺时间不超过 48h。（　　）

**答案**：×

**解析**：出自《国家电网公司继电保护和安全自动装置缺陷管理办法（国家电网企管

〔2014〕1464 号)》第二十条。

10．为防止装置家族性缺陷可能导致的双重化配置的两套继电保护装置同时拒动的问题，双重化配置的线路、变压器、母线、高压并联电抗器等保护装置应采用不同原理的产品。(　　)

**答案：**×

**解析：**出自《国家电网有限公司十八项电网重大反事故措施（2018 年修订版）》15.2.2.6。

11．继电器和保护装置的直流工作电压，应保证在外部电源为 85%～110%额定电压条件下可靠工作。(　　)

**答案：**×

**解析：**出自 GB/T 14285—2006《继电保护和安全自动装置技术规程》4.1.14。

12．220kV 线路保护应按加强主保护、完善后备保护的基本原则配置和整定。(　　)

**答案：**×

**解析：**出自 Q/GDW 1161—2014《线路保护及辅助装置标准化设计规范》4.3.1。

13．应采取措施，防止由于零序功率方向元件的电压死区导致零序功率方向纵联保护拒动，但不宜采用过分降低零序动作电压的方法。(　　)

**答案：**√

**解析：**出自《国家电网有限公司十八项电网重大反事故措施（2018 年修订版）》15.2.3.4。

14．保护装置的定值应简化，不宜多设置自动的辅助定值和内部固定定值。(　　)

**答案：**×

**解析：**出自 Q/GDW 1175—2013《变压器、高压并联电抗器和母线保护及辅助装置标准化设计规范》4.1.10。

15．为取得必要的抗干扰效果，可在敷设电缆时使用金属电缆托盘（架），将各段电缆托盘（架）紧密连接并与接地网绝缘，并将不同用途的电缆分类、分层敷设在金属电缆托盘（架）中。(　　)

**答案：**×

**解析：**出自《国家电网有限公司十八项电网重大反事故措施（2018 年修订版）》15.6.2.14。

16．超高压及特高压继电保护整定应本着强化主保护，简化后备保护的原则，合理配置线路及元件的主、后备保护，保护整定可以进行适当简化。在两套主保护拒动时，后备保护应能可靠动作切除故障，允许部分失去选择性。(　　)

**答案：**√

**解析：**出自 Q/GDW 10422—2017《国家电网继电保护整定计算技术规范》5.1.3。

17．断路器失灵保护中用于判断断路器主触头状态的电流判别元件应保证其动作和返回的快速性，动作和返回时间均不宜大于20ms，其返回系数也不宜低于0.9。（　　）

**答案：**√

**解析：**出自《国家电网有限公司十八项电网重大反事故措施（2018年修订版）》15.2.4。

18．当保护采用双重化配置时，其电压切换箱（回路）隔离开关辅助触点应采用双位置输入方式，单套配置保护的电压切换箱（回路）隔离开关辅助触点应采用单位置输入方式。（　　）

**答案：**×

**解析：**出自《国家电网有限公司十八项电网重大反事故措施（2018年修订版）》15.1.5。

19．对出口中间继电器，其动作值应为额定电压的45%～70%。（　　）

**答案：**×

**解析：**出自《国家电网有限公司十八项电网重大反事故措施（2018年修订版）》8.5.1.10。

20．当采用3/2、4/3、角形接线等多断路器接线形式时，应在断路器两侧均配置电流互感器。（　　）

**答案：**√

**解析：**出自《国家电网有限公司十八项电网重大反事故措施（2018年修订版）》15.1.13.1。

21．当短路电流大于变压器热稳定电流时，变压器保护切除故障的时间不宜大于2s。（　　）

**答案：**√

**解析：**出自《国家电网有限公司十八项电网重大反事故措施（2018年修订版）》15.2.8。

22．要求断路器失灵保护的相电流判别元件动作时间和返回时间均不应大于10ms。（　　）

**答案：**×

**解析：**出自《国家电网有限公司十八项电网重大反事故措施（2018年修订版）》15.2.4。

23．线路保护配置独立的交流电压切换装置时，电压切换装置应与保护装置使用各自独立装置电源。（　　）

**答案：**×

**解析：**出自《国家电网有限公司十八项电网重大反事故措施（2018年修订版）》15.1.5。

24．根据相关规定，所有110kV母联都可配置保护、测控一体化装置。（　　）

**答案：**×

**解析：**出自《国家电网有限公司十八项电网重大反事故措施（2018年修订版）》15.1.14。

25. 微机线路保护应具有独立性、完整性、成套性，在一套装置内应含有高压输电线路必需的能反应各种故障的保护功能。（ ）

**答案：** √

**解析：** 出自 GB/T 15145—2017《输电线路保护装置通用技术条件》3.5.2。

26. 用于串联补偿线路及其相邻线路的距离保护应有防止距离保护Ⅱ段拒动和误动的措施。（ ）

**答案：** ×

**解析：** 出自 Q/GDW 1161—2014《线路保护及辅助装置标准化设计规范》5.2.3 b。

27. 对选用单相重合闸的线路，无论配置一套或两套全线速动保护，均允许后备保护延时段动作后三相跳闸不重合。（ ）

**答案：** √

**解析：** 出自 DL/T 559—2007《220kV～500kV 电网继电保护装置运行整定规定》5.11.5。

28. 断路器保护重合闸控制字投“停用重合闸”时，仅放电，禁止本装置重合，不沟通三跳。（ ）

**答案：** ×

**解析：** 出自 Q/GDW 1161—2014《线路保护及辅助装置标准化设计规范》5.2.5。

29. 按照《继电保护和电网安全自动装置检验规程》的规定，每年对电流互感器端子箱端子排的螺丝压接情况进行一次检查。（ ）

**答案：** ×

**解析：** 出自 DL/T 995—2016《继电保护和电网安全自动装置检验规程》5.1.2.2。

30. 110kV 电压等级的微机型保护装置宜每 2～4 年进行一次部分检验，每 5 年进行一次全部检验。（ ）

**答案：** ×

**解析：** 出自 DL/T 995—2016《继电保护和电网安全自动装置检验规程》5.1.2.3 b。

31. 对变压器差动保护，需要用在全电压下投入变压器的方法检验保护能否躲开励磁涌流的影响。（ ）

**答案：** √

**解析：** 出自 DL/T 995—2016《继电保护和电网安全自动装置检验规程》5.5.2.4。

32. 继电保护装置检验分为部分检验、补充检验、定期检验三种。（ ）

**答案：** ×

**解析：** 出自 DL/T 995—2016《继电保护和电网安全自动装置检验规程》5.1.1。

33. 对新安装或设备回路经较大变动的装置，在投入运行前，必须用一次电流和工作电压加以检验。（ ）

**答案：** √

**解析**：出自 DL/T 995—2016《继电保护和电网安全自动装置检验规程》5.5.2.2。

34．定期检查时可用绝缘电阻表检验金属氧化物避雷器的工作状态是否正常。一般当用 1000V 绝缘电阻表时，金属氧化物避雷器不应击穿；而用 2500V 绝缘电阻表时，则应可靠击穿。（　　）

**答案**：√

**解析**：出自 DL/T 995—2016《继电保护和电网安全自动装置检验规程》5.3.2.4。

35．《检验规程》建议使用钳形电流表检查流过保护二次电缆屏蔽层的电流，以确定 $100mm^2$ 铜排是否有效起到抗干扰的作用，当检测不到电流时，应检查屏蔽层是否良好接地。（　　）

**答案**：√

**解析**：出自 DL/T 995—2016《继电保护和电网安全自动装置检验规程》5.5.2.10。

36．继电保护定值检验所使用的仪器、仪表的准确级应不低于 0.5 级。（　　）

**答案**：√

**解析**：出自 DL/T 995—2016《继电保护和电网安全自动装置检验规程》5.2.1.1。

37．继电保护设备应支持远方召唤至少最近十次录波报告的功能。（　　）

**答案**：×

**解析**：出自 Q/GDW 441—2010《智能变电站继电保护技术规范》7.2.7。

38．整组试验时，对于有双跳闸线圈的断路器，应检查两跳闸线圈接线的极性是否一致。（　　）

**答案**：√

**解析**：出自 DL/T 995—2016《继电保护和电网安全自动装置检验规程》5.3.7.8 c。

39．在新安装验收和定检中，对二次回路绝缘检查中规定，用 1000V 兆欧表测量回路绝缘电阻，其阻值应大于 10MΩ。（　　）

**答案**：×

**解析**：出自 DL/T 995—2016《继电保护和电网安全自动装置检验规程》5.3.2.4 c。

40．进行新安装装置验收试验时，从保护屏柜的端子排处将所有外部引入的回路及电缆全部断开，分别将电流、电压、直流控制、信号回路的所有端子各自连接在一起，用 1000V 绝缘电阻表测量对地绝缘电阻，其阻值应大于 10MΩ。（　　）

**答案**：√

**解析**：出自 DL/T 995—2016《继电保护和电网安全自动装置检验规程》5.3.2.4 b。

41．按照《继电保护状态检修导则》（Q/GDW 1806—2013）的规定，保护设备状态检修的基准周期为 5 年。（　　）

**答案**：√

**解析**：出自 Q/GDW 1806—2013《继电保护状态检修导则》10.5。

42．按《继电保护状态检修导则》的要求，每3年至少应进行1次例行试验。（ ）

**答案：**×

**解析：**出自Q/GDW 1806—2013《继电保护状态检修导则》4.5。

43．继电保护的“三误”是指误整定、误接线、误试验。（ ）

**答案：**×

**解析：**出自Q/GDW 267—2009《继电保护和电网安全自动装置现场工作保安规定》3.1。

44．线路保护一般不设置两组操作电源的切换回路，当第一组操作直流电源在线路故障后消失，“压力低闭锁重合闸信号”也将开入保护装置，使保护重合闸放电，经延时后由断路器本体三相不一致保护动作。（ ）

**答案：**×

**解析：**出自Q/GDW 1161—2014《线路保护及辅助装置标准化设计规范》4.3.7的释义部分。

45．线路、变压器、发变组和母联断路器三相不一致保护不要求启动失灵保护。（ ）

**答案：**×

**解析：**出自Q/GDW 1161—2014《线路保护及辅助装置标准化设计规范》4.3.5的释义部分。

46．220kV及以上电压分相操作的断路器应附有三相不一致（非全相）保护回路。三相不一致保护动作时间应为1.0～4.0s可调，以躲开单相重合闸动作周期。（ ）

**答案：**×

**解析：**出自GB/T 14285—2006《继电保护和安全自动装置技术规程》6.6.2。

47．断路器应使用断路器本体的三相不一致保护，宜采用断路器本体的防止断路器跳跃功能。（ ）

**答案：**√

**解析：**出自Q/GDW 1161—2014《线路保护及辅助装置标准化设计规范》11.1。

48．“TA断线闭锁差动”控制字投入后，纵联电流差动保护只闭锁断线相。（ ）

**答案：**√

**解析：**出自Q/GDW 1161—2014《线路保护及辅助装置标准化设计规范》5.2.2 g。

49．为解决某些故障情况下，按母线集中配置的断路器失灵保护电压闭锁元件灵敏度不足的问题，宜采用变压器“保护动作”触点或“本侧复合电压动作”触点解除失灵保护的电压闭锁。（ ）

**答案：**×

**解析：**出自Q/GDW 1175—2013《变压器、高压并联电抗器和母线保护及辅助装置标准化设计规范》4.3.4 g。

50．双母线接线变电站的母差保护、断路器失灵保护，除跳母联、分段的支路外，应经复合电压闭锁。（ ）

**答案：**√

**解析：**出自 GB/T 14285—2006《继电保护和安全自动装置技术规程》4.8.5 e。

51．母差保护与失灵保护共用出口回路时，闭锁元件的灵敏系数应按失灵保护的要求整定。（ ）

**答案：**√

**解析：**出自 GB/T 14285—2006《继电保护和安全自动装置技术规程》4.9.4.3。

52．纵联电流差动保护两侧差动保护压板不一致时告警并闭锁差动保护。（ ）

**答案：**√

**解析：**出自 Q/GDW 1161—2014《线路保护及辅助装置标准化设计规范》5.2.2 f。

53．《变压器、高压并联电抗器和母线保护及辅助装置标准化设计规范》（Q/GDW 1175—2013）中规定了 3/2 接线每段母线保护配置要求：应配置两套母线保护，每套母线保护应具有边断路器失灵经母线保护跳闸功能。（ ）

**答案：**√

**解析：**出自 Q/GDW 1175—2013《变压器、高压并联电抗器和母线保护及辅助装置标准化设计规范》7.1.1.1。

54．双重化配置的标准化设计线路保护装置，两套重合闸之间不应相互启动。（ ）

**答案：**√

**解析：**出自 Q/GDW 1161—2014《线路保护及辅助装置标准化设计规范》4.3.1 f。

55．线路－变压器组和线路－发变组的线路和主设备电气量保护均应启动断路器失灵保护。当本侧断路器无法切除故障时，应采取启动远方跳闸等后备措施加以解决。（ ）

**答案：**√

**解析：**出自《国家电网有限公司十八项电网重大反事故措施（2018 年修订版）》15.2.10.1。

56．线路远方跳闸保护的就地判据可采用零、负序电流，零、负序电压，低电流，低电压，分相低有功等实现。（ ）

**答案：**×

**解析：**出自 Q/GDW 1161—2014《线路保护及辅助装置标准化设计规范》5.2.7。

57．线路保护发送端的远方跳闸和远传信号经 10ms（不含消抖时间）延时确认后，发送信号给接收端。（ ）

**答案：**×

**解析：**出自 Q/GDW 1161—2014《线路保护及辅助装置标准化设计规范》5.2.10 a。

58. 在500kV系统中，断路器失灵保护、高压并联电抗器保护、短引线保护动作均应启动远方跳闸。(    )

**答案**：×

**解析**：出自GB/T 14285—2006《继电保护和安全自动装置技术规程》4.10.1。

59. 按照Q/GDW 1161—2014规定，取消线路保护中的TV断线相过流和零序过流保护。(    )

**答案**：√

**解析**：出自Q/GDW 1161—2014《线路保护及辅助装置标准化设计规范》编制说明5.3.4。

60. 按照Q/GDW 1161—2014规定，"TA断线闭锁差动"控制字投入后，保护装置在TA断线后将闭锁纵联电流差动保护。(    )

**答案**：×

**解析**：出自Q/GDW 1161—2014《线路保护及辅助装置标准化设计规范》5.2.2 g。

61. 3/2接线按断路器配置的断路器保护均按单套配置。(    )

**答案**：×

**解析**：出自Q/GDW 1161—2014《线路保护及辅助装置标准化设计规范》5.1.1.2 a。

62. 为提高终端线路高阻接地故障时的保护动作灵敏度和速度，对于弱电源侧，新六统一线路保护零序电流差动保护允许利用对侧电气量启动。(    )

**答案**：√

**解析**：出自Q/GDW 10766—2015《10kV～110(66)kV线路保护及辅助装置标准化设计规范》6.2.1 i。

63. 新的"六统一"原则包括功能配置统一的原则、端子排布置统一的原则、屏柜压板统一的原则、装置软件界面统一的原则。(    )

**答案**：×

**解析**：出自Q/GDW 1161—2014《线路保护及辅助装置标准化设计规范》3.1释义部分。

64. 电气化铁路供电产生的不对称分量和冲击负荷可能会使线路保护装置频繁起动，必要时，可增设保护装置延时启动的回路。(    )

**答案**：×

**解析**：出自GB/T 14285—2006《继电保护和安全自动装置技术规程》4.6.8.1。

65. 中性点不接地双星形接线电容器组，可以装设反应中性点回路电流差的不平衡保护。(    )

**答案**：×

**解析**：出自GB/T 14285—2006《继电保护和安全自动装置技术规程》4.11.4。

66．充电逻辑有效时间为 SHJ 触点由“0”变为“1”后的 0.3s 内，0.3s 后恢复为正常运行母线保护逻辑。（ ）

**答案：**×

**解析：**出自 Q/GDW 1175—2013《变压器、高压并联电抗器和母线保护及辅助装置标准化设计规范》7.2.1 h。

67．220kV 电压等级变压器保护优先采用 TPY 型电流互感器；若采用 P 级电流互感器，为减轻可能发生的暂态饱和影响，其暂态系数不应小于 2。（ ）

**答案：**√

**解析：**出自 Q/GDW 1175—2013《变压器、高压并联电抗器和母线保护及辅助装置标准化设计规范》12.5.2。

68．远方直接跳闸必须有相应的就地判据控制。（ ）

**答案：**×

**解析：**出自 GB/T 14285—2006《继电保护和安全自动装置技术规程》4.10.4。

69．对 220kV 及以上电压等级电网、110kV 变压器、110kV 主网（环网）线路（母联）的保护和测控，以及 330kV 变电站的 110kV 电压等级保护和测控应配置独立的保护装置和测控装置，确保在任意元件损坏或异常情况下，保护和测控功能互相不受影响。（ ）

**答案：**√

**解析：**出自《国家电网有限公司十八项电网重大反事故措施（2018 年修订版）》15.1.14。

70．330kV 及以上系统保护、高压侧为 330kV 及以上的变压器和 300MW 及以上的发电机变压器组差动保护用电流互感器宜采用 PR 型电流互感器。（ ）

**答案：**×

**解析：**出自 GB/T 14285—2006《继电保护和安全自动装置技术规程》6.2.1.3。

71．对新建、扩建的技改工程 220kV 变电所的变压器高压断路器和母联、母线分段断路器应选用三相联动的断路器。（ ）

**答案：**√

**解析：**出自《国家电网有限公司十八项电网重大反事故措施（2018 年修订版）》12.1.1.7。

72．系统在全相或非全相振荡过程中，被保护线路如发生各种类型的不对称故障，保护装置应有选择性地动作跳闸，纵联保护可延时动作。（ ）

**答案：**×

**解析：**出自 GB/T 14285—2006《继电保护和安全自动装置技术规程》4.1.7。

73．线路各侧或主设备差动保护各侧的电流互感器的相关特性宜一致，避免在遇到

较大短路电流时因各侧电流互感器的稳态特性不一致导致保护不正确动作。（ ）

答案：×

解析：出自《国家电网有限公司十八项电网重大反事故措施（2018 年修订版）》15.1.10。

74. 2Mbit/s 数字接口装置与通信设备采用 75Ω 同轴电缆平衡方式连接。（ ）

答案：×

解析：出自 Q/GDW 1161—2014《线路保护及辅助装置标准化设计规范》10.1.5。

75. 220kV 主变保护装置软件的选配代码 J 代表低压侧小电阻接地零序过流保护，接地变压器后备保护。（ ）

答案：√

解析：出自 Q/GDW 1175—2013《变压器、高压并联电抗器和母线保护及辅助装置标准化设计规范》5.1.2.1。

76. 变压器零序电压为自产，零序过电压保护定值固定为 180V。（ ）

答案：×

解析：出自 Q/GDW 1175—2013《变压器、高压并联电抗器和母线保护及辅助装置标准化设计规范》5.1.2.3 d。

77. 对于含有重合闸功能的线路保护，当发生相间故障或永久性故障时，可只发三个分相跳闸命令，三相跳闸回路不宜引接。（ ）

答案：√

解析：出自 Q/GDW 1161—2014《线路保护及辅助装置标准化设计规范》4.3.1 g。

78. 按照规程规定，双重化配置的两套保护不共用同一根光缆，但可以共用一个 ODF 配线架。（ ）

答案：×

解析：出自 Q/GDW 1161—2014《线路保护及辅助装置标准化设计规范》9.2 a。

79. 变压器后备保护跳母联、分段应启动失灵。（ ）

答案：×

解析：出自 Q/GDW 1175—2013《变压器、高压并联电抗器和母线保护及辅助装置标准化设计规范》4.3.4 h。

80. 变压器高、中、低压侧复压元件由各侧电压经“或门”构成。（ ）

答案：×

解析：出自 Q/GDW 1175—2013《变压器、高压并联电抗器和母线保护及辅助装置标准化设计规范》5.2.4 b。

81. “远方操作”只设硬压板。“远方投退压板”“远方切换定值区”和“远方修改定值”只设软压板，只能在装置本地操作，三者功能相互独立，分别与“远方操作”硬

压板采用“与门”逻辑。以上叙述对于智能站和常规站均适用。（　　）

**答案：**√

**解析：**出自 Q/GDW 1161—2014《线路保护及辅助装置标准化设计规范》4.1.4 b。

82．对于 220～500kV 分相操作的线路断路器，可不考虑断路器三相拒动的情况。（　　）

**答案：**√

**解析：**出自 GB/T 14285—2006《继电保护和安全自动装置技术规程》4.9.1 c。

83．变压器保护各侧电流互感器变比，不宜使平衡系数大于 10。（　　）

**答案：**√

**解析：**出自 Q/GDW 1175—2013《 变压器、高压并联电抗器和母线保护及辅助装置标准化设计规范》12.5.3。

84．防跳继电器动作时间应与断路器动作时间配合，断路器三相位置不一致保护的动作时间应与相关保护、重合闸时间相配合。（　　）

**答案：**√

**解析：**出自《国家电网有限公司十八项电网重大反事故措施（2018 年修订版）》15.2.11。

85．对动作功率大于 5W 的跳闸出口继电器，其起动电压可以小于直流额定电压的 50%。（　　）

**答案：**×

**解析：**出自《国家电网有限公司十八项电网重大反事故措施（2018 年修订版）》8.5.1.10。

86．对分相操作断路器，应逐相传动防止断路器跳跃回路。（　　）

**答案：**√

**解析：**出自 DL/T 995—2016《继电保护和电网安全自动装置检验规程》5.3.6.1。

87．微机保护装置应具有在线自动检测功能。装置中出口元件损坏时，不应造成保护误动作，且能发出装置异常信号。（　　）

**答案：**×

**解析：**出自 GB/T 14285—2006《继电保护和安全自动装置技术规程》4.1.12.5。

88．作用于跳闸的主电抗非电量保护的 A、B、C 相非电量按分相开入，三相开入共用一个功能压板。（　　）

**答案：**√

**解析：**出自 Q/GDW 1175—2013《变压器、高压并联电抗器和母线保护及辅助装置标准化设计规范》5.2.7。

89．220kV 及以上电压等级线路、变压器、母线、高压并联电抗器、串联电容器补

偿装置等输变电设备的保护应按双重化配置，相关断路器的选型应与保护双重化配置相适应。（　　）

**答案：**√

**解析：**出自《国家电网有限公司十八项电网重大反事故措施（2018年修订版）》15.1.4。

90．220kV及以上电压等级变压器配置两套独立完整的保护（含非电量保护），以满足双重化原则。（　　）

**答案：**×

**解析：**出自GB/T 14285—2006《继电保护和安全自动装置技术规程》4.3.3.3。

91．220kV线路保护宜采用远后备方式，110kV线路保护宜采用近后备方式。（　　）

**答案：**×

**解析：**出自GB/T 14285—2006《继电保护和安全自动装置技术规程》4.6.2.2。

92．远后备是当主保护拒动时，由该电力设备或线路的另一套保护实现后备的保护；当断路器拒动时，由断路器失灵保护来实现的后备保护。（　　）

**答案：**×

**解析：**出自GB/T 14285—2006《继电保护和安全自动装置技术规程》4.1.1.2 b。

93．对于600MW级及以上发电机组，应装设双重化的电气量保护。（　　）

**答案：**√

**解析：**出自GB/T 14285—2006《继电保护和安全自动装置技术规程》4.2.22。

94．电压为220kV及以上的变压器装设数字式保护时，除非电量保护外，应采用双重化保护配置。当断路器具有两组跳闸线圈时，两套保护宜分别动作于断路器的一组跳闸线圈。（　　）

**答案：**√

**解析：**出自GB/T 14285—2006《继电保护和安全自动装置技术规程》4.3.3.3。

95．线路两侧纵联电流差动保护装置应互相传输可供用户整定的通道识别码。（　　）

**答案：**√

**解析：**出自Q/GDW 1161—2014《线路保护及辅助装置标准化设计规范》5.2.2 b。

96．保护装置的电流测量范围为$0.05I_n$～（20～40）$I_n$，在此范围内装置的测量精度均需满足测量误差不大于相对误差5%或绝对误差$0.02I_n$。（　　）

**答案：**√

**解析：**出自Q/GDW 1161—2014《线路保护及辅助装置标准化设计规范》4.1.8。

97．除母线保护外，不同间隔设备的主保护功能不应集成。（　　）

**答案：**×

**解析：**出自《国家电网有限公司十八项电网重大反事故措施（2018年修订版）》

15.1.15。

98．对于装置间不经附加判据直接启动跳闸的开入量，应经抗干扰继电器重动后开入；抗干扰继电器的启动功率应大于 5W，动作电压在额定直流电源电压的 55%～70% 范围内，额定直流电源电压下动作时间应小于 5ms。（　　）

**答案：**×

**解析：**出自 GB/T 50976—2014《继电保护及二次回路安装及验收规范》5.7.4。

99．当专用接地变压器不经断路器直接接于变压器低压侧时，零序过流保护宜有两个时限，第一时限断开低压侧母联或分段断路器，第二时限断开主变低压侧断路器。（　　）

**答案：**×

**解析：**出自 GB/T 14285—2006《继电保护和安全自动装置技术规程》4.3.9。

100．二次回路试验部件、连接片、切换片，安装中心线离地面不宜低于 300mm。（　　）

**答案：**√

**解析：**出自 GB/T 50976—2014《继电保护及二次回路安装及验收规范》4.4.8。

101．当灵敏性与选择性难以兼顾时，应首先考虑以保选择性为主，防止保护误动，并备案报主管领导批准。（　　）

**答案：**×

**解析：**出自《国家电网有限公司十八项电网重大反事故措施（2018 年修订版）》15.5.2。

102．电力设备由一种运行方式转为另一种运行方式的操作过程中，被操作的有关设备应在保护范围内，且所有保护装置不允许失去选择性。（　　）

**答案：**×

**解析：**出自 DL/T 559—2007《220kV～500kV 电网继电保护装置运行整定规程》5.21。

103．继电保护人员输入定值应停用整套微机保护装置。（　　）

**答案：**√

**解析：**出自 DL/T 587—2016《继电保护和安全自动装置运行管理规程》5.11。

104．110（66）kV 及以上电压等级变电站应配置故障录波器。（　　）

**答案：**√

**解析：**出自《国家电网有限公司十八项电网重大反事故措施（2018 年修订版）》15.1.19。

105．两侧均为常规变电站时，两侧保护装置软件版本应保持一致。（　　）

**答案：**√

**解析：**出自 DL/T 587—2016《继电保护和安全自动装置运行管理规程》6.7.3。

106．对导致继电保护和安全自动装置不能保证电力系统安全运行的电网结构形式、

厂站主接线形式、变压器接线方式和运行方式，应限制使用。（　　）

**答案：** √

**解析：** 出自 GB/T 14285—2006《继电保护和安全自动装置技术规程》3.3。

107．与故障元件直接连接的故障录波装置必须进行评价，故障录波装置的动作次数计入保护装置动作的总次数中。（　　）

**答案：** ×

**解析：** 出自 DL/T 623—2010《电力系统继电保护及安全自动装置运行评价规程》6.6.5。

108．同一保护装置因同一原因发生多次不正确动作，按 1 次“不正确动作”评价。（　　）

**答案：** ×

**解析：** 出自 DL/T 623—2010《电力系统继电保护及安全自动装置运行评价规程》6.3.7。

109．双母线接线母线故障，母差保护动作，由于母联断路器拒跳，由母联失灵保护消除母线故障，母差保护和母联失灵保护应分别评价为“正确动作”1 次。（　　）

**答案：** √

**解析：** 出自 DL/T 623—2010《电力系统继电保护及安全自动装置运行评价规程》6.2.4。

110．DL/T 623—2010《电力系统继电保护及安全自动装置运行评价规程》规定：变压器纵差、重瓦斯保护及各侧后备保护按高压侧归类评价。（　　）

**答案：** √

**解析：** 出自 DL/T 623—2010《电力系统继电保护及安全自动装置运行评价规程》6.1.7。

111．双母线接线母线故障，母差保护动作，断路器拒跳，利用变压器保护跳各侧，消除故障，变压器保护应评价为“正确动作”。母差保护应“不评价”。（　　）

**答案：** ×

**解析：** 出自 DL/T 623—2010《电力系统继电保护及安全自动装置运行评价规程》6.2.5。

112．标准化保护装置应能记录相关保护动作信息，保留 8 次以上最新动作报告。每个动作报告应包含故障前 2 个周波、故障后 6 个周波的数据。（　　）

**答案：** √

**解析：** 出自 Q/GDW 1161—2014《线路保护及辅助装置标准化设计规范》4.1.12。

113．保护装置必须具有故障记录功能，以记录保护的动作过程，为分析保护动作行为提供详细、全面的数据信息，可以代替专用的故障录波器。（　　）

**答案：**×

**解析：**出自 GB/T 14285—2006《继电保护和安全自动装置技术规程》4.1.12.7。

114. 电力系统故障动态记录的模拟量采集方式，A 时段记录系统大扰动开始的状态数据，$t \geqslant 0.04$s，B 时段记录大扰动后全部状态数据，并只要能观察到 3 次谐波即可。（　　）

**答案：**×

**解析：**出自 Q/GDW 10976—2017《电力系统动态记录装置技术规范》6.6.3.1。

115. 按照电力系统故障动态记录准则的规定，故障录波器每次启动后的记录时间至少应大于 3s。（　　）

**答案：**√

**解析：**出自 DL/T 553—2013《电力系统动态记录装置通用技术条件》5.3.3.1。

116. 新安装的继电保护装置经过运行单位第一次定检后，发生由于安装调试不良造成的不正确动作，但是在投入运行尚在一年以内，根据规程规定，责任属基建单位。（　　）

**答案：**×

**解析：**出自 DL/T 623—2010《电力系统继电保护及安全自动装置运行评价规程》7.3。

117. 对于微机距离保护装置，当二次电压失去时，装置将启动，不满足故障判据时，装置不会误动。（　　）

**答案：**×

**解析：**装置未启动时，发 TV 断线告警信号并闭锁保护；装置启动时，不判 TV 断线，存在误动可能。

118. 专用通道方式，至少有一侧保护装置应采用自己的时钟（主时钟）作为发送时钟。（　　）

**答案：**×

**解析：**出自 GB/T 50976—2014《继电保护及二次回路安装及验收规范》5.6.14。

119. 断路器操作箱中防跳继电器 TBJ 电流启动线圈的额定电流，应根据合闸线圈的动作电流来选择，并要求其灵敏度高于合闸线圈的灵敏度。（　　）

**答案：**×

**解析：**根据跳闸线圈的动作电流来选择，并要求其灵敏度高于跳闸线圈的灵敏度。

120. 在双套配置的 220kV 线路保护中，若均配置有重合闸，当重合闸方式使用单重方式时，一套保护重合闸方式投单重方式，一套保护重合闸方式停用。（　　）

**答案：**×

**解析：**当重合闸方式使用单重方式时，一套保护重合闸方式投单重方式，一套保护重合闸方式为“禁止重合闸”。

121. 500kV 系统短路容量较大，为提高压并联电抗器的饱和能力，所有保护装置都

宜选用 TPY 级电流互感器。（　　）

**答案**：×

**解析**：TPY 级电流互感器不宜用于断路器失灵保护（DL/T 866—2015《电流互感器和电压互感器选择及计算规程》7.2.6）。

122．在 330～500kV 线路保护，一般采用不带气隙的 TPY 型电流互感器。（　　）

**答案**：×

**解析**：TPY 型电流互感器在铁芯中设置一定的非磁性间隙，剩磁通不超过饱和磁通的 10%，但由于磁阻、储能以及磁通变化量的不同，二次回路的电流值较高且持续时间较长。

123．子站系统与所有保护装置和故障录波器应采用直接连接方式，不宜经过保护管理机转接。（　　）

**答案**：×

**解析**：出自 NB/T 42088—2016《继电保护信息系统子站技术规范》4.5.5。

124．所有差动保护（母线、变压器的纵差与横差）在测定相回路及差回路电流正确后，就可以投入运行。（　　）

**答案**：×

**解析**：根据 DL/T 995—2016《继电保护和电网安全自动装置检验规程》5.5.2.3“所有差动保护（母线、变压器、发电机的纵差、横差等）在投入运行前，除测定相回路和差回路外，还应测量各中性线的不平衡电流、电压，以保证保护装置和二次回路解析的正确性。”

125．当由于从保护端子排至断路器端子箱间电缆接地而造成断路器无故障跳闸时，无论该电缆由谁维护，均评价保护装置误动。（　　）

**答案**：√

**解析**：根据 DL/T 623—2010《电力系统继电保护及安全自动装置运行评价规程》4.2.2“继电保护责任范围包括开关量输入、输出回路和直流回路。”

126．录波器的完好标准：故障录波记录时间与故障时间吻合，数据准确，波形清晰完整，标记正确，开关量清楚，与故障过程相符，上报及时，可作为故障分析的依据。（　　）

**答案**：√

**解析**：出自 DL/T 623—2010《电力系统继电保护及安全自动装置运行评价规程》6.6.2。

## 四、填空题

1．反措要求，两套保护装置与其他保护、设备配合的回路应遵循相互独立的原则，

应保证每一套保护装置与其他相关装置，如通道、____联络关系的正确性，防止因交叉停用导致保护功能缺失。

**答案：** 失灵保护

**解析：** 出自《国家电网有限公司十八项电网重大反事故措施（2018 年修订版）》15.2.2.4。

2．对经计算影响电网安全稳定运行重要变电站的 220kV 及以上电压等级双母线接线方式的母联、分段断路器，应在____配置电流互感器。

**答案：** 断路器两侧

**解析：** 出自《国家电网有限公司十八项电网重大反事故措施（2018 年修订版）》15.1.13.2。

3．根据《国家电网有限公司十八项电网重大反事故措施（2018 年修订版）》，断路器失灵启动母线保护、变压器断路器失灵启动等重要回路应采用装设____，或者采取____等措施。

**答案：** 大功率重动继电器；软件防误

**解析：** 出自《国家电网有限公司十八项电网重大反事故措施（2018 年修订版）》15.6.6。

4．反措要求要重视继电保护二次回路的接地问题，并定期检查这些接地点的____。

**答案：** 可靠性和有效性

**解析：** 出自《国家电网有限公司十八项电网重大反事故措施（2018 年修订版）》15.6.4。

5．在保护室屏柜下层的电缆室（或电缆沟道）内，沿屏柜布置的方向逐排敷设截面积不小于____$mm^2$ 的铜排（缆），将铜排（缆）的首端、末端分别连接，形成保护室内的____地网。

**答案：** 100；等电位

**解析：** 出自《国家电网有限公司十八项电网重大反事故措施（2018 年修订版）》15.6.2.1。

6．应定期检查____或____，防止造成电压二次回路出现多点接地，为保证接地可靠，各电压互感器的中性线不得接有可能断开的断路器或熔断器等。

**答案：** 放电间隙；氧化锌阀片

**解析：** 出自《国家电网有限公司十八项电网重大反事故措施（2018 年修订版）》15.6.4.2。

7．智能变电站的保护设计应坚持继电保护“四性”，遵循____、____、“就地化布置”原则，应避免合并单元、智能终端、交换机等任一设备故障时，同时失去多套主保护。

**答案：** “直接采样、直接跳闸”；“独立分散”

**解析：** 出自《国家电网有限公司十八项电网重大反事故措施（2018 年修订版）》15.7.1.1。

8．《国家电网有限公司十八项电网重大反事故措施（2018 年修订版）》中规定保护室与通信室之间信号优先采用光缆传输。若使用电缆，应采用____电缆，其中内屏蔽在信号____接地，外屏蔽在电缆____接地。

**答案：** 双绞双屏蔽；接收侧单端；两端

**解析：** 出自《国家电网有限公司十八项电网重大反事故措施（2018 年修订版）》15.6.2.12。

9. 在保证安全的前提下，可开放保护装置____、____功能。远方操作应具备保证安全的验证机制，防止保护误投和误整定的发生。

**答案：** 远方投退压板；远方切换定值区

**解析：** 出自《国家电网有限公司十八项电网重大反事故措施（2018 年修订版）》15.4.7。

10. 按照《国家电网有限公司十八项电网重大反事故措施（2018 年修订版）》，母线差动、变压器差动和发变组差动保护各支路的电流互感器应优先选用____和额定____较高的电流互感器。

**答案：** 准确限值系数（ALF）；拐点电压

**解析：** 出自《国家电网有限公司十八项电网重大反事故措施（2018 年修订版）》15.1.12。

11. 按照《国家电网有限公司十八项电网重大反事故措施（2018 年修订版）》，应充分考虑合理的电流互感器配置和二次绕组分配，消除____。

**答案：** 主保护死区

**解析：** 出自《国家电网有限公司十八项电网重大反事故措施（2018 年修订版）》15.1.13。

12. 按照《国家电网有限公司十八项电网重大反事故措施（2018 年修订版）》，除____、____外，不同间隔设备的主保护功能不应集成。

**答案：** 母线保护；变压器保护

**解析：** 出自《国家电网有限公司十八项电网重大反事故措施（2018 年修订版）》15.1.15。

13. 按照《国家电网有限公司十八项电网重大反事故措施（2018 年修订版）》，主设备非电量保护应____、____、____、____。气体继电器至保护柜的电缆应尽量减少____环节。

**答案：** 防水；防振；防油渗漏；密封性好；中间转接

**解析：** 出自《国家电网有限公司十八项电网重大反事故措施（2018 年修订版）》15.1.16。

14. ____及以上电压等级变电站应配置故障录波器。

答案：110（66）kV

**解析：** 出自《国家电网有限公司十八项电网重大反事故措施（2018 年修订版）》15.1.19。

15. 按照《国家电网有限公司十八项电网重大反事故措施（2018 年修订版）》，变压器的高压侧宜设置____的后备保护。在保护不失配的前提下，尽量____变压器后备保护的整定时间。

**答案：** 长延时；缩短

**解析：** 出自《国家电网有限公司十八项电网重大反事故措施（2018 年修订版）》15.2.6。

16. 按照《国家电网有限公司十八项电网重大反事故措施（2018 年修订版）》，保护装置验收时必须进行所有保护整组检查，模拟故障检查保护与硬（软）压板的____关系，避免有____存在。

**答案：** 唯一对应；寄生回路

**解析：** 出自《国家电网有限公司十八项电网重大反事故措施（2018 年修订版）》15.3.3.3。

17．按照《国家电网有限公司十八项电网重大反事故措施（2018年修订版）》，当灵敏性与选择性难以兼顾时，应首先考虑以保____为主，防止保护拒动，并备案报主管领导批准。

**答案：**灵敏度

**解析：**出自《国家电网有限公司十八项电网重大反事故措施（2018年修订版）》15.5.2。

18．按照《国家电网有限公司关于印发十八项电网重大反事故措施（修订版）的通知》，宜设置____、____的线路后备保护。

**答案：**不经任何闭锁的；长延时

**解析：**出自《国家电网有限公司十八项电网重大反事故措施（2018年修订版）》15.5.3。

19．按照《国家电网有限公司十八项电网重大反事故措施（2018年修订版）》，中、低压侧为110kV及以下电压等级且中、低压侧并列运行的变压器，中、低压侧后备保护应第一时限____，____。

**答案：**跳开母联或分段断路器；缩小故障范围

**解析：**出自《国家电网有限公司十八项电网重大反事故措施（2018年修订版）》15.5.4。

20．按照《国家电网有限公司十八项电网重大反事故措施（2018年修订版）》，未在开关场接地的电压互感器二次回路，宜在电压互感器端子箱处将每组二次回路中性点分别经放电间隙或氧化锌阀片接地，其击穿电压峰值应大于____$I_{max}$V（$I_{max}$为电网接地故障时通过变电站的可能____，单位为____）。

**答案：**30；最大接地电流有效值；kA

**解析：**出自《国家电网有限公司十八项电网重大反事故措施（2018年修订版）》15.6.4.2。

21．按照《国家电网有限公司十八项电网重大反事故措施（2018年修订版）》，单套配置的断路器失灵保护动作后应____于断路器的两个跳闸线圈。

**答案：**同时作用

**解析：**出自《国家电网有限公司十八项电网重大反事故措施（2018年修订版）》15.6.9.4。

22．按照《国家电网有限公司十八项电网重大反事故措施（2018年修订版）》，直流空气开关的额定工作电流应按____电流（即保护三相同时动作、跳闸和收发信机在满功率发信的状态下）的____倍选用。

**答案：**最大动态负荷；2.0

**解析：**出自《国家电网有限公司十八项电网重大反事故措施（2018年修订版）》15.6.9.5。

23．220kV及以上电压等级线路、变压器、母线、高压并联电抗器、串联电容器补偿装置等输变电设备的保护应按____配置，相关断路器的选型应与保护双重化配置相适应。

**答案：**双重化

**解析：**出自《国家电网有限公司十八项电网重大反事故措施（2018年修订版）》15.1.4。

24．保护装置由屏外引入的开入回路应采用____直流电源。光耦开入的动作电压应控制在额定直流电源电压的____范围以内。

**答案：**±220V/110V；55%～70%

**解析：**出自《国家电网有限公司十八项电网重大反事故措施（2018 年修订版）》15.6.5。

25．继电保护使用直流系统在运行中的最低电压不低于额定电压的____，最高电压不高于额定电压的____。

**答案：**85%；110%

**解析：**出自《国家电网有限公司十八项电网重大反事故措施（2018 年修订版）》15.6.10。

26．为保证继电保护相关辅助设备（如交换机、光电转换器等）的供电可靠性，宜采用直流电源供电。因硬件条件限制只能交流供电的，电源应取自____。

**答案：**站用不间断电源

**解析：**出自《国家电网有限公司十八项电网重大反事故措施（2018 年修订版）》15.1.21。

27．变电站内的故障录波器应能对站用直流系统的各母线段（控制、保护）____进行录波。

**答案：**对地电压

**解析：**出自《国家电网有限公司十八项电网重大反事故措施（2018 年修订版）》15.1.20。

28．保护软件及现场二次回路变更须经相关保护管理部门同意并及时修订相关的____资料。

**答案：**图纸

**解析：**出自《国家电网有限公司十八项电网重大反事故措施（2018 年修订版）》15.4.6。

29．保护装置的软件应设有安全防护措施，防止____出现不符合要求的更改。

**答案：**程序

**解析：**出自 GB/T 14285—2006《继电保护和安全自动装置技术规程》4.1.12.14。

30．微机保护定检周期和时间原则规定如下：新安装的保护 1 年内进行一次全部检验，以后每 6 年进行一次____，每____进行一次部分检验。

**答案：**全部检验；2～3 年

**解析：**出自 DL/T 995—2016《继电保护和电网安全自动装置检验规程》4.2.3。

31．按照 Q/GDW 1806—2013《继电保护状态检修导则》的规定，保护设备状态检修的基准周期为____年。

**答案：**5

**解析：**出自 Q/GDW 1806—2013《继电保护状态检修导则》10.5。

32．对于新投设备，做整组试验时，应按规程要求把被保护设备的各套保护装置____在一起进行。应按相关规程要求，检验线路和主设备的所有保护之间的相互配合关系，对线路纵联保护还应与线路对侧保护进行一一对应的____。

**答案：**串接；联动试验

**解析**：出自《国家电网有限公司十八项电网重大反事故措施（2018年修订版）》15.3.3.4。

33．运行中装置的补充检验的形式分为五种，分别是对运行中的装置进行较大的更改或增设新的回路后的检验、____、运行中发现异常情况后的检验、____、已投运行的装置停电一年及以上、再次投入运行时的检验。

**答案**：检修或更换一次设备后的检验；事故后检验

**解析**：出自 DL/T 995—2016《继电保护和电网安全自动装置检验规程》4.1.3。

34．加强继电保护和安全自动装置运行维护工作，配置足够的备品、备件，缩短缺陷处理时间。装置检验应保质保量，严禁超期和漏项，应特别加强对新投产设备的____，提高设备健康水平。

**答案**：首年全面校验

**解析**：出自《国家电网有限公司十八项电网重大反事故措施（2018年修订版）》15.4.2。

35．双母线接线变电站的母差保护按设计要求先动作于母联断路器，后动作于故障母线的其他断路器，正确动作后，母差保护按____进行评价。

**答案**：正确动作一次

**解析**：出自 Q/GDW 11055—2013《智能变电站继电保护及安全自动装置运行评价规程》5.1.3。

36．被评价为“异常状态”的继电保护及二次回路，实施停电检修前应加强运行巡视，提高运行巡视频次，引起状态劣化的状态量巡视及巡检周期相应缩短，原则上在正常状态巡视频次基础上增加____倍。

**答案**：2

**解析**：出自 Q/GDW 11284—2014《继电保护状态检修检验规程》7.1.6。

37．继电保护专业和通信专业应密切配合。注意校核继电保护通信设备（光纤、微波、载波）传输信号的____和____及通道传输时间，检查是否设定了不必要的收、发信环节的延时或展宽时间，防止因通信问题引起保护不正确动作。

**答案**：可靠性；冗余度

**解析**：出自《国家电网有限公司十八项电网重大反事故措施（2018年修订版）》15.4.8。

38．依据《国家电网有限公司十八项电网重大反事故措施（2018年修订版）》，同一条220kV及以上电压等级线路的两套继电保护通道、同一系统的有主/备关系的两套安全自动装置通道应采用两条完全独立的路由。均采用复用通道的，应由两套独立的通信传输设备分别提供，且传输设备均应由两套电源（含一体化电源）供电，满足____的要求。

**答案**：“双路由、双设备、双电源”

**解析**：出自《国家电网有限公司十八项电网重大反事故措施（2018年修订版）》16.3.1.8。

39．继电保护及其相关设备的端子排，宜按照功能进行分区、分段布置，正负电源之间、跳合闸引出线之间以及引出线与正电源之间、交流电源与直流回路之间等应采用

____隔开。

**答案**：空端子

**解析**：出自 Q/GDW 1161—2014《线路保护及辅助装置标准化设计规范》4.3.11。

40．根据《线路保护及辅助装置标准化设计规范》，采用三相重合闸方式时，可采用两套重合闸____方式。

答案；相互闭锁

**解析**：出自 Q/GDW 1161—2014《线路保护及辅助装置标准化设计规范》3.3。

41．根据《线路保护及辅助装置标准化设计规范》，纵联距离保护应具备____功能，在正、负序阻抗过大，或两侧零序阻抗差别过大的情况下，允许____。

**答案**：弱馈；纵续动作

**解析**：出自 Q/GDW 1161—2014《线路保护及辅助装置标准化设计规范》5.2.1 c。

42．根据《线路保护及辅助装置标准化设计规范》，检同期重合闸采用的线路电压应是____，用户可选择任意____或____。

**答案**：自适应的；相间电压；相电压

**解析**：出自 Q/GDW 1161—2014《线路保护及辅助装置标准化设计规范》5.2.5 b。

43．双母线接线的断路器失灵保护，应采用____中的失灵电流判别功能，不配置含失灵电流启动元件的断路器辅助保护装置。

**答案**：母线保护

**解析**：出自 Q/GDW 1175—2013《变压器、高压并联电抗器和母线保护及辅助装置标准化设计规范》7.2.3 b。

44．为防止保护装置先上电而操作箱后上电时断路器位置不对应误启动重合闸，宜由操作箱（插件）对保护装置提供____触点方式，不采用“断路器合后”触点的开入方式。

**答案**：“闭锁重合闸”

**解析**：出自 Q/GDW 1161—2014《线路保护及辅助装置标准化设计规范》4.3.7。

45．根据《继电保护和电网安全自动装置检验规程》，保护装置检验所使用的仪器仪表应____、定值检验所使用的仪器仪表的准确级不应低于____。

**答案**：检验合格；0.5 级

**解析**：出自 DL/T 995—2016《继电保护和电网安全自动装置检验规程》5.2.1.1。

46．根据《继电保护和电网安全自动装置检验规程》，母线差动保护、断路器失灵保护及电网安全自动装置中投切发电机组、切除负荷、切除线路或变压器等设备的跳合断路器试验，允许用____分别证实至每个断路器跳闸回路接线的正确性。

**答案**：导通方法

**解析**：出自 DL/T 995—2016《继电保护和电网安全自动装置检验规程》5.1.2.4。

47．根据《继电保护和电网安全自动装置检验规程》，新安装保护装置投运后____应进行第一次全部检验。

**答案：**一年内

**解析：**出自 DL/T 995—2016《继电保护和电网安全自动装置检验规程》5.1.2.3 a。

48．根据《继电保护和电网安全自动装置检验规程》，定期检查时可用绝缘电阻表检验金属氧化物避雷器的工作状态是否正常，一般当用____绝缘电阻表检验金属氧化物避雷器不应击穿，而用____绝缘表时，则应可靠击穿。

**答案：**1000V；2500V

**解析：**出自 DL/T 995—2016《继电保护和电网安全自动装置检验规程》5.3.2.4 f。

49．根据《继电保护和电网安全自动装置检验规程》，光纤尾纤应呈现自然弯曲（弯曲半径大于____），不应存在弯折。

**答案：**3cm

**解析：**出自 DL/T 995—2016《继电保护和电网安全自动装置检验规程》5.3.5.2 b。

50．根据《继电保护和电网安全自动装置检验规程》，通信专业应对光纤及微波通道的____和____进行检查。

**答案：**误码率；传输时间

**解析：**出自 DL/T 995—2016《继电保护和电网安全自动装置检验规程》5.3.5.2 d。

51．根据《继电保护和电网安全自动装置检验规程》，传输远方跳闸信号的通道，应在新安装或更换设备后测试其通道传输时间。采用允许式信号的纵联保护，除了测试通道传输时间，还应测试“允许跳闸”信号的____。

**答案：**返回时间

**解析：**出自 DL/T 995—2016《继电保护和电网安全自动装置检验规程》5.3.5.3。

52．根据《继电保护和电网安全自动装置检验规程》，对分相操作断路器，还应进行动作电压范围的检验，其值应在____额定电压之间。对于其他逻辑回路的继电器，应满足____额定电压下可靠动作。

**答案：**55%～70%；80%

**解析：**出自 DL/T 995—2016《继电保护和电网安全自动装置检验规程》5.3.6.1 c。

53．依据《国家电网有限公司十八项电网重大反事故措施（2018 年修订版）》，合理规划电源接入点。受端系统应具有多个方向的多条受电通道，电源点应合理分散接入，每个独立输电通道的输送电力不宜超过受端系统最大负荷的____，并保证失去任一通道时不影响电网安全运行和受端系统可靠供电。

**答案：**10%～15%

**解析：**出自《国家电网有限公司十八项电网重大反事故措施（2018 年修订版）》2.1.1.1。

54．依据《国家电网有限公司十八项电网重大反事故措施（2018 年修订版）》，电网应进行合理分区，分区电网应尽可能简化，有效限制短路电流；兼顾供电可靠性和经济性，分区之间要有____以满足一定程度的负荷互带能力。

**答案**：备用联络线

**解析**：出自《国家电网有限公司十八项电网重大反事故措施（2018 年修订版）》2.2.3.1。

55．依据《国家电网有限公司十八项电网重大反事故措施（2018 年修订版）》，加强 110kV 及以上电压等级母线、220kV 及以上电压等级主设备____建设。

**答案**：快速保护

**解析**：出自《国家电网有限公司十八项电网重大反事故措施（2018 年修订版）》2.4.1.3。

56．依据《国家电网有限公司十八项电网重大反事故措施（2018 年修订版）》，调度机构应根据电网的变化情况及时地分析、调整各种保护装置、安全自动装置的配置或整定值，并按照有关规程规定每年下达____。

**答案**：低频低压减载方案

**解析**：出自《国家电网有限公司十八项电网重大反事故措施（2018 年修订版）》2.4.3.1。

57．依据《国家电网有限公司十八项电网重大反事故措施（2018 年修订版）》，加强继电保护运行维护，正常运行时，严禁 220kV 及以上电压等级线路、变压器等设备____运行。

**答案**：无快速保护

**解析**：出自《国家电网有限公司十八项电网重大反事故措施（2018 年修订版）》2.4.3.2。

58．依据《国家电网有限公司十八项电网重大反事故措施（2018 年修订版）》，母差保护临时退出时，应尽量减少无母差保护运行时间，并严格限制母线及相关元件的____。

**答案**：倒闸操作

**解析**：出自《国家电网有限公司十八项电网重大反事故措施（2018 年修订版）》2.4.3.3。

59．依据《国家电网有限公司十八项电网重大反事故措施（2018 年修订版）》，断路器、隔离开关和接地开关电气闭锁回路应直接使用断路器、隔离开关、接地开关的____，严禁使用重动继电器。

**答案**：辅助触点

**解析**：出自《国家电网有限公司十八项电网重大反事故措施（2018 年修订版）》4.2.7。

60．依据《国家电网有限公司十八项电网重大反事故措施（2018 年修订版）》，新投开关柜应装设具有自检功能的带电显示装置，并与隔离开关及柜门实现强制闭锁；配电装置有倒送电源时，间隔网门应装有____的强制闭锁。

**答案**：带电显示装置

**解析**：出自《国家电网有限公司十八项电网重大反事故措施（2018 年修订版）》4.2.10。

61．依据《国家电网有限公司十八项电网重大反事故措施（2018 年修订版）》，对于双母线接线方式的变电站，在一条母线停电检修及恢复送电过程中，必须做好各项安全

措施。对检修或事故跳闸停电的母线进行试送电时，具备空余线路且线路后备保护满足充电需求时应首先考虑____。

**答案：**用外来电源送电

**解析：**出自《国家电网有限公司十八项电网重大反事故措施（2018 年修订版）》5.1.3.1。

62．依据《国家电网有限公司十八项电网重大反事故措施（2018 年修订版）》，对双母线接线方式下间隔内一组母线侧隔离开关检修时，应将____的电机电源及控制电源断开。

**答案：**另一组母线侧隔离开关

**解析：**出自《国家电网有限公司十八项电网重大反事故措施（2018 年修订版）》5.1.3.2。

63．依据《国家电网有限公司十八项电网重大反事故措施（2018 年修订版）》，根据电网容量和网架结构变化定期校验变电站短路容量，当设备额定短路电流不满足要求时，应及时采取设备改造、限流或____等措施。

**答案：**调整运行方式

**解析：**出自《国家电网有限公司十八项电网重大反事故措施（2018 年修订版）》5.1.3.10。

64．依据《国家电网有限公司十八项电网重大反事故措施（2018 年修订版）》，变电站采用交流供电的通信设备、自动化设备、防误主机交流电源应取自____。

**答案：**站用交流不间断电源系统

**解析：**出自《国家电网有限公司十八项电网重大反事故措施（2018 年修订版）》5.2.1.1。

65．依据《国家电网有限公司十八项电网重大反事故措施（2018 年修订版）》，110（66）kV 及以上电压等级变电站应至少配置两路站用电源。装有两台及以上主变压器的330kV 及以上变电站和地下 220kV 变电站，应配置____站用电源。站外电源应独立可靠，不应取自本站作为唯一供电电源的变电站。

**答案：**三路

**解析：**出自《国家电网有限公司十八项电网重大反事故措施（2018 年修订版）》5.2.1.3。

66．依据《国家电网有限公司十八项电网重大反事故措施（2018 年修订版）》，新投运变电站不同站用变压器低压侧至站用电屏的电缆应尽量避免同沟敷设，对无法避免的，则应采取____。

**答案：**防火隔离措施

**解析：**出自《国家电网有限公司十八项电网重大反事故措施（2018 年修订版）》5.2.1.6。

67．依据《国家电网有限公司十八项电网重大反事故措施（2018 年修订版）》，干式变压器作为站用变压器使用时，不宜采用____。

**答案：**户外布置

**解析：**出自《国家电网有限公司十八项电网重大反事故措施（2018 年修订版）》5.2.1.7。

68．依据《国家电网有限公司十八项电网重大反事故措施（2018 年修订版）》，站用交流电源系统的母线安装在一个柜架单元内，主母线与其他元件之间的导体布置应采取避免相间或相对地短路的措施，配电屏间禁止使用裸导体进行连接，母线应有____。

**答案：**绝缘护套

**解析：**出自《国家电网有限公司十八项电网重大反事故措施（2018 年修订版）》5.2.2.3。

69．依据《国家电网有限公司十八项电网重大反事故措施（2018 年修订版）》，两套分列运行的站用交流电源系统，电源环路中应设置明显断开点，禁止____。

**答案：**合环运行

**解析：**出自《国家电网有限公司十八项电网重大反事故措施（2018 年修订版）》5.2.3.1。

70．依据《国家电网有限公司十八项电网重大反事故措施（2018 年修订版）》，两组蓄电池的直流电源系统，其接线方式应满足切换操作时____运行的要求。

**答案：**直流母线始终连接蓄电池

**解析：**出自《国家电网有限公司十八项电网重大反事故措施（2018 年修订版）》5.3.1.2。

71．依据《国家电网有限公司十八项电网重大反事故措施（2018 年修订版）》，新建变电站 300Ah 及以上的阀控式蓄电池组应安装在各自独立的专用蓄电池室内或在蓄电池组间设置____。

**答案：**防爆隔火墙

**解析：**出自《国家电网有限公司十八项电网重大反事故措施（2018 年修订版）》5.3.1.3。

72．依据《国家电网有限公司十八项电网重大反事故措施（2018 年修订版）》，酸性蓄电池室（不含阀控式密封铅酸蓄电池室）照明、采暖通风和空气调节设施均应为防爆型，开关和插座等应装在____。

**答案：**蓄电池室的门外

**解析：**出自《国家电网有限公司十八项电网重大反事故措施（2018 年修订版）》5.3.1.5。

73．依据《国家电网有限公司十八项电网重大反事故措施（2018 年修订版）》，采用交直流双电源供电的设备，应具备防止____的措施。

**答案：**交流窜入直流回路

**解析：**出自《国家电网有限公司十八项电网重大反事故措施（2018 年修订版）》5.3.1.7。

74．依据《国家电网有限公司十八项电网重大反事故措施（2018 年修订版）》，330kV 及以上电压等级变电站及重要的 220kV 变电站，应采用____、____的供电方式。

**答案：**三套充电装置；两组蓄电池组

**解析：**出自《国家电网有限公司十八项电网重大反事故措施（2018 年修订版）》5.3.1.8。

75．依据《国家电网有限公司十八项电网重大反事故措施（2018 年修订版）》，220kV 及以上电压等级的新建变电站通信电源应双重化配置，满足____的要求。

**答案：**“双设备、双路由、双电源”

**解析：**出自《国家电网有限公司十八项电网重大反事故措施（2018 年修订版）》5.3.1.12。

76．依据《国家电网有限公司十八项电网重大反事故措施（2018 年修订版）》，安装完毕投运前，应对蓄电池组进行全容量核对性充放电试验，经____充放电仍达不到 100%额定容量的应整组更换。

答案：3 次

解析：出自《国家电网有限公司十八项电网重大反事故措施（2018 年修订版）》5.3.2.2。

77．依据《国家电网有限公司十八项电网重大反事故措施（2018 年修订版）》，直流电源系统应采用阻燃电缆。两组及以上蓄电池组电缆，应分别铺设在各自独立的通道内，并尽量沿最短路径敷设。在穿越电缆竖井时，两组蓄电池电缆应分别____。对不满足要求的运行变电站，应采取防火隔离措施。

答案：加穿金属套管

解析：出自《国家电网有限公司十八项电网重大反事故措施（2018 年修订版）》5.3.2.4。

78．依据《国家电网有限公司十八项电网重大反事故措施（2018 年修订版）》，直流回路隔离电器应装有辅助触点，蓄电池组总出口熔断器应装有报警触点，信号应可靠上传至____。

答案：调控部门

解析：出自《国家电网有限公司十八项电网重大反事故措施（2018 年修订版）》5.3.2.6。

79．依据《国家电网有限公司十八项电网重大反事故措施（2018 年修订版）》，新安装阀控密封蓄电池组，投运后____应进行一次核对性充放电试验，投运 4 年后应____进行一次核对性充放电试验。

答案：每 2 年；每年

解析：出自《国家电网有限公司十八项电网重大反事故措施（2018 年修订版）》5.3.3.4。

80．依据《国家电网有限公司十八项电网重大反事故措施（2018 年修订版）》，全电缆线路禁止采用重合闸，对于含电缆的混合线路应根据电缆线路距离出口的位置、电缆线路的比例等实际情况采取____等措施，防止变压器连续遭受短路冲击。

答案：停用重合闸

解析：出自《国家电网有限公司十八项电网重大反事故措施（2018 年修订版）》9.1.6。

81．依据《国家电网有限公司十八项电网重大反事故措施（2018 年修订版）》，定期开展抗短路能力校核工作，根据设备的实际情况有选择性地采取加装____、____等措施，对不满足要求的变压器进行改造或更换。

答案：中性点小电抗；限流电抗器

解析：出自《国家电网有限公司十八项电网重大反事故措施（2018 年修订版）》9.1.7。

82．依据《国家电网有限公司十八项电网重大反事故措施（2018 年修订版）》，220kV 及以上变压器本体应采用____的气体继电器。

答案：双浮球并带挡板结构

**解析**：出自《国家电网有限公司十八项电网重大反事故措施（2018年修订版）》9.3.1.2。

83．依据《国家电网有限公司十八项电网重大反事故措施（2018年修订版）》，变压器本体保护宜采用就地跳闸方式，即将变压器本体保护通过两个较大启动功率中间继电器的两副触点分别____。

**答案**：直接接入断路器的两个跳闸回路

**解析**：出自《国家电网有限公司十八项电网重大反事故措施（2018年修订版）》9.3.1.3。

84．依据《国家电网有限公司十八项电网重大反事故措施（2018年修订版）》，户外布置变压器的气体继电器、油流速动继电器、温度计、油位表应加装防雨罩，并加强与其相连的二次电缆结合部的防雨措施，二次电缆应采取防止____的措施（如反水弯）。

**答案**：雨水顺电缆倒灌

**解析**：出自《国家电网有限公司十八项电网重大反事故措施（2018年修订版）》9.3.2.1。

85．依据《国家电网有限公司十八项电网重大反事故措施（2018年修订版）》，变压器后备保护整定时间不应超过变压器____承载短路电流的持续时间（2s）。

**答案**：短路承受能力试验

**解析**：出自《国家电网有限公司十八项电网重大反事故措施（2018年修订版）》9.3.2.2。

86．依据《国家电网有限公司十八项电网重大反事故措施（2018年修订版）》，并联电容器装置正式投运时，应进行冲击合闸试验，投切次数为____，每次合闸时间间隔不少于____。

**答案**：3次；5min

**解析**：出自《国家电网有限公司十八项电网重大反事故措施（2018年修订版）》10.2.2.1。

87．依据《国家电网有限公司十八项电网重大反事故措施（2018年修订版）》，应定期校核电流互感器____是否满足要求。若互感器所在变电站短路电流超过互感器铭牌规定的动、热稳定电流值，应及时改变变比或安排更换。

**答案**：动、热稳定电流

**解析**：出自《国家电网有限公司十八项电网重大反事故措施（2018年修订版）》10.1.3.6。

88．依据《国家电网有限公司十八项电网重大反事故措施（2018年修订版）》，断路器交接试验及例行试验中，应对机构二次回路中的防跳继电器、非全相继电器进行传动。防跳继电器动作时间应小于____，并保证在模拟手合于故障时不发生跳跃现象。

**答案**：辅助开关切换时间

**解析**：出自《国家电网有限公司十八项电网重大反事故措施（2018年修订版）》12.1.2.1。

89．依据《国家电网有限公司十八项电网重大反事故措施（2018年修订版）》，____内未动作过的72.5kV及以上断路器，应进行分/合闸操作。

**答案**：3年

**解析**：出自《国家电网有限公司十八项电网重大反事故措施（2018年修订版）》12.1.3.3

90．依据《国家电网有限公司十八项电网重大反事故措施（2018年修订版）》，双母线结构的GIS，同一间隔的不同母线隔离开关应各自设置独立隔室。252kV及以上GIS母线隔离开关禁止采用____的设计结构。

单位：与母线共隔室

**解析**：出自《国家电网有限公司十八项电网重大反事故措施（2018年修订版）》12.2.1.2.2。

91．依据《国家电网有限公司十八项电网重大反事故措施（2018年修订版）》，气体绝缘电流互感器安装后应进行现场老练试验，老练试验后进行耐压试验，试验电压为出厂试验值的____。

**答案**：80%

**解析**：出自《国家电网有限公司十八项电网重大反事故措施（2018年修订版）》11.2.2.3。

92．依据《国家电网有限公司十八项电网重大反事故措施（2018年修订版）》，新投的252kV母联（分段）、主变压器、高压并联电抗器断路器应选用____设备。

**答案**：三相机械联动

**解析**：出自《国家电网有限公司十八项电网重大反事故措施（2018年修订版）》12.1.1.7。

93．依据Q/GDW 10766—2015《10kV～110（66）kV线路保护及辅助装置标准化设计规范》，110kV及以下线路两侧采用电流互感器额定一次值不超过____。

**答案**：4倍

**解析**：出自Q/GDW 10766—2015《10kV～110（66）kV线路保护及辅助装置标准化设计规范》6.2.1 h。

94．依据Q/GDW 10766—2015《10kV～110（66）kV线路保护及辅助装置标准化设计规范》，110kV及以下线路____时，零序差流满足条件且至少一侧电气量特征满足时，纵差动作。

**答案**：高阻故障

**解析**：出自Q/GDW 10766—2015《10kV～110（66）kV线路保护及辅助装置标准化设计规范》6.2.1 i。

95．依据Q/GDW 10766—2015《 10kV～110（66）kV线路保护及辅助装置标准化设计规范》，110kV及以下线路重合闸启动后，最长等待时间为____。

**答案**：10min

**解析**：出自Q/GDW 10766—2015《10kV～110（66）kV线路保护及辅助装置标准化设计规范》6.2.7 h。

96．依据Q/GDW 10766—2015《10kV～110（66）kV线路保护及辅助装置标准化设计规范》，接带大容量变压器的35kV出线，宜采用____。

**答案**：距离保护装置

**解析**：出自Q/GDW 10766—2015《10kV～110（66）kV线路保护及辅助装置标准化设计规范

设计规范》7.1.3。

97．依据 Q/GDW 10766—2015《10kV～110（66）kV 线路保护及辅助装置标准化设计规范》，备自投充、放电状态应能远方监视，充电时间____。

**答案**：15s

**解析**：出自 Q/GDW 10766—2015《10kV～110（66）kV 线路保护及辅助装置标准化设计规范》8.1.3.4。

98．依据 Q/GDW 10766—2015《10kV～110（66）kV 线路保护及辅助装置标准化设计规范》，进线、变压器、分段（内桥）备自投功能代码为____，扩大桥备自投功能代码为____。

**答案**：A；B

**解析**：出自 Q/GDW 10766—2015《10kV～110（66）kV 线路保护及辅助装置标准化设计规范》8.1.4.1 表 17。

99．依据 Q/GDW 10766—2015《10kV～110（66）kV 线路保护及辅助装置标准化设计规范》，对于重合闸（备自投）软压板的远方操作，装置应上送重合闸（备自投）充电完成信号作为____信号。

**答案**：第二个确认

**解析**：出自 Q/GDW 10766—2015《10kV～110（66）kV 线路保护及辅助装置标准化设计规范》15.4。

100．依据 Q/GDW 10767—2015《10kV～110（66）kV 元件保护及辅助装置标准化设计规范》，内桥接线方式的变压器保护动作、非电量保护动作跳桥断路器同时闭锁____。

**答案**：桥备自投

**解析**：出自 Q/GDW 10767—2015《10kV～110（66）kV 元件保护及辅助装置标准化设计规范》6.2.2 a。

101．依据 Q/GDW 10767—2015《10kV～110（66）kV 元件保护及辅助装置标准化设计规范》，110kV 及以下变压器保护中、低压侧后备保护动作，跳本侧（或分支）断路器的同时闭锁____。

**答案**：本侧（或分支）备自投

**解析**：出自 Q/GDW 10767—2015《10kV～110（66）kV 元件保护及辅助装置标准化设计规范》6.2.2 b。

102．依据 Q/GDW 10767—2015《10kV～110（66）kV 元件保护及辅助装置标准化设计规范》，110kV 及以下变压器保护差动保护高压侧电流应取进线及桥断路器 TA 电流，中、低压侧电流宜取自____TA 电流。

**答案**：开关柜内

**解析**：出自 Q/GDW 10767—2015《10kV～110（66）kV 元件保护及辅助装置标准化设计规范》

设计规范》6.2.7 b。

103．依据 Q/GDW 10767—2015《10kV～110（66）kV 元件保护及辅助装置标准化设计规范》，接地变压器电流速断保护和过流保护应采取____措施，防止接地故障时保护误动作。

**答案**：软件滤零

**解析**：出自 Q/GDW 10767—2015《10kV～110（66）kV 元件保护及辅助装置标准化设计规范》9.2.1。

104．依据 Q/GDW 10767—2015《10kV～110（66）kV 元件保护及辅助装置标准化设计规范》，接地变压器零序过流保护应采用____零序电流互感器电流。

**答案**：接地变压器中性点回路

**解析**：出自 Q/GDW 10767—2015《10kV～110（66）kV 元件保护及辅助装置标准化设计规范》9.2.2。

105．依据 Q/GDW 10767—2015《10kV～110（66）kV 元件保护及辅助装置标准化设计规范》，接地变压器速断过流保护，当接地变压器接于低压侧母线时，保护动作跳开接地变压器断路器和变压器低压侧断路器。当接地变压器不经断路器直接接于变压器低压侧时，跳变压器____。

**答案**：各侧断路器

**解析**：出自 Q/GDW 10767—2015《10kV～110（66）kV 元件保护及辅助装置标准化设计规范》9.3.1.2 a。

106．依据 Q/GDW 10767—2015《10kV～110（66）kV 元件保护及辅助装置标准化设计规范》，根据电容器组接线方式将不平衡保护分为两种，一种是三相电压差动保护和中性点不平衡电流保护，另一种是____保护，电容器保护装置应至少配置一组不平衡保护功能。

**答案**：三相桥差电流保护和开口三角电压

**解析**：出自 Q/GDW 10767—2015《10kV～110（66）kV 元件保护及辅助装置标准化设计规范》11.1.3。

107．依据 Q/GDW 10767—2015《10kV～110（66）kV 元件保护及辅助装置标准化设计规范》，变压器低压侧外附 TA 宜安装在____。

**答案**：低压侧母线和断路器之间

**解析**：出自 Q/GDW 10767—2015《10kV～110（66）kV 元件保护及辅助装置标准化设计规范》17.3.2。

108．依据 Q/GDW 11486—2015《智能变电站继电保护和安全自动装置验收规范》，验收过程中，配置文件的修改应遵循____的原则。由调试单位负责向设计单位提出修改申请，设计单位负责配置文件的修改和确认，调试单位通过现场调试验证其正确性。

**答案**：“源端修改，过程受控”

**解析**：出自 Q/GDW 11486—2015《智能变电站继电保护和安全自动装置验收规范》6.3.2。

109．依据 Q/GDW 11486—2015《智能变电站继电保护和安全自动装置验收规范》，隐蔽工程应采用____的方式进行。建设单位应在隐蔽工程开工前通知运行维护单位开展随工验收，对隐蔽工程的施工工艺及质量进行监督。隐蔽工程包括二次电缆埋管敷设、光缆及网线敷设、电缆终端头制作、等电位接地网安装、变压器和电抗器等设备套管接线盒接线等项目。

**答案**：随工验收

**解析**：出自 Q/GDW 11486—2015《智能变电站继电保护和安全自动装置验收规范》6.3.5。

110．依据 Q/GDW 11486—2015《智能变电站继电保护和安全自动装置验收规范》，330kV 及以上和涉及系统稳定的 220kV 智能变电站采用常规互感器时，应通过二次电缆直接接入保护装置；110kV 及以下和不涉及系统稳定问题的 220kV 智能变电站采用常规互感器时，可采用____模式接入保护装置。

**答案**：“常规互感器+合并单元”

**解析**：出自 Q/GDW 11486—2015《智能变电站继电保护和安全自动装置验收规范》7.6.1。

111．依据 Q/GDW 11486—2015《智能变电站继电保护和安全自动装置验收规范》，电压互感器端子箱（智能控制柜）处应配置带____的分相空开。

**答案**：失电告警辅助触点

**解析**：出自 Q/GDW 11486—2015《智能变电站继电保护和安全自动装置验收规范》7.6.6。

112．依据 Q/GDW 11486—2015《智能变电站继电保护和安全自动装置验收规范》，复用通信通道的光电装换装置告警触点不应引出，通道告警功能应由____引出实现。

**答案**：继电保护和安全自动装置自行

**解析**：出自 Q/GDW 11486—2015《智能变电站继电保护和安全自动装置验收规范》7.6.9。

113．依据 Q/GDW 11486—2015《智能变电站继电保护和安全自动装置验收规范》，间隔合并单元在与级联的母线合并单元之间发生通信故障时，不应影响____数据的传输。

**答案**：电流采样

**解析**：出自 Q/GDW 11486—2015《智能变电站继电保护和安全自动装置验收规范》7.7.2.15。

114．依据 Q/GDW 11486—2015《智能变电站继电保护和安全自动装置验收规范》，

检验断路器分相位置、隔离开关位置应采用____信息。遥合（手合）、低气压闭锁重合等其他遥信信息应采用____信息。

**答案**：GOOSE 直传双点；GOOSE 直传单点

**解析**：出自 Q/GDW 11486—2015《智能变电站继电保护和安全自动装置验收规范》7.7.3.1。

115．依据 Q/GDW 11486—2015《智能变电站继电保护和安全自动装置验收规范》，备用电源自动投入装置的 SV 和 GOOSE 均能支持____。

**答案**：组网方式

**解析**：出自 Q/GDW 11486—2015《智能变电站继电保护和安全自动装置验收规范》7.7.4.9。

116．依据 Q/GDW 11486—2015《智能变电站继电保护和安全自动装置验收规范》，对母差失灵保护、主变失灵联跳及安全自动装置，应通过____确认虚端子连线和动作逻辑正确。

**答案**：联调方式

**解析**：出自 Q/GDW 11486—2015《智能变电站继电保护和安全自动装置验收规范》7.8.6。

117．依据 Q/GDW 11486—2015《智能变电站继电保护和安全自动装置验收规范》，通过整组试验测试保护各回路整组动作时间应满足以下要求：在输入 2 倍整定值测试保护整组动作时间时，对于采用“常规互感器+合并单元”模式的情况，线路纵联保护（不带通道延时）不应大于 39ms，母线保护不应大于 29ms，变压器差动速断保护不应大于 29ms，变压器比率差动保护不应大于 39ms。对于采用常规互感器不带合并单元的情况，应在上述时间的基础上减少____。

**答案**：2ms

**解析**：出自 Q/GDW 11486—2015《智能变电站继电保护和安全自动装置验收规范》7.8.7。

## 五、问答题

1. 根据《国家电网有限公司十八项电网重大反事故措施（2018 年修订版）》要求“变压器的断路器失灵保护动作除应跳开失灵断路器相邻的全部断路器外，还应跳开本变压器连接其他电源侧的断路器”。按照国家电网标准化设计规范，请回答：

（1）双母线接线的变压器 220kV 侧断路器失灵时，如何实现联跳变压器各侧断路器的功能？

（2）常规站和智能站为解决双母线接线变压器支路失灵时电压闭锁元件灵敏度不足的问题有什么区别？

答：

（1）通过母线保护和变压器电量保护实现上述功能。分两种情况考虑：①母线保护动作跳变压器 220kV 侧断路器，变压器 220kV 侧断路器失灵时，由母线保护完成变压器断路器失灵电流判别，输出一组“失灵联跳”命令到变压器保护；②主变压器电气量保护动作跳变压器 220kV 侧断路器时启动失灵，母线保护收到同时收到失灵启动和解除电压闭锁开入后，母线保护完成变压器断路器失灵电流判别，同样输出一组“失灵联跳”。变压器电气量保护收到以上两种任一情况下“失灵联跳”开入后（智能站通过 GOOSE 组网实现，常规站通过电缆开入实现），经灵敏的、不需整定的电流元件并带延时后跳开变压器各侧断路器。

对于常规站母线保护，母线故障变压器断路器失灵时，不再采用母线保护动作后，通过开出触点去启动变压器失灵方式。

（2）对于常规站，变压器支路应具备独立于失灵启动的解除电压闭锁的开入回路，“解除电压闭锁”开入长期存在时应告警，宜采用变压器保护“跳闸触点”解除失灵保护的电压闭锁，不采用变压器保护“各侧复合电压动作”触点解除失灵保护电压闭锁，启动失灵和解除失灵电压闭锁应采用变压器保护不同继电器的跳闸触点；对于智能站，母线保护收到变压器支路变压器保护“启动失灵”的 GOOSE 命令同时启动失灵和解除电压闭锁。

2.《国家电网有限公司十八项电网重大反事故措施（2018 年修订版）》规定：“110（66）kV 及以上电压等级的母联、分段断路器应按断路器配置专用的、具备瞬时和延时跳闸功能的过流保护装置。”

国家电网标准化设计规范 Q/GDW 1175—2013《变压器、高压并联电抗器和母线保护及辅助装置标准化设计规范》中关于母联（分段）充电过流保护要求有：“母联（分段）断路器应配置独立于母线保护的充电过流保护装置。充电过流保护应具有两段过流和一段零序过流功能。”

（1）请结合工作实际，如何理解《国家电网有限公司十八项电网重大反事故措施（2018 年修订版）》的要求。

（2）按照上述国家电网标准化设计规范关于母联（分段）充电过流保护要求，是否具备“自动退出的短时投入的充电保护”，并说明理由。

答：

（1）在母联、母线分段断路器上配置的过流保护主要有两个作用：快速动作的瞬时保护作为利用母联（或分段断路器）给空母线充电时的充电保护；带延时功能的后备保护在利用母联串代方式给新设备（线路、变压器支路）充电时，作为新投设备（线路、变压器支路）的后备保护 。在新设备投运工作结束时，应尽快将母联或分段断路器的过流保护退出，以避免改变运行方式或发生区外故障时误跳母联或分段断路器。

其他方面考虑，考虑到母线保护的重要性，应按断路器配置专用的过流保护装置，可以避免在母线保护屏上频繁操作充电过流保护投退，保证母线保护安全可靠运行。另外一个方面，当母线保护检修带负荷校验时将无法处理，因为此时需要投入母联充电保护，但又需要母差保护退出运行，存在安全隐患。

（2）不具备。考虑到空充时，有可能延时发生绝缘击穿，自动退出的短时投入的充电保护可能会拒动作，所以不设置自动退出的短时投入的充电保护。

说明：新六统一母联（分段）充电过流保护开关量输入没有关于母联（分段）断路器位置和 SHJ 的开入，模拟量是电流，所以不具备自动退出的短时投入的充电保护。

3．某变电站为 220kV 双母线接线变电站，220kV 线路、母线、主变压器都采用了双重化配置，该站有两套直流系统，分别由两组蓄电池供电，其中 220kV 线路及母差两套保护直流电源分别由不同直流分电屏供电，主变压器两套保护的直流电源由一个直流分电屏供电，同时线路两套保护的电流回路取自电流互感器同一次级，主变压器差动保护高中低压侧电流回路中性点在主控室内相互环上后于一点接于接地排上。试分析：以上变电站配置违反了《国家电网有限公司十八项电网重大反事故措施（2018 年修订版）》中哪些措施?

**答**：以上变电站配置违反了《国家电网有限公司十八项电网重大反事故措施（2018 年修订版）》中 15.2.1.1、15.2.1.2、15.6.4.3 的规定。

15.2.1.1 两套保护装置的交流电流应分别取自电流互感器相互独立的绕组。

15.2.1.2 两套保护装置的直流电源应取自不同蓄电池供电的直流母线段。

15.6.4.3 独立的、与其他互感器二次回路没有电气联系的电流互感器二次回路可在开关场一点接地，但应考虑将开关场不同点地电位引至同一保护柜时对二次回路绝缘的影响。

4．某 220kV 变电站的主变压器低压侧发生短路故障，并将站内直流系统的硅链烧毁，造成全站直流消失，全站各保护均无法动作，故障经一段时间后，发展为 220kV 侧故障，变电站对侧所有线路的保护装置均由于故障由区外发展到区内的时间超过了保护装置的开放时间而闭锁，最终故障靠烧损一次导线而终结。分析事故，应采取哪些措施?

**答**：一般而论，保护的动作速度越快，误动的可能性越大。因此，对于要求快速动作的保护都添加了一些闭锁条件作为辅助判据，以兼顾其选择性和速动性。但是，在某些极特殊的情况下，闭锁条件可能会导致保护装置的拒动。此次事故表明，线路设置不经任何闭锁的、长延时的后备保护是必要的。对应防止继电保护事故第 15.5.3 条：宜设置不经任何闭锁的、长延时的线路后备保护。

**解析**：出自《国家电网有限公司十八项电网重大反事故措施（2018 年修订版）》15.5.3。

5．《国家电网有限公司十八项电网重大反事故措施（2018 年修订版）》中，在开关场二次电缆沟道内铺设专用铜排（缆）的要求有哪些？在电缆沟铺设专用铜排（缆）的

作用是什么？

**答：**

（1）应在开关场二次电缆沟道内沿二次电缆敷设截面积不小于 100mm$^2$ 的专用铜排（缆）；专用铜排（缆）的一端在开关场的每个就地端子箱处与主地网相连，另一端在保护室的电缆沟道入口处与主地网相连，铜排不要求与电缆支架绝缘。

（2）在电缆沟铺设专用铜排（缆）的作用是防止在变电站站内或附近发生接地故障时，由于站内主地网电位差而在二次电缆屏蔽层流过大电流，并将其烧坏。

**解析：**出自《国家电网有限公司十八项电网重大反事故措施（2018 年修订版）》15.6.2.6。

6.《国家电网有限公司十八项电网重大反事故措施（2018 年修订版）》要求保护电压切换箱隔离开关辅助触点应采用什么输入方式？请解释原因。

**答：**

（1）当保护采用双重化配置时，其电压切换箱（回路）隔离开关辅助触点应采用单位置输入方式。原因：双重化配置的保护配置独立的操作箱，一套电压切换故障不影响另一套保护运行，且可防止正负母隔离开关辅助触点同时闭合时可能出现的二次反充电。

（2）单套配置保护的电压切换箱（回路）隔离开关辅助触点应采用双位置输入方式。单套配置用双位置考虑电压切换的可靠性，防止辅助结点接触不良导致交流电压失去后保护退出影响设备运行。

**解析：**出自《国家电网有限公司十八项电网重大反事故措施（2018 年修订版）》15.1.5。

7. 根据《国家电网有限公司十八项电网重大反事故措施（2018 年修订版）》要求：

（1）变压器非电量保护有哪些具体规定？

（2）220kV 及以上电压等级变压器的断路器失灵保护应满足哪些要求？

**答：**

（1）对于变压器非电量保护而言：①当变压器的非电量保护采用就地跳闸方式时，应向监控系统发送动作信号。②未采用就地跳闸方式的非电量保护应设置独立的电源回路（包括直流空气开关及其直流电源监视回路）和出口跳闸回路，且必须与电气量保护完全分开。③220kV 及以上电压等级变压器的非电量保护应同时作用于断路器的两个跳闸线圈。④变压器非电量保护应防水、防振、防油渗漏、密封性好。气体继电器至保护柜的电缆应尽量减少中间转接环节。

（2）①当接线形式为线路—变压器时，线路和主设备的电气量保护均应启动断路器失灵保护。当本侧断路器无法切除故障时，应采取启动远方跳闸等后备措施加以解决。对发电机—变压器—线路单元接线保护配置：发电机—变压器—线路单元接线，宜单独配置集成自动重合闸功能的断路器保护。宜采用断路器保护中的失灵保护功能，当线路或变压器保护动作，断路器失灵时，启动远跳功能跳开对侧断路器。②变压器的电气量保护应启动断路器失灵保护，断路器失灵保护动作除应跳开失灵断路器相邻的全部断路

器外，还应跳开本变压器连接其他电源侧的断路器。

**解析：** 出自《国家电网有限公司十八项电网重大反事故措施（2018年修订版）》15.2.5及15.2.10。

8．某500kV线路发生B相永久性短路故障，线路两侧第一套保护装置在故障发生时差动保护未动作，线路重合于故障时第一套保护装置差动保护与后加速保护均正常动作。经查，因机房狭小，线路第一套保护电厂侧所配置光电转换装置与SDH通信设备位于不同的通信机房，光电转换装置和SDH设备在各自机房接地，由于接地故障发生在线路的电厂侧出口，致使两通信机房地网间出现地电位差，影响了2M数据传输质量，造成该套差动保护因通信异常而闭锁。

请结合本次事故，根据《国家电网有限公司十八项电网重大反事故措施（2018年修订版）》，关于线路纵联保护2M同轴电缆的反措有哪些规定？

**答：**

（1）应沿线路纵联保护光电转换设备至光通信设备光电转换接口装置之间的2M同轴电缆敷设截面积不小于$100mm^2$铜电缆。

（2）该铜电缆两端分别接至光电转换接口柜和光通信设备（数字配线架）的接地铜排。该接地铜排应与2M同轴电缆的屏蔽层可靠相连。

（3）为保证光电转换设备和光通信设备（数字配线架）的接地电位的一致性，光电转换接口柜和光通信设备的接地铜排应同点与主地网相连。

（4）重点检查2M同轴电缆接地是否良好，防止电网故障时由于屏蔽层接触不良影响保护通信信号。

**解析：** 出自《国家电网有限公司十八项电网重大反事故措施（2018年修订版）》15.6.2.13。

9．《国家电网有限公司十八项电网重大反事故措施（2018年修订版）》对保护二次电压切换有些什么反措要求？

**答：**

（1）当保护采用双重化配置时，其电压切换箱（回路）隔离开关辅助触点应采用单位置输入方式。

（2）单套配置保护的电压切换箱（回路）隔离开关辅助触点应采用双位置输入方式。

（3）电压切换直流电源与对应保护装置直流电源取自同一段直流母线且共用直流空气开关。

**解析：** 出自《国家电网有限公司十八项电网重大反事故措施（2018年修订版）》15.1.5。

10．按照《国家电网有限公司十八项电网重大反事故措施（2018年修订版）》，强调应重视继电保护二次回路的接地问题，并定期检查这些接地点的可靠性和有效性。继电保护二次回路接地，应满足几点要求？请简述。

**答：**

（1）电流互感器或电压互感器的二次回路，均必须且只能有一个接地点。当两个及以上电流（电压）互感器二次回路间有直接电气联系时，其二次回路接地点设置应符合以下要求：

1）便于运行中的检修维护。

2）互感器或保护设备的故障、异常、停运、检修、更换等均不得造成运行中的互感器二次回路失去接地。

（2）未在开关场接地的电压互感器二次回路，宜在电压互感器端子箱处将每组二次回路中性点分别经放电间隙或氧化锌阀片接地，其击穿电压峰值应大于 $30I_{max}$V（$I_{max}$ 为电网接地故障时通过变电站的可能最大接地电流有效值，单位为 kA）。应定期检查放电间隙或氧化锌阀片，防止造成电压二次回路出现多点接地。为保证接地可靠，各电压互感器的中性线不得接有可能断开的开关或熔断器等。

（3）独立的、与其他互感器二次回路没有电气联系的电流互感器二次回路可在开关场一点接地，但应考虑将开关场不同点地电位引至同一保护柜时对二次回路绝缘的影响。

（4）严禁在保护装置电流回路中并联接入过电压保护器，防止过电压保护器不可靠动作引起差动保护误动作。

**解析：出自《国家电网有限公司十八项电网重大反事故措施（2018 年修订版）》15.6.4。**

11.《国家电网有限公司十八项电网重大反事故措施（2018 年修订版）》中规定双重化配置的继电保护应满足哪些基本要求？

**答：**

（1）两套保护装置的交流电流应分别取自电流互感器互相独立的绕组；交流电压应分别取自电压互感器互相独立的绕组。对原设计中电压互感器仅有一组二次绕组，且已经投运的变电站，应积极安排电压互感器的更新改造工作，改造完成前，应在开关场的电压互感器端子箱处，利用具有短路跳闸功能的两组分相空气开关将按双重化配置的两套保护装置交流电压回路分开。

（2）两套保护装置的直流电源应取自不同蓄电池组连接的直流母线段。每套保护装置与其相关设备（电子式互感器、合并单元、智能终端、网络设备、操作箱、跳闸线圈等）的直流电源均应取自与同一蓄电池组相连的直流母线，避免因一组站用直流电源异常对两套保护功能同时产生影响而导致的保护拒动。

（3）220kV 及以上电压等级断路器的压力闭锁继电器应双重化配置，防止其中一组操作电源失去时，另一套保护和操作箱或智能终端无法跳闸出口。对已投入运行，只有单套压力闭锁继电器的断路器，应结合设备运行评估情况，逐步技术改造。

（4）两套保护装置与其他保护、设备配合的回路应遵循相互独立的原则，应保证每一套保护装置与其他相关装置（如通道、失灵保护）联络关系的正确性，防止因交叉停用导致保护功能缺失。

（5）220kV 及以上电压等级线路按双重化配置的两套保护装置的通道应遵循相互独

立的原则，采用双通道方式的保护装置，其两个通道也应相互独立。保护装置及通信设备电源配置时应注意防止单组直流电源系统异常导致双重化快速保护同时失去作用的问题。

（6）为防止装置家族性缺陷可能导致的双重化配置的两套继电保护装置同时拒动的问题，双重化配置的线路、变压器、母线、高压并联电抗器等保护装置应采用不同生产厂家的产品。

**解析：**出自《国家电网有限公司十八项电网重大反事故措施（2018 年修订版）》15.2.2。

12.《国家电网有限公司十八项电网重大反事故措施（2018 年修订版）》中规定二次回路电缆敷设应符合哪些要求？

**答：**

（1）合理规划二次电缆的路径，尽可能离开高压母线、避雷器和避雷针的接地点，并联电容器、电容式电压互感器、结合电容及电容式套管等设备；避免或减少迂回以缩短二次电缆的长度；拆除与运行设备无关的电缆。

（2）交流电流和交流电压回路、不同交流电压回路、交流和直流回路、强电和弱电回路、来自电压互感器二次的四根引入线和电压互感器开口三角绕组的两根引入线均应使用各自独立的电缆。

（3）保护装置的跳闸回路和启动失灵回路均应使用各自独立的电缆。

**解析：**出自《国家电网有限公司十八项电网重大反事故措施（2018 年修订版）》15.6.3。

13.《国家电网有限公司十八项电网重大反事故措施（2018 年修订版）》中对开关场的变压器、断路器、隔离开关和电流电压互感器等设备至开关场端子箱之间的二次电缆，防止空间磁场对二次电缆的干扰有哪些措施？

**答：**由一次设备（如变压器、断路器、隔离开关和电流、电压互感器等）直接引出的二次电缆的屏蔽层应使用截面积不小于 $4mm^2$ 多股铜质软导线仅在就地端子箱处一点接地，在一次设备的接线盒（箱）处不接地，二次电缆经金属管从一次设备的接线盒（箱）引至电缆沟，并将金属管的上端与一次设备的底座或金属外壳良好焊接，金属管另一端应在距一次设备 3～5m 之外与主接地网焊接。

**解析：**出自《国家电网有限公司十八项电网重大反事故措施（2018 年修订版）》15.6.2.8。

14．按照《国家电网有限公司十八项电网重大反事故措施（2018 年修订版）》，控制系统与继电保护的直流电源配置应满足什么要求？

**答：**

（1）对于按近后备原则双重化配置的保护装置，每套保护装置应由不同的电源供电，并分别设有专用的直流空气开关。

（2）母线保护、变压器差动保护、发电机差动保护、各种双断路器接线方式的线路保护等保护装置与每一断路器的控制回路应分别由专用的直流空气开关供电。

（3）有两组跳闸线圈的断路器，其每一跳闸回路应分别由专用的直流空气开关供电，且跳闸回路控制电源应与对应保护装置电源取自同一直流母线段。

（4）单套配置的断路器失灵保护动作后应同时作用于断路器的两个跳闸线圈。

（5）直流空气开关的额定工作电流应按最大动态负荷电流（即保护三相同时动作、跳闸和收发信机在满功率发信的状态下）的 2.0 倍选用。

**解析**：出自《国家电网有限公司十八项电网重大反事故措施（2018 年修订版）》15.6.9。

15．确定继电保护和安全自动装置的配置和构成方案时，应综合考虑哪几个方面？

**答**：

（1）电力设备和电力网的结构特点和运行特点。

（2）故障出现的频率和可能造成的后果。

（3）电力系统的近期发展情况。

（4）经济上的合理性。

（5）国内和国外的经验。

**解析**：出自 GB/T 14285—2006《继电保护和安全自动装置技术规程》3.2。

16．使用于 220～500kV 电网的线路保护，其振荡闭锁应满足什么要求？

**答**：

（1）系统发生全相或非全相振荡，保护装置不应误动作跳闸；

（2）系统在全相或非全相振荡过程中，被保护线路如发生各种类型的不对称故障，保护装置应有选择性地动作跳闸，纵联保护仍应快速动作；

（3）系统在全相振荡过程中发生三相故障，故障线路的保护装置应可靠动作跳闸，并允许带短延时。

**解析**：出自 GB/T 14285—2006《继电保护和安全自动装置技术规程》4.1.7。

17．330～500kV 线路，如何实现主保护双重化？

**答**：

（1）设置两套完整、独立的全线速动主保护。

（2）两套全线速动保护的交流电流、电压回路，直流电源互相独立（对双母线接线，两套保护可合用交流电压回路）。

（3）每一套全线速动保护对全线路内发生的各种类型故障，均能快速动作切除故障。

（4）对要求实现单相重合闸的线路，两套全线速动保护应有选相功能，线路正常运行中发生接地电阻为 4.7.3 条 c 中规定数值的单相接地故障时，保护应有尽可能强的选相能力，并能正确动作跳闸。

（5）每套全线速动保护应分别动作于断路器的一组跳闸线圈。

（6）每套全线速动保护应分别使用互相独立的远方信号传输设备。

（7）具有全线速动保护的线路，其主保护的整组动作时间应为：对近端故障，不大于 20ms；对远端故障，不大于 30ms（不包括通道传输时间）。

**解析：** 出自 GB/T 14285—2006《继电保护和安全自动装置技术规程》4.7.2。

18．对适用于 220kV 及以上电压线路的保护装置，应满足哪些要求？

**答：**

（1）除具有全线速动的纵联保护功能外，还应至少具有三段式相间、接地距离保护，反时限和/或定时限零序方向电流保护的后备保护功能。

（2）对有监视的保护通道，在系统正常情况下，通道发生故障或出现异常情况时，应发出告警信号。

（3）能适用于弱电源情况。

（4）在交流失压情况下，应具有在失压情况下自动投入的后备保护功能，并允许不保证选择性。

**解析：** 出自 GB/T 14285—2006《继电保护和安全自动装置技术规程》4.1.12.4。

19．继电保护装置电源的直流熔断器或自动开关的配置应满足什么要求？

**答：**

（1）采用近后备原则，装置双重化配置时，两套装置应有不同的电源供电，并分别设有专用的直流熔断器或自动开关。

（2）由一套装置控制多组断路器（例如母线保护、变压器差动保护、发电机差动保护、各种双断路器 接线方式的线路保护等）时，保护装置与每一断路器的操作回路应分别由专用的直流熔断器或自动开关供电。

（3）有两组跳闸线圈的断路器，其每一跳闸回路应分别由专用的直流熔断器或自动开关供电。

（4）单断路器接线的线路保护装置可与断路器操作回路合用直流熔断器或自动开关，也可分别使用独 立的直流熔断器或自动开关。

（5）采用远后备原则配置保护时，其所有保护装置，以及断路器操作回路等，可仅由一组直流熔断器 或自动开关供电。

**解析：** 出自 GB/T 14285—2006《继电保护和安全自动装置技术规程》6.3.2.1。

20．对自动重合闸有哪些基本要求？

**答：** 根据《继电保护和安全自动装置技术规程》（GB/T 14285—2006）有关规定，自动重合闸应符合以下几个基本要求：

（1）自动重合闸可由保护启动/或断路器控制状态与位置不对应启动。

（2）用控制开关或通过遥控装置将断路器断开，或将断路器投于故障线路上并随即又保护将其断开时，自动重合闸装置均不应动作。

（3）在任何情况下（包括装置本身元件损坏，以及重合闸输出触点粘住），自动重合闸的动作次数应符合预先的规定、（如一次重合闸只应重合一次）。

（4）自动重合闸装置动作后，应能经整定的时间后自动复归。

（5）自动重合闸装置，应能在重合闸后加速继电保护的动作，必要时，可在重合闸前加速继电保护动作。

（6）自动重合闸装置应具有接收外来闭锁信号的功能。

**解析：**出自 GB/T 14285—2006《继电保护和安全自动装置技术规程》5.2.2。

21．规程要求，对于可能导致多个断路器同时跳闸的直跳开入，应采取措施防止直跳开入的保护误动作，请列举 220kV 及以上电压等级的电缆直跳回路有哪些？

**答：**

（1）3/2 接线的边断路器失灵后通过母线保护出口回路跳闸的开入。

（2）双母接线的母线故障变压器断路器失灵，通过变压器保护跳其他电源侧的开入。

（3）变压器非电量保护的直跳开入。

（4）3/2 接线的边断路器失灵后通过变压器保护出口回路跳其他电源侧的开入。

（5）3/2 接线或双母线接线线路远方跳闸保护。

**解析：**出自 Q/GDW 1175—2013《变压器、高压并联电抗器和母线保护及辅助装置标准化设计规范释义》4.3.3 释义部分。

22．《继电保护和安全自动装置技术规程》要求 220kV 线路保护应加强主保护，所谓加强主保护是指什么？

**答：**

（1）全线速动保护的双重化配置。

（2）每套主保护功能完善，线路内发生的各种类型故障均能快速切除。

（3）对要求实现单相重合闸的线路，应具有选相功能。

（4）当线路正常运行时，发生不大于 100Ω 电阻的单相接地故障，应有尽可能强的选相能力，并能正确跳闸。

**解析：**出自 GB/T 14285—2006《继电保护和安全自动装置技术规程》4.6.2 a。

23．主变压器纵联差动保护应满足哪些要求？

**答：**

（1）应能躲过励磁涌流和外部短路产生的不平衡电流。

（2）在变压器过励磁时不应误动作。

（3）在电流回路断线时应发出断线信号，电流回路断线允许差动保护动作跳闸。

（4）在正常情况下，纵联差动保护的保护范围应包括变压器套管和引出线，如不能包括引出线时，应采取快速切除故障的辅助措施。在设备检修等特殊情况下，允许差动保护短时利用变压器套管电流互感器，此时套管和引线故障由后备保护动作切除；如电网安全稳定运行有要求时，应将纵联差动保护切至旁路断路器的电流互感器。

**解析：**出自 GB/T 14285—2006《继电保护和安全自动装置技术规程》4.3.4。

24．在 220kV～500kV 电力网中，以及 110kV 电力网的个别重要部分，应按哪些原

则装设一套断路器失灵保护？

**答：**

（1）线路或电力设备的后备保护采用近后备方式。

（2）如断路器与电流互感器之间发生故障不能由该回路主保护切除形成保护死区，而其他线路或变压器后备保护切除又扩大停电范围，并引起严重后果时（必要时，可为该保护死区增设保护，以快速切除该故障）。

（3）对 220～500kV 分相操作的断路器，可仅考虑断路器单相拒动的情况。

**解析：**出自 GB/T 14285—2006《继电保护和安全自动装置技术规程》4.9.1。

25. 对油浸式并联电抗器内部及其引出线的相间和单相接地短路，应装设哪些保护？

**答：**

（1）66kV 及以下并联电抗器，应装设电流速断保护，瞬时动作于跳闸。

（2）220～500kV 并联电抗器，除非电量保护，保护应双重化配置。

（3）纵联差动保护应瞬时动作于跳闸。

（4）作为速断保护和差动保护的后备，应装设过流保护，保护整定值按躲过最大负荷电流整定，保护带时限动作于跳闸。

（5）220～500kV 并联电抗器，应装设匝间短路保护，保护宜不带时限动作于跳闸。

**解析：**出自 GB/T 14285—2006《继电保护和安全自动装置技术规程》4.12.3。

26.《继电保护和安全自动装置技术规程》中，为减轻互感器暂态饱和对保护装置功能的影响，如何按保护装置的要求选用适当的电流互感器？

**答：**

（1）330kV 及以上系统保护、高压侧为 330kV 及以上的变压器和 300MW 及以上的发电机变压器组差动保护用电流互感器宜采用 TPY 电流互感器。互感器在短路暂态过程中误差应不超过规定值。

（2）220kV 系统保护、高压侧为 220kV 的变压器和 100～200MW 级的发电机变压器组差动保护用电流互感器可采用 P 类、PR 类或 PX 类电流互感器。互感器可按稳态短路条件进行计算选择，为 减轻可能发生的暂态饱和影响宜具有适当暂态系数。220kV 系统的暂态系数不宜低于 2，100～200MW 级机组外部故障的暂态系数不宜低于 10。

（3）110kV 及以下系统保护用电流互感器可采用 P 类电流互感器。

（4）母线保护用电流互感器可按保护装置的要求或按稳态短路条件选用。

**解析：**出自 GB/T 14285—2006《继电保护和安全自动装置技术规程》6.2.1.3。

27. 检验时应注意哪些问题以避免保护装置内部元器件损坏？

**答：**

（1）断开保护装置的电源后才允许插、拔插件，且应有防止因静电损坏插件的措施。

（2）调试过程中发现有问题要先找原因，不要频繁更换芯片。应更换芯片时，要用专用起拔器。应注意芯片插入的方向，插入芯片后需经第二人检查无误后，方可通电检验或使用。

（3）检验中尽量不使用烙铁，如元件损坏等应在现场进行焊接时，要用内热式带接地线烙铁或烙铁断电后再焊接。所替换的元件应使用制造厂确认的合格产品。

（4）用具有交流电源的电子仪器（如示波器、频率计等）测量电路参数时，电子仪器测量端子与电源侧绝缘应良好，仪器外壳应与保护装置在同一点接地。

**解析**：出自 DL/T 995—2016《继电保护和电网安全自动装置检验规程》6.3.1。

28．在定期检验及新安装保护装置的验收检验时，装置的整定检验要求是什么？

**答**：

（1）新安装保护装置的验收检验时，应按照定值通知单上的整定项目，依据装置技术说明书或制造厂推荐的试验方法，对保护的每一功能元件进行逐一检验。

（2）在全部检验时，对于由不同原理构成的保护元件只需任选一种进行检查。建议对主保护的整定项目进行检查，后备保护如相间一段、二段、三段阻抗保护只需选取任一整定项目进行检查。

（3）部分检验时，可结合保护装置的整组试验一并进行。

**解析**：出自 DL/T 995—2016《继电保护和电网安全自动装置检验规程》5.3.4.2。

29．常规变电站现场检验主要包括哪些？

**答**：电流、电压互感器的检验；二次回路检验；屏柜及保护装置检验；整定值的整定及检验；纵联保护通道检验；操作箱检验；整组试验。

**解析**：出自 DL/T 995—2016《继电保护和电网安全自动装置检验规程》5.3。

30．智能变电站检验内容及方法包括哪些？

**答**：通用检验；互感器及合并单元检验；二次回路系统检验；装置检验；智能终端检验；整组试验；与站控层及调控端的配合检验。

**解析**：出自 DL/T 995—2016《继电保护和电网安全自动装置检验规程》6.3。

31．对于光纤及微波通道的检查项目有哪些？

**答**：

（1）对于光纤及微波通道可以采用自环的方式检查通道是否完好。光纤通道还可以通过下面两种方法检查通道是否完好：方法一，拔插待测光纤一端的通信端口，观察其对应另一端的通信接口信号灯是否正确熄灭和点亮；方法二，采用激光笔照亮待测光纤的一端而在另外一端检查是否点亮。

（2）光纤尾纤检查及要求：光纤尾纤应星现自然弯曲（弯曲半径大于 3cm），不应存在弯折的现象，不应承受任何外重，尾纤表皮应完好无损；尾纤接头应干净无异物，如有污染应立即清洁干净；尾纤接头连接应牢靠，不应有松动现象。

（3）对于与光纤及微波通道相连的保护用附属接口设备应对其继电器输出触点、电

源和接口设备的接地情况进行检查。

（4）通信专业应对光纤及微波通道的误码率和传输时间进行检查，指标应满足 GB/T 14285—2006 的要求。

（5）对于利用专用光纤及微波通道传输保护信息的远方传输设备，应对其发信功率（电平）、收信灵敏度进行测试，并保证通道的裕度满足运行要求。

**解析：** 出自 DL/T 995—2016《继电保护和电网安全自动装置检验规程》5.3.5.2。

32．新投入或经更改的电流电压回路应利用一次电流和工作电压加以检验，宜进行的检验项目有哪些？

**答：**

（1）测量电压、电流的幅值及相位关系。

（2）对使用电压互感器三次电压或零序电流互感器电流的保护装置，应利用一次电流与工作电压向装置中的相应元件通入模拟的故障量或改变被检查元件的试验接线方式，以判明装置接线的正确性。

**注：** 由于整组试验中已判明同一回路中各保护元件间的相位关系是正确的，因此该项检验在同一回路中只需选取其中一个元件进行检验即可。

（3）测量电流差动保护各组电流互感器的相位及差动回路中的差电流（或差电压），以判明差动回路接线的正确性及电流变比补偿回路的正确性。所有差动保护（母线、变压器、发电机的纵差、横差等）在投入运行前，除测定相回路和差回路外，还应测量各中性线的不平衡电流、电压，以保证保护装置和二次接线的正确性。

（4）检查相序滤过器不平衡输出的数值应满足保护装置的技术条件。

（5）对高频相差保护、导引线保护，须进行所在线路两侧电流电压相别、相位一致性的检验。

（6）对导引线保护，须以一次负荷电流判定导引线极性连接的正确性。

**解析：** 出自 DL/T 995—2016《继电保护和电网安全自动装置检验规程》5.5.2.3。

33．电流、电压互感器安装竣工后，继电保护检验人员应进行哪些检查？

**答：**

（1）电流、电压互感器的变比、容量、准确级应符合设计要求。

（2）测试互感器各绕组间的极性关系，核对铭牌上的极性标志是否正确。检查互感器各次绕组的连接方式及其极性关系是否与设计符合，相别标识是否正确。

（3）有条件时，自电流互感器的一次分相通入电流，检查工作抽头变比及回路是否正确（发电机一变压器组保护所使用的外附互感器、变压器套管互感器的极性与变比检验可在发电机做短路试验时进行）。

（4）自电流互感器的二次端子箱处向负载端通入交流电流，测定回路的压降，计算电流回路每相与中性线及相间的阻抗（二次回路负担）。按保护的具体工作条件和制造厂家提供的出厂资料，来验算所测得的阻抗值是否符合互感器 10%误差的要求。

**解析：** 出自 DL/T 995—2016《继电保护和电网安全自动装置检验规程》5.1.3.2。

34．在整组试验中应着重检查哪些问题?

**答：**

（1）各套保护间的电压、电流回路的相别及极性是否一致。

（2）在同一类型的故障下，应该同时动作于发出跳闸脉冲的保护，在模拟短路故障中是否均能动作，其信号指示是否正确。

（3）有两个线圈以上的直流继电器的极性连接是否正确，对于用电流启动（或保持）的回路，其动作（或保持）性能是否可靠。

（4）所有相互间存在闭锁关系的回路，其性能是否与设计符合。

（5）所有在运行中需要由运行值班员操作的把手及连接片的连线、名称、位置标号是否正确，在运行过程中与这些设备有关的名称、使用条件是否一致。

（6）中央信号装置的动作及有关光、音信号指示是否正确。

（7）各套保护在直流电源正常及异常状态下（自端子排处断开其中一套保护的负电源等）是否存在寄生回路。

（8）断路器跳、合闸回路的可靠性，其中装设单相重合闸的线路，验证电压、电流、断路器回路相别的一致性及与断路器跳、合闸回路相连的所有信号指示回路的正确性。对于有双跳闸线圈的断路器，应检查两跳闸接线的极性是否一致。

（9）自动重合闸是否能确实保证按规定的方式动作并保证不发生多次重合情况。

**解析：** 出自 DL/T 995—2016《继电保护和电网安全自动装置检验规程》5.3.7.8。

35．操作箱检验应符合哪些要求？

**答：**

（1）进行每一项试验时，试验人员须准备详细的试验方案，尽量减少断路器的操作次数。

（2）对分相操作断路器，应逐相传动防止断路器跳跃回路。

（3）对于操作箱中的出口继电器，还应进行动作电压范围的检验，其值应在 55%～70%额定电压之间。对于其他逻辑回路的继电器，应满足 80%额定电压下可靠动作。

**解析：** 出自 DL/T 995—2016《继电保护和电网安全自动装置检验规程》5.3.6.1。

36．继电保护和电网安全自动装置的检验分为哪几种？

**答：**

（1）新安装装置的验收检验。

（2）运行中装置的定期检验（简称定期检验）。

（3）运行中装置的补充检验（简称补充检验）。

**解析：** 出自 DL/T 995—2016《继电保护和电网安全自动装置检验规程》5.1.1。

37．继电保护装置的定期检验分为哪几种?

**答：** 定期检验分三种：

（1）全部检验。

（2）部分检验。

（3）用保护装置进行断路器跳合闸试验。

**解析：** 出自 DL/T 995—2016《继电保护和电网安全自动装置检验规程》5.1.1.2。

38．运行中继电保护装置的补充检验分哪几种?

**答：** 补充检验分五种：

（1）对运行中的保护装置进行较大的更改（含保护装置软件版本升级）或增设新的回路后的检验。

（2）检修或更换一次设备后的检验。

（3）运行中发现异常情况后的检验。

（4）事故后检验。

（5）已投运行的保护装置停电一年以上，再次投入运行时的检验。

**解析：** 出自 DL/T 995—2016《继电保护和电网安全自动装置检验规程》5.1.1.3。

39．整组试验应包括哪些内容？

**答：**

（1）整组试验时应检查各保护之间的配合、装置动作行为、断路器动作行为、保护起动故障录波信号、调度自动化系统信号、中央信号、监控信息等正确无误。

（2）借助于传输通道实现的纵联保护、远方跳闸等的整组试验，应与传输通道的检验一同进行。必要时，可与线路对侧的相应保护配合一起进行模拟区内、区外故障时保护动作行为的试验。

（3）对装设有综合重合闸装置的线路，应检查各保护及重合闸装置间的相互动作情况与设计相符合。为减少断路器的跳合次数，试验时，应以模拟断路器代替实际的断路器。使用模拟断路器时宜从操作箱出口接入，并与装置、试验器构成闭环。

（4）将装置及重合闸装置接到实际的断路器回路中，进行必要的跳、合闸试验，以检验各有关跳、合闸回路、防止断路器跳跃回路、重合闸停用回路及气（液）压闭锁等相关回路动作的正确性。检查每一相的电流、电压及断路器跳合闸回路的相别是否一致。

（5）在进行整组试验时，还应检验断路器、合闸线圈的压降不小于额定值的90%。

**解析：** 出自 DL/T 995—2016《继电保护和电网安全自动装置检验规程》5.3.7.5。

40．根据国家电网标准化设计规范，对于220kV及以上线路保护用的通信通道有哪些要求？

**答：**

（1）双重化配置的线路纵联保护通道应相互独立，通道及接口设备的电源也应相互独立；线路保护装置中的双通道应相互独立。

（2）线路纵联保护优先采用光纤通道。采用光纤通道时，短线、支线优先采用专用光纤。采用复用光纤时，宜采用 2Mbit/s 数字接口。

（3）线路纵联电流差动保护通道的收发时延应相同。

（4）双重化配置的远方跳闸保护，其通信通道应相互独立；线路纵联保护采用数字通道的，“其他保护动作”命令宜经线路纵联保护传输。

（5）2Mbit/s 数字接口装置与通信设备采用 75Ω 同轴电缆不平衡方式连接。

（6）安装在通信机房继电保护通信接口设备的直流电源应取自通信直流电源，并与所接入通信设备的直流电源相对应，采用–48V 电源，该电源的正端应连接至通信机房的接地铜排。

（7）通信机房的接地网与主地网有可靠连接时，继电保护通信接口设备至通信设备的同轴电缆的屏蔽层应两端接地。

**解析**：出自 Q/GDW 1161—2014《线路保护及辅助装置标准化设计规范》10.1。

41．对适用于 220kV 及以上电压等级的线路保护装置中的差动保护，应满足哪些技术要求？

**答**：

（1）纵联电流差动保护两侧启动元件和本侧差动元件同时动作才允许差动保护出口。线路两侧的纵联电流差动保护装置均应设置本侧独立的电流启动元件，必要时可用交流电压量和跳闸位置触点等作为辅助启动元件，但应考虑 TV 断线时对辅助启动元件的影响，差动电流不能作为装置的启动元件。

（2）线路两侧纵联电流差动保护装置应互相传输可供用户整定的通道识别码，并对通道识别码进行校验，校验出错时告警并闭锁差动保护。

（3）纵联电流差动保护装置应具有通道监视功能，如实时记录并累计丢帧、错误帧等通道状态数据，具备通道故障告警功能。

（4）纵联电流差动保护装置宜具有监视光纤接口接收信号强度功能。

（5）纵联电流差动保护在任何弱馈情况下，应正确动作。

（6）纵联电流差动保护两侧差动保护压板不一致时发告警信号。

（7）“TA 断线闭锁差动”控制字投入后，纵联电流差动保护只闭锁断线相。

（8）集成过电压远跳功能的线路保护，保留远跳功能。

**解析**：出自 Q/GDW 1161—2014《线路保护及辅助装置标准化设计规范》5.2.2。

42．在标准化规范中，常规保护装置与智能保护装置的压板设置方式分别是什么？

**答**：

（1）常规保护装置压板设置方式：

保护功能投退的软、硬压板应一一对应，采用“与门”逻辑，以下压板除外：

1）“停用重合闸”控制字、软压板和硬压板三者为“或门”逻辑。

2）“远方操作”只设硬压板。“远方投退压板”“远方切换定值区”和“远方修改定值”只设软压板，只能在装置本地操作，三者功能相互独立，分别与“远方操作”硬压板采用“与门”逻辑。当“远方操作”硬压板投入后，上述三个软压板远方功能才有效。

3）“保护检修状态”只设硬压板。对于采用 DL/T 860 时，当“保护检修状态”硬压板投入，保护装置报文上送带品质位信息。“保护检修状态”硬压板遥信不置检修标志。

（2）智能化装置压板设置方式：

保护装置只设“远方操作”和“保护检修状态”硬压板，保护功能投退不设硬压板，如下：

1）“远方操作”只设硬压板。“远方投退压板”“远方切换定值区”和“远方修改定值”只设软压板，只能在装置本地操作，三者功能相互独立，分别与“远方操作”硬压板采用“与门”逻辑。当“远方操作”硬压板投入后，上述三个软压板远方功能才有效。

2）“保护检修状态”只设硬压板，当该压板投入时，保护装置报文上送带品质位信息。“保护检修状态”硬压板遥信不置检修标志。

3）保护功能投退不设硬压板。

**解析**：出自 Q/GDW 1161—2014《线路保护及辅助装置标准化设计规范》4.1.4 及 4.1.5。

43．国家电网有限公司的标准化设计规范简称信息规范“六统一”设计，“六统一”设计是指哪“六统一”？而信息规范指的是什么？

**答**：“六统一”是指微机保护的功能配置、回路设计、端子排布置、接口标准、屏柜压板、定值报告 6 个方面统一。信息规范是指信息输出、操作菜单、面板灯的规范化。

**解析**：出自 Q/GDW 1161—2014《线路保护及辅助装置标准化设计规范》3.1 释义部分。

44．在标准化设计规范中对电缆直跳回路的要求是什么？

**答**：对电缆直跳回路的要求如下：

（1）对于可能导致多个断路器同时跳闸的直跳开入，应采取措施防止直跳开入的保护误动作。例如在开入回路中装设大功率抗干扰继电器，或者采取软件防误措施。

（2）大功率抗干扰继电器的启动功率应大于 5W，动作电压在额定直流电源电压的 55%～70%范围内，额定直流电源电压下动作时间为 10～35ms，应具有抗 220V 工频电压干扰的能力。

（3）当传输距离较远时，可采用光纤传输跳闸信号。

**解析**：出自 Q/GDW 1161—2014《线路保护及辅助装置标准化设计规范》4.3.3。

45．在标准化设计规范中对双母线接线重合闸、失灵启动的要求是什么？

**答**：对双母线接线重合闸、失灵启动的要求如下：

（1）对于含有重合闸功能的线路保护装置，设置“停用重合闸”压板。“停用重合闸”压板投入时，闭锁重合闸、任何故障均三相跳闸。

（2）双母线接线的断路器失灵保护，应采用母线保护中的失灵电流判别功能，不配置含失灵电流启动元件的断路辅助装置。

（3）应采用线路保护的分相跳闸触点（信号）启动断路器失灵保护。

（4）常规站当线路支路有高压并联电抗器、过电压及远方跳闸保护等需要三相启动失灵时，采用操作箱内 TJR 触点启动失灵保护。

（5）智能站当线路支路有高压并联电抗器等需要三相启动失灵时，宜由高压并联电抗器保护直接启动失灵保护。

**解析**：出自 Q/GDW 1161—2014《线路保护及辅助装置标准化设计规范》4.3.5。

46．依据继电保护和安全自动装置运行管理规程，当保护装置退出时，应如何进行操作？

**答**：保护装置退出时应退出其出口压板（线路纵联保护还应退出对侧纵联功能），一般不应断开保护装置及其附属二次设备的直流电源。当保护装置中的某种保护功能退出时，应：

（1）退出该功能独立设置的出口压板。

（2）无独立设置的出口压板时，退出其功能投入压板。

（3）不具备单独投退该保护功能的条件时，应考虑按整个装置进行投退。

**解析**：出自 DL/T 587—2016《继电保护和安全自动装置运行管理规程》5.7。

47．在什么情况下，应停用整套保护装置？

**答**：

（1）保护装置使用的交流电压、交流电流，开关量输入、开关量输出回路作业。

（2）装置内部作业。

（3）继电保护人员输入定值影响装置运行时。

（4）合并单元、智能终端及过程层网络作业影响装置运行时。

**解析**：出自 DL/T 587—2016《继电保护和安全自动装置运行管理规程》5.11。

48．保护装置投运时，应具备哪些技术文件？

**答**：

（1）竣工原理图、安装图、过程层网络配置图、虚端子图、设计说明、电缆清册等设计资料。

（2）制造厂商提供的装置说明书、保护柜（屏）电原理图、装置电原理图、故障检测手册、合格证明和出厂试验报告等技术文件。

（3）新安装检验报告和验收报告。

（4）保护装置定值通知单。

（5）制造厂商提供的软件逻辑框图和有效软件版本说明。

（6）保护装置的专用检验规程或制造厂商保护装置调试大纲。

（7）智能变电站全站 SCD 配置文件及配置工具软件和各智能电子设备 ICD 文件和 CID 文件。

**解析**：出自 DL/T 587—2016《继电保护和安全自动装置运行管理规程》6.3。

49．根据电力系统继电保护及安全自动装置运行评价规程，继电保护责任范围包括哪些设施和环节？

**答**：

（1）继电保护装置本体：包括继电保护装置硬件（装置内部各继电器、元件、端子排及回路）和软件（原理、程序、版本）。

（2）交流电流、电压回路：供继电保护装置使用的自交流电流、电压互感器二次绕组的接线端子或接线柱接至继电保护装置间的全部连线，包括电缆、导线、接线端子、试验部件、电压切换回路等。

（3）开关量输入输出回路。

（4）继电保护通道：保护装置至保护与通信专业运行维护分界点。

（5）直流回路：自直流电源分配屏至断路器汇控柜（箱）间供继电保护用的全部回路。

（6）其他相关设备。

**解析**：出自 DL/T 623—2010《电力系统继电保护及安全自动装置运行评价规程》8。

50．根据电力系统继电保护及安全自动装置运行评价规程，评价继电保护正确动作率时，继电保护的动作次数按事件评价，其中对事件是怎么定义的？

**答**：

（1）单次故障认定为 1 个事件。

（2）线路故障及重合闸过程（包括重合于永久性故障）认定为 1 个事件。

（3）对安全自动装置，1 次电网事故（无论故障形态简单或复杂）认定为 1 个事件。

（4）系统无故障，继电保护发生不正确动作，认定为 1 个事件。

**解析**：出自 DL/T 623—2010《电力系统继电保护及安全自动装置运行评价规程》5.1.1.2。

51．根据电力系统继电保护及安全自动装置运行评价规程，继电保护“正确动作”的评价方法是什么？

**答**：

（1）被保护设备发生故障或异常、符合系统运行和继电保护设计要求的保护正确动作，应评价为“正确动作”。

（2）在电力系统故障（接地、短路或断线）或异常运行（过负荷、振荡、低频率、低电压、发电机失磁等）时，继电保护的动作能有效地消除故障或使异常运行情况得以改善，应评价为“正确动作”。

（3）双母线接线母线故障，母差保护动作，利用线路纵联保护促使其对侧断路器跳闸，消除故障，母差保护和线路两侧纵联保护应分别评价为“正确动作”。

（4）双母线接线母线故障，母差保护动作，由于母联断路器拒跳，由母联失灵保护消除母线故障，母差保护和母联失灵保护应分别评价为“正确动作”。

（5）双母线接线母线故障，母差保护动作，断路器拒跳，利用变压器保护跳各侧，消除故障，母差保护和变压器保护应分别评价为“正确动作”。

（6）继电保护正确动作，断路器拒跳，继电保护应评价为“正确动作”。

**解析：**出自 DL/T 623—2010《电力系统继电保护及安全自动装置运行评价规程》6.2。

52．根据电力系统继电保护及安全自动装置运行评价规程，调度运行部门责任的不正确动作包括哪些方面？

**答：**

（1）整定计算错误，包括：使用参数错误，继电保护定值计算错误，电力系统运行方式改变后，未对继电保护定值进行调整。

（2）调度人员未按继电保护运行规程规定，误发投、停保护的命令。

（3）未执行反事故技术措施规定。

**解析：**出自 DL/T 623—2010《电力系统继电保护及安全自动装置运行评价规程》7.5。

53．试述故障录波及测距装置的统计评价方法。

**答：**故障录波器的统计评价方法：

（1）故障录波装置的录波完好率的计算式为

$$\text{录波完好率}=\frac{\text{故障录波装置波完好次数}}{\text{故障录波装置应评价次数}}\times100\%$$

故障测距装置的动作良好率的计算式为

$$\text{故障测距动作良好率}=\frac{\text{测距装置动作良好次数}}{\text{故障测距装置应评价次数}}\times100\%$$

（2）与故障元件直接连接的故障录波器装置和接入故障线路的测距装置必须进行评价。

（3）故障录波所记录时间与故障时间吻合，数据准确，波形清晰完整，标记正确，开关量清楚，与故障过程相符，应评价为“录波完好”。完好的录波可作为故障分析的依据。

（4）在线路故障时，测距装置能自动或手动得到有效的故障点位置应评级为“动作良好”。

（5）故障录波装置录波不完好、故障测距装置得不到测距结果必须说明原因及状况。

（6）故障录波及测距装置的动作次数单独计算，不计入保护装置动作的总次数中。

**解析：**出自 DL/T 623—2010《电力系统继电保护及安全自动装置运行评价规程》5.4 及 6.6。

54．试述线路重合闸成功次数的计算方法。

**答**：线路重合闸成功次数的计算方法是：

（1）单侧投重合闸的线路，若单侧重合成功，则线路重合成功次数为 1 次。

（2）两侧（或多侧）投重合闸线路，若两侧（或多侧）均重合成功，则线路重合成功次数为 1 次，若一侧拒合（或重合不成功），则线路重合闸成功次数为 0 次。

（3）重合闸停用以及因为系统要求或继电保护设计要求不允许重合的均不列入重合成功率评价。

**解析**：出自 DL/T 623—2010《电力系统继电保护及安全自动装置运行评价规程》6.5.3。

55．线路纵联保护是由线路两侧的设备共同构成的一整套保护，如果保护装置的不正确动作是因为一侧设备的不正确状态引起的，请问应如何进行评价？

**答**：如果保护装置的不正确动作是因为一侧设备的不正确状态引起的，则引起不正确动作的一侧应评价为"不正确动作"，另一侧不再评价。

**解析**：出自 DL/T 623—2010《电力系统继电保护及安全自动装置运行评价规程》6.3.5。

56．简述 DL/T 553—2013《电力系统动态记录装置通用技术条件》中规定的触发数据的记录方式是什么？启动条件和自动终止条件又是什么？

**答**：

（1）数据记录方式：当电网或机组有大扰动时，装置自动启动，进入触发记录过程，并按以下要求进行记录。

1）A 时段：大扰动开始前的状态数据，输出原始记录波形及有效值。记录时间可整定，装置可整定范围不小于 0.1s。

2）B 时段：大扰动后的状态数据，输出原始记录波形及有效值。记录时间可整定，装置可整定范围不小于 3s。

3）A、B 段数据记录采样频率不应小于 4000Hz。

（2）启动条件：第一次启动，符合内置判据任一条件自动启动，按 A-B 时段顺序执行；重复启动：在已启动记录的过程中，如又满足新的自动启动条件，则重新进入 B 时段重复执行。

（3）自动终止条件：当完成 B 时段的记录且无新的自动启动条件被满足时，经不小于 0.1s 的延时后，自动停止暂态数据的记录。

**解析**：出自 DL/T 553—2013《电力系统动态记录装置通用技术条件》5.3.3。

57．试述 Q/GDW 10976—2017《电力系统动态记录装置技术规范》中，电力系统故障动态记录应具备哪些通用功能？

**答**：

（1）装置应能完成线路、变压器等一次设备电气量、继电保护设备开关量、直流电源电压的采集和记录、故障启动判别、信号转换等功能。对于线路，装置还应能记录高频信号量。针对双断路器接线形式，装置应能将双断路器电流合成为合电流，生成记录通道。

（2）装置应具有数据触发记录功能，当电网发生大扰动时，能自动地对扰动的全过程按要求进行触发记录，并当暂态过程结束后，自动停止触发记录。

（3）装置应具有数据连续记录功能，并能根据内置判据在连续记录数据上标记出扰动特征，以便于事件（扰动）提醒和数据检索。

（4）在线路、变压器等一次设备故障时，装置应能提供简要的故障信息报告，以便于运行人员的处理。输出信息至少应包括：启动时间、故障元件、故障类型、触发原因等。对线路故障，还应能提供故障测距结果。

（5）装置应提供对记录数据进行分析展示的分析软件。

（6）装置应具有在就地实现存储记录数据、装置调试、定值调整、状态监视、手动录波、故障报告生成、录波文件查询与调用显示等功能，并具有远传功能和通信接口，将记录信息送往调度端。

（7）装置应具有向外部存储设备导出数据的功能；应具有通过数据网实现远方调取触发全通道记录数据、触发分通道记录数据、连续记录数据和备份记录数据的功能，并可按时段和最新条目数实现选择性调用。

（8）装置面板应便于监测和操作。应具有装置运行、异常、录波、对时的报警指示，并应有录波启动、装置异常、装置失电报警硬触点信号输出。录波启动的报警信号应具备自动复归功能。

（9）装置弱电系统（指 CPU 的电源系统）不应与装置屏柜端子有直接电气上的联系。针对不同回路，应分别采用光电耦合、带屏蔽层的变压器磁耦合等隔离措施。

（10）数字量输入与混合信号输入动态记录装置应具有 SCD 导入功能，支持自动解析 SV 控制块和 GOOSE 控制块的属性信息和通信配置，以及 SV 和 GOOSE 数据集的成员数目、顺序、描述和数据类型等配置信息。当 SCD 含 SSD 文件信息时，宜自动将通道与一次设备关联。

**解析：**出自 Q/GDW 10976—2017《电力系统动态记录装置技术规范》6.1。

58．试述 Q/GDW 10976—2017《电力系统动态记录装置技术规范》中对电力系统故障动态记录的谐波分析能力有什么要求？

**答：**

（1）装置应具备对 25 次及以下谐波的分析功能。

（2）模拟量输入动态记录装置和混合信号输入动态记录装置记录的 25 次及以下谐波分量测量误差不应超过±5%。

（3）数字量输入动态记录装置，当点对点方式下有 SV 丢失同步信号（SmpSynch=False）时或失步时，12 次及以下谐波分量测量误差不应超过±5%；其他情况下 25 次及以下谐波分量测量误差不应超过±5%。

**解析：**出自 Q/GDW 10976—2017《电力系统动态记录装置技术规范》6.9。

# 第八章　智能变电站

【基本介绍】本章主要包括对智能变电站网络架构、继电保护工程应用模型、过程层设备技术要求、保护装置技术要求、交换机与网络设备技术要求、运维检修安全措施等知识的考查。

【典型问题】本章的典型问题是智能站三层两网结构，合并单元、智能终端等过程层设备的技术要求、典型保护配置的信息流、检修压板与检修机制、异常处理及检修安全措施。

【难点介绍】本章的难点在于过程层GOOSE网络与过程层SV网络的信息流，一次设备停电与一次设备不停电情况下不同合并单元、智能终端、保护装置消缺或检验的现场检修安全措施。

## 一、单选题

1．IEC 61850规定GOOSE初始化传输采用的方式是（　　）。

A．连续传输GOOSE报文，StNum=1，SqNum=0

B．连续传输GOOSE报文，StNum=1，SqNum=1

C．连续传输GOOSE报文，StNum=0，SqNum=0

D．连续传输GOOSE报文，StNum=0，SqNum=1

**答案**：B

2．GOOSE报文接收方应严格检查（　　）参数是否匹配。

A．APPID、GOID、GOCBRef、DataSet、ConfRev

B．GOCBRef、DataSet、ConfRev

C．APPID、GOID

D．GOID、GOCBRef、DataSet

**答案**：A

**解析**：出自Q/GDW 1396—2012《IEC 61850工程继电保护应用模型》10.2.2 a。

3．当GOOSE有且仅发生一次变位时（　　）。

A．装置连发5帧，间隔为2、2、4、8ms

B．装置连发5帧，间隔为2、2、4、4ms

C．装置连发 5 帧，间隔为 2、2、2、2ms

D．装置连发 5 帧，间隔为 2、4、6、8ms

**答案：**A

4．智能终端收到保护跳闸的 GOOSE 命令后（　　）。

A．收到第一帧 GOOSE 命令后执行

B．收到第二帧 GOOSE 命令执行

C．收到第三帧 GOOSE 命令后执行

D．收到前两帧 GOOSE 命令后进行比较再执行

**答案：**A

5．GOOSE 报文判断中断的依据为在接收报文的允许生存时间的（　　）倍时间内没有收到下一帧报文。

A．1　　B．2　　C．3　　D．4

**答案：**B

**解析：**出自 Q/GDW 1396—2012《IEC 61850 工程继电保护应用模型》10.1.2 a。

6．下述对于 GOOSE 机制中的状态号和序列号的描述不正确的有（　　）。

A．stNum 范围（1～4294967295），状态改变一次+1，溢出后从 1 开始

B．sqNum 范围（0～4294967295），状态不变时，每发送一次+1，溢出后从 1 开始

C．装置重启 stNum，sqNum 都从 1 开始

D．装置重启 stNum，sqNum 都从 0 开始

**答案：**D

7．变压器非电量保护信息通过（　　）上送过程层 GOOSE 网。

A．高压侧智能终端　　B．中压侧智能终端

C．低压侧智能终端　　D．本体智能终端

**答案：**D

8．GOOSE 的 MAC 地址范围：（　　）。

A．01-0C-CD-01-00-00～01-0C-CD-01-FF-FF

B．01-0C-CD-01-00-01～01-0C-CD-01-FF-FF

C．01-0C-CD-01-01-00～01-0C-CD-01-01-FF

D．01-0C-CD-01-00-00～01-0C-CD-01-00-FF

**答案：**A

**解析：**出自 Q/GDW 11662—2017《智能变电站系统配置描述文件技术规范》8.2.3 c。

9．IEC 61850-9-2 GOOSE 报文的以太网类型码为（　　）。

A．0x88B8　　B．0x88B9　　C．0x88BA　　D．0x88BB

**答案：**A

10．智能站设备通信报文检查时，应检查 GOOSE 报文的时间间隔。首次触发时间 T1 宜不大于（ ）ms，心跳时间 T0 宜为 1～5s。

A．1 B．2 C．3 D．4

**答案：**B

**解析：**出自 Q/GDW 1809—2012《智能变电站继电保护检验规程》6.1.4.1 d。

11．MU 电压切换功能检验时，给 MU 加上两组母线电压，通过 GOOSE 网给 MU 发送不同的（ ）信号，检查自动切换功能是否正确。

A．断路器分相位置 B．隔离开关位置

C．断路器隔离开关合成 D．断路器总位置

**答案：**B

12．面向通用对象的变电站事件 GOOSE 信息，一般用于（ ）传输。

A．变位信息 B．变位信息和操作信息

C．操作信息 D．开关量或非瞬时性测量

**答案：**D

13．GOOSE 报文的帧结构包含（ ）。

A．源 MAC 地址、源端口地址 B．目标 MAC 地址、目标端口地址

C．源 MAC 地址、目标 MAC 地址 D．源端口地址、目标端口地址

**答案：**C

14．GOOSE 服务采用（ ）来获得数据传输的可靠性。

A．重传方案 B．问答方案

C．握手方案 D．以上均不是

**答案：**A

15．若装置配置的 GOOSE 发送时间 MinTime=2ms，MaxTime=5000ms，则其接收方判断出此 GOOSE 断链的时间应为（ ）s。

A．5 B．8 C．10 D．20

**答案：**D

**解析：**断链时间=2TAL=4T0=20s。

16．IEC 61850 模型中，GOOSE 虚端子连线关系在哪个参数字段中描述（ ）。

A．GSEConTrol B．ReportControl

C．Inputs D．DOI

**答案：**C

**解析：**出自 Q/GDW 1396—2012《IEC 61850 工程继电保护应用模型》10.1.1 e。

17．GOOSE 报文变位后立即补发的时间间隔由 GOOSE 网络通信参数中的 MinTime（ ）设置。

A．T0　　B．T1　　C．T2　　D．T3

答案：B

18．GOOSE 输出数据集应采用（　　）方式。

A．PCDA　　B．FCDA　　C．虚端子　　D．GOCB

答案：B

19．装置上电时，发送的第一帧 GOOSE 报文中的 StNum=（　　）。

A．0　　B．1　　C．2　　D．3

答案：B

20．根据 Q/GDW 1396，光纤拔掉后装置多长时间报 GOOSE 断链（　　）。

A．立刻就报　　B．T0 时间后报

C．2T0 时间后报　　D．4T0 时间后报

答案：D

21．GOOSE 报文心跳间隔由 GOOSE 网络通信参数中的 MaxTime（　　）设置。

A．T0　　B．T1　　C．T2　　D．T3

答案：A

22．GOOSE 报文采用（　　）方式传输。

A．单播　　B．广播　　C．组播　　D．应答

答案：C

23．IEC 61850 推荐 GOOSE 的 APPID 的范围是（　　）。

A．0x0000-0x3FFF　　B．0x0000-0x4000

C．0x0001-0x4000　　D．0x0001-0x3FFF

答案：A

解析：出自 Q/GDW 11662—2017《智能变电站系统配置描述文件技术规范》8.2.3 e。

24．GOOSE 报文的目的地址是（　　）MAC 地址。

A．单播 MAC 地址　　B．多播 MAC 地址

C．广播 MAC 地址　　D．任意 MAC 地址

答案：B

25．GOOSE 输出数据集一般配置到哪一级模型对象（　　）。

A．LN　　B．FC　　C．DO　　D．DA

答案：D

26．GOOSE 输入虚端子模型为包含（　　）关键字前缀的 GGIO 逻辑节点实例中定义的四类数据对象。

A．CN　　B．GO　　C．SVIN　　D．GOIN

答案：D

解析：出自 Q/GDW 1396—2012《IEC 61850 工程继电保护应用模型》10.1.1 e。

27．GOOSE 报文的优先级默认值为（　　）。

A．2　　B．3　　C．4　　D．5

答案：C

28．GOOSE 报文保证其通信可靠性的方式是（　　）。

A．协议问答握手机制　　B．由以太网链路保证

C．报文重发与超时机制　　D．没有可靠性保证手段

答案：C

29．GOOSE 报文的重发传输采用方式是（　　）。

A．连续传输 GOOSE 报文，StNum+1

B．连续传输 GOOSE 报文，StNum 保持不变，SqNum+1

C．连续传输 GOOSE 报文，StNum+1 和 SqNum+1

D．连续传输 GOOSE 报文，StNum 和 SqNum 保持不变

答案：B

30．下列关于 GOOSE 报文特点表述正确的是（　　）。

A．从应用层经过会话层 ASN.1 编码后，直接映射到底层的数据链路层和物理层，避免通信堆栈造成的传输延时，保证报文传输的实时性

B．以快速的以太网广播报文传输为基础

C．经 TCP/IP 协议传输

答案：A

31．当 GOOSE 发生且仅发生一次变位时，（　　）。

A．装置连发 5 帧，sqNum 序号由 0 变 4

B．装置连发 5 帧，stNum 序号由 0 变 4

C．装置连发 5 帧，sqNum 序号由 1 变 5

D．装置连发 5 帧，stNum 序号由 1 变 5

答案：A

32．保护装置应同时支持 GOOSE 点对点和网络方式传输，传输协议遵循（　　）。

A．DL/T 860.72　　B．DL/T 860.81　　C．DL/T 860.92　　D．MMS

答案：B

33．GOOSE 输入虚端子采用 GGIO 逻辑节点，GOOSE 输入 GGIO 应加（　　）前缀。

A．GOIN　　B．SVIN　　C.GO　　D．Inputs

答案：A

解析：出自 Q/GDW 1396—2012《IEC 61850 工程继电保护应用模型》10.1.1 d

34．当发送方 GOOSE 报文中 test 置位时发生 GOOSE 中断，接收装置应（　　）。

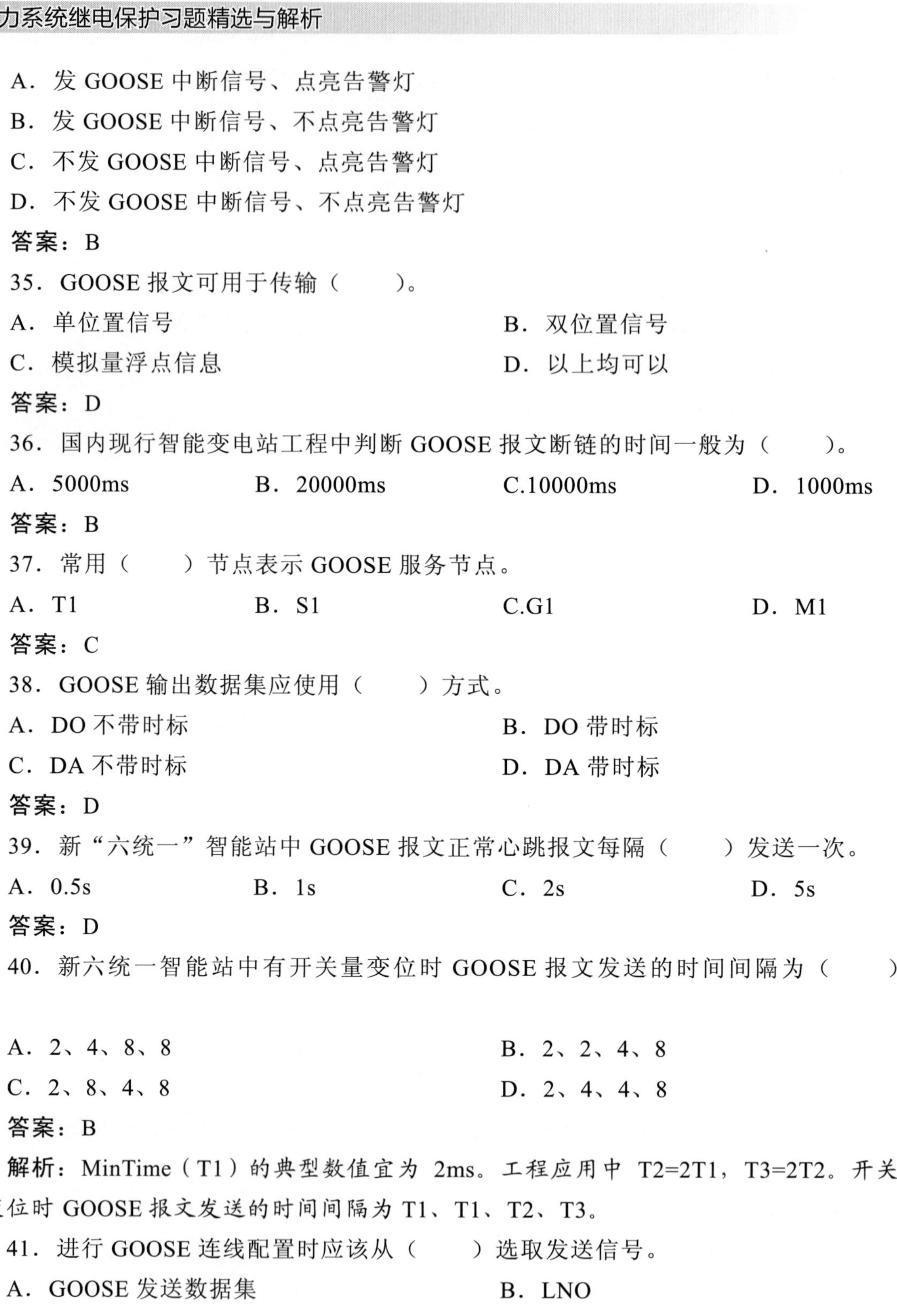

A．发 GOOSE 中断信号、点亮告警灯

B．发 GOOSE 中断信号、不点亮告警灯

C．不发 GOOSE 中断信号、点亮告警灯

D．不发 GOOSE 中断信号、不点亮告警灯

**答案**：B

35．GOOSE 报文可用于传输（　　）。

A．单位置信号　　B．双位置信号

C．模拟量浮点信息　　D．以上均可以

**答案**：D

36．国内现行智能变电站工程中判断 GOOSE 报文断链的时间一般为（　　）。

A．5000ms　　B．20000ms　　C.10000ms　　D．1000ms

**答案**：B

37．常用（　　）节点表示 GOOSE 服务节点。

A．T1　　B．S1　　C.G1　　D．M1

**答案**：C

38．GOOSE 输出数据集应使用（　　）方式。

A．DO 不带时标　　B．DO 带时标

C．DA 不带时标　　D．DA 带时标

**答案**：D

39．新“六统一”智能站中 GOOSE 报文正常心跳报文每隔（　　）发送一次。

A．0.5s　　B．1s　　C．2s　　D．5s

**答案**：D

40．新六统一智能站中有开关量变位时 GOOSE 报文发送的时间间隔为（　　）ms。

A．2、4、8、8　　B．2、2、4、8

C．2、8、4、8　　D．2、4、4、8

**答案**：B

**解析**：MinTime（T1）的典型数值宜为 2ms。工程应用中 T2=2T1，T3=2T2。开关量变位时 GOOSE 报文发送的时间间隔为 T1、T1、T2、T3。

41．进行 GOOSE 连线配置时应该从（　　）选取发送信号。

A．GOOSE 发送数据集　　B．LNO

C．LN　　D．Ldevice

**答案**：A

42．下述不属于 GOOSE 报警功能的是（　　）。

A．GOOSE 配置不一致报警　　B．断链报警
C．网络风暴报警　　D．采样值中断

答案：D

43．GOOSE 网络可以交换的实时数据不包括（　　）。

A．测控装置的遥控命令　　B．启动失灵、闭锁重合闸、远跳
C．一次设备的遥信信号　　D．电能表数据

答案：D

44．当 GOOSE 报文中“TimeAllowedtoLive”参数为 10s 时，断链判断时间应为（　　）。

A．10s　　B．20s　　C．40s　　D．80s

答案：B

解析：Q/GDW 1396—2012《IEC 61850 工程继电保护应用模型》10.1.2 a。

45．保护装置发送 GOOSE 报文的 StNum=10，SqNum=96，此时系统故障，保护单跳失败转三跳后整组复归，恢复心跳后，GOOSE 报文的 SqNum 为（　　）。

A．101　　B．13　　C.1　　D．5

答案：D

解析：整组复归，说明开关量发生变位，恢复心跳后，此时 GOOSE 报文按照 T1、T1、T2、T3、T0 的时间间隔发送 5 帧报文，因此此时 Sqnum 为 5。

46．GOOSE 虚端子信息应配置到（　　）层次，SV 虚端子信息应配置到（　　）层次。

A．DA、DO　　B．DA、DA　　C．DO、DA　　D．DO、DO

答案：A

解析：出自 Q/GDW 1396—2012《IEC 61850 工程继电保护应用模型》10.1.1 e。

47．GOOSE 事件时标的具体含义为（　　）。

A．GOOSE 报文发送时刻　　B．GOOSE 报文接收时刻
C．GOOSE 事件发生时刻　　D．GOOSE 报文生存时间

答案：C

48．GOOSE 报文分析功能项中不包含下列哪些条目（　　）。

A．状态虚变　　B．状态异常变化
C．发送超时　　D．时间同步状态

答案：D

49．在某 9-2 的 SV 报文看到电压量数值为 0xFFF38ECB，那么该电压的实际瞬时值为（　　）。

A．−0.815413kV　　B．8.15413kV

C．−8.15413kV　　D．0.815413kV

答案：C

解析：0xFFF38ECB 最高位为 1，说明是负数，将之转化为正数，取反加 1 得到 0x000C7135，即 815413，1LSB=10mV，即−8.15413kV。

50．关于国家电网对于 IEC 61850-9-2 点对点方式的技术指标说法不正确的是（　　）。

A．MU 采样值发送间隔离散值应小于 7μs

B．电子式互感器（含 MU）额定延时时间不大于 2ms

C．MU 及保护测控装置宜采用采样频率为 4000Hz

D．MU 的额定延时应放置于 dsSV 采样发送数据集中

答案：A

解析：根据 Q/GDW 441—2010《智能变电站继电保护技术规范》6.4.4 MU 采样值发送间隔离散值应小于 10μs。

51．SV 分配的以太网类型值是（　　），APPID 类型为 01。

A．0x88B8　　B．0x88B9　　C．0x88BA　　D．0x88BB

答案：C

解析：Q/GDW 1808—2012《智能变电站继电保护通用技术条件》附录 A。

52．SV 过程层访问点 LD，inst 名应为（　　）。

A．MEAS　　B．PISV　　C．MUGO　　D．MUSV

答案：B

解析：出自 Q/GDW 1396—2012《IEC 61850 工程继电保护应用模型》7.1.3。

53．GOOSE 报文和 SV 报文的默认 VLAN 优先级为（　　）。

A．1　　B．4　　C．5　　D．7

答案：B

54．智能站 SV 输入虚端子采用（　　）逻辑节点。

A．SVIO　　B．GGIO　　C.GOIN　　D．SVIO

答案：B

解析：出自 Q/GDW 1396—2012《IEC 61850 工程继电保护应用模型》11.1.1 g。

55．IEC 60044-8 应用帧格式不包含（　　）。

A．计数器　　B．额定相电流　　C．DataSetName　　D．SVID

答案：D

解析：出自 Q/GDW 441—2010《智能变电站继电保护技术规范》附录 A。

56．SV 组网的网络架构模式下（　　）考虑对时。

A．一定需要　　B．一定不需要

C．视情况需要　　D．视情况不需要

**答案**：A

57．在某 IEC 61850-9-2 的 SV 报文看到电压量数值为 0x000c71FB，已知其为峰值，那么其有效值为（　　）。

A．0.5768kV　　B．5.768kV

C．8.15611kV　　D．0.815611kV

**答案**：B

**解析**：0x000C7135，即 815413，1LSB=10mV，即 8.15413kV，已知其为峰值，则有效值为 8.15413/1.414=5.768kV。

58．当 SV 报文的 VLAN 的优先级标记为（　　）时，表示优先级最高。

A．0　　B．1　　C．6　　D．7

**答案**：D

**解析**：VLAN-Priority 为 1 位十六进制值，范围：0～7，7 代表优先级最高。

59．IEC 60044-8 标准电压用的标度因子（SV）是（　　）。

A．11585　　B．463　　C．231　　D．23170

**答案**：A

**解析**：出自 Q/GDW 441—2010《智能变电站继电保护技术规范》附录 A。

60．建模时，保护装置的 SV 访问点一般为（　　）。

A．S1　　B．G1　　C．M1　　D．C1

**答案**：C

**解析**：出自 Q/GDW 1396—2012《IEC 61850 工程继电保护应用模型》11.1.1 b。

61．以下哪种报文可以传输模拟量值（　　）。

A．GOOSE　　B．SV　　C．MMS　　D．以上都是

**答案**：D

**解析**：GOOSE 报文可以传输直流模拟量，如温度、湿度；SV 报文可以传输交流模拟量，如电流电压等；MMS 报文采用无缓存报告控制块类型（URCB）传输遥测量。

62．500kV 智能变电站中，若母线电压刚好为额定值，则此时 SV（DL/T 860.92）中最小峰值为（　　）。

A．0xFE478447　　B．0xFD911003　　C．0xFD050F80　　D．0x2FAF080

**答案**：B

**解析**：500kV 母线电压刚好为额定电压，即为 500kV/1.732，最小的峰值为 500/1.732×1.414=408.24829kV，1LSB=10mV，则最小峰值为–40824829，转化为十六进制为 0xFD911003。

63．500kV 智能变电站中，500kV 部分 TA 变比为 4000:1，保护装置显示电流有效值为 0.5A，则此时 SV 中电流的最大峰值为（　　）。

A．0x2B288B　　B．0xFFD4D775

C．0x1E8480　　D．0xFFE17B80

答案：A

解析：电流有效值为 0.5A(二次值)，一次值为 0.5×4000=2000A，峰值为 2000×1.414=2828.427125A，1LSB=1mA，则最大峰值为 2828427，转化为 16 进制为 0x2B288B。

64．IEC 60044-8 标准中的链路层选定为 IEC 60870-5-1 的 FT3 格式。通用帧的标准传输速度为（　　）。

A．5Mbit/s　　B．10Mbit/s　　C．20Mbit/s　　D．100Mbit/s

答案：B

解析：出自 Q/GDW 441—2010《智能变电站继电保护技术规范》附录 A。

65．DL/T 860.92 所规范的 SV 报文能表示的最大电流为（　　）。

A．2147kA　　B．4295kA　　C．21475kA　　D．42950kA

答案：A

解析：SV 报文采用 4 个字节表示数值，4 个字节表示品质。当数值为 0x7FFFFFFF 时，此时为最大数值，即 2147483647，1LSB=1mA，电流峰值为 2147.83kA。

66．SV 的报文类型属于（　　）。

A．原始数据报文　　B．快速报文　　C．中速报文　　D．低速报文

答案：A

67．SV 虚端子采用 GGIO 逻辑节点，SV 输入 GGIO 应加（　　）前缀。

A．GOIN　　B．SVIN　　C．GO　　D．Inputs

答案：B

解析：出自 Q/GDW 1396—2012《IEC 61850 工程继电保护应用模型》11.1.1 g。

68．SV 采样值报文 APPID 应在（　　）范围内配置。

A．4000～7FFF　　B．1000～7FFF

C．1000～1FFF　　D．4000～8FFF

答案：A

解析：出自 Q/GDW 11662—2017《智能变电站系统配置描述文件技术规范》8.2.2 e。

69．SV 网络传输采用的是（　　）。

A．单播传输　　B．组播传输　　C．广播传输　　D．其他传输

答案：B

70．在 IEC 61850-9-2 的 SV 报文中，每个通道的前 4 个字节表示该通道的（　　）。

A．二次有效值　　B．二次瞬时值

C．一次有效值　　D．一次瞬时值

答案：D

解析：出自 Q/GDW 1808—2012《智能变电站继电保护技术规范》附录 A。

71．下列物理地址为 SV 报文的是（　　）。

A．01：0C：CD：04：12：34　　B．01：0C：CD：01：12：34

C．01：0D：CD：04：12：34　　D．01：0D：CD：01：12：34

**答案**：A

**解析**：SV 报文的 MAC 地址范围为 0x01-0C-CD-04-00-00～0x01-0C-CD-04-01-FF。

72．智能化保护交流电流数字量采样值为 IEC 61850-9-2 方式时，1LSB 表示（　　）。

A．1A　　B．1mA　　C．10mA　　D．5mA

**答案**：B

**解析**：电压采样值为 32 位整型，1LSB=10mV，电流采样值为 32 位整型，1LSB=1mA。

73．采样值传输协议中（　　）标准，技术先进，通道数可灵活配置，组网通信，需外部时钟进行同步，但报文传输延时不确定，对交换机的依赖度很高，且软硬件实现较复杂。

A．IEC 61850-9-2　　B．IEC 60044-8　　C．IEC 60870-5-103

**答案**：A

74．国网的扩展 FT3 格式与标准的 FT3 格式的区别没有（　　）。

A．增加通道延时　　B．数据通道扩展至 22 路

C．有效无效状态位扩展至 22 位　　D．DataSetName 由 01H 变为 FEH

**答案**：A

**解析**：FT3 采用串口方式进行通信，数据帧格式中没有通道延时。

75．交流电压采样值一个码值（LSB）代表（　　）。

A．1mV　　B．10mV　　C．100mV　　D．1V

**答案**：B

**解析**：电压采样值为 32 位整型，1LSB=10mV，电流采样值为 32 位整型，1LSB=1mA。

76．关于智能终端硬件配置不正确的说法有（　　）。

A．智能终端硬件配置单电源　　B．智能终端配置液晶显示

C．智能终端配置位置指示灯　　D．智能终端配置调试网口

**答案**：B

**解析**：出自 Q/GDW 441—2010《智能变电站继电保护技术规范》6.5.3。

77．某 220kV 间隔智能终端检修压板投入时，相应母差保护（　　）。

A．母差强制互联　　B．母差强制解列

C．闭锁差动保护　　D．保持原来的运行状态

**答案**：D

**解析**：间隔智能终端投入检修压板，此时母差保护接收智能终端的隔离开关位置、断路器位置等双点信息均保持检修之前状态。

78. 合并单元智能终端集成装置的智能终端功能对时精度误差应不大于（　　）。

A. 1ms　　B. 10ms　　C. 1μs　　D. 4μs

**答案：** C

**解析：** 合智一体设备的对时精度应满足合并单元对时精度要求。

79. 智能变电站主变压器故障时，非电量保护通过电缆接线直接作用于主变压器各侧智能终端的（　　）输入端口。

A. 主变压器保护动作跳闸　　B. TJR

C. 其他保护动作三相跳闸　　D. TJQ

**答案：** C

80. 智能终端输出的信号宜带（　　）时标信息，数据集中每个时标应紧跟相应的信号排放。

A. 格林尼治标准时间（GMT）　　B. 协调世界时（UTC）

C. 国际原子时（TAI）　　D. 北京时间

**答案：** B

**解析：** 出自 Q/GDW 1396—2012《IEC 61850 工程继电保护应用模型》10.3 b。

81. 保护装置从智能终端获取的断路器位置信号是（　　）。

A. 跳闸位置继电器　　B. 合闸位置继电器

C. 断路器辅助触点　　D. 以上均需要

**答案：** C

82. 变压器智能终端的非电量开入信号要求不少于（　　）个。

A. 16　　B. 20　　C. 10　　D. 6

**答案：** A

83. 某 220kV 间隔智能终端故障断电时，相应母差（　　）。

A. 母差强制互联　　B. 母差强制解列

C. 闭锁差动保护　　D. 保持原来的运行状态

**答案：** D

**解析：** 间隔智能终端断电，母差与智能终端之间的 GOOSE 通信中断，此时母差保护接收智能终端的隔离开关、断路器位置保持原状态。

84. 当保护装置和智能终端检修压板均投入时，如果保护发出跳合闸命令，那么（　　）。

A. 智能终端一定不执行　　B. 智能终端一定执行

C. 智能终端可能执行，也可能不执行　　D. 以上都不对

**答案：** B

**解析：** 检修机制。当保护与智能终端检修状态一致时，保护装置的命令，智能终端

一定能执行。

85．智能终端模拟开入触点分辨率应小于（　　）。

A．1ms　　B．2ms　　C．5ms　　D．10ms

**答案**：A

**解析**：出自 Q/GDW 1808—2012《智能变电站继电保护通用技术条件》4.8.3 f。

86．智能终端不能应用哪些类型的对时方式（　　）。

A．光纤 IRIG-B　　B．1588　　C．电 IRIG-B　　D．SNTP

**答案**：D

**解析**：智能终端的对时精度为小于 1ms，SNTP 对时精度为 10ms，不能满足对时精度要求。

87．某智能变电站中线路保护动作后，对应的智能终端未动作，以下总结可能原因不正确的是（　　）。

A．线路保护和智能终端的检修压板不一致

B．线路保护 GOOSE 出口软压板未投入

C．智能终端出口硬压板未投入

D．线路保护和智能终端之间的 GOOSE 链路断链

**答案**：C

88．智能变电站系统中，智能终端模型中的断路器、隔离开关等位置多采用（　　）数据类型来表示。

A．双点　　B．整型　　C．布尔量　　D．浮点

**答案**：A

89．GOOSE 检修不一致时，保护装置从智能终端得到的断路器位置信息应取（　　）。

A．分位　　B．合位

C．当前位置　　D．检修前位置

**答案**：D

90．根据 Q/GDW 11487—2015《智能变电站模拟量输入式合并单元、智能终端标准化设计规范》，智能终端装置在正常工作时，装置功率消耗不大于（　　），当装置动作时，功率消耗不大于（　　）W。

A．30，50　　B．30，60　　C．40，65　　D．40，70

**答案**：C

**解析**：根据 Q/GDW 11487—2015《智能变电站模拟量输入式合并单元、智能终端标准化设计规范》中正常工作时功率为 40W，动作时功率为 65W。

91．高压并联电抗器非电量保护采用（　　）跳闸，并通过相应断路器的两套智能终端发送 GOOSE 报文，实现远跳。

A．就地直接电缆　　B．GOOSE 网络

C．GOOSE 点对点　　D．MMS GOOSE 合一网络

**答案**：A

**解析**：出自 Q/GDW 441—2010《智能变电站继电保护技术规范》5.5 c。

92．智能终端外部采集开关量时，消抖时间不小于（　　）。

A．1ms　　B．5ms　　C．10ms　　D．10μs

**答案**：B

**解析**：Q/GDW 1808—2012《智能变电站继电保护通用技术条件》4.8.3 f。

93．智能终端的动作时间应不大于（　　）。

A．2ms　　B．7ms　　C．8ms　　D．10ms

**答案**：B

**解析**：出自 Q/GDW 441—2010《智能变电站继电保护技术规范》6.5.1 f。

94．下列哪一项不会造成智能终端"重合闸放电"（　　）。

A．TJR 跳闸　　B．TJF 跳闸　　C．电缆直跳　　D．TJQ 跳闸

**答案**：D

95.《智能变电站继电保护通用技术条件》要求智能终端 GOOSE 订阅支持的数据集不应少于（　　）。

A．6　　B．12　　C．15　　D．20

**答案**：C

**解析**：出自 Q/GDW 1808—2012《智能变电站继电保护通用技术条件》4.8.3 a。

96．当保护装置投检修，智能终端不投检修，如果保护发出跳合闸命令，那么（　　）。

A．智能终端一定执行　　B．智能终端一定不执行

C．智能终端可能执行，也可能不执行　　D．以上都不对

**答案**：B

**解析**：检修不一致导致，智能终端不执行保护装置命令。

97．断路器、隔离开关采用单位置接入时，应由（　　）完成单位置到双位置的转换。

A．测控　　B．保护　　C．智能终端　　D．监控

**答案**：C

98．智能站保护装置对应一台 IED 设备应（　　）接收一个 GOOSE 发送数据集，该数据集应包含保护所需的所有信息。

A．只　　B．可　　C．宜

**答案**：A

99．线路保护采集智能终端的位置，当与接收智能终端 GOOSE 检修不一致时，那么位置开入应该（　　）。

A．清 0　　　　B．保持前值　　　　C．置 1　　　　D．取反

**答案：**B

100．智能终端产生 SOE 事件时，事件时间分辨率误差必须保证（　　）。

A．≤0.5ms　　　　B．≤1ms　　　　C．≤2ms　　　　D．≤3ms

**答案：**B

**解析：**智能终端外部采集开关量分辨率应不大于 1ms。

101．智能终端在接入遥信量的时候往往会做一些防抖处理，主要的目的是（　　）。

A．防止开关量来回变化

B．防止由于开关量来回变化导致 GOOSE 报文过多引起网络拥塞

C．为间隔层设备提前消抖

**答案：**B

102．智能终端和常规操作箱最主要的区别是（　　）。

A．智能终端实现了开关信息的数字化和共享化

B．智能终端为有源设备，操作箱为无源设备

C．智能终端没有了继电器

**答案：**A

103．操作保护装置、合并单元、智能终端等装置检修压板后，应查看（　　）等情况，同时核查相关运行装置是否出现非预期信号，确认正常后方可执行后续操作。

A．装置指示灯、人机界面变位报文或开入变位

B．断路器位置

C．监控后台

D．软压板状态

**答案：**A

**解析：**出自《国调中心关于印发智能变电站继电保护和安全自动装置现场检修安全措施指导意见（试行）的通知》（调继〔2015〕92 号）第二十条（四）。

104．以下对智能终端说法不正确的是（　　）。

A．智能终端出口跳闸必须设置软压板

B．智能终端收到 GOOSE 跳闸报文后，以遥控的方式转发跳闸报文来进行跳闸报文的反校

C．智能终端的开关量外部输入信号应进行光电隔离，隔离电压不小于 2000V

D．在发生网络风暴时，智能终端允许误发信，但不允许误出口动作

**答案：**C

**解析：**A 应为硬压板；B 为以遥信的方式转发；D 发生网络风暴时智能终端不允许误发信。

105. 智能终端具有信息转换和通信功能，当传达重要的状态信息和控制命令时，通信机制采用（　　）方式，以满足实时性的要求。

A. 硬接点　　B. 手动控制　　C. GOOSE　　D. 遥信

答案：C

106. 智能终端跳合闸出口应采用何种压板方式（　　）。

A. 软压板　　B. 硬压板　　C. 软、硬压板与门　　D. 不设压板

答案：B

107. 合并单元的守时精度要求 10min 小于（　　）。

A. ±4μs　　B. ±2μs　　C. ±1μs　　D. ±1ms

答案：A

**解析**：出自 Q/GDW 1808—2012《智能变电站继电保护通用技术条件》4.8.2 f。

108. 各间隔合并单元所需母线电压量通过（　　）转发。

A. 交换机　　B. 母线电压合并单元

C. 智能终端　　D. 保护装置

答案：B

**解析**：出自 Q/GDW 441—2010《智能变电站继电保护技术规范》5.13 d。

109. 双母双分段接线，按双重化配置（　　）台母线电压合并单元，不考虑横向并列。

A. 2　　B. 4　　C. 6　　D. 8

答案：B

**解析**：出自 Q/GDW 441—2010《智能变电站继电保护技术规范》5.13 d。

110. 合并单元 IEC 61850-9-2 发送数据中，电流电压值数据采用（　　）方式发送。

A. 32 位浮点　　B. 16 位浮点型　　C. 16 位整型　　D. 32 位整型

答案：D

111. 采用 IEC 61850-9-2 点对点模式的智能变电站，若合并单元时钟失步将对线路差动保护装置产生的影响有（　　）（假定线路差动保护只与间隔合并单元通信）。

A. 差动保护闭锁，后备保护开放　　B. 所有保护闭锁

C. 无影响，所有保护开放　　D. 差动保护开放，后备保护闭锁

答案：C

112. 合并单元正常情况下的对时精度和守时精度应分别达到（　　）。

A. 对时精度±1μs，守时精度±4μs　　B. 对时精度±4μs，守时精度±10μs

C. 对时精度±10μs，守时精度±4μs　　D. 对时精度±1μs，守时精度±10μs

答案：A

113. 采用点对点的智能站，仅母线合并单元投入检修会对母线保护产生一定的影响，

下列说法不正确的是（ ）。

A．闭锁所有保护　B．不闭锁保护

C．开放该段母线电压　D．显示无效采样值

答案：A

114．若合并单元发送一个新的采样报文，SV 报文中（ ）属性在累加和翻转。

A．SmpCnt　B．SmpSynch　C．ConfRev　D．SVID

答案：A

解析：每发送一帧 SV 报文，SmpCnt 加 1，增加至 3999 后，清零。

115．母线电压合并单元至少接收（ ）组电压互感器数据，并支持向其他合并单元提供母线电压数据，根据需要提供电压并列功能。

A．2　B．3　C．4　D．5

答案：A

解析：出自 Q/GDW 441—2010《智能变电站继电保护技术规范》5.13 d。

116．母线合并单元异常时，关闭电源并等待几分钟后，再上电重启（ ）。

A．1min　B．2min　C．5min　D．10min

答案：C

117．户内安装的合并单元对相对湿度要求是（ ）。

A．5%～95%　B．15%～95%

C．5%～85%　D．15%～85%

答案：A

解析：出自 Q/GDW 1808—2012《智能变电站继电保护通用技术条件》4.1.1 b。

118．合并单元在外部同步时钟信号消失后，至少能在（ ）内继续满足±4μs 的同步精度要求。

A．2min　B．5min　C．10min　D．20min

答案：C

解析：出自 Q/GDW 1808—2012《智能变电站继电保护通用技术条件》4.8.2 f。

119．接入两个及以上合并单元的保护装置应按（ ）设置“合并单元投入”软压板。

A．模拟量通道　B．电压等级

C．合并单元　D．保护装置

答案：C

解析：出自 Q/GDW 1175—2013《变压器、高压并联电抗器和母线保护及辅助装置标准化设计规范》4.2.6 d。

120．采用 IEC 61850-9-2 点对点模式的智能变电站，若合并单元任意启动电压通道

无效将对线路差动保护产生的影响有（　　）（假定保护线路差动保护只与间隔合并单元通信）。

A．差动保护闭锁，后备保护开放

B．所有保护闭锁

C．所有保护开放

D．切换到由保护电流开放 24V 正电源

答案：D

121．合并单元户外就地安装时，同步方式应采用（　　）。

A．双绞线 B 码方式　　B．光 B 码方式

C．SNTP　　D．1pps

答案：B

解析：过程层设备宜采用光 B 码方式，间隔层设备宜采用电 B 码方式。

122．目前模拟输入式合并单元常用的采样频率是（　　）Hz。

A．1200　　B．2400　　C．4000　　D．5000

答案：C

123．双母单分段接线，按双重化配置（　　）台母线电压合并单元，不考虑横向并列。

A．1　　B．2　　C．3　　D．4

答案：B

解析：出自 Q/GDW 441—2010《智能变电站继电保护技术规范》5.13 d。

124．220kV 智能变电站中母线 TV 合并单元未设计开口三角形输入时，220kV 主变压器的零序过压保护定值应为（　　）V。

A．90　　B．120　　C．150　　D．180

答案：B

解析：零序电压选外接时固定为 180V、选自产时固定为 120V，延时跳开变压器各侧断路器。

125．检查合并单元内保护用通道，应采用双 A/D 且两路 A/D 电路互相独立，两路独立采样数据的瞬时值之差不大于（　　）倍额定值。

A．0.02　　B．0.03　　C．0.04　　D．0.05

答案：A

解析：出自 Q/GDW 11486—2015《智能变电站继电保护和安全自动装置验收规范》7.7.2.10。

126．某智能变电站中采用 DL/T 860.92（IEC 61850-9-2）传输采样，当合并单元采用 N（kHz）采样频率接入测控装置时，测控装置能够准确测量的最高次谐波是（　　）

次谐波。

A．$N/2$　　B．$N$　　C．$5N$　　D．$10N$

**答案：**D

**解析：**$N\times1000\geqslant2\times F_S$，$F_S$为基波的$n$倍，故$N\times1000\geqslant2\times n\times50$，则$n\leqslant10N$。

127．某智能站Ⅰ母二次电压54V、Ⅱ母二次电压61V，某线路间隔合并单元装置Ⅱ母隔离开关灯亮，Ⅰ母隔离开关灯灭，此时该合并单元输出二次电压（　　）V；若此时间隔合并单元报接收智能终端GOOSE断链，则该合并单元输出二次电压（　　）V；断链恢复后再合上Ⅰ母隔刀，Ⅰ、Ⅱ隔离开关灯都亮，该合并单元输出二次电压（　　）V。

A．54、61、54　　B．61、61、54

C．61、0、54　　D．61、无效、54

**答案：**B

**解析：**考察合并单元电压切换功能。Ⅰ母隔离开关合位，Ⅱ母隔离开关分位，合并单元输出Ⅰ母电压；Ⅱ母隔离开关合位，Ⅰ母隔离开关分位，合并单元输出Ⅱ母电压，Ⅰ、Ⅱ母隔离开关均为合位，合并单元输出Ⅰ母电压。

128．智能变电站电压并列由（　　）装置完成。

A．电压并列　　B．母线合并单元

C．线路合并单元　　D．母线智能终端

**答案：**B

129．采用IEC 61850-9-2点对点模式的智能变电站，若合并单元失步将对主变压器保护保护产生的影响有（　　）（假定主变压器为双绕组变压器，保护主变压器保护仅与高低侧合并单元通信）。

A．差动保护闭锁，后备保护开放　　B．所有保护闭锁

C．差动保护开放，后备保护闭锁　　D．所有保护开放

**答案：**D

130．某智能变电站中，母线合并单元通过光纤将母线电压送给各个间隔合并单元，现其中一根光纤损坏，则（　　）。

A．母线合并单元告警，并置validity品质为01

B．母线合并单元告警，采样数据品质正常

C．间隔合并单元告警，并置母线电压数据通道的validity品质为01

D．间隔合并单元告警，并置所有数据通道的validity品质为01

**答案：**C

**解析：**SV断链告警均由接收方发出，品质01表示此数据是无效的。

131．220kV出线若配置组合式互感器，母线合并单元除组网外，点对点接至线路合并单元主要用于（　　）。

A．线路保护重合闸检同期　　B．线路保护计算需要

C．挂网测控的手合检同期　　D．计量用途

答案：A

132．采用 IEC 61850-9-2 点对点模式的智能变电站，支路合并单元无效将对母线保护产生一定的影响，下列说法不正确的是（　　）。

A．闭锁差动保护　　B．显示无效采样值

C．闭锁该支路失灵保护　　D．闭锁所有支路失灵保护

答案：D

133．智能变电站中，母线电压合并单元配置下列说法正确的是（　　）。

A．3/2 接线，两段母线配置一台合并单元，母线电压由母线电压合并单元点对点通过线路电压合并单元转接

B．双母线接线，每段母线按双重化配置两台合并单元

C．双母单分段接线，按双重化配置两台母线电压合并单元，需要横向并列

D．双母双分段接线，按双重化配置四台母线电压合并单元，不考虑横向并列

答案：D

134．双母接线的间隔合并单元通过级联方式接收母线电压，当其接收的 I 母隔离开关位置信号在“10”和“00”之间跳变时，合并单元输出的母线电压为（　　）。

A．保持原母线电压，数据正常

B．电压数据为“0”，数据品质有效

C．电压数据为“0”，数据品质无效

D．电压数据在原母线电压和“0”之间切换

答案：A

135．高压并联电抗器配置独立的电流互感器，主电抗器首端、末端电流互感器（　　）。

A．分别配置独立的合并单元　　B．共用 1 个独立的合并单元

C．首端与线路电压共用合并单元　　D．首、末端与线路电压共用合并单元

答案：B

解析：出自 Q/GDW 441—2010《智能变电站继电保护技术规范》5.5 b。

136．Q/GDW 11487—2015《智能变电站模拟量输入式合并单元、智能终端标准化设计规范》中要求合并单元、智能终端安装在室外时，应选择（　　）级别的设备。

A．C1　　B．C2　　C．C3　　D．C4

答案：B

解析：出自 Q/GDW 11487—2015《智能变电站模拟量输入式合并单元、智能终端标准化设计规范》4.2.2.2。

137．Q/GDW 11487—2015《智能变电站模拟量输入式合并单元、智能终端标准化

设计规范》中 C2 级别的工作环境温度范围为（　　）。

A．–25～+55℃　　B．–40～+55℃

C．–40～+85℃　　D．–25～+85℃

答案：C

解析：出自 Q/GDW 11487—2015《智能变电站模拟量输入式合并单元、智能终端标准化设计规范》4.2.2.2。

138．Q/GDW 11487—2015《智能变电站模拟量输入式合并单元、智能终端标准化设计规范》中要求模拟量输入式合并单元的基础型号为（　　）。

A．A-G　　B．-G　　C．DA-G　　D．DG-G

答案：A

解析：出自 Q/GDW 11487—2015《智能变电站模拟量输入式合并单元、智能终端标准化设计规范》图 1。

139．Q/GDW 11487—2015《智能变电站模拟量输入式合并单元、智能终端标准化设计规范》中要求双母线电压并列，母联位置为不确定态时，电压并列逻辑应（　　）。

A．Ⅰ、Ⅱ母都使用Ⅰ母电压　　B．Ⅰ、Ⅱ母都使用Ⅱ母电压

C．Ⅰ、Ⅱ母使用各自电压　　D．保持原来状态

答案：D

140．Q/GDW 11487—2015《智能变电站模拟量输入式合并单元、智能终端标准化设计规范》中要求合并单元应采用光 IRIG-B 进行对时，接口类型采用（　　）。

A．SC　　B．ST　　C．LC　　D．FC

答案：C

解析：出自 Q/GDW 11487—2015《智能变电站模拟量输入式合并单元、智能终端标准化设计规范》5.3.4 b。

141．主合并单元 IEC 61850-9-2 发送数据中，电压值的单位为（　　）。

A．1V　　B．1kV　　C．10mV　　D．1mV

答案：C

142．合并单元 IEC 61850-9-2 发送数据中，电流值的单位为（　　）。

A．1A　　B．1kA　　C．10mA　　D．1mA

答案：D

143．下列哪个功能不能在合并单元中实现（　　）。

A．电压并列　　B．电压切换

C．GOOSE 跳闸　　D．采样数据同步

答案：C

144．合并单元在对时异常后具有守时功能。要求在失去同步时钟信号 10min 以内

MU 的守时误差小于（　　）μs。

A．±1　　B．±2　　C．±4　　D．±8

**答案**：C

145．以下哪种情况不会导致保护装置无法正确接收合并单元的 SV 采样数据（　　）。

A．SV 通道为无效状态

B．SV 通道为检修状态

C．SV 报文为非同步状态

D．SV 报文 MAC 地址、APPID 等通信参数与保护装置配置不一致

**答案**：C

146．采用 IEC 61850-9-2 点对点采样模式的智能变电站，一次设备未停役，仅某支路合并单元投入检修对母线保护产生了一定影响，下列说法不正确的是（　　）。

A．闭锁差动保护　　B．闭锁该支路失灵保护

C．闭锁所有支路失灵保护　　D．显示无效采样值

**答案**：C

147．由于配置或其他异常原因，保护装置接收到的合并单元采样额定延时与实际采样延时相差 250μs，由此导致的相位误差是（　　）°。

A．3　　B．4.5　　C．5　　D．6

**答案**：B

**解析**：250μs/20000μs×360°=4.5°。

148．合并单元正常运行时，投入其检修压板后，则其发送的 SV 报文中采样通道的数据品质为（　　）。

A．0x0000　　B．0x0001　　C．0x0080　　D．0x0800

**答案**：D

**解析**：SV 数据 q 属性见表 8-1，当合并单元正常运行时，投入其检修压板后，bit11（测试位）置 1，其余置 0，即品质为 0x0800。

**表 8-1　　SV 数据的 q 属性**

<table>
<tr><td>bit7</td><td>bit6</td><td>bit5</td><td>bit4</td><td>bit3</td><td>bit2</td><td colspan="2">bit0～1</td></tr>
<tr><td colspan="6">细化品质</td><td colspan="2">有效性</td></tr>
<tr><td>旧数据</td><td>故障</td><td>抖动</td><td>坏基准值</td><td>超值域</td><td>溢出</td><td colspan="2">0=好，1=无效，2=保留，3=可疑</td></tr>
<tr><td>bit15</td><td>bit14</td><td>bit13</td><td>bit12</td><td>bit11</td><td>bit10</td><td>bit9</td><td>bit8</td></tr>
<tr><td rowspan="2"></td><td rowspan="2"></td><td rowspan="2"></td><td rowspan="2">操作员闭锁</td><td rowspan="2">测试</td><td rowspan="2">源</td><td colspan="2">细化品质</td></tr>
<tr><td>不精确</td><td>不一致</td></tr>
</table>

注　bit13～bit31 未用。

149．采样频率为4000Hz的合并单元，其采样间隔离散不应超过（　　）μs。

A．5　　B．10　　C．20　　D．30

答案：B

解析：出自Q/GDW 1808—2012《智能变电站继电保护通用技术条件》4.8.2 d。

150．以下哪种情况，允许合并单元采样序号出现跳变（　　）。

A．失步再同步　　B．上电时

C．正常运行过程中　　D．电压并列时

答案：A

解析：出自Q/GDW 1808—2012《智能变电站继电保护通用技术条件》4.8.2 d。

151．220kV及以上变压器各侧中性点、间隙电流应接入（　　）。

A．相应侧合并单元　　B．独立合并单元

C．主变压器保护　　D．主变压器测控

答案：A

解析：出自Q/GDW 441—2010《智能变电站继电保护技术规范》5.3 a。

152．MU采样值发送间隔离散值应小于（　　）μs，对应角差（　　）°。

A．8、0.144　　B．8、0.18

C．10、0.144　　D．10、0.18

答案：D

解析：MU采样值发送间隔离散值应小于10μs，10/20000×360°=0.18°。

153．合并单元的22个采样通道的含义和次序由合并单元的ICD模型文件中的（　　）决定。

A．SV控制块　　B．采样发送数据集

C．采样接收数据集　　D．GOOSE控制块

答案：B

154．单个合并单元的数据流量（　　）。

A．1～2M　　B．3～4M　　C．5～8M　　D．10～12M

答案：C

155．以下哪个信息不属于合并单元监视信息（　　）。

A．DC/DC工作电压　　B．内部工作温度

C．过程层网口及对时网口光强　　D．数据异常（丢帧、失步、无效）

答案：D

156．MU数据品质位（无效、检修等）异常时，保护装置应怎样处理（　　）。

A．延时闭锁可能误动的保护

B．瞬时闭锁可能误动的保护，并且一直闭锁

C．瞬时闭锁可能误动的保护，并且在数据恢复正常后尽快恢复被闭锁的保护

D．不闭锁保护

答案：C

解析：出自 Q/GDW 441—2010《智能变电站继电保护技术规范》6.1.5。

157．保护装置处理 MU 上送的数据时，以下说法错误的是（　　）。

A．实时处理 SV 的品质位（无效、检修等），及时准确提供告警信息

B．利用 SV 的信息合理地进行保护功能的退出和保留，瞬时闭锁可能误动的保护

C．当 SV 数据品质由异常恢复正常后应尽快恢复被闭锁的保护功能

D．SV 数据品质位异常时应实时告警

答案：D

解析：出自 Q/GDW 441—2010《智能变电站继电保护技术规范》6.1.5。

158．SV 采用点对点直采的智能站，仅母联合并单元投入检修对母线保护产生了一定影响，下列说法不正确的是（　　）。

A．闭锁差动保护　　B．闭锁母联保护　　C．母线保护自动置互联

答案：A

159．主变高压侧电流数据无效时，以下哪个保护可以保留（　　）。

A．高压侧过流　　B．高压侧自产零流

C．纵差保护　　D．过励磁保护

答案：D

解析：过励磁保护与电压、频率有关，与高压侧电流无关。

160．母线电压合并单元输出的数据无效或失步，以下哪些保护会被闭锁（　　）。

A．差动保护　　B．失灵保护

C．母联失灵保护　　D．都不闭锁

答案：D

161．电子式电流互感器的额定延时不大于（　　）个采样周期。

A．0.5　　B．1　　C．2　　D．4

答案：C

解析：出自 Q/GDW 441—2010《智能变电站继电保护技术规范》6.3.2。

162．目前，有源电子式互感器中传感保护电流的感应元件通常为（　　）。

A．罗氏线圈　　B．低功率线圈

C．取能线圈　　D．电容分压环

答案：A

解析：有源电子式互感器通常采用 Rogowski 线圈（罗氏线圈）来进行保护电流的测量，使用 LPCT（低功率线圈）实现测量电流的测量。因为罗氏线圈不含铁芯，密绕

于非磁性骨架上的螺线管，具有很好的线性度，适用于保护，动态范围大，暂态特性好。而测量电流用低功率线圈与常规 TA 原理相同，输出功率要求很小、铁芯材料选用纳米晶，测量精度高、温度稳定性好，适用于测量、计量要求。

163．一台保护用电子式电流互感器，额定一次电流 4000A（有效值），额定输出为 SCP=01CFH（有效值，RangFlag=0），对应于样本 2DF0H 的瞬时模拟量电流值为（ ）。

A．4000A　　B．463A　　C．11760A　　D．101598A

**答案**：D

**解析**：01CF（有效值，RangFlag=0）转化为十进制为 463，2DF0 转化为十进制为 11760，11760/463×4000=101598A。

164．光学电流互感器中光信号角度差（或相位差）与被测电流的关系为（ ）。

A．角度差（或相位差）是被测电流的微分

B．角度差（或相位差）是被测电流的积分

C．角度差（或相位差）是被测电流成正比

D．角度差（或相位差）是被测电流成反比

**答案**：C

165．电子式电压互感器浪涌抗扰度严酷等级要求为（ ）级。

A．Ⅰ　　B．Ⅱ　　C．Ⅲ　　D．Ⅳ

**答案**：D

166．5P 级电子式电流互感器在 100%$I_n$ 点的相位误差限值为（ ）。

A．30′　　B．10′　　C．15′　　D．60′

**答案**：D

167．电子式电流互感器的复合误差不大于（ ）。

A．3%　　B．4%　　C．5%　　D．10%

**答案**：C

168．5TPE 级电子式电流互感器在准确限值条件下的最大峰值瞬时误差限值为（ ）。

A．5%　　B．10%　　C．0.20%　　D．1%

**答案**：B

169．有源电子式电流互感器采用的技术是（ ）。

A．空心线圈、低功率线圈（LPCT）、分流器

B．电容分压、电感分压、电阻分压

C．Faraday 磁光效应

D．Pockels 电光效应

**答案**：A

**解析**：电子式互感器分类如图 8-1 所示。

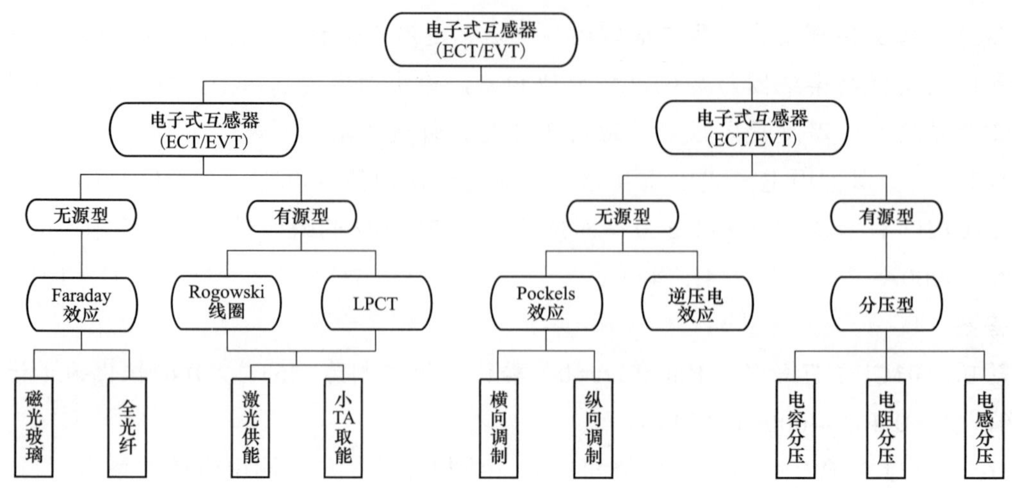


图 8-1　电子式互感器分类

170. 光学互感器一次转换器的供电方式（　　）。

A. 母线取能　　B. 激光供电　　C. 电缆供电　　D. 无需供电

**答案：**D

171. 电子式电流互感器的低功率线圈通常为（　　）使用。

A. 计量　　B. 保护　　C. 录波器　　D. 测量

**答案：**A

172. 对于常规互感器接入的智能变电站中，500kV 母线保护使用的电流互感器一般选用（　　）。

A. TPS　　B. 5P　　C. TPY　　D. TPZ

**答案：**C

173. 关于电子式互感器，下列说法错误的是（　　）。

A. 有源电子式互感器利用电磁感应等原理感应被测信号

B. 无源电子式互感器利用光学原理感应被测信号

C. 所有电压等级的电子式互感器其输出均为数字信号

D. 10kV、35kV 低压电子式互感器通常输出小模拟量信号

**答案：**C

174. 有些电子式电流互感器是由线路电流提供电源。这种互感器电源的建立需要在一次电流接通后迟延一定时间。此延时称为（　　）。

A. 唤醒时间　　B. 传输延时　　C. 供电延时　　D. 接通延时

**答案：**A

175. 有源电子式互感器中传感保护电流的感应元件通常为（　　），有源电子式互感器中传感测量电流的感应元件通常为（　　）。

A．罗氏线圈、低功率线圈　　B．低功率线圈、罗氏线圈

C．FOCT、低功率线圈　　D．OCT、罗氏线圈

答案：A

176．电子式互感器（含 MU）传输采样值额定延时应不大于（　　）。

A．1000μs　　B．1500μs　　C．2000μs　　D．2500μs

答案：C

解析：出自 Q/GDW 441—2010《智能变电站继电保护技术规范》6.3.2。

177．下列关于线路保护装置、合并单元、智能终端之间检修压板配合的描述不正确的是（　　）。

A．当线路需要检修时，需要将三者的检修压板均投入

B．合并单元和保护装置检修压板不一致时，保护依然可以动作

C．合并单元和保护装置检修压板一致时，保护才处理采样数据

D．智能终端和保护装置检修压板不一致时，保护装置依然可以发送保护动作 GOOSE 报文，但智能终端无法出口

答案：B

178．保护装置应处理 MU 上送的数据品质位（无效、检修等），及时准确提供告警信息。在异常状态下，利用 MU 的信息合理地进行保护功能的退出和保留，（　　）可能误动的保护，（　　），并在数据恢复正常之后尽快恢复被闭锁的保护功能。

A．瞬时闭锁，瞬时告警　　B．瞬时闭锁，延时告警

C．延时闭锁，延时告警　　D．延时闭锁，立刻告警

答案：B

解析：出自 Q/GDW 441—2010《智能变电站继电保护技术规范》6.1.5。

179．当与接收母线保护 GOOSE 检修不一致时，线路保护采集母差远跳开入应（　　）。

A．清 0　　B．保持前值　　C．置 1　　D．取反

答案：A

解析：检修不一致时，双点信息保持前值，单点信息清零。

180．保护装置的参数、配置文件仅在（　　）投入时才可下装，下装时应闭锁保护。

A．主保护投退压板　　B．检修压板

C．纵联保护投退压板　　D．保护投退压板

答案：B

解析：出自 Q/GDW 1810—2012《智能变电站继电保护通用技术条件》7.4.5.2 b。

181．某 500kV 智能变电站，5031、5032 断路器（5902 出线）间隔停役检修时，必须将（　　）退出。

A. 500kV Ⅰ母母差检修压板

B. 500kV Ⅰ母 5031 支路“SV 接收”压板

C. 5031 断路器保护跳本断路器出口压板

D. 5902 线线保护 5031 支路“SV 接收”压板

**答案**：B

**解析**：根据调继〔2015〕92 号第十七条（三），一次设备停役，合并单元、采集单元校验、消缺时，应退出对应的线路保护、母线保护等相关装置内该间隔的软压板（如母线保护内该间隔投入软压板、SV 软压板等）。

182．当继电保护设备检修压板投入时，上送报文中信号的品质 q 的（　　）应置位。

A．无效位　　B．Test 位　　C．取代位　　D．溢出位

**答案**：B

183．智能站保护，关于检修压板对保护出口的影响，描述正确的是（　　）。

A．间隔层装置与合并单元检修一致，智能终端检修不一致，不影响出口跳开断路器

B．间隔层装置与智能终端检修一致，合并单元检修不一致，不影响出口跳开断路器

C．智能终端与合并单元检修一致，间隔层装置检修不一致，不影响出口跳开断路器

D．间隔层装置与合并单元、智能终端必须同时检修一致才出口

**答案**：D

**解析**：出自 Q/GDW 1396—2012《IEC 61850 工程继电保护应用模型》13.3。

184．智能站母线保护，实时对各支路和母联位置开入的检修状态进行判别，当位置开入的检修状态与保护检修状态不一致时，保护处理方式为（　　）。

A．该开入不做处理

B．采用当前实时开入信号

C．记忆检修不一致之前的位置状态

**答案**：C

185．智能站母线保护，当启失灵 GOOSE 开入信号检修不一致时，保护处理方式（　　）。

A．闭锁该元件失灵保护

B．采用当前实时开入信号

C．记忆检修不一致之前的位置状态

**答案**：A

186．SV 采样装置各模拟量输入通道品质中的（　　）位与装置自身的检修压板状态进行比较，两者一致时才将此路模拟量用于保护计算。

A．Validity　　B．Test　　C．Overflow　　D．Failure

**答案**：B

**解析**：出自 Q/GDW 1808—2012《智能变电站继电保护通用技术条件》4.8.2 l。

187. 智能站母线保护装置，对于 GOOSE 开入的处理，以下说法不正确的是（　　）。

A．GOOSE 断链，所有 GOOSE 开入应清零

B．隔离开关双点开入为 00、11 时，上送后台的应为保护实际所用隔离开关位置

C．GOOSE 检修不一致，隔离开关位置宜采用检修前位置

D．GOOSE 检修不一致，母线保护装置侧应能监视其他保护 GOOSE 输入状态

**答案**：A

188. 主变或线路支路间隔合并单元检修状态与母差保护装置检修状态不一致时，母线保护装置如何处理（　　）。

A．闭锁母线保护

B．检修状态不一致的支路不参与母线保护差流计算

C．母线保护直接跳闸该支路

D．保护不做任何处理

**答案**：A

189. 关于母线保护复合电压闭锁功能，以下说法不正确的是（　　）。

A．母联出口跳闸不经电压闭锁

B．电压采样异常，开放电压闭锁

C．母线电压合并单元检修时，闭锁差动保护

D．某条母线 TV 检修时，允许开放该条母线电压闭锁

**答案**：C

190. 若装置处于检修，品质 Quality 的哪个位被置 TRUE（　　）。

A．Validity　　B．Source

C．Test　　D．OperatorBlocked

**答案**：C

191. 在智能变电站中保护装置的硬压板包括（　　）。

A．闭锁重合闸压板　　B．跳闸出口压板

C．检修压板　　D．启动失灵压板

**答案**：C

**解析**：智能变电站中保护装置的硬压板包括检修压板和远方操作压板，其余均采用软压板。

192. Q/GDW 441—2010 规定每台过程层交换机的光纤接入数量不宜超过（　　）对。

A．8　　B．12　　C．16　　D．24

**答案**：C

**解析**：出自 Q/GDW 441—2010《智能变电站继电保护技术规范》5.11 e。

193．按照 Q/GDW 1396—2012《IEC 61850 工程继电保护应用模型》规定，保护装置预定义的保护压板的数据集名为（　　）。

A．dsRelayDin　　B．dsRelayEna　　C．dsRelayAin　　D．dsSetting

**答案**：B

**解析**：出自 Q/GDW 1396—2012《IEC 61850 工程继电保护应用模型》8.3.1 c。

194．DL/T 860 系列标准中定义的下列逻辑节点名称含义错误的是（　　）。

A．MMXU 逻辑节点用于建立和相别相关的遥测量，MMXN 逻辑节点是建立和相别无关的遥测量

B．PTRC 逻辑节点一般用于 GOOSE 开出配置、配置跳闸信号、保护启动信号等

C．XCBR 用于配置断路器位置等信息的逻辑节点

D．RRTC 用于配置自动重合闸相关信息的逻辑节点

**答案**：D

**解析**：RREC 用于配置自动重合闸相关信息的逻辑节点。

195．根据 Q/GDW 441—2010《智能变电站继电保护技术规范》的要求，下列描述不正确的是（　　）。

A．智能电子设备的相互启动、相互闭锁信息可通过 GOOSE 网传输，双重化配置的保护可直接交换信息

B．保护装置应不依赖于外部对时系统实现其保护功能

C．变压器非电量保护采用就地直接电缆跳闸，信息通过本体智能终端上送过程层 GOOSE 网

D．变压器保护跳母联、分段断路器及闭锁备自投、启动失灵等可采用 GOOSE 网络传输

**答案**：A

**解析**：保护装置、智能终端等智能电子设备间的相互启动、相互闭锁、位置状态等交换信息可通过 GOOSE 网络传输，双重化配置的保护之间不直接交换信息。

196．关于 IEC 61850-9-2 规范，下述说法不正确的是（　　）。

A．采用以太网接口，传输速度为 10Mbit/s 或 100Mbit/s

B．保护装置对实时性要求较高的应用采用点对点通信

C．测控、计量等实时性要求不高的应用采用网络通信

D．仅支持网络方式通信

**答案**：D

197．DL/T 860 标准中采用（　　）结构来组织模型信息。

A．图　　B．层次　　C．树形　　D．顺序

**答案**：C

198．DL/T 860 系列标准中通过（　　）来表示数据的用途。

A．功能约束　　B．公用数据类

C．数据对象　　D．以上都不是

**答案：**A

199．DL/T 860 系列标准中（　　）是功能的基本单元。

A．逻辑设备　　B．数据对象　　C．逻辑节点　　D．数据属性

**答案：**C

200．智能变电站中任意两台智能电子设备之间的数据传输路由不应超过（　　）台交换机。

A．1　　B．2　　C．3　　D．4

**答案：**D

**解析：**出自 Q/GDW 441—2010《智能变电站继电保护技术规范》5.11 d。

201．在采用双重化 MMS 通信网络的情况下，来自冗余连接组的连接应使用（　　）报告实例号和（　　）缓冲区映像进行数据传输。

A．不同的、不同的　　B．不同的、相同的

C．相同的、不同的　　D．相同的、相同的

**答案：**D

**解析：**出自 Q/GDW 1396—2012《IEC 61850 工程继电保护应用模型》9 e。

202．关联服务应遵循支持同时不少于（　　）个客户端建立连接。

A．12　　B．14　　C．16　　D．18

**答案：**C

**解析：**出自 Q/GDW 1396—2012《IEC 61850 工程继电保护应用模型》8.1 b。

203．（　　）元素是从 SCD 文件中提取的装置过程层 GOOSE 输出配置信息。

A．GOOSESUB　　B．GOOSEPUB　　C．SVPUB　　D．SVSUB

**答案：**B

**解析：**出自 Q/GDW 11471—2015《智能变电站继电保护工程文件技术规范》8.3.2。

204．根据 Q/GDW 429—2010《智能变电站网络交换机技术规范》，当 SV 采用组网或与 GOOSE 共网的方式传输时，用于母差保护或主变保护的过程层交换机宜支持在任意 100M 网口出现持续（　　）的（　　）突发流量时不丢包，在任意 1000M 网口出现持续（　　）的（　　）突发流量时不丢包（　　）。

A．0.1ms，500M，0.1ms，1000M　　B．0.25ms，500M，0.25ms，1000M

C．0.1ms，1000M，0.1ms，2000M　　D．0.25ms，1000M，0.25ms，2000M

**答案：**D

**解析：**出自 Q/GDW 429—2010《智能变电站网络交换机技术规范》4.2.3。

205．智能控制柜应具备温度、湿度的采集、调节功能，柜内温度控制在（　　）。

A．−20～40℃　　B．−10～50℃　　C．−10～40℃　　D．−0～50℃

**答案**：B

**解析**：出自 Q/GDW 441—2010《智能变电站继电保护技术规范》6.7.3。

206．根据 Q/GDW 715—2012《110kV～750kV 智能变电站网络报文记录分析装置通用技术规范》，网络报文监测终端对时精度应小于等于（　　）μs，网络报文管理机对时精度应小于等于（　　）ms。

A．10，1　　B．1，10　　C．100，1　　D．100，10

**答案**：B

207．智能站内，除纵联保护通道外，应采用（　　）光纤，采用无金属、阻燃、防鼠咬的光缆。

A．多模　　B．单模　　C．SC　　D．LC

**答案**：A

**解析**：出自 Q/GDW 441—2010《智能变电站继电保护技术规范》6.8。

208．IEC 61850 中描述系统功能的基本单位是（　　）。

A．LD　　B．LN　　C．DO　　D．DA

**答案**：B

**解析**：出自 Q/GDW 1396—2012《IEC 61850 工程继电保护应用模型》7.1.1。

209．GOOSE 和 SV 的接收软压板应采用（　　）建模。

A．GGIO.DPCSO　　B．GGIO.SPCSO

C．GGIO.IPCSO　　D．GGIO.POS

**答案**：B

**解析**：出自 Q/GDW 1396—2012《IEC 61850 工程继电保护应用模型》7.2.1 h。

210．失灵联跳开出虚端子统一采用（　　）建模。

A．PSCH　　B．RREC　　C．RBRF　　D．PTRC

**答案**：D

**解析**：出自 Q/GDW 1396—2012《IEC 61850 工程继电保护应用模型》7.2.1 g。

211．IEC 61850-9-2 基于哪种通信机制？（　　）

A．C/S（客户/服务器）　　B．B/S（浏览器/服务器）

C．发布/订阅　　D．主/从

**答案**：C

**解析**：出自 Q/GDW 1396—2012《IEC 61850 工程继电保护应用模型》3.3。

212．关于 IEC 60044-8 规范，下述说法不正确的是（　　）。

A．采用 Manchester 编码　　B．传输速度为 2.5Mbit/s 或 10Mbit/s

C．只能实现点对点通信　　　　D．可实现网络方式传输

**答案**：D

**解析**：出自 Q/GDW 441—2010《智能变电站继电保护技术规范》附录 A。

213．隔离开关、接地隔离开关的控制类型通常选择为（　　）。

A．sbo-with-enhanced-security　　　　B．direct-with-enhanced-security

C．sbo-with-normal-security　　　　D．direct-with-normal-security

**答案**：A

**解析**：出自 Q/GDW 1396—2012《IEC 61850 工程继电保护应用模型》8.4。

214．下面对于智能变电站中模型的举例，错误的是（　　）。

A．保护模型 PDIF、PTOC 等　　　　B．测量功能模型 MMXU、MMXN 等

C．控制功能模型 CSWI、CILO 等　　　　D．计量功能模型 MMXU、MMTR 等

**答案**：D

**解析**：出自 Q/GDW 1396—2012《IEC 61850 工程继电保护应用模型》7.2.1 j。

215．智能变电站中，交换机传输各种帧长数据时交换机固有时延应小于（　　），帧丢失率应为（　　）。

A．10μs，1%　　　　B．15μs，1%　　　　C．10μs，0　　　　D．15μs，0

**答案**：C

**解析**：出自 Q/GDW 441—2010《智能变电站继电保护技术规范》6.2.3。

216．SV 接收软压板退出时，装置应给出明确的提示确认信息，经确认后可退出压板；SV 接收压板退出后，电流/电压显示为（　　）。

A．0，并参与逻辑运算　　　　B．0，并不参与逻辑运算

C．实际值，并参与逻辑运算　　　　D．实际值，并不参与逻辑运算

**答案**：B

217．通常把传输层、网络层、数据链路层、物理层的数据依次称为（　　）。

A．帧（frame），数据包（packet），段（segment），比特流（bit）

B．段（segment），数据包（packet），帧（frame），比特流（bit）

C．比特流（bit），帧（frame），数据包（packet），段（segment）

D．数据包（packet），段（segment），帧（frame），比特流（bit）

**答案**：B

218．针对直跳开入的软件防误措施，在有直跳开入时，需经（　　）的固定延时确认。

A．5ms　　　　B．10ms　　　　C．50ms　　　　D．100ms

**答案**：C

219．在任何网络运行工况流量冲击下，装置均不应死机或重启，不发出错误报文，

响应正确报文的延时不应大于（　　）。

A．1ms　　B．2ms　　C．10ms　　D．1s

**答案：**A

220．某一个装置需要接收来自相应 SMV 网的 GOOSE 输入，必须在相应的 LD 的 LN0 中定义（　　）节点。

A．Inputs　　B．DataSet　　C．LN　　D．DOI

**答案：**A

221．TCP/IP 参考模型相对与 OSI 七层参考模型，没有定义（　　）。

A．链路层和网络层　　B．网络层和传输层

C．传输层和会话层　　D．会话层和表示层

**答案：**D

222．交换机 VLAN 的设置对于 GOOSE 的应用主要为了（　　）。

A．数据流量隔离　　B．数据相互共享

C．数据安全隔离　　D．其他应用

**答案：**C

223．断路器采用（　　）建模。

A．XSWI　　B．XCBR　　C．CSWI　　D．RBRF

**答案：**B

**解析：**断路器使用 XCBR 实例，隔离开关使用 XSWI 实例，两者的控制均使用 CSWI 实例。

224．一个没有带 tag 的数据帧，进入 TRUNK 类端口后被（　　）。

A．丢弃

B．加上默认 VLANID 进行转发

C．向除了 pVLAN 之外的所有 VLAN 转发

D．向所有 VLAN 内端口

**答案：**B

225．使用以太网桥和 VLAN 主要目的分别隔离（　　）。

A．广播域、冲突域　　B．冲突域、广播域

C．冲突域、冲突域　　D．广播域、广播域

**答案：**B

226．OSI 参考模型每一层都将建立自己的协议数据单元（PDU），其对应关系正确的是（　　）。

A．物理层是数据位　　B．数据链路层是数据段

C．网络层是数据帧　　D．传输层是数据包

**答案**：A

227．下列数据类型中，属于双点遥信类型的是（　　）。

A．CN_SPS　　B．SN_SPC　　C．CN_DPS　　D．CN_DPC

**答案**：C

**解析**：统一定义的数据类型和数据属性采用统一的前缀“CN_。SPS 单点位置信号，SPC 单点控制，DPS 双点位置信号，DPC 双点控制。

228．报告服务中心触发条件为 dupd 类型，代表着（　　）。

A．由于数据属性的变化触发

B．由于品质属性值变化触发

C．由于冻结属性值得冻结或任何其他属性刷新值触发

D．由于设定周期时间到后触发

**答案**：C

**解析**：dupd 是由于刷新数据属性值触发。

229．报告服务中触发条件为 dchg 类型，代表着（　　）。

A．由于品质属性值变化触发

B．由于数据属性的变化触发

C．由于冻结属性值的冻结或任何其他属性刷新值触发

D．由于设定周期时间到后触发

**答案**：B

**解析**：dchg 是由于数据属性值的变化触发。

230．在智能变电站中，过程层网络通常（　　）实现 VLAN 划分。

A．根据交换机端口　　B．根据 MAC 地址

C．根据网络层地址　　D．根据 IP 组播

**答案**：A

231．在 OSI 参考模型中，上层协议实体与下层协议实体之间的逻辑接口称为服务访问点（SAP）。在 Internet 数据帧中，目的地址“00-0F-78-1-60-01”属于（　　）的服务访问点。

A．数据链路层　　B．网络层　　C．传输层　　D．应用层

**答案**：A

232．以下选项中，不属于过程层 LD 的是（　　）。

A．PIGO　　B．PISV　　C．PROT　　D．MUGO

**答案**：C

**解析**：保护 LD，inst 名为 PROT 为间隔层 LD。

233．IEEE 61588 标准关于网络对时的优点是（　　）。

A．精度高

B．不依赖 GPS/北斗等统一时钟源

C．同步装置、交换机及 IED 等二次设备的硬件实现简单

D．需铺设专门的对时网络，可复用过程层通信网络

**答案**：A

234. IEC 61850 标准在定义逻辑节点时，凡是以 P 开头的逻辑节点的含义是（　　）。

A．测量计算　　B．保护相关　　C．保护功能　　D．通用功能

**答案**：C

235．GMRP、VLAN 在智能变电站网络应用中的描述准确的是（　　）。

A．GMRP 仅需交换机支持，不需要智能电子设备支持，VLAN 仅需交换机支持，不需要智能电子设备支持

B．GMRP 仅需交换机支持，不需要智能电子设备支持，VLAN 需交换机、智能电子设备同时支持

C．GMRP 需智能电子设备、交换机同时支持，VLAN 仅需交换机支持，不需智能电子设备支持

D．GMRP 需智能电子设备、交换机同时支持，VLAN 需交换机，智能电子设备同时支持

**答案**：C

236．以下是模型文件包含的四部分主要元素，ICD 文件可以没有（　　）。

A．<Header>　　B．<Communication>

C．<IED>　　D．<DataTypeTemplate>

**答案**：B

237．对于 IP 地址为 192.168.0.2，掩码为 255.255.255.240 的装置，它接收到的 IP 广播报文的 IP 地址应为（　　）。

A．192.168.0.15　　B．192.168.0.255

C．192.168.0.31　　D．192.168.0.63

**答案**：A

**解析**：192.168.0.2 与子网掩码 255.255.255.240 进行与操作，得到网络地址 192.168.0.240，广播地址为 192.168.0.15（255–240=15）。

238．IEC 61850 标准使用 OSI 的应用专规（A-Profile）和传输专规（T-Profile）来描述不同的通信栈。其中传输专规为含（　　）。

A．物理层、数据链路层、网络层、传输层

B．数据链路层、网络层、传输层、会话层

C．会话层、表示层、应用层

D．数据链路层、网络层、传输层

**答案：** A

239．ICD 文件中 IED 名应为（　　）。

A．IEDNAME　　B．装置型号　　C．TEMPLATE　　D．没要求

**答案：** C

**解析：** 出自 Q/GDW 1396—2012《IEC 61850 工程继电保护应用模型》7.1.1。

240．在智能变电站 ICD 模型中，保护事件的数据集的是（　　）。

A．dsAlarm　　B．dsTripInfo　　C．dsRelayEna　　D．dsSetting

**答案：** B

**解析：** 出自 Q/GDW 1396—2012《IEC 61850 工程继电保护应用模型》8.3.1。

241．关于 CCD 文件描述正确的是（　　）。

A．全站系统配置文件　　B．IED 回路实例配置文件

C．IED 能力描述文件 IED　　D．实例化配置文件

**答案：** B

242．智能变电站系统中，在配置 SCD 文件时，要求各 IED 内任意一个报告控制块的 name 要（　　）。

A．全站唯一　　B．装置内唯一　　C．完全相同

**答案：** B

**解析：** 出自 Q/GDW 1396—2012《IEC 61850 工程继电保护应用模型》8.3.2。

243．国家电网的扩展 FT3 格式的通道个数是（　　）。

A．12　　B．22　　C．24　　D．8

**答案：** B

**解析：** 出自 Q/GDW 441—2010《智能变电站继电保护技术规范》附录 A.3 IEC 60044-8 固定 12 通道；国家电网的扩展 FT3 格式 22 通道。

244．以太网交换机一个端口在接收到数据帧时，如果没有在 MAC 地址表中查找到目的 MAC 地址，通常如何处理（　　）。

A．把以太网帧复制到所有端口

B．把以太网帧单点传送到特定端口

C．把以太网帧发送到除本端口以外的所有端口

D．丢弃该帧

**答案：** C

245．IEEE 802.1Q 的标记报头将随着介质不同发生变化，按照 IEEE 802.1Q 标准，标记实际上（　　）。

A．不固定

B．嵌在源 MAC 地址和目标 MAC 地址前

C．嵌在源 MAC 地址和目标 MAC 地址后

D．嵌在源 MAC 地址和目标 MAC 地址中间

**答案**：C

**解析**：802.1q 协议定义了 vlan 字段的结构和 vlan 字段在以太网帧中位置。802.1Q 帧格式：源地址—目的地址—IEEE 802.1q 的标记报头—长度或类型—数据。

246．VLANtag 在 OSI 参考模型的哪一层实现（　　）。

A．物理层　　B．数据链路层　　C．网络层　　D．应用层

**答案**：B

**解析**：数据链路层：负责物理层面上的互联的、节点间的通信传输（例如一个以太网项链的 2 个节点之间的通信）；该层的作用包括：物理地址寻址、数据的成帧、流量控制、数据的检错、重发等。

247．下列（　　）属性不属于 ConnertedAP 节点的属性。

A．iedName　　B．desc　　C．sAddr

**答案**：C

**解析**：出自 Q/GDW 1396—2012《IEC 61850 工程继电保护应用模型》附录 J IED 物理端口描述及站控层双网配置实例。

248．以下（　　）是描述装置过程层标准配置信息的文件。

A．CID　　B．CCD　　C．SSD　　D．LPCD

**答案**：B

**解析**：出自 Q/GDW 11471—2015《智能变电站继电保护工程文件技术规范》4 缩略语。

249．智能化保护装置双点开关量输入定义：（　　）为合位，（　　）为分位。

A．11，00　　B．00，11　　C．01，10　　D．10，01

**答案**：D

**解析**：出自 Q/GDW 1161—2013《线路保护及辅助装置标准化设计规范》4.1.2。

250．ICD 文件中描述了装置的数据模型和能力，但是不包括（　　）。

A．装置包含哪些逻辑装置、逻辑节点　　B．逻辑节点类型、数据类型的定义

C．GOOSE 连接关系　　D．装置通信能力和参数描述

**答案**：C

**解析**：Q/GDW 441—2010《智能变电站继电保护技术规范》3 术语和定义。

251．智能变电站应用交换机报文采用（　　）模式。

A．存储转发　　B．直通转发　　C．碎片隔离　　D．FIFO

**答案**：A

252．IEC 61850 模型是基于（　　）格式的 SCL 语言进行描述的。

A. HTML　　B. SHTML

C. 无格式，随意编写　　D. XML

**答案：**D

253. 下列 IEC 61850 标准中定义的逻辑节点名称含义错误的是（　　）。

A. PDIF：距离保护逻辑节点　　B. PTOC：过流保护逻辑节点

C. TCTR：电流互感器逻辑节点　　D. ATCC：自动分接开关控制

**答案：**A

**解析：**出自 Q/GDW 1396—2012《IEC 61850 工程继电保护应用模型》附录 A 中描述 PDIF 为差动保护。

254. 在常用的逻辑节点中，测量的逻辑节点是（　　）。

A. MMXU　　B. GGIO　　C. PTOC　　D. CSWI

**答案：**A

**解析：**Q/GDW 1396—2012《IEC 61850 工程继电保护应用模型》7.2.1。

255. SSD.SCD.ICD 和 CID 文件是智能变电站中用于配置的重要文件，在具体工程实际配置过程中的关系为（　　）。

A. SSD+ICD 生成 SCD 然后导出 CID.最后下载到装置

B. SCD+ICD 生成 SSD 然后导出 CID.最后下载到装置

C. SSD+CID 生成 SCD 然后导出 ICD.最后下载到装置

D. SSD+ICD 生成 CID 然后导出 SCD.最后下载到装置

**答案：**A

**解析：**出自 Q/GDW 1396—2012《IEC 61850 工程继电保护应用模型》6.1 内图 1 变电站配置流程图。

256. 交换机地址表存放的是（　　）。

A. IP 地址与端口的对应关系　　B. IP 地址与 MAC 地址的对应关系

C. MAC 地址与端口的对应关系　　D. IP 地址与 VLAN 的对应关系

**答案：**C

257. 关于 VLAN 的陈述错误的是（　　）。

A. 把用户逻辑分组为明确的 VLAN 的最常用的方法是帧过滤和帧标识

B. VLAN 的优点包括通过建立安全用户组而得到更加严密的网络安全性

C. 网桥构成了 VLAN 通信中的一个核心组件

D. VLAN 有助于分发流量负载

**答案：**C

258. DA 指的是（　　）。

A. 逻辑设备　　B. 逻辑节点

C．数据对象　　D．数据属性

答案：D

解析：出自 Q/GDW 1396—2012《IEC 61850 工程继电保护应用模型》7.1.6、7.1.7。

259．交换机存储转发交换工作通过（　　）进行数据帧的差错控制。

A．奇偶校验码　　B．循环冗余校验

C．交叉校验码　　D．横向校验码

答案：B

260．保护跳闸信号 Tr 应由（　　）逻辑节点产生。

A．LLN0　　B．LPHD　　C．GGIO　　D．PTRC

答案：D

解析：出自 Q/GDW 1396—2012《IEC 61850 工程继电保护应用模型》7.2.3 j、k。

261．下列哪几个 MAC 地址是组播 MAC 地址（　　）。

A．81：CD：AF：34：B8：01　　B．02：00：00：00：00：00

C．FF：FF：FF：FF：FF：FF　　D．94：69：AC：ED：03：04

答案：A

解析：48bit 的 MAC 地址一般用 6 字节的十六进制来表示，如 XX-XX-XX-XX-XX。IEEE 802.3 规定：以太网的第 48bit（2012-04-11 修改为 The first bit）用于表示这个地址是组播地址还是单播地址。如果这一位是 0，表示此 MAC 地址是单播地址，如果这位是 1，表示此 MAC 地址是多播地址。即满足第一个字节的最后一位是 1 即为组播地址。

262．逻辑设备映射到 MMS 的哪个对象（　　）。

A．VMD　　B．Domain　　C．Namedvariable　　D．Journal

答案：B

263．下面哪个公用数据类用来描述状态信息类（　　）。

A．CMV　　B．ASG　　C．DPS　　D．SPG

答案：C

解析：根据 IEC 61850-7-3 中规定，公用数据类：SPS 单点；SPC 单点控制；DPS 双点状态；DPC 双点控制；INS 整数状态；ACT 保护动作；SPG 单点定值；ASG 模拟量定值；CMV 复杂测量值；MV 测量值；SAV 采样值。

264．以下哪种技术可以实现对 IP 层的组播报文进行管理（　　）。

A．IGMP　　B．GMRP　　C．GVRP　　D．VLAN

答案：A

265．智能变电站 CCD 工程文件代表（　　）。

A．回路实例配置文件　　B．变电站配置描述

C．系统规范描述　　D．IED 能力描述

**答案**：A

**解析**：出自 Q/GDW 11471—2015《智能变电站继电保护工程文件技术规范》4 缩略语。

266. 数据对象下的数据属性使用功能约束分类，哪个功能约束的语义为缓存报告（　　）。

A. ST　　B. BR　　C. RP　　D. SV

**答案**：B

**解析**：功能约束：ST：状态信息；MX：测量值；CO：控制；BR：缓冲报告；SG：定值组；RP：非缓冲报告；SV：替代。

267. CCD 文件：IED 二次回路实例配置文件，包括虚端子连接关系等信息，不含有（　　）。

A. 发布/订阅的控制块配置　　B. 物理端口描述

C. 通信参数　　D. 内部变量映射

**答案**：C

**解析**：出自 Q/GDW 11471—2015《智能变电站继电保护工程文件技术规范》3.2。

268. 智能变电站用于采样值传输的交换机最大延时与最小延时之差应小于（　　）μs。

A. 2　　B. 10　　C. 20　　D. 50

**答案**：B

**解析**：出自 Q/GDW 1845—2012《智能变电站交换机技术规范》5.5.5。

269. 能保证数据在发送端与接收端之间可靠传输的是 OSI 的（　　）。

A. 数据链路层　　B. 网络层　　C. 传输层　　D. 会话层

**答案**：C

270. MMS 服务在传输机制上采用“客户端/服务器”通信模式，以下设备一般属于服务器的是（　　）。

A. 监控主机　　B. 远动工作站

C. 保护装置　　D. 工程师工作站

**答案**：C

**解析**：监控主机、远动工作站、工程师工作站都是客户端，保护装置为服务器。

271. 应通过（　　）配置，明确过程层功能压板等与控制对象（即断路器）的对应关系。

A. 逻辑节点 LN　　B. 逻辑设备 LD

C. 智能电子设备 IED　　D. 数据属性 DA

**答案**：A

272. 日志控制块的数目不应超过（　　）的 max 的属性值。

A. <ConfDataSet>　　B. <ConfReportControl>

C. <ConfLogControl>　　D. <ConfRev>

**答案**：C

**解析**：<ConfLogControl>是对日志控制块的规定。

273. 智能变电站系统中，间隔层设备需要下载（　　）文件后，IED 方能与后台正常通信。

A. ICD　　B. CID　　C. SCD　　D. 都不是

**答案**：B

274. 以下（　　）逻辑节点是逻辑设备中必须包含的。

A. GGIO 和 LLN0　　B. PTRC 和 GGIO

C. LPHD 和 LLN0　　D. GGIO 和 LPHD

**答案**：C

**解析**：出自 Q/GDW 1396—2012《IEC 61850 工程继电保护应用模型》7.1.1。

275. IEC 61850 模型中何种元素含有报告发送数据的列表（　　）。

A. DataSet　　B. ReportControl　　C. Inputs　　D. DOI

**答案**：A

**解析**：根据 Q/GDW 1396—2012《IEC 61850 工程继电保护应用模型》。DataSet：数据集；ReportControl：报告控制块；Inputs：输入；DOI 数据对象实例。

276. 智能变电站站控层网络普遍采用 RJ45 端口通过五类双绞线（网线）进行组网，采用该方式组网理论上要求网线长度不应超过（　　）m。

A. 50　　B. 100　　C. 80　　D. 200

**答案**：B

277. OSI 参考模型的物理层中没有定义（　　）。

A. 硬件地址　　B. 位传输　　C. 电平　　D. 物理接口

**答案**：A

278. 一个报告控制块实例最多可以被（　　）个客户端注册。

A. 1　　B. 2　　C. 3　　D. 4

**答案**：A

279. VLAN 是一个在物理网络上根据用途、工作组、应用等逻辑划分的局域网络，下述说法错误的是（　　）。

A. 同一个 VLAN 中的所有成员共同拥有一个 VLAN ID

B. 同一个 VLAN 中的所有成员均能收到同一个 VLAN 中的其他成员发来的广播包

C. 同一个 VLAN 中的成员收不到其他 VLAN 中成员发来的广播包

D. 不同 VLAN 成员之间不通过路由可实现通信

**答案**：D

280．采样值报文中的样本计数器 SmpCnt 应在（　　）范围内翻转。

A．（0，采样率−1）　　B．（0，采样率）

C．（1，采样率−1）　　D．（1，采样率）

**答案：**A

**解析：**Q/GDW 1396—2012《IEC 61850 工程继电保护应用模型》11.3。

281．智能变电站系统中，实例化后的保护、测控单元的模型文件 CID 文件中不应包含（　　）。

A．报告控制块　　B．GOOSE 发送控制块

C．SV 发送控制块　　D．GOOSE 连线

**答案：**C

**解析：**保护、测控不发送 SV 报文，只接收；故无 SV 发送控制块。

282．以下对智能变电站时间同步相关技术要求的描述，错误的是（　　）。

A．变电站应配置一套时间同步系统，宜采用主备方式的时间同步系统，以提高时间同步系统的可靠性

B．保护装置应具备上送时钟当时值的功能

C．装置时钟同步信号异常后，应发告警信号

D．采用光纤 IRIG-B 码对时方式时，宜采用直流 B 码

**答案：**D

**解析：**采用光纤 IRIG-B 码对时方式时，宜采用光 B 码；采用电 IRIG-B 码对时方式时，采用直流 B 码，通信介质为屏蔽双绞线。

283．某智能变电站里有两台完全相同的保护装置，请选出下面描述中正确的选项：（　　）。

A．两台保护装置提供一个 ICD 文件，并使用相同的 CID 文件

B．两台保护装置提供一个 ICD 文件，但使用不同的 CID 文件

C．两台保护装置提供两个不同的 ICD 文件，但使用相同的 CID 文件

D．两台保护装置提供两个不同的 ICD 文件，并使用不同的 CID 文件

**答案：**B

**解析：**出自 Q/GDW 441—2010《智能变电站继电保护技术规范》术语和定义。

284．IEC 61850 标准中 mms 报文属于（　　）。

A．UDP　　B．TCP　　C．ARP　　D．SNTP

**答案：**B

285．IEC 61850 标准中，不同的功能约束代表不同的类型，SG 代表（　　）。

A．状态信息　　B．测量值　　C．控制　　D．定值组

**答案：**D

**解析**：功能约束：ST：状态信息；MX：测量值；CO：控制；BR：缓冲报告；SG：定值组。

286．LN 实例化建模过程中，单相测量使用（　　）。

A．MMXU　　B．MSQI　　C．MMXN　　D．TCTR

**答案**：C

**解析**：出自 Q/GDW 1396—2012《IEC 61850 工程继电保护应用模型》7.2.1。

287．线路保护中，必须具备的逻辑节点是（　　）。

A．PTOC　　B．RREC　　C．LPHD　　D．TCTR

**答案**：C

**解析**：出自 Q/GDW 1396—2012《IEC 61850 工程继电保护应用模型》7.1.1。

288．IEC 61850 工程应用中，控制服务应用不正确的是（　　）。

A．断路器隔离开关遥控使用 sbo-with-enhancedsecurity 方式

B．装置复归使用 directcontrolwithnormalsecurity 方式

C．软压板采用 sbo-with-enhancedsecurity 的控制方式

D．变压器档位采用 direct-control-with-normal-security 的控制方式

**答案**：D

**解析**：出自 Q/GDW 1396—2012《IEC 61850 工程继电保护应用模型》8.4。

289．可控的断路器、隔离开关的 ctlModel 值为（　　）。

A．1　　B．2　　C．3　　D．4

**答案**：D

**解析**：根据 Q/GDW 1396—2012《IEC 61850 工程继电保护应用模型》8.4。断路器隔离开关遥控使用 sbo-with-enhancedsecurity 方式；ctlModel 值宜为 4。

290．9-2 点对点采样模式下离散度应该不大于（　　）。

A．2μs　　B．3μs　　C．5μs　　D．10μs

**答案**：D

**解析**：出自 Q/GDW 1808—2012《智能变电站继电保护通用技术条件》4.8.2。

291．报告服务中触发条件为 integrity 类型，代表着（　　）。

A．由于数据属性的变化触发

B．由于品质属性值变化触发

C．由于冻结属性值的冻结或任何其他属性刷新值触发

D．由于设定周期时间到后触发

**答案**：D

292．从一个端口收到另外一个端口的输入输出的所有数据，可以使用什么技术（　　）。

A．RSTP　　B．端口锁定　　C．端口镜像　　D．链路汇聚

答案：C

293．智能站继电保护装置的采样输入接口数据采样频率宜为（　　）。

A．80kHz　　B．400kHz　　C．40kHz　　D．4kHz

答案：D

解析：出自 Q/GDW 1396—2012《IEC 61850 工程继电保护应用模型》11.2.1。

294．定义装置输入虚端子连线的节点是（　　）。

A．DataSet　　B．Inputs　　C．LN　　D．LDevie

答案：B

解析：出自 Q/GDW 1396—2012《IEC 61850 工程继电保护应用模型》10.1.1。

295．数据集应在（　　）文件中生成与定义。

A．ICD　　B．SCD　　C．CID　　D．SSD

答案：A

解析：出自 Q/GDW 1396—2012《IEC 61850 工程继电保护应用模型》8.3.1。

296．保护跳闸逻辑节点名是（　　）。

A．PDIF　　B．PDIS　　C．PTRC　　D．PTOC

答案：C

解析：PDIF 为差动保护，PDIS 为距离保护，PTOC 为过流保护，PTRC 为保护跳闸。

297．数字化变电站中 IED 实例配置文件简称是（　　）。

A．ICD　　B．CID　　C．SCD　　D．SSD

答案：B

解析：出自 Q/GDW 441—2010《智能变电站继电保护技术规范》3.20。

298．智能装置每个（　　）都有唯一的 MAC 地址和 APPID 地址。

A．装置　　B．光口　　C．数据集　　D．控制块

答案：D

299．根据 IEC 61850 标准，激活定值区从（　　）开始。

A．0 区　　B．1 区　　C．2 区　　D．3 区

答案：B

解析：出自 Q/GDW 1396—2012《IEC 61850 工程继电保护应用模型》7.2.2。

300．断路器和隔离开关的控制使用什么实例（　　）。

A．XCBR　　B．XSWI　　C．CSWI　　D．RBRF

答案：C

解析：出自 Q/GDW 1396—2012《IEC 61850 工程继电保护应用模型》7.3.6。

301．DO 指的是（　　）。

A．逻辑设备　　B．逻辑节点　　C．数据对象　　D．数据属性

答案：C

302．智能控制柜应具备温度湿度调节功能，附装空调、加热器或其他控温设备，柜内湿度应保持在（　　）以下，柜内温度应保持在（　　）之间。

A．90%，+5～+55℃　　B．95%，−5～+55℃

C．95%，+5～+55℃　　D．90%，−5～+55℃

答案：A

解析：出自《国家电网有限公司十八项电网重大反事故措施（2018年修订版）》15.7.2。

303．如果要完整抓捕交换机其他端口数据，以下方法（　　）可以实现。

A．连到交换机任意端口，直接抓取即可

B．端口映射到待抓捕端口，再抓报文

C．先将该端口接到 Hub，通过 Hub 抓取

D．接到交换机控制口抓取报文

答案：B

304．新六统一智能站中 CCD 文件是由（　　）文件得到的。

A．ICD　　B．CID　　C．SCD　　D．SSD

答案：C

305．母线保护的变压器失灵联跳 GOOSE 开出信号应使用（　　）LN 建模。

A．PTRC　　B．RREC　　C．RBRF　　D．PDIF

答案：C

解析：根据 Q/GDW 1396—2012《IEC 61850 工程继电保护应用模型》7.3.4 表 4 主变失灵联跳用 RBRF，差动保护用 PDIF，保护跳闸用 PTRC，RREC 用于重合闸。

306．智能变电站中关于 ICD 描述正确的是（　　）。

A．是全站系统配置文件，全站唯一　　B．是 IED 实例配置文件

C．是系统规格文件　　D．是 IED 能力描述文件

答案：D

解析：出自 Q/GDW 441—2010《智能变电站继电保护技术规范》3 术语和定义。

307．工程上认为交换机的以太网利用率超过多少认为网络过载（　　）。

A．0.1　　B．0.4　　C．0.9　　D．1

答案：B

308．用于访问逻辑装置的公用信息的逻辑节点是（　　）。

A．LLN0　　B．LPHD　　C．PTOC　　D．PDIS

答案：A

解析：出自 Q/GDW 1396—2012《IEC 61850 工程继电保护应用模型》LLN0 表示管

理逻辑节点；LPHD 表示物理设备逻辑节点；PTOC 表示过流保护，PDIS 表示距离保护。

309．虚端子的逻辑连接关系在 CID 的（　　）部分。

A．Inputs　　B．DataSet　　C．Communication　　D．Header

**答案：** A

**解析：** 出自 Q/GDW 1396—2012《IEC 61850 工程继电保护应用模型》10.1.1。

310．在以太网中，是根据什么地址来区分不同的设备的（　　）。

A．IP 地址　　B．IPX 地址　　C．MAC 地址　　D．LLC 地址

**答案：** C

311．以太网工作在（　　）。

A．网络层　　B．链路层　　C．物理层　　D．传输层

**答案：** A

312．如果一台主机收到数据以后，如果发现目标 MAC 地址和自己的 MAC 地址不一致，会如何会处理（　　）。

A．接受　　B．转发　　C．丢弃

**答案：** C

313．在 OSI 参考模型中，以下关于传输层描述错误的是（　　）。

A．确保数据可靠、顺序、无差错地从发送主机传输到接受主机，同时进行流量控制

B．按照网路能够处理数据包的最大尺寸，发送方主机的传输层将较长的报文进行分割，生成较小的数据段

C．对每个数据段安排一个序列号，以便数据段到达接收方传输层时，能按照序列号以正确的顺序进行重组

D．判断通信是否被中断，以及中断后决定从何处重新发送

**答案：** D

**解析：** 会话层的主要作用有：建立通信链接，保持通信畅通，终止通信链接；对两个节点之间的对话进行同步；判断通信是否被中断，以及中断后决定从何处重新发送。

314．为了将过程层的 4K 采样率转换为传统保护的 1.2K 采样率，一般会使用（　　）。

A．递推法　　B．递归法　　C．插值法　　D．迭代法

**答案：** C

315．下列设备能够完成 TV 并列逻辑的是（　　）。

A．ML2201　　B．PL2201　　C．CL2201　　D．MM2201

**答案：** D

**解析：** 智能变电站通过母线合并单元实现电压并列功能，ML2201 表示线路合并单元，PL2201 表示线路保护，CL2201 表示线路测控，MM2201 表示母线合并单元。

316．IEC 61850 标准中，不同的功能约束代表不同的类型，MX 代表（　　）。

A．状态信息　　B．测量值　　C．控制　　D．定值组

答案：B

解析：功能约束：ST：状态信息；MX：测量值；CO：控制；BR：缓冲报告；SG：定值组。

317．智能变电站过程层交换机启用交换延时累加功能后的存储转发延时应小于（　　）μs。

A．10　　B．20　　C．30　　D．50

答案：B

解析：出自 Q/GDW 10429—2017《智能变电站网络交换机技术规范》9.4。

318．过程层交换机主要根据什么地址来转发数据（　　）。

A．IP 地址　　B．装置地址　　C．MAC 地址　　D．其他地址

答案：C

解析：出自 Q/GDW 10429—2017《智能变电站网络交换机技术规范》8.1。

319．站控层与间隔层 MMS 通信采用的通信模式是（　　）。

A．订阅/发布模式　　B．客户端/服务器模式

C．广播方式　　D．组播方式

答案：B

解析：MMS 采用客户端/服务器模式，SV、GOOSE 采用订阅/发布模式。

320．在 SCD 文件中修改通信参数，在保存文件前需要修改 SCD 文件的修订号，修改修订号的步长是（　　）。

A．1　　B．0.1　　C．0.01　　D．0.001

答案：B

解析：出自 Q/GDW 1396—2012《IEC 61850 工程继电保护应用模型》6.3 b。

321．在网络交换机中进行端口镜像的目的是（　　）。

A．抑制端口数据流量　　B．提高端口聚合能力

C．提高交换机吞吐量　　D．对端口报文进行监视

答案：D

322．数字化变电站中，存在四种类型的模型文件，（　　）文件描述了装置的数据模型和能力。

A．ICD　　B．SSD　　C．SCD

答案：A

解析：出自 Q/GDW 441—2010《智能变电站继电保护技术规范》3 术语和定义。

323．过程层采样值网络，每个交换机端口与装置之间的流量不宜大于（　　）。

A．30M　　B．40M　　C．50M　　D．60M

**答案：** B

**解析：** 出自《国网基建部关于发布 330～750kV 智能变电站通用设计二次系统修订版的通知》1.3.4.3。

324. 智能变电站中线路保护装置告警信息中 dsWarning 数据集所包含的告警信息是（　　）。

A．TA 断线　　B．SV 采样链路中断

C．闭锁重合闸　　D．保护光耦电源异常

**答案：** A

**解析：** dsWarning 为告警信号数据集，选项中 TA 断线为保护告警信号，其余均不是。

325．一个 VLAN 可以看作是一个（　　）。

A．冲突域　　B．广播域　　C．管理域　　D．阻塞域

**答案：** B

326．以下是模型文件包含的四部分主元素，ICD 文件中没有（　　）元素。

A．<Header>　　B．<substation>

C．<IED>　　D．<DataTypeTemplate>

**答案：** B

327．TCP/IP 通过“三次握手”机制建立一个连接，其中第二次握手过程为：目的主机 B 收到源主机 A 发出的连接请求后，如果同意建立连接，则会发回一个 TCP 确认，确认报文的确认位 ACK 如何设置（　　）。

A．ACK 翻转　　B．ACK 不变　　C．ACK 置 1　　D．ACK 置 0

**答案：** C

**解析：** SCD 文件制作过程中，可见，每个控制块只能关联一个 MAC 地址和 APPID。

328．智能变电站的 500kV 线路保护装置不需接入以下（　　）MU 的输出接口。

A．线路保护电压 MU　　B．500kV 母线电压 MU

C．中断路器电流 MU　　D．边断路器电流 MU

**答案：** B

**解析：** 出自 Q/GDW 441—2010《智能变电站继电保护技术规范》附录 B。

329．智能变电站 220kV 及以上电压等级线路的（　　）功能应集成在线路保护装置中。

A．智能终端　　B．合并单元

C．失步解列　　D．线路过电压及远跳就地判别

**答案：** D

**解析：** 出自 Q/GDW 441—2010《智能变电站继电保护技术规范》5.2。

330．二次装置失电告警信息应通过（　　）方式发送测控装置。

A．硬接点　　B．GOOSE　　C．SV　　D．MMS

答案：A

解析：装置失电后，无法上送 GOOSE、SV、MMS 信息，可以通过硬接点开出故障信号。

331．智能变电站中故障录波器产生的告警信息上送报文是（　　）。

A．MMS　　B．GSSE　　C．GOOSE　　D．SV

答案：A

解析：出自 Q/GDW 441—2010《智能变电站继电保护技术规范》6.9.4。

332．在现场调试线路保护时，不报 GOOSE 断链的情况下，测试仪模拟断路器变位，保护却收不到，原因可能是（　　）。

A．下载错误的 GOOSE 控制块

B．GOOSE 控制块的光口输出设置与实际接线不对应

C．映射的控制块的通道没有连接到该保护中

D．测试仪没有正常下载配置该控制块

答案：C

解析：A、B、D 选项情况下，装置均报 GOOSE 断链，只有 C 符合。

333．110kV 双母线接线的线路电压切换箱中，隔离开关辅助触点应采用（　　）输入方式。

A．双位置　　B．单位置

C．双位置或单位置　　D．动合和动断触点

答案：A

解析：出自《国家电网有限公司十八项电网重大反事故措施（2018 年修订版）》15.1.5。

334．500kV 主变压器低压侧断路器电流数据无效时，以下（　　）保护可以保留。

A．纵差保护（独立 TA）　　B．分侧差动保护

C．小区差保护　　D．低压侧过流

答案：B

解析：分侧差动保护使用低压侧套管电流；纵差保护、小区差动保护、低压侧过流保护均使用低压侧断路器电流，所以分侧差动保护可以保留。

335．下列智能变电站中线路保护装置告警信息中通过触点上送的是（　　）。

A．装置故障　　B．保护 CPU 插件异常

C．同期电压异常　　D．GOOSE 数据异常

答案：A

解析：出自 Q/GDW 1161—2013《线路保护及辅助装置标准化设计规范》4.3.2。

336．SV 网络原始报文的连续记录时间不小于（　　）。

A．12h　　B．24h　　C．48h　　D．96h

**答案：**B

**解析：**出自 Q/GDW 1976—2013《智能变电站动态记录装置技术规范》5.2.3.8。

337．光纤衰耗检验时，1310nm 和 850nm 光纤回路（包括光纤熔接盒）的衰耗不应大于（　　）dB。

A．1　　B．3　　C．5　　D．10

**答案：**B

**解析：**出自 Q/GDW 11486—2015《智能变电站继电保护和安全自动装置验收规范》7.3.12。

338．智能变电站中，（　　）变压器电量保护宜按双套配置，双套配置时应采用主、后备保护一体化配置；若主、后备保护分开配置，后备保护宜与测控装置一体化。变压器各侧 MU 按双套配置，中性点电流、间隙电流并入（　　）。

A．110kV　高压侧 MU　　B．35kV　高压侧 MU

C．110kV　相应侧 MU　　D．220kV　相应侧 MU

**答案：**C

**解析：**出自 Q/GDW 441—2010《智能变电站继电保护技术规范》5.3。

339．对于 220kV 及以上变电站，宜按（　　）设置网络配置故障录波装置和网络报文记录分析装置。

A．电压等级　　B．功能　　C．间隔　　D．其他

**答案：**A

**解析：**出自 Q/GDW 441—2010《智能变电站继电保护技术规范》5.9。

340．根据 Q/GDW 11486—2015《智能变电站继电保护和安全自动装置验收规范》，室内尾纤光纤弯曲半径动态下不应小于缆径的（　　）的倍。

A．10　　B．15　　C．20　　D．30

**答案：**C

**解析：**出自 Q/GDW 11486—2015《智能变电站继电保护和安全自动装置验收规范》7.3.9。

341．“通道延时变化”对母线保护的影响是（　　）。

A．闭锁所有保护　　B．闭锁差动保护

C．闭锁差动和该支路的失灵保护　　D．没有影响

**答案：**B

**解析：**母线保护中差动保护需用各 SV 采样通道延时，以实现多路 SV 的同步；通道延时变化会闭锁差动保护，对失灵保护无影响。

342．智能变电站对光纤发送功率和接收灵敏度的要求是光波长 1310nm 的光纤，其

光纤发送功率和光接收灵敏度分别是（　　）。

A．–20～–14dbm 和–24～–10dbm

B．–20～–14dbm 和–31～–14dbm

C．–20～–14dbm 和–19～–10dbm

D．–19～–10dbm 和–24～–10dbm

**答案**：B

**解析**：出自 GB/T 32901—2016《智能变电站通用技术条件》4.3.1。

343．根据《国网基建部关于发布 330～750kV 智能变电站通用设计二次系统修订版的通知》，当故障录波装置通过网络方式接收 SV 报文时，故障录波装置每个百兆 SV 采样值接口接入合并单元数量不宜超过（　　）台。每台故障录波装置数字式交流量宜为 96 路，开关量宜为 256 路。

A．4　　B．5　　C．6　　D．7

**答案**：B

**解析**：出自《国网基建部关于发布 330～750kV 智能变电站通用设计二次系统修订版的通知》1.1.2.6。

344．主变压器保护本身对时信号丢失会对以下（　　）保护产生影响。

A．纵差保护　　B．阻抗保护　　C．间隙保护　　D．都不影响

**答案**：D

**解析**：主变压器保护为直接采样，对时信号失去对保护无影响。

345．组网方式下，当纵联差动保护装置的本地同步时钟丢失时，（　　）保护需要闭锁？

A．距离保护　　B．纵联差动保护　　C．零序保护　　D．没有保护

**答案**：B

**解析**：组网方式下，线路保护采样对时依赖于同步时钟装置。对于距离保护、零序保护只使用本侧采样数据，时钟丢失没有影响；对于采用两侧数据的差动保护，时钟丢失后无法实现两侧数据同步。

346．就地安装的保护装置所处电磁环境很严酷，装置对外通信接口一般通过（　　）通信来实现。

A．网线　　B．多模光纤　　C．串口 485　　D．单模光纤

**答案**：B

347．智能变电站故障录波器不需接入（　　）。

A．过程层 MU　　B．智能终端

C．保护装置状态量　　D．保护装置模拟量

**答案**：D

348．智能变电站的故障录波文件格式采用（　　）。

A．GB/T 22386　　B．Q/GDW 131

C．DL/T 860.72　　D．Q/GDW 1344

答案：A

解析：GB/T 22386—2008《电力系统暂态数据交换通用格式》；GDW 131—2006《电力系统实时动态监测系统技术规范》；DL/T 860.72 变电站和馈线应用的通信抽象接口。

349．为保证装置安全接入到电力数据网，网络记录分析装置不应采用（　　）系统。

A．Linux　　B．Windows　　C．Unix

答案：B

解析：出自 Q/GDW 13228.1—2014《智能变电站网络报文记录分析装置采购标准》5.6.1。

350．交换机 Qos 功能可以解决下述哪些问题（　　）。

A．流量限制　　B．保证数据发送的优先级

C．端口限速　　D．零丢包

答案：B

351．保护采用点对点直采方式，同步是在哪个环节完成的（　　）。

A．保护　　B．合并单元　　C．智能终端　　D．远端模块

答案：A

352．保护装置应处理 MU 上送的数据品质位，及时准确提供告警信息。在异常状态下，利用 MU 的信息合理地进行保护功能的退出和保留，（　　）。

A．瞬时闭锁可能误动的保护，瞬时告警

B．延时闭锁可能误动的保护，瞬时告警

C．延时闭锁可能误动的保护，延时告警

D．瞬时闭锁可能误动的保护，延时告警

答案：D

解析：出自 Q/GDW 441—2010《智能变电站继电保护技术规范》6.1.5。

353．500kV 自耦变压器低压侧套管电流数据无效时，以下哪个保护必须闭锁（　　）。

A．纵差保护　　B．分侧差动保护

C．低压侧断路器过流　　D．分相差动保护

答案：D

解析：只有分相差动保护使用低压侧套管电流，其余使用低压侧开关电流，故选 D。

354．OSI 模型的（　　）完成差错报告、网络拓扑结构和流量控制的功能。

A．物理层　　B．传输层　　C．数据链路层　　D．网络层

答案：C

355．关于B码对时的描述错误的是（　　）。

A．B码对时精度能达到1μs，满足合并单元要求

B．智能化变电站过程层一般采用光B码对时

C．电B码有直流B码和交流B码

D．B码不需要独立的对时网

**答案：**D

356．智能站保护装置双点开关量输入定义：（　　）为分位，（　　）为合位。

A．11，00　　B．00，11　　C．01，10　　D．10，01

**答案：**C

357．主变压器保护接收的采样品质不包含（　　）。

A．传动标志　　B．有效标志　　C．同步标志　　D．检修状态

**答案：**A

358．下列说法错误的是（　　）。

A．保护装置应处理合并单元上送的数据品质位（无效、检修等），及时准确提供告警信息

B．在异常状态下，利用合并单元的信息合理地进行保护功能的退出和保留，瞬间闭锁可能误动的保护，延时告警

C．在数据恢复正常之后，应尽快恢复被闭锁的保护功能，不闭锁与该异常采样数据无关的保护功能

D．接入两个及以上合并单元的保护装置，应按合并单元设置“SV接收”硬压板

**答案：**D

**解析：**出自Q/GDW 441—2010《智能变电站继电保护技术规范》6.1.5。

359．智能化变电站中，防跳功能由（　　）实现。

A．智能终端　　B．合并单元

C．保护装置　　D．断路器本体

**答案：**D

**解析：**出自Q/GDW 441—2010《智能变电站继电保护技术规范》5.1.2。

360．主变压器中压侧相电流数据无效时，以下（　　）保护可以保留。

A．中压侧自产零流　　B．中压侧阻抗

C．中压侧过流　　D．中压侧间隙过流

**答案：**D

**解析：**中压侧间隙电流仅判断中压侧的间隙电流，其余保护均需判断中压侧相电流，故选D。

361．下面说法错误的是（　　）。

A．同一间隔的保护和智能终端可以采用不同厂家的设备

B．同一间隔的保护和合并单元可以采用不同厂家的设备

C．同一间隔的保护和测控可以采用不同厂家的设备

D．一条线路两端数字式的光纤差动保护可以采用不同厂家的设备

**答案**：D

**解析**：同一线路两端光纤差动保护需使用同一厂家产品，方可实现正常的数据交换。

362．下列选项不属于 SCD 管控比对模块的是（　　）。

A．比对 IED 设备的 CRC 校验码　　B．图形化比对 IED 的虚端子联系

C．比对 IED 的 SCL 文件　　D．比对 SCD 版本信息

**答案**：D

363．根据 Q/GDW 10976—2017《电力系统记录装置技术规范》，智能变电站故障录波器的数字量输入动态记录装置，当点对点方式下 SV 失步时，（　　）次及以下谐波分量测量误差应不超过（　　）%。

A．10，±10　　B．10，±5　　C．12，±10　　D．12，±5

**答案**：D

**解析**：出自 Q/GDW 10976—2017《电力系统记录装置技术规范》6.9.3。

364．智能变电站应利用网络技术将保护信息上送至站控层，可以上传的信息不包括（　　）。

A．断路器位置信号　　B．保护动作信号

C．保护启动失灵信号　　D．电流、电压信号

**答案**：C

**解析**：启动失灵在保护之间通过网络传输，无需上送至站控层。

365．220kV 及以上电压等级的继电保护及与之相关的设备、网络等应按照双重化原则进行配置，且一一对应，包括（　　）。

A．双重化的两套保护及其相关设备的直流电源应一一对应

B．双重化保护装置与两套监控主机应一一对应

C．双重化智能终端与测控装置应一一对应

D．双重化智能终端与合闸线圈应一一对应

**答案**：A

366．智能变电站中的网络交换机，应满足以下要求（　　）。

A．应采用成熟的商业级或工业级产品

B．宜使用无扇型，采用直流工作电源

C．支持端口速率限制和组播风暴限制

D．应提供完善的异常告警功能，包括失电告警、端口异常等

**答案**：D

**解析**：出自 Q/GDW 441—2010《智能变电站继电保护技术规范》6.2.4。

367．智能变电站内，除纵联保护通道外，应采用的光纤，以下说法不正确的是（　　）。

A．多模光纤　　B．阻燃的光缆

C．采用金属铠装光缆　　D．防鼠咬的光缆

**答案**：C

**解析**：出自 Q/GDW 441—2010《智能变电站继电保护技术规范》6.8。

368．保护装置过程层光纤接口发送同一报文的最大时间差不应大于（　　）。

A．10μs　　B．100μs　　C．1ms　　D．2ms

**答案**：B

**解析**：出自 Q/GDW 1808—2012《智能变电站继电保护通用技术条件》4.5.10。

369．下列开入类型应在接收端设置开入压板的是（　　）。

A．闭重开入　　B．启失灵开入　　C．远跳开入　　D．跳闸开入

**答案**：B

**解析**：出自 Q/GDW 1175—2013《变压器、高压并联电抗器和母线保护及辅助装置标准化设计规范》4.2 f。

370．主变压器保护装置相关电流通道同步异常闭锁差动保护其原则为（　　）。

A．延时闭锁，延时返回　　B．瞬时闭锁，瞬时返回

C．延时闭锁，瞬时返回　　D．瞬时闭锁，延时返回

**答案**：D

**解析**：出自 Q/GDW 441—2010《智能变电站继电保护技术规范》6.1.5。

371．330kV 智能站，高压侧为 3/2 接线形式此时 WBH-801T3-DA-G 保护程序中的高压侧失灵联跳功能开入来自（　　）。

A．组网口断路器保护　　B．组网口母线保护

C．直采口断路器保护　　D．直采口的母线保护

**答案**：A

**解析**：出自 Q/GDW 1175—2013《变压器、高压并联电抗器和母线保护及辅助装置标准化设计规范》4.3.3。

372．智能变电站现场常用的时钟同步方式不包括（　　）。

A．PPS　　B．IRIG-B　　C．IEEE 1588　　D．PPM

**答案**：D

**解析**：PPM 为分脉冲，对时精度低，不能应用于智能变电站。

373．对于采用常规互感器不带合并单元的变压器保护，输入 2 倍整定值测试整组

整定时间，差流速断保护不应大于（　　）。

A．27ms　　B．29ms　　C．37ms　　D．39ms

**答案**：A

**解析**：出自 Q/GDW 11486—2015《智能变电站继电保护和安全自动装置验收规范》7.8.7。

374．对于采用常规互感器不带合并单元的变压器保护，输入 2 倍整定值测试整组整定时间，比率差动保护不应大于（　　）。

A．27ms　　B．29ms　　C．37ms　　D．39ms

**答案**：C

**解析**：出自 Q/GDW 11486—2015《智能变电站继电保护和安全自动装置验收规范》7.8.7。

375．对于“采用常规互感器+合并单元”的变压器保护，输入 2 倍整定值测试整组整定时间，比率差动保护不应大于（　　）。

A．27ms　　B．29ms　　C．37ms　　D．39ms

**答案**：D

**解析**：出自 Q/GDW 11486—2015《智能变电站继电保护和安全自动装置验收规范》7.8.7。

376．对于“采用常规互感器+合并单元”的变压器保护，输入 2 倍整定值测试整组整定时间，差流速断保护不应大于（　　）。

A．27ms　　B．29ms　　C．37ms　　D．39ms

**答案**：B

**解析**：出自 Q/GDW 11486—2015《智能变电站继电保护和安全自动装置验收规范》7.8.7。

377．智能站保护 SV 采样 goose 跳闸的软件为（　　）。

A．WMH-801A-G　　B．WMH-801A-DA-G

C．WMH-801D-DG-G　　D．WMH-801C-G

**答案**：B

**解析**：出自 Q/GDW 1175—2013《变压器、高压并联电抗器和母线保护及辅助装置标准化设计规范》4.1.17 d。

378．智能站保护“常规采样 goose 跳闸”的软件为（　　）。

A．WMH-801D-G　　B．WMH-801A-DA-G

C．WMH-801A-DG-G　　D．WMH-801C-G

**答案**：C

**解析**：出自 Q/GDW 1175—2013《变压器、高压并联电抗器和母线保护及辅助装置标准化设计规范》4.1.17 d。

379．按照 Q/GDW 1175—2013 规范，母线保护的断路器失灵保护与母差保护的出口应如何设置（　　）。

A．出口可整定　　B．出口固定分开　　C．共用出口

**答案：**C

**解析：**出自 Q/GDW 1175—2013《变压器、高压并联电抗器和母线保护及辅助装置标准化设计规范》7.2.3。

380．母线保护与其他保护之间的联闭锁信号（失灵启动、母联断路器过流保护启动失灵、主变保护动作解除电压闭锁等）采用（　　）传输。

A．GOOSE 网络　　B．SV 网络

C．GOOSE 点对点连接　　D．直接电缆连接

**答案：**A

**解析：**出自 Q/GDW 441—2010《智能变电站继电保护技术规范》4.8。

381．智能变电站中的 IED 指（　　）。

A．计算机监控系统　　B．保护装置

C．测控单元　　D．智能电子设备

**答案：**D

**解析：**出自 Q/GDW 441—2010《智能变电站继电保护技术规范》3 术语和定义。

382．直采直跳方式下，母差保护装置（　　）。

A．依赖对时系统　　B．不依赖对时系统

C．依赖于保护装置的守时时间　　D．不同对时方式，有不同的依赖性

**答案：**B

**解析：**直采直跳下，SV 采样不经交换机，延时固定可计算，保护不依赖对时系统。

383．下面（　　）时间最长。

A．保护装置收到故障起始数据的时刻到保护发出跳闸命令的时刻

B．保护装置收到故障起始数据的时刻到智能终端出口动作时刻

C．一次模拟量数据产生时刻到保护发出跳闸命令的时刻

D．一次模拟量数据产生时刻到智能终端出口动作时刻

**答案：**D

**解析：**故障动作数据流向全过程为：一次模拟数据产生—合并单元将模拟量转化为数字量—保护收到故障其实数据—保护发出跳闸命令—智能终端出口动作。

384．就地布置的智能电子设备应具备完善的（　　）及电磁兼容等防护措施，防止因运行环境恶劣导致电子设备故障。

A．高压、高湿　　B．高压、高温

C．高温、高湿　　D．高压、高寒

**答案：**C

**解析：**见《防止变电站全停十六项措施》15.2.3。

385．关于网络报文记录仪的描述正确的是（　　）。

A．可以记录分析存储和统计过程层报文

B．不能记录分析存储和统计 MMS 报文

C．具备一次设备状态监测功能

D．具备站内状态评估功能

**答案：**A

386．判断“GOOSE 配置不一致”条件不包括（　　）。

A．双方收发版本不一致　　B．双方收发数据集个数不一致

C．双方收发数据类型不匹配　　D．双方收发 APPID 不同

**答案：**D

387．组网方式下，当 500kV 断路器失灵保护的本地同步时钟丢失时，哪些保护需要闭锁（　　）。

A．失灵保护　　B．死区保护　　C．重合闸保护　　D．没有保护

**答案：**D

**解析：**断路器失灵保护采样只取本断路器电流，不存在多路 SV 同步问题；对时时钟丢失，对断路器保护无影响。

388．根据 Q/GDW 11050—2013《智能变电站动态记录装置应用技术规范》，故障录波器数字式开关量宜（　　）路。

A．96　　B．128　　C．256　　D．512

**答案：**C

**解析：**出自 Q/GDW 11050—2013《智能变电站动态记录装置应用技术规范》5.1.1。

389．户外智能控制柜，至少达到（　　）防护等级。

A．IP30　　B．IP43　　C．IP54　　D．IP55

**答案：**D

**解析：**出自《国网基建部关于发布 330～750kV 智能变电站通用设计二次系统修订版的通知》1.7.3.2。

390．站域保护控制系统通过（　　）采集电流电压信息。

A．站内 SV 网络　　B．站内 GOOSE 网络

C．站内 MMS 网络　　D．对时网络

**答案：**A

391．以下叙述中正确的是（　　）。

A．双重化的两套保护应采用两根独立的光缆，光缆可与动力电缆同沟（槽）敷设
B．双重化的两套保护可采同一根光缆，但光缆不宜与动力电缆同沟（槽）敷设
C．双重化的两套保护应采用同一根光缆，宜与动力电缆同沟（槽）敷设
D．双重化的两套保护应采用两根独立的光缆，光缆不宜与动力电缆同沟（槽）敷设

**答案**：D

**解析**：出自 Q/GDW 441—2010《智能变电站继电保护技术规范》6.8。

392．IEEE 1588 的对时精度可以达到的级别是（　　）。

A．秒级　　B．毫秒级　　C．亚微秒级　　D．分钟级

**答案**：C

393．智能站双母线接线母线保护中不是由外部直接开入的是（　　）。

A．母联手合开入　　B．母联位置开入
C．支路隔离开关位置开入　　D．母联非全相开入

**答案**：D

**解析**：出自 Q/GDW 1175—2013《变压器、高压并联电抗器和母线保护及辅助装置标准化设计规范》7.1.2.3 b。

394．新建及改造工程应采用经国调中心组织的专业检测合格并发布的最新软件及匹配的（　　）文件版本。

A．SCD　　B．ICD　　C．CID　　D．CCD

**答案**：B

**解析**：出自《国家电网公司继电保护和安全自动装置软件管理规定》中第四章第十二条。

395．动态记录装置应记录接有重要负荷、特殊负荷或并网电源的 35kV 及以下电压等级（　　）的交流量和开关量。

A．变压器　　B．用户专线　　C．线路　　D．电缆线路

**答案**：C

**解析**：出自 Q/GDW 11050—2013《智能变电站动态记录装置应用技术规范》5.2.4。

396．智能站中变压器保护各侧“电压压板”以及母线保护的“母线互联”“母联（分段）分列”设置（　　）。

A．硬压板　　B．软压板
C．软压板与硬压板　　D．软压板或硬压板

**答案**：B

**解析**：出自 Q/GDW 1175—2013《变压器、高压并联电抗器和母线保护及辅助装置标准化设计规范》4.1.5。

397．以下不属于智能变电站保护设备缺陷等级的是（　　）。

A．危急　　B．紧急　　C．严重　　D．一般

**答案**：B

**解析**：出自《国家电网公司继电保护和安全自动装置管理办法》第三章第九条。

398．装置应支持远方召唤至少最近（　　）次录波报告的功能。

A．8　　B．12　　C．24　　D．48

**答案**：A

**解析**：出自 Q/GDW 1175—2013《变压器、高压并联电抗器和母线保护及辅助装置标准化设计规范》4.1.13。

399．根据 Q/GDW 715—2012《智能变电站网络报文记录及分析装置技术条件》，网络报文分析仪的异常报文记录就地存储，存储容量不少于（　　）条，存储方式采用双存储器双备份存储。

A．1000　　B．1500　　C．2000　　D．2500

**答案**：A

**解析**：出自 Q/GDW 715—2012《智能变电站网络报文记录及分析装置技术条件》6.5。

400．用于高质量地传输 GPS 装置中 TTL 电平信号的同轴电缆，传输距离最大为（　　）m。

A．10　　B．15　　C．30　　D．50

**答案**：A

401．根据 Q/GDW 1976—2013《110kV～750kV 智能变电站网络报文记录分析装置通用技术规范》，网络报文监测终端记录 SV 原始报文至少可以连续记录（　　）h。

A．12　　B．24　　C．48　　D．72

**答案**：B

**解析**：出自 Q/GDW 1976—2013《110kV～750kV 智能变电站网络报文记录分析装置通用技术规范》5.2.3.8。

402．智能变电站两侧的光纤差动线路保护一侧传统采样一侧点对点方式数字化采样，下列同步方式正确的是（　　）。

A．调整两侧数据发送时刻一致后，传统侧将延时传给数字化侧，数字化侧补偿延时

B．调整两侧数据发送时刻一致后，数字侧将延时传给传统侧，传统侧补偿延时

C．无需调整两侧数据发送时刻一致，传统侧将延时传给数字化侧，数字化侧补偿延时即可

D．无需调整两侧数据发送时刻一致，数字侧将延时传给传统侧，传统侧补偿延时即可

**答案**：B

**解析**：两侧保护通过光纤通道传输采样值有时间延时，需调整发送时刻一致；智能

站保护采样存在采样延时，因此需延时发送至传统侧。

403．下列单一元件损坏可能会引起保护误动作跳闸的是（　　）。

A．合并单元的 AD 芯片损坏　　B．合并单元内小 TA 损坏

C．保护装置内启动 CPU 损坏　　D．智能终端出口继电器损坏

答案：D

解析：出自 Q/GDW 441—2010《智能变电站继电保护技术规范》4.5。

## 二、多选题

1．“直采直跳”指的是（　　）信息通过点对点光纤进行传输。

A．跳、合闸信号　　B．启动失灵保护信号

C．保护远跳信号　　D．电流、电压数据

答案：AD

解析：出自 Q/GDW 441—2010《智能变电站继电保护技术规范》5.2。

2．220kV 及以上电压等级智能变电站应双重化配置的设备有（　　）。

A．监控主机　　B．主变保护装置

C．故障录波装置　　D．合并单元

答案：ABD

解析：出自 Q/GDW 441—2010《智能变电站继电保护技术规范》5.1、5.9；Q/GDW 679—2011《智能变电站一体化监控系统建设技术规范》7.1.1.2。

3．220kV 智能变电站中，可以单套配置的是（　　）。

A．主变本体智能终端　　B．主变低压侧（10kV）MU

C．110kVTV 间隔智能终端　　D．主变中压侧（110kV）MU

答案：AC

解析：出自 Q/GDW 441—2010《智能变电站继电保护技术规范》5.3。

4．500kV 线路配置两套完全独立的全线速断保护，两套保护必须按双重化原则设置，必须做到（　　）独立。

A．交流电流回路独立　　B．交流电压回路独立

C．直流电源回路独立　　D．每一套主保护应有完整的后备保护

答案：ABC

5．VLAN 可以基于（　　）划分。

A．交换机端口　　B．IP 组播

C．MAC 地址　　D．网络层地址

答案：ABCD

6．保护虚端子的特点是（　　）。

A. 可以一输出对多输入　　B. 可以多输出对一输入

C. 不可以一输出对多输入　　D. 不可以多输出对一输出

**答案**：AD

**解析**：SCD文件制作时，虚端子连线可以实现一发多收，无法多发一收。

7. 保护装置、智能终端、合并单元等智能设备“检修状态硬压板”投入后，必须查看（　　），确认设备状态正常后继续操作。

A. 装置指示灯情况　　B. 液晶面板变位报文

C. 开入变位　　D. 装置采样

**答案**：ABC

**解析**：出自Q/GDW 441—2010《智能变电站继电保护技术规范》6.1.8。

8. 变电站通信网络中的网络风暴带来的坏处是（　　）。

A. 提高传输数据的实时性

B. 严重时会使整个变电站瘫痪

C. 全消耗掉交换机资源，使数据传输出现中断

D. 保证传输数据的优先级

**答案**：BC

9. 采用点对点直接采样模式的智能变电站，仅某支路合并单元投入检修对母线保护产生了一定影响，下列说法正确的是（　　）。

A. 闭锁差动保护　　B. 闭锁所有支路失灵保护

C. 闭锁该支路失灵保护　　D. 显示无效采样值

**答案**：ACD

**解析**：出自Q/GDW 441—2010《智能变电站继电保护技术规范》6.1.5。

10. 从交换机导出的配置描述文件，包括（　　），用于更换设备时快速恢复到原设置。

A. 交换机型号、参数　　B. VLAN划分

C. 镜像设置等端口配置信息　　D. 其他私有设置数据

**答案**：BCD

11. 电子互感器的采样数据同步问题包括（　　）。

A. 同一间隔内的各电压电流量得采样数据同步

B. 变电站内关联间隔之间的采样数据同步

C. 线路两端电流电压量得采样数据同步

D. 变电站与调度之间的采样数据同步

**答案**：ABC

12. 对交换机进行IEC 61850建模可以获得哪些好处（　　）。

A．提高跳闸的可靠性　　B．和保护、测控等装置统一监控

C．可以纳入 SCD 文件，统一管理　　D．提高数据传输的实时性

答案：BC

13．合并单元的 3 项主要作用是（　　）。

A．数据合并　　B．数据同步　　C．数据发送　　D．数据滤波

答案：ABC

14．合并单元对电子式互感器进行数据同步的方式有（　　）。

A．秒脉冲同步　　B．插值同步

C．延时同步　　D．IEEE 1588 同步

答案：AB

15．合并单元双母并列逻辑需要判断条件（　　）。

A．TV 隔离开关　　B．母联　　C．TV 并列把手

答案：BC

16．合并单元与保护间采用 IEC 61850-9-2 传输采样的优势包括（　　）。

A．保护的工作不依赖交换机　　B．差动保护不受外同步时钟源影响

C．简化光纤连接　　D．提高采样传输速率

答案：AB

解析：合并单元和保护采用光纤直连，不经交换机；数据同步在保护实现。

17．罗氏线圈原理的电子式互感器准确度的主要影响因素有（　　）。

A．电磁干扰的影响

B．不能测量非周期分量，因为罗氏线圈直接输出信号是直流微分信号

C．高压传感头需电源供给，一旦掉电将停止工作

D．长期大功率激光供能影响光器件的寿命

答案：ABCD

18．某支路双 AD 不一致时，母线保护如何处理（　　）。

A．发相关告警信息　　B．合理保留或退出相关保护

C．母线保护直接跳闸该支路　　D．不做任何处理

答案：AB

解析：出自 Q/GDW 441—2010《智能变电站继电保护技术规范》6.1.5。

19．双母线接线形式下，两段母线按双重化配置两台母线电压合并单元。每台合并单元应具备 GOOSE 接口，接收智能终端传递的（　　）位置，用于电压并列。

A．母线电压互感器隔离开关　　B．母联隔离开关

C．断路器　　D．出线隔离开关

答案：ABC

**解析：**出自 Q/GDW 1175—2013《变压器、高压并联电抗器和母线保护及辅助装置标准化设计规范》9.1.3 b。

20．下列对于智能变电站双重化配置要求论述正确的是（　　）。

A．每套完整、独立的保护装置应能处理可能发生的所有类型的故障，且两套保护之间不应有任何电气联系，当一套保护异常或退出时不应影响另一套保护的运行

B．两套保护的电压（电流）采样值应分别取自相互独立的合并单元

C．双重化配置保护使用的 GOOSE（SV）网络应遵循相互独立的原则，当一个网络异常或退出时不应影响另一个网络的运行

D．双重化的两套保护应使用主、后一体化且保测一体化的装置

**答案：**ABC

**解析：**出自 Q/GDW 441—2010《智能变电站继电保护技术规范》5.1。

21．与传统电磁式互感器相比，下列哪些是电子式互感器的优点（　　）。

A．避免了磁路饱和、铁磁谐振等问题　　B．整组试验、检修方便

C．没有电缆传输方式的电磁干扰问题　　D．频率响应宽，动态范围大

**答案：**ACD

22．下列站控层交换机端口镜像配置的优缺点，说法正确的有（　　）。

A．端口流进报文监视　　B．端口流出报文监视

C．端口数据隔离　　D．端口流量控制

**答案：**AB

23．下面哪些地址是组播地址（　　）。

A．01：2a：32：34：5c：54　　B．87：33：45：f5：00：00

C．5c：66：7e：72：00：06　　D．6b：12：34：3d：23：8a

**答案：**ABD

**解析：**48bit 的 MAC 地址一般用 6 字节的十六进制来表示，如 XX-XX-XX-XX-XX。IEEE 802.3 规定：以太网的第 48bit（2012-04-11 修改为 The first bit）用于表示这个地址是组播地址还是单播地址。如果这一位是 0，表示此 MAC 地址是单播地址，如果这位是 1，表示此 MAC 地址是多播地址。即满足第一个字节的最后一位是 1 即为组播地址。

24．在 SCD 文件中，以下（　　）参数应该唯一。

A．APPID　　B．IP 地址　　C．SVID　　D．MaxTime

**答案：**ABC

**解析：**APPID、IP、SVID 唯一。MaxTime 每个控制块均可单独设置，参数不唯一。

25．直通式交换方式的缺点有（　　）。

A．因为数据包内容并没有被交换机保存下来，所以无法检查所传送的数据包是否有误，不能提供错误检测能力

B．在数据处理时延迟大，这是它的不足，但是它可以对进入交换机的数据包进行错误检测

C．由于没有缓存，不能将具有不同速率的输入/输出端口直接接通

D．当以太网交换机的端口增加时，交换矩阵变得越来越复杂，实现起来越来越困难

**答案**：ACD

**解析**：直通交换，延迟非常小、交换非常快，这是它的优点。它的缺点是，因为数据包内容并没有被以太网交换机保存下来，所以无法检查所传送的数据包是否有误，不能提供错误检测能力。

26．智能变电站保护装置“远方操作”只设硬压板，（　　）只设软压板，三者功能相互独立，分别与“远方操作”硬压板采用“与门”逻辑。

A．远方投退压板　　B．远方切换定值区

C．远方修改定值　　D．远方置检修

**答案**：ABC

**解析**：出自 Q/GDW 1175—2013《变压器、高压并联电抗器和母线保护及辅助装置标准化设计规范》4.1.5。

27．智能变电站母差保护一般配置（　　）软压板。

A．合并单元接收　　B．启动失灵接收

C．失灵联跳发送　　D．跳闸 GOOSE 发送

**答案**：ABCD

28．智能变电站中，过程层设备包括（　　）。

A．合并单元　　B．智能终端

C．智能开关　　D．光 CT/PT

**答案**：ABCD

29．智能变电站中的关于 ICD 文件、SSD 文件、SCD 文件、CID 文件描述正确的（　　）。

A．CID 文件为 IED（智能电子设备）的能力描述文件，CID 文件由装置厂商提供给系统集成厂商，该文件描述 IED 提供的基本数据模型及服务，但不包含 IED 实例名称和通信参数

B．SSD 文件为系统规格文件，SSD 文件应全站唯一，该文件描述变电站一次系统结构以及相关联的逻辑节点，最终包含在 SCD 文件中

C．SCD 文件为全站系统配置文件，SCD 文件应全站唯一，该文件描述所有 IED 的实例配置和通信参数、IED 之间的通信配置以及变电站一次系统结构，由系统集成厂商完成。SCD 文件应包含版本修改信息，明确描述修改时间、修改版本号等内容

D. ICD 文件为 IED 实例配置文件，每个装置有一个，由装置厂商根据 SCD 文件中本 IED 相关配置生成

**答案：**BC

**解析：**出自 Q/GDW 441—2010《智能变电站继电保护技术规范》术语和定义。

30. 智能变电站中的下列任一个元件损坏，不应引起保护误动作跳闸（　　）。

A. 电子式互感器的二次转换器（A/D 采样回路）、合并单元（MU）

B. 过程层网络交换机、光纤连接

C. 出口继电器

D. 智能终端

**答案：**ABD

**解析：**出自 Q/GDW 441—2010《智能变电站继电保护技术规范》4.5。

31. 智能变电站中虚端子的作用主要有（　　）。

A. 使站内的装置之间的连接关系明确

B. 便于系统 SCD 配置连接线关系

C. 产生 GOOSE 和 SV 需要的文本信息

D. 与传统屏柜的端子存在着对应的关系

**答案：**ABCD

**解析：**出自 Q/GDW 1396—2012《IEC 61850 工程继电保护应用模型》3.4。

32. 智能变电站装置应提供（　　）反映本身健康状态。

A. 该装置订阅的所有 GOOSE 报文通信情况，包括链路是否正常（如果是多个接口接收 GOOSE 报文接口接收 GOOSE 报文的是否存在网络风暴），接收到的 GOOSE 报文配置及内容是否有误等

B. 该装置订阅的所有 SV 报文通信情况，包括链路是否正常，接收到的 SV 报文配置及内容是否有有误等

C. 该装置自身软、硬件运行情况是否正常

D. 该装置的保护动作报告

**答案：**ABC

**解析：**ABC 均可以反映装置的运行状况，D 选项保护动作报告反映的是一次设备故障，而非装置自身健康状态。

33. 智能变压器保护，某侧电流 SV 通道采样异常：任一相异常时发 TA 采样异常信号，闭锁（　　）。

A. 差动保护　　　　B. 本侧后备保护

C. 全部保护　　　　D. 不闭锁保护

**答案：**AB

**解析**：出自 Q/GDW 441—2010《智能变电站继电保护技术规范》6.1.5。

34．智能站保护装置只设（　　）硬压板。

A．远方操作　　B．保护功能投退　　C．保护置检修　　D．出口跳闸

**答案**：AC

**解析**：出自 Q/GDW 1175—2013《变压器、高压并联电抗器和母线保护及辅助装置标准化设计规范》4.1.5。

35．<DataTypeTemplates>是可实例化的数据类型模板，包含（　　）部分模板。

A．<LNodeType>　　B．<DOtype>

C．<DAType>　　D．<EnumType>

**答案**：ABCD

36．ICD 文件中应包含（　　）基本结构。

A．Header　　B．Communication

C．IED　　D．DataTypeTemplates

**答案**：ABCD

37．ICD 文件中装置型号应依据 Q/GDW 1161—2013 中 4.1.16 的规定编写，包含（　　）、保护选配功能代码等。

A．保护装置软件版本的硬件平台代码　　B．保护系列代码

C．保护基础型号代码　　D．保护应用方式

**答案**：ABCD

**解析**：出自 Q/GDW 1161—2013《线路保护及辅助装置标准化设计规范》4.1.16。

38．IEC 61850-9-2 基于发布/订阅的数据模型，接收方应严格检查（　　）是否匹配。

A．MAC　　B．AppID　　C．SMVID　　D．通道个数

**答案**：ABCD

**解析**：出自 Q/GDW 1396—2012《IEC 61850 工程继电保护应用模型》10.2.2、11.2.2。

39．IEC 61850 系列标准严格规范了（　　），使不同智能电气设备间的信息共享和互操作成为可能。

A．数据的命名、数据定义　　B．设备行为

C．设备的自描述特征　　D．通用配置语言

**答案**：ABCD

40．IEC 60044-8 与点对点 IEC 61850-9-2 应用帧格式都包括（　　）。

A．计数器　　B．额定相电流　　C．额定延时　　D．SvID

**答案**：AC

**解析**：IEC 60044-8 传输标幺值，所以包括额定相电流；IEC 61850-9-2 传输瞬时值，

所以不包括相电流。IEC 60044-8 不包括 SVID；IEC 61850-9-2 包括 SVID。

41．合并单元数据发送采样逻辑节点包括（　　）。

A．PTRC　　B．RREC　　C．TCTR　　D．TVTR

**答案**：CD

**解析**：出自 Q/GDW 1396—2012《IEC 61850 工程继电保护应用模型》7.3.8。

42．继电保护故障文件采用 XML 格式，下列说法正确的是（　　）。

A．TripInfo 部分记录故障过程中的故障电流、故障电压、故障相、故障距离等信息

B．DigitalStatus 部分记录故障前装置开入自检等信号状态

C．DigitalEvent 部分记录保护故障过程中装置开入自检等信号的变化事件

D．SettingValue 部分记录故障前装置定值的值

**答案**：BCD

**解析**：Tripinfo 部分记录故障过程中的保护动作事件，faultinfo 部分记录故障过程中的故障电流、故障电压、故障相、故障距离等信息；deviceinfo 部分记录装置的相关描述信息。

43．逻辑节点 LLN0 里包含的内容有（　　）。

A．数据集（Dataset）　　B．报告控制块（ReportControl）

C．GOOSE 控制块（GSEControl）　　D．定值控制块（SettingControl）

**答案**：ABCD

**解析**：LLN0 是一个特殊的管理逻辑节点，包含数据集、报告控制块、GOOSE 控制块、SV 控制块和定值控制块等内容。

44．某 220kV 线路第一套保护装置故障不停电消缺时，可做的安全措施有（　　）。

A．退出第一套母差保护该支路启动失灵接收压板

B．退出第一套线路保护 SV 接收压板

C．投入该装置检修压板

D．断开该装置 GOOSE 光缆

**答案**：ACD

**解析**：出自《国调中心关于印发智能变电站继电保护和安全自动装置现场检修安全措施自导意见（试行）的通知》（调继〔2015〕92 号文）附录 C。

45．以下（　　）LN 是 LD 中必须包含的。

A．GGIO　　B．PTRC　　C．LLN0　　D．LPHD

**答案**：CD

**解析**：出自 Q/GDW 1396—2012《IEC 61850 工程继电保护应用模型》7.1.1。

46．以下对 SV 数据的 q 属性说法正确的是（　　）。

A．q 属性值为 0x0400 时表示数据置检修

B．q 属性值为 0x0800 时表示数据置检修

C．q 属性值为 0x0001 时表示数据无效

D．q 属性值为 0x0003 时表示数据无效

**答案**：BC

**解析**：出自 Q/GDW 1808—2012《智能变电站继电保护通用技术条件》A.1.3。

47．以下选项属于报告服务触发条件且描述正确的是（　　）。

A．dchg（数据变化）　　B．qchg（品质变化）

C．dupd（周期刷新）　　D．integrity（数据刷新）

**答案**：AB

**解析**：触发选项分为 dchg、qchg、dupd、integrity、GI（general-interrogation）。dchg 是由于数据属性值的变化触发；qchg 是由于品质属性值的变化触发；dupd 是由于刷新数据属性值触发；integrity 是由于设定周期时间到后触发；GI 是由于客户启动总召后触发。

48．目前典型智能变电站的功能有（　　）。

A．过程层　　B．间隔层　　C．站控层　　D．就地层

**答案**：ABC

49．220kV 第一套母差保护断电重启时，监控后台应有如下报警信息（　　）。

A．所有 220kV 线路第一套保护远跳 GOOSE 断链

B．所有主变压器第一套保护失灵联跳 GOOSE 断链

C．所有 220kV 线路第一套智能终端跳合闸 GOOSE 断链

D．所有 220kV 线路第一套合并单元 SV 断链

**答案**：ABC

**解析**：接收方报断链信号；第一套线路保护接收母差的远跳信号，第一套主变压器保护接收母差的失灵联跳信号，第一套智能终端接收母差的跳闸信号。

50．按照 Q/GDW 1175—2013 规范，退保护 SV 接收压板时，下列描述正确的是（　　）。

A．电流/电压显示正常显示　　B．电流/电压显示为 0

C．参与逻辑运算，但闭锁 GOOSE 出口　　D．不参与逻辑运算

**答案**：BD

**解析**：出自 Q/GDW 1175—2013《变压器、高压并联电抗器和母线保护及辅助装置标准化设计规范》4.1.6。

51．按照 Q/GDW 1175—2013 规范，装置应能正确显示 GOOSE 开入信息；GOOSE 接收软压板退出后，下列说法正确的是（　　）。

A．装置显示接收的 GOOSE 信号　　B．装置不显示接收的 GOOSE 信号

C．参与逻辑运算，但闭锁 GOOSE 出口　　D．不参与逻辑运算

答案：AD

解析：出自 Q/GDW 1175—2013《变压器、高压并联电抗器和母线保护及辅助装置标准化设计规范》4.1.7。

52．保护装置 SV 接收软压板退出时，保护装置可能的行为是（　　）。

A．保护装置采样值显示为“0”　　B．保护装置闭锁相关保护功能

C．保护装置误动作　　D．保护装置拒动作

答案：ACD

解析：出自 Q/GDW 1175—2013《变压器、高压并联电抗器和母线保护及辅助装置标准化设计规范》4.1.6。

53．采用 SV 采样 GOOSE 跳闸的“六统一”母线保护，GOOSE 检修不一致逻辑中，GOOSE 接收端装置将接收的 GOOSE 报文中的 test 位与装置自身的检修压板状态进行比较，下列说法正确的是（　　）。

A．只有两者一致时保护才将信号作为有效进行处理或动作

B．两者不一致时，GOOSE 点对点获取的信息（断路器和隔离开关位置等）保持不一致之前状态

C．两者不一致时，GOOSE 网络获取的信息（失灵启动开入等）作“合位”处理

D．两者不一致时，GOOSE 网络获取的信息（失灵启动开入等）作“分位”处理

答案：AB

解析：出自 Q/GDW 1396—2012《IEC 61850 工程继电保护应用模型》13.3。

54．采用基于 IEC 61850-9-2 点对点传输模式的智能变电站，任意侧向电流数据无效将对主变压器保护产生（　　）影响（假定主变压器为双绕组变压器，主变压器保护仅与高低侧合并单元通信）。

A．闭锁差动保护　　B．闭锁本侧过流保护

C．闭锁本侧外接零序保护　　D．闭锁本侧自产零序过流保护

答案：ABD

解析：出自 Q/GDW 1810—2012《智能变电站继电保护检验测试规范》7.4.9.2。

55．对于母线保护，GOOSE 输入量（　　）在 GOOSE 断链的时候不必置 0。

A．失灵开入　　B．隔离开关位置开入

C．解除复压闭锁　　D．开关位置开入

答案：BD

解析：检修不一致时，双点信息保持前值，单点信息清零。

56．监控后台可以对保护装置进行以下（　　）操作。

A．投退保护装置功能软压板　　B．投退保护装置 GOOSE 软压板

C．投退保护装置 SV 软压板　　D．切换保护装置定值区

答案：ABCD

解析：出自《国家电网有限公司十八项电网重大反事故措施（2018 年修订版）》15.4.7。

57．某 220kV 线路第一套保护装置故障不停电消缺时，可做的安全措施有（　　）。

A．退出第一套母差保护该支路启动失灵接受压板

B．退出第一套线路保护 SV 接受压板

C．投入该装置检修压板

D．断开该装置 GOOSE 光缆

答案：ACD

58．某 220kV 线路间隔停役检修时，在不断开光缆连接的情况下，可做的安全措施有（　　）。

A．投入该线路两套线路保护、合并单元和智能终端检修压板

B．退出该线路两套线路保护启动失灵压板

C．退出两套线路保护跳闸压板

D．退出两套母差保护该支路启动失灵接收压板

答案：ABD

59．某 220kV 主变压器停役检修时，在不断开光缆连接的情况下，可做的安全措施有（　　）。

A．投入该主变压器两套主变压器保护、主变压器三侧合并单元和智能终端检修压板

B．退出该主变压器两套主变压器保护启动失灵和解除复合电压闭锁压板

C．退出两套主变压器保护跳分段和母联压板

D．退出两套母差保护该支路启动失灵和解除复合电压闭锁接收压板

答案：ABCD

60．某保护单体调试时继电保护测试仪收不到保护发出的 GOOSE 信号，可能是因为（　　）。

A．继电保护测试仪与保护装置的检修状态不一致

B．保护装置的相关 GOOSE 输入压板没有投入

C．继电保护测试仪的开出关联错误

D．保护装置 GOOSE 光口接线错误

答案：ABD

61．某间隔 MU 检修压板与母线保护检修压板，母线保护间隔投入压板以下说法正确的是（　　）。

A．间隔压板投入，检修状态不一致，告警闭锁保护

B．间隔压板投入，检修压板一致，不告警不闭锁保护

C．间隔压板退出，检修不一致，不告警，不闭锁保护

D．间隔压板退出，检修一致，不告警，不闭锁保护

**答案：**ABCD

62．某智能变电站线路保护动作，对应的智能终端未动作，可能的原因有（　　）。

A．线路保护 GOOSE 出口软压板未投入

B．智能终端出口硬压板未投入

C．线路保护和智能终端的检修压板均投入

D．线路保护和智能终端之间的 GOOSE 链路断链

**答案：**AD

63．某智能站 220kV 线路保护定期校验进行检修机制检验时，假设其智能终端压板均投入，其动作行为正确的是（　　）。

A．合并单元检修压板投入，智能终端检修压板投入，保护检修压板退出，保护动作，智能终端出口

B．合并单元检修压板投入，智能终端检修压板退出，保护检修压板投入，保护动作，智能终端不出口

C．合并单元检修压板退出，智能终端检修压板投入，保护检修压板投入，保护不动作，智能终端不出口

D．合并单元检修压板退出，智能终端检修压板退出，保护检修投入，保护动作，智能终端不出口

**答案：**BC

**解析：**出自 Q/GDW 1396—2012《IEC 61850 工程继电保护应用模型》13.3。

64．下列关于检修机制的描述哪些是正确的是（　　）。

A．MU 检修压板投入，保护和智能终端检修压板退出，保护动作但不出口

B．MU 和保护检修压板投入，智能终端检修压板退出，保护动作但断路器不跳闸

C．MU 和智能终端检修压板投入，保护检修压板退出，保护不动作

D．MU 检修压板退出，保护和智能终端检修压板投入，保护动作并断路器跳闸

**答案：**BC

**解析：**出自 Q/GDW 1396—2012《IEC 61850 工程继电保护应用模型》13.3。

65．下列说法正确的是（　　）。

A．主变压器保护高压侧电压 SV 采样数据无效，闭锁差动保护以及高后备保护

B．母线保护接收母联 SV 断链，闭锁母线差动保护以及母联失灵保护

C．线路保护接收电流 SV 采样断链，闭锁主保护以及后备保护

D．线路间隔合并单元接收电压 SV 级联断链，则线路保护闭锁后备保护不闭锁差动保护

**答案：**CD

66．线路保护动作后，对应的智能终端没有出口，可能的原因是（　　）。

A．线路保护和智能终端 GOOSE 断链

B．线路保护和智能终端检修压板不一致

C．线路保护的 GOOSE 出口压板没有投

D．线路保护和合并单元检修压板不一致

**答案**：ABC

67．线路采样数据失步的情况下，以下哪些保护会被闭锁（　　）。

A．光纤纵差保护　　B．母线差动保护

C．主变压器后备保护　　D．失灵保护

**答案**：AB

68．在使用 GOOSE 跳闸的智能变电站中，（　　）可能导致保护动作但断路器未跳闸。

A．智能终端检修压板投入，保护装置检修压板未投入

B．保护装置 GOOSE 出口压板未投入

C．智能终端出口压板未投入

D．保护到智能终端的直跳光纤损坏

**答案**：ABCD

69．智能变电站宜具备“一键式”安全措施执行功能，即在保护投退方式调整、装置缺陷处理安全隔离等情况下，可依据预先设定的安全措施票，“一键式”（　　）等。

A．退出该装置发送软压板　　B．退出相关运行装置的接收软压板

C．投入检修压板　　D．修改保护临时定值

**答案**：AB

70．智能变电站报文检修处理机制正确的说法是（　　）。

A．检修状态通过装置压板开入实现，检修压板应只能就地操作，当压板投入时，表示装置处于检修状态。装置应通过 LED 状态灯、液晶显示或报警触点提醒运行、检修人员装置处于检修状态

B．GOOSE 接收端装置应将接收的 GOOSE 报文中的 test 位与装置自身的检修压板状态进行比较，只有两者一致时才将信号作为有效进行处理或动作

C．对于测控装置，当本装置检修压板、接收到的 GOOSE 报文中的 test 位均同时为 1 时，上传 MMS 报文中相关信号的品质 q 的 Test 位应置 1

D．SV 接收端装置应将接收的 SV 报文中的 test 位与装置自身的检修压板状态进行比较，只有两者一致时才将该信号用于保护逻辑，否则应不参加保护逻辑的计算

**答案**：ABD

**解析**：出自 Q/GDW 396—2009《IEC 61850 工程继电保护应用模型》11.3。

71．220kV 及以上电压等级的变压器保护建模时，可具有下列（　　）逻辑节点。

A．PDIF 差动保护　　B．PDIS 距离保护

C．RERC　　D．PSCH 纵联保护

**答案**：AB

**解析**：出自 Q/GDW 1396—2012《IEC 61850 工程继电保护应用模型》7.3.3。

72．220kV 某间隔第一套智能终端断电重启时，监控后台应有如下报警信息（　　）。

A．该间隔 220kV 线路第一套保护装置 GOOSE 断链

B．母线保护该支路隔离开关位置 GOOSE 断链

C．该间隔 220kV 线路第一套智能终端 GOOSE 断链

D．该间隔 220kV 线路第一套合并单元 GOOSE 断链

**答案**：ABD

73．SCD 文件导入内容包括（　　）。

A．SV 配置（地址、描述、类型、相别）

B．GOOSE 配置（地址、描述、关联）

C．MMS 报告配置（报告数据集、关联等）

D．系统网络信息（网络拓扑、关联等）

**答案**：ABCD

**解析**：出自 Q/GDW 441—2010《智能变电站继电保护技术规范》3.19。

74．SCD 文件信息包含（　　）。

A．调度通信参数

B．二次设备配置（包含信号描述配置、GOOSE 信号连接配置）

C．通信网络及参数的配置

D．变电站一次系统配置（含一二次关联信息配置）

**答案**：BCD

**解析**：出自 Q/GDW 441—2010《智能变电站继电保护技术规范》3.19。

75．SNTP 具有的工作模式有（　　）。

A．服务器/客户端模式　　B．发布/订阅模式

C．组播模式　　D．广播模式

**答案**：AD

76．对于目前通常采用的 DL/T 860.92（IEC 61850-9-2）传输采样，下列说法正确的是（　　）。

A．采样率为 80 点采样，即 4kHz

B．电压采样值最小分辨率为 10mv

C．电流采样值最小分辨率为 lmA

D．采样频率为 4kHz，能够准确测量 2kHz，则为 40 次谐波

**答案**：ABCD

**解析**：出自 Q/GDW 1396—2012《IEC 61850 工程继电保护应用模型》11.2.1。

77．根据 Q/GDW 1396—2012 规定，对于保护装置应支持以下（　　）控制模式。

A．direct-with-normal-security 方式　　B．sbo-with-normal-security 方式

C．direct-with-enhanced-security 方式　　D．sbo-with-enhanced-security 方式

**答案**：AD

**解析**：出自 Q/GDW 1396—2012《IEC 61850 工程继电保护应用模型》8.4。

78．关于 CCD 文件，以下说法正确的是（　　）。

A．IED 二次回路实例配置文件

B．用于描述 IED 的 GOOSE、SV 发布/订阅信息的配置文件，包括完整的发布/订阅的控制块配置、内部变量映射、物理端口描述和虚端子连接关系等信息

C．装置其他配置文件的改变不应影响本装置发布/订阅的配置，装置的发布/订阅信息以 CCD 文件为准

D．CCD 文件应仅从 SCD 文件导出后下装到 IED 中运行，扩展名采用.ccd

**答案**：ABCD

**解析**：出自 Q/GDW 11471—2015《智能变电站继电保护工程文件技术规范》3.2。

79．关于 IEC 61850 模型的层次关系下列说法正确的是（　　）。

A．物理设备映射到 IED

B．各个功能分解到 LN

C．每个功能的保护数据映射到 DO

D．数据属性命名为 LD/LN$FC$DO$DA

**答案**：ABCD

**解析**：出自 Q/GDW 1396—2012《IEC 61850 工程继电保护应用模型》7.1。

80．关于合并单元的数据输出，下述说正确的是（　　）。

A．点对点模式下，合并单元采样值发送间隔离散值应不大于 10μs

B．采样值报文在合并单元输入结束到输出结束的总传输时间应小于 1ms

C．采样值报文传输至保护装置仅可通过点对点实现

D．采样值报文的规约满足 IEC 60044-8 或者 IEC 61850-9-2 规范

**答案**：ABD

**解析**：出自 Q/GDW 1175—2013《变压器、高压并联电抗器和母线保护及辅助装置标准化设计规范》7.3。

81．关于模拟量输入式合并单元下列叙述正确的是（　　）。

A．单个合并单元采样响应时间不大于 1ms

B．两级级联母线合并单元的间隔合并单元采样响应时间不大于 2ms

C．SV 报文时间间隔应在 240～260μs

D．合并单元时钟同步信号从无到有变化过程中，其采样周期调整步长不大于 1μs

**答案：**ABCD

**解析：**出自 Q/GDW 1175—2013《变压器、高压并联电抗器和母线保护及辅助装置标准化设计规范》7.3。

82．关于智能终端配置描述正确的是（　　）。

A．220kV 及以上变压器各侧的智能终端均按双重化配置

B．110kV 变压器各侧智能终端宜按双套配置

C．110kV 变压器各侧智能终端宜按单套配置

D．220kV 及以上变压器各侧的智能终端均按单套配置

**答案：**AB

**解析：**出自 Q/GDW 1175—2013《变压器、高压并联电抗器和母线保护及辅助装置标准化设计规范》10.1。

83．合并单元采样值采用（　　）方式输出。

A．IEC 61850-9-2 点对点

B．IEC 61850-9-2 组网

C．国家电网有限公司扩展 IEC 60044-8 点对点

D．标准 IEC 60044-8 点对点

**答案：**ABC

**解析：**出自 Q/GDW 441—2010《智能变电站继电保护技术规范》6.4.2。

84．继电保护装置应设置“远方操作”硬压板以及“远方投退压板”“远方切换定值区”“远方修改定值”软压板，用于远方操作功能的投退管理，下列正确的是（　　）。

A．“远方操作”硬压板与“远方修改定值”“远方切换定值区”“远方投退压板”均为“与门”关系；当“远方操作”硬压板投入后，上述 3 个软压板远方功能才有效

B．“远方修改定值”软压板只能在装置本地操作。“远方修改定值”软压板投入时，保护装置应支持远方在线修改装置定值，修改过程中保护不应误动

C．“远方切换定值区”软压板只能在装置本地操作。“远方切换定值区”软压板投入时，装置定值区可远方切换。定值区号应放入定值区号数据集，供远方监控

D．“远方投退压板”软压板只能在装置本地操作。“远方投退压板”软压板投入时，装置功能软压板、GOOSE 开入软压板、GOOSE 出口软压板方可远方投退

**答案：**ABCD

**解析：**出自 Q/GDW 1175—2013《变压器、高压并联电抗器和母线保护及辅助装置标准化设计规范》10.1。

85．数字化采样的智能变电站可以利用（　　）进行核相试验。

A．故障录波器　　　　　　　　　　　B．继电保护测试仪

C．具备波形显示功能的网络报文分析仪　D．合并单元测试仪

**答案：**AC

**解析：**出自 Q/GDW 11054—2013《智能变电站数字化相位核准技术规范》5.4。

86．下列保护装置中，应建立负极性 SV 输入虚端子模型的是（　　）。

A．双母接线的母线保护　　　　　　B．3/2 接线的母线保护

C．双母接线的线路保护　　　　　　D．3/2 接线的线路保护

**答案：**ABD

**解析：**出自 Q/GDW 1396—2012《IEC 61850 工程继电保护应用模型》11.1.1。

87．下列关于 VLAN 陈述正确的是（　　）。

A．把用户逻辑分组为明确的 VLAN 的最常用的方法是帧过滤和帧标识

B．VLAN 的优点包括通过建立安全用户组而得到更加严密的网络安全性

C．网桥构成了 VLAN 通信中的一个核心组件

D．VLAN 有助于分发流量负载

**答案：**ABD

88．以下关于 IED 能力描述文件 ICD 的描述，正确的有（　　）。

A．包含逻辑节点类型、数据类型定义

B．包含虚端子连接关系

C．标准 ICD 文件名应包含装置型号、ICD 文件版本号、ICD 文件校验码

D．包含变电站一、二次关联信息配置

**答案：**AC

**解析：**出自 Q/GDW 441—2010《智能变电站继电保护技术规范》3.17。

89．以下关于回路实例配置文件 CCD 的描述正确的有（　　）。

A．包含逻辑节点类型、数据类型定义　　B. 包含过程层 GOOSE 输出配置信息

C．包含过程层 SV 输入配置信息　　　　D. CCD 文件应仅从 SCD 文件中导出

**答案：**BCD

**解析：**出自 Q/GDW 11471—2015《智能变电站继电保护工程文件技术规范》3.2。

90．以下关于智能变电站过程层网络，正确的说法有（　　）。

A．过程层 SV 网络、过程层 GOOSE 网络、站控层网络应完全独立配置

B．过程层 SV 网络、过程层 GOOSE 网络宜按电压等级分别组网。变压器保护接入不同电压等级的过程层 GOOS 网时，应采用相互独立的数据接口控制器

C．继电保护装置采用双重化配置时，对应的过程层网络亦应双重化配置，第一套保护接入 A 网，第二套保护接入 B 网

D．任两台智能电子设备之间的数据传输路由不应超过 2 个交换机

**答案**：ABC

**解析**：出自 Q/GDW 441—2010《智能变电站继电保护技术规范》5.11。

91．在制作全站系统配置文件 SCD 时，主要配置的部分是（　　）。

A．Communication　B．LLN0　C．Inputs　D．DataSets

**答案**：AC

**解析**：出自 Q/GDW 1396—2012《IEC 61850 工程继电保护应用模型》6。

92．智能变电站过程层网络组网——共享双网方式的优点有（　　）。

A．数据冗余好　B．数据相互隔离

C．信息相互之间共享　D．经济效益好

**答案**：AC

93．智能变电站过程层用以太网交换机可使用（　　）组播管理功能对 SV 和 GOOSE 报文进行管理。

A．IGMP　B．GMRP

C．VLAN　D．静态组播管理

**答案**：BCD

94．智能变电站交换机 VLAN 配置的必要性为（　　）。

A．减轻交换机和装置的负载

B．采用 VLAN 技术，有效隔离网络流量

C．安全隔离，限制每个端口只收所需报文，避免无关信号干扰

D．控制数据流向，提高网络可靠性、实时性

**答案**：ABCD

95．智能站母线保护 SV 虚端子中，涉及极性调整的有（　　）。

A．双母双分段接线的母联，分段

B．双母单分段接线的母联，分段

C．3/2 接线的各间隔

D．主变，线路间隔有需要调整极性的场合

**答案**：ABC

**解析**：出自 Q/GDW 1396—2012《IEC 61850 工程继电保护应用模型》11.1.1。

96．GOOSE 报文可以传输（　　）数据。

A．跳、合闸信号　B．电流、电压采样值

C．一次设备位置状态　D．户外设备温、湿度

**答案**：ACD

97．GOOSE 报文可以完成下述（　　）功能。

A．保护跳闸　B．模拟量　C．控制　D．事件上送

答案：ABC

98．MMS 协议可以完成下述哪些功能（　　）。

A．保护跳闸　　B．定值管理

C．控制　　D．故障报告上送

答案：BCD

99．SV 接收端装置应将接收的 SV 报文中的 test 位与装置自身的检修压板状态进行比较，两者不一致时（　　）。

A．保护功能不受影响　　B．闭锁相关保护功能

C．正常显示　　D．不接收不一致 SV 报文

答案：BC

100．保护装置接收到智能终端位置信号的上一帧 GOOSE 报文的 StNum=5，SqNum=8，则接收到下列哪些帧报文时会更新数据（　　）。

A．StNum=5，SqNum=8　　B．StNum=4，SqNum=8

C．StNum=5，SqNum=7　　D．StNum=5，SqNum=9

答案：ABC

解析：Q/GDW 1396—2012《IEC 61850 工程继电保护应用模型》10.2.2。

101．保护装置判断出 GOOSE 配置不一致，则可能原因为（　　）。

A．GOOSE 报文中的配置版本号与 SCD 文件中不一致

B．GOOSE 报文的 APPID 或目标 MAC 地址与 SCD 文件中不一致

C．GOOSE 报文中的 DA 类型与 SCD 文件中不一致

D．接收报文的允许生存时间的 2 倍时间内没有收到

答案：AC

解析：出自 Q/GDW 1396—2012《IEC 61850 工程继电保护应用模型》10.1.2。

102．保护装置与智能终端采用 GOOSE 双网通信，保护装置采集智能终端的断路器位置，智能终端发给保护的 A 网报文中 StNum=2、SqNum=100，断路器位置为三相跳位，B 网报文中 StNum=2、SqNum=100，断路器位置为三相合位，那么保护装置的断路器位置为（　　）。

A．若 A 网先到，B 网后到，则保护装置显示为三相跳位

B．若 B 网先到，A 网后到，则保护装置显示为三相合位

C．若 A 网先到，B 网后到，则保护装置显示三相跳位，然后显示三相合位

D．若 B 网先到，A 网后到，则保护装置显示三相合位，然后显示三相跳位

答案：AB

解析：出自 Q/GDW 1396—2012《IEC 61850 工程继电保护应用模型》10.2.2。

103．常见的 GOOSE 参数类型有（　　）。

A．布尔型　　B．位串型

C．时间型　　　　　　　　　　　　D．浮点型

**答案**：ABCD

104．关于 GOOSE 的描述下述正确的是（　　）。

A．GOOSE 是 IEC 61850 定义的一种通信机制，用于快速传输变电站事件

B．单个的 GOOSE 信息由 IED 发送，并能被若干个 IED 接收使用

C．代替了传统的智能电子设备（IED）之间硬接线的通信方式

D．提供了网络通信条件下快速信息传输和交换的手段

**答案**：ABCD

105．关于国家电网对于 IEC 61850-9-2 点对点方式的技术指标说法正确的是（　　）。

A．MU 采样值发送间隔离散值应小于 7Ms

B．电子式互感器（含 MU）额定延时时间不大于 2ms

C．MU 及保护测控装置宜采用采样频率为 4000Hz

D．MU 的额定延时应放置于 dsSV 采样发送数据集中

**答案**：BCD

**解析**：出自 Q/GDW 1175—2013《变压器、高压并联电抗器和母线保护及辅助装置标准化设计规范》7.3.4.1、4.1.8，Q/GDW 441—2010《智能变电站继电保护技术规范》6.3.2。

106．可以通过 GOOSE 网络传输的信号有（　　）。

A．变压器保护跳母联、分段断路器

B．变压器保护闭锁备自投、启动失灵等

C．变压器保护接收失灵保护跳闸命令

D．变压器保护实现失灵跳变压器各侧断路器

**答案**：ABCD

**解析**：出自 Q/GDW 1175—2013《变压器、高压并联电抗器和母线保护及辅助装置标准化设计规范》4.3.4。

107．网络报文记录分析装置向子站或监控系统提供的信息包括（　　）。

A．启动信号　　　B．启动时间　　　C．复归时间　　　D．启动原因

**答案**：ABD

**解析**：出自 Q/GDW 1976—2013《智能变电站动态记录装置技术规范》5.15.3。

108．网络报文记录与分析装置在智能变电站中主要作用是（　　）。

A．辅助调试人员排查互操作异常

B．辅助运维人员评估智能变电站二次设备和网络的工作状态

C．辅助运维人员对智能变电站二次设备和网络的故障与异常进行分析定位。

D．辅助运维人员分析一次设备故障

**答案**：ABC

109．网络风暴产生的原因主要有（　　）。

A．网络拓扑结构　　B．接口芯片异常

C．网络拥堵　　D．协议设计不合理

**答案**：AB

110．下列关于过程层通信 GOOSE 说法正确的是（　　）。

A．重新上电的装置发送初始的 GOOSE 信息中，stNum 为 0、sqNum 为 0

B．GOOSE 数据集的数据值改变，装置应发送 GOOSE 报文 stNum 增加、sqNum=0

C．使能 test 模式，GOOSE 的 testflag 设置为 true

D．GOOSE 报文以太网类型为 0x88B8

**答案**：BCD

**解析**：出自 Q/GDW 1808—2012《智能变电站继电保护通用技术条件》附录 A.2。

111．下列属于导致 SV 品质异常的原因是（　　）。

A．SV 原始无效　　B．SV 丢点

C．SV 双 AD 异常　　D．SV 时标超限

E．SV 脉冲失步

**答案**：ABCDE

112．下列说法正确的是（　　）。

A．IEC 60044-8 数据传输采用点对点方式，传输延时固定

B．IEC 61850-9-2 即可点对点传输数据，又可组网传输数据

C．IEC 60044-8 即可点对点传输数据，又可组网传输数据

D．IEC 61850-9-2 只能组网传输数据

**答案**：AB

113．以下（　　）是 SV 报文的 MAC 地址。

A．01-0c-cd-01-04-04　　B．01-0c-cd-04-01-01

C．01-0c-cd-04-01-04　　D．01-0c-cd-01-04-01

**答案**：BC

**解析**：出自 DL/T 860.92—2006《变电站通信网络和系统第 9-2 部分》附录 C。

114．以下（　　）报文可以传输模拟量值。

A．GOOSE　　B．SV　　C．MMS　　D．104

**答案**：ABCD

115．在采用数字量采样的智能变电站中，下列关于 9-2 采样值的说法，正确的是（　　）。

A．通道中传送的是一次值　　B．电压比例因子是 10mV

C．通道中传送的是二次值　　D．电流比例因子是 1mA

**答案**：ABD

**解析**：出自 Q/GDW 1396—2012《IEC 61850 工程继电保护应用模型》11.2.1。

116．智能变电站 SV 告警描述正确的有（　　）。

A．保护装置的接收采样值异常应送出告警信号，设置对应合并单元的采样值无效和采样值报文丢帧告警

B．SV 通信时对接收报文的配置不一致信息应送出告警信号，判断条件为配置版本号、ASDU 数目及采样值数目不匹配

C．ICD 文件中，应配置有逻辑接点 SVAlmGGIO，其中配置足够的 Alm 用于告警

D．SV 通信时对接收报文的配置不一致信息应送出告警信号，判断条件为配置版本号、ASDU 数目、采样值数目及通道延时不匹配

**答案**：ABC

**解析**：出自 Q/GDW 1396—2012《IEC 61850 工程继电保护应用模型》11.1.2。

117．智能终端的检修压板投入时（　　）。

A．发出的 GOOSE 品质位为检修　　B．发出的 GOOSE 品质位为非检修

C．只响应品质位为检修的命令　　D．只响应品质位为非检修的命令

**答案**：AC

**解析**：出自 Q/GDW 1396—2012《IEC 61850 工程继电保护应用模型》13.3。

118．GOOSE 事件时标采用下列（　　）标准时间。

A．北京时间　　B．格林威治时间　　C．UTC 时间　　D．本地时间

**答案**：BC

119．IRIG-B 码对时方式的优点为（　　）。

A．实现方式简单　　B．同步精度高

C．源脉冲带有完整时间信息　　D．软件冗错简单

**答案**：ABC

120．按照 Q/GDW 441—2010《智能变电站继电保护技术规范》，母线保护 GOOSE 组网接收哪些信号（　　）。

A．智能终端母线隔刀　　B．保护装置断路器信号

C．保护装置启动失灵信号　　D．主变压器保护解复压闭锁信号

**答案**：CD

121．工程应用中合并单元、智能终端同步、校时方式主要有（　　）。

A．光 B 码　　B．电 B 码　　C．1588　　D．SNTP

**答案**：AC

**解析**：出自 Q/GDW 441—2010《智能变电站继电保护技术规范》6.10。

122．关于 B 码对时的描述正确的是（　　）。

A．B 码对时精度能达到 1μs，满足合并单元要求

B．智能化变电站过程层一般采用光 B 码对时

C．电 B 码有直流 B 码和交流 B 码

D．B 码不需要独立的对时网

**答案：**ABC

123．顺序控制的范围为（　　）。

A．电压并列　　B．一次设备运行方式转换

C．VQC 调节　　D．保护定值区切换、软压板投退

**答案：**BD

**解析：**出自 Q/GDW 383—2009《智能变电站技术导则》7.1.1。

124．网络传输延时主要包括（　　）几个方面。

A．交换机存储转发延时　　B．交换机交换延时

C．光缆传输延时　　D．交换机排队延时

**答案：**ABCD

125．下列关于智能变电站对时钟同步系统验收要求，说法正确的有（　　）。

A．变电站应配置一套时间同步系统，宜采用主备方式的时间同步系统，主备时钟切换应正常

B．保护装置、MU 和智能终端均应能接收 IRIG-B 码同步对时信号，保护装置、智能终端、MU 的对时精度应不大于±1μs

C．装置时钟同步信号异常后，应发告警信号

D．主控室内保护装置宜采用直流 IRIG-B 码对时；就地布置的保护装置、合并单元和智能终端宜采用光纤 IRIG-B 码对时；站控层设备宜采用 SNTP 网络对时。采用光纤 IRIG-B 码对时方式时，宜采用 FC 接口；采用直流 IRIG-B 码对时方式时，通信介质应为屏蔽双绞线

**答案：**AC

**解析：**出自 Q/GDW 1808—2012《智能变电站继电保护通用技术条件》4.9。

126．下列对时模式对交换机的依赖比较大的是（　　）。

A．PPS　　B．1588　　C．IRIG-B　　D．SNTP

**答案：**BD

127．智能变电站同步对时的要求有（　　）。

A．智能变电站应配置一套全站公用的时间同步系统，为变电站用时设备提供全站统一的时间基准

B．用于数据采样的同步脉冲源应全站唯一，可采用不同接口方式将同步脉冲传递到相应装置

C．地面时钟系统应支持通信串口设备提供的时钟信号

D．同步脉冲源应不受错误秒脉冲的影响

E．支持网络、IRIG-B 等同步对时方式

答案：ABDE

128．Q/GDW 11010 规范要求：线路保护面板显示灯为红色的是（　　）。

A．运行　　B．异常

C．检修　　D．纵联保护闭锁

答案：BCD

129．Q/GDW 1161 规范要求：常规线路保护应具备的信号触点包括（　　）。

A．保护跳闸信号　　B．过负荷告警信号

C．运行异常告警信号　　D．装置故障告警信号

答案：ABCD

130．Q/GDW 1161 规范要求：对电缆直跳回路的要求下列叙述正确的是（　　）。

A．在开入回路中装设大功率抗干扰继电器，其启动功率应大于 5W

B．应具有抗 220V 工频电压干扰的能力

C．动作电压在额定直流电源电压的 55%～70%范围内

D．额定直流电源电压下动作时间为 10～35ms

答案：ABCD

131．Q/GDW 1161 规范要求：基础软件是由下列哪两个部分组成（　　）。

A．基础型号功能　　B．保护功能　　C．选配功能　　D．接口功能

答案：AC

132．Q/GDW 1161 规范要求：下列哪些是保护装置必须具备接口（　　）。

A．对时接口　　B．间隔层通信接口

C．调试接口、打印机接口　　D．时钟测试端口

答案：ABC

133．Q/GDW 1161 规范要求：线路保护装置的选配功能包括（　　）。

A．重合闸　　B．零序反时限过流保护

C．相间距离保护　　D．三相不一致保护

答案：BD

134．Q/GDW 1161 规范要求：智能站 GOOSE、SV 软压板设置原则正确的是（　　）。

A．宜简化保护装置之间、保护装置和智能终端之间的 GOOSE 软压板

B．保护装置应在发送端设置 GOOSE 输出软压板

C．线路保护及辅助装置不设 GOOSE 接收软压板

D．保护装置应按 MU 设置“SV 接收”软压板

答案：ABCD

135．根据《继电保护及安全自动装置通用技术条件》的规定，要求保护装置的绝缘试验项目有（　　）。

A．介质强度试验　　B．绝缘老化试验

C．绝缘电阻试验　　D．冲击电压试验

**答案：**ACD

136．根据 Q/GDW 1810—2012 智能变电站继电保护检验测试规范，继电保护装置功能及基本性能测试，动作时间应满足以下要求（　　）。

A．线路纵联保护装置动作时间不大于 30ms（不包括纵联通道时间）

B．母差保护装置动作时间不大于 20ms（大于 2 倍整定值）

C．变压器保护装置差动速断动作时间不大于 20ms（大于 2 倍整定值），比率差动动作时间不大于 30ms（大于 2 倍整定值）

**答案：**ABC

137．关于智能变电站网络交换机，下列说法正确的是（　　）。

A．交换机硬件应采用标准化结构，采用风扇散热方式

B．交换机应采用安全操作系统

C．交换机应能正确转发变电站内通信网络上的所有数据报文

D．按应用场合可分为过程层交换机和站控层交换机

**答案：**BCD

**解析：**出自 Q/GDW 10429—2017《智能变电站网络交换机技术规范》5。

138．关于智能变电站 GOOSE、SV 软压板设置原则，表述正确的是（　　）。

A．宜简化保护装置之间、保护装置和智能终端之间的 GOOSE 软压板

B．保护装置应在接收端设置 GOOSE 接收软压板

C．保护装置应在发送端设置 GOOSE 输出软压板

D．线路保护及辅助装置不设 GOOSE 接收软压板

**答案：**ACD

**解析：**出自 Q/GDW 1161—2014《线路保护及辅助装置标准化设计规范》4.2.6。

139．关于智能终端功能应符合的要求，下列说法正确的有（　　）。

A．GOOSE 虚端子信息应配置到 DA 层次，GOOSE 虚端子引用路径的格式为“LD/LN.DO.DA”

B．装置应具有开关量和模拟量采集功能，输入量点数可根据工程需要灵活配置，开关量输入宜采用强电方式采集，模拟量输入应支持 4～20mA 和 0～5V 小信号

C．装置应具有开关量输入防抖功能，断路器位置、隔离开关位置防抖时间宜统一设定为 1ms，并可根据现场灵活设置

D．分相断路器的总位置信号可由智能终端进行合成，智能终端应能上送各个分相

断路器的原始位置信息

答案：AB

解析：出自 Q/GDW 1161—2014《线路保护及辅助装置标准化设计规范》4.2.4；GB/T 34132—2017《智能变电站智能终端装置通用技术条件》3.4.2；Q/GDW 1396—2012《IEC 61850 工程继电保护应用模型》7.3.7。

140．间隔合并单元完成电压切换功能，需要采集信号量有（　　）。

A．母线电压　　B．母联断路器位置

C．本间隔母线侧隔离开关位置　　D．本间隔断路器位置

答案：AC

解析：出自 Q/GDW 11015—2013《模拟量输入式合并单元检测规范》7.2.5.1。

141．提高站控层网络可靠性的措施有（　　）。

A．站控层采用独立双网，增加冗余链路，提高可靠性

B．定期检查 ARP 表，发现 MAC 和 IP 发生变化时，发告警信息

C．加强网络记录仪的分析和告警功能，网络流量出现异常时及时告警

D．间隔层装置的网络接口增加流量控制功能

答案：ABCD

142．下列关于智能终端说法正确的是（　　）。

A．220kV 及以上电压等级智能终端按断路器双重化配置，每套智能终端包含完整的断路器信息交互功能

B．智能终端应设置防跳功能

C．220kV 及以上变压器各侧的智能终端均按双重化配置；110kV 变压器各侧智能终端宜按双套配置

D．每台变压器、高压并联电抗器配置一套本体智能终端，本体智能终端包含完整的变压器、高压并联电抗器本体信息交互功能（非电量动作报文、调档及测温等），并可提供用于闭锁调压、启动风冷、启动充氮灭火等出口触点

E．智能终端采用集中安装方式

F．智能终端跳合闸出口回路应设置硬压板

答案：ACDF

解析：出自 Q/GDW 441—2010《智能变电站继电保护技术规范》5.12。

143．新安装模拟量输入式合并单元的保护通道准确度检验包括（　　）。

A．比值误差检验　　B．同步脉冲相位误差检验

C．插值法相位误差检验　　D．电压切换功能试验

答案：ABC

144．依照 Q/GDW 441—2010《智能变电站继电保护技术规范》，对合并单元的技术

要求需满足（　　）。

A．合并单元应输入电子式互感器整体的采样响应延时

B．合并单元采样值发送间隔离散值应小于 10μs

C．合并单元应能提供点对点和组网输出接口

D．不需要和智能终端硬件功能整合

**答案：**ABCD

145．以下关于智能终端技术要求描述正确的是（　　）。

A．在断路器智能终端双套配置而断路器操动机构配置单跳圈的情况下，可将两套装置的跳闸触点并接

B．宜采用电 IRIG-B 对时方式

C．双重化配置智能终端时，应具有输出至另一套智能终端的闭重触点

D．装置从接收到保护跳闸、合闸 GOOSE 命令到装置跳闸、合闸继电器触点出口的动作时间应不大于 5ms

**答案：**AC

**解析：**出自 Q/GDW 1175—2013《变压器、高压并联电抗器和母线保护及辅助装置标准化设计规范》10.2。

146．以下哪种情况会导致微机保护正常运行时“运行”指示灯熄灭（　　）。

A．CCD/CID 文件错误　　B．TA/TV 断线

C．（失灵/手合等）开入异常　　D．保护 CPU 插件异常

E．SV/GOOSE 链路中断　　F．SV 数据异常

**答案：**AD

147．在保护装置单体功能验收中对于操作箱的要求表述正确的是（　　）。

A．操作箱跳闸、合闸电流参数跳线设置与断路器实际跳闸、合闸电流应各自独立

B．宜采用断路器本体防止跳跃逻辑回路，与保护传动配合正确

C．出口继电器动作电压应在 55%～70%额定电压；动作功率不小于 5W

D．直跳中间继电器动作电压应在 55%～70%额定电压；动作功率不小于 5W

**答案：**BCD

**解析：**出自《国家电网有限公司十八项电网重大反事故措施（2018 年修订版）》。

148．在保证安全的前提下，可开放保护装置（　　）功能。

A．远方投退压板　　B．远方切换定值区

C．远方修改定值　　D．远方修改控制字

**答案：**AB

**解析：**出自《国家电网有限公司十八项电网重大反事故措施（2018 年修订版）》15.4.7。

149．智能变电站继电保护设备缺陷分为哪几级（　　）。

A．危急　　B．严重　　C．告警　　D．一般

**答案：**ABD

**解析：**出自《国家电网公司继电保护和安全自动装置缺陷管理办法》第三章第九条。

150．智能变电站网络交换机，应满足以下要求（　　）。

A．应采用工业级或以上等级产品

B．应使用无扇型，采用交流工作电源

C．应满足变电站电磁兼容的要求

D．支持端口速率限制和广播风暴限制

**答案：**ACD

**解析：**出自 Q/GDW 441—2010《智能变电站继电保护技术规范》6.2.4。

151．智能变电站线路保护装置故障检修时，更换（　　）插件需要重新下装 CID 文件。

A．开入开出　　B．CPU　　C．MMI　　D．SV

**答案：**BC

152．智能变电站中，GOOSE 技术的应用解决了传统变电站中（　　）的问题。

A．电缆二次接线复杂.抗干扰能力差

B．采样值精度不准确

C．保护拒动、误动

D．二次回路无法在线监测

**答案：**AD

153．智能控制柜的技术要求包括（　　）。

A．控制柜应装有 $100mm^2$ 截面的铜接地母线，并与柜体绝缘，接地母线末端应装好可靠地压接式端子，以备接到电站的接地网上

B．柜体应采用双层结构，循环通风控制柜内设备的安排及端子排的布置，应保证各套保护的独立性，在一套保护检修时不影响其他任何一套保护系统的正常运行

C．控制柜应具备温度、湿度的采集、调节功能，柜内温度控制在-10～50℃，湿度保持在 80%以下，并可通过智能终端 GOOSE 接口上送温度、湿度信息

D．控制柜应能满足 GB/T 18663.3—2007《电子设备机械结构　公制系列和英制系列的试验　第三部分：机柜、机架和插箱的电磁屏蔽性能试验》关于变电站户外防电磁干扰的要求

**答案：**ABD

**解析：**出自《国家电网有限公司十八项电网重大反事故措施（2018 年修订版）》15.7.2.2。

154．智能变电站现场后台定值召唤、修改功能检验内容包括（　　）。

A．定值召唤功能

B．定值区切换功能

C．定值备份功能

D．定值修改功能

**答案：**ABD

155．智能终端的自检项目主要包括（　　）。

A．出口继电器线圈自检

B．绝缘自检

C．控制回路断线自检　　D．断路器位置不对应自检

E．定值自检　　F．程序 CRC 自检

**答案：** ACDEF

**解析：** 出自 Q/GDW 11072.3—2013《110（66）～750kV 智能变电站通用二次设备技术要求及接口规范 第 3 部分：过程层设备》6.3。

156．智能终端应具备以下几方面功能（　　）。

A．接收保护跳合闸 GOOSE 命令

B．传输位置、遥测信号

C．接收保测控的遥合/遥分断路器、隔离开关等 GOOSE 命令

D．发出收到跳令的报文

**答案：** ACD

**解析：** 出自 Q/GDW 441—2010《智能变电站继电保护技术规范》6.5.1。

## 三、判断题

1．新“六统一”智能变电站母线保护主变压器失灵开入同时会解除该支路失灵电压闭锁。（　　）

**答案：** √

**解析：** 出自 Q/GDW 1161—2014《线路保护及辅助装置标准化设计规范》7.2.3。

2．母线保护装置 GOOSE 中断后，保护装置将闭锁差动保护。（　　）

**答案：** ×

**解析：** 出自 Q/GDW 1809—2012《智能变电站继电保护检验规程》6.4.4.1。

3．对于 GOOSE 接收机制，若两帧 GOOSE 报文的 StNum 不相等，更新接收方的数据。（　　）

**答案：** √

**解析：** 出自 Q/GDW 1396—2012《IEC 61850 工程继电保护应用模型》10.2.2。

4．母线 TV 合并单元应具备 GOOSE 接口，接收智能终端传递的母线电压互感器隔离开关位置、母联隔离开关位置和断路器位置，用于电压并列。（　　）

**答案：** √

**解析：** 出自 Q/GDW 1161—2014《线路保护及辅助装置标准化设计规范》9.1.3。

5．光纤线径宜采用 62.5（50）/125μm；多模光缆芯数不宜超过 24 芯，每根光缆至少备用 20%，最少不低于 2 芯。（　　）

**答案：** √

**解析：** 出自 Q/GDW 1161—2014《线路保护及辅助装置标准化设计规范》9。

6．当线路保护与对应的智能终端 GOOSE 检修不一致时，线路保护采集智能终端的

断路器位置开入按清零处理。(　　)

答案：×

7．线路间隔第二套智能终端合闸出口触点应并入第一套智能终端合闸回路。(　　)

答案：√

解析：出自 Q/GDW 441—2010《智能变电站继电保护技术规范》B.1。

8．DL/T 860 模型中，BRCB 和 URCB 均采用多个实例可视方式，报告实例数应不小于 12。(　　)

答案：√

解析：出自 Q/GDW 1396—2012《IEC 61850 工程继电保护应用模型》8.3.2。

9．智能终端 DSP 插件一方面负责 MMS 通信，另一方面完成动作逻辑，开放出口继电器的正电源。(　　)

答案：×

10．断路器、隔离开关双位置数据属性类型 Dbpos 值应按“00 无效态，01 分位，10 合位，11 中间态”执行。(　　)

答案：×

解析：出自 Q/GDW 1396—2012《IEC 61850 工程继电保护应用模型》7.3.7。

11．GOOSE 出口软压板应按跳闸、启动失灵、闭锁重合、合闸、远传等重要信号在 PTRC、RREC、PSCH 中统一加 Ena 后缀扩充出口软压板，从逻辑上隔离相应的信号输出。(　　)

答案：×

解析：出自 Q/GDW 1396—2012《IEC 61850 工程继电保护应用模型》7.2.1。

12．智能变电站母线保护由检修转运行时软压板的投入顺序是投入各间隔的 GOOSE 跳闸出口软压板，再投入各间隔的 SV 接收软压板。(　　)

答案：×

13．500kV 智能变电站，分相变压器 A、B、C 相非电量分相输入，作用于跳闸的非电量保护每相使用一个功能压板。(　　)

答案：×

解析：出自 Q/GDW 1175—2013《变压器、高压并联电抗器和母线保护及辅助装置标准化设计规范》5.2.7 d)。

14．IEEE 1588 协议将节点时钟分为普通时钟、边界时钟和透明时钟。(　　)

答案：√

15．智能变电站主变压器保护高压侧、低压侧同时加量比较两侧差流。高、低侧加三相平衡电流。在装置液晶上显示保护有较大差流，保护装置高压侧所加幅值和相角正确，低压侧幅值正确，相角比实际所加角度大 9°。则低压侧合并单元的额定延时比固有

延时多 500μs。（　　）

**答案：** √

**解析：** 20000μs×9°/360°=500μs。

16．双母双分段接线，按双重化配置 4 台母线电压合并单元，应具备横向电压并列功能。（　　）

**答案：** ×

**解析：** 出自 Q/GDW 441—2010《智能变电站继电保护技术规范》5.13。

17．公用数据属性类型 Quality（品质）中 validity（有效性）有 2 种状态，即 good、invalid。（　　）

**答案：** ×

**解析：** 出自 DL/T 860.71—2006《变电站通信网络和系统　第 7-1 部分》表 11。

18．现场检查除纵联通道外的保护用光缆，应为多模光缆，检查进入保护室或控制室的保护用光缆，应为阻燃防水防鼠咬非金属光缆，且每根光缆备用纤芯不少于 20%且不少于 2 芯，备用光口、尾纤应带防尘帽。多模光缆光纤线径宜采用 850nm/1310nm，芯数不宜超过 12 芯。（　　）

**答案：** ×

**解析：** 出自 Q/GDW 1161—2014《线路保护及辅助装置标准化设计规范》9。

19．若某 MAC 地址在设定的时间内不再出现，交换机将自动把该 MAC 地址从地址表中清除，当下一次该 MAC 地址重新出现时，将会把该 MAC 地址当作新地址进行处理。（　　）

**答案：** √

20．CCD 文件 CRC 校验码比特数 Width：16，初始值 int：00000000。（　　）

**答案：** ×

**解析：** 出自 Q/GDW 11471—2015《智能变电站继电保护工程文件技术规范》8.2.2。

21．合并单元在进行母线电压并列或切换时，不应出现通信中断、丢包、品质输出异常改变等异常现象，采样导致微机保护正常运行时“运行”指示灯熄灭输出、采样序号可不连续。（　　）

**答案：** ×

**解析：** 出自 Q/GDW 11015—2013《模拟量输入式合并单元检测规范》7.2.5。

22．MMS 双网热备用模式时，在单网络发生故障时，判断网络的故障需要一定周期，此时如果发生电力系统故障，不能及时上送报告给监控系统，不能做到无缝切换。（　　）

**答案：** √

23．模拟量输入式合并单元数据输出，APDU 中包含的 ASDU 数目可配置均应配置为 1。（　　）

**答案：** ×

**解析：** 出自 Q/GDW 1175—2013《变压器、高压并联电抗器和母线保护及辅助装置标准化设计规范》A.1.3。

24．保护装置和合并单元、智能终端之间的通信断续检测时，不管 SV 中断还是 GOOSE 中断，都应该可靠闭锁保护，等 SV 中断恢复或者 GOOSE 中断恢复后，保护恢复正常。（　　）

**答案：** ×

**解析：** 出自 Q/GDW 1809—2012《智能变电站继电保护检验规程》6.4.4.1。

25．母联第二套智能终端所需手合信号，由第一套智能终端提供 SHJ 重动触点开入。（　　）

**答案：** √

26．采用双重化通信网络的情况下，两个网络发送的 GOOSE 报文的多播地址、APPID 必须不同，以体现冗余要求。（　　）

**答案：** ×

**解析：** 出自 Q/GDW 396—2009《IEC 61850 工程继电保护应用模型》8.3。

27．带负荷试验时差动保护的差电流宜不小于 $0.04I_n$。（　　）

**答案：** ×

28．当取代的数据配置在数据集中，subEna 置为 True 时，取代的状态值和实际状态值不同，应上送报告，上送的数据值为取代后的数值，原因码应置数据变化位。（　　）

**答案：** ×

**解析：** 出自 Q/GDW 1396—2012《IEC 61850 工程继电保护应用模型》8.5。

29．模拟量输入式合并单元，当“Ⅰ母强制用Ⅱ母”转换把手投入时，Ⅰ/Ⅱ母母线电压使用Ⅱ母母线电压。（　　）

**答案：** √

**解析：** 出自 Q/GDW 11487—2015《智能变电站模拟量输入式合并单元、智能终端标准化设计规范》5.3.1。

30．主变压器保护装置相关电流通道同步异常，闭锁差动保护其原则为延时闭锁，延时返回。（　　）

**答案：** ×

**解析：** 出自 Q/GDW 441—2010《智能变电站继电保护技术规范》6.1.5。

31．智能终端应具有信息转换和通信功能，支持以 GOOSE 方式上传一次设备的状态信息，同时接受来自二次设备的 GOOSE 下行控制命令，实现对一次设备的实时控制功能。（　　）

**答案：** √

**解析**：出自 Q/GDW 428—2010《智能变电站智能终端技术规范》4.2.5。

32. 智能终端动作时间是指智能终端从接受到 GOOSE 控制命令（如保护的跳合闸）到相应硬接点动作所经历的时间，通常包括智能终端订阅 GOOSE 信息后的处理响应时间和智能终端开出硬接点的所用时间。（　　）

**答案**：√

33. 智能终端 GOOSE 直传双点位置包括断路器三相位置（三相断路器）/分相位置（分相断路器），单点位置包括遥合（手合）、隔离开关位置、低气压闭锁重合、控制回路断线、TWJ、HWJ、合后位置等其他遥信信息。（　　）

**答案**：×

**解析**：出自 Q/GDW 1175—2013《变压器、高压并联电抗器和母线保护及辅助装置标准化设计规范》4.2.2。

34. 互操作性是来不同制造商的两个及以上智能电子设备交换信息、使用信息以正确执行规定功能的能力。（　　）

**答案**：×

**解析**：出自 Q/GDW 441—2010《智能变电站继电保护技术规范》3.12。

35. 智能化线路保护装置订阅同一台 IED 设备的所有 GOOSE 保护信息不应属于一个 GOOSE 发布数据集。（　　）

**答案**：×

**解析**：出自 Q/GDW 1161—2014《线路保护及辅助装置标准化设计规范》4.2.3。

36. 智能变电站线路保护的“远方投退压板”“远方切换定值区”“远方修改定值”三个软压板相互联系，当“远方投退压板”退出时，不能远方对“远方切换定值区”“远方修改定值”软压板进行控制。（　　）

**答案**：×

**解析**：出自 Q/GDW 1161—2014《线路保护及辅助装置标准化设计规范》4.1.5 a)。

37. 智能变电站现场调试时，测试变压器保护差动速断动作时间不大于 20ms（大于 2 倍整定值），比率差动动作时间不大于 30ms（大于 2 倍整定值）。（　　）

**答案**：√

**解析**：出自 Q/GDW 1808—2012《智能变电站继电保护通用技术条件》4.7.1。

38. 智能变电站双重化配置的保护装置组在一面保护屏（柜）内时，同一屏内的不同保护装置可以共用光缆、尾缆，但所用光缆必须接入同一组光纤配线架。（　　）

**答案**：×

**解析**：出自《国家电网有限公司十八项电网重大反事故措施（2018 年修订版）》15.7.1.6。

39. 在智能化母差采用点对点连接时，由于单元数过多，主机无法全部接入，需要配置子机实现主机将本身采集的采样值和通过子机发送的采样值综合插值后送给保护

CPU 处理，在点对点情况下和子机之间需设置特殊的同步机制。（ ）

答案：×

40．高压并联电抗器配置独立的电流互感器，主电抗器首端、末端电流互感器相互独立的 MU。（ ）

答案：×

解析：出自 Q/GDW 441—2010《智能变电站继电保护技术规范》5.5 b）。

41．用手持式调试仪验证双 A/D 不一致情况时，一组 A/D 连续发送异常采样数据异常数据值达到保护装置保护元件的动作门槛，另一组 A/D 采样数据正常，此时保护装置应该动作并报双 A/D 采样不一致。（ ）

答案：×

解析：出自 Q/GDW 1810—2012《智能变电站继电保护检验测试规范》7.4.8.1。

42．线路保护与智能终端之间直接光纤连接，交互跳闸信号和断路器位置信号，若线路保护报出与此智能终端 GOOSE 链路中断，则线路保护动作时智能终端一定不能跳闸。（ ）

答案：×

43．守时测试即手持式调试仪与合并单元对时一段时间后，中断对合并单元的授时信号，此时合并单元依靠自身的时钟进行走时手持式调试仪持续测试合并单元时钟，得到合并单元在失去时钟后的守时时间及守时精度，一般规定 10min 内合并单元的守时精度应优于 1μs。（ ）

答案：×

解析：出自 Q/GDW 1396—2012《IEC 61850 工程继电保护应用模型》11.3。

44．智能终端响应正确报文的延时不应大于 7ms。（ ）

答案：×

解析：出自 Q/GDW 441—2010《智能变电站继电保护技术规范》6.5.1 f）。

45．5P 和 5TPE 级电子式电流互感器在额定频率下的误差主要区别在额定准确限值一次电流下的复合误差。（ ）

答案：×

46．点对点方式下，当纵联差动保护装置的本地同步时钟丢失时，没有保护需要闭锁。（ ）

答案：√

47．智能变电站交换机 VLAN 配置的必要性之一是实现安全隔离，限制每个端口只发所需报文，避免无关信号干扰。（ ）

答案：×

解析：智能变电站交换机 VLAN 配置的必要性为：减轻交换机和装置的负载；采用

VLAN 技术，有效隔离网络流量；安全隔离，限制每个端口只收所需报文，避免无关信号干扰；控制数据流向，提高网络可靠性、实时性。

48. 建立和完善继电保护故障信息和故障录波管理系统，严格按照国家有关网络安全规定，做好有关安全防护在保证安全的前提下，可开放保护装置远方修改定值功能。（　　）

**答案：**×

**解析：**出自《国家电网有限公司十八项电网重大反事故措施（2018 年修订版）》15.4.7。

49. 逻辑节点 LLN0 里可以包含数据集、报告控制块、GOOSE 控制块、SV 控制块。（　　）

**答案：**√

50. 若合并单元发送一个新的采样报文，SV 报文中 SmpCnt 属性会累加和翻转。（　　）

**答案：**√

**解析：**出自 Q/GDW 1396—2012《IEC 61850 工程继电保护应用模型》11.3。

51. 在交换机中，从输入帧的最后一个比特到达输入端口开始，至在输出端口上看到输出帧的第一个比特为止的时间间隔是交换机的直通延时（TA）。（　　）

**答案：**×

**解析：**出自 DL/T 1241—2013《电力工业以太网交换机技术规范》5.5.5。

52. 一台保护用电子式电流互感器，额定一次电流 4000A，额定输出为 SCP=01CFH，对应于样本 551H 的电流值为 11758A。（　　）

**答案：**√

53. 保护装置处于检修状态，此时在站内后台进行远方投退软压板操作，该保护装置只执行带检修品质的控制命令。（　　）

**答案：**×

54. 当运行中的 220kV 第一套母差失电时，220kV 母联间隔第一套母联保护会 GOOSE 中断告警。（　　）

**答案：**×

55. IRIG-B 码对时有交流（AC）码和直流（DC）码两种方式。其中 AC 码以调制的方式编码，适合较近距离传送，DC 码是依靠电平逻辑来编码，传送距离较远。（　　）

**答案：**×

**解析：**出自 DL/T 1100.1—2018《电力系统的时间同步系统　第 1 部分：技术规范》5.4.2。

56. 智能保护装置信号状态是指保护交直流回路正常，主保护、后备保护及相关测控功能软压板投入，跳闸、启动失灵等 GOOSE 软压板退出，保护检修压板投入。（　　）

**答案：**×

57．光纤尾纤检查及要求：光纤尾纤应星现自然弯曲（弯曲半径不大于 3cm），不应存在弯折的现象，不应承受任何外重，尾纤表皮应完好无损。（　　）

**答案**：×

**解析**：出自 Q/GDW 1809—2012《智能变电站继电保护检验规程》6.3.1.2.1。

58．智能变电站规约规定，过程层网络结构应采用双网星型结构。（　　）

**答案**：×

**解析**：出自 Q/GDW 441—2010《智能变电站继电保护技术规范》6.2.1 e）。

59．保护装置应具备 MMS 接口与站控层设备通信。保护装置的交流电流、交流电压及保护设备参数的显示、打印、整定应能支持一次值，上送信息应采用一次值。（　　）

**答案**：√

**解析**：出自 Q/GDW 441—2010《智能变电站继电保护技术规范》6.1.11。

60．合并单元装置应在 ICD 文件的采样值数据集中预先配置满足工程需要的采样值输出，采样值发送的 FCDA 成员就是一个采样值输出数据集。（　　）

**答案**：×

**解析**：出自 Q/GDW 1808—2012《智能变电站继电保护通用技术条件》4.8.2 k）。

61．网络交换机一般可单独投退，可根据影响程度确定相应保护装置的投退。（　　）

**答案**：×

**解析**：出自 Q/GDW 11024—2013《智能变电站继电保护和安全自动装置运行管理导则》6.3.3。

62．保护装置应自动补偿电子式互感器的采样响应延迟，当响应延时发生变化时应闭锁采自不同 MU 且有采样同步要求的保护。（　　）

**答案**：√

**解析**：出自 Q/GDW 441—2010《智能变电站继电保护技术规范》6.1.3。

63．220kV 线路保护采用安装在线路上的 ECVT 获得电流电压。用于检同期的母线电压由母线合并单元点对点传输给各间隔保护装置。（　　）

**答案**：×

**解析**：出自 Q/GDW 441—2010《智能变电站继电保护技术规范》5.13 5）。

64．过程层进行数字化、网络化改造时，110kV 及以上变电站应在故障录波单元中集成网络报文记录分析功能，具备对各种网络报文的实时监视、捕捉、存储、分析和统计功能。（　　）

**答案**：×

**解析**：出自 Q/GDW 414—2011《变电站智能化改造技术规范》6.4.5。

65．母差保护中任一支路失灵开入保持 10s 不返回，装置报“失灵长期启动”，同时将该套母差保护的失灵保护功能闭锁。（　　）

**答案**：×

66．某日，母联断路器合位时发生 GOOSE 断链（TWJ 保持 0），此时发生死区故障时，只能经母联失灵保护切除故障。（ ）

**答案：** √

67．智能站当线路支路有高压并联电抗器、过电压及远方跳闸保护等需要三相启动失灵时，采用操作箱内 TJR 触点启动失灵保护。（ ）

**答案：** ×

**解析：** 出自 Q/GDW 1161—2014《线路保护及辅助装置标准化设计规范》4.3.5 d)。

68．智能终端检修，一次设备不停役时，应先退出该智能终端跳闸、合闸出口硬压板，并投入母线保护对应隔离开关强制软压板后，方可投入该智能终端检修压板。（ ）

**答案：** √

69．当 GOOSE 服务器产生一个发送 GOOSE 报文请求时，当前的数据集所有值会被编码进 GOOSE 报文中并被发送。（ ）

**答案：** √

**解析：** 出自 DL/T 860.81—2006《变电站通信网络和系统　第 8-1 部分》18.1.2.5。

70．合并单元时钟同步信号在从无到有的变化过程中，其采样周期调整步长应不大于 1μs，合并单元采样值发送间隔离散值应小于 10μs。（ ）

**答案：** √

**解析：** 出自 Q/GDW 1175—2013《变压器、高压并联电抗器和母线保护及辅助装置标准化设计规范》7.3。

71．测控装置之间的联闭锁信息宜采用 MMS 网络传输方式。（ ）

**答案：** √

72．某 220kV 智能变电站某台线路断路器检修结束复役后，第一套智能终端检修压板忘记取下，线路故障保护正确动作时断路器依然能够跳闸。（ ）

**答案：** √

73．软件防误措施，具体方法是：在有直跳开入时，需经 100ms 的固定延时确认，同时，还必须伴随灵敏的、不需整定的、展宽的电流故障分量启动元件动作。（ ）

**答案：** ×

**解析：** 出自 Q/GDW 1175—2013《变压器、高压并联电抗器和母线保护及辅助装置标准化设计规范》7.2.2。

74．首字母为 L 的逻辑节点为系统逻辑节点，它包括 LLN0 公用逻辑结点和 LPHD 装置物理信息两种。（ ）

**答案：** √

75．网络记录分析仪收到 SV 的报文 SampleSync 值为 false，说明合并单元处于失步

状态。（ ）

答案：√

76. ICD文件描述了IED的GOOSE、SV发布/订阅信息，包括发布/订阅的控制块配置、内部变量映射、物理端口描述和虚端子连接关系等信息。（ ）

答案：×

解析：出自Q/GDW 441—2010《智能变电站继电保护技术规范》3.17。

77. DL/T 860取代服务中，当subEna置为True时，改变subVal、subQ应直接改变相应的数据属性Val、q，同时须再次使能subEna。（ ）

答案：×

解析：出自Q/GDW 1396—2012《IEC 61850工程继电保护应用模型》8.5 b)。

78. 根据《智能变电站通用技术条件》，GOOSE开入软压板除双母线和单母线接线启动失灵、失灵联跳开入软压板外即可设在接收端，也可设在发送端。（ ）

答案：×

解析：出自Q/GDW 1808—2012《智能变电站继电保护通用技术条件》4.6.17。

79. 保护装置与合并单元之间的SV传输通信不需要建立握手连接。（ ）

答案：√

80. SCD修改后，保护装置的配置文件一定需要重新下载。（ ）

答案：√

81. 保护对应一台IED设备可接收多个GOOSE发送数据集。（ ）

答案：×

解析：出自GB/T 32901—2016《智能变电站继电保护通用技术条件》4.10.14。

82. 根据《智能变电站二次系统通用设计规范》，在现场实施存在困难时，保护装置可跨接双重化配置的两个过程层网络。（ ）

答案：×

83. 智能终端宜具备断路器操作箱功能，包含分合闸回路、合后监视、重合闸、操作电源监视和控制回路断线监视等功能。断路器三相不一致保护功能以及各种压力闭锁功能宜在断路器本体操动机构中实现。（ ）

答案：√

解析：出自Q/GDW 428—2010《智能变电站智能终端技术规范》4.2.4。

84. 保护装置与智能终端检修状态不一致时，并不影响保护装置的正常跳闸。（ ）

答案：√

85. 变压器一侧断路器改检修时，先拉开该断路器，当确认一次已无电流后，应先投入该间隔合并单元“检修状态压板”，后退出主变保护该间隔“SV接收软压板”。（ ）

答案：×

86．GOOSE、SV 输出逻辑节点建模应符合 Q/GDW 1161—2013 标准要求，其中失灵联跳开出虚端子统一采用 PTRC 建模。（　　）

**答案：**√

87．母线保护在发生 SV 检修不一致、SV 通信中断、SV 报文配置异常、SV 品质位异常导致电流满足 CT 断线判别条件时，应报 CT 断线告警信号。（　　）

**答案：**×

**解析：**出自 Q/GDW 1175—2013《变压器、高压并联电抗器和母线保护及辅助装置标准化设计规范》7.2.1。

88．保护装置应能处理合并单元上送的数据品质位（无效、检修等），并及时准确提供告警信息。在异常状态下，利用合并单元的信息合理地进行保护功能的退出和保留，瞬时闭锁保护功能。（　　）

**答案：**×

**解析：**出自 GB/T 32901—2016《智能变电站继电保护通用技术条件》4.11.24。

89．按照 Q/GDW 1175—2013 规范，如果母线保护不选配充电保护，就不需要再引入手合开入（　　）

**答案：**×

**解析：**出自 Q/GDW 1175—2013《变压器、高压并联电抗器和母线保护及辅助装置标准化设计规范》7.2.1 h）。

90．智能化装置过程层 GOOSE 信号宜直接链接，也可以由其他装置转发。当装置之间无网络连接，但又需要配合时，宜通过智能终端输出触点建立配合关系。如：三重方式下两套保护间的闭锁重合闸信号。（　　）

**答案：**×

**解析：**出自 Q/GDW 1175—2013《变压器、高压并联电抗器和母线保护及辅助装置标准化设计规范》4.3.4 d）。

91．将母线保护某线路间隔接收软压板退出后，该整个间隔的 SV 和 GOOSE 接收信号均退出。（　　）

**答案：**√

92．按照 Q/GDW 441—2010《智能变电站继电保护技术规范》，母线保护 GOOSE 组网接收智能终端间隔母线侧隔离开关位置、保护装置启动失灵信号和主变保护解复压闭锁信号。（　　）

**答案：**×

93．“SV 接收”压板退出后，相应采样值显示为 0，但应还能发 SV 品质报警信息。（　　）

**答案：**×

**解析**：出自 GB/T 32901—2016《智能变电站继电保护通用技术条件》4.11.4。

94．合并单元故障时，应停用相应的母差保护和线路保护，相关保护及合并单元装置应投入检修状态硬压板。（　　）

**答案**：×

95．SVPUB 元素若 FCDA 按 DO 建模，提取规则与 GOOSESUB 相同：bType 属性是 SV 发送虚端子的数据类型，desc 属性是 SV 发送虚端子的描述，在 CRC 校验码计算时应剔除 desc 属性。（　　）

**答案**：×

**解析**：出自 Q/GDW 11471—2015《智能变电站继电保护工程文件技术规范》8.3.5。

96．智能变电站主变压器保护 GOOSE 出口软压板退出时，保护装置不再发送 GOOSE 跳闸命令。（　　）

**答案**：×

97．当配置文件、采样、开入、开出、控制等与继电保护有关的虚回路、电缆回路发生变化时，应进行补充试验，模拟各种故障进行整组传动试验。（　　）

**答案**：×

**解析**：出自 Q/GDW 11357—2014《智能变电站继电保护和电网安全自动装置现场工作保安规定》6.12 f)。

98．220kV 及以上变电站，应按电压等级分别配置动态记录装置，主变单独配置动态记录装置采用 3/2 主接线形式的变电站，宜配置母线动态记录装置。（　　）

**答案**：√

**解析**：出自 Q/GDW 11050—2013《智能变电站动态记录装置应用技术规范》5.1.2。

99．DL/T 860 标准只适用于变电站，不适用于配电设备、风电、光伏、分布式能源等。（　　）

**答案**：×

100．电子式互感器采样延时应稳定、准确并且小于 2ms。（　　）

**答案**：√

**解析**：出自 Q/GDW 441—2010《智能变电站继电保护技术规范》6.3.2。

101．对于测控装置，当本装置检修压板或者接收到的 GOOSE 报文中的 test 位任意一个为 1 时，上传 MMS 报文中相关信号的品质 q 的 test 位应置为 1。（　　）

**答案**：√

**解析**：出自 Q/CSG 110017.67.1—2012《南方电网一体化电网运行智能系统技术规范》6.4.10。

102．根据 Q/GDW 1396—2012 规定，“远方修改定值”软压板、“远方切换定值区”软压板、“远方投退压板”软压板，在 LLN0 中用 SPC 类型建模，压板状态只能在装置

本地修改。（　　）

答案：×

103．根据 Q/GDW 1396—2012 规定，GOOSE 出口软压板使用 SPC 类型建模，其控制采用“sbo-with-enhancedsecurity”方式。（　　）

答案：√

104．根据 Q/GDW 429—2010《智能变电站网络交换机技术规范》，智能站中电接口交换机，应采用五类双绞线传输距离不小于 50m，传输速率不小于端口的线速，接口统一选用 RJ45 接口。（　　）

答案：×

105．合并单元输出数据极性应与互感器一次极性一致，间隔层装置如需要反极性输入采样值时，应建立负极性 SV 输入虚端子模型。（　　）

答案：√

解析：出自 Q/GDW 1396—2012《IEC 61850 工程继电保护应用模型》11.1.1。

106．母线保护的启动失灵开入、母线保护和变压器保护的失灵联跳开入在 GOOSE 接收端不需要设 GOOSE 接收软压板。（　　）

答案：×

解析：出自 Q/GDW 1175—2013《变压器、高压并联电抗器和母线保护及辅助装置标准化设计规范》4.2.6 c）。

107．点对点采样方式，MU 失步后，保护装置不发失步告警信号。（　　）

答案：√

解析：出自 Q/GDW 1808—2012《智能变电站继电保护通用技术条件》4.8.2 o）。

108．智能变电站装置断路器、隔离开关位置采用单点信号，其余信号采用双点信号。（　　）

答案：×

解析：出自 Q/GDW 1175—2013《变压器、高压并联电抗器和母线保护及辅助装置标准化设计规范》4.2.2。

109．GOOSE 虚端子信息应配置到 DA 层次，SV 虚端子信息应配置到 DO 层次。（　　）

答案：√

解析：出自 Q/GDW 1175—2013《变压器、高压并联电抗器和母线保护及辅助装置标准化设计规范》4.2.4。

110．智能站保护装置跳闸触发录波信号应采用保护 GOOSE 跳闸信号。（　　）

答案：√

解析：出自 Q/GDW 1175—2013《变压器、高压并联电抗器和母线保护及辅助装置

标准化设计规范》4.3.4。

111．智能变电站出口硬压板设置在智能终端柜，当开展某条 500kV 线路保护消缺或检修工作时，直接退出相关断路器的出口硬压板即可。（　　）

**答案**：×

**解析**：停用某套 500kV 线路保护时，若直接退出对应边开关智能终端出口硬压板，将会造成相应母线保护无法动作出口跳闸，造成电网事故的扩大。

112．为保证母差保护正常运行，某运行间隔改检修时，应先投入该间隔合并单元“检修状态压板”，再退出母差保护内该间隔的“间隔投入软压板”。（　　）

**答案**：×

113．故障录波应使用逻辑节点 RDRE 进行建模。保护装置只包含一个 RDRE 实例。（　　）

**答案**：√

**解析**：出自 Q/GDW 1396—2012《IEC 61850 工程继电保护应用模型》7.2.4。

114．交换机的转发方式有存储转发、直通式转发等，存储转发方式对数据帧进行校验，任何错误帧都被丢弃，直通式转发不对数据帧进行校验，因而转发速度快于存储转发。（　　）

**答案**：√

115．当断路器位置为合位时，拔掉线路保护与该断路器对应智能终端的直连光纤，此时保护装置认为位置异常，无法确定断路器位置。（　　）

**答案**：×

**解析**：出自 Q/GDW 1396—2012《IEC 61850 工程继电保护应用模型》10.2.2。

116．保护装置采样值采用点对点接入方式，采样同步由合并单元实现。（　　）

**答案**：×

**解析**：Q/GDW 441—2010《智能变电站继电保护技术规范》6.1.2。

117．智能终端和保护装置检修压板不一致时，保护装置依然可以发送保护动作 GOOSE 报文，但智能终端无法出口。（　　）

**答案**：√

118．智能站装置断路器、隔离开关位置采用双点信号，其余信号采用单点信号。（　　）

**答案**：√

**解析**：出自 Q/GDW 1175—2013《变压器、高压并联电抗器和母线保护及辅助装置标准化设计规范》4.2.2。

119．IED 配置工具应支持从 SCD 文件自动导出相关 CID 文件和 IED 过程层虚端子配置文件，这两种文件不可分开下装。（　　）

答案：×

解析：出自 Q/GDW 1396—2012《IEC 61850 工程继电保护应用模型》6.7。

120．智能终端装置加上电源、断电、电源电压缓慢上升或缓慢下降，装置均不应误动作或误发信号；当电源恢复正常后，装置应自动恢复正常运行。（　　）

答案：√

解析：出自 Q/GDW 428—2010《智能变电站智能终端技术规范》3.2.1。

121．保护压板数据（dsRelayEna）中同时包含硬压板和软压板数据；告警数据集（dsWarning）中包含所有导致装置闭锁无法正常工作的报警信号；故障信号数据集（dsAlarm）中包含所有影响装置部分功能，装置仍然继续运行的告警信号；通信工况数据集（dsCommState）中包含所有装置 GOOSE、SV 通信链路的告警信息。（　　）

答案：×

解析：出自 Q/GDW 1396—2012《IEC 61850 工程继电保护应用模型》8.3.1。

122．保护 SV 接收压板退出后，电流、电压可正常显示，但不参与保护逻辑运算。（　　）

答案：×

解析：出自 Q/GDW 1175—2013《变压器、高压并联电抗器和母线保护及辅助装置标准化设计规范》4.1.6。

123．MU 采用 TCTR 或 TVTR 建模，双 AD 应分别配置不同的 TCTR 或 TVT 实例。（　　）

答案：×

解析：出自 Q/GDW 1175—2013《变压器、高压并联电抗器和母线保护及辅助装置标准化设计规范》4.2.5 f)。

答案：

124．智能变电站中变压器保护非电量保护和本体智能终端可以采用一体化装置。（　　）

答案：√

解析：出自 Q/GDW 1175—2013《变压器、高压并联电抗器和母线保护及辅助装置标准化设计规范》5.2.9 f)。

125．SMV 配置系统配置工具应限制 APPID 为 4 位 16 进制值，范围从 4000 到 7FFF。（　　）

答案：√

解析：出自 Q/GDW 11662—2017《智能变电站系统配置描述文件技术规范》8.2.2 e)。

126．智能变电站保护装置双点开关量输入定义为：“01”为合位、“10”为分位，“00”“11”无效。（　　）

**答案**：×

**解析**：出自 Q/GDW 1396—2012《IEC 61850 工程继电保护应用模型》7.3.7 b）。

127．站域保护控制系统是指由一台或若干台装置构成，基于智能变电站网络数据共享，综合利用站内多间隔线路、元件的电气量、开关量信息，采用网采网跳方式实现安全自动控制功能及站内保护冗余、优化、补充的系统。（　　）

**答案**：√

**解析**：出自 Q/GDW 11053—2013《站域保护控制系统检验规范》3.1。

128．按照《国家电网公司继电保护和安全自动装置软件管理规定》要求，同一线路两侧纵联保护装置软件版本应保证其对应关系。两侧均为常规站时，两侧保护装置软件版本应保持一致；一侧为智能站一侧为常规站时，两侧保护装置型号与软件版本因满足对应关系要求，两侧均为智能站时，两侧保护装置型号、软件版本及其 ICD 文件应尽可能保持一致，不能保持一致时，应满足对应关系要求。（　　）

**答案**：√

**解析**：出自 DL/T 587—2016《继电保护和安全自动装置运行管理规程》6.7.3。

129．智能变电站中的任一运行间隔合并单元投入检修状态，则对应母差保护退出运行。（　　）

**答案**：√

**解析**：出自 Q/GDW 1175—2013《变压器、高压并联电抗器和母线保护及辅助装置标准化设计规范》7.2.1 d）。

130．智能变电站母线电压 SV 品质异常时，母线保护将闭锁母差保护。（　　）

**答案**：×

**解析**：出自 Q/GDW 1175—2013《变压器、高压并联电抗器和母线保护及辅助装置标准化设计规范》7.2.1 i）。

131．交换机的一个端口不可以同时属于多个 VLAN。（　　）

**答案**：×

**解析**：出自 Q/GDW 429—2010《智能变电站网络交换机技术规范》4.2.8。

132．保护虚端子不可以一输出对多输入。（　　）

**答案**：×

**解析**：保护虚端子可以一输出对多输入，不可以多输出对一输入

133．智能终端应设置防跳功能，防跳功能不可由断路器本体实现。（　　）

**答案**：×

**解析**：出自 Q/GDW 441—2010《智能变电站继电保护技术规范》6.5.4。

134．合并单元应支持可配置的采样频率，采样频率应满足保护、测控、录波、计量及故障测距等采样信号的要求。（　　）

**答案：** √

**解析：** 出自 Q/GDW 441—2010《智能变电站继电保护技术规范》6.4.6；Q/GDW 11486—2015《智能变电站继电保护和安全自动装置验收规范》7.7.2.6。

135．电子式互感器内应由两路独立的采样系统进行采集，每路采样系统应采用双 A/D 系统，接入 MU，每个 MU 输出两路数字采样值由同一路通道进入一套保护装置。（ ）

**答案：** √

**解析：** 出自 Q/GDW 441—2010《智能变电站继电保护技术规范》6.3.1。

136．按照“六统一”规定，母线故障变压器断路器失灵时，除应跳开失灵断路器相邻的全部断路器外，还应跳开本变压器连接其他电源侧的断路器，失灵电流再判别元件应由母线保护实现。（ ）

**答案：** √

**解析：** 出自 Q/GDW 1175—2013《变压器、高压并联电抗器和母线保护及辅助装置标准化设计规范》7.2.3 h)。

**答案：**

137．智能变电站合并单元通道延时必须小于 2ms。（ ）

**答案：** ×

**解析：** 出自 Q/GDW 441—2010《智能变电站继电保护技术规范》6.3.2、6.4.4。

138．GOOSE 报文主要用于传输保护跳闸、联闭锁、断路器隔离开关位置等单点或双点信号，不用于传输浮点数据。（ ）

**答案：** ×

**解析：** 出自 Q/GDW 1396—2012《IEC 61850 工程继电保护应用模型》10.1.1 d)。

139．合并单元正常运行时严禁投入“置检修”压板。（ ）

**答案：** √

140．母线保护 GOOSE 中断后，保护装置将闭锁。（ ）

**答案：** ×

**解析：** 母线保护 GOOSE 中断，断路器和隔离开关位置保持前值，保护装置不会闭锁。

141．参数、配置文件仅在检修压板退出时才可下装，下装时应闭锁保护。（ ）

**答案：** ×

**解析：** 出自 Q/GDW 11486—2015《智能变电站继电保护和安全自动装置验收规范》7.7.1.2。

142．智能变电站中保护装置缺陷处理后需做传动试验时，可退出智能终端的出口压板，通过测量智能终端的压板来验证回路的正确性。（ ）

**答案：** √

143. 虚端子是描述 IED 设备的 GOOSE、SV 输入、输出信号连接点的总称，用以标识站控层、过程层、间隔层及其之间联系的二次回路信号，等同于传统变电站的屏端子。(  )

**答案：**×

**解析：**出自 GB/T 32890—2016《继电保护 IEC 61850 工程应用模型》3.1.1。

144. 在 GOOSE 报文正在正常发送的过程中又有新事件产生，则上一个内容的 GOOSE 传输终止。(  )

**答案：**√

145. 智能变电站中当“GOOSE 出口软压板”退出后，保护装置可以发送 GOOSE 跳闸命令，但不会跳闸出口。(  )

**答案：**×

**解析：**出自 Q/GDW 1810—2012《智能变电站继电保护检验测试规范》7.4.5.2 c)。

146. 智能变电站主变压器故障时，非电量保护通过电缆接线直接作用于主变压器各侧智能终端的“其他保护动作三相跳闸”输入端口。(  )

**答案：**√

147. 母线保护装置母联（分段）支路电流，变压器保护 3/2 断路器接线中断路器电流、内桥接线桥断路器电流，应能通过不同输入虚端子对电流极性进行调整。(  )

**答案：**√

**解析：**出自 Q/GDW 1175—2013《变压器、高压并联电抗器和母线保护及辅助装置标准化设计规范》4.2.8 d)。

148. 保护装置内部 MMS 接口、GOOSE 接口、SV 接口应采用相互独立的数据接口控制器接入网络。(  )

**答案：**√

**解析：**出自 Q/GDW 441—2010《智能变电站继电保护技术规范》6.1.12。

149. 专用通道方式，至少有一侧保护装置应采用自己的时钟（主时钟）作为发送时钟。(  )

**答案：**×

150. 双母双分段接线母差保护跳母联和分段断路器不经电压闭锁。(  )

**答案：**×

**解析：**出自 Q/GDW 1175—2013《变压器、高压并联电抗器和母线保护及辅助装置标准化设计规范》7.2.1 i)。

151. 用于标识 GOOSE 控制块的 GOID、APPID 参数必须全站唯一。(  )

**答案：**√

**解析：**出自 Q/GDW 1396—2012《IEC 61850 工程继电保护应用模型》10.1.1 a)。

152．智能变电站现场调试时，测试母差保护动作时间不大于 20ms（大于 1.2 倍整定值）。（　　）

**答案：**×

**解析：**出自 Q/GDW 11486—2015《智能变电站继电保护和安全自动装置验收规范》7.8.7。

153．智能变电站当线路支路有高压并联电抗器等需要三相启动失灵时，应由高压并联电抗器保护直接启动失灵保护。（　　）

**答案：**√

**解析：**出自 Q/GDW 1161—2014《线路保护及辅助装置标准化设计规范》4.3.5 e)。

154．智能化变电站通用技术条件中对光纤发送功率和接受灵敏度要求是光波长 1310nm，光纤：光纤发送功率：−20～−14dBm；光接收灵敏度：−31～−14dBm。（　　）

**答案：**√

**解析：**出自 Q/GDW 1976—2013《智能变电站动态记录装置技术规范》4.9。

155．有些电子式电流互感器是由线路电流提供电源。这种互感器电源的建立需要在一次电流接通后迟延一定时间。此延时称为“唤醒时间”。在此延时期间，电子式电流互感器的输出为零。（　　）

**答案：**√

156．保护装置、智能终端等智能电子设备间的相互启动、相互闭锁、位置状态等交换信息可通过 GOOSE 网络传输。（　　）

**答案：**√

**解析：**出自 Q/GDW 441—2010《智能变电站继电保护技术规范》5.1 b)。

157．在交换机上为了避免广播风暴而采取的技术是快速生成树协议。（　　）

**答案：**√

158．交换机的存贮转发比直通转发有更快的数据帧转发速度。（　　）

**答案：**×

**解析：**直通交换由于不需要存储，延迟非常小、交换非常快。存储转发方式在数据处理时延时大。交换机的存贮转发比直通转发有更慢的数据帧转发速度。

159．每个过程层装置都有唯一的 MAC 地址和 APPID 地址。（　　）

**答案：**×

160．GOOSE 报文心跳间隔由 GOOSE 网络通信参数中的 MaxTime（即 T0）设置。（　　）

**答案：**√

**解析：**出自 Q/GDW 1810—2012《智能变电站继电保护检验测试规范》7.2.1.2。

161．当外部同步信号失去时，合并单元输出的采样值报文中的同步标识位“SmpSynch”

应立即变为 0。（ ）

**答案：** ×

**解析：** 出自 Q/GDW 1396—2012《IEC 61850 工程继电保护应用模型》11.3 c）。

162．本体智能终端的信息交互功能应包含非电量动作报文、调档及测温等。（ ）

**答案：** √

**解析：** 出自 Q/GDW 441—2010《智能变电站继电保护技术规范》5.12 d）。

163．GOOSE 报文和 SV 报文中的优先级用 3 位 16 进制数表示，范围为 1～7。（ ）

**答案：** ×

**解析：** 出自 Q/GDW 11662—2017《智能变电站系统配置描述文件技术规范》8.2.2 h）、8.2.3 h）。

164．保护装置与智能终端检修状态不一致时，并不影响保护装置的正常跳闸。（ ）

**答案：** √

165．SCD 文件中的子网（SubNetwork）是 IED 模型的逻辑连接，全站子网应划分成站控层和过程层两个子网，命名分别为“Subnetwork_Stationbus”和“Subnetwork_Processbus”。（ ）

**答案：** ×

**解析：** 出自 Q/GDW 1396—2012《IEC 61850 工程继电保护应用模型》6.5.1 a）。

166．保护功能软压板宜在 PROT 中统一加 Ena 后缀扩充。（ ）

**答案：** ×

**解析：** 出自 Q/GDW 1396—2012《IEC 61850 工程继电保护应用模型》7.2.1 f）。

167．保护装置建模过程中，所有的过流保护都采用逻辑节点 PTOC，具体装置实例化过程中通过 lnInst 区分不同的过流保护。（ ）

**答案：** ×

**解析：** 出自 Q/GDW 1396—2012《IEC 61850 工程继电保护应用模型》7.2.1。

168．智能变电站中为了保证跳闸的可靠性和实时性，所有保护功能都采用 GOOSE 点对点直跳方式。（ ）

**答案：** ×

**解析：** 出自 Q/GDW 441—2010《智能变电站继电保护技术规范》5.3。

169．当保护装置检修压板和 MU 上送的检修数据品质位不一致时，保护装置应报警并闭锁相关保护；“SV 接收”压板退出后，相应采样值显示为 0，不应发 SV 品质报警信息。（ ）

**答案：** √

**解析：** 出自 Q/GDW 1396—2012《IEC 61850 工程继电保护应用模型》13.4。

170．保护装置内的时钟应采用当地时区，包括上送站控层数据所带的时标和人机

界面显示。（　　）

答案：×

171．智能终端 GOOSE 订阅支持的数据集不应少于 16 个。（　　）

答案：×

解析：出自 Q/GDW 1396—2012《IEC 61850 工程继电保护应用模型》8.3.1。

172．保护装置与智能终端、保护装置过程层之间的通信，应采用 DL/T 860.81 标准。（　　）

答案：√

173．MU 发送的采样值品质位有异常时，保护装置应能正确判断，闭锁相关保护功能并给出告警。（　　）

答案：×

174．220kV 及以上变压器各侧的智能终端均应按双重化配置；110kV 变压器各侧智能终端宜按双套配置。（　　）

答案：√

解析：出自 Q/GDW 441—2010《智能变电站继电保护技术规范》5.3。

175．合并单元的对时误差应不大于±1μs，在外部同步信号消失后，至少能在 10min 内继续满足 4μs 同步精度要求且发送的 SV 品质仍为同步状态。（　　）

答案：√

解析：出自 Q/GDW 1396—2012《IEC 61850 工程继电保护应用模型》11.3。

176．当断路器为分相操动机构时，断路器总位置由智能终端合成，逻辑关系为“三相与”或“三相或”。（　　）

答案：√

解析：出自 Q/GDW 1396—2012《IEC 61850 工程继电保护应用模型》7.3.7 c）。

177．根据 Q/GDW 441—2010，智能控制柜应具备温度、湿度的采集、调节功能，柜内温度控制在−10～50℃，湿度保持在 80%以下。（　　）

答案：×

解析：出自 Q/GDW 441—2010《智能变电站继电保护技术规范》6.7.3。

178．涉及多个时限、动作定值相同且有独立的保护动作信号的保护功能，应按照面向对象的概念划分成多个相同类型的逻辑节点，动作定值只在第一个时限的实例中映射。（　　）

答案：√

解析：出自 Q/GDW 1396—2012《IEC 61850 工程继电保护应用模型》7.2.1 d）。

179．采用双重化 MMS 通信网络的情况下，客户端只能通过冗余连接组中处于工作状态的网络对属于本连接组的报告实例进行控制。（　　）

**答案：**×

**解析：**出自 Q/GDW 1396—2012《IEC 61850 工程继电保护应用模型》9 f)。

180．220kV 及以上电压等级线路、变压器、母线、高压并联电抗器、串联电容器补偿装置等输变电设备的保护应按双重化配置，相关断路器的选型应与保护双重化配置相适应。（　　）

**答案：**√

**解析：**《国家电网有限公司十八项电网重大反事故措施（2018 年修订版）》15.1.4。

181．智能站保护装置对应一台 IED 设备应只接收一个 GOOSE 发送数据集，该数据集应包含保护所需的所有信息。（　　）

**答案：**√

**解析：**出自 Q/GDW 1161—2014《线路保护及辅助装置标准化设计规范》4.2.3。

182．智能变电站测控装置遥信回路的额定电压应能够满足 220V 和 110V 可选择需求，并符合额定电压 50%以下可靠不动作，额定电压 70%以上可靠动作的要求。（　　）

**答案：**×

183．端口 1 作为镜像端口用来镜像端口 2、3 的数据，端口 1 就不能作为普通端口和其他装置通信了。（　　）

**答案：**√

184．当装置检修压板投入时，装置发送的 GOOSE 报文中的 Test 应置 True，发送采样值报文中采样值数据的品质 q 的 Test 位应置 True。（　　）

**答案：**√

**解析：**出自 Q/GDW 1396—2012《IEC 61850 工程继电保护应用模型》13.3、13.4。

185．根据 IEC 61850 标准，定值激活定值区从 0 开始。（　　）

**答案：**×

**解析：**出自 Q/GDW 1396—2012《IEC 61850 工程继电保护应用模型》7.2.2 c)。

186．根据 Q/GDW 441—2010，智能控制柜应具备温度、湿度的采集、调节功能，柜内温度控制在−10～50℃，湿度保持在 90%以下。（　　）

**答案：**√

**解析：**出自 Q/GDW 441—2010《智能变电站继电保护技术规范》6.7.3。

187．采用光纤 IRIG-B 码对时方式时，宜采用 ST 接口；采用电 IRIG-B 码对时方式时，采用交流 B 码，通信介质为屏蔽双绞线。（　　）

**答案：**×

**解析：**出自 Q/GDW 11486—2015《智能变电站继电保护和安全自动装置验收规范》7.7.1.8。

188．遥信、告警类报告控制块为无缓冲报告控制块类型，报告控制块名称以 urcb

开头。（　　）

**答案：**×

**解析：**出自 Q/GDW 1396—2012《IEC 61850 工程继电保护应用模型》8.3.2。

189．MU 输出数据极性应与互感器一次极性一致。间隔层装置如需要反极性输入采样值时，应建立负极性 SV 输入虚端子模型。（　　）

**答案：**√

**解析：**出自 Q/GDW 1396—2012《IEC 61850 工程继电保护应用模型》11.1.1 h）。

190．根据《智能变电站继电保护技术规范》，每个 MU 应能满足最多 12 个输入通道和至少 8 个输出端口的要求。（　　）

**答案：**√

**解析：**出自 Q/GDW 441—2010《智能变电站继电保护技术规范》6.4.1。

191．断路器、隔离开关采用单位置接入时，由智能终端完成单位置到双位置的转换，形成双位置信号给继电保护和测控。（　　）

**答案：**√

**解析：**出自 Q/GDW 1396—2012《IEC 61850 工程继电保护应用模型》7.3.6 g）1）。

192．在某 9-2 的 SV 报文看到电压量数值为 0x000c71fb，已知其为峰值，那么其有效值是 0.5768kV。（　　）

**答案：**×

**解析：**其有效值应为 5.768kV，0x000C7135，即 815413，1LSB=10mV，即 8.15413kV，已知其为峰值，则有效值为 8.15413/1.414=5.768kV。

193．SendMSVmessage 服务应用了 ISO/OSI 中的物理层、数据链路层、网络层、表示层及应用层。（　　）

**答案：**×

**解析：**SendMSVmessage 服务应用了 ISO/OSI 中的物理层、数据链路层、表示层及应用层。

194．合并单元应能够接收 IEC 61588 或 B 码同步对时信号。合并单元应能够实现采集器间的采样同步功能，采样的同步误差应不大于±1ms。在外部同步信号消失后，至少能在 10min 内继续满足 4ms 同步精度要求。（　　）

**答案：**×

**解析：**出自 Q/GDW 1396—2012《IEC 61850 工程继电保护应用模型》11.3。

195．已知合并单元每秒钟发 4000 帧报文，则合并单元中计数器的数值将在 1～4000 正常翻转。（　　）

**答案：**×

**解析：**出自 Q/GDW 441—2010《智能变电站继电保护技术规范》A 2.2.9。

196．间隔层设备宜采用 IRIG-B、SNTP 对时方式。（　　）

答案：×

解析：间隔层设备宜采用 IRIG-B、1pps 对时方式。

197．点对点采样方式，MU 失步后，保护装置应能发采样失步告警信号。（　　）

答案：×

解析：出自 Q/GDW 1396—2012《IEC 61850 工程继电保护应用模型》11.3 f)。

198．重合闸检同期相关定值在自动重合闸 RREC 中扩充，不单独建模。（　　）

答案：√

解析：出自 Q/GDW 1396—2012《IEC 61850 工程继电保护应用模型》7.3.1 d)。

199．智能变电站 110kV 合并单元智能终端集成装置中，合并单元和智能终端的功能可共用一块 CPU 实现。（　　）

答案：×

解析：出自 Q/GDW 1902—2013《智能变电站 110kV 合并单元智能终端集成装置技术规范》5.1 a)。

200．GOOSE 通信是通过重发相同数据来获得额外的可靠性。（　　）

答案：√

201．MMS 报文采用发布/订阅的传输机制。（　　）

答案：×

解析：出自 Q/GDW 1396—2012《IEC 61850 工程继电保护应用模型》3.2、3.3。

202．高压并联电抗器非电量保护采用就地 GOOSE 点对点跳闸。（　　）

答案：×

解析：出自 Q/GDW 441—2010《智能变电站继电保护技术规范》5.5 c)。

203．某组播 MAC 地址为 01-0C-CD-04-01-CF 的报文是一帧 SV 报文。（　　）

答案：√

解析：出自 Q/GDW 11485—2016《智能变电站继电保护配置工具技术规范》6.2.3。

204．逻辑节点 XCBR 可用以描述断路器控制功能。（　　）

答案：×

解析：出自 Q/GDW 1396—2012《IEC 61850 工程继电保护应用模型》7.3.6。

205．智能变电站中，一个服务器可以拥有一个或者多个逻辑设备。（　　）

答案：√

206．220kV 智能变电站线路保护，用于检同期的母线电压一般由母线合并单元点对点通过间隔合并单元转接给各间隔保护装置。（　　）

答案：√

解析：出自 Q/GDW 441—2010《智能变电站继电保护技术规范》5.13 d)。

207．SV 传输标准 IEC 61850-9-2 自由定义通道数目，最多可配置 22 个通道。（　　）

**答案：** ×

**解析：** 出自 Q/GDW 1809—2012《智能变电站继电保护检验规程》C.9。

208．智能变电站一体化监控系统中，根据数据通信网关机的分类，可将全站分为安全Ⅰ区、安全Ⅱ区、安全Ⅲ/Ⅳ区等几个分区。（　　）

**答案：** ×

209．无源式 ECT 主要利用电磁感应原理，可分为罗氏（Rogowski）线圈式和“罗氏线圈+小功率线圈”组合两种形式。（　　）

**答案：** ×

**解析：** 题目所述为有源式 ECT。

210．有源式 EVT 主要应用泡克耳斯（Pockels）效应和逆压电效应两种原理。（　　）

**答案：** ×

**解析：** 题目所述为无源式 EVT。

211．SV 传输基于广播机制。（　　）

**答案：** ×

**解析：** 出自 Q/GDW 1396—2012《IEC 61850 工程继电保护应用模型》3.3。

212．无源式 EVT 则主要采用电阻、电容分压和阻容分压等原理。（　　）

**答案：** ×

**解析：** 无源式 EVT 主要应用泡克耳斯（Pockels）效应和逆压电效应两种原理。

213．由于变压器各侧的合并单元通道延时可能不一致，所以保护装置中需要实现数据同步。（　　）

**答案：** √

214．装置 ICD 文件中应预先定义统一名称的数据集，装置制造厂商不应预先配置数据集中的数据。（　　）

**答案：** ×

**解析：** 出自 Q/GDW 1396—2012《IEC 61850 工程继电保护应用模型》8.3.1。

215．220kV 电压等级母线、线路、变压器、高压并联电抗器、串联补偿、滤波器、母联等设备微机保护应按双重化配置。（　　）

**答案：** ×

**解析：**《国家电网有限公司十八项电网重大反事故措施》（2018 年修订版）15.2.1.9。

216．智能变电站继电保护停用状态是指功能软压板、GOOSE 输出软压板、SV 接收软压板退出，保护装置检修压板放上，保护装置电源关闭。（　　）

**答案：** √

217．智能变电站二次系统安全防护工作应当坚持“安全分区、网络专用、纵向隔

离、横向认证”的原则，确保生产控制大区和生产管理大区的信息安全。（ ）

**答案**：×

**解析**：原则应为“安全分区、网络专用、横向隔离、纵向认证”。

218．智能变电站通常采用 MAC 地址划分 VLAN。（ ）

**答案**：×

**解析**：智能变电站通常采用基于端口划分 VLAN 的方法。

219．合并单元装置启动完毕后即可对外发送采样数据。（ ）

**答案**：×

**解析**：出自 Q/GDW 1808—2012《智能变电站继电保护通用技术条件》4.8.2 p）。

220．数字化线路保护中，线路一侧是常规互感器，线路对侧是电子式互感器，如果不进行任何处理，正常运行时不会出现差动电流。（ ）

**答案**：×

221．采用分层分布式布置的变电站综合自动化系统包括过程层、站控层及间隔层。调度中心和厂站之间交换的是实时信息，通常用远动装置传送。（ ）

**答案**：√

**解析**：出自 Q/GDW 441—2010《智能变电站继电保护技术规范》6.2.1 a）。

222．同一 Data 或 DataAttribute 可以被多个 Dataset 引用。（ ）

**答案**：√

223．正常运行时，如果运行人员误投入装置检修压板，可能造成保护误动。（ ）

**答案**：×

224．同一个 LD 的相过流和零序过流其 LN 名都为 PTOC，可以通过 lnInst 号或前缀来区分。（ ）

**答案**：√

**解析**：出自 Q/GDW 1396—2012《IEC 61850 工程继电保护应用模型》7.2.1。

225．告警信号数据集（dsWarning）中包含所有影响装置部分功能，装置仍然继续运行的告警信号和导致装置闭锁无法正常工作的报警信号。（ ）

**答案**：×

**解析**：出自 Q/GDW 1396—2012《IEC 61850 工程继电保护应用模型》8.3.1 m）注 3。

226．光纤弯曲曲率半径应大于光纤外直径的 15 倍。（ ）

**答案**：×

**解析**：出自 Q/GDW 689—2012《智能变电站调试规范》10.3.1。

227．IEC 61850 规约中 SV 报文的推荐组播 MAC 地址区段为 01-0C-CD-04-00-00 至 01-0C-CD-04-01-FF。（ ）

**答案**：√

**解析**：出自 Q/GDW 11485—2016《智能变电站继电保护配置工具技术规范》6.2.3。

228．合并单元发送数据给间隔层设备的同步原则是点对点和组网方式。组网方式时，谁使用谁同步。（　　）

**答案**：×

**解析**：合并单元发送数据给间隔层设备的同步原则是点对点和组网方式。点对点方式是谁使用谁同步，组网方式是谁发送谁同步。

229．投入支路间隔合并检修压板后，退出母线保护间隔投入压板，检修一致，不告警，不闭锁保护。（　　）

**答案**：×

**解析**：母线保护配置的间隔投入压板在间隔备用、停电的情况下可退出；应先退出母线保护间隔投入压板，再投入支路间隔检修压板。

230．智能变电站的断路器保护失灵逻辑实现与传统变电站原理相同，本断路器失灵时，经 GOOSE 网络通过相邻断路器保护或母线保护跳相邻断路器。（　　）

**答案**：√

**解析**：出自 Q/GDW 441—2010《智能变电站继电保护技术规范》5.6 c）。

231．GOOSE 报文接收时应考虑通信中断或者发布者装置故障的情况，当 GOOSE 通信中断或配置版本不一致时，GOOSE 接收信息宜保持中断前状态。（　　）

**答案**：√

**解析**：出自 Q/GDW 1396—2012《IEC 61850 工程继电保护应用模型》10.2.2 b）。

232．合并单元电压数据异常后，主变压器保护闭锁使用该电压的后备保护。（　　）

**答案**：×

**解析**：采用 IEC 61850-9-2 点对点模式的智能变电站，任意侧电压数据无效对主变压器保护产生的影响：闭锁该侧零序过压保护；该侧复压元件不满足条件，可经其他侧启动；该侧方向元件自动退出。

233．智能终端与一次设备采用电缆连接，与保护、测控等二次设备采用光纤连接，实现对一次设备（如断路器、隔离开关、主变压器等）的测量、控制等功能。（　　）

**答案**：√

**解析**：出自 Q/GDW 441—2010《智能变电站继电保护技术规范》3.2。

234．电力系统中静止元件施以负序电压产生的负序电流与施以正序电压产生的正序电流是相同的，故静止元件的正、负序阻抗相同。（　　）

**答案**：√

235．双重化配置保护使用的 GOOSE（SV）网络应遵循相互独立的原则，当一个网络异常或退出时不应影响另一个网络的运行。（　　）

**答案**：√

**解析：**出自 Q/GDW 441—2010《智能变电站继电保护技术规范》5.1 a)。

236. 当合并单元的检修压板投入时，其发出的 SV 报文中的“TEST”位应置“0”；当检修压板退出时，SV 报文中的“TEST”应置“1”。(　　)

**答案：**×

**解析：**出自 Q/GDW 1809—2012《智能变电站继电保护检验规程》6.2.5.3.1。

237.“远方修改定值”“远方切换定值区”“远方控制压板”只能在装置就地修改，当某个远方软压板投入时，装置相应操作只能在远方进行，不能在就地进行。(　　)

**答案：**×

**解析：**出自 Q/GDW 1161—2014《线路保护及辅助装置标准化设计规范》4.1.5。

238. 保护装置可通过在 ICD 文件中支持多个 AccessPoint 的方式支持多个独立的 GOOSE 网络。(　　)

**答案：**√

**解析：**出自 Q/GDW 1396—2012《IEC 61850 工程继电保护应用模型》7.1.2。

239. 智能终端不设置软压板是因为智能终端长期处于开关场就地，液晶面板容易损坏。同时也是为了符合运行人员的操作习惯，所以智能终端不设软压板，而设置硬压板。(　　)

**答案：**√

240. 智能保护装置跳闸状态是指：保护交直流回路正常，主保护、后备保护及相关测控功能软压板投入，GOOSE 跳闸、启动失灵及 SV 接收等软压板投入，保护装置检修硬压板退出。(　　)

**答案：**√

241. 如果智能变电站的线路差动保护采用来自电子式电流互感器的采样值，那么对侧常规变电站的线路间隔也必须配置相同型号的电子式电流互感器。(　　)

**答案：**×

242. IEC 61850-7-3 中将数据对象按功能分为信号类、控制类、测量类、定值类和参数类一共五类。(　　)

**答案：**×

**解析：**出自 Q/GDW 1396—2012《IEC 61850 工程继电保护应用模型》7.1.3。

243. 光纤线径宜采用 62.5（50）/125μm；多模光缆芯数不宜超过 24 芯，每根光缆至少备用 20%，最少不低于 2 芯。(　　)

**答案：**√

**解析：**出自 Q/GDW 1161—2014《线路保护及辅助装置标准化设计规范》9.1。

244. 智能变电站继电保护设备主动上送的信息应包括开关量变位信息、异常告警

信息和保护动作事件信息等。（　　）

**答案：** √

**解析：** 出自 Q/GDW 441—2010《智能变电站继电保护技术规范》7.2.4。

245．SV 投入压板应与输入的 SV 数据一致，不一致时装置应报采样异常告警。（　　）

**答案：** ×

**解析：** 出自 Q/GDW 11486—2015《智能变电站继电保护和安全自动装置验收规范》7.7.4.2。

246．电子式电压互感器宜利用合并单元同步时钟实现同步采样，采样的同步误差应不大于±1μs。合并单元的时钟输入可以是电信号或光信号，时间触发在脉冲上升沿，每秒一个脉冲，合并单元应检验输入脉冲是否有误。（　　）

**答案：** √

247．远方投退功能软压板、重合闸、备自投以及远方切换定值区应具备“双确认”指示。（　　）

**答案：** √

**解析：** 出自 Q/GDW 11486—2015《智能变电站继电保护和安全自动装置验收规范》7.7.4.8。

248．在 CRC 校验码计算时应包含 desc 属性。（　　）

**答案：** ×

**解析：** 出自 Q/GDW 11471—2015《智能变电站继电保护工程文件技术规范》8.2.1。

249．下装是指配置工具从装置获取 CID 文件或 CCD 文件的行为。（　　）

**答案：** ×

**解析：** 出自 Q/GDW 1396—2012《IEC 61850 工程继电保护应用模型》6.7。

250．智能变电站现场调试时，应检查设备的软压板（包括 SV 接收软压板、GOOSE 发布软压板、GOOSE 接收软压板）的正确唯一性。（　　）

**答案：** √

251．智能变电站继电保护有跳闸、检修、停用三种运行状态。（　　）

**答案：** ×

**解析：** 智能变电站继电保护有跳闸、信号、停用三种运行状态。

252．建立健全智能变电站各类设备台账和技术资料，应包含 SCD、ICD、CID 等文件的电子文档。（　　）

**答案：** √

253．在手持式调试仪中设置 IEC 61850-9-2 SMV 报文计数的翻转序号，对于 4kHz 采样率通常为 3999，对于采集器模拟，通常设为 65535。（　　）

**答案：** √

254．智能变电站500kV母差保护不需要配置启动失灵GOOSE接收软压板。（　　）

**答案：**√

255．智能变电站的保护设计应坚持继电保护“四性”，遵循“直接采样、直接跳闸”“独立分散”“就地化布置”原则，应避免合并单元、智能终端、交换机等任一设备故障时，同时失去多套主保护。（　　）

**答案：**√

**解析：**出自Q/GDW 441—2010《智能变电站继电保护技术规范》主要条款说明4。

256．功能约束（FC）为ST的数据属性（DA）表示该数据属性为状态值描述。（　　）

**答案：**√

257．数据对象类型为DPS的数据功能是双位置遥信。（　　）

**答案：**√

**解析：**出自Q/GDW 1396—2012《IEC 61850工程继电保护应用模型》7.3.7。

258．智能录波器由管理单元与采集单元组成，只能应用于智能变电站。（　　）

**答案：**×

**解析：**出自Q/GDW 1976—2013《智能变电站动态记录装置技术规范》5.2.2。

259．录波文件按性质分为故障录波（F）、检修录波（M）、启动录波（S）和手动录波（H）。（　　）

**答案：**√

260．GOOSE跳闸必须采用点对点直接跳闸方式。（　　）

**答案：**×

261．智能变电站继电保护装置除检修压板采用硬压板外，其余均采用软压板。（　　）

**答案：**×

**解析：**出自Q/GDW 1175—2013《变压器、高压并联电抗器和母线保护及辅助装置标准化设计规范》5.1.4。

262．单个保护装置的IED可以有多个LD和SGCB，每个LD应可有多个SGCB实例。（　　）

**答案：**×

**解析：**出自Q/GDW 1396—2012《IEC 61850工程继电保护应用模型》8.6 b)。

263．智能变电站保护功能宜使用一个LD来表示，SGCB控制的数据对象可跨LD，但数据集包含的数据对象不应跨LD。（　　）

**答案：**×

**解析：**出自Q/GDW 1396—2012《IEC 61850工程继电保护应用模型》7.1.3。

264．智能变电站220kV以上的双套保护之间可以进行GOOSE通信。（　　）

**答案**：×

**解析**：出自 Q/GDW 441—2010《智能变电站继电保护技术规范》5.1 b)。

265. 当 GOOSE 服务器产生一个发送 GOOSE 报文请求时，当前的数据集所有值会被编码进 GOOSE 报文中并被发送。(　　)

**答案**：√

266. 双重化两套保护的电压（电流）采样值可以取自同一个 MU。(　　)

**答案**：×

**解析**：出自 Q/GDW 441—2010《智能变电站继电保护技术规范》5.1 a)。

267. 合并单元 MU 上送的数据品质位保护装置可以不做判读。(　　)

**答案**：×

**解析**：出自 Q/GDW 441—2010《智能变电站继电保护技术规范》6.1.5。

268. 按《智能变电站动态记录装置应用技术规范》的要求，动态记录装置可不进行周期性检验，但应结合记录量信息源（一、二次设备等）的检修试验进行相关信息的验证试验。(　　)

**答案**：√

269. 母线合并单元通过 GOOSE 接收母联断路器位置实现电压并列功能，双母线接线的间隔合并单元通过 GOOSE 接收间隔隔离开关位置实现电压切换功能。(　　)

**答案**：√

**解析**：出自 Q/GDW 441 —2010《智能变电站继电保护技术规范》5.13。

270. 合并单元装置若需发送通道延时，宜配置在采样值数据集的第一个 FCD。若需发送双 AD 的采样值，双 AD 宜配置相同的 TCTR 或 TVTR 实例，且在采样值数据集中双 AD 的 DO 宜按“ABCABC”顺序连续排放。(　　)

**答案**：×

**解析**：出自 Q/GDW 1396—2012《IEC 61850 工程继电保护应用模型》11.1.1 f)。

271. 电子式互感器不存在 TA 饱和问题。(　　)

**答案**：√

272. 3/2 接线的边断路器失灵保护动作跳相邻断路器，是通过 GOOSE 直接跳中断路器智能终端实现。(　　)

**答案**：×

**解析**：出自 Q/GDW 441—2010《智能变电站继电保护技术规范》5.6。

273. 合并单元故障不停电消缺时，应退出与该合并单元相关的所有 SV 接收压板。(　　)

**答案**：×

274. GOOSE 报文需在 SCD 中定义其发送设备的 IP 地址。(　　)

答案：×

解析：GOOSE 报文需在 SCD 中定义其组播 MAC 地址。

275. 间隔层包括变压器、断路器、隔离开关、电流/电压互感器等一次设备及其所属的智能组件以及独立的智能电子设备。（ ）

答案：×

解析：题目所述为过程层。

276. 330kV 及以上和涉及系统稳定的 220kV 新建、扩建或改造的智能变电站采用常规互感器时，应通过二次电缆直接接入保护装置。（ ）

答案：√

解析：出自 Q/GDW 11486—2015《智能变电站继电保护和安全自动装置验收规范》7.6.1。

277. 装置上电时，发送的第一帧 GOOSE 报文中的 StNum=0。（ ）

答案：×

解析：出自 Q/GDW 10715—2016《智能变电站网络报文记录及分析装置技术规范》B.2。

278. MU 重启过程中，隔离开关和断路器位置等相关通信连接正常后，才发送采样数据。（ ）

答案：√

解析：出自 Q/GDW 1808—2012《智能变电站继电保护通用技术条件》4.8.2 p）。

279. 根据 Q/GDW 441—2010《智能变电站继电保护技术规范》，对于接入了两段及以上母线电压的母线电压合并单元，母线电压并列功能宜由合并单元完成。（ ）

答案：√

解析：出自 Q/GDW 441—2010《智能变电站继电保护技术规范》5.13。

280. GOOSE 报文应至少连续发送 5 帧，发送时间间隔应为 T1、T1、T2、T3、…、T0；T1 不应大于 2ms。（ ）

答案：√

解析：出自 Q/GDW 1810—2012《智能变电站继电保护检验测试规范》7.2.1.2。

281. 对于智能站，母线保护变压器支路收到变压器保护“启动失灵”GOOSE 命令的同时启动失灵和解除电压闭锁。（ ）

答案：√

解析：出自 Q/GDW 1175—2013《变压器、高压并联电抗器和母线保护及辅助装置标准化设计规范》7.2.3 g）。

282. 220kV 及以下电压等级变电站过程层网络按 SV/GOOSE 共网设置，要求 IED 设备的 SV/GOOSE 数据处理端口应具备独立处理 SV 报文和 GOOSE 报文，并确保 SV 报文和 GOOSE 报文互不影响的能力。（ ）

答案：√

283. 保护装置应自动补偿电子式互感器的采样响应延迟，当响应延时发生变化时应闭锁采自不同MU且有采样同步要求的保护。(　　)

**答案**：√

**解析**：出自 Q/GDW 441—2010《智能变电站继电保护技术规范》6.1.3。

284. 采用 GOOSE 服务传输温度等模拟量信号时，在模拟量死区范围内不主动上送数据，以避免模拟量信号频繁变化。(　　)

**答案**：√

**解析**：出自 Q/GDW 1808—2012《智能变电站继电保护通用技术条件》4.6.21。

285. 智能终端收到 GOOSE 跳闸报文后，以遥信的方式转发跳闸报文来进行跳闸报文的反校。(　　)

**答案**：√

286. 智能终端通过回采跳合闸继电器的触点来判断出口的正确。(　　)

**答案**：√

287. 对于 500kV 智能变电站边断路器保护，当重合闸需要检同期功能时，采用母线电压MU接入相应间隔电压MU的方式接入母线电压，不考虑中断路器检同期。(　　)

**答案**：√

**解析**：出自 Q/GDW 441—2010《智能变电站继电保护技术规范》5.13 d。

288. 电子式互感器采样数据的品质标志应实时反映自检状态，不应附加任何延时或展宽。(　　)

**答案**：√

**解析**：出自 Q/GDW 441—2010《智能变电站继电保护技术规范》6.3.4。

289. 三相三柱式变压器的零序磁通由于只能通过油箱等作回路，所以零序磁阻大，一般变压器的零序阻抗比正序阻抗小。(　　)

**答案**：√

**解析**：出自国家电网公司继电保护培训教材（上册）P87。

290. 某间隔断路器改检修时，为避免合并单元送出无效数据影响运行设备的保护功能，断路器拉开后应首先投入该间隔合并单元“检修状态压板”。(　　)

**答案**：×

## 四、填空题

1. GOOSE 虚端子引用路径的格式为____，SV 虚端子引用路径的格式为____。

**答案**：LD/LN.DO.DA；LD/LN.DO

**解析**：出自 Q/GDW 1396—2012《IEC 61850 工程继电保护应用模型》10.1.1 e 和 11.1.1 e。

2．IEC 61850 标准中，不同的功能约束代表不同的类型，请写出下列功能约束的含义，ST：____；MX：____；CO：____；SG：____。

**答案**：状态信息；测量值；控制；定值组

3．SCD 文件结构分为____、____、____、____、____5 个部分。

**答案**：Header；Substation；IED；Communication；DataTypeTemplate

4．对于 IP 地址为 192.168.0.137，掩码为 255.255.255.224 的装置，它的网络地址应为____，接收到的 IP 广播报文的 IP 地址应为____。

**答案**：192.168.0.128；192.168.0.159

**解析**：化成二进制形式：

IP 地址 192.168.0.137，11000000.10101000.00000000.10001001

掩码 255.255.255.224，11111111.11111111.11111111.11100000

结合两者写网络地址和广播地址，子网掩码占据的位置都为网络地址，剩下的为可以自由分配的主机地址，当主机地址全 0 时为网络地址，全 1 时为广播地址。

网络地址：11000000.10101000.00000000.10000000，192.168.0.128。

广播地址：11000000.10101000.00000000.10011111，192.168.0.159。

5．GOOSE 虚端子信息应配置到____层次，SV 虚端子信息应配置到____层次。

**答案**：DA；DO

**解析**：出自 Q/GDW 1161—2014《线路保护及辅助装置标准化设计规范》4.2.4。

6．ICD 文件应按照工程远景规模配置实例化的 DOI 元素。ICD 文件中数据对象实例 DOI 应包含中文的“desc”描述和 dU 属性赋值，两者应____并能完整表达该数据对象具体意义。

**答案**：一致

**解析**：Q/GDW 1396—2012《IEC 61850 工程继电保护应用模型》6.2 b)。

7．IED 配置工具应支持从 SCD 文件自动导出相关____和 IED 过程层____，这两种文件可分开下装。

**答案**：CID 文件；虚端子配置文件

**解析**：出自 Q/GDW 1396—2012《IEC 61850 工程继电保护应用模型》6.7 a)。

8．SCD 文件为全站统一的数据源，该文件描述了所有 IED 的____和通信参数、IED 之间的____以及变电站的一次系统结构，以及信号联系信息。

**答案**：实例配置；通信配置

**解析**：出自 Q/GDW 441—2010《智能变电站继电保护技术规范》3.19。

9．110kV 及以上电压等级智能变电站动态记录装置的 COMTRADE 数据文件中，扩展名为.DMF 文件的中文术语为____。

**答案**：数据模型文件

**解析**：出自 Q/GDW 1976—2013《智能变电站动态记录装置技术规范》3.6。

10．110kV 及以上电压等级智能变电站动态记录装置的多个数字信号采集端口之间的时标最大偏差应不大于____。

**答案**：±1μs

**解析**：出自 Q/GDW 1976—2013《智能变电站动态记录装置技术规范》5.2.3.6。

11．110kV 及以上电压等级智能变电站动态记录装置的配置要求是：接入的 MU 个数不少于____台，经挑选的 SV 通道数不少于____路。

**答案**：24；128

**解析**：出自 Q/GDW 1976—2013《智能变电站动态记录装置技术规范》5.2.1。

12．MU 输出数据极性应与互感器一次极性一致。间隔层装置如需要反极性输入采样值时，应建立____SV 输入虚端子模型。

**答案**：负极性

**解析**：出自 Q/GDW 1396—2012《IEC 61850 工程继电保护应用模型》11.1.1 h)。

13．OSI 参考模型分为七层，从底向上分别为物理层、数据链路层、____、____、会话层、表示层和应用层。

**答案**：网络层；传输层

14．逻辑接点 PDIF 中的 Op 的中文语义是____，其属性类型是____。

**答案**：动作；act

**解析**：出自 Q/GDW 11662—2017《智能变电站系统配置描述文件技术规范》表 L.7。

15．GOOSE、SV 接受软压板采用____。

**答案**：GGIO.SPCSO

**解析**：出自 Q/GDW 1396—2012《IEC 61850 工程继电保护应用模型》7.2.1 h。

16．纵联距离保护由实例____组成，纵联零序保护由实例____组成。

**答案**：PDIS+PSCH；PTOC+PSCH

**解析**：出自 Q/GDW 1396—2012《IEC 61850 工程继电保护应用模型》7.3.1。

17．某 500kV 电子式电压互感器额定二次输出为 2D41H，保护装置测得输出数字量（峰值）为 3E97H，则保护计算出的一次电压有效值为____。

**答案**：282.37kV

**解析**：转化为十进制 2D41H→11585，3E97H→16023，500÷1.732÷11585=x÷16023÷1.414，即 x=282.37kV。

18．智能化保护交流额定电流数字量采样值通信规约为 IEC 60044-8 时，额定值为____或____。

**答案**：01CFH；00E7H

**解析**：出自 Q/GDW 441—2010《智能变电站继电保护技术规范》附录表 A3。

19．某一合并单元发送的 SV 报文中 A 相电流通道对应的采样值为 FFFFFF00，那么 A 相电流的一次值为____。

**答案**：–256mA

20．某 500kV 电子式电压互感器额定二次输出为 2D41H，若实际电压为 265kV，那么输出值为电压值（数字量，均方根值）为____。

**答案**：298AH

**解析**：转化为十进制 2D41H→11585，11585×265÷500/$\sqrt{3}$=10634，转化为十六进制 10634→298AH。

21．智能化保护电压量定义，采样值通信规约为 GB/T 20840.8 时，额定值为____，采样值规约为 DL/T 860.9-2 时，0x01 表示____。

**答案**：2D41H；10mV

**解析**：出自 Q/GDW 441—2010《智能变电站继电保护技术规范》附录表 A。

22．一台保护用 MU，额定一次电流 4000A（有效值），额定输出为 SCP=01CFH（有效值，RangFlag=0）。对应于样本 2DF0H 的瞬时模拟量电流值为____A。

**答案**：101598

**解析**：转化为十进制 01CFH→463，2DF0H→11760，11760×4000÷463=101598。

23．在某 9-2 的 SV 报文看到电压量数值为 0xFFF38ECB，那么该电压的实际瞬时值为____。

**答案**：–8.15413kV

**解析**：0xFFF38ECB 最高位为 1，说明是负数，将之转化为正数，取反加 1 得到 0x000C7135，即 815413，1LSB=10mV，即–8.15413kV。

24．交换机 VLAN 划分应遵循“____、____”的原则，既要满足新建站设备运行要求，防止由于交换机配置失误引起保护装置拒动，又要兼顾远景扩建需求，防止新设备接入时多台交换机修改配置所导致的大规模设备陪停。

**答案**：简单适用；统一兼顾

**解析**：出自《国家电网有限公司十八项电网重大反事故措施（2018 年修订版）》15.7.1.7。

25．交换机的 VLAN 划分应采用____划分。

**答案**：最优路径方法结合逻辑功能

**解析**：出自 Q/GDW 441—2010《智能变电站继电保护技术规范》6.2.1 i）。

26．根据 Q/GDW 429，智能变电站使用的交换机应支持通过 VLAN 技术实现 VPN，至少应支持____、____、____、____的 VLAN。

**答案**：根据交换机端口划分；根据 MAC 地址划分；根据网络层地址划分；根据 IP 组播划分

**解析**：出自 Q/GDW 429—2010《智能变电站网络交换机技术规范》4.2.8。

27．220kV 电压等级智能终端在遥合（手合）、遥跳（手跳）、TJR、TJF、闭重开入、____时向线路保护发闭锁重合闸 GOOSE 信号。

**答案：**本智能终端上电

**解析：**出自 Q/GDW 11486—2015《智能变电站继电保护和安全自动装置验收规范》7.7.3.6。

28．智能终端主要由电源插件、____、开入插件、开出插件、智能操作回路插件和____组成。

**答案：**DSP 插件；电流保持插件

29．智能保护装置跳闸状态是指：保护交直流回路正常，主保护、后备保护及相关测控功能软压板投入，____、____及____等软压板投入，保护装置____取下。

**答案：**GOOSE 跳闸；启动失灵；SV 接收；检修硬压板

30．智能变电站保护装置中“远方修改定值”“远方切换定值区”和“远方投退压板”软压板只允许____操作。

**答案：**就地

**解析：**出自 Q/GDW 1396—2012《IEC 61850 工程继电保护应用模型》8.6。

31．当系统需要配置过电压保护时，配置双重化的过电压及远方跳闸保护。远方跳闸保护应采用“____”经____方式。

**答案：**一取一；就地判别

**解析：**出自 Q/GDW 1161—2014《线路保护及辅助装置标准化设计规范》5.1.2。

32．保护装置、智能终端等智能电子设备间的____、____、____等交换信息可通过 GOOSE 网络传输，双重化配置的保护之间不直接交换信息。

**答案：**相互启动；相互闭锁；位置状态

**解析：**出自 Q/GDW 1161—2014《线路保护及辅助装置标准化设计规范》6.5 g）。

33．330kV 及以上和涉及系统稳定的 220kV 新建智能变电站，采用常规互感器时，应通过____直接接入保护装置。

**答案：**二次电缆

**解析：**出自 Q/GDW 11486—2015《智能变电站继电保护和安全自动装置验收规范》7.6.1。

34．保护装置应处理 MU 上送的数据品质位（无效、检修等），及时准确提供告警信息。在异常状态下，利用 MU 的信息合理地进行保护功能的退出和保留，瞬时闭锁可能误动的保护，延时告警，并在数据恢复正常之后尽快恢复被闭锁的保护功能，不闭锁与该异常采样数据无关的保护功能。接入两个及以上 MU 的保护装置应按 MU 设置“____”软压板。

**答案：**SV 接收

**解析**：出自 Q/GDW 441—2010《智能变电站继电保护技术规范》6.1.5。

35．220kV 及以上电压等级的智能变电站变压器应配置 2 套含有完整主、后备保护功能的变压器电量保护装置。非电量保护____布置，采用直接____跳闸方式，动作信息通过本体智能终端上 GOOSE 网，用于测控和故障录波。

**答案**：就地；电缆

**解析**：出自 Q/GDW 441—2010《智能变电站继电保护技术规范》5.3。

36．用于母线保护充电死区逻辑的 SHJ 位置，智能站母线保护可从____设备订阅。

**答案**：母联智能终端

**解析**：出自 Q/GDW 1175—2013《变压器、高压并联电抗器和母线保护及辅助装置标准化设计规范》7.2.1。

37．考虑合并单元双重化配置的情况下，3/2 接线方式下的一个完整串中，应当配置____台 TA 合并单元。

**答案**：6

**解析**：3/2 接线方式下的一个完整串包含三个断路器即 3 个断路器 CT，双重化布置应有 6 台 CT 合并单元。

38．智能化保护装置通信模型一般设置“保护动作”“____”“____”三个总信号。

**答案**：装置故障；装置告警

39．智能变电站系统中，对于一帧 MMS 报告，报文内容结构是可变的，这种变化取决于____的设置。

**答案**：Optflds

40．任意两台智能电子设备之间的数据传输路由不应超过 4 台交换机；每台交换机的光纤接入数量不宜超过____对，并配备适量的备用端口。

**答案**：16

**解析**：出自 Q/GDW 11486—2015《智能变电站继电保护和安全自动装置验收规范》7.5.6。

41．根据《智能变电站通用技术条件》，GOOSE 开入软压板除双母线和单母线接线____、____开入软压板设在接收端外，皆应设在发送端。

**答案**：启动失灵；失灵联跳

**解析**：出自 Q/GDW 1808—2012《智能变电站继电保护通用技术条件》4.6.17。

42．3/2 接线方式时，如中断路器需要检修，对应的中断路器电流 MU 投入检修（或断电）以后，如果线路仍然要继续运行的话，必须要退出相关保护装置的____，否则会导致保护一直闭锁保护，一旦遇到故障，保护装置将会拒动。

**答案**：中断路器电流 SV 接收软压板

**解析**：出自 Q/GDW 1808—2012《智能变电站继电保护通用技术条件》6。

43．远方投退智能保护重合闸功能是否成功，可以根据____状态和____状态这两个不同源的信号进行对照判断。

答案：重合闸压板；保护装置充电

44．除____外，智能终端的其他告警信息应经过程层网络上送至监控。

答案：装置失电告警

解析：出自 Q/GDW 1161—2014《线路保护及辅助装置标准化设计规范》8.2 j）。

45．继电保护设备与本间隔智能终端之间通信应采用____；继电保护之间的联闭锁信息、失灵启动等信息宜采用____。

答案：GOOSE 点对点通信方式；GOOSE 网络传输方式

解析：出自 Q/GDW 441—2010《智能变电站继电保护技术规范》4.8。

46．220kV 及以上变压器电量保护按双重化配置，每套保护包含完整的主、后备保护功能；变压器各侧及公共绕组的 MU 均按____配置，中性点电流、间隙电流并入____。

答案：双重化；相应侧 MU

解析：出自 Q/GDW 441—2010《智能变电站继电保护技术规范》5.3 a）。

47．变压器非电量保护采用____跳闸，信息通过本体智能终端上送____。

答案：就地直接电缆；过程层 GOOSE 网

解析：出自 Q/GDW 441—2010《智能变电站继电保护技术规范》5.3 d）。

48．对于 220kV 及以上变电站，宜按电压等级和网络配置故障录波装置和网络报文记录分析装置，当 SV 或 GOOSE 接入量较多时，单个网络可配置多台装置。每台故障录波装置或网络报文记录分析装置____跨接双重化的两个网络。

答案：不应

解析：出自 Q/GDW 441—2010《智能变电站继电保护技术规范》5.9 a）。

49．根据间隔数量合理配置过程层交换机，3/2 接线型式，交换机宜按____设置。每台交换机的光纤接入数量不宜超过____，并配备适量的备用端口。

答案：串；16 对

解析：出自 Q/GDW 441—2010《智能变电站继电保护技术规范》5.11 e）。

50．保护装置应处理 MU 上送的数据品质位（无效、检修等），及时准确提供告警信息。在异常状态下，利用 MU 的信息合理地进行保护功能的退出和保留，____，____，并在数据恢复正常之后尽快恢复被闭锁的保护功能，不闭锁与该异常采样数据无关的保护功能。接入两个及以上 MU 的保护装置应按 MU 设置“MU 投入”软压板。

答案：瞬时闭锁可能误动的保护；延时告警

解析：出自 Q/GDW 441—2010《智能变电站继电保护技术规范》6.1.5。

51．电子式互感器采样数据的品质标志应实时反映自检状态，不应附加____。

答案：任何延时或展宽

解析：出自 Q/GDW 441—2010《智能变电站继电保护技术规范》6.3.4。

52. 每个 MU 应能满足最多____个输入通道和至少____个输出端口的要求。

答案：12；8

解析：出自 Q/GDW 441—2010《智能变电站继电保护技术规范》6.4.1。

53. 就地安装的继电保护装置应具有运行、位置指示灯和告警指示信息，可不配备____，但应具有用于调试、巡检的接口和外设。

答案：液晶显示器

解析：出自 Q/GDW 441—2010《智能变电站继电保护技术规范》8.5。

54. 合并单元应支持____或____方式完成电压并列和切换功能。

答案：GOOSE；硬接点

55. VLAN 又称____，是指在交换局域网的基础上，采用网络管理软件构建的可跨越不同网段的端到端的逻辑网络。

答案：虚拟局域网

解析：出自 YD/T 1099—2013《以太网交换机技术要求》3.1.5。

56. 智能终端开关量采集 SOE 分辨率应不大于____，智能终端的动作时间应不大于____，智能终端接收硬接点信息并转发相应的 GOOSE 报文延时宜小于____。

答案：1ms；7ms；10ms

解析：出自 Q/GDW 441—2010《智能变电站继电保护技术规范》6.5.1。

57. MU 应实现采集器间的采样同步功能，采样同步误差应不大于。外部同步时钟信号消失后，至少应满足 10min 内____同步精度要求。

答案：±1μs；±1μs

解析：出自 Q/GDW 1396—2012《IEC 61850 工程继电保护应用模型》11.3。

58. GOOSE 的心跳报文机制正常状态下，装置每隔 5s 发送 GOOSE 信号，当出现信号变位时，则改为 2ms、2ms、____、____发送。

答案：4ms；8ms

解析：出自 Q/GDW 1810—2012《智能变电站继电保护检验测试规范》7.2.1.2。

59. 智能终端装置在正常工作时，装置功率消耗不大于____，当装置动作时，功率消耗不大于____。

答案：30W；60W

60. MU 采样值发送间隔离散值应小于____，对应角差____。

答案：10μs；0.18。

解析：出自 Q/GDW 441—2010《智能变电站继电保护技术规范》6.4.4。

61. 根据 110～750kV 智能变电站网络报文记录分析装置通用技术规范，网络报文监测终端对时精度应不大于____，网络报文管理机对时精度应不大于____。

**答案：** 1μs；10ms

62．电子式互感器（含 MU）应能真实地反映一次电流或电压，额定延时时间不大于____、唤醒时间为____；电子式电流互感器的复合误差应满足____要求，电子式电压互感器的复合误差____要求。

**答案：** 2ms；0；5P 级或 5TPE 级；不大于 3P 级

**解析：** 出自 Q/GDW 441—2010《智能变电站继电保护技术规范》6.3.2。

63．智能终端具有开关量 DI 和模拟量 AI 采集功能，输入量点数可根据工程需要灵活配置，开关量输入宜采用强电方式采集，模拟量输入应能接收____电流量和____电压量。

**答案：** 4～20mA；0～5V

64．对于智能变电站加强合并单元____的测试和验收，防止参数错误导致的保护不正确动作。

**答案：** 额定延时参数

**解析：**《国家电网有限公司十八项电网重大反事故措施（2018 年修订版）》15.7.2.4。

65．____测试是检查合并单元输出的 SV 报文的 SVID、APPID、MAC 地址、VLAN 等参数是否与配置文件中的相同。

**答案：** SV 输出一致性

66．智能站 SV 点对点连接方式且合并单元不接外同步的情况下，多间隔合并单元采样值采用____方式实现同步。

**答案：** 二次插值

67．SV 报文的以太网类型为____，APPID 的范围为____。

**答案：** 0x88BA；0x4001～0x7FFF

**解析：** 出自 Q/GDW 11485—2016《智能变电站继电保护配置工具技术规范》6.2.3。

68．在 IEC 618509-2 的 SV 报文中，每个通道的十六进制编码前 4 个字节表示该通道的瞬时值，后 4 个字节表示该通道的____。

**答案：** 品质值

69．装置上电第一帧 GOOSE 报文的 StNum 数值为____。

**答案：** 1

**解析：** 出自 Q/GDW 10715—2016《智能变电站网络报文记录及分析装置技术规范》B.2。

70．GOOSE 报文中 SqNum 和 StNum 的初始值在装置重启后分别为____和____。

**答案：** 1；1

**解析：** 出自 Q/GDW 10715—2016《智能变电站网络报文记录及分析装置技术规范》B.2。

71．智能站 GOOSE 断链报警时间延时一般为____倍 GOOSE 心跳报文间隔时间。

**答案：** 4

**解析：** 出自 Q/GDW 1396—2012《IEC 61850 工程继电保护应用模型》10.1.2 和 10.2.1。

72．传输各种帧长数据时交换机固有时延应小于____。

**答案**：10μs

**解析**：出自 Q/GDW 441—2010《智能变电站继电保护技术规范》6.2.3。

## 五、问答题

1．请简述系统配置工具应具备哪些 SCD 文件错误校验功能。

**答**：

（1）Schema 语法校验。

（2）模型实例与模版一致性校验。

（3）控制块引用数据集有效性校验。

（4）数据集成员有效性校验。

（5）虚端子关联部分内外端子合法性校验。

（6）IED 名称、IP 地址、MAC 地址、APPID、SVID、GoID 的唯一性、正确性和缺失校验。

（7）访问点通信配置重复校验。

2．IEC 61850-7-3 公用数据类规范中将数据对象按照其应用分为哪几大类，分别包括什么？

**答**：数据对象按照其应用可分为：

（1）信号类，包括遥信、保护开入、硬压板、保护动作、保护自检、装置告警、通讯状态、故障录波。

（2）测量类，包括遥测和保护测量。

（3）定值和参数类，包括定值和参数。

（4）控制类，包括遥控，遥调，软压板，直控。

3．逻辑节点零（LLN0）包含哪些元素，并简述其作用。

**答**：

（1）DataSet：数据集，是预先配置的数据集合，数据集成员可采用 FCDA 与 FCD 两种。

（2）ReportControl：报告控制块，与数据集相对应，实现数据集的发送。

（3）GSEControl：GOOSE 控制块，实现 GOOSE 数据集的发送。

（4）SampledValueControl：SV 控制块，实现 SV 数据集的发送。

（5）Inputs：实现 IED 装置对 GOOSE、SV 信息的订阅，用以描述 IED 设备的 GOOSE、SV 输入、输出信号连接关系，在接收端配置。

4．请论述报告服务中的各类触发条件 dchg、qchg、dupd、Integrity、GI 的含义。

**答**：

（1）dchg：数据值变化触发报告上送。

（2）qchg：品质属性变化引起的报告上送。

（3）dupd：数据值刷新引起的报告上送。

（4）Integrity：数据周期上送标识。

（5）GI：总召唤上送。

5．请论述 IEC 61850 MMS 站控层的遥控类型。

**答**：遥控的类型主要有加强型控制和普通控制两大类，其中加强型控制需要对控制的结果进行校验，以判断执行过程是否成功；普通控制不需要校验执行结果，控制过程随着执行的结束而结束。

加强型控制又分为带预置和不带预置两种类型，即加强型选择控制、加强型直控。

普通控制也分为带预置和不带预置两种类型，即选择型控制、直控。

4 种控制方式中以加强型选择控制用得最多，多用于对执行过程要求较高的场合，例如断路器及隔离开关遥控、保护软压板遥控等；另外在一些要求快速执行，不要求进行任何校验的场合会选用直控，直接对控制对象进行控制，一步执行完毕即控制结束，例如保护装置及智能终端的远程复归遥控、挡位升降、急停遥控等。

6．SendGOOSEMessage 服务的主要特点是什么？

**答**：

（1）基于发布者/订阅者结构的组播传输方式。

（2）逐渐加长间隔时间的重传机制。

（3）GOOSE 报文携带优先级/VLAN 标志。

（4）应用层经表示层后，直接映射到数据链路层。

（5）基于数据集传输。

7．IEC 61850-9-2 对电压采样值和电流采样值有什么规定？

**答**：根据 IEC 61850-9-2LE 标准规定，电压采样值为 32 位整型，lLSB=10mV，电流采样值为 32 位整型，lLSB=lmA，数据代表一次电流、电压的大小。32 位的最低位第 0 位代表 lmA 或 10mV，最高位第 31 位为符号位，0 为正，1 为负。

8．基于 IEC 61850-9-2 的插值再采样同步必须具备哪几个基本条件？

**答**：

（1）一次被测值发生到采样值报文开始传输的延时稳定。

（2）报文的发送、传输和接受处理的抖动延时小于 10μs。

（3）间隔层设备能精确记录采样值接收时间。

（4）通信规约符合 IEC 61850-9-2，满足互操作性要求。

（5）报文数据集中增加互感器采样延时数据。

9．请简述 Q/GDW 1396—2012 规定的保护功能软压板及 GOOSE 出口软压板的扩

充规则。

**答：**保护功能软压板宜在 LLN0 中统一加 Ena 后缀扩充。GOOSE 出口软压板应按跳闸、启动失灵、闭锁重合、合闸、远传等重要信号在 PTRC、RREC、PSCH 中统一加 Strp 后缀扩充。

10．逻辑节点名称中 P 代表什么含义？常用的差动保护、距离保护、断路器失灵保护、重合闸、保护跳闸逻辑节点名是什么？

**答：**P 代表保护功能逻辑节点。差动保护逻辑节点名是 PDIF；距离保护逻辑节点名是 PDIS；断路器失灵保护逻辑节点名是 RBRF；重合闸逻辑节点名是 RREC；保护跳闸逻辑节点名是 PTRC。

11．遥测、遥信和告警类报告控制块应分别使用何种类型报告控制块？

**答：**遥测类报告控制块使用无缓冲报告控制块类型，报告控制块名称以 urcb 开头；遥信、告警类报告控制块使用有缓冲报告控制块类型，报告控制块名称以 brcb 开头。

12．电子式互感器用合并单元级联时的延时包括哪些环节？

**答：**

（1）ECT 特性延时。

（2）ECT 采样延时。

（3）远端模块至合并单元传输延时。

（4）合并单元级联延时。

（5）合并单元处理延时。

（6）合并单元至保护传输延时。

13．简述电子式互感器与常规互感器主要技术参数的异同。

**答：**

（1）与常规互感器相同的主要技术参数：绝缘水平，如工频耐压、雷电冲击、操作冲击等；额定一次电流、额定一次电压；局部放电；动热稳定电流温升；机械强度；无线电干扰电压；误差限值（TPE 除外）；准确限值系数；额定对称短路电流倍数；额定电压因数。

（2）有别于常规互感器的主要参数及技术要求：①二次输出额定值，如电流测量 2D41H、电流保护 01CFH、电压测量 2D41H；②额定延迟时间，如数据处理和传输所需时间的额定值；③相位误差，如相位差减去额定延迟时间；④保护用电流互感器误差限值。

14．简述电子式互感器每路采样采用双 A/D 系统的目的。

**答：**保护的启动元件与动作元件所用数据由不同的 ADC 采样，每套保护的启动元件与动作元件同时动作才会出口跳闸。这样可以防止一路采样出现错误数据导致误动作。

15．简述电子式互感器的配置原则。

**答：**

（1）双重化配置保护所用的电子式电流互感器一、二次转换器及合并单元应双重化配置。

（2）对 3/2 接线形式，其线路 EVT 应置于线路侧。

（3）母线差动保护、变压器差动保护、高压并联电抗器差动保护用电子式互感器的相关特性宜相同。

16．简述电子式互感器用合并单元的功能和作用。

**答：**电子式互感器的远端模块输出没有统一规定，各厂家使用的原理、介质系数、二次输出光信号含义不相同。因此，电子式互感器输出的光信号需要经同步、系数转化等处理后，以统一的数据格式供二次设备使用。否则，电子式互感器无法与二次设备通信。因此合并单元是电子式互感器接口的重要组成部分，起到了数据共享的作用。

17．电子式互感器用合并单元级联时的延时包括哪些环节？

**答：**

（1）ECT 特性延时。

（2）ECT 采样延时。

（3）远端模块至合并单元传输延时。

（4）合并单元级联延时。

（5）合并单元处理延时。

（6）合并单元至保护传输延时。

18．简述智能变电站中使用的电子式互感器的优点。

**答：**

（1）高低压完全隔离，绝缘结构简单。

（2）不含铁芯，消除了磁饱和及铁磁谐振等问题。

（3）抗电磁干扰性能好，低压侧无开路高压危险。

（4）动态范围大，测量精度高，频率响应范围宽。

（5）数据传输抗干扰能力强。

（6）没有因充油而潜在存在的污染及易燃、易爆等危险。

（7）体积小、重量轻。

19．如何检验智能终端输出 GOOSE 数据通道与装置开关量输入关联的正确性？若不正确，应如何检查？

**答：**实际模拟智能终端相关 GOOSE 数据变位，若装置是能收到相应的变位，则证明两者之间关联正确。若不能，可尝试检查：

（1）光纤连接是否正确。

（2）相关的压板是否投入。

（3）通过软件截取 GOOSE 报文，对其内容进行分析，查看是否 CID 文件配置错误。

（4）使用继电保护测试仪模拟开入开出分别对智能终端和装置进行测试验证其行为

是否正确。

20．智能终端闭锁重合闸的组合逻辑是什么？

**答：**智能终端闭锁重合闸的组合逻辑有以下两种：

（1）闭锁本套重合闸逻辑为遥合（手合）、遥跳（手跳）、TJR（GOOSE TJR 或 TJR 开入）、TJF（GOOSE TJF 或 TJF 开入）、闭锁重合闸开入（另一套闭重开入或 GOOSE 闭重开入）、本智能终端上电的“或”逻辑。遥合（手合）闭锁重合闸的意义在于由自身判断如果合于故障将闭锁重合闸。

（2）双重化配置智能终端时，应具有输出至另一套智能终端的闭锁重合闸触点，逻辑为遥合（手合）、遥跳（手跳）、保护闭锁重合闸、TJR、TJF 的“或”逻辑。

21．工程应用中，GOOSE 通信机制中报文优先级如何分类？

**答：**在工程应用中，GOOSE 报文优先级按照由高到低的顺序定义如下：

（1）最高级：电气量保护跳闸；非电气量保护跳闸；保护闭锁信号。

（2）次高级：非电气量保护信号；遥控分合闸；断路器位置信号。

（3）普通级：隔离开关位置信号；一次设备状态信号。

22．GOOSE 和 SV 报文 MAC 地址范围建议如何分配？优先级默认值分别为多少？以太网类型及 APPID 分别是什么？

**答：**

（1）GOOSE 和 SV 报文前 3 个字节由 IEEE 分配为 01-0C-CD；第 4 个字节 GOOSE 为 01，SV 为 04；最后 2 个字节用作与设备有关的地址，建议的地址分配如下：

1）GOOSE 报文：01-0C-CD-01-00-00～01-0C-CD-01-01-FF。

2）SV 报文：01-0C-CD-04-00-00～01-0C-CD-04-01-FF。

（2）优先级默认值均为 4。

（3）以太网类型：GOOSE 报文：88B8；SV 报文：88BA。

（4）APPID：GOOSE 报文：0000～3FFF；SV 报文：4000～7FFF。

23．请简述 Q/GDW 1396—2012 中规定的保护装置 SV 告警机制。

**答：**SV 告警机制为以下三点：

（1）保护装置接收采样值异常应送出告警信号，设置对应合并单元的采样值无效和采样值报文丢帧告警。

（2）SV 通信时对接收报文的配置不一致信息应送出告警信号，判断条件为配置版本号、ASDU 数目及采样值数目不匹配。

（3）ICD 文件中，应配置有逻辑接点 SVAlmGGIO，其中配置足够多的 Alm 用于 SV 告警，SV 告警模型应按 inputs 输入顺序自动排列，系统组态配置 SCD 时添加与 SV 配置相关的 Alm 的 desc 描述和 dU 赋值。

24．请简述 Q/GDW 1396—2012 中规定的 SV 接收机制。

答：SV 接收机制为以下四点：

（1）接收方应严格检查 AppID、SMVID、ConfRev 等参数是否匹配。

（2）SV 采样值报文接收方应根据收到的报文和采样值接收控制块的配置信息，判断报文配置不一致，丢帧，编码错误等异常出错情况，并给出相应报警信号。

（3）SV 采样值报文接收方应根据采样值数据对应的品质中的 validity，test 位，来判断采样数据是否有效，以及是否为检修状态下的采样数据。

（4）SV 中断后，该通道采样数据清零。

25．简述合并单元失步后的处理机制。

答：合并单元具有守时功能。要求在失去同步时钟信号 10min 以内合并单元的守时误差小于 4μs，合并单元在失步且超出守时范围的情况下应产生数据同步无效标志。

26．简述合并单元的同步机制。

答：合并单元时钟同步信号从无到有的变化过程中，其采样周期调整步长应不大于 1μs。为保证与时钟信号快速同步，允许在 PPS 边沿时刻采样序号跳变一次，但必须保证采样值发送间隔离散值小于 10μs（采样率为 4kHz）。同时合并单元输出的数据帧同步位由不同步转为同步状态。

27．简述合并单元守时工作机制。

答：合并单元在同步状态下，使自身时钟和时钟源保持一致，并通过算法记录下一个参考时钟，在时钟源丢失后，依照参考时钟继续运行，保证在一段时间内参考时钟和时钟源偏差不大。

28．简述新安装模拟量输入式合并单元的单体调试要求。

答：

（1）检验合并单元输出 SV 数据通道与装置模拟量输入关联的正确性，检查相关通信参数是否符合 SCD 文件配置。如用直采方式，SV 数据输出还应检验是否满足 Q/GDW 441－2010《智能变电站继电保护技术规范》要求的等间隔输出及带延时参数的要求。

（2）应分别检验合并单元网络采样模式（同步脉冲）和点对点（插值）直接采样模式的准确度，还应检验合并单元的模拟量采样线性度、零漂、极性等。

（3）如合并单元具备电压并列功能，应模拟并列条件检验合并单元电压并列功能；如合并单元具备电压切换功能，应模拟切换条件检验合并单元电压切换功能。

29．请论述 GOOSE 报文传输机制。

答：IEC 61850-7-2 定义的 GOOSE 服务模型使系统范围内快速、可靠地传输输入、输出数据值成为可能。在稳态情况下，GOOSE 服务器将稳定的以 $T_0$ 时间间隔循环发送 GOOSE 报文，当有事件变化时，GOOSE 服务器将立即发送事件变化报文，此时 $T_0$ 时间间隔将被缩短；在变化事件发送完成一次后，GOOSE 服务器将以最短时间间隔 $T_1$，快速重传两次变化报文；在三次快速传输完成后，GOOSE 服务器将以 $T_2$、$T_3$ 时间间隔

各传输一次变位报文；最后 GOOSE 服务器又将进入稳态传输过程，以 $T_0$ 时间间隔循环发送 GOOSE 报文。

30．为什么智能终端发送的外部采集开关量需要带时标？

**答：**无论是在组网还是直采 GOOSE 信息模式下，间隔层 IED 订阅到的 GOOSE 开入量都带有了延时，该接收到的 GOOSE 变位时刻并不能真实反映外部开关量的精确变位时刻。为此，智能终端通过在发布 GOOSE 信息时携带自身时标，该时标真实反映了外部开关量的变位时刻，为故障分析提供精确的 SOE 参考。

31．《智能变电站继电保护通用技术条件》对智能终端有哪些要求？

**答：**

（1）智能终端 GOOSE 订阅支持的数据集不应少于 15 个。

（2）智能终端可通过 GOOSE 单帧实现跳闸功能。

（3）智能终端动作时间不大于 7ms（包含出口继电器的时间）。

（4）开入动作电压应在额定直流电源电压的 55%～70%范围内，可选择单开入或双位置开入，输出均采用双位置。

（5）智能终端发送的外部采集开关量应带时标。

（6）智能终端外部采集开关量分辨率应不大于 1ms，消抖时间不小于 5ms，动作时间不大于 10ms。

（7）智能终端应能记录输入、输出的相关信息。

（8）智能终端应以遥信方式转发收到的跳合闸命令。

（9）智能终端遥信上送序号应与外部遥信开入序号一致。

32．整组传动断路器过程中，保护装置动作但断路器确没有动作，请列举可能造成断路器不动作的原因（至少列举三种）。

**答：**

（1）控制电源未给。

（2）智能终端检修压板与保护装置检修压板不一致。

（3）智能终端出口压板未投。

（4）保护装置出口压板未投。

（5）保护装置到智能终端的直跳光纤损坏。

33．如何检验智能终端输出 GOOSE 数据通道与装置开关量输入关联的正确性？若不正确，应如何检查？

**答：**实际模拟智能终端相关 GOOSE 数据变位，若装置能收到相应的变位，则证明两者之间关联正确。若不能，可尝试检查：

（1）光纤连接是否正确。

（2）相关的压板是否投入。

（3）通过软件截取 GOOSE 报文，对其内容进行分析，查看是否 CID 文件配置错误。

（4）使用继电保护测试仪模拟开入开出分别对智能终端和装置进行测试，验证其行为是否正确。

34．简述双母线接线方式下，合并单元故障或失电时，线路保护装置的处理方式。

**答：**如果是 TV 合并单元故障或失电，线路保护装置收电压采样无效，闭锁与电压相关的保护（如纵联和距离保护），如果是线路合并单元故障或失电，线路保护装置接收线路电流采样无效，闭锁所有保护。

35．智能变电站采样值需要注意哪些方面的同步？

**答：**

（1）同一间隔内电流电压量的同步。

（2）关联多间隔保护的同步。

（3）变电站间的同步，例如线路纵差保护。

（4）广域同步。

36．某线路保护（单重方式下，重合闸充电完成，重合闸时间为 1s），在 0 时刻发生 A 相故障，保护瞬时出口动作，11ms 后 B 相又故障，保护三跳。动作前一帧 GOOSE 报文 StNum 为 1，SqNum 为 10，试列出保护动作后 7 秒内的该装置发出 GOOSE 报文的 StNum 和 SqNum 及其对应的时间，并说明该报文内容（时间以保护动作为零点，该保护 T0=5s，T1=2ms，动作后突发报文五帧后进入“心跳报文”时间，保护动作元件的复归时间为 120ms）。

**答：**

| | | | |
|---|---|---|---|
| T=0ms | StNum=2 | SqNum=0 | 保护跳 A |
| T=2ms | StNum=2 | SqNum=1 | 保护跳 A |
| T=4ms | StNum=2 | SqNum=2 | 保护跳 A |
| T=8ms | StNum=2 | SqNum=3 | 保护跳 A |
| T=11ms | StNum=3 | SqNum=0 | 保护三跳 |
| T=13ms | StNum=3 | SqNum=1 | 保护三跳 |
| T=15ms | StNum=3 | SqNum=2 | 保护三跳 |
| T=19ms | StNum=3 | SqNum=3 | 保护三跳 |
| T=27ms | StNum=3 | SqNum=4 | 保护三跳 |
| T=131ms | StNum=4 | SqNum=0 | 保护元件复归 |
| T=133ms | StNum=4 | SqNum=1 | 保护元件复归 |
| T=135ms | StNum=4 | SqNum=2 | 保护元件复归 |
| T=139ms | StNum=4 | SqNum=3 | 保护元件复归 |
| T=147ms | StNum=4 | SqNum=4 | 保护元件复归 |

T=5147ms　StNum=4　　SqNum=5　　整组复归

37．以下是某网络报文记录分析仪监测的一帧完整 SV 采样报文（IEC 61850 9–2，采样通道顺序：IA1、IA2、IB1、IB1、IC1、IC2、I01、I02、I0、UA、UB、UC、IA、IB、IC）报文，分析该报文，回答以下问题。

01 0C CD 04 01 44 52 47 51 20 26 D0 81 00 A0 14 88 BA 41 44 00 B5 00 00 00 00 60 81 AA 80 01 01 A2 81 A4 30 81 A1 80 0F 54 46 44 32 43 30 33 42 5F 31 38 4D 55 30 31 82 02 09 A7 83 04 00 00 00 01 85 01 01 87 81 80 00 00 01 F4 00 00 00 00 00 00 13 51 00 00 00 00 00 00 14 C1 00 00 00 00 FF FF E3 63 00 00 00 00 FF FF DC 58 00 00 00 00 FF FF EA F6 00 00 00 00 FF FF F2 89 00 00 00 00 FF FF FF 2D 00 00 00 00 FF FF FC 6C 00 00 00 00 00 00 01 D1 00 00 00 00 00 00 00 00 00 00 00 00 00 00 00 00 00 00 00 00 00 00 00 00 00 00 00 00 00 00 00 03 93 00 00 00 00 00 00 04 A6 00 00 00 00 00 00 01 D4 00 00 00 00

（1）解析其 Destination MAC 和 Source MAC。

（2）写出该报文的网络数据类型、APPID（十六进制）以及 APP Length（十进制）。

（3）该报文包含的 ASDU 数目是几个？

（4）该报文的采样计数器的采样序号是多少？

（5）该报文的配置版本号是多少？

（6）该报文的同步状态如何？

（7）写出 SV 采样报文的额定延迟时间和 IA1 的值为多少。

（8）请问 SV 采样报文各通道的品质是否异常？

**答：**

（1）Destination　MAC：01-0C-CD-04-01-44

Source　MAC：52-47-51-20-26-D0

（2）网络数据类型：88BA　APPID：0x4144　APP Length：181（00 B5）。

（3）80 01 01 标记 80，长度=01，ASDU 数目=01。

（4）82 02 09 A7 标记 82，长度=02，采样序号=09A7（十六进制）=2471。

（5）83 04 00 00 00 01 标记 83，长度=04，配置版本号=01。

（6）85 01 01，标记 85，长度=01，同步状态=01，该报文处于同步状态（00 为非同步状态）。

（7）额定延时为 500（01F4），IA1 为 0x00001351=4945（十进制）4945×1mA=4.945A。

（8）品质为 00 00 00 00，均无异常。

38．以下是某网络报文记录分析仪监测的一帧完整 GOOSE 报文，请回答以下问题：

01 0C CD 01 01 4A 52 47 51 20 25 F0 81 00 00 02 88 B8 01 4A 02 18 00 00 00 00 61 82 02 0C 80 1B 4C 4E 31 43 30 31 5F 31 39 52 50 49 54 2F 4C 4C 4E 30 24 47 4F 24 67 6F 63 62 32 81 04 00 00 27 10 82 1B 4C 4E 31 43 30 31 5F 31 39 52 50 49 54 2F 4C 4C 4E 30 24

64 73 47 4F 4F 53 45 32 83 1B 4C 4E 31 43 30 31 5F 31 39 52 50 49 54 2F 4C 4C 4E 30 24 47 4F 24 67 6F 63 62 32 84 08 4F 8F 9B C2 6C 8A E8 00 85 04 00 00 00 1B 86 04 00 14 D1 31 87 01 00 88 04 00 00 00 01 89 01 00 8A 01 3C AB 82 01 86 83 01 00 91 08 4F 16 24 3B 12 6E 88 20 83 01 00 91 08 4F 17 7D BD 00 C4 9B 00 83 01 00 91 08 4F 16 24 3B 12 6E 88 20 83 01 00 91 08 4F 16 24 3B 12 6E 88 20 83 01 00 91 08 4F 16 25 4E 3F BE 41 00 83 01 00 91 08 4F 16 24 3B 12 6E 88 20

83 01 00 91 08 4F 16 24 3B 12 6E 88 20 83 01 00 91 08 4F 16 24 3B 12 6E 88 20 83 01 00 91 08 00 00 04 70 1D B2 14 00 83 01 00 91 08 00 00 01 30 FC EC BC 00 83 01 00 91 08 00 11 50 83 3A 9F 8D 00 83 01 00 91 08 4F 16 24 65 1E 76 AF 20 83 01 00 91 08 00 11 3F C4 2B 43 71 00 83 01 00 91 08 00 11 3F C4 2B 01 E8 00 83 01 00 91 08 00 11 3F C4 2B 01 E8 00 83 01 01 91 08 4F 16 24 3B 16 45 8F 20 83 01 00 91 08 4F 16 24 3B 12 6E 88 20 83 01 00 91 08 4F 16 24 3B 12 6E 88 20 83 01 00 91 08 4F 16 24 3B 12 6E 88 20 83 01 00 91 08 4F 16 24 3B 12 6E 88 20 83 01 00 91 08 4F 16 24 3B 12 6E 88 20 83 01 00 91 08 4F 16 24 3B 12 6E 88 20 83 01 00 91 08 4F 16 24 3B 12 6E 88 20 83 01 00 91 08 4F 16 24 3B 12 6E 88 20 83 01 00 91 08 4F 16 24

3B 12 6E 88 20 83 01 00 91 08 4F 16 24 3B 12 6E 88 20 83 01 00 91 08 4F 16 24 3B 12 6E 88 20 83 01 00 91 08 4F 16 24 3B 12 6E 88 20 83 01 00 91 08 4F 16 24 3B 12 6E 88 20 83 01 00 91 08 4F 16 24 3B 12 6E 88 20

（1）该 GOOSE 报文的 APPID（十六进制）和 App 长度（十进制）。

（2）该 GOOSE 报文的 PDU 长度（十进制）和 Time Allowed To Live（TTL）（十进制）。

（3）该 GOOSE 报文的（十进制）stNum 和 sqNum（十进制）。

（4）该 GOOSE 报文的 Entries Number（十进制），该报文发送装置是否检修。

**答：**

（1）APPID：0x014A；App 长度：536。

（2）PDU 长度：524；Time Allowed To Live（TTL）：10000（ms）。

（3）stNum：27；sqNum：1364273。

（4）Entries Number：60；报文发送装置非检修。

# 第九章　安全自动装置

**【基本介绍】**本章主要包括对备用电源自动投入装置、低频低压减载装置、失步解列装置等安全自动装置知识点的考查。

**【典型问题】**本章的典型问题是电力系统的“三道防线”、备用电源自动投入装置的充电条件、放电条件、动作条件，低频低压减载装置的定值设置，失步解列装置的技术要求。

**【难点介绍】**本章的难点在于备用电源自动投入装置、低频低压减载装置、失步解列装置等安全自动装置的动作判据及定值设置，低频低压减载装置最大可能断开功率的算法。

## 一、单选题

1．一变电站备用电源自动投入装置（简称备自投装置）在工作母线有电压且断路器未跳开的情况下将备用电源合上了，检查备自投装置一切正常，则外部设备和回路的主要问题是（　　）。

A．工作母线电压回路故障和判断工作断路器位置的回路不正确

B．备用电源系统失去电压

C．工作母联断路器瞬时低电压

D．失去直流电源

**答案：**A

2．下列（　　）不是自动投入装置应符合的要求？

A．在工作电源或设备断开后，才投入备用电源或设备

B．自动投入装置必须采用母线残压闭锁的切换方式

C．工作电源或设备上的电压，不论因什么原因消失，自动投入装置均应动作

D．自动投入装置应保证只动作一次

**答案：**B

3．下列（　　）是提高继电保护装置的可靠性所采用的措施？

A．双重化　　　　B．自动重合

C．重合闸后加速　　　　D．备自投

答案：A

4．备自投装置在两段母线同时失压的情况下，放电时间不小于（　　）。

A．3s　　B．5s　　C．15s　　D．10s

答案：C

5．低频减载装置定检应做（　　）试验。

A．低压闭锁回路检查　　B．负荷特性检查

C．功角特性检查　　D．以上说法均不正确

答案：A

6．停用低频减载装置时应先停（　　）。

A．电压回路　　B．直流回路　　C．信号回路　　D．保护回路

答案：B

7．电网低频率运行的原因是用电负荷大于发电能力，此时只能用（　　）的方法才能恢复原来的频率。

A．拉闸限电　　B．系统停电　　C．继续供电　　D．线路检修

答案：A

8．对系统低频率事故处理的方法中，不正确的是（　　）。

A．调出旋转备用　　B．迅速启动备用机组

C．联网系统的事故支援　　D．投入部分电容器或电抗器

答案：D

9．并列运行的发电机之间，在小干扰下发生的频率在（　　）Hz 范围内的持续振荡现象叫低频振荡。

A．0.2～2.5　　B．2.5～5　　C．0.2～0.5　　D．1.5～2.5

答案：A

10．远距离、弱联系、重负荷线路易发生（　　）现象。

A．自励磁　　B．次同步振荡

C．低频振荡　　D．工频过电压

答案：C

11．自动低频减负荷的顺序，应按（　　）进行安排。

A．负荷的大小　　B．负荷的重要性

C．变电站各路负荷平均　　D．负荷的性质

答案：B

12．切机、切负荷、振荡解列、低频低压解列等安全自动装置非计划停用时间超过（　　）构成一般电网事故。

A．240h　　B．48h　　C．480h　　D．24h

答案：A

13．当系统有 $n$ 台发电机时，有（　　）个低振荡模式。

A．$n$　　B．$n+1$　　C．$n-1$　　D．$n+2$

答案：C

14．“分层、分区、就地平衡”原则，是（　　）的原则。

A．电网有功平衡　　B．电网无功补偿

C．低减载配置　　D．低压减载配置

答案：B

15．电力设备和电网的保护装置，除了预先规定的外，都不允许因（　　）引起误动作。

A．低电压　　B．系统振荡

C．低频率　　D．备自投装置

答案：B

16．在自动低频减负荷装置切除负荷后，（　　）使用备自投装置将所切除的负荷送出。

A．不允许　　B．允许

C．可以分开　　D．不必分开

答案：A

17．自动低频减负荷装置动作后，应使运行系统稳态率恢复到不低于（　　）Hz。

A．48　　B．45　　C．49　　D．45

答案：D

18．为了解决与系统联系薄弱地区的正常受电问题，在主要变电站安装（　　），当小地区故障与主系统失去联系时，该装置动作切除部分负荷，以保证区域发供电的平衡，也可以保证当一回联络线掉闸时，其他联络线不过负荷。

A．切负荷装置　　B．大小电流联切装置

C．自动低频减负荷装置　　D．切机装置

答案：A

19．电力系统的自动低频减负荷方案，应由（　　）负责制定并监督其执行。

A．系统调度部门　　B．生产管理部门

C．检修部门　　D．运行部门

答案：A

20．正常运行情况下，低频解列点应是平衡点或基本平衡点，以保证在解列后小电源的（　　）能够基本平衡。

A．有功功率　　B．无功功率

C．有功功率和无功功率　　　　　　D．电流

答案：A

21．220kV线路过载联切装置的电流回路宜从（　　）后级接入，与线路保护共用一组电流互感器绕组次级。

A．线路保护　　　B．母差保护　　　C．故障录波器　　　D．测控装置

答案：A

22．根据《继电保护和安全自动装置技术规程》，下列（　　）情况不需要装设备用电源自动投入装置？

A．装有备用电源的发电厂厂用电源和变电站站用电源

B．降压变电站内有备用变压器或有互为备用的母线段

C．有双电源供电，其中一个电源经常断开作为备用电源的变电站

D．以环网方式运行的配电网

答案：D

23．下列对备自投基本要求的描述，（　　）是不正确的？

A．应保证在工作电源和设备断开后，才投入备用电源或备用设备

B．工作母线和设备上的电压不论何种原因消失时备自投装置均应启动

C．备自投应保证只动作一次

D．若工作电源和备用电源同时消失备自投要动作

答案：D

24．下列负荷消耗的有功功率和频率无关的有（　　）。

A．整流器负荷　　　B．碎煤机　　　C．卷扬机　　　D．水泵

答案：A

25．下列对自动按率减负荷的描述，不正确的是（　　）。

A．电力系统发生低振荡时，不应误动

B．电力系统受谐波干扰时，不应误动

C．切除负荷应尽量少，以达到超调和悬停

D．切除负荷应依据系统合理选择

答案：C

26．某系统的负荷总功率 $P_L$=5000MW，系统最大功率缺额为$\Delta P_{max}$=1200MW，负荷调节效应系数为 $K_L$*=2，自动低频减载装置动作后，希望系统恢复频率为 $f_h$=48Hz，低频减载装置的功率总数$\Delta P_{Lmax}$=（　　）。

A．870MW　　　B．1200MW　　　C．1000MW　　　D．800MW

答案：A

27．低频减载末级启动频率一般为（　　）。

A．不低于 46～46.5Hz 为宜　　B．低于 45Hz

C．不低于 47Hz　　D．不低于 48Hz

**答案**：A

28．数字式频率继电器系统中，低频减载频率级差一般为（　　）。

A．0.3～0.2Hz　　B．0.1～0.2Hz　　C．0.5Hz 左右　　D．1Hz 左右

**答案**：A

29．电力系统的运行状态可以分成正常状态和异常状态，下列属于正常状态的有（　　）。

A．紧急状态　　B．恢复状态　　C．警戒状态　　D．解列状态

**答案**：C

30．电力系统发生短路等事故时，首先应由（　　）动作切除故障。

A．继电保护　　B．电力系统紧急控制装置

C．依情况可由继电保护或紧急控制装置　　D．电力系统自动装置

**答案**：A

31．故障动态过程记录的特点是（　　）。

A．采样速度高，一般采样频率不小于 5kHz，全程记录时间短

B．采样速度允许较低，记录时间长

C．采样速度低（数秒一次），全过程时间长

D．采用速度高，全程记录时间长

**答案**：B

32．故障解列装置与（　　）故障类型配合使用。

A．相间故障　　B．瞬时性故障　　C．永久性故障　　D．接地故障

**答案**：B

33．失压解列装置与（　　）故障类型配合使用。

A．相间故障　　B．瞬时性故障　　C．永久性故障　　D．接地故障

**答案**：C

34．110kV 完整内桥变电站高、低压侧均装设备自投装置，装设 10kV 母线分段断路器备自投装置的目的是为了（　　）。

A．110kV 进线电源侧保护后加速动作

B．主变压器内部故障时差动保护或非电量保护动作

C．110kV 进线电源侧保护距离 II 段保护动作

D．主变压器低压侧后备保护动作

**答案**：B

35．110kV 完整内桥变电站高、低压侧均装设备自投装置，装设高压侧备自投装置

的目的是为了（　　）。

A．110kV 进线电源侧保护后加速动作或重合不成功

B．110kV 进线电源侧保护距离Ⅲ段保护动作

C．110kV 进线电源侧保护距离Ⅱ段保护动作

D．110kV 进线电源侧保护零序过流保护动作

**答案：**A

36．某 110kV 终端变电站的低压侧接入比较多的小电源，总容量达到 23MVA，此时必须在该终端变电站的高压母线上安装（　　）装置。

A．低频减载装置　　B．故障解列装置

C．过载解列装置　　D．高频解列装置

**答案：**B

37．备自投装置延时放电的条件是（　　）。

A．运行母线三相无压　　B．主供电源与备用电源同时失压

C．运行断路器合闸位置　　D．热备用断路器 TWJ 变 0

**答案：**B

38．有两个以上的电源供电，工作方式为一个为主供电源，另一个为备用电源，此种备用方式称为（　　）。

A．明备用　　B．暗备用　　C．进线备用　　D．母线备用

**答案：**A

39．有两个以上的电源供电，两个电源各自带部分负荷，互为备用，此种备用方式称为（　　）。

A．明备用　　B．暗备用　　C．进线备用　　D．母线备用

**答案：**B

40．下列（　　）方法可以实现工作电源和设备断开后，才投入备用电源或备用设备。

A．备用电源和设备的断路器合闸部分应经供电元件受电侧断路器的分位（动断）辅助触点闭锁

B．备自投装置应有独立的低电压起动部分

C．控制备用电源或设备断路器的合闸脉冲，使之只动作一次

D．备自投装置设有备用母线电压监视继电器

**答案：**A

41．下列（　　）方法可以实现工作母线和设备上的电压不论何种原因消失时备自投装置均应起动。

A．备用电源和设备的断路器合闸部分应由供电元件受电侧断路器的动断辅助触点起动

B．备自投装置应有独立的低电压起动部分

C. 控制备用电源或设备断路器的合闸脉冲，使之只动作一次

D. 备自投装置设有备用母线电压监视继电器

答案：B

42. 下列（　　）方法可以实现备自投装置只会动作一次。

A. 备用电源和设备的断路器合闸部分应由供电元件受电侧断路器的动断辅助触点起动

B. 备自投装置应有独立的低电压起动部分

C. 控制备用电源或设备断路器的合闸脉冲，使之只动作一次

D. 备自投装置设有备用母线电压监视继电器

答案：C

43. 下列（　　）方法可以实现电力系统内部故障使工作电源和备用电源同时消失时，备自投装置不应动作。

A. 备用电源和设备的断路器合闸部分应由供电元件受电侧断路器的常闭辅助触点起动

B. 备自投装置应有独立的低电压起动部分

C. 控制备用电源或设备断路器的合闸脉冲，使之只动作一次

D. 备自投装置设有备用母线电压监视继电器

答案：D

44. 下列（　　）表述是对备自投装置的动作时间以使负荷的停电时间尽可能短为原则的不正确理解。

A. 备自投不应延时动作

B. 在有高压大电动机的情况下，备自投动作时间以 1～5s 为宜

C. 低压场合备自投动作时间可以为 5s

D. 备自投动作应有一定延时

答案：A

45. 下列（　　）条件满足典型桥断路器备自投充电逻辑？

A. 逻辑“或”：线路一进线断路器合位，线路二进线断路器合位，桥断路器分位，Ⅰ母有压，Ⅱ母有压

B. 逻辑“与”：线路一进线断路器合位，线路二进线断路器合位，桥断路器分位，Ⅰ母有压，Ⅱ母有压

C. 逻辑“与”：线路一进线断路器合位，线路二进线断路器分位，桥断路器合位，Ⅰ母有压，Ⅱ母有压

D. 逻辑“或”：线路一进线断路器合位，线路二进线断路器分位，桥断路器合位，Ⅰ母有压，Ⅱ母有压

答案：B

46. 下列（　　）条件满足典型进线断路器备自投充电逻辑（“线路检有压”退出）。

A. 逻辑“或”：线路一进线断路器合位，线路二进线断路器合位，桥断路器分位，Ⅰ母有压，Ⅱ母有压

B. 逻辑“与”：线路一进线断路器合位，线路二进线断路器合位，桥断路器分位，Ⅰ母有压，Ⅱ母有压

C. 逻辑“与”：线路一进线断路器合位，线路二进线断路器分位，桥断路器合位，Ⅰ母有压，Ⅱ母有压

D. 逻辑“或”：线路一进线断路器合位，线路二进线断路器分位，桥断路器合位，Ⅰ母有压，Ⅱ母有压

答案：C

47. 下列表述正确的是（　　）。

A. 进线备自投是明备用方式　　B. 进线备自投是暗备用方式

C. 桥备自投是明备用方式　　D. 以上均不正确

答案：A

48. 下列（　　）措施可以在系统有功功率严重不平衡时限制频率下降。

A. 动用系统中的旋转备用容量　　B. 迅速启动备用机组

C. 按频率自动减负荷　　D. 以上均不正确

答案：C

49. 下列描述不正确的是（　　）。

A. 频率下降会损坏汽轮机　　B. 频率下降电烙铁功率下降

C. 频率下降异步电动机无功消耗增加　　D. 频率下降不影响白炽灯功率消耗

答案：B

50. 下列（　　）负荷的负荷调节效应系数为零。

A. 碎煤机　　B. 照明　　C. 通风泵　　D. 异步电机

答案：B

51. 利用电源断开后电压迅速下降来闭锁自动按频率减负荷装置称为（　　）。

A. 时限闭锁方式　　B. 低电压带时限闭锁方式

C. 低电流闭锁方式　　D. 滑差闭锁方式

答案：B

52. 电力系统已被解列成若干个局部系统，其中有些系统已经不能保证正常的向用户供电，但其他部分可以维持正常状态称为（　　）。

A. 安全状态　　B. 警戒状态　　C. 恢复状态　　D. 稳定状态

答案：C

53．电力系统整体仍处于安全的范围内，但个别元件或地区的运行参数已临近安全范围的边缘，此时再有新的扰动将使系统进入紧急状态称为（　　）。

A．安全状态　　B．警戒状态　　C．恢复状态　　D．稳定状态

答案：B

54．系统解列、再同步、频率和电压的紧急控制是电力系统安全稳定运行的（　　）。

A．第一道防线　　B．第二道防线

C．第三道防线　　D．第四道防线

答案：C

55．下列表述不正确的是（　　）。

A．不同安全区的设备在接入到子站时，应用网络连接在一起

B．所有以 Windows 为操作系统的设备自接入子站和数据网时要进行隔离，不可以直接接入

C．采用嵌入式子站装置是比较好的抵抗计算机病毒攻击的方法

D．以上均不正确

答案：A

56．目前 GPS 对时优先采用（　　）。

A．脉冲对时方式　　B．串行口对时方式

C．IRIG-B 时钟码对时方式　　D．电缆对时

答案：C

57．系统大扰动开始前的状态数据，输出原始记录波形及有效值，记录时间应≥0.4s 是指故障录波（　　）。

A．A 时段　　B．B 时段　　C．C 时段　　D．D 时段

答案：A

58．当大电源切除后发供电功率严重不平衡，将造成频率或电压降低，如用低频低压减负荷不能满足运行要求时，须在某些地点装设（　　），使解列后的局部电网保持安全稳定运行，以确保对重要用户的可靠供电。

A．低频、低压解列装置　　B．联切负荷装置

C．切机装置　　D．振荡解列装置

答案：A

59．系统频率的突然深度下降，标志着严重的系统事故即将来临，（　　）是对付频率崩溃的最有效手段。

A．负荷调节效应　　B．按频率减负荷

C．发电机组快速增加出力　　D．短时投入电气制动

答案：B

60．按频率降低自动减负荷装置具体整定时，其最高一轮的低频整定值，一般选为（　　）Hz。

A．49.3～49.5　　B．49.1～49.2　　C．48.9～49.0　　D．48.5～49.0

答案：B

61．自动低频减负荷装置动作后，应使运行系统稳态频率恢复到不低于（　　）Hz 水平。

A．49.0　　B．49.5　　C．49.8　　D．50

答案：B

62．在小电网中，为了防止自动低频减负荷装置过切负荷，通常设置 $df/dt$ 闭锁判据，当满足低频和延时条件后，还需判断（　　）才动作出口。

A．$df/dt>0$　　B．$df/dt=0$　　C．$df/dt<0$

答案：C

63．低频减载第一级启动频率一般为（　　）Hz。

A．48.5～49　　B．49～49.5　　C．48　　D．45

答案：A

64．为了提高动作可靠性，低频减载装置应设（　　）。

A．快速动作的基本轮

B．频率启动级和频率变化率 $df/dt$ 闭锁

C．长延时动作的特殊轮

答案：B

65．某系统的负荷总功率为 5000MW，设想系统最大的功率缺额为 1200MW，该系统负荷调节效应系数为 2，在低频减载装置动作后，希望系统恢复频率为 49.5Hz，此时依靠低频减载装置动作需要切除最大功率是（　　）MW。

A．969.4　　B．1122.4　　C．600　　D．1224.5

答案：B

66．以下备自投逻辑判别中（　　）不正确。

A．充电条件中母线有压需判母线三个线电压均大于母线有压定值

B．充电条件中进线有压需判进线电压大于电源有压定值

C．动作条件中母线无压需判母线三个线电压均小于母线无压定值

D．动作条件中备用电源母线有压需判备用电源母线三个线电压均大于母线有压定值

答案：D

67．发电机组加装电力系统稳定器（PSS）的作用有（　　）。

A．抑制电力系统低频振荡

B．提高机组效率

C．减小机组损耗

**答案**：A

68．现在暂态稳定控制的主要方法是（　　）。

A．能量函数直接法

B．实时计算策略法

C．策略表法

**答案**：C

## 二、多选题

1．根据《电网安全自动装置标准化设计规范》，安全稳定控制系统由两个及以上厂站的安全稳定控制装置通过通信联络构成，不同厂站的安全稳定控制装置根据在安全稳定控制系统中所处位置和作用不同，一般可分为（　　）。

A．稳定控制主站　　B．稳定控制子站

C．稳定控制测量站　　D．稳定控制执行站

**答案**：ABCD

2．根据《继电保护和安全自动装置技术规程》，自动投入装置的功能设计应符合下列哪些要求（　　）。

A．除发电厂备用电源快速切换外，应保证在工作电源或设备断开后，才投入备用电源或设备

B．工作电源或设备上的电压，不论何种原因消失，除有闭锁信号外，自动投入装置均应动作

C．自动投入装置应保证只动作一次

D．自动投入装置可连续动作多次

**答案**：ABC

3．以下情况哪些应装设备自投装置（　　）。

A．装有备用电源的发电厂常用电源和变电站站用电源

B．由双电源供电，其中一个电源经常断开作为备用的变电站

C．降压变电站内有备用变压器或互为备用的母线段

D．有备用机组的某些重要辅机

**答案**：ABCD

4．下列装置中属于安全自动装置的有（　　）。

A．失灵保护装置　　B．非全相保护装置

C．重合闸装置　　D．低频减载装置

**答案**：CD

5. 电网安全自动装置包括（　　）。

A. 低频、低压解列装置　　B. 振荡（失步）解列装置

C. 故障录波器装置　　D. 线路纵差保护装置

**答案**：AB

6. 下列属于备自投放电条件的是（　　）。

A. 断路器位置异常　　C. 手跳/遥跳工作进线断路器

B. 母线电压低于无压定值　　D. 备用进线电压低于有压定值延时 15s

**答案**：ACD

7. 备自投装置的充电条件有（　　）。

A. 运行母线三相有压　　B. 备用母线或线路有压

C. 运行断路器合闸位置　　D. 热备用断路器 TWJ 触点闭合

**答案**：ABCD

8. 备自投装置的发合闸脉冲的动作条件有（　　）。

A. 运行母线三相无压　　B. 主供电源线路或主变压器无流

C. 备用电源有压　　D. 主供电源断路器 TWJ 为 0

**答案**：ABC

9. 闭锁 220kV 变电站 35kV 母线分段断路器备自投的保护有（　　）。

A. 主变压器差动保护　　B. 主变压器低压侧后备保护

C. 35kV 母差保护　　D. 35kV 母分过流解列保护

**答案**：BC

10. 110kV 内桥接线的降压变压器，一线带一变运行，低压侧无电源，两台主变压器的差动及高后备保护使用进线断路器 TA，此时需要闭锁桥断路器备投的有（　　）。

A. 主变压器差动保护动作　　B. 主变压器高后备保护动作

C. 主变压器重瓦斯保护动作　　D. 进线断路器手动分闸

E. 进线断路器偷跳

**答案**：ABCD

11. 线路过负荷联切装置主要用于并联运行的两回或多回线路中，其中一回或两回因事故跳闸引起其他运行线路过载，需要及时切除部分负荷，常见的过载切负荷启动原理有（　　）。

A. 功率突变量启动　　B. 过负荷启动

C. 过功率启动　　D. 电流突变量

**答案**：AC

12. 安全自动装置的配置主要取决于（　　）。

A. 电力系统的电网结构　　B. 设备承受能力

C．运行方式　　D．末端保护定值

答案：ABC

13．低频、低压解列装置一般装设在系统中的地点有（　　）。

A．系统间的联络线

B．地区系统中从主系统受电的终端变电站母线联络断路器

C．地区电厂的高压侧母线联络断路器

D．专门划作系统事故紧急启动电源、专带厂用电的发电机组母线联络断路器

答案：ABCD

14．低频减负荷装置定检应做（　　）试验。

A．低压闭锁回路检查　　B．滑差闭锁

C．负荷特性检查　　D．功角特性检查

答案：AB

15．电网自动低频、低压减负荷方案中应指出（　　）。

A．切负荷轮数　　B．每轮动作频率（或电压）

C．每轮各地区所切负荷数　　D．切除后的负荷总量

答案：ABC

16．关于低频减载装置的叙述，正确的是（　　）。

A．低频减载装置是防止系统频率崩溃的重要措施

B．110kV 及以下电网低频减载装置属地调管辖，省调许可

C．低频减载装置正常应投入，未经省调许可，不得擅自将装置停用

D．低频减载装置所切负荷，无需征得所辖调度同意可恢复送电

答案：ABC

17．任何时候保持系统发供用电平衡是防止低频率事故的主要措施，因此在处理低频率事故时的主要方法有（　　）。

A．电容器就地进行无功补偿

B．投入电抗器运行

C．联网系统的事故支援

D．必要时切除负荷（按事先制定的事故拉电序位表执行）

答案：CD

18．防止频率崩溃的措施有（　　）。

A．保证足够的旋转备用　　B．水电机组低频自启动

C．采用低频率自动减负荷装置　　D．采用低压解列装置

答案：ABC

19．电力系统的动态稳定主要有（　　）。

A．电力系统的低振荡
B．机电耦合的次同步振荡
C．电力系统的频率调整
D．同步电机的自激

答案：ABD

20．电力系统低频运行的危害有（　　）。

A．使系统内的发电机产生振动
B．影响对用户的供电质量
C．影响系统的经济运行
D．增大线路上的损耗

答案：ABC

21．电力系统容易发生低频振荡的情况是（　　）。

A．弱联系、远距离、重负荷的输电线路上
B．强联系、近距离的输电线路上
C．在采用快速、高放大倍数的励磁系统上
D．在采用慢速、低放大倍数的励磁系统上

答案：AC

22．防止因恶性连锁反应或失去电源容量过多而引起受端系统崩溃的措施有（　　）。

A．受端系统无需备用电源容量
B．每一回送电线路的最大输送功率所占受端系统总负荷的比例不宜过大
C．送到不同方向的几回送电线路如在送端连在一起，必须具备事故时快速解列或切机等措施
D．受端系统不需安装低频减负荷装置

答案：BC

23．故障解列装置的工作原理有（　　）。

A．自产零序过电压解列
B．外加零序过电压解列
C．母线相间电压低电压或门解列
D．母线相间电压低电压与门解列

答案：BC

24．下列有关故障解列装置的描述正确的有（　　）。

A．线路发生A相瞬时性接地故障时动作
B．线路发生BC相瞬时性相间故障时动作
C．与线路电源侧断路器的重合闸配合
D．与备用电源自投装置配合

答案：ABC

25．故障解列装置接入外加零序电压的目的是（　　）。

A．零序过电压解列功能需要
B．鉴别母线单相电压互感器断线需要
C．鉴别母线三相电压互感器断线闭锁需要

D．与自产零序电压进行比对

答案：ABD

26．下列是录波器的基本功能的有（　　）。

A．高速故障记录　　B．故障动态过程记录

C．长过程动态记录　　D．故障分析

答案：ABC

27．与传统录波器相比，微机故障录波器的优点是（　　）。

A．完成时间、相角、瞬时值、有效值等测量

B．谐波分析

C．阻抗计算

D．序分量计算

答案：BCD

28．电力系统实时动态监测系统主站应具备数据监测、分析基本功能应包括（　　）。

A．监测电力系统的运行状态，并以数字、曲线或其他适当形式显示系统频率、节点电压、线路潮流和系统功角，应具有低频振荡的监测功能

B．对监测的数据进行统计、分析和输出

C．应有较为完善的电力系统分析软件，可利用动态数据进行离线或在线计算、分析（控制决策）。逐渐具备或完善电压稳定监测、频率特征分析、功率摇摆监测、动态扰动识别以及系统失稳警等功能

答案：ABC

29．关于故障录波器，下列说法（　　）是正确的。

A．故障录波装置的 A/D 转换精度应不低于 32 位

B．故障录波装置的事件量记录元件的分辨率应小于 1.0ms

C．故障录波装置应能记录和保存从故障前 2s 到故障消失时的电气量波形

D．故障录波装置应具有对时功能，能接收全站统一时钟信号，时钟信号类型满足 IEC 61850 对时或 IRIG-B（DC）对时

答案：BCD

30．安全稳定控制装置总功能压板退出后，以下描述正确的是（　　）。

A．不进行策略判别

B．不传输或转发测量信息、状态信息或判断结果

C．和策略有关的告警不报

D．相当于通道物理断开

答案：ABC

31．微机型低频减负荷装置定检应做（　　）试验。

A．逆变电源工作正确性及可靠性的检验

B．数据采集回路正确性、准确性的测定

C．各开出、开入回路工作性能的检验

D．装置整组试验

答案：ABCD

## 三、判断题

1．当备自投装置动作时，如备用电源或设备投于故障，应有保护加速跳闸。（ ）

答案：√

2．备自投装置应保证只动作一次。（ ）

答案：√

3．备自投切除工作电源断路器必须经延时。（ ）

答案：√

4．当系统发生事故时，电压急剧下降期间低频减载装置可以动作。（ ）

答案：×

5．内桥接线母线分段断路器热备用方式时，主变压器差动、非电量、高压侧后备（对应跳桥断路器时限）保护动作应闭锁桥备自投。（ ）

答案：√

6．对于线路（桥）断路器备自投动作时间应小于母线分段断路器备自投动作时间。（ ）

答案：√

7．对于单独备自投装置时间的整定要求：低压元件动作后延时跳开工作电源，其动作时间宜大于本级线路负荷侧后备保护动作时间与线路重合时间之和。（ ）

答案：×

8．对于终端站具有小水电或自备发电机的线路，当主供电源线路故障时，为保证主供电源能重合成功，应将其解列。（ ）

答案：√

9．工频变化量阻抗继电器不反映系统振荡，但却可能在其他解列点在系统振荡解列时误动。（ ）

答案：×

10．当电力系统发生严重的低频事故时，为迅速使电网恢复正常，低频减负荷装置在达到动作值后，可以不经时限立即动作，快速切除负荷。（ ）

答案：×

11．自动低频减载装置动作反映的是所接母线的频率瞬时值。（ ）

答案：×

12．自动低频减负荷装置的数量需随系统电源投产容量的增加而相应地增加。（　　）

**答案：**√

13．按频率自动减负荷装置中电流闭锁元件的作用是防止电流反馈造成低频率误动。（　　）

**答案：**√

14．自动低频减载装置切除的负荷总数量应小于系统中实际可能发生的最大功率缺额。（　　）

**答案：**√

15．低频减载装置正常应投入运行，未经省调批准，不得擅自将低频减载装置停用或变更所控断路器。（　　）

**答案：**√

16．低减载装置是一种当系统出现有功功率缺额引起频率下降时，根据频率下降程度、自动断开一部分不重要的用户，阻止频率下降的装置。（　　）

**答案：**√

17．自动低负荷装置动作所切除的负荷可以被自动重合闸再次投入。（　　）

**答案：**×

18．涉及电网安全自动装置（低频减载、负荷联切等）定值视同继电保护定值管理。（　　）

**答案：**√

19．根据自动低减负荷装置的整定原则，自动低频减负荷装置所切除的负荷不应被自动重合闸再次投入，并应与其他安全自动装置合理配合使用。（　　）

**答案：**√

20．在自动低频减负荷装置切除负荷后，不允许使用备用电源自动投入装置将所切除的负荷送出。（　　）

**答案：**√

21．并列运行的发电机间在小干扰下发生的频率为0.2～2.5Hz范围内的持续振荡现象叫低频振荡。（　　）

**答案：**√

22．低频、低压减负荷装置出口动作后，应当启动重合闸回路，使线路重合。（　　）

**答案：**×

23．自动低频减负荷装置动作，不应导致系统其他设备过载和联络线超过稳定极限。（　　）

**答案：**√

24．自动低频减负荷的先后顺序，应按负荷的重要性进行安排。（　　）

**答案：**√

25．事故手动低频减负荷是自动减负荷的必要补充，当电源容量恢复后，应逐步地手动或自动地恢复被切负荷。（　　）

答案：√

26．按照《电力系统安全稳定导则》的要求，电力系统必须合理安排自动低频减负荷的顺序及所切负荷的数量。（　　）

答案：√

27．电网内大机组配置的高频率、低频率、过压、欠压保护及振荡解列装置的定值必须经电网调度机构审定。（　　）

答案：√

28．自动低频率减负荷装置可以根据需要安装在电力用户内部；且用户应积极配合，不得拒绝。（　　）

答案：√

29．在新建、扩建变电工程及更改工程的设计中，必须设计安装自动低频减负荷装置。（　　）

答案：×

30．不论是电力系统内部还是电力用户未经供电公司调度部门的同意，不得擅自停掉自动低频减负荷装置、转移其控制负荷或改变装置的定值。（　　）

答案：√

31．自动低频减负荷装置是为了防止电力系统发生频率崩溃而采用的系统保护。（　　）

答案：√

32．对系统发生失步振荡进自动低频减负荷装置动作行为只作统计、不予评价。（　　）

答案：√

33．运行中或准备投入运行的自动低频减负荷装置，应由继电保护人员按有关规程和规定进行检验。（　　）

答案：√

34．《电力系统自动低频减负荷技术规定》推荐采用反映装设母线电压频率绝对值的继电器作为自动低频减负荷装置的启动元件。（　　）

答案：√

35．当电力系统发生突然的有功功率缺额后，主要应当依靠自动低频减负荷装置的动作，使保留运行的负荷容量能与运行中的发电容量相适应。（　　）

答案：√

36．预设低频减负荷装置的切负荷总量应较多的大于实际切负荷总量。（　　）

答案：√

37．地区系统中由主系统受电的终端变电站母线联络断路器可考虑设置低频解列装置。（　　）

答案：√

38．“弱联系、长线路、重负荷和具有快速励磁调节”的系统更容易发生低频振荡。（　　）

答案：√

39．在交、直流并联输电的情况下，利用交流有功功率调制，可以有效抑制与其并列的交流线路的功率振荡，包括区域性低频振荡，明显提高交流的暂态、动态稳定性能。（　　）

答案：×

40．备自投装置时间元件的整定应使之大于本级线路电源侧后备保护动作时间与线路重合闸时间之和。（　　）

答案：√

41．备自投装置动作投于永久性故障设备上，应加速跳闸并只动作一次，以防备用电源多次投入到故障元件上，扩大事故，对系统造成二次冲击。（　　）

答案：√

42．系统发生振荡时低压减载装置不能误动作。（　　）

答案：√

43．单侧电源送电线路重合闸方式的选择原则是：（1）在一般情况下，采用三相一次重合闸；（2）当断路器遮断容量允许时，在下列情况下可采用二次重合闸：①由无经常值班人员的变电站引出的、无遥控的单回线路；②供电给重要负荷且无备用电源的单回线路。（　　）

答案：√

44．当断路器断流容量允许时，给重要用户供电而无备用电源的单回线路可采用两次重合闸方式。（　　）

答案：√

45．当备用电源无压时，备自投装置不应动作。（　　）

答案：√

46．通常情况下，自动重合闸装置只能动作一次，而备自投装置无此限制。（　　）

答案：×

47．低频减载装置整定时间从故障开始计算。（　　）

答案：×

48．为了保持电力系统正常运行的稳定性和频率、电压的正常水平，系统应有足够的静态稳定储备和有功、无功备用容量，并有必要的调节手段。（　　）

答案：√

49．电力系统运行状态正常状态可以分为安全状态和警戒状态。(　　)

答案：√

50．电力系统安全状态是指系统的频率、各节点电压、各元件的负荷均处于规定的允许值范围内，并且一般的小扰动不致使运行状态脱离正常运行状态。(　　)

答案：√

51．在某些条件下必须加速切除短路时，可使保护无选择性动作，但必须采取补救措施，如重合闸和备用自动投入装置来补救。(　　)

答案：√

52．常规备自投装置都有实现手动跳闸闭锁及保护闭锁功能。(　　)

答案：√

53．备自投装置的低电压元件，为了在所接母线失压后，能可靠工作，其低电压定值整定较低，一般为 0.15～0.3 倍的额定电压。(　　)

答案：√

54．电力系统紧急控制装置在电力系统发生短路等事故时首先动作并切除和隔离故障。(　　)

答案：×

55．高压长距离输电线常常装设串联电容补偿和并联电抗补偿装置，其短路过程中低频分量是由于线路电感不允许电流突变而产生，高频分量是由于电容上的电压不能突变而产生。(　　)

答案：√

56．防止系统稳定被破坏，应完善保证系统稳定运行的安全自动装置，保证低频减载装置能在事故时有效地切除负荷。(　　)

答案：√

57．要加强电网安全稳定性，就要从电网结构上完善振荡、低频、低压解列等装置的配置。(　　)

答案：√

58．备自投动作时间应大于供电线路后备保护最长动作时间、重合闸时间及后加速时间之和，并适当考虑裕度。(　　)

答案：√

59．故障录波装置在系统正常运行和发生振荡时不动作（不录波），在系统故障时起动录波。(　　)

答案：×

60．内桥接线的 110kV 变电站中的 10kV 母线分段断路器备自投装置在全站失压时，可瞬时放电。(　　)

答案：×

61．故障录波器在全过程记录中都必须采用相同的采样频率。（ ）

答案：×

62．断路器重合闸的整定时间考虑的是发生瞬时性故障，备自投装置的整定时间是考虑发生永久性故障的情况。（ ）

答案：√

63．失步解列作为保证电力系统安全运行的重要措施，是保证整个电网不致完全崩溃的最后一道防线之一。（ ）

答案：√

64．发生 TV 断线时，故障解列装置不需闭锁，只需经延时发信告知运行人员。（ ）

答案：×

65．安全自动装置的配置主要取决于电力系统的电网结构、设备承受能力、运行方式。（ ）

答案：√

66．安全自动装置和继电保护发挥作用的时间是有顺序要求的，需要密切配合。（ ）

答案：√

67．线路过载联切装置和主变压器过载联切装置，是提高线路、主变压器供电能力的自动装置。（ ）

答案：√

68．根据我国《电力工业技术管理法规》规定，正常运行时电力系统的频率应保持在（50±0.2）Hz 的范围内。（ ）

答案：√

69．故障解列装置必须具有 TV 断线判别及闭锁功能。（ ）

答案：√

70．故障解列装置的低电压解列逻辑可以选择三个线电压与门逻辑和或门逻辑两种方案，发生相间故障时与门逻辑比或门逻辑动作出口跳闸更快。（ ）

答案：×

71．发生相间故障时，故障解列装置的低电压解列逻辑中三个线电压或门逻辑比与门逻辑动作出口跳闸更快。（ ）

答案：√

72．应保证在工作电源和设备断开后，才能投入备用电源或备用设备。（ ）

答案：√

73．工作电源和备用电源同时消失时，备自投装置不应动作。（ ）

答案：√

74．当一个备用电源作为几个工作电源备用时，如备用电源已代替一个动作电源后，另一个工作电源又断开，备自投应动作。（　　）

答案：√

75．应校验备用电源和备用设备自动投入时过负荷情况，以及电动机自起动的情况，如过负荷超过允许限度，或不能保证自起动时，应有自动投入装置动作于自动减负荷。（　　）

答案：√

76．进线备自投采用保护跳闸方式设计中必须考虑闭锁重合闸问题。（　　）

答案：√

77．系统中存在多级备自投，高电压等级备自投后动作。（　　）

答案：×

78．金属切削机消耗的有功功率和系统频率成正比。（　　）

答案：√

79．负荷的静态频率特性一般为频率下降时，系统的总有功负荷消耗的有功功率随之减少。（　　）

答案：√

80．接于自动低频减载装置的总功率是按最严重事故的情况来考虑的。（　　）

答案：√

81．220kV线路过载联切装置的电流回路宜从线路保护后级接入，与线路保护共用一组TA绕组次级。（　　）

答案：√

82．当电力系统发生严重的低频事故时，为迅速使电网恢复正常，低频减负荷装置在达到动作值后，可以不经时限立即动作，快速切除负荷。（　　）

答案：×

83．对于备自投装置，当工作电源电压小于无压定值，而备用电源电压大于等于有压定值，备自投装置应能启动。（　　）

答案：×

84．备自投投入“检查备用电源有电压”功能时，若备用电源失电压须经延时放电。（　　）

答案：√

85．主变压器保护中除差动保护动作外，其他保护动作均应闭锁备自投装置。（　　）

答案：×

86．低电压减负荷控制装置应在短路、自动重合闸及备用电源自动投入期间可靠不动作。（　　）

答案：√

87．部分敷设电缆的终端负荷线路，宜以备用电源自投的方式提高供电可靠性，不可采用重合闸。（　　）

**答案：**√

88．为了防止在电源中断时因负荷反馈而引起低频减载装置误动作，可采用低电流或过电压闭锁措施。（　　）

**答案：**×

89．电网安全自动装置双重化配置时，可根据工程需求采取并列运行模式，或主辅运行模式。（　　）

**答案：**√

90．对 3/2 断路器接线方式，当任一母线上的母线差动保护全部退出运行时，可通过解列保护切除母线故障，母线不需陪停。（　　）

**答案：**×

91．电网安全自动装置种类繁多，既有属于二道防线的失步解列、低频低压减负荷、过频切机等装置，也有属于三道防线的安全稳定控制装置，还有备自投、水电厂低频自启动等解决其他系统问题的装置。（　　）

**答案：**×

## 四、填空题

1．110kV 内桥接线变电站中，主变压器高压侧备自投动作时间应该____低压侧备自投动作时间。

**答案：**小于

2．在电力系统中，应装设安全自动装置，以防止____破坏或事故扩大、造成大面积停电、对____的供电长时间中断。

**答案：**系统稳定；重要用户

3．备自投装置的低电压元件，为了在所接母线失压后，能可靠工作，其低电压定值整定较低，一般为____倍的额定电压。

**答案：**0.15～0.3

4．备自投装置在两段母线同时失压的情况下，放电时间不小于____。

**答案：**15s

5．变压器电源侧备用电源自动投入装置的电压鉴定元件动作后延时跳开工作电源，需要考虑重合闸时，其动作时间应大于本级线路电源侧____时间与____时间之和。

**答案：**后备保护动作；线路重合闸

6．涉及多个厂站的安全稳定控制系统检验工作，应编制安全稳定控制系统____，各厂站装置宜____进行。

**答案**：联合调试方案；同步

7．在低频减负荷方案整定中，要确保全网及解列后的局部电网频率恢复到____Hz以上，不得高于____Hz，基本轮第一轮动作频率整定在____Hz间。

**答案**：49.5；51；48.5～49

8．当电力系统发生突然的有功功率缺额后，主要依靠____装置动作，使保留运行的负荷容量能与运行中的发电机容量相适应。

**答案**：按频率自动减负荷（或低频减载）

9．某系统正常运行时的系统负荷为10000MW，考虑最不利情况下系统最大缺额功率为1800MW，当负荷调节效应系数为2时，为确保功率缺额时系统能恢复至49Hz，接入低频低压减载装置的功率总数为____。

**答案**：1458.3MW

10．____原则，是电网无功补偿的原则。

**答案**：分层、分区、就地平衡

11．在自动低频减负荷装置切除负荷后，____使用备用电源自动投入装置将所切除的负荷送出。

**答案**：不允许

12．电力系统的自动低频减负荷方案，应由____负责制定并监督其执行。

**答案**：系统调度部门

13．利用电源断开后电压迅速下降来闭锁自动按频率减负荷装置称为____。

**答案**：低电压带时限闭锁方式

14．当主变压器低压分段断路器配置备自投时，为了提高备自投动作的成功率，主变压器保护跳闸后，应解列____。

**答案**：低压侧地区电源

15．低频减负荷装置应设置短延时的基本轮和长延时的特殊轮，基本轮用于快速抑制频率的下降，特殊轮用于防止系统频率长时间悬浮于某一较低值，使频率恢复到长期允许范围____以上。

**答案**：49.5Hz

16．____是当电力系统失去同步发生异步运行时，在预先安排的适当地点有计划地自动将电力系统解开，或将电厂与连带的适当负荷自动与主系统断开，以防止事故扩大的自动装置。

**答案**：失步解列装置

17．当因过切负荷引起恢复时的系统频率过调时，其最大值不应超过____；电压能迅速恢复到____以上，不发生电压崩溃。

**答案**：51.0Hz；85%$U_n$

18．网省间联络线、长距离大容量送电线路、高低压弱电磁环网输电断面中的低压侧宜配置____。

**答案：**失步解列装置

19．对于周期不小于____的失步振荡，装置应能正确判断失步振荡周期的次数并正确动作。

**答案：**160ms

20．安全自动装置功率正方向统一定义为：以____为正。

**答案：**流出母线

21．稳定控制装置的跳闸判据，应采用电气量实现。为正确区分区内和区外等跳闸，可采用____等作为辅助判据。

**答案：**保护跳闸触点

## 五、问答题

1．简单阐述何为电力系统“三道防线”。

**答：**第一道防线：在电力系统正常状态下通过预防性控制保持其充裕性和安全性，当发生短路故障时由电力系统固有的控制设备及继电保护装置快速、正确地切除电力系统故障元件；

第二道防线：针对预先考虑的故障形式和运行方式，按预定的控制策略，采用安全稳定控制系统实施切机、切负荷、局部解列等控制措施，防止系统失去稳定；

第三道防线：由失步解列、电压紧急控制装置构成，当电力系统发生失步振荡、频率异常、电压异常等事故时采取解列、切负荷、切机等控制措施，防止系统崩溃。

2．电网中常用的安全自动装置包括哪些？

**答：**电网中常用的安全自动装置包括安全稳定控制装置、失步解列装置、低频减负荷装置、低压减负荷装置、过频切机装置、备用电源自投装置、水电厂低频自启动装置、输电线路的自动重合闸等。

3．简述电网中备自投装置的主要分类和功能。

**答：**备自投装置按照投退元件分类可大致分为进线备自投、母联备自投和变压器备自投装置：

（1）进线备自投装置主要针对单端单回或双回线供电的变电站，当电源进线故障时，能投入备用电源线路，保证变电站不会失压而损失大量负荷。

（2）母联备自投主要针对变电站母线分母运行的情况，两段母线接入不同的电源，当一段母线的电源发生故障而导致母线失压时，投入母联断路器，保证两段母线的持续供电。

（3）变压器备自投主要针对双主变供电，高压侧母线分母运行的情况，其中一台变压器带低压侧负荷，另一台变压器处于热（冷）备用状态。当工作变压器高压侧母线失电、低压侧断路器合位，备用变压器高压侧母线有压情况下跳开工作变压器低（高、低）压侧断路器，合备用变压器低（高、低）压侧断路器，维持低压侧母线供电。

4．什么情况下应装设备用电源的自动投入装置？

答：

（1）具有备用电源的发电厂厂用电源和变电所所用电源；

（2）由双电源供电，其中一个电源经常断开作为备用的电源；

（3）降压变电所内有备用变压器或有互为备用的电源；

（4）有备用机组的某些重要辅机。

5．备用电源自动投入装置应符合什么要求？

答：

（1）应保证在工作电源或设备断开后，才投入备用电源或设备；

（2）工作电源或设备上的电压，不论因何原因消失时，除有闭锁信号外，自动投入装置均应动作；

（3）自动投入装置应保证只动作一次。

6．备用电源自投装置充电的基本条件是什么？

答：

（1）工作电源和备用电源工作正常，均符合有压条件；

（2）工作断路器和备用断路器位置正常，即工作断路器合位，备用断路器跳位；

（3）无放电条件。

7．桥接线变电站的110kV进线备用电源自投的主要充电条件和动作过程是什么？

答：充电条件：Ⅰ、Ⅱ段母线三相均有压，工作电源断路器运行，备用电源线路有压，桥断路器运行，备用电源断路器热备用。

动作过程：Ⅰ、Ⅱ段母线三相均无压，工作电源无流，备用电源线路有压，经整定延时后跳开工作电源断路器，确认断路器跳开后，经短延时或程序固化的时间合上备用电源断路器。

8．35kV母线分段断路器备用电源自投的主要充电条件和动作过程是什么？

答：充电条件：Ⅰ、Ⅱ段母线三相均有压，母线分段断路器在分位，工作电源断路器QF1、QF2在合位，经延时10～15s完成充电。

动作过程：Ⅰ（Ⅱ）段母线三相均无压，1号（2号）工作电源无流，经整定延时跳1号（2号）工作电源断路器，确认断路器跳开后，经短延时或程序固化时间合上母线分段断路器QF3。

9．220kV变电站，2台220kV变压器，一台运行，另一台热备用，66kV母联断路器在合位，请说明备自投的启动条件及动作过程。

答：

（1）启动条件：运行变压器因故障切除或无故障跳开，使 66kV 侧断路器无电流，66kV 母线失压，备自投装置启动。

（2）动作过程：备自投装置启动后，发跳运行变压器 66kV 侧断路器命令，同时联切 66kV 母线上的电容器、调相机、动态无功补偿设备等元件，检查运行变压器 66kV 侧断路器已断开、66kV 母线无压，合备用变压器的 220kV 侧断路器，经延时合备用变压器的 66kV 侧断路器。

10．稳定控制装置判别的运行元件主要故障形态一般有哪些？

**答：**输电线路单相永久性故障、无故障跳闸、相间故障跳闸（含三相故障）、同通道的双回线故障跳闸、母线故障、变压器故障、发变组跳闸、HVDC 单极闭锁、HVDC 双极闭锁、同一串的两个元件同时跳闸、其他 *N*–2 及以上元件故障跳闸等。

11．电力系统中为什么采用低频低压解列装置？低频减载装置防误动的闭锁措施有哪些？

**答：**在功率缺额的受端小电源系统中，当大电源切除后，发、供功率严重不平衡，将造成频率或电压的降低，如用低频率减负荷不能满足发供电安全运行时，须在发供平衡的地点装设低频低压解列装置。

低频减载装置防误动的闭锁措施有时限闭锁、频率闭锁、滑差闭锁、电压闭锁（电流闭锁）。

12．低频减负荷装置设置短延时的基本轮和长延时的特殊轮的作用是什么？一般如何设置？

**答：**低频减负荷装置应设置短延时的基本轮和长延时的特殊轮，基本轮用于快速抑制频率的下降，特殊轮用于防止系统频率长时间悬浮于某一较低值（如 49.2Hz 以下），使频率恢复到长期允许范围（49.5Hz 以上）。基本轮频率级差宜选用 0.2Hz、动作延时 0.2～0.3s（不宜超过 0.3s），推荐按频率设置不大于 6 轮。装置的频率整定值应根据系统的具体条件、大型火电机组的安全运行要求以及由装置本身的特性等因素决定。提高最高轮的动作频率值，有利于抑制频率下降幅度，一般不宜超过 49.2Hz。考虑大电网、大机组对电网频率的要求较为严格，最低轮的动作频率值不宜低于 48.0Hz。

延时较长的特殊轮，一般宜选用一个频率定值，按延时长短划分若干个轮次，一般不大于 3 轮，特殊轮起动频率不宜低于基本轮的最高动作频率，最小动作时间可为 10s～20s，级差不宜小于 5s。

13．简述接入低频减载装置的最大可能的断开功率的算法。

**答：**设正常运行时系统负荷为 $P_{\text{LN}}$，最大功率缺额为 $\Delta P_{\text{hmax}}$，最大可能的断开功率为 $\Delta P_{\text{Lmax}}$，额定频率与回复频率之差为 $\Delta f$，负荷调节效应系数为 $K_{\text{L*}}$，则有

$$\frac{\Delta P_{\text{hmax}} - \Delta P_{\text{Lmax}}}{P_{\text{LN}} - \Delta P_{\text{Lmax}}} = K_{\text{L*}} \Delta f_{*}$$

$$\Delta P_{\text{Lmax}}=\frac{\Delta P_{\text{hmax}}-K_{\text{L*}}P_{\text{LN}}\Delta f_{*}}{1-K_{\text{L*}}\Delta f_{*}}$$

14．为防止电力系统出现扰动后，无功功率欠缺或不平衡，某些节点的电压降到不允许的数值，甚至可能出现电压崩溃，应如何设置自动限制电压降低的紧急控制装置？

**答：**

（1）限制电压降低控制装置作用于增发无功功率（如发电机、调相机的强励，电容补偿装置强行补偿等）或减少无功功率需求（如切除并联电抗器，切除负荷等）；

（2）低压减负荷控制作为自动限制电压降低和防止电压崩溃的重要措施，应根据无功功率和电压水平的分析结果在系统中妥善配置。低压减负荷控制装置反应于电压降低及其持续时间，装置可按动作电压及时间分为若干级，并应在短路、自动重合闸及备用电源自动投入期间可靠不动作；

（3）电力系统故障导致主网电压降低，在故障消除后主网电压不能及时恢复时，应闭锁供电变压器的带负荷自动切换抽头装置。

15．对失步解列装置的主要技术性能要求是什么？

**答：**

（1）装置在系统发生各种故障、转换性故障、同步振荡到非失步振荡情况下不应误动作。

（2）装置在系统非全相运行时，不应误动作；系统非全相运行又发生失步振荡时，装置不宜动作；在非全相消除后系统仍处于失步振荡状态时，装置应正确动作。

（3）装置应在确认系统失步后动作。

（4）当失步振荡中心处在装置的保护范围内时，装置应能可靠动作。

（5）对于周期不小于 160ms 的失步振荡，装置应能正确判断失步振荡周期的次数并正确动作。

（6）宜优先选用功角原理的失步解列装置。

（7）装置不宜在两侧电势角差在 180°附近时断开断路器。

# 第十章 发电机保护

【基本介绍】本章主要包括对发电机故障类型、发电机保护配置等发电机保护基础知识的考查。

【典型问题】本章的典型问题是发电机定子绕组相间短路保护、定子绕组接地保护、定子绕组匝间短路保护、发电机外部相间短路保护、定子绕组过电压保护、定子绕组过负荷保护、转子表层过负荷保护、励磁绕组过负荷保护、励磁回路接地保护等发电机典型保护配置。

【难点介绍】本章的难点在于发电系统发电机保护与电网系统变压器保护、母线保护等元件保护的差异。

## 一、单选题

1. 与电力系统并列运行的 1MW 及以下容量发电机，如灵敏系数符合要求，应该在发电机（　　）保护。

A. 机端装设电流速断　　B. 中性点装设电流速断

C. 装设纵联差动　　D. 匝间保护

**答案：**A

2. 发电机解列的含义是（　　）。

A. 断开发电机断路器、灭磁、甩负荷　　B. 断开发电机断路器、甩负荷

C. 断开发电机断路器、灭磁　　D. 断开发电机断路器

**答案：**B

3. 汽轮发电机解列灭磁的含义是（　　）。

A. 断开发电机断路器、灭磁、甩负荷　　B. 断开发电机断路器、甩负荷

C. 断开发电机断路器、灭磁　　D. 断开发电机断路器

**答案：**A

4. 发电机自同期并列的最大特点是（　　）。

A. 不会给系统带来大的冲击　　B. 不会给发电机带来大的冲击

C. 操作简单、过程短　　D. 对系统及发电机均无冲击

**答案：**C

5．发电机出口发生三相短路时的输出功率为（　　）。

A．额定功率　　B．功率极限

C．零　　D．取决于负荷大小

答案：C

6．大机组造价昂贵，结构复杂，故障造成的损失巨大。大机组在系统中很重要，因此考虑保护总体配置时，要求（　　）。

A．内部故障缩小保护死区，最大限度缩小故障破坏范围

B．故障发生应尽可能地快速停机处理

C．对所有的异常运行工况不能采用自动处理的方式

D．所有故障及异常运行时均停机

答案：A

7．正常运行的发电机，在调整有功负荷时，对发电机无功负荷（　　）。

A．没有影响　　B．有一定影响　　C．影响很大　　D．不确定

答案：B

8．运行中汽轮机突然关闭主汽门，发电机将变成（　　）运行。

A．同步电动机　　B．异步电动机　　C．异步发电机　　D．不确定

答案：A

9．并列运行的发电机之间，在小干扰下发生的频率在（　　）Hz 范围内的持续振荡现象叫低频振荡。

A．0.2～2.5　　B．0.5～5　　C．0.2～0.55　　D．1.5～2.5

答案：A

10．运行中汽轮机突然失去励磁，发电机将变成（　　）运行。

A．同步电动机　　B．异步电动机　　C．异步发电机　　D．不确定

答案：C

11．运行中的发电机失磁时，定子电流（　　）。

A．升高　　B．不变　　C．降低　　D．至零

答案：A

12．下列对发电机中性点不同接地方式产生的影响描述不正确的是（　　）。

A．中性点经消弧线圈接地，可以补偿接地故障电容电流

B．中性点经高电阻接地（配电变）使接地电流比自然电容电流大

C．中性点经高电阻接地（配电变）有利于降低电力系统的操作过电压

D．中性点不接地发电机在发生单相接地时不会产生故障电流

答案：D

13．发电机变为同步电动机运行时，最主要是对（　　）造成危害。

A．发电机本身　　B．电力系统

C．汽轮机尾部的叶片　　D．发电机定子绕组

答案：C

14．当系统有 $n$ 台发电机时，有（　　）个低频振荡模式。

A．$n$　　B．$n+1$　　C．$n-1$　　D．$n+2$

答案：C

15．励磁调节器自动运行方式和手动运行方式进行切换操作时，发电机无功（　　）。

A．无扰动　　B．扰动大

C．扰动不大　　D．不一定扰动

答案：C

16．发电机开机试验过程中主变压器高压侧短路试验，如果发电机机端电压互感器投入，则此时对发电机无功功率描述正确的是（　　）。

A．无功功率为负　　B．无功功率为零

C．无功功率为正　　D．无无功功率

答案：C

17．下列关于发电机内部故障保护的描述正确的是（　　）。

A．发电机纵差可保护发电机内部全部相间故障

B．发电机裂相横差、不完全差动可保护发电机内部全部相间、匝间故障

C．发电机单元件横差可保护发电机内部全部相间、匝间故障

D．以上均正确

答案：A

18．发电机装设纵联差动保护，它作为（　　）保护。

A．定子绕组的匝间短路　　B．定子绕组的相间短路

C．定子绕组及其引出线的相间短路　　D．定子绕组单相接地时其动作

答案：C

19．发电机比率制动差动保护动作定值、制动系数合理取值范围分别为（　　）。

A．（0.15～0.25）$I_n$，0.25～0.35　　B．（0.25～0.35）$I_n$，0.35～0.45

C．（0.25～0.35）$I_n$，0.25～0.35　　D．（0.35～0.5）$I_n$，0.25～0.35

答案：A

20．发电机定子绕组相间短路、匝间短路，分支开焊等不对称故障时，故障分量负序功率方向是（　　）。

A．从系统流入发电机　　B．从发电机流出

C．视故障严重程度而定　　D．无负序功率产生

答案：B

21．对于定子绕组采用双星形接线的发电机，如能测量到双星形中性点之间的电流，便可采用单元件横差保护，该保护（　　）。

A．既能反应发电机定子绕组的相间短路，又能反应定子绕组的匝间短路

B．既能反应发电机定子绕组的匝间短路，又能反应定子绕组的开焊故障

C．上述几种故障均能反应

D．以上故障均不能反应

答案：C

22．利用纵向零序电压构成的发电机匝间保护，为了提高其动作的可靠性，则应在保护的交流输入回路上（　　）。

A．加装 2 次谐波滤过器　　B．加装 5 次谐波滤过器

C．加装 3 次谐波滤过器　　D．加装高次谐波滤过器

答案：C

23．发电机匝间零序电压的接入，用两根线，（　　）利用两端接地线来代替其中一根线。

A．应　　B．可　　C．宜　　D．不能

答案：D

24．发电机纵向零序电压式匝间保护用电压互感器，其一次中性点应（　　）。

A．可靠接地

B．通过控制电缆与发电机中性点连接起来

C．不接地，并通过高压电缆与发电机中性点连接起来

D．不接地

答案：C

25．用纵向零序构成的发电机匝间保护，为了提高其动作的可靠性，则要求在保护的交流输入回路上（　　）。

A．加装 2 次谐波滤过器，基波对 2 次谐波的滤过比大于 50

B．加装 5 次谐波滤过器，基波对 5 次谐波的滤过比大于 10

C．加装 3 次谐波滤过器，基波对 3 次谐波的滤过比大于 50

D．加装 3 次谐波滤过器，基波对 3 次谐波的滤过比小于 50

答案：C

26．机端电压为 20kV 的 600MW 汽轮发电机的允许接地电流最大为（　　）。

A．1A　　B．2A　　C．3A　　D．4A

答案：A

27．定子绕组中性点不接地的发电机，当靠近中性点侧 A 相接地时，发电机中性点的电压为（　　）。

A．大于相电压　B．相电压　C．小于相电压　D．线电压

答案：C

28．发电机正常运行时，在电压互感器变比相差不是太大的情况下，其（　　）。

A．机端三次谐波电压大于中性点三次谐波电压

B．机端三次谐波电压小于中性点三次谐波电压

C．机端三次谐波电压与中性点三次谐波电压相同

D．以上说法均不正确

答案：B

29．由反应基波零序电压和利用三次谐波电压构成的100%定子接地保护，其基波零序电压元件的保护范围是（　　）。

A．由中性点向机端的定子绕组的85%～90%

B．由机端向中性点的定子绕组的85%～90%

C．100%的定子绕组

D．由中性点向机端的定子绕组的50%线匝

答案：B

30．当在距离发电机中性点70%处发生定子单相接地时，发电机端电压互感器开口三角形侧的零序电压为（　　）。

A．100V　B．70V　C．30V　D．0V

答案：B

31．发电机定子绕组过流保护的作用是（　　）。

A．反应发电机内部故障

B．反应发电机外部故障

C．反应发电机内部及外部故障，并作为发电机纵差保护的后备

D．反应发电机内部及外部故障，并作为发电机的主保护

答案：C

32．低频率保护主要用于保护（　　）。

A．发电机铁芯　B．发电机大轴

C．汽轮机末级叶片　D．电力系统

答案：C

33．当发电机转速还未达到3000转时，误给发电机加上励磁，下列（　　）保护会动作。

A．低频保护　B．发电机过励磁保护

C．励磁回路过负荷　D．发电机定子过电压

答案：B

34．形成发电机过励磁的原因可能是（　　）。

A．发电机出口短路，强行励磁动作，励磁电流增加

B．汽轮发电机在启动低速预热过程中，由于转速过低产生过励磁

C．发电机甩负荷但因自动励磁调节器退出或失灵时，误加励磁等

D．以上均不正确

答案：C

35．发电机过励磁保护主要是（　　）。

A．防止发电机定子绕组不致过热

B．防止发电机铁芯磁密过大，铁损严重增加而过热

C．防止发电机转子绕组不致过热

D．防止汽轮机叶片过热

答案：B

36．某发变组装有经负序增量元件开放的阻抗后备保护，在交流电压回路一相断线，且伴随系统操作时误动作，其主要原因是（　　）。

A．动作阻抗整定不正确，没有躲过负荷电流

B．负序增量元件整定过于灵敏，未能躲过操作时的不平衡电流

C．没有设置电压回路断线闭锁或断线闭锁不正确

D．动作时间整定不正确

答案：C

37．发电机及变压器采用“复合电压起动的过流保护”作为后备保护是为了（　　）。

A．防止电流或电压互感器二次回路断线　　B．防止系统振荡时保护误动

C．提高电流元件的灵敏度　　D．提高保护动作快速性

答案：C

38．发电机复合电压闭锁过流保护的输入电流，应为（　　）。

A．发电机中性点电流互感器二次三相电流

B．机端电流互感器二次三相电流

C．主变压器高压侧电流

D．以上均可

答案：A

39．发电机在电力系统发生不对称短路时，在转子中就会感应出（　　）电流。

A．50Hz　　B．100Hz　　C．150Hz　　D．200Hz

答案：B

40．发电机反时限负序电流保护的动作时限是（　　）。

A．无论负序电流大或小，以较长的时限跳闸

B．无论负序电流大或小，以较短的时限跳闸

C．当负序电流大时以较短的时限跳闸；当负序电流小时以较长的时限跳闸

D．以上说法均错误

答案：C

41．机端电压为18000V的30万kW汽轮发电机的允许接地电流最大为（　　）。

A．1A　　B．3A　　C．4A

答案：A

42．发电机的负序过流保护主要是为了防止（　　）。

A．损坏发电机的定子绕组　　B．损坏发电机的转子

C．损坏发电机的励磁系统　　D．以上说法全对

答案：B

43．定子绕组中出现负序电流对发电机的主要危害是（　　）。

A．由负序电流产生的负序磁场以2倍的同步转速切割转子，在转子上感应出流经转子本体、槽楔和阻尼条的100Hz电流，使转子端部、护环内表面等部位过热而烧伤

B．由负序电流产生的负序磁场以2倍的同步转速切割定子铁芯，产生涡流烧坏定子铁芯

C．负序电流的存在使定子绕组过电流，长期作用烧坏定子线棒

D．以上说法全对

答案：A

44．发电机定时限励磁回路过负荷保护，作用对象（　　）。

A．全停　　B．发信号

C．解列灭磁　　D．解列

答案：B

45．发电机转子绕组两点接地对发电机的主要危害之一是（　　）。

A．破坏了发电机气隙磁场的对称性，将引起发电机剧烈振动，同时无功功率降低

B．无功功率出力增加

C．转子电流被地分流，使流过转子绕组的电流减少

D．转子电流增加，致使转子绕组过电流

答案：A

46．汽轮发电机励磁回路一点接地保护动作后，作用于（　　）。

A．全停　　B．解列、灭磁

C．发信号　　D．程序跳闸

答案：C

47．发电机励磁回路两点接地时，下列现象正确的是（　　）。

A．励磁电流指示零或增大，励磁电压降低，无功指示降低

B．励磁电流指示零，励磁电压降低，无功指示升高

C．励磁电流指示增大，励磁电压升高，无功指示降低

D．励磁电流指示零或增大，励磁电压降低，无功指示升高

答案：A

48．发电机励磁回路发生一点接地后，如不及时安排检修，允许短时运行，若投入两点接地保护装置，此时应把横差保护（　　）。

A．投入延时　　B．投入瞬时

C．退出　　D．投入运行

答案：A

49．按直流电桥原理构成的励磁绕组两点接地保护，当（　　）接地后，投入跳闸。

A．转子滑环附近　　B．励磁绕组一点

C．励磁机正极或负极　　D．定子绕组单相

答案：B

50．按直流电桥原理构成的励磁绕组两点接地保护，构成简单其主要缺点是（　　）。

A．在转子一点突然接地时，容易误动切机

B．励磁绕组中高次谐波电流容易使其拒动

C．有死区，特别是当第一接地点出现在转子滑环附近，或出现在直流励磁机的励磁回路上时，该保护无法投入使用

答案：C

51．发电机失磁会对电力系统产生下列影响（　　）。

A．造成系统电压下降，可能造成系统中其他发电机过电流

B．在系统中产生很大的负序电流

C．可能造成系统振荡

D．以上说法全对

答案：A

52．无论是低励失磁还是完全失磁，发电机机端测量阻抗最终都会落入（　　）内。

A．临界失步阻抗圆　　B．异步运行阻抗圆

C．临界电压阻抗圆　　D．等有功阻抗圆

答案：B

53．汽轮发电机完全失磁后，将出现（　　）。

A．发电机有功功率基本不变，吸收无功功率，定子电流增大

B．发电机无功功率基本不变，有功功率减少，定子电流减小

C．发电机有功功率基本不变，定子电压升高，但定子电流减小

D．发电机有功功率减小，吸收无功功率，定子电流增大

答案：A

54．发电机失磁过程的特点，有如下说法，其中不正确的说法是（　　）。

A．发电机失磁后将从系统吸取大量的无功功率，使机端电压下降

B．由于电压降低导致发电机电流减少

C．随着失磁的发展，机端测量阻抗的端点落在静稳极限阻抗圆内，转入异步运行状态

D．引起电力系统电压下降

答案：B

55．发电机失磁后，需从系统中吸取（　　）功率，将造成系统电压下降。

A．有功和无功　　B．有功　　C．无功　　D．视在

答案：C

56．为防止失磁保护误动，应在外部短路、系统振荡、电压回路断线等情况下闭锁闭锁元件采用（　　）。

A．定子电压　　B．定子电流　　C．转子电压　　D．转子电流

答案：C

57．失磁保护装置中，转子电压闭锁元件一般整定为空载励磁电压的（　　）。

A．0.75　　B．0.8　　C．0.85　　D．0.9

答案：B

58．汽轮发电机完全失磁之后，在失步以前，将出现（　　）的情况。

A．发电机有功功率基本不变，从系统吸收无功功率，使机端电压下降，定子电流增大。失磁前送有功功率越多，失磁后电流增大越多

B．发电机无功功率维持不变，有功功率减少，定子电流减少

C．发电机有功功率基本不变，定子电压升高，定子电流减少

D．以上说法均错误

答案：A

59．发电机振荡或失步时，一般采取增加发电机的励磁，其目的是（　　）。

A．提高发电机电压　　B．多向系统输出无功

C．增加定转子磁极间的拉力　　D．以上说法均错误

答案：C

60．大型汽轮发电机要配置逆功率保护，目的是（　　）。

A．防止主汽门关闭后，汽轮机反转

B．防止主汽门关闭后，长期电动机运行造成汽轮机尾部叶片过热

C．防止主汽门关闭后，发电机失步

D．防止主汽门关闭后，发电机转子过热

答案：B

61．发电机逆功率运行是由于（　　）。

A．发电机与系统断路器断开造成　　B．发电机主汽门关闭造成

C．发电机失去励磁造成　　D．发电机解列造成

答案：B

62．一般规定发电机逆功率运行的时间不得大于（　　）。

A．3min　　B．5min　　C．10min　　D．15min

答案：A

63．发电机变压器组后备保护中电流元件用电流互感器，应设置在一次侧的（　　）。

A．发电机变压器组高压侧　　B．发电机出口

C．发电机中性点　　D．发电机变压器组中压侧

答案：C

64．发电机变压器的非电量保护，应该（　　）。

A．设置独立的电源回路（包括直流空气小断路器及直流电源监视回路），出口回路与电气量保护公用

B．设置独立的电源回路及出口跳闸回路.可与电气量保护安装在同一机箱内

C．设置独立的电源回路和出口跳闸回路.且在保护柜上的安装位置也应相对独立

D．与电气量保护共用电源回路和出口跳闸回路，在保护柜上的安装位置相对独立

答案：C

65．下列非电量保护中，不启动失灵的保护是（　　）。

A．发电机断水　　B．励磁系统故障

C．热工　　D．主变压器冷却器故障

答案：D

66．发电机变压器组高压侧母线发生接地故障时（　　）。

A．机端不会有零序电压

B．会通过磁场感应出零序电压

C．会通过电场感应一定的零序电压

D．是否有零序电压与发电机中性点接地方式有关

答案：B

67．发电机失磁与失步的关系（　　）。

A．机端阻抗都是周期性变化的　　B．失磁会导致失步

C．失步运行失磁保护要动作　　D．失步一定伴随着失磁

答案：B

68．发电机变压器组高压断路器发生非全相运行时，发电机下列（　　）保护可能动作。

A．失步　　B．对称过负荷

C．不对称过负荷　　D．复合电压闭锁过流

答案：C

69．水轮发电机过电压保护的整定值一般为（　　）。

A．动作电压为1.5倍额定电压，动作延时取0.5s

B．动作电压为1.8倍额定电压，动作延时取3s

C．动作电压为1.8倍额定电压，动作延时取0.3s

D．动作电压为1.3倍额定电压，动作延时取0.5s

答案：A

70．100MW及以上容量的发电机变压器组保护应按双重化配置（非电气量保护除外）保护，下列描述错误的是（　　）。

A．每套保护均含完整的差动和后备保护，能反应被保护设备的各种故障及异常状态

B．非电量保护设置独立的电源回路和出口跳闸回路

C．两套完整的电气量保护和非电量保护的跳闸回路应分别作用于断路器的一个跳闸线圈

D．双重化配置的电气量保护可以共用电源回路

答案：C

71．为防止变压器、发电机后备阻抗保护电压断线误动应采取的措施是（　　）。

A．装设电压断线闭锁装置

B．装设电流启动元件

C．同时装设电压断线闭锁装置和电流启动元件

答案：C

72．汽轮发电机解列灭磁的定义是（　　）。

A．断开发电机断路器、灭磁，汽轮机甩负荷

B．断开发电机断路器，汽轮机甩负荷

C．断开发电机断路器、灭磁，汽轮机关闭主汽门

答案：A

73．与电力系统并列运行的0.9MW容量发电机，应该在发电机（　　）保护。

A．机端装设电流速断

B．中性点装设电流速断

C．装设纵联差动

答案：A

74．发电机比率制动的差动继电器，设置比率制动原因是（　　）。

A．提高内部故障时保护动作的可靠性

B．使继电器动作电流随外部不平衡电流增加而提高

C．使继电器动作电流不随外部不平衡电流增加而提高

D．提高保护动作速度

答案：B

75．发电机定子绕组相间短路、匝间短路、分支开焊等不对称故障时，故障分量负序功率 $P_2$ 方向是（　　）。

A．从系统流入发电机

B．从发电机流出

C．不定，视故障严重程度而定

答案：B

76．单元件横差保护是利用装在双 Y 形定子绕组的两个中性点连线的一个电流互感器向一个横差电流继电器供电而构成其作用是（　　）。

A．定子绕组引出线上发生两相短路其动作

B．当定子绕组相间和匝间发生短路时其动作

C．在机端出口发生三相短路时其动作

答案：B

77．对于定子绕组采用双星形接线的发电机，如能测量到双星型中性点之间的电流，便可采用单元件横差保护，该保护（　　）。

A．既能反应发电机定子绕组的相间短路，又能反应定子绕组的匝间短路

B．既能反应发电机定子绕组的匝间短路，又能反应定子绕组的开焊故障

C．上述几种故障均能反应

答案：C

78．机端电压为 18000V 的 30 万 kW 汽轮发电机的允许接地电流最大为（　　）。

A．1A　　　　B．3A　　　　C．4A

答案：A

79．定子绕组中性点不接地的发电机，当发电机出口侧 A 相接地时，发电机中性点的电压为（　　）。

A．相电压　　　　B．相电压　　　　C．零

答案：A

80．由反应基波零序电压和利用三次谐波电压构成的 100%定子接地保护，其基波零序电压元件的保护范围是（　　）。

A．由中性点向机端的定子绕组的 85%～90%

B．由机端向中性点的定子绕组的 85%～90%

C．100%的定子绕组

答案：B

81．利用基波零序电压的发电机定子单相接地保护（ ）。

A．不灵敏 B．无死区 C．有死区 D．灵敏

答案：C

82．发电机定子绕组过流保护的作用是（ ）。

A．反应发电机内部故障

B．反应发电机外部故障

C．反应发电机外部故障，并作为发电机纵差保护的后备

答案：C

83．发电机复合电压起动的过流保护在（ ）低电压起动过流保护。

A．反应对称短路及不对称短路时灵敏度均高于

B．反应对称短路灵敏度相同但反应不对称短路时灵敏度高于

C．反应对称短路及不对称短路时灵敏度相同只是接线简单于

D．反应不对称短路灵敏度相同但反应对称短路时灵敏度均高于

答案：A

84．大型发电机变压器组非全相保护，主要由（ ）。

A．灵敏负序或零序电流元件与非全相判别回路构成

B．灵敏负序或零序电压元件与非全相判别回路构成

C．灵敏相电流元件与非全相判别回路构成

D．灵敏相电压元件与非全相判别回路构成

答案：A

85．发电机转子绕组两点接地时对发电机的主要危害是（ ）。

A．破坏了发电机气隙磁场的对称性，将引起发电机剧烈振动

B．转子电流被地分流，使流过转子绕组的电流减少

C．转子电流增加，致使定子绕组过电流

答案：A

86．按直流电桥原理构成的励磁绕组两点接地保护，当（ ）接地后投入跳闸。

A．转子滑环附近 B．励磁绕组一点

C．励磁机正极或负极

答案：B

87．发电机逆功率保护的主要作用是（ ）。

A．防止发电机在逆功率状态下损坏

B．防止系统发电机在逆功率状态下产生振荡

C．防止汽轮机在逆功率状态下损坏

D．防止汽轮机及发电机在逆功率状态下损坏

答案：C

88．零序电压的发电机匝间保护，要加装方向元件是为保护在（　　）时保护不误动作。

A．定子绕组接地故障时　　B．定子绕组相间故障时

C．外部不对称故障时　　D．外部对称故障时

答案：C

89．发电机匝间零序电压的接入，用两根线，（　　）利用两端接地线来代替其中一根线。

A．应　　B．可　　C．宜　　D．不能

答案：D

90．用纵向零序构成的发电机匝间保护，为了提高其动作的可靠性，则要求在保护的交流输入回路上（　　）。

A．加装 2 次谐波滤过器，基波对 2 次谐波的滤过比大于 50

B．加装 5 次谐波滤过器，基波对 5 次谐波的滤过比大于 10

C．加装 3 次谐波滤过器，基波对 3 次谐波的滤过比大于 50

答案：C

91．为防止失磁保护误动，应在外部短路、系统振荡、电压回路断线等情况下闭锁闭锁元件采用（　　）。

A．定子电压　　B．定子电流　　C．转子电压　　D．转子电流

答案：C

92．失磁保护中采用的 $U_e$—$P$（励磁电压—有功功率）元件，其性能是（　　）。

A．励磁低电压元件与有功功率元件同时动作后才允许保护出口

B．励磁电压元件的动作电压值与发电机的有功功率 $P$ 有关，有功功率越大，其励磁电压元件动作值提高越多

C．励磁低电压元件闭锁有功功率元件，只有低电压元件动作后，才允许有功功率元件动作

答案：B

93．某发电机—变压器组装有经负序增量元件开放的阻抗后备保护，在交流电压回路一相断线，且伴随系统操作时误动作，其主要原因是（　　）。

A．动作阻抗整定不正确，没有躲过负荷电流

B．负序增量元件整定过于灵敏，未能躲过操作时的不平衡电流

C．没有设置电压回路断线闭锁或断线闭锁不正确

答案：C

94．发电机变压器组后备保护中电流元件用电流互感器，设置在一次侧（　　）位置符合要求。

A．发电机变压器组高压侧　　B．发电机出口

C．发电机中性点

答案：C

95．发电机励磁若采用三相桥式半控整流电路，其可控硅控制角口的移相范围是（　　）。

A．$0° \leqslant \alpha \leqslant 60°$　　B．$90° \leqslant \alpha \leqslant 180°$　　C．$0° \leqslant \alpha \leqslant 120°$

答案：C

96．100MW 以下的机组装设过电压保护的是（　　）。

A．水轮机组　　B．汽轮机组　　C．燃气轮机组

答案：A

97．发电机、变压器的阻抗保护，（　　）有电压回路断线闭锁。

A．应　　B．可　　C．宜　　D．不能

答案：A

98．用于相间短路的发电机保护应作用于（　　）。

A．停机　　B．解列灭磁　　C．程序跳闸　　D．解列

答案：A

99．汽轮机程序跳闸包括：①逆功率继电器动作；②关闭主汽门；③跳发电机断路器并灭磁。正确的顺序为（　　）。

A．①②③　　B．③①②　　C．②①③　　D．③②①

答案：C

100．额定电压 10.5kV、额定容量 10～100MW 的水轮发电机定子绕组单相接地故障电流允许值为（　　）A。

A．1　　B．2　　C．3　　D．4

答案：C

101．发电机定子绕组单相接地保护带时限动作于信号，但当消弧线圈退出运行或由于其他原因使残余电流大于接地电流允许值，应切换为动作于（　　）。

A．减出力　　B．解列灭磁　　C．程序跳闸　　D．停机

答案：D

102．发电机变压器组：对 100MW 以下发电机，应装设保护区不小于（　　）的定

子接地保护。

A．100%　　B．90%　　C．70%　　D．50%

答案：B

103．对水轮发电机，应装设过电压保护，其整定值根据（　　）绝缘状况决定。

A．定子绕组　　B．转子绕组　　C．励磁绕组　　D．中心点

答案：A

104．定子绕组为直接冷却且过负荷能力较低（例如低于1.5倍、60s），过负荷保护由（　　）组成。

A．定时限　　B．反时限　　C．定时限和反时限

答案：C

105．定子绕组过负荷保护定时限部分的动作电流按在（　　）下能可靠返回的条件整定。

A．发电机长期允许的负荷电流　　B．发电机瞬时允许的负荷电流

C．发电机事故负荷电流　　D．发电机最大振荡电流

答案：A

106．50MW及以上$A$值（转子表层承受负序电流能力的常数）大于10的发电机，应装设（　　）负序过负荷保护。

A．定时限　　B．反时限　　C．定时限和反时限

答案：A

107．对水轮发电机，失磁保护应带时限动作于（　　）。

A．励磁切换　　B．程序跳闸　　C．解列灭磁　　D．解列

答案：D

108．对高于额定频率带负载运行的（　　）汽轮发电机或水轮发电机，应装设高频率保护。保护动作于解列灭磁或程序跳闸。

A．100MW及以下　　B．100MW及以上

C．300MW及以下　　D．300MW及以上

答案：B

109．对300MW及以上汽轮发电机，励磁回路一点接地保护采用程序跳闸方式时，由（　　）作为闭锁元件。

A．过电压继电器　　B．逆功率继电器

C．负序电流继电器　　D．过电流继电器

答案：B

110．在最严重的状态下灭磁时，发电机转子过电压不应超过发电机转子额定励磁电压的（　　）倍。

A．6～8　B．5～7　C．3～5　D．4～10

答案：C

111．发电机纵联（完全）差动保护是发电机（　　）的主保护。

A．相间短路故障　B．相间短路和两相短路接地故障

C．匝间短路故障　D．相间短路故障和单相接地短路故障

答案：B

112．发电机组加装电力系统稳定器（PSS）的作用有（　　）。

A．抑制电力系统低频振荡

B．提高机组效率

C．减小机组损耗

答案：A

113．由反应基波零序电压和三次谐波电压构成的100%定子接地保护，其基波零序电压元件的保护范围是（　　）。

A．由中性点向机端的定子绕组的85%～90%

B．由机端向中性点的定子绕组的85%～90%

C．100%的定子绕组

答案：B

114．对发电机变压器组断路器失灵启动保护正确是（　　）。

A．失灵启动保护的保护动作开入触点应采用带保持的触点

B．发电机变压器的失灵启动保护应带有电压闭锁功能

C．断路器的合闸位置触点应为三相合闸位置的串联触点

D．失灵启动保护的判别元件的动作时间和返回时间均不应大于20ms

答案：D

115．WFB800A双频式定子接地保护由基波零序电压和三次谐波电压判据构成，其中基波零序电压元件的保护范围是（　　）。

A．由机端向中性点的定子绕组的85%～95%线匝

B．由中性点向机端的定子绕组的85%～95%线匝

C．100%的定子绕组线匝

D．中性点附近的5%～15%线匝

答案：A

116．下列发电机主保护中，不反应定子绕组开焊故障的是（　　）。

A．不完全差动　B．完全差动

C．裂相横差　D．零序电流横差

答案：B

117．根据国家电网对调相机稳态性能的要求，300Mvar 调相机稳态运行时出力范围为（　　）。

A．+300～−150Mvar　　B．+300～−300Mvar

C．+450～−300Mvar　　D．+150～−300Mvar

**答案**：A

118．调相机滞相运行时，电枢反应起（　　），励磁电流将（　　）。

A．去磁作用，增加　　B．去磁作用，减小

C．助磁作用，增加　　D．助磁作用，减小

**答案**：A

119．发生严重电压跌落故障时，进入（　　）状态，短时内提供大量无功功率，为系统提供紧急无功电压支撑，有助于直流功率和系统电压迅速恢复，防止电压崩溃。

A．进相　　B．滞相　　C．强励

**答案**：C

120．调相机应具有 1.3 倍额定电压下进相持续时间不小于（　　）的能力。

A．1s　　B．2s　　C．3s

**答案**：A

121．调相机因无原动机，需考虑启动问题，大容量机组建议优先采用（　　）。

A．全压启动　　B．串联电感降压启动

C．同轴拖动电机启动　　D．变频启动

**答案**：D

122．以下不属于调相机匝间保护的是（　　）。

A．裂相横差保护　　B．零序电流型横差保护

C．纵向零序电压保护　　D．纵差保护

**答案**：D

123．调相机中以下哪种故障会导致纵向零序电压保护动作（　　）。

A．相间短路　　B．匝间短路或开焊故障

C．定子绕组的单相接地短路　　D．定子绕组过电流

**答案**：B

124．以下属于调相机的不正常运行状态的是（　　）。

A．定子绕组一相的匝间短路　　B．转子绕组一点接地或两点接地

C．定子绕组引起的三相对称过负荷　　D．转子励磁回路电流急剧下降或消失

**答案**：C

125．下列哪项不是注入式转子接地保护的特点（　　）。

A．不受转子绕组对地电容的影响，不受高次谐波分量的影响，接地电阻测量精度高

B．保护灵敏度与转子接地位置无关，保护无死区，在转子绕组上任一点接地都有很高的灵敏度

C．在未加励磁电压的情况下，也能监视转子绝缘。正常运行情况下，只投入一套转子接地保护

D．取量来自机端开口三角零序电压，与发电机中性点电压互感器

答案：D

## 二、多选题

1．发电机解列灭磁是指（　　）。

A．断开发电机断路器　　B．灭磁

C．汽轮机关闭主汽门　　D．汽轮机甩负荷

答案：ABD

2．可用于保护发电机定子绕组及其引出线的相间短路故障的保护有（　　）。

A．过流保护　　B．电流速断保护

C．低电压保护　　D．低压过流

E．差动保护

答案：ABCDE

3．对定子绕组为星形接线、每相有并联分支且中性点侧有分支引出端的发电机，用于反映匝间短路的保护有（　　）。

A．零序电流型横差保护　　B．负序过流保护

C．裂相横差保护　　D．不完全纵差保护

答案：ACD

4．50MW及以上的发电机，宜装设（　　）反映发电机外部相间短路故障和作为发电机主保护的后备。

A．负序过流保护　　B．过流保护

C．单元件低压起动过流保护　　D．低电压保护

答案：AC

5．对于100MW及以上的汽轮发电机，宜装设过电压保护，其整定值根据定子绕组绝缘状况决定。过电压保护宜动作于（　　）。

A．停机　　B．解列灭磁

C．励磁切换　　D．程序跳闸

答案：BD

6．1MW及以上的发电机应装设专用的转子一点接地保护装置，动作行为包括（　　）。

A．减负荷平稳停机　　B．延时动作于信号

C．可动作于减励磁　　D．有条件时可动作于程序跳闸

答案：ABD

7．对汽轮发电机，失磁保护动作行为包括（　　）。

A．瞬时动作于信号

B．短延时动作于信号

C．有条件的机组可进行励磁切换

D．失磁后母线电压低于系统允许值时，带时限动作于解列

答案：ABCD

8．发电机过励磁保护动作行为正确的是（　　）。

A．定时限低定值部分带时限动作于信号和降低励磁电流

B．定时限高定值部分可动作于解列灭磁

C．定时限高定值部分可动作于程序跳闸

D．反时限特性曲线上限定时限、反时限动作于程序跳闸

E．反时限特性曲线下限定时限动作于信号

答案：ABCE

9．300MW 及以上发电机宜装设失步保护，通常保护动作于信号。当（　　）时，保护还动作于解列，并保证断路器断开时的电流不超过断路器允许开断电流。

A．失步运行时间超过整定值　　B．电流振荡次数超过规定值

C．失磁运行时间超过整定值　　D．振荡中心在发电机变压器组内部

答案：ABD

10．抽水蓄能发电机组保护配置要求（　　）。

A．差动保护应采用同一套差动保护装置能满足发电机和电动机两种不同运行方式的保护方案

B．应装设能满足发电机或电动机两种不同运行方式的定时限或反时限负序过流保护

C．应根据机组额定容量装设逆功率保护，并应在切换到抽水运行方式时保留逆功率保护

D．应根据机组容量装设能满足发电机运行或电动机运行的失磁、失步保护。并由运行方式切换发电机运行或电动机运行方式下其保护的投退

E．变频起动时宜闭锁可能由谐波引起误动的各种保护，起动结束时应自动解除其闭锁

F．对发电机电制动停机，宜装设防止定子绕组端头短接接触不良的保护，保护可短延时动作于切断电制动励磁电流

答案：ABDEF

11．不对称过负荷反时限保护又称负序反时限过流保护，是作为发电机转子表层过热的主保护，同时也是发电机和相邻元件或线路的哪些的后备保护（　　）。

A．不对称过负荷　　　　B．不对称短路

C．非全相运行　　　　D．三相短路

答案：ABC

12．采用单机对无穷大系统的送电方式时，当高压母线出口处发生各种类型故障时，以下说法正确的是（　　）。

A．发生两相短路时，发电机与系统间的联系阻抗比两相接地短路小

B．发生单相短路时，发电机与系统间的联系阻抗比三相短路大

C．发生两相短路时，发电机的输出功率比单相短路大

D．发生两相短路时，对系统暂态稳定性的影响比两相接地短路时小

E．发生三相短路时，重合闸的时间对系统稳定性没有影响

答案：AD

13．大型发电机定子接地保护应满足哪几个基本要求（　　）。

A．故障点电流不应超过安全电流

B．有100%的保护区

C．能有效地防止由一点接地发展为两点接地

D．保护区内任一点发生接地故障时，保护应有足够高的灵敏度

答案：ABD

14．大型汽轮发电机要配置逆功率保护，目的是（　　）。

A．防止系统在发电机逆功率状态下产生振荡

B．防止主汽门关闭后，长期电动机运行造成汽轮机尾部叶片过热

C．防止主汽门关闭后，发电机失步

D．防止汽轮机在逆功率状态下损坏

答案：BD

15．对发电机变压器组保护非全相保护描述正确的是（　　）。

A．只要电压等级在220kV及以上的断路器都应配置非全相保护

B．断路器非全相保护应优先采用保护装置的非全相保护

C．断路器非全相保护动作后仍不能解决问题时，应使用带电气量判据的断路器非全相保护去启动断路器失灵保护

D．断路器的三相不一致触点应优先采用断路器操作箱的三相不一致触点

答案：AC

16．对发电机复合电压记忆过流保护，正确的是（　　）。

A．作为发电机外部相间短路的后备保护

B．自并列的发电机需投入记忆功能

C．只能动作于发电机的跳闸或机组停机

D．对发电机机端母线为单母分段的接线，带记忆功能的复合电压记忆过流保护第一时限可以动作于跳母联断路器

答案：BD

17．发电机不完全纵差保护是发电机内部故障的主保护，既能反映发电机哪种故障（　　）。

A．相间短路　　B．匝间短路　　C．分支绕组开焊事故

答案：ABC

18．发电机定子过电压保护（　　）。

A．作为防止发电机定子绕组主绝缘破坏的保护

B．按照 GB 14285—2006 规定，100MW 以下的机组均需配置过电压保护

C．定子过电压保护主要防止发电机突然甩负荷时引起的过电压现象

D．中小型汽轮发电机可不装设过电压保护

答案：ACD

19．发电机定子接地保护的零序电压取自（　　）。

A．发电机中性点电压互感器二次电压

B．发电机中性点消弧线圈二次电压

C．发电机机端电压互感器开口三角绕组

D．励磁电压互感器的电压

答案：ABC

20．发电机定子绕组发生单相接地故障后（　　）。

A．发电机一次系统接地相电压为零

B．发电机一次系统非故障相电压升高为正常时的 1.732 倍

C．发电机一次系统电压仍对称，只是中性点发生偏移

D．发电机不需立即停机，仍可继续运行一段时间

答案：CD

21．发电机定子匝间故障的保护有（　　）。

A．横差保护　　B．裂相横差

C．纵向零序电压原理构成的保护　　D．纵差保护

答案：ABC

22．发电机负序过负荷保护（　　）。

A．可以反映不对称故障

B．可以反映不对称运行情况

C．可以作为转子绕组的保护

D．需按发电机负序过负荷能力整定

**答案：**ABCD

23．发电机失磁对系统和发电机自身都会产生很大的影响，下列属于失磁保护判据特征的是（　　）。

A．有功功率方向改变　　B．无功功率方向改变

C．超越静稳边界　　D．进入异步边界

**答案：**BCD

24．发电机失磁过程的特点，有如下说法，请指出其中正确的说法（　　）。

A．发电机正常运行，向系统送出无功功率，失磁后将从系统吸取大量的无功功率。使机端电压下降。当系统缺少无功功率，严重时可能使电压低到不允许的数值，以致破坏系统稳定

B．由于电压降低以至于发电机电流将减少

C．发电机有功功率大小不变，继续向系统送有功功率

D．失磁后发电机测量阻抗的轨迹沿着等有功阻抗圆进入 $R$—$X$ 坐标第四象限。随着失磁的发展，机端测量阻抗的端点落在静稳极限阻抗圆内，转入异步运行状态

**答案：**AD

25．发电机转子过负荷保护（　　）。

A．作为大型发电机转子励磁回路过负荷的保护

B．电流取自转子回路

C．作为大型发电机转子励磁回路过流的保护

D．采用定时限与反时限的特性配置保护

**答案：**ACD

26．发电机纵差保护与变压器纵差保护相比较，正确说法是（　　）。

A．发电机纵差动保护范围仅包含定子绕组电路，满足正常运行和外部故障时的电路电流相量和为零，而变压器纵差动保护范围仅包含诸绕组的电路并受它们的磁路影响，正常运行和空载合闸时不满足其相量和为零原理

B．变压器差动保护能反应变压器绕组匝间短路；而发电机差动保护不能保护定子绕组匝间短路

C．发电机差动保护电流互感器同型，而变压器差动保护电流互感器不同型，变压器差动比发电机差动电流互感器容易饱和

D．变压器差动保护范围包含诸独立电路和联系它们的磁路，因而要防止空载合闸或过励磁时的误动

**答案：**ABD

27．失磁保护动作判据可分为系统侧主判据和发电机侧主判据，系统侧主判据有系统三相同时低电压，发电机侧主判据有（　　）。

A．静稳极限阻抗　　B．静稳极限转子低电压

C．异步阻抗　　D．机端低电压

**答案：**ABC

28．下列关于发电机的频率异常保护，说法正确的有（　　）。

A．汽轮发电机组应配置频率异常保护，动作定值应满足对汽轮发电机组频率异常运行能力的要求

B．发电机组低频保护应与电网的低频减载装置配合，低频保护定值应低于低频减载装置最后一轮定值

C．发电机组过频保护应与电网高频切机装置配合，遵循高频切机先于过频保护动作的原则

D．同一电厂过频保护应采用时间元件与频率元件的组合，分轮次动作

**答案：**ABCD

29．下列具有电压互感器断线闭锁判据的保护有（　　）。

A．失磁保护　　B．低阻抗保护

C．逆功率保护　　D．复压过流保护

E．定子接地保护

**答案：**ABDE

30．下列哪些发电机组需要配置逆功率保护（　　）。

A．汽轮发电机组　　B．燃气轮发电机组

C．低水头贯流式水轮发电机组　　D．冲击式水轮发电机组

**答案：**ABC

31．下列哪些情况会造成发电机误上电（　　）。

A．发电机盘车过程中，未加励磁，出口断路器误合

B．发电机启动、停机过程中，已加励磁，频率低于定值，出口断路器误合

C．发电机启动、停机过程中，已加励磁，频率接近额定，出口断路器误合

D．转子达到额定转速且已合励磁断路器时发生非同期合闸

**答案：**ABC

32．运行中发电机频率允许变化范围为±0.2Hz，过低的危害主要是（　　）。

A．使转子两端的鼓风量减少，温度升高

B．使发电机易发生振动失步

C．可能引起汽轮机叶片共振而断叶片

D．厂用电动机转速降低，电能质量受到影响

答案：ACD

## 三、判断题

1．10MW 以上的发电机，应装设纵联差动保护。（　　）

答案：×

2．1MW 及以上的发电机应装设专用的转子一点接地保护装置延时动作于信号，宜减负荷平稳停机，有条件时可动作于程序跳闸。（　　）

答案：√

3．300MW 及以上的发电机其励磁绕组过负荷保护可由定时限和反时限两部分组成。（　　）

答案：√

4．300MW 及以上发电机，可装设由低定值和高定值两部分组成的定时限过励磁保护或反时限过励磁保护，有条件时应优先装设反时限过励磁保护。（　　）

答案：√

5．300MW 及以上发电机宜装设失步保护，在短路故障、系统同步振荡、电压回路断线等情况下，保护不应误动作。（　　）

答案：√

6．300MW 以下采用半导体励磁的发电机，可装设定时限励磁绕组过负荷保护。（　　）

答案：√

7．3 次谐波电压型定子单相接地保护，在发电机正常运行时，不是永远成立的。（　　）

答案：√

8．500MW 及以上 $A$ 值（转子表层承受负序电流能力的常数）大于 10 的发电机，应装设定时限负序过负荷保护。（　　）

答案：×

9．500MW 及以上 $A$ 值（转子表层承受负序电流能力的常数）小于 10 的发电机，应装设由定时限和反时限两部分组成的转子表层过负荷保护。（　　）

答案：×

10．600MW 及以上发电机，应装设过励磁保护。（　　）

答案：×

11．按导纳原理构成的励磁回路一点接地保护，可以反应励磁回路中任何一点接地的故障，且动作阻抗整定值可远大于 10kΩ。（　　）

答案：×

12．程序跳闸对汽轮发电机来说应首先关闭主汽门，再跳发电机断路器并灭磁。（　　）

答案：×

13．大接地电流系统的接地故障零序电流分布，与一次系统的发电机开、停机有关。（　　）

答案：×

14．大型机组的定子，同槽上下层线棒同属一相的很少，因此即使上下层绝缘破坏也主要是相间短路，可不再装设匝间短路保护。（　　）

答案：×

15．当发电机变压器组保护起动断路器失灵保护时，为提高可靠性，断路器未断开的判别元件宜采用双重化构成“与”回路的方式。（　　）

答案：√

16．当发电机与变压器之间有断路器时，可装设发电机与变压器的大差动保护。（　　）

答案：×

17．当系统发生事故电压严重降低时，应通过自动励磁控制装置（或继电强励装置）快速降低发电机电压，如无法降低发电机电压，则应将发电机进行灭磁，并将发电机于系统解列。（　　）

答案：×

18．当振荡中心在发电机变压器组外部，失步运行时间超过整定值或电流振荡数超过规定值时，保护应动作于解列。（　　）

答案：×

19．低励或失磁的发电机，从电力系统中吸取无功功率，引起电力系统的电压下降。（　　）

答案：√

20．低励或失磁运行时，转子端部励磁漏磁增强，将使端部的部件和边段铁芯过热。（　　）

答案：×

21．叠加直流电压式保护没有死区，能监视停止运行的发电机励磁回路的绝缘情况。（　　）

答案：√

22．定子绕组非直接冷却的发电机，应装设定时限过负荷保护，保护接一相电流，带时限动作于信号。（　　）

答案：√

23．定子绕组过负荷定时限部分的动作电流按在发电机长期允许的负荷电流下能可靠返回的条件整定，带时限动作于信号。（　　）

答案：√

24．定子绕组过负荷反时限部分的动作特性按发电机定子绕组的过负荷能力确定，

动作于停机保护反应电流变化时定子绕组的热积累过程需考虑在灵敏系数和时限方面与其他相间短路保护相配合。（　　）

答案：×

25．定子绕组为直接冷却且过负荷能力较低（例如低于 1.5 倍、60s），过负荷保护由定时限和反时限两部分组成。（　　）

答案：√

26．定子绕组匝间绝缘强度高于对地绝缘的强度，因此绝缘破坏引起的故障首先应该是定子单相接地，随后再发展为匝间或相间短路，现在已有无死区的定子接地保护，因此可以不装匝间短路保护。（　　）

答案：×

27．对 100MW 及以上的发电机，应装设保护区不小于 90%的定子接地保护，对 100MW 及以上的发电机，应装设保护区为 100%的定子接地保护。（　　）

答案：×

28．对 100MW 以下的发电机变压器组，即使发电机与变压器之间有断路器，发电机与变压器也不宜分别装设单独的纵联差动保护功能。（　　）

答案：×

29．对 125MW 及以上发电机变压器组，应装设双重主保护，每一套主保护宜具有发电机纵联差动保护和变压器纵联差动保护功能。（　　）

答案：×

30．对 300MW 及以上机组宜装设突然加电压保护。（　　）

答案：√

31．对 300MW 及以上汽轮发电机，发电机励磁回路一点接地、发电机运行频率异常、励磁电流异常下降或消失等异常运行方式，保护动作于停机，宜采用程序跳闸方式。（　　）

答案：√

32．对低于额定频率带负载运行的 300MW 及以上汽轮发电机，应装设低频率保护并动作于解列。（　　）

答案：×

33．对发电机变电动机运行的异常运行方式，300MW 及以上的汽轮发电机，宜装设逆功率保护。（　　）

答案：×

34．对发电机变压器组，热工保护可以启动也可以不启动失灵保护。（　　）

答案：×

35．对高于额定频率带负载运行的 100MW 及以上汽轮发电机或水轮发电机，应装

设高频率保护保护动作于解列灭磁或程序跳闸。（　　）

答案：√

36. 对励磁系统故障或强励时间过长的励磁绕组过负荷，125MW 及以上采用半导体励磁的发电机，应装设励磁绕组过负荷保护。（　　）

答案：×

37. 对燃气轮发电机，不需要装设逆功率保护。（　　）

答案：×

38. 对水轮发电机，应装设过电压保护，其整定值根据定子绕组绝缘状况决定，过电压保护宜动作于解列灭磁。（　　）

答案：√

39. 对于 100MW 及以上的汽轮发电机，过电压保护宜动作于解列灭磁或程序跳闸。（　　）

答案：√

40. 对于 100MW 及以上的汽轮发电机，应装设过电压保护，其整定值根据定子绕组绝缘状况决定。（　　）

答案：×

41. 对于 100MW 及以上容量的发电机变压器组装设数字式保护时，除非电量保护外，应双重化配置；当断路器具有两组跳闸线圈时，两套保护宜分别动作于断路器的一组跳闸线圈。（　　）

答案：√

42. 对于大型机组和超高压电力系统，失步时的振荡中心通常不会落在发电机机端或升压变压器的范围内。（　　）

答案：×

43. 对于发电机定子绕组和变压器一、二次侧绕组的小匝数匝间短路，短路处电流很大，所以阻抗保护可以做它们的后备。（　　）

答案：×

44. 对于由基波零序电压元件及 3 次谐波电压元件共同构成的 100%定子接地保护，为防止机端电压互感器断线引起基波零序电压元件误动，或中性点电压互感器二次开路引起三次谐波电压元件误动，应将零序基波电压元件与三次谐波电压元件组成与门去启动信号或出口继电器。（　　）

答案：×

45. 对于终端站具有小水电或自备发电机的线路，当主供电源线路故障时，为保证主供电源能重合成功，应将它们解列。（　　）

答案：√

46. 发电机变压器组纵差保护中的差动电流速断保护，动作电流一般可取 6～8 倍额定电流，目的是避越空载合闸时误动。(　　)

答案：×

47. 发电机不完全差动保护只对定子绕组相间短路有保护作用，而对绕组匝间短路不起作用。(　　)

答案：×

48. 发电机常见故障有定子绕组相间短路、定子绕组单相匝间短路、定子绕组单相接地、励磁回路一点接地或两点接地。(　　)

答案：√

49. 发电机的比率制动式纵差保护对发电机匝间短路无保护作用。(　　)

答案：√

50. 发电机的过流保护应装于出口端侧，而不应装于中性点。(　　)

答案：√

51. 发电机低频保护主要用于保护汽轮机，防止汽轮机叶片断裂事故。(　　)

答案：√

52. 发电机低压过流保护的低电压元件是区别故障电流和正常过负荷电流，提高整套保护灵敏度的措施。(　　)

答案：√

53. 发电机低压过流保护与复压过流保护的动作电流整定原则相同。(　　)

答案：√

54. 发电机定时限负序电流保护的作用是为了提高不对称短路时电流元件的灵敏度。(　　)

答案：√

55. 发电机定子单相绕组在中性点附近接地时，机端 3 次谐波电压大于中性点的 3 次谐波电压。(　　)

答案：√

56. 发电机定子接地保护中的基波零序电压取自机端电压互感器，使该保护区分辨不了接地点（含绝缘降低）到底是在发电机内部还是外部；但它能区分接地点是在发电机电压网络还是非发电机电压网络。(　　)

答案：×

57. 发电机定子绕组单相接地后，只要接地电流不超过 5A，可以继续运行 4h。(　　)

答案：×

58. 发电机定子绕组的故障主要是指定子绕组的相间短路、匝间短路和接地短路。(　　)

答案：√

59．发电机额定容量越大，在低励或失磁时，引起的无功功率缺额越大。（　　）

答案：×

60．发电机反时限负序电流保护用于防止定子中的负序电流过大造成定子过热被灼伤。（　　）

答案：×

61．发电机非全相保护是为了防止分相操作断路器出现非全相运行时，在发电机中流过负序电流而损坏发电机所以对于配置有负序电流保护的发电机，可不必装设非全相保护。（　　）

答案：×

62．发电机负序反时限保护是发电机转子负序烧伤的唯一主保护，所以该保护的电流动作值和时限与系统后备保护无关。（　　）

答案：√

63．发电机过流保护的电流继电器，应接在发电机中性点侧三相星形连接的电流互感器上。（　　）

答案：√

64．发电机机端定子绕组接地，对发电机的危害比其他位置接地危害要大，这是因为机端定子绕组接地流过接地点的故障电流及非故障相对地电压的升高，比其他位置接地时均大。（　　）

答案：√

65．发电机解列的含义是断开发电机断路器并灭磁。（　　）

答案：×

66．发电机励磁回路发生一点接地故障时，将会使发电机转子磁通产生较大的偏移，从而烧毁发电机转子。（　　）

答案：×

67．发电机励磁回路一点接地保护动作后，一般作用于全停。（　　）

答案：×

68．发电机内部或外部发生单相接地故障时，一次系统出现对地零序电压 $3U_0$，此时发电机中性点电位也会升高至 $3U_0$。（　　）

答案：√

69．发电机逆功率保护是用来保护发电机的保护类型之一。（　　）

答案：×

70．发电机逆功率保护主要保护汽轮机。（　　）

答案：√

71．发电机启动和停机保护，在正常工频运行时应退出。（　　）

答案：√

72．发电机失步保护动作后一般作用于全停。（　　）

答案：×

73．发电机失磁后将从系统吸收大量无功，机端电压下降，有功功率和电流基本保持不变。（　　）

答案：×

74．发电机完全差动保护能保护发电机定子单相绕组的匝间短路。（　　）

答案：×

75．发电机—变压器组的过励磁保护应装在机端，当发电机与变压器的过励磁特性相近时，该保护的整定值应按额定电压较低的设备（发电机或变压器）的磁密来整定，这样对两者均有保护作用。（　　）

答案：√

76．发电机匝间保护零序电压的接入，应用两根线，不得利用两端接地的方法代替其中一根线，以免两接地点之间存在着电位差，致使零序电压继电器误动。（　　）

答案：√

77．发电机正常运行时，其机端 3 次谐波电压大于中性点的 3 次谐波电压。（　　）

答案：×

78．发电机正常运行中发生灭磁断路器偷跳，如果不联跳副励磁机断路器，则有可能造成主励磁机转子过负荷。（　　）

答案：√

79．发电机中性点处发生单相接地时，机端的零序电压为 0V。（　　）

答案：√

80．发电机中性点处发生单相接地时，机端零序电压为（相电动势）；机端发生单相接地时，零序电压为零。（　　）

答案：×

81．发电机转子一点接地保护动作后一般作用于全停。（　　）

答案：×

82．发电机装设纵联差动保护，它是作为定子绕组及其引出线的相间短路保护。（　　）

答案：√

83．发电机准同期并列条件是指待并发电机和系统的电压、频率、相位接近相等，其偏差控制在一定的范围内。（　　）

答案：√

84．发生失磁故障时，三相定子回路仍然是对称的，不会出现负序分量因此可用负

序分量作为辅助判据，以鉴别失磁故障与短路或伴随短路的振荡过程。（　　）

**答案：** √

85. 反应发电机定子匝间短路的零序电压保护装置，其零序电压可从机端电压互感器原边中性点与发电机中性直接连接 T 对的副边开口三角形绕组获得。（　　）

**答案：** √

86. 反应 $I_2^2$＞A 判据的负序反时限保护是转子负序烧伤的主保护，它的动作电流和延时不必与相邻元件后备保护取得配合。（　　）

**答案：** √

87. 高压侧三相同时低电压是发电机低励失磁保护中的主判据，异步边界阻抗判据是其辅助判据。（　　）

**答案：** ×

88. 高压侧三相同时低电压是发电机低励失磁保护中系统侧的主判据，而异步边界阻抗判据是其发电机侧的主判据。（　　）

**答案：** √

89. 根据部颁 GB/T 14285—2006《继电保护和安全自动装置技术规程》，电压在 6kV 对及以上，容量在 600MW 级及以下的发电机对故障及异常运行方式应装设相应的保护装置。（　　）

**答案：** √

90. 过励磁反时限的保护特性曲线应与发电机的允许过励磁能力相配合。（　　）

**答案：** √

91. 横差保护不能反应定子绕组上可能出现的分子开焊事故。（　　）

**答案：** ×

92. 基波零序电压定子单相接地保护的动作值整定为 5V（二次值）时，经过渡电阻发生单相接地，将有 5%的保护死区。（　　）

**答案：** ×

93. 继电保护短路电流计算可以忽略发电机、变压器、架空线路、电缆等阻抗参数的电阻部分。（　　）

**答案：** √

94. 解列灭磁为断开发电机断路器，灭磁。（　　）

**答案：** ×

95. 利用测量发电机转子导纳原理的一点接地保护装置，通常用两个电容器进行隔直，并与装置内的电感 L 组成低通滤波器，它的主要作用是抑制本装置中辅助电源的 50Hz 交流信号窜入发电机转子回路。（　　）

**答案：** ×

96．利用两个阻抗元件可以检测出非稳定振荡过程，用以鉴别非稳定振荡、短路故障和稳定振荡。（　　）

答案：√

97．利用纵向零电压构成的发电机匝间保护，要求在保护的交流输入回路上加装 3 次谐波滤过器。（　　）

答案：√

98．连锁切机即指在一回线路发生故障而切除这回线路的同时，连锁切除送电端发电厂的部分发电机。（　　）

答案：×

99．零序电流型横差保护能反应定子绕组的相间、匝间短路。（　　）

答案：√

100．零序电压匝间短路保护专用的电压互感器必须是全绝缘的，且不能被利用来测量相对地的电压。（　　）

答案：√

101．汽轮发电机失磁之后，如果不会导致系统电压大幅度下降而破坏稳定，失磁保护应尽快作用于自动减负荷，尽快将负荷压到机组额定功率的 40%～50%，可以继续运行 15～30min。（　　）

答案：√

102．汽轮发电机装设了过励磁保护可不再装设过电压保护。（　　）

答案：√

103．失步保护动作于解列时应保证断路器断开时的电流不超过断路器允许开断电流。（　　）

答案：√

104．失磁后，发电机无功功率将随着功角的增大而缓慢减小。（　　）

答案：√

105．失磁之后到失步之前，电流缓慢增加，电压也有所下降，但对机组和系统并不造成危害，在失步之后，对机组和系统的危害才显示出来。（　　）

答案：√

106．水轮发电机需要装设逆功率保护。（　　）

答案：×

107．调相机在不同的运行方式下，既能发出无功功率，也能吸收无功功率。（　　）

答案：√

108．停机为断开发电机断路器，灭磁，关闭汽轮机主汽门或水轮机导水翼。（　　）

答案：√

109．外部短路或系统振荡引起的发电机定子绕组过电流为发电机内部故障。（　　）

答案：×

110．现代大型发电机变压器组均设有非全相运行保护，是因为发电机负序电流反时限保护动作时间长，当发电机变压器组非全相运行时，可能导致相邻线路对侧的保护抢先动作，扩大事故范围。（　　）

答案：√

111．一般来说，水轮发电机组没有低频或过频的限制问题。（　　）

答案：√

112．一相匝间短路时负序功率的方向与发电机其他内部及外部不对称相间短路时的负序功率方向相同。（　　）

答案：×

113．异步边界阻抗判据是发电机低励失磁保护中的主判据，高压侧三相同时低电压是其辅助判据。（　　）

答案：×

114．因为发电机运行时中性点对地电压接近为零，所以发电机中性点附近不可能发生绝缘击穿。（　　）

答案：×

115．由于发电机电压系统的中性点一般为不接地或经大阻抗接地，单相接地时的短路电流很小，纵差保护不能动作，故必须设置独立的定子单相接地保护。（　　）

答案：√

116．与容量相同的汽轮发电机相比，水轮发电机的体积大，热容量大，负序发热常数也大得多，所以除双水内冷式水轮机之外，不采用具有反时限特性的负序过流保护。（　　）

答案：√

117．在穿越性短路、穿越性励磁涌流及自同步或非同步合闸过程中，纵联差动保护应采取措施，减轻电流互感器饱和及剩磁的影响，提高保护动作可靠性。（　　）

答案：√

118．在发电机定子绕组一相匝间短路时，在短路电流中有正序、负序和零序分量，且各序电流相等，同时短路初瞬也出现非周期分量。（　　）

答案：√

119．在构成零序电压匝间短路保护时，为了提高灵敏度须设置二次谐波滤过器。（　　）

答案：×

120．在失磁后的一段时间里（几秒到几十秒），电磁功率基本上不变化，而定子电

流则随着功角的增大而增大。（　　）

答案：√

121．在系统故障时，把发电机定子中感应出相应的电动势作为电压降处理后，发电机的电动势也有负序、零序分量。（　　）

答案：×

122．在现有的定子单相接地保护中，发电机直接连在发电机电压母线上时，通常采用零序电流保护；发电机和变压器组成单元接线时，往往采用零序电压保护。（　　）

答案：√

123．在正常工况下，发电机中性点无电压。因此，为防止强磁场通过大地对保护的干扰，可取消发电机中性点电压互感器二次（或消弧线圈、配电变压器二次）的接地点。（　　）

答案：×

124．转子表层过负荷定时限电流保护动作电流按发电机长期允许的负序电流值和躲过最大负荷下负序电流滤过器的不平衡电流值整定，带时限动作于跳闸。（　　）

答案：×

125．转子表层过负荷反时限电流保护动作特性按发电机承受短时负序电流的能力确定，应能反应电流变化时发电机转子的热积累过程，并考虑在灵敏系数和时限方面与其他相间短路保护相配合。（　　）

答案：×

126．纵差保护对机端两相短路的灵敏系数 $K_{sen}\geqslant 2$ 表示纵差保护在定子绕组相间短路时一定能动作。（　　）

答案：×

127．纵差保护只能对发电机定子绕组和变压器绕组的相间短路起作用，不反应匝间短路。（　　）

答案：×

128．纵联差动保护，应装设电流回路断线监视装置，断线后动作于信号电流回路断线后不允许差动保护跳闸。（　　）

答案：×

129．发电机短时承受负序过电流的能力，取决于定子热容量常数，即定子散热能力。（　　）

答案：×

130．失磁过程机端测量阻抗的变化：正常运行，$Z$ 在第一象限，失磁后沿等有功圆向第四象限移动；$\delta=90°$时，到达静稳极限圆；$\delta>90°$，$Z$ 最后进入异步运行圆。（　　）

答案：√

131．发电机短路故障后备保护用电流互感器的安装位置，应在发电机的中性点，当发电机并网前或解列后发电机电压系统内故障时，能起后备保护作用。（　　）

答案：√

132．汽轮发电机承受负序电流的能力，一般取决负序电流引起的转子振动。（　　）

答案：×

133．发电机非全相运行时，一定会出现负序电流，但不一定会有零序电流。（　　）

答案：√

134．多机系统中，任意两个电厂间的电动势相角差不能超过 90°。（　　）

答案：×

135．发电机零功率保护应采取防止因人为或电网扰动等原因造成保护误动的闭锁措施。（　　）

答案：√

136．调相机因不传递有功功率，仅需克服损耗，运行时功角较低，不存在静态失稳和失步问题。（　　）

答案：√

137．调相机进相运行时吸收无功功率，滞相运行时发出无功功率。（　　）

答案：√

138．失磁时不但不发送无功功率，反而要吸收系统中的无功功率，所以加重了电力系统的电压波动。若系统无功功率储备不足，可能导致系统稳定运行的破坏。因此，调相机失磁后，应将机组从系统中切除。（　　）

答案：×

139．调相机变压器组保护中的启机保护功能在调相机启机前应投入，调相机并网后应退出，具有判断并网断路器触点位置自动闭锁功能。（　　）

答案：√

140．为提高转子接地保护的可靠性，调相机转子接地保护应双重化配置并同时投入运行。（　　）

答案：×

141．调相机启机保护、误上电保护、低压解列保护均具有并网退出运行、解列投入运行的功能。（　　）

答案：×

142．单端注入式转子接地保护是在转子绕组的一端与大轴之间注入方波电源，通过计算接地电阻的阻值，构成转子一点接地保护，可准确测量接地位置。（　　）

答案：×

143．调相机比率差动、工频变化量差动及差流越限均经过 SFC 合闸位置闭锁。（　　）

答案：√

144．静止变频器（SFC）是一对在直流侧通过电抗器等元件“背靠背”地连接在一起的三相全控晶闸管换流桥，其中一个桥工作在整流桥状态，另一个桥工作在逆变桥状态。（ ）

答案：√

145．SFC 输出与调相机转子绕组相连。（ ）

答案：×

146．调相机启动采用 SFC 启动方式，励磁启动励磁为他励方式，正常运行励磁采用自并励方式。（ ）

答案：√

147．调相机并联于换流站的直流侧。（ ）

答案：×

## 四、填空题

1．发电机励磁回路接地保护，分为____保护和____保护。

答案：一点接地；两点接地

2．当发电机带有不对称负荷或系统中发生不对称故障时，在定子绕组中将有____，在发电机中产生反向的旋转磁场，于是在转子中产生倍频电流，引起附加损耗，导致转子过热。

答案：负序电流

3．发电机定子绕组发生单相接地后，另外两个健全相对地电压上升。另外故障点将产生间歇性弧光过电压，极有可能引发多点绝缘损坏，从而使单相接地故障扩展为灾难性的____。

答案：相间或匝间短路

4．断路器失灵保护应有负序、零序和低电压闭锁元件，对于变压器、发电机—变压器组采用分相操作的断路器，允许只考虑____拒动，应用零序电流代替相电流判别元件和电压闭锁元件。

答案：单相

5．发电机横差保护是定子绕组____的主保护，兼做定子绕组____保护。它动作与否取决于____电流的大小。

答案：匝间短路；开焊；定子双星形绕组中性点连线

6．若发电机横差保护的三次谐波比大于或等于 10，横差动作电流应取发电机额定电流的 15%～20%。这种情况下，若三次谐波电流能使横差保护动作，其电流值不应低于____。

答案：1.5～2 倍的发电机额定电流

7．发电机纵差保护是____的主保护，其保护范围是____。

答案：相间短路；中性点电流互感器与发电机出口电流互感器之间

8．发电机在电力系统发生不对称短路时，在____中就会感应出____Hz 电流。

答案：转子；100

9．发电机定子绕组中的负序电流对发电机的危害主要是引起____和____。

答案：转子发热；振动

10．发电机单相接地时，较大的接地电流能在故障点引起电弧时，将使定子绕组的____烧坏，也容易发展成为危害更大的定子绕组相间或____，因此发电机应装设定子绕组单相接地保护。

答案：绝缘和定子铁芯；匝间短路

11．由反应基波零序电压和利用三次谐波电压构成的 100%定子接地保护，其基波零序电压元件的保护范围是由机端到中性点的定子绕组的____。

答案：85%～95%

12．利用纵向零序电压构成的发电机匝间保护，为了提高其动作的可靠性，在保护的交流输入回路上加装____谐波滤过器。

答案：3 次

13．失磁前发电机所带的有功功率越大，等有功阻抗圆越____，失磁后电流____。

答案：小；大

14．当失磁发电机的纵轴同步电势 $E_d$ 与系统电压 $U_x$ 间的夹角 $\delta$ 等于静稳定极限角____时，发电机处于失去静态稳定的临界点。

答案：90°

15．规程对发电机的失磁保护有如下规定。汽轮发电机：失磁后母线电压低于允许值时，带时限动作于____；失磁后当母线电压未低于允许值时，动作于____、切换厂用电源，在有条件时也可动作于____。水轮发电机：失磁保护宜带时限动作于____。

答案：解列或程序跳闸；信号；自动减出力；解列

16．大型发电机要配置____，目的是为了防止汽轮机断汽后，由于鼓风损失，汽轮机尾部叶片有可能过热使汽轮机遭到损坏。

答案：逆功率保护

17．发电机短路故障后备保护，主要作为____的后备保护。

答案：发电机外部（相间）短路和发电机主保护

18．汽轮发电机完全失磁后，有功功率____，有功功率越大，定子电流增加____。

答案：基本不变；越大

19．在同期回路中，为消除不同电压等级之间的相位差，常采用____来调整同期电压的相位。

答案：转角变压器

20．发电机励磁回路接地保护，分为____接地保护和____接地保护。

答案：一点；两点

21．发电机保护动作于解列灭磁时，应断开____、断开____和____。

答案：发电机断路器；灭磁断路器；汽轮机甩负荷

22．三次谐波定子接地保护要求发电机中性点经____Ω 电阻接地，保护可靠动作，对地导纳的励磁回路一点接地保护整定动作电阻不得超过____kΩ。

答案：3000；10

23．发电机非全相保护一般由____或零序元件和____组成。

答案：灵敏的负序电流元件；非全相判别回路

24．同步发电机和调相机并入电网有____并列和____两种基本方法。

答案：准同期；自同期

25．发电机与系统（或两个不同的系统）之间同期并列的三个条件是电压相等、____以及____。

答案：频率相等；相位一致

26．对于中性点可接地或不接地的变压器需要装设零序电流保护和____。

答案：零序过电压保护

27．对于汽轮发电机，程序跳闸是指首先____，待____动作后，再____并____。

答案：关闭主汽门；逆功率继电器；跳开发电机断路器；灭磁

28．调相机失磁保护可采用____、____、____电气判据。

答案：无功反向；转子低电压；机端低电压

29．大容量调相机定子接地保护配置可采取____、____、____方案。

答案：基波零序电压型；三次谐波电压型；注入式接地保护

30．调相机升压变差动保护采用____电流互感器，变比应合理选择，不应使平衡系数大于____。

答案：TPY 型；10

31．调相机组，在发生严重电压跌落故障时，进入____状态，短时内提供大量无功，为系统提供紧急无功电压支撑，有助于直流功率和系统电压迅速恢复，防止电压崩溃。

答案：强励

32．调相机在过励状态下，定子电流超前于定子电压，这种情况下电机从电网吸收____。

答案：容性无功

33．调相机稳态调节速度要慢于 SVC 和 STATCOM，从开始到发出最大无功需____s。

答案：1～2

34．调相机____，将产生很大的冲击电流及转矩，可能损坏调相机大轴及引起系统振荡。

答案：非同期合闸

35．由于调相机在失磁后仍可维持____，不会导致失步，因此调相机保护里可不必配置失步保护功能。

答案：同步运行

36．纵向零序电压匝间保护，取自装在调相机出口专用____，该电压互感器的一次中性点与调相机中性点直接相连且不接地，利用匝间短路时破坏了三相对中性点的对称，而产生对中性点的零序电压来实现。

答案：电压互感器开口三角电压

37．同步调相机是一种用作无功补偿的同步电机，可向电力系统提供感性和容性无功功率，不带机械负载也不带原动机，通过吸收____克服自身损耗以维持转速的恒定。

答案：有功功率

## 五、问答题

1．发电机有哪些故障类型？

答：

（1）定子绕组相间短路；

（2）定子绕组一相的匝间短路；

（3）定子绕组单相接地；

（4）转子绕组接地；

（5）转子励磁回路低励、失去励磁等。

2．发电机常用的内部短路的主保护有哪些？并说明哪些判据可反映定子匝间短路故障。

答：

（1）发电机常用的内部短路主保护有：①纵联差动保护（完全纵差、不完全纵差）；②故障分量负序方向保护；③横差保护；④纵向零序过电压保护；⑤转子二次谐波电流保护。

（2）反映定子匝间短路故障的判据有：

1）故障分量负序方向保护：发电机内部不对称故障时必有负序功率输出。而外部故障时负序功率由外部系统流入发电机。所以用负序功率的流向作为判据。

2）不完全纵差保护：由机端电流与中性点部分分支电流构成差动保护。装设电流互感器的发电机分支发生匝间短路时会产生差流，不完全纵差可动作。而未装设电流互

感器的发电机分支发生匝间短路时，可通过互感磁通使装设电流互感器的非故障分支绕组感受到故障的发生。

3）横差保护：将定子绕组分为几个部分，比较不同部分绕组的电流。所以可以反映匝间短路。应用较多的是单元件横差保护。

4）纵向零序过电压保护：电压取自专用电压互感器开口三角，专用电压互感器一次中性点与发电机中性点直接相连。在发电机发生匝间短路时，三相对中性点电压不平衡，会出现纵向零序电压。由于外部不对称故障也会产生纵向零序电压，该保护需负序功率方向闭锁及电压互感器断线闭锁。

5）转子二次谐波电流保护：利用发电机内部故障时产生负序电流，气隙中有反向旋转磁场，会在转子中感应出二次谐波电流。该保护需负序功率方向闭锁。

3. 为什么发电机纵差保护不能反映匝间短路？

**答：** 发电机纵差保护在原理上只反映绕组中性点与机端电流之差，而匝间短路主要发生在发电机的同一相绕组上，从该相绕组中性点与机端电流互感器上测得的电流幅值相等，相位相差180°，故纵差保护不反映匝间短路。

4. 什么是发电机的不完全纵差保护？它有哪些保护功能？一次不平衡电流怎样解决？

**答：** 利用发电机中性点侧的电流互感器仅接在每相的部分分支中与发电机机端每相电流互感器构成的纵差保护称之为不完全纵差保护。

不完全纵差保护对定子绕组相间短路和匝间短路有保护作用，并能兼管分支开焊故障。

发电机出线端电流为 $I$，中性点分支只有 $1/n$（$n$ 为分支数），可采用不同变比的电流互感器解决不平衡电流问题，也可以在整定继电基准电流 $I_b$ 中解决。

5. 试分析发电机纵差保护和横差保护的性能，两者的保护范围如何？能否相互代替？

**答：** 发电机纵差保护是相间短路的主保护，它反映发电机中性点至出口同一相电流的差值，保护范围即中性点电流互感器与出口电流互感器之间部分。因为反映同一相电流差值，故不能反映同相绕组匝间短路，所以不能替代匝间保护。

发电机横差保护，是定子绕组匝间短路的保护，兼做定子绕组开焊保护。它反映定子双星形绕组中性点连线电流的大小。当某一绕组发生匝间短路时，在同一相并联支路中产生环流使保护动作。对于相间短路故障，横差保护虽可能动作，但死区可达绕组的15%～20%，且不能切除引出线上的相间短路，所以它不能代替纵差保护。

6. 为提高零序电流型横差保护灵敏度应做到什么？

**答：**

（1）适当减小电流互感器变比。

（2）加强三次谐波阻抗。

（3）做发电机常规短路试验，确定最大基波短路电流。

7．请列举发电机纵差保护与变压器纵差保护的主要技术差别。

**答：**

（1）发电机差动保护电流互感器同型；而变压器差动保护电流互感器不同型。

（2）变压器差动保护有由分接头改变引起的不平衡电流，模拟式变压器差动保护还有电流互感器变比不匹配引起的不平衡；而发电机差动保护没有。

（3）变压器差动保护范围包含诸独立电路和联系它们的磁路，因而要防止空载合闸或过励磁时的误动。

（4）变压器差动保护有诸侧电流互感器不同型的问题，不平衡电流大。

（5）变压器差动保护最小动作电流和制动系数比发电机差动保护的大。

（6）对于比例制动的差动保护，变压器差动保护宜用三段式制动特性；发电机差动保护只需二段。

（7）变压器差动保护能反映变压器绕组匝间短路；而发电机差动保护不能保护定子绕组匝间短路。

8．发电机为什么要装设定子单相接地保护？

**答：**发电机装设定子接地保护的原因主要有两点：

（1）定子绕组发生单相接地后接地电流可能会烧伤定子铁芯。

（2）定子绕组发生单相接地后，另外两个健全相对地电压上升。另外故障点将产生间歇性弧光过电压，极有可能引发多点绝缘损坏，从而使单相接地故障扩展为灾难性的相间或匝间短路。

9．利用基波零序电压的发电机定子单相接地保护的特点及不足之处是什么？

**答：**特点是：①简单、可靠；②有三次谐波滤过器以降低不平衡电压；③接地电流不大，适用于发电机变压器组。不足之处是不能作为100%定子接地保护，有死区。

10．怎样利用基波零序电压和3次谐波电压构成发电机100%定子接地保护？

**答：**

（1）第一部分是基波零序电压元件，其保护范围不少于定子绕组的85%（从发电机端开始）。

（2）第二部分是利用3次谐波电压构成定子接地保护，用以消除基波零序电压元件保护不到的死区，其保护范围不小于定子绕组的20%（从发电机中性点开始）。

11．反映零序电压的发电机匝间保护适用于中性点什么样结构的发电机？简述其原理。

**答：**反映零序电压的发电机匝间保护，适用于中性点没有引出三相6端子的发电机。当发电机正常运行时，反映匝间短路电压互感器开口三角的零序电压 $3U_0=0$，保护不动作；当发电机内部或外部单相接地故障时，虽三相对地电压不再平衡，但三相对中性点的电压仍完全对称，同样，反映定子绕组匝间短路电压互感器开口三角的零序电压

$3U_0=0$，保护不动作；当发电机内部发生匝间短路或对中性点不对称的各种相间短路时，破坏了三相对中性点的对称，反映定子绕组匝间短路电压互感器开口三角的零序电压 $3U_0$ 不为零，保护正确动作。

12．发电机匝间保护若采用测量机端 $3U_0$，为什么要选择机端侧电压互感器中性点接于发电机中性点的专用电压互感器？

**答：**当发电机内部或外部发生单相接地故障时，一次系统出现零序电压 $3U_0$，发电机中性点电位升高 $3U_0$，因专用电压互感器一次侧中性点是接在发电机中性点上的，则其副边开口三角输出电压为零，保护才不会误动。而发电机定子绕组发生匝间短路时，其三相绕组的对称性遭到破坏，机端三相对发电机中性点出现基波零序电压 $3U_0$，保护能正确动作。

13．定子绕组中出现负序电流对发电机的主要危害是什么？应以什么做依据整定？

**答：**由负序电流产生的负序磁场以 2 倍的同步速切割转子，在转子上感应出流经转子本体，槽楔和阻尼条的 100Hz 电流，使转子端部、护环内表面等部位过热而烧伤；应依据发电机允许过热时间常数整定。

14．发电机负序电流保护的动作电流应考虑什么因素？

**答：**

（1）本保护应与相邻元件保护在灵敏度上相配合。

（2）应满足保护灵敏度要求，如发电机变压器组则按变压器高压侧两相短路，其灵敏度大于 1.5。

（3）按发电机转子发热条件整定。

（4）防止电流回路断线引起误动作。

15．发电机转子两点接地有什么危害？

**答：**

（1）转子绕组的一部分被短路，另一部分绕组的电流增加，这就破坏了发电机气隙磁场的对称性，引起发电机的剧烈振动，同时无功功率降低。

（2）转子电流通过转子本体，如果转子电流比较大（通常以 1500A 为界限），就可能烧损转子，有时还造成转子和汽轮机叶片等部件被磁化。

（3）由于转子本体局部通过电流，引起局部发热，使转子发生缓慢变形而形成偏心，进一步加剧振动。

16．发电机变压器组运行中造成过励磁的原因有哪些？

**答：**

（1）发电机变压器组与系统并列前，由于误操作，误加大励磁电流引起。

（2）发电机启动中，转子在低速预热时，误将电压升至额定值，则因发电机变压器低频运行而造成过励磁。

（3）切除发电机中，发电机解列减速，若灭磁断路器拒动，使发电机遭受低频引起过励磁。

（4）发电机变压器组出口断路器跳开后，若自动励磁调节器退出或失灵，则电压与频率均会升高，但因频率升高慢而引起过励磁。即使正常甩负荷，由于电压上升快，频率上升慢（惯性不一样），也可能使变压器过励磁。

（5）系统正常运行时频率降低时也会引起过励。

17．发电机失磁对系统和发电机自身的主要影响是什么？

**答**：发电机失磁对系统的主要影响：

（1）发电机失磁后，不但不能向系统送出无功功率，而且还要从系统中吸收无功功率，将造成系统电压下降。

（2）为了供给失磁发电机无功功率，可能造成系统中其他发电机过流。

发电机失磁对发电机自身的影响：

（1）发电机失磁后，转子和定子磁场间出现了速度差，则在转子回路中感应出转差频率的电流，引起转子局部过热。

（2）发电机受交变的异步电磁力矩的冲击而发生振动，转差率愈大，振动也愈利害。

18．试述大型发电机失磁的物理过程。并回答下列问题：

（1）失磁保护动作于快速减负荷和切换厂用电源的动作条件。

（2）失磁保护动作于解列发电机的动作条件。

（3）系统低电压的整定条件。

（4）阻抗元件按静稳边界和稳定异步边界整定的整定条件。

**答**：失磁过程（要点）：从系统吸收大量无功、系统电压降低；定子电流增加；发电机失去稳定、有功功率摆动；测量阻抗由第一象限沿着等有功阻抗圆进入第四象限，再进入静稳阻抗圆，失去稳定后转入异步运行阻抗圆。如不能稳定异步运行则滑出异步运行阻抗圆。

（1）失磁保护动作于快速减负荷和切换厂用电源的动作条件：发电机失磁（无功反向或失去静稳），系统电压允许。

（2）失磁保护动作于解列发电机的动作条件：系统电压低于80%或失步。

（3）系统低电压的整定条件：80%额定电压。

（4）阻抗元件按静稳边界整定的整定条件：$X_A=X_{SC}$，$X_B=-X_d$（或 $X_A=0$，$X_B=-1.4X_d$）；阻抗元件按稳定异步边界整定的整定条件：$X_A=X'_d$，$X_B=-X_d$（或 $X_B=-1.2X_d$）。

19．大型发电机失磁保护，在什么情况下采用异步边界阻抗圆？又在什么情况下采用静稳极限阻抗圆？说明理由。

**答**：在负荷中心，系统等值阻抗小的宜选用异步边界阻抗圆；远离负荷中心，系统等值阻抗大的宜选用静稳极限阻抗圆。理由是远离负荷中心的大型发电机失磁后，机端

等有功阻抗圆可能不与异步边界阻抗圆相交，失磁保护动作慢，造成对侧保护跳闸，扩大事故范围。

20．逆功率对发电机本身无害，为何大型汽轮发电机还需装设逆功率保护？

**答：**在汽轮发电机组上当机炉动作关闭主汽门或由于调整控制回路故障而误关主汽门，在发电机断路器跳开前发电机将转为电动机运行。此时逆功率对发电机本身无害，但由于残留在汽轮机尾部的蒸汽与长叶片摩擦，会使叶片过热，所以逆功率运行不能超过 3min，需装设逆功率保护。

21．发电机异步启动时，为什么逆功率保护、失磁保护、阻抗保护可能会动作？

**答：**

（1）发电机异步启动，从系统吸取有功功率、无功功率，对于反映这种工况的逆功率保护当然可能动作。

（2）发电机异步启动，没有给励磁，由于系统向发电机提供大量的无功而使母线电压下降，对于反映发电机失磁的阻抗继电器，转子低电压、系统低电压等元件均可能动作。

（3）一般用于发变组的低阻抗保护采用全相抗或偏移阻抗特性，整定值较大，如上述的原因，即异步启动引起的低电压、过电流，低阻抗保护可能动作。

22．为什么大型发电机变压器组保护应装设非全相运行保护，而且该保护必须启动断路器失灵保护？启动失灵保护应采取哪些特殊措施？

**答：**

（1）非全相运行保护是为断路器一相拒合或一相拒跳而设置的。在这种异常工况下，发电机中流过负序电流，对发电机有危害，若靠反时限负序电流保护动作，则动作时间较长，因此应装设非全相保护。

（2）断路器一相拒合或一相拒跳，是由于断路器本身及其控制回路失灵所引起，在某些情况下，即使非全相保护动作，仍不能将发生故障的断路器三相完全跳开，因此需要通过启动断路器失灵保护将母线上相邻元件跳闸。断路器失灵保护的动作除需外部保护动作外，还需检查断路器电流判据和电压闭锁判据，但在断路器非全相状态，电流判据和电压判据都有可能不动作，为此须增设负序电流或变压器零序电流作判据，直接启动断路器失灵保护，达到启动失灵保护，解除电压闭锁。上述元件应使用同样的两个元件触点组成串联，以防止单一触点卡住而造成失灵保护的误动，提高可靠性。

23．水轮发电机保护种类大多与汽轮发电机保护相同，不同的有哪些？

**答：**

（1）不装设转子两点接保护。

（2）一般应装设过电压保护。

（3）一般不考虑水轮发电机失磁后的异步运行，而直接作用于跳闸。

（4）不装设逆功率保护。

24．为什么在水轮发电机上要装设过电压保护？

**答：**由于水轮发电机的调速系统惯性大，动作缓慢，因此在突然甩负荷时，转速将超过额定值，这时机端电压有可能达到额定值的 1.8～2 倍。为了防止水轮发电机定子绕组绝缘遭受破坏，在水轮发电机上应装设过电压保护。

25．何谓同步发电机的励磁系统？其作用是什么？

**答：**供给同步发电机励磁电流的电源及其附属设备，称为同步发电机的励磁系统。

发电机励磁系统的作用是：正常运行时，向发电机提供维持一定电压及一定无功输出所需的励磁电流。当电力系统发生短路故障或负荷突然增减时，对发电机进行强行励磁或强行减磁，以提高电力系统运行的稳定生和可靠性。当发电机内部发生短路时，对发电机进行灭磁，以避免事故扩大。

26．简单叙述什么叫“强行励磁”？它在系统内的作用是什么？

**答：**发电机“强行励磁”是指系统内发生突然短路，发电机的端电压突然下降，当超过一定数值时，励磁电流会自动、迅速地增加励磁电流到最大，这种作用就叫强行励磁。

它在系统内的作用是：①提高电力系统的稳定性；②加快切除故障，使电压尽快恢复。

27．什么叫发电机的自同期并列？它有什么优缺点？

**答：**

（1）先将未给励磁、接近同步转速的发电机投入系统，然后给发电机加上励磁，利用原动机转矩、同步转矩把发电机拖入同步。这种方法称之为发电机的自同期并列。

（2）优点是并列过程短，操作简单，在系统电压和频率降低的情况下，仍有可能将发电机并入系统，容易实现自动化。

（3）缺点是自同期并列时，发电机未加励磁，相当于把一个带铁芯的电感线圈接入系统，会从系统中吸取较大的无功电流而导致系统电压的降低，合闸时冲击电流较大。所以白同期方式仅在小容量机组上采用，大中型机组不能采用这种方法。

28．请简述发电机准同期并列的过程。

**答：**发电机在并列合闸前已经投入励磁，当发电机电压的频率、相位、大小分别和并列点处系统侧电压的频率、相位、大小接近相同时，将发电机断路器合闸，完成并列操作。

# 第十一章　新　技　术

【基本介绍】本章主要包括对柔性直流输电、统一潮流控制器（UPFC）、可控串联补偿（UPFC）、调相机等新技术基础知识的考查。

【典型问题】本章的典型问题是我国交直流混联大电网的特性变化，柔性直流输电、统一潮流控制器（UPFC）、可控串联补偿（UPFC）、调相机等新技术的原理及工程应用。

【难点介绍】本章的难点在于柔性直流输电、统一潮流控制器（UPFC）、可控串联补偿（UPFC）、调相机等新技术的特点及对传统继电保护带来的影响。

## 一、单选题

1．换流站的无功功率控制方式有（　　）两种。

A．无功功率控制和交流电压控制　　B．无功功率控制和直流电压控制

C．自动控制和手动控制　　D．电压控制和角度控制

**答案**：A

2．直流系统运行方式有（　　）。

A．单极大地回线方式　　B．单极金属回线方式

C．双极方式　　D．以上均包括

**答案**：D

3．换流站的交流滤波器具有（　　）功能。

A．无功功率补偿和滤波　　B．降低容性电压升高

C．避免谐波流入换流站　　D．提高系统稳定能力

**答案**：A

4．单极金属回线运行时，线路损耗约为双极运行时一个极损耗的（　　）。

A．1 倍　　B．2 倍

C．3 倍　　D．4 倍

**答案**：B

5．直流分量流过换流变压器阀侧绕组时发生直流偏磁现象，会使铁芯饱和，导致（　　）。

A．铁损减少和噪声降低　　B．铁损减少和噪声增大

C．铁损增加和噪声降低　　D．铁损增加和噪声增大

答案：D

6．用有载调压变压器的调压装置进行调整电压时，对系统来说（　　）。

A．起不了多大作用　　B．能提高功率因数

C．补偿不了无功功率不足的情况　　D．降低功率因数

答案：C

7．直流降压运行方式的直流电压通常为额定电压的（　　）。

A．50%～60%　　B．60%～70%　　C．70%～80%　　D．80%～90%

答案：C

8．直流线路行波保护的目的是（　　）。

A．检测阀故障　　B．检测控制设备故障

C．检测直流线路碰线　　D．检测直流线路上的接地故障

答案：D

9．断路器的跳闸辅助触点应在（　　）接通。

A．合闸过程中，合闸辅助触点断开后　　B．合闸过程中，动、静触头接触前

C．合闸结束后　　D．合闸命令下达后，测控装置动作后

答案：B

10．为了防止熄弧角太小引起换相失败，逆变器最大触发角限制在哪个范围之间（　　）。

A．120°～150°　　B．150°～160°　　C．150°～170°　　D．150°～180°

答案：B

11．关于换流站控制系统，下列说法错误的是（　　）。

A．当运行系统发生轻微故障时，另一系统处于备用状态，且无任何故障，则系统切换。切换后，轻微故障系统将处于备用状态。当新的运行系统发生更为严重的故障时，还可以切换回此时处于备用状态的系统

B．当备用系统发生轻微故障时，系统切换

C．当运行系统发生严重故障时，若另一系统处于备用状态，则系统切换。切换后，严重故障系统不能进入备用状态

D．当运行系统发生严重故障，而另一系统不可用时，则严重故障系统可继续运行

答案：B

12．对于整流器运行，通常希望运行在（　　）的触发角状态，以提高功率因数。

A．固定　　B．较大　　C．较小　　D．变化

答案：C

13．下列不属于直流线路配置的保护是（　　）。

A．直流线路行波保护　　B．直流线路纵差保护

C．直流线路突变量和欠压保护　　D．直流线路过电压保护

答案：D

14．（　　）能防止由直流线路或直流开关站所产生的陡波冲击波进入阀厅，从而使换流阀免于遭受过电压应力而损坏。

A．交流滤波器　　B．直流滤波器

C．平波电抗器　　D．换流变压器

答案：C

15．（　　）能平滑直流电流中的纹波，能避免在低直流功率传输时电流的断续。

A．交流滤波器　　B．直流滤波器

C．平波电抗器　　D．换流变压器

答案：B

16．直流控制系统状态一般设置有（　　）三种状态。

A．运行、备用、试验　　B．运行、备用、停用

C．运行、试验、停用　　D．运行、备用、检修

答案：A

17．直流控制系统设置故障等级有（　　）。

A．轻微、严重、紧急　　B．一般、严重、紧急

C．一般、重大、危急　　D．轻微、重大、危急

答案：A

18．直流谐波保护原理：根据产生直流谐波的产生原理，对直流的谐波分量进行测量，具体如下：直流侧倍频分量，即 100Hz 分量很大，则判为（　　）故障。

A．交流系统　　B．换流变压器　　C．换流阀　　D．平抗

答案：A

19．光电流互感器、光纤传输的直流分压器二次回路应有充足的备用光纤，备用光纤一般不低于在用光纤数量的（　　），且不得少于（　　）根，防止由于备用光纤数量不足导致测量系统运行可靠性降低。

A．100%、2　　B．80%、2　　C．100%、3　　D．80%、3

答案：C

20．在额定负荷运行时，换流器消耗的无功功率可以达到额定输送功率的（　　）。

A．30%～50%　　B．40%～60%　　C．30%～40%　　D．40%～50%

答案：B

21．晶闸管导通转向关断必须具备的条件是（　　）。

A．晶闸管电流下降

B．晶闸管电压在足够长时间内保持负值

C．晶闸管电流下降到零

D．晶闸管电流下降到零后，晶闸管电压在足够长时间内保持负值

答案：D

22．逆变器与整流器的根本区别是（　　）。

A．导通的相位不同　　B．导通的电压不同

C．导通的顺序不同　　D．导通的频率不同

答案：A

23．六脉冲三相全控桥式接线由（　　）桥臂组成。

A．8 个　　B．6 个　　C．4 个　　D．2 个

答案：B

24．并联电抗器可以补偿线路的容性充电电流（　　）。

A．限制系统电压升高和操作过电压　　B．限制系统电压升高和大气过电压

C．限制操作过电压和故障电流　　D．故障电流

答案：A

25．换流器在运行中消耗的无功功率与直流输电的输送容量（　　）。

A．成反比　　B．成非线性　　C．成正比　　D．无关系

答案：C

26．目前工程上所采用的基本换流单元有（　　）脉动换流单元和（　　）脉动换流单元两种。

A．3、9　　B．6、12　　C．6、9　　D．3、12

答案：B

27．保护动作后有再启动逻辑的是（　　）。

A．直流谐波保护　　B．交流低压保护

C．线路行波保护　　D．换流变差动保护

答案：C

28．属于阀侧星形接线绕组差动保护的后备保护的是（　　）。

A．换流器差动保护　　B．阀侧星形接线绕组过流保护

C．换相失败保护　　D．换流阀保护

答案：A

29．下列（　　）属于换相失败故障特征。

A．熄弧角大于换流阀恢复阻断能力的时间　　B．直流电流短时增大

C．直流电流短时减少　　D．交流侧短时短路，电流很大

答案：B

30．直流系统中整流器会（　　）无功功率，逆变器会（　　）无功功率。

A．吸收、产生　　B．吸收、吸收

C．产生、吸收　　D．产生、产生

答案：B

31．下列（　　）不属于极保护。

A．直流过负荷保护　　B．直流线路纵差保护

C．接地极线开路保护　　D．直流谐波保护

答案：A

32．故障再启动恢复功能是指控制系统移相至完全（　　）运行模式通过这种方式，整流侧和逆变侧都使直流线路放电在一定的去游离时间之后，将进行再启动如果故障已经清除，直流电压开始建立，再启动将继续，并且恢复传输功率。

A．逆变　　B．整流　　C．停运　　D．运行

答案：A

33．根据直流输电工程的经验和目前晶闸管的制造水平以及触发控制系统的性能水平，整流器的触发角一般取15°左右，最小值为（　　），逆变器的熄弧角一般取（　　）。

A．8°、15°～17°　　B．5°、15°～18°

C．5°、15°～17°　　D．8°、15°～18°

答案：B

34．500kV高压直流系统输送相同有功功率的情况下，降压运行时，吸收的无功功率比全压运行时（　　）。

A．增大　　B．减小　　C．不变　　D．不确定

答案：A

35．不属于12脉动换流器交流侧的特征谐波的是（　　）。

A．11　　B．12　　C．13　　D．23

答案：B

36．交流滤波器组除了能吸收高次谐波外，还能提供工频的（　　）。

A．无功功率　　B．有功功率　　C．电压　　D．电流

答案：A

37．交流滤波器大组母线（　　）才能投切母线所带的滤波器的滤波器，（　　）用交流滤波器大组所在500kV馈线串断路器投切滤波器。

A．充电运行前，允许　　B．充电运行前，不允许

C．充电运行后，允许　　D．充电运行后，不允许

答案：D

38．换流变压器分接开关调压方式为（　　）。

A．阀侧有载自动调压　　B．网侧有载自动调压

C．阀侧无载自动调压　　D．网侧无载自动调压

答案：B

39．下列不是大角度监视的动作后果的是（　　）。

A．禁止换流变压器分接头向高档调节　　B．禁止换流变压器分接头向低档调节

C．极闭锁　　D．跳换流变压器交流侧断路器

答案：B

40．直流系统正常启动时整流侧和逆变侧换流器的解锁顺序是（　　）。

A．先解锁整流侧，再解锁逆变侧　　B．先解锁逆变侧，再解锁整流侧

C．同时解锁　　D．以上都不对

答案：B

41．下列哪些保护不属于直流滤波器保护（　　）。

A．失谐告警　　B．电容不平衡保护

C．直流滤波器差动保护　　D．失灵保护

答案：D

42．绝大多数高压直流工程所采用的电流裕度都是（　　）。

A．0.1　　B．0.2　　C．0.3　　D．0.4

答案：A

43．正常运行时，通常整流侧控制（　　）。

A．电压　　B．电流　　C．角度　　D．功率控制

答案：B

44．正常运行时，通常逆变侧控制（　　）。

A．电压　　B．电流　　C．角度　　D．功率控制

答案：A

45．直流输电系统为双极电流对称方式运行时，流经接地极系统的电流应小于额定电流的（　　）。

A．0.01　　B．0.02　　C．0.03　　D．0.04

答案：A

46．交直流线路碰线，在直流线路电流中会出现（　　）。

A．大电流　　B．过电压

C．工频交流分量　　D．二倍频分量

答案：C

47．换流器的主保护为（　　）。

A．差动保护　　B．过流保护

C．过压保护　　D．短路保护

答案：A

48．特征谐波是指在理想的条件下，单纯由于（　　）产生的谐波。

A．换流　　B．控制

C．调制　　D．换流器控制

答案：A

49．最常用的直流滤波器为（　　）。

A．单调谐　　B．双调谐　　C．多调谐　　D．高通

答案：B

50．通常直流输电工程的最小直流电流选择为其额定电流的（　　）倍。

A．0.01　　B．0.05　　C．0.1　　D．0.2

答案：C

51．直流系统降压运行方式的直流电压通常为额定电压的（　　）。

A．40%～50%　　B．50%～60%　　C．60%～70%　　D．70%～80%

答案：D

52．通常换流站的损耗约为换流站额定功率的（　　）。

A．1%～5%　　B．5%～10%　　C．0.1%～0.5%　　D．0.5%～1%

答案：D

53．换相失败的后备保护为（　　）。

A．50Hz 和 100Hz 保护　　B．过流保护

C．欠压保护　　D．过压保护

答案：A

54．直流极母线差动保护（　　）。

A．检测直流中性母线的接地故障　　B．检测直流高压母线的接地故障

C．检测直流场的接地故障　　D．检测阀顶的接地故障

答案：B

55．对于换相失败说法正确的有（　　）。

A．12 脉动阀换相失败可能是由于触发系统造成的

B．6 脉动换流器发生换相失败一般是由于交流侧异常造成的

C．判据为直流电流大于交流电流

D．交流电流降低

答案：C

56．允许直流系统起动大地金属回线转换的工况有（　　）。

A．单极运行　　B．双极运行

C．双极运行功率控制　　D．双极运行电流控制

答案：A

57．空载加压试验时，本站应满足（　　）。

A．整流站　　B．逆变站

C．都行　　D．以上都不对

答案：A

58．现有的直流输电工程中，换流器触发控制采用（　　）。

A．等触发角控制　　B．等相位间隔控制

C．等关断角控制　　D．等电压控制

答案：B

59．无通信，整流侧 X 闭锁时，逆变侧（　　）。

A．Y 闭锁　　B．交流滤波器断路器跳开

C．X 闭锁　　D．仍处于解锁状态

答案：D

60．无通信，整流侧 Z 闭锁时，逆变侧（　　）。

A．Y 闭锁　　B．交流滤波器断路器跳开

C．X 闭锁　　D．仍处于解锁状态

答案：D

61．不属于换流器保护的有（　　）。

A．电压应力保护　　B．直流过压保护

C．直流过流保护　　D．中性线差动保护

答案：D

62．直流系统解锁过程中一般（　　）。

A．先解锁整流侧　　B．先解锁逆变侧

C．同时解锁　　D．都行

答案：B

63．换流变压器阀侧相间短路故障时（　　）保护动作。

A．阀短路保护　　B．过流保护

C．直流极差动保护　　D．直流中性母线差动

答案：A

64．换流变压器阀侧单相接地故障时（　　）保护动作。

A．换流器差动保护动作　　B．阀短路保护

C．过流保护　　D．直流极差动保护

答案：A

65．换流器高压端对地短路时（　　）保护动作。

A．换流器差动保护动作　　B．阀短路保护

C．过流保护　　D．直流极差动保护

**答案：**A

66．逆变侧换流器高压端对低压端短路时（　　）保护动作。

A．阀短路保护　　B．过流保护

C．直流极差动保护　　D．换相失败保护

**答案：**D

67．逆变侧双极中性母线连接区接地故障时（　　）保护会动作。

A．换流器差动保护动作　　B．阀短路保护

C．双极中性母线差动保护　　D．直流极母线差动保护

**答案：**C

68．逆变侧中性线开路故障时（　　）保护动作。

A．换流器差动保护动作　　B．接地极引线开路保护

C．双极中性母线差动保护　　D．直流极母线差动保护

**答案：**B

69．直流系统正常运行中，逆变站采用的基本控制策略是（　　）。

A．双极功率控制　　B．功率控制

C．电流控制　　D．定熄弧角控制或定电压控制

**答案：**D

70．最后断路器保护设计应可靠，应尽量避免仅通过断路器（　　）位置作为最后断路器跳闸的判断依据，防止触点误动导致双极强迫停运。

A．辅助触点　　B．动合触点

C．动断触点　　D．合后

**答案：**A

71．交流滤波器设计应避免一组滤波器跳闸后引起其他滤波器（　　），切除全部滤波器。

A．接地保护动作　　B．过负荷保护动作

C．不平衡保护动作　　D．差动保护动作

**答案：**B

72．换流变压器和油浸式平波电抗器的油温及绕组温度保护、本体轻瓦斯保护、压力释放阀、速动压力继电器、油位越限、冷却器全停应投（　　），升高座一端封堵的瓦斯继电器宜投（　　）。

A．跳闸、报警　　B．报警、报警

C．报警、跳闸　　D．跳闸、跳闸

答案：B

73．换流变有载分接开关仅配置了油流或速动压力继电器一种的，应投（　　）配置了油流和速动压力继电器的，油流应投（　　），压力应投（　　）。

A．跳闸、报警、报警　　B．报警、报警、报警

C．报警、报警、跳闸　　D．跳闸、跳闸、报警

答案：D

74．直流滤波器内发生接地故障时，故障电流仅流过（　　），直流滤波器过负荷保护应采用（　　），不采用（　　），防止保护拒动。

A．首端电流互感器、首端电流互感器、末端电流互感器

B．末端电流互感器、首端电流互感器、首端电流互感器

C．首端电流互感器、末端电流互感器、首端电流互感器

D．首端电流互感器、末端电流互感器、首端电流互感器

答案：A

75．跳闸回路出口继电器动作电压应在额定直流电源电压（　　）范围内，动作功率不宜低于（　　）W。

A．55%～70%、3　　B．55%～70%、5

C．60%～75%、2　　D．60%～75%、4

答案：B

76．光电流互感器、光纤传输的直流分压器二次回路应有充足、可用的备用光纤，备用光纤一般不低于在用光纤数量的（　　），且不得少于（　　）根，防止由于备用光纤数量不足导致测量系统不可用。

A．100%、3　　B．120%、5　　C．80%、2　　D．95%、4

答案：A

77．跳闸回路应采用（　　）触点，报警回路宜采用（　　）触点。

A．动合、动合　　B．动合、动断

C．动断、动合　　D．动断、动断

答案：A

78．金属回线纵差保护是（　　）。

A．检测金属回线上的接地故障　　B．检测中性母线上的接地故障

C．检测极母线上的接地故障　　D．检测接地极引线上的接地故障

答案：A

79．以下哪种 FACTS 装置是基于半控型器件即传统晶闸管的装置？（　　）

A．TCSC　　B．STATCOM

C. SSSC　　D. UPFC

答案：A

80. 下面哪个运行方式不是TCSC的运行方式？（　　）

A. 容抗调节　　B. 感抗调节　　C. 旁路模式　　D. 电阻调节

答案：D

81. 可控串联补偿中的晶闸管阀组（　　）。

A. 需要配置冷却系统　　B. 不需要配置冷却系统

C. 不一定

答案：A

82. 可控串联补偿是在电容器两端（　　）。

A. 并联一个晶闸管

B. 并联多个双向反并联晶闸管并串联一个电抗器

C. 并联多个二极管

D. 并联一个电抗器

答案：B

83. UPFC可以在（　　）个象限运行，所以能够非常灵活的补偿系统电压。

A. 1　　B. 2　　C. 3　　D. 4

答案：D

84. UPFC主要功能是由（　　）实现的。

A. 串联换流器　　B. 并联换流器

C. 晶闸管　　D. 补偿电容

答案：A

85. UPFC 的（　　）的控制由节点电压和直流侧电压两个控制目标的综合控制组成，实现节点电压的稳定控制和UPFC的功率平衡。

A. 串联变流器　　B. 并联变流器　　C. 串并联变流器

答案：B

86. UPFC的（　　）是控制潮流、串联电压补偿、串联阻抗补偿等控制目标的综合。

A. 串联变流器　　B. 并联变流器　　C. 串并联变流器

答案：A

87. 柔性直流输电又被称为（　　）直流输电。

A. 电流源换流器　　B. 电压源换流器

C. 换相换流器　　D. 多相换流器

答案：B

88. 下列哪一个缩写代表电压源换流器（　　）。

A. LCC　　B. VDC　　C. VSC　　D. VCC

答案：C

89. VSC 可以等效为一个无转动惯量的电动机或发电机，可以在 $P$–$Q$ 平面的（　　）个象限内实现有功功率和无功功率的独立控制。

A. 1　　B. 2　　C. 3　　D. 4

答案：D

90. 以下关于 VSC 控制的说法错误的是（　　）。

A. VSC 所用器件是双向可控的，既可以控制开通，又可以控制关断

B. 可以在 PQ 平面的 4 个象限内实现有功功率与无功功率的独立控制

C. VSC 有功功率的控制主要取决于控制换流器输出电压和交流母线电压的夹角 $\delta$

D. VSC 的无功功率控制主要取决于控制交流母线电压的大小

答案：D

91. 柔性直流输电的优势不包括（　　）。

A. 可以为无源系统供电　　B. 谐波水平低

C. 设备损耗小　　D. 改善电能质量

答案：C

92. 目前柔性直流输电普遍应用的换流器是（　　）。

A. 两电平　　B. 12 脉动晶闸管整流桥

C. 模块化多电平　　D. 三电平

答案：C

93. MMC 子模块运行在投入状态时（　　），子模块输出高电平。

A. IGBT1 开通，IGBT2 开通　　B. IGBT1 开通，IGBT2 关断

C. IGBT1 关断，IGBT2 开通　　D. IGBT1 关断，IGBT2 关断

答案：B

94. 根据完成的功能与控制的目标，产生换流阀基本模块的触发脉冲的控制由（　　）实现。

A. 系统级控制　　B. 换流站级控制

C. 换流阀级控制　　D. 子模块级控制

答案：C

95. 下面不属于 VSC-HVDC 调制方式的是（　　）。

A. SPWM　　B. 环流抑制

C. 最近电平逼近　　D. 消除特定次谐波

答案：B

96. 下面不属于柔性直流保护动作后果的是（　　）。

A．跳闸　　B．闭锁换流器
C．投保护晶闸管　　D．Y 闭锁
答案：D

97．以下不属于静止变频器 SFC 启动时保护的是（　　）。
A．差动保护　B．过流保护　C．过压保护　D．过频保护
答案：D

## 二、多选题

1．关于换流站控制系统，下列说法正确的是（　　）。
A．当运行系统发生紧急故障时，若另一系统处于备用状态，则系统切换。切换后紧急故障系统不能进入备用状态
B．当运行系统发生紧急故障时，如果另一系统不可用，则闭锁直流
C．当备用系统发生严重或紧急故障时，故障系统应退出备用状态
D．当运行系统发生紧急故障，而另一系统不可用时，紧急故障系统可继续运行
答案：ABC

2．换流站站用变如不能实现差动保护，电气量保护需配置（　　）。
A．重瓦斯　　B．电流速断保护
C．轻瓦斯　　D．过流保护
答案：BD

3．换流变压器（　　）时，不允许过负荷运行。
A．冷却器工作异常　　B．严重漏油
C．色谱分析异常　　D．有载调压开关异常
答案：ABCD

4．下列叙述属于换相失败特征的有（　　）。
A．关断角小于换流阀恢复阻断能力的时间
B．6 脉动逆变器的直流电压在一定时间下降到 0
C．直流电流短时增大，交流侧短时开路，电流减小
D．基波分量进入直流系统
答案：ABCD

5．直流系统流过的谐波产生的危害有（　　）。
A．对直流系统本身的危害　　B．对临近的通信系统产生危害
C．通过换流器对交流系统的渗透　　D．对临近的生物环境产生危害
答案：ABC

6．在（　　）情况下，可以合上 NBGS 断路器。

A．双极平衡运行　　B．单极大地回线运行方式
C．单极金属回线运行方式　　D．双极不平衡运行
答案：AC
7．在（　　）情况下，禁止合上 NBGS 断路器。
A．双极平衡运行　　B．单极大地回线运行方式
C．单极金属回线运行方式　　D．双极不平衡运行
答案：BD
8．安稳装置有（　　）功能。
A．启动紧急停运　　B．提升直流功率
C．降低直流功率　　D．改变系统电压
答案：ABC
9．直流系统低压限流（VDCOL）功能有（　　）作用。
A．在交流网络发生扰动时或扰动后防止功率不稳定
B．在交流和直流故障排除后确定一个快速可控的再启动
C．避免晶闸管发生连续换相失败
D．抑制在恢复期出现连续换相失败的可能性
答案：ABCD
10．换流站无功功率控制方式有（　　）。
A．定无功控制　　B．定电压控制　　C．定电流控制　　D．手动控制
答案：AB
11．换流站无功功率控制的作用是（　　）。
A．控制交流母线电压或交流系统的无功功率交换
B．滤除交流系统的谐波
C．稳定交流母线电压
D．降低电压
答案：AB
12．直流线路配置保护有（　　）。
A．直流线路行波保护　　B．直流线路纵差保护
C．直流线路突变量和欠压保护　　D．直流线路过电压保护
答案：ABC
13．直流有功功率控制方式有（　　）。
A．双极功率控制　　B．单极功率控制
C．单极电流控制　　D．紧急电流控制
答案：ABCD

14．站接地过流保护的动作后果有（　　）。

A．报警　　B．发双极平衡指令

C．切换控制系统　　D．合上 NBGS 断路器

答案：ABCD

15．结温过高保护的动作后果有（　　）。

A．限制电流增长　　B．快速减负荷

C．切换控制系统　　D．极闭锁

答案：AB

16．晶闸管关断的条件是（　　）。

A．阀电流下降到零　　B．阀电压正向

C．阀控制极加上适当的触发脉冲　　D．阀电压足够长的时间保持负值

答案：AD

17．两端直流输电系统的构成主要有下列哪些部分组成（　　）。

A．整流站　　B．逆变站

C．直流输电线路　　D．接地极

答案：ABC

18．直流输电系统可分为（　　）类型。

A．单极直流输电系统　　B．双极直流输电系统

C．背靠背直流输电系统　　D．多端直流输电系统

答案：ABCD

19．直流输电工程所采用的降压方法主要有（　　）。

A．加大整流器的触发角或逆变器的触发角

B．利用换流变分接头调节来降低换流器的交流侧电压，从而达到降低直流电压的目的

C．当直流输电工程每极有两组基本换流单元串联连接时，可以利用闭锁一组换流单元的方法，使直流电压降低 50%

D．当直流输电工程由孤立的发电厂供电或整流站采用发电机—变压器—换流器的单元接线方式时，可以考虑利用发电机的励磁调节系统来降低换流器交流侧的电压从而达到降低直流电压的目的

答案：ABCD

20．下列哪些保护属于交流滤波器大组保护（　　）。

A．交流滤波器母线差动保护　　B．滤波器和滤波器母线差动保护

C．电容不平衡保护　　D．滤波器联线过压保护

答案：ABD

21．直流线路保护包括（　　）。

A．直流线路行波保护　　B．微分欠压保护

C．直流线路纵差保护　　D．再启动逻辑

答案：ABCD

22．关于换流站非电量保护，下列说法正确的是（　　）。

A．换流站消防系统、空调系统相关保护不应发闭锁直流命令。如厂家有特殊要求，应经省级公司生技部审核后报总部生技部备案

B．换流变和平波电抗器本体重瓦斯应投跳闸

C．换流变和平波电抗器本体轻瓦斯、压力释放、速动压力继电器、油位传感器投报警，冷却器全停投报警

D．换流变有载分接开关仅配置了油流或速动压力继电器一种的，应投跳闸，配置了油流和速动压力继电器的，油流应投跳闸，压力应投报警

答案：ABCD

23．下列哪些保护属于直流滤波器保护（　　）。

A．失谐告警　　B．电容不平衡保护

C．直流滤波器差动保护　　D．直流滤波器过负荷保护

答案：ABCD

24．绝对最小滤波器组数不满足可能导致的后果有（　　）。

A．自动降功率　　B．自动投滤波器

C．自动切滤波器　　D．闭锁极

答案：ABD

25．降压运行方式时，需要特别注意监视的有哪些（　　）。

A．换流器冷却系统系统的温度是否过高

B．换流站消耗的无功功率是否太多，这将引起换流站交流母线电压的降低

C．换流站交流测和直流测的谐波分量是否超标

D．换流变压器和平波电抗器是否发热

答案：ABCD

26．高压断路器的作用（　　）。

A．切断和接通正常情况下高压电路中的空载电流和负荷电流

B．在系统发生故障时与保护装置及自动装置相配合

C．迅速切断故障电流，防止事故扩大，保证系统的安全运行

D．限制故障电流

答案：ABC

27．纵联保护发生下列（　　）情况之一时，需立即将两侧高频保护停用。

A．通道异常

B．收发信机装置或高频装置异常告警

C．直流电源消失

D．正常励磁的继电器失磁复归或正常不励磁的继电器处于动作状态

**答案：**ABCD

28．运行期间，换流变压器及油浸式平波电抗器的（　　）保护应投跳闸。

A．轻瓦斯

B．重瓦斯

C．换流变压器有载分接开关油流保护

D．换流变压器有载分接开关压力释放保护

**答案：**BC

29．断路器、隔离开关和接地隔离开关电气闭锁回路应直接使用（　　）、（　　）、（　　）的辅助触点，严禁使用重动继电器操作断路器、隔离开关等设备时，应确保待操作设备及其状态正确，并以现场状态为准。

A．断路器　　B．隔离开关　　C．接地隔离开关　　D．变压器

**答案：**ABC

30．和固定串联补偿相比较，可控串联补偿有哪些优点（　　）。

A．可进行连续调节

B．可抑制次同步振荡

C．故障时可限制短路电流

D．控制策略较简单，对阀组冷却要求低

**答案：**ABC

31．串联补偿装置所在电网继电保护应考虑串联补偿装置的哪些影响（　　）。

A．串联电容补偿度、电压反向、电流反向　　B．暂态低频分量、LC 谐振

C．电容的过电压保护性能　　D．电压互感器安装位置

**答案：**ABCD

32．带可控串联补偿及可控电抗器的 750kV 输电线路保护研究取得了哪些突破（　　）。

A．分析了故障分量电流差动保护应用于带有可控串联补偿和可控电抗器的 750kV 输电线路时的灵敏性问题，提出了适用于带有可控串联补偿和可控电抗器的 750kV 输电线路光纤差动保护时域电容电流补偿方法

B．提出了适用于带有可控串联补偿输电线路的串联补偿前后故障识别技术、长距离输电线路距离保护新技术、快速距离 I 段保护新原理

C．提出了适用于带有可控串联补偿和可控电抗器的 750kV 输电线路保护新原理，包括纵联参数保护新原理、综合阻抗保护新原理、阻抗纵联保护新原理等

D．提出了带有可控串联补偿和可控电抗器的 750kV 输电线路继电保护的配置选型、整定计算及运行维护等应用建议

答案：ABCD

33．实际工程中通常 TCSC 只采用哪几种运行模式（　　）。

A．容性微调模式　　B．感性微调模式

C．闭锁模式　　D．旁路模式

答案：ACD

34．TCSC 应配置晶闸阀相关保护，包括（　　）。

A．阀过载保护　　B．阀故障保护　　C．冷却系统故障保护

答案：ABC

35．当系统发生短路故障时，为了限制 TCSC 两端的过电压，主要采取哪些过电压保护及控制措施（　　）。

A．使用非线性电阻限压器（MOV）限制 TCSC 两端的电压，当 TCSC 两端电压升高到一定程度后，流过 MOV 的电流上升，等值阻抗下降，限制过电压

B．当 MOV 的负载达到一定水平时，由 TCSC 的控制系统起动保护性旁路模式，将 TCSC 的工作状态由容性改为低电抗的感性模式，进一步降低 TCSC 过电压

C．当短路故障消除后，TCSC 应尽快返回到容性工作状态，以提高线路的输送能力和系统的稳定水平

D．当 MOV 的负载达到一个更高的水平时，采用 MOV 及晶闸管旁路的手段不足以将过电压限制在保护水平，则闭合旁路断路器

答案：ABCD

36．关于 TCSC 的工作模式，下列描述正确的是（　　）。

A．晶闸管阀组处于闭锁状态，此时 TCSC 相当于一个固定串联补偿

B．晶闸管阀组处于全导通状态，此时 TCSC 处于暂时退出状态

C．晶闸管阀组处于部分导通状态，此时 TCSC 处于控制状态

答案：ABC

37．串联补偿设备保护动作出口主要有（　　）。

A．合旁路开关　　B．触发间隙　　C．联动线路

答案：ABC

38．可控串联补偿的主要设备有串联隔离开关、接地隔离开关、旁路隔离开关、旁路开关、间隙、阻尼装置、（　　）。

A．串联电容器组　　B．晶闸管阀

C．阀控电抗器　　D．金属氧化物限压器

答案：ABCD

39．串联补偿接入后对线路保护的影响描述正确的是（　　）。

A．线路对侧母线出口故障，欠范围距离保护可能超越动作

B．本线路正向电容出口短路，距离保护可能拒动

C．邻线串联补偿背后短路，距离保护可能误动

D．本线路正向电容出口短路，两侧电流基本同向，差动灵敏度下降

E．本线路正向电容出口短路，采用线路电压互感器时本侧零序功率可能误判为反方向

答案：ABCDE

40．以下哪些 FACTS 装置是串联型装置（　　）。

A．TCSC　　B．STATCOM　　C．SSSC　　D．UPFC

答案：AC

41．以下哪些 FACTS 装置是并联型装置（　　）。

A．TCSC　　B．STATCOM　　C．SVC　　D．UPFC

答案：BC

42．UPFC，可同时控制（　　）等参数，调节系统潮流。

A．线路阻抗　　B．电压幅值

C．电压相位　　D．频率

答案：ABC

43．UPFC 的典型应用场景有哪些（　　）。

A．电网潮流复杂多变，应用 UPFC 优化区域潮流分布

B．输电断面、线路潮流分布不均匀，应用 UPFC 提高断面、通道输电能力

C．远距离大容量交流输电存在的动态稳定问题，应用 UPFC 提高系统阻尼

D．电网存在电压稳定问题，应用 UPFC 提高动态无功支撑，提高电压稳定性

答案：ABCD

44．UPFC 控制系统分为（　　）。

A．系统级控制层　　B．换流器级控制层

C．晶闸管级控制层　　D．阀级控制层

答案：ABD

45．UPFC 串联变流器可采用的控制模式有（　　）。

A．电压调节模式　　B．输电线阻抗补偿模式

C．相角调节模式　　D．潮流控制模式

答案：ABCD

46．UPFC 投运后，将影响电网系统（　　）保护。

A．距离保护　　B．差动保护

C．工频变化量方向保护　　D．零序电流保护

答案：AC

47．UPFC 装置可以看作由 STATCOM 和 SSSC 并联形成，通过调整相应的控制策略，可以使 UPFC 作为 STATCOM 运行，只实现（　　）的功能，或作为 SSSC 运行，只实现（　　）的功能；也可以（　　）整体投入运行，作为 UPFC 实现本身的功能。

A．并联侧　　B．串联侧　　C．串并联侧

答案：ABC

48．UPFC 的主要功能包括（　　）。

A．控制电网潮流　　B．提高电网无功电压控制水平

C．限制短路电流　　D．降低电网损耗

答案：ABCD

49．UPFC 所接入的线路发生永久性故障后，UPFC 的保护动作结果包括（　　）。

A．闭锁相应的串联侧换流器　　B．导通相应的晶闸管旁路开关（TBS）

C．旁路相应串联变压器的机械旁路开关　　D．重新启动相应的串联侧换流器

答案：ABC

50．UPFC 可根据系统需要，选择（　　）作为控制目标。

A．电压调节　　B．串联补偿

C．相角调节　　D．综合潮流控制

答案：ABCD

51．UPFC 的保护区域划分包括系统接入区、换流阀区、直流区、（　　）。

A．并联变压器区　　B．串联变压器区

C．并联变压器阀侧区　　D．串联变压器阀侧区

答案：ABCD

52．下面属于柔性直流应用领域（　　）。

A．大城市电网供电　　B．异步电网互联

C．风电接入　　D．小岛供电

答案：ABCD

53．柔性直流输电的优势包括（　　）。

A．没有无功功率补偿问题　　B．没有换相失败问题

C．可以为无源系统供电　　D．占地面积小

答案：ABCD

54．下面属于柔性直流换流器拓扑的是（　　）。

A．两电平　　B．6 脉动晶闸管整流桥

C．模块化多电平　　D．三电平

答案：ACD

55．MMC 的优势体现在（　　）。

A．避免了大规模器件压接式串联，制造难度下降

B．开关频率低，谐波少，损耗小

C．输出波形质量高

D．器件数量少

答案：ABC

56．根据每个 IGBT 导通情况不同，MMC 子模块运行状态包括（　　）。

A．闭锁状态　　B．投入状态

C．旁路状态　　D．切除状态

答案：ABD

57．下列关于 MMC 的说法正确的是（　　）。

A．MMC 每个相单元中同时投入运行的子模块个数始终相等，以维持直流电压恒定

B．通过分配上下桥臂子模块投入运行数量，完成换流器交流侧输出电压的阶梯状输出

C．若每个 MMC 相单元由 $2N$ 个子模块串联而成，则上下桥臂分别有 $N$ 个子模块，可以构成 $N+1$ 个电平

D．任意时刻都要保证一个相单元中总有一半的子模块投入

答案：ABCD

58．属于外环功率控制器控制的有功功率类物理量有（　　）。

A．交流侧或直流侧有功功率　　B．交流侧无功功率

C．直流侧电压　　D．交流系统频率

答案：ACD

59．属于外环功率控制器控制的无功功率类物理量有（　　）。

A．交流侧或直流侧有功功率　　B．交流侧无功功率

C．交流侧电压　　D．交流系统频率

答案：BC

60．同伪双极接线相比，真双极接线具有（　　）特点。

A．投资较高　　B．可靠性低

C．控制系统复杂　　D．传输容量较小

答案：AC

61．下面属于已建或者在建的柔性直流输电工程（　　）。

A．南汇工程　　B．舟山五端工程

C．哈郑工程
D．南澳工程

答案：ABD

62．柔性直流换流站的主要设备包括（　　）。

A．换流阀
B．阀电抗器
C．联结变压器
D．启动电阻

答案：ABCD

63．柔性直流控制保护分层结构包括（　　）。

A．系统监视与控制层
B．控制保护层
C．现场 IO 层
D．子模块控制层

答案：ABC

64．根据完成的功能与控制的目标，换流站控制可以分为（　　）。

A．系统级控制
B．换流站级控制
C．换流阀级控制
D．子模块级控制

答案：ABCD

65．下面属于柔性直流分区保护区域的有（　　）。

A．联结变压器保护区
B．交流连接母线保护区
C．换流阀保护区
D．直流母线保护区和直流线路保护区

答案：ABCD

66．下面各区保护在直流保护中实现的有（　　）。

A．联结变压器保护区
B．交流连接母线保护区
C．换流阀保护区
D．直流母线保护区和直流线路保护区

答案：BD

67．下面属于柔性直流控制范围的包括（　　）。

A．有功功率控制
B．顺序控制
C．交流电压控制
D．直流电压控制

答案：ABCD

68．下面属于柔性直流运行模式的有（　　）。

A．两端直流运行
B．STATCOM 运行
C．多端直流运行
D．OLT

答案：ABC

69．柔性直流保护动作后果包括（　　）。

A．报警
B．永久性闭锁
C．交流断路器跳闸
D．交流断路器锁定

答案：ABCD

70．换流器区保护配置包括（　　）。

A．桥臂过流保护　　B．交流过电压保护

C．阀侧零序过压保护　　D．桥臂电抗差动保护

答案：ABCD

71．下面属于联结变压器保护的有（　　）。

A．联结变压器引线差动保护　　B．联结变压器过流保护

C．热过负荷保护　　D．联结变压器差动保护

答案：ABCD

72．下面属于柔性直流控制方面的特点（　　）。

A．增加短路容量　　B．不需交流电网电压支撑

C．具备黑启动　　D．有功无功解耦控制

答案：BCD

73．常见的柔性直流输电保护动作有哪几种（　　）。

A．告警和启动录波　　B．控制系统切换

C．闭锁触发脉冲　　D．极隔离

E．跳开交流侧断路器

答案：ABCDE

74．相比于 SVC 和 STATCOM，调相机的优点是（　　）。

A．具备过载能力且无功功率输出受系统电压影响小

B．具备进相能力

C．稳态调节速度快

D．运行稳定性好

E．使用寿命长，占地面积小

答案：ABDE

75．新一代调相机与传统同步调相机的区别，下列正确的是（　　）。

A．传统调相机主要用于稳态无功功率调节，强调其稳态连续无功功率输出能力。新一代调相机功能定位是暂态、次暂态特性优，短时过载能力强。

B．新一代调相机具有更快的动态响应速度

C．次暂态电抗更小，在故障瞬间可以立即发出大量无功功率

D．次暂态电抗更大，在故障瞬间可以立即发出大量无功功率

答案：ABC

76．调相机主要用于解决哪些问题（　　）。

A．解决受端低电压问题。特高压直流受端电网动态无功功率不足，调相机在电网故障时为受端电网提供无功功率支撑，提高换相失败恢复能力，强调快速响应

能力

B．解决送端过电压问题。特高压直流弱送端电网短路容量支撑不足，在直流换相失败后吸收过剩无功功率，防止系统电压抬升

C．提升直流输电限额。高比例受电地区电压支撑不足，特高压直流无法满功率运行，调相机可以为电网提供强大无功功率支撑，有效提升直流输电限额

答案：ABC

77．SFC 静止变频器的主要组成部分包括（　　）。

A．隔离变压器　　B．整流装置

C．逆变装置　　D．直流电抗

答案：ABCD

78．直流输电受端系统换相失败对调相机（　　）有要求，受端系统电压大幅跌落对调相（　　）有要求（　　）。

A．次暂态特性　　B．暂态特性　　C．稳态特性

答案：AB

79．调相机失磁保护可采用（　　）电气判据。

A．无功反向　　B．阻抗圆

C．转子低电压　　D．机端低电压

答案：ACD

80．大容量调相机定子接地保护配置可采取（　　）方案。

A．基波零序电压型　　B．三次谐波电压型

C．注入式接地保护　　D．乒乓式接地保护

答案：ABC

81．调相机变压器保护根据保护范围包含（　　）、（　　）、（　　）、（　　）等功能。

A．调相机保护　　B．升压变保护

C．励磁变保护　　D．转子一点接地保护

E．SFC 保护

答案：ABCD

82．调相机升压变差动保护采用（　　）电流互感器，变比应合理选择，不应使平衡系统大于（　　）。

A．TPY 型　　B．P 型　　C．4　　D．10

答案：AD

83．调相机误上电保护是为了防止以下哪种情况（　　）。

A．调相机盘车时，断路器误合，造成调相机异步启动

B．调相机升速过程中突然接入电网

C．非同期合闸

**答案**：ABC

84．调相机 SFC 变频启动流程包括（　　）。

A．SFC 闭合进线侧断路器（ICB），按照设定曲线加速

B．当机组拖动至 1.05 倍转速后断开 SFC，SFC 退出运行，起动励磁退出运行

C．励磁切换至自并励，且将机端电压升至额定电压

D．机组惰速捕同期并网

**答案**：ABCD

## 三、判断题

1．特高压直流输电系统换流装置的发生的逆弧故障是指桥臂短路故障。（　　）

**答案**：√

2．直流输电系统中换流装置的桥臂短路故障只可能发生在桥臂的反向电压阻断期间。（　　）

**答案**：×

3．直流输电系统中的整流桥臂在反向电压下发生反向导通时故障阀的电流波形在一个周期内有 2 个下降沿。（　　）

**答案**：√

4．换流桥直流端母线短路是指换流桥出线至直流线路电抗器之间发生的短路故障。（　　）

**答案**：√

5．触发角过小可能造成换相失败。（　　）

**答案**：√

6．逆变器发生换相失败时直流电流等于 0，交流电流不等于 0。（　　）

**答案**：×

7．理论上，输电线路的输电能力与线路电压的平方成反比，与输电线路的波阻抗成正比。（　　）

**答案**：×

8．自然功率是在输电线路首端连接幅值为标称电压 $U_n$ 的电源、末端连接幅值与线路波阻抗相等的电阻负荷时所输送的功率。（　　）

**答案**：√

9．建设特高压电网，可以大幅度提高电网自身的安全性、可靠性、灵活性和经济性，并具有显著的社会综合效益。（　　）

**答案**：√

10．美国从 20 世纪 80 年代后半期就开展了特高压输电技术的研究。（　　）

答案：×

11．日本是世界第一个建成交流特高压工程并投入工业化运行的国家。（　　）

答案：×

12．试验观测结果表明，如果特高压线路采用合理的导线结构和布置方式，不会对人类生活及其所依赖的生态环境造成危害，各项环境影响的控制指标甚至可能低于已运行的 500、750kV 超高压线路。（　　）

答案：√

13．国家电网公司党组在已有工作成果基础上，根据经济发展和技术进步的新形势，经过广泛调研，慎重研究，于 2004 年底明确提出“加快建设以百万伏级交流和±800kV 级直流系统特高压电网为核心的坚强国家电网”的战略目标。（　　）

答案：√

14．通过大量研究比对和科学论证，确定了晋东南—荆门输电线路为交流特高压试验示范工程的优选方案。（　　）

答案：√

15．±800kV 直流输电方案的单位输送容量投资约为±500kV 直流输电方案的 72%。（　　）

答案：√

16．特高压输变电工程的建设一般要经过特高压输电技术试验研究、特高压输变电设备研制、特高压输变电设备运行考核等几个阶段。（　　）

答案：√

17．在输送相同功率的情况下，1000kV 线路的最远送电距离可以达到 500kV 线路的 2 倍。（　　）

答案：×

18．国务院发展研究中心在《我国能源输送方式研究》报告中明确提出“输电与输煤并举，优先发展输电”的方针。（　　）

答案：√

19．建设坚强的特高压交流同步电网，不仅能够解决西北大煤电和部分西南水电的电力送出问题，还能够形成坚强的特高压受端电网，为西南水电的大规模送入和东部大核电基地的开发提供坚强的电网支撑。（　　）

答案：√

20．特高压输电线路的无功功率补偿仅依靠固定高压并联电抗器加低压无功补偿设备的模式不够灵活方便如果用串联电容器补偿代替固定电抗补偿，则能兼顾限制工频过电压和调节无功功率的需求。（　　）

**答案：**×

21．电力系统内部过电压是指由于电力系统故障或者断路器操作而引起电网中电磁能量的转化，从而造成瞬时或持续时间较长的高于电网额定工作电压并对电气装置造成威胁的电压升高内部过电压是电力系统中的一种电磁暂态现象。（　　）

**答案：**√

22．操作过电压具有幅值高、存在高频振荡、阻尼较强以及持续时间长等特点操作过电压对电气设备绝缘和保护装置的影响主要取决于其幅值、波形和持续时间。（　　）

**答案：**×

23．我国超高压输电线路一般都采用三相重合闸，以提高系统运行的稳定水平为了提高三相重合闸的成功率，应注意重合闸过程的潜供电流和恢复电压问题。（　　）

**答案：**×

24．谐振过电压是决定特高压输电系统绝缘水平的最重要依据。（　　）

**答案：**×

25．特高压系统主要考虑三种类型操作过电压：合（包括单相重合闸）、分闸和接地短路过电压。（　　）

**答案：**√

26．特高压输电线路杆塔较高，绝缘水平高，能引起线路跳闸的雷电过电压主要是雷电感应过电压。（　　）

**答案：**×

27．对特高压变电站采取合理设置避雷器（包括数量、位置）是最重要的防雷保护手段。（　　）

**答案：**√

28．特高压输电线路的高电压导体需要用绝缘子与不同电位的导体、杆塔、构架、大地等隔离开来，绝缘子的型式主要分电瓷、玻璃和有机绝缘三种类型。（　　）

**答案：**√

29．交流特高压输电线路设计需要考虑以下几方面的关键技术：导线选型及分裂型式电磁环境影响、绝缘配合、大跨越设计技术、绝缘子金具防电晕、杆塔方案及荷载、导线对地距离及交叉跨越等。（　　）

**答案：**√

30．由于电压等级的提高，特高压输电线路金具除了具有超高压金具的基本特征外，还要满足在保护绝缘子、屏蔽电晕和无线电干扰方面的更高要求在选择特高压金具时，首先应注意机械及电气两方面的安全可靠性，其次要注意选用高强度材料金具，以缩小结构尺寸。（　　）

**答案：**√

31．根据设计部门的计算，对于超长距离、超大容量输电±800kV 直流输电方案的单位输送容量结合造价约为±500kV 直流输电方案的 75%节省工程投资效益显著。（　　）

**答案：**√

32．±800kW、640 万 kW 特高压直流输电方案的线路走廊为 76m，单位走廊宽度输送容量为 8.4 万 kW/m 由于单回线路输送容量大，显著节省山谷、江河跨越点的有限资源。（　　）

**答案：**√

33．特高压直流输电具备点对点超远距离、超大容量送电能力主要定位于我国西南大水电基地和西北大煤电基地的超远距离，超大容量外送。（　　）

**答案：**√

34．由于特高压直流输电系统采用对称双极结构，每站每极采用了（500＋500）kV 的换流器串联接线方案，这种多方面对称式的设计使持高压直流系统有更多接线方式，运行方便灵活，可性高。（　　）

**答案：**×

35．换流站内的换流器在正常的运行状态下，需要对电压和电流在某些相对固定的位置进行截断和导通控制，因此，换流器交、直流两侧的电流和电压状态量中，除工频交流和直流主要分量外，还有众多的频率为工频及奇数倍的谐波分量。（　　）

**答案：**×

36．对于特高压直流输电线路的建设，尤其需要重视电晕效应、绝缘配合、电磁环境影响方面的研究。（　　）

**答案：**√

37．在直流电压下，空气中的带电微粒会受到旋转电场力的作用被吸附到绝缘子表面，这就是直流的“静电吸尘效应”。（　　）

**答案：**×

38．直流输电线路的绝缘配合设计就是要解决线路杆塔和档距中央各种可能的间隙放电，包括导线对杆塔，导线对避雷线、导线对地，以及不同极导线之间的绝缘选择和相互配合。（　　）

**答案：**√

39．与平原地区相比，高海拔地区的变电设备的外绝缘要选择较低的绝缘配置。（　　）

**答案：**×

40．交流输电路电磁环境影响主要考虑工频电场、工频磁场、无线电干扰和可听噪声 4 个指标直流输电线路的电磁环境指标主要考虑直流电场、离子流、直流磁场、可听噪声和无线电干扰。（　　）

**答案：**√

41．新投入运行的线路的可听噪声和无线电干扰比运行一段时间后的小。（　　）

答案：×

42．架空输电线路发生电晕放电时，会向空中辐射电磁波，可能对线路附近的无线电和电视接收产生干扰从频谱特性看，输电线路的无线电干扰水平在低频段较低。（　　）

答案：×

43．直流输电线路下的空间电场由两部分合成：一部分由导线所带电荷产生，这种场与导线排列的几何位置有关，与导线的电压成正比，通常称之为静电场或标称电场：另一部分由空间电荷产生这两部分电场的相量迭加，称为合成电场。（　　）

答案：√

44．采用增加分裂导线数目和增大子导线截面等措施可以限制输电线路的无线电干扰和可听噪声。（　　）

答案：√

45．铁路运输具有安全、快捷、稳定等固有优势，现有的运输条件完全可以满足特高压变压器的运输要求。（　　）

答案：×

46．特高压配电装置主要可分为空气绝缘敞开式配电装置（AIS）和 $SF_6$ 气体绝缘金属封闭配电装置（GIS）两种型式。（　　）

答案：√

47．我国开发特高压可控电抗器的总体思路是首先开发 1000kV 固定高压并联电抗器和 500kV 可控高压并联电抗器，在此基础上开发特高压可控电抗。（　　）

答案：√

48．直流工程中，送端进行整变换的地方叫整流站，而受端进行逆变变换的地方叫逆变站。（　　）

答案：√

49．背靠背直流系统是输电线路长度为零的两端直流输电系统。（　　）

答案：√

50．单极系统的接线方式只有单极金属回线方式一种。（　　）

答案：×

51．直流输电不存在交流输电的稳定性问题，有利于远距离大容量送电。（　　）

答案：√

52．为了得到换流变压器侧绕组的电压相位差 30°，其阀侧绕组的接线方式必须一个为星形接线，另一个为三角形接线。（　　）

答案：√

53．可能发生谐波不稳定是等触发角控制方式的主要缺点。（　　）

答案：√

54．如果交流系统三相电压对称，在等相位间隔控制作用下，各间的触发角是不相等的。（　　）

答案：×

55．在高压直流输电控制系统中，换流器控制是基础，它主要通过对换流器触发脉冲的控制和对触发角的控制，完成对直流传输功率的控制。（　　）

答案：×

56．高压直流输电工程的基本控制原则是电流裕度法。（　　）

答案：√

57．正常运行时，通常以逆变侧定直流电流运行，整流侧定关断角或直流电压运行。（　　）

答案：×

58．设置低压限流特性的目的是改善故障后直流系统的恢复特性。（　　）

答案：√

59．整流侧直流电压控制的主要目的是控制功率。（　　）

答案：×

60．直流输电起停控制主要包括直流输电系统从停运状态转变到运行状态以及输送功率从零增加到给定值或从运行状态转变到停运状态的控制功能。（　　）

答案：√

61．直流输电系统在运行中发生故障，保护装置动作后的停运称为保护停运。（　　）

答案：×

62．自动再起动用于在直流输电架空线路瞬时故障后，迅速恢复供电的措施。（　　）

答案：√

63．高压直流输电系统一般有定功率和定电压两种基本的输电控制模式。（　　）

答案：×

64．功率控制有手动控制和自动控制两种运行控制方式。（　　）

答案：√

65．换流站装设的无功功率补偿设备通常有交流滤波器、并联电容器、并联电抗器等。（　　）

答案：√

66．无功功率控制器通常具有手动和自动两种运行方式。（　　）

答案：√

67．换流变压器分接头控制是直流输电控制系统中用于自动调整换流变压器相位的一个环节，其目的是为了维持整流器的触发角（或逆变器的关断角）在指定范围内或者

维持直流电压或换流变压器阀侧绕组空载电压在指定的范围内。(　　)

答案：×

68. 直流输电运行人员控制是为运行人员运行直流输电运行而设的控制、操作及监视功能。(　　)

答案：√

69. 控制保护系统通常由蓄电池系统直接供电，蓄电池通过站用交流电源浮充电运行。(　　)

答案：√

70. 为了保证系统的可靠性，蓄电池及充电系统都应只有一套。(　　)

答案：×

71. 换相失败是换流内部或外部绝缘损坏被短接造成的故障，这是换流器最为严重的一种故障。(　　)

答案：×

72. 直流侧出口短路是指换流器直流端子之间发生的短路故障。(　　)

答案：√

73. 整流器直流侧出口短路与阀短路的最大不同是换流器的阀仍可保持双向导通的特性。(　　)

答案：×

74. 直流输电换流器由控制系统的触发脉冲控制，保证直流系统的正常运行。(　　)

答案：√

75. 换流器控制系统的故体现在触发脉冲不正常，从而使换流器工作不正常。(　　)

答案：√

76. 直流极母线故障主要指接在母线上的无功补偿设备发生对地闪络故障。(　　)

答案：×

77. 直流极母线故障在整流站像是换流器直流出口对地短路，在逆变站像是直流线路末端对地短路。(　　)

答案：√

78. 直流滤波器一般接在直流极母线和中性母线之间。(　　)

答案：√

79. 交流系统故障对直流系统的影响是通过加在换流器上的直流电流的变化而起作用的。(　　)

答案：×

80. 直流线路故障，一般是以遭受雷击、污秽或树枝等环境因素所造成线路绝缘水平下降而产生的对地闪络为主。(　　)

答案：√

81．换流器的过流保护是主保护，电流差动保护是其后备保护。（　　）

答案：×

82．直流线路故障的主保护是直流线路行波保护。（　　）

答案：√

83．特征谐波是指在理想的条件下，单纯由于换流产生的谐波。（　　）

答案：√

84．最常用的直流滤波器为双调谐滤波器。（　　）

答案：√

85．直流输电工程的最小输送功率主要取决于工程的最小直流电流，而最小直流电流则是由最小触发角来决定的。（　　）

答案：×

86．直流系统降压运行时换流器的触发角比额定电压运行时要小。（　　）

答案：×

87．直流输电的潮流反转有正常潮流反转和非正常潮流反转。（　　）

答案：×

88．双极两端中性点接地的直流系统，只允许在双极完全对称的运行方式下采用站内接地网。（　　）

答案：√

89．直流输电的潮流反转有手动潮流反转和自动潮流反转。（　　）

答案：√

90．换流变压器的损耗也和电力变压器一样有空载损耗和负荷损耗。（　　）

答案：√

91．在直流输电系统中，为实现换流所需的三相桥式接流器的桥臂，称为换流阀。（　　）

答案：√

92．换流变压器与换流阀一起实现交流电与直流电之间的相互转换。（　　）

答案：√

93．交流滤波器与直流滤波器一起构成换流站直流侧的直流谐波滤波回路。（　　）

答案：×

94．换流器消耗的无功功率与直流输电的直流电压成正比。（　　）

答案：×

95．根晶闸管需要在阳极和阴极之间加有正向电压并且控制极上有足够强度的触发脉冲才能导通。（　　）

答案：√

96．紧急移相是将触发角迅速增加到 90°以上，将换流器从逆变状态变到整流状态，以减小故障电流，加快直流系统能量释放，便于换流器闭锁。（  ）

答案：×

97．电压应力保护的目的是通过连锁换流变压器分接开关，避免交流电压对所有换流设备产生过高的电气应力.避免阀避雷器过应力以及换流变压器过励磁。（  ）

答案：√

98．直流保护配置原则是可靠性、灵敏性，选择性、快速性、可控性、安全性、可修性。（  ）

答案：√

99．直流保护特点是微机化，与直流控制系统关系密切、多重冗余配置。（  ）

答案：√

100．直流输电系统的直流侧设备中流过谐波电流只会对直流系统本身造成危害。（  ）

答案：×

101．直流输电控制系统由换流控制级、单独控制级、换流器控制级、极控制级、双极控制级和系统控制级组成。（  ）

答案：√

102．直流输电系统的优点包括输电线路造价低；实现两端交流系统的非同步联网，并可隔离两端交流系统干扰的相互影响；交直流并联可用于提高交流系统的稳定性；输送功率的快速调节，控制能力强。（  ）

答案：√

103．两端直流输电系统由整流站和逆变站组。（  ）

答案：×

104．两端直流输电系统可分为单极系统、双极系统和背靠背直流输电系统三种类型。（  ）

答案：√

105．6 脉动换流器在交流侧和直流分别产生（12K±1）次和 12K 次特征谐波，12 脉动换流器在交流侧和直流侧分别产生（6K±1）次和 6K 次特征特谐波。（  ）

答案：×

106．换流器触发相位控制有等触发角控制和等相位间隔控制两种控制方式。（  ）

答案：√

107．直流输电系统的启停包括正常起动、正常停运、故障紧急停运这三种方式。（  ）

答案：×

108．换流器故障可分为主回路故障和控制系统故障两种类型。（　　）

答案：√

109．直流线路断线将造成直流系统开路，直流电流下降到零，整流器电压上升到最大限值。（　　）

答案：√

110．直流输电系统潮流反转可分为手动潮流翻转和自动潮流翻转以及正常潮流翻转和紧急潮流翻转。（　　）

答案：√

111．直流输电工程由于绝缘问题或检修状态下需要降低直流电压运行。（　　）

答案：×

112．直流输电工程不能运行在双极电压和电流均不对称方式。（　　）

答案：×

113．根据电流裕度控制原则，逆变器也需装设电流调节器，不过逆变器定电流调节器的整定值比整流器小因而在正常工况下，逆变器定电流调节器不参与工作。（　　）

答案：√

114．“误开通”的特征是：整流侧发生误开通时，因直流电压稍有上升，使直流电流也稍有上扬：逆变侧发生误开通时直流电压下降或发生换相失败，使直流电流增加。（　　）

答案：√

115．金属回线转换断路器（MRTB）保护的目的是当电流从大地回线向金属回线转移失败时，保护金属回线转换断路器其工作原理是测量两条接地极引线的直流电流，当断路器断开并直流电流在一定时间后仍不为零，保护动作。（　　）

答案：√

116．1000kV 荆门—南阳—长治特高压交流示范工程主变压器为自耦变。（　　）

答案：√

117．2009 年 1 月 6 日 1000kV 荆门—南阳—长治特高压交流示范工程正式投入运行。（　　）

答案：√

118．1000kV 荆门—南阳—长治特高压交流示范工程首次实现华北和华中交流联网。（　　）

答案：×

119．淮南—皖北—浙北—沪西特高压交流示范工程采用单回线路输电。（　　）

答案：×

120．1000kV 荆门—南阳—长治特高压交流示范工程主变压器采用有载调压方式。（　　）

答案：√

121．当特高压线路上发生故障，导致一侧保护动作跳开三相时，保护装置向对侧发远方三相跳闸信号，对侧收到远跳信号后，直接跳三相。（　　）

答案：√

122．1000kV 荆门—南阳—长治特高压交流示范工程的变压器由本体变压器和调压补偿变压器两部分组成。（　　）

答案：√

123．特高压变压器保护的主变压器保护对调压变压器和补偿变压器内部故障具有灵敏度，因此不需要配置独立的调压补偿变压器保护。（　　）

答案：√

124．特高压线路光纤差动保护必须考虑暂态电容电流的影响。（　　）

答案：√

125．特高压输电线路输送潮流只和自然功率有关。（　　）

答案：×

126．特高压输电线路加装串联补偿电容的目的是提高线路输送能力。（　　）

答案：√

127．交直流混联电网的换流器与交流同步电网中的发电机不同，整流侧换流器不能提供短路电流，逆变侧换流器由于换相失败，控系统的调节作用等，其故障时不具备交流发电机的故障特征。（　　）

答案：√

128．交直流混联电网交流系统故障时，对交流被保护元件而言，其背侧系统的正负序阻抗幅值和相角相等。（　　）

答案：×

129．特高压线路中串联补偿电容的引入缩短了距离保护的保护范围。（　　）

答案：×

130．直流输电采用单极大地回线运行方式时，容易引起电网中变压器的直流偏磁现象。（　　）

答案：√

131．直流输电换流变压器的短路阻抗在阀臂短路时起着限制故障电流的作用，一般取 16%～19%。（　　）

答案：√

132．直流滤波器的主要作用是防止换流器换流所产生的谐波电流对通信系统的干

扰，而背靠背换流站可以不装设直流滤波器。（　　）

答案：√

133．整流器和逆变器均需要吸收无功功率。（　　）

答案：√

134．直流输电保护应不依赖于两换流站之间的通信系统。（　　）

答案：√

135．直流输电控制系统故障有误触发、不触发两种。（　　）

答案：√

136．接地极的作用是钳制中性点电位和为直流电流提供返回通路。（　　）

答案：√

137．忽略换流器的损耗，交流功率一定等于直流功率。（　　）

答案：√

138．单调谐滤波器：由电阻 $R$、电感 L 和电容 C 等元件串联组成的滤波电路。它在某一低次谐波（或接近低次谐波）率的阻抗最小，它是一种并联滤波器，可同时抑制两种谐波。（　　）

答案：×

139．双调谐滤波器：对两种低次谐波同时具有很低的阻抗，可同时抑制两种特征谐波。（　　）

答案：√

140．双桥逆变器当熄弧角过小时双桥逆变器会发生换相失败，导致逆变器直流侧短时间的短路，直流电流偏低。（　　）

答案：×

141．双桥逆变器如果发生连续换相失败，则直流电流增加过多，直流控制与保护系统将动作，采取故障紧急移相的控制措施，使高压直流输电系统单极或双极停止运行。（　　）

答案：√

142．双桥逆变器如果只是发生一次换相失败，直流电流增高较小，整流侧定直流电流控制动作，很快就能将直流电流调回到整定值。（　　）

答案：√

143．采用普通晶闸管换流阀进行换流的高压直流输电换流站，一般均采用电网电源换相控制技术，其特点是换流器在运行中要从交流系统吸取大量的无功功率。（　　）

答案：√

144．软起动方式可有效防止直流输电线路的对地电容和直流电抗器之间的谐振造成的过电压，直流电流的断续的发生和直流功率突变对交流系统的大扰动。（　　）

答案：√

145．直流电流为恒定（平波电抗器 $L_d$ 阻止了 $I_d$ 的变化），由于每个阀导通 120°，交流线电流变成幅值为 $I_d$ 宽度为 120°的方波，则交流线电流的波形与 $\alpha$ 无关，只有相位移随 $\alpha$ 而变化。（　　）

答案：√

146．在直流输电系统中，通常用在换流器两侧设置滤波器的方法来消除换流器运行中产生的各次谐波滤波器通常调谐在换流器的特征谐波频率处就近构成特征谐波回路，避免谐波电流进入交、直流线路对通信及其他通信设施产生影响。（　　）

答案：√

147．直流输电线路的绝缘配合设计就是要解决线路杆塔和档距中央各种可能的间隙放电，包括导线对杆塔、导线对避雷线、导线对地，以及不同极导线之间的绝缘选择和相互配合。（　　）

答案：√

148．绝缘配合的基本原则就是研究分析可能作用于设备的各种电压（包括正常工作电压和过电压），采用就地限制过电压的方式，在保证设备足够安全的基础上尽可能简化避雷器配置。（　　）

答案：√

149．特高压直流换流站包括交流开关场、换流变压器场、换流阀厅，直流开关场、主控楼及辅助建筑六个部分。（　　）

答案：√

150．直流输电线路下的空间电场由两部分合成：一部分由导线所带电荷产生，这种场与导线排列的几何位置有关，与导线的电压成正比，通常称之为静电场或标称电场；另一部分由空间电荷产生这两部分电场的相量迭加，称为合成电场。（　　）

答案：√

151．柔性直流一种以电压源换流器和脉宽调制等技术为基础的新一代直流输电技术，这种直流输电技术是采用基于可关断型器件的电压源型换流器进行直流输电。（　　）

答案：√

152．柔性直流输电的潮流反转是改变电压方向，电流方向不变。（　　）

答案：×

153．柔性直流输电的两电平或三电平 VSC，采用 PWM 技术，开关频率高，谐波落在高频段，用小容量滤波器即可抑制谐波；对于采用 MMC 的柔性直流输电系统，则无需配置滤波器。（　　）

答案：√

154．柔性直流输电换相要吸收无功功率，因而需要配置大容量无功补偿及滤波设备。（　　）

答案：×

155．两电平换流器、三电平换流器和 MMC 均通过 PWM 脉冲宽度调制逼近正弦波，它们的区别在于 MMC 换流器桥臂采用子模块级联的方式。（　　）

答案：×

156．真双极接线的绝缘水平比伪双极接线低得多。（　　）

答案：√

157．真双极接线运行方式较灵活，有双极平衡，双极不平衡、单极大地回线、单极金属回线运行等方式，而伪双极接线只能运行于双极方式下。（　　）

答案：√

158．VSC 有功功率的传输主要取决于换流器输出电压和交流母线电压的夹角 $\delta$，当 $\delta>0$ 时，VSC 工作在逆变状态；当 $\delta<0$ 时，VSC 工作在整流状态。（　　）

答案：×

159．2011 年 7 月，亚洲首个具有自主知识产权的柔性直流输电示范工程—上海南汇风电场柔性直流输电示范工程并网运行，工程电压等级为±20kV，换流站容量 18MW。（　　）

答案：×

160．2015 年 12 月，厦门柔性直流输电工程投入运行。该工程采用伪双极接线。电压等级为±320kV，换流站容量 1000MW。（　　）

答案：×

161．2016 年 12 月，渝鄂直流背靠背联网工程核准开工建设，电压±420kV，输送容量达到 500 万 kW，建成后成为世界上电压等级最高，容量最大的柔性直流背靠背工程。（　　）

答案：√

162．根据完成的功能与控制的目标，换流阀级控制的任务是接收换流器阀级控制产生的触发脉冲信号，根据触发脉冲信号，对子模块 IGBT 进行开通和关断控制。（　　）

答案：×

163．柔性直流流器级 VSC 控制作用是根据上层控制的指令实现直流电压、有功功率、无功功率和交流电压等。（　　）

答案：√

164．柔性直流输电不会增加系统的短路容量，具有良好的电网故障后快速恢复控制能力。（　　）

答案：√

165．VSC-HVDC 并不需要特殊的换流变压器或移相变压器，其所用换流变压器与常规的单相或者三相变压器大体类似。（ ）

答案：√

166．柔性直流电抗器是 VSC 与交流侧能量交换的纽带，决定有功功率与无功功率的控制性能。（ ）

答案：√

167．模块化多电平换流器桥臂由电抗器和多个子模块并联构成。（ ）

答案：×

168．模块化多电平换流器每个子模块工作投入、切除、闭锁三种开关状态。（ ）

答案：√

169．柔性直流输电系统的每一端 VSC 必须在有功功率类物理量和无功功率类物理量中各挑选一个进行控制，且必须有一端控制直流侧电压。（ ）

答案：√

170．柔性直流输电系统的每一端 VSC 在有功功率类物理量和无功功率类物理量中各挑选一个进行控制即可。（ ）

答案：×

171．两端 VSC 常用的控制方式为矢量控制，矢量控制系统由内环电流控制器和外环功率控制器构成。柔性直流的基本控制方式由内环电流控制器决定。（ ）

答案：×

172．阶梯波调制策略是多电平换流器的调制方法之一。（ ）

答案：√

173．柔性直流不增加系统的短路功率，可向无源网络供电，方便连接分布式电源等。（ ）

答案：√

174．有功功率控制可以在界面手动输入正向或者反向传输有功功率数值指令，可以在一定范围内调节柔性直流有功功率，且不影响无功功率输出。（ ）

答案：√

175．2020 年预计投产的乌东德混合直流输电工程，电压等级±800kV，容量 8000MW，采用架空线路输电，是 LCC+VSC 的典范。（ ）

答案：√

176．FACTS 的主要类型有静止无功补偿器、静止同步补偿器、静止同步串联补偿装置、可控串联补偿装置、统一潮流控制器、短路电流控制器、柔性直流输电技术。（ ）

答案：×

177．可控串联补偿是串联于输电线路中，通过晶闸管动态调整补偿度的串联补偿

装置。(　　)

答案：√

178. TCSC即晶闸管控制串联电容器补偿装置，是将串联有晶闸管阀及其电抗器的电容器串接于输电线路中，并配有旁路开关、隔离开关、串联补偿平台、支撑绝缘子、控制保护系统等辅助设备组成的装置，简称可控串联补偿。(　　)

答案：×

179. 触发角在 $\alpha C_{\min}$～180°之间时，TCSC 处于感抗调节模式；触发角在 90°～$\alpha L_{\max}$ 之间时，TCSC 处于容抗调节模式。(　　)

答案：×

180. 可控串联补偿与固定串联补偿相比可引起次同步振荡。(　　)

答案：×

181. 线路故障后，若串联补偿电容器的储能未释放，则电容器和并联高压并联电抗器、短路点弧道电阻组成低频振荡回路，显著增加潜供电流的暂态分量，延迟了潜供电弧熄灭的时间。(　　)

答案：√

182. 线路联动串联补偿功能，线路跳闸命令发给串联补偿保护，用火花间隙或旁路开关将串联补偿旁路，加快潜供电弧的熄灭。(　　)

答案：√

183. MOV 正常运行工况下呈现低阻值，当流过电容器的电流超过正常范围，造成电容器电压过高时，MOV 导通吸收电流能量，以起到保护串联补偿电容组的目的。(　　)

答案：×

184. TCSC 的等效基波阻抗由一个不可变的感性电抗和一个随触发角 $\alpha$ 可变的容性电抗并联组成。(　　)

答案：×

185. TCSC 可以从容性模式平滑过渡到感性模式。(　　)

答案：×

186. 统一潮流控制器由两个或多个换流器组成，分别以串联和并联的方式接入输电系统，可同时控制线路阻抗、电压幅值和相位的装置。(　　)

答案：√

187. 根据交流系统不同要求，UPFC 通过开关切换可实现 UPFC、STATCOM、SSSC 不同运行模式。(　　)

答案：√

188. 统一潮流控制器的主要功能是由并联换流器实现的。(　　)

答案：×

189．UPFC 常见的结构类型有两端结构和多端结构。（　　）

答案：√

190．UPFC 的换流器控制包括外环功率控制和内环电流控制，用于实现并联侧换流器控制策略、串联侧换流器控制策略、UPFC 的起停控制策略等。（　　）

答案：√

191．UPFC 设备，电力电子器件耐受冲击能力相对较弱，需要尽量避免出现带 UPFC 重合的情况。（　　）

答案：√

192．UPFC 可以控制线路的功率从而优化电网潮流，但 UPFC 不能控制系统无功功率。（　　）

答案：×

193．UPFC 等效串入线路可变的阻抗，但不会引起系统振荡。（　　）

答案：√

194．串联变压器的接线型式是星/角接线。（　　）

答案：×

195．在线路发生故障时，需要晶闸管旁路开关 TBS 持续导通来保护 UPFC 串联侧换流器不受过电流冲击。（　　）

答案：×

196．UPFC 接入后会影响线路保护的电流差动保护功能和定值。（　　）

答案：×

## 四、填空题

1．直流控制保护主机主 CPU 与接口板卡间的数据通信应具备完善的____功能，防止软、硬件故障时通信传输环节异常，产生错误的跳闸信号。

答案：校验

2．直流保护装置指为换流站直流侧提供保护的设备，其保护区域为____、极区设备____以及双极区设备____。

答案：换流器；极母线，中性母线，直流线路；双极中性线连接区，接地极引线区

3．换流站接地极线路宜配置可靠性高的____保护。

答案：差动/接地极引线差动

4．晶闸管导通的条件是：①阳极与阴极之间加有____；②控制极上加有足够强度的____。

答案：正向电压；触发脉冲

5．采用三重化配置的保护装置，当一套保护退出时，出口采用____模式；当两套

保护退出时，出口采用____模式。任一个“三取二”模块故障，不应导致保护拒动和误动。

答案：二取一；一取一

6．目前工程上所采用的基本换流单元有____脉动换流单元和____脉动换流单元两种。

答案：6；12

7．12 脉动换流器在交流侧和直流侧分别产生____次和____次的特征谐波。

答案：12K±1；12K

8．50Hz 直流谐波保护电流采集带宽应在____Hz 范围内，100Hz 直流谐波保护电流采集带宽应在____Hz 范围内，防止谐波电流采集带宽过大造成谐波保护误动。

答案：40～60；80～120

9．换流变压器保护应能保护包括从换流变压器网侧相连的交流断路器至____之间的导线及所有设备，没有死区。

答案：换流变压器阀侧穿墙套管

10．换流站无功功率控制方式有____、____。

答案：定无功控制；定电压控制

11．晶闸管关断的条件是阀电流下降到零及____。

答案：阀电压足够长的时间保持负值

12．UPFC 控制系统分为系统级控制层、____层、____层。

答案：换流器级控制；阀级控制

13．UPFC 投运后，将影响电网系统距离保护及____保护。

答案：工频变化量方向保护

14．同伪双极接线相比，真双极接线具有投资较高及____特点。

答案：控制系统复杂

15．换流器区保护配置包括____及____。

答案：桥臂过流保护；桥臂电抗差动保护

16．线路安装了串联补偿电容以后会对阻抗继电器的工作产生影响，对于Ⅲ段式距离保护来说，串联补偿电容的存在只对____产生影响。

答案：距离Ⅰ段

17．串联补偿电容在相邻线路出口，在串联补偿电容后面 K 点短路时，由于相邻线路电流 $I_2$ 助增作用，会使本线路继电器的测量阻抗较小，假设本线路短路电流为 $I_1$，电容上最大压降为该电容 MOV 的保护级电压 $U_{pr}$，所以继电器测量阻抗下降的最大值是____。

答案：$U_{pr}/\sqrt{2}I_1$

18．正常运行时 TCSC（可控串联补偿）运行在____和____下，当系统发生短路时

运行在____下。

**答案**：容性调节模式；闭锁模式；旁路模式

19．在带有串联补偿电容的系统中发生短路时，短路回路是一个 $R$、$L$、$C$ 的串联电路，在高压电网中电阻 $R$ 较小，一般均能满足 $R<2\sqrt{L/C}$ 的条件，所以短路电流中会产生____。

**答案**：低频分量电流

20．TCSC（可控串联补偿）等效稳态工频阻抗与触发角 $\alpha$ 的大小有关，当 $\alpha=\alpha_{crt}$ 时，电感电流与电容电流相等，TCSC 处在谐振状态，应避免工作在这种状态，在 $\alpha_{Cmin}<\alpha<180°$ 期间这种工作状态称之为 TSCS 的____。

**答案**：容性调节模式

21．某线路的阻抗为 $jX$，串联补偿电容为 $-jX_C$，则补偿度 $k$ 为____。

**答案**：$\frac{X_C}{X}\times100\%$

22．线路联动串联补偿功能，线路跳闸命令发送给串联补偿保护，用____或____将串联补偿旁路，加快潜供电弧的熄灭。

**答案**：火花间隙；旁路开关

23．线路故障后，若串联补偿电容器的储能未释放，则电容器和并联高压并联电抗器、短路点弧道电阻组成____，显著增加潜供电流的暂态分量，延迟了潜供电弧熄灭的时间。

**答案**：低频振荡回路

24．UPFC，即统一潮流控制器，由两个或多个换流器组成，分别以串联和并联的方式接入输电系统，装置的串联部分通过改变注入____实现接入线路有功功率和无功功率潮流控制，并联部分通过改变注入____实现接入点无功电压控制。

**答案**：电压；无功电流

25．串联换流器向线路注入一个幅值和相角可调的____，控制线路潮流。统一潮流控制器的主要功能是由____实现的。

**答案**：串联电压；串联换流器

26．UPFC，即统一潮流控制器，假设在线路串联部分注入电压为 $U_1\angle\alpha$，受端系统端电压为 $U_r\angle0°$，输电线路阻抗为 $X_1$，则输送的有功功率 $P$=____，通过改变 $U_1\angle\alpha$，从而控制线路潮流。

**答案**：$\frac{U_1U_r}{X_1}\sin\alpha$

27．换流器换相过程中，超前触发角 $\beta$、叠弧角 $\mu$ 和熄弧角 $\gamma$ 三者之间的关系是____。

**答案**：$\beta=\mu+\gamma$

28．故障再启动恢复功能是指控制系统移相至完全____运行模式通过这种方式，整流侧和逆变侧都使直流线路放电在一定的去游离时间之后，将进行再启动如果故障已经清除，直流电压开始建立，再启动将继续，并且恢复传输功率。

**答案**：逆变

29．直流降压运行方式的直流电压通常为额定电压的____。

**答案**：70%～80%

30．____能防止由直流线路或直流开关站所产生的陡波冲击波进入阀厅，从而使换流阀免于遭受过电压应力而损坏。

**答案**：平波电抗器

31．光电流互感器、光纤传输的直流分压器二次回路应有充足的备用光纤，备用光纤一般不低于在用光纤数量的____，且不得少于____根，防止由于备用光纤数量不足导致测量系统运行可靠性降低。

**答案**：100%；3

32．柔性直流输电是基于____和____新一代高压直流输电技术。

**答案**：IGBT 器件；电压源换流器

33．目前柔性直流输电工程采用的 VSC（电压源换流器）主要应用的换流器技术为____，通过阶梯波方式逼近正弦波。

**答案**：模块化多电平换流器（MMC）

34．两端柔性直流常用的控制方式为矢量控制，矢量控制系统由____和____构成。

**答案**：内环电流控制器；外环功率控制器

## 五、问答题

1．高压直流输电系统的优缺点？

**答**：优点：

（1）直流输电架空线路只需正负两极导线、杆塔结构简单、线路造价低、损耗小。

（2）直流电缆线路输送容量大、造价低、损耗小，不易老化、寿命长，且输送距离不受限制。

（3）直流输电不存在交流输电的稳定问题，有利于远距离大容量送电。

（4）采用直流输电实现电力系统之间的非同步联网，可以不增加被联电网的短路容量，不需要由于短路容量的增加而要更换断路器以及电缆要求采取限流的措施；被联电网可以是额定频率不同（如 50Hz、60Hz）的电网，也可以是额定频率相同但非同步运行白电网；被联电网可保持自己的电能质量（如频率、电压）而独立运行，不受联网的影响；被联电网之间交换的功率可快速方便地进行控制，有利于运行和管理。

（5）直流输电输送的有功功率和换流器消耗的无功功率均可由控制系统进行控制，

可利用这种快速可控性来改善交流系统的运行性能。

（6）在直流电的作用下，只有电阻起作用，电感和电容均不起作用，直流输电采用大地为回路，直流电流则向电阻率很低的大地深层流去，可很好地利用大地这个良导体。

（7）直流输电可方便地进行分期建设和增容扩建，有利于发挥投资效益。

（8）直流输电输送的有功功率及两端换流站消耗的无功功率均可用手动或自动方式进行快速控制，有利于电网的经济运行和现代化管理。

缺点：

（1）直流输电换流站比交流变电所的设备多、结构复杂、造价高、损耗大、运行费用高、可靠性也较差；

（2）换流器对交流侧来说，除了是一个负荷（在整流站）或电源（在逆变站）以外，它还是一个谐波电流源；

（3）晶闸管换流器在进行换流时需消耗大量的无功功率（约占直流输送功率的40%～60%），每个换流站均需装设无功补偿设备；

（4）直流输电利用大地（或海水）为回路而带来的一些技术问题；

（5）直流断路器由于没有电流过零点可以利用，灭弧问题难以解决，给制造带来困难。

2．背靠背直流工程的主要用途。

**答：**系统的增容时限制短路电流容量，从而不致更换大量的电气设备，适用于不同额定频率的交流系统之间的互联，相同额定频率的两个电网的非同步运行联网。

3．什么是换流器？其作用是什么？

**答：**换流器是在换流站中实现交、直流电能相互转换的设备，将交流电转换为直流电的叫整流器，而将直流电转化为交流电的叫逆变器，它们统称为换流器。整流器和逆变器的设备基本相同，只是控制模式与运行工况不同。当触发角小于90°时，换流器运行于整流工况，叫整流器；当触发角大于90°时，换流器运行于逆变工况，就叫逆变器。换流器的作用是完成交流－直流或直流－交流的转换过程。

4．直流输电为什么要配置交流滤波器？

**答：**交流滤波器有两个重要作用：①补充换流阀工作时消耗的无功功率；②消除换流器产生谐波对交流电网的影响。

5．平波电抗器主要作用是什么？

**答：**

（1）有效地防止由直流线路或直流场设备所产生的陡波冲击进入阀厅，从而避免过电压对换流阀的损害。

（2）滤除电流中的纹波，能避免直流电流的断续。

（3）抗器能够限制由快速电压变化所引起的电流变化率，降低换相失败率。

（4）滤波器组成滤波网，滤掉部分谐波。

6．简述逆变器正常运行时应具备的条件。

答：

（1）逆变器与整流器的导通方向需一致。

（2）逆变器的直流侧必须有大于其反电动势的直流电压。

（3）逆变器受端交流系统需提供换相电压与电流。

（4）逆变器的触发角大于90°，其直流侧电压为负值。

（5）逆变器的熄弧角必须大于0°。

7．简述换流站有功功率控制方式和无功功率控制方式。

答：

（1）有功功率控制方式：双极功率控制、单极功率控制、单极电流控制。

（2）无功功率控制方式：定无功功率控制、定电压控制。

8．直流输电的自动再起动过程是什么？

答：直流输电的自动再起动过程为：当直流保护系统检测到直流线路接地故障后，立即将整流器的触发角快速移相到120°～150°，使整流器变为逆变器运行。在两端均为逆变运行的情况下，储存在直流系统中的电磁能量迅速送回到两端交流系统，直流电流在20～40ms内降到零。再经过预先整定的100～500ms的弧道去游离时间后，按一定速度自动减小整流器的触发角，使其恢复为整流运行，并快速将直流电压和电流升到故障前的运行值（或某预定值）。

9．直流线路保护再启动逻辑起什么作用？

答：是为了在直流线路故障后，采取清除故障的措施后，试图通过重新解锁恢复功率输送，直流保护动作后应首先启动重启动逻辑。

10．简述阀短路的特征。

答：交流侧交替地发生两相短路和三相短路；通过故障阀的电流反向，并剧烈增大；交流侧电流激增，使换流阀和换流变压器承受比正常运行大得多的电流；换流桥直流母线电压下降；换流桥直流侧电流下降。

11．简单说明换相失败的过程。

答：当换流器做逆变运行时，从被换相的阀电流过零算起，到该阀重新被加上正向电压为止这段时间所对应的角度，也称为关断角。如果关断角太小，以致晶闸管阀来不及完全恢复正常阻断能力，又重新被加上正向电压，它会自动重新导通，于是将发生倒换相过程，其结果将使该导通的阀关断，而应该关断的阀继续导通，这种现象称为换相失败。

12．引起直流系统换相失败的原因有哪些？

答：

（1）误触发、不触发。

（2）逆变侧换相电压下降。

（3）逆变侧交流系统不对称故障。

（4）暂态过程或谐波引起换相电压畸变。

13．换相失败对线路保护有什么影响？

**答：** 纯交流环境下当发生故障时，由于机电暂态过程的存在，在进行故障分析时，可以认为电源电动势恒定不变。而在交直流互联系统换相失败时，直流控制系统的反应速度非常快，通常会在几毫秒内进行调节、控制，在等效电源电动势不再三相对称，可分解为工频正序、工频负序、工频零序以及谐波分量。

假设谐波分量被保护的前置滤波器完全滤除了，那么还有如下的影响：

（1）在序网图中，负序、零序网络的直流侧都存在等效电源的影响（无论是 *I*、*U*、还是功率控制方式），并产生穿越性电流。

（2）原有的零序电流及零序方向都会受影响。

（3）穿越性电流会提高电流差动保护的制动量，影响保护的灵敏度。

（4）距离保护在计算测量阻抗时，在算法的数据窗内包含换相失败前后的电气量，计算出的测量阻抗为非真，对距离保护产生影响。

14．根据 Q/GDW 11355—2014《高压直流系统保护装置标准化技术规范》，直流保护装置的基本配置原则有哪些？

**答：**

（1）长距离高压直流输电系统直流保护装置按极配置，换流变压器区、换流器区、极区、双极区一般由极保护装置实现。

（2）特高压直流输电系统（后续简称特高压直流）直流保护装置按极保护和换流器单元保护配置。极区、双极区保护由极保护装置实现；换流变压器区、换流器区由换流器单元保护装置实现，高低端分别配置。

（3）背靠背高压直流输电系统直流保护装置按单元配置。

（4）直流保护装置采用三重化配置，通过三取二逻辑装置出口，三取二逻辑装置采用双重化配置；三取二逻辑按保护功能进行运算；三重化保护配置中的一套保护退出时采用二取一逻辑出口（但双极中性线差动保护按“二取二”出口），两套保护退出时采用一取一出口。

（5）直流保护应能根据运行方式的改变自动调整保护功能。

15．简述直流系统保护的配置分区。

**答：**

（1）阀组保护区域，阀厅区指从换流变压器阀侧套管至换流器阀厅直流侧的直流穿墙套管之间的区域。

（2）极保护区域，包括如下内容：极母线保护区域，指从 12 脉动换流阀高压侧直流电流测量装置至直流出线上的直流电流测量装置之间的设备，不包括直流滤波器设备；

直流线路区域，指两换流站直流出线上的直流电流互感器之间的直流导线和所有设备；极中性母线保护区域，指从 12 脉动换流阀低压侧直流电流测量装置至极中性母线电流测量装置之间的区域；流滤波器保护区域，包括直流滤波器高、低压侧之间的所有设备。

（3）双极中性母线保护区域，指从两个单极中性线的电流互感器至接地极之间的导线和所有设备。

（4）换流变压器引线和换流变保护区域，包括从换流变压器网侧相连的交流断路器至换流变压器阀侧穿墙套管之间的导线及所有设备。

（5）交流滤波器及其母线保护区域，包括交流滤波器母线及母线上的所有交流滤波器。

16．阀组保护有哪些？

**答：**阀短路保护、换相失败保护、过流保护、换流器差动保护、换流变中性点偏移保护。

17．列举极区保护（至少 8 种）。

**答：**极区保护：直流谐波保护、极母差保护、中性线差动保护、极差保护、接地极线开路保护、线路行波保护、线路突变量保护、线路欠压保护、线路纵差保护、交直流碰线监视、线路再启动逻辑、直流过压保护、直流欠压保护、中性线开关保护、直流滤波器差动保护、直流滤波器高压电容器接地保护、高压电容器不平衡保护、直流滤波器电阻过负荷保护、直流滤波器电抗过负荷保护、直流滤波器失谐保护。

18．直流保护动作后处理策略有哪些（至少 4 种）？

**答：**闭锁；跳交流断路器；启动失灵；锁定断路器；禁止解锁；控制系统切换；功率回降；重合旁通开关；合旁通刀闸；增大熄弧角；移相；告警；换流器隔离；极隔离；极平衡；合站内接地开关；重合直流开关；闭锁线路重启逻辑等。

19．交流滤波器组（电容器组）跳闸后为什么不能立即合闸，而需要间隔一段时间再投入？

**答：**

（1）由于滤波器组（电容器组）中包含大量的电容器。

（2）电容器带电荷合闸会产生很大的冲击电流和冲击电压，冲击电流和冲击电压对电容器都是非常有害的，会直接影响电容器的寿命和安全运行。

（3）滤波器组（电容器组）跳闸后必须间隔一段时间，使电容器上的剩余电压在这段时间内自额定电压降至 0.1 倍额定电压及以下，以减小对电容器的损害和安全运行。

20．简述柔性直流与传统直流的区别。

**答：**传统直流输电的运行原理是电网换相换流理论。以晶闸管作为换流元件，以 6 脉动桥为拓扑结构构成电网换相换流器（line commutated converter，LCC），故传统直流输电也被称为 LCC-HVDC，属电流源换流器直流输电范畴。晶闸管只能控制导通，不能

控制关断，因此 LCC 的控制自由度只有一个，即触发角 $\alpha$，LCC 实际上只能控制直流电压的大小。

柔性直流输电又被称为电压源换流器直流输电（VSC-HVDC），是一种以电压源换流器、自关断器件和脉宽调制（PWM）等技术为基础的新型输电技术。VSC 与 LCC 相比，根本性的优势是多了一个控制自由度。VSC 在桥臂中用可控电力电子管（绝缘栅双极晶体管 IGBT、IGCT）取代了以往的晶闸管，此类器件开通和关断都可以控制，表现为输出电压的幅值和相位都是可控的。从交流系统看，VSC 可以等效为一个无转动惯量的电动机或发电机（电压源），可以在 PQ 平面的 4 个象限内实现有功功率和无功功率的独立控制，VSC 的卓越性能主要依赖于电压源换流器件的这一特性。

21．简述柔性直流输电技术优势，至少列举五种。

**答：**

（1）没有无功补偿问题。

（2）没有换相失败问题。

（3）可以为无源系统供电。

（4）可同时独立调节有功功率和无功功率。

（5）谐波水平低。

（6）适合构成多端直流系统。

（7）占地面积小。

（8）交流系统的保护整定不受影响。

（9）换流站间的通信不是必需的。

（10）改善电能质量。

22．柔性直流输电适用于哪些方面？

**答：**柔性直流输电适用于可再生能源并网（风力发电并网、海上风电场并网等）、分布式发电并网、异步联网、孤岛供电、大型城市电网供电等方面。此外，柔性直流输电也可实现黑启动。

23．柔性直流输电中的电压源换流器 VSC 分几类？

**答：**目前柔性直流输电工程采用的 VSC（电压源换流器）主要有三类：两电平换流器、二极管箝位型三电平换流器、模块化多电平换流器（MMC）。其中，模块化多电平换流器在各种特性上都比较优越，是现在普遍应用的技术。MMC 的优势体现在以下方面：制造难度下降，开关频率低损耗小，输出波形质量高，阶跃电压较低，故障处理能力强。

24.《柔性直流输电控制与保护设备技术要求》中对直流保护配置有哪些要求？

**答：**直流保护设备应独立配置，功能配置按照柔性直流输电系统的主回路结构和运行方式，对交流连接母线区、换流器区、直流极区、双极区、接地极区的保护功能进行合理的分配。

双重化设计时每套保护应采用“起动+动作”逻辑，任一套保护跳闸即可出口，双套保护设备完全独立；三重化设计时保护采用“三取二”逻辑出口。

25.《柔性直流输电控制与保护设备技术要求》中对联结变压器保护配置有哪些要求？

**答：** 联结变压器保护以六桥臂柔性直流换流器为基础配置，每个六桥臂直流换流器所对应的联结变压器可独立配置联结变压器保护。

联结变压器保护可配置双重化的主、后备保护一体的电气量保护，也可按三取二配置，非电量保护可根据工程情况，配置单套或按三取二配置。双重化设计时每套保护应采用“起动+动作”逻辑，任一套保护跳闸即可出口，双套保护设备完全独立；三重化设计时保护采用“三取二”逻辑出口。

26．我国电网结构发生了哪些变化？

**答：** 我国电网从 330、500kV 超高压交流系统、±500kV 直流输电系统及串联补偿线路并存的交直流电网，发展成为 500kV、750kV 和 1000kV 超特高压交流系统、±500kV 和±800kV 超特高压直流输电系统及串联补偿线路（统一潮流控制器）、UPFC、柔性直流输电系统等并存的超、特高压交直流混联电网。（摘自《继电保护十年发展综述》）

27．大电网故障特性发生了哪些变化？

**答：**

（1）交直流混联电网故障全局化特征明显。特高压交直流混联电网一体化特征不断加强，电网故障复杂化、全局化特征日趋明显，电网呈现的新特性对继电保护的速动性与可靠性、交直流系统保护的协同配合提出了更高要求。

（2）电力电子化导致电网特性变化。随着大规模新能源和大容量直流的接入，柔性直流以及新型 FACTS 设备的广泛应用，电网电力电子化特征日益凸显，基于传统动作原理、配置方案、整定原则的继电保护有待进一步完善，以适应电网安全运行的需求。（摘自《继电保护十年发展综述》）

28．什么是统一潮流控制器？

**答：** 统一潮流控制器（UPFC），是 FACTS 控制器的一种。由两个或多个换流器组成，分别以串联和并联的方式接入输电系统，可同时控制线路阻抗、电压幅值和相位的装置。装置的串联部分通过改变注入电压实现接入线路有功功率和无功功率潮流控制，并联部分通过改变注入无功电流实现接入点无功电压控制。（摘自 Q/GDW 11547—2016《统一潮流控制器工程设计导则》）

29．简述 UPFC 工作原理。

**答：** UPFC 典型结构如图 11-1 所示。UPFC 是由两个通过直流侧电容耦合的电压源换流器（VSC）组成，换流器 1 通过并联变压器接入系统，换流器 2 通过串联变压器接入系统。

串联换流器向线路注入一个幅值和相角可调的串联电压，控制线路潮流。统一潮流控制器的主要功能是由串联换流器实现的。

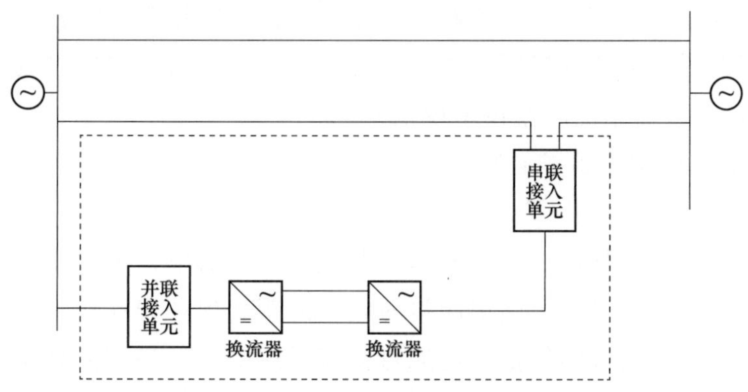


图 11-1 两端 UPFC 系统典型结构

并联换流器吸收或提供有功功率，为串联换流器提供能量支持和无功补偿。

30．统一潮流控制器有哪些优点？

**答：**

（1）UPFC 可以看作由并联补偿的静止同步补偿器（STATCOM）和串联补偿的静止同步串联补偿器（SSSC）相结合组成的新型潮流控制装置。根据交流系统不同要求，UPFC 通过开关切换可实现 UPFC、STATCOM、SSSC 不同运行模式。

（2）可以在 4 个象限运行，既有很强的补偿线路电压的能力，又有很强的补偿无功功率能力，使 UPFC 可以非常灵活的补偿电压。

31．统一潮流控制器的典型应用场景有哪些？

**答：**

（1）电网潮流复杂多变，应用 UPFC 优化区域潮流分布。

（2）输电断面潮流分布不均匀，应用 UPFC 提高断面输电能力。

（3）输电线路潮流分布不均匀，应用 UPFC 提高通道输电能力。

（4）远距离大容量交流输电存在的动态稳定问题，应用 UPFC 提高系统阻尼。

（5）电网存在电压稳定问题，应用 UPFC 提高动态无功功率支撑，提高电压稳定性。

32．简述 UPFC 的保护区域划分和保护配置。

**答：**

（1）系统接入区，可选择配置短引线差动保护、断路器保护。

（2）并联变压器区，可选择配置非电量保护、差动保护、过流保护、零序差动保护、零序过流保护、零序过压保护、间隙过流保护、过负荷保护、过励磁保护等。

（3）串联变压器区，可选择配置非电量保护、差动保护、过流保护、零序差动保护、零序过流保护、零序过压保护、过负荷保护、过励磁保护等。

（4）串联变压器阀侧区，可选择配置交流线路差动保护、交流线路过流保护。

（5）换流阀区，可选择配置桥臂差动保护、桥臂过流保护、桥臂电抗差动、桥臂电抗过流保护、阀侧过电压保护、换流阀过流保护、换流阀过压保护。

（6）直流区设备，可选择配置直流电压不平衡保护、直流欠压过流保护、直流电压异常保护。（摘自统一潮流控制器技术规范）

33．UPFC 对电网继电保护有哪些影响？

答：

（1）当 UPFC 投入运行后，由于其串、并联分支的影响，使得距离保护的测量阻抗值发生变化，当电网故障时，可能引起接入线路的距离保护误动作。

（2）UPFC 配置了完备的保护措施应对交流系统故障，当交流系统发生故障、阀侧感受到的电流大于 UPFC 保护动作定值时，将触发高压侧旁路开关、低压侧旁路开关闭合，触发晶闸管旁路开关导通闭合，晶闸管旁路开关闭合时间一般小于 2ms。UPFC 控制保护在交流一次系统发生故障时，其快速的控制调节特征可快速将 UPFC 从系统中隔离，但也造成了潮流分布的快速变化，UPFC 安装处会形成功率变化量源，从而对于变化量方向保护造成影响。

34．什么是 TCSC？列举其主要设备。

答：TCSC 即晶闸管控制串联电容器补偿装置，是将并联有晶闸管阀及其电抗器的电容器串接于输电线路中，并配有旁路开关、隔离开关、串联补偿平台、支撑绝缘子、控制保护系统等辅助设备组成的装置，简称可控串联补偿。

TCSC 的设备主要有：高压串联补偿平台、串联电容器、金属氧化物限压器（MOV）、阻尼装置、火花间隙、旁路断路器、串联隔离开关、接地开关、阀控电抗器、晶体管阀、测量系统、控保系统等。

35．TCSC 都有哪些运行模式？

答：TCSC 有 4 种运行模式：①容性提升模式；②感性提升模式；③闭锁模式；④旁路模式。实际工程中通常只采用容性提升模式、闭锁模式和旁路模式。

36．串联补偿装置与高压并联电抗器的典型配置方案及特点。

答：

（1）串联补偿装置安装于高压并联电抗器的线路侧。该方案具有改善沿线和母线电压分布等优点。为了限制潜供电流的低频暂态分量，应考虑采用保护联动策略。即线路的继电保护装置发出线路断路器跳闸信号的同时，命令串联补偿装置旁路开关按相合闸。

（2）串联补偿装置安装于高压并联电抗器的母线侧。该方案具有限制潜供电流的低频暂态分量，便于潜供电流熄弧的优点，但不利于充分发挥串联补偿装置改善沿线和母线电压分布的功能。

37. 串联补偿装置过电压保护控制方案。

**答：**

（1）固定串联补偿：宜采用 MOV 与间隙配合的方案作为串联电容器组的过电压保护方案。区外故障时，由 MOV 限制电容器两端电压，不允许触发间隙；区内故障时，允许通过触发间隙旁路电容器组。旁路开关一方面应确保串联补偿装置能顺利完成投退操作，同时也为间隙的去游离提供必要条件。阻尼装置用于限制电容器的放电电流，防止装置在串联电容器组的放电过程中损坏。

（2）可控串联补偿：在上述基础上，晶闸管应主动干预过电压保护过程。当区外故障允许用晶闸管阀旁路串联电容器时，在短路故障切除后，可控串联补偿应立即切换至容性提升模式。

38. 简单说出串联补偿装置典型保护配置，至少 5 条。

**答：**

（1）固定串联补偿：

1）电容器组保护：电容器不平衡保护、电容器过负荷保护。

2）MOV 保护：MOV 过流保护、MOV 能量保护、MOV 温度保护等。

3）间隙保护：间隙自触发保护、间隙拒触发保护等。

4）旁路开关保护：旁路开关三相不一致保护、旁路开关合闸失灵保护、旁路开关分闸失灵保护等。

5）其他：串联补偿平台闪络保护、隔离开关三相不一致告警等。

（2）可控串联补偿：还应增加阀过载保护、阀拒触发保护等阀保护及冷却系统保护。

39. 简述串联补偿保护与线路保护之间的配合关系。

**答：**

（1）线路保护跳闸触点输出至串联补偿本体控制设备，用于联动串联补偿旁路。

（2）串联补偿保护判别合闸失灵信号输出至断路器保护，跳开相应断路器，同时启动失灵。

（3）串联补偿与线路重合闸之间主要通过设定固定时间进行配合，在采取重合闸前投入串联补偿的方式时会出现带串联补偿合闸于故障的情况。

40. 对同步调相机保护的装设应考虑哪些特殊问题？

**答：**同步调相机的保护可参照同容量、同类型的发电机保护的规定装设保护，但还应考虑下列特点：

（1）当启动时，如过负荷保护可能动作，应使它暂时退出运行。

（2）可不装设反映外部短路的过流保护，但应装设反映内部短路的后备保护。反映内部短路的后备保护，可采用方向过流保护，带时限动作于断开调相机。

（3）调相机失磁保护，可由无功功率方向元件和低电压元件组成。当无功功率反向且电压低于允许值时，动作于断开调相机；当无功功率反向而电压高于允许值时，动作于信号。调相机失磁保护应设置必要的闭锁元件，以防止振荡、短路或电压回路断线等异常情况下保护误动作。

41．新一代调相机与传统调相机的区别。

**答：**传统调相机主要用于稳态无功功率调节，强调其稳态连续无功功率输出能力。而新一代调相机功能定位是暂态、次暂态特性优，短时过载能力强。

（1）更强的过载能力。

1）定子绕组能够承受3.5倍额定电流持续时间不小于15s。

2）转子绕组能够承受2.5倍额定励磁电流持续时间不小于15s。

3）升压变能承受3.5倍额定电流持续时间不小于15s。

（2）更快的动态响应速度。

1）次暂态电抗更小，在故障瞬间可以立即发出大量无功功率。

2）强励电压倍数更高，可以快速增加励磁电流。

42．请列举3个调相机励磁系统在启动和运行及停机过程中的作用。

**答：**

（1）配合SFC完成机组启动。

（2）实时控制调相机输出无功功率。

（3）可实现快速灭磁，保护设备。

43．什么是调相机的变频启动？

**答：**利用静止变频装置输出频率逐渐上升的电流，供给调相机的定子绕组以生成旋转磁场，使得调相机从静止状态开始启动，当调相机转速达到设定值后变频装置退出运行的工况。

44．调相机启机保护技术原则。

**答：**

（1）具有调相机变频起动过程中定子相间和单相接地故障检测功能。

（2）保护装置测量原理应与频率无关。

（3）保护经断路器位置触点闭锁，仅在启机过程中起作用，启机前通过功能压板投入，正常并网后通过功能压板退出。

（4）保护装置适用频率范围：10～55Hz。

45．调相机启机保护配置方案。

**答：**

（1）对于调相机定子接地故障，配置一套零序电压保护。启机零序过电压保护电气量取自机端开口三角零序电压。

（2）对于调相机定子相间故障，配置一组差动保护或过流保护。启机过流保护电气

量取自机端或中性点侧三相电流。

46．简单说出调变组典型保护配置，至少5条。

**答**：调相机比率差动保护、调相机差动速断保护、调相机匝间保护、工频变化量比率差动保护、主变压器比率差动保护、主变压器差动速断保护、励磁变差动保护、复合电压过流保护、调相机注入式定子接地保护、调相机定子过负荷保护、调相机负序过负荷保护、调相机低电压保护、调相机过电压保护、调相机过励磁保护、调相机失磁保护Ⅰ段、调相机失磁保护Ⅱ段、SFC变频启动过程保护、误上电保护、断路器闪络保护、调相机励磁过负荷保护、主变压器复合电压过流保护、主变压器零序过流保护、励磁过流保护。

47．调相机各侧电压互感器和电流互感器配置要求（规范）。

**答**：

（1）调相机机端侧应配置三组电压互感器，其中两组分别用于两套调相机的电气量保护，独立配置一组全绝缘的专用电压互感器，用于调相机纵向零压定子匝间保护，二次侧应按双重化要求配置两个星形绕组和两个开口三角绕组。调相机中性点侧接地变压器二次绕组的保护用抽取电压二次额定推荐值100V。

（2）调相机差动保护机端和中性点侧电流互感器特性宜一致，且应采用TPY型电流互感器。

48．大容量调相机定子接地保护配置方案。

**答**：

（1）一套采用传统的基波零序电压型和三次谐波电压型100%定子接地保护方案。

（2）一套采用注入式100%定子接地保护。

49．注入式定子接地保护技术原则。

**答**：

（1）适用于经配电变压器接地的调相机定子接地保护。

（2）能独立实现100%定子接地保护。

（3）注入源有电压消失和故障或过载保护报警功能。

（4）注入源功率不应过大，注入电压不超过2%$U_n$（调相机一次侧额定电压）。

（5）可靠反映的调相机中性点接地电阻值不低于10kΩ。

（6）时间整定值的准确度（0.5倍整定值时）：1%或120ms。

50．调相机保护定值整定要求。

**答**：调相机保护c类定值，应按照《调相机变压器组继电保护整定指导意见（试行）》（调继〔2017〕121号）要求整定，其中参数定值由建管单位组织现场及相关厂家提供；

调相机保护b类定值，由设备所在运维单位负责根据现场实际情况组织保护厂家设定，当涉及调相机保护的参数调整或保护装置（含装置插件）更换后，运维单位应与保护厂家确认相关参数已按实际设定，并确保正确。

调相机保护跳闸矩阵应由设备所在运维单位组织保护厂家根据设计院提供的跳闸矩阵图进行设定。

调相机的静止变频器（SFC）非电量保护等调相机辅助启动系统和非电气量保护由设备所在的运维单位负责整定。

调相机高压侧并网断路器失灵定值应根据试验值或计算值整定。